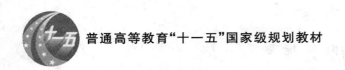普通高等教育"十一五"国家级规划教材

U0621871

# 微生物遗传育种学

主　编　廖宇静

副主编　张利平　谢响明　霍乃蕊

编　者　刘宏生　吕志堂　卫亚红
　　　　张秀敏　卢雪梅

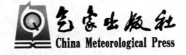气象出版社
China Meteorological Press

# 内 容 提 要

本书是普通高等教育"十一五"国家级规划教材的专业教材。全书共分10章,简述了微生物遗传育种的发生、发展概况以及研究策略,详细地阐述了突变与重组的特点与机理,概述了病毒、细菌与放线菌和真菌的遗传原理与特点以及遗传学分析方法,详细地阐述了染色体外遗传的质粒特性、遗传机理和体外质粒构建的策略,简述了微生物基因组学的发生与发展概况以及微生物基因表达调控机理,详尽地阐述了微生物育种的方法与原理。本书内容新颖,资料翔实,层次清晰,是从事遗传学、微生物学、基因组学、分子生物学、生物化学等以微生物为研究材料的遗传学相关研究的科技工作者的高级参考书。本书既可以作为综合性大学、农林理工大学以及师范大学等院校的生物科学、生物技术、生物工程、制药工程、发酵工程等有关生命科学相关专业的本科生学习的基础教材,学习重点为前六章,后四章概略了解,了解未来研究动向,为研究生学习打下坚实基础;又可以作为研究生学习的专业教材,学习重点为后四章,由于研究生来源参差不齐,进入专业学习的基础内容可以通过自学方式进行补充,重点放在后四章是为研究动向、研究方法、研究策略等方面的学习,深入到专业领域的内部去,同时也可作为教师、研究生和科技工作者的参考书。

**图书在版编目(CIP)数据**

微生物遗传育种学/廖宇静主编. —北京:气象出版社,2010.8
普通高等教育"十一五"国家级规划教材
ISBN 978-7-5029-4951-8

Ⅰ.①微…  Ⅱ.①廖…  Ⅲ.①遗传育种-微生物遗传学-高等学校-教材  Ⅳ.①S33

中国版本图书馆 CIP 数据核字(2010)第 050351 号

---

出版发行:气象出版社

| | | | |
|---|---|---|---|
| 地　　址:北京市海淀区中关村南大街 46 号 | | 邮政编码:100081 | |
| 网　　址:http://www.cmp.cma.gov.cn | | **E-mail**:qxcbs@263.net | |
| 电　　话:总编室 010—68407112,发行部 010—68409198 | | | |
| 责任编辑:崔晓军 | | 终　　审:黄润恒 | |
| 封面设计:博雅思企划 | | 责任技编:吴庭芳 | |
| 责任校对:石　仁 | | | |
| 印 刷 者:北京奥鑫印刷厂 | | | |
| 开　　本:787 mm×1 092 mm　1/16 | | 印　　张:42 | |
| 字　　数:1 075 千字 | | | |
| 版　　次:2010 年 8 月第 1 版 | | 印　　次:2010 年 8 月第 1 次印刷 | |
| 印　　数:1~3 000 | | 定　　价:88.00 元 | |

本书如存在文字不清、漏印以及缺页、倒页、脱页等,请与本社发行部联系调换

# 前　言

在当今基因组时代,生物科学蓬勃发展,而遗传学又是生物科学发展和深入的前沿学科之一,在环境日益恶化的当今,微生物遗传育种学更是为合理利用生物资源,为人类的可持续发展提供了一个全新的视角,随着生物科学的新方法、新技术、新理论层出不穷,在当今生物科学的世纪,笔者潜心研究国内外同类教材,集国内外同类教材的优势,精心汇编了这本微生物遗传育种学,本书耗费了笔者多年的心血,在编写过程中汇集了同行所有的教学科研心得,使本教材更加丰富和完整,为适应本世纪人才发展需要,笔者努力做到知识体系构架完整,概念清晰,阐述简明,理论充实,应用全面,从 20 世纪初叶到 20 世纪 40 年代,微生物遗传育种学走过漫长的诞生之路,从成为独立学科之后到现在历经了几十年的征途,微生物遗传育种学已经发展成为技术完整,理论充实,应用广泛的基础性应用性学科,笔者注意理论联系实际,学以致用,努力让读者在枯燥的理论中了解微生物正以一种人类并不十分熟悉的姿态影响着地球和人类,希望读者从科学发展观的视角出发,科学的、客观的、合理的、有限的、能动的利用微生物资源。

本书构架分为 10 章,第 1 章前言简述了微生物遗传育种学的发生、发展以及未来微生物遗传育种学的研究方向;第 2 章微生物突变详述了遗传物质突变与修复的特点和机制;第 3 章遗传重组和转座;阐述了遗传物质重组理论类型与机制,重点叙述了同源重组与转座重组的类型与特点;第 4 章病毒遗传重组体制;阐述了病毒遗传的特点、原理及遗传分析方法;第 5 章细菌与放线菌遗传重组体制,概述了细菌、放线菌和古菌的遗传特点、机理及遗传学分析方法;第 6 章真菌遗传重组体制简述了不同类型的真菌遗传特点、原理及遗传学研究方法;第 7 章质粒,重点阐述了质粒的类型与特点、质粒特性与遗传机理、质粒研究方法以及人工质粒构建类型;第 8 章基因与微生物基因组学;简述了基因与微生物基因组的发展简史、原核微生物基因组与真核微生物基因组的特点以及微生物基因组学的研究策略和基本方法;第 9 章微生物基因表达调控,从 DNA 水平、转录水平和翻译水平分别叙述了原核生物与真核生物的不同表达调控方式;第 10 章微生物育种从杂交、诱变和基因工程辅助手段阐述了微生物育种的形式、特点和方法。全书以变异为主线,以不同类型的遗传体制反映出生物遗传的多样性,以基因、基因组与基因表达调控汇集生物遗传的系统性与统一性;以理论用于实践汇总于育种研究,构成了这本知识体系较完整,资料较充实的微生物遗传育种学,本书不同于其他教材之处:一是加入了微生物基因组学一章的内容,尽管国内外已经出版了几本微生物基因组学,那些教材不太适合于初学者;二是理论联系实际,学理论的同时加强了应用,尤其在微生物育种中对于其方法原理及操作进行了详细的阐述;三是力图构建系统生物学的框架,从遗传与变异主线,说明生物的演变特征,各个章节分别讲述了其代表菌种的基因组特征,汇集于第 8 章分别说明了原核生物与真核生物的基因组特征以及研究策略。

本教材适合于生物技术、生物工程、生命科学、应用生物技术、发酵工程、医学微生物学等专业的本科生和研究生使用;为了培养学生的自学能力在每一章节开头都有导读,从引入问题着手,进行讲解,由于本教材是属于基础专业教材,应用面受到一定的限制,加之多数编者都是本科生和研究生的指导导师,如果学生需要考研者,需要了解未来专业方向的发展与应用研究前景,针对本科而言适合于以前六章作为重点教学章节,后四章引导了解,激发学生主动学习的积极性,本书努力把握并反映微生物遗传育种学研究的最新成果及发展趋势,为考研者提供一个启发性的思路,减少考研的盲目性;针对研究生而言,以后四章学习为重点,但是由于入校后研究生水平参差不齐,很多学生没有遗传学基础,更不要说微生物遗传基础,希望研究生能够通过自学和导师辅导等形式尽快补上过去遗漏的知识点。本书每个章节都附有本章导读,其目的是便于学生自学,学习是一种能力,这种能力不完全是老师教出来的,更多的是需要学生完成自觉学习、习惯学习的自我训练,本教材希望努力引导学生做到这一点,希望通过导读、正文,学生学会归纳总结并进行思考,以不同的学习形式提高学生的学习积极性与学习兴趣,增强学生的专业理解能力。

本书在编写过程得到了所有副主编和参编老师的支持。其中河北大学的张利平副主编参与了第10章的修订,并在第10章微生物育种中对杂交育种部分进行了翔实的补充;张利平副主编与笔者最终共同完成了第10章的定稿工作;北京林业大学的谢响明副主编参与了第4章与第8章的修订,本书特色章节第8章的修订过程中,辽宁大学的刘宏生教授也参与了其修订,谢响明副主编、刘宏生教授与笔者共同完成了第8章的定稿;山西农业大学霍乃蕊副主编参与了第2章和第9章的修订,尤其是霍老师认真负责的态度与高超的外文能力为这两个章节补充了国外的最新动态,使这两个章节更加完善,霍乃蕊副主编与笔者共同完成了第2章与第9章的定稿修订;河北大学的吕志堂老师和张秀敏老师分别参与了第7章和第5章的修订,吕老师对人工构建质粒部分按要求进行了补充,吕志堂老师与笔者共同完成了第7章的定稿;张秀敏老师对第5章中的古菌进行了适当补充,与笔者共同完成第5章的定稿;西北农林科技大学的卫亚红老师参与了第6章的修订,对真菌基因组资料进行了部分补充,与笔者共同完成第6章的定稿;山东大学卢雪梅老师参与了本书的校稿工作。上述各位老师的扎实的理论功底及丰富的教学经验,让编著者获益匪浅;与各位同仁的理论探讨,也对编著者有莫大的启发,这对于完善本书的体系结构,丰富本书的主干内容都有极大的帮助。本书的编著者都是长期在高校从事遗传学与微生物学及相关学科的教学、科研工作者,积累了丰富的教学、科研经验。本书先由主编完成全书40万字初稿编写,经教育部高教司组织专家评审通过后,主编又根据原有初稿与所有参编人员反复讨论确定现有大纲构架,再分别由各位老师按大纲构架编写,最后由主编按大纲体系整合主编原稿与参编者的稿件,并统一修改润色,经主编三次修改完成定稿。成书前,河北大学的张利平教授,针对责任编辑提出的问题,对全稿进行了仔细审订。

在本书付梓出版之际,要特别感谢西南大学有关领导以及教务处、教材科和农学与生物科技学院的领导们的大力支持,另外要特别感谢河北大学,是他们争取到河北省生物学强势特色学科建设经费的资助,使本书能够顺利出版,总之,没有他们的支持和帮助,本书就不可能出版。最后,要感谢气象出版社的领导与编辑朋友们,没有他们的帮助,此书也不可能出版。

微生物遗传育种学内容极为丰富,该领域浩瀚精深,随着当代科学技术的迅猛发展,微生物遗传育种学的应用范围日益深广,但由于受教学课时的限制,本书不可能包罗万象,在编写过程中,对章节内容进行删减增补时,有许多最新的科研成果及信息不得不忍痛割爱。在新世纪,微生物遗传育种学领域的研究及成果日新月异,加之编者水平所限,书中疏漏和错误在所难免,衷心期待读者批评、指正,以使本书更臻完善。

廖宇静

2009 年 7 月于西南大学

# 目　　录

# 第1章 绪 论

## 本章导读

**主题:微生物遗传育种学发生、发展及应用**

1. 微生物研究的重要性有哪些?
2. 改变人类社会的 10 种瘟疫是哪些?
3. 微生物遗传育种学发生时期的主要工作是什么? 科赫原则是什么?
4. 微生物遗传育种学发展划分为几个时期,各具有什么特点?
5. 什么是微生物遗传育种学?
6. 微生物遗传育种学的地位与作用是什么?
7. 微生物的复制形式有哪些? 复制的特点是什么?
8. 微生物的研究特点是什么? 微生物作为遗传学研究材料的优越性是什么?
9. 原核微生物和真核微生物的遗传物质的异同有哪些? 在细胞组装上有何差别?
10. 微生物遗传育种学研究方法在高等动植物研究中具有哪些主要的应用?

## 1.1 微生物遗传育种学的发生与发展

### 1.1.1 微生物研究的重要性

微生物重要吗? 微生物与我们人类生活密切相关。对人类社会具有重大影响的 10 种瘟疫,就是由微生物的遗传物质的变异引起的。第一种瘟疫是鼠疫,因鼠疫患者常伴有淋巴结脓肿或皮肤出现黑斑而称为黑死病,黑死病是历史上最为神秘的疾病,1348—1352 年,欧洲 1/3 的人口,总计约 2 500 万人死于黑死病,在此后的 300 年间,黑死病不断威胁着欧洲和亚洲的人们。期间人们发现隔离能够有效阻挡瘟疫泛滥;此外,还懂得了消毒的作用,使黑死病的流行得到有效控制。但在防疫措施不断完善的今天,就全世界而言,鼠疫仍有区域性的流行,仍是我们应当重点防范的烈性传染病。

除鼠疫外的第二种瘟疫就是霍乱,曾在恒河流域泛滥,最终摧毁了印度的文明。

第三种瘟疫是天花,3000 年前人类就有了天花这种急性传染病,十七八世纪天花病死亡率在欧洲为 10%,在美洲为 90%。据历史统计,天花曾至少造成 1 亿人死亡,2 亿人失明或留下终生疤痕。18 世纪,英国乡村医生爱德华·琴纳(Adward Chinner)发现,英国乡村一些挤奶女工的手上常常有牛痘,而有牛痘者全都没有患上天花。1796 年 5 月 14 日,他采取了挤奶女工尼尔姆斯(Nelmes)手臂上的牛痘的浆汁,将它接种到 8 岁农村少年菲利普斯的手臂上,6 周以后(7 月 1 日)琴纳又给这个接种过牛痘的孩子直接接种从天花病人身上取来的浆液，与琴纳预测的一样，这个小孩没有得天花，从此利用种牛痘的方法来预防天花，这就是最初的疫苗的诞生。1980 年 5 月 8 日世界卫生组织宣布消灭了天花。

第四种瘟疫是疟疾，至今仍然肆虐着非洲。这意味着每年造成 270 万人死亡（2/3 为儿童）。目前研制的疟疾疫苗还需进一步完善。

第五种瘟疫是流感，流感病毒从过去到现在每隔 4 年小泛滥一次，每隔 10～14 年大泛滥一次，这与环境变化密切相关，也与流感病毒的亚型特点相关，当今的禽流感病毒、猪流感病毒的再次猖獗，为人类再次敲响了警钟。

第六种瘟疫是伤寒，伤寒曾经让人类饱受了瘟疫的煎熬，罗马帝国的奥古斯就曾伤寒肆虐，美洲因欧洲的入侵，印第安人对外来瘟疫是防不胜防，弗吉尼亚在伤寒大爆发之时有超过 6 000 人死于伤寒。

第七种瘟疫是梅毒，梅毒是一种性传播疾病，且发病率还在逐年上升。

第八种瘟疫是麻风，麻风是由麻风杆菌引起的一种慢性接触性传染病。主要侵犯人体皮肤和神经，如果不治疗可引起皮肤、神经、四肢和眼的进行性和永久性损害。麻风病的流行历史悠久，分布广泛，其流行时期曾造成数以亿计的人们到处流浪，无家可归，给流行区带来深重灾难。

第九种瘟疫是肺结核，目前全世界肺结核病人约有 2 000 万，约有 1/3 的人感染过结核菌，每年新发生结核病人约 800 万～1 000 万人，其中 200 万～300 万人死亡，现在传统的肺结核病得到了有效的遏制，而新型变异的结核菌种类对于肺结核病的治疗又提出了新的难题。

第十类瘟疫是艾滋病，它是目前世界上最危险的疾病，它将给人类带来更深邃的思考。

另外，小儿麻痹、血吸虫、猩红热、莱姆病、埃博拉、流行性出血热的汉坦病毒感染疾病、登革热、炭疽、麻疹、狂犬病、疯牛病以及现在的 SARS（非典）都是各种传染性疾病。要彻底根除这些严重的传染性疾病还需要时间，还有很长的路要走，因此，研究病原微生物，研究共生体中的微生物，研究不同环境状态的微生物，研究这些微生物的遗传变异规律就显得非常重要。所以，微生物遗传育种学是起源于对细菌遗传变异的研究。

### 1.1.2　微生物遗传育种学的发生

微生物遗传育种学成为独立学科之前其主要研究工作有：①巴斯德（L. Pasteur，1822—1895）观察到炭疽杆菌在高温条件下培养毒性大减而抗原不变，并把这一变异现象成功地应用到炭疽杆菌疫苗的制造上。②科赫（R. Koch，1843—1910）研究疾病与微生物的关系，将从病体分离的细菌接种到健康动物身上，观察是否得到原来的病症，再从感染动物身上分离细菌，观察是否得到原来的细菌，在此基础上确立了种的概念，提出了影响后来学术研究的著名的科赫原则。科赫原则的主要观点是：a. 病原微生物只存在于患者（动物或人等）身上，在健康个体中不存在病原微生物；b. 从患者身上分离出的病原菌接种到健康个体上出现与患者一样的症状；c. 从人工接种的患者身上分离的病原菌与最初患病个体中分离出的病原微生物是一样的。③19 世纪末叶在对小麦锈病的研究中发现了微生物的生理族，增加了对微生物变异的认识。④1907 年在睡眠病虫中发现了微生物的抗药性变异，20 世纪 40 年代以前人们认为抗药性不是基因突变的结果，仅是生理性适应性改变。同年玛西尼（Massini）在《可突变的大肠杆菌》一文中报道，从非乳糖发酵菌株中分离出乳糖发酵的突变株，并测定了突变率。⑤1925 年梅隆（Mellon）在研究细菌变异发生的原因时，提出大肠杆菌和伤寒沙门氏菌存在原始的"性"形式。⑥1927 年哈德利（Hadly）较系统评述了细菌在形态、发酵性、毒力、生长最适温度及对防腐剂的抗性等方面出现的变异类型。⑦1928 年已经发现肺炎双球菌中的转化现象，20 世纪 40 年代中期阐明转化因子本质。⑧20 世纪 30 年代，对酵母菌、草履虫、脉孢菌较为系统地进行了遗传学研究，主要工作是对这些菌类进行基因重组和定位。⑨天然食品微生物的应用成为微生物应用的主要方面。以上这一系列的工作促使微生物遗传育种学发展成为一门独立的学科。微生物遗传育种学（microbial genetics breeding）是以病毒、细菌、小型真菌以及单细胞动植物等为研究对象，研究微生物的形态、结构、生理、生化、遗传变异、遗传重组体制、基因与基因组序列分析、基因的化学本质、基因的原初功能、基因的相互关系、基因表达调控等各种性状在遗传上的相似和差别，研究微生物与动植物的相关性，并利用微生物特性人工选择改良微生物品种的研究微生物遗传和微生物育种的遗传学应用性分支学科。

### 1.1.3　微生物遗传育种学的发展

微生物遗传育种学发展成为独立学科之后，经历了 3 个时期：第一个时期是 20 世纪 40—60 年代的经典微生物遗传育种学时期；第二个时期是 20 世纪 60—90 年代的微生物分子遗传育种学时期；第三个时期是 20 世纪 90 年代末到现在的微生物基因组时期。

经典微生物遗传育种学时期是微生物研究的第一个兴盛时期，它是继以孟德尔（Mendel）和摩尔根（Morgan）为主的经典遗传学时期之后发展起来的微生物遗传育种时期。这个时期重要的研究工作有：①脉孢菌营养缺陷型的发现。20 世纪 40 年代以比德尔（G. W. Beadle）和塔特姆（E. L. Tatum）为代表的微生物学者和遗传学者利用 X 射线诱变霉菌细胞，得到预期的营养缺陷型。这项工作开辟了生化遗传研究的广阔天地，不但为基因作用机制的研究确立了基础，而且为阐明代谢途径提供了有效方法；在基因作用机制研究中提出一个基因一种酶的假设，拉开了分子遗传学研究的序幕；利用营养缺陷型探索代谢途径这一思想方法在微生物遗传育种学中得到广泛应用，逐步开展了基因重组、发育、分化、形态建成、诱变育种等方面研究；营养缺陷型在基因作用、基因结构、基因突变等研究中也是良好的实验材料，此外，也将营养缺陷型的研究方法应用到人类遗传学、动植物育种等研究中；营养缺陷型的发现，使得细菌的基因重组得以发现，从此遗传学研究得以普及到几乎任何一种生物的研究之中。②细菌的抗性突变研究。1943 年以前，对于细菌抗药性是否来源于基因突变这一问题，一是缺乏严密的实验论证，二是争议较大，直到 1943 年卢里亚（S. E. Luria）和德尔布吕克（M. Delbrück）用严密的实验（著名的波动分析试验）论证了细菌的抗性是基因突变的结果。这项研究使人们认识到可能所有的生物都有着基本相同的遗传变异规律。严密的实验方法开始应用到微生物遗传育种学领域，特别是关于细菌的变异研究中，致使长期从事果蝇遗传学研究的台默莱茨（M. Demerec）注意到细菌研究的优越性，进行了系统性和开创性的细菌基因突变的研究。③细菌基因重组的发现到不同菌体的重组体制的发现。1947 年莱德伯格（J. Lederberg）和塔特姆（E. L. Tatum）报道了大肠杆菌的基因重组现象，揭示了大肠杆菌 K12 的两种突变型菌株出现的原养型菌落的真实原因就是大肠杆菌接合方式的基因重组，戴维斯（Davis）创造发明了 U 形实验用于检验大肠杆菌的接合试验，1955—1958 年雅各布（Jacob）和沃尔曼（Wollman）利用中断杂交实验用于大肠杆菌的基因定位分析，在探索其他细菌的基因重组中，促使 20 世纪 50 年代初发现噬菌体的转导，哈瑞德·瓦特郝斯（Harold Whitehouse）、李维斯·弗瑞斯（Lewis Frost）、庞蒂科尔（Pontecorvo）、霍普伍德（Hopwood）、塞蒙梯（Sermonti）等先后开展了对脉孢菌、构巢曲霉、链霉菌等的深入研究，发现了真菌重组、放线菌重组原理。这些研究工作使人们明确认识到微生物、动物和植物在遗传规律上的一致性，利用其基因重组原理开展了杂交育种的研究。从此遗传学研究便遍及任何一种生物。遗传学研究手段由此扩充，并推动了分子遗传学的发展。④转化因子的化学本质鉴定。1928 年格里菲思（F. Griffith）发现肺炎双球菌的转化现象，直到 1944 年艾弗里（O. T. Avery）鉴定了转化因子的本质，说明导致转化现象的物质是DNA，并证明了遗传物质是 DNA，DNA 的发现是 1953 年 DNA 分子双螺旋模型的提出和分子遗传学发展的前奏。⑤噬菌体遗传学研究的开展。1951 年在鼠伤寒沙门氏菌营养缺陷型上，发现了转导作用；1962 年提出了 λ 噬菌体进行的特异性转导作用；在研究噬菌体这一最简单的生物过程中，不但了解了噬菌体本身的特性，而且也逐步揭示了寄主的遗传特性。噬菌体遗传学的研究不仅将遗传学规律推广到最简单的生物，而且温和噬菌体及它的转导作用的研究成为微生物遗传育种学、分子遗传学研究的有效手段。德尔布吕克（M. Delbrück）是这方面研究工作的先驱者。⑥从青霉素的发现到链霉素的分离发展了抗生素工业。自 1929 年弗莱明（Fleming）发现青霉素以来，直到 1943 年链霉素之父阿尔伯特·沙茨（Albert Schatz）成功地分离了链霉素，并以此为基础开始了抗生素的工业生产，并推动了抗生素的深入研究，以诱变育种和杂交育种为基础的抗生素育种得到了快速发展。⑦原生质体技术的建立与发展。原生质体研究始于 19 世纪初叶，1952 年萨顿（Salton）用原生质体代表获得的植物和微生物原生质细胞，1953 年唯布尔（Weibull）用溶菌酶处理巨大芽孢杆菌获得细菌原生质体，并提出原生质体概念，直到 1955 年迈克奇勒（Mcquillen）发现原生质体再生方法，从此奠定了原生质体分离技术，20 世纪五六十年代原生质体分离技术得到了迅猛发展，原生质体作为新型杂交融合技术开始得到普及，直到 20 世纪 70 年代原生质体融合技术得到了飞速发展。

　　微生物分子遗传育种学发展时期，是在以 DNA 双螺旋发现为起点的分子遗传学时期诞生之后，随着基因工程崛起，利用微生物为材料，从遗传的分子机制到基因工程载体研究，从遗传学的各个领域中为遗传理论提供了各种实验证据，在此基础上广泛开展了微生物的分子育种研究。这个时期的主要研究成果是：①揭示了基因的化学本质、基因的结构与组织；②阐明了突变的分子机理和突变的修复机制，解释了突变产生的原因；③诠释了重组产生的机制，通过不同的重组证据证明了四大重组假说；④揭示了质粒的本质与作用，为基因工程的推进奠定了坚实的基础；⑤通过基因定位的研究构建了遗传连锁图，建立了 DNA 序列分析技术；⑥基因工程技术的诞生，为基因工程应用奠定了基础，发展了 DNA 的体外合成和分离纯化技术，为人类定向突变奠定了基础。这些研究成果把微生物的研究技术成功地转向高等动植物的研究，致使分子遗传学的研究普及到各类生物的不同类群的研究中，随着 20 世纪 70 年代基因工程技术的发展、完善，分子遗传学的研究被推向了顶峰，基因工程育种和原生质体育种工作也得到了发展。

　　这其中，从 20 世纪 60 年代遗传密码的破译，到 20 世纪 70 年代中心法则的修改，这一阶段是经典分子遗传学向基因工程时代的过渡时期，以微生物作为遗传学的研究材料，主要是转录与翻译领域的研究取得了一些成果：1962 年阿贝尔（W. Arber）和杜斯索西（D. Dussoix）发现了 DNA 的限制与修饰，查比维利（F. Chapeville）、李蒙纳（F. Lipmann）和伊瑞斯特(G. Von Ehrenstein)发现 tRNA 所携带的氨基酸的特异性和 tRNA 与 mRNA 结合的特异性无关,吉瑞(A. Gierer)、瓦瑞尔(J. R Warrur)及斯塔切林(Stachelin)三个课题组分别发现了多核糖体。1963 年,孟诺德(J. Monod)、嵌根(J. P. Changeu)和雅各布(F. Jaconb)提出了蛋白变构理论。1964 年建立了基因与蛋白质的共线性关系,破译了全部有义密码子,提出 DNA 重组模型。1965 年发表了酵母丙氨酸 tRNA 的完整序列,发现了终止密码子 UAG 和 UAA。1966 年建立了 E. coli 遗传图谱的遗传方向,提出了反密码子的摆动假说,分离纯化了 lac 阻抑物,发现各种蛋白质的合成的起始氨基酸都是甲酰-甲硫氨酸。发现了核糖体上的 P 位点和 A 位点,分离出连接酶,发现线粒体具有环状 DNA。1967年对溶菌酶进行晶体学研究,其分辨率达到 2 Å。1969 年发展了原位杂交技术,用仙台病毒使人、鼠细胞融合。1970 年发现了 RNA 反转录酶和限制性酶 I,发现传递信号的 G 蛋白及其功能,人工合成了酵母丙氨酸 tRNA 的基因。

　　20 世纪 70 年代随着基因工程的崛起,遗传学进入了基因工程发展的快车道,基因分离合成技术和细胞分离融合技术得到了快速发展,并普及到原核生物和真核生物的研究中,直到 20 世纪 90 年代克隆"多莉"的出现,人们才如梦初醒:遗传学的研究技术已经成功地应用到高等动物研究中。这个阶段取得的主要成果有:1971 年绘制了第一张限制性内切酶图谱,并鉴别出费城染色体是 22 号染色体缺失了 1/3 而形成的。1972 年创建了 DNA 体外重组技术。1973 年首次在体外构建了具有功能的细菌质粒。1974 年一批著名的科学家提出暂缓进行体外重组倡议书。1975 年建立了 DNA 印迹技术、菌落膜上杂交技术、高分辨双向蛋白电泳技术、单克隆抗体制备技术。1976 年证实了免疫球蛋白形成的体细胞重组学说,发现了鸟类肉瘤病毒中含有癌基因,并首次用分子杂交技术用于地中海贫血遗传病的产前诊断。1977 年发现了基因中的外显子与内含子,提出了断裂基因的新概念,建立了 DNA 的化学测序法及 DNA 测序的"加"、"减"法,即酶法。1978 年首次将真核基因(dhfr)在细菌中表达,建立了装配型载体,克隆了 DNA 大片段,建立了定点突变技术,发现了四膜虫端粒的串联重复顺序。1979 年进行限制性片段长度多态性的研究,提出了 Z-DNA 模型。1980年用限制性片段长度的多态性构建人类遗传学连锁图。1981 年发现了四膜虫 rRNA 的自体拼接,发现了增强子,并首次将疱疹病毒的 TK 基因转移到小鼠中表达。1982 年证实了癌基因中单个碱基的突变而引起肿瘤的产生。1983 年建立了线虫胚细胞谱系,应用 Ti 质粒将基因转入植物,1983 年启动了大肠杆菌基因组项目,于 1995 年完成。1984 年发现果蝇同源异型盒及同源异型基因,建立了脉冲变角凝胶电泳技术,用于大片段 DNA 的分离。1985 年建立了 PCR 技术进行体外扩增。1986 年发现 RNA 编辑现象,对植物类病毒拟病毒提出了锤头结构模型。1987 年构建了酵母的人工染色体 YAC,鉴定了杜兴氏肌肉萎缩症突变基因的产物,用胚的干细胞(ES)进行制备转基因鼠取得成功,将 HPRT 突变基因导入小鼠,建立了尼-莱氏综合征的动物模型,分离了端粒酶。1988 年研究了 Rb 抗癌基因的功能,启动了嗜血流感菌的测序工作。1989 年报道了 E. coli 中氨酰-tRNA 合成酶的结构与功能,酵母基因组始于 20 世纪 80 年代末期,完成于 1996 年。

　　微生物基因组时期是随着 20 世纪 80 年代部分微生物基因组研究工作的开展而启动的,如 1983 年大肠杆菌基因组项目、1988 年嗜血流感菌基因组的测序等,到了 20 世纪 90年代迎来了人类基因组计划的启动,从 20 世纪 90 年代以后微生物遗传育种学发展迎来了微生物基因组学的时代,1994 年美国启动了微生物基因组计划,到 2006 年春季人类元基因组计划的启动,把微生物研究又推向了一个新的历史高峰——微生物基因组研究的鼎盛时期。这期间,1990 年建立了端粒的复制模型,克隆证实了人类和哺乳动物性别决定的主要基因是 SRY/sry,并启动了人类基因组计划(完成于 2001 年),并完成了全长 230 kb 的人类巨细胞病毒全序列的测序工作。1991 年提出了 RNA 编辑的转酯反应模型。1992 年揭示了 p53 的抗癌作用机制。1993 年提出了长分散序列的反转录机制也是归巢的一种机制。1994 年提出了"内蛋白子"的概念,提出了细菌复制叉上的复制体模型,1994 年完成了第一个微生物基因组嗜血流感菌的测序工作,同时美国能源部启动了微生物基因组计划。1995 年完成了生殖道支原体项目,随后完成了詹氏甲烷球菌、热自养甲烷杆菌、激烈火球菌以及 Aquife aeclicus VF5 真细菌等细菌的测序工作,发现了 II 类内含子的结构及剪接。1996 年日本完成了光合蓝细菌集胞藻的物理图谱,笛特瑞奇(W. F. Dietrich)等绘制了小鼠基因组的完整遗传图谱,笛布(C. Dib)等在 5 264 个微卫星的基础上绘制了人类完整的遗传图谱。1997 年英国成功地克隆了绵羊"多莉",把遗传学研究推向了发展的又一个高峰时期。到 2000 年人类基因组草图的公布,生物科学迎来了基因组时代。

在基因组时代的初期,1997 年法国巴斯德研究所对革兰氏阳性枯草芽孢杆菌的测序,1998 年瑞典乌普萨拉大学完成普氏立克次体基因组测序,由于微生物种类的多样性,微生物基因组计划正在以惊人的速度扩展,它的总投入和工作量都将超过人类基因组,它对人类产生的影响也将是难以估计的。

在 21 世纪的基因组时代中,2000 年 8 月华盛顿大学基因组中心与病原学公司合作完成铜绿假单胞菌的测序工作。2001 年 2 月 11 日六国(美、英、法、德、日、中)科学家完成了人类基因组 31.7 亿个碱基对的测序,同年 10 月中国宣布水稻基因组的测序全部完成。2002 年国立过敏、传染病和人类病原体研究所资助了 15 种重要的人类病原菌的测序,正在资助和参与资助 44 种与人类健康相关的细菌、真菌和寄生虫的测序项目。英国桑格研究所到 2002 年 9 月完成了 7 种细菌基因组序列测序,正在进行的有 5 种真菌,包括裂殖酵母、烟曲霉、卡氏肺囊虫、白色念珠菌以及酿酒酵母。2002 年 1 月美国能源部资助完成了 6 种古菌、8 种真菌的基因组测序,10 种真细菌测序完成但未发表,14 种真细菌、2 种古菌和 1 种真核生物测序草图已经完成。2003 年中国西南农业大学完成家蚕基因组框架图谱,美国破译冠状病毒基因组,2004 年美国对流感病毒与禽流感病毒 H5N1 进行了系统的比较分析,2005 年六国的部分生物科学家充分论证并于 2006 年春季启动了人类元基因组计划,人类元基因组计划被称为"人类第二基因组计划",其规模和广度将远远超过人类基因组计划。"人类元基因组"是指人体内共生的菌群基因组的总和,包括肠道、口腔、呼吸道、生殖道等处的菌群。由于微生物代谢功能的丰富多样,人类元基因组计划有可能发现 100 多万个新的基因,其工作量至少相当于 10 个人类基因组计划。这对于阐明许多疾病的发生机理、研究新的药物、控制药物毒性等将发挥巨大作用。人类元基因组计划的目标是,把人体内共生菌群的基因组序列信息都测定出来,而且要研究与人体发育和健康有关的基因功能。科学家认为,人类基因组和人类元基因组这两本"天书"绘制完成后,将有助于更好地破解人类疾病。2006 年 8 月启动了肿瘤基因组计划,随着肿瘤基因组研究的推进,将揭示人类癌症的产生机理,并提出癌症预防与治疗的新观念。

21 世纪,由于基因组的破译与诠释,以功能蛋白为核心的后基因组时代迎来了蛋白质研究的新起点,尤其是新药开发也迎来了全新观念,人类对疾病的预防与治疗研究也将会有很大的发展。随着基因组与后基因组研究的深入,基因组研究分化为功能基因组、结构基因组和比较基因组三个分支学科。微生物遗传育种学的发展必将为生物学的发展提供更多更好的实验证据,微生物学将成为生物学的前沿阵地,微生物的世界非常广阔,1 g 土壤中就含有 10 亿个微生物,1 L 水中就有数以百万计的微生物,其数量比人体细胞还要多。但是超过 99% 的微生物却是未知的,它们在自然生物-地球-化学循环方面起着很重要的作用,在去除污染物质方面扮演着重要的角色,而且它们为新药剂、新酶及其新的生物反应过程的开发提供了很大的潜力资源。对它们的研究可以扩展我们对生命的了解,包括了解生命如何耐受极端环境、新的生物能源、生命进化以及微生物与环境之间的相互作用。

微生物遗传育种学未来的研究方向包括三个方面:一是微生物的广度研究,主要包括微生物的生物多样性的范围;二是微生物的深度研究,主要包括微生物中每一个相对简单的细胞内成分是如何协调一致进行分化发育表达的,以及其表达机制和特点;三是相关性研究,主要包括微生物与高等动植物以及环境的相互作用的研究。用新方法探索生物的多样性;通过异常表达研究可能揭示新疾病产生的原因;极端微生物的耐受机制研究有可能诠释环境与微生物的关系;通过了解自然种群的生物地理学、生态学的交互作用、生物进化历程、基因组学演进特征以及细胞作用的研究促使人们认识到疾病与环境的相互作用是密不可分的。

### 1.1.4 微生物遗传育种学的地位与作用

微生物是生物界中的一大类生物,与植物和动物共同组成生物界,包括细菌、放线菌、霉菌、酵母菌、螺旋体、立克次氏体、支原体、病毒、藻类等,是一群形体微小、构造简单的单细胞或多细胞生物,有的甚至没有细胞结构。根据微生物是否具有真正的细胞核结构与细胞结构特征可把其分为三大类:病毒、原核微生物和真核微生物。病毒是不具有细胞和细胞核结构,比原核生物更小的微生物,包括病毒和亚病毒;原核微生物是具有细胞结构但不具有完整细胞核的生物类群,包括细菌、放线菌、立克次氏体、支原体、衣原体、蓝细菌等;真核微生物是具有完整细胞和细胞核结构的生物类群,包括黏菌、真菌、霉菌、接合菌等。绝大多数微生物个体必须用显微镜甚至电子显微镜才能看到。微生物遗传育种学就是研究这类微小生物类群的遗传学分支学科。微生物遗传学在遗传学中所处的地位类似于一个桥梁的作用,它既是在经典遗传学的基础上发展起来的,又是在它自身的基础上发展成为分子遗传学的分支学科之一,微生物遗传育种学既不能替代经典的遗传育种学,又不能由分子遗传育种学所替代。人的体内生活着大量"亲密的陌生者"——人体微生物菌群,它们的组成和活动与人的生长发育、生老病死息息相关,微生物对于自然界的作用不亚于动植物的作用。研究表明,儿童自闭症、老年痴呆症等与肠道菌群有重要关系,人体肠道菌群里的一种芽孢杆菌数量占优势时,会分泌神经毒素,造成腹泻或对神经的侵害,儿童自闭症与此有直接关系;另外,人参皂苷是人参里面的有效成分,具有抗肿瘤的作用,但是大约有 20% 的人体内缺乏能够分解人参皂苷的肠道菌类,这些人服用人参皂苷是无效的。人体微生物种类至少是人体细胞数量的 10 倍,其重量是人体体重的 1/50～1/100,其微生物细胞数量是人体的 9/10,由于细胞体积很小,其重量仅在人体内约为几千克重。能够在实验室纯培养的人体微生物种类仅占人体微生物种类的 30% 左右,占世界上微生物总数的 1%～10%,自然界中微生物的作用是广谱的,还有很多领域是我们不太了解的,更有许多作用是我们完全无知的。

从研究对象看,微生物无论如何都不能代替高等动植物,但却与高等动植物有着千丝万缕的联系。高等动植物既是一些病毒的宿主,又是一些细菌的共生体,彼此需要维护着各自的生长,因此,微生物对于高等动植物而言是必不可少的,共生生物的研究将成为新的热点。

从研究方法看,研究微生物遗传最突出的方法是突变型的筛选和选择性培养,在这方面是高等动植物不能比拟的,微生物育种方法在高等动植物育种中是具有借鉴作用的,微生物研究揭示的普遍性特征对于高等动植物具有重要的启示作用,因此,利用微生物作为研究材料研究遗传育种学有着高等动植物不可比拟的优越性。

从研究内容看,微生物研究已经从单纯的形态、结构、生理、生化、遗传、重组现象的研究过渡到微生物基因组与环境演变的生态微生物基因组学的研究,已经从微生物基因鉴定与基因表达研究过渡到微生物基因组学的进化研究,从微生物与寄主的共生关系揭示生物进化的内在动力因素。

从研究用途看,微生物可用于医学、工业、农业、食品、发酵等不同领域的研究。医用微生物一方面是揭示病原物质,另一方面是遏制疾病的泛滥。工业微生物将利用微生物为人类创造更好的价值,也是现代生物技术的基础,比如通过微生物发酵把动植物废料转化为酒精等技术能够部分解决人类面临的能源危机。农业微生物与广袤的大地相连,环境差异引起微生物类群的不同,通过农业微生物的研究使人类更好地了解农业生产与微生物的关系。不同领域的微生物研究,尤其是微生物育种,是人类对微生物的有益性的利用与改造,使微生物更好地为人类服务,微生物遗传育种是把遗传学原理应用到微生物育种研究中,尤其是医用微生物、发酵微生物、食品微生物、农业微生物、工业微生物的育种。人类通过对这些不同用途的微生物的研究与改造以更有效地利用微生物,并通过生物防治的方法使生物利用进入良性循环的轨道。

从微生物研究的发展时期看,现在微生物研究正处在微生物发展史上的第四个高峰时期。第一个时期是巴斯德(Pasteur)研究推动微生物领域走向科学化、系统化的时期;第二个时期是20世纪40—60年代,是微生物遗传育种学全面发展的第一个鼎盛时期,也是微生物遗传育种学发展的经典时期,同时是抗生素生产的第一个高峰时段,以诱变育种和杂交育种成为微生物育种的主要方法;第三个时期是20世纪70—90年代,是微生物发展的分子微生物时期,尤其是微生物分子遗传学与微生物分子生物学的发展特别迅速,这个阶段随着20世纪70年代基因工程的崛起,以微生物为材料的微生物遗传研究让位于核酸研究,微生物、动植物的遗传学研究进入到一个蓬勃发展时期,分子遗传学进入到基因工程的鼎盛时代,抗体技术、疫苗技术得到了很大的发展,基因工程育种和原生质体育种成为新的育种手段,推动了人工育种的深入开展;第四个时期是20世纪90年代以后发展起来的微生物基因组学的研究,随着20世纪90年代人类基因组计划的启动,1994年美国能源部微生物基因组计划启动,2001年人类基因组破译,基因组研究再次把微生物研究推到生物科学研究的前沿,尤其是人类肠道微环境由$10^{13}\sim10^{14}$个微生物组成,在人体内非人体自身基因的微生物的基因数量可能是人类基因组信息的100倍。人类是一个超生物体(superorganism),即由细菌和人体细胞组成的混合体,人体是一个人与微生物共同组成的代谢个体,其代谢异常并不只是个体代谢的异常,更是人体微生物的代谢异常。2006年人类元基因组研究的启动,将微生物遗传研究推向第四次浪潮。

从研究关系看,随着科学的深入,人们从对微生物与疾病以及微生物与生物进化的关系研究中认识到微生物既是疾病产生的原因之一,同时也是生物进化的动力因素之一。人类对疾病的认识也在一步步发展,人类对疾病的早期认识是从瘟疫到广谱性传染病,随着传染病的研究与控制,人们发现都市病比传染病对人类的影响更大。所谓都市病即是生物的富营养化导致的一系列疾病。从富营养化泛滥人类认识到环境改变对疾病的影响,并开始注意到环境恶化对生物圈的影响。从都市病到癌症的研究,人们认识到基因开关、基因表达、基因调控、基因产物的数量与分布、个体的单核苷多态性、基因突变(如点突变、插入或缺失等)等因素与疾病发生发展密切相关。随着基因与基因组研究的深入,人类又认识到部分疾病是生物共生体中微生物菌群平衡态的改变所致,基因开关错误导致基因表达时序错误、产物数量错误、产物分布错误等异常,这一系列的异常引发疾病的发生。治疗是人体应急状态的紧急预案,基因突变、细胞的异常表达、蛋白质水平异常、细胞的老化过程与机制、个体与共生体的相互关系的平衡的改变才是疾病产生的根本原因之一。疾病的预防远比疾病的治疗更为重要,随着科学技术的不断进步和科学研究的不断深入,疾病经历了传染病、都市病、癌症、菌群平衡态异常、基因开关异常、基因表达异常、细胞周期异常、细胞协调异常、细胞信息素识别改变、异常导致的细胞崩溃机制的产生等观念的演变。微生物类群既有有益微生物,又有有害微生物,大多数微生物是条件微生物,在一些条件下充分表现出有利性,在另一些条件下具有有害性,微生物的有利性与有害性是相互转换与发展的,很难一句话概括某某微生物是有害的还是有利的,这与它所处的环境与寄主的相关性紧密相连。随着人类元基因组与人类肿瘤基因组计划的开展,人类必将更好地阐明疾病的发生机理,将更加深入地理解微生物、植物与动物的不同免疫防御机制,揭示药物与疾病控制的相互依存关系,并将在新药的开发、控制与降低药物毒性等方面发挥巨大作用。人类在取得科学进步的同时也将会更好地认识微生物与高等动植物和所有外在自然环境的相互关系,让人类更科学地合理利用微生物,让微生物为自然界作出更大的贡献。

# 1.2　遗传物质的结构与复制

## 1.2.1　DNA 结构

### 1.2.1.1　DNA 一级结构与特点

DNA 分子是由碱基、脱氧核糖和磷酸组合的 4 种脱氧核糖核苷酸以 $3',5'$-磷酸二酯键按照一定的顺序连接起来的多聚核苷酸链的线性长链大分子,每一条 DNA 长链都具有方向性。DNA 一级结构贮存遗传信息,决定二级结构和高级空间结构,这些高级结构决定了 DNA 的功能表达,一级结构具有高度的个体特异性和种族特异性,其信息量是巨大的。对于单链 DNA 分子来说,线性分子中每一个脱氧核苷酸的碱基可以是 4 种碱基即 A、T、C 和 G 中的任一种;而对于双链 DNA 分子来说,2 条反向平行链的对应脱氧核苷酸的互补碱基通过氢键连接形成碱基对,每一碱基对都可能是 4 种碱基对组合中的任一种,这 4 种碱基对组合是 A-T、T-A、C-G 和 G-C。应当注意的是,A-T 和 T-A 是互不相同的 2 种组合,C-G 和 G-C 也是互不相同的 2 种组合。这是因为双链 DNA 分子的 2 条链的方向是相反的。DNA 分子是大分子,一个 DNA 分子所包含的碱基或碱基对是很多的。如 $\varphi$X174 是一种很小的大肠杆菌噬菌体,其 DNA 呈单链环状结构,共有 5 386 个碱基;大肠杆菌的染色体 DNA 呈双链环状结构,有 $4.2 \times 10^6$ bp (base pair,碱基对);而玉米单倍体核的 DNA(共 10 个双链线状 DNA 分子)则有 $6.6 \times 10^9$ 个碱基对。假定某 DNA 区段有 1 000 个碱基或碱基对,那么该区段的碱基排列就有 $4^{1000}$ 种可能的组合方式。这个数目是相当巨大的。因此,DNA 分子贮存遗传信息的能力是很大的,甚至可以说是无限的。所以不同生物 DNA 序列不同,同种生物的不同个体 DNA 序列也有所不同,这种不同是个体间单核苷酸多态性(single nucleotide tide polymorphisms,SNP)所致。相同种族的生物的 DNA 序列相似,这种相似度极高,人与人之间的差别仅为 0.01%,人与黑猩猩的差别为 2%,人与酵母仅有 46%的相似性。

### 1.2.1.2  DNA 二级结构与特点

DNA 的二级结构是 1953 年沃森(Watson)和克里克(Crick)提出的 DNA 双螺旋结构。他们根据 1950 年 Chargaff 研究小组发现的 DNA 组成的当量规律及 1952 年富兰克林(Frank.in)和威尔金斯(M. Wilkins)得到的 DNA 的 X 光衍射晶体照片的基础上,在空气相对湿度为 92%条件下抽提的 DNA 分子结晶而提出的。DNA 组成的当量规律是指在每种生物来源的 DNA 分子中嘌呤碱基和嘧啶碱基的含量总是相等的,其中腺嘌呤和胸腺嘧啶的含量相同,鸟嘌呤和胞嘧啶的含量相同,因而有 $A = T$, $C = G$, $A + G = T + C$, $A + C = T + G$。并且不同生物来源的 DNA 之间具有不同的碱基组成,即(A+T)/(G+C)的值在不同生物的 DNA 分子之间存在很大的差异。不同生物来源的 DNA,其一级结构中的 4 种碱基在链上的排列是不同的,这些不同包括核苷酸数量和位置的不同,即 A、T、C、G 的排列组合的不同,正是这种碱基序列的不同,从根本上决定了不同生物之间的差别。Watson 和 Crick 提出的 B 型 DNA 右手双螺旋的二级结构模型要点是:①DNA 由两条反向平行的核苷酸链螺旋而成,一条走向为 $3' \rightarrow 5'$ 方向,另一条走向为 $5' \rightarrow 3'$ 方向。②亲水基团脱氧核糖和磷酸位于螺旋体的外侧,核糖与螺旋体平行,疏水基团碱基位于螺旋体的内部,碱基平面与螺旋体基本垂直。③碱基之间按碱基配对规律进行配对,A 与 T 之间两个氢键,C 与 G 之间三个氢键。④双螺旋链中的任意一条链绕轴 1 周所升降的距离叫做螺距。在螺距上,双螺旋体的直径为 20 Å,一个螺距包含 10 个碱基对,螺距为 34 Å,因此每对碱基之间的螺距为 3 4 Å,相邻碱基对沿螺旋旋转 36°。⑤双螺旋表面形成两个凹下去的槽,大槽为大沟,小槽为小沟,之所以形成大沟和小沟是因为从螺旋轴心到 2 条主链所划分出的 2 个扇形不相等,一个大于 180°,一个小于 180°。大小沟与 DNA 和蛋白质的识别有关,特别是大沟是 DNA 与蛋白质的结合处,因为只有在沟内,蛋白质才能"感觉"到多核苷酸链中不同的碱基顺序,而在双螺旋结构的表面全是相同的磷酸和脱氧核糖的骨架,是没有什么信息可言的,大沟在 DNA 的复制和遗传信息的表达中具有重要作用。这种结构稳定,但这种稳定性不是绝对的,这是因为碱基嘌呤环和嘧啶环上的氨基和酮基是亲水的,因此在碱基之间形成氢键,而嘌呤环和嘧啶环本身是疏水的,因而同一链中的相邻碱基能够形成一种碱基堆积力。这两种力的协同作用就维持了双螺旋结构的稳定性。氢键和碱基堆积力都是属于范德瓦尔力,易于解聚。DAN 的双链变成单链被称为变性,在变性过程中有利于 DNA 的复制和基因的表达,为 DNA 复制行为提出了半保留复制模型(图 1.1)。DNA 分子在复制时,从它的一端像"拉开拉链"一样逐渐断开双链中互补碱基之间的氢键,将局部双螺旋链逐渐解开为 2 条单链;同时以解开的 2 条单链各自为模板,按碱基互补配对规则以氢键逐个结合细胞中游离的与模板链上的碱基互补的脱氧核糖核苷酸(即 A 与 T、T 与 A、C 与 G、G 与 C 互补结合），通过磷酸二酯键将结合的相邻脱氧核糖核苷酸连接起来，从而形成与 2 条模板链各自互补的链。这样，随着亲代 DNA 分子双螺旋的解开，最后便形成 2 个彼此相同又与亲代 DNA 分子一样的子代 DNA 分子，完成 DNA 的自我复制。复制完成的子代 DNA 含有 1 条新合成链和 1 条模板老链。DNA 的这种复制机制保证了遗传信息的稳定性，是遗传信息传递的基础，对生物的正常生长发育及保持生物遗传的稳定性是非常重要的保证。

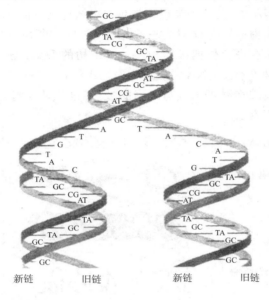

图 1.1　DNA 的半保留复制机制

### 1.2.1.3　DNA 高级结构

DNA 分子并不是只停留在二级结构上，后来的研究揭示了 DNA 进一步包装压缩成为染色体，这就是染色体打包压缩技术，即 DNA 分子的高级结构的形成，DNA 高级结构包括核小体、螺旋管、染色质纤维和染色体（图 1.2）。DNA 高级结构的动态变化又决定和影响着一级结构的信息功能的实现，如基因的启动表达和关闭以及细胞的周期运转等。

DNA 高级结构的基础是核小体（nucleosome），核小体以颗粒或念珠状形式存在于细胞中，核小体由组蛋白和 200 bp DNA 片段组成，一个核小体由一个核小体核心和一个连接线构成。核小体核心由 146 个碱基对和 4 种碱性组蛋白构成念珠状结构。其中组蛋白 H2A、H2B、H3、H4 各 2 份构成八聚体的核心蛋白；由 146 个碱基对构成的直径 20 Å 的双链 DNA 分子缠绕在八聚体上 1.75 圈，构成直径为 100 Å、高度为 60 Å 的核小体核心部分，核小体核心与核小体核心之间由 54 个碱基对和一个 H1 组蛋白构成连接线，与 5 种组蛋白相互缠绕的碱基对共 165 bp，这 165 个碱基对、核小体核心和 H1 组蛋白构成染色质小体。余下的 35 bp 构成染色质小体之间的间隔。由于 H1 组蛋白与脱氧核糖核酸的结合，锁住核小体的进出口，从而稳定了核小体的结构。由于双链 DNA 分子缠绕在八聚体上，也使构成核小体的 DNA 被压缩而变短增宽。再由 6 个核小体盘绕而成的外径为 300～500 Å、内径为 100 Å、螺距为 120～150 Å 的中空的管状结构螺旋管（solenoid model）结构，该结构的形成必须有 H1 组蛋白参与，由核小体→螺旋圈→螺线管，DNA 再次缩短变粗，缩短了 6 倍，这个过程形成染色体的二级螺旋管结构，以螺旋管为基础缠绕在酸性非组蛋白形成的蛋白质支架上,散布围绕在支架周围形成无数螺旋管侧环,每一个侧环相当于一个脱氧核糖核酸复制单位,每个环平均大约含有75 kb左右的 DNA,每个非组蛋白支架平面由 18 个侧环围绕形成圆盘,许多圆盘上下重叠形成粗度约为 200~300 nm,内侧为染色体骨架的中空的管状结构,这个结构称为染色质单体纤维(chromatin fibre),即三级结构。非组蛋白支架与染色质单体的着丝粒区域相连接形成染色体(chromosome)四级结构,一个染色体包含 2 个 DNA 分子,共 4 个 DNA 单链,这个染色体就是四级结构染色体,DNA 结构与 DNA 包装模型见图 1.2。原核微生物的染色体只有三级结构,它具有多种形式,其中以超螺旋最常见(图 1.3)。真核生物才有染色体四级结构。二级结构的 DNA 分子被包装成核小体、螺线管、染色质单体纤维、染色体。DNA 一级结构与二级结构互变过程完成 DNA 的复制,染色质与染色体互变过程即染色体的形成与解聚的过程,也就是细胞分裂过程,DNA 通过复制与分裂完成遗传信息的传递。

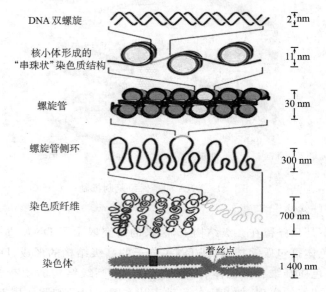

图 1.2　DNA 结构与 DNA 包装模型

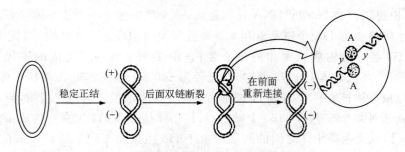

图 1.3　原核微生物的正、负超螺旋结构

在 DNA 结构中,H1 组蛋白的结合是不稳定的,H1 的脱落有利于基因表达。同时 DNA 的二级结构也是相对稳定的,B、A、Z、C、D、E 型构型的动态平衡有利于基因表达,A 型与 B 型不同的是,A 型比 B 型较大,较平,每螺旋一周长度为 2.8 nm,每个螺旋含有 11 个碱基,上下相邻碱基对之间相距 0.258 nm,每个碱基对的平面与螺旋轴不是垂直相交,而是

倾斜了 20°,形成大沟较深,小沟较浅。RNA、DNA-RNA 分子普遍具有 A 型构型,在 75% 的空气相对湿度下抽提的 DNA 结晶基本为 A 型构型,随后又发现 Z 型构型等结构(图 1.4),Z 型 DNA 每个螺旋有 12 个碱基对,每对碱基上升 0.38 nm,螺距 4.46 nm,螺旋直径 1.8 nm,碱基对不是对称位于螺旋轴附近,而是靠近螺旋表面,致使螺旋大沟消失,螺旋位于小沟内,这些结构的变化有利于调节细胞周期的不同基因表达,原核与真核生物均含有大量的 Z 型 DNA。

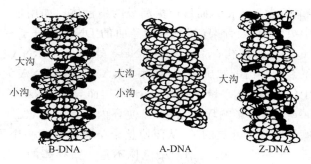

图 1.4　DNA 构型改变

原核生物的 DNA 中没有组蛋白,被类组蛋白所替代,染色体也形成超螺旋结构。大肠杆菌 DNA 分子量为 $(2.4 \sim 2.7) \times 10^3$ MD,大小为 $4.6 \times 10^6$ bp,长度为 $250 \sim 35\,000\ \mu m$ 不等。一般染色体长 $1\,333\ \mu m$,其长度约为大肠杆菌菌体长度的 $1\,000$ 倍,装入一个长约 $2\ \mu m$、宽约 $1\ \mu m$ 的细胞中,DNA 以折叠或螺旋状态存在,完全延伸总长约为 $3.3$ mm,形态为闭合环状。在大肠杆菌细胞中含有一些 DNA 结合蛋白,它们与 DNA 结合后,帮助 DNA 进行高度折叠。这些参与 DNA 折叠的蛋白质称为类组蛋白(histone-like protein)。除类组蛋白外,DNA 还与其他蛋白质相结合,如与复制、转录和加工有关的蛋白质结合在一起,这样其环状染色体 DNA 以紧密缠绕的、致密的、不规则小体形式存在,该小体即是拟核或类核(nucleoid)。电镜下,拟核呈圆形或椭圆形。图 1.5 电镜显示 *E. coli* 的拟核染色体是一团具有许多环状超螺旋(supercoil)结构的 DNA 大分子,中央由一电子稠密的骨架(scaffold)或支架(scafford)和向四周伸出的 100 个超螺旋 DNA 环组成,支架的形状因染色体而异,长度为 $3 \sim 5\ \mu m$,支架是含 RNA 和蛋白质的复合结构,四周的每个环都是一个独立的功能区,长 40 kb,13 $\mu m$。*E. coli* 基因组内含负超螺旋,每 200 bp 就有一个负超螺旋($\sigma = 0.05$),即基因组中含 5% 的负超螺旋。每个功能区的末端保持超螺旋状态,而且一个

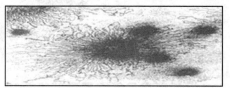
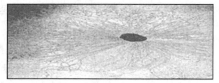

图 1.5　大肠杆菌的拟核(超薄切片透射电镜照片)

(引自 http://www.rkm.com.au)

区的超螺旋不影响另一个区的超螺旋,功能区的相对独立性使得同在一个环状染色体上的基因可以独立表达和调控。基因组内的超螺旋以两种状态存在:①自由状态的超螺旋不受束缚,可在环内传递张力;②蛋白结合在 DNA 上超螺旋受到束缚,不能传递张力。如 $300~\mu m$ 的环状 DNA,通过类组蛋白和 RNA 分子的作用,帮助 DNA 分子进行折叠和螺旋化,RNA 分子将 DNA 片段结合起来而形成环(loop),从而导致 DNA 长度缩小 $25~\mu m$。在活体大肠杆菌染色体上大约有 50 多个这样的环。接着每一个环内 DNA 进一步螺旋,使 DNA 的长度进一步缩短为 $1.5~\mu m$,而形成更高级的染色体。如用核酶 RNase 和胰蛋白酶处理就可部分消除中央骨架,当骨架消除后,超卷曲的 DNA 大分子有所展开,但仍维持着比自由 DNA 分子更紧凑的结构;如果只用 RNase 处理可使 RNA 连接体断裂,结果使 DNA 环展开,但这不影响环出的螺旋结构;如用 DNA 酶对此 DNA 大分子进行部分处理,可使一个超螺旋环中的一条 DNA 链上打开一个缺口,而导致 DNA 环由超螺旋构型转变为开环的构型,但 DNase 处理不影响环的结构,只使环内螺旋展开(图 1.6),加大 DNA 酶的用量可使全部超螺旋环转变为开放的环,从而使整个染色体成为一个周长约为 1 333 m 的开环的 DNA 大分子。这些研究表明:细菌染色体不是一条裸露的 DNA 链,而是以高度的组装形式存在,同时这种组装不仅要适应于细菌细胞狭小的空间,而且还要有利于染色体功能的实现,便于染色体复制和基因的表达。染色体的结构特点,使其比较易于接受相同或不同物种的基因或 DNA 片段。

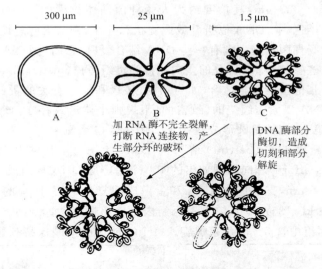

图 1.6　大肠杆菌染色体的电镜结构

## 1.2.2　DNA 复制

　　根据 DNA 结构分析,一系列实验证明了 DNA 的复制机制是半保留复制(不同生物的复制酶系见表 1.1),染色体中的核小体组蛋白是全保留复制。

　　DNA 复制是在复制子(replicon)中进行的,原核生物一个细胞内的染色体就是一个复制子;真核生物的染色体上有多个复制子,复制子大小因染色体大小不同而不同,酵母复制子或果蝇复制子约 40 kb,哺乳动物的复制子约 $100\sim200$ kb。复制过程包括起始、延伸和终止 在这个过程中复制环节包括双螺旋局部解旋复制泡(replicative eye)的形成、复制起点（replication origin）的识别、复制复合体的形成、起始的引物合成、复制叉前进按 $5'\rightarrow3'$ 半不连续合成、复制校对、复制连接、复制终止。

**表 1.1 不同生物的复制酶系**

| 功能 | 大肠杆菌 | λ噬菌体 | T4 噬菌体 | SV40 | 酵母 |
|------|----------|---------|-----------|------|------|
| 起始蛋白 | DnaA | λ的 O 蛋白 | | T 抗原 | ORC |
| 转载改构因子 | DnaC | λ的 P 蛋白，DnaJ，DnaK | gp59 | 细胞伴侣 | Cdc6 |
| 解旋酶 | DnaB | | gp41 | T 抗原（SV40） | MCM 蛋白 |
| 引物酶 | DnaG 引物酶 | | gp61 | Pol-α引物酶 | Pol-α引物酶 |
| 聚合酶 | PolⅢ全酶的 α亚基 | | gp43 | Polδ | Polδ 和 Polε |
| 校正酶或亚基 | PolⅢ全酶的 ε亚基 | | gp43 | Polδ | Polδ 和 Polε |
| 滑动夹环 | β亚基 | | gp45 | PCNA | PCNA |
| 滑动夹环转载体 | γ复合物 | | gp44/62 | RFC | RFC |
| 单链结合蛋白 | SSB | | gp32 | RPA | RPA |

（1）复制是一段一段完成的，并不是全部把双链解开，首先在解旋酶（helicase）的作用下让双螺旋局部解旋形成双链分离的复制泡。解开的单链 DNA 首先与单链结合蛋白（SSB）结合形成 DNA-SSB 复合体。

（2）复制酶（replicase）中的复制起点识别酶或识别亚基识别复制起点。所有 DNA 都具有复制起点，复制起点是启动复制过程中复制酶的作用位点。原核生物一般具有单个复制起点 oriC，如大肠杆菌 oriC 长 245 bp（+22～+267），位于 gidA～16 kD 基因之间，在 E. coli 遗传图谱 84 min 处，富含 AT 序列，具有 4 个重复序列，2 个正向重复，2 个反向重复，9～14 个 GATC 序列，GATC 中的 A 位点的甲基化对于 oriC 的功能必不可少；病毒 SV40 中完整的 oriC 为 82 bp（第 5229→第 29），最低限度为 64 bp（第 5208→第 29），具有 40%～50% 的活性；真核生物染色体上一般具有多个复制起点，酿酒酵母的复制起点称为自主复制序列（autonomously replicating sequence，ARS），约有 400 个，每个 ARS 长 100～200 bp，富含 AT。

（3）一系列与复制相关的复制酶与复制起点共同作用形成复制起始复合体。

（4）复制起始需要合成 RNA 引物，一般由引物酶（primase）负责一小段 RNA 引物合成。

（5）复制中的复制叉（replication fork）单向或双向前行，解旋酶开路，按 $5'\rightarrow3'$ 方向由 DNA 聚合酶（DNA polymerase）负责进行半不连续的延伸合成，先导链（leading strand）连续合成，后随链（lagging strand）合成冈崎片段（okazaki fragment）。原核生物的冈崎片段长约 1 000～2 000 bp，真核生物的冈崎片段长约为 100～200 bp。在延伸合成中复制叉的前边产生阻止复制叉前进的正超螺旋（positive supercoil）；复制叉的后边产生使 DNA 过度松弛的负超螺旋（negative supercoil）。正负超螺旋由拓扑异构酶（topoisomerase）的作用来调整超螺旋的平衡问题。拓扑异构酶的主要功能：一是恢复由一些复制过程产生的超螺旋；二是防止细胞 DNA 的过度超螺旋。复制时需要 DNA 分子复制区域处于负超螺旋状态。生物体内的负超螺旋维持在 5% 左右。拓扑异构酶有两种，即 DNA 拓扑异构酶Ⅰ和Ⅱ。DNA 拓扑异构酶Ⅰ能在复制叉的前方近端一条 DNA 链的多核苷酸主链上产生一个暂时性的缺口，使得 DNA 可以绕过另一条完好的单链自由旋转，以消除前方的正超螺旋，然后由该酶将缺口末端连接起来。当细菌染色体复制完成时，两个相互锁着的环状分子产生。

拓扑异构酶Ⅱ能产生负超螺旋,以抵消复制叉移动时所产生的正超螺旋,在其中一个 DNA 分子的双链上形成暂时性缺口,另一条 DNA 分子可以从中穿过,两个子代 DNA 分子分离。然后由该酶将断裂的链连接起来。DNA 拓扑异构酶Ⅰ和Ⅱ共同作用使 DNA 分子维持在 5% 的动态负超螺旋的水平上,从而协助完成 DNA 的解旋与超螺旋状态,完成复制。

(6)复制必须精确,但复制过程依然具有错配现象。每次复制碱基对发生错误的概率是 $10^{-3}$,而在细菌中实际发生错误的概率为 $10^{-8} \sim 10^{-10}$,这是聚合酶的修复功能所能完成的。聚合酶□ $3' \rightarrow 5'$ 的核酸外切酶活性完成校正修复。

(7)冈崎片段前端的 RNA 引物被切除修复亚基切除,产生一段缺口,并由此切除修复亚基弥补缺口的合成 DNA,这些冈崎片段再由连接酶(ligase)完成连接。

(8)复制终止。终止包括交汇终止和末端终止。环形染色体一般交汇终止,终止于复制起点的反方向的终止区域(terminator)内,终止区域与复制起点紧密连接。复制叉终止于复制叉两边的终止区域内。终止区域具有特殊的 DNA 终止序列,终止区域与特定终止蛋白结合完成终止。线性染色体的末端终止是通过端粒(telomere)复制完成的。由于线性染色体没有位点供 RNA 引物起始复制,后随链 5' 末端因无模板合成引物而无法复制,这使得每次复制之后染色体可能变短,并会导致遗传信息的丢失。线性染色体末端的特殊结构——端粒解决了这一问题。端粒包含一种串联重复的简单非编码序列,人类中为 5'-TTAGGG-3',酿酒酵母端粒片段为 $TG_{1 \sim 3}$,前导链 3' 末端延伸到后随链 5' 末端之外。端粒酶(telomerase)包含一种 RNA 分子,部分覆盖并结合在前导链重复序列上。端粒酶以自带 RNA 为模板延伸前导链,然后端粒酶脱落并结合在新的端粒之上,前导链再次延伸。在端粒酶最终脱落之前 延伸过程可以发生上百次。新产生的前导链作为后随链 5' 末端合成的模板(图 1.7)。DNA 在正常复制中变短以及在端粒酶作用下变长,这两个过程大致平衡,因此染色体总长度保持不变。

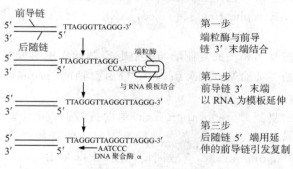

图 1.7　端粒的末端复制

(9)复制过程中需要的酶包括解旋酶、引物酶、DNA 聚合酶、拓扑异构酶和连接酶。解旋酶负责解离局部双螺旋;引物酶负责引物合成;DNA 聚合酶负责 DNA 的识别和合成,全酶负责识别启动子序列,核心酶负责合成;拓扑异构酶负责复制叉的维持一定的负超螺旋水平;连接酶负责 DNA 的连接。总之,在原核生物,如大肠杆菌中,DNA 聚合酶有Ⅰ、Ⅱ、Ⅲ三种,DNA 聚合酶Ⅰ负责复制修复,DNA 聚合酶Ⅱ负责突变修复,DNA 聚合酶Ⅲ负责复制合成,DNA 复制是 DNA 聚合酶Ⅰ和Ⅲ共同完成的。在真核生物中,DNA 有五种聚合酶 ($\alpha$、$\beta$、$\gamma$、$\delta$、$\varepsilon$)负责复制,$\alpha$、$\beta$、$\delta$、$\varepsilon$ 位于核内,$\alpha$ 负责引发,$\delta$ 负责 DNA 合成,$\varepsilon$ 负责 DNA 合成修复,$\beta$ 负责切除修复;$\gamma$ 位于线粒体内,负责线粒体 DNA 复制。

真核生物的染色体是线性染色体,复制形式为线性末端复制,一个一个复制子进行复制,到染色体末端进行特殊的末端复制,即端粒复制。而原核生物的复制形式具有多样性,主要的形式有 θ 复制、滚环复制和噜卟复制或 D 环复制。θ 复制是 1963 年卡文(Cairan)根据大肠杆菌环状染色体复制的中间产物的放射性自显影实验提出的。由于形状像 θ,因此称其为 θ 复制。θ 复制具有单向复制和双向复制(图 1.8),单起点起始,单向或双向进行合

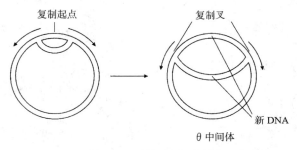

图 1.8　环状 DNA 分子的 θ 复制

成,复制叉最终交汇合并,复制终止。微生物的滚环复制与 θ 复制是病毒或质粒扩增时的不同阶段。滚环复制常见于噬菌体和质粒复制,以 φχ174 最为常见。φχ174 是一种单向的滚环复制(rolling circle replication)(图 1.9)。在滚环复制中,只有一条链复制而产生一些环状分子的拷贝。其中一条链发生断裂,产生自由 3′ 羟基末端,然后以此为引物,以未断裂的一条环状链为模板,由 DNA 聚合酶催化延伸,产生滚环结构。复制反应可看成生长点沿着环状模板链的滚动。随着它的滚动,5′ 末端不断被置换甩出而成为一条单链。随着反应循环进行,在单链上合成了环状基因组的许多单位拷贝,这种单链尾巴按照单位长度断裂就会产生原初环状复制子的单链线性拷贝。这个线性 DNA 可保持单链形式或通过合成互补链而转化成为双螺旋形式。因此,在原核生物中可以通过滚环复制实现基因扩增。φχ174 噬菌体基因组编码产生 A 蛋白,它识别双螺旋 DNA 正链上的复制起点,并在其上产生一个切口(nick),游离出一个 3′-OH 和一个 5′-$PO_4$ 末端,并与其 5′ 末端共价结合。随后在 DNA 聚合酶的催化下,以环状负链为模板,从正链的 3′-OH 末端加入脱氧核苷酸。随着正链新链的不断延长,结合着 A 蛋白的 5′ 端不断被置换出来。SSB 蛋白结合到已抛出的单链上,使其环化回折。所以当新链的生长点重新返回复制起点时,被取代的正链 5′ 末端的 A 蛋白也在起点附近,它将再次识别起点并将链切断。被取代的正链作为一个环被释放。A 蛋白参与了环化过程,使正链产物的 3′ 和 5′ 末端连接在一起。然后 A 蛋白又重新连接于双链环切口处的 5′-$PO_4$ 末端开始下一次循环。通过多次滚环复制,可产生许多拷贝的环状正链。这些正链可作为模板合成互补负链,以形成双链环状 DNA,重新参与滚环复制,也可以包装到噬菌体的蛋白颗粒中以产生子代噬菌体。噜卟复制又称为 D 环复制,线粒体的环状 DNA 往往是 D 环复制(图 1.10),负责这一复制的是真核 DNA 聚合酶 γ,复制从重链(H 链)的原点开始,这时新合成的 H 链即置换原来的旧链,这样形成的结构称为 D 环或噜卟,当 H 链合成到一半以上或三分之二时,轻链(L 链)合成的原点即被暴露,从而引发 L 链的合成,后者延伸的方向与 H 链相反。一些线粒体的 DNA 具有一个 D 环,有的甚至具有多个 D 环,如四膜虫线粒体 DNA 具有 6 个 D 环。无论哪种形式复制,其最终结果都使一份拷贝变成了两份,其机制是半保留性质的。

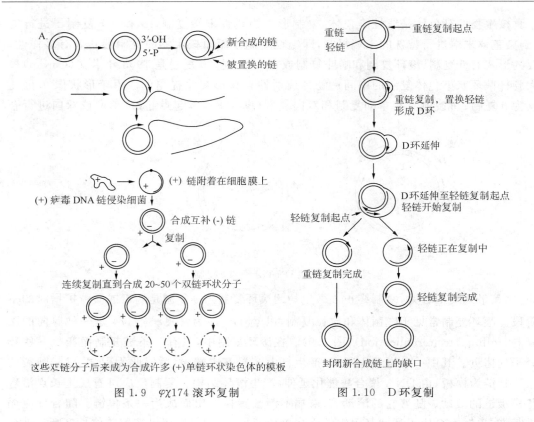

图 1.9　φχ174 滚环复制　　　　　图 1.10　D 环复制

# 1.3　微生物特点与优越性及微生物遗传育种研究方法应用

### 1.3.1　微生物特点与优越性

微生物具有不同于高等动植物的生物学特性,表现为如下特点与优越性:①单细胞体制或多细胞而极少分化的体制,因为体制与结构简单,便于作为研究复杂体制生物的简单模型,例如酵母菌基因组中有与人老年性痴呆基因相似的基因结构,这无疑说明了研究微生物基因组的潜在价值,为研究细胞老化提供更多更可靠的垂直同源基因图谱。②遗传物质简单,基因组小,便于作为基因作用、基因突变的研究材料;便于获得各种营养缺陷型;便于作为研究杂交、转导、转化等现象的材料;微生物基因组研究便于为基因组研究积累经验、完善技术,起到"先行官"的作用。③营养体多数是单倍体,无性状遮盖现象,便于研究基因与性状的关系,便于作为基因精细结构的研究材料。④多数能在一定成分的培养基上生长繁殖,便于研究营养与微生物生理的关系。⑤在固体培养基上能从单个细胞通过无性繁殖方式形成菌落,易于观察与识别。⑥微生物繁殖世代所需时间短,易于管理和进行化学分析。⑦代谢作用旺盛,在液体培养基中能短时间内积累大量的代谢产物,便于研究它的次生代谢产物。利用液体培养,由于环境因素对于分散的细胞可以均匀而直接地起作用,因此,便于研究细胞与环境的关系。⑧有性世代的时间短,便于研究有性世代与无性世代对于微生物类群的繁殖与生长的影响。⑨利用微生物质粒,便于开发基因工程载体,促进高等动植物基因工程的广泛使用。一方面,从微生物中最简单的类型——病毒着手,有利于研究病毒与寄主的关系,从而揭示寄主的遗传规律。另一方面微生物基因组收效快,成果易于转化为产品,尤其是基因组与药物筛选技术的匹配性有利于药物开发的针对性,为专一性药物开发提供了可能性。因此,微生物作为遗传学的研究材料具有其他研究材料所不可比拟的优越性,微生物遗传育种学的发展对现代遗传学的研究是必不可少的。

原核微生物与真核微生物在遗传体制上是有很大差别的,其主要差别将在病毒、细菌、放线菌和真菌的遗传体制中进行详细讲解,在细胞组装上的主要差别见表 1.2。

表 1.2　真核微生物与原核微生物遗传的细胞组装上的主要差别

| 项目 | | 原核微生物 | 真核微生物 |
|---|---|---|---|
| 遗传物质和复制的组装 | DNA | DNA 在细胞质中游离;DNA 与类组蛋白联系;DNA 中无或很少有重复序列 | DNA 位于细胞核膜内,只有一个核仁;DNA 与组蛋白和非组蛋白联系;DNA 中有大量重复序列 |
| | 染色体 | 一个染色体,环状 DNA,一个连锁群 | 多于一个染色体,线性染色体,$n$ 个连锁群,每个染色体是单倍体,营养体多为单倍体,少数为双倍体 |
| | 质粒 | 有,染色体外的遗传物质 | 有,酵母与丝状真菌中有质粒,但高等真核细胞无 |
| | 内含子 | 在 mRNA 中一般没有内含子 | 绝大多数基因中都发现内含子 |
| | 基因表达 | RNA 和蛋白质在同一区间合成 | RNA 在核中合成和加工;蛋白质在细胞质中合成 |
| | 细胞分裂 | 以均等分裂方式,只有无性繁殖 | 有丝分裂和减数分裂,少数出芽生殖,典型有性生殖和无性生殖 |
| | 遗传重组 | 主要通过接合、转导、转化等形式发生 | 主要发生在有性生殖过程中,减数分裂导致产生单倍体细胞(配子),部分发生在准性生殖过程中 |
| 细胞的组装 | 大小 | 1～10 $\mu m$ | 10～100 $\mu m$ |
| | 细胞核 | 无核膜 | 有双层的核膜 |
| | 质膜 | 含有 hopanoidi、脂多糖和胞壁酸 | 含有固醇 |
| | 光合和呼吸酶分布 | 质膜 | 叶绿体和线粒体膜 |
| | 能量代谢 | 能量代谢与细胞质膜联系,在质膜上进行呼吸作用;蓝细菌有类似于高等植物的光合作用,其机理不同于高等植物叶绿体的光合系统,光合作用与细胞质膜的膜相系统和泡囊相联系 | 能量代谢多数情况在线粒体中发生;藻类和植物细胞中存在叶绿体 |
| | 内膜 | 无独立内膜 | 有,分化为各种细胞器,蛋白质合成和寻靶作用与内膜、粗糙内质网和高尔基体相联系<br>有膜的泡囊如溶酶体和过氧化物酶体存在,有微管骨架存在 |
| | 鞭毛 | 由一根蛋白鞭毛丝构成鞭毛 | 有 9+2 微管排列的复杂结构,称为微管蛋白 |
| | 核糖体 | 70S(30S+50S) | 80S(40S+60S)(线粒体和叶绿体的核糖体是 70S) |
| | 细胞壁 | 肽聚糖的细胞壁(只有真细菌有,古细菌中是不同的多聚糖),由蛋白质、脂多糖、脂蛋白构成 | 多糖的细胞壁,一般由纤维素、半纤维素或几丁质构成 |
| 代谢营养 | 细胞代谢营养方式 | 代谢类型多样,有好氧、厌氧、兼性厌氧、自养和异养类型,主要通过发酵获得能量,发酵不需要氧,能量以 ATP 贮存,无氧发酵获得 2 个 ATP,主要通过吸收部行使不同于植物的光合作用 | 呼吸式代谢,通过糖酵解和三羧酸循环,产生能量,以 ATP 贮存,有氧呼吸获得 36 个 ATP。吸收,内吞,异养,部分行光合作用。 |

### 1.3.2 细胞培养技术的应用

细胞培养技术在动植物体细胞培养中得到了广泛应用。细胞培养技术成功地应用到植物组织培养中,使植物组织培养技术日趋完善,并发展了原生质体培养技术,尤其是单倍体的应用,20世纪60年代,微生物的培养技术应用到植物的花药培养上,成功培育了小孢子体系,从而进一步推动了体细胞遗传学的发展,推动了细胞培养技术的完善。植物基因工程的研究中,细胞培养技术作为受体选择的必备条件,Ti质粒的改造与应用在植物基因工程中又起到了推波助澜的作用,在植物品种改良、抗性育种等方面都起到十分重要的作用。细胞培养技术最初应用到动物细胞培养中,发展了高等生物细胞的集落生长。高等生物细胞的集落生长就是将微生物的培养技术用于高等动物的细胞培养,从而生产人类所需要的细胞株或次生代谢产物。在20世纪50年代,人子宫颈癌上皮样细胞株——海拉(hela)集落生长的成功对高等生物体细胞遗传学研究具有重要意义。现在高等生物的细胞集落生长的应用已经十分普遍,利用这种细胞培养技术,在体外进行试验性研究已经发展为一门学科——体细胞遗传学,重点研究高等生物的细胞的作用及其发育、生长、衰老与死亡等问题。并且通过细胞培养技术原理与方法发展了高等动物的克隆培养技术,培养出克隆动物,进而发展了21世纪最热门的专业——生物组织工程学,细胞培养技术现在已经广泛应用于动植物和微生物细胞培养中,今后甚至可以促进细胞培养产业化的技术发展。

### 1.3.3 突变与诱变筛选技术的应用

微生物的突变筛选技术在动植物与人类细胞研究中也得到了广泛的应用。微生物突变原理及方法成功地应用到动植物的诱变育种以及人类癌生物学的研究,营养缺陷型的筛选方法与亢性标记等成功地应用到动植物的转基因筛选中。营养缺陷型的突变体的筛选是许多工作的基础,微生物是单倍体,比较容易得到突变体,高等生物是二倍体,不易得到突变体,但离体培养中易得到缺失细胞株,从这些细胞株中不难得到各种突变型供研究所用;体细胞诱变已经应用到高等植物育种中,在分子遗传的调控研究中体细胞诱变对于功能基因的表达应用研究就显得简单快捷而行之有效。

### 1.3.4 显微镜观察技术

通过显微镜观察技术人类发现了肉眼看不见、摸不着的微生物菌落以及单个细胞形态。显微镜技术的发展为人类观察不同细胞形态起到了如虎添翼的作用;显微镜观察技术应用到高等动植物及人类细胞研究,推动了细胞生物学的迅猛发展。利用普通显微镜可以观察到微生物及高等动植物细胞结构以及组织形态;倒置显微镜用于观察培养的活细胞;相差显微镜技术的发展可以观察到活体细胞的状态、未染色的组织切片和缺少反差的染色标本;暗视野显微镜的发明扩大了人类的观察面,让人类看到了在明视野中不能看见的一些细菌和一些单细胞内的胶体物质;荧光显微镜技术让人类发现了细胞内的发荧光的物质,如叶绿体等,叶绿体受紫外线照射后可发荧光,细胞内另有一些物质本身虽不能发荧光,但如果用荧光染料或荧光抗体染色后,经紫外线照射亦可发荧光,荧光显微镜就是对这类物质进行定性和定量研究的工具之一;偏光显微镜(polarizing microscope)用于检测具有双折射性的物质,如纤维丝、纺锤体、胶原、染色体等;激光共聚焦扫描显微镜既可以用于观察细胞形态,也可以用于细胞内生化成分的定量分析、光密度统计以及细胞形态的测量;微分干涉差显微镜(differential interference contrast microscope)使细胞的结构,特别是一些较大的细胞器,如核、线粒体等,立体感特别强,适合于显微操作,目前像基因注入、核移植、转基因等的显微操作常在这种显微镜下进行;电子显微镜让人类观察到非细胞形态的生物——病毒,并发展了多种不同功能的电子显微镜,如透射电子显微镜用于观察细胞亚显微结构(submicroscopic structures)或超微结构,扫描电子显微镜用来观察标本的表面结构,扫描隧道显微镜用于直接观察生物大分子,如 DNA、RNA 和蛋白质等分子的原子布阵及某些生物结构,如生物膜、细胞壁等的原子排列。通过显微镜技术发展了显微操作技术,显微操作技术包括细胞核移植、显微注射、嵌合体技术、胚胎移植以及显微切割等,在这些研究领域,全世界各国科学家已经取得了丰硕成果。

### 1.3.5　合成培养基的应用

　　合成培养基是在天然培养基的基础上通过培养成分的配方筛选而形成的专用培养基,可根据培养细胞的不同而筛选不同配方。合成培养基应用到植物组织培养中不难筛选到不同植物材料组织培养的专用配方;应用到动物培养中可以筛选到不同动物克隆培养的专用配方;而微生物合成培养基的使用对于人类生化代谢疾病的研究起到了如虎添翼的作用。合成培养基对微生物的营养缺陷型和生化遗传的研究是必不可少的,常用的高等动物的细胞培养的合成培养基包括 13 种氨基酸、8 种维生素、一些无机盐以及葡萄糖和血清,动物合成培养基配制成功,可以作为人体细胞株的基本培养基,便于高等动物的细胞学和遗传学的研究,也奠定了动物克隆技术、试管婴儿技术的基础。这些研究方法不但适合于动物,同时也适合于高等植物,植物培养基的筛选主要是在植物激素和微量元素的筛选上,对于植物培养,植物激素的作用大于微量元素的作用,但微量元素对于植物生长起到一定的调节作用,通过合成培养基,在植物组织培养的基础上又发展起来植物原生质体培养技术,为植物育种又增添了一种新方法。

### 1.3.6　液体培养技术的应用

　　液体培养技术也成功地应用到动植物以及人类研究中,液体培养方法为转基因细胞培养提供了一种新方法,不但可应用于动植物转基因中,同时也应用于生物酶学、生化遗传学、酶工程研究中,为生化遗传途径研究提供了可能,为酶工程研究提供了一种手段。微生物的酶的诱导合成必须采取液体培养,人体细胞培养也可以用液体培养,转基因研究过程中的细胞转化培养也多采用液体培养,便于转化更多的转化子。液体培养中可以得到比较均匀的细胞群体,有利于液体营养物均匀作用于不同细胞,这些细胞适合进行酶的诱导合成和转基因转化过程的研究等,正是这种均质性对于生化遗传学的研究显得尤为重要,对于转基因是一种快捷有效的方法,对于酶工程的研究是必不可少的手段。因此,液体培养技术促进了生化遗传研究、转基因研究和酶工程研究与应用。

### 1.3.7　体细胞融合和体细胞杂交技术的应用

　　体细胞融合与体细胞杂交技术应用到动植物研究中为动植物品种改良、品种选育提供了更新、更好、更快捷的研究方法。微生物的细胞融合和细胞杂交技术应用到高等动植物的细胞融合和细胞杂交研究中,高等动植物细胞融合和细胞杂交的成功又进一步推动了体细胞遗传学研究。20 世纪 50 年代庞蒂科尔(Pontecorvo)在构巢曲霉中发现了有丝分裂定位,将此方法改良后应用到人类染色体基因定位,20 世纪 70 年代通过体细胞融合得到烟草体细胞杂种,从卡尔逊(Carlson 1972)建立第一棵体细胞杂种植株以来,细胞融合技术已取得了令人满意的成果。短短 30 来年的时间里,已经建立起一套完整的体细胞杂交体系,它能使不能通过有性过程杂交的亲本之间进行遗传物质的重组,不仅包括核基因的重组,而且也包括胞质基因的重组。与此同时,体细胞杂交技术也在不断地发展与完善,并成功地用于作物改良。从 20 世纪 60 年代开始核移植(nuclear transplantation)技术研究,到 90 年代成功培养出试管婴儿和克隆动物(animal cloning)以来,体细胞杂交技术已经广泛应用于高等动植物的研究,人类遗传学研究和癌症病因等研究也采用了体细胞融合方法,目前已经审定并投入商业生产的生物药品有:干扰素、红细胞生成素、尿激酶、血凝因子、乙肝病毒疫苗、人生长激素、人胰岛素和粒细胞集落刺激因子,产值达数十亿美元,这些都是细胞工程的产物。

### 1.3.8 质粒研究技术

质粒广泛存在于微生物中,质粒分离与质粒构建技术为基因工程技术的研究奠定了基础。不同质粒特性的研究为动植物基因工程载体选择提供了材料,使基因工程技术的广泛应用有了可能,穿梭质粒为不同天然生物重组提供了可能。目前基因工程技术在质粒研究技术、细胞培养技术、突变筛选技术和生物转化技术的支撑下得到了蓬勃发展,已经成为生物技术的核心内容,过去利用微生物来生产高等生物的产品被认为是天方夜潭,现在随着基因工程技术的完善已经能够通过基因工程技术生产的产品越来越多,有蛋白质、酶类、氨基酸、抗生素、可降解塑料、多聚糖类等,随着技术的进一步完善,生物技术的应用领域也将越来越广泛,在不久的将来那些认为不可能产生的技术都可能成为现实,微生物遗传育种技术必将成为生物技术中的主力军之一,微生物将更好地造福于人类。微生物尽管微小,但它却是多彩的,它在不经意间影响着地球与人类……

(廖宇静)

# 第 2 章　微生物的突变与修复

## 本章导读

**主题:突变与修复**

1. 什么是突变、突变体、突变剂?
2. 突变是怎样划分的?
3. 突变有哪些种类?
4. 重点掌握条件突变、组成型突变、渗漏突变、沉默突变、条件致死突变。
5. 突变的基本特点是什么?
6. 微生物突变的常见类型有哪些?
7. 抗药性突变特点、来源、区分?
8. 微生物基因符号及命名规则是怎样的?
9. DNA 自发性损伤有哪些种类? 复制性损伤概念、类型、特点及原因是怎样的?
10. 碱基的自发性化学损伤的种类与特点有哪些?
11. 诱发突变有哪些种类?
12. 化学因素造成的 DNA 损伤的种类及特点是什么?
13. 常见致癌剂有哪些? 各有什么特点?
14. 物理因素造成的 DNA 损伤的种类及特点是什么?
15. 什么是嵌合剂,具有什么作用?
16. 生物因素导致的 DNA 损伤有哪些类? 具有什么特点?
17. 突变热点形成的原因是什么? 什么是突变热点与增变基因?
18. 人类癌基因与病毒癌基因的关系是怎样的? 癌基因种类与特点是什么?
19. 癌症发生的主要原因是什么? 为什么?
20. 突变修复有哪些种类? 各有何特点? 修复系统存在的意义是什么?

# 2.1　突　变　概　述

## 2.1.1　突变

突变(mutation)是一种遗传状态,是可通过遗传物质复制而遗传的线性 DNA 结构上部分碱基的任何永久性改变,是一种可遗传的变异(variation)。DNA 的高保真复制机制和复制前后对损伤的修复作用共同保证了 DNA 遗传结构的稳定性,但这种遗传上的稳定性并不是绝对和永恒的,许多因素可引起 DNA 的突变。突变可造成突变位点的单核苷酸多态性、等位、复等位、拟等位基因的形式变化,导致 DNA 序列、结构或数目的改变。

在遗传学上,突变有三个层次的含义:①导致子代出现亲代所没有的新性状,产生的基因或染色体内部 DNA 序列的改变,强调的是性状改变及其原因;②突变是导致 DNA 变化发生的远程,即基因 DNA 序列改变或染色体结构的物理改变过程,即致突变作用(mutagenesis);③是指突变体(mutant),强调的是突变的结果。突变体或突变型是突变作用产生的携带突变基因的生物个体、细胞、群体或株系。没有发生基因突变的细胞或个体称为野生型(wild type)。致使发生突变的物质称为突变剂(mutagen)。正是通过对突变体(型)的研究,人们认识了基因的功能、本质和活动规律。在基因突变的研究中,大肠杆菌、沙门氏菌等一直是研究突变的好材料,这是因为它们只有一条染色体,基因突变导致的表型改变可立即表现出来。而二倍体高等真核生物,一条染色体上的基因突变并不一定导致表型改变,因为这一基因突变可被另一条同源染色体上对应位置的等位基因的功能所互补。

### 2.1.2 突变的划分

#### 2.1.2.1 基因突变与染色体畸变

从突变涉及的范围看,可以把突变分为基因突变(gene mutation)和染色体畸变(chromosome aberration)。广义的突变包括基因突变和染色体畸变,一般所说的突变仅指基因突变。

基因突变指的是一个基因内部可以遗传的结构性改变,是一个碱基至一小段核苷酸序列的变化,分点突变(point mutation)和片段突变(fragment mutation)两种情况。基因突变发生的原因通常有两种情况:一是某种碱基或核苷酸被另一种碱基或核苷酸替换;二是由碱基的插入和缺失引起的移码突变。基因的点突变牵涉的范围较小,狭义或严格意义上的基因突变应该局限在一条染色体上的一个基因内的一个位点的变化,点突变造成的染色体损伤小于 $0.2\ \mu m$,不能用光学显微镜直接观察,一般要依靠生长发育、生理、生化和形态等表型变化来判断突变的发生,有的没有表型改变只是呈现出 DNA 的单核苷酸多态性的变化,结果导致个体差异的易感性变化,其变化位点可通过核酸杂交技术、DNA 单链构象多态分析(SSCF)及 DNA 测序等方法来确定。基因的片段突变是 DNA 链的一段序列的缺失或插入,这种损伤有时可影响两个或数个基因,涉及数以千计的核苷酸。在一个基因内发生的片段突变包括核苷酸片段的缺失、重复、重组及重排等几种情况,一般 DNA 片段突变是联会过程中染色单体的非对等交换或错配以及转座因子的插入所致。由于缺失或插入的片段远远小于光学显微镜可观察到的染色体缺失或重复,故称小缺失(small deletion)和微小重复。当小缺失损伤范围波及 $10^4$ bp 以上时则是介于基因突变与染色体畸变之间不明确的过渡范围。研究表明基因突变的发生与 DNA 复制、DNA 损伤修复、癌变、衰老等有关。

染色体畸变指的是染色体结构改变和染色体数目改变。染色体结构改变包括缺失(deficiency)、重复(duplication)、倒位(inversion)与易位(translocation),指的是染色体上一段核苷酸序列的丢失或增加或倒置 180°或重排等变化,一般在高等生物中易于被观察,在微生物中,尤其是原核微生物中近几年才有所报道。在粗糙脉孢菌中,染色体畸变的研究已经相当深入了。在电子显微镜下已经可以观察病毒的染色体畸变。发生染色体畸变的微生物往往易致死,所以微生物突变主要研究的是基因突变。研究较为深入的有大肠杆菌、沙门氏菌、枯草杆菌等细菌。染色体畸变涉及的遗传物质改变的范围比较大,在光学显微镜下通过观察细胞有丝分裂中期分裂相就可观察到。染色体结构改变的基础是 DNA 断裂,导致染色体或染色体单体受损,且断端不发生重接或虽重接却不在原处,这种作用的发生及其过程称为断裂作用(clastogenesis),使其断裂的物质称为断裂剂(clastogen)。染色体结构畸变有染色体型畸变和染色单体型畸变两种类型。紫外线、X 射线、γ 射线等射线,以及亚硝酸和烷化剂等均是引起染色体畸变的有效的诱变剂。它们能引起 DNA 分子多处较大的损伤,如 DNA 链的断裂、DNA 分子内两条单链的交联、胞嘧啶和尿嘧啶的水合作用以及嘧啶二聚体的形成等。染色体数目的改变指的是以染色体组为单位的整倍性或非整倍性的染色体改变,一般在真核生物中才能观察到这种改变。

### 2.1.2.2　碱基置换与移码突变

从基因结构的改变方式看,基因突变可分为碱基置换突变和移码突变两种类型。

碱基置换突变是由一个新的碱基对替代一个原有的碱基对的突变,又叫碱基替换(base substitution)或碱基替代突变。在这种突变中,碱基对的数目没有变,只是一对碱基对被另一对碱基对所代替。碱基置换分为转换(transition)和颠换(transversion)。转换就是嘌呤之间或者嘧啶之间互换,颠换则是嘌呤与嘧啶之间的互换。引起碱基置换突变的原因和途径有三个:一是碱基类似物的复制掺入,二是某些化学物质如亚硝酸、亚硝基胍、硫酸二乙酯和氮芥等引起的特异性错配改变,三是紫外线照射。

移码突变或移框突变(frame-shift mutation)是一个或几个非 3 倍数的碱基的增加或缺失(delete or insert)所引起的突变,从而改变多肽链的氨基酸组成。移码突变所造成的突变后果往往比碱基置换更严重,由于三联体密码子的连续性和不重叠性,相互间并无标点符号,非 3 倍数碱基的插入或缺失在翻译过程中会造成其下游的三联密码子都被错读,即从受损位点开始密码子的阅读框架完全改变,于是翻译出面目全非的肽链,由于移码可以产生无功能多肽链,故易成为致死性突变(lethal mutation)。扁平的碱性染料分子的嵌合也易于引起移码突变。当 DNA 链中增加与减少的碱基是一个或几个密码子时,称为整码突变(codon mutation),此时编码的多肽链中增加或减少一个或几个氨基酸,而此部位之后的氨基酸序列不改变,其后果与碱基置换相似,故整码突变不包括在移码突变范畴之内。

### 2.1.2.3　自发突变与诱发突变

从突变过程来看,突变可划分为自发突变(spontaneous mutation)和诱发突变(induced mutation)。非人为因素,自然产生的突变称为自发突变。诱发突变是在人为诱导下产生的突变。整体上来讲,自发突变的频率极低,一般大基因自发突变的频率稍高一点,人们最初研究的大多数突变均属此类,遗传学家收集这些突变并对其加以研究,但是自发突变仅占所有可能突变的一小部分,而由物理、化学、生物等外界因素引起的诱发突变则比较常见,是育种的基础与手段。凡具有突变作用的化学物质称为化学诱变剂(chemical mutagen)或诱变剂(mutagen)或致突变物(mutagenizing agent)或遗传毒物(genotoxic agent)。有些化学物质具有很强的化学活性,其原形或化学水解产物就可以引起生物体的突变,这样的化学物质称为直接诱变剂(direct-acting mutagen);有些化学物质本身不能引起突变,必须在生物体内经过代谢活化后才具有致突变作用,故称其为间接诱变剂(indirect-acting mutagen)或前致突变物(promutagen)。除化学物质外,紫外线和电离辐射(radiation)等也能通过诱导基因点突变和引起染色体片段的缺失而诱发突变,第一个诱发突变的实例就是用 X 射线处理果蝇(drosophila),另外 γ 射线和快中子流轰击(fast neutron bombardment)也被证明是非常有效的诱变方法,引起突变的物理因素除各种射线外,还包括光、电、声、热、失重等因素。转座子(transposon)插入是除了化学诱变剂和物理诱变外的又一诱变途径,科学家们目前正在利用转座(子)元件(transposable elements)来创造新的突变。转座子是一些可以在基因组内从一个位置移动到另一个位置即可以在基因组内跳跃的 DNA 片段,突变体的产生是由于插入片段干扰了野生型基因的正常功能。随着人们对基因、基因组以及转座子结构和功能认识的不断深入,发现转座子是创造插入突变体的一个有效手段。人工诱变在遗传育种中有广泛的应用,在基因工程技术出现之前,它是人工改造生物遗传性能的主要手段,如通过诱变和筛选育成了高产、抗逆和优质的作物品种或菌株。大多数基因突变对生物体是有害的,基因突变往往是癌症、心血管系统等严重疾病的主要原因。突变也是在自然选择压力下产生新性状的手段,对生物进化而言又是必不可少的。

#### 2.1.2.4　单点突变、多点突变和大片段突变

从 DNA 碱基序列改变多少来看,可以将突变划分为单点突变(point mutation)、多点突变(multiple mutation)和大片段突变。单点突变指的是一个碱基的改变,包括碱基替代,即转换与颠换。单点突变往往具有较高的回复突变率。多点突变指的是一个或几个并非一定连续的碱基的改变、插入或缺失。单点或多点突变可导致同义突变、错义突变或无义突变。碱基插入可使基因失活,也可产生新的基因,可通过准确切离而回复,但定点难度较大。碱基缺失的回复突变率极低。大片段突变指的是一段连续的核苷酸片断的缺失、插入或重排。

#### 2.1.2.5　同义突变、错义突变、无义突变、终止密码突变和外显子跳跃

从遗传信息的改变看,可以将突变分为同义突变(synonymous mutation)、错义突变(missense mutation)、无义突变(nonsense mutation)、终止密码突变(termination codon mutation)和外显子跳跃(exon skipping)突变。

同义突变指的是碱基的改变并没有引起氨基酸的变化,这与遗传密码的兼并性和摆动性有关,是单核苷酸多态性的主要表现,是疾病易感性的主要差别。由于同义突变无表型改变,无突变效应,但不同生物个体内的碱基序列又有细微的差异,因此其以多态形式广泛存在于生物物种中,并不易检出。据估计,自然界中这样的突变占相当高比例。

错义突变指的是一对碱基的改变致使某一氨基酸的密码子变为另一氨基酸的密码子。错义突变包括致死突变(lethal mutation)、渗漏突变(leaky mutation)和中性突变(neutral mutation)。错义突变可影响蛋白质活性,严重的导致蛋白质失去活性,影响表型或致死。遗传学研究者把造成个体致死效应或其产物功能完全丧失的突变称为致死突变或无效突变。致死突变的死亡并不一定马上发生,也可能需要几个月或几年的时间,但是只要使寿命显著缩短,就视其为致死突变。致死突变若是隐性基因决定的,那么二倍体生物能够以杂合子的形式存活下来,一旦形成纯合子,则发生死亡,所以一个隐性的致死突变基因可以在二倍体生物中以杂合状态永久保存下来,而不能在单倍体生物中保存下来。致死突变在微生物中研究得不多,微生物中常见的是条件致死突变。条件致死突变(conditional lethal mutant)是在某些条件下生存,另一些条件下死亡的突变。它广泛存在于生物体内。条件致死突变型菌株只是在特定条件,即限定条件(restrictive conditions)下表达突变性状或产生致死效应,而在许可条件(permissive condition)下的表型是正常的。在不同条件下基因表达不同,在限定条件下,基因错误表达导致细胞功能异常,表现

为疾病发生或死亡。造成个体生活力下降的突变型称为半致死突变型。渗漏突变是介于突变型与野生型之间的碱基序列改变,功能虽不完全丧失,但仍保留基本活性,表型与野生型相似,但在杂合状态不能产生足够多或足够强的野生型表型的突变。这种情况产生的新的等位基因称为渗漏基因。如果错义突变使所编码的蛋白质、酶的结构域或活性域中心等重要部位的非核心保守序列的氨基酸被置换,就可能会改变蛋白质的结构而削弱此蛋白的功能,以至影响到突变体的表型甚至可能造成极其严重的后果。一个最典型的例子就是镰状细胞贫血症,编码血红蛋白 β 链上的一个决定谷氨酸的密码子 GAA 变成了编码缬氨酸的 GUA,使血红蛋白的结构和功能发生了根本的改变。在基因中有一对碱基对发生替换,引起 mRNA 中密码子的改变,但多肽链中相应位点发生的氨基酸的取代并不影响蛋白质的活性与功能,不出现明显的性状改变的突变称为中性突变。例如密码子 AGG→AAG,导致 Lys 取代了 Arg,这两种氨基酸都是碱性氨基酸,性质十分相似,所以蛋白的功能并不发生重大的改变。中性突变与同义突变合称为沉默突变(silent mutation)或无声突变。中性突变是 DNA 序列及对应的氨基酸都发生了改变,但不影响其功能的突变,而同义突变只是 DNA 序列发生了密码子兼并性的改变,但其对应的氨基酸没有改变的突变,因此沉默突变不影响蛋白质活性,不引起表型改变,以多态的形式在生物体内积累,引起生物不同个体间 DNA 序列的变化,造成个体易感性差异。

无义突变指的是一对碱基的改变致使某一氨基酸的密码子变为终止密码子(UAG、UGA、UAA)的突变。无义突变发生在 mRNA 的 5′端附近,因肽链合成过早终止,蛋白质一般无活性,这类突变又称为极性突变;无义突变如果发生在 mRNA 的 3′端附近,其肽段大部分都成功翻译出来,其蛋白质具有一定活性,表现为渗漏型突变,这类多肽多半具有野生型多肽链的抗原特异性,用免疫学抗原抗体反应可鉴定这些不完全多肽的存在。

终止密码突变是指当 DNA 分子中一个终止密码发生突变,成为编码氨基酸的密码子时,多肽链的合成将继续进行下去,肽链延长直到遇到下一个终止密码子时方停止,从而形成了延长的异常肽链,这种突变也是一种延长突变(elongtion mutation)。

外显子跳跃(exon skipping)是碱基置换在真核生物中引起的一种特殊的突变。真核生物的基因为断裂基因,由可编码蛋白质的外显子(exon)和非编码区内含子(intron)相间排列构成,初级转录产物必须经过剪接作用去掉内含子、连接外显子才能形成成熟的 mRNA,而"GT……AG"是真核生物内含子剪接的一个必需信号,如果剪接的受体位点 AG 发生了突变,剪接装置将会自动寻找下一个正常的 AG 位点,结果导致了一个外显子的丢失(被跳过),使得最终产物——蛋白质失去一段氨基酸序列,突变后果的严重性由丢失的蛋白质片断在整个蛋白质分子中的作用所决定。

### 2.1.2.6　正向突变、回复突变与抑制突变

从突变的效应背离或返回野生型的方向看,可将突变分为正向突变(forward mutation)和回复突变(back mutation 或 reverse mutation)。一般把野生型基因变成突变型基因的过程称为正向突变,把突变型基因又经过突变变成野生型的突变称为回复突变。回复突变因突变位点的不同又可以分为原位回复突变和抑制突变(suppressor mutation)。原位回复突变指的是突变型基因在同一点上再突变恢复为野生型基因,这类突变频率非常低。如果正向突变是由于缺失或插入引起的,那么回复突变的可能性则为零。若回复突

变并没有真正发生在正向突变的碱基序列内,只是原始突变效应被抑制了,因而表现为抑制性回复突变,这类突变称之为抑制突变。抑制突变又可分为基因内抑制(intragenic suppressors)和基因间抑制(intergenic suppressors)。基因内抑制指的是抑制突变发生在正向突变的基因序列之中;基因间抑制指的是抑制突变发生在正向突变的基因外。

### 2.1.2.7 启动子突变、组成型突变、突变热点和增变突变

从突变位点看,可以将突变分为启动子突变:包括启动子上升突变(promoter up muta-tion)、启动子下降突变(promoter down mutation)、组成型突变(constitutive mutation)、突变热点(hot spots of mutation)和增变突变(mutator mutation)。启动子突变是指突变存在于启动子区域的突变。启动子上升突变是能增强启动子对转录的启动作用的突变。启动子下降突变是能够降低启动子效能的突变。无论启动子上升突变还是下降突变都是突变位点发生在启动子区域内的突变。组成型突变指的是发生于操纵子区域的突变不能被阻遏蛋白所识别,或存在于调节基因区域的突变不能产生有功能的阻遏蛋白,使结构基因的表达失去了负向控制,从而产生不依赖于需要、在细胞中有固定数量蛋白质表达的突变,这种基因的表达就叫组成型表达(constitutive expression)。与组成型表达相对应的概念是特异性表达(specific expression)。启动子突变体和组成型突变体是研究基因调控的重要手段。热点突变指的是突变位点的突变频率大大高于平均突变频率的突变,这个突变位点又称为突变热点。增变突变是指基因组中某些基因的突变可使整个基因组的突变率明显上升,这类基因称为增变基因,这类突变称为增变突变。比如,修复或校对基因的突变使修复或校对功能丧失,从而导致增变突变。

### 2.1.2.8 转座突变、非条件突变、获得功能突变、失去功能突变、显性负突变

从转座行为看,可将突变分为插入因子导致的突变、复合转座子导致的突变和转座噬菌体导致的突变,其具体内容详见第3章。

从突变表型对外界环境的敏感性看,可以将突变分为非条件突变(nonconditional mu-tation)和条件突变(conditional mutation)。非条件突变指的是突变不随外界条件的变化而变化的突变。条件突变指的是突变是随着一定的外界条件的变化而变化的突变,如温度敏感突变。

从突变后果看,可将突变划分为失去功能突变和获得功能突变。失去功能突变包括无效突变、渗漏突变。获得功能突变包括癌突变、原癌基因突变、抑癌基因突变、致死性突变(显性致死与隐性致死)和条件致死突变(conditional lethal mutation)。

失去功能突变(loss-of-function mutations)是突变发生在某个基因的功能性关键区,使该基因作为野生型时应有的功能的"丧失"(less or no)。功能丧失的程度有两种情况:使基因功能完全丧失(completely loss of function)的突变称为无效突变(null mutation/amor-phic mutation);突变后基因功能部分丧失的突变称为渗漏突变(leaky mutation)。通常,丧失功能的突变是隐性的(recessive),在一个杂合子中,没有发生突变的那个等位基因足以使表型正常。有时候这种突变也可能是显性的,在这种情况下,杂合子单个野生型的等位基因不足以使突变体形成正常表型。

获得功能突变(gain-of-function mutations)是指尽管多数情况下突变导致功能丧失,但不排除使突变体获得某些新功能的可能。此时突变产生一个与新功能相关的等位基因,携有这个新等位基因的杂合子就会与野生型等位基因一道使新功能得到表达而产生新的表

型,故也被称为新变突变(neomorphic mutation),因此,获得功能的突变极有可能是显性突变,但也不排除部分隐性突变。

显性负突变(dominant negative mutations)是指突变基因的表达产物与野生型等位基因的表达产物具有拮抗作用(acts antagonistically),故又被称为抗性突变(antimorphic mutation)。这种突变往往导致分子功能的改变,以失活居多,伴有显性或半显性表型特征,如马凡氏综合征(marfan syndrome,MFS)就是一种常染色体显性遗传病(autosomal dominant disease,AD),患者微纤维蛋白1(fibrillin-1,FBN1)基因突变产生有缺陷的蛋白质,反作用于正常基因的表达产物,造成身体结缔组织的异常。

### 2.1.2.9　体细胞突变和生殖细胞突变

从细胞划分看,可以将突变分为体细胞突变和生殖细胞突变。真核生物有体细胞和生殖细胞两种细胞类型,如果是性细胞的基因发生了突变,就称为生殖细胞突变(germinal mutation),性细胞可以产生配子(gamete),可将突变传递给后代,但典型的生殖细胞突变并不在携带有突变的个体中表达。生殖细胞突变后果有致死性和非致死性两种,致死性突变不具有遗传性,而是造成配子死亡,不能受精或受精后形成死胎、自发流产或胚胎功能不全及生长迟缓等;非致死性突变则与许多按孟德尔定律遗传的显性或隐性遗传疾病有关。另外,生殖细胞基因突变增加了下一代基因库(gene pool)的遗传负荷(genetic load)。生殖毒性可由亲代生殖细胞突变所致,也可由胚胎细胞突变所致。相应的,发生在体细胞内的突变称为体细胞突变(somatic mutations),这种突变并不能通过有性生殖传递给后代,要想维持这种突变,必须通过体细胞克隆的手段。大多数组织由单个细胞或少数几个祖代细胞(progenitor cells)发育分化而来,如果突变发生在这些细胞,它们的子代细胞当然也会表达突变,所以体细胞突变往往发生在突变个体的某一部分,是一般器质性疾病的主要原因。肿瘤是体细胞突变的典型例子,如果突变发生在细胞分裂相关基因或原癌基因(protooncogene)上,所有的子代细胞就都含有这个突变,并使其细胞分裂失去控制,导致肿瘤发生,体细胞突变还与衰老、动脉粥样硬化、致畸等有关。

### 2.1.2.10　形态突变、生化突变

从表型看,可以将突变分为形态突变(morphological mutations)与生化突变(biochemical mutation)。形态突变又称可见突变(visible mutation),是肉眼可见的突变,又分显性形态突变和隐性形态突变。生化突变是肉眼不一定观察到的、但生化指标可以检测到的影响代谢途径的突变。如营养缺陷型突变、抗性突变、抗药性突变、抗逆性突变等。对于微生物,大多数突变无需传代就可直接引起亲本的性状改变,是"显性突变",但通过部分二倍体的研究可以观察到微生物性状中的显隐性关系。在人类,白化病(albinism)就是由于突变使酪氨酸酶缺乏,不能把酪氨酸(tyrosine)转变为黑色素的前体物质——3,4-二羟基苯丙氨酸,使黑色素(pigment melanin)的形成受阻;呆小病(克汀病,cretinism)的发生也是由于生化突变,使酪氨酸不能转变为甲状腺素(thyroxine),导致先天性甲状腺功能低下或丧失,使发育过程受阻,尤其表现在骨骼系统和神经系统,因而出现侏儒症。因此,严格地讲,通过适当的实验,形态突变可以在生化水平上得到解释。

# 2.2 突 变 特 点

## 2.2.1 基因突变的性质或特点

**随机性**：摩尔根在研究果蝇复眼时偶然发现了一只白眼果蝇。这一事实说明了基因突变的发生在时间上、突变个体上、基因座位上都是随机的。以后在高等动植物和微生物的突变研究中都发现基因突变是随机的。突变可以发生在任何生命体的发育过程中的任何时期的任何细胞的任何基因上。

**稀有性**：在摩尔根发现第一个突变基因时，不是发现了若干白眼复眼果蝇而是只发现了一只，这偶然的一只说明基因突变是极其稀有的。突变的稀有性是指正常情况下，突变在群体中的比率往往是低下的，一般用突变率表示。在有性生殖的生物中，突变率（mutation rate）用每一配子发生突变的概率来表示，也就是突变配子占总配子数的比例。用公式表示为：突变率 $u = \dfrac{突变配子数}{总配子数}$。在无性繁殖的细菌中，突变率是每一细胞世代中每个细菌发生突变的概率，也就是用一个世代的细菌在分裂一次过程中发生突变的次数来表示。对个体而言，突变是偶然随机的，对群体而言，突变总以一定的频率在群体中发生。一般生物的自发突变率在 $10^{-10} \sim 10^{-5}$ 之间，细菌的则介于 $10^{-5} \sim 4 \times 10^{-10}$ 之间。诱变剂等理化、生物因素可提高突变频率。表2.1是几种常见生物的基因突变率。

表 2.1　几种常见生物的基因突变率

| 生　物 | 突　变 | 突变率 |
|---|---|---|
| 噬菌本 T2 | 寄主范围 h | $3 \times 10^{-9}$ |
| 大肠干菌 | 链霉素抗性 $str^r$ | $(1 \sim 4) \times 10^{-10}$ |
| | 乳糖发酵 $lac^-$ | $2 \times 10^{-7}$ |
| 莱因合德衣藻 | 噬菌体抗性（T3、T1） | $(1 \sim 3) \times 10^{-7 \sim -8}$ |
| 金色葡萄球菌 | 链霉素抗性 $str^r$ | $1 \times 10^{-6}$ |
| | 磺胺噻唑 | $1 \times 10^{-9}$ |
| | 青霉素 | $1 \times 10^{-7}$ |
| 巨大芽孢杆菌 | 异烟肼 | $5 \times 10^{-9}$ |
| 伤寒沙门菌 | 对氨基柳酸 | $1 \times 10^{-5}$ |
| 绿脓干菌 | 链霉素（$1\,000\mu g/ml$） | $1 \times 10^{-10}$ |
| 致贺干菌 | 链霉素（$1\,000\mu g/ml$） | $4 \times 10^{-10}$ |
| 百日咳嗜血杆菌 | 链霉素（$1\,000\mu g/ml$） | $3 \times 10^{-10}$ |
| 粗糙链孢霉 | 链霉素（$1\,000\mu g/ml$） | $1 \times 10^{-10}$ |
| | 腺嘌呤缺陷型回复突变 | $4 \times 10^{-6}$ |
| 玉米 | 紫色子粒 | $1 \times 10^{-5}$ |
| 黑腹果蝇 | 白眼复眼 | $4 \times 10^{-5}$ |
| 小鼠 | 棕色皮毛 | $8 \times 10^{-6}$ |
| 人 | 血友病 | $3 \times 10^{-5}$ |
| | 神经纤维瘤病 | $2 \times 10^{-4}$ |

**可逆性**：突变具有正向突变与回复突变。假如基因 A 变成 a 为正向突变，其突变率用 $u$ 表示，那么基因 a 变成 A 就是回复突变，回复突变率用 $v$ 表示。基因突变就像化学反应一样是可逆的，这就是基因突变的可逆性。基因突变的可逆性表示如下：A ←→ a。

例如,野生型菌株可以正向突变为链霉素的抗性突变株,反之,链霉素抗性突变株也可以回复突变为对链霉素敏感的野生型菌株。正向突变得到的菌株叫突变株,回复突变得到的菌株叫回复突变株。理论上正向突变与回复突变概率相等,而实际上正向突变率大于回复突变率,即 $u > v$,这一点说明突变基因的结构是比较稳定的。导致这个现象的原因是因为一个野生型基因内部的许多位置上的结构改变都可以导致基因突变,但是一个突变基因的内部只有一个位置上的结构改变不能使它恢复原状。基因抑制现象往往具有回复现象而不具有相同的回复位点。回复突变有三种状态:原位回复突变、基因内抑制回复突变和基因间抑制回复突变,因此从位点看回复突变率小于正向突变率;另外,从概率论而言,一个位点发生突变的概率为 $10^{-6}$,那么发生两次相同的突变的概率则为 $10^{-12}$。综上所述,回复突变率小于正向突变率。除了由于 DNA 片段的缺失所造成的基因突变以外,一切基因突变在原则上都可以通过回复突变而成为野生型,这就是基因突变的可逆性。

**多方向性**:基因突变是不定向的,可以向多个方向发生。例如,从突变位点看,碱基 A 可以改变为 C、T、G 中的任何一个;从基因座位看,同一基因序列的不同位点都可以突变,而表现出等位基因的多态性;从表型看,产生同一性状的同一代谢途径的不同基因的突变将导致同一性状的表现度差异而呈现出多态性。我们把同一位点上的突变点称为异等位位点;把同一基因不同位点突变产生的等位基因系列称为复等位基因;把同一性状的同一代谢途径的不同非等位基因的突变系列称为数量性状基因。一个基因决定一种表型性状,这种性状称为质量性状,这个基因称为质量基因;多个基因共同决定一个表型性状,这个性状称为数量性状,这些基因称为数量基因。同源染色体上同一对应位置上的两个杂合状态的等位基因优先表达的序列为显性基因,另一个则为隐性基因。位于同一基因座位的三个以上的等位基因互称为复等位基因,同一位点的不同碱基互称为异等位位点。复等位基因是基因的多态性,异等位位点是核苷酸的多态性,总之,遗传多态性现象在生物界中广泛存在,遗传多态性是生物多样性的基础。如大肠杆菌 r II 区的 A 基因内有 200 个突变位点,理论上 A 碱基可以变成 T、C、G,如果 A 基因有 1 000 bp,这 1 000 bp 的任何一个位点都可能发生突变,而影响 A 基因的功能。碱基在基因内部的位置称为位点(site),基因在染色体上的位置称为座位(locus),一个座位内有若干位点,一个位点最小为一个碱基。

**独立性**:在微生物群体中,每个基因的突变是独立发生的。一个位点的突变与另一个位点的突变是两个互不相关的独立事件,这两个位点同时发生突变的概率是两个突变单独发生的概率的乘积。如巨大芽孢杆菌对异烟肼的抗性突变率是 $5 \times 10^{-5}$,对对氨基柳酸的抗体突变率是 $1 \times 10^{-6}$,两者同时发生突变的概率是 $5 \times 10^{-11}$。在医疗实践中经常发现细菌对多种药物出现交叉抗性现象,影响药物的效果,表面上看是该菌对多种抗生素同时产生抗性,但这种抗性并不是多个基因同时突变的结果,而可能是某一个基因突变所产生的表型效应。例如,当与细胞壁透性有关的一个基因发生突变时,细胞可有效阻止多种结构和作用机理相似的抗生素进入细胞,而表现出多重抗性。

**稳定性**:基因突变是遗传物质发生改变的结果,因此突变型基因和野生型基因一样,是一个相对稳定的 DNA 序列,是可遗传的。现代基因工程中经常用抗药性突变基因作为遗传标记,这种抗药性标记可以稳定遗传,即其后代不受环境条件的影响仍保持抗药性,这一点与由生理适应所产生的抗药性不同。

**重演性**:是同一突变可以在同种生物的不同个体间多次发生的现象,例如链霉素抗性突变在大肠杆菌的不同个体间多次发生。

**有害性**：大多数基因突变，对生物的生长和发育是有害的。现存的生物都是经过长期自然选择而来的，它们的遗传物质及其控制下的代谢过程，都已经达到相对平衡协调状态。如果某一基因突变，原有的协调关系不可避免地遭到一定程度的破坏或削弱，生物赖以生存的正常代谢关系就会被打乱，从而引起不同程度的不利后果，一般的突变导致生物分子的活性部分丧失，严重的导致无效突变或致死突变。

**有利性**：基因突变是不定向的，突变既有有害的一面，同时也有有利的一面。只要突变不影响生物的正常的生理活动，并保持物种的正常生活力和繁殖力，这些突变就保存了下来，这类突变包括中性突变和同义突变，它们为新基因提供了材料上的来源，随着环境的变迁，它有可能提高生物的适应性，为进化提供可能。噬菌体寄主范围突变如窄寄主范围突变为广泛寄主范围，使噬菌体扩大了生存空间。因此，我们说突变的有利与有害是相对的，而不是绝对约。

**平行性**：是亲缘关系相近的物种因遗传基础相似而发生的相似性突变现象。突变的平行性与瓦维洛夫（Vavilov）提出的遗传物质变异的同型系学说（law of homologous series）是一致的，是同源异型盒（框）的基础。同源异型框（homeobox），简称同源框，普遍存在于果蝇、鼠、人、蛙等生物中，是同源异型 DNA 中一段高度保守的 DNA 序列，同源核在进化中广泛存在。根据这个学说，当了解到一个物种或属内具有哪些变异类型时，就能预见近缘的其他物种或属内也存在相似的变异类型。例如，链霉素抗性突变在不同细菌种类中发生相似的突变。由于突变的平行性，如果在某一物种或属内发现某一类型突变，可以预期在同源的其他物种或属内也会出现相似突变，这是人工诱变的基础。

## 2.2.2　微生物突变的常见类型与菌株

微生物突变的种类很多。从筛选菌株的实用目的出发，按突变后极少数突变株的表型能否在选择培养基上迅速检出和鉴别来区分，突变株分为选择性突变株和非选择性突变株。选择性突变株（selectable mutant）是指能在选择性培养条件下用选择性培养基快速选择出来的突变株，这类突变株具有选择性标记，以生理突变为主，可通过某种环境条件使它们得到生长优势，从而取代原始菌株，如营养缺陷型突变、抗性突变与条件致死突变等。非选择性突变株（non-selectable mutant）则是指不能用选择性标记进行鉴定的突变株，这类突变株没有选择性标记，以形态突变、产量突变和抗原突变为主，只是一些数量、形态以及抗原性上的差异。微生物研究中常用的突变株有营养缺陷型突变株、温度敏感型突变株和抗性突变株。微生物的常见突变类型见表 2.2。

形态突变（morphological mutant）是指细胞或菌落形态与结构的改变，可以凭借肉眼或显微镜进行观察。形态包括细胞形态、菌落或菌丝形态以及噬菌体形态。细胞形态指的是鞭毛、芽孢或荚膜的有无及孢子和菌体形态、大小的变化等。菌落形态突变包括：菌落的大小、外形的光滑或粗糙以及颜色的变异；放线菌或真菌孢子的颜色、产孢量、菌丝颜色、色素有无的变异；噬菌斑的大小和清晰程度的变异等。

抗原突变型（antigenic mutant）是指由于基因突变引起病毒抗原或细菌抗原，特别是细胞表面成分如细胞壁、荚膜、鞭毛的细小变异而引起抗原性变化的突变型，包括细胞壁缺陷变异（L 型细菌等）、荚膜或鞭毛成分变异等。抗原突变会导致抗原漂移（antigenic shift），使

表 2.2　微生物的常见突变类型

| 突变类型 | | | 相关的表型类型 |
| --- | --- | --- | --- |
| 非选择性突变 | 形态突变型 | 菌落形态 | 产孢量,孢子颜色<br>菌丝颜色,细胞色素<br>菌落形态,表面结构 |
| | | 细胞形态 | 鞭毛、荚膜等细胞表面结构<br>孢子形态、大小、菌体形态、大小 |
| | | 细胞结构 | 细胞膜通透性<br>抗原性等 |
| 选择性突变 | 生理生化突变型 | | 糖类物质分解利用<br>生长因子需要(营养缺陷型)<br>次生代谢产物合成<br>色素的产生及变化<br>温度敏感型 |
| | 抗性突变型 | | 耐药性,抗药性<br>对噬菌体的抗性<br>对紫外线等物理辐射因素的抗性 |
| | 致病性突变型 | | 毒素产生能力<br>侵染能力 |
| | 致死突变型 | | 无义突变、错义突变、极性突变 |
| | 条件致死突变型 | | 温度敏感突变、抑制因子 sus 突变 |

细菌或病毒逃过宿主的免疫,并且科学家们已发现流行病病原体(epidemic strain)的抗原突变是导致免疫接种失败的一个重要因素;抗原突变能引起针对病毒免疫应答的强度和类型的显著改变,抗原突变并不一定破坏蛋白质的功能。抗原突变多是饰变(modification)引起的,饰变能够引起抗原性质的改变,但饰变不涉及遗传物质结构的改变而是只发生在转录、翻译水平上的表型变化。饰变是指生物体由于非遗传因素引起的表型改变,变化发生在转录、翻译水平,特点是几乎整个群体中的每一个个体都发生同样的变化,性状变化的幅度小且不遗传,引起饰变的因素消失后,表型即可恢复。

产量突变型(metabolite quantitative mutant)是通过基因突变而获得的,其有益有用代谢产物的产量高于原始菌株的突变株,又称高产突变株(high producing mutant)。这类突变在生产实践上异常重要。由于产量性状往往是由多基因决定的,因此,产量突变型的突变机制非常复杂的,产量的提高一般也是逐步累积的,产量突变株一般不能通过选择性培养基筛选出来。从提高产量的角度来看,产量突变株有两类:"正变株"(plus-mutant)和"负变株"(minus-mutant)。正变株是某代谢产物的产量比原始亲本菌株有明显的提高,负变株的产量则比亲本菌株有所降低。

生理生化突变是指引起细胞或个体发育过程中的细胞代谢、生理生化反应及相关底物、产物和酶的改变。最常见的有营养缺陷型和代谢突变型。营养缺陷型(auxotroph)是指由于野生型菌株控制代谢的某基因发生突变后而丧失合成一种或几种生长因子、氨基酸、维生素、核苷酸的能力,因而无法在基本培养基上正常生长繁殖的变异类型。营养缺陷型可在加有相应营养物质的补充培养基平板上生长选出,它是一类非常重要的生化突变型。由于这类突变型只能在完全培养基或补充培养基上生长,在基本培养基上不生长,所以是一种负选择标记。营养缺陷型菌株经回复突变或重组后产生的菌株称为原养型(prototroph),原养型在表型上与野生型相同,在基本培养基和完全培养基上都能够生长。如 Ade⁻,在培养基中必须添加腺嘌呤,而 Ade⁺ 不需要任何添加即可生长,称为野生型。营养缺陷型突变株在遗传学、分子生物学、遗传工程和育种等科研和生产中也有着重要的应用价值。营养缺陷型菌株虽然原有特定的生化功能发生改变或丧失,但在形态上不一定有可见的变化,通过生化方法才能检测到,如菌体对底物(糖、纤维素及烃等)的利用能力、对营养物(氨基酸、维生素及碱基等)的需求、对过量代谢产物或代谢产物结构类似物的耐受性以及对抗药性发生的变化等。另外,它也包括细胞成分尤其是细胞表面成分(细胞壁、荚膜及鞭毛等)的细微变异而引起抗原性变化的突变。生化突变对于发酵工业生产具有重大意义。很多氨基酸和核苷酸生产菌就是一些营养缺陷型突变菌株,或是对某些代谢产物及其结构类似物的抗性菌株;对青霉素或链霉素等药物的抗性菌株,可改善发酵的管理,并可作为遗传标记用于育种工作中的筛选和鉴别。代谢突变型(metabolism mutant)指那些由于突变造成对糖类的分解利用、次生代谢产物类型和产量、色素的种类、温度敏感性、产毒素的能力、侵染寄主的能力等方面发生显著变化的突变类型。

发酵阴性突变型是指突变后失去发酵某种糖的能力,但仍能利用其他糖作为碳源的突变。这是因为突变后失去能分解该糖的酶所致。由于乳糖发酵可用指示剂根据 pH 改变而显示,故 lac⁻(乳糖发酵阴性)突变株可作为糖原利用的研究工具。

抗性突变(resistant mutant)是指引起抗噬菌体、抗逆境(如抗高温、抗盐等)或耐药性的突变。抗性突变株是指对某种抗性因子具有抵抗能力的突变株。抗性突变产生的根本原因是由于野生型菌株的某基因突变后产生了对某种化学药物、某一物理因子或某些噬菌体等因素具有了抗性特征,是基因突变的直接结果,在某种抑制生长的因素(如抗生素或代谢活性物质的结构类似物)存在时抗性突变菌株一般能够继续生长与繁殖。例如,某一链霉素抗性突变株可以在加入 1 000 U/ml 的链霉素培养基上生长,野生型则不能生长。根据其抵抗的对象不同分为抗药性、抗紫外线、抗噬菌体等突变类型。噬菌体抗性突变株可以抵抗噬菌体的感染。抗药性突变株可以抵抗某种药物,如四环素抗性突变株在含有四环素的培养基上能够生长,对野生型而言,四环素就是它的敏感因素。这些突变类型在遗传学基本理论的研究中非常有用,抗性标记是基因工程中广泛应用的选择性遗传标记,并且在生产中也有重要意义。例如,在抗生素产生菌中选育抗自体抗生素高抗性突变株,解除抗生素对自身的毒害,可大幅度提高抗生素产量;又如,解烃棒状菌(C. hydrocarboclastus)可以产生棒杆菌素(carynecin),该抗生素是氯霉素的类似物。抗氯霉素的解烃棒杆菌突变株合成棒杆菌素的能力较非抗氯霉素的解烃棒杆菌提高了 4 倍。抗生素抗性突变株除能提高抗生素的产量外,还能提高其他代谢产物的量。如衣霉素可抑制细胞膜糖蛋白的产生,枯草杆菌的衣霉素抗性突变株,其淀粉酶产量较亲本提高了 5 倍。在蜡状芽孢杆菌中芽孢形成的延迟有利于β-淀粉酶的形成,而抗利福平突变使该菌株失去了形成芽孢的能力,经诱变选育到的利福平抗性突变株不形成芽孢,β-淀粉酶产量提高了 7 倍。

条件致死突变在微生物中最常见的是温度敏感型突变,有些菌体发生突变后对温度变得敏感了,在较窄的温度范围内才能存活,超出此范围则死亡。因此,条件突变是双向调节的主要因素,如人体肠道杆菌——大肠杆菌广泛存在于人体,一般条件不致病,但在一定条件下则具有致病性,这就是双向调节的结果。在大肠杆菌中发现有一类突变在高温(42 ℃)下是致死的,但可以在低温(25～30 ℃)下生存。某些 T4 噬菌体突变株在 25 ℃时具有感染性,而在 37 ℃失去了感染力。造成对温度敏感的原因可能是,突变使 DNA 聚合酶、氨基酸活化酶等肽链中的几个氨基酸被更换,使微生物的抗热性降低,只有在许可温度范围内,这些维持生命的关键酶或蛋白质才能维持其空间结构,具有正常的生物活性,当达到限制温度时,该蛋白就变性而失去功能。

致病性突变包括微生物致病基因(如伤寒沙门氏菌肠毒素基因)的突变,毒素产生能力和侵染能力(侵袭性)等的突变。正常肺炎双球菌有一层荚膜多糖,具有致病性,称为光滑型(S 型)菌株;有一种突变型称为粗糙型(R 型)菌株,无荚膜,失去了致病能力(缺乏 UDP-葡萄糖脱氢酶)。

微生物以上这些突变类型的划分并不是绝对的,只是关注角度不同,彼此并不排斥,往往同时出现。例如营养缺陷型是生化突变型,也可以认为是一种条件致死突变型,而且它常伴随着形态突变,例如粗糙脉孢菌和酵母菌的某些腺嘌呤缺陷型菌株还可分泌红色色素。所有的突变型可以认为都是生化突变型,这些类型的划分不是本质性的,而是根据功能和研究的方便而进行的划分。

### 2.2.3 抗药性突变的特点

在抗性突变中,抗药性突变最为突出。细菌的抗药性突变是一种正选择标记,在加有相应抗生素的平板上,只有抗性突变菌株能生长,所以很容易分离得到。抗生素抗药性是全球范围内亟待解决的医疗难题,目前的研究工作多集中在抗药性突变位点的识别和针对突变形成的靶位或新靶位进行的新药研发上,但这并不能改变抗药性菌株不断增多、抗药性程度不断增强的严峻局面,从不同的研究思路来解决抗药性的策略日益受到重视。从遗传角度而言,抗药突变与所有突变一样,具有突变的共同性,但抗生素的滥用,增加了抗药性突变的选择压,这会加速抗药性突变的进程。从生物本质而言,微生物也是生命,抗生素滥用,导致微生物的生存机会下降,抗药性突变的增强提高了细菌自身的生存能力,抗药性突变是细菌应对生存环境的改变而发生应对性变化的结果,因此针对性地使用抗生素,保持微生物菌群的平衡是减少抗药性突变的手段之一。抗药性突变是基因突变的一种,但具有其自身的特点:①三个著名实验,即影印实验、波动实验和涂布实验说明抗药性突变与药物的存在无关,抗药性突变是自发产生的,药物的存在只增加了抗药性突变的选择压。②抗药性突变以一定的突变率发生在个别细菌中,具有随机性、稀有性、可逆性等基因突变的共有特点。③各种药物抗性的发生是彼此独立无关的事件。④抗药性突变型的稳定性取决于抗性突变的来源,来源不同其稳定性不同。抗药性突变的来源有三个方面:基因突变、质粒突变及生理环境突变,后者属于非遗传变异。抗药性突变的稳定性不但与抗药性来源相关,而且也与抗药性基因的回复突变以及抗药性突变率有关。⑤抗药性突变与其他突变一样可以通过某些理化因素来提高突变率。⑥抗药性突变是 DNA 分子的某一特定位置结构改变的结果。大肠杆菌的染色体是一个巨大的 DNA 分子,用中断杂交试验测定的染色体全长为 100 min,链霉素抗性突变是 DNA 分子上某一特定位置的结构改变的结果,链霉素抗性基因($str^r$)的位置在 72 min 处。

### 2.2.4 抗药性产生的遗传机理

为什么原来对药物敏感的细菌会产生抗药性? 为什么会出现愈来愈多的抗性菌株和一些多重抗药菌株? 这些问题涉及药物抗性的机理。20 世纪 60 年代中期,人们开始对药物抗性突变株进行系统的遗传及生化方面的研究,从遗传机理来说,细菌的药物抗性来源于细菌染色体基因突变或细菌质粒突变。

### 2.2.4.1 细菌染色体上基因突变产生的药物抗性

细菌对药物抗性的生化原因之一是细菌改变了药物所作用的靶点,使药物不能起作用。凡是由于改变了药物作用的靶点而获得的抗性均属于染色体上基因突变的结果。例如肺炎球菌对磺胺类药物具有抗性就是由于位于细菌染色体上的四氢叶酸合成酶(磺胺作用于细菌的靶点)的结构基因发生了突变,因而细菌对磺胺表现了抗性。链霉素作用的靶位点是细菌核糖体 30S 小亚基的 S12 蛋白质,链霉素与之结合可干扰细菌的蛋白质合成。一旦染色体上编码核糖体 30S 亚基的基因发生突变,链霉素就不能与结构(构象)改变了的核糖核蛋白体结合或者与它的结合能力大大减弱,这样便产生了抗链霉素菌株。同样的,红霉素抗性的出现是由于编码 50S 亚基的结构基因发生了突变。药物作用的靶点除了细菌的蛋白质外也可以是染色体基因的其他产物,如 RNA。染色体上药物敏感基因的突变率是很低的,约 $10^8 \sim 10^9$ 次细胞分裂时才发生一次,所以在这种情况下,在抗性病原菌还没发展成为大量群体之前,在临床上人们可以用药物有效地进行治疗,因此它不是临床抗药性的主要来源。

### 2.2.4.2 细菌质粒产生的药物抗性

细菌质粒是细菌染色体外的遗传因子,以共价闭合环状 DNA 结构存在于细胞中。细菌质粒种类繁多,其中抗性质粒是造成临床抗药性的主要因素之一。常见的抗性质粒有 R 质粒、编码青霉素酶的质粒、抗四环素质粒、杀菌素质粒、编码抗生素钝化酶的质粒等。质粒产生的药物抗性比染色体产生的药物抗性危害更大。细菌的多重药物抗性是由于抗性质粒上同时带有多种药物抗性基因的结果。

R 抗性质粒广泛存在于肠道细菌等革兰氏阴性病原菌中,它的存在与传递不依赖于细菌染色体,负责将细菌的药物抗性从一个菌株传递给另一个菌株,是抗药性菌株大量出现的内在原因。在肠道细菌中,不同种或不同科的细菌之间可通过 R 因子进行药物抗性传递,R 因子特性详见第 7 章。

青霉素酶质粒在金黄色葡萄球菌(简称"金葡菌")中较为普遍,青霉素酶又称 β-内酰胺酶,可打开青霉素分子中 β-内酸胺环,使青霉素在治疗金葡菌感染所致的疾病时失去疗效。青霉素酶质粒上至少携带两类基因:一类基因负责质粒本身的复制;另一类基因使细菌抵抗环境中的有毒物质,相当于肠道菌 R 质粒中的药物抗性决定因子。

金葡菌中还发现有控制四环素抗性、氯霉素抗性、卡那霉素抗性和红霉素抗性的不同性质的质粒,抗四环素质粒通过改变细胞渗透性而使细菌产生抗性,不同抗生素的作用机理不同。上述各种质粒的抗药性原理也不同。除此以外金葡菌还具有产生杀菌素的质粒。金葡菌之间以转导噬菌体为媒介进行药物抗性的传递,在人体内是否也是这样尚不清楚。

编码钝化酶的质粒产生的钝化酶,可使抗菌素结构中关键性的化学组成发生改变而使细菌获得抗药性,从而使抗菌素失去活性。

### 2.2.4.3 转座子

转座子是存在于染色体或质粒中可以自由移动的 DNA 片段,可以在染色体内、染色体间、质粒间、染色体与质粒间进行自由穿梭,它们广泛存在于原核生物与真核生物中,部分转座子只编码与转座有关的转座酶,多数转座子除编码转座酶外,还具有一些与转座无关的抗药基因或乳糖发酵基因等,转座行为除带来转座子的移动外还能够引起插入突变效应,能够将抗药性基因转入新的质粒或染色体中,导致抗药性基因的扩散。转座子的来源还不十分清楚,也许与病毒有关,但是转座子是生物进化的主要因素,也是抗药性扩散的一个重要因素。

### 2.2.5 抗药性突变的区分

抗药性突变主要来源于基因突变、质粒突变和非遗传的环境生理适应性突变,所以可根据其来源不同加以区分。这三种不同来源的抗药性突变在细菌的敏感性、突变的稳定性、突变剂的耐受性和突变率方面都是不同的。

从细菌的敏感性看,细菌的抗药性与敏感性从原则上是可以相互转换的。细菌群体与药物的相互作用是一个动态过程,菌群存活率是药物浓度的函数。基于药物扩散或稀释原理建立的药敏试验是研究抗生素效动力学的主要方法,被认为是区分抗性菌和敏感菌的标准。最低杀菌浓度(minimum bactericidal concentration,MBC)是国际公认的标准定量指标,是"终点测定法",但在药敏试验中 MBC 无法给出完全杀菌的精确的药物浓度点;常用 Dose-response curve、Emax 模型等方法定量描述随浓度增加时药物杀菌力的动态变化,但在这些模型中,都把大接种量的供试菌群当做均匀、稳定的群体看待,忽略了细菌在遗传和生理上的异质性,无法区分抗药性和耐药性。对来源于质粒的抗性,抗药性细菌可以通过吖啶橙、溴化乙锭或高温等理化因素处理而使失去抗药性的质粒转变为敏感性细菌;同时敏感性细菌也可以通过质粒转移而获得抗药性质粒,而变为抗药性细菌;来源于基因突变的抗药性一般不会像质粒抗药性突变那样易于转移、获得与消失,对诱变剂也不如质粒敏感,突变的敏感性较差,诱变剂量的耐受性较好,诱变剂量相对较大;非遗传的生理适应性突变的抗药性只是环境变化所致,只要环境消失,抗药性就不复存在,具有生理敏感性抗药性细菌突变时不需要诱变剂。

从突变型的稳定性看,基因突变所致的抗药性突变相对稳定,发生继发突变的可能性小,但可通过回复突变和抑制突变而使突变型失去抗药性。在链霉素抗药性突变中有一种链霉素依赖性突变,这种突变型在生长中必须要有链霉素。把野生型接种到含链霉素的培养基上选择链霉素依赖性(正向突变)菌株时,筛选出的菌落包括链霉素抗性突变型与链霉素依赖性突变型。链霉素抗性突变与链霉素依赖性突变对突变剂量的耐受性是不同的,它们的生化途径理论上也是不同的,生长速度与生长曲线也是不同的。笔者试验表明链霉素依赖型随着链霉素剂量的增大,繁殖数量增加,而链霉素抗性随着链霉素剂量的增大,细胞数量呈下降趋势,其在耐受范围内可生长,超过阈值则表现为致死性。抗性与耐受性是不同的,抗性是基因突变的结果,而耐受性并不一定由突变产生,与生理理化功能的敏感性相关,即抗药性一般表现为改变抗菌素的作用靶点、或修饰抗菌素使其失活、或菌体细胞壁表面修饰阻止抗菌素进入来降低对药物的吸收或产生一种新的蛋白拮抗抗生素的毒性或替代抗菌素作用的靶位等不同形式而表现出抗性,但依赖型却是以抗菌素为生长底物,是嗜抗菌素而生长的。把链霉素依赖型接种到不含链霉素培养基上,菌体很快死亡或者发生回复突变,产生野生型菌落和非依赖性的抗性菌落(回复突变),换言之链霉素抗性在含有链霉素培养基和不含链霉素培养基上都可以生长,但野生型只能在不含链霉素基本培养基上生长,而链霉素依赖型只能在含有链霉素的培养基上生长。链霉素依赖型在疫苗生产中具有特殊意义,活菌疫苗比死菌疫苗效果好,一般的活菌疫苗在人体繁殖有致病的危险,但链霉素依赖型可避免这种危险。质粒突变所致的抗药性突变不太稳定,易于被理化因素诱发继发突变,并且几乎没有回复突变,除非进行定点修复。非遗传生理适应性突变导致的抗药性极不稳定,如蜡状芽孢杆菌中的青霉素酶是一种诱导酶,细菌接触青霉素后,细胞中便大量合成青霉素酶,因而对青霉素表现出抗性,一旦青霉素消失,抗性也很快消失。

从细菌对突变剂的耐受性看,基因突变、质粒突变和非遗传的环境生理适应性突变产生的抗药性和耐药性是不同的。长期以来,抗药性(resistance)和耐药性(tolerance)的概念未得到科学的阐明,因为基因突变形成的抗药性和生理适应形成的耐药性都能引起表型敏感性变异,而当前广为应用的药敏试验方法对此不能加以区分。刘玉庆(2005)建立的浓度-杀菌曲线(concentration-killing curve,CKC)法为抗生素药效动力学研究提出了新的参量,可选择性表征细菌群体的耐药性。传统遗传学估计的细菌随机自发突变率为 $10^{-8}$,这样当选择限定数量(800~1 000 个)的敏感菌群为供试样本,将其均匀涂布于系列浓度药物的 Luria-Bertani(LB)平板上时,因为抗药性菌株出现的概率小于 $10^{-5}$,从而可排除抗药性突变菌落在测试平板中出现的可能性,即使在培养过程中发生抗性突变的细胞,也只能存在于已形成的耐药性菌落之中;将样本在 37 ℃环境中培养 24 h,计数在不同抗生素浓度($x$)平板中存活细菌形成的相应菌落数 $N$,$N$ 对 $x$ 呈现 S 型浓度-杀菌曲线(CKC)。换言之,基因突变产生的抗药性是稳定的,对诱变剂量的耐受性相对较高,因此,基因突变产生的药物耐受性与诱变剂量几乎呈正相关;质粒突变产生的稳定性较差,对诱变剂量的耐受性低,其诱变剂量与耐受性呈负相关,其抗药性波动范围大,种类较多;非遗传的生理适应性改变产生的抗药性菌株的药物耐受量在低浓度呈现线性特征,当达到阈值后死亡率很高,耐受药物的种类很窄。

从突变率与突变剂量耐受性看,任何诱变剂处理基因和质粒都表现出稳定的突变率,试验表明,相同剂量下,基因突变的突变率较低,而质粒突变的突变率较高。突变的致死剂量也不相同,一般基因突变的致死剂量较高,耐受性好;质粒突变的致死剂量较低,耐受性差。换言之,基因突变的耐受剂量高于质粒突变的耐受剂量,从本质上而言,多数抗药性主要是质粒突变所致。非遗传理性突变,只要产生突变的环境发生改变,突变效应则很快消失,检测不到突变率,其突变率要么是 100%,要么是 0。所以,基因突变的突变频率低,对诱变剂不太敏感,耐受性好;质粒突变的突变率高,对诱变剂敏感,耐受性差;生理性突变的突变率为 100%或 0,对诱变剂无反应。

微生物基因突变不但易于检测,同时也易于进行功能研究。因此,微生物突变可以为基因定位提供材料,通过突变可以研究基因和蛋白合成的关系,研究基因表达的调节控制,研究微生物形态建成的过程。作为突变体,在基因突变的研究中其突变过程本身就是一个重要课题。

### 2.2.6 微生物的基因符号与命名规则

1946 年莱德伯格(Lederberg)报道了大肠杆菌的十几个突变型,到 1967 年发展到 20 个突变型,其中基因定位了 650 个突变位点,1976 年突变型又增加了 200 个,共定位了 850 个基因,1983 年增加到 1 027 个基因,所以统一制定基因符号和命名规则非常必要。

1966 年台默莱茨(Demerec)提出大肠杆菌命名规则:①每一基因座位用斜体或带下横线的三个小写英文字母表示,这三个字母来自说明这一基因特性的一个英文单词的前三个字母或几个英文单词的首写字母。②产生同一突变型的不同基因,用三个字母后面加一个大写字母表示,如 *his*A、*his*B 等。③同一基因的不同突变位点用基因符号后面加阿拉伯数字表示,如 *trp*A23、*trp*A46 等。④另一些基因特性不能用一个字母表示,就得用两个或三个单词的首写字母表示,如:有一些基因与核糖体中较大的蛋白亚基有关,称为 *rpl*(由 ribosomal protein large 三个单词的首写字母组成);另一些基因与核糖体中较小的蛋白亚基有关,称为 *rps*(由 ribosomal protein small 三个单词的首写字母组成);还有一些基因与核糖体的装配、成熟有关,称为 *rim*(由 ribosomal modification 第一个单词的前两个字母和第二个单词的首写字母组成)。⑤表型一般也用表示基因型的英文字母表示,不同的是要用正体并且首写字母要大写。⑥基因符号的右上角(肩上)的符号表示野生型、突变型、抗性或敏感性。如:*his*A$^+$ 表示野生型,*his*A$^-$ 表示突变型,*str*$^s$ 表示链霉素敏感,*str*$^r$ 表示链霉素抗性;*amp*$^r$ 和 *amp*$^s$ 分别表示基因型为氨苄青霉素抗性和敏感性,Amp$^r$ 和 Amp$^s$ 分别表示表型为氨苄青霉素抗性和敏感性。⑦用 △ 表示缺失,其后的( )中是缺失基因的名称,等位基因号码以 Ω 表示插入,以 T 代表易位,T(1,6)中括号内数字表示相互易位的染色体,T(1→6)箭头表示相互易位的方向,后一数字表示接受易位的染色体,△(*lac-pro*)表示从乳糖发酵基因到脯氨酸基因这一段染色体发生了缺失。“:”代表断裂,表示“:”前的基因是断裂的;“::”代表插入,表示“::”前的基因由于“::”后的基因插入而断裂;IN 表示倒位,倒位在大肠杆菌中很少见,用 IN(区域)表示;TP 表示转座,如 TP(*lac*I-*pur*E)33 表示 *lac*I 和 *pur*E 间的基因区域(包括这两个基因)被插入到染色体的某个位点;φ 表示融合,如 φ(*ara-lac*)表示 *ara* 和 *lac* 融合成新基因。⑧表示质粒的符号应避免与染色体上的基因符号相同,但质粒上发生的基因突变座位或位点的命名仍可遵循上述命名规则,所不同的是质粒前端要加上一个小写的 p,然后再遵循基因命名原则进行表述。⑨当采用的菌株第一次在文中出现时,应对其基因型和表型进行详细描述。描述时一般遵循的顺序是:生化缺陷型标记、糖发酵标记、抗药性标记、形态标记、λ 菌体等一类附加体的存在状态和抑制基因符号等。表 2.3 是细菌的常见基因符号。

**表 2.3　细菌中常用的基因符号**

| 基因 | 功能 | 基因 | 功能 | 基因 | 功能 |
| --- | --- | --- | --- | --- | --- |
| *ara* | 突变使细胞不能利用阿拉伯糖进行能量代谢 | *mal* | 变异使细胞不能利用麦芽糖 | *rha* | 变异使细胞不能利用鼠李糖 |
| *att* | 原噬菌体附着点 | *man* | 变异使细胞不能利用甘露糖 | *str* | 链霉素抗性 |
| *azi* | 叠氮化钠抗性 | *mtl* | 变异使细胞不能利用甘露糖醇 | *thi* | 变异使细胞不能合成硫胺素 B1 |
| *bio* | 变异使细胞不能合成生物素 | *pur* | 变异使细胞不能合成嘌呤 | *ton* | 噬菌体 T1 抗性 |
| *gal* | 变异使细胞不能利用半乳糖 | *pdx* | 变异使细胞不能利用吡哆醇 | *tsx* | 噬菌体 T6 抗性 |
| *lac* | 变异使细胞不能利用乳糖 | *pyr* | 变异使细胞不能合成嘧啶 | *xyl* | 变异使细胞不能利用木糖 |

1995—1998 年《Trends in Genetics》副刊出版了包括许多生物的遗传学命名法。

**氨基酸替换**:A——丙氨酸;C——胱氨酸;D——天冬氨酸;E——谷氨酸;F——苯丙氨酸;G——甘氨酸;H——组氨酸;I——异亮氨酸;K——赖氨酸;L——亮氨酸;M——甲硫氨酸;N——天冬酰胺;P——脯氨酸;Q——谷氨酰胺;R——精氨酸;S——丝氨酸;T——苏氨酸;V——颉氨酸;W——色氨酸;Y——酪氨酸;X——终止密码子。

例如,R117H 表示第 117 位氨基酸从精氨酸变成组氨酸;G542X 表示第 542 位甘氨酸由终止子替换。

  **核苷酸替换**:nt 表示核苷酸,np 表示核苷酸对,一般情况下号码表示 cDNA 的有义链(线粒体突变例外)。例如:1162(G→A)或 np1162(G→A)表示 cDNA 中第 1 162 号鸟嘌呤被腺嘌呤替代;621＋1(G→T)表示内含子中的第一个核苷酸(鸟嘌呤),即位于一个外元的最后一个核苷酸(第 621 位)紧后边,鸟嘌呤被胸腺嘧啶替代。1781-5(C→A)表示在 1 781位置 5′端前边内含子中第 5 个碱基——胞嘧啶替换为腺嘌呤。

  **缺失与插入**:Delta-F508 或 F508 表示第 508 号苯丙氨酸密码子缺失。nt6232(del5)表示 5 个核苷酸缺失,其中第一个位于 6 232 处。nt409(insC)表示在 409 位核苷酸后边插入胞嘧啶。46,XX,del(1)(pter q21:q31→qter) 表示具有 46 条染色体的女性,1 号染色体长臂上 1q21 和 1q31 带间断裂并重接,这些带间的片断缺失。

  **细菌突变体表示法**:表型中首字母大写,合成某种物质的能力有、无用"＋"或"－"的上标表示,如 Sub$^+$、Sub$^-$、抗性 R、敏感性 S,抗生素耐受或敏感表示为 Ant$^r$、Ant$^s$。基因型首字母小写,能合成物质的野生型表示为 $sub^+$,该基因型的变异体表示为 $sub^-$,突变的 $subA$ 基因第 33 号突变表示为 $subA^-$、$sub^{63}$、$subA^{(TS)}$、$subA^{(Am/Oc/Opal)}$,其中数字表示分离的时间顺序;TS 表示温度敏感型突变;Am 表示琥珀型无义突变(UAG);Oc 表示赭石型无义突变(UAA);Opal 表示乳石型无义突变(UGA)。r 表示抗性,s 表示敏感,Cm 表示条件突变,Dn 表示显性负突变,对某种抗生素抗性用 $ant^r$ 表示,敏感用 $ant^s$ 表示。

## 2.3  突变的分子机理

  无论是自发突变还是诱发突变,突变的分子基础及最根本的原因是来自自发突变。自发突变是非人为因素自然产生的突变,非人为因素并非是没有原因的,只是导致突变产生的直接原因来源于生物体自身的理化因素,研究推测自发突变的可能原因有:

  (1)背景辐射和环境因素的诱变。不少自发突变实质上是一些原因不详的低剂量诱变因素的长期综合诱变效应。例如,充满宇宙空间的各种短波辐射或高温诱变效应,以及自然界中普遍存在的一些低浓度的诱变物质(在微环境中有时也可能是高浓度)的作用等。

  (2)微生物自身有害代谢产物的诱变效应。过氧化氢是普遍存在于生物体内的一种代谢产物,是一种氧化剂,它对生物细胞具有诱变作用,如它对脉孢菌(*Neurospora* spp.)有诱变作用,这种作用可因加入过氧化氢酶而降低,如果在加入该酶的同时又加入酶抑制剂KCN,则又可提高突变率。这就说明,过氧化氢很可能是自发突变中的一种内源性诱变剂。在许多微生物的老龄培养物中易出现自发突变株,可能也是同样的原因。

  (3)环出效应。在 DNA 的复制过程中,如果某一单链上偶然产生一个小环,复制时就会越过此环导致发生遗传缺失而造成自发突变(图 2.1)。

  (4)DNA 复制性损伤。自发突变是内源性环境改变的结果,所以自发突变又称为 DNA自发性损伤。DNA 损伤是指生物体生命过程中 DNA 的双螺旋结构发生的任何改变,包括单个碱基改变和结构性扭曲。单个碱基改变只影响 DNA 序列而不影响整体结构,当双螺旋被分开时不影响转录或复制,由于序列改变作用于子代,从而改变子代的遗传信息。结构扭曲则对复制或转录产生物理性损害,如辐射、紫外线等使邻近碱基之间产生共价键,形成二聚体等的结构性损伤,或者某些原因造成的单链缺口或凸起等。引起 DNA 损伤的因素很多,主要包括细胞内各种代谢产物与微环境改变,外界的物理、化学因素诱变和 DNA 本身的自发性损伤。

### 2.3.1　自发性损伤(自发突变)

#### 2.3.1.1　复制中的损伤

复制中的损伤指复制过程中碱基配对发生误差,经 DNA 聚合酶校读和单链结合蛋白等综合作用后仍存在的 DNA 损伤。大肠杆菌碱基错配率为 $10^{-1}\sim10^{-2}$,DNA 聚合酶校正后的错配率为 $10^{-5}\sim10^{-6}$,DNA 结合蛋白校正和其他因素作用后的错配率为 $10^{-10}$。复制中任何环节的错误都将会导致错配率的上升。尤其是 DNA 聚合酶本身功能和底物的改变以及二价阳离子的改变都是引起错配的主要原因。DNA 聚合酶本身对脱氧核苷酸的分辨力下降,导致掺入错误,如 dUTP 掺入引起错误。

DNA 复制中的错误结果包括碱基替换及移码突变、缺失和重复。碱基替换主要造成遗传信息的改变,主要有同义突变、错义突变和无义突变。同义突变导致同一品种不同个体的单核苷酸多态性。错义突变导致功能的偏差或下降,严重的导致失活,但这种情况较少。无义突变导致功能的下降或丧失。总之,遗传信息的改变致使编码的氨基酸发生改变,一般性质相似的氨基酸替换对蛋白质功能的影响较小,而不同性质氨基酸的相互替换可会严重影响蛋白质的功能和特性。

复制中的常见错误是 G、T 错配,而不是正确模式的 G、C 配对。DNA 聚合酶具有校读功能。真核细胞在 DNA 复制过程中至少涉及 4 种 DNA 聚合酶,其中 α 和 β 两种聚合酶没有附加的内切酶活性,无校正功能。α 和 β 主要负责催化聚合反应,每聚合 100 万个核苷酸约产生 100 个碱基错配。幸运的是聚合酶 δ 和 ε 都具有很高的内切酶活性,具有校正功能,即 $3'{\rightarrow}5'$ 方向的外切酶活性,校正后其结果是每 100 万个核苷酸中只有不到 20 个错误,即使碱基互补总的正确率为 99.99%,但对于有 $10^9$ 个碱基对的人而言,在缺少其他修复机制时,每个细胞中每一轮 DNA 复制将产生 $10^{-5}$ 个错配碱基,这是造成个体单核苷酸多态性的原因之一。而事实上由于完善的修复机制的存在,从实验数据统计可知每个细胞有 $10^4$ 个碱基被修复,未被修复的频率仅为 $10^{-8}$(即 $10^8$ 个碱基中有一个是错误碱基)。

生物体内不对等交换和自发转座行为均可导致移码突变,在 DNA 分子的外显子中插入或缺失 1,2 或 4 个核苷酸或非 3 的倍数个核苷酸会导致阅读框位移,从插入或缺失碱基的地方开始,后面的所有密码子都将发生改动,结果翻译出来的蛋白质的氨基酸序列完全不同于原来的样子,从而造成较大的改变。如果缺失或插入的正好是 $3n$ 个碱基,那么翻译出来的多肽只是多 $n$ 个或少 $n$ 个氨基酸,而不完全打乱整个氨基酸的序列。例如大肠杆菌调节基因(lacI) 野生型是:5′-GTCTGGCTGGCTGGC-3′,CTGG 插入突变后的移码序列是:5′-GTCTGGCTGGCTGGCTGGC-3′,CTGG 缺失突变后的移码序列是:5′-GTCTGGCTG-GC-3′,在自发突变中,移码突变占的比例很大,这与转座与重组的普遍性相关。

不对等交换的结果往往伴随缺失和重复的同时产生,另一方面,生物体内自发产生的活性氧或活性氮类分子,可造成嘌呤互补链上无配对空位点或断裂造成 DNA 缺失,转座导致重复的产生,DNA 重排也导致缺失和重复的产生。

随着进化程度的提高,重复序列越来越普遍,这是造成遗传丰余性(genetic redundancy)的主要原因。重复序列使生物体具有后备系统,以替补形式出现,减少系统失误,增加应变能力。重复序列的复制机制比较特殊。DNA 聚合酶能够跳过相同的碱基序列,也能在子

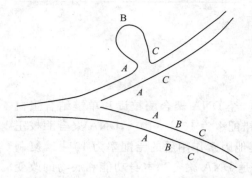

图 2.1　DNA 复制缺失模型

注：在上链 *B* 处发生"环出"，只有 *A* 及 *C* 处能获得复制，产生缺失突变，而在下链中复制仍正常进行。

代 DNA 上插入额外碱基，或者从模板上省去一些碱基。不管哪种形式其结果都出现不配对，不配对碱基形成单链环造成环出效应。如果环在模板链上，则子代 DNA 链上发生缺失；如果环在子代 DNA 链上，则子代 DNA 有插入片段(图 2.1)。

### 2.3.1.2　碱基的自发性化学改变

碱基的自发性化学改变主要包括互变异构，碱基的脱氨基作用，自发的脱嘌呤、脱嘧啶，细胞代谢产物和增变基因突变等因素对 DNA 的损伤。

(1)互变异构。互变异构是指 DNA 分子中的 4 种碱基自发地使氢原子改变位置，产生互变异构体，进而使碱基错配发生。在复制时，如果模板链上存在这些互变异构体，在子链上就可能发生错误而造成 DNA 损伤。这是因为 A、T、G、C 四种碱基的第六位上如果不是酮基(T、G)，就必是氨基(C、A)，一个氨基(—NH₂)可与亚氨基(═NH)互变，酮基(═C═O)可与烯醇基(═C—OH)互变。由于平衡一般趋向于酮式或氨基式，因此，在 DNA 双链结构中一般总是以 A ═T 和 G≡C 碱基配对的形式出现。可是，在偶然情况下，T 也会以稀有的烯醇式形式出现，因此在 DNA 复制到达这一位置的瞬间，通过 DNA 聚合酶的作用，在它的相对位置上就不再出现常规的 A，而是出现 G；同样，如果 C 以稀有的亚氨基形式出现，在 DNA 复制到达这一位置的刹那间，则在新合成的 DNA 单链上，与模板链上 C 对应的位置上就将是 A，而不是 G，这或许就是发生自发突变的原因。必须说明的是，由于在任何一瞬间，某一碱基是处于酮式或烯醇式，还是氨基式或亚氨基式状态，目前还无法预测，所以要预言在某一时间、某一基因发生自发突变仍是不可能的。但是，人们在运用数学方法对这些偶发事件作大量统计分析后，还是可以发现并掌握其中规律的。例如，据统计，碱基对发生自发突变的几率约为 $10^{-8} \sim 10^{-9}$。

例：碱基 A 变成互变异构体 A′，异构体 A′ 与碱基 C 配对；T 变成互变异构体 T′，T′ 与 G 配对。表示如下：

A→A′(互变异构体)-C(与 C 配对)

T→T′-G

(2)脱氨基。脱氨基作用(deamination)是指胞嘧啶 C、腺嘌呤 A 和鸟嘌呤 G 分子结构中都含有环外氨基，氨基有时会自发脱落，演变为这些碱基的衍生物，其配对特性与原来碱基不同，当 DNA 复制时，会在子链中产生错误而导致 DNA 损伤。每种碱基的脱氨基变化如图 2.2。

例如，胞嘧啶自发脱氨基(图 2.3)的频率约为每个细胞每天 190 个。一个有趣的现象是：即使 U 具有比 T 简单的化学结构，DNA 仍然选择了 T，这是因为 T 到 U 的突变很容易被发现并实现碱基切除修复。如果像 RNA 一样，选择了 U，那么从 C 到 U 的突变只有通过错配修复才能恢复原样，而错配修复是一种代价很高、效率又很低的修复机制。

(3)脱嘌呤或脱嘧啶。脱嘌呤是由于碱基和脱氧核糖间的糖苷键受到破坏，从而引起鸟嘌呤 G 或腺嘌呤 A 从 DNA 分子上脱落下来。研究表明：哺乳动物细胞在 37 ℃、20 h 细胞复制周期中，自发脱落大约 10 000 个嘌呤和几百个嘧啶碱基。如果这些损伤不被修复，将

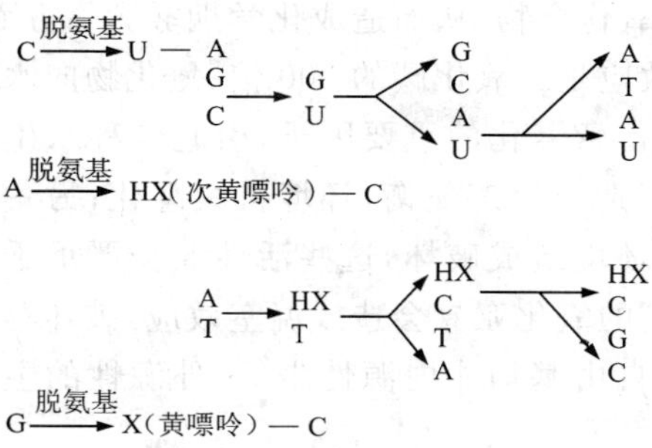

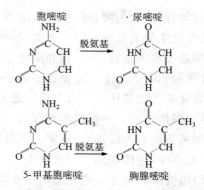

图 2.2　各种碱基脱氨基作用　　　　图 2.3　脱氨基作用使 C 变为 U,甲基化的 C 变为 T

会引起很大的遗传损伤。在 DNA 复制过程中,许多因素可引起碱基的改变,许多改变了的碱基会被专一性的 DNA 糖基化酶除去,从而形成了无嘌呤或无嘧啶位点即 AP 位点(apurinic or apyrimidinic site),产生的无嘌呤位点无法和原配对碱基配对。如果有效的修复系统移去无嘌呤位点,则会导致一个核苷酸的缺失;如果在无嘌呤位点插入一个碱基,这往往又引起新的突变。脱嘌呤作用的危害是很大的。

（4）细胞代谢损伤。细胞代谢过程中产生相当数量的自由基或产生能转化成为自由基的化学物质,此类物质能造成核酸、蛋白质和脂类的氧化,具有致癌特征。还可改变 DNA 的结构,损伤修复必要蛋白,活化信号传导通路,降低 DNA 的修复能力。这说明细胞一直处于氧化环境中,但细胞可以通过抗氧化机制保护自己。通过对尿液中的嘌呤与嘧啶碱基的分析,在正常情况下,每天每个细胞中的 DNA 接受 $10^4$ 次氧化攻击,绝大部分碱基改变被修复,但未被修复的而保留下来的任何变化都可能导致细胞的改变并致癌。有损伤作用的物质主要是活性氧类（ROS）和活性氮类（RNS）。

**活性氧类（ROS）**:主要在线粒体电子传递过程中或暴露于电离化的放射线中形成,也可来源于巨噬细胞和脂类的过氧化过程。内源性的 ROS 是导致自发突变的主要因素。

活泼氧化物如超氧基（$O_2^-$）、氢氧基（$HO^-$）和过氧化氢（$H_2O_2$）不仅能对 DNA 的前体,也能对 DNA 本身造成氧化性损伤,从而引起突变,造成很多人类疾病。

羟自由基能将鸟嘌呤氧化为 8-羟基鸟嘌呤,形成不互补位点或 DNA 断裂（图 2.4）;8-羟基鸟嘌呤可被误读为胸腺嘧啶,导致 DNA 复制过程中腺嘌呤与 8-羟基鸟嘌呤配对,引起 G→T 颠换;羟自由基使脱氧核糖的 C-1 被氧化,虽然 DNA 链保持完整但不互补位点的碱基将会丢失,导致碱基缺失,在修复过程中,腺嘌呤通常优

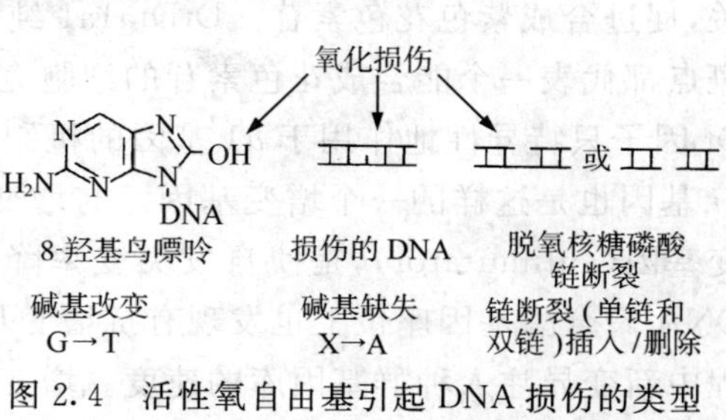

图 2.4　活性氧自由基引起 DNA 损伤的类型

先替代丢失的碱基,使碱基发生 X 到 A 的变化;脱氧核糖的 C-4 被氧化则导致 DNA 断裂,形成单链 DNA,有时也发生 DNA 的双链断裂。此外葡萄糖被氧化形成 6-磷酸葡萄糖,这类糖分子能和 DNA 反应,使 DNA 产生明显的结构性改变和生物学改变。

**活化氮类（RNS）**:这类物质包括一氧化氮自由基（NO·）、二氧化氮自由基（NO$_2$·）、过氧亚硝酸阴离子氮自由基（ONOO$^-$）,这些氮化物都极不稳定,是强氧化剂,可将各种烃类

(烷烃或烯烃)氧化为醇、醛、酮、酸、酯等多种有机含氧化合物,从而造成化学烟雾。一方面,如果活性氮中的氧化亚氮迁移至大气,产生的温室效应是二氧化碳的 300 倍;氮化物向水体迁移,可造成水体富营养化,铵和硝酸盐是造成水体富营养化的重要因子,引起各种水生生物异常繁殖,如赤潮、水华都是这些因子作用的结果,造成生态失衡,环境持续恶化;另一方面,一氧化氮和二氧化氮还是酸雨的成分之一,也对环境造成破坏,这些活性氮会严重干扰自然界中的惰性氮——氮气的循环,比如俗称"笑气"的氧化亚氮会造成温室效应,破坏臭氧层,增加地表的紫外线强度,危害人体健康。活性氮自由基均能内源性生成,外源性的主要存在于烟雾中,这些都能够导致突变。

(5)增变基因突变。增变基因主要参与 DNA 的复制和修复,在生物体内有两大类:一是 DNA 聚合酶的各个基因,如果这类基因突变,则使 DNA 聚合酶的 $3' \to 5'$ 校读功能丧失或降低,使复制过程中基因的突变率升高,导致突变基因以外的其他基因的突变率升高且呈随机分布状态;另一类是修复基因,如 dam 基因与 mut 基因,如果此类基因突变,则错配修复功能丧失,引起突变率升高。dam 基因突变体不能使 GATC 序列中腺嘌呤甲基化,所以修复系统就不能区别模板链和新合成链,从而导致较高频率的自发突变。在大肠杆菌中有一种突变菌株叫做增变菌株(mutator),其 DNA 复制过程中出现的差错比正常菌株高出许多倍,所以造成基因突变的频率就比正常菌株高出许多。现已将这种增变菌株的突变定位到几个不同 mut 座位,称为增变基因(mutator gene)。mutH、mutL、mutU 和 mutS 所编码的蛋白是复制后修复系统的几种成分,这些基因突变造成的后果与亚基赋予 DNA dam 甲基化酶基因突变后对修复系统的影响相似。mutD 基因突变后使 DNA 复制过程中出现的差错得不到校正,因为 mutD 编码 DNA 聚合酶Ⅲ全酶的 ε 亚基,这一多肽使聚合酶Ⅲ 有 $3' \to 5'$ 外切核酸酶活性,如果聚合酶Ⅲ缺少这种外切核酸酶活性,新合成的 DNA 就会含有大量突变。mutY 基因的编码产物与 A-G、A-C 错配修复有关,它从错配碱基对中除掉 A,所以这一基因发生突变就会导致 G-C →T-A 的颠换,mutM 增变基因也会导致 G-C→T-A 颠换,mutT 突变则提高 A-T→C-G 颠换的速率。

玉米中的 Dt 因子及果蝇的 hi 基因也是新近发现的增变基因。Dt 因子特异性地作用于 a 的一个不连锁基因座位 a1,提高其突变成 a1 的频率,a 基因与紫色花色素苷的合成有关,促进合成紫色花色素苷。DtDta1a1 纯合体在无色子粒的表面形成紫色斑点,可能每一斑点都代表一个能合成花色素苷的细胞克隆。突变体植株的茎、叶上也有紫色条纹。关于 Dt 因子只特异性地作用于 a1 基因的机制还不清楚。果蝇(Drosophila melanogaster)中的 hi 基因也是这样的一个增变基因。与增变基因相反,有些基因可抑制增变突变,称为抗增变基因(antimutator),是使自发突变率降低的基因的突变型。在 T4 噬菌体中,在同一个 DNA 聚合酶基因座位上也发现有抗增变基因,增变基因和抗增变基因的突变增加了进化过程中新变异注入种群基因库的速度。增变基因的存在也有力地证明自发突变在很大程度上是依赖于遗传控制的生物因子,而不是理化因子。因此,增变基因突变后编码带有缺陷的聚合酶、核酸酶或高保真复制所需的其他蛋白,同样也能够提高复制过程中的突变频率。

## 2.3.2　诱发突变

基因的自发突变率是很低的,在实际生产中,为了获得优良菌种,如提高微生物的产酶能力和产抗生素能力等方面的遗传性状,就需要应用诱变剂来对基因进行诱变,以期提高突变率。常见诱变剂有：①物理诱变剂，如 X 射线、紫外线、电离辐射等；②化学诱变剂，如苯、亚硝酸盐等烷化剂、碱基类似物、修饰剂等；③生物诱变剂，如病毒、转座子等。人们在使用诱变剂的同时，也对诱变机制进行了深入研究。每一种诱变剂都有其对应的特异性。这种特异性是指引起特定的突变类型和特定的突变位点的偏好性。如：甲磺酸乙酯（EMS）和紫外线（UV）偏于 G-C→A-T 的转换，而黄曲霉素 B1（AFB1）则偏好于 C-G→A-T 的颠换。

　　诱发突变的机制主要是取代 DNA 中的一个碱基，改变一个碱基使之发生错配，或破坏一个碱基使之正常情况下无法与任何碱基配对。微生物的诱变机理主要表现在：①以 DNA 为靶的直接诱变，包括碱基的改变和对 DNA 链的破坏；②通过作用于对 DNA 合成和修复有关的酶系而间接导致 DNA 损伤，诱发基因突变或染色体畸变。DNA 的高保真复制需多种酶和蛋白质的参与，并且在基因调控下进行，该过程中的任何一个环节受损，均有可能引起突变。例如，一些氨基酸类似物可使与 DNA 合成有关的酶系遭受破坏从而引发诱发突变，脱氧核糖核苷三磷酸在 DNA 合成时的不平衡也可诱发突变。在真核生物中诱变剂还可作用于纺锤体，使有丝分裂不能正常进行而引起间接诱变。

### 2.3.2.1　化学因素引起的 DNA 损伤

　　关于化学因素对 DNA 损伤的认识最早来自对化学武器杀伤力的研究，以后对癌症化疗、化学致癌作用的研究使人们更重视突变剂或致癌剂对 DNA 的作用。化学诱变的物质包括致突变剂、致畸变剂以及致癌剂。

#### 2.3.2.1.1　碱基类似物对 DNA 的损伤

　　碱基类似物（base analogue）是一类结构与碱基相似的人工合成的化合物，由于它们的结构与碱基相似，能替代正常的碱基而掺入到 DNA 链中，干扰 DNA 的正常合成。常见的碱基类似物有 5-溴尿嘧啶（5-BU）、2-氨基嘌呤（2-AP）、5-氟尿嘧啶、5-氯尿嘧啶等。

　　5-溴尿嘧啶（5-BU）与 T 类似，溴原子替代 T 的甲基（-CH$_3$），与 U 非常相似，故能与 A 配对。5-BU 能在 DNA 合成期（S 期）与天然碱基竞争并取代其位置，取代后的碱基类似物出现异构互变（tautomerism）而造成碱基置换。当细菌在含有 5-BU 的培养基中培养时，一部分 DNA 中的 T 便被 5-BU 所取代，烯醇式（5-BU*）第六位上是一个羟基，5-BU* 易与 G 配对；酮式（5-BU）第六位上是一个酮基，它可以替代 T，掺入 DNA 中，并与 A 配对。烯醇式的频度更高，更易与鸟嘌呤配对，而酮式更稳定。通常 5-BU 以酮式状态存在并掺入 DNA 中，继而变成烯醇式，在复制中使 A-T 转换为 G-C（图 2.5），所以酮式 5-BU 与 A 配对；烯醇式 5-BU* 与 G 配对，研究表明 5-BU 可使细菌的突变率提高近万倍。

　　2-氨基嘌呤（2-AP）与 A 类似，2-AP 酮式与 T 配对，2-AP* 烯醇式与 C 配对，由于烯醇式 2-AP* 与 C 以一个氢键进行配对，所以 2-AP* 与 C 的结合能力较弱，因此，主要引起A-T向 G-C 的转换（图 2.6），一般不能产生 G-C 向 A-T 的转换。

　　亚硝酸（nitrous acid）是一种对含有氨基的碱基直接作用而诱发碱基对发生转换的诱变剂，主要引起氧化脱氨反应，常用于诱发真菌突变。它能使腺嘌呤氧化脱氨变成次黄嘌呤（H）、胞嘧啶变成尿嘧啶、鸟嘌呤变成黄嘌呤（X）等，遇到复制时，次黄嘌呤不与胸腺嘧啶配对，而与胞嘧啶配对（图 2.7），尿嘧啶不与鸟嘌呤配对，而与腺嘌呤配对，故分别在子代 DNA 中出现 A-T→G-C 或 G-C→A-T 的突变。亚硝酸还能引起 DNA 两链间的交联而引起 DNA 结构上的缺失。亚硝酸很不稳定，易分解为水和亚硝酐。

　　其他的碱基类似物如 5-氨基尿嘧啶（5-AU）、8-氮鸟嘌呤（8-NG）及 6-氮嘌呤（6-NP）等，当缺乏天然碱基时,它们易通过活化细胞的代谢活动掺入到 DNA 分子中去,引起碱基配对发生错误。

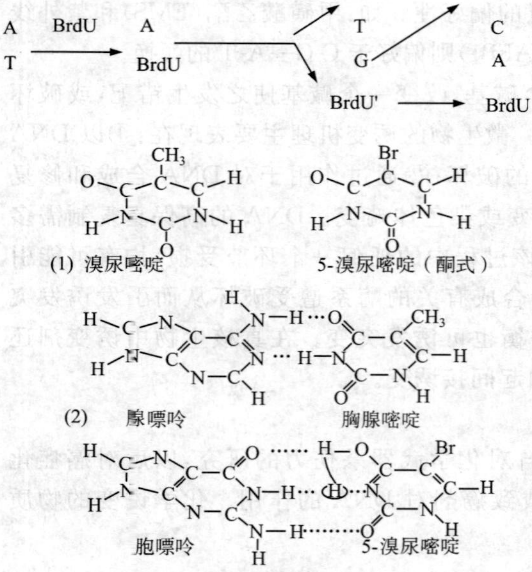

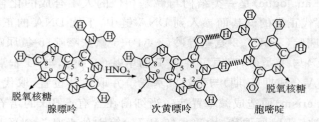

图 2.5　5-溴尿嘧啶的掺入复制与配对 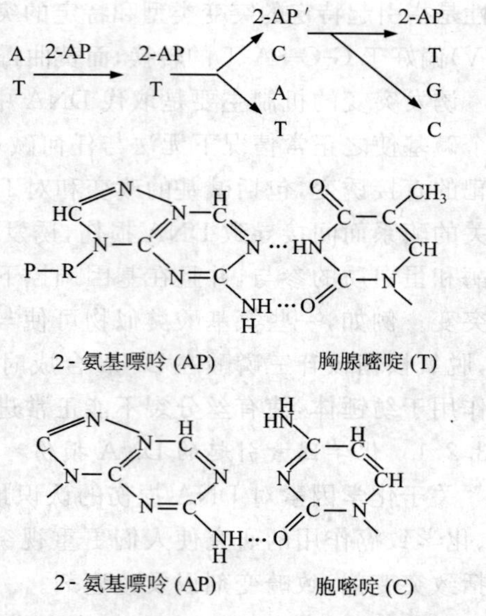　　　　图 2.6　2-氨基嘌呤的掺入复制与配对

图 2.7　亚硝酸使腺嘌呤脱氨基变成次黄嘌呤而与胞嘧啶错配

### 2.3.2.1.2　特异性错配

特异性错配不引起掺入错误,而是改变碱基的结构从而引起特异性错配,常见诱变剂有亚硝酸、羟胺、过氧化物、烷化剂等(图 2.8)。

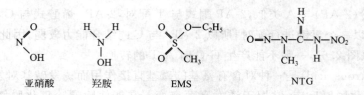

图 2.8　几种常见的化学突变剂

羟胺几乎只和胞嘧啶发生反应而不和其他三种碱基发生反应,因此它基本上只引起 G-C→A-T 的转换,不引起 A-T→G-C 的转换(图 2.9)。羟胺与细胞接触时,可通过与细胞内的其他物质反应产生的过氧化氢的氧化作用,来诱导一些非专一性的突变反应。所以羟胺对游离噬菌体和转化因子等能引起非常专一性的突变,可是对于活体来讲则专一性就比

较差。由羟胺诱发的突变可通过 5-BU 或 2-AP 等能够引起双向突变的诱变剂来诱发回复突变。

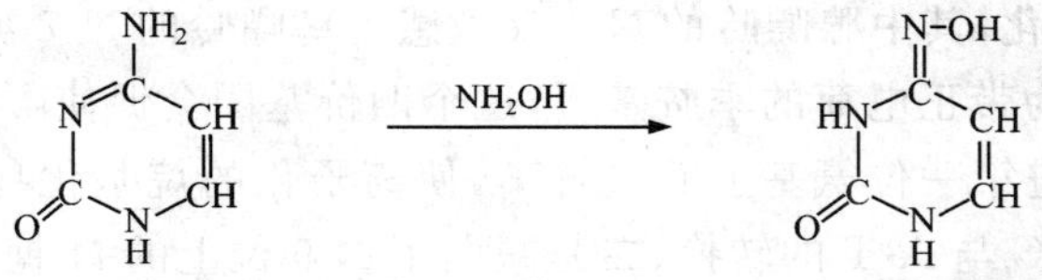

胞嘧啶　　　　　　　　　　　　　　　羟胺胞嘧啶

图 2.9　由 $NH_2OH$ 引起的碱基变化

甲醛、氨基甲酸乙酯、乙氧咖啡碱和羟胺等在生物体内可形成有机过氧化物(organic peroxide)或自由基(free radicals),对碱基产生氧化作用而破坏碱基的结构(图 2.10)。

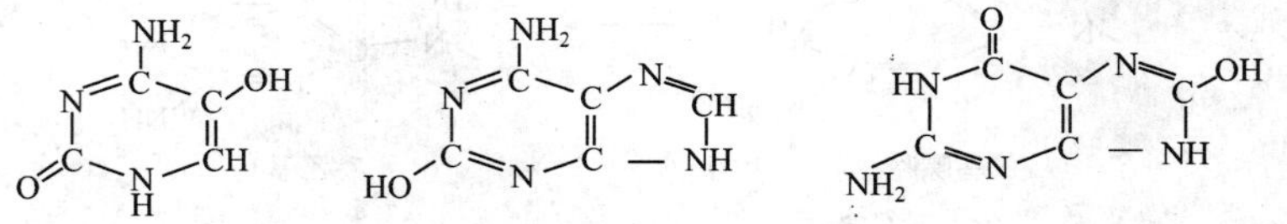

5-羟基胞嘧啶　　　　　　　2-羟基腺嘌呤　　　　　　　8-羟基鸟嘌呤
5-OHC　　　　　　　　　　2-OHA　　　　　　　　　8-OHG

图 2.10　自由基引起碱基结构的改变

烷化剂(alkylating agent)是一类具有一个或多个活性烷基的化合物,是一种非常重要的诱变剂,被广泛应用于微生物的诱变育种中。烷化剂是一类亲电子化合物,极容易与生物体中的有机物大分子的亲核位点起反应。当烷化剂与 DNA 作用时,就可以将烷基加到核酸的碱基上去。活性烷基很不稳定,能转移到其他分子的电子密度较高的位置上,并置换其中的氢原子,使其成为高度不稳定的物质,对 DNA 和蛋白质都具有强烈的烷化作用,除连接戊糖的氮原子外,在中性环境中对 DNA 链中全部的氧和氮原子都能产生烷化作用。在起烷化作用时,烷化基团甚至整个烷化剂分子可与碱基发生共价结合,形成 DNA 加合物(DNA bulky adducts),甚至引起癌变。烷化的鸟嘌呤,其糖苷键极不稳定,该键的裂解导致碱基脱落,产生一个缺口,从而在 DNA 上形成无碱基位点,即 AP 位点,此位点在复制过程中任何碱基都可能插入,引起转换或颠换;而且,脱嘌呤后 DNA 也容易发生断裂,引起缺失或移码突变等其他突变。不仅脱嘌呤后的 DNA 容易发生断裂,DNA 链的磷酸二酯键上的氧也容易被烷化,结果形成不稳定的磷酸三酯键,易在糖与磷酸间发生水解,使 DNA 链断裂。

烷化剂主要有两类:单功能烷化剂和多功能烷化剂。单功能烷化剂只能与一个碱基起作用,形成单加合物,如甲基甲烷碘酸等,有些单功能烷基化试剂由于能与 DNA 形成加合物,可以致癌,如氯乙烯等。多功能烷化剂能同时与 DNA 中的两个以上不同的亲核位点反应,包括双功能烷化剂与三功能烷化剂等。如果烷化剂的两个功能位点在 DNA 双螺旋结构中的同一条链上发生烷化作用,可产生一个链内交联,若两个被作用的碱基位于两条核苷酸链上,则形成 DNA 的链间交联,如氮芥等。

常见烷化剂有磺酸乙基甲烷(EMS)、亚硝基胍(NG)、硫酸二乙酯(DES)、乙基磺酸乙酯(EES)、N-甲基-N′-硝基-N-亚硝基胍(NG、NTG)、N-亚硝基-N-甲基-氨基甲酸乙酯(NMU)、乙烯亚氨(EI)、环氧乙酸(EO)和芥子气(NM)等。其中鸟嘌呤对烷化剂中的磺酸乙基甲烷(EMS)等特别敏感。鸟嘌呤中的 N-7 最易被烷化,其次是 O-6 位,这种烷化嘌呤不能与胞嘧啶配对,而与胸腺嘧啶配对,故能使 G-C 转换成 A-T(图 2.11);而腺嘌呤的 N-1、N-3 和 N-7 也易烷化,其中腺嘌呤的 N-3 最敏感。鸟嘌呤的 N-7 被烷基化后,会在该部位形成四价氮,使之成为带正电荷的季胺基团,这个四价基团会促使嘌呤环离子化。该基团具有两个效应:一是促进第一位氨基上的氢解离,使离子化的烷基化鸟嘌呤 G 不再与 C 配对而与 T 配对,造成 G-C 与 A-T 的转换;二是减弱了 N-9 位上的 N-糖苷键,产生脱嘌呤作用,大部分无嘌呤位点可被无嘌呤内切酶系统所修复。DNA 链上的磷酸二酯键中的氧也容易被烷化,DNA 链上的磷酸二酯键被烷化则形成不稳定的磷酸三酯键,可能在糖与磷酸间发生水解作用,导致 DNA 链的断裂。

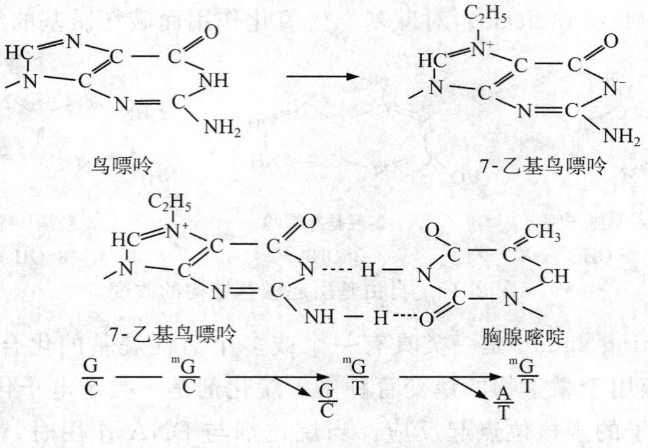

图 2.11　烷化剂 EMS 的致突变作用

　　亚硝基胍(NG)是超强诱变的烷化剂,可使碱基烷基化,可使群体任一基因发生突变,突变率高达 1%,并且常常发生多位点并发突变,突变可在同一基因内或相邻基因内成簇分布,特别容易诱发复制叉附近的并发突变。经 NG 处理后,常能得到多重突变型菌株。

　　氮芥类气体(二氯二乙基硫化物),一战时期曾作为武器,受害士兵的鼻子、支气管、喉发生癌症的概率明显高于一般人。氮芥类气体具有生物学功能,和亚硝胺类一样,两个氯原子能直接与亲核基团氨基或羟基反应,所以它能连接毗邻的核苷酸碱基而形成链内或链间交联,也能形成单个的加合物,因而氯原子不需要代谢活化就是很好的亲电基团,因此氮芥类气体是一种直接致癌物(图 2.12)。

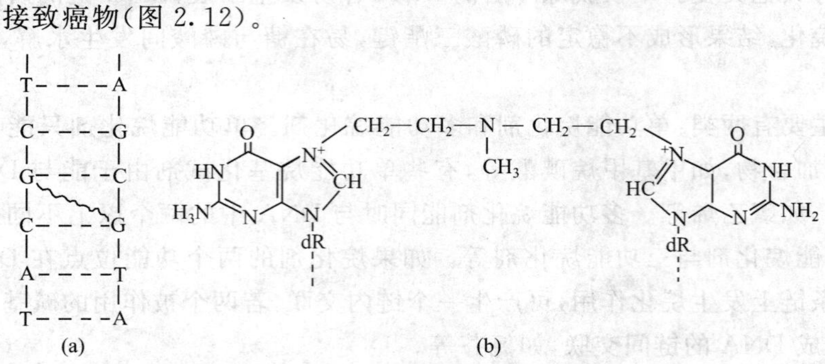

图 2.12　氮芥引起 DNA 的嘌呤交联

　　有些烷化剂可以致癌(图 2.13),另一些烷化剂则可以治癌。用于治癌的烷化剂是利用烷基化试剂具有损伤 DNA 的能力,这在杀死癌细胞的药物开发方面有广泛用途。环磷酰胺是二氯二乙基硫化物上的 S 被 N 取代生成的衍生物，广泛用于癌症治疗，但同时副作用较大。

烷化剂的作用可使 DNA 发生各种类型的损伤，包括碱基置换、碱基脱落、DNA 链断裂以及 DNA 链交联。DNA 交联包括链内和链间的交联以及 DNA 与蛋白质的交联作用。双功能基烷化剂有氮芥、硫芥等化学武器，环磷酰

图 2.13　致癌烷化剂

胺、苯丁酸氮芥、丝裂霉素等一些抗癌药物，以及二乙基亚硝胺等某些致癌物。其两个功能基团可同时使两处碱基烷基化，使得 DNA 链内或两条 DNA 链间的碱基共价结合，DNA 与蛋白质之间也会以共价键相连，组蛋白、非组蛋白、调控蛋白及与复制和转录有关的酶都会与 DNA 共价键连接，结果就产生各种形式的交联（cross linkage），从而影响细胞功能、DNA 复制和转录，并引起染色体或染色单体断裂，诱发染色体畸变。由于染色体畸变常为辐射所诱发，所以这些能诱发染色体畸变的化合物又称为拟辐射物质。丝裂霉素（mitomycin）和光活化的补骨脂（psoralen）等也能够使 DNA 双链间形成交联，其结果是使双股链不能再分开。因此，烷化后碱基置换和碱基脱落是造成点突变的主要原因，断链和交联则是引起染色体畸变的主要原因。

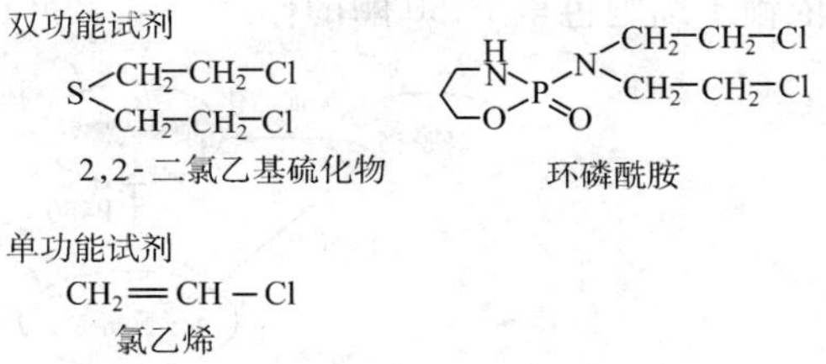

### 2.3.2.1.3　化学致癌诱变剂

化学致癌作用是指化学物质能引起人和动物正常细胞发生恶性转化并形成肿瘤的过程，具有这种作用的物质称为化学致癌物。20 世纪 90 年代中期，国际癌症研究所（international agency for research on cancer，IARC）共评述了 800 多种对任何动物的化学致癌物。这些致癌物的分类方法与标准有多种，根据其在致癌过程中所表现的作用可分为引发剂（启动剂）、促癌剂和催展剂。具有诱发正常细胞突变的化学物质或其他因素称为引发剂，大多是致突变物，作用特点为不可逆，作用时间短，无可检测的阈剂量。而促癌剂通常为非致突变物，促进已被引发剂诱发突变的细胞迅速增殖，其作用特点是单独使用无致癌性。催展剂可促进癌症作用的全过程，既能促进引发作用，也能增强致癌作用，如小鼠皮肤致癌试验中典型的催展剂是移码型致突变物 4-硝基喹啉-N-氧化物。

如果根据致癌的机理分类，致癌物分为遗传毒性致癌物和非遗传毒性致癌物，具有遗传毒性的致癌物作用的靶分子是 DNA，就是本章所阐述的那些能够引起碱基损伤，DNA 链断裂、交联的化学诱变剂以及物理诱变剂。这些遗传毒物根据其致癌作用的方式又分为直接致癌物、间接致癌物。非遗传毒性的致癌物本身并不作用于遗传物质上，是通过非遗传机制诱发肿瘤的，如作用于参与细胞有丝分裂的纺锤丝系统或作用于与 DNA 修复和基因表达调控有关的酶系统的致癌物。

目前生活中常见的致癌诱变剂有五大类：多环芳香烃（polycyclic aromatic hydrocarbons，PAHs）、芳香胺类、亚硝胺类、烷化剂和自由基。除自由基外，这些化合物可与 DNA 上的碱基形成加合物。它们的共同特点是：都是亲电基团（缺少电子）或能在代谢过程中转化成亲电基团的基团，或能与生物大分子的氨基、巯基和羟基等亲核基团（富电子的）形成共价键。蛋白质、核酸都是亲核基团，易与致癌物形成共价加合物，而与致癌关系密切的物质是核酸。在细胞间期 DNA 复制、DNA 局部解螺旋、双链变成单链时易被致癌物攻击。加合物破坏了 DNA 的结构，扰乱了 DNA 复制，在正常情况下可被体内的修复系统修复（图 2.14），这主要

依赖于细胞色素 P450 酶的作用。

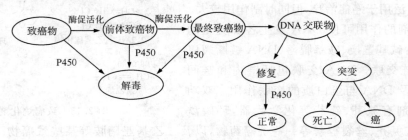

图 2.14　致癌物转化为加合物的后果

多环芳香烃是致癌模型中广泛使用的一类化合物,最初是从油脂和生物材料的高温分解产物中鉴定出来的,广泛存在于烟草、威士忌、烤肉和没有充分燃烧的燃料如煤炭和汽油中。多环芳香烃具有致癌力的最低要求是:①母本为菲环构型;②额外的稠环;③额外的稠环或峡部日一个甲基取代(图 2.15)。苯环部位添加的稠环和取代物,使非活性的菲类结构芳香环转化为致癌物。这类物质有苯并蒽、二苯蒽、苯并芘、12-甲基苯并蒽、7,12-二甲基苯并蒽等。这类物质的致癌作用强弱不一:苯并蒽没有或有很弱的致癌作用,二苯蒽致癌作用稍强,但致癌作用依然弱,苯并芘、12-甲基苯并蒽则具有强的致癌作用,而 7,12-二甲基苯并蒽活性更强。自然情况下产生的菲类衍生物有甾类激素、胆固醇及其胆汁酸衍生物。胆固醇与人类癌症无关,但甾类激素则与乳腺癌、子宫内膜癌和前列腺癌等癌症有关。PAH 与嘌呤尤其是鸟嘌呤易形成加合物,必须经过酶促活化才能形成致癌物前体和最终致癌物。苯并芘致癌物经 CYP 单氧化物酶催化形成环氧化物,然后被环氧化物水解酶水解生成二醇。第二环氧化物随后形成,环氧环形成的部位常在峡部,这个环氧化合物与 DNA 形成加合物(图 2.16)。

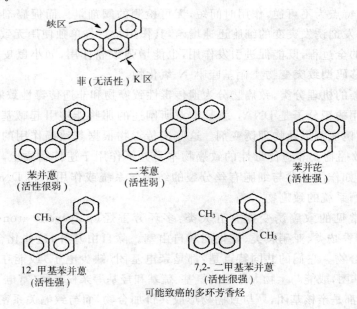

可能致癌的多环芳香烃

图 2.15　多环芳香烃物质结构

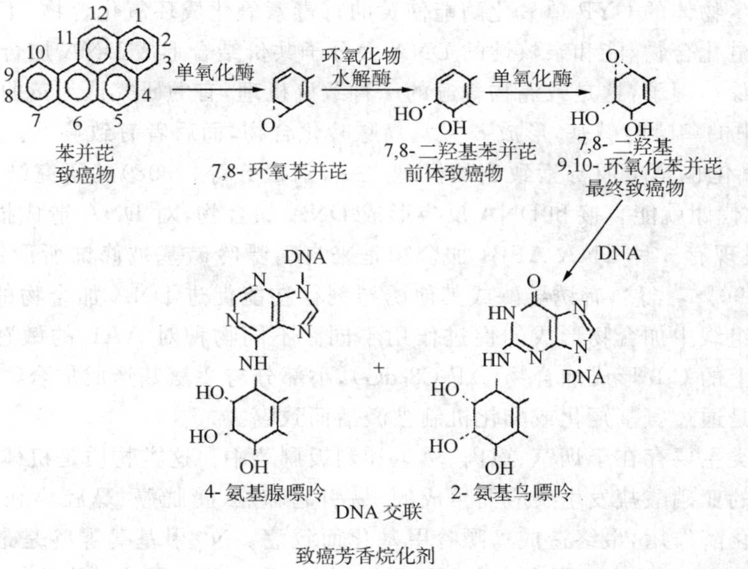

图 2.16 苯并芘的活性及其 DNA 加合物的形成

芳香胺类在印染和橡胶工业中的使用证明了这类化合物是有害的。典型例子是 2-萘胺可造成膀胱癌,已被禁用;二甲氨基偶氮苯,奶黄色,在 20—30 世纪用来给人造奶油着色,可造成膀胱癌和肝癌,现也被禁用。研究得最详细的是 2-乙酰氨基二苯并五环(2-乙酰氨基芴,2-AAF)(图 2.17),其中黄曲霉素 B1(aflatoxin B1,AFB1)是一种超强的致癌剂,它在鸟嘌呤 N-7 位置上形成一个加成复合物进而产生无嘌呤位点,该过程要求 SOS 系统参与。SOS 越过这些无嘌呤位点并在该位点的对应处选择性插入腺嘌呤。这就意味着,使鸟嘌呤残基脱嘌呤的试剂将偏向于产生 G-C → T-A 颠换。黄曲霉素引起膀胱癌、肝癌、耳癌、肠癌、甲状腺癌、乳腺癌等。该化合物最早用做杀虫剂,在熟肉中也能检出。黄曲霉素的致癌

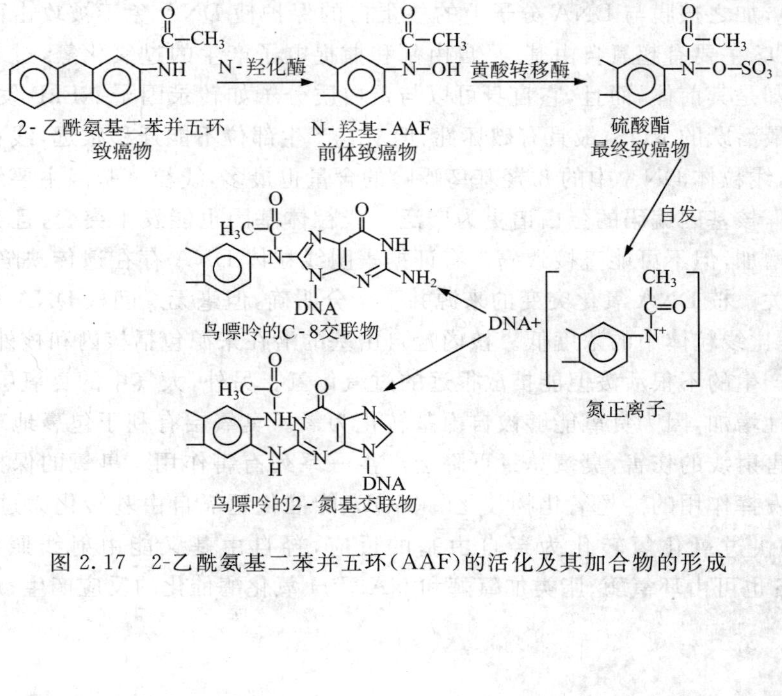

图 2.17 2-乙酰氨基二苯并五环(AAF)的活化及其加合物的形成

机理主要是生物体的 CYP 单氧化酶能使黄曲霉毒素氧化成环氧化合物,不稳定的环氧化物是极强的亲电化合物,能和亲核性的 DNA 大分子共价结合形成 DNA 加合物,DNA 加合物是诱发癌的最小因子,这是致癌物普遍的一种致癌机理,有的研究认为黄曲霉素能直接氧化生物 DNA 中的鸟嘌呤碱基,形成 8-羟基鸟嘌呤化合物,而后者有致癌性。近年来的研究表明,自由基氧化也是黄曲霉素致癌的机理之一,刘淑芬等(1998)的研究结果表明黄曲霉素 B1 不用氧化代谢就能直接和 DNA 反应形成 DNA 加合物,对 DNA 造成损伤,直接引起癌变,研究还发现有 3 种 DNA-AFB1 加合物是来自鸟嘌呤碱基被修饰所形成的,占 DNA 加合物总量的 90%,当然,有诱导酶或其他诱导剂存在能促进 DNA 加合物的形成,不同的诱导剂对不同组织中加合物形成的促进作用不同。不同物种对 AAF 的敏感性差别很大,主要与鸟嘌呤上的 C-8 形成加合物(AF-C8-dG),小部分与 2-氨基形成加合物而致癌。其他芳香胺类主要是通过氨基羟化或酯化机制被激活而致癌。

亚硝胺类主要存在于烟草、熏肉、熏鱼和剩饭剩菜中。这类物质是机体中的胺类物质与作为保鲜剂的亚硝酸盐发生反应而生成的,易引起肺癌、膀胱癌、鼻腔癌和口腔癌。这类物质通过单氧化酶作用,最终造成鸟嘌呤甲基化而致癌。$N^7$-甲基鸟嘌呤是最主要的产物,但与致癌无关,而 $O^6$-甲基鸟嘌呤虽然产量很少,却与致癌密切相关。胸腺嘧啶的 O-2 是形成加合物的位点。N-甲基亚硝基脲是可以直接作用的致癌物。

氧化作用致癌是因氧化作用主要产生活性氧与活性氮所致。$O_2^-$ 和 $H_2O_2$ 是呼吸的副产物,非常活跃,能造成 DNA 的氧化性损伤,产生胸腺嘧啶乙二醇、胸苷乙二醇和羟基碱基尿嘧啶等,这类损伤一般能被修复,并通过尿液排出。氧化磷酸化过程是产生活性氧(reactive oxygen species,ROS)的主要来源。在这一过程中,线粒体通过电子转移将能量储存在 ATP 中。每天每个细胞有 $10^{12}$ 个氧分子参与反应,其中 1% 没有充分反应,产生了 ROS,所以约有 $10^{10}$ 个 ROS 分子,远远多于正常状态下的 $10^4$ 次对 DNA 的攻击。事实上,DNA 被攻击的几率是很低的,造成这个现象的原因可能是超氧自由基和羟自由基在被猝灭之前仅能穿行很短的距离(小于 0.1 μm),假如细胞的直径是 10 μm,那么线粒体中 ROS 不可能作用于核 DNA,加之核膜与 DNA 分子上的核蛋白的保护使 DNA 免于被攻击而得到有效保护。已知 ROS 主要有超氧自由基、羟自由基和捕捉电子产生的过氧化氢,过氧化氢虽然不是自由基但却是其前体,而且,它自身可以与蛋白质分子如转录因子 NFkB 发生氧化反应。羟自由基是最活跃的 ROS,最具有破坏性,但从其产生部位不能迁移很远,线粒体中羟自由基浓度最高,线粒体 DNA 中的 8-羟基鸟嘌呤的含量也最多,线粒体基因主要编码呼吸链蛋白,相比之下,核基因编码的蛋白谱更为广泛。线粒体基因也能发生突变,且突变频率随着年龄增加而增加,但不可能直接致癌。有证据表明线粒体 DNA 存在遗传缺陷,但与癌的危险性增加无关。核 DNA 氧化突变的来源并不十分明确,但毫无疑问核 DNA 也存在 8-羟基鸟嘌呤,只是比线粒体中的浓度低。核内羟自由基的潜在来源包括核内和核外产生的前体,如线粒体中产生的不很活泼但能扩散很远的过氧化氢。另外,大气中的臭氧层被破坏,患皮肤癌的危险性增加,因为臭氧能够被自由基转化为氧。臭氧层有利于包裹地球使地球上的生物免遭有害射线的伤害,臭氧总量下降会产生一系列有害作用。臭氧的保护也是通过自由基机制而发挥作用的。超氧化物歧化酶(SOD)能催化超氧自由基转化为过氧化氢,$Fe^{2+}$ 和 $Cu^{2+}$ 能加快过氧化氢转化为羟自由基的反应,羟自由基又能由射线照射水生成(图 2.18)。ROS 也可由环氧酶、脂类加氧酶和 NADPH 氧化酶催化的反应产生;烟草烟雾中的氧化物质如一氧化氮也能形成活性氮(reactive nitrogen species,RNS)而致癌。

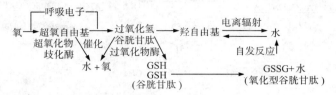

图 2.18　各种氧自由基的产生与猝灭

　　细胞除了处于氧化环境中之外,还存在一些抑制 ROS 活性的蛋白质和其他小分子,如谷胱甘肽、维生素 A、维生素 C、维生素 D 等。酶类有过氧化氢酶和谷胱甘肽过氧化物酶(GSH-Px)。硒(Se)是 GSH-Px 酶系的组成成分,它能催化 GSH 变为 GSSG,使有毒的过氧化物还原成无毒的羟基化合物,这可能是 Se 的有益作用。硫氧还原蛋白是一种含有相邻半胱氨酸残基的蛋白质,其巯基可被氧化成为二硫键,因此硫氧还原蛋白可作为 ROS 的猝灭物,并参与 NFkB 信号传导通路。这种金属硫蛋白能螯合二价金属阳离子,如 $Fe^{2+}$ 和 $Cu^{2+}$,所以它能破坏这些离子在羟自由基形成中的作用。

　　细胞内具有高浓度的活性氧,同时体内存在作为保护剂的抗氧化物,这类物质能破坏 ROS 活性而不影响抗氧化物质的保护作用机制。符合这一标准的天然化合物有抗坏血酸(VC)、生物酚(VE)、胡萝卜素和谷胱甘肽(GSH)等。

#### 2.3.2.1.4　嵌合剂的致突变作用

　　嵌合剂或嵌入剂是一类能以静电吸附形式嵌入 DNA 单链的碱基之间、双螺旋结构的碱基对平面之间的大分子物质,它是一类特殊的染料,是另一类重要的 DNA 修饰剂。研究较清楚的就是吖啶类染料,包括原黄素(二氨基吖啶,proflavine)、黄素(acriflavine)、吖啶黄、吖啶橙(acridine orange)和 α-氨基吖啶等吖啶类染料,以及一系列称为 ICR 类的化合物(由美国的肿瘤研究所合成,是一些由烷化剂与吖啶类化合物相结合的化合物),都是移码突变的有效诱变剂。这类分子扁平,均含有吖啶环,呈现多环的平面结构,特别是三环结构,其分子大小与碱基对大小相似,在水溶液中能与碱基堆积在一起,可以嵌入到 DNA 双链的碱基对平面之间,于是使原来相邻的两个碱基对分开一定距离,含有这种染料分子的 DNA 在复制时,在嵌入的位置上能引起单个碱基对、偶尔两个碱基对的插入突变或缺失突变,或者直接嵌入单链 DNA 的碱基对之间,造成移码突变(图 2.19)。如果嵌入 DNA 单链的碱基之间,复制转录时,就出现了一个或两个额外"碱基",引起插入突变;如果嵌入到新合成的互补链上,就会造成碱基缺失,无论是增加还是缺失都会引起移码突变。有的嵌入剂如吖啶橙,是一种带正电的分子,它插入相邻的碱基对平面之间或两条链之间,破坏了 DNA 原有的结构、刚性以及 DNA 的拓扑学性质。也有人认为吖啶类分子插入 DNA 后,使其发生骨架变形,使 DNA 分子在重组过程中发生不等价交换,形成两条发生移码的错误子链,所以认为它们是通过重组体系发挥效应的诱变剂。

　　假使一个碱基插入点的附近在以后又丢失相同数目的碱基,或者相反,在缺失点附近又插入相等数目的碱基,则突变效应往往被抑制。这种突变不是回复突变,而是抑制突变。

#### 2.3.2.2　物理因素引起的损伤

　　利用物理因素引起的基因突变称物理诱变。物理诱变因素分为辐射和高温,辐射又分

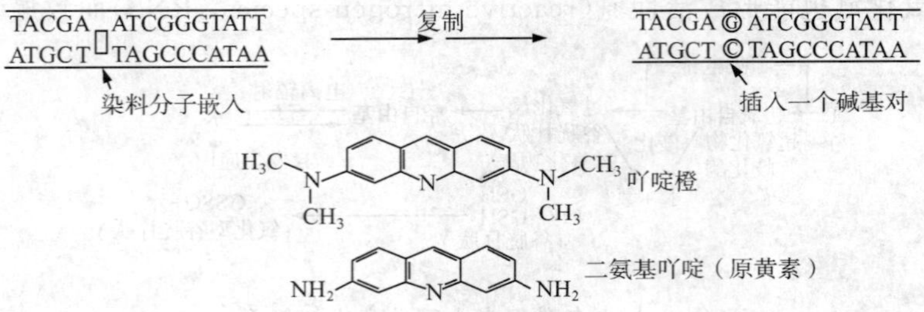

图 2.19　嵌合剂结构及诱变机制

电离辐射和非电离辐射。基因突变需要相当大的能量,能量低的辐射如可见光只产生热量;能量较高的辐射如紫外线,除产生热能外,还能使原子"激发";能量很高的辐射如 X 射线、γ射线、β 射线、中子等除产生热能和使原子激发外,还能使原子"电离"。α(氢核)和 β(阴电子)射线穿透力很弱,只能用于"内照射",β 比 α 穿透力大,现大部分用 β 射线,它常用的辐射源是 $P^{32}$ 和 $S^{35}$,尤以 $P^{32}$ 使用较多,可以用浸泡和注射的方法使其渗入生物体内,在体内放出 β 射线进行诱变。X 和 γ 射线及中子都适用于"外照射",即辐射源与接受照射的物体之间要保持一定的距离,让射线从物体之外透入物体之内,在体内诱发突变。

### 2.3.2.2.1　非电离辐射引起的 DNA 损伤

(1)紫外线引起的 DNA 损伤。紫外线(UV)主要影响人的皮肤,对微生物的影响较大,可以影响微生物的存活。UV 的波长范围为 136～390 nm,分为 3 个光谱区,UVA 波段为 320～400 nm,UVB 为 275～320 nm 之间,UVC 在 200～275 nm 之间,其中 200～300 nm 波长范围对诱变有效,在致皮肤癌中 UVB 最重要。阳光中绝大部分的 UVB 被臭氧层过滤掉,所以臭氧层变薄,使皮肤癌的危险性增加。细胞周期中早 S 期的 DNA 对紫外线最敏感,这一时期嘧啶碱基暴露,易受到攻击。

紫外线诱变的作用机制,主要是能引起 DNA 断裂、DNA 分子的双链交联、胞嘧啶和尿嘧啶的水合作用以及嘧啶二聚体的形成等。紫外线打断化学键的可能性小,主要引起嘧啶二聚体的形成,最主要的效应是形成胸腺嘧啶二聚体(thymine dimer)。一般波长在 260 nm 左右,254 nm 的 UV 诱变能力最强,最易被嘌呤和嘧啶碱基吸收,相邻的两个核苷酸以共价键相结合,形成环丁烷嘧啶二聚体,这是一个可逆过程,280 nm 有利于二聚体的形成,240 nm 有利于二聚体分解,二聚体的生成位置和频率并非完全随机,而是与侧翼的碱基序列有关。常见的二聚体有 TT 二聚体、CC 二聚体和 TC 二聚体,其中 TT 二聚体最易形成(图 2.20)。已经有实验证据表明,胸腺嘧啶二聚体的形成是紫外线改变 DNA 生物学活性的主要途径。TT 二聚体通常发生在同一 DNA 链上两个相邻的胸腺嘧啶之间,会阻碍腺嘌呤的正常掺入,复制就会在此受阻,并随意掺入别的碱基,结果导致新生链的碱基序列发生了改变,引起突变;也可以发生在两个单链之间,这种二聚体是很稳定的,当二聚体发生在两个单链之间时,就会由于二聚体的交联而阻碍双链分子的分开,从而影响复制和转录并使细胞死亡。在二聚体 3′端插入一个错误碱基,引起密码子改变;同时二聚体的形成也会减弱或消除 DNA 双链间氢键的作用,并引起双螺旋结构的扭曲变形,阻碍碱基间进行正常配对,从而引起突变或死亡。

紫外线引起的突变包括各种形式的转换和颠换、缺失、重复和移码,甚至致死效应。这些突变可能是紫外线直接作用、间接作用和 SOS 系统共同作用的结果。紫外线的间接诱变作用,例如用紫外线照射微生物培养基,再用照射过的培养基去培养微生物,结果使微生物的突变率增加了,这是因为紫外线照射过的培养基内产生了 $H_2O_2$,氨基酸经 $H_2O_2$ 处理具有致微生物突变的作用,这一事实说明诱变的作用除直接影响基因本身外,还可改变基因的环境而间接起作用。在人皮肤中,每小时由 UV 产生的嘧啶二聚体频率为 $5 \times 10^4$/细胞。在正常细胞中,二聚体能被P53蛋白所识别并激发修复反应,然而,如果 $p53$ 基因自身发生了突变而失去功能,嘧啶二聚体就会形成突变。紫外线是目前诱变机制了解得较清楚、应用较广泛的一种非电离辐射型物理诱变剂。用紫外线处理大肠杆菌,可筛选到许多突变型,但微生物能以多种形式修复被紫外线损伤后的 DNA,主要修复方式有光复活、切除修复、重组修复、紧急呼救修复等。实验中常采用波长集中在 254 nm 的 15 W 紫外灯管,距离选择在 28~30 cm,照射时间因生物种类而异。多数微生物细胞一般在紫外线下暴露3~5 min即可死亡,但灭活芽孢则需要 10 min 左右或更长时间。

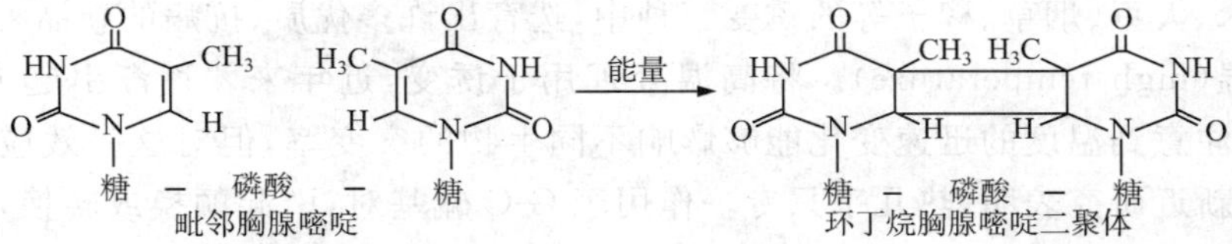

图 2.20　紫外线诱变形成嘧啶二聚体

(2)激光诱变。激光(laser)从本质上是电磁波,是一种高能量的电磁波,热效应明显,辐射能量密度和持续时间越长,热效应越大。热效应所产生的组织损伤尤其是 DNA 结构损伤,使菌体遗传物质产生不可逆的改变。光效应中,当孢子受激光处理时,激光是通过发光物质的原子、分子的能量变迁使 DNA 分子内发生能量跃迁,对核酸造成改变,引起分子内化学键断裂,造成 DNA 损伤、畸变,导致遗传变异。激光的电磁场效应使激发分子产生自由基,通过自由基的直接或间接作用,导致碱基损伤、糖基损伤、链断裂、嘧啶二聚体形成以及核酸和蛋白质的交联等变化,从而引起生物分子的生理、遗传变异。普通光源的发光主要是自发发射,而激光是在激光器内部对光的发射过程进行控制而产生的受激发射。自第一台激光器问世以来激光已广泛地应用于国防、医学、工业、农业等领域。利用 He-Ne 激光对酵母、芽孢杆菌诱变,获得了较好的效果,一般用液体培养基或是生理盐水制备的菌悬液直接进行激光辐射,造成形态或代谢的改变。微生物细胞在 He-Ne 激光的作用下,产生辐射活化效应,既表现为形态结构上的改变,又表现在代谢生理方面发生变化。

(3)微波。微波(microwave)也是一种电磁波,能引起水、蛋白质、脂肪、碳水化合物等极性分子转动,尤其是水分子在 2 450 MHz 微波作用下,能在 1 s 内 180° 来回转动 24 亿多次,从而引起分子间强烈的摩擦,最终引起 DNA 分子结构的改变,导致遗传变异。微波具有极强的穿透效应,能够同时使细胞壁内外的水分子产生剧烈运动,从而引起细胞壁通透性的改变,使细胞内的代谢物分泌出来。微波引起的热运动,产生瞬间的热效应容易引起酶的失活,并引起细胞生理、生化变异。近年来,有人利用微波诱变菌种,并筛选出高产菌株,微波作为诱变剂,目前还未普遍使用,尚处于探索阶段。

(4)离子束诱变。离子束(ion beam)诱变是近年发展的一种新的生物诱变技术,利用离子注入技术进行生物诱变,具有生理损伤小、突变谱广、突变率高及具有重复性和方向性等特点。离子束产生的装置是离子注入机,由离子源、质量分析器、加速器、四级透镜、扫描系统和靶室组成,其中离子源是离子注入机的重要部件,直接决定离子的种类和束流强度,它的作用是把需要注入的元素电离成离子。许多离子注入机能够单独或同时产生金属和气体离子束。在生物诱变育种中常常使用 $N^+$ 离子束。离子束诱变与一般辐射和化学诱变有所不同:离子注入生物体时同时存在能量传递、动量交换、离子沉积及电荷累积过程,而一般辐射只有能量交换过程,化学诱变只存在分子基团交换过程。因此,离子注入兼有辐射诱变和化学诱变的特点和功能,原则上可以通过精确控制离子种类和注入参数使离子能量、动量及电荷根据需要而组合,使诱变具有一定的重复性和方向性,但精确的分子机制尚不清楚,有待研究。离子注入技术在微生物和动植物诱变育种方面也取得了一定的成果,经过离子束诱变的利福霉素生产菌发酵水平提高了 40%,化学效价达 6 300 单位,另外经离子注入处理的糖化酶生产菌、右旋糖酐生产菌的产量和效价都有所提高。20 世纪 80 年代中期,我国学者余增亮(1989)首先把离子注入技术应用到水稻诱变育种中,后来推广应用于其他农作物,如小麦、玉米、大豆、烟草、稗子等的诱变育种中,选育出许多优质、抗病的新品种。

　　(5)高温(high temperature)。将高温处理用于诱变,近年来才逐渐引起人们的重视。很早就有人注意到温度的迅速变化能够影响不同生物的突变率,但对这一效应产生的原因并不清楚。新近研究表明,热几乎只专一作用于 G-C 碱基对,引起颠换或转换,高温带来的能量能通过胞嘧啶的脱氨基作用将其转换成尿嘧啶,从而使 G-C 转换为 A-T,引起突变;G-C→C-G 的颠换,则是由于热能引起鸟嘌呤与脱氧核糖之间键的移动,使 DNA 复制过程中出现 G-G 非正常配对,在下一次复制中造成 G-C→C-G 颠换并引起突变。

　　(6)微重力。对太空诱变的机理,我国最早从事空间生物学研究的专家之一梁寅初(1988)认为:空间环境因素中,起主要作用的是宇宙射线和微重力,宇宙射线是引起生物诱变的主要因素,而微重力通过增强植物材料对诱变因素的敏感性,使染色体 DNA 损伤加剧,增加了变异的发生。北京东方红航天生物技术有限公司首席科学家谢申猛博士(2003)长期进行生物学研究,他在多次实验的基础上认为:微重力可干扰 DNA 损伤修复系统的正常运转,从而阻碍或抑制 DNA 链断裂的修复,微重力与空间辐射具有协同作用或至少是双重作用。

### 2.3.2.2.2　电离辐射引起的 DNA 损伤

　　X 射线、γ 射线等带有较高的能量,能引起被照射物质中原子的电离,故称电离辐射。电离射线比化学键具有更高的能量,可使化学键断裂,影响许多分子。常见的电离射线有氡、X 射线、核燃料等。电离辐射对 DNA 的损伤有直接效应和间接效应。直接效应指的是辐射对 DNA 的直接作用,造成碱基的化学键、脱氧核糖的化学键和糖酸之间的化学键断裂并引起物理改变。间接效应指的是辐射在 DNA 周围环境的其他成分(主要是水)上沉积能量,使染色体以外的物质发生变化,然后这些物质作用于染色体而引起 DNA 分子的变化。水是细胞的主要成分,水经辐射解离后可以产生许多不稳定的具有高活性的自由基,进而引起 DNA 损伤,严重的可引起染色体畸变,导致染色体结构上的缺失、重复、倒位和易位。

　　电离辐射后,DNA 的碱基和糖都可以发生一系列的化学变化,从而引起碱基的破坏和脱落,脱氧核糖的分解,最严重后果是造成 DNA 链断裂。$OH^-$ 自由基主要引起碱基的变化,产生各种氧化物并破坏咪唑环,嘧啶碱比嘌呤碱对 $OH^-$ 自由基敏感。$OH^-$ 自由基还可作用于脱氧核糖,与脱氧核糖上的每个氢原子和羟基上的氢都能反应,从糖基上夺取氢原子,使脱氧核糖分解,引起 DNA 断裂。电离辐射照射细胞,细胞中 DNA 的碱基损伤较轻,表明游离碱基比核苷酸中的碱基敏感。总之,细胞内 DNA 经电离辐射处理后产生以下反应:①单核苷酸受击,释放出磷酸酯和碱基;②脱氧核糖分子的羟基发生氧化或碳-碳键断裂;③碱基受损,发生脱氨基、分子结构开环或形成过氧化物;④ DNA 主链发生单链或双链断裂;⑤形成胸腺嘧啶二聚体;⑥DNA 各分子间的交联:在 DNA 单链内或两条单链之间以及 DNA 单链与染色体的组蛋白之间形成各种交联。

DNA 的链断裂包括双链断裂(double-strand break,DSB)与单链断裂(single-strand break,SSB)。单链断裂指的是双链中的任何一条链的断裂。双链断裂指的是两条链在同一处或紧密相邻处同时断裂。脱氧核糖和磷酸二酯键的水解均会引起链断裂,另外碱基的破坏或脱落也可间接引起链断裂。DNA 照射后 SSB 是 DSB 的 $10\sim20$ 倍,在有氧条件下,DNA 的断裂数增加,断裂数与辐射剂量成正比。

电离辐射引起 DNA 交联,包括 DNA 链内交联、链间交联和 DNA 与蛋白质交联。DNA 的链间交联(DNA-DNA crosslinks,DDC)指的是 DNA 分子中一条链上的碱基与另一条链上的碱基以共价键结合。DNA 与蛋白质的交联(DNA-Protein crosslinks,DPC)指的是 DNA 与蛋白质以共价键结合,这种形式比 DNA 的链间交联研究得清楚,$OH^-$ 自由基、氧含量、温度及染色质状态对 DPC 都有影响。DPC 形成时对 DNA 和蛋白质具有选择性:具转录活性的 DNA 经电离辐射较易形成 DPC,真核细胞中与 DNA 交联的蛋白质主要有组蛋白、非组蛋白、调节蛋白、拓扑异构酶及与复制、转录有关的核基质蛋白。各种组蛋白形成 DPC 的反应能力各不相同,H3>H4>H2A>H2B,但 H1 不与 DNA 交联。

电离辐射的诱变作用机理不像化学诱变剂和紫外线那样清楚,因为电离辐射对生物作用的全过程是一系列复杂的连锁反应过程。通常把电离辐射作用于生物的全过程分为以下几个阶段:物理学阶段、化学阶段、生物化学阶段和结构变异阶段。物理学阶段是能量从辐射源传递到生物细胞内,使细胞内各种分子发生电离和激发;化学阶段是贮存能量迁移和生物大分子损伤形成的辐射化学过程,该过程能产生许多化学性质特别活跃的自由基和自由原子,其中水分子产生的离子对一系列复杂反应起到重要作用;生物化学阶段是由化学阶段产生的自由基和自由原子继续作用,并和周围的物质起反应,特别是和核酸及蛋白质起反应,造成大分子损伤;结构变异阶段是由于大分子损伤进一步引起结构变异,特别是由于染色体的损伤,使染色体发生断裂和重接而产生染色体各种结构变异以及 DNA 分子中的碱基变化(基因突变)。由此可知,电离辐射引起 DNA 损伤的机理是非常复杂的,要经过一系列连锁反应,最终才引起基因突变和染色体畸变,导致生物体发生遗传变异。

X 射线(X-ray)处理单独的核苷酸碱基,能引起嘌呤及嘧啶的降解,腺嘌呤被脱氨基而变成次黄嘌呤,部分胞嘧啶脱氨基而变成尿嘧啶。胸腺嘧啶受到破坏,不像受紫外线照射那样形成二聚体。X 射线诱变的直接作用是引起 DNA 双螺旋氢键的断裂、DNA 单链的断裂、DNA 双链之间的交联、不同 DNA 分子之间的交联等。间接作用是由电离辐射使细胞产生过氧化氢和游离基以及由它们产生的其他连锁反应所介导。X 射线还能使细胞形成一些碱基类似物,突变由这些碱基类似物所诱发。在微生物中,DNA 可被电离辐射随机降解,不像紫外线那样有选择性。

γ 射线又称 γ 粒子流,它的波长比 X 射线还要短,因而具有很强的穿透力,γ 射线可以进入到人体内部,产生类似但强于 X 射线的直接效应和间接效应。

快中子在诱变作用方面有较好的效果,近年在国内已广泛使用。

综上所述，不论是化学诱变剂还是物理诱变剂，均可显著地提高基因突变的频率和变异的幅度。

### 2.3.2.3　生物诱变

生物诱变是在一些生物过程中发生的偶然错误，主要包括转座诱变、修复诱变以及病毒诱变。

转座诱变是生物体内的转座子在移动过程中引起的突变，因转座子结构与转座机制的差异，其诱变结果不同。有关转座子结构与转座机制特点详见第 3 章。转座子诱变的共同特征是在转座子编码的转座酶作用下，实现转座的同时引起基因失活和基因激活或插入突变等。转座子转移到保守蛋白的编码序列或保守元件的 DNA 序列中，都可导致基因的失活；转座子转移到沉默基因序列或失活基因序列，如果重新组成的序列具有了启动子和起始密码子的特征，则导致基因的激活；转座子插入到正常基因序列中则引起插入突变。

修复诱变主要是修复过程中发生错误，导致子代 DNA 的改变。常见修复诱变有 SOS 修复诱变和 RecA 介导的重组修复诱变。SOS 修复是生命受到威胁时的紧急修复，以挽救生命为主要目的，其修复保真度不高，在修复的同时伴有突变产生。重组修复是由重组蛋白产生并介导的 DNA 交换，导致 DNA 的改变而间接引发诱变。如当 *E.coli* 中的 RecA 蛋白发生改变时，菌体细胞出现 SOS 反应，同时也发生了各种转换与颠换，但以 G-C →T-A 颠换为多，而且有序列优先，如 CGA 序列中的 G→T 的颠换率是 AGA 或 GGA 序列中的 20 倍以上。*E.coli* 中的 SOS 系统的诱变作用与 *rec*A、*umu*C、*umu*D 基因都有关，但 *rec*A 最重要。*umu*C 突变使 SOS 系统的诱变作用丧失，*umu*C 基因产物很可能是错误修复系统的重要组成部分。SOS 系统诱变作用的另一种可能途径是 RecA 蛋白促进了不完全同源 DNA 序列之间的重组，产生大量的错配碱基，引起突变。各种电离辐射（X 射线、γ 射线）、丝裂霉素 C、黄曲霉素 B1 等致癌物都能诱发 SOS 反应。此外，复制错配漏检如果不及时修正也可导致突变。突变热点中修复系统丧失判断标准而随机剪切也可引起突变。

病毒诱变是由于病毒感染宿主后，尤其是溶源性噬菌体，在整合与脱落过程中很容易发生错误从而引起突变，这样就把溶源性噬菌体视为诱变剂，间接引起生物突变。同时，在抗噬菌体诱变育种中，噬菌体更是显示出明显的诱变效应。

总之，生物诱变原则上是间接发生作用，这种诱变频率并不是很高，只有部分错误行为导致突变，但总以一定频率发生。一般转座、修复、重组以及抗噬菌体等都是生物体的适应性功能表现。

综上所述，不同诱变因素都可引起突变（表 2.4），不同诱变剂通过不同机制诱导突变，某些诱变剂类似正常碱基而掺入 DNA，然后产生错配，另一些则破坏碱基的结构使之要么产生特异性错配，要么丧失碱基识别能力而无法配对。在复制中必须诱导 SOS 系统跃过障碍才能使复制跳过损伤部位而继续进行。各种 DNA 的损伤由不同因素诱导产生（表 2.5），其中电离辐射所产生的活性氧自由基或细胞正常代谢均能将鸟嘌呤氧化成 8-羟基鸟嘌呤，在随后的 DNA 复制中，DNA 聚合酶将其错读为胸腺嘧啶；电离辐射造成 DNA 单链断裂或双链断裂，从而产生缺失和异常的染色体扩增；紫外线使相邻的嘧啶发生交联，均被读为胸腺嘧啶；暴露于致癌环境中的加合物效应由所涉及的致癌物决定，如鸟嘌呤和二甲基亚硝基胺反应生成的小型加合物被读为腺嘌呤，而苯并芘和鸟嘌呤形成的大型加合物既可被读为胸腺嘧啶又可导致 DNA 链的结构破坏和链的断裂；一些细胞内代谢事件也可产生突变，一些产生自由基的反应导致胞嘧啶脱氨基生成尿嘧啶,或者 5-甲基胞嘧啶形成胸腺嘧啶,或者二者都被读成胸腺嘧啶。在 DNA 复制过程中,以模板 DNA 链的核苷酸顺序为模板高保真合成互补子代链 DNA 链(每 $10^{10}$ 个核苷酸中有一个错误),这主要是由于参与 DNA 复制的 DNA 聚合酶具有 $3' \to 5'$ 内切酶活性,将错误掺入的碱基及时修复而实现的。

**表 2.4　不同类型的诱变因素及其产生的遗传效应**

| 诱变因素 | 作用方式 | 遗传效应 |
| --- | --- | --- |
| 碱基类似物(BU,2-AP) | 掺入错误 | A-T ↔ G-C 转换 |
| 羟胺(HA) | 与胞嘧啶反应 | G-C ↔ A-T 转换 |
| 亚硝酸(NA) | A,G,C 的氧化脱氨基作用、交联 | A-T ↔ G-C 转换、缺失 |
| 烷化剂(EMS,EES) | 烷基化碱基(主要是 G) | A-T ↔ G-C 转换、缺失 |
| | 烷基磷酸基团 | A-T ↔ T-A 颠换 |
| | 丧失烷化的嘌呤 | G-C ↔ C-G 颠换 |
| | 糖-磷酸骨架的断裂 | 巨大损伤(缺失、重复、倒位、易位) |
| 吖啶类 | 碱基的相互作用 | 移码(+碱-) |
| 紫外线 | 嘧啶水合物 | G-C ↔ A-T 转换 |
| | 嘧啶二聚体、交联 | 移码(+或-) |
| 电离辐射 | 碱基的降解 | A-T ↔ G-C 转换 |
| | DNA 降解 | 移码(+碱-) |
| | 糖-磷酸骨架断裂 | 巨大损伤(缺失、重复、倒位、易位) |
| | 丧失嘌呤 | |
| 加热 | C 脱氨基 | C-G ↔ A-T 转换 |
| Mu 噬菌体 | 结合到一个基因中间 | 移码突变 |

**表 2.5　不同因素诱导的碱基改变**

| | 因素 | 碱基改变示意 | 效应 |
| --- | --- | --- | --- |
| | 初始状态 | B₁　B₂ | 碱基 1 和 2 DNA 骨架 |
| 环境因素 | 电离辐射 | B₁　B₂ | 链的断裂 |
| | | B₁-OH　B₂-OH | 碱基氧化 |
| | 紫外线 | B₁　B₂ | 嘧啶交联 |
| | 致癌物 | B₁　B₂-X | DNA 加合物 |
| | 氧化作用 | B₁　B₂-OH | 碱基氧化 |
| 细胞内因素 | 胞嘧啶或甲基胞嘧啶甲基化 | B₁　B₃ | 碱基改变 |
| | DNA 合成过程中错误密码子聚合酶脱落或碱基非线性排列 | B₁　B₄ | 碱基改变 |
| | | 缺失或插入 | 碱基序列改变 |

### 2.3.3　突变热点

理论上讲,DNA 分子上任何碱基都可发生突变,但在 DNA 分子上不同位点有着不同的突变率。本泽尔(S. Benzer)利用各种诱变剂处理 T4 噬菌体,选出了大约 1 500 个 $r$ Ⅱ 基因的突变体。$r$ Ⅱ 基因包括 $r$ Ⅱ A 和 $r$ Ⅱ B 两部分。其中 $r$ Ⅱ A 包含 1 800 个核苷酸对,$r$ Ⅱ B 有 850 个核苷酸对。研究发现,$r$ Ⅱ A 有 200 个突变位点,$r$ Ⅱ B 有 108 个突变位点。研究还发现,突变位点在基因内的分布并不是随机的,许多位点上没有突变型或突变型很少,而在某些位点上突变型很多,如 r17 位点发生了 517 次突变,r131 位点发生了 298 次突变,显然这些位点就是突变热点。

造成突变热点的原因很多,归纳如下:①形成突变热点的最主要原因是 5-甲基胞嘧啶(MeC)的存在。MeC 和 C 作用一样,在突变剂的作用下,会产生脱氨基氧化。C 脱氨基氧化后生成 U,U 可以被尿嘧啶糖基酶系统所修复,故突变的频率很低;而 MeC 脱氨基氧化后生成 T,T 是 DNA 的正常组分,不能被尿嘧啶-DNA 糖苷酶识别修复,于是形成 G-T 的错配状态。这种作用如果发生在 DNA 复制期间的新生链上,就可以被错配修复系统所修复,如果发生在 DNA 非复制时期,这时由于两条链的甲基化程度相同,错配系统就失去了判别标准。只能是随机地切除一个,就有 50% 的可能性发生突变,如若发生在正在复制的模板上,则很快引起突变。用亚硝酸作为突变剂,在 5-甲基胞嘧啶处,明显地出现突变热点,就是这种道理。②在短的连续重复序列处容易发生插入或缺失突变。这是由于在 DNA 复制时发生模板链和新生链之间相对滑动而造成的,例如 CTGG 很容易产生 CTGG 的插入突变或缺失突变。③突变热点与突变剂有关,不同突变剂出现的突变热点不同,例如 5-溴尿嘧啶(5-BU)处理 λcI 基因,该基因的 ACGC 序列中,A→G 转换率比 A-C-非 G-N 序列中的 A 高 15 倍,比 A-非 C-N-N 序列中的 A 高 100 倍。④转座子的致突变作用以及增变基因突变和紫外线诱变作用,也都有不同程度的序列优先性。

不论是自发突变的热点,还是诱发突变的热点,都是由这一位点及其邻近的核苷酸序列的特点所决定的。大肠杆菌乳糖操纵子的调节基因 lacI 突变热点的核苷酸序列分析结果已经证实了这一点。但是自发突变的热点不一定是诱发突变的热点,突变热点的存在与突变的随机性并不矛盾,从整体上看,热点不过是 DNA 中较高的突变率表现在群体中的一些特殊位点,它们的分布仍具有随机性。

### 2.3.4　DNA 分子的位点专一性诱变

自发突变和诱发突变可随机发生在基因组的任何位点,而不能限制在某个特定基因之内。遗传学家希望研究的是发生在某些特定基因中的突变及其效应。利用辐射或化学突变剂处理细胞或生物体之后,必须对生存的群体进行筛选,以鉴定目标突变体。采用分子克隆技术有可能克隆到目标基因和合成大量用于分析和操作的 DNA。也就是说,现在可以在试管内或体外修改 DNA,并可通过感染或转化,再将其送回到细胞之中,最后测定突变的效应。这些技术可以让遗传学家在某个特殊基因内的特定核苷酸位置创造突变,这种程序叫做 DNA 的位点专一性诱变(site-specific mutagenesis),即在目的基因内的特定序列的特定位置上在体外进行的定点突变的技术。位点专一性诱变可用于创造点突变、小片段缺失和插入。

### 2.3.5　诱发作用与人类癌症

#### 2.3.5.1　癌基因

细胞分化的过程往往伴随着细胞的分裂,在人的一生中,体细胞要分裂 $10^{16}$ 次。基因组中的每个基因都可能发生突变,基因突变的结果有可能使某些分化细胞的生长与分裂失控,脱离了衰老和死亡的正常途径而成为无限增殖的细胞,称之为肿瘤细胞(tumor cell)。把具有转移能力的肿瘤称为恶性肿瘤（malignancy）或癌（cancer），目前癌已成为恶性肿瘤细胞的通用名称。致癌作用发现于 1911 年，德国科学家劳斯（Rous）将鸡肉瘤的无细胞滤液接种到健康鸡的肌肉中，诱发了新的肉瘤，发现了鸡肉瘤病毒，称为劳斯肉瘤病毒（Rous sarcoma virus，RSV），并由此证明了反转录病毒的致癌作用。1976 年 D. Stehelin 等人从劳斯肉瘤病毒中成功分离出了致癌基因，命名为 *src*。*src* 基因产物 $P60^{src}$ 具有酪氨酸蛋白激酶活性，分子量为 $6.0 \times 10^4$，能够催化细胞内某些蛋白质的酪氨酸磷酸化，使蛋白质的构型和功能改变，以致诱发细胞转化。癌基因是英文 oncogene 的译名，onco 源于希腊字 onks，意思是肿瘤。顾名思义，癌基因是一类会引起细胞癌变的基因，具有转化能力，因此又名转化基因。后来分离出越来越多的致癌基因，总称为病毒癌基因（viral oncogene，*v-onc*）。病毒癌基因的研究推动了癌基因的深入研究。以 *v-onc* 为探针，发现动物和人的基因组中都存在 *v-onc* 的同源序列，为了区别，将动物和人的与 *v-onc* 基因的同源序列称为细胞癌基因（cellular oncogene，*c-onc*），最初指原癌基因，后来研究发现有两大类，根据作用机理不同分别称为原癌基因（proto-oncogene）和抑癌基因（cancer suppressor gene）或抗癌基因（anti-oncogene）。细胞转化癌基因是人类或其他动物细胞（以及致癌病毒）固有的一类基因，广泛存在于宿主细胞内，是自身生长、分化的必需基因，在细胞中是高度保守的，一般处于控制协调表达，它们一旦突变被异常活化，就会导致功能异常或表达数量异常，促使人或动物的正常细胞发生癌变，即只要原癌基因过量表达，细胞生长失控，就可以形成肿瘤。

病毒癌基因是来源于宿主原癌基因却存在于病毒体内处于活化态的原癌基因，它对非致癌病毒的生长繁殖是非必需的，处于可有可无状态，它的存在不会引起病毒的不适，但带有病毒癌基因的病毒感染宿主，对宿主细胞具有癌化作用，引起宿主细胞癌变。尽管不同病毒癌基因产物不同，但诱发癌的过程是类似的，即活化态的原癌基因表达过量，导致细胞分裂不再具有周期性，使细胞无限增长，并具有转移功能，导致癌发生与扩散。

原癌基因是促进细胞分裂、抑制细胞分化、控制细胞发育的必需基因，具有高度保守性，原癌基因变成癌基因，主要有两个途径，一是原癌基因被病毒包裹转变为病毒癌基因导致癌的发生；二是原癌基因自身异常导致癌的发生。原癌基因自身异常有几种可能：①病毒或转座子等引起的在原癌基因内的插入突变或基因突变使之成为恒久激活态的癌基因，具有转化能力，其过度表达导致癌症；②原癌基因的结构区或调控区发生重排变异，导致基因产物增多或产物活性增强，使其表达在时空上发生紊乱，不再具有细胞周期特性而致癌；③原癌基因自身没有错误，但由于增强子或强启动子的插入，引起表达过度而致癌，换言之只要原癌基因表达产物数量过度即可致癌；④抑癌基因失活间接导致原癌基因持续表达，使细胞过度增殖，原癌基因产物的质与量的改变，最终导致肿瘤形成。

抑癌基因是抑制细胞分裂、促进细胞分化、抑制原癌基因表达的必需基因，它的作用是使正常细胞不能癌变，其产物是阻遏原癌基因表达的抑制性因子，因此，又称之为肿瘤抑制基因（tumor suppressor gene）。抑癌基因成为癌基因，一般是抑癌基因异常导致功能丧失，失去了对原癌基因的抑制功能，间接导致原癌基因表达失控，其产物累积表达，继而引发癌症。抑癌基因异常的原因主要是基因突变以及内含子剪接错误导致。20 世纪 80 年代中后期对抑癌基因的研究取得了较大的进展。研究发现，染色体结构或数目异常的细胞容易并发产生癌症。如 21 三体综合征患者较正常群体患急性白血病的概率高 8～20 倍；先天性睾丸发育不良综合征（klinefelfer 综合征）易继发乳腺癌等。已知的抑癌基因有细胞生长抑制基因、诱导细胞分化基因、负责编码癌基因产物的拮抗物的基因等。抑癌基因失活的途径有三条:①抑癌等位基因突变的隐性作用。抑癌基因在二倍体细胞中是显性表达,一个抑癌基因突变失活,另一个可以互补维持细胞功能正常,只有二倍体的染色体上对应的两个等位抑癌基因都突变,才表达突变抑癌基因的效应,导致抑癌基因失活而引发癌变。②抑癌基因的显性负作用(dominant negative)。正常情况抑癌基因突变为隐性性状,但有时抑癌基因发生了显性负突变,则产生显性负作用,由于突变基因的拮抗作用使对应的等位基因产物失活,从而使细胞出现恶性表型和癌变,如近年来证实突变型 p53 和 APC 蛋白分别能与野生型蛋白结合而使其失活,进而转化细胞。③单倍体不足假说(haplo-insufficiency)。某些抗癌基因的表达水平十分重要,如果一个拷贝失活,另一个拷贝就可能不足以维持正常的细胞功能,从而导致肿瘤发生。如 DCC 基因一个拷贝缺失就可使细胞黏膜附功能明显降低,进而丧失细胞接触抑制,使细胞克隆扩展或呈恶性表型。

　　总之,原癌基因与抑癌基因在正常细胞中是一对孪生姐妹,相互拮抗,相互协调,共同维持细胞的正常表达,只要一方错误则导致细胞转化,癌基因异常而形成癌症。只有原癌基因与抑癌基因共同协调作用才能保证机体不发生癌变。

　　原癌基因和抑癌基因具有相似的特点:二者都是细胞生长分化的必需基因,具有高度保守性。但二者又有所不同:原癌基因促进细胞分裂,抑制细胞分化,其表达方式是优先表达突变基因,换言之原癌基因的异常表达优于正常表达,其自身正常状态是处于隐性基因性质,在传递过程中主要通过体细胞水平传递;而抑癌基因抑制细胞分裂,促进细胞分化,其正常表达方式为显性状态,突变异常的抑癌基因是隐性表达,只有二倍体中两个等位的抑癌基因都突变,抑癌基因才丧失对原癌基因的完全抑制作用,表现出致癌性,但其传递可通过生殖细胞和体细胞传递,即垂直传递与水平传递并进。

　　研究发现,原癌基因的编码产物参与细胞生命活动中最基本的生化过程,原癌基因的产物主要包括:①生长因子,如 sis;②生长因子受体,如 fms、erbB;③蛋白激酶及其他信号转导组分,如 src、ras、raf;④细胞周期蛋白,如 bcl-1;⑤细胞凋亡调控因子,如 bcl-2;⑥转录因子,如 myc、fos、jun 等。

　　原癌基因的产物表达量是严格受细胞内抑癌基因或抗癌基因控制的,在正常细胞中原癌基因的表达水平一般较低,而且是受生长调节的,其表达主要有三个特点:①分化阶段特异性;②细胞类型特异性;③细胞周期特异性。

　　在肿瘤细胞中原癌基因的表达有两个比较普遍和突出的特点:①一些原癌基因表达处于高水平状态或过度表达状态;②原癌基因的表达程度和次序发生紊乱,不再具有细胞周期特异性。至今已报道的原癌基因已超过 100 个,约有 20 多个已经在染色体上定位,一些功能已经确定的原癌基因如表 2.6 所示。

　　抑癌基因的发现和研究较癌基因晚,迄今克隆到的抑癌基因的数目亦较少,这并不意味着客观存在的抑癌基因就一定比癌基因少,由于抑癌基因的改变表现为其功能的减弱或丧失,所以要想分离、鉴定、确认一个抑癌基因比较困难。20 世纪 90 年代,分离和鉴定出来的抑癌基因越来越多(表 2.7),迄今已报道的抑癌基因有 20 多个。研究发现抑癌基因的产物主要包括:①转录调节因子,如 Rb、p53;②负调控转录因子,如 WT;③周期蛋白依赖性激酶抑制因子(CKI),如 p15,p16,p21;④信号通路的抑制因子,如 ras GTP 酶活化蛋白(NF-1)、磷脂酶(PTEN);⑤DNA 修复因子,如 BRCA1、BRCA2;⑥与发育和干细胞增殖相关的信号途径组分,如:APC、Axin 等。这些产物都是抑制细胞增殖、促进细胞分化、抑制细胞迁移、起负调控作用的一些物质。

**表 2.6　一些原癌基因及其功能**

| 原癌基因 | 功能 | 相关肿瘤 |
| --- | --- | --- |
| *sis* | 生长因子 | Erwing 网瘤 |
| *erb*-B | 受体酪氨酸激酶,EGF 受体 | 星形细胞瘤、乳腺癌、卵巢癌、肺癌、胃癌、唾腺癌 |
| *fms* | 受体酪氨酸激酶,CSF-1 受体 | 髓性白血病 |
| *ras* | G-蛋白 | 肺癌、结肠癌、膀胱癌、直肠癌 |
| *src* | 非受体酪氨酸激酶 | 鲁斯氏肉瘤 |
| *abl*-1 | 非受体酪氨酸激酶 | 慢性髓性白血病 |
| *raf* | MAPKKK,丝氨酸/苏氨酸激酶 | 腮腺肿瘤 |
| *vav* | 信号转导连接蛋白 | 白血病 |
| *myc* | 转录因子 | Burkitt 淋巴瘤、肺癌、早幼粒白血病 |
| *myb* | 转录因子 | 结肠癌 |
| *fos* | 转录因子 | 骨肉瘤 |
| *jun* | 转录因子 | |
| *erb*-A | 转录因子 | 急性非淋巴细胞白血病 |
| *bcl*-1 | cyclinD1 | B 细胞淋巴瘤 |

**表 2.7　已经确定的几种抑癌基因**

| 基因 | 染色体定位 | 相关肿瘤 | 基因产物及功能 |
| --- | --- | --- | --- |
| *Rb* | 13q14 | BR、成骨肉瘤、SCLC、乳癌、结肠癌 | 转录因子 p105,控制因子 |
| *WT* | 11p13 | WT、横纹肌肉瘤、肺癌、膀胱癌、乳癌、肝母细胞瘤 | WT-ZFP,负调控转录因子 |
| *NF*-1 | 17p12 | 神经纤维瘤、嗜铬细胞瘤、雪旺氏细胞瘤、神经纤维肉瘤 | GAP,ras GTP 酶激活因子,拮抗 p21RasB |
| *DCC* | 18q21.3 | 结肠癌、直肠癌 | P192,细胞黏附分子 |
| *p53* | 17p13 | 星状细胞瘤、胶质母细胞瘤、结肠癌、乳癌、成骨肉瘤、SCLC、胃癌、鳞状细胞肺癌 | P53,转录调节因子,控制生长 |
| *erb*A | 17q21 | ANLL | T3 受体,含锌指结构的转录因子 |
| *p21* | | 前列腺癌 | CDK 抑制因子 |
| *p15* | | 成胶质细胞瘤 | CDK4、CDK6 抑制因子 |
| *BRCA*1 | | 乳腺癌、卵巢癌 | DNA 修复因子,与 RAD51 作用 |
| *BRCA*2 | | 乳腺癌、胰腺癌 | DNA 修复因子,与 RAD51 作用 |
| *PTEN* | | 成胶质细胞瘤 | 磷脂酶 |
| *APC* | 5q21-22 | 结肠腺瘤性息肉,结/直肠癌 | WNT 信号转导组分 |

### 2.3.5.2　癌变

　　癌症发生的必要前提是遗传物质的损伤和基因结构的改变。细胞癌变前提是持续性炎症得不到有效控制和癌基因变异。基因突变导致癌基因激活,激活方式有点突变、调控异常、染色体重排、基因扩增等,尽管激活方式差别很大,但结果是相同的,即癌症开始发生。

#### 2.3.5.2.1　癌变的起始

　　原癌基因的点突变是引发癌细胞发生的起始。例如各种 *ras* 基因的点突变如 12、13、61 位密码子突变存在于多种肿瘤细胞中,*ras* 基因编码的 Ras 蛋白是一种小分子 GTP 结合蛋白(G 蛋白),具 GTP 酶活性,是重要的信号转导分子。细胞信号转导是细胞增殖与分化过程的基本调节方式,而信号转导通路中蛋白因子的突变是细胞癌变的主要原因,正常 Ras 蛋白的作用因其自身的 GTP 酶活性而受到严格控制,而突变了的 Ras 蛋白的 GTP 酶活性下降或丧失,失去了原有的控制,增殖信号持续作用,使细胞发生恶性转化(图 2.21)。90% 的胰腺癌有 *ras* 基因的点突变;人类各种癌症中约 30% 都是由于信号转导通路中的各种 *ras* 基因突变引起的,如 *ras* 家族中的 *H-ras*、*K-ras*、*N-ras*,以及 *mel* 和 *ral* 等。1982 年发现人的膀胱癌细胞中 *c-H-ras* 的序列分析,第 12 位密码子中的第 2 个碱基由 G 变成了 T 后,导致甘氨酸变成了缬氨酸,从而与 GTP 维持恒定的结合而处于激活状态。人的结肠癌和肺癌细胞中,其 *c-K-ras* 序列具有同样的突变位点。人的神经母细胞则是 *c-N-ras* 序列第 61 位密码子发生点突变,点突变导致 *ras* 的激活促使癌的起始。

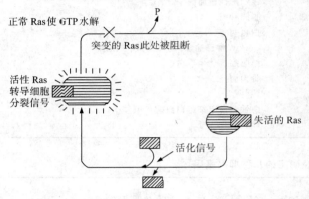

图 2.21　Ras 与 GTP/GDP 的相互作用

### 2.3.5.2.2　癌变的发生

癌基因调控异常导致癌症的发生。研究发现,调控异常包括甲基化修饰差异、反式调控异常和转录后调控异常。原癌基因的低甲基化修饰,在细胞致癌物质的作用下,降低了甲基化酶的活性,提高了原癌基因活性,从而导致癌症发生。反式调控系统已证明某些基因如病毒 HTLV-Ⅰ、Ⅱ 中 TAT(LOR)区,SV40 中的某些片段,RSV 的 *gag* 区等基因产物可以影响其他基因的转录,原癌基因很可能接受了其他基因如病毒基因产物的影响而表现出反式作用因子的控制效应。值得注意的是,*v-myc* 进入细胞后,可关闭细胞本身 *c-myc* 的表达。*c-myc* 激活后亦可使另一个正常表达的 *c-myc* 等位基因关闭,这提示了 *myc* 产物或由 *myc* 诱导产生的物质对 *c-myc* 的转录发生反式负调控机制。转录后的调控异常如成纤维细胞在生长因子处理后,*c-myc* 的 RNA 量增高并非是转录水平的改变,生长因子作用前后的细胞转录水平相同,显然是 mRNA 转录后加工或稳定性改变导致了 RNA 量的增高,基因的转录后调控本身是当前了解甚少的领域,因此癌瘤基因的转录后调控的异常更属研究的薄弱环节,其机制有待进一步研究。

### 2.3.5.2.3　癌细胞恶化

基因重排促进了原癌基因的过度表达,导致癌症的加速发生。染色体重排包括染色体断裂、重组、易位、缺失,环状染色体、微小染色体、双着丝粒或多着丝粒染色体的形成,以及强启动子与增强子的插入等。其结果造成染色体数目异常,形成恶性肿瘤的非整倍体细胞或者形成融合基因,这些结果都导致原癌基因的过度表达而致癌。例如,第 6 染色体的卵巢癌 *c-myb* 基因与第 14 染色体发生重排;急性粒细胞白血病时第 8 染色体的 *c-mos* 基因与第 21 染色体重排;骨髓的白细胞增多症是第 6 染色体的 *c-can* 的 3' 端被第 9 染色体的 *set* 基因取代;慢性粒细胞白血病大都发生了 t(9;22)(q34;q11),将原癌基因 *c-abl* 移到第 22 染色体上,和 11 cm 处断裂点聚集区 *bcr* 融合成为 *bcr-abl* 融合基因,正常的 *c-abl* 基因的产物酪氨酸激酶 P145,分子量为 $1.45 \times 10^5$,是一种低活性磷酸化激酶,受细胞"生长因子-受体"复合物系统的严格控制。而融合基因编码的蛋白质 P210,分子量为 $2.10 \times 10^5$,P210 中的 *c-abl*

部分表达蛋白的构型发生改变,使之具有高的酪氨酸蛋白激酶的活性,并且脱离了"生长因子-受体"复合系统的控制,激活了潜在的致癌能力,从而引起造血干细胞的癌变;t(8:14)易位使 *myc* 表达失控等。上述染色体易位所带来的结构改变都使原癌基因的转录得到不同程度的上调。染色体重排与癌基因异常见表 2.8。而 RVS 转化细胞,其 P60$^{src}$ 蛋白含量比正常细胞高 10~100 倍,该蛋白与正常 *c-src* 基因产物在质量上并无区别,只是在转化细胞中数量增加,使细胞代谢失衡,导致癌变。试验将 *c-myc* 与 *Ig* 基因启动子拼接后制备的转基因鼠,其体内 *c-myc* 得到了高效表达。B 淋巴细胞中免疫球蛋白(immunoglobulin,IG)重链基因表达十分活跃,其启动子为强启动子,且在重链基因的恒定区和可变区(CH-VH)之间还有增强子区,*c-myc* 易位后与抗体重链基因的调控区为邻而被激活。正常情况下,位于 *c-myc* 5′端的两个启动子受到 *c-myc* 产物的反馈抑制,抗体基因重排时导致 *c-myc* 5′端序列丢失而摆脱了抑制而使其表达增强。原癌基因的产物过度表达而剧增的现象由两条途径引发:一是抑癌基因突变其产物失活,不能有效阻遏原癌基因的表达,导致原癌基因产物过量,促使细胞癌变;二是原癌基因中插入强启动子或增强子使其表达过量,导致细胞癌变。LTR 是反转录病毒(RNA 病毒)基因组两端的长末端重复(long terminal repeat,LTR),此序列中含有强启动子序列。在人类中,病毒的插入也会引起某些肿瘤的发生。如 *c-myc* 原癌基因编码一种转录因子,行使基因调控的功能。但一种缺陷型强致癌的反转录病毒——禽类白细胞增生病毒(ALV)感染细胞后插入 *c-myc*,导致这个癌基因被激活,在这种情况下,*c-myc* 的编码顺序未发生改变,致癌性是由于其失去了正常的控制,增强表达所致。又如反转录病毒 MoSV 感染鼠类成纤维细胞后,病毒基因组的 LTR 整合到细胞癌基因 *c-mos* 邻近处,使 *c-mos* 处于 LTR 的强启动子和增强子作用之下而被激活,导致成纤维细胞转化为肉瘤细胞。因此,在基因治疗中使用反转录病毒载体时必须考虑细胞原癌基因的插入激活问题。

**表 2.8　染色体重排与癌基因异常**

| 癌基因 | 染色体定位 | 异常 | 人类肿瘤 |
|---|---|---|---|
| *c-myc* | 8q24 | t(8:14),t(8:22),t(2:8) | Burkitt 淋巴瘤 |
| *bcl-1* | 11q13 | t(11:14) | B 细胞淋巴瘤 |
| *bcl-2* | 18q21 | t(14:18) | |
| *tcl-2* | 11q13 | t(11:14) | T 细胞淋巴瘤 |
| *c-abl* | 9q34 | t(9:22) | 慢粒 CML |
| *bcr* | 22q11 | ph | |
| *c-mos* | 8q22 | t(8:21) | 急粒 AML |
| *c-myb* | 6q22-24 | t(6:14) | 卵巢癌 |
| *c-sis* | 22q12 | t(11:22) | Erwing 肉瘤 |
| *blym* | 1q32-ter | 缺失,HSR | 神经纤维瘤 |
| *c-K-ras* | 6q21 | 断裂 | ANLL |
| | | 6q 三体性 | 视网膜母细胞癌 |
| *c-erb*A | 17q21 | 断裂 | ANLL |

原癌基因的扩增大大促进了癌基因产物的高效表达,促进癌细胞的恶化并发生转移。基因扩增(gene amplification)即基因拷贝数增加,也称为基因放大。基因扩增必将导致基因过量表达,一般认为与恶性演进有关。原癌基因的扩增可能出现在肿瘤发生和发展的任何阶段。近年研究发现癌基因的扩增与康复相关,有扩增者治疗后复发的概率比无扩增者

高 8 倍,因而认为原癌基因的扩增可能是肿瘤发生过程中的继发变异,基因扩增与细胞癌基因关系如表 2.9。在肿瘤细胞中观察到细胞癌基因的扩增,拷贝数可达正常细胞数的 $10\sim100$ 倍。白血病细胞中的 $c\text{-}myc$ 基因可扩增 $8\sim22$ 倍。原癌基因扩增的肿瘤细胞具有以下细胞遗传学特征:均质染色区(homogenously stained region,HSR)、双微染色体(double minute chromosomes,DMC)和姊妹染色单体非均等交换(unequal sister chromatid exchange,USCE)。均质染色区指的是染色质在染色中没有常染色质和异染色质的区别。双微染色本是指无着丝粒、成对分布于细胞中的微小染色体。姊妹染色单体非均等交换是指 G2 期由于姊妹染色单体之间发生了非均等交换,结果使一个子细胞的染色体变长,表现出同源重复的基因扩增,另一个细胞中的对应染色体变短,表现出基因删除。DMC 和 HSR 是最常见的类型,在具有 DMC 或 HSR 的直肠癌患者中 $c\text{-}myc$ mRNA 含量是正常人的 30 倍。可见,原癌基因的扩增提供了更多的模板而引起的转录和翻译产物的增加,促进癌症恶化。

**表 2.9 人类肿瘤细胞中扩增的细胞癌基因**

| 细胞癌基因 | 肿瘤 | 扩散倍数 | DM/HSR * |
|---|---|---|---|
| $c\text{-}myc$ | 早幼粒白血病细胞系 HL60 | 20 | + |
| | 小细胞肺癌细胞系 | $5\sim30$ | ? |
| $H\text{-}myc$ | 原发神经母细胞瘤Ⅲ~Ⅳ级及神经母细胞瘤细胞系 | $5\sim1\,000$ | + |
| | 视网膜母细胞瘤 | $10\sim200$ | + |
| | 小细胞肺癌 | 50 | + |
| $L\text{-}myc$ | 小细胞肺癌 | $10\sim20$ | ? |
| $c\text{-}myb$ | 急粒 AML | $5\sim10$ | ? |
| | 结肠癌细胞系 | 10 | ? |
| $c\text{-}erbB$ | 类表皮癌细胞系,原发胶质瘤 | 30 | ? |
| $c\text{-}K\text{-}ras$ | 原发肺癌,结肠癌,膀胱癌,直肠癌 | $4\sim20$ | ? |
| $N\text{-}ras$ | 乳癌细胞系 | $5\sim10$ | ? |

### 2.3.5.2.4 抑癌基因与肿瘤

早在 20 世纪 60 年代,有人将癌细胞与同种正常成纤维细胞融合,所获融合细胞的后代只要保留某些正常亲本染色体时就可表现为正常表型,但是随着染色体的丢失,其杂交细胞又可重新出现恶变细胞。这一现象表明,正常染色体内可能存在某些抑制肿瘤发生的基因,它们的丢失、突变或功能丧失,使癌基因激活而致癌,为防止细胞癌变,需要抑癌基因处于组成性的一定程度的表达。目前对 $p53$ 和 $Rb$ 抑癌基因研究较为深入。

1986—1987 年国际上有 3 个实验室成功分离到了第一个抑癌基因——$Rb$ 基因。$Rb$ 基因位于人类细胞第 13 号染色体长臂 13q14 区域,是视网膜细胞瘤易感基因,它的缺失或失活是视网膜瘤形成的主要原因,散发性 $Rb$ 发生较晚,一般只危及一只眼,遗传性 $Rb$ 往往危及双眼,3 岁左右发病形成多个肿瘤。遗传性肿瘤患者的发病年龄小(约 1 岁前后),病情严重,常为双侧眼睛同时发病,并伴有家族史。除视网膜肉瘤外,相继在骨癌、乳腺癌、膀胱癌等其他一些肿瘤中发现都存在 $Rb$ 基因缺失或功能缺陷现象。$Rb$ 基因全长 200 kb,由 27 个外显子组成,其中 $13\sim17$ 个外显子是基因重组的热点;该基因 mRNA 长 4.7 kb,编码含 928 个氨基酸的蛋白质,其分子量为 110 kD。$Rb$ 是一种能与 DNA 结合的磷酸化蛋白质,其功能是参与基因活性的调控。$Rb$ 基因产物通过磷酸化作用的差异来调控细胞进入 G0

期或 S 期,促进细胞分化或增殖,通过与原癌基因的结合抑制原癌基因的表达。在 G1 期 $Rb$ 与 E2F 结合,抑制 E2F 的活性,在 G1/S 期 $Rb$ 被 CDK2 磷酸化失活而释放出转录因子 E2F,促进蛋白质的合成,在整个细胞周期的不同阶段,$Rb$ 蛋白的磷酸化水平不同,非磷酸化的 P110W 能使细胞停留在 G0 期,并有促进分化的作用,抑制细胞的增殖,而磷酸化的 P110 能使细胞进入 DNA 合成期而开始有丝分裂,因而 $Rb$ 蛋白是细胞增殖的负调控因子。一些转化试验表明,P110 还能与腺病毒癌基因的产物 E1A 和 SV40 的大 T 抗原、人乳头瘤病毒的 E7 转化蛋白等形成复合物,Rb 蛋白(P110)被抵消作用的同时,$Rb$ 基因被激活,从而增加了转录和翻译,反过来抵消了癌基因的作用。也就是说,Rb 蛋白能与癌基因结合,抑制了原癌基因的表达,在结合过程中,由于 P110 的用量增加,$Rb$ 基因的表达量也随着提高,从而有效地抑制了原癌基因的表达。因此,$Rb$ 基因及其蛋白产物可与肿瘤病毒抗原、癌基因、生长因子、转录因子等结合,对细胞增殖和分化起调控作用。$Rb$ 基因失活表现为缺失、微小缺失、编码区的点突变以及 RNA 剪接信号序列的改变等,这些变化导致表达的产物的功能缺陷,从而失去了对癌基因的控制作用从而间接致癌。

　　p53 是另一种较为常见的肿瘤抑制蛋白,也是一种研究得较深入的抑癌基因,它是人类基因组的卫士,调控 DNA 的复制过程,同时在癌症中也扮演着重要的角色。研究发现,许多恶性肿瘤是 $p53$ 基因突变或失活引起的,野生型 $p53$ 在维持基因组稳定性方面起着重要作用,最初发现,$p53$ 基因突变能使鼠类细胞发生恶性转化,而且在恶性转化细胞中 $p53$ 基因的表达增强。这些资料提示 $p53$ 基因的作用似乎类似于抑癌基因,但随着研究的深入,发现肺癌、乳腺癌、大肠癌等实体瘤细胞中经常出现第 17 染色体短臂丢失,而 $p53$ 基因正好定位于 17p13.1 区域,$p53$ 基因具有抑制肿瘤细胞生长的活性,对众多肿瘤研究表明 $p53$ 基因突变或缺失是主要致癌原因,而人类一半以上的肿瘤发生与 $p53$ 基因突变相关。$p53$ 有两种作用:一是修复受损的 DNA 链,二是杀死 DNA 有缺陷的细胞。这两种机能都有助于抗御癌症,但在异常状况可能起到相反的作用。比如,大剂量辐射使细胞中大量的 DNA 受损,$p53$ 就可能对受损细胞实现安乐死。在人体中 $p53$ 基因定位于 17p13.1,$p53$ 基因全长 16~20 kb,由 11 个外显子组成,第 1 个外显子不编码,外显子 2、4、5、7 和 8 分别编码 5 个进化上高度保守的结构域。$p53$ 产生长 2.5 kb 的 mRNA,编码 393 个氨基酸的蛋白,分子量为 53 kD。$p53$ 基因的表达产物是一种转录因子,以四聚体形式与 DNA 特异性结合,对靶基因的表达进行调控:一是直接激活转录,二是通过抑制原癌基因的产物或表达水平对原癌基因实行负调控。野生型 $p53$ 基因的功能与 $Rb$ 基因类似,对细胞的增殖和分化起调控作用,特别是可在细胞周期 G1/S 交界处起作用,所以人们称之为"分子关卡"。另外,野生型 $p53$ 基因的蛋白产物还是诱导细胞凋亡的重要因子。突变型 p53 蛋白不仅丧失了上述功能,而且还能与野生型 p53 蛋白结合,使之失活。体外试验表明,突变体构象发生了改变,失去了对特异位点的结合能力,从而丧失了对目的基因的反式激活作用或负调控作用,引起细胞恶变。而且 $p53$ 基因位于基因组突变热点位置,分析突变点得知,$p53$ 基因大部分突变发生在 $p53$ 基因进化最保守的区段,只是不同肿瘤又有各自不同的突变谱,表明高发突变位点中的突变形式和突变频率的不同。已有资料显示,一些 DNA 肿瘤病毒的蛋白产物可干涉 $p53$ 基因的转录功能,使之失活,如腺病毒的 EIASA40T 抗原和人乳头状瘤病毒 E6 蛋白,其机理可能是通过与 p53 形成复合物或加速 p53 的分解。使 p53 失活的另一个原因是 $mdm2$ 基因的高水平表达。$mdm2$ 基因由 p53 激活,莫曼德(Momand)发现将一个表达

*mdm*2 的碧粒和表达野生型 p53 的质粒共转染细胞时，*mdm*2 产物可与 p53 蛋白发生结合，抑制 *p*53 介导的转染激活作用。总之，*p*53 基因的点突变或缺失，导致该基因产物构型改变，不能特异地与 DNA 结合，从而失去了对原癌基因的控制。

总之，不同的癌基因有不同的激活方式，一种癌基因也可有多种激活方式。例如 *c-myc* 的激活就有基因扩增和基因重排两种方式，很少见 *c-myc* 的突变；而 *ras* 的激活方式则主要是突变。1985 年沙拉蒙（Slamon）检测了 20 种 54 例人类肿瘤中的 15 种癌基因，发现所有肿瘤都不止一种癌基因发生了改变。细胞转化实验证明，各种癌基因之间存在协同作用，并且是导致癌症转化的根本原因，仅仅一个点突变只有起始作用，肿瘤的发生是癌基因突变逐渐累积的结果。根据大量的病例分析，癌症的发生一般并不是单一基因的突变，而至少在一个细胞中发生 5～6 个基因突变，才能拥有癌细胞的所有特征，即癌细胞不仅增殖速度快，而且其子代细胞能够逃脱细胞衰老的命运，取代相邻细胞的位置，不断从血液中获取营养，进而穿越基膜与血管壁在新的组织部位定植、存活与生长。因此若细胞基因组中产生与肿瘤发生相关的某一原癌基因的突变，并不马上形成癌，而是继续生长直至细胞群体中产生新的偶发突变，某些在自然选择中具有竞争优势的细胞，再经过类似的过程，逐渐形成具有癌细胞一切特征的恶性肿瘤细胞。如直肠癌病程中开始的突变仅在肠壁形成多个良性肿瘤（息肉），进一步突变才发展为恶性肿瘤（癌），全部过程至少需要 10～20 年或更长时间。因此从这一点看，癌症是一种典型的老年性疾病，它涉及一系列的原癌基因与肿瘤抑制基因的致癌突变的积累。但现在癌症发生有年轻化趋势，其主要原因是抑癌基因能够垂直传递，使生物幼体生来就携带有来自亲代的突变癌基因；另一方面，环境恶化，慢性毒性物质可以引起继发突变，同时生物幼体自身的免疫系统不够完善，使癌基因表达失控，导致癌症发生。因此癌症的发生需要一个长期的、渐进的过程，要经历多个阶段。癌症发生的多个阶段为：正常细胞→轻度不典型增生→中度不典型增生→重度不典型增生（原位癌）→早期癌（黏膜内癌）→浸润癌→转移癌。例如，单独 *v-myc* 或 *EJ-ras* 都不能使大鼠胚胎成纤维细胞转化，但是若将二者共转染猪胎儿成纤维细胞（porcine embryonic fibroblast, PEF），8 天后 80% 的细胞发生变化。然而 *EJ-ras* 单独作用却可使 Rat-1 细胞转化，原因是 Rat-1 细胞是已经永生化了的细胞。如果先用化学诱癌物或射线使正常大鼠原代成纤维细胞永生化，然后再用 *EJ-ras* 转染，则可使之转化。威吉格（Weingerg）按转染细胞表型的变化将癌基因分为两类：一类是核内作用的能使细胞永生化的癌基因，例如 *myc*、*fos* 等；另一类是引起细胞恶性表型变化的定位于质膜和胞浆的癌基因，例如 *ras*、*erb*B、*src* 等。事实表明，肿瘤的发生是多步骤、多医素的，不同的癌基因作用于肿瘤发生的不同阶段，不同癌基因协同作用共同演进癌变。因此，正常细胞的增殖是严格受到原癌基因和抑癌基因的双重调控的，细胞增殖失控导致肿瘤细胞形成，失控的原因则是原癌基因和抑癌基因这两大类基因突变，破坏了这种调节平衡，形成了具有无限分裂潜能的肿瘤细胞。

癌变是一个复杂的缓慢的渐变过程，一般毒性物质在体内经酶促反应发生一系列的改变，最终演变为致癌物，作用于细胞与染色体，导致细胞癌变。例如基因毒性化合物通过细胞色素 P450 单氧化酶（cytochrome P450 monooxgenase, CYP450）催化，活化为环氧化合物或羟基化合物。发生活化时，体内的致癌物先被转化为致癌物前体，然后形成最终致癌物，最终致癌物与 DNA 发生反应。机体摄入的致癌物主要经尿液排出体外，尿中存在的任何致癌物都与膀胱上皮细胞接触，因此不难理解为什么膀胱癌发生率较高。机体可通过形成硫酸盐和葡萄糖醛酸内酯,或通过依赖于 CYP 的羟化作用进行致癌物脱毒。编码 CYP450 的基因在个体之间有差异,可通过 RFLP 分析进行检验,其中一些多态性说明酶活性发生改变,从而影响癌症的发生。

黄曲霉素(AFB1)引起肝癌,对南非和东亚肝癌病人的 p53 基因的分析发现,AFB1 特异性诱导 G→T 颠换,引起 p53 发生突变,而在同一地区的肺癌、直肠癌和乳腺癌的病人中都没有发现此现象。在 AFB1 低摄入地区的肝癌病人中 p53 突变不是由 G→T 颠换引起的,由此认为,AFB1 诱导的 p53 基因突变是南非、东亚地区人群中肝癌发病的主要原因。

人类抑癌基因 p53 基因的 DNA 序列分析直接证明了 AFB1 及紫外线(UV)的相关性,AFB1 和 UV 处理抑癌基因,会发生突变,导致癌症的产生。对 p53 序列分析证实了 UV 照射引起皮肤癌的发生,人类鳞状细胞皮肤癌细胞中大部分都含有 p53 基因的突变体,突变发生在嘧啶二聚体处,大部分在 5′-TC-3′ 二聚体产生 C→T 转换,这正是 UV 的诱导特征。由来自美国的样本发现,90% 以上的鳞状细胞癌在 p53 肿瘤抑制基因的嘧啶二聚体位点上发生了突变,并且它们具有和暴露于 UV 有关的 C→T 转换相同的模式。

其他抑癌基因如 apc、mcc 及 dcc 等与家族性多发性结肠息肉及大肠癌的发生有关;nfi 基因与多发性神经纤维瘤有关;wti 基因与 Wilms 瘤(肾恶性胚胎瘤)有关。

SOS 反应广泛存在于原核生物和真核生物中,它是生物在极为不利的环境中求得生存的一种基本功能。然而癌变也可能是 SOS 反应引发的,因为能引起 SOS 反应的诱导剂通常都具有致癌作用,如 X 射线、紫外线、烷化剂、黄曲霉素等,而那些不能致癌的诱变剂如 5-溴尿嘧啶等并不引起 SOS 反应。目前有关致癌物的一些简便检测方法就是根据 SOS 反应原理而设计的,即测定细菌的 SOS 反应。

各种原因引起的 DNA 损伤可以通过各种修复方式进行修复。如果修复功能有缺陷,DNA 损伤就可能造成两种结果:一是细胞死亡;二是基因突变,进而引发疾病,严重的引发癌变。先天性 DNA 修复缺陷疾病患者容易发生各种恶性肿瘤,如布卢姆氏综合征和毛细血管扩张共济失调患者都易患白血病和淋巴肉瘤等,人类的着色性干皮病患者的皮肤对阳光过度敏感,照射后出现红斑、水肿,继而出现色素沉着、干燥、角化过度,结果导致黑色素瘤、基底细胞癌、鳞状上皮癌及棘状上皮瘤的发生。细胞融合研究表明,具有不同临床表现的癌症患者有明显的遗传异质性,可以分为 A、B、C、D、E、F 和 G 七个互补群及变种,A~G 七个互补群表现为不同程度的核酸内切酶缺乏引起的切除修复功能缺陷,变种的切除修复功能正常,但复制后修复功能有缺陷。又如范可尼贫血的主要临床特征是再生障碍性贫血、生长迟缓、易患白血病等,均由先天性链交联等修复缺陷所致。值得注意的是 DNA 修复功能缺陷虽可引起肿瘤的发生,但已癌化细胞本身的 DNA 修复功能并不低下,相反却显著升高,并能够充分修复化疗药物引起的 DNA 损伤,这也是大多数抗癌药物不能奏效的原因。地鼠细胞的 DNA 损伤修复的方式以复制后修复为主,如果在地鼠的浆细胞瘤细胞的培养物中加入环磷酰胺等抗癌药,瘤细胞照样生长;如果加入环磷酰胺的同时再加入咖啡因(复制后修复的抑制剂),瘤细胞的生长则受到明显的抑制。所以 DNA 修复的研究可为肿瘤化疗提供方案。

现代生活环境使每一个人都可能接触各种各样的药品、化妆品、食物防腐剂、杀虫剂、工业用试剂、污染物等,其中许多化合物已被证明有致癌作用,研究表明:175 种已知的致癌剂中,有 157 种是诱变剂。这些物质是通过诱导体细胞突变而致癌的。例如食物防腐剂

AF-2、食物熏蒸剂二溴乙烯、抗血吸虫药物、多种染料添加剂以及工业化合物氯乙烯等都具有致癌性。因而科学地治理环境、保护环境就是保护人类自身。

### 2.3.5.3 癌基因假说

针对癌症现象,不同研究者有不同的观点,1969年美国学者希布纳(R. I. Huebner)和托达罗(G. I. Todaro)首先提出了癌基因假说,认为所有细胞中都含有致癌病毒的全部遗传信息,这些遗传信息代代相传,其中与致癌有关的信息称为癌基因,在正常情况下癌基因被抑制,处于阻遏状态,只有当细胞内有关的调节机制被破坏时,癌基因才异常表达,从而导致细胞癌变。1970年马丁(Martin)等证明了细胞的癌变与反转录病毒基因组的一个特殊的基因相关。目前癌症发生假说很多,从表型看有化学致癌假说、物理因素致癌假说、内分泌失调假说、病毒致癌假说。从分子水平看有分化阻滞假说,体细胞突变假说,单克隆起源假说,基因外调节假说,癌基因协调作用与细胞转化学说,遗传物质易位假说,抗癌基因失活假说。

分化阻滞假说认为,细胞癌变的本质是干细胞在增殖分化过程中,DNA构象逐渐演变的过程受到外界各种致癌因素的干扰,使其构象发生紊乱,以至无法按既定程序向成熟阶段演变,从而导致细胞停留在比较幼稚的阶段,即分化阻滞。一般来说,分化过程是不可逆的,DNA已形成的构象不会返回到原始的低级构象。但有一种情况例外,即通过核移植试验将成熟体细胞核取出,移植到去核卵母细胞中,可重新发育分化为一个新个体。

体细胞突变学说又称为两次突变学说,是1971和1972年Kundson和Strong以视网膜母细胞瘤为基础,根据遗传流行病学的特点提出的。该学说认为肿瘤发生必须经过两次或两次以上的细胞突变。第一次发生在生殖细胞中,第二次发生在体细胞中。要经过两个阶段,第一个阶段是突变阶段,第二个阶段是促癌阶段,在第一阶段,各种类型的致癌物质首先作用于细胞内的DNA,诱发DNA链的结构发生改变,如转移、移码突变、DNA单链或双链断裂等。DNA结构改变后,细胞有时采用易错性DNA修复方式,使细胞继续存活,使其成为DNA突变但表型仍正常的细胞。这些细胞即为潜在的癌前细胞,但还不足以产生肿瘤。第二阶段即促癌阶段,癌前细胞在一种或多种促癌物质的继续作用下,表型发生了改变,恶性肿瘤细胞的各种性状得以表达,成为真正的癌细胞。

肿瘤的单克隆起源学说认为,癌组织起源于单细胞,是经过不断增殖而形成克隆,然后才变成恶性肿瘤。该学说的直接证据来自Failkow对慢性粒细胞白血病女性患者成纤维细胞的葡萄糖-6-磷酸脱氢酶(glucose-6-phosphate dehydrogenase, G6PD)的研究。根据G6PD的多态性研究发现,G6PD等位基因为杂合子($GD^A/GD^B$),在胚胎发育过程中这两条染色体随机失活,在G6PD杂合子女性肿瘤患者中其癌细胞只表达其中一个等位基因,而不是两个都表达,从而证实了肿瘤为单细胞克隆起源。一般原位癌多是单克隆起源所致。

基因外调节假说认为,在正常的体细胞转变成为癌细胞的过程中,基因的结构即DNA的序列并没有发生突变,而是由于基因外的一些物质如蛋白质、生物膜、RNA、某些激素等发生了变化。这些变化能影响基因的调节,使基因出现不正常的关闭和开放。如果基因表达异常位于某些关键部位,细胞就能产生癌变而表现出分化程度低、无限制生长等恶性肿瘤细胞的生物学特性。该学说的直接证据主要来自于分子生物学实验,比如2005年10月27日时报要闻:浙江大学血液学杂志《Blood》网络版显示某种白血病元凶之一是PTPN11基因编码的SHP2蛋白在作怪。正常细胞的酪氨酸蛋白磷酸酶分布在细胞浆内,而异常细胞的分布在细胞膜内侧和细胞核内,导致这个结果不是酪氨酸蛋白磷酸酶的直接错误,可能是运输酪氨酸蛋白磷酸酶的运载分子发生了异常。尽管很多白血病是酪氨酸蛋白磷酸酶本身突变所致,但在对白血病深入研究过程中,发现白血病发生的原因太多,类型各异,因此从分子病的角度来看其疾病产生都有不同因素所致,并非千篇一律由单纯的某一个原因造成。

癌基因的协调作用与细胞转化学说认为,从癌症发生的理化和生物因素分析及肿瘤的临床观察,肿瘤的形成需要经过多个阶段。不同组织来源的人类癌症细胞 DNA 中有相同和不同类型癌基因的表达,单个癌基因的活化不足以引起细胞癌变,至少有两种功能完全不同的癌基因先后表达且协同作用才能使正常细胞发生恶变。如对人类近 20 种肿瘤癌基因表达研究表明,所测肿瘤中都有多个癌基因转录 mRNA,如肾细胞癌和卵巢癌中都同时有 *myc*、*fos*、*Ha-ras* 和 *Ki-ras* 基因表达。另外肿瘤细胞中相关癌基因的表达水平明显高于相应的正常组织。多个癌基因表达还见于很多人类肿瘤细胞株。不同肿瘤中的 *c-myc* 活化途径不尽相同,而同一肿瘤的发生又需要多阶段的演进,因此,每个癌基因活化后在细胞内可能作用于不同反应过程引起不同的变化。例如 *ras* 类癌基因可诱发生长因子产生,*myc* 类癌基因则可增加细胞对生长因子的反应,二者协同才能使细胞发生恶性转化。总而言之,癌变的过程就是原癌基因的激活和肿瘤抑制基因的失活过程。肠癌的形成就是这一假说的体现。

遗传物质易位假说认为控制细胞生长和分化的某些基因可以易位到该细胞中非常活跃的基因区域,这些活跃的基因区域可以通过某种方式,影响控制细胞生长和分化的基因活性,使它们发生不正常变化,最终导致正常细胞转变成恶性肿瘤细胞。

抗癌基因失活假说认为抗癌基因失活时,原癌基因就处于不受管束状态,它们不断发出细胞分裂指令,日积月累形成恶性肿瘤。

## 2.4　突变修复

遗传和变异是生命体的自然遗传状态。遗传保证了生命体的世代相传,延绵不断。变异为生命体的延续提供了进化的材料,增强了生命体的适应性。如果只有突变机制,没有修复机制,生命体则难以维持生命的相对稳定性。遗传过程中,遗传物质的高保真性(high fidelity)传递决定了复制过程的无差错性,复制的无误差和准确传递取决于复制的碱基配对专一性规则、复制过程的校正机制和错配修复机制。对待复制错误,生物不是被动适应,而是以积极的方式进行纠正,但无论怎样纠正,总是有漏网之鱼,DNA 以极低频率累积着未被校对的错误,而这种复制错误还可以通过生物体内的修复系统再次得到修复,以确保 DNA 复制的高保真特性。如果细胞不具备高效率的修复系统,生物的突变率将大大提高。这些复制错误一方面推动了遗传物质的进化,另一方面为生物多样性的适应提供了原动力,造就了同一物种不同个体单核苷酸多态性的差异,生物的这些点突变经过选择和漂变作用,得以累积,成为渐变进化的材料。因此,修复机制既保证了遗传物质的绝大部分的稳定性,又保证了微量变异的存在而不影响生命体的正常生活,提高了生命体对环境多样性的适应性,因此修复系统是生命体中很重要的一部分。DNA 修复(DNA repairing)是细胞对 DNA 损伤做出的一种反应,在原核和真核细胞中都存在很多的修复系统,有的修复能使 DNA 结构恢复原样,重新执行它原来的功能,例如回复修复;但有的修复并不能完全消除 DNA 损伤,只是使细胞能够耐受 DNA 损伤而继续生存,如 SOS 修复等。未能完全修复而存留下来的损伤会在适当的条件下显示出来,如细胞的癌变等,因而修复并不是百分之百的有效和无差错。但细孢如果不具备修复功能,就无法对付经常发生的 DNA 损伤事件,就不能生存。修复系统异常往往导致癌症的发生,是目前研究癌变机制的一个重要课题。对不同的 DNA 损伤,细胞可以有不同的修复反应。

### 2.4.1 直接回复修复

直接回复修复(direct repair)是把损伤的碱基回复到原来状态。常见类型有 $O^6$-甲基鸟嘌呤-DNA 甲基转移酶直接修复、光复活酶修复、单链断裂修复、碱基的直接插入修复。

#### 2.4.1.1 $O^6$-甲基鸟嘌呤-DNA 甲基转移酶直接修复

$O^6$-甲基鸟嘌呤-DNA 甲基转移酶($O^6$-methylguanine-DNA methyltransferase, MGMT)在烷化剂所致 DNA 损伤的修复中起重要作用。直接修复可防止烷化剂(如亚硝酸胺类与亚硝酸胍类)所致的死亡和突变效应,这种修复机制广泛存在于酵母和人类细胞中,是生物的适应性反应,甲基通过与 MGMT 的半胱氨酸残基结合而直接回复 DNA 损伤。$O^6$-甲基鸟嘌呤-DNA 甲基转移酶由 ada 基因编码,由 354 个氨基酸残基组成,分子量为 39 kD。MGMT 不但能除去鸟嘌呤 $O^6$ 位上的甲基,而且可以除去甲基磷酸三酯上的甲基,被除去的甲基分别结合于 MGMT 的 $Cys_{321}$ 和 $Cys_{69}$ 巯基上,从而使烷基化的鸟嘌呤恢复原样,而且 MGMT 的去甲基过程是不可逆的,接受了甲基的酶自身却失去了活性,这一点与一般的酶不同,同时每去除一个甲基就要消耗掉一个新的 MGMT 甲基转移酶,这种现象称为 $O^6$-甲基鸟嘌呤-DNA 甲基转移酶的自杀行为。由于每个修复甲基化的转移酶上的半胱氨酸只能与一个甲基结合,所以其修复能力是有限的。这种修复是大肠杆菌的适应性反应,在无烷化剂时,ada 基因关闭,在低水平的烷化剂诱导下,ada 基因表达,随着烷化剂浓度的提高,MGMT 的表达量剧增,在烷基水平足够高时能达到饱和。ada 基因突变阻止了这种诱导作用,同时携带了甲基的 $O^6$-甲基鸟嘌呤-DNA 甲基转移酶不但可以自我诱导 ada 基因的高效表达,而且可诱导 alkA 基因、alkB 基因和 aldB 基因的表达,其中 ada 基因与 alkB 基因组成一个操纵子。alkA 基因编码烷基化 DNA 糖基酶,可以去除 3-甲基腺嘌呤、3-甲基鸟嘌呤、$O^2$-甲基胞嘧啶、$O^2$-甲基胸腺嘧啶等烷基化碱基;alkB 基因负责细胞毒素损伤的 DNA 的切除修复,aldB 基因的功能不详。这四个基因在 RNA 聚合酶结合位点上游都有诱导结合位点,其一致序列是 AAANNAAAGCGCA。例如,烷基化诱变剂亚硝基胍可使 DNA 上的碱基发生甲基化,当鸟嘌呤上的一个氧原子($O^6$)发生甲基化时,会导致鸟嘌呤与胞嘧啶之间的氢键断裂,转为与胸腺嘧啶配对,造成 DNA 复制差错。当细胞进行适应性修复时,鸟嘌呤上的甲基嵌进 DNA 双螺旋大沟(major groove),使 DNA 复制受阻,由此诱导细胞合成一种受体蛋白即 $O^6$-甲基鸟嘌呤-DNA 甲基转移酶(MGMT),该受体蛋白侧链上的半胱氨酸可与 DNA 双螺旋大沟内的甲基结合,形成 S-甲基半胱氨酸而使鸟嘌呤恢复正常,因此这种修复蛋白又称甲基受体蛋白。最新研究认为,有可能存在对不同位置烷化作用有专一性的转移酶或受体。在多种细胞中,包括哺乳动物细胞,都发现有这种修复活性。

#### 2.4.1.2 光复活酶修复

光修复(photoreactivation repair)或光复活修复是最早发现的 DNA 修复方式,是专一地针对紫外线引起 DNA 损伤而形成的嘧啶二聚体,在损伤部位就地修复的修复途径。这类修复是无误差修复。

光复活作用于 1949 年在放线菌中被偶然发现。经紫外线照射的放线菌孢子,如果在可见光下培养,存活率显著高于黑暗中培养的同一处理样品。接着发现,嗜血杆菌虽然没有光复活能力,但用具有光复活能力的大肠杆菌抽提液处理后,嗜血杆菌便有了光复活能力。通过研究发现,光复活酶在细菌、低等真核生物、鸟类、袋鼠、哺乳动物中普遍存在,生物进化程度越高,光修复能力似乎越弱。大肠杆菌的光复活酶由 471 个氨基酸组成,由 *phr* 基因编码,这种酶在暗处不起作用,还需要其他的酶来修复 UV 造成的损伤。光修复功能虽然普遍存在,但主要是原核生物中的一种修复系统。光修复是通过光复活作用来完成的修复,在可见光 300~600 nm 的活化下,在光(敏)裂合酶(photolyase)或光解酶或光复活酶(photo-reacting enzyme,PE)的作用下,催化嘧啶二聚体分解为单体的过程。光复活酶能特异性识别紫外线造成的嘧啶二聚体并与之结合,这步反应不需要光;结合后如接受可见光照射,光复活酶获得能量而被激活,将嘧啶二聚体的丁酰环打开,使之完全修复为两个正常的嘧啶单体,然后酶从 DNA 链上释放,完成修复过程。在暗处光复活酶只能识别损伤部位并与之结合,但不能解开二聚体,因此,其修复过程包括以下步骤:①光复活酶先与 DNA 链上的嘧啶二聚体结合形成复合体;②复合体吸收光使酶激活并利用光能切断二聚体之间的 C-C 键,使嘧啶二聚体变成两个单体,恢复正常活性;③光复活酶从 DNA 上解离释放,完成修复(图2.22)。

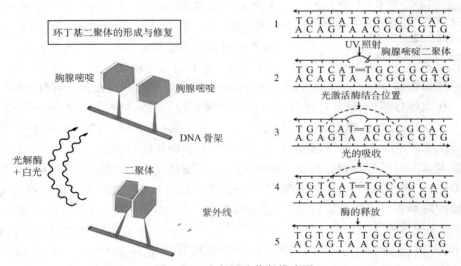

图 2.22　光复活酶修复模式图

### 2.4.1.3　单链断裂修复

单链断裂损伤是一种常见形式,单链断裂中有一部分是通过简单的重接而修复的,只需要一种酶——DNA 连接酶参与。DNA 连接酶能够催化 DNA 双螺旋结构中双链之一的缺口处的 5′ 磷酸根与相邻的一个 3′ 羟基形成磷酸二酯键。DNA 连接酶在各类生物的各种细胞中都普遍存在,只要满足连接酶作用的条件,修复反应就容易进行,但 DNA 连接酶不能修复双链断裂。

### 2.4.1.4　碱基的直接插入修复

碱基的直接插入是在 DNA 链上的无嘌呤位点,能被 DNA 嘌呤插入酶(purine insertase)识别并与之结合,在 K$^+$ 存在的条件下,催化游离嘌呤或脱氧嘌呤核苷插入 DNA 链生成糖苷键.且催化插入的碱基有高度专一性,与另一条完好链上的碱基严格配对,使 DNA 完全恢复。

### 2.4.2　切除修复

切除修复(excision repair)是一种取代紫外线等辐射物质所造成的损伤部位的暗修复系统,其修复过程不需要可见光的激活,故此又叫暗修复(dark repair)。暗修复不仅能消除紫外线引起的损伤,也能消除电离辐射和化学诱变剂引起的损伤,也是一类无误差完全修复系统。切除修复中的核酸内切酶可切除嘧啶二聚体,也可切除其他受损伤部位:受损伤的碱基切除后形成 AP 位点。修复过程包括四个步骤:①切开,由一种特异性修复的核酸内切酶或 DNA 糖苷酶识别 DNA 损伤部位,先在损伤的任一端打开磷酸二酯键,切口的一端是 5′-PO$_4$,另一端是 3′-OH;②由 DNA 聚合酶 I 以互补链为模板,在 3′-OH 端合成一条新的 DNA 链片段以填补缺口,由此取代原来损伤的 DNA 片段;③被置换出来的含损伤部位的原有片段在外切酶的作用下从 5′→3′ 方向被切除;④在连接酶的作用下,将新合成的 DNA 片段和原有的链之间的缺口封起来,从而完成修复过程(图 2.23)。根据切除对象,将切除修复分为核苷酸切除修复和碱基切除修复(特异性切除修复)。

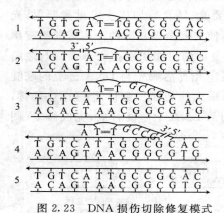

图 2.23　DNA 损伤切除修复模式

#### 2.4.2.1　核苷酸切除修复

核苷酸切除修复(nucleotide excision repair)中,内切酶的种类很多,不同内切酶的特异性不同。在大肠杆菌中,嘧啶二聚体也可以通过核苷酸切除系统修复。大肠杆菌中 UvrA、UvrB、UvrC 的切除修复作用如下:①识别。由 UvrA 蛋白识别损伤的 DNA,2 个 UvrA 与一个 UvrB 结合并形成复合体,复合体与 DNA 发生非特异性结合并沿着 DNA 滑动直到遇到损伤位点,UvrB 结合在损伤部位,UvrA 被 UvrC 取代而释放出来。②切割。由 UvrC 切割损伤 DNA 5′末端的 8~7 个核苷酸,由 UvrB 切割损伤 DNA 的 3′末端的 4~5 个核苷酸,在损伤处的两端各打开一个缺口,然后在解旋酶 II(UveD)作用下,一条短的寡核苷酸链解旋并从 DNA 上脱落下来,缺失的一段由 DNA 聚合酶 I 合成并由连接酶将其封口(图 2.24)。大多数生物如大肠杆菌、微球菌、酵母菌及哺乳动物都存在 Uvr 修复系统。UvrABC 核酸内切酶不仅作用于嘧啶二聚体,还能作用于许多较大的螺旋扭曲变形损伤。由于该酶还有外切作用,有时称之为“核酸切除酶”(excinuclease)。在酵母菌中,相似的蛋白质称为 RADxx(RAD 代表辐射),例如 RAD3、RAD10 等。根据切除 DNA 片段的长短可分为短补丁修复和长补丁修复。一般为短补丁修复,约占切除修复的 99%,切除的 DNA 大约有不超过 30 个核苷酸(包括损伤部位),原核生物大肠杆菌切除 12~13 个核苷酸,真核生物切除 25~30 个核苷酸,少数为长补丁修复,约为 1%,切除修复的 DNA 大约有 1 500 个核苷酸,有的长达 9 000 个核苷酸以上。一般认为短补丁修复是细胞的组成型功能,长补丁修复是由 DNA 损伤诱导形成的,还需要其他因子参与。

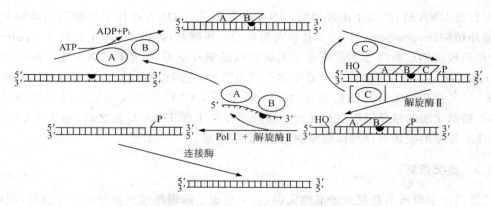

图 2.24　UvrABC 内切酶的切除修复

#### 2.4.2.2　碱基切除修复

碱基切除修复（base excision repair）又称为特异性切除修复，当某些损伤不明显，不能使 DNA 分子变形，而不被 UvrA、UvrB、UvrC 普通切除修复系统或高等生物中普通切除修复系统所识别时，就需要其他切除修复途径，这就是特异性切除修复。包括 DNA 糖基化酶修复系统和 AP 内切酶修复系统。

（1）DNA 糖基化酶修复系统。DNA 的碱基如果被脱氨基或烷基化，DNA 糖基化酶（DNA glycosylases）或称为转葡萄糖基酶，能识别这些异常碱基。如尿嘧啶、次黄嘌呤和黄嘌呤分别由胞嘧啶、腺嘌呤和鸟嘌呤脱氨形成。DNA 糖基化酶可以切断碱基 N-糖苷键（图 2.25），释放被饰变的碱基，产生一个无嘌呤无嘧啶位点（AP 位点）或无碱基位点（abasic site）。在大肠杆菌中发现最少有 7 种转葡萄糖基酶，每一种都能特异地识别一种或少数几种异常碱基。产生的 AP 位点由 AP 内切酶修复系统进一步修复。DNA 糖基化酶有多种，尿嘧啶 DNA 糖基化酶将尿嘧啶从 DNA 中切除；次黄嘌呤的糖基化酶用于识别腺嘌呤脱氨基产物；其他糖基化酶能切除烷基化碱基（如 3-甲基腺嘌呤、3-甲基鸟嘌呤、7-甲基鸟嘌呤），还有许多新的 DNA 糖基化酶正在不断地被发现。切除一个异常碱基后，可能有两种方法完成修复：一种是由插入酶（insertase）将正确的碱基插入 AP 位点，另一种是由 AP 核酸内切酶（AP endonuclease）修复。

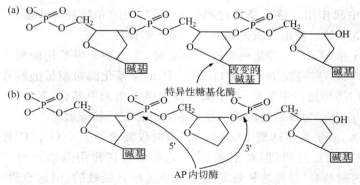

图 2.25　糖基化酶参与的碱基切除修复

（2）AP 核酸内切酶修复系统。当单个的嘌呤或嘧啶自发脱落后，所有的细胞都具有通过内切酶对 AP 位点的修复能力。AP 核酸内切酶在 AP 位点的旁边 5′端切开磷酸二酯键从而打断 DNA 链,启动了由外切酶、DNA 聚合酶Ⅰ和 DNA 连接酶作用的切除修复过程。核酸外切酶(exonuclease)切除 AP 位点附近的一些碱基,再由 DNA 聚合酶Ⅰ(polymerase Ⅰ)在模板链的正确指导下重新合成正确的碱基填补空隙,最后由 DNA 连接酶(DNA ligase)封闭缺口。由于 AP 内切酶修复途径的有效性,它可以取代其他修复途径的最后一步。因此,只要损伤的碱基对能被切除,留下 AP 位点,AP 内切酶就能完成以后的修复过程,DNA 糖基化酶的修复过程也是如此。切除修复发生在 DNA 复制之前,当 DNA 发生复制时,尚未修复的损伤部位可以先复制,再行重组修复。

### 2.4.3 错配修复

复制前对模板的修复大多准确无误,如果模板上的损伤保留至复制时才修复,则可引发许多错误而产生突变。即使复制前不是准确修复,也可使后续发生错误的机会大为减少。在复制过程中,DNA 聚合酶Ⅰ的校读功能将错误掺入的碱基及时切除,但是复制产物中仍会存在少数未被校出的错配碱基,这时候一种称为错配修复的复制后修复系统会使复制的保真性提高 $10^2 \sim 10^3$ 倍。现已在大肠杆菌、酵母和哺乳动物中都发现了这一错配修复系统。大肠杆菌中的错配修复系统最常见的是长补丁错配修复系统。该系统通过校正 DNA 生物合成过程中的错误,来稳定基因组。错配修复可以纠正几乎所有的错配,此外对插入(删除)引起的 DNA 链中多出 1~3 个多余核苷酸也有修复作用。错配修复是按模板的遗传信息来修复的,因此修复时首先要区别模板链和新合成的 DNA 链。这一区别很重要,因为修复酶需要识别两条核苷酸链中的哪一个碱基是错配的,否则如果将正确的核苷酸除去就会导致突变。识别是通过碱基的甲基化实现的,其原理为有一种 Dam 甲基化酶能使所有 d(GA*TC)序列中 A 的 $N^6$ 甲基化。在复制后的一个短暂时间——约几分钟内,在新合成链中,d(GA#TC)序列中的 A 不被甲基化,几分钟后才被甲基化。所以 DNA 序列 d(GA*TC)中 A 甲基化与否常用来区别未甲基化的新合成子链和甲基化模板母链,因此我们也推断错配修复发生在复制刚刚结束后的几分钟内。识别错误的发生链后,接下来 *E. coli* 中的 MutS、MutH 和 MutL 三种蛋白质对错误进行校正。该修复系统只校正新合成的 DNA,因为新合成 DNA 链的 d(GATC)序列中的 A(腺苷酸残基)开始未被甲基化。大肠杆菌的错配修复系统至少包括 9 种蛋白质成分,包括 MutS、MutL 和 MutH 蛋白质,它们分别在链的识别和修复过程中起作用。整个修复过程包括识别、切除和修补等步骤。图 2.26 说明了 MutS、MutH 和 MutL 三种蛋白质是如何校正错配错误的。

MutS、MutH 和 MutL 三种蛋白质校正错配时,先识别非甲基化的模板互补链即新合成子链并在 d(GATC)序列处切开一裂口,通过 Dam 甲基化酶对模板链所有 $5'$d(GA*TC)序列中 A 位点的 $N^6$ 位进行甲基化,由于新合成的链上尚未甲基化,新链 $3'$d(GATC)序列中未甲基化的 A 位点作为该新链需进行校正的导向标记。错配碱基距离 d(GATC)序列可能较近也可能很远,有的甚至达到 1 000 bp,修复时仅需要一个 d(GATC)序列即可引导一个远在 1 kb 之外的校正过程,但对距离 2 kb 之外的校正作用急剧减弱。要降解和置换 1 000 bp 或更多的碱基对,显然这种修复的代价是高昂且低效的,但这也说明修复的必要,细胞为此不惜代价。在区别了甲基化模板链和非甲基化的新链后,MutS(约 95 kD)识别错配位点并与错配位点结合,MutH(25 kD)结合于 d(GATC)序列上,MutL(约 65 kD)在 ATP(非水解方式)条件下使 MutH 活化并使其与 MutS 形成复合物,活化后的 MutH 蛋白的核酸

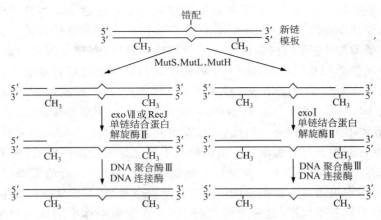

图 2.26　大肠杆菌甲基介导的 DNA 错配修复模型

内切酶活性使未甲基化的新链在 d(GATC)处断裂产生一个切口,链的裂口作为主要标志引导对非甲基化链的修复。切除在解旋酶(helicase)和单链结合蛋白(SSB)协助下由外切核酸酶水解进行,从断裂处开始并朝错配位点进行,终止于错配位点附近的几个不连续位点,切除从 d(GATC)处到错配碱基处的一段 DNA 片段。由于 d(GATC)信号可以位于错配位点的两侧,反映了该修复系统的双向修复能力,是从 3′还是从 5′方向切除取决于不正确碱基的相对位置。但在反方向修复时需要 MutS、MutL、MutU/VurD 和螺旋酶 H,并且需要不同的核酸外切酶。在错配的 5′方向上切除依赖于 RecJ 外切酶或外切酶Ⅶ,从 5′→3′方向进行降解,而错配在 3′方向时则依赖核酸外切酶Ⅰ从 3′→5′方向进行降解。由于这些外切酶都作用于单链,故推测解旋酶Ⅱ的作用可能是解开切割链以利于外切酶切割。最后一步产生的缺口由 DNA 聚合酶Ⅲ把空缺处填补上,并由 DNA 连接酶连接完成修复。

真核生物的错配修复可能与大肠杆菌的相似,已在酵母菌、哺乳动物和其他真核生物中找到了 MutS 和 MutL 的类似物,MSH1—MSH5 与 MutS 同源;MLH1、PMS1 和 PMS2 与 MutL 同源,并且 MSH2、PMS1 和 PMS2 的变异与结肠癌(colon cancer)的发生有关。但在真核生物中,错配修复系统区分模板链和新合成链的机理仍不清楚。

### 2.4.4　重组修复

重组修复(recombination repair)是一种越过损伤部位而进行的修复,因其中一条模板正常,另一条模板异常,是由重组蛋白介导的修复,因此,重组修复又称为单链断裂重组修复(SSB recombinational repair)。对于那些 DNA 复制时尚未修复的单链断裂部位(DNA single-strand breaks SSB),可以在复制后进行重组修复。另一种情况是在 DNA 复制进行时发生 DNA 损伤,此时受损链已经与其互补链分开,并充当模板链进行复制,一般通过目前尚不完全清楚的机制越过损伤部位先复制后修复。因此,重组修复必须在 DNA 复制完成的情况下进行,故又称为复制后修复。以胸腺嘧啶二聚体为例,其修复步骤如下:①含有二聚体的受损链仍可进行复制,但复制到二聚体(受损部位)时暂停一下,然后以一种未知的机制越过此障碍,在其下游约 1 000 bp 处又以一种未知的机制重新开始复制,故产生的子代DNA 在损伤母链的对应部位出现缺口。这种越障后的起始复制很可能是不需要引发的。这样以缺损母链为模板合成的互补子链上就留下一个大缺口,而以完好无损链为模板复制形成的子链 DNA 则为完整双链。②新合成链的空缺部分则通过重组修复予以填补,此单链缺口诱导产生重组酶(重组蛋白 RecA)并使重组蛋白结合在带有缺口的子链上,继而由重组蛋白介导完整双链 DNA 的同源区与此单链形成三链区,并催化带有空缺的子链与完整双链中的原始母链进行重组交换,这样,子链中的缺口便由这条母链填补了,而原来完好的母链 DNA 上则在对应位置上出现一个新的缺口。③母链上形成的新缺口又以其子链 DNA 为模板,由 DNA 聚合酶合成新链填补,最后由 DNA 连接酶连接,就又产生了一条完整的 DNA 链(图 2.27),完成修补。由此可见,重组修复从完整的母链上将相应序列移至缺口处,用再合成的序列填补母链的空缺。重组修复不能完全去除损伤,损伤的 DNA 片段仍然保留在亲代 DNA 链上,只是重组修复后子链是不带有损伤的,避免了将损伤传递给后代,原有的损伤随后也可通过直接修复或切除修复予以修复,即便原来损伤部位的二聚体随着复制继续保留,但经若干代后,这种含损伤的 DNA 在细胞群体中的比例越来越小,损伤就被"冲淡"或"稀释"了,无碍于细胞的正常生长和繁殖,因此这种修复是允许一定错误存在的修复。

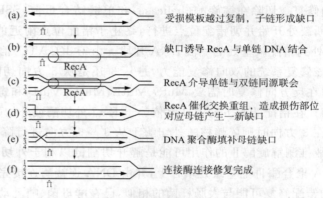

图 2.27　重组修复模型

重组修复至少需要 4 种酶的参与,即重组酶、核酸酶、DNA 聚合酶、连接酶等。其中 RecA 蛋白由重组基因 recA 编码,recA 基因长 1 059 bp,其分子量为 40 kD,含有 353 个氨基酸,具有交换 DNA 链的活力。RecA 蛋白被认为在 DNA 重组和重组修复中均起关键作用。recB 和 recC 基因分别编码核酸外切酶 V 的两个亚基,协助完成重组修复。

重组修复中最重要的一步就是重组。它涉及的基因大多是细胞内正常的遗传重组所需要的基因,但也有些基因的突变只会影响其中的一个过程。因此重组修复和正常的遗传重组并不完全一致。有关大肠杆菌的研究已经证实,DNA 受到损伤便能诱导产生重组蛋白 RecA,重组修复是在这种重组蛋白的参与下进行的,由于它的精确性较低,所以重组修复容易产生差错,从而引起突变,一般重组修复发生于复制之后,不同于切除修复和光修复发生于复制之前。

### 2.4.5　交联修复

生物体内多种因素以及多种多样的致癌剂和化疗药物——亚硝酸、氮芥、补骨脂素等都可以造成链交联,交联包括 DNA-DNA 交联和 DNA-蛋白质交联,DNA-DNA 交联又分为链内交联(intrastrand crosslink)和链间交联(interstrand crosslink),DNA-蛋白质交联也根据蛋白质性质不同而分为 DNA-组蛋白交联、DNA-酶交联、DNA-肽交联和 DNA-寡肽交联等。根据交联的类型不同其修复也不相同,常见的有链内交联修复、链间交联修复和蛋白质与核酸交联修复等。单独的核苷酸切除修复和重组修复都不能对这类错误进行修复,但两个途径结合起来就可以对 DNA 交联进行修复。

链内交联在染色体 DNA、细胞质 DNA(如线粒体 DNA)中都有发生,有学者认为高等动物线粒体 DNA(mtDNA)链内交联通常是通过重组修复机制修复,酵母线粒体光合酶利用光使 DNA 中由紫外光诱导产生的环苯嘧啶二聚体单体化而进行修复。而染色体 DNA 链内交联修复的起始步骤是,在糖基酶的催化下解开交联的一条臂,通过碱基切除的方式先修复合成其中一条单链,然后再在内切酶的催化下,以核苷酸切除修复的方式从相反的方向修复对侧的单链片段。

紫外线诱导的嘧啶二聚体所引起的链间交联可通过核苷酸切除修复(nucleotide excision repair,NER)加以复原。在大肠杆菌中,链间交联修复分 4 个步骤(图 2.28):①由 Uvr(A)BC 核酸外切酶在一条链两端切开;②在 DNA 聚合酶 I 的 $5'→3'$ 外切酶作用下,对切口处的 DNA 进行降解;③由 RecA 介导与一个姐妹染色体配对并对切口进行重组修复,这样 DNA 的损伤就只限于一条链,而另一条链已经修复成功;④由 Uvr(A)BC 核酸外切酶在两端切开另一条链并完成修复。

哺乳动物细胞内也有这种修复机制,但修复过程的细节还不清楚。近年来,郑胡镛等(2004)对哺乳动物细胞内由丝裂霉素(mytomycin, MMC)诱导的 DNA 链间交联的修复进行了研究,结果表明:①无酶缺陷的哺乳动物细胞对 DNA 的修复能力很强,即使缺乏同源序列,也能有效地去除 DNA 链间交联;②修复过程需要许多酶类参与,其中与核苷酸切除修复

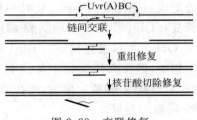

图 2.28　交联修复

(NER)相关的酶类起着关键性作用,提示 NER 参与 MMC 链间交联的修复过程;③序列分析表明,非同源性重组修复为易错修复(error-prone repair)。该实验得出的结论是,哺乳动物细胞能有效地修复 MMC 诱导的 DNA 链间交联,核苷酸切除修复是重要的修复途径。

DNA-蛋白质交联(DNA-protein crosslink,DPC)的形成和修复:大量试验结果证明,紫外线(UV)、离子辐射(ionizing radiation)、β-丙内酯(β-propiolactone)、乙醛(aldehydes)、亚砷酸盐(arsenite)、三价铁盐次氮基三乙酸复合物——氮三乙酸铁(ferric nitrilotriacetate,Fe-NTA)、铬酸盐(chromate)、镍(nickel)等各种物理和化学诱变剂都可使 DPC 交联水平显著增加。顺铂(cisplatin)、含白金成分的抗癌药物(bisplatinum)、新制癌素(neocarzinostatin)等化学治疗药物(chemotherapeutic agent)也被证明可诱导 DPC 的形成。除上述物理和化学诱变剂诱导产生 DPC 外,生物体本身就有本底水平的 DPC 形成。研究数据表明,DPC 在数量上是一种较多的 DNA 损伤形式,人类白细胞 DPC 的本底水平为每 $10^7$ 碱基中就会出现 $0.5～4.5$ 个,观察发现鼠器官中的 DPC 随着年龄的增长而累积增加,支持了 DPC 形成的氧化机理假说。另外,DPC 也是复制、重组蛋白对 DNA 进行生理加工过程中以及碱基切除修复酶系的副反应常常形成的一种 DNA 损伤;DPC 也是整合酶(integrases)、拓扑异构酶(topoisomerases)等酶反应途径的中间产物(intermediate);减数分裂过程中也可形成 DPC。目前关于 DPC 损伤修复的知识很有限,对体外培养细胞的研究揭示了 DPC 损伤

有效修复机制的存在,并且也表明有多条修复途径。Grafstrom 等用甲醛诱导各型人体外培养细胞形成 DPC,结果细胞用 4~6 h 就对 DPC 进行了修复。病理性的 DPC 是如何被人体细胞修复的,目前尚不知。由于 NER 对较大 DNA 损伤作用底物的广泛性,NER 被认为是去除 DPC 的主要途径,人工诱导的 DPC 在 NER 缺陷的着色性干皮病(xeroderma pig-mentosum,XP)的成纤维细胞中持续存在,就证实了 NER 在 DPC 修复中的作用。Irina G. Minko 和 Yue Zou 等通过试验获得了位点特异性 DPC,证明了 Uvr(A)BC 核酸酶启动了大肠杆菌 NER 对 DPC 的修复。但是 NER 在修复 DPC 时作用很有限,Reardon 等(2006)对人类切除核酸酶(excision nuclease)对 DNA-蛋白质交联以及 DNA-寡肽交联的识别和修复进行了研究,在他们的试验条件下,人类的 NER 修复系统并没有将与 DNA 交联的 16 kD 蛋白质去除,然而与 DNA 骨架交联的一段寡肽(4~12 个氨基酸残基)却被人类切除核酸酶的一些损伤识别因子所识别并迅速清除。他们的研究数据还表明,如果与交联蛋白的蛋白降解协同作用,切除核酸酶很可能是清除基因组中 DPC 的主要酶系。

　　酶-DNA 交联的修复中,对于整合酶(integrases )、拓扑异构酶(topoisomerases )反应中形成的中间产物型的 DPC,其中的一些 DPC 是如何被修复的已经很清楚了。拓扑异构酶Ⅰ-DNA 3′酪氨酸-磷酸二酯通常在拓扑异构酶反应过程中被切割掉,然而,当拓扑异构酶在嘧啶二聚体或单链缺刻附近切割 DNA 时,酶-DNA 交联在旋转中被"冻结",使得在缺刻处形成一个稳定的 DPC,此时一种称为酪氨酸-DNA 磷酸二酯酶(Tdp1)的酶对 DPC 实行修复,Tdp1 切割 3′端酪氨酸-磷酸二酯键并将其变成 3′磷酸末端,3′磷酸末端再被加工成 3′-OH 就可以被连接了。Tdp1 也被证实参与其他 3′加合物的去除。该酶存在于所有真核生物中,且在原核生物中却没有,因为在真核生物反应过程中形成的是拓扑异构酶Ⅰ-DNA 3′酪氨酸-磷酸二酯键,而在原核生物中,反应的中间产物是拓扑异构酶Ⅰ-DNA 5′酪氨酸-磷酸二酯键。

　　Spo11-DNA 交联的修复:减数分裂过程中也可形成 DPC,酵母菌 Spo11(哺乳动物 SPO11)形成一个双链断裂(DSB)来启动减数分裂的基因重组(meiotic recombination),Spo11 二聚体蛋白的每一个亚基通过 5′酪氨酸-磷酸二酯键连接到 DSB 断端的 5′端,不同于拓扑异构酶Ⅰ-3′酪氨酸-磷酸二酯复合物,Spo11-DNA 交联通过核酸酶在离交联大约 12 或 21~37 个核苷酸的磷酸二酯键处切断 DNA,遗传学证据表明此种切割由 MRX(哺乳动物为 MRN)的 Mre11 亚基完成并释放与 12 或 21~37 个核苷酸残基相连的 Spo11。生物化学证据也表明,在拓扑异构酶Ⅱ催化过程中形成的 5′酪氨酸-磷酸二酯也可能通过一种相似的机理进行处理。由此可见,整合酶、拓扑异构酶Ⅰ-3′酪氨酸-磷酸二酯键介导的交联被 Tdp1 磷酸二酯酶清除,而 5′酪氨酸-磷酸二酯键介导的交联是通过核酸酶切割途径而移去的。

　　DNA-组蛋白交联的修复:甲醛(formaldehyde,FA)诱导的 DPC 主要是 DNA-组蛋白(histone)交联,甲醛首先与组蛋白快速反应再与 DNA 的氨基结合,形成组蛋白 NH-CH$_2$-NH-DNA 的交联形式。DNA-组蛋白交联与甲醛引起的肿瘤发病率密切相关,并且这种 DNA 损伤形式也被认为是甲醛致癌性的首要原因。已知乙醛(aldehyde)诱导的 DPC 在温度升高时会自发水解,甲醛诱导的 DPC 在生理条件下,大约 30% 已经水解断裂的 DNA-组蛋白 H1 交联又会重新形成,在染色体中 DPC 也大约以同样的速度重新形成。研究发现 DPC 的自发水解与主动修复过程共同作用决定 DPC 的清除速度,当 26S 蛋白酶体的水解功能受到抑制时,DPC 的修复受阻。因此研究者认为,对于 DPC 的修复存在着一种通过降解交联蛋白(crosslinked proteins)而修复的新途径。通过对着色性干皮症细胞(XP 细胞)DPC 修复的研究,发现 NER 不可能参与对 DNA-组蛋白交联的修复,然而 NER 却参与甲醛诱导的其他 DNA 损伤形式的修复,这是因为甲醛处理的 XP 细胞的存活率仅仅略低于对照组细胞。同时试验结果也显示,DPC 以单独通过蛋白水解途径 2 倍的速度从细胞内消失,这就意味着除蛋白水解途径外细胞同时还拥有对 DPC 的主动修复机制。

　　细胞通过蛋白水解对不需要的蛋白质或在应激条件下产生的蛋白质加以清除,被清除前,这些蛋白质首先被泛素化,然后一种高分子量的蛋白酶复合物即蛋白酶体(proteosomes)将其水解。泛素在真核生物中普遍存在,具有很高的保守性,起着"标签"的作用,泛素化是贴"标签"的过程,是细胞维持对那些受组成型调节和环境刺激产生的蛋白质水平的基本调节方式,泛素-蛋白酶体途径是真核细胞内重要的蛋白质控制系统,细胞泛素化与去泛素化过程的改变与肿瘤的发生密切相关。

　　George Quievryn 等对这种普遍的蛋白降解过程是否参与 DPC 的清除加以研究,他们发现,微摩尔浓度的蛋白酶体抑制剂乳胞素(lactacystin)就可导致正常细胞和着色性干皮症(XP)成纤维细胞呈现出对 DPC 修复抑制的剂量依赖性。$10 \mu m$ 浓度的乳胞素就会使主动修复系统对 DPC 的清除速度降低 3 倍,长时间暴露于乳胞素中,会引起细胞毒性,导致体外培养细胞加速脱壁,着色性干皮症细胞尤其对乳胞素敏感。乳胞素是一种微生物代谢产物,对蛋白酶体具有强烈的特异性抑制作用,蛋白酶体的三种肽酶活性都可以被抑制。

　　蛋白酶体(26S)中含有一个 20S 的催化亚基,据报道乳胞素可抑制与 DNA 交联的拓扑异构酶 I 的蛋白降解,已经证实细胞核中存在蛋白酶体,在核内的密度与细胞质中的一样,并且在蛋白酶体的一些亚基中发现了可能的核定位信号,蛋白酶体的大体积似乎限制了它们在浓密的细胞核中功能的行使,对广泛存在的拓扑异构酶-DNA 复合物的快速破坏能力说明蛋白酶体在核内依然活性很高。通过蛋白酶体的降解作用并不能将 DPC 彻底清除,如果被彻底清除,肽链-DNA 或氨基酸-DNA 交联将是其终产物,这些终产物是被何种机制如何彻底分解清除的尚不十分清楚。以 DNA-拓扑异构酶 I 共价复合物为例,残留的肽或酪氨酸-DNA 磷酸二酯可被一种新近发现的磷酸二酯酶所水解,而由甲醛诱导的 DPC 通过蛋白酶体降解途径形成的终产物极有可能是通过 NER 最终彻底修复的,其他的尚需要进一步研究。

## 2.4.6　双链断裂修复

　　双链断裂发生在体细胞重组和转座的生理过程中。此外,双链断裂也是电离辐射和氧化应激的主要损伤形式,电离辐射(ionizing radiation)或一些拟放射性化学诱变剂(radiomimetic chemicals)都可造成双链断裂(DNA double-strand breaks,DSB);越来越多的证据表明,当 DNA 聚合酶在复制过程中遇到单链断裂或其他类型损伤时,也会形成 DSB(图2.29);染色体在受到机械应力(mechanical stress)时也可造成 DSB;DSB 也是许多生物学过程的中间产物,例如程序化的发育修饰(programmed developmental modifications)中,淋巴细胞分化成熟时,免疫球蛋白 V(D)J 基因重排过程、酵母菌交配型转换(mating-type switching)过程、减数分裂和有丝分裂染色体交换过程起着重要作用;DSB 如不及时修复则可能引起染色体丢失或重组,严重的 DSB 对细胞是致死性的。因此,生物也产生了相应的修复方式：同源重组和非同源性末端连接。

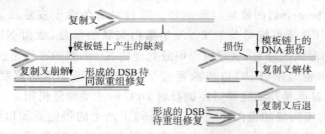

图 2.29　DNA 复制过程中模板链损伤导致 DSB 形成

重组产生的双链断裂和辐射所产生的双链断裂有所不同：体细胞重组步骤之一是有信号序列参与，故信号接点形成可认为是位点特异性重组的过程。编码接点的形成与正常的或酶学的双链断裂修复过程很相似，二者都有同源重组的酶参与。同源重组（homologous recombination，HR）修复是所有生物对 DSB 进行修复的主要方式，并且具有其他修复方式所不具有的特点，即它几乎是无差错修复。同源重组修复是染色体断裂的一种有效和忠实的修复机制，参与这个修复过程的许多酶已被成功分离和鉴定。RAD51 是一种关键酶，与细菌的 RecA 蛋白同源，介导同源配对和 DNA 链的交换反应，导致 DNA 分子之间交叉（crossovers）的形成。配对和链的交换发生在核蛋白肌丝（filament）中，通过电子显微镜可以观察得到。RAD52 也是有效重组修复的一种很重要的蛋白质，不仅可以促进 RAD51 介导的反应，还可催化不依赖于 RAD51 的单链退火（SSA）。参与重组修复的其他必需的蛋白有 RAD51B、RAD51C、RAD51D、XRCC2 和 XRCC3，它们所催化的特异反应以及它们之间的相互作用目前正在进行体外研究。尽管对于重组的前几步了解得很多，但是关于真核生物重组的中间环节仍然还是个谜，研究知道催化同源重组反应的蛋白与细菌 RuvA、RuvB 和 RuvC 蛋白极为相似，还需要对这些因子加以分离鉴定。有关同源重组具体内容详见第 3 章。

双链断裂修复是由同源性重组完成的，重组必须有 RAD 系列酶和 RecA 酶推动，重组反应才能进行。重组修复过程中 RecA 蛋白是最重要的酶之一，有单链断裂而没有 RecA，不能介导修复；有 RecA 而没有单链断裂，也不会发生重组反应，RecA 只能特异地识别单链 DNA，并促使两个同源 DNA 分子的碱基配对。双链断裂修复由 DBS 启动重组，需要与 RecA 同源的 RAD51 介导重组反应，扩展缺口，产生单链末端，由 RecA 识别单链，并促使同源配对，被排挤的 DNA 链形成 D 环，通过支链迁移形成异源双链区（heteroduplex），当异源双链区形成之时 RecA 脱落，然后在异源双链区发生异构化变化完成重组修复，针对 DSB 的重组修复过程如图 2.30 所示。

同源重组修复时只有充当模板链的同源序列来源于姊妹染色体时，修复才是准确修复（图 2.31(a)）；当以同源染色体的等位序列为模板时，则会导致杂合子特性的丧失，特别是当断裂的野生型序列以突变了的等位基因为模板进行重组修复时（图 2.31(b)）；当重组修复的模板序列是非等位基因上的同源序列时，就会出现染色体的重排，如果交换发生在姊妹染色体的非等位基因之间，就会出现图 2.31(c) 的情况，导致序列的缺失或扩张，一条姊妹染色体丢失了 1 个或 2 个重复序列，而另一条则多了一个重复序列，这种情况是可能的，因为哺乳动物基因组中散布着无数的 DNA 重复序列，以 Alu 元件为例就有 $10^6$ 个拷贝；如果 DSB 同源重组修复中交换发生在位于两条不同染色体上的同源序列之间，就会导致互相易位（reciprocal translocation）的发生（图 2.31(d)）。

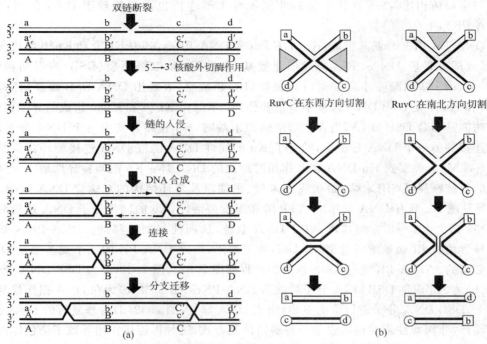

图 2.30 DSB 重组修复模型(a)和 Holliday 连接点的拆分(b)

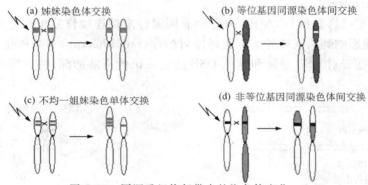

图 2.31 同源重组修复带来的染色体变化

非同源性末端连接（non-homologous end-joining，NHEJ）修复是由 DNA-PK 介导的修复。真核细胞在进化过程中获得了一套复杂而高度保守的系统来快速高效地对 DSB 进行修复。除同源重组修复外，对于高等生物细胞（higher eukaryotes）例如哺乳动物细胞，非同源性末端连接是对 DSB 的主要修复方式，参与这个修复机制的一个关键成分是 DNA 结合蛋白 Ku。

DNA 损伤以各种方式被部分修复后，细胞内残存的 DNA 损伤则通过损伤监视系统纠正。此监视系统包括 DNA 损伤的识别（detect）、损伤信号传递（signal）、基因转录及细胞反应。现在研究发现，依赖于 DNA 的蛋白激酶（DNA dependent protein kinase，DNA-PK）参与了 DNA 损伤的直接识别，并在 DSB 修复中具有重要作用。对酵母菌的遗传和生化研究表明：DSB 的非同源性末端连接修复需要 DNA 末端结合异二聚体（heterodimer）Ku70/Ku80、DNA 连接酶Ⅳ和 Mre11/Rad50/Xrs2（MRX）复合物的参与，在其他更高等真核生物中类似的 Mre11/Rad50/Nbs1（MRN）复合物在非同源性末端连接中的作用尚不十分清楚。与酵母菌相比，高等真核生物的非同源性末端连接也需要依赖于 DNA 的蛋白激酶（DNA-PK）。

DNA-PK 由三个亚基组成：Ku70、Ku80 和 DNA-PKcs，其中 Ku70 和 Ku80 组成异二聚体，形成调节亚基，DNA-PKcs 构成催化亚基，参与 DNA 双链断裂（DSB）的识别和修复。*ku*70 或 *ku*80 基因敲除小鼠都对电离辐射（IR）超敏感，表现出 DNA DSB 修复缺陷，表明 Ku70 和 Ku80 在 DSB DNA 修复中有重要作用。Ku（由 Ku70 和 Ku80 组成的异二聚体）的基本功能是结合 DSB DNA，当存在两个同源末端时，Ku 先结合其中一个 DNA 分子，然后将其连接到另一个 DNA 分子上，结合了 Ku 的线性 DNA 能被 DNA 连接酶环化。原子显微镜（AFM）能观察到 Ku-DNA 相互作用时形成的 DNA 环。Ku 能非特异性地结合到几乎所有的双链断裂（DSB）末端，如 $5'$ 或 $3'$ 末端、平端以及茎环结构的双螺旋 DNA 末端。Tuteja 等发现 Ku 具有 DNA 依赖的 ATP 酶和螺旋酶活性，Ku 的同源分子 DNA 螺旋酶Ⅱ能在 DNA 链上由 $3' \rightarrow 5'$ 方向移动，解开 DNA 双链，从而使复制叉移动。DNA-PKcs 基因突变也导致免疫 IR 超敏感以及 DNA DSB 修复缺陷，所以 DNA-PK 的三个亚基都是 DBS 修复所必需的。DNA-PK 进行 DBS 修复的过程如图 2.32。图 2.32（a）为 DSB DNA 分子，图 2.32（b）为 Ku 识别 DSB DNA 分子后激活 DNA-PKcs，图 2.32（c）为在 DNA 损伤修复因子作用下，DSB DNA 分子进行结构重建，完成 DNA 修复，图 2.32（d）为修复后的 DNA 分子。

同样，非同源性末端连接也是一种易错修复方式，这种再连接作用导致了染色体内缺失（图 2.33（a）），如果被连接的两端来源于不同的染色体时，就会导致图 2.33（b）所示的非互相易位（non reciprocal translocation）。

如果同源重组修复和 DNA-PK 介导的非同源性末端连接修复出现先天性缺陷或获得性缺陷，就可能影响到病人或肿瘤细胞对放射治疗（radiotherapy）和某些化疗（chemotherapy）的敏感性，随着对 DSB 修复和其他 DSB 反应认识的不断加深，将为癌症的有效治疗提供科学的依据。

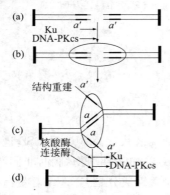

图 2.32　DNA-PK 参与 DNA 损伤修复机理

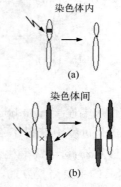

图 2.33　非同源性末端连接对
染色体结构的影响

### 2.4.7　SOS 修复

SOS 修复（SOS repair）是 DNA 受损伤范围较大而且复制受到抑制时出现的一种修复

作用,又称为旁路修复系统。它允许新生的 DNA 链越过胸腺嘧啶二聚体而生长,其代价是 DNA 复制的保真度极大降低,这是一个错误潜伏的过程。尽管有时合成了一条和亲本等长的 DNA 链,但常常是没有功能的。因此认为这个系统是在 DNA 分子受到大范围的损伤情况下防止细胞死亡而诱导的一种应激措施,是使细胞通过一定水平的变异来换取幸存的最后手段,是表示细胞在危急状态时的修复方式。

由 UV 照射、交联剂、烷化剂等引起的 DNA 损伤,以及由 T 丢失等导致的复制抑制、药物使用、基因突变都可以诱发 SOS 反应。SOS 反应表现为修复损伤 DNA 的能力增加,SOS 反应诱导的修复系统包括避免差错的修复(error free repair)和倾向差错的修复(error prone repair)。在无差错修复中,SOS 反应能诱导光复活以及切除修复、RecA 重组修复、长补丁修复系统中某些关键酶和蛋白质的产生,增强修复能力,这属于避免差错的修复。但是当 DNA 两条链的损伤邻近时,损伤不能被切除修复和重组修复,这时在核酸内切酶、外切酶的作用下造成损伤处的 DNA 链空缺,再由损伤诱导产生的一整套的特殊 DNA 聚合酶即 SOS 修复酶类,催化空缺部位 DNA 合成,SOS 诱导产生 DNA 聚合酶 IV 和 V,它们不具有 3′核酸外切酶校正功能,于是在 DNA 链的损伤部位即使出现错配碱基,复制仍能继续前进,这时补上去的核苷酸几乎是随机的,虽然终于保持了 DNA 双链的完整性,细胞得以生存,可是带来高的突变率,因而是一种倾向差错的修复。该系统能在复制前的切除修复中起作用,但主要是在复制时起作用,是由 recA 和 lexA 两个基因调节控制。在 SOS 反应的时候,细胞分裂受到抑制,新的蛋白质合成受到阻碍,正在合成的蛋白质水平下降,细胞启动应激状态的特殊蛋白质合成,如果细胞内存在原噬菌体则被诱导进入裂解途径。

正常细胞的 SOS 系统是关闭的,因为 SOS 修复过程是一个错误潜伏的过程,细胞不到万不得已是不会启动这个系统的。SOS 系统的关闭状态主要通过 lexA 基因产物来实现。SOS 反应组分基因包括 recA、lexA、uvrA、uvrB、umuC 和 himA 等 17 个基因,这些基因统称为 din 基因(damage inducible genes),又称为 SOS 基因,这些基因中,有的只在 DNA 复制受到抑制时才表达;有的在正常细胞中是组成型表达,受到损伤时才诱导表达并急剧增加,这些基因均由 LexA 蛋白所控制,它们构成了大肠杆菌最大的一个操纵子。

LexA 蛋白是一种调节阻遏蛋白(22 kD),在未发生损伤的细胞中相对稳定,对许多操纵子起阻遏作用。所有 SOS 基因的操纵子上都含有 20 bp 的 LexA 结合位点,该结合位点是对称的,称为 SOS 盒,不同 SOS 基因的 SOS 盒并不完全相同,其一致序列是(T/A) A CTGTA TATNCATN CAGGA,但在画线的 8 个位点上的碱基是完全保守的。LexA 蛋白识别 uvrA、uvrB、uvrC、uvrD、umuC 和 umuD 等基因操纵区内的 SOS 盒并与之结合,关闭这些 SOS 基因。

在正常细胞内,RecA 蛋白没有蛋白酶活性,但当细胞受损伤 DNA 复制受到阻碍时,一部分 RecA 蛋白就转变为有活性的蛋白酶。RecA 激活后它的蛋白酶活性引起蛋白溶解性切割 lexA 产物。在 RecA 酶作用下,LexA 蛋白被水解,不再阻碍 SOS 系统基因的转录,因而就启动了 SOS 系统。特别值得一提的是,LexA 被激活的 RecA 切割失活后同时激活了自身潜在的蛋白酶活性,并引起 LexA 发生自体催化的自身切割过程,使 LexA 快速降解而解除对 SOS 基因操纵子的阻遏作用,使 SOS 盒子迅速全面启动,结果诱导了所有与之联结的操纵子的表达(图 2.34)。因此,在细胞内 RecA 蛋白是组成型表达,尽管没有酶活性,但遇到单链 DNA 信号与之结合,RecA 被激活并诱导表达,其表达水平从其基线水平约 1 200

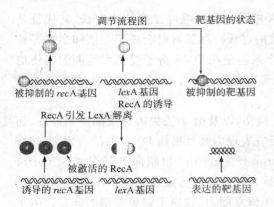

图 2.34　SOS 系统中 LexA 蛋白的调节作用
LexA 蛋白抑制许多基因,包括 *rec*A 和 *lex*A 修复机能
激活 RecA 导致水解切除 LexA 从而诱导被抑制的基因

个分子/细胞上升约 50 倍,诱导高水平表达意味着有足够的 RecA 来保证所有的 LexA 蛋白被切开,以防止 LexA 重新形成,阻遏目的基因。在大肠杆菌对数生长期,每个细胞大约有 2 000～5 000 个 RecA 蛋白分子,当 DNA 损伤后,RecA 迅速增加到 15 万个。其诱导信号可能是 DNA 损伤部位或从 DNA 上释放的小分子物质或 DNA 本身的一些结构,无论是什么形式的信号诱导,RecA 的表达迅速启动,SOS 反应发生于 DNA 损伤后数分钟之内。体外试验表明:RecA 的激活需要单链 DNA 和 ATP 存在。

UvrA、UvrB 和 UmuC 蛋白是切除修复所必需的蛋白。UvrB 为切除修复系统的基因组分之一,有两个启动子,一个与 *lex*A 无关,另一个受其调控。与 *lex*A 无关的启动子可能是组成型表达的弱启动子,受 *lex*A 调控的启动子则是诱导型强启动子。当 *lex*A 被切除后,*uvr*B 基因从第二个强启动子处开始表达。*uvr*B 表达水平随 *lex*A 的切除而升高。

UmuC 和 UmuD 蛋白是 SOS 系统的必需蛋白,*umu*C 和 *umu*D 基因共同组成一个转录单位,共用一个启动子。在正常细胞中,它们被 LexA 阻遏蛋白所关闭。当 DNA 受到损伤,固有的 DNA 聚合酶催化的 DNA 复制进行到损伤部位时,复制受阻;但经短暂停顿后,细胞便产生出一种新的 DNA 聚合酶,这种新 DNA 聚合酶能催化损伤部位的 DNA 修复合成。此时,受损的单链 DNA 作为诱导信号与 RecA 结合并激活 RecA 且诱导 RecA 表达,解除 LexA 的阻遏作用,启动 SOS 基因表达。激活的 RecA 触发 LexA 的自我切割,同时也触发 UmuD 蛋白的自我切割,以激活 UmuD 和倾向差错修复系统,使 *umu*C 和 *umu*D 表达。UmuC 蛋白允许错误存在,作为跨越障碍的结合蛋白实现快速复制;而激活的 UmuD 蛋白促进 UmuC 蛋白的跨越障碍能力,UmuC 与 UmuD 蛋白作为紧急状态 DNA 聚合酶中的 β 亚基的替代蛋白,使 DNA 聚合酶的滑动钳在与 DNA 的结合中处于松弛状态,它识别碱基的精确度较低,引起聚合酶校对系统的松懈或丧失,允许 DNA 聚合酶"通读"损伤 DNA,容忍错误存在,甚至不考虑双螺旋结构的变形,越过损伤部位进行复制,并且可以在损伤部位的对应位置随机插入碱基,而且在其他位置上也可能出现错配的碱基,尽管错配的碱基可以被长补丁修复系统校正,但因数量太大,未被校正的仍然很多,于是引起突变(图 2.35)。因此,在 SOS 修复的复制过程中碱基配对是不严格的,有的甚至是随机插入的,只保证了 DNA 双链的完整性,在 SOS 反应紧急状态中,需要太多的越障,由于 UmuD 蛋白促进 UmuC 蛋白跨越障碍的能力,因此,只有 UmuD 的切割形式即激活状态 UmuD′ 才能引起突变,才能保证了倾向差错修复系统的正常进行。在倾向差错修复系统中,*umu*C 和 *umu*D 基因产物帮助细胞耐受 DNA 损伤,使 DNA 聚合酶能够越过损伤部位而继续复制,它是紧急状态的挽救措施,尽管保真度降低,但不至于导致细胞死亡。在这个过程中,SOS 反应慌不择路,错误难免,但能够通过越障复制尽最大努力避免细胞死亡,引起突变则不失为丢卒保车的大智若愚行为,从整体上实现了生命细胞的拯救,因此,SOS 修复是具有诱变作用的修复。

随着低保真复制的完成,细胞一旦度过了
DNA 复制受阻难关,诱导信号(单链 DNA)被
切除,则 RecA 蛋白酶活性很快消失,RecA 失
去降解 LexA 的能力,LexA 阻遏蛋白以未切割
形式积累并与 SOS 基因结合使 SOS 系统关
闭。

试验表明:umuC 基因失活的菌株不表现
紫外线的诱变作用。recA⁻ 和 lexA⁻ 的突变株
都不具有 SOS 修复作用。RecA 蛋白在 SOS
反应中起着关键的作用,一方面它对细胞中的
单链 DNA 的累积量进行感知,并引起 LexA 蛋
白的自我切割;另一方面促进重组修复。

整个修复过程可分为 4 个阶段。①诱导前
期(pre-induction):细胞在 DNA 受损前 lexA
基因活跃表达,其产物 LexA 蛋白(22 kD)是许
多基因的阻遏物(repressor),包括 lexA 基因
座本身、recA 基因座以及包括紫外线损伤的修
复基因 uvrA、uvrB 和 uvrC(分别编码切除酶
的亚基)在内的其他 8 个基因座,还有单链结合
蛋白基因 ssb,与 λ 噬菌体 DNA 整合有关的基
因 himA,与诱变作用有关的基因 umuD、

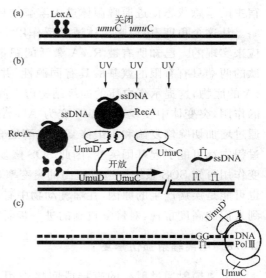

图 2.35　SOS 诱导突变

(a)DNA 损伤前,LexA 蛋白阻止 SOS 基因(包括
umuDC 操纵子)的转录;(b)DNA 损伤后,激活的
RecA 蛋白促使 LexA 自我切割,引起 SOS 基因的表
达,激活的 RecA 蛋白也促使 UmuD 自我切割成活化
形式——UmuD′,(c) UmuD′ 和 UmuC 蛋白允许
DNA 聚合酶对 DNA 损伤区进行复制,然而会产生
随机错误,如 GG 与 TT 配对

umuC,与细胞分裂有关的基因 sulA、ruv 和 lon,以及一些功能不清楚的基因 dinA、dinB、
dinD 和 dinF 等。所以在诱导前期,这些基因受到 LexA 抑制而处于不活跃状态,仅有本底
水平的表达。②致突变因素作用期 (mutagenesis):致突变因素(第一信使)产生的某些
DNA 损伤可作为第二信使,诱导 SOS 修复系统的反应。能够作为第二信使的损伤有 N-3-
烷化腺嘌呤、寡核苷酸、裂隙 DNA、单链 DNA 片段及一些可能尚未阐明的损伤。③诱导过
程(induction):在第二信使和 ATP 同时存在的条件下,被称为辅蛋白酶(coprotease)的 Re-
cA 蛋白被激活而表现出蛋白水解酶的活力,使 LexA 蛋白裂解,因而解除了抑制作用,所有
参与 SOS 反应的基因都充分表达。可以想象 recA、uvrA、uvrB 和 uvrC 基因充分表达对
SOS 修复的重要性。只要第二信使即 DNA 损伤依然存在,RecA 蛋白质作为蛋白酶的作用
就会持续下去,直至将所有损伤全部修复。④SOS 终止(SOS termination):随着修复的完
成,第二信使被排除,RecA 蛋白质的诱导信号亦同时解除,LexA 蛋白质水平又再度上升,
并作为阻遏物与操纵基因结合,关闭操纵子,终止 SOS 过程。

所以,SOS 反应是由 RecA 蛋白和 LexA 阻遏物相互作用介导的。RecA 蛋白不仅在同
源重组中起重要作用,而且它也是 SOS 反应的最初发动因子。RecA 不但引起 LexA 和
UmuD 的自我切割,也引起其他一些阻遏蛋白的切割,包括原噬菌体的切割,RecA 作用于 λ
噬菌体的 CI 阻遏蛋白时,就结束了 λ 噬菌体的溶源途径而进入溶菌途径,这就解释了为何
λ 噬菌体经紫外线照射后可由溶源状态进入溶菌状态(裂解循环)。这个反应不是一个细胞
的 SOS 反应,它代表原噬菌体识别了解到宿主细胞遇到麻烦,自己还是"走为上计",因此,

宿主的紧急状态促进原噬菌体进入溶解循环来保证自身的存活,利用的是躲不了就跑的策略。从这个角度看,原噬菌体诱导反作用于细胞系统是通过对同一诱导物 RecA 的激活反应来实现的。已知所有被 RecA 激活的靶蛋白都在-Ala-Gly-二肽序列的中间被切开,在二肽的两端只有有限的氨基酸具有同源性,并非含有-Ala-Gly-的所有蛋白质都能够成为 RecA 的底物,这提示蛋白质的四级结构即空间构象是目标识别的重要特征,可能起着更重要的作用,突变体中发现-Ala-Gly-变为-Ala-Asp-时,就不能诱导 SOS 反应。由于 SOS 修复是通过增加切除修复酶和重组修复酶等酶的含量来增强对 DNA 的修复能力,并在这些修复过程中都可能引起基因突变,因此 SOS 修复是一种典型的容错修复系统。由紫外线的致突变作用可知 SOS 系统可造成很高的突变率,这些高突变率的 DNA 尽管保存了下来,但同时也可能是疾病产生的原因,在哺乳动物中有类似的机制,可能与癌症有关,因此 SOS 系统受到人们的高度重视,对修复机制的进一步研究有可能找到开启人类征服癌症的钥匙。

### 2.4.8 电离辐射损伤修复

电离辐射通过射线的直接或间接作用,使 DNA 分子发生氢键断裂、DNA 单链断裂、DNA 双链断裂、碱基和糖基损伤,以及 DNA 与 DNA、DNA 与蛋白质之间发生交联,其中以 DNA 链的断裂最为常见。

关于电离辐射的修复机制知之甚少,其修复方式可能有 3 种。一是超快修复:这是无氧条件下进行的单链修复,在 0 ℃时只需 2 min 即可完成,可能是由 DNA 连接酶单独完成。二是快修复:细菌经 X 射线照射后,在温室下放置几分钟,能把超快修复后剩下的断裂单链的 90% 进行修复,可能是 SOS 修复、重组修复、甲基切除修复、断裂修复、交联修复、错配修复和切除修复的并进。这种修复需要 DNA 聚合酶 I 的参与,缺乏这种酶的突变型受 X 射线照射后可以发现有较多的单链断裂。三是慢修复:细菌在照射后在 37 ℃下培养 40～60 min,能把快修复剩下的单链断裂全部修复,这种修复可能是常规修复,以重组修复、切除修复、连接修复为主,这时的慢修复需要重组修复的酶系参与,缺乏重组修复能力的突变型对 X 射线的敏感性明显增加,突变率升高。

修复酶对降低活细胞中遗传物质的损伤起了关键作用,细胞会协调多种修复途径来清除具有突变性的错误。一般 DNA 损伤修复机制可使生物体大部分 DNA 损伤得以修复,但 DNA 损伤修复机制具有饱和性,对于某些损伤不能有效清除。没有被修复的损伤或被错误修复的损伤保留到下一复制周期,最终固定成为突变。这样突变的产生不仅与 DNA 受损的情况有关,DNA 损伤修复情况也是决定突变发生与否的重要因素。一般来说,复制前涉及的直接修复、切除修复和错配修复都是无误修复,复制后的重组修复、SOS 修复是易错修复,虽避免了细胞死亡,但 DNA 损伤并未被真正修复,常会增高突变率。但对修复过程中生物体内的多种修复系统的协调及控制关系,机制还不太清楚。

不同生物 DNA 损伤修复的类型及能力有所不同,研究表明人类的修复能力比小鼠强10 倍左右。在使用原核生物和动物等进行致突变试验并将其结果外推到人时,要考虑到 DNA 损伤修复系统的差别。

DNA 损伤修复过程涉及许多酶。与代谢酶的多态性一样,DNA 损伤修复酶也具有多态性,即基因型(genotype)和表现型(phenotype)存在着个体差异。这种多态性在一定程度上影响着个体对遗传毒性因素的易感性。在毒物代谢酶多态性研究的基础上,进一步开展

DNA 损伤修复酶多态性的研究,对于遗传毒物易感人群的筛检及保护易感人群的健康具有重要意义。

目前对真核细胞 DNA 损伤修复的类型、参与修复的酶类和修复机制了解还不多,但有一点是肯定的:DNA 损伤修复与细胞的突变、寿命、衰老,肿瘤发生,辐射效应,某些毒物的作用以及某些遗传疾病都有密切的关系。人类遗传性疾病已发现 4 000 多种,其中不少与 DNA 修复缺陷有关,存在 DNA 修复缺陷的细胞表现出对辐射和致癌剂的敏感性增加。着色性干皮病(xeroderma pigmentosum)就是第一个发现的 DNA 修复缺陷性遗传病,病人的细胞对嘧啶二聚体和烷基化的清除能力降低,患者皮肤和眼睛对太阳光特别是紫外线十分敏感,身体曝光部位的皮肤干燥脱屑、色素沉着、容易发生溃疡、皮肤癌发病率高,常伴有神经系统障碍、智力低下等。

总之,任何 DNA 损伤,只要修复无误,突变就不会发生;如果修复错误或未经修复,损伤就得以固定(fixed)而发生突变。因此突变在机体内是一个受控制的过程,失控才真正发生突变。一般来说,从 DNA 损伤到损伤固定需要几次细胞分裂周期才能形成。关于 DNA 修复机制方面的许多问题还有待于进一步研究阐明。例如,从原核生物开始到真核生物的哺乳类动物各依靠哪些方式来修复受损伤的 DNA 分子,修复方式又是怎样随物种的进化而发生演变的,修复缺陷遗传异质性的本质又是什么,衰老以及免疫缺陷和 DNA 修复功能缺陷的因果关系又是怎样等。综上所述,修复系统的存在,无疑对 DNA 的损伤起到了最好的保护作用。加之遗传密码的兼并性、自然的回复突变、基因抑制作用、环境的选择和二倍体与多倍体的遮掩,使突变在个体或群体中的表现水平十分低下。虽然突变是一种自然的遗传状态,但突变的总体表现却是极其细微的,正是突变造成了生物界的进化与生物品种的多样性,突变是生物进化的动力因素之一。

(廖宇静　霍乃蕊)

# 第 3 章　遗传重组与转座

## 本章导读

**主题：重组与转座**

1. 重组分为哪几种？各有什么特点？

2. 同源重组的模型是怎样的？

3. 怎样利用同源重组模型解释基因转换现象？

4. 什么是基因转换？

5. 怎样利用同源重组解释细菌的接合、转化和转导的遗传重组？

6. 双链断裂模型是怎样解释酵母的遗传重组的？

7. 位点专一性重组的特点是什么？与同源重组有哪些不同？

8. 异常重组分为几类？具有什么特点？

9. 什么是转座与转座因子？原核生物转座因子按结构划分有几种？各有什么特点？

10. 原核生物转座因子按机制划分有几种？各有什么特点？

11. 转座的遗传效应是什么？为什么？

12. 真核微生物转座子有哪些种类？各有什么特点？

13. LTR 序列是什么含义？什么是 Alu 家族？

## 3.1　重　组　分　类

　　基因突变和遗传重组是导致遗传物质改变的两个重要的方面,既提供了生物进化的原动力,又增强了生物的适应性。遗传重组是遗传的基本现象,是染色体交换所致的结果。经过染色体重组的个体,其染色体上的基因序列不同于同种生物的其他个体细胞同一染色体的相同位置的基因序列,因此遗传重组是由于同源染色体之间染色体片段的物理交换的结果。DNA 重组时,两同源染色体均向联会复合体(synaptonemal complex,SC)伸出祥环,经过 L-C 纤维直达中央组分,达到距离约 1 nm 时分子可以相互识别。祥环处于连续运动之中,在中央组分中进行碱基序列的连续比较,一直到同源序列排在一起,这时在分子水平上发生 DNA 链的断裂、交换,最后达到 DNA 重组。配对阶段所需要的时间,包含单体中的纤维进行序列比较所需的时间。这一过程触发了一系列酶促活动,如 DNA 内切酶可将 DNA 链切断,DNA 外切酶可将暴露于外的单链 DNA 切掉,DNA 聚合酶可以填补间隙,解旋酶可使切断的 DNA 链伸开,连接酶可连接 DNA 链的切口等。大量的试验证明,百合中 β 型核酸酶在偶线期上升,粗线期达到高峰,粗线期末消失;[3]H-TdR 标记试验也可在粗线期时掺入;偶线期末到粗线期连接酶活性上升;粗线期有 P-DNA 合成,不同于 Z-DNA,由非常短的断片组成,如抑制此种 DNA 合成则染色体断裂,故 P-DNA 在断口修复中起作用(图 3.1)。

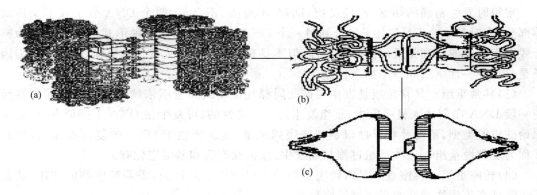

图 3.1　重组中 SC 的可能作用

(a)同源染色体初始配对,SC 已经组装;(b)初始配对后同源染色体伸出祥环一直延伸到中央组分,祥环在连续运动,两侧祥环挨近到分子的距离;(c)在中央组分中发生 DNA 序列的连续比较,一旦达到同源序列的识别,则启动了发生重组的系列活动

根据重组机制的不同可以将重组分为同源性重组(homologous recombination)、位点专一性重组(site-specific recombination)、异常重组(illegitimate recombination)和转座重组(transposition recombination)。人们把后三种称为非同源性重组。一般减数分裂过程中的重组是同源性重组。

(1)同源重组。同源重组又称为一般重组,是指发生在同源 DNA 序列之间的重组,依赖于大范围 DNA 同源序列的联会和重组酶的共同作用,同源联会引起 DNA 分子间非姊妹染色单体的对等交互交换,重组酶负责 DNA 序列识别并配对,该酶无碱基序列特异性,只要两条 DNA 序列相同或相近,重组可以在此序列中的任何位点发生,并存在重组热点。同源重组的条件是一定长度的 DNA 同源序列和重组酶。

真核生物染色质状态对重组有影响,异染色质区域很少发生重组。大肠杆菌的同源重组需要 RecA 蛋白质,其他细菌也有类似的蛋白质,因此细菌同源重组又称为依赖 RecA 重组。细菌及某些低等生物的转化、转导、接合以及某些病毒的重组等均属于此类。

同源重组的必要条件是具有一定长度的两个同源 DNA 序列。实验证明,如果同源序列短于 75 bp,则重组频率大大降低。这个长度比两条互补的单链形成双链所需的长度(约 10 bp)要长得多。同源区越长对重组越有利,同源区越短越难以发生重组。如:大肠杆菌活体重组要求至少有 20~40 bp 是相同的;枯草杆菌与质粒重组,同源区应大于等于70 bp;大肠杆菌与 λ 噬菌体或质粒重组同源区应大于等于 13 bp;哺乳动物的同源区应在 150 bp 以上。只要同源序列足够长,那么即使相差仅 1 bp 的不同的遗传标记,仍然有发生重组的可能性。同源重组的基本条件是在交换区具有相同或相似的序列,双链 DNA 分子之间互补碱基配对,重组酶是在两条双螺旋分子间的断裂、修复、连接和重组体的释放过程中所必需的,重组过程中异源双链区的形成也是同源重组必不可少的。

(2)位点专一性重组。位点专一性重组又称为插入重组,它是指依赖于小范围同源序列即专一插入位点上的联会引发的重组,在位点专一蛋白的帮助下,外源 DNA 插入并整合到受体 DNA 特定位点上。重组只限于这一小范围内,其重组事件只涉及特定的专一插入位点的短同源区域之间。这类重组在原核生物中最为典型。

重组时发生精确的切割、连接反应,DNA 不失去、不合成,两个 DNA 分子并不交换对等部分,有时是一个 DNA 分子整合到另一个 DNA 分子中,因此这种形式的重组又称为整合式重组。同源序列是重组的必要条件,但不是充分条件。要完成插入重组,重组的必需因子是位点专一性蛋白和专一插入位点。

(3)异常重组。异常重组是发生在彼此同源性很小或完全不依赖于序列间的同源性而使一段 DNA 序列插入另一段中,重组发生是非特异性的,可发生在 DNA 不同位点上,是最原始的重组类型,不需要特异性识别特殊序列机制,重组依赖于 DNA 的复制而完成,因此又称为复制性重组。这些重组过程与癌发生、遗传性疾病和基因进化有关。

(4)转座重组。转座重组是由转座子移动而引发的重组行为,需要转座酶的作用,从低等生物到高等生物都普遍存在着转座行为。

## 3.2 同源重组机制

### 3.2.1 同源重组模型

同源性重组的分子模型有 Holliday 双链侵入模型、单链侵入模型和双链断裂模型。这三种模型各有千秋。Holliday 双链侵入模型是 1964 年由诺宾·霍利德(Robin Holliday)提出的(图 3.2)。这是第一个被广泛认可的模型。根据这个模型,重组发生在两个 DNA 分子中的同一部位两个单链断裂后再重接而引发的改变。两个断裂的单链的游离末端彼此交换,每一条链同另一分子的互补序列配对形成两个异源双链区域,末端彼此连接产生一个十字样的结构,最后通过核酸内切酶解离使十字连接体内发生拆分异构化,再接而发生构型改变(图 3.2)。异源双链区域称为 chi 结构。支链迁移(branch migration)是在异源双链区内通过碱基之间的氢键断裂与再接而引发的连接点移位的过程,在此过程中增加异源双链区长度(图 3.3)。如果一个异源双链扩展到含有不同序列的区域,将发生错配,这可能导致基因转换。支链迁移中当交互连接移动时,同样数目的氢键断裂和再形成是不需要能量的。但是实验表明在没有能量时,氢键断裂得不够迅速,不能有效地进行支链迁移。特异的 ATP 水解蛋白似乎是在支链迁移中所必需的。包含异源双链区域的十字样结构称为 Holliday 连接体(Holliday junction)。异构化是在 Holliday 连接体内通过酶的切离和连接拆分重排产生的构型 Ⅰ 与构型 Ⅱ 之间的互变。构型 Ⅰ 无重组,构型 Ⅱ 发生了交换。构型 Ⅰ 与构型 Ⅱ 转换时,没有任何氢键的断裂,不需要能量,交换发生概率各为 50%。支链迁移是异构化重组的基础。

由图 3.4 可知 Holliday 模型的重组过程是联会、切开、交换、连接、分支迁移、交联桥结构、旋转、异构化、断裂再接、重组连接。联会是同源染色体配对形成联会复合体 SC。切开是在同源染色体上的非姊妹染色单体 DNA 上的相对位置的不同方向上在 DNA 内切酶作用下将单链断开。交换是把断开的非姊妹染色体上的单链断端彼此互换。连接是在互换的两条非姊妹染色体上的单链断端处连接形成一个交叉。分支迁移是不配对的交叉处 SC 消失,相斥的异源双链区通过 DNA 链上的氢键断裂发生分离,随着张力扩大使异源双链区扩

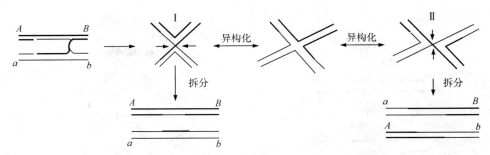

图 3.2　Holliday 模型

每个 DNA 分子的一条链在同样位置被切开,然后同另一个分子的互补链配对形成异源双链,然后链被连接形成 Holliday 连接体。这种 DNA 结构在 I 型和 II 型之间可以异构化。拆分后使 Holliday 连接体分离,子代 DNA 取决于 Holliday 连接体的构象,两侧的遗传标记 A、B、a 和 b 将被重组或仍然处于原来的构象,子代 DNA 分子将含有异源双链区部分

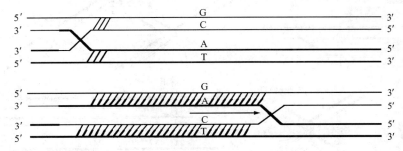

图 3.3　Holliday 连接体的迁移

两条 DNA 分子之间形成的交互点可以沿 DNA 向任意方向移动,这一过程叫链迁移。链迁移改变了交叉点的位置和异源双链的长度,但 Holliday 连接体的基本结构不变。通过破坏链前边的将 DNA 维系在一起的氢键,然后再形成氢键,即氢键断裂与形成。两个 DNA 分子间连接部位的迁移,扩展了配对区(也就是异源双链区)。异源双链区用斜线表示,因为一个 DNA 分子在该区有一个突变,在异源双链区形成两个错配部位 G-A 和 C-T

大并使交叉连接点移位。交联桥结构就是分支迁移中形成的扩大了的异源双链区,即交联桥结构又称为 Holliday 连接体。旋转是异源双链区中一条染色单体绕交联桥旋转 180°,消除链迁移过程中产生的正超螺旋。异构化是指 Holliday 异构体在 Holliday 中间体中通过酶的作用进行上下切离和左右切离的两种不同方式进行拆分重排产生两种不同构型结构的过程。断裂再接是通过上下连接和左右连接形成链状染色体,使之恢复为两个线性 DNA 分子。重组连接是通过连接酶将断端连接形成非重组线性分子(AB、ab)和重组线性分子(Ab、aB)(图 3.4)。

　　由此可知,不管 Holliday 结构断裂是否导致旁侧遗传标记重组,它们都含有一个异源双链 DNA 区,并由 G-C、A-T 配对变为 G-A、C-T 非配对。这个重组过程的原理不仅适用于两条线性 DNA 的重组,而且也适用于两个环状 DNA 分子的重组。由于许多环状 DNA 分子小,便于操作,容易进行整体研究而不需要切开,同时对其结构研究得较为清楚,因此环状 DNA 分子是研究遗传重组机制的理想材料。环状 DNA 分子的重组首先两个环状 DNA 分子在任意两个同源区域之间配对、断裂、重接、形成"8"字形的中间物,"8"字结构的单链切断有 3 种不同方式(如图 3.5):在 2 和 4 对应链切断就产生两个亲本环状分子,每个分子各含有一个异源双链区;在 1 和 3 对应链切断则形成一个由两个亲本 DNA 分子首尾共价连接而成的单体环;在 1 和 2 或 3 和 4 切断,则形成滚环结构,显然环状 DNA 分子相互重组

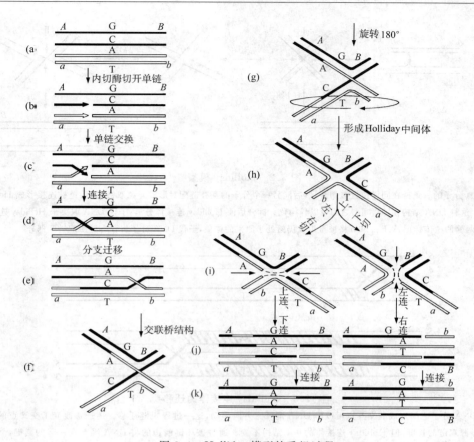

图 3.4 Holliday 模型的重组过程

图中只显示 4 条染色单体中的两条单体的双链 DNA 分子,DNA 分子的中央基因区以 G-C、A-T 表示;A、B、a、b 表示旁侧标记基因

必然导致单体环形成。由于单体环含有两个亲本 DNA 分子,因此它们又可以在任何同源区域发生重组,形成两个环状 DNA 分子。实验表明,某些噬菌体侵染大肠杆菌细胞后,可在电镜下观察到"8"字结构,两个相互环连的"8"字 DNA 分子不同于重组的"8"字结构。重组"8"字中间体是共价相连,而环形"8"字则无此连接。因此,若以一种在单链 DNA 分子上有切点的内切酶处理,则环连的"8"字分子彼此分开,而重组中间体的两个单链则在交叉处仍然连在一起。经内切酶切割的"8"字中间体具有 4 条臂,整个形状像希腊字母 χ,读作chi,因此称为 chi 结构(图 3.6)。chi 结构的出现直接证明了细胞内重组的异源双链 DNA、Holliday 结构及异构体的存在,而且该模型为真菌中基因转变研究以及在许多生物中观察到高度负干涉的解释奠定了基础。

　　Holliday 模型又被称为双链侵入模型,因为由一个 DNA 分子的一条链侵入到另一个DNA 分子,它解释了在重组时,两个 DNA 分子的异源双链是如何形成的。然而,这种模型存在的一个普遍问题是两个 DNA 分子几乎必须同时在同一部位被切断而引发重组。但是当碱基被藏在双链 DNA 螺旋的内部,而不能随意地与另一个 DNA 分子配对时,两个相似的 DNA 分子在它们被切断之前是如何为配对而排列在一起呢?如果两个 DNA 分子不被排列在一起,它们如何能在确切的同样部位被切断呢?为了回答这些问题,Holliday 认为在

DNA 分子上存在某些位点,这些位点能被特殊的引发重组的酶切断。然而,还没有足够的证据证实这些位点的存在,重组似乎多少有些随机地发生在整个 DNA 分子的任何部位,但大肠杆菌基因组广泛存在的 chi 位点又为这一模型提供了有力的支持。尽管还存在一些问题,但 Holliday 双链侵入模型已被作为一个标准模型。几乎所有的重组模型都涉及 Holliday 连接体和支链迁移。它们之间的差别存在于早期阶段,支链迁移是重组与构型转变的基础,发生在 Holliday 连接体形成之前。单链侵入模型可以克服 Holliday 模型中存在的问题(图 3.7 和图 3.8)。总而言之,减数分裂不仅是使有性生殖的生物种类染色体数目保持稳定的机制,而且也是使生物遗传基础发生变异的机制。在减数分裂过程中,由于同源染色体的配对和独立分配,使非同源染色体自由组合有了可能,非姊妹染色单体片段的交换重组导致同源染色体异质性,两者结合形成了庞大数量的、不同染色体组成的配子,增加了 DNA 的变异性,扩大了后代的多样性,增强了生物体对大千世界的适应性。

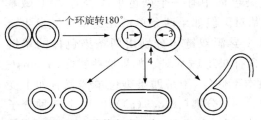

图 3.5　环状 DNA 分子重组过程　　　　　　图 3.6　chi 结构模式图

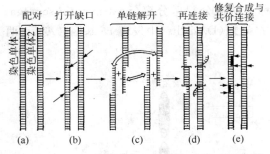

图 3.7　断裂与交换重组简化模型

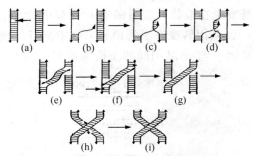

图 3.8　简化模型中未完全断裂
情况下完成重组步骤顺序

### 3.2.2　基因转变及分子机制

基因转变(gene conversion)是一种在一个细胞发生减数分裂后形成的四个单倍体细胞中出现的非孟德尔比例的现象。它描述的一条染色单体与另一条染色单体发生的非交互重组的现象,在粗糙脉孢霉子囊果内极易观察。正常子囊孢子的分离形式是 4 : 4 的分离,一般单交换或双交换或二者共同作用的分离比是 1 : 1 : 1 : 1 或 1 : 2 : 1,除这些常见比例外,还可见 5 : 3、6 : 2、3 : 1 : 1 : 3、1 : 3 : 3 : 1、3 : 1 : 3 : 1 和 7 : 1 等形式的异常分离比,这些异常分离都是不规则分离所致,我们把这种异常分离形式称为基因转变。基因转变一词是 1930 年德国科学家温克勒(H. Winkler)提出的。他把不规则分离现象理解为减数分裂过程中同源染色体联会时一个基因使相对位置上的基因发生相应的变化所致,故得名基因转变。在后来研究中发现一个基因在发生转变时它两旁的基因同时发生重组,所以认为基因转变是某种形式的染色体交换的结果。因此基因转变机制的研究,实质上是染色体交换机制的研究。基因转变是一种比较稀有的现象,在粗糙脉孢霉、粪生粪壳菌和裂殖啤酒酵母中较为常见。基因转变一般只涉及单个基因,可是一个基因内部的不同突变位点可以分别或同时发生基因转变,同时发生基因转变的现象称为共转变。共转变可以发生在相距1 000 bp甚至更远的突变位点之间,同一基因内部的各个突变位点的转变频率从基因的一端向另一端递减。染色体上基因转变频率呈现这种极性现象的小区称为极化子。

基因转变的常见类型有染色单体转变和半染色单体转变(图3.9)。染色单体转变(chromatid conversion)是染色体上一个染色单体的碱基对发生改变所致,如6:2类型。半染色单体转变(half-chromatid conversion)是染色单体上双链DNA分子的一条链的某个碱基改变所致,如5:3或3:1类型。假如亲代染色体中有一个染色单体含有A-T碱基对,则它的同源染色体的相同位置上含有G-C碱基对。但如果两条单链在这个区域发生交换,那么产生两条异源双链体(heteroduplex),这个异源双链体分别由两条染色体的单链DNA形成,其中一条含有A-G碱基对,而另一条含有C-T碱基对。如果这些错配(mismatches)被修复酶识别,那么它们就可能被修复或根本不修复,于是四条染色单体就有如下变化:①两个杂种分子被修复恢复原样,出现正常的4:4分离(图3.9(a));②两个杂种分子都没有被交正(图3.9(b)),出现复制后的异常1:1:1:1或3:1:1:3,1:1:1:1是未修复状态,3:1:1:3是半染色单体修复;③两个杂种分子都被校正,复制后出现6:2或2:6的分离(图3.9(c));④一个杂种分子被校正为A-T或G-C,前者复制后出现5:3(图3.9(d)),后者复制后为3:5,这也是一种半染色单体转变。这些半染色单体转变的分离是发生在减数分裂后的有丝分裂中,因此又称为减数分裂后分离(post-meiotic segregation)。基因转变在子囊菌和果蝇中都有发现。在果蝇(D. virilis)中发现re基因转变后,两旁基因y与sc基因间的交换率提高了24倍。

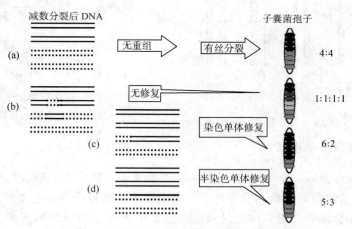

图3.9　子囊菌孢子形成过程中的基因转换

基因转变易于用单链侵入模型进行解释。该模型是1975年美斯尔孙(M. S. Meselson)和瑞笛廷(C. M. Radding)提出的。这个模型分为几个主要步骤(图3.10):(a)切断,同源联会的两个 DNA 分子中任一个由 DNA 内切酶切割出现单链切口。(b)链置换,切开处形成 5'-PO₄ 端局部解链,由细胞内类似于大肠杆菌 DNA 聚合酶 I 的酶系统利用切开处的 3'-OH 合成新链,填补解链后形成的单链空缺,将原来的链置换排挤出来,使之成为以 5'-PO₄ 为末端的单链游离区段,这种置换反应可以一直进行下去,单链区也随之延长。(c)单链入侵,链置换形成的单链区段侵入到参与联会的另一个 DNA 分子因局部解链而产生的单链泡(loop)中。泡的形成可能由 DNA 的呼吸作用产生。(d)泡切除,侵入的单链 DNA 与参与联会的另一条 DNA 分子中的互补链形成碱基配对,同时侵入单链的同源链被置换出来,由此产生 D-环(D-loop),D-loop 的单链区随后被切除降解掉。这一步骤至少需要一个内切反应和从 5'→3'端的外切酶活性。外切作用可能扩展到整个 D-loop 单链及附近的区段。(e)链同化或碎链吸收,通过单链侵入和链的同化作用,被侵入的 DNA 双螺旋分子上有一区段含有来自联会对方的一条链,它将随着链同化作用的继续进行而逐步扩大,这时出现不对称的双链杂合区,即一个 DNA 分子中包括错配碱基形成的杂合双链,另一个 DNA 分子却是正常复制没有异常。如果此时染色体分开,对于这一区域的基因而言,将形成三型子囊,在错配处旁侧基因没有重组。(f)异构化,DNA 扭曲

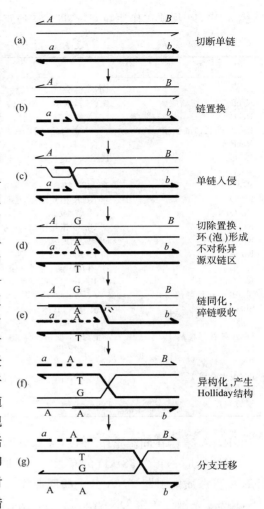

图 3.10　Meselson-Radding 模型(7 个步骤)

螺旋后形成异构体,出现 Holliday 中间体。(g)分支迁移,两条 DNA 分子之间形成交叉点并沿 DNA 移动。从步骤(e)以后的过程中,任何时间两个重叠单链断裂时,这个过程便会终止。这一过程发生愈早,出现三型子囊越多。步骤(f)与(g)出现四型子囊。三型子囊即是"+/+,+/+,+/−,−/−"或"−/−,−/−,−/+,+/+",四型子囊是"+/+,−/−,+/−,−/−"或"+/+,+/+,+/+,−/−"。

### 3.2.3　细菌同源重组

　　细菌接合、转化、转导的重组都是同源重组,这种重组发生在一个完整的环状双螺旋 DNA 分子与一个双链或单链 DNA 分子片段之间。细菌重组通常没有大量的双螺旋 DNA 的交换,其 DNA 长度不得短于 75 bp。大肠杆菌的重组必须有 recA、recB、recC 和 recD 基因的作用,这些基因编码的蛋白质有 RecA 与 RecBCD 蛋白因子,在大肠杆菌中至少涉及 25 种不同的蛋白质参与同源重组,这些蛋白质包括 RecA、RecBCD、RecF、RecG、RecJ、RecN、RecO、RecQ、RecR、RuvAB、RuvC、SSB、DNA 聚合酶、DNA 拓扑异构酶和 DNA 连接酶等

（表 3.1），以及顺式作用位点 χ，即 *chi* 位点。

**表 3.1　大肠杆菌重组所需要的蛋白质**

| 蛋白质 | 活　　性 |
|---|---|
| RecA | DNA 链交联，DNA 复性，依赖于 DNA 的 ATP 酶，依赖于 DNA 和 ATP 的蛋白酶 |
| RecBCD（外切核酸酶Ⅴ） | 解旋酶，依赖于 ATP 的 dsDNA 和 ssDNA 外切酶，ATP 促进 ssDNA 内切酶，识别 chi 序列 |
| RecBC | DNA 解旋酶 |
| RecE（外切核酸酶Ⅷ（sbcAn）） | 5′→3′方向的 dsDNA 外切酶 |
| RecF | 结合 ssDNA、dsDNA、ATP |
| RecG | Holliday 连接体的分支移动，解旋酶 |
| RecJ | 5′→3′方向的 ssDNA 外切酶 |
| RecN | 有 ATP 结合位点的共有序列，确切功能不明 |
| RecO | 与 RecR 相互作用，还可能与 RecF 相互作用 |
| RecQ | DNA 解旋酶 |
| RecR | 与 RecO 相互作用，还可能与 RecF 相互作用 |
| RecT | DNA 复性 |
| RuvA | 与 Holliday 十字形四臂连接体结合，与 RuvB 相互作用 |
| RuvB | Holliday 连接体的分支移动，DNA 解旋酶，与 RuvA 相互作用 |
| RuvC | Holliday 连接体切割，结合四臂连接体 |
| SbcB（外切核酸酶Ⅰ） | 3′→5′方向外切 ssDNA，脱氧核糖磷酸二酯酶 |
| SbcCD | 依赖于 ATP 的 dsDNA 外切酶 |
| SSB | 结合 ssDNA |
| DNA 拓扑异构酶Ⅰ | ω蛋白，Ⅰ型拓扑异构酶 |
| DNA 促旋酶 | DNA 促旋酶，Ⅱ型拓扑异构酶 |
| DNA 连接酶 | DNA 连接酶 |
| DNA 聚合酶Ⅰ | DNA 聚合酶，5′→3′外切，3′→5′外切 |
| 解旋酶Ⅱ | DNA 解旋酶 |
| 解旋酶Ⅳ | DNA 解旋酶 |

　　RecA 蛋白在同源重组和 DNA 修复中有多重功能，它是 SOS 修复的关键调节蛋白之一。RecA 是一个约 38 kD 的单肽链，是同源重组过程中最重要的蛋白质，称为重组酶。RecA 蛋白质能引起 DNA 分子的同源配对，其过程需要 ATP 提供能量。在 ATP 存在情况下，RecA 先激活单链 DNA，刺激双链 DNA 解链形成复合体，该复合体是联会复合体的中间产物，再由此形成联会复合体使分子彼此靠拢，从而产生互换。RecA 蛋白与重组有关的活性有：①NTP 酶活性：在单链 DNA 存在下，RecA 蛋白具有水解 ATP（dATP）、GTP（dGTP）、UTP（dUTP）、CTP（dCTP）和 TTP（dTTP）等活性，只有水解 ATP 才能促进联会。②单链 DNA 结合活性：在中性 pH 条件下，RecA 蛋白质与单链 DNA 形成丝状复合体，结合呈现高度协同效应，用以保护单链 DNA 免受核酸酶的攻击；这种结合十分稳定，其半衰期为 30 min 左右，但这种稳定性受阴离子的种类和核苷酸等因子的强烈影响，当 ATP加入复合物中，其半衰期缩至 3 min。③DNA 双链结合解旋酶活性：在 DNA 或寡聚核苷酸存在时，RecA 蛋白的双链 DNA 结合活性，高度依赖于 pH 和 ATP，只有 pH 为 6 时，在ATP 存在情况下，才表现出双链结合解旋活性，由于 RecA 与双链 DNA 结合使双螺旋发生解链解旋，该过程并不伴随大规模 ATP 的水解，而是一个缓慢的过程。④促进各类 DNA分子间的同源联会：只要其中一方是单链 DNA 分子或带有部分单链区，RecA 蛋白首先与单链 DNA 区域形成丝状复合体，继而与双链结合达到同源配对，这时 DNA 便能侵入双链DNA 将其中的同源单链置换出来，自己与互补链进行碱基配对。

　　RecB、RecC 和 RecD 亚基是分别由 *rec*B、*rec*C 和 *rec*D 基因编码的，其基因定位于大肠杆菌染色体 61 min 处,*rec*B、*rec*D 组成一个转录单位,*rec*C 独立转录,*rec*B、*rec*C、*rec*D 基因分别编码分子量为 130,120 和 60 kD 的多肽链,三者构成一个同源重组的功能单位 RecB-CD 蛋白。RecBCD 蛋白是一个多功能的酶,主要具有使 DNA 解旋和核酸酶活性,具体表现为:①它具有依赖于 ATP 的单链和双链外切酶的性质,又称为外切核酸酶 V 。②它利用水解 ATP 所释放的能量,又具有线性 DNA 的螺旋酶活性。③RecB 具有依赖于 DNA 的 ATP 酶活性并具有螺旋酶活性,RecC 可能会加强这种活性;RecD 是 1986 年才发现的,它具有核酸酶活性,包括外切核酸酶和特异性的单链内切核酸酶活性。之前一直认为 RecBC 就是完整的解旋酶,研究发现 RecBC 和 RecBCD 都具有解旋酶活性,但 RecBCD 对双链 DNA 的活性更高一些。类似于 RecBCD 的蛋白也存在于其他革兰阴性和革兰阳性细菌中。大肠杆菌的 RecBCD 酶的另一重要性质是它最喜欢在含有称为 *chi* 位点的 DNA 分子上促进重组作用。RecBCD 蛋白在同源重组中用于切断 Holliday 结构,实行重组。离体实验表明,缺少 SSB,RecBCD 蛋白能从线性双链 DNA 分子末端起始进攻,解旋 1 000 bp 左右,其中一股被切成有 4～5 个碱基的寡核苷酸,另一股成为 1 000 个碱基的单链尾巴。SSB 存在时单链片段减少,与 SSB 的功能吻合,SSB 在一定程度上抑制了外切核酸酶的活性。RecB-CD 蛋白对线性双链 DNA 的外切酶活性最高,也能作用于含有 5 个核苷酸以上的单链缺口的双链 DNA,但活性比线性双链 DNA 作底物时下降了 10 倍。RecBCD 蛋白对于平头末端的双链 DNA 的螺旋酶活性最高,当单链末端长达 25 个核苷酸时,RecBCD 蛋白几乎不能使之解旋。除解旋酶活性外,RecBCD 还具有再旋酶活性,但比解旋酶活性弱得多。

　　RecBCD 酶能以很高的频率启动含有 *chi* 位点的 DNA 重组。当细胞中的 DNA 具有平头末端时(平端产生机制不详),RecBCD 在 *chi* 位点序列右侧与线性双链 DNA 末端结合,同源重组就起始了。它利用 ATPase 活性水解 ATP,从 DNA 一端将双链 DNA 解开,并向另一端移动。由于再旋酶活性很低,而且解旋位点和再旋位点由同一个酶复合体所固定,因此形成所谓的兔耳结构(图 3.11),也就是两个单链噜卟结构即 D-loop。当 RecBCD 所识别的单链位点即所谓 *chi* 位点(5'GCTGGTGG3')进入单链的噜卟区域时,RecBCD 的特异性单链内切酶活性就在 *chi* 位点的 3' 方向 4～6 个核苷酸处将单链切断,这样,当 RecBCD 继续前进时,则留下一条包含 *chi* 位点在内的单链尾巴和一段单链缺口,其结果是 RecA 蛋白质结合于这个单链尾巴,然后与同源序列进行交换(图

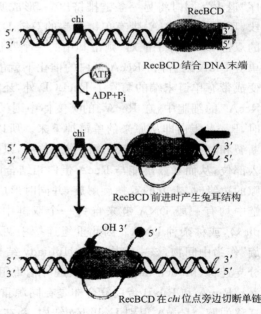

图 3.11　RecBCD 蛋白的作用模型

3.12 和图 3.13)。在大肠杆菌中 *chi* 位点大约每 5～10 kb 长的序列中出现一次,大肠杆菌基因组中有 1 009 个 *chi* 位点,或者说每 5 个基因便有 1 个 *chi* 作为 RecBCD 酶的作用部位,这就给 RecBCD 酶提供了许多作用位点。这些部位是重组频率较高的部位。但在正常细胞中 RecBCD 酶并不作用于 *chi* 序列,因为正常时 DNA 没有 DSB 游离端。近年来发现

低等和高等真核生物的 DNA 中都存在着 *chi* 位点,有证据表明,很多 *chi* 位点能够作为重组热点而刺激遗传重组的发生。但是在野生型 λ 噬菌体 DNA 和其他一些遗传单位中并不存在此序列,*chi* 位点并不是重组所必需的。大肠杆菌中 *chi* 序列在其附近大约 10 kb 序列长度内激发重组,一个 *chi* 位点可以被单一侧(右侧)相距的几千个碱基的双链断裂所激活,这一取向依赖于重组装置与 DNA 的断裂,并只能沿一个方向移动,*chi* 位点是由 *rec*BCD 基因编码的 RecBCD 蛋白的靶部位。

RecECD 介导的起始完成后,在 RecA 蛋白催化下发生同源重组。同源重组包括 3 个过程:预联会、联会和链交换。预联会是单链入侵。RecA 蛋白首先聚集在由 RecBCD 酶作用产生的 3′末端突出的单链 DNA 上,形成核酸蛋白丝状复合物,这个过程就是预联会。该过程需要 ATP 和单链结合蛋白(SSB)。SSB 促进 RecA 蛋白在单链 DNA 分子上聚集,并使形成的丝状复合物更稳定,有足够的 RecA 蛋白存在时,能将单链 DNA 全部占据。预联会一但完成,则进行联会,联会是同源配对。RecA 蛋白迅速启动与之结合的单链 DNA 寻找同源双链 DNA,并使单链 DNA 与双链 DNA 纵向配对,形成 RecA-单链 DNA-双链 DNA 的三元复合物。在此过程中,双链 DNA 的解螺旋也是在 RecA-单链 DNA 复合物的促进下进行的,另外可能还有拓扑异构酶起作用。联会完成,则发生链交换,链交换是 Holliday 结构的形成。当单链 DNA 和双链 DNA 在 RecA 蛋白的作用下实现同源配对后,单链 DNA 便入侵双链 DNA 将其中的同源单链置换出来,自己与互补链形成碱基配对,并产生 D 环(图 3.12)。这是因为 RecA 蛋白只能特异地识别单链 DNA,使其与同源双螺旋中的互补顺序"退火",同时将另一条链排挤出去,形成所谓 D 环(D-loop)。这些单链包括单链 DNA 片段、环状单链 DNA、带有单链末端的双链 DNA 和带有缺口的双链 DNA。如果是两个完整的双链 DNA 分子配对,则由其中的一个双链 DNA 分子在酶的作用下,产生带有一段游离单链 DNA 区,再在 RecA 蛋白的催化下就能够产生 Holliday 连接体(图 3.13)。将双链转变成带有单链末端的酶除了 RecBCD 外,还有 RecE 和 RecQ 等。Holliday 连接体只出现在 RecA⁺的细胞中,在 RecA⁻的突变体中则没有 Holliday 连接体产生。当新的杂交双链形成时,RecA 蛋白即从原来的单链掉下来。所以,DNA 上的断裂和"空隙"有起始重组的作用。断裂和"空隙"能提供核酸酶的作用位点,以降解双螺旋中的一条链;或能提供解旋的酶的进入部位,从而暴露出能与 RecA 蛋白相结合的单链 DNA。当 RecA 蛋白将"退火"进行到空隙的边缘时,上方的双螺旋解旋,并同时形成第二个新的杂种螺旋。在重组部位处,每个双链中均有一段 DNA 链来自另一个双链中的对链,这个部分就称为异源双链(hetero duplex),或"杂种 DNA。因此重组连接中两个 DNA 双螺旋分子进行交叉,形成一个"四螺旋"作为中间物,该中间物即是 Holliady 结构,其交叉点可沿着两条双链移动,进行所谓的分支迁移(branch migration),实现异构重组。

RuvA 和 RuvB 蛋白复合体是在同源重组中的 Holliday 连接体形成后,能够促进分支迁移的酶。RuvA 识别 Holliday 结构,并在交叉点处与 4 条 DNA 链结合,再通过 RuvB 蛋白结合在 Holliday 连接体的两个相反的臂周围聚集成六聚体,从而分支迁移(图 3.14)。而 RuvC 蛋白质是一种能够特异地识别 Holliday 连接体的核酸内切酶,该酶能将 Holliday 的交叉结构切开(图 3.14)。RuvC 蛋白结合在 Holliday 连接体上,对交叉的 4 条 DNA 链进行纵横切割,由于切割方向的不同,则产生补丁型重组(没有整体的重组)和剪接型重组(两侧重组)。

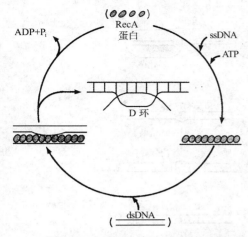

图 3.12　大肠杆菌 RecA 引起的
同源重组的 D 环

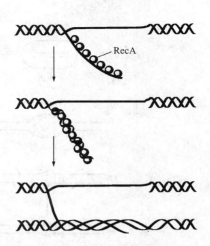

图 3.13　RecA 促进两条双链 DNA
之间的联会与链交换

　　细菌转化时供体 DNA 片段进入受体细胞的
过程中,双链 DNA 片段通过吸附,在核酸酶的作
用下一条单链水解,释放的能量用于促进另一条
单链进入细胞中。供体单链与受体双链 DNA 之
间结合形成一段异源双链区(图 3.15),如果两者
序列不完全一致,则会产生错配核苷酸对,形成的
错配在修复时犹如突变热点一样,校正系统识别
A、T、C、G,识别时没有显著差异,随机切除,若切
除的是供体的 DNA 片段,则重组失败;若切除的
是受体的 DNA 片断,则发生重组;如无修复校正
发生,细菌经 DNA 复制和分裂后,一个细胞是正
常的受体基因型,另一个细胞是重组体基因型,由
于转化中的选择条件适于重组体生存,因此重组
频率就增高,选择便于得到新的突变体。在转化
试验中,有的遗传标记很少发生校正作用,这种情
况的转化频率很高。而有的遗传标记常被校正,
这种情况的转化频率很低。后者如突变的修复校
正功能失活,则成为修复校正缺陷突变体,那么该
突变体的重组频率也会很高,这类突变体作为受
体,供体遗传标记的转化率也将增高,便于使低效
率标记转变为高效率标记。

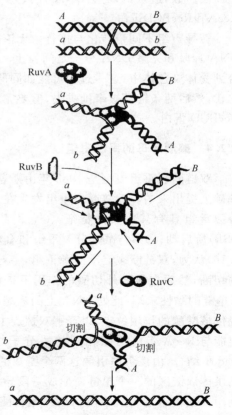

图 3.14　Ruv 蛋白与 Holliday 连接体的拆分

　　接合重组是在 Hfr 与 F⁻ 之间进行。接合重
组机理与转化类似,但更为复杂。这是因为 Hfr 供体的单链一般比转化时的供体单链 DNA
长得多。供体的单链若全部进入受体细胞,原则上可以同时和整个受体 DNA 配对并发生
重组,实际上只有一部分供体片段 DNA 能进入受体,这是因为 DNA 片段的刚性特征而发

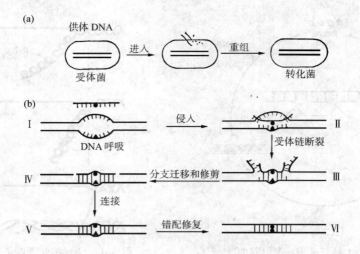

图 3.15 细菌转化的可能机制

生断裂所致,进入的断裂 DNA 片段也只有部分能结合到异源双链中。接合重组也需要 RecA 和 RecBCD蛋白。

转导重组不同于转化与接合。无论普遍性转导或是局限性转导的遗传重组都是在双链 DNA 片段和完整 DNA 分子之间发生。转导以双链形式被注入受体中,然后以双链形式结合到受体染色体中,这一过程可能如同两个完整 DNA 分子的重组,开始是局部单链侵入和取代,然后两条链都被牵扯进去,但要完成重组需要两次双链交换。转导同样需要 RecA 和 RecBCD 蛋白。

### 3.2.4 酿酒酵母的同源重组

双链断裂重组模型是 1983 年由斯若斯塔克(Szostak)在对酿酒酵母的遗传重组的研究基础上提出来的。双链断裂重组发生在有丝分裂和减数分裂过程中。减数分裂重组和有丝分裂重组具有某些共同特征:①它们的同源重组都是由双链断裂(double-strand break, DSB)所启动;②参与减数分裂重组和有丝分裂重组的蛋白质基本相同。双链断裂模型(图3.16)认为,双链断裂启动同源重组,参与重组的一对 DNA 分子之一的两条链被核酸内切酶切断,然后在核酸外切酶的作用下扩展为一个缺口,并在多种核酸外切酶的作用下产生 3′单链的黏性末端,此处 DNA 上的断裂缺口和"空隙"有起始重组的作用,断裂和"空隙"能提供核酸酶的作用位点,以降解双螺旋中的一条链;或能提供解旋酶的进入部位,从而暴露出能与 RecA 蛋白功能相同的酶分子相结合的单链 DNA,这个单链 DNA 黏性末端与 Rad51 结合,由该蛋白引导这两个游离的 3′黏性末端之一侵入到另一个双链的同源区,置换出供体双链区的一个单链而形成一段异源双链 DNA,并同时产生一个 D 环,由于 D 环可以利用 3′游离末端为引物,在 DNA 聚合酶的作用下修补合成而扩展,最终 D 环的长度变得与受体染色体的缺口相当,当突出的单链到达缺口的另一端时,互补的两条单链"退火",此时在缺口两侧各有一段异源双链 DNA,并且此缺口被 D 环单链所占据,缺口处的 3′端以此为起始进行修补合成。酵母中参与重组的蛋白质有 Rad50、Rad51、Rad52、Rad54、Rad55、Rad57、Mre11 和 Xrs2 等,它们统称为 Rad52 组。这些蛋白质的基因在所有真核生物中都高度保守,意味着这些蛋白质对细胞存活具有重要性。在酵母菌中,同源重组(HR)需要

Rad52 重组蛋白,Rad52 组突变,酵母则不能进行同源重组。其中 Rad51 蛋白类似于大肠杆菌的 RecA 蛋白,能与单链 DNA 结合,并促进与另一个同源双链 DNA 的配对和链交换反应,在此过程中需要其他蛋白的参与,如 Rad50、Rad52、Rad54、Rad55 和 Rad57 等。根据对各种细菌的研究,大多数同源重组往往都由单链缺口或缺刻以及双链断裂所引起,从断裂处开始通过不同途径形成 Holliday 连接体进行修复,因此可以说 DSB 启动 HR 重组。

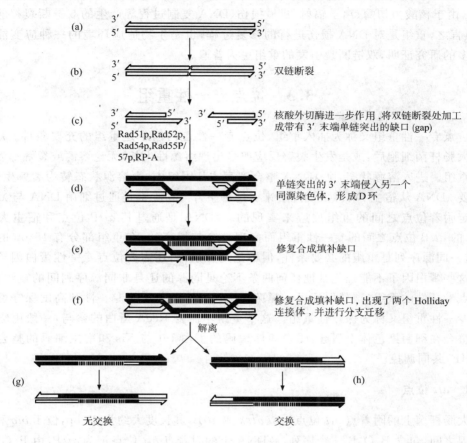

图 3.16  双链断裂模型

对酵母的减数分裂细胞分析表明,在减数分裂过程中产生双链断裂,而且出现在重组热点区内,双链断裂引起单链尾巴的形成,电泳分析显示 2 个 Holliday 结构,已证明 SPO11 是一种内切酶,在减数分裂重组过程中起作用。在酵母 rad50S 突变型细胞中,SPO11 可以正常地产生双链断裂,但对断裂的 DNA 不能修复,因而在减数分裂中积累断裂的 DNA 分子。断裂 DNA 分子很容易通过琼脂糖电泳确定。对果蝇第 Ⅲ 染色体上的 DNA 断裂分析表明,双链断裂分布在整个染色体上,断裂的位置是随机的,在开放式阅读框和启动子区发生的断裂频率最高。据统计,每次减数分裂中平均产生 200 个双链断裂。

除此之外,有丝分裂重组也是双链断裂所诱导的。外界因子和细胞内部因子都有可能造成双链断裂。酵母的交配型 MATa 和 MATα 之间可以发生转换,这种转换也是细胞内的双链断裂引起的,其中双链断裂是在 HO 内切酶的作用下完成的。HO 内切酶引起 Y-Z1 交界处发生断裂,Y 区被降解,一直进行到 Ya 和 Yα 都相同的部分或一直到 X 区域。两个游离的 3′末端先后入侵供体座位的同源部分并与其中一条链配对,再以供体 DNA 为模板复制形成 Y 区域,形成 Holliday 连接体,通过拆分,产生新的 MAT 座位,而供体座位的序列保持不变。

近几年通过对大肠杆菌、酵母、噬菌体、动物、人等材料的遗传重组的分子水平的研究证明,双链断裂引发的重组是生物体内的普遍现象。细菌、噬菌体和低等真核生物染色体 DNA,由于核酸内切酶、离子辐射、机械损伤、DNA 复制过程等产生的双链断裂都能启动重组,换言之,重组是对 DNA 损伤进行的修复过程,也是生物适应环境的一种应变能力。越来越多的研究证明,双链断裂引发的重组更为普遍。

# 3.3　位点专一性重组

位点专一性重组又称为插入重组,位点专一性蛋白因子是重组的充要条件。λ 噬菌体入侵大肠杆菌细胞后,或是发生裂解反应或是出现溶源性生长,无论溶源或裂解都涉及位点专一重组。进入溶源状态,则 λDNA 整合到宿主基因组中;由溶源状态转为裂解生长状态,则需要 λDNA 从宿主 DNA 上切除下来。这种整合与切除都是通过细菌 DNA 与 λDNA 上在特定附着位点之间的重组反应来实现的。λDNA 是通过其 *att*P 位点和宿主大肠杆菌 DNA 的 *att*B 位点之间的专一性重组而实现整合与切离的,在重组部分有 15 bp 的同源序列,这一同源序列是重组的必要条件,但不是充分条件,还需要位点专一性蛋白因子参与催化。这些蛋白因子不能催化其他任何两条不论是同源的还是非同源序列间的重组,只能催化位点专一性的重组,这就保证了 λ 噬菌体 DNA 整合方式的专一性和高度保守性。因此位点专一性重组又称为保守性重组。这一重组不需要 RecA 蛋白的参与,一般由噬菌体基因组整合在细菌染色体上引起,受噬菌体编码的蛋白 Int 与 Xis 和宿主编码的整合宿主因子(IHF)共同调控。

### 3.3.1　*att* 位点

大肠杆菌上的附着点 *att* 位点写成 *att*λ 或 *att*B,其长度大约为 25 bp,位于 *bio* 和 *gal* 两个基因之间,包含 B、O、B′三个序列。λDNA 上的附着点 *att* 位点记为 *att*P,由 P、O、P′三个序列组成,其长度为 240 bp。B、B′与 P、P′序列各不相同,但 O 序列完全一致,这正是位点专一性重组发生的部位。O 序列称为核心序列,它全长为 15 bp,富含 A-T 对,序列内无碱基回文对称性。核心序列以外的两臂的序列长度也影响重组。P 的必要长度是 160 bp,P′的必要长度是 80 bp,整个 *att*P 的必要长度是 240 bp,而 B 的必要长度是—11 bp,B′的必要长度是+11 bp,整个 *att*B 的长度是 23 bp。*att*B 与 *att*P 长度不同表示它们在重组过程中的功能不同。*att*B 是接受附加信息的,*att*P 是提供附加信息的,同时重组中蛋白质因子也并不是只作用于核心序列(图 3.17)。由于线性的 λDNA 侵入细胞后不久通过首尾黏性末端连接成环,所以在 *att* 处相互重组导致整个 λDNA 整合到宿主基因组上。在整合状态下 λ 原噬菌体 DNA 成为线性,两端各有一个 *att* 位点,这两个位点不同于 *att*B 和 *att*P,是重组的产物。原噬菌体左边是 *att*L,由 B、O、P′序列组成,右边是 *att*R,由 P、O、B′序列组成。所以这一整合反应简化为:

$$\text{BOB}'(\text{细菌}) + \text{POP}'(\text{噬菌体}) \xrightarrow[\text{IHF}]{\text{Int}} \text{BOP}'\text{-POB}'(\text{原噬菌体})$$

这一反应由 λ 噬菌体基因 *int* 的产物整合酶（Int）与宿主编码的宿主蛋白因子 IHF 共同催化。

### 3.3.2　位点专一性蛋白因子

位点专一性蛋白因子包括整合酶 Int、宿主蛋白因子 IHF 和切除酶（Xis）。整合酶和宿主蛋白因子催化整合反应。切除反应除这两个蛋白外，还需要切除酶。

整合酶（Int）只能催化正向反应，不能催化逆向反应。Int 是一种 DNA 结合蛋白质，对 POP′序列有强烈的亲和力，同时具有 Ⅰ 类拓扑异构酶活性。

宿主蛋白因子 IHF 由两个亚基组成，均由宿主基因编码。IHF 因子能与 *att* 位点结合，促进 λDNA 的整合。

切除酶由 λ 噬菌体的 *xis* 基因编码。Xis 与 Int 结合形成复合体，该复合体具有与 BOP′和 POB′结合的能力，促使两者之间的结合与重组，当 Xis 大量存在时，切除反应也是不可逆的（图 3.18）。

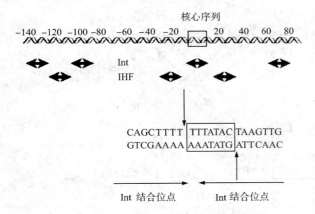

图 3.17　Int 和 IHF 在 *att*P 上的结合位点

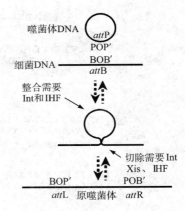

图 3.18　*att*P 和 *att*B 位点间的重组反应模式

原噬菌体的脱离重组是发生在 *att*L 与 *att*R 之间，切除重组后产生 λ 环状 DNA 和细菌染色体 DNA，并恢复 *att*B 和 *att*P 位点。切除反应简化为：

$$\text{BOP}'\text{-POB}'(\text{原噬菌体}) \xrightarrow[\text{IHF}]{\text{Int, Xis}} \text{BOB}'(\text{细菌}) + \text{POP}'(\text{噬菌体})$$

因此，λ 噬菌体 DNA 整合过程中既没有 DNA 的分解，也没有 DNA 的合成，λ 噬菌体 DNA 的整合反应涉及 *att*B 和 *att*P 的核心序列中的链的割裂与重组（图 3.19）。只是 *att*B 和 *att*P 两个位点结合以后，Int 蛋白质具有的拓扑异构酶 Ⅰ 的活性，使两个 DNA 分子的每一个单链断裂，在 *att*B 和 *att*P 位点上产生同样的交错切口，形成 5′-OH 和 3′-PO₄ 末端。5′-单链区全长 7 bp，两个核心区断裂完全相同，连接过程不需要任何 DNA 合成。在整合反应中，每一个断裂单链在一瞬间旋转以后仍然在 Int 作用下连接成半交叉，形成重组中间体，即 Holliday 结构，互补的单链末端交互杂合，连接并完成整合过程。一个重组 DNA 分子大约需要 20～40 个分子的 Int 和大约 70 个分子的 IHF。这种化学剂量关系说明，Int 和

IHF 的主要功能是结构性的而非催化性的,很可能与维持支持重组过程的结构有关。这两种蛋白与 *att* 位点是以协同方式特异性结合,它们对位点的亲和性会被超螺旋所增加。Int 和 IHF 可以催化 λ 噬菌体 DNA 和宿主 DNA 位点进行位点专一性重组,但需要在 *att*P 上有超螺旋,而在 *att*B 上不需要。参与位点专一性重组的蛋白质在 *att* 部位与 DNA 的一些特异位点相结合。Int 存在两种不同的结合方式,它与核心序列两个反向位点结合,这种定位可使其切断两条相应的链。这些位点具有共有序列。Int 的结合点共有 4 个,即核心序列在内的一段 30 bp 序列、P′中一段 30 bp 序列、P 中的两个 15 bp 序列。两个 P 中的位点没有共有序列。Int 蛋白的不同结构域识别不同的序列。一个 N 末端的结构域识别 P 中的位点,一个 C 末端的结构域识别 *att*B 和 *att*P 核心序列。这两个结构域大约同时与 DNA 结合,使 *att*P 上位点与核心区靠近。IHF 与 *att*P 上一个大约相距 20 bp 的序列相结合。IHF 的结合位点共有 3 个,每个结合位点约长 20 bp,IHF 和 Int 结合点彼此靠得很近,两者的结合点占据了 *att*P 区域的大部分核苷酸对。Xis 与 *att*P 上两个位置接近的位点相结合,因此被保护的区域可扩展至 30~40 bp。Int、Xis 和 IHF 实际上覆盖了 *att*P。Xis 的结合可改变 DNA 的结构,使其对整合反应呈惰性。

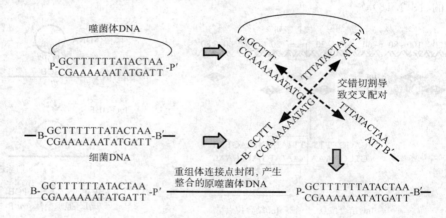

图 3.19　噬菌体整合过程的分子机制

在 *att*P 和 *att*B 共有的核心序列上交错切割,交错切割导致交互配对,重组体末端连接,产生整合的原噬菌体

当中心序列与 Int 结合时,所有的接触点都位于 DNA 的一侧,两个切点被暴露在大沟中,IHF 的结合点位于同一表面。如果 Int 结合位点与两侧的 IHF 结合位点之间的距离被改变使其不再是 DNA 螺旋的整倍数,则整合受到阻碍。当 Int 和 IHF 与 *att*P 相结合时,它们形成一个复合物,该复合物称为整合体。在整合体中所有的结合位点都被集中到此蛋白寡聚体的表面,此整合体的形成需要 *aat*P 的超螺旋。*att*B 的结合位点是位于核心序列的两个 Int 结合点,但 Int 并不是以游离形式与存在于 DNA 上的 *att*B 直接结合,整合体是捕获 *att*B 的中间体,大概作为整合体中一部分的 Int 分子与 *att*B 的核心序列上结合位点相结合。根据这一结合模型,对 *att*P 和 *att*B 的初始识别并不直接依赖于 DNA 序列的同源性,但却依赖于 Int 蛋白识别两者的 *att* 序列的能力,依据整合体的结构,两个 *att* 位点按预定方向被带到一起。接着发生链的交换反应,此序列的同源性则显示出其重要性。显然这些序列和这些特异性结合位点的功能与 λ 噬菌体 DNA 专一性位点重组有关。同时 λ 噬菌体 DNA 的重组是关系到 λ 噬菌体侵入宿主细胞后整合重组进行溶源化反应,还是切除重组进

行裂解反应的选择,这些选择是受严格的基因调控的。当 λ 噬菌体进入溶源状态时,发生整合反应所需的 Int 蛋白质合成,Xis 基因失活,这样就保证了在溶源化的过程中 Int 蛋白起作用,而无 Xis 蛋白存在。当切除反应发生时,*xis* 和 *int* 基因转录产生 Xis 和 Int 蛋白,催化切除反应。位点专一性重组的复杂性大多产生于对反应的调控,使病毒进入宿主细胞发生整合反应成为溶源状态,并且当原噬菌体进入裂解循环时,则发生切除反应。通过控制 Int 和 Xis 蛋白的数量,适当的反应就可以发生,只是控制 Int 和 Xis 蛋白合成的主要限制因素尚未完全清楚,有待进一步研究。

## 3.4　异　常　重　组

　　异常重组按其机制主要分为两类:末端连接和链滑动。末端连接是指断裂 DNA 末端彼此相连。链滑动是指 DNA 复制时,DNA 由一个模板跳跃到另一个模板所引起的重组。异常重组能够产生许多不同的结果,例如移码、缺失、倒位、融合和 DNA 扩增。许多 DNA 序列都发生上述两类异常重组,这直接威胁着基因组的完整性,但同时也是进化的重要途径。

### 3.4.1　末端连接

　　真核细胞末端连接是一个高效反应,发现于 20 世纪 40 年代,在玉米中的断裂-融合-桥循环(图 3.20)就是典型的末端连接。在猴细胞模型系统或非洲爪蟾中均有类似的系统。断裂-融合-桥循环过程中 DNA 序列被扩增,形成一个长的 DNA 回文结构。图 3.20 中箭头表示一个染色体的遗传标志和端粒之间发生断裂。在减数分裂过程中,染色体复制产生两个无端粒的染色单体,两个染色单体通过末端连接融合在一起。在减数分裂后期,含有双着丝粒的染色单体被牵拉,移向两极。桥断裂,两个产物进入子细胞核。断裂可能是非对称的,并产生一个序列缺失、一个序列扩增的染色体。扩增的染色体在末端含有一个长的回文结构,它在末端连接时形成。缺失和扩增的染色体仍含有断端,并能再次进入断裂-融合-桥循环,直到断裂处被加到端粒时终止。在原核生物中大肠杆菌末端连接反应要求

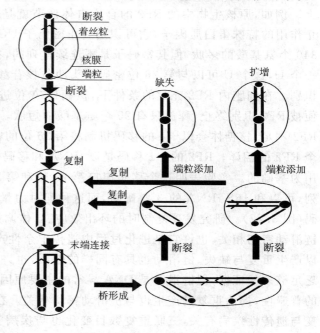

图 3.20　断裂-融合-桥循环

有一小段能进行 DNA 配对的同源区。这是因为大肠杆菌不能直接连接单链 DNA 末端。当线性质粒分子进入细胞时,能够用线性化时所产生的末端重新环化。如果不发生环化,则可能发生两种反应:末端能够与有一小段同源碱基的内部序列结合,或与有一小段同源区的

两个适宜的内部序列结合。目前认为经消化酶产生单链 DNA 后，可产生短的同源区。末端连接是染色体易位的主要方式，是生物染色体数目变异的主要原因之一。末端连接有同源末端连接和非同源末端连接两种方式，同源末端连接以连接酶为主要的修复，非同源末端连接是以 DNA 的蛋白激酶（DNA-PK）介导为主的连接，详见第 2 章。

### 3.4.2 链滑动

链滑动是 1966 年格瑞吉（George）和斯孙吉尔（Streisnger）提出的，新合成的 DNA 链与其模板的错配可导致移码突变。同样的机制在较大的范围内发生时，可以产生 DNA 的缺失和扩增，其长度由新旧模板之间的距离而定（图 3.21）。该机制涉及新复制的链同模板链的配对，这些过程可能通过沃森-克里克（Watson-Crick）碱基配对而得到促进，因此，它常发生在短的正向重复序列中。某些正向重复序列似乎是链滑动发生的热点，杰弗瑞·缪勒（Jeffrey Miller）等实验室的研究已在大肠杆菌的 lacI 基因中鉴定出一个突变热点，所有的自发突变的 2/3 是由此引起的，该热点序列由 5′CTGG3′和它的互补链 3′GACC5′组成，以串联形式重复 3 次。这种 4 核苷酸序列

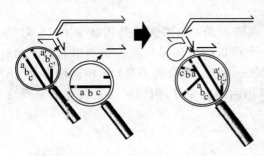

图 3.21　通过链滑动引起缺失

拷贝数的增加和减少已被发现，表明环出（looping out）可以发生在模板链和新合成的链上。例如，原核生物中的 RF2 的合成自体调节就是通过链滑动来实现的，RF2 是催化终止作用的特殊蛋白质因子，它可识别终止密码子 UGA 和 UAA。RF2 结构基因编码一个 340 个氨基酸的多肽，但其密码子是不连续排列的，在第 25 位和第 26 位密码子之间多了一个 U，这个 U 可以与第 26 位密码子头两位核苷酸组成终止密码子 UGA，被 RF2 蛋白识别。在细胞内 RF2 充足的条件下，核糖体 A 位进入到第 25 位密码子后的此 UGA 处便被 RF2 识别终止，释放只有 25 个氨基酸的短肽，不具有 RF2 的终止活性。如果细胞内 RF2 不足，核糖体会以 +1 的移码机制将第 26 位的密码子译成天冬氨酸（Asp），并完成整个 RF2 的翻译。RF2 的 +1 移码是以 tRNA 和移码位点的前后密码子之间的特异相互作用为基础的。实验表明这个移码窗口第 23 位和第 24 位密码子 AGGGGG 类似于 SD 序列，可以和 16S rRNA 的 3′端配对，而这种配对力量看来可拖曳 mRNA，使核糖体 +1 移码（图 3.22）。研究发现复制时的环出效应、自体调控移码现象及重复序列的错配联会与链滑动密切相关，也许它是进化过程中遗传丰余性产生的主要原因之一。非对等交换可以产生重复与缺失，链滑动也具有同样的性质，也许非对等交换也是链滑动所致，尽管缺乏足够多的证据，但链滑动是 DNA 异常的主要原因之一。从酵母的二联重复、三联重复的普遍性，揭示重复的产生也与链滑动密切相关。在人类染色体上类似缺失和扩增的突变与遗传性疾病有关，三联重复数目变化也与疾病密切相关。这些突变发生在 3 个或 4 个核苷酸的重复序列中，这种突变称为动态突变，5′CCG3′序列在正常人类为 6～52 个拷贝，在脆性 X 染色体综合征患者体内可多于 200 个拷贝。在亨廷顿式病（Huntington's disease，HD）患者体内，5′CAG3′序列由 6～33 个拷贝增加到 35～121 个。目前认为单链的 5′CAG3′序列有形成异常二级结构的倾向。这可能是一种假发夹，并通过 G-C 配对而

稳定(图 3.23)。此外这些序列难于通过 DNA 聚合酶进行复制,这可能是由于停顿过长,从而促进链滑动。研究表明链滑动既是生物体内的一种调控手段,又是产生异常的原因之一,链滑动现象与人类某些疾病的产生密切相关,因此引起了人类的高度重视。

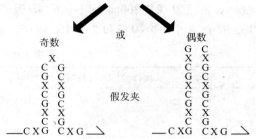

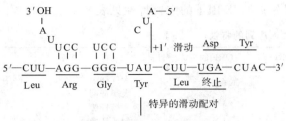

图 3.22　*E. coli* RF2 的 +1 移码及 mRNA
与 16S rRNA 的滑动配对

图 3.23　三核苷酸重复序列形成的假发夹

## 3.5　转座重组

　　原核与真核生物利用转座行为都可以使其 DNA 发生重组。转座(transposition)是转座子在 DNA 分子间或 DNA 分子内移动的过程,或把转座遗传因子改变位置的行为称为转座。该过程(或行为)的移动能力是由转座子编码的转座酶所调控,不需要序列间的同源区域和 RecA 蛋白的参与。转座于 1951 年由麦克林托克(B. McClintock)首先在玉米中发现,但直到 1967 年其他科学家在大肠杆菌半乳糖操纵子突变型中发现插入序列,转座现象才被广泛认可,由此麦克林托克在 1983 年获得诺贝尔奖。

　　转座子是能够自由移动的 DNA 片段,又称为跳跃基因,在细胞中以低频率(每个世代 $10^{-7} \sim 10^{-2}$)进行自由移动,是基因组进化的主要动力因素,是遗传重组的普遍方式。所有种类的生物中都发现有转座子,转座可以发生在同一染色体的不同位置上,或不同染色体间,或染色体与质粒间,或不同细胞之间。转座频率和自发突变频率相似,是生物体内重要的致突变因素,但转座频率比同源重组频率低得多,它可造成基因的缺失、重复或倒转现象,常被用于构建新的突变体。

　　原核生物转座子按结构与功能差异分为:插入序列、非复制性复合转座子、复制性复杂转座子、接合性、转座噬菌体和保守性转座子。真核微生物的转座子与原核微生物的转座子有所不同。有转座子和反转录转座子两大类。有的学者把转座重组也归在异常重组一类。这是因为转座既不依赖于转座 DNA 序列与插入 DNA 序列之间的同源性,又不需要 RecA 蛋白的参与作用,只依赖于转座区域 DNA 的复制和转座有关的酶而完成重组。总之,转座是一个复杂的过程,下面将根据转座因子的结构特点和转座机理的差异,详细讲述不同转座子的特点与功能。

### 3.5.1　插入序列

　　插入序列(insertion sequences)发现于 1967 年,首先在大肠杆菌半乳糖操纵子的突变体的研究中发现了插入序列，随后在不同生物中都发现了插入序列。这类序列的转座和重组往往发生在非同源序列之间，又不依赖于 RecA 蛋白质的参与，只依赖于转座区域 DNA 的复制和转座酶而完成重组，因此属于异常重组类型。通常我们把插入序列称为 IS 因子。

IS 因子本身没有任何表型效应，只携带和它转座作用有关的转座酶基因，其分子序列较小，可以在染色体的不同位置上以及染色体与质粒间进行穿梭移动，移动后带来插入突变。目前已发现 1 000 余种不同的 IS 因子，分别来自细菌与古菌，例如，大肠杆菌中有 8 个 IS1 因子、5 个 IS2 因子和 3 个 IS3 因子。部分常见 IS 因子的主要特性见表 3.2。

表 3.2 插入序列的特性

| | IS | 长度(bp) | IR 的共同碱基对(bp) | DR(bp) | ORF 的可能数目 | 来源 |
|---|---|---|---|---|---|---|
| G⁻ | IS1 | 768 | 20/23 | 9 | 2 | 大肠杆菌 |
| | IS2 | 1 327 | 32/41 | 5 | 2 | 大肠杆菌 |
| | IS3 | 1 258 | 29/40 | 3 | 2 | 大肠杆菌 |
| | IS4 | 1 426 | 16/18 | 11～13 | 1 | 大肠杆菌 |
| | IS5 | 1 195 | 15/16 | 4 | 1 | 大肠杆菌 |
| | IS6 | 820 | 14/14 | 8 | 1 | Tn6(肠杆菌) |
| | IS10 | 1 329 | 17/22 | 9 | 3 | R100(Tn10)(肠杆菌) |
| | IS21 | 2 132 | 10/11 | 4 | 2 | R68-45(铜绿假单胞菌) |
| | IS50 | 1 534 | 8/9 | 9 | 3 | Tn5(肠杆菌) |
| | IS51 | 1 311 | 26/26 | 3 | 2 | 萨氏假单胞菌 |
| | IS91 | 1 800 | 8/9 | 0 | 1 | pUS233(肠杆菌) |
| | IS150 | 1 443 | 19/24 | 3 | 2 | 大肠杆菌 |
| | IS426 | 1 313 | 30/32 | 3 | 1 | 根癌土壤杆菌 |
| | IS476 | 1 225 | 13/13 | 4 | 2 | 野油菜黄单胞菌 |
| | IS903 | 1 057 | 18/18 | 9 | 2 | Tn903(肠杆菌) |
| | ISRm2 | 2 700 | 24/25 | 8 | 不详 | 苜蓿根瘤菌 |
| G⁺ | IS110 | 1 550 | 10/15 | 0 | 1 | 天蓝色链霉菌 |
| | IS231 | 1 656 | 20 | 11 | 1 | 苏云金芽孢杆菌 |
| | IS431L | 800 | 22 | 不详 | 1 | 金黄色葡萄球菌 |
| | IS431R | 786 | 14 | 不详 | 1 | 金黄色葡萄球菌 |
| | IS904 | 1 241 | 32/39 | 4 | 2 | 乳酸乳球菌 |
| | ISL1 | 1 256 | 21/40 | 3 | 2 | 干酪乳杆菌 |
| | ISS1 | 820 | 18 | 8 | 1 | 乳酸乳球菌 |
| 古菌 | ISH1 | 1 118 | 8/9 | 8 | 1 | 盐生盐杆菌 |
| | ISH2 | 520 | 19 | 10～12 | 1 | 盐生盐杆菌 |
| | ISH23 | 1 000 | 23/29 | 9 | 不详 | 盐生盐杆菌 |
| | ISH51 | 1 371 | 15/16 | 3 | 1 | 沃氏富盐菌 |
| | ISM1 | 1 381 | 29 | 8 | 不详 | 史氏甲烷短杆菌 |

IS 结构。IS 两末端是一短的正向重复序列(direct repeats, DR)，是供体与受体识别的靶序列，一般长 3～12 bp，紧邻 DR 是两端是核苷酸序列高度相关或相近的反向重复序列(inverted repeats, IR)，IR 是转座酶识别的位点，长度为 10～40 bp，在 IR 之间是转座酶(transposase)基因序列。不同生物或同种生物的不同 IS 的长度不一样，其中 IR 的长短也不一样，拷贝数也不相同，不同生物的 IS 因子中的 DR 靶序列长度也各不相同，IS 因子的位置也各异，存在于染色体或质粒上。IS 因子大小通过异源双链技术，依据电子显微镜所观测的茎环结构来推算。一般大小在 768～5 700 bp 之间，IR 为 10～41 bp，靶序列为 3～12 bp。不具有表型特征，只转录翻译转座酶，完成转座行为。IS 因子的结构示意图见图 3.24。

图 3.25 为 IS3 的结构图，其结构与 IS 因子类似，但具有 2 个 ORF，一个编码转座酶，另

靶序列        IR 序列    转座相关的基因及序列    IR 序列        靶序列

— ATGCA1 2 3 4 5 6 7 8 9 XXXXX......XXXXX9′ 8′ 7′ 6′ 5′ 4′ 3′ 2′ 1′ ATGCA —

— TACGT1′ 2′ 3′ 4′ 5′ 6′ 7′ 8′ 9′ XXXXX......XXXXX9 8 7 6 5 4 3 2 1 TACGT —

图 3.24  IS 因子的结构示意图

*DR* 代表靶序列；*IR* 指数字部分，代表反向重复序列；…代表 *DR* 与 *IR* 之间的可有可无的几个碱基的间隔序列；*X* 代表编码序列

一个编码调节转座酶活性的调节蛋白。IS1 的核苷酸序列已在 1978 年由奥特苏伯
(H. Ohtsubo)和奥特苏伯(E. Ohtsubo)测定完成，全长 768 bp，它的两端有 18/23 bp 的 IR。
IR 长 23 bp，其中 18 bp 是相同的。含有 IS 的质粒经过变性后，分别以单链复性，出现茎环
结构的部分是 IR 序列，大环在质粒 DNA 上，小环在 IS 的中间序列。IS 因子是以正向重复
的插入机制完成转座的(图 3.26)。IS 插入一个新的部位，首先由转座酶识别靶点，并切割
靶 DNA 序列两侧各产生一个单链切口，单链长度即是未来靶点序列的长度，即所谓的正向
重复序列，然后 IS 因子插入带有单链"靶"DNA 突出末端的切口之间并与之共价结合，在
DNA 聚合酶的作用下修复合成，最后由连接酶封口连接。每种 IS 插入形成这种正向重复
序列的长度是不等的，一般为 4～11 bp，所以 IS 插入因子是非复制性的，是依赖于宿主系统
识别其靶序列的转座子(图 3.27)。

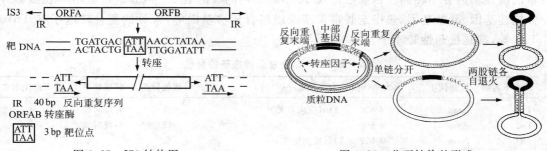

图 3.25  IS3 结构图                                图 3.26  茎环结构的形成

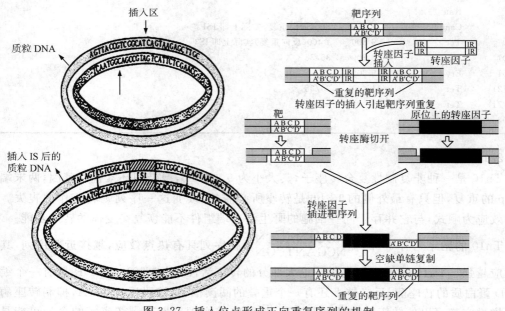

图 3.27  插入位点形成正向重复序列的机制

### 3.5.2　非复制性复合转座子

大多数转座子通常又称易位子或复合转座子（composite transposons），以 Tn 表示。与 IS 因子不同，转座子除含有与转座有关的基因及 DR 和 IR 外，中间还带有一个或几个结构

| ISL | 转座子标志物 | ISR |

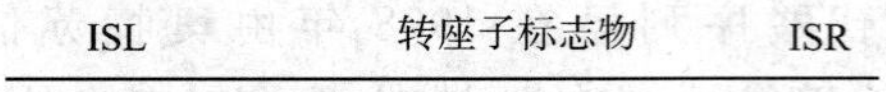

图 3.28　复合型转座子的基本结构

基因（图 3.28），如抗性基因和转座酶基因等，因此 Tn 的转座能使宿主菌获得有关基因的特性。Tn 分子大小约 2 000～25 000 bp，两端有相同序列，如 IR 序列。某些转座子的 IR 是已知的 IS 因子，如 Tn9 的两端是顺向 IS1。这些 IR 既可作为转座子的一部分，也可独立进行转座。由于 IS 两端是 IR，所以不论一个 Tn 两端的 IS 序列是反向连接或正向连接，它们都具有反向重复序列。

非复制性复合转座子（nonreplicative composite transposons，NRCTn）是由抗性基因序列及两侧 IS 序列构成的臂组成的，IS 既可以带动整个 Tn 进行转座，又可以独立转座。一般复合转座子两侧的 IS 序列有细微差异，不同的复合转座子各不相同，有的两侧的 IS 完全相同，有的有 0～2.5% 的差异，两侧的功能相似，功能大小不完全相同。不同的转座子携带的抗性基因各不相同。目前已发现 40 多种不同的 Tn（表 3.3），分别带有不同表型基因，如抗性基因、乳糖基因、热稳定肠毒素基因或接合转移基因等，常见的复合转座子有 Tn10、Tn5 等，都是抗药性转座子。

表 3.3　部分常见转座子的特性

| 转座子名称 | 抗药性 | 大小(bp) | 末端重复序列(bp) | 转座物异性 | 转座频率 | 是否产生缺失 |
|---|---|---|---|---|---|---|
| Tn1 | Amp | 4 800 | 140(反向重复) | 低 | 时高时低 | + |
| Tn2 | Amp | 4 800 | | 低 | 时高时低 | |
| Tn3 | Amp | 4 957 | 38(反向重复) | 低 | | |
| Tn4 | Amp,Sul,Str | 20 500 | (短并带有 Tn3) | 低 | | |
| Tn5 | Kan | 5 700 | 1 534(IS50) | 低 | 一般 | + |
| Tn6 | Kan | 4 100 | | | 低 | + |
| Tn9 | Cam | 2 500 | 800(同向重复)实际上即 IS1 | | | |
| Tn10 | Tet | 9 300 | 1 400(反向重复)实际上即 IS3 | | | |
| Tn501 | Hg$^{2+}$ | 8 200 | 35/38 | | | |
| Tn551 | Ery | 5 300 | 35 | | | |
| Tn1721 | Tet | 11 400 | 35/38 | | | |
| Tn1771 | Tet | | | | | |
| Tn802 | Amp | | | | | |

#### 3.5.2.1　Tn10

Tn10 是一种非复制性复合转座子，其大小为 9 300 bp，携带四环素抗性基因，两末端有 22 bp 的重复，但只有最外侧的 13 bp 是转座所必需的，改变这一序列则转座作用丧失。突变的效应为顺式，与它并存于同一细胞的野生型末端组件不能恢复突变体的转座功能。

Tn10 的靶序列有 9 bp，即 $\begin{smallmatrix}NGCTNAGCN\\NCGANTCGN\end{smallmatrix}$。靶序列具有热点效应，越接近靶序列，其热点效应越强。Tn10 的 IS10R 提供了绝大部分的转座活性（图 3.29）。IS10R 拥有一个编码 74 kD 蛋白质的转座酶，反义链上还有一个重叠的阅读框架，编码反义 RNA，抑制转座酶活性。增进突变可以使转座酶翻译水平提高，从而使转座频率增高。转座酶的含量可能是限

制转座频率的主要因素。该蛋白突变后,转座功能丧失。转座酶的突变可以被同一细胞中的野生型 Tn10 的反式互补校正。但校正后的转座频率没有野生型的转座频率高。说明这种转座酶具有顺式效应,优先表达自己的转座子,而不是直接表达野生型转座子。IS10R 中靠近外侧末端不远处有两个启动子,一个是 $P_{IN}$ 弱启动子,负责起始转录 IS10R 中的基因,并通过翻译产生转座酶并通过它的作用随机插入 *E. coli* 的染色体上;一个是 $P_{OUT}$ 强启动子,由此处起始的转录反义 RNA 或穿过反义 RNA 并向下游宿主 DNA 转录而去。这一行动可能会激活靠近 Tn10 右方的宿主基因。IS10R 表达受"多拷贝抑制"。IS10R 的拷贝越多,Tn10 的转座能力越弱。多拷贝抑制需要 $P_{OUT}$ 序列的存在,并且只有在 IS10R 基因是从 $P_{IN}$ 处而不是从其他地方起始转录时才发生多拷贝抑制现象。多拷贝抑制效应是在翻译水平上的,而不是在转录水平上,$P_{IN}$ 和 $P_{OUT}$ 的转录模板序列有 40 bp 的重叠,转录方向相反,二者的转录模板在 5′末端的重叠区域与反义 RNA 形成互补配对,抑制翻译。由于 $P_{OUT}$ 的效应比 $P_{IN}$ 的强得多,由 $P_{OUT}$ 起始转录产生的反义 RNA 的量比由 $P_{IN}$ 起始转录产生的 IS10R 基因的 mRNA 的量多得多,细胞中大量的反义 RNA 和 IS10R 基因 mRNA 在重叠区域的碱基配对妨碍了 IS10R 转座酶的合成,从而实现了多拷贝抑制效应。另外 Tn10 的转座效率与 Tn10 的甲基化位点密切相关,一个甲基化位点位于 IS10R 末端 IR 内,另一个位于 $P_{IN}$ 启动子内,这两个位点内的 GATC 序列中 A 被甲基化修饰,可降低转座频率(图 3.29)。

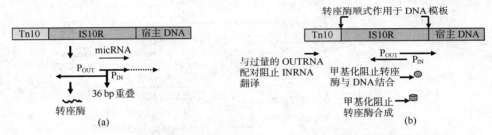

图 3.29　Tn10 复合转座子 IS10R 元件的结构与转录(a)及 Tn10 影响转座频率的机制(b)

### 3.5.2.2　Tn5

Tn5 最早发现于肺炎克氏杆菌的 JR67 质粒中,大小为 5.7 kb,左右两端均为 1 534 bp 的插入因子 IS50,它含有 9 bp 的末端重复序列,用于决定 Tn5 转座时识别目标 DNA,中段 2.6 kbDNA 含有编码卡那霉素(Kan)、博来霉素(B1)和链霉素(Str)的抗性基因,三个基因由一个操纵子控制,从左到右转录成多顺反子 mRNA(图 3.30(a))。它也是一个非复制性的转座子,研究表明,位于左端的 IS50L 与右端的 IS50R 仅有一对碱基的区别(G-C→A-T),这对碱基在 IS50R 中是正常的氨基酸密码子组分,而在 IS50L 中却成了无义密码子,因此只有 IS50R 编码的转座酶才有活性,其大小为 476 个氨基酸。IS50R 阅读框中可以产生两种蛋白质——转座酶和抑制蛋白,转座酶比抑制蛋白在 N 端多 40 个(或 55 个)氨基酸,其他的完全相同,这两种蛋白质合成中的转录翻译机制不详,但抑制蛋白的合成速度比转座酶高。IS50L 的无义突变妨碍了转座酶与抑制蛋白的翻译,使合成的多肽序列缩短了一截,不再具有发起转座的能力。短了一截的多肽序列的基因形成了一个能够起始 Tn5 中心区域内的新霉素磷酸转移酶Ⅱ基因的转录启动子,新霉素磷酸转移酶的存在为细胞提供了抵抗新霉素及卡那霉素等抗生素的能力。因此这一碱基的替换是 Tn5 转座子表达其抗药性功能所必需的。转座酶和抑制蛋白功能各不相同。转座酶是 IS50R 以及整个 Tn5 的转座作用所必需的。野生型的转座酶对缺陷型 IS50R 组件的反式互补作用极弱,对于转座功能表现出很强的顺式作用——即优先表达野生型的转座酶。抑制蛋白是转座作用的抑制因子,它的作用是反式的。抑制蛋白的功能不是妨碍某些基因的表达而是妨碍转座过程中某一尚未查明的步骤的通过。一种可能性是,抑制蛋白具有和转座酶同样的 DNA(或蛋白质)结合位点,它可以通过和转座酶竞争结合而抑制转座酶的转座功能;另一种可能是,抑制蛋白通过和转座酶之间形成某种无转录活性的寡聚物而抑制转座酶的功能。Tn5 进入一个新的寄主细胞后,在初期开始阶段,抑制蛋白的浓度很低,Tn5 能够以较高的频率发生转座,转座酶单体分子在 N-端分别与转座子末端重复序列结合,两个转座酶单体分子二聚体化,将转座子从宿主 DNA 上切割下来,然后选择宿主靶点 DNA,在转座酶的催化下使靶 DNA 序列产生交错切割,转座子的游离 3′-OH 整合到宿主 DNA 上。在转座子的两端形成各 9 bp 的单链缺口,再在宿主酶体系的帮助下完成填充反应,转座酶被释放出来(图 3.30(b))。当 Tn5 站稳后,转座频率随之下降,若此时有新的 Tn5 进入细胞中,新的 Tn5 的转座能力受到抑制,原因是随着 Tn5 的稳定,抑制蛋白的浓度也逐渐升高,对任何新的转座事件的抑制也同时升高。Tn5 的转座酶的作用主要是顺式,无积累效应,当然不能与反式具有积累效应的抑制蛋白的竞争作用相抗衡。

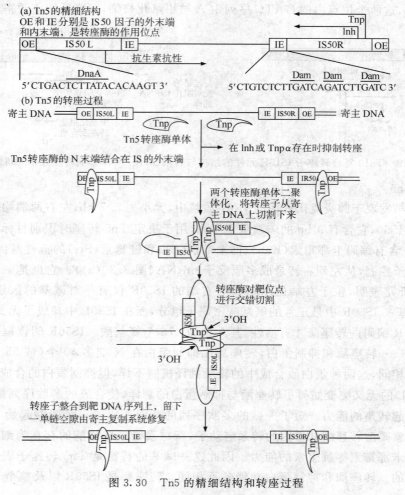

图 3.30 Tn5 的精细结构和转座过程

Tn10 与 Tn5 的不同点是,Tn10 通过 $P_{IN}$ 和 $P_{OUT}$ 系统和甲基化修饰进行调节。Tn5 是通过转座酶和抑制蛋白系统进行调节。但相同的一点是调节因素都是限制转座频率。这种限制效应使寄主细胞免于因过多转座子的存在而丧生。从总体而言转座子是在长期进化过程中形成的一种更好地保护自己和扩增繁衍的方式。

非复制性转座的共同转座机制是通过剪接转座模型(cut-and-paste transposition model)完成转座的。这是一类简单的插入,转座通过转座酶识别转座因子的两末端,并在末端进行双链平端切割,则完整的转座子从供体 DNA 中释放出来,同时转座酶对受体靶序列进行交错切割,然后转座子与受体靶 DNA 末端共价连接,在宿主修复系统的修复下完成转座(图 3.31)。不但非复制性复合转座子是以此模型进行转座,一部分 IS 也可以通过这种模型进行转座,如 IS10 和 IS50 等。

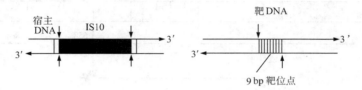

① 转座酶在转座子的两端进行平端切割,在靶 DNA 两端进行交错切割

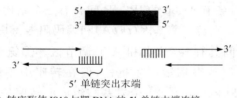

② 转座酶使 IS10 与靶 DNA 的 5′ 单链末端连接

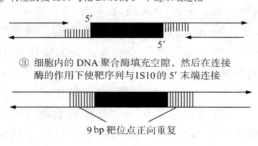

③ 细胞内的 DNA 聚合酶填充空隙,然后在连接
酶的作用下使靶序列与 IS10 的 5′ 末端连接

图 3.31  剪接转座模型

### 3.5.3  复制性复杂转座子 TnA

复制性复杂转座子(replicative complex transposon,RCTn),即是 TnA,长度大约为 5 000 bp(图 3.32),两端具有 30~40 bp 的 IR 或 DR,没有 IS 因子,中央是转座酶基因和抗药性基因,其末端不能单独转座,转座子总是作为独立单位进行转座,其中 IR 顺序、大小接近,大部分具有同源性,编码的转座酶和解离酶分别作用于原始转座子和复制转座子,在转座酶基因与阻遏蛋白基因之间具有解离位点,是解离酶的作用位点,广泛存在于细菌中,不同的 TnA 除具有不同抗性性状外,都编码转座酶和阻遏解离蛋白,TnA 家族是复制性转座子的唯一模型,它们的移动不依赖于 IS 因子,而是依赖于转座基因和解离阻遏基因产物的共同作用。TnA 一般能够转座到大多数质粒、噬菌体及革兰氏阴性菌的染色体上,通过

穿梭实现基因组的改变,其中以 Tn3 最为典型。

　　Tn3 族转座子没有 IS 因子,两端 IR 是转座酶识别位点,转座通过转座酶与解离酶的共同作用机制完成复制性转座,结果是一个拷贝保留在原位点,新的一个拷贝插入在另一个位点上,受体两条链通过靶序列的两个拷贝将转座子夹住,使其发生转座。中间是转座酶基因(tnpA)、解离酶基因或阻遏蛋白基因(tnpR)和抗性基因,如氨苄青霉素抗性基因 $amp^r$、磺胺药物抗性基因 $sul^r$、链霉素抗性基因 $str^r$、卡那霉素抗性基因 $kan^r$、氯霉素抗性基因 $cam^r$、四环素抗性基因 $tet^r$、$HgCl_2$ 抗性基因($Hg^{2+}$)、红霉素抗性基因 $ery^r$ 等,在转座酶基因与阻遏蛋白基因之间是解离酶位点,是解离酶的顺式作用位点,其结构见图 3.32。

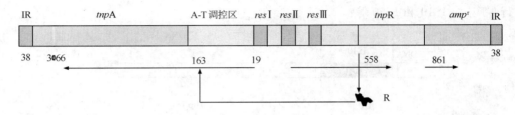

图 3.32　Tn3 家族转座子的结构

　　Tn3 全长 4 957 bp,两端各有 38 bp 的 IR,IR 间含有三个结构基因,即编码 β-内酰胺酶的氨苄青霉素抗性基因($amp^r$)、转座酶基因($tnpA$)和编码阻遏蛋白的基因或称为解离酶基因($tnpR$),$tnpA$ 与 $tnpR$ 之间具有 res 位点和 A-T 调节区。①氨苄青霉素抗性基因 $amp^r$ 编码 β-内酰胺酶,使宿主对氨苄青霉素产生抗性,但在转座中不起作用。②转座酶基因 $tnpA$,其产物是分子量为 120 kD、由 1 021 个氨基酸组成的转座酶,转座酶识别 IR 两端的正向重复的 5 bp 的靶序列,并切割转座子两端,在靶序列上造成 5 bp 的参差不齐的单链末端,且与单链 DNA 结合,这 5 bp 的靶序列是转座所必需的。该酶与 38 bp 反向末端序列内的一个 25 bp 序列相结合。与转座酶结合位点相连的是大肠杆菌 IHF 蛋白的结合位点,转座酶和 IHF 以协同方式与转座子末端结合。IHF 是一种结合蛋白,常称为宿主整合因子,在大肠杆菌中,该蛋白常常与组装大的结构有关,它在转座反应中的作用可能不是主要的。$tnpA$ 的突变体不能转座。③阻遏蛋白基因 $tnpR$,编码含有 185 个氨基酸的阻遏蛋白质 TnpR,分子量为 23 kD,阻遏蛋白具有双重功能,这是通过突变的多种效应所发现的:一是具拆分酶的活性;二是具有调控 $tnpA$ 基因及自身基因转录的阻遏蛋白活性,该酶作用于 res 位点,可作为一种基因表达的抑制子并具有解离酶的功能,因此,也称为解离酶。TnpR 的突变可增加转座频率。这是因为 TnpR 同时抑制了 TnpA 和它自身基因的转录。因此,TnpR 蛋白的失活使 TnpA 合成增加,导致转座频率增加。因此,TnpA 转座酶的量一定是转座的一个限制性因素。TnpR 作为解离酶,与共整合体结构中的 Tn3 正向重复序列之间的重组有关。原则上,在一个共整合体中,转座子的两个拷贝间任何相应位点间的同源性重组皆能解离此共整合体,但 Tn3 的解离反应只发生在一个特异性部位 res 解离位点上。④ res 位点是通过阻止转座完成,并引起共整合体堆积的顺式作用缺失而被鉴定的。在缺乏 res 时,解离反应能够被 $tnpA$ 介导的一般重组反应所替代,但其效率很低。res 位点位于调控区内,调控区有 3 个结合位点——res Ⅰ、res Ⅱ 和 res Ⅲ。位点 res Ⅰ 与 $tnpR$ 的拆分功能有关,它缺失时,解离反应根本不能进行;解离反应也与位点 res Ⅱ 和 res Ⅲ 的结合有关,这是因为这两个部位中的任何一个发生缺失,解离反应只能低效进行;只有位点 resⅠ,没有位点 resⅡ 和 resⅢ,拆分可以发生,但效率极低。因此,野生型需要位点 resⅠ、resⅡ 和 resⅢ 三个结合点同时起作用。位点 resⅠ 与 tnpA 基因的转录区有部分的重叠,并包括 tnpA 转录的起始点,位点 resⅡ 和 resⅢ 与 tnpR 基因的转录区重叠,位点 resⅡ 包括 tnpR 的转录起始点,一个操作基因的突变位点刚好位于该位点的左端。TnpR 解离酶也有 3 个结合位点,每个长约 30～40 bp,res 的结合位点与 TnpR 解离酶的结合位点的结合是相互独立的,TnpR 解离酶的 3 个结合位点具有序列同源性,带有一个双重对称的共有序列或称为对称的倒位重复区。因此,tnpR 在结合点处的结合就妨碍了这两个区的转录而达到调控的目的。⑤A-T 调控区:在 tnpA 与 tnpR 基因之间,长 163 bp,富含 A-T 序列,是 tnpA 和 tnpR 基因序列的调控起始区,tnpA 和 tnpR 这两个基因的转录从 AT 区开始,以相反的方向进行。TnpR 阻遏蛋白正是通过解离酶与这一段的调控区域内的 res 位点的结合而实现对 tnpA 与 tnpR 转录的阻遏和拆分功能的。

　　转座分为两个阶段,即共整合体形成和共整合体拆分。在转座过程中,任意一个重复序列内的顺式作用缺失将阻止转座子的转座,其中,在靶部位产生一个 5 bp 的正向重复序列,它们携带着 $amp^r$ 等抗性标志,便于观察转座结果。当带有两个质粒(其中一个质粒含有 Tn3)的细胞经过一段时间培养后,以 $10^{-7}$ 的概率形成共整合体。所谓的共整合体就是两个或两个以上的复制子通过共价连接形成的一个复制子,共整合体又叫共联体。在共整合体中完成 4 步步骤:第一步,切开,含有 Tn3 的转座子的供体质粒,其内的转座酶有两种功能,其一可以识别受体质粒上的靶序列,并在该序列两侧各一条单链上造成一个切口,切口之间的距离决定了转座后两侧正向重复序列的长度;其二可以识别自身两边的反向重复序列,并在 3′ 端切开。第二步,连接,供体与受体结合成为共整合体,该过程是在 TnpA 蛋白的催化下,供体切下 IS 或 Tn3 反向重复序列末端并与受体的黏性末端以共价齐头相连,形成两个缺口。第三步,复制,由 DNA 多聚酶进行修补复制补上缺口,由连接酶连接,这样在共整合体中 Tn3 经复制从一个拷贝变成两个,并处于同一方向,于是在 IS 两端形成了两个正向重复序列,一般为 5～9 bp,最长的为 12 bp。实验证明,共整合体是不稳定的中间体,因此在共整合体中进行拆分完成第四步,即在特定的解离位点通过解离酶的作用进行重组拆分共整合体,在 tnpA 和 tnpR 间的 DNA 序列交界处存在着内解离区 res 位点,该位点是解离酶的作用位点,解离酶 TnpR 蛋白在共整合体中催化 res 位点发生位点专一性重组,在拆分过程中,解离反应是非复制反应,键的断裂和再接不需要能量的输入,在共整合体的解离中,一个中间复合物可被识别,它是由解离酶与在 res 位点进行双链切割形成的两个 5′ 末端共价结合而组成的。切割对称地发生在一个短的回文区内,并产生两个碱基的黏性末端,对位于位点Ⅰ区的研究发现切割反应如下:

$$5'\ TTATAA\ 3' \qquad\qquad 5'\ TTAT+蛋白-AA\ 3'$$
$$3'\ AATATT\ 5' \xrightarrow{\hspace{2cm}} 3'\ AA-蛋白\quad TATT\ 5'$$

　　切割反应类似于 λInt 在 att 位点的作用,res 位点 20 bp 中的 15 bp 与 att 相应位置上的碱基相似,依据切点排列如下:

$$res \qquad GATAA\ TTTATA\ ATAT$$
$$att \qquad\quad GCTT\ TTTTAT\ ACTAA$$

以上两个反应对 DNA 的操作过程是类似的,虽然解离只见于分子内位点之间,而 att

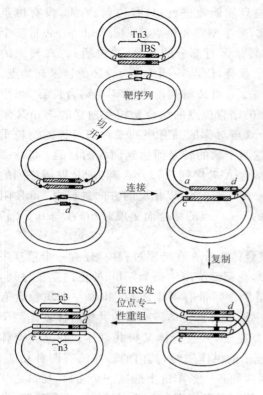

图 3.33　Tn3 转座模型

位点之间的重组是分子间的并具有方向性。解离酶作用方式是以 4 个亚基的形式结合于重组的 res 位点，每个亚单位进行一次单链切割。单链切割后的 4 个亚基聚集相互作用并重新组合之后，并进行物理性的在 DNA 链上移动，完成重组构象的改变，然后在切口处被封闭。这样，就通过共整合体拆分为两部分，一部分是在原来的位置上仍保留着原有的转座子质粒（图 3.33），另一部分是在新的位置上的转座子的两侧出现正向重复序列，通过转座复制插入了一个原转座子拷贝序列的质粒，从而使转座子实现了通过它的一个复制品转移到另一个位置上，形成独立的复制子，最后每个复制子都含有 Tn3，实现了 Tn3 向另一质粒的转座。需要转座酶、复制酶和解离酶的共同作用才能实现复制性转座行为。

### 3.5.4　接合型转座子

接合型转座子（conjugative transposon，CTn），是在革兰氏阳性球菌中发现的一类不同于细菌接合而进行转移的转座子，其常见代表是 Tn916 和 Tn1454，它们的末端没有反向重复序列，转座后也不产生正向重复序列，转座方式类似于 λ 噬菌体的位点专一性重组。目前在革兰氏阴性和阳性细菌中都发现了接合型转座子，其 Tn916 研究最为深入。

Tn916 是 1981 年在粪肠球菌中发现的第一个接合型转座子。此后又发现了多种接合型 Tn，如 Tn919、Tn3702、Tn1545 等，它们与 Tn916 相似。Tn916 长 18 500 bp，携带四环素抗性基因 $tet^r$，两末端没有典型转座子的 IR（图 3.34）。Tn916 的左末端是与整合有关的 int 和 xis 基因，右末端是与接合转移有关的移动蛋白基因 mbeA，有时又将这个基因称为诱动基因。近左端的中央区域是四环素抗性基因 $tet^r$。Tn916 有 24 个开放式阅读框（ORF），其功能还不完全清楚。进行功能分析 Tn916 可分为 3 个区域：转座区（Tn）、转移区（Tra）和抗性区（$Tet^r$）。转移区没有与接合质粒的性纤毛基因有关的同源阅读框（ORF），并且转移区基因数量比接合质粒的少，所以 Tn916 的转移系统可能比 F 或 RP4 质粒简单，不编码性纤毛。

接合型转座子一般整合到染色体上，转座机理如图 3.35。图 3.35(a)表示接合型转座子从染色体上切离下来形成游离的共价闭环的转座中间体，该转座中间体随后可整合到染色体上或质粒上以完成转座行为；图 3.35(b)表示细胞间的转座，首先在带有接合转座子的供体 DNA 中把接合转座子从染色体上切离下来。切离下来的接合转座子共价连接形成闭合环状接合转座子，然后在酶的作用下把闭合环状接合转座子中的一条 DNA 链打开一切口，形成开环 DNA 分子，在供体细胞中一方面以另一条闭合环状单链为模板进行滚环复

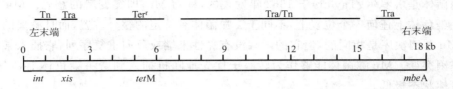

图 3.34 Tn916 的结构

制,在开环 DNA 的 3′ 末端延伸 DNA,5′ 末端被游离出来,游离的单链 DNA 以 5′ 末端为起点向受体细胞进行转移,其转移方式与 F 因子的转移类似,另一方面转移到受体细胞的接合转座子的单链 DNA 以此为模板互补合成双链 DNA,然后分别将供体与受体中的双链接合转座子环化最后以游离或整合形式存在于细胞中。

因此接合型转座子综合了转座子、质粒和噬菌体三方面的特征,它们是名副其实的转移基因,能够引起抗性基因在多种细菌中进行扩散。接合型转座子在切割和整合上类似于转座子,是通过转座酶进行切割,但其机理不同于 Tn10 和 Tn5,可以形成整合体,但在整合部位并不产生正向重复序列;与质粒相似的是能够形成整合体,并像接合质粒一样发生转移,不同的是不能像质粒一样独立复制;其切割与整合方式类似于温和性噬菌体,其整合酶属于 λ 整合酶家族,与 λ 噬菌体不同的是接合型转座子不能形成病毒颗粒,它依靠接合作用进行转移而不是依靠噬菌体进行转移。

### 3.5.5 转座噬菌体

转座噬菌体(transposable phages)是具有转座功能的一类可引起突变的溶源性噬菌体。这类噬菌体无论是进入裂解循环还是处于溶源状态,均可随机插入整合到宿主染色体上,并使宿主染色体断裂,在染色体上无特异性整合位点,通过转座而进行复制,形成多拷贝整合体,在多拷贝整合体中很少被切离,整合引起插入突变。转

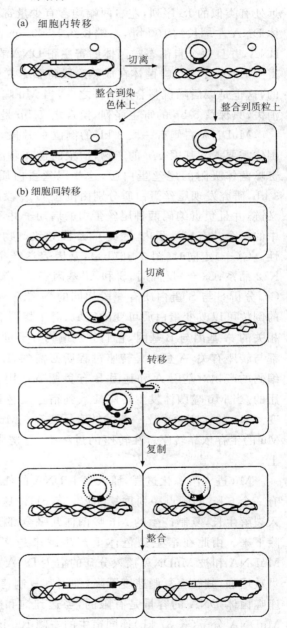

图 3.35 接合型转座子 Tn916 的转移方式

座噬菌体是塔罗尔(Taylor)于 1963 年发现的,称为 Mu,即突变者的意思。Mu 几乎可插入宿主染色体上任何一个位置上,不同于 λ 噬菌体有特定的整合位置,而且游离的 Mu 与整合的 Mu 基因次序是相同的,但它的两端没有黏性末端或反向重复序列,它插入某基因中就引起基因突变。Mu 噬菌体能够作为转座子优先地随机插入到寄主染色体上,它的切除频率在自然状态极低。

研究发现,Mu 噬菌体的 DNA 大小为 37 kb(图 3.36(a)),呈线性双链状态,距末端不远处有类似的 IS 序列,左右两端均含有少量寄主靶 DNA(大肠杆菌 DNA)。自由态的噬菌体 DNA 左端长约 100 bp,右端长约 1 500 bp,而整合的原噬菌体左右两端均是 5 bp 的寄主 DNA,并且每个自由态噬菌体的寄主靶 DNA 在不同 Mu 噬菌体 DNA 上各不相同,这两段寄主 DNA 序列是噬菌体在成熟阶段将整合在寄主 DNA 的原噬菌体 Mu 切断包装时获得的,这也是以后随机整合的条件之一,当 Mu 噬菌体依次整合到寄主染色体中时这段序列则消失,只保留 5 bp 的寄主序列,换言之,5 bp 是同源配对的最短序列。

MuDNA 右侧有一段 3 kb 的倒位 G 片段,G 片段两端各有一个 4 bp 长的 IR。G 片段倒位需要 Mu 基因 gin 的产物,宿主的逆转刺激因子可以提高倒位的效率。G 片段编码负责噬菌体吸附的尾丝蛋白质,这些尾丝蛋白质需要约 4 kb 的 DNA 编码,而 G 片段只有3 kb,研究发现尾丝蛋白质分别由倒位 G 片段的两条互补链所编码,即两条互补链都是有义链,并且负责编码两种尾丝蛋白的启动子并不存在于 G 片段中,而位于 G 片段左边序列中的一个共有启动子内,因此 G 片段导致产物不同,G 的不同走向导致了不同宿主的特异性。G(+)走向时(图 3.36(b)),基因表达产生 S56 蛋白质和 U21 蛋白质,吸附大肠杆菌K12 品系;G(-)反向时,S' 和 U' 基因表达,产生 S'48 蛋白质和 U'26 蛋白质,吸附 E. coli C。分析 S 与 S' 蛋白质有一段相同的 N 端序列,其编码区在 G 片段左边的序列中,G 片段的倒位可以改变蛋白质可变的区域,对于相同 N 端则没有影响。在 MuDNA 左侧有与转座相关的 A 基因与 B 基因,它们分别编码分子量为 70 kD 与 33 kD 的两种蛋白,这两种蛋白都与转座有关,A 蛋白是转座过程所必需的,B 蛋白是复制性转座所必需的。C 为调节区,编码的产物对基因 A 和基因 B 有负调节作用,C 基因产物是对转座酶基因表达起阻遏作用的。当 Mu 噬菌体发生转座插入到宿主染色体上时,可像其它转座遗传因子一样引起突变。Mu 的转座频率比一般的转座子要高。Mu 的复制能力和它的转座能力是密切相关的,Mu 的生存依靠转座。在转座的过程中,它摆脱两端原有的 DNA 而转座到新的某个位点上。

Mu 进入溶源化过程,插入宿主 DNA 的任意部位,造成靶点的倍增,使原噬菌体两侧各有一个 5 bp 的靶点序列重复(图 3.36(c))。这一点与其他转座子的转座作用相似。然后进入裂解生长,复制产生的 Mu 噬菌体几乎全部随机插入宿主的 DNA 中,一旦插入就很少切除下来。由此在宿主染色体上产生越来越多的拷贝,这时的宿主染色体实际上是众多MuDNA 和被 MuDNA 插入分开的宿主 DNA 的片段所形成的共合体,随着 MuDNA 的拷贝数增加,其转座复制速度下降,推测其复制拷贝数是负反馈机制,宿主 DNA 所增加的转座噬菌体 DNA 的容量是有限的,当达到饱和时,噬菌体开始成熟,共合体被切断,一个个MuDNA 分子(长 37 kb)连同宿主的左侧 100 bp 和右侧 1 500 bp 一起被包装进入噬菌体颗粒,不处在共合体中的 MuDNA 不能被包装形成转座噬菌体,一般包装的 DNA 总长约 39kb,噬菌体组装完成,宿主裂解,释放出 50~100 个噬菌体颗粒。

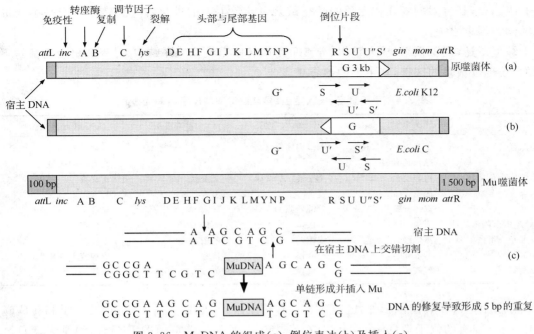

图 3.36 MuDNA 的组成(a)、倒位表达(b)及插入(c)

### 3.5.6 非复制保守型转座子

非复制保守型转座子(nonreplicative consertive transposons)的转座是指供体分子上的
转座子被转座酶在其两端交错切割,受体在特异靶点位置也被
转座酶交错切割,然后在供体与受体的切口处交错连接形成交
叉结构,但不形成复制转座的共整合体,然后将供体的转座子完
整切割下来,供体产生的单链通过修复合成进行填充连接,并将
切割下来的转座子插入到受体靶点上,然后在两侧通过单链突
起产生正向重复靶序列,将单链修复连接转座完成(图3.37)。

这些转座遗传因子以不同方式发生转移,有的转移是独立
的,有的与其他 DNA 序列交换,不同方式导致相同结果,即转座
子从染色体的一个位置转移到另一个位置;或者从质粒转移到
染色体上;或借助适当的载体,在细胞之间转移,实现基因的水
平转移或垂直转移。转座是基因组自然变化的因素之一,遗传
物质的稳定性机制与转座的产生从理论上具有一定的相关性,
生命起源于 RNA 分子,由于 RNA 分子的不稳定性大多数生命

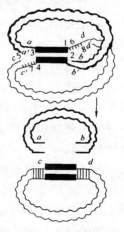

图 3.37 保守型转座
交叉模型

体的遗传物质逐渐被 DNA 所替代,DNA 在演进的过程中形成了一套自我独立的变化机
制,尤其是低等生物的无性繁殖使 DNA 呈现为趋同性,不利于适应多变的环境因素,但转
座可导致自我 DNA 序列之间的变化,选择压与漂变因素导致适应性增强的累积,因此,从
理论上讲生命体没有绝对不变的因素,永远不变因素就是变异本身,变是永恒的,变化的原
因是多重的,基因突变、重组变异都是生命体变化的内在本质因素,但变异的范围与数量却

是有限的，正是有限的变异在无限的时空积累中导致生物的进化，因此，转座重组是生物进化的动力因素之一。

综上所述，同源重组、插入重组、异常重组或转座重组无论在结构、过程和机理上都是不同的，表现出很多的区别，其主要的差异见表 3.4。

**表 3.4  同源重组、插入重组、异常重组和转座重组间的差异**

| 比较项目 | 同源重组 | 插入重组 | 异常重组 | 转座重组 |
|---|---|---|---|---|
| 同源区域 | 大范围同源区域，越长越有利 | 小范围同源区域 | 短或无同源区域 | 一般具有 IR，IR 中具有短的靶位点 |
| 非姊妹染色单体 | 对等交换 | 无交换 | 无交换 | 无交换 |
| 整合 | 无整合 | 整合 | 整合 | 整合 |
| 异源 DNA 分子 | 双链异源 DNA 分子 | 单链异源 DNA 分子 | 异源 DNA 分子 | 异源 DNA 分子 |
| RecA 蛋白的依赖性 | 依赖 | 不依赖 | 不依赖 | 不依赖 |
| 位点专一蛋白 | 不依赖 | 依赖 | 不依赖 | 不依赖 |
| 复制酶 | 不依赖 | 不依赖 | 依赖 | 依赖或不依赖 |
| 转座酶 | 不依赖 | 不依赖 | 依赖 | 依赖 |

除了上述细菌转座因子外，链霉菌也具有转座因子，也具有插入序列、转座子和转座噬菌体。同样，有的位于染色体上，有的位于质粒上，天蓝色链霉菌的 IS(IS110)是天蓝色链霉菌 A3(2)的小环拷贝，它能从天蓝色链霉菌染色体转座到 φC31 噬菌体的衍生物上。在插入位点两侧和 IS110 末端序列之间存在可识别的同源性，它类似于经典的插入序列，含有较短的反向重复末端。经 Southern 印迹分析，天蓝色链霉菌 A3(2)的 2.6 kb 的小环（现称为 IS117）能够整合在染色体的特异位点上，并以低拷贝形式存在，具有环状的转座中间体，其抗性标记及衍生物被用做整合型载体。链霉菌中有许多插入因子，但类似于 Tn5、Tn10 的转座子却很少报道。能够产生新霉素的弗式链霉菌含有一个类似于 Tn3 的 6.8 kb 的转座子。由于它的抗性表型和自发插入到高度不稳定质粒而使之变得稳定，这样可以筛选到许多独立的含有 Tn3 的衍生株 Tn5446，而每一个都插入到不稳定复制子的不同位置上。变铅青链霉菌 66 中的 IS495 和弗式链霉菌中的 Tn4556 就是两个随机整合的转座因子，被改造后用来进行转座诱变。由于现有抗生素多数是从链霉菌中产生而来的，因此，能够进行转座诱变的转座因子在基因工程中的应用价值就更为突出，从分枝杆菌（*Mycobacterium fortuitum*）中分离得到的 IS6100 也可对链霉菌进行转座诱变。对链霉菌 Tn5446 分析可知：它具有 38 kb 的反向末端重复，其顺序与 Tn3 簇类似。对大肠杆菌（Tn3 Amp$^r$）、链霉菌（Tn5446）、假单胞菌（Tn501）及葡萄球菌的研究，都发现了 Tn3 簇的转座子。实验证明，这些转座因子都可以在大肠杆菌中转座，这一簇的转座子是在各类细菌之间进行遗传信息水平传播的主要媒介。

### 3.5.7  转座作用的遗传学效应

当转座遗传因子插入某一基因时，可使这一基因的核苷酸序列发生改变而失活或激活，从而引起突变效应，因此，转座作用的遗传学效应表现为：①转座引起插入突变。各种 IS、Tn 转座子都可以引起插入突变。②转座产生新的基因。如果转座子带有抗药性基因，它一方面造成靶 DNA 序列上的插入突变，同时使这个位点产生抗药性。③转座产生染色体重排,导致染色体畸变产生。当复制性转座发生在宿主 DNA 原有位点附近时,往往导致转座子两个拷贝之间的同源重组,引起 DNA 缺失或倒位(图 3.38)。若同源重组发生在两个正向重复转座区之间,就导致宿主染色体 DNA 缺失;若重组发生在两个反向重复转座区之间,交换重组后则引起染色体 DNA 倒位。④转座可以调节基因活性的表达。如啤酒酵母接合型的相互转化、玉米子粒花斑型的表现及 Ac 起调节基因的作用,Ds 则相当于大肠杆菌乳糖操纵子中的调节基因。⑤转座可增加同源序列的整合。IS 或 F 因子既可以插入染色体中,又可以插入质粒中,增加突变的几率。⑥转座引起极性效应。当转座子插入操纵子上游基因时,不仅能够破坏插入基因,而且也抑制远离启动子下游基因的表达,这种下游基因因某种突变而不能表达的现象就是极性效应。⑦利用转座诱变增加基因突变几率,有利于筛选新的突变株系。⑧转座可以引起生物的进化。由于转座作用,使一些原来在染色体上相距甚远的基因组合在一起,构建成一个操纵子或表达单元,也可能产生一些具有新的生物学功能的基因和新的蛋白质分子。

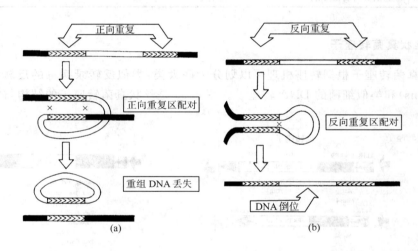

图 3.38　由转座子引起的染色体 DNA 的缺失(a)或倒位(b)

## 3.6　真核微生物转座子

1989 年在脉孢菌中发现了 Tad 转座子,随后在尖孢镰刀菌、白粉病菌、稻瘟病菌、曲霉菌等不同真菌中发现了不同类型的转座子,这些真菌转座子大多是植物病原真菌、工业真菌或从田间分离的真菌,这类真菌的变异程度大,一般不进行有性生殖,实验室保留菌种很少具有转座子。表 3.5 是几种常见真菌及它们的转座子。真菌转座子一般通过克隆真菌中的重复序列与其他生物已知的转座子进行比较来确定;或根据真菌的缺陷型来确定转座子;或通过同源杂交,以别的生物的转座子作为探针进行杂交筛选;或通过 DNA 序列分析来确定,不同的转座子具有不同的结构特征,无论以什么方法来筛选转座子,都要符合转座子的基本特征,才能确定转座子的类型。

表 3.5　几种真菌及其转座子

| 微生物名称 | 转座因子 |
| --- | --- |
| 尖孢镰刀菌(*Fusarium oxysporum*) | Foret,Skippy,Palm,Fot1,Impala,Fot2,Hop |
| 稻瘟病菌(*Magnaporthe grisea*) | Grh,Maggy(fosnury),MGR,MGSR1,Mg-SINE,Pot2 |
|  | MGR586 |
| 埋生粪盘菌(*Ascobolus immerses*) | Mars1,Mars2,Mars4,Tasco,Ascot |
| 粗糙脉孢菌(*Neurospora crassa*) | Tad,Punt,Guest |
| 黑曲霉(*Aspergillus niger*) | Ant1,Tan/Vader |
| 烟曲霉(*Aspergillus fumigatus*) | Afut |
| 灰葡萄孢菌(*Botrytis cinerea*) | Boty,Flipper |
| 番茄芽枝霉(*Cladosporium fulvum*) | CfT-1 |
| 柑橘炭疽刺盘孢菌(*Collecotrichum gloeosporioides*) | Cgt1 |
| 赤球丛赤壳菌(*Nectria haematococca*) | Nrs1 |
| 禾白粉菌(*Erysiphe graminis*) | Eg-R1,EGH |
| 旋孢腔菌(*Cochliobolus carbonum*) | Fcc1 |
| 黄孢平革菌(*Phanaerochete chrisosporium*) | Pce1 |
| 多孔木霉(*Tolypocladium inflatum*) | Restless |

### 3.6.1　丝状真菌转座子

　　丝状真菌转座子根据转座机理可以划分为两大类:类似反转录病毒的反转座子(retro-transposons)和类似细菌的 DNA 转座子。图 3.39 是丝状真菌转座子的结构与类型图。

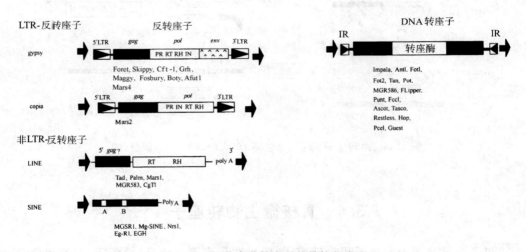

图 3.39　丝状真菌转座子的结构与类型

#### 3.6.1.1　反转座子

　　反转座子在转座过程中,都需要一个 RNA 的中间阶段,这是这类转座子的特别之处,因此转座过程是 DNA→RNA→DNA,然后再将 DNA 插入到靶位点。根据转座子是否具有长末端重复序列 LTR 而将反转座子分为 LTR-反转座子和非 LTR-反转座子。

#### 3.6.1.1.1　LTR-反转座子

　　LTR-反转座子的两端具有 LTR 序列,LTR 由 5′-U5-R-U3-3′组成,U5 包含有加帽信号和 TATA 盒及转录起始位点,U3 有加尾信号,R 是正向重复序列,LTR 间含有 1～3 个大的阅读框;*gag* 基因编码核酸结合蛋白;*pol* 基因编码蛋白酶(PR)、整合酶(IN)、反转录酶(RT)及 RNaseH(RH)。根据 *pol* 中的基因产物顺序,可将 LTR-反转座子分为两个组:copia 组和 gypsy 组。这两个组的区别是整合酶和反转录酶的排列顺序不同,而且 gypsy 组编码区通常还编码一个 *env* 区,但该区与反转录病毒的 *env* 区不同。反转座子与反转录病毒的最大不同是反转座子不具有侵染性和不带有病毒外膜基因(*env*)。因此反转座子不具有感染性,而且不能独立于寄主处于游离状态。丝状真菌的许多转座子都属于这一类型,如 Foret、Skippy、Maggy、Cft-1、Boty 等转座子,酵母 Ty 转座子等也是 LTR-反转座子类型。

#### 3.6.1.1.2 非 LTR-反转座子

这类反转座子没有 LTR 序列,但在 3′端富含腺嘌呤(A)序列,在转座时使靶位点产生 7～21 bp 的正向重复序列,根据重复序列的差异,分为长散布元件(long interspersed element,LINE)和短散布元件(short interspersed element,SINE)两种类型。

(1)LINE-反转座子。LINE-反转座子最初发现于哺乳动物,随后在真菌中也有发现,Tad、Palm 和 CgT1 等转座子都是属于这一类型。LINE 是一类拷贝数多、序列很长的反转座子,称为长散布重复元件。哺乳动物基因组有 2 万～5 万个 LINE1 序列,简称 L1。L1 长 6～7 kb,3′末端富含 A 序列,含有两个开放式阅读框(ORF),这两个阅读框分别长 1 137 和 3 900 bp,两个阅读框之间有 14 bp 的重叠。第一个阅读框的功能不详,第二个阅读框编码反转录酶(RT)(图 3.40)。转录在 RNA 聚合酶Ⅲ的作用下从 L1 的 5′末端开始,遇到一串 T 后转录

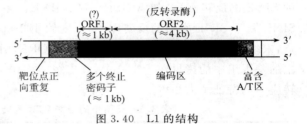

图 3.40 L1 的结构

终止,转录出的 RNA 在 3′末端带有一串 U,该 RNA 产物末端回折,U 与 A 配对,则作为反转录酶的引物合成 cDNA,接着以 cDNA 为模板合成双链 L1DNA,然后以一种未知的方式插入寄主 DNA 中(图 3.41)。真菌 Tad 的反转座子与哺乳动物的类似,长 7 000 bp,两端没有重复序列,在靶位点有 14 bp 或 17 bp 的正向重复序列,具有两个 ORF,即 ORF1 和 ORF2,其 ORF1 和 ORF2 与 LINE 组的 ORF1 和 ORF2 具有同源性,其中 ORF2 具有反转录酶的特征。

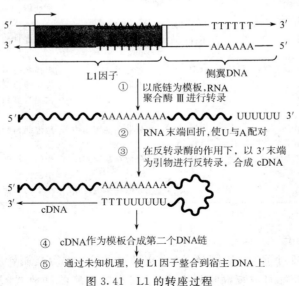

图 3.41 L1 的转座过程

（2）SINE-反转座子。SINE-反转座子最初也是在哺乳动物中发现的,后来在真菌中也有发现。SINE 一般比较短,大约在 70～300 bp 之间,但拷贝数极高,在哺乳动物中高达 10 万个以上,丝状真菌中也是几十到几百,这些反转座子称为短散布重复元件。SINE-反转座子具有 RNA 聚合酶Ⅲ的启动子,3′末端有 8～50 bp 多聚 A 尾巴,两端具有 7～21 bp 的正向重复序列,之间没有 ORF,转座需要经过反转座过程。

人类 SINE 的典型代表是 Alu 家族。Alu 长 300 bp,平均每隔 6 kb 就有一个 Alu 因子,在人类基因组中约有 50 万个拷贝,占人类基因组的 5％～6％,该因子可以被限制性内切酶 Alu Ⅰ切割而得名。Alu 因子与 7SRNA(294 bp)相似,7SRNA 是内质网中核糖体蛋白颗粒的一部分,帮助新生多肽从内质网中分泌出来,并且在果蝇、老鼠和人体中高度保守。对大肠杆菌小于 100 bp 的 RNA 分析表明,这些小分子 RNA 与 7SRNA 具有相似性。Alu 因子与 7SRNA 都具有 RNA 聚合酶Ⅲ的启动子,在 3′端有一 A 串,两端是正向重复序列,该序列下游有 T 串,为 RNA 聚合酶Ⅲ的转录终止子。Alu 的位置没有特定场所,可以出现在 5′或 3′末端,可在外显子区也可在内含子区,其转座与 L1 相似。丝状真菌具有很多这样的 SINE 的反转座子,如 MGSR1、Mg-SINE、Eg-R1 和 EGH 等。其中稻瘟病菌中的 Mg-SINE 属于 SINE 类型的反转座子,长度约 472 bp,具有 A 和 B 两个 RNA 聚合酶Ⅲ结合位点,末端具有 8～50 bp 的多聚 A,中间无 ORF,两端有长度为 16 bp 的正向重复序列,在寄主的基因组中的拷贝数为 100 个,其二级结构像 tRNA 的三叶草型。表 3.6 是真菌常见反转座子的特征及大小等。

**表 3.6　真菌中的一些 LTR-反转座子和非 LTR-反转座子**

| LTR-反转座子 | 长度(bp) | LTR | 靶序列重复 | 拷贝数 | 寄主来源 |
|---|---|---|---|---|---|
| **gypsy 组** | | | | | |
| Foret | 约 8 000 | 不详 | 不详 | 多拷贝 | 尖孢镰刀菌(*F. oxysporum*) |
| Skippy | 7 846 | 429 | 5 | 多拷贝 | 尖孢镰刀菌(*F. oxysprum*) |
| CfT-1 | 6 968 | 427 | 5 | 25 | 番茄芽枝霉(*C. fulvum*) |
| Maggy | 5 638 | 253 | ? | 多拷贝 | 稻瘟病菌(*M. grisea*) |
| Boty | 约 6 000 | 596 | ? | 多拷贝 | 灰葡萄孢菌(*B. cinerea*) |
| Afult1 | 6 914 | 282 | 5 | 多拷贝 | 烟曲霉(*A. fumigatus*) |
| **Copia 组** | 5 800 | | | | |
| Mars3 | 5 800 | 不详 | 不详 | 60 | 埋生粪盘菌(*A. immersus*) |
| **LINE 组** | | | | | |
| Tad | 7 000 | | 14/17 | 多拷贝 | 粗糙脉孢菌(*N. crassa*) |
| Palm | 不详 | | 不详 | 不详 | 尖孢镰刀菌(*F. oxysporum*) |
| CgT1 | 5 700 | | 13 | 30 | 柑橘炭疽刺盘孢菌(*C. gloeosporiodes*) |
| **SINE 组** | | | | | |
| MGSR1 | 800 | | 不详 | 分散在基因组中 | 稻瘟病菌(*M. grisea*) |
| Mg-SINE | 470 | | 不详 | 100 | 稻瘟病菌(*M. grisea*) |
| Nrs1 | 约 500～600 | | 不详 | 分散在基因组中 | 赤球丛赤壳菌(*N. haematococca*) |
| Eg-R1 | 700 | | 不详 | 50 | 小麦白粉菌(*E. graminis*) |
| EGH | 903 | | 13 | 分散在基因组中 | 小麦白粉菌(*E. graminis*) |

? 表示尚不清楚,下同。

### 3.6.1.2　DNA 转座子

DNA 转座子不通过 RNA 中间环节,直接通过 DNA 进行复制转座。它们的结构特征与细菌转座子类似,两端具有反向重复序列,中间有转座酶的开放式阅读框,在寄主的靶位点具有正向重复序列,转座机制可能是通过复制性转座进行转座。一些丝状真菌果蝇 P 因子、玉米的 Ac/Ds 和 Spm/En 因子等都是这一类型的转座。表 3.7 是一些丝状真菌转座子的特征。尖孢镰刀菌中类似细菌的转座子有 Fot1、Fot2、Hop 和 Impala 等,它们两端具有长约 27~96 bp 的反向重复序列,中间有一个编码转座酶的开放式阅读框,在寄主的靶位点有 2~7 bp 的正向重复序列,这四个转座子大小分别为 1 928、2 100、3 500 和 1 280 bp。Fot1、Fot2、Impala 和 Hop 这 4 个转座子是通过对野生型和硝酸还原酶缺陷型的突变株中的硝酸还原酶基因 nia 的比较鉴定出来的。将烟曲霉的硝酸还原酶基因转移到尖孢镰刀菌的硝酸还原酶缺陷型中,则可以恢复其硝酸还原酶的功能。曾用 Fot1、Fot2、Impala 和 Hop 的 4 个转座子,对烟曲霉硝酸还原酶结构基因(niaD)和尖孢镰刀菌硝酸还原酶结构基因(nia)进行诱变,获得了 13 个突变株,Fot1、Fot2 和 Impala 总是插入在寄主 AT 位点上。其中 5 个 Fot1 插入在 niaD 基因的第 3 个内含子上,3 个 Fot1 和 1 个 Fot2 插入在 nia 的外显子上。Impala 插入在 niaD 的翻译起始点的上游(图 3.42),这说明这类转座子的插入是随机的,并具有一定的插入热点。

表 3.7　一些真菌中的 DNA 转座子的特征

| 转座子 | 长度(bp) | IR | 靶序列重复 | 拷贝数 | 来源 |
|---|---|---|---|---|---|
| Fot1 | 1 928 | 44 | 2 | 100 | 尖孢镰刀菌(F. oxysporum) |
| Fot2 | 2 100 | 66 | 2 | 100 | 尖孢镰刀菌(F. oxysporum) |
| Hop | 3 500 | 96 | 7 | 多拷贝 | 尖孢镰刀菌(F. oxysporum) |
| Impala | 1 280 | 27 | 2 | 6 | 尖孢镰刀菌(F. oxysporum) |
| Ant1 | 4 798 | 37 | 2 | ?[①] | 黑曲霉(A. niger) |
| Pot2 | 1 857 | 43 | 2 | 100 | 稻瘟病菌(M. grisea) |
| MGR586 | 1 860 | 42 | ?[①] | ?[①] | 稻瘟病菌(M. grisea) |
| Flipper | 1 842 | 48 | ?[①] | 0~20 | 灰葡萄孢菌(B. cinerea) |

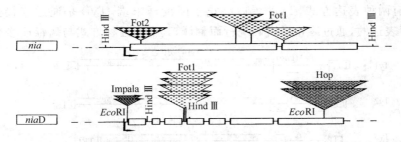

图 3.42　尖孢镰刀菌中的几个转座子在靶基因 niaD 和 nia 的插入位点

## 3.6.2　酵母转座子

酵母转座子(transposon in yeast,Ty)与果蝇以及反转座子类似,能插入染色体的许多位点,具有随机插入的特点,在被插入的 Ty 因子的两侧有 5 bp 长的正向重复靶序列。Ty 的转座频率比细菌的转座频率低,大约为 $10^{-8}$~$10^{-7}$。酵母中只有酿酒酵母才有 Ty 转座子,并且没有其他类型的转座子。1996 年酵母基因组测序完成,酿酒酵母(S. cerevisiae)中有 5 种反转座子,即 Ty1、Ty2、Ty3、Ty4、Ty5。Ty 插入占整个基因组的 3.1%,其中主要是单个 LTR,这些单个 LTR 是由于 LTR 与 LTR 间的重组使 Ty 中央区缺失后产生的。这 5

种反转座子中，Ty1 和 Ty2 是数量最多的反转座子，Ty3、Ty4 和 Ty5 数量较少。其中 Ty1/ 2 是由于 Ty1 和 Ty2 间的重组产生的杂合体(表 3.8)。

**表 3.8　酿酒酵母基因组 Ty 转座子插入的数目**

| 类型 | Ty 因子的数量 | 单个 LTR(不含 ORF) |
| --- | --- | --- |
| Ty1 和 Ty1/2 | 32 | 185 |
| Ty2 | 13 | 21 |
| Ty3 | 2 | 39 |
| Ty4 | 3 | 29 |
| Ty5 | 1 | 6 |

### 3.6.2.1　Ty 因子的分子结构和转录

Ty 因子的结构与反转录病毒相似。Ty 的 5 种转座子的结构基本相同，每一结构单位长 6.3 kb，两端具有 330 bp 的正向末端重复序列 LTR(以前称为 δ 区)，中间是两个阅读框 TyA 和 TyB，表达方向相同，但不在同一阶段阅读，并且有 13 个氨基酸重叠。TyA 类似于反转录病毒的 *gag*，主要编码结构蛋白，如核酸结合蛋白(NA)；TyB 类似于反转录病毒的 *pol*，编码参与反转录的酶蛋白，如蛋白酶(PR)、整合酶(IN)、反转录酶(RT)和 RHaseH (RH)等。对 TyA 和 TyB 的氨基酸顺序分析表明，Ty 的 5 种反转座子属于 copia 组和 gypsy 组。其中 Ty1、Ty2、Ty4 和 Ty5 属于 copia 组，Ty3 属于 gyspy 组。这两个组的主要区别是 TyB 中的整合酶和反转录酶的排列顺序不同(图 3.43)。在每个 Ty 中，左、右两端的 LTR 的序列是相同的，由同一种反转录酶产生。Ty1 总长为 6.2 kb，中间区域长 5.6 kb，两端的 LTR 长 300 bp，与反转录病毒相似，能够随机插入染色体的多个位点。Ty3 中间长 4.7 kb，两端的 LTR 长 340 bp。一般 Ty 因子从左侧 LTR 结构的启动子内开始转录，产生两种 mRNA，一个 mRNA 长 5 kb，另一个长 5.7 kb，终止于右侧的 LTR 内(图 3.44)。 TyA 和 TyB 有两种表达方式，TyA 蛋白终止于阅读框末端，TyB 是通过连接蛋白 TyA-TyB 一起进行表达的，通过终止子密码绕行而翻译，其框架迁移方式与病毒迁移类似。

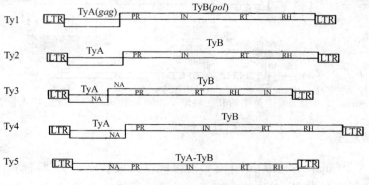

图 3.43　Ty 的 5 种类型

### 3.6.2.2　Ty 的转座机制

Ty 因子的结构与反转录病毒及果蝇中的 copia 组的反转座因子相似，特明(Temin)等推测，Ty 因子与反转录病毒可能有共同的来源，其转座机制是转座因子 DNA 经过复制而整合到靶位上，与反转录病毒相似，要经过一个 RNA 阶段，再反转录成 DNA 后插入到靶位上。实验证明,Ty 反转座过程经过了 RNA 中间体阶段(图 3.45)。

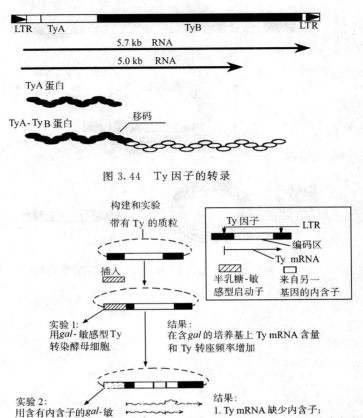

图 3.44　Ty 因子的转录

图 3.45　Ty 的转座过程

### 3.6.2.3　Ty 的遗传效应

　　Ty 转座后将引起一系列的变化,由于它能够随意地插入染色体的不同部位,可以引起插入失活,如果 Ty 转座子插入到一个正常基因内部,如 *his* 内,则引起 *his* 的表达失活;同时由于插入的位置不同,也可能引起某些基因的转录效应增强,类似于增强子的作用;由于 Ty 因子提供了可迁移的同源性序列,这些区域可成为宿主细胞所控制的同源性重组的主要目标。在这一过程中可能造成染色体损伤,如染色体缺失、倒位、切离和转位等一系列重排。研究表明 Ty 因子的重组是爆发式的重组,当一个重组被检测到后,其他重组的可能性增加。位于不同位点的 Ty 因子可发生基因转换,其结果是一个结构序列被另一个序列所取代。如果 Ty 因子通过 LTR 区的同源配对发生交换,在这一过程中发生切离,使一部分 Ty 因子丢失(图 3.46)。这种重组每个 Ty 因子在 $10^5 \sim 10^6$ 个细胞中发生一次。酵母染色体上分布着 200 多个单个的 LTR 序列,发生这一同源重组的基础是普遍存在的。在转座过程中丢失部分结构基因是经常发生的,则表现为缺失;如果染色体中的部分片段因 Ty 因子的发生交换,使 Ty 因子之间的原有顺序发生 180°的颠倒,则染色体发生倒位;如果不同染色体的 Ty 因子发生交换,导致某一染色体的片段导入到另一染色体上,则发生了染色体的转位或易位。染色体因转座子的转座导致染色体重排,这给生物体带来了新的遗传信息,在生物进化中起着非常重要的作用。

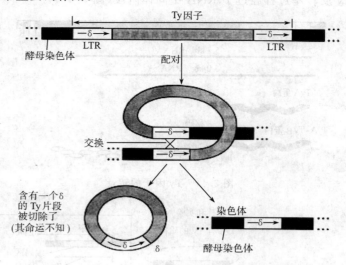

图 3.46　Ty 因子通过 LTR 之间的同源重组而被切除

（廖宇静）

# 第4章 病毒遗传重组体制

## 本章导读

**主题词:病毒遗传**

1. 病毒基因组具有什么特点?

2. 什么是噬菌体? 噬菌体有哪些种类? 烈性噬菌体与温和性噬菌体的异同? 噬菌体突变型有哪些主要类型? 噬菌体的研究方法有哪些? 噬菌体怎样进行遗传分析?

3. T4 噬菌体与 λ 噬菌体有何异同?

4. 反转录病毒有何特点? 艾滋病病毒的特点以及致病机理是什么?

5. 常见动植物病毒基因组的特点是什么?

病毒(virus)是一类个体微小、无完整细胞结构、含单一核酸(DNA 或 RNA)型、必须在活细胞内寄生并复制的非细胞型微生物,是由蛋白质外壳包被的核酸基因组所构成的亚显微结构。一般具有感染活性,营寄生,不能独立生活,病毒在自然界中分布广泛,可感染细菌、真菌、植物、动物和人,通过感染细胞并利用细胞复制体系复制自身 DNA 和合成病毒蛋白质,在释放病毒的过程中导致宿主细胞裂解,常引起宿主发病。但在许多情况下,病毒也可与宿主共存而不引起明显的疾病。病毒分类命名的工作由国际病毒分类委员会(International Committee on Taxonomy of Viruses, ICTV)负责,已于 1971 年—2005 年 7 月先后发表过 8 次报告。根据 2005 年出版的《病毒分类:国际病毒分类委员会第八次报告》(*Virus Taxonomy: Eighth Report of the International Committee on Taxonomy of Viruses*,ISBN 0122499514),超过 5 450 株病毒可以归类到 3 个病毒目、73 个病毒科、9 个病毒亚科、287 个病毒属、1 938 个病毒种。根据基因组的核酸种类(DNA 或 RNA)、类型(ds 或 ss)和有无包膜,将现有病毒划分为 4 大类 9 大组,①DNA 病毒(DNA viruses),包含第一组双链 DNA 病毒(group Ⅰ: dsDNA viruses)和第二组单链 DNA 病毒(group Ⅱ: ssDNA viruses);②RNA病毒(RNA virus),包含第三组:双链 RNA 病毒(group Ⅲ: dsRNA viruses),第四组:正链 RNA 病毒(group Ⅳ:(＋)ssRNA viruses),第五组:负链 RNA 病毒(group Ⅴ:(－)ssRNA viruses);③DNA 与 RNA 反转录病毒(DNA and RNA reverse transcribing viruses),包含第六组:RNA 反转录病毒(group Ⅵ: RNA reverse transcribing viruses),第七组:DNA 反转录病毒(group Ⅶ: DNA reverse transcribing viruses);④亚病毒因子(subviral agents)包含卫星(satellites)、类病毒(viroids)、朊病毒体(prions)。第八组核酸类亚病毒因子,如卫星、类病毒。第九组蛋白类亚病毒因子,如朊病毒。根据宿主可将病毒分为"细菌病毒"、"真菌病毒"、"植物病毒"、"无脊椎动物病毒"、及"脊椎动物病毒"。所谓卫星病毒是一类基因组缺损、需要依赖辅助病毒,基因才能复制和表达,才能完成增殖的亚病毒,不单独存在,常伴殖着其他病毒一起出现。类病毒是目前已知最小的可传染的致病因子,比普通病毒简单。类病毒是无蛋白质外壳保护的游离的共价闭合环状单链 RNA 分子,侵入宿主细胞后自我复制,并使宿主致病或死亡。朊病毒是一种"蛋白质性质的感染颗粒",缺乏核酸。

生命起源于 RNA 已是广为流传并被认可的观点,从病毒研究中有可能真正揭示生命产生机制。从化学观点看,病毒与化学大分子物质仅一线之隔,病毒具有感染性,而大分子物质没有感染性。但朊病毒的出现发现了蛋白单体与复合体的感染性差别,细胞与病毒的差异主要衰现在复制、分裂和代谢能力上的不同,因此,核酸与蛋白质形成的统一体是生命的本质,这是病毒已有的初步特征。病毒不但是生命进化的主要动力因素之一,同时从某种视角上来看也是生命最原始的表现,生命最初是先有病毒还是先有细菌,这个问题犹如是鸡与蛋谁先有的问题一样目前是难以回答的,可以肯定的是病毒并不都是有害的,它也有人们不太了解的好处:①噬菌体可以作为防治某些疾病的特效药,例如绿脓杆菌噬菌体稀释液对烧伤有一定疗效;② 在细胞工程中,某些病毒可以作为细胞融合的助融剂,例如仙台病毒;③在基因工程中,病毒可以作为目的基因的载体,使之被拼接在目标细胞的染色体上;④ 在专一的细菌培养基中添加病毒可以除杂;⑤病毒可以作为精确导弹药物的载体;⑥病毒可以作为特效杀虫剂。病毒疫苗对人类有效防治病毒有益处,促进了人类的进化,人类的很多基因都是从病毒中得到的,没有病毒,生物进化就没有这样快。病毒基因同其他生物的基因一样,也可以发生突变和重组,也可以演化。

由于病毒没有独立的代谢机构,不能独立地繁殖,因此被认为是一种不完整的生命形态。这些不完整的生命形态的存在说明无生命与有生命之间没有不可逾越的鸿沟。病毒无论在生命形式或功能演变方面都充分表现出两重性性质。

(1)病毒生命形式的两重性。第一,病毒存在形式的两重性:细胞外形式与细胞内形式。存在于细胞外环境时,则没有复制活性,但保持感染活性,是病毒体或病毒颗粒形式。进入细胞内则解体释放出核酸分子(DNA 或 RNA),借细胞内环境的条件以独特的生命活动体系进行复制,是核酸分子形式。第二,病毒的结晶与非结晶两重性:病毒可提纯为结晶体。我们知道结晶体是一个化学概念,是很多无机化合物存在的一种形式,我们可以认为某些病毒有化学结晶和生命活动的两种形式。第三,颗粒形式与基因形式:病毒以颗粒形式存在于细胞之外,此时,只具感染性,一旦感染细胞病毒解体而释放出核酸基因组,然后才能进行复制和增殖,并产生新的子代病毒。有的病毒基因组整合于细胞基因组,随细胞的繁殖而增殖,此时病毒即以基因形式增殖,而不是以颗粒形式增殖,这是病毒潜伏感染的一种方式。

(2)病毒结构和功能的两重性。第一,标准病毒与缺陷病毒:在病毒增殖中,由于其基因组因某种微环境因素的影响或转录过程的错误而发生突变,以致有装配不全的病毒颗粒产生,称为缺陷病毒,产生缺陷病毒的原亲代病毒,则称为标准病毒,缺陷病毒颗粒有干扰标准病毒繁殖的作用。第二,假病毒与真病毒:一种细胞有两种病毒同时感染的情况,在增殖中,一种病毒可以穿上本身的外壳,这就是真病毒,是这种病毒的应有面目;如果一种病毒的核酸被另一病毒编码的外壳所包裹,则称为假病毒,此时一种病毒的本来性质被另一种病毒的性质所掩盖。第三,杂种病毒和纯种病毒:两种病毒混合感染时,除了出现假病毒外,还有可能出现病毒核酸重组的情况,即一种病毒颗粒之中可含有两种病毒的遗传物质,此可称为杂种病毒,这是病毒学中一个相当常见的现象。

（3）病毒病理学的两重性。第一，病毒的致病性和非致病性：关于致病性和非致病性问题，同一宿主细胞相对而言，在分子水平、细胞水平和机体水平，可能有不同的含义。在细胞水平有细胞病变作用，但在机体水平可能并不显示临床症状，此可称为亚临床感染或不显感染。第二，病毒感染的急性和慢性：病毒感染所致的临床症状有急、慢之分，有的病毒一般只表现急性感染而很少表现慢性感染；有的则既有急性过程，也有慢性过程。

　　病毒的两重性使病毒的表现更为复杂，这也对其他生物的认知有了更深的启迪作用。因此，病毒是代谢上无活性，有感染性，而不一定有致病性的粒子，它们小于细胞，但大于大多数大分子，它们无例外地在生活细胞内繁殖，它们含有一个蛋白质或脂蛋白外壳和一种DNA 或 RNA 的核酸，甚至只含有核酸而没有蛋白质，或只有蛋白质而没有核酸，它们作为大分子似乎太复杂，作为生物体其生理和复制方式又千姿百态。病毒演绎着生命的踪迹，简单划分为 DNA 病毒与 RNA 病毒。

　　DNA 病毒大小为 5 000～270 000 bp，常见 DNA 的致癌病毒有乳头瘤病毒、腺病毒、疱疹病毒和乙型肝炎病毒等。RNA 病毒比 DNA 病毒通常小一些，一般在 10 000 bp 左右，常见的有肉瘤病毒、艾滋病病毒和冠状病毒等。病毒核酸以线性或环状存在，一般病毒基因组都是一个核酸分子，部分病毒的基因组以多个核酸分子存在，如流感病毒，有的基因组具有分节性（segmented），如呼肠孤病毒（reoviruses）。根据转录的 mRNA 与基因组的序列差异可将单链基因组分为正义（positive sense）和负义（negative sense）链，正义基因组是核酸序列与转录的 mRNA 相同，反之则为负义，即其序列与 mRNA 互补。在另一些情况下，一些病毒颗粒含有不完整基因组，基因组中正义和负义序列两者兼有，许多病毒颗粒没有完整的或没有有功能的基因组，它们只有在与有复制能力的野生型辅助病毒（helper virus）共同感染一个细胞或通过互补（complementation）的过程才能复制，互补过程是指野生型辅助病毒与另一个突变缺陷病毒共感染的过程。病毒突变率显著高于其他物种，尤其 RNA 病毒突变率可高达 $10^{-3}$～$10^{-4}$，这样高的突变率使得病毒进化速度快，适应环境能力强，在突变过程中往往导致抗原性和毒力的改变，这样可以免受宿主免疫系统的清除。一般病毒结构蛋白具有抗原性，可用于开发疫苗。病毒种类繁多，不同病毒差异很大，下面根据病毒的主要特点分别介绍病毒主要类型的遗传特征。

# 4.1　噬　菌　体

　　噬菌体（bacteriophage，phage）是一类感染细菌的特殊病毒。噬菌体原指细菌病毒，随着研究的深入，发现真菌、藻类、链霉菌等都有类似噬菌体的病毒，因此，有的学者把这些病毒统称为噬菌体。噬菌体具有病毒的一般特性，是原核微生物的病毒，其结构简单，多数由蛋白质外壳和核酸组成。根据遗传物质的性质可分为：单链 DNA 噬菌体、单链 RNA 噬菌体、双链DNA 噬菌体和双链 RNA 噬菌体。根据寄主与噬菌体的关系可分为：烈性噬菌体（virulent phage）和温和噬菌体（temperate phage）。凡感

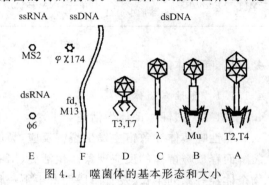

图 4.1　噬菌体的基本形态和大小

染侵入宿主细胞后，能在宿主细胞内增殖，在短时间内产生大量子代噬菌体并导致宿主细胞裂解的噬菌体称烈性噬菌体。而侵入宿主细胞后，整合到宿主的基因组上并与宿主细胞 DNA 同步复制，并随着宿主细胞的生长繁殖而繁殖，一般情况下不引起宿主细胞裂解的噬菌体，称温和噬菌体。但在偶尔的情况下，温和噬菌体如遇到环境诱变物甚至在无外源诱变物情况下可自发地具有产生成熟噬菌体的能力。噬菌体根据宿主类型可分为噬细菌体（bacteriophage）、噬放线菌体（actinophage）和噬蓝细菌体（cyanophage）等，它们广泛存在于自然界中。

　　病毒的形状有球状、杆状、蝌蚪状（由头和尾构成）等，种类很多，可以归纳为六种主要形态，即①A 型，dsDNA，蝌蚪状，收缩性尾；②B 型，dsDNA，蝌蚪状，非收缩性长尾；③C 型，dsDNA，非收缩性短尾；④D 型，ssDNA，球状，无尾，大顶衣壳粒；⑤E 型，ssRNA，球状，无尾，小顶衣壳粒；⑥F 型，ssDNA，丝状，无头尾（图 4.1）。

　　由于所有噬菌体不能独立复制，只能依靠寄主的复制系统完成自身 DNA 的复制，因此，以噬菌体为材料进行遗传学研究具有以下优越性：第一，有利于通过动物病毒和植物病毒的深入研究，了解宿主遗传特征；第二，由于噬菌体的快速扩增，缩短了研究周期；第三，在几毫升培养液中就可以得到庞大的噬菌体群体，有可能观察到极为罕见的遗传学现象；第四，噬菌体基因组小，是一个复制子，这就有可能详细地研究整个基因组的结构与功能；第五，噬菌体的各种不同类型的突变体，可进行重组实验，而且便于筛选。事实上，噬菌体遗传学研究提供了 DNA 就是遗传物质的直接证据，为三联体遗传密码的发现提供了重要依据，对基因的概念和基因调控理论的研究作出了重要贡献，在遗传学中也是重要的工具。表4.1 是常见噬菌体的主要特性。

**表 4.1　几种主要噬菌体的特性**

| 噬菌体 | 宿　主 | 类　型 | 核酸类型 | 基因图 | 形　　态 |
|---|---|---|---|---|---|
| $T_4$ | $E. coli$ | 烈性 | dsDNA(线状) | 环状 | 蝌蚪状 20 面体头部，收缩 |
| $\lambda$ | $E. coli$ | 温和 | dsDNA(细胞内环状,细胞外线状) | 线状 | 蝌蚪状 20 面体头部，非收缩长尾 |
| Mu | 广泛围宿主 | 温和 | dsDNA(线状) | 线状 | 蝌蚪状 20 面体头部，收缩性尾部 |
| $T_7$ | $E. coli$ | 烈性 | dsDNA(线状) | 线状 | 蝌蚪状 20 面体头部，非收缩短尾 |
| $P_1$ | $E. coli$ | 温和 | dsDNA(线状,细胞内环状) | 环状 | 蝌蚪状 20 面体头部，收缩长尾 |
| $P_{22}$ | $Salmonella$ | 温和 | dsDNA(线状) | 环状 | 蝌蚪状，尾部基板上有 6 个尖钉 |
| $MS_2$ | $E. coli F^+$ | 烈性 | sRNA(线状) | 线状 | 小 20 面体 |
| $\varphi\chi174$ | $E. coli C$ | 烈性 | s 单链 DNA(环状) | 环状 | 小 20 面体 |
| M13 | $E. coli F$ | 不裂解从细胞中逸出 | s 单链 DNA(环状) | 环状 | 丝状 |

### 4.1.1　噬菌体的繁殖

#### 4.1.1.1　烈性噬菌体

##### 4.1.1.1.1　烈性噬菌体生活史

　　烈性噬菌体导致宿主发生裂解反应，裂解反应是指细菌被噬菌体感染后在短期内细胞裂解而释放噬菌体的反应现象。生活史（life history）又称生命周期（life cycle），指上一代生物个体经一系列生长、发育阶段而产生下一代个体的全部过程。烈性噬菌体生活史即烈性噬菌体感染敏感的宿主细胞之后,在受体细胞内进行核酸复制、mRNA 转录并翻译出外壳蛋白,再装配成许多噬菌体粒子,并最终将宿主细胞裂解而一次性释放出来,以进入下一次裂解循环(lytic cycle)或增殖性周期(productive cycle),包括感染吸附、脱壳侵入、增殖、装配和裂解释放等步骤。一般来说,病毒复制就是指病毒生活史,即病毒粒入侵宿主细胞到最后细胞释放子代病毒粒的全过程,病毒生活史各步的细节因病毒而异。

(1)感染吸附(adsorption,attachment),是指当噬菌体与其相应的特异宿主在特定环境中发生偶然碰撞后,噬菌体粒子以尾部尾丝尖端吸附在菌体细胞表面受体上,以触发颈须把卷紧的尾丝散开,然后附着于受体上,并与其表面的特异性受体结合,从而把刺突、基板固着于细胞表面。吸附作用受许多细胞内外因素的影响,如噬菌体的数量、阳离子浓度、温度和辅助因子(色氨酸、生物素)等。

(2)脱壳侵入,是指噬菌体遗传物质进入细菌细胞质中,噬菌体吸附后尾丝收缩,基板从尾丝中获得一个构象刺激,促使尾鞘中的 144 个蛋白质亚基发生复杂的移位,并紧缩成原长的一半,由此把尾管推出并插入细胞壁和膜中,此时尾管端所携带的少量溶菌酶可把细胞壁上的肽聚糖水解,以利侵入,头部的核酸迅即通过尾管及其末端的小孔注入宿主细胞中,并将蛋白质躯壳留在壁外。从吸附到侵入的时间极短,例如 T4 只需 15 s。

(3)增殖(replication),包括核酸的断裂复制与噬菌体蛋白合成。断裂复制是噬菌体以其自身的遗传信息向宿主细胞发出指令并提供"蓝图",使宿主细胞的代谢系统按严密程序,有条不紊地逐一转向或适度改造,从而转变成能有效合成噬菌体所特有的组分和"部件",然后断裂细菌染色体,降解其核酸并以此为原料,利用细菌的复制系统复制噬菌体的遗传物质,在此过程中包括噬菌体早期基因表达、噬菌体 DNA 复制、噬菌体晚期基因表达并进行噬菌体蛋白质合成。噬菌体蛋白质合成是以噬菌体基因为模板,以其降解产物和代谢库内的贮存原料或从外界环境中摄取的原料,利用细菌翻译系统合成噬菌体蛋白质。

(4)组装,即是噬菌体成熟过程,就是把已合成的各种蛋白质进行自我装配(self assembly)构成各自不同配件的过程,简单地讲是先包装头部,再组装尾部,最后将头尾连接成一个完整的噬菌体的过程。首先组装成套的"头部配件"与"尾部配件",然后在细胞"工厂"里进行突击装配完成,于是就产生了一大群形状、大小完全相同的子代噬菌体。在 T4 噬菌体的装配过程中,约需 30 种不同的蛋白质和至少 47 个基因参与。其装配的步骤有:DNA 分子缩合,通过衣壳包裹 DNA 而形成完整的头部,尾丝和尾部的其他"部件"独立装配完成,头部和尾部相结合后,最后再装上尾丝,即装配完成。

(5)裂解,是宿主细胞被破坏,噬菌体从宿主细胞中释放出来的过程。当宿主细胞内的大量子代噬菌体成熟后,由于水解细胞膜的脂肪酶和水解细胞壁的溶菌酶等的作用,促进了细胞的裂解(lysis),从而完成子代噬菌体的释放(release)。另一种表面与此相似的现象叫自外裂解(lysis from without),是指大量噬菌体吸附在同一宿主细胞表面而释放众多的溶菌酶,最终因外在的原因而导致细胞裂解。可以想象,这种自外裂解是决不可能导致大量子代噬菌体产生的。

噬菌体与其他细胞型微生物的增殖有所不同:噬菌体与一切病毒粒的增殖并不存在个体的生长过程,而只有其两种基本成分(核酸与蛋白质)的合成和进一步的装配过程,所以同种病毒粒间并没有年龄和大小之别。噬菌体增殖的全过程是很快的,例如,*E. coli* T 系噬菌体在合适温度等条件下仅为 15~25 min,平均每一宿主细胞裂解后产生的子代噬菌体数称为裂解量(burst size),不同的噬菌体其裂解量有所不同,例如 T2 为 150 个左右,T4 约为 100 个。

烈性噬菌体的基本特性:①烈性噬菌体的感染一般具有宿主专一性。它们通常只能感染特定的细菌种类或菌株,如感染葡萄球菌的噬菌体不感染大肠杆菌,但是这种专一性并非绝对的,有少数噬菌体可以同时感染多种细菌宿主,属于广范围宿主型噬菌体,如感染大肠杆菌的噬菌体也能感染痢疾杆菌,所以这些噬菌体可以称为大肠杆菌-痢疾噬菌体。②感染同一种细菌的噬菌体可以有多种。③噬菌体与宿主细菌之间的专一性常因基因突变而改变。如宿主细菌发生抗性突变而不为原来的烈性噬菌体所感染,噬菌体发生宿主范围突变而感染新的宿主细菌等。

### 4.1.1.1.2　T4 噬菌体

T4 噬菌体是一种侵染大肠杆菌的烈性噬菌体,其头部横径约 65 nm、长径约 95 nm,尾部是一个(95~125)nm×(13~20)nm 的管状器官。尾部由一个内径 2.5 nm 中空的尾髓及外面包裹着的尾鞘组成。尾部末端还有尾板(或基板)、6 根尾钉和 6 根尾丝。在头部和尾部连接处的颈部还有一个颈圈结构,它是一个直径约 36~37 nm 的六角环,颈圈上还有 6 根颈须。

T4 噬菌体基因组双链 DNA(图 4.2),由 $1.66×10^6$ 个核苷酸组成。基因组约有 200 个

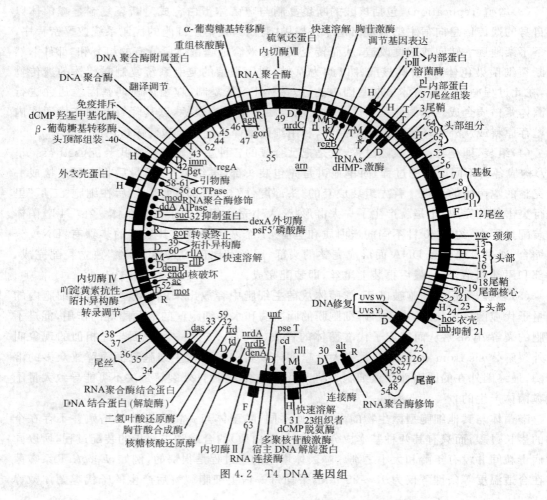

图 4.2　T4 DNA 基因组

基因,其中 135 个基因已经确定,还有约 70 个基因不太清楚。T4 噬菌体的 DNA 含有 A、T 和 G,不含有 C,这与寄主有很大的不同,其中 C 被 5′-羟甲基胞嘧啶(HMC)所取代,HMC 与 C 在配对上没有差异,但 HMC 可以进一步糖基化(图 4.3)。T4 DNA 是线性的,但其连锁图是环状的,这一特点是许多噬菌体 DNA 的共有特征。由于 T4 DNA 分子的核苷酸是环状排列,加之 T4 DNA 两端具有少许相同的核苷酸重复,因此在变性后复性则出现了环状连锁图(图 4.4)。T4 DNA 的基因根据功能分为两类:第一类是参与代谢的 82 个基因;第二类是参与颗粒装配的 53 个基因。在 82 个代谢基因中,只有 22 个是必需基因,它们参与 DNA 的合成、转录和裂解;其他 60 个基因只是细菌基因的翻版,这些基因突变,噬菌体仍能够生长,但裂解量降低。53 个装配基因中,34 个编码结构蛋白,19 个编码催化所需要的酶的蛋白质因子。

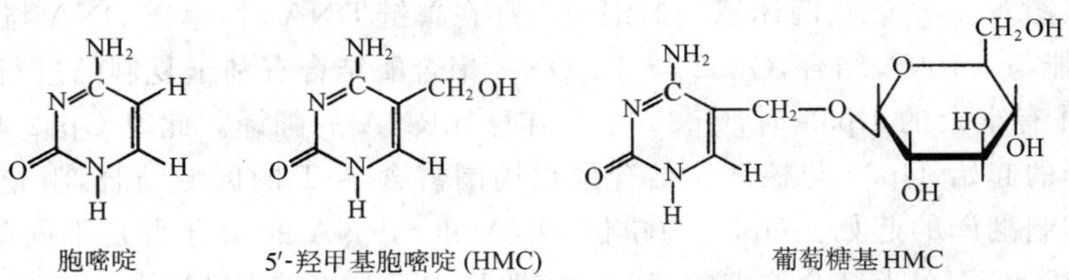

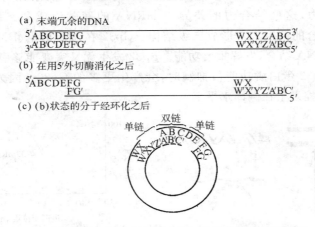

图 4.3 非葡萄糖基化及糖基化的 5′-羟甲基胞嘧啶

图 4.4 末端冗余分子以及通过外切酶消化和环化的鉴定

　　T4 DNA 的合成由一系列蛋白质组成的多聚酶集体催化完成。Gp32 是一个高度协同性的单链结合蛋白。T4 DNA 的复制需要专一性噬菌体编码的单链结合蛋白,不能被大肠杆菌的单链结合蛋白 SSB 取代。Gp32 与 T4 DNA 聚合酶形成复合物,它们的相互作用对复制叉的构建十分重要。Gp41 和 Gp61 的协同作用,催化形成短的引物。Gp41 类似大肠杆菌的 DnaB 蛋白,具有螺旋酶活性,依赖于单链 DNA 的 GTPase 活性,以多聚体的形式发挥功能。Gp59 可促进 Gp41 与 DNA 结合。Gp61 具有引发酶的活性,类似于大肠杆菌 DnaG 蛋白。引发酶识别模板序列 3′-TTG-5′,合成具有 pppApCpNpNpNp 序列的五核苷酸引物,并在此基础上延伸 DNA 链。Gp61 的含量很少,每个细胞只有 10 个拷贝。Gp43 是 DNA 聚合酶,分子量为 110 kD,它具有 5′→3′ 合成活性和 3′→5′ 校正外切核酸酶活性,能够催化 DNA 合成并去除引物。Gp43 单独存在时活性很低,高活性的合成需要其他三个蛋白质的参与。这三个蛋白质是 Gp45、Gp44 和 Gp62,它们是聚合酶的辅助因子,可提高聚合酶对 DNA 的亲和性,提高聚合酶的合成速度和进行性。Gp45 是二聚体,它的功能类似于大肠杆菌的 PolⅢ的 β 滑动钳。Gp44 和 Gp62 形成一个紧密的复合物,具有 ATP 酶活性,它们的功能类似于大肠杆菌的 γδ 复合物。此外,基因 $gp39$、$gp52$ 和 $gp60$ 可编码 T4 拓扑异构酶Ⅱ的三个亚基,可去除复制引起的超螺旋。T4 DNA 的复制起始还需要宿主的 RNA 聚合酶,从三个启动子 $P_{ori}1$、$P_{ori}3$ 和 $P_{ori}4$ 的任何一个起始点转录,利用合成的 RNA 作为引物,在 $oriA$ 位点左向的前导链合成,并取代非模板链。在新的前导链 70 nt 内对应区域含有三个 T4 $gp61$ 的引发位点。T4 引发体可在此进入 DNA,形成向左运动的复制叉。目前还不清楚右向复制叉是如何形成的。另一个启动子 $P_{ori}2$ 位于另一条链上与 $P_{ori}4$ 重叠的位置,可能以相同的机制负责右向复制叉的形成。其中 Gp32 是通过自体调控来调节合成量的(图 4.5)。当噬菌体感染的细胞内存在单链 DNA 时,单链 DNA 与 Gp32 结合,使其自身不能与 mRNA 结合,Gp32 与 T4 DNA 聚合酶结合有利于复制的进行。但是缺乏单链 DNA 并有富余的 Gp32 时,Gp32 阻止自身 mRNA 的翻译。此时 Gp32 与 mRNA 结合,阻止翻译的起始,Gp32 与核糖体结合位点周围富含 A-T 的区域结合,阻止了核糖体的起始结合,抑制翻译的起始。Gp32 与单链 DNA 和 mRNA 的结合力是不同的,研究发现 Gp32 与 $gp32$ mRNA 上结合位点的亲和力应明显小于与单链 DNA 的亲和力,结合平衡常数二者相差约 2 个数量级(图 4.6),但同时 Gp32 与 mRNA 的亲和力又明显高于与其他 RNA 序列的亲和力,这些结合力的差异与 mRNA 的碱基组成和二级结构有关。$gp32$ mRNA 与 Gp32 结合的调控区不形成二级结构。Gp32 在遗传重组、DNA 修复、DNA 复制等过程中与单链 DNA 结合,发挥重要功能。$gp32$ 发生无义突变能够引起无活性蛋白质的过度表达,因此,Gp32 蛋白质功能被抑制时,会产生更多的 Gp32。因为 $gp32$ 的 mRNA 很稳定,因此,这种调控发生在翻译水平上。

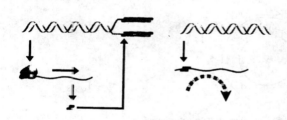

图 4.5 过量 Gp32 抑制自身 mRNA 翻译起始　　图 4.6 $gp32$ 与 ssDNA 亲和力比较

### 4.1.1.1.3　环状排列与末端重复

T2 与 T4 噬菌体相似,它们的大部分基因是相同的,遗传结构也基本相同。放射自显影证明 T2 噬菌体的染色体是线性 DNA,分子量为 $1.20 \times 10^8$ D,大小 182 000 bp。从大肠杆菌中分离的噬菌体 T4 DNA 是线性的,但互补、重组杂交和 DNA 杂交分析方法均证实它的连锁图却是环状的。为什么线性 DNA 具有环状遗传图呢?实验结果表明:T2 噬菌体中分离得到的 DNA 有末端重复并具有环状排列的基因次序。末端重复又称为末端冗余(terminal redundancy),指的是 T2 或 T4 双链 DNA 分子两端带有相同的碱基顺序,也就是说 T4 DNA 分子的两端有少数相同的核苷酸的重复。由于这个特点,使其基因组可以随意的环状排列,而基因没有任何丢失现象,无论从哪一个核苷酸开始,其各个 T4 DNA 分子的核苷酸排列次序是不变的。因此环状排列又称为致环交换,表明环状 DNA 分子从任意处切开所产生的线性 DNA 分子,都具有多种类似交换的线性分子。

末端重复与环状排列的直接证据来自于 T2 或 T4 DNA 分子的酶解、复性、电镜观察实验。利用核酸外切酶Ⅲ部分酶切 T2 DNA 或 T4 DNA 分子,形成具有 3′-OH 单链末端和 5′-PO₄ 末端线性双链 DNA 分子,将这种酶切分子在适宜条件下保温,进行退火复性,如果分子是末端重复的,那么复性过程单链末端互补而形成环状分子,在实验过程中通过电镜一再观察到这一现象。T2 DNA 要被酶切 2% 以后才能形成环状分子,这说明 T2 基因组中约有 1% 是末端重复。并且 T2 噬菌体的 DNA 分子彻底变性后再退火可形成不同的双链分子(图 4.7)。T4 基因组大小为 $(166\pm2)$ kb,末端重复为 3 kb。一般末端重复为基因组的 0.5%～3%,即 200～1 150 bp。采用不同来源的 T4 或 T2 DNA 杂交始终存在有 2% 的异质性。用 $r^+$ 和 $r$Ⅱ突变型杂交也可得到 2% 的具有双亲形态特征的特殊噬菌斑。一类具有 $r^+/r$Ⅱ杂合链是真正杂交子,一类是基因组两端含有 2% 左右相同序列或末端重复的混合噬菌体,不同个体可以具有不同的末端重复。为什么从同一亲代噬菌体释放的子代基因组带有不同环状排列和末端重复呢? 这是噬菌体 DNA 复制和子代 DNA 分子包装到 T2 或 T4 噬菌体头部具有不同方式的结果。第一,在感染初期,线性亲代 DNA 分子经过几轮复制产生单位长度再加末端重复的子代分子,接着子代的重复末端之间进行重组,形成很长的 T2 或 T4 基因组串联重复顺序的多连体,它们自身再进行复制重组而形成更长的多连体。第二,在感染后期,子代 DNA 分子开始包装到噬菌体的外壳,每个噬菌体颗粒能够包装多长的 DNA 分子,取决于壳体本身。如果壳体可容纳略多于 T4 或 T2 单位基因组的 DNA,那么足以把末端重复部分包括在内。从很长的多连体上切割下来的 DNA 顺序包装进头部,造成不同子代噬菌体颗粒中的基因次序的环状排列。在双重感染细菌中产生末端重复

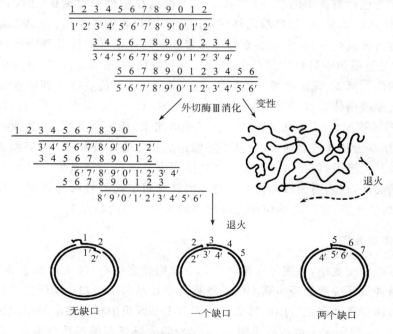

图 4.7　末端重复与环状排列的实验图谱

杂合子现象,也是 T2 基因组这种包装模式的结果。这种基因组结构型不限于噬菌体,在其他动物病毒中也有类似现象。从 T4 基因组遗传图谱可知,控制相互关联的生理功能的基因成簇分布·,这与 λ 噬菌体观察到的情况相同,这种类型的遗传功能结构对基因调控具有重要意义,有利于基因的表达。

### 4.1.1.2　温和噬菌体

温和噬菌体感染宿主导致宿主细胞发生溶源化反应,溶源化反应是一个非溶源性细菌为温和噬菌体所感染而成为溶源性细菌的反应。溶源性是指被噬菌体感染的细菌具有溶源化反应,其噬菌体成为原噬菌体状态的特性;或指噬菌体染色体伴随寄主染色体稳定遗传的特性。溶源化是通过温和噬菌体的感染而使敏感性细菌变成溶源性细菌的过程。原噬菌体或前噬菌体(prophage)是温和噬菌体在溶源性细菌染色体中的整合存在状态。它不具有直接感染特性,具有潜伏感染特性,具有溶源性,即与寄主染色体相协调,伴随着寄主染色体的复制而复制。我们把具有溶源性的宿主称为溶源性细菌(lysogenic bacterium),也即细胞中含有以原噬菌体状态存在着的温和噬菌体的细菌。溶源性细菌一般不受同类噬菌体感染,具有免疫性;可以失去原噬菌体转变为非溶源性细菌,可自发或诱发产生噬菌体,具有诱导释放性;同时也能携带原噬菌体而稳定遗传,表现其溶源性。也就是说,溶源性细菌具有免疫性、诱导释放性和溶源性。因此,由于温和噬菌体的作用,敏感性细菌可以转变成溶源性细菌,如果溶源性细菌失去原噬菌体则恢复为敏感性细菌,这其中发生的溶源化反应和裂解反应就形成了溶源性周期。

烈性噬菌体与温和噬菌体在细菌中最为常见,又由于抗生素主要来源于放线菌中的链霉菌属,因此,链霉菌中的烈性噬菌体和温和噬菌体也逐渐被广泛认识。链霉菌中的烈性噬菌体和温和噬菌体也有窄寄主范围和广泛寄主范围。一般的链霉菌噬菌体是从土壤中分离得到的。如天蓝色链霉菌中的噬菌体(φC31)、委内瑞拉链霉菌噬菌体(φSV1)及龟裂链霉菌中的 FR2 和 PR3 噬菌体,这些噬菌体在基因交换中起着重要作用。φSV1 噬菌体经过改造后被用来进行普遍性转导,它能够介导许多营养缺陷型菌株的转导并产生许多原养性菌落。而 φC31 是链霉菌中具有广泛寄主范围的温和噬菌体,在形态和其他特征上与大肠杆菌 λ 噬菌体相似。φC31 既能溶源又能裂解,噬菌体通过 att 位点整合到宿主染色体的特异位点上而形成原噬菌体。φC31 DNA 长度为 41.4 kb,G+C 含量为 63%,具有黏性末端,于1999 年全序列已被测定,全长为 41 489 bp,其基因组上,除一个基因外,其他基因均从同一个方向起始,该基因和其他启动子、操纵子好像是从其他地方插入的。有证据表明水平基因的移动也涉及其他基因,包括 φC31 和一些真核病毒共有的可能基因。另外,φC31 传播与质粒传播基因类似,这表明链霉菌菌丝内的基因转移可能与烈性噬菌体感染有关。通过对φC31 的一系列的改造,被广泛地应用在链霉菌的基因工程的克隆上。

### 4.1.2　噬菌体突变型

噬菌体有各种突变型,在遗传育种学研究中应用较多的有:噬菌体形态突变型、寄主范围突变型和条件致死突变型等。其中条件致死突变在基因结构与功能研究中具有十分重要的意义。噬菌体形态和宿主范围的突变基因都位于基因组中相当狭窄的特定区段里。常见的形态突变以 T4 噬菌体为例进行说明。T4 是侵染大肠杆菌的烈性噬菌体,感染大肠杆菌后在固体平板上形成肉眼可见的噬菌斑。本泽尔(Benzer)等从野生型 T4 噬菌体中分离获得数千个快速溶菌突变株(rapid lysis),这些突变株感染寄主后能使寄主快速裂解并产生比野生型大的噬菌斑,各种快速溶菌突变型在 *E.coli*(B)上呈现相同的表型,但是通过另外两个 *E.coli*(S)和 *E.coli*(K),可以进一步把它们区分为三种类型:*r*Ⅰ、*r*Ⅱ和*r*Ⅲ。*r*Ⅰ能在 B、S、K 这三个菌株上形成 *r* 型噬菌斑;*r*Ⅱ在 B 上形成 *r* 型噬菌斑,在 S 上形成野生型噬菌斑,而在 K 上则不形成噬菌斑,因为在寄主细胞 K 中,*r*Ⅱ突变噬菌体不能复制,*r*Ⅲ在 B 上形成 *r* 型噬菌斑。在 S 和 K 上都形成野生型噬菌斑(表 4.2)。

表 4.2　T4 噬菌体快速溶菌突变型在三种寄主细菌上的表型

| 噬菌体 | 大肠杆菌菌株 | | | 备　注 |
| --- | --- | --- | --- | --- |
| | B | S | K | |
| 野生型 | 野生型 | 野生型 | 野生型 | S 为 *E.coli* K12(λ⁻)非溶源性菌株 |
| *r*Ⅰ | *r* | *r* | *r* | K 为 *E.coli* K12(λ⁻)溶源性菌株 |
| *r*Ⅱ | *r* | 野生型 | — | |
| *r*Ⅲ | *r* | 野生型 | 野生型 | |

但是噬菌体大多数的基因都涉及生命过程必不可少的功能,所以它们的突变常常是致死的,不能在保留中的噬菌体中发现。要想分离突变并鉴定其功能,只有使用条件致死突变才有可能观察鉴定。

常见的致死条件有两大类:温度敏感条件和抑制因子敏感条件。温度敏感突变型(temperature sensitive mutants)有热敏感突变型(heat sensitive mutants,hs)和冷敏感突变型(cold sensitive mutants,cs)。热敏感突变型通常在 30 ℃(许可条件)感染宿主进行繁殖,但在高于 40 ℃(限制条件)条件下致死,不能形成噬菌斑,而冷敏感突变型在较低温度下是致死的。温度敏感性几乎是一种突变的结果,基因突变后所编码的蛋白质中有一个氨基酸被替换,而这种蛋白质在"限制温度"下不稳定而丧失活性。抑制因子敏感突变型(suppressor-sensitive mutations,sus)是指原来正常的密码子变成了终止子,因而翻译提前终止,不能形成完整肽链而产生有活性的蛋白质。带有 *sus* 突变的噬菌体在感染一种带有抑制基因(suppressor,*su*⁺)(许可条件)的宿主时能够产生子代,但在感染另一种没有抑制基因(*su*⁻)(限制条件)的宿主时,不能产生子代。野生型噬菌体在这两种宿主中都能够产生子代。*sus* 突变不像宿主范围突变那样影响噬菌体对宿主的吸附,这种突变的噬菌体能正常吸附、注入自身的 DNA,杀死宿主细胞,但不产生子代。根据带有专一性抑制基因的宿主中的非致死性,可以将 *sus* 突变分为琥珀突变(amber,amb)、赭石突变(ochre,och)和乳白突变(opal,op)(表 4.3),它们相应的密码子分别为 UAG、UAA 和 UGA。

表 4.3　携带不同专一性抑制基因宿主中 *sus* 突变噬菌体的表现

| 噬菌体基因型 | 宿主基因型 | | | |
| --- | --- | --- | --- | --- |
| | *su* | *su*⁺ *amb* | *su*⁺ *och* | *su*⁺ *op* |
| 野生型 | + | + | + | + |
| *sus amber* | − | + | + | − |
| *sus ochre* | − | − | + | − |
| *sus opal* | − | − | − | + |

各种无义突变一般都是条件致死突变,多数无义突变存在着相应的无义抑制基因($su^+$)。突变型 $sus$ 之所以在带有相应的抑制基因的宿主中产生后代,是因为翻译过程中,在终止密码子处插入一个特定的氨基酸,防止在终止密码子位置上提前终止。如琥珀突变就有许多种抑制基因,各插入某个氨基酸以防止提前终止(表 4.4)。携带 $su^+$ 基因的菌株实际上是 tRNA 基因发生了突变,从表 4.4 中的琥珀型抑制基因 $su3^+$ 在 UAG 密码子上插入了一个酪氨酸,这是因为 tRNA$^{Tyr}$ 基因的反密码子的一个突变,tRNA$^{Tyr}$ 正常的反密码子是GUA,它的摆动规则译读酪氨酸密码子 UA$^u_c$。$su3^+$ 菌株的 tRNA$^{Tyr}$ 含有反密码子 CUA,它识别琥珀型密码子 UAG,并插入氨基酸而防止终止。

**表 4.4 各种琥珀抑制基因的性质**

| 琥珀型抑制基因 | 插入的氨基酸 | 合成的蛋白质占野生型的百分比(%) | 赭石型抑制基因 |
| --- | --- | --- | --- |
| $su1^+$ | 丝氨酸 | 28 | — |
| $su2^+$ | 谷氨酰胺 | 14 | — |
| $su3^+$ | 酪氨酸 | 55 | — |
| $su4^+$ | 酪氨酸 | 16 | + |
| $su5^+$ | 赖氨酸 | 5 | + |

### 4.1.3 噬菌体感染特性的研究方法

#### 4.1.3.1 噬菌斑

噬菌斑(plague)是指噬菌体感染敏感宿主细菌以后在受体菌的涂布平板上形成的肉眼可见的透明圈。噬菌斑的大小、形状、透明度和边缘是噬菌体的特征。游离噬菌体和带有噬菌体的宿主细胞涂布以后都能形成噬菌斑。一个噬菌斑是由原来一个噬菌体侵染细菌之后再反复侵染造成细菌裂解的结果。通过噬菌体的性状可进行遗传学分析。

噬菌斑测定方法最先为噬菌体的感染性测定所建立,以后为动物病毒与植物病毒的测定所借鉴。噬菌体的噬菌斑测定一般采用琼脂叠层法(agar layer method)。一定量的噬菌体悬液经系列稀释后分别与高浓度的敏感细菌悬液以及半固体营养琼脂均匀混合后,涂布在已铺有较高浓度的营养琼脂的平板上成为上层,经过孵育后,在延伸成片的细菌菌落上出现分散的单个噬菌斑。因噬菌斑数目与加入样品中的有感染性的噬菌体颗粒数量成正比,统计噬菌斑数目后可计算出噬菌体悬液效价,并以噬菌斑形成单位(plague forming units, PFU)/毫升表示。

#### 4.1.3.2 涂布效率

涂布效率(efficiency of plating)是指单个噬菌体颗粒侵染敏感细菌以后产生的噬菌斑的数量,用 $e.o.p.$ 表示。所以涂布效率即出斑率 $e.o.p. = \dfrac{产生的噬菌斑数}{用于涂布的噬菌体的颗粒数}$。理论上讲:$e.o.p. = 1$。这是因为涂布原则上都应该产生噬菌斑。而实验中 $e.o.p. \leqslant 1$,有的只有 $e.o.p. = 10^{-4}$。这是因为宿主细菌或噬菌体因发生基因突变而产生了抗性细胞或突变噬菌体;或者是来自宿主细菌菌株的限制修饰作用,使噬菌体的释放量减少所致。例如从 $E.coli$ C 获得 λ 噬菌体(记为 $\lambda_C$)。$\lambda_C$ 再分别去感染 $E.coli$ C 和 $E.coli$ K 株,感染 C 株的噬菌体的出斑率为 1,而感染 K 株的噬菌体的出斑率为 $10^{-4}$,这种结果差异是宿主导致的还是噬菌体本身的改变所致的呢? 在实验中把从 $E. coli$ C株释放的噬菌体记为 $\lambda_c$,把从 $E. coli$ K株释放的噬菌体记为 $\lambda_K$,用 $\lambda_K$ 再去分别感染 $E. coli$ C 和 $E. coli$ K 株,这时从 $E. coli$ C和 $E. coli$ K 株释放的噬菌体的出斑率都为1,并且从 K 株释放出来的噬菌体具有 $\lambda_K$ 的特性,从 C 株释放出来的噬菌体具有 $\lambda_c$ 的特性。是什么原因造成同一噬菌体感染不同品系的宿主所释放的噬菌斑具有不同特征呢? 经深入研究发现:被感染的 $E. coli$ K 菌株能产生一种Ⅰ型限制性内切酶(常见Ⅱ),它能识别外来 AACNNNNNNGTGC 序列(其中 N 表示任何碱基), $E. coli$ K 菌株从识别点将外源 DNA 切开,使 $E. coli$ K 菌株不受 $\lambda_c$ 噬菌体的侵染。另外, $E. coli$ K 为了防止自身 DNA 被自己产生的限制性内切酶所破坏,它又同时产生了一种修饰酶,这种修饰酶能识别自身 DNA 碱基序列,并对其中一个碱基加以修饰(通常为甲基化修饰),以避免自身 DNA 为自己所产生的限制性内切酶所分解。所以 $E. coli$ K能产生两种酶,一是Ⅰ型限制性内切酶,识别外来序列,使自己免受其他噬菌体的侵染;一是修饰酶,保护自己免受自身限制性内切酶的分解。

另外,在上述实验中,K 菌株的 $\lambda_c$ 偶尔也能因为受到修饰酶的作用而得以保护下来,并以 $e.o.p. = 10^{-4}$ 的频率裂解 K 菌株细胞而释放出经过修饰的 $\lambda_K$ 噬菌体,因为修饰的 $\lambda_K$ 保持着对 K 菌株的侵染力,所以它再去感染 K 和 C 株,能以 $e.o.p. = 1$ 的频率进行释放。但裂解后的 C 菌株只产生 $\lambda_c$ 噬菌体,仍不能以高的频率再感染 K 菌株。而从 K 株释放出来的却仍然是 $\lambda_K$,但 $\lambda_K$ 却能以很高的频率感染 C 株。因此,用某一菌株的细菌所释放的噬菌体 $\lambda$ 去感染同一菌株时出斑率为1;无论用哪一个菌株的细菌释放的噬菌斑 $\lambda$ 去感染同一种细菌 C 时出斑率都为1,用它们感染 K 12$r^-$ 或 B$r^-$ 时出斑率也是1;但凡是从一株大肠杆菌所释放的 $\lambda$ 去感染另一株大肠杆菌时,出斑率为 $10^{-4}$ 或更低;用 K12(P1)细菌所释放的 $\lambda$ 去感染 K 12细菌时出斑率为1,用 K 12细菌所释放的 $\lambda$ 去感染 K 12(P1)时出斑率只有 $2 \times 10^{-5}$。

### 4.1.3.3　感染复数

感染复数(multiplicity of infection)是进行烈性噬菌体侵染实验的重要条件之一,简称为 $m$,$m$ 值为单个宿主细菌细胞感染的噬菌体颗粒数,它等于实验时所用噬菌体颗粒数与宿主细菌细胞数的比值,即: $m = \dfrac{\text{噬菌体颗粒数}}{\text{宿主细菌细胞数}}$,试验表明,当 $m > 1\,000$ 时,宿主细胞常因噬菌体的过度侵染而死亡,以致难以实现噬菌体的复制和扩增。一般 $m$ 为 2~5,通常在制备、扩增或保存噬菌体裂解液;$m$ 为 5~10,进行噬菌体杂交实验;$m$ 为 $10^{-6}$ 或更低,测定噬菌体的一级生长曲线或裂解液效价,以保证在开始时,每一细菌细胞最多只为一个噬菌体所侵染,并可为第一代裂解释放的子代噬菌体提供充分的受体细胞,以完成第二代裂解,有利于噬菌斑的形成。

### 4.1.3.4　裂解量

裂解量(burst size)是指感染烈性噬菌体之后的单个宿主细胞所释放的子代噬菌体的平均数量。一般利用单菌释放实验测定裂解量或释放量。在噬菌体遗传分析中,单菌释放实验(single burst experiment)和一级生长实验(one-step-growth experiment)是遗传分析中最常用的两个实验方法。

单菌释放实验的目的是测定单个细菌所释放的噬菌体的数量,并分析单个细菌所释放的噬菌体基因型。测定方法是将供试噬菌体与敏感细菌按一定的 $m$ 值混合、吸附 5 min 后立即取样,并将菌液稀释到每毫升只含 2～3 个敏感细菌细胞,再从中取 0.2 ml 分装到一系列试管中,这样每一试管平均不到 1 个寄主细胞,使每一试管平均含有 0.4～0.6 个被感染细菌,再保温 30 min,将样品与大量敏感细菌混合后再涂布在培养平板上,经培养以后可以观察到三种结果:一是大部分培养皿上没有噬菌斑;二是少数培养皿上出现几十甚至 1 000 多个噬菌斑;三是大部分是单个细菌所释放的噬菌体所形成的噬菌斑。T1 噬菌体单菌释放量多是 100～200。这样,经培养后将从每一培养皿上长出的噬菌斑数平均,即为该噬菌体的裂解量。如:测定 *E. coli* 的 T1 和 T2 噬菌体的裂解量为 150,MS2 的裂解量高达(5～10)$\times 10^3$。

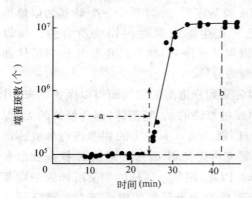

图 4.8　T4 噬菌体的一级生长曲线
a. 潜伏期;b. 平均释放量

一级生长实验可以确定噬菌体的潜伏期、裂解期和裂解量。T 系列噬菌体的一个特性是有潜伏期(图 4.8),潜伏期就是噬菌斑数上升前的一段时间。一级生长实验是将噬菌体与细菌按1∶10 的比例混合,以保证每一噬菌体都有感染细菌的机会,吸附 5 min 后,将细菌稀释到该噬菌体的抗血清中除去游离噬菌体,接着稀释到培养液中培养,以免发生第二次吸附和感染。在培养过程中定时取样测定噬菌斑数,从感染后到培养,通过不同时间取样测定不同的噬菌斑数,可以发现噬菌斑数上升前具有一段时间,这段时间就称为潜伏期。T4 的潜伏期是 24 min。潜伏期的噬菌斑数就是感染有噬菌体的细菌数,紧接在潜伏期后的一段时间平板中的噬菌斑数突然直线上升,表示噬菌体已从寄主细胞中裂解释放了,这段时间称为裂解期。噬菌斑的最大数值是这些被感染的细菌所释放的全部噬菌体数,所以噬菌斑的最大数值除以潜伏期的噬菌斑数就可以得到每一被感染的细菌所释放的噬菌体的平均数,这就是裂解量。

从一级生长实验结果可以看到,一个烈性噬菌体进入寄主细菌以后在十几分钟或者较长时间繁殖成为几百个噬菌体,随即细菌破裂而使这些噬菌体释放出来。

### 4.1.4　噬菌体的遗传分析

经典遗传学家曾经认为,基因是遗传物质 DNA(或 RNA)上的一个特定区段,既是一段可以编码蛋白质(酶或多肽)的功能单位,又是一个交换单位和突变单位,也就是说基因是不可分割的、三位一体的最小结构单位。本泽尔(Benzer 1955)对大肠杆菌噬菌体 T4 的 *r*ⅡA 和 *r*ⅡB 两个基因进行了精细结构分析,通过互补实验证明了基因的可分割特性。即基因内有大量的突变子和重组子,并且遗传物质的交换既可以发生在基因间也可以发生在基因内部,说明了基因并不是功能、突变和变换三位一体的最小结构单位。

#### 4.1.4.1　噬菌体突变型的互补实验

φχ174 是一种小噬菌体,含有一个环状正义单链(＋)DNA 分子,长 5 400 bp,感染宿主后,先复制形成互补(－)链,从而形成共价闭合的双链超螺旋环状的复制型(RF)分子。这种复制型分子通过滚环复制的重复进行大量合成正链,直到形成 20～50 个双链 RF 分子,当外壳蛋白积累和开始装配子代病毒时,DNA 的半保留复制停止,双链 RF 分子作为 $\varphi\chi174$ DNA 模板,只合成该病毒的 DNA,最后病毒的环状单链 DNA 装进蛋白质外壳内形成成熟的 $\varphi\chi174$ 颗粒。

$\varphi\chi174$ 有许多条件致死突变型,将这些突变型成对地进行互补测验,以确定不同来源的两种条件致死突变影响的是不同的遗传功能还是相同的遗传功能。如两种突变型都是温度敏感型,在 42 ℃ 的限制条件下,用这两种突变型噬菌体同时感染细菌细胞,那么这种双重感染细菌的"二倍体"细胞将产生或不产生子代噬菌体,能产生子代噬菌体的两种突变型必定相互提供了彼此噬菌体无法提供的功能,于是这两种突变型互补而生存,这两种突变型的位点分属于不同顺反子。反之,不能互补的突变,就属于同一顺反子。如 $am10$(D 顺反子)与 $am9$(G 顺反子)同时感染宿主就能产生子代噬菌体;而 $am9$ 与 $am32$ 同时感染宿主后则不产生子代,这两个突变则是同一顺反子的不同位点的突变。由此推测 $\varphi\chi174$ 基因组的顺反子数目,根据互补检测结果,$\varphi\chi174$ 的 38 种条件致死突变分别属于 8 个顺反子(表 4.5)。

**表 4.5 $\varphi\chi174$ 突变的互补检测结果**

| 顺 反 子 | 突 变 型 |
|---|---|
| A | $am8, am18, am30, am33, am35, am50, am86, ts128$ |
| B | $am14, am16, och5, ts9, ts116, och1, och8, och11$ |
| C | $och6$ |
| D | $am10, amH81$ |
| E | $am3, am6, am27$ |
| F | $am87, am88, am89, amH57, op9, tsh6, ts41D$ |
| G | $am9, am32, ts\gamma, ts79$ |
| H | $amN1, am23, am80, am90, ts4$ |

条件致死突变型实际上是艾德噶(R. S. Edgar)和艾布顿(R. H. Epstein)于 1960 年首次在 T4 噬菌体中分离出来的。这些条件致死突变在基因组内似乎是随机发生的,已发现所有已知的 T4 基因都有这种突变,通过这些突变就可以表明不同基因在发育过程中的功能。例如 $gp34$ 的突变型能够形成各方面都完整的但没有尾丝的噬菌体颗粒,$gp23$ 的突变能产生尾和尾丝,却不能合成噬菌体头部。

T4 的条件致死突变型同样可以用互补测验法把它们归属于特定的顺反子中。就像把 $r\mathrm{II}$ 突变型分别放在 $r\mathrm{II}$ A 或 $r\mathrm{II}$ B 顺反子内一样(图 4.9)。R. S. Edgar 和 R. H. Epstein 通过研究进一步证明了一些产生不同形态的突变型在离体条件下可以互补。如突变型 23(无头)侵染的败育细胞裂解物和突变型 27(无基盘,所以尾不完全)侵染的败育细胞裂解物混合在一起,结果形成完整的侵染性颗粒(图 4.10)。其他一系列实验还发现,如果突变型 13(含有头部、尾部、尾丝但不装配)的裂解物与正常头部混合,就能装配形成完整颗粒;而裂解物与正常尾部混合时则不能进行这种组装。由此说明 $gp13$ 突变型一定控制头部装配过程中的某一步骤,只有这一步完成之后,头尾才能装配在一起。

T4 颗粒的装配(即成熟)是遵循严格规定的形态发生途径进行的。一般来说只有当前面的步骤都已完成时,才能进行下一步的组装。所以形态发生及编码结构蛋白的"晚期基因"的表现完全依赖于控制 DNA 复制等的"早期基因"行使正确的功能。

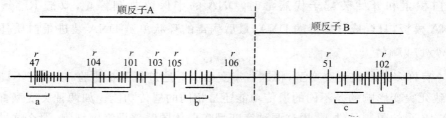

图 4.9　T4 噬菌体的两个顺反子结构

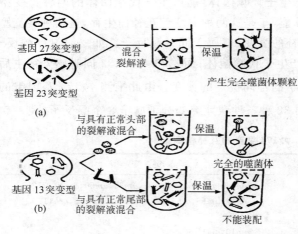

（a）：基因突变型 23 产生尾和尾纤维但无头，基因突变型 27 产生头和尾 纤维但无尾。将这两个流产感染细胞群的溶液混合到一起并保温应产生能感染的颗粒。

（b）：基因突变型 13 的流程与（a）一样，它证明基因 13 所产生的头部是不完整并有缺陷的，只有头部完整，尾和尾纤维等才能组装上去。

图 4.10　T4 条件致死突变型之间的体外互补

T4 $r47$、$r104$ 和 $r102$ 等突变位点是属于同一基因还是属于不同基因呢？可以根据突变位点的顺反排列进行互补实验来确定。在二倍体杂合体中，如果 2 个不同突变位点都在同一染色体上，另一条同源染色体是功能完全的，这时突变位点在同源染色体上的排列方式称为顺式排列；如果 2 个不同突变位点分别位于两条同源染色体上，这种排列方式就叫反式排列（图 4.11）。

从表 4.2 得知，野生型 T4 噬菌体可以侵染 $E.coli$ B 株和 K12(λ) 株，形成小而边缘模糊的噬菌斑；而 T4 噬菌体的 $rⅡ$ 突变型只能侵染 $E.coli$ B 株并形成大而边缘清楚的噬菌斑。$r51$ 和 $r106$ 混合感染 K 株得到了 $r51$ 和 $r106$ 的突变型及野生型，这说明 $r51$ 和 $r106$ 不但进行了复制而且发生了重组。而 $r47$ 与 $r106$ 混合感染 K 株，顺式得到噬菌斑，反式没有噬菌斑产生（图 4.12）。为什么 $r47$ 与 $r106$ 和 $r51$ 与 $r106$ 的杂交结果不同呢？从图 4.12 看，$r47$ 到 $r106$ 的距离比 $r51$ 到 $r106$ 的距离远，如果不看功能，$r47$ 与 $r106$ 的重组机会应该大于 $r51$ 与 $r106$ 的重组；但是从功能划分看，$r47$ 与 $r106$ 是同一基因 $rⅡA$ 区的不同位点，而 $r51$ 与 $r106$ 是 $rⅡ$ 区的不同基因，$r51$ 是 B 区的位点，$r106$ 是 A 区的位点。研究表明，不同基因之间无论基因顺式排列或是反式排列，两种不同类型的突变体都能够发生互补。而同一基因内部的不同位点的突变体只有顺式可以互补，反式不能互补。前者为基因间互补，后者为基因内互补，基因内互补不同于基因间互补：基因间互补发生在任何两个非等位基因之间，而基因内互补只发生在同一基因的不同位点之间；基因间互补能够完全恢复野生型，基因内互补只能恢复野生型表型的 25％，突变位点连锁越紧密，其恢复能力越弱。根据互补原则就很容易把不同位点的突变归属为不同基因类群。位于同一基因内部的不同位点属于同一顺反子,位于不同基因的不同位点属于不同顺反子。这种通过互补测定而发现的遗传功能单位称为顺反子(cistron)。一个顺反子实际上就是一个基因。所以,基因就是一个遗传上不可分割的功能单位,是顺反子的同义词;在结构上不是最小结构单位,是可分割的,其内部包括可以突变和重组的小单位,分别称为突变子和重组子,突变子是发生突变的最小结构单位,原则上可小至一个核苷酸对,是基因内部能够造成可遗传表型效应的最小结构单位;而重组子是不能因重组而分割的最小结构单位,并非一定带来表型效应,原则上最小也可小至一个核苷酸对。根据顺反互补测定,检测精度可以达到 $10^{-6}$,当 $r\text{II}$ 区重组频率小于 0.02%,就没有重组子发现,当时的 0.02 个图距单位相当于两个核苷酸。基因与蛋白质线性关系表明,重组可以发生在一个密码子内部或者说可以发生在任何两对核苷酸之间。突变子与重组子的最大区别是有无可遗传的表型效应,这些都是个体单核苷酸差异的主要来源。根据基因的顺反子概念,在二倍体中,相同基因的两个不同突变位点称为拟等位突变位点,由此而产生的不同形式的等位基因称为异点等位基因或拟等位基因,其对应的位置即是突变子,这些拟等位基因在顺式排列时具有互补效应,表现为野生型,在反式排列时不具有互补效应,表现为突变型;而不同基因的两个突变位点不管是顺式还是反式排列均有互补效应。这种在顺反排列情况下所表现的遗传效应统称为顺反效应。因此,通过顺反效应测验或互补测验通常可判断两个突变是同一基因的突变还是不同基因的突变。

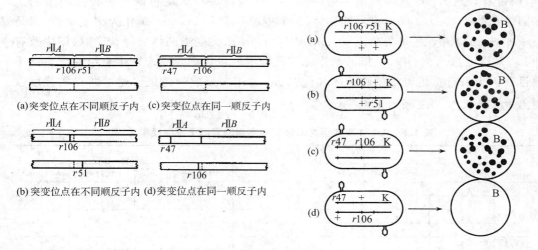

图 4.11　基因顺反排列图　　　图 4-12　T4 噬菌体 $r\text{II}$ 突变型的顺反互补实验

#### 4.1.4.2　噬菌体的基因重组

(1)噬菌体的两点测交。T2 噬菌体寄主范围未发生突变的 $H^+$(T2 $H^+$)感染 $E.\,coli$ B 株,产生半透明的噬菌斑,而 B/2 株的细胞表面能够阻止 T2 噬菌体的吸附,但是寄主范围发生突变的 $H^-$(T2 $H^-$)可以感染 $E.\,coli$ B 株和 B/2 株,产生透明的噬菌斑。$R^+$ 代表产生的噬菌斑小而边缘模糊,$R^-$ 代表产生的噬菌斑大而边缘清晰。因此把野生型 T2 噬菌体接种到 $E.\,coli$ B 株和 B/2 株的混合培养时,产生的噬菌斑是半透明的。如果将 T2 $H^+R^-$ 与 T2 $H^-R^+$ 双重感染 $E.\,coli$ B 株,两种噬菌体都可以在 B 株进行繁殖,同时也能够发生基因重组,为了检验这两个基因是否发生重组,将子代再去感染 $E.\,coli$ B 和 B/2 株,结果得到四种噬菌斑($H^+R^+$、$H^+R^-$、$H^-R^+$、$H^-R^-$),根据亲本基因型判断 $H^+R^+$ 与 $H^-R^-$ 是重组体噬菌斑,而 $H^+R^-$ 和 $H^-R^+$ 是亲本型。所以,重组值 $=\dfrac{H^+R^++H^-R^-}{\text{噬菌斑总数}}\times100\%$,由此可以计算噬菌斑的重组值,去掉%,再根据图距对噬菌体进行基因作图。

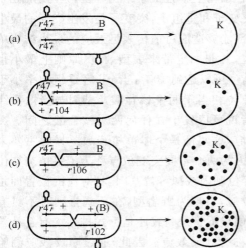

图 4.13　T4 $r\text{Ⅱ}$ 突变位点间距离的测定

$r\text{Ⅱ}$ 区野生型和突变型在 *E.coli* B 株都能够生长,但在 *E.coli* K 株只有野生型能够生长。把两个不同 $r\text{Ⅱ}$ 区突变型杂交后感染 K 株,如果没有发生重组,就不能形成噬菌斑,但事实上有少量的野生型噬菌斑,说明两种突变型之间发生了基因交换重组(图 4.13),这样通过感染 B 株和 K 株就可以测定两个突变位点之间的距离。由于 K 株得到的是野生型的重组噬菌斑,根据重组率概念可以将重组率的公式变形为:

$$\text{重组率}=\dfrac{2\times\text{大肠杆菌 K 株的噬菌斑数}}{\text{大肠杆菌 B 株噬菌斑总数}}$$

两点测交法是用两种不同的 *sus* 突变型噬菌体各自感染 $su^+$ 细菌培养液,被感染的细胞裂解时,用带有合适的 $su^+$ 基因的宿主菌(指示菌)作噬菌斑检测就可确定各种基因型的子代噬菌体总数。如 *sus amber* 突变噬菌体之间杂交时,就用 $su^+$ *amber* 作为宿主菌;如果是 *sus amber* 与 *sus ochre* 之间杂交或 *sus amber* 与 *sus opal* 突变噬菌体之间杂交时,则用兼有两种 $su^+$ 基因的指示菌;用 $su^-$ 指示菌作噬菌斑检测就可以确定杂交产生重组的野生型子代数目。因为只有重组野生型噬菌体才能在 $su^-$ 宿主中形成噬菌斑。通过两点实验可以推测出 $\varphi\chi174$ 突变型之间的重组率(表 4.6)。

表 4.6　$\varphi\chi174$ 突变型之间杂交观察到的双因子重组频率

| 突变型 | | am18 | am33 | am35 | am50 | am86 | am14 | am16 | och6 | am10 | am3 | am6 | am88 | op6 | am9 | am23 | amN1 |
|---|---|---|---|---|---|---|---|---|---|---|---|---|---|---|---|---|---|
| | | A | | | | | B | | C | D | E | | F | | G | H | |
| A | am18 | | | | | | | | | | | | | | | | |
| | am33 | 21.9 3.2 (2)+ | | | | | | | | | | | | | | | |
| | am35 | 0.4 ±0.1 | 21.2 ±2.4+ | | | | | | | | | | | | | | |
| | am50 | 7.9 ±0.5− | 4.5 ±0.6+ | 13.9 ±1.0+ | | | | | | | | | | | | | |
| | am86 | 11.7 ±2.4− | 5.5 ±2.0 | 16.8 ±1.5+ (2)+ | 0.5 ±1.0 (2) | | | | | | | | | | | | |
| B | am14 | 2.8 ±0.3 | 11.3 ±0.4+ | 2.8 ±0.3 | 2.6 ±0.5 (2) | 4.0 ±0.2 | | | | | | | | | | | |
| | am16 | 2.0 ±0.1 | 9.1 ±2.8 | 2.7 ±0.1 | 6.4 ±0.3 | 7.3 ±1.2 | 1.3 ±0.3 | | | | | | | | | | |
| C | och6 | 1.3 ±2.0 | 3.9 ±0.4 | 0.7 ±0.1 | 2.2 ±1.3 | 1.1 ±0.1 | 1.0 ±0.2 | 1.3 ±0.3 | | | | | | | | | |

续表

| 突变型 | | A | | | | | B | | C | D | E | | F | | G | H | |
| --- | --- | --- | --- | --- | --- | --- | --- | --- | --- | --- | --- | --- | --- | --- | --- | --- | --- |
| | | am18 | am33 | am35 | am50 | am86 | am14 | am16 | och6 | am10 | am3 | am6 | am88 | op6 | am9 | am23 | amN1 |
| D | am10 | 1.4 ±0.5 | 6.2 ±0.1 | 2.0 ±0.5 | 4.0 ±0.6 | 4.2 ±0.2 (2) | 1.8 ±0.2 (2) | 2.3 ±0.4 | 2.0 ±0.2 | | | | | | | | |
| E | am3 | 4.1 ±0.6 (2) | 10.8 ±0.8 (3) | 4.2 ±1.0 (3) | 10.2 ±1.6 (3) | 8.3 ±0.9 (2) | 3.4 ±0.5 (4) | 4.6 ±0.9 (5) | 1.3 ±0.1 (2) | 1.5 ±0.2 (3) | | | | | | | |
| | am6 | 6.6 ±1.0 | 5.7 ±0.8 | 6.3 ±1.2 | 8.3 ±2.0 | 6.5 ±2.0 | 2.4 ±0.7 | 3.5 ±0.4 | 0.2 ±0.7 | 0.2 ±0.4 | 0.2 ±0.4 | | | | | | |
| F | am88 | 10.8 ±1.2 | 12.4 ±2.1 | 11.9 ±0.3 | 8.0 ±1.0 | 5.3 ±0.9 | 10.3 ±0.6 | 9.3 ±3.2 | 11.2 ±2.2 | 14.4 ±0.6 | 4.4 ±0.8 (2) | 7.1 ±0.7 (2) | | | | | |
| | op6 | 6.5 ±0.2 | | 6.0 ±0.2 | 4.2 ±1.5 | 1.3 ±0.6 | 4.8 ±0.4 | 5.3 ±0.7 | | 2.2 ±0.1 | 1.2 ±0.1 | 2.5 ±0.4 | | | | | |
| G | am9 | 5.8 ±1.4 (2) | 11.5 ±0.8 | 8.0 ±1.0 (2) | 8.2 ±0.8 | 6.8 ±0.4 | 2.9 ±0.9 | 5.4 ±1.2 | 1.2 ±0.1 | 5.9 ±2.1 | 6.8 ±0.8 (9) | 4.7 ±1.0 | 1.3 ±0.2 | | | | |
| H | am23 | 1.7 ±0.8 (2) | 2.0 ±0.4 | 4.7 ±0.5 | 1.2 ±0.1 | 0.4 ±0.1 | 1.8 ±0.5 (3) | 2.1 ±0.4 (2) | | 2.6 ±0.3 | 2.2 ±0.6 (2) | 3.4 ±0.9 | 3.4 ±0.4 | 9.2 ±1.4 | 2.1 ±0.3 | | |
| | amN1 | 3.0 ±0.3 | 7.5 ±1.2 | 3.1 ±0.2 | 2.0 ±0.3 (2) | 2.1 ±0.3 (2) | 3.0 ±0.5 | 2.8 ±0.5 | 1.4 ±0.2 | 4.6 ±0.3 (2) | 8.8 ±1.3 (2) | 6.2 ±0.9 | 4.1 ±0.6 (2) | 8.8 ±0.5 | 3.1 ±0.8 | 0.26 ±0.3 (2) | |

注：所示数值×$10^4$，＋表示这些 A 顺反子的重组频率只用于绘制遗传图，括号内数值表示用于计算平均重组频率的独立测验次数。

（2）T4 突变型三点测交。噬菌体与高等动植物一样，也可以用三点测交进行基因定位。如 T4 噬菌体的两个突变品系感染 $E. coli$，一个是小噬菌斑（$m$）、快速溶菌（$r$）和浑浊溶菌斑（$tu$）的突变型，另一个是这三个性状的野生型（＋＋＋）。三点测交如表 4.7。根据这些实验结果，这三个基因的染色体图见图 4.14：

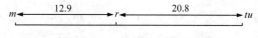

图 4.14　三基因相对排列顺序

三点测交所得到的 8 种噬菌斑，可以直接观察到，这是因为病毒是单倍体，亲本型和重组型可后代表现，不必考虑对子代如何进行选择，但通过两点测交和三点测交对表 4.7 的 $\varphi\chi174$ 的各种条件致死突变进行定位时，则必须考虑对子代进行选择的问题。

**表 4.7　T4 的 $m\,r\,tu\times$＋＋＋三点测交结果**

| 类型 | | | | 噬菌斑数 | 百分数（%） | 重组频率 | | |
| --- | --- | --- | --- | --- | --- | --- | --- | --- |
| | | | | | | $m$-$r$ | $r$-$tu$ | $m$-$tu$ |
| 亲本类型 | $m$ | $r$ | $tu$ | 3 467 | 33.5 }69.6 | | | |
| | ＋ | ＋ | ＋ | 3 729 | 36.1 | | | |
| 单交换型 | $m$ | ＋ | ＋ | 520 | 5.0 }9.6 | √ | | √ |
| | ＋ | $r$ | $tu$ | 474 | 4.6 | | | |
| 单交换型 | $m$ | $r$ | ＋ | 853 | 8.2 }17.5 | | √ | √ |
| | ＋ | ＋ | $tu$ | 965 | 9.3 | | | |
| 双交换型 | $m$ | ＋ | $tu$ | 162 | 1.6 }3.3 | √ | √ | |
| | ＋ | $r$ | ＋ | 172 | 1.7 | | | |
| 合计 | | | | 10 342 | | 12.9 | 20.8 | 27.1 |

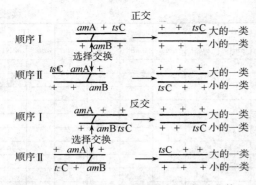

图 4.15　非选择性标记 tsC 确定噬菌体
三因子次序例子

用三点测交对这些基因座进行定位,必须选择两个标记的野生型重组体。例如,$amAtsC×amB$($amAtsC\ amB^+ ×amA^+ tsC^+ amB$)的三因子杂交,在两点测交中已知 $amA$ 与 $amB$ 之间的距离较近,而这两个位点距 $tsC$ 的距离较远。那么在许可温度下把杂交子代噬菌体倒在 $su^-$ 指示菌上,$tsC$ 是一种非选择标记,因为在许可的温度下,$tsC$ 也会正常生长,在 $su^-$ 指示菌上选择两个琥珀突变的野生型重组子,无论带 $tsC^-$ 还是 $tsC^+$ 都会产生噬菌斑。然后在限制温度下分析这些重组噬菌体 $tsC^-$ 与 $tsC^+$ 所占的比例,从而确定这三个基因的排列顺序是 $amAamBtsC$ 还是 $tsCamAamB$。如果子代中 $tsC^+$ 占优势,可推测顺序为 $tsCamAamB$,如果是 $tsC^-$ 占优势则顺序是 $amAamBtsC$,同时可以利用反交进一步验证实验结果(图 4.15)。通过三点测交同样可以测得 $φχ174$ 突变型之间的重组频率,从而进行基因定位(表 4.8)。

表 4.8　$φχ174$ 突变型之间杂交观察到的三因子重组频率

| 杂　交 | 重组频率（选择标记） | wt百分比（非选择标记） | 优势基因型（非选择标记） | 推论或确证次序　H　G　F　E　D　C　B　A　H　G |
|---|---|---|---|---|
| 1. amN1 tsr×ts79 | 1.2±0.4 | 33 | am | N1—79—r |
| 2. amN1 ts79×tsr | 0.8±0.3 | 90 | wt | N1—79—r |
| 3. am88 tsr×ts79 | 1.0±0.7 | 97 | wt | 79—r—88 |
| 4. am88 ts79×ts4 | 1.8±0.4 | 96 | wt | 4—79——88 |
| 5. am88 ts79×op6 | 13.4±5.7 | 91 | wt | 79——88—6 |
| 6. am88 ts79×am9 | 1.4±0.3 | 38 | ts | 79—9—88 |
| 7. am3 ts79×tsr | 0.7±0.1 | 25 | am | 79—r—3 |
| 8. am3 tsr×cm79 | 0.9±0.2 | 88 | wt | 79—r—3 |
| 9. am88 ts79×am3 | 3.0±0.3 | 99 | wt | 79——88—3 |
| 10. am3 tsr×am88 | 4.3±0.5 | 46 | ts | r—88—3 |
| 11. am3 tsr×op6 | 1.2±0.1 | 43 | ts | r—6—3 |
| 12. am3 tsr×am27 | 0.3±0.2 | 95 | wt | r——3——27 |
| 13. am3 ts9×am27 | 0.3±0.2 | 37 | ts | 3—27——9 |
| 14. am3 ts9×ts116 | 2.3±0.4 | 16 | am | 3—116—9 |
| 15. am33 ts116×ts9 | 1.5±0.3 | 39 | am | 116—9—33 |
| 16. am33 ts116×am50 | 4.5±0.6 | 89 | wt | 116——33—50 |
| 17. am33 ts116×am86 | 7.1±2.2 | 77 | wt | 116——33—86 |
| 18. am33 ts4×am16 | 9.7±1.5 | 95 | wt | 16—33—4 |
| 19. am33 ts79×tsr | 1.0±0.4 | 79 | wt | 33——79—r |
| 20. am33 tsr×amN1 | 8.3±1.1 | 34 | ts | 33—N1—r |
| 21. am9 ts128×amN1 | 3.3±0.3 | 7 | ts | 128—N1—9 |
| 22. am33 tsr×am86 | 6.0±0.8 | 43 | ts | 33—86—r |
| 23. am9 ts123×am88 | 1.6±0.3 | 99 | wt | 128—9—88 |
| 24. am88 ts79×och6 | 10.8±2.3 | 93 | wt | 79——88———6 |
| 25. am3 tsr×och6 | 1.4±0.3 | 95 | wt | r——3—6 |
| 26. am3 ts9×och6 | 1.0±0.4 | 45 | ts | 3—6—9 |
| 27. am3 och8×och6 | 轻度裂解 | 4 | am | 3—6—8 |

续表

| 杂　　交 | 重组频率<br>（选择标记） | wt 百分比<br>（非选择标记） | 优势基因型<br>（非选择标记） | 推论或确证次序　H　G　F　E D C B A H G |
|---|---|---|---|---|
| 28. am3 och11×och6 | 轻度裂解 | 6 | am | 3 — 6——11 |
| 29. am3 och6×och1 | 轻度裂解 | 95 | wt | 3 — 6—1 |
| 30. am3 och6×och5 | 轻度裂解 | 98 | wt | 3 — 6—5 |
| 31. am33 ts116×och6 | 3.9±0.4 | 21 | ts | 6 — 116——33 |
| 32. am33 ts4×och6 | 3.0±1.2 | 97 | wt | 6 — 33——4 |
| 33. am88 ts79×am10 | 14.0±0.5 | 99 | wt | 79——88—10 |
| 34. am3 ts79×am10 | 1.4±0.7 | 90 | wt | 79 — 3—10 |
| 35. am3 tsr×am10 | 1.3±0.2 | 99 | wt | r— 3—10 |
| 36. am3 ts9×am10 | 1.6±0.1 | 42 | ts | 3—10——9 |
| 37. am33 ts116×am35 | 18.4±1.2 | 55 | 中间类型 | 116—(35,116)—(35,33) |
| 38. am33 ts116×am18 | 21.9±6.8 | 56 | 中间类型 | 116—(18,116)—(18,33) |

从两点和三点测交结果可见每个基因都与它两侧的基因连锁，$h$ 基因与 $g$ 和 $a$ 两个基因连锁，由此证明 $\varphi\chi174$ 基因组是一个环状基因组（图 4.16）。这一环状遗传图谱表明：①凡不能互补的突变都发生在基因组邻接部分，这证明了互补测验所确定的功能单位也是基因组的结构单位；②用特定的突变型在限制性条件下研究感染期间出现的增殖缺陷，从而确定每个顺反子的功能（图中已指明各个顺反子的功能）；

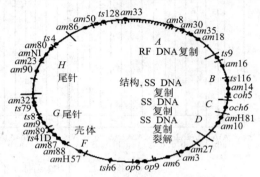

图 4.16　$\varphi\chi174$ 的遗传图

③基因间的界限在图上只能是在一定的范围内任意划定，因为用于构建图谱的突变无法精确地界定这些界限。

### 4.1.4.3　缺失作图

研究发现 $r\text{Ⅱ}$ 区 2000 个突变型中，有些突变是一对核苷酸的变化，即点突变；而另一些突变是缺失了相邻的几个核苷酸对，即缺失突变。尽管这两种突变的表型效应有的是完全相同的，但缺失突变与点突变的结构是不同的，可以从以下几方面加以区别：①点突变是单点突变，缺失突变是多点连续突变；②点突变有可能回复，而缺失突变是不可逆的非回复突变；③点突变可以与其他突变之间发生重组，而缺失突变不能与其他突变进行重组。利用缺失突变特点可以对基因进行精确定位。把所测的突变型和这一系列缺失突变型分别进行重组测验，凡是能和某一缺失突变型进行重组的，它的位置一定不在缺失的范围内；凡是不能重组的，它的位置一定在缺失的范围内，这就是缺失定位原则。根据与一系列的缺失突变型进行重组的结果，可以精确地确定某待测突变型的位置。利用这一方法不但可以应用选择性培养方法提高效率，而且所观察的只是能或不能重组而无须计算重组子数，有利于对大量突变型进行测定，更有利于基因的精细结构分析。因此缺失定位是一种简便、有效、快速的定位方法。把 T4 噬菌体 $r\text{Ⅱ}$ 区分为 47 个区段（图 4.17），用这一系列已经知道缺失部位的突变型可以测定任何一个 $r\text{Ⅱ}$ 突变型所属的区段。

例如 $r\text{Ⅱ}$ 区的某一待测突变型和另外几个已知 $r\text{Ⅱ}$ 区的突变型杂交，有的不发生重组，而且也不回复，这样首先确定是缺失突变型。利用已知的 $r\text{Ⅱ}$ 区的缺失突变型来测定 $r\text{Ⅱ}$ 区

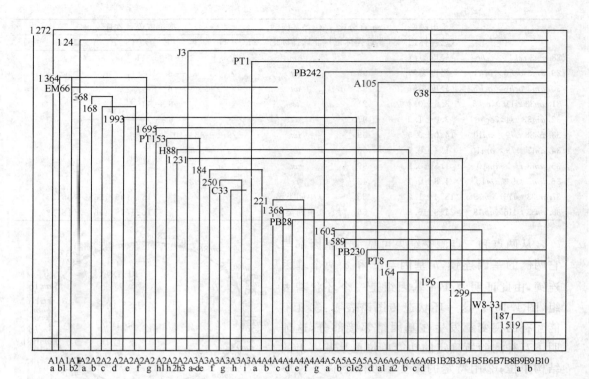

图 4.17　T4 噬菌体 $r$ Ⅱ 区的缺失突变型的缺失部位

所属的任何一个突变型，来确定突变位点所在的位置。在少量的 *E. coli* B 培养物中加入一滴缺失型噬菌体和一滴待测噬菌体，几分钟后将培养物接种到指示菌 K 上，经培养后观察是否出现大量噬菌斑，如果出现大量噬菌斑，则说明两个突变型能够发生重组产生野生型噬菌斑，这些野生型噬菌斑进一步感染寄主 K 并释放大量的噬菌斑。定位分次进行，逐步缩小范围，以确定突变位点的突变区域。如将待测 $r$ Ⅱ 548 与缺失 $r$ Ⅱ A105 和 638 分别进行杂交，图 4.18 试验结果表明，除 5 个不能重组的其他都能够重组，可以确定 548 突变的位置在 A5 区。进一步利用 A5 区的缺失突变型 1 605、1 589 和 PB230 进行二次试验，根据同一原理，$r$ Ⅱ 548 可能定位在 A5 的 a、b、c1、c2 或 d 的某一位置上。可见只要有大量缺失突变，其定位可以非常精确。但该定位的不足是需要事先积累许多缺失突变型。1955 年本泽尔 (Benzer) 等利用 *E. coli* K12 为选择系统，对 2 000 多个 $r$ Ⅱ 突变型进行杂交分析和定位，绘制了 T4 噬菌体 $r$ Ⅱ 区 A 和 B 两基因的遗传图谱，图示 4.19 所示为 $r$ Ⅱ 区自发突变株中的 1 612 个突变本的突变位点的分布，从这些突变位点中发现，有的突变位点是单一突变，有的是突变热点位点，热点位点的突变大多数都来自同一区域的变化，再次证实了突变子和重组子的存在。

#### 4.1.4.4　噬菌体的序列分析

　　噬菌体序列分析一般原则是提取 DNA 或 RNA，通过电泳进行 DNA 片段序列分析，对 DNA 序列进行功能基因确定与非编码序列的确定，具体研究基因组方法详见第 8 章。

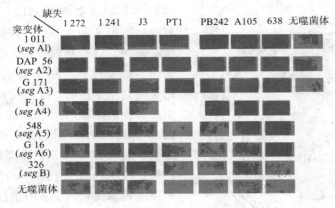

图 4.18　T4 噬菌体 rⅡ 突变型的缺失定位

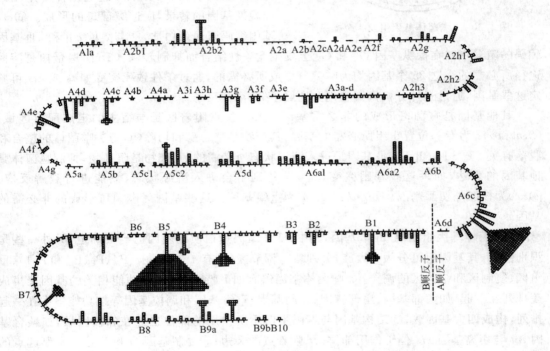

图 4.19　T4 噬菌体 rⅡ 区 A 和 B 基因内的自发突变位点的分布图

# 4.2　λ 噬 菌 体

## 4.2.1　λ 噬菌体基因组

λ 噬菌体基因组如图 4.20，λ 噬菌体基因组共有 48 502 bp，是双链线性 DNA 分子，DNA 两端各有一条由 12 nt 组成的彼此完全互补的 5′ 单链突出序列，即通常所说的黏性末端，分子量为 $3.2 \times 10^7$ D，长度约 16 $\mu$m，被包装在由蛋白质组成的头部外壳之中。λ 噬菌体基因归为两类：①是噬菌斑形成的必需基因，在基因组中用大写字母表示；②噬菌斑形成的非必需基因，用小写字母或希腊字母表示。其中，①A、W、B、C、D、E 和 F 这 7 个基因是

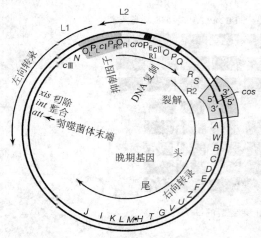

图 4.20 λ 噬菌体基因组及 4 个操纵子

噬菌体头部所必需的基因。②$Z$、$U$、$V$、$G$、$T$、$H$、$M$、$L$、$K$、$I$ 和 $J$ 这 11 个基因是噬菌体尾部所必需的。这些基因产物为噬菌体颗粒的结构蛋白和组装过程中所需要的酶。③$O$ 和 $P$ 基因是复制所必需的。④$S$ 和 $R$ 基因是细菌细胞裂解和噬菌体释放所必需的,其中 $S$ 为溶菌基因,$R$ 为内溶菌素基因,其作用是消化细菌的细胞壁。⑤$N$ 和 $Q$ 是正调节基因,它们都是编码抗终止因子(antiterminator)的基因,即可以中和宿主转录终止因子 $\rho$ 的活性。其抗终止蛋白是 2 个正调节因子,分别促进噬菌体早期基因和晚期基因的转录,促进噬菌斑的形成。⑥$cro$ 基因编码阻遏蛋白质,能与 $c\mathrm{I}$、$c\mathrm{II}$ 和 $c\mathrm{III}$ 基因编码的阻遏蛋白在操纵基因 $O_L$ 和 $O_R$ 上发生竞争性结合而抑制转录,Cro 阻遏蛋白是溶菌途径所必需的。这 25 个基因均为噬菌斑形成所必需的,通过条件致死突变如 $ts$ 或 $sus$ 可鉴定这些基因,通过互补分析得知它们分别属于 25 个顺反子。

其他基因是噬菌斑形成的非必需基因:①$att$ 位点附着区是与宿主的定点配对区域。②$int$ 和 $xis$ 为专一位置重组所必需的基因,其产物是整合酶和切除酶,与 λ 噬菌体的整合和脱落有关。③$c\mathrm{I}$、$c\mathrm{II}$ 和 $c\mathrm{III}$ 基因是进入溶源状态所必需的,其产物是阻遏物,抑制噬菌体其他基因的表达,如果这些基因突变,λ 噬菌体则不会进入溶源状态,只能进行裂解反应。④$exo$ 为核酸外切酶基因。⑤$red$ 或 $gam$ 为重组基因。这些基因为噬菌斑形成的非必需的基因。

λ 噬菌体基因组编码 66 个基因,其中 46 个编码蛋白质的基因已经被确定,另外一些是识别位点,其基因组可分为 4 大族,分别参与调节区(具有 4 个启动子 $P_M$、$P_E$、$P_L$ 和 $P_R1$)、重组区、复制区和结构区的调控。λ 噬菌体基因组有如下特点:①许多功能相关的基因聚集成簇排列在一起,如头部基因、尾部基因、复制基因、重组基因和调控基因等按功能集中在一起排列,构成四大基因簇;②结构基因与编码蛋白质所作用的部位也处在邻接区域,如整合基因 $int$ 与切离基因 $xis$ 位于作用部位 $att$ 附着点的旁边;③复制基因 $O$ 和 $P$ 位于复制起点的旁边;④从 λ 噬菌体颗粒分离出来的基因组是双链线性 DNA 分子,并具有特有的黏性末端,一旦进入寄主后,黏性末端退火形成带缺口的环状分子,由连接酶作用形成共价键封环;⑤λ 噬菌体基因组有 4 大操纵子和 6 个启动子($P_I$、$P_M$、$P_E$、$P_L$、$P_R1$ 和 $P_R2$)。这 4 大操纵子分别是 λC$\mathrm{I}$ 阻遏蛋白操纵子、早左操纵子、早右操纵子和晚期操纵子,这 6 个启动子分别控制这些操纵子的转录与表达,在 37 ℃时 4 个操纵子的全部转录时间分别为 1、6、4 和 13 min(图 4.21)。λ 噬菌体是基因工程的常用载体,在基因工程改造中,一般将 λ 噬菌体基因组人为地划分为三个区域:①左臂区,自基因 $A$ 到基因 $J$,包括参与噬菌体头部蛋白质和尾部蛋白质合成所必需的全部基因。②中间区,介于基因 $J$ 与基因 $N$ 之间,又称为非必需区(non-essential region)。本区与噬菌斑形成能力无关,但包括了一些与重组有关的基因(如 $gam$)以及使噬菌体整合到大肠杆菌染色体中去的 $int$ 基因和把原噬菌体从寄主染色体上切割下来的 $xis$ 基因。在分子克隆中,常将该区域由外源基因取代,由外源基因取代非必需基因所形成的重组噬菌体 DNA,可以随着寄主大肠杆菌细胞一起复制和增殖。③右臂区,位于 $N$ 基因的右侧,包括全部主要的调控基因($c\,\mathrm{I}$、$c\,\mathrm{II}$、$cro$)、噬菌体的复制基因($O$ 和 $P$)及溶菌基因($S$ 和 $R$)。

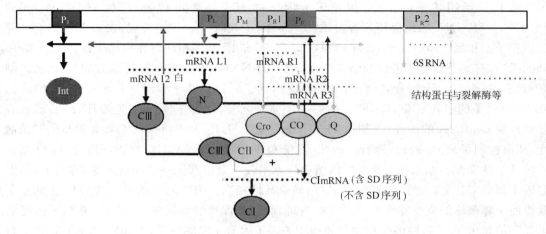

图 4.21　λ 噬菌体基因组的启动子及表达

### 4.2.2　λ 噬菌体操纵子及调控区

原核生物细胞中,功能相关的基因组成操纵子结构,操纵子由几个功能相关的结构基因和调节区组成,一般调节区包括启动区域和操纵区域两大部分,形成一个结构和功能上协同作用的整体,受同一调节基因和调节区调控。调节基因通过产生阻遏物或激活物作用于操纵区域来调节基因表达,从而控制结构基因的功能。启动区域是 RNA 聚合酶和 CAP 蛋白的结合位点,控制着转录的起始。这样,这些基因形成一整套调节控制机制,才使生命系统在功能上是有序的和开放的。在大肠杆菌中一个操纵子就是一个转录单位,但 λ 噬菌体的一个转录单位包括功能上不一定密切相关的基因,可以包括不止一个操纵子,但一个转录单位不管包括几个操纵子,都称为一个转录子。

λ 阻遏蛋白操纵子即总控制作用操纵子,是 λ 基因组的总开关。该操纵子含有一个 $c\,\mathrm{I}$ 基因,从启动子 $P_E$ 或 $P_M$ 处转录,其产物为 λCI 阻遏蛋白,从 $P_E$ 转录的 mRNA 具有多核糖体结合部位的 SD 序列,从 $P_M$ 处转录的 mRNA 无 SD 序列,二者的翻译产物都一致。

早左操纵子,这是一些与 λ 噬菌体 DNA 和细菌 DNA 重组、整合及割离等有关的基因,转录 2 个 mRNA,它们分别是 mRNAL1 和 mRNAL2。早左操纵子中有一个依赖于 $\rho$ 因子的终止子 tL1,大肠杆菌 RNA 聚合酶从启动子 $P_L$ 开始转录至终止子 tL1 处终止,产生 mRNAL1 并翻译出 N 蛋白。由于 N 蛋白的抗终止功能,使 L1 继续转录,形成 mRNAL2,翻译形成 CⅢ 蛋白。

早右操纵子,这是一些与 λDNA 复制有关的基因,转录 3 个 mRNA,它们分别是 mRNA R1、mRNA R2、mRNA R3,早右操纵子有两个依赖于 $\rho$ 因子的终止子 tR1 和 tR2 及一个抗终止作用不敏感的终止子 tR3。寄主 RNA 聚合酶从 $P_R$ 开始转录产生 mRNA R1。L1 为极早基因 $N$ 的转录产物,R1 为极早基因 $cro$ 的转录产物。两个早期操纵子的其余基因称为延迟基因。由于极早基因 $N$ 的表达,其产物 N 蛋白能阻碍 tL1、tR1 和 tR2 的终止作用,才能使早期操纵子的延迟基因表达。其翻译产物分别为 L2mRNA 中的 CⅢ 蛋白、R2mRNA 中的 CⅡ 蛋白和 R3mRNA 中的 Q 蛋白。

晚期操纵子,这是与溶菌有关的基因,主要为头部结构蛋白和溶菌酶等,包括 20 多个基因。从 $P_F2$ 开始转录,在一个依赖于 $\rho$ 因子的 tR4 处终止转录,产生一个 194 bp 的 6S RNA。6S RNA 不编码任何蛋白质,1985 年,霍佩斯(Hoopes)发现,在 Q 基因中有一部分依赖于 CⅡ 蛋白的启动子,其序列与启动子 PE 和 PI 基本相同。在启动子区内的一35 序列的两边有典型的 CⅡ 蛋白的结合位点 TTGCNNNNNNTTGC,其转录方向与 Q 基因刚好相反。这个启动子被命名为 $P_{aQ}$,即抗 Q 启动子。该启动子转录产物是一个 194 bp 的 6S RNA 分子的序列与 Q 基因的 5′端的一半完全互补,该分子能够以反义 RNA 的形式有效地抑制 QmRNA 的翻译。同时由于 CⅡ 蛋白的参与,$P_{aQ}$ 与 PE 一样,都具有很高的转录活性,从而抑制了从 $P_R$ 的转录活性,因此,不仅 Q 基因的 mRNA 不能翻译,而且使得 Q 基因的转录活性降低。如果在 CⅡ 蛋白的结合位点出现一个由 T-A→C-G 的突变,称为 $P_{aq}1$,则需要 4 倍的 CⅡ 蛋白才能与野生型 $P_{aQ}$ 的转录活性相当。突变的启动子 $P_{aq}1$ 在低温 30℃ 下就能使 λ 噬菌体的突变株产生清亮的噬菌斑,而不是浑浊的噬菌斑,因此 $P_{aQ}$ 有利于溶源的生长。但是由于 N 蛋白的作用越过依赖于 $\rho$ 因子的 tR4 弱终止子,使 mRNA R3 中的 Q 蛋白表达,Q 蛋白的抗终止作用使晚期操纵子表达产生 mRNA R5,进入裂解途径。蛋白质 N 和 Q 即为抗终止因子或称为抗终止蛋白质。

λ 噬菌体基因组 6 个启动子 $P_I$、$P_M$、$P_E$、$P_L$、$P_R1$ 和 $P_R1$ 中,$P_L$ 和 $P_R1$ 分别负责启动向左、右的转录;$P_E$ 和 $P_M$ 是转录 cI 基因的两个启动子,$P_E$ 主管建立溶源(establishment of lysogeny),启动需要 CⅡ 蛋白和 CⅢ 蛋白,$P_M$ 主管维持溶源(Maintenance of lysogeny);$P_I$ 启动需要转录 int 基因,$P_I$ 的起始需要 CⅡ 蛋白和 CⅢ 蛋白;$P_R2$ 或 $P_R$ 是 λ 噬菌体基因组中最强的启动子,负责后期一切基因的转录。$P_L$、$P_E$、$P_M$ 和 $P_I$ 是启动左向转录,而 $P_R1$ 和 $P_R2$ 则启动右向转录(图 4.21),其中 $P_I$、$P_E$、$P_M$ 和 $P_L$ 位于调控区内。

λ 噬菌体的调控区在 cII 基因和 cIII 基因之间,有 4 个启动子:$P_L$、$P_E$、$P_M$ 和 $P_R1$(图 4.22(a))。$P_R1$ 向右转录,其余均向左转录。$P_E$ 是 cI 基因的一个启动子,位于 cro 和 cII 基因之间,依赖于 CⅡ 蛋白和 CⅢ 蛋白,转录 cI-SD-mRNA,翻译活性比 $P_M$ 的翻译活性高 7～8 倍,便于快速建立溶源途径。$P_M$ 启动转录 cI-无 SD-mRNA,低效翻译维持溶源状态。$P_L$ 首先转录翻译产生 N 蛋白,调节早期或晚期表达,$P_R1$ 首先转录翻译产生 Cro 蛋白,调节溶源与溶菌。从时间顺序看,Cro 蛋白优先于 cI 基因的阻遏蛋白的产生。

操纵区分为左向和右向操纵基因 $O_L$ 和 $O_R$,各由大约 80 bp 组成。每个操纵区有 3 个结合位点,分别称为 $O_L1$、$O_L2$、$O_L3$ 和 $O_R1$、$O_R2$、$O_R3$。每一位点有 17 bp,3 个位点的碱基顺序相似但不同(图 4.22(b)、(c))。CⅠ 阻遏蛋白和 Cro 蛋白都能与操纵基因 $O_L$ 和 $O_R$ 结合。

### 4.2.3 λ 噬菌体基因组表达

λ 噬菌体的双链 DNA 具有两种形式,一是带有切刻的环状分子,切刻部分通过黏性末端的互补碱基的氢键而连接;另一种形式是两个黏性末端相互分离,形成线性分子,存在于自由态噬菌体中。所谓黏性末端就是可互补的单链突出末端,λ 噬菌体的黏性末端 5′各有 12 个突出碱基,具回文结构特点。这 12 个碱基以非共价结合的环状分子在加热时(70 ℃)

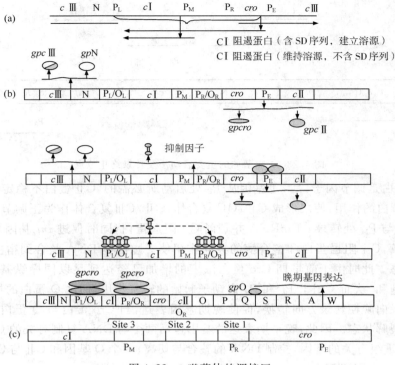

图 4.22　λ 噬菌体的调控区

很容易转变成线性分子,还可以用 DNA 连接酶将非共价结合的环状分子变为共价结合的封闭环状分子。这 12 个碱基中有 10 个 G 或 C,可以牢固地配对形成稳定的环状,这 12 个碱基的黏性末端对于 λ 噬菌体的感染活性十分重要,如切平则失去感染能力。这种由黏性末端结合形成的双链区称为柯斯位点(cohesive-end-site,cos)。

自由态 λ 噬菌体感染寄主大肠杆菌后,带黏性末端的线性 DNA 互补环化,在 DNA 连接酶的作用下,其相邻的 $5'$-$PO_4$ 和 $3'$-OH 基团连接起来形成闭环,把原来分别位于两端的晚期基因连在一起,形成一个转录单位,在 DNA 旋转酶作用下转变为负螺旋的共价封闭环。此时四大操纵子按时序分三个时期表达,即前早期(immediate early stage)、晚早期(delayed early stage)和晚期(late stage)。

前早期基因表达,早左操纵子和早右操纵子分别在 $P_L$ 和 $P_R$1 处向左、向右转录 mRNA L1 和 mRNA R1,分别终止于 $t_L$1 和 $t_R$1 位点(图 4.23),并翻译出 N 蛋白和 Cro 蛋白,N 蛋白的抗终止作用使基因表达进入晚早期表达,而 Cro 蛋白优先与操纵区 $O_R$3 和 $O_L$3 结合,但由于 Cro 蛋白翻译速度很慢,操纵区处于未饱和状态,不能马上进入溶菌状态。

晚早期基因表达,是前早期翻译的 N 蛋白介导的抗终止作用,实现了前早期转录向晚早期转录的转换,使之进入噬菌体的时序表达控制。N 蛋白不仅是一种抗终止因子,而且还是一种正调节因子,由于 N 蛋白与 RNA 聚合酶相互作用,使 N 蛋白结合在右向和左向转录的 RNA 的抗终止 *nut*R 与 *nut*L 区,并和 RNA 聚合酶结合形成复合物,中和了宿主编码的终止因子 ρ 的活性,使其越过左右两个终止子而发生通读,导致晚早期基因表达。在这个时期转录通过终子 $t_R$1、$t_L$1 和 $t_R$2,分别转录翻译出 CⅡ蛋白、CⅢ蛋白及其他早右操纵子和早左操纵子,如 O、P、Q 和 Xis、Gam 等产物,并启动 λ 阻遏蛋白操纵子促使 CⅠ蛋白表达;

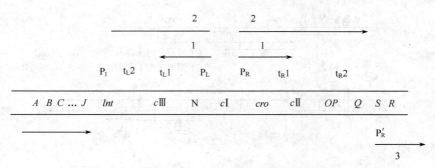

图 4.23　λ 噬菌体的主要启动子及转录终止位点

C Ⅱ 和 C Ⅲ 蛋白是调节因子,是 *c* Ⅰ 基因从 $P_E$ 处启动所必需的,C Ⅱ 蛋白不稳定,C Ⅲ 蛋白具有稳定 C Ⅰ 蛋白的作用,使之形成 C Ⅱ/C Ⅲ 复合体,C Ⅱ/C Ⅲ 复合体作为正调节因子,促进 *c* Ⅰ 基因从 $P_E$ 与 $P_M$ 处转录 *c* Ⅰ mRNA 并翻译 C Ⅰ 阻遏蛋白,同时促进 *int* 基因从 $P_I$ 处转录并翻译整合酶,C Ⅰ 阻遏蛋白和整合酶的共同作用使 λ 噬菌体 DNA 整合到宿主染色体上,进入溶源状态。此时由于前早期 Cro 蛋白浓度的增加已经达到足以同操纵基因 $O_L$ 和 $O_R$ 相结合使之饱和,从而关闭了 $P_L$ 和 $P_R$ 启动子起始的转录作用,加之 Q 蛋白的抗终止作用,使晚早期转录向晚期转录方向转换,促使晚期基因表达,当 Cro 蛋白与 Q 蛋白达到饱和,λ 噬菌体转入裂解状态。因此,晚早期表达的基因包括两个与 DNA 复制有关的 O 和 P 基因;7 个与 DNA 重组有关的基因,控制 DNA 的整合与切离;一个 Q 基因和 C Ⅱ 与 C Ⅲ 基因以及 λ 阻遏操纵子 C Ⅰ 阻遏蛋白。

晚后期基因表达,包括 7 个头部蛋白基因、11 个尾部蛋白基因和 2 个裂解基因(S 和 R)等,裂解生长由 $P_R$2 启动,这一转录是否进行下去,取决于 Q 蛋白。如果没有 Q 蛋白,只转录 6S RNA(194 bp),在 tR4 终止。Q 蛋白的存在,使 RNA 聚合酶越过 tR4 终止子,转录后期与裂解相关的基因,并完成 λ 噬菌体的生活周期,但是 Q 蛋白介导的抗终止子作用与 N 蛋白有所不同,相同的是像 N 蛋白一样需要特殊的识别信号 *qut* 及宿主蛋白 NusA,不同的是不像 N 蛋白那样结合在 RNA 聚合酶上。因此,转录过程中,$P_L$ 和 $P_R$ 启动子启动转录 mRNA R1 和 mRNA L1,分别产生 Cro 蛋白和 N 蛋白,R1 和 L1 分别终止于 tR1 和 tL1。由于 N 的出现,N 蛋白具有抗终止的作用,越过终止子 $t_R1$ 和 $t_L1$,继续转录形成 mRNA R2 和 mRNA L2,产生 C Ⅱ 蛋白、C Ⅲ 蛋白及复制需要的 O 蛋白和 P 蛋白等。由于 N 蛋白对终止子 tR2 具有抗终止的作用,转录可以在 tR2 终止或越过终止子直到 tR3 终止,翻译出 Q 蛋白。Q 蛋白的抗终止和激活作用,使晚期操纵子从 $P_R$2 启动子开始,首先达到终止子 tR4,转录 6S RNA 的前导序列,由于 Q 蛋白对 tR4 具有抗终止作用,越过 tR4 转录继续,表达噬菌体的头尾蛋白结构基因及与裂解有关的基因。

### 4.2.4　溶源途径

λ 噬菌体感染宿主后,有两种发育途径可供选择:裂解途径和溶源化途径。一般来说,如果宿主细胞生长在丰富培养基上,λ 噬菌体进入裂解循环,而在对数期以后的细菌或培养在缺乏碳源物质的培养基中的细菌作为寄主则有利于溶源化。

#### 4.2.4.1　溶源的建立与维持

λ 噬菌体侵染细胞后,大多数情况下 λ 噬菌体进入裂解循环,λDNA 复制,产生较多的噬菌体粒子。在溶源状态下,大多数噬菌体的基因都不表达,而只有与溶源化有关的少数基因如 $c$Ⅰ才被表达。噬菌体是进入裂解循环还是整合到寄主染色体上形成溶源态,这主要取决于 CⅠ蛋白和 Cro 蛋白的合成及它们的调控作用。这两条途径之间是如何进行调控的呢?已知噬菌体基因组上大约有 35 个编码蛋白质的基因的表达是通过调控左、右两个方向的转录进行的。λ 噬菌体感染宿主后最先转录并合成的是 N 抗终止调节蛋白,通过其调节作用,其他基因的转录或被激活或被阻遏,当 $c$Ⅱ与 $c$Ⅲ基因分别表达后形成异型二聚体才能促进 CⅠ蛋白的表达,进而促使 λ 噬菌体选择进入裂解或溶源途径。进入溶源或溶菌取决于 CⅠ蛋白和 Cro 蛋白的数量,从时间上 Cro 蛋白先于 CⅠ蛋白表达,从速度上 CⅠ蛋白快于 Cro 蛋白,从数量上 CⅠ蛋白积累高于 Cro 蛋白,由于两者都能够竞争性与操纵区结合,当 CⅠ蛋白与操纵区 $O_R1$ 和 $O_L1$ 结合时,同时抑制了 $cro$ 基因表达,另外 CⅡ/CⅢ产物促进整合酶的表达则促使 λ 噬菌体 DNA 在 $att$ 位点整合到大肠杆菌染色体 DNA 分子内,建立溶源途径,使 λ 噬菌体转变为原噬菌体,使寄主转变为溶源性细菌,在溶源状态,整个噬菌体基因组有利于作为宿主细胞染色体的一部分,这时其复制和基因表达完全处在宿主染色体的控制下。与此同时,N、Cro、CⅡ和 CⅢ等蛋白不再表达,由于 CⅡ和 CⅢ蛋白既不稳定,又没有新的 CⅡ和 CⅢ蛋白的补充,以致细胞中这两种蛋白质水平很快降低,这时 $P_E$ 就不再启动转录 $c$Ⅰ基因,加之 $O_R$ 上结合的 CⅠ蛋白,又能够作为正调节因子,促进 $P_M$ 对 $c$Ⅰ基因的表达,所以,CⅠ蛋白的继续合成,只是降低了翻译水平,由此维持溶源,因此从 $P_R$ 转录并翻译得到的 Cro 和 CⅡ蛋白是决定溶源化或是裂解的关键。这个过程中是什么原因造成 λ 阻遏蛋白一会儿具有阻遏蛋白的作用,一会儿具有正调控因子的作用呢? 这是 λ 噬菌体的调节蛋白和 λ 噬菌体的操纵基因及启动子的结构与功能特点所决定的。

### 4.2.4.2　阻遏蛋白的特点

$c$Ⅰ与 $cro$ 基因分别产生的 λ 阻遏蛋白(CⅠ蛋白和 Cro 蛋白)是 λ 噬菌体的两种调节蛋白。CⅠ阻遏蛋白是由 236 个氨基酸组成的多肽链,分子量为 27 kD。它是酸性蛋白质,碱性氨基酸只占 10%,大部分集中在 N 端,这部分氨基酸中 26 个中有 9 个是赖氨酸或精氨酸,占 N 端氨基酸的 35%。活性形式 CⅠ阻遏蛋白由二聚体构成,每个亚基有两个结构域,一个是 N 末端结构域,由第 1~92 个氨基酸残基构成,它提供与操纵基因相结合的位点;另一个是 C 末端结构域,由第 132~236 个氨基酸残基构成,其功能是负责自身二聚体的形成。两个结构域由第 93~131 个氨基酸残基所组成的肽链相连接。这个连接部位很容易被蛋白水解酶(木瓜蛋白酶或枯草杆菌蛋白酶)所切断,使之分离成为两个结构域。分离的两个结构域的 N 末端仍能与操纵基因 O 结合,C 末端仍能形成二聚体,只不过这两个的作用都不如完整的蛋白功能强。所以,CⅠ阻遏蛋白分子既依赖于自身 C 末端结构域形成二聚体,又依赖于自身 N 末端结构域与操纵基因 O 的结合。

在 $P_L/O_L$ 与 $P_R/O_R$ 中,2 个操纵基因各含有 3 个能与阻遏蛋白结合的位点,即 $O_R1$、$O_R2$、$O_R3$ 和 $O_L1$、$O_L2$、$O_L3$(图 4.24(a)),这些位点都有 17 bp,都具有回文对称性,核苷酸序列相似,但不完全相同。位点之间相隔 6~7 bp,这些间隔的核苷酸对多为 A-T 对。$P_L$ 与 $O_L1$ 位点重叠,$P_R$ 与 $O_R1$ 位点重叠。CⅠ阻遏蛋白与操纵基因结合的亲和力大小顺序为:$O_R1>O_R2>O_R3$,$O_L1>O_L2>O_L3$(图 4.24(b))。Cro 蛋白与操纵基因的亲和力的顺序刚好相反,$O_R3>O_R2>O_R1$,$O_L3>O_L2>O_L1$。CⅠ阻遏蛋白浓度较低时与 $O_R1$ 和 $O_R2$ 操纵基因结合时,还能促进 $P_M$ 启动子的转录,激活 $c$Ⅰ基因的表达。不过 $c$Ⅰ基因的阻遏蛋白

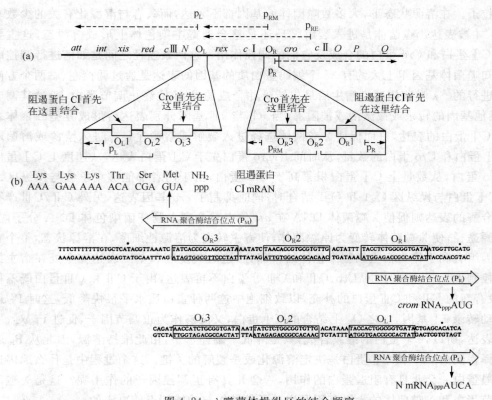

图 4.24 λ噬菌体操纵区的结合顺序

二聚体与 C 位点的结合具有协同效应,而 Cro 蛋白与 O 位点的结合则没有协同效应。当一个二聚体与 $O_R1$ 结合以后,就很容易发生第 2 个二聚体与 $O_R2$ 结合。这种协同效应也是通过二聚体的 C 末端结构域实现的。在溶源状态下,$O_R3$ 一般是空着的,只有 $O_R1$ 和 $O_R2$ 与二聚体相连,使得 RNA 聚合酶不能进入 $P_R$ 和 $P_L$,遏制了早期基因的转录。同时又由于 $O_R2$ 上的二聚体的 N 端结构域 RNA 聚合酶发生作用,结果是促进 RNA 聚合酶与 $P_M$ 结合,从而促进开放性启动子的复合物的形成,进而促进了 $cI$ 基因的表达,这就是 CI 阻遏蛋白的正调控作用。影响正调控作用的突变位点都位于 α 螺旋 2 以及 α 螺旋 2 与 α 螺旋 3 之间的转角部分。CI 阻遏蛋白对于自身 $cI$ 基因的正调控是一种反馈放大。在生命系统中,任何正反馈都必须受到控制,否则会引起生命系统的崩溃。当 CI 阻遏蛋白浓度很高时,就会进入 $O_R3$ 位置,$P_M$ 与 $O_R2$ 相连,并和 $O_R3$ 位点重叠,所以 CI 蛋白占据了启动子 $P_M$ 的 Pribnow 区和 -35 区,阻止了 $cI$ 基因的表达,使 CI 阻遏蛋白浓度下降,这时 CI 阻遏蛋白又起负调控作用。因此 CI 蛋白对 $P_R$ 具有双重调控作用,即正调控与负调控。由此可见,CI 阻遏蛋白浓度的高低,是调节 CI 阻遏蛋白进入正调控或是负调控的关键,从而达到最大节约化原则。

　　Cro 蛋白分子很小,也是由二聚体构成,每个亚基由 66 个氨基酸残基构成,整个分子只有一个结构域,这个结构域有 3 个 α 螺旋区和 2 个 β 螺旋区。它既是 DNA 的结合位点,又是相互形成二聚体的结合位点,该二聚体与操纵基因 O 位点的亲和力顺序恰恰相反,是 $O_R3 > O_R2 > O_R1$,$O_L3 > O_L2 > O_L1$。Cro 蛋白浓度低时,与 $O_R3$ 结合,阻止 $cI$ 基因转录,浓度较高时与 $O_R2$ 结合,进一步阻止 $cI$ 基因表达,而且对启动子 $P_R$ 也有阻遏作用;当浓度很

高时与 $O_R1$ 结合,阻止启动子 $P_M$ 和 $P_R$ 的转录。Cro 蛋白对 $c\,\mathrm{I}$ 基因和 cro 基因都有负调控作用。由于 Cro 二聚体与操纵基因 $O$ 的结合力的顺序恰好与 CⅠ阻遏蛋白二聚体相反,因此最初表达的 Cro 二聚体首先与 $O_R3$ 结合,从而部分关闭了 $c\,\mathrm{I}$ 基因的活性。这样,由 RecA 切断 CⅠ阻遏蛋白单体分子到 CⅠ阻遏蛋白的失活而引起 Cro 蛋白的合成,再由 Cro 关闭了 $c\,\mathrm{I}$ 基因。这个过程不可逆地导致了 λ 噬菌体的裂解生长(图 4.25)。因此,溶源状态中的原噬菌体使溶源性细菌具有免疫性、溶源性和诱导释放性,一般理化因子都可以诱导溶源细菌释放噬菌斑,如紫外线、丝裂霉素 C 等的诱导与裂解途径相同。此时的 λ 噬菌体看起来只是对寄主无害的共生病毒基因,和寄主一起繁殖、生长与死亡。但当条件合适时,它就会转入溶菌途径,释放出子代噬菌体并破坏宿主细胞。

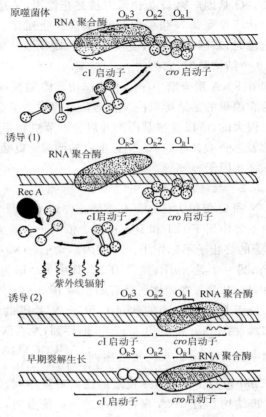

图 4.25　λ 噬菌体进入裂解生长

### 4.2.5　溶菌途径

λDNA 进入大肠杆菌后,利用大肠杆菌体内的酶和代谢原料进行自身复制,并合成噬菌体基因的各种产物,如酶和外壳蛋白。在大肠杆菌体内 λ 噬菌体不断发育成熟,组装出许多子代噬菌体颗粒,最终使宿主细胞裂解释放出子代噬菌体。在37 ℃条件下,这样一个过程约需要 40～45 min,这时每个大肠杆菌可产生出 100 个有侵染活性的子代噬菌体颗粒。

#### 4.2.5.1　溶菌的建立

在溶源状态中,由于 CⅠ阻遏蛋白表达,防止了早期基因的转录,阻止其向裂解方向的转变,但同时 Cro 蛋白也在表达,当 Cro 蛋白积累到一定量时,$c\,\mathrm{I}$ 基因被阻抑,消除了对早期基因转录的阻止,开始向裂解方向转变。因此,溶源化进入溶菌状态,$c\,\mathrm{I}$ 基因关闭,$c\,\mathrm{I}$ 基因不再合成,解除了 CⅠ蛋白对早左操纵子和早右操纵子的抑制。在基因表达中,早左操纵子首先启动合成 N 蛋白,如果没有 N 蛋白,向左转录只进行 15%λDNA 的距离就会在 tL1 处终止,向右转录 0.5%λDNA 的距离在 tR1 处终止,这是因为此处具有一个 $\rho$ 蛋白结合在 DNA 的这个位置上,使其转录不能进行。当 N 蛋白含量逐渐增加时,N 蛋白就会对抗 $\rho$ 蛋白,解除 $\rho$ 因子对早左操纵子和早右操纵子的前早期抑制作用,使早左操纵子和早右操纵子晚早期表达,向左表达与原噬菌体从 E. coli DNA 上释放出来有关的基因,向右表达产生 Cro 蛋白和晚早期基因,为晚早期和晚期基因表达提供必要的条件。其次,晚早期基因表达使早左操纵子和早右操纵子表达完全,向左表达 cⅢ基因、整合基因、割裂基因和重组基因等,向右表达 CⅡ、Q 和复制基因 O 与 P 蛋白。这些产物与原噬菌体由细菌 DNA 割裂出来有关。Q 基因产物 Q 蛋白既有抗终止作用，又是晚期基因表达的激活蛋白。其中晚早期基因表达不仅受到 N 蛋白的调节，而且还受到 CⅠ蛋白和 Cro 蛋白的调节。当 Q 蛋白积累到一定量时，基因表达进入晚期。最后，晚期表达的基因主要是晚期操纵子基因，该操纵子包括 20 个结构基因，它们占 λDNA 基因组的一半左右。晚期基因由 Q 蛋白激活。Q 蛋白可能起着 RNA 聚合酶中 σ 因子的作用。晚期操纵子作为一个独立的操纵子是十分重要的，因为它编码的是结构蛋白。在溶菌过程中为了合成子代噬菌体外壳，这些结构基因的需要量是很大的，所以这些基因的开启和调节更利于这些蛋白质大量产生。因此，晚期操纵子基因的表达受 Q、CⅠ、Cro、N 等蛋白的调控。Q 蛋白在晚期表达非常重要，既是激活因子，又是抗终止因子。

#### 4.2.5.2　抗终止作用

　　N 和 Q 蛋白为什么具有抗终止作用？这两个抗终止因子的作用具有高度的特异性。N 蛋白主要作用于 tL1 和 tR1 这两个依赖于 ρ 因子的弱终止子，然而 N 蛋白对寄主的依赖于 ρ 因子的终止子不起作用。N 基因启动子（pN）有两个抗终止信号序列，一个是 nutL，紧接着 P$_L$；另一个是 nutR，紧靠 tR1。其中 nut 即为蛋白质 N 利用位点的意思，具有 boxA 和 boxB，boxB 是 λ 噬菌体所特有的。两个 nut 位点对于 pN 所控制转录的基因（N 和 cro）的相对位置是极不相同的。nutL 位于 N 基因的开头，而 nutR 则位于 cro 基因的末尾（图 4.26）。两个 nut 位点均为 17 bp 的序列，左右两个 nut 的序列只相差一个碱基序列对，每个序列中包含 5 bp 的反向重复序列：$\frac{\text{AGCCCTGAAPuAAGGGCA}}{\text{TCGGGACTTPyTTCCCGT}}$，N 蛋白生成以后，首先结合于 nut 位点。由于 nut 位点的反向重复序列，它可以像终止子一样能够形成一个小的茎环二极结构。当 RNA 聚合酶通过 nut 位点时，N 便与 RNA 聚合酶的核心酶结合而修饰 RNA 聚合酶的构象，使之不再理睬终止子 tL1 和 tR2（图 4.27）。

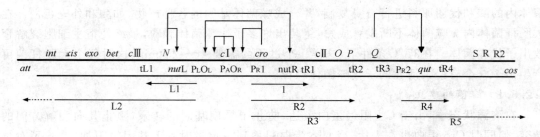

图 4.26　λ 噬菌体基因的终止位点

　　λ 噬菌本没有编码 RNA 聚合酶的基因，它借用了寄主的酶合成 RNA 聚合酶。在 λ 噬菌体的转录中，寄主的 RNA 聚合酶被修饰了，这种修饰不是为了识别噬菌体的启动子，而是修饰的 RNA 聚合酶能抗终止子。

　　Q 与 N 一样，也具有抗终止作用。其作用位点 qut 是在 P$_R$2 与 tR4 之间。qut 位点含有 34 bp，呈回文对称序列（反向重复序列又称回文序列）。

　　N 和 Q 的作用机制还不十分清楚。一般认为，nut 位点的回文对称结构非常重要，pN 首先结合于 nut 位点，当 RNA 聚合酶转录通过 nut 时，识别其转录物的茎环结构信号，于是 pN 与 RNA 聚合酶结合，并修饰 RNA 聚合酶的构型，使之不受终止子 tL1、tR1 和 tR2 的作用，而继续转录。qut 与 nut 位点是相似的，同样具有茎环结构，表现为抗终止作用。pQ

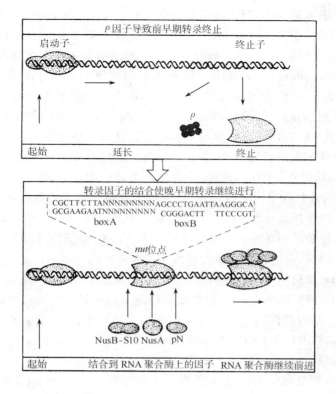

图 4.27 λ 噬菌体的抗终止作用

的作用机制是从 *E.coli* 分离得到的可以抑制抗终止子功能的突变体中了解到的,大多数是位于 *rpo*B 基因的突变,λ 噬菌体就不能有效感染这些突变体,除了极早基因表达外,其余基因都不能表达,这说明 Q 像 ρ 因子一样,是与核心酶的 β 亚基发生作用的。另一个突变位点是 *nus* 位点,包括 *nus*A、*nus*B 和 *nus*E 基因。*nus*E 是核糖体小亚基蛋白 S10 的基因。NusA 的功能与 N 的作用密切相关。λ 噬菌体 N 基因的突变体能克服 *nus*A 突变体对于抗终止的抑制作用。试验表明:N 与 NusA 很容易结合,N 是分子量为 13.5 kD 的碱性蛋白,NusA 是分子量为 69 kD 的酸性蛋白。NusA 在 ρ 因子存在时,能在许多终止子处进行有效终止作用。NusA 与 ρ 因子并不相同,二者的作用是互补的。NusA 能与核心酶结合形成 $\alpha_2\beta\beta'$NusA 复合体,但不能与全酶结合,NusA 与核心酶的结合是非特异性的,把 σ 亚基加到 $\alpha_2\beta\beta'$NusA 复合体时,NusA 即解离下来。NusA 解离下来的机制并不十分清楚,但 *nus*A 像 σ 亚基一样,是作为 RNA 聚合酶的一个亚基组分,σ 负责转录的起始,*nus*A 负责识别终止子,促进转录终止。如果在 ρ 的协同下,表现为有效终止;如果在 N 的帮助下,表现为抗终止。当全酶 σ 识别启动子后转录起始,延伸时转变为核心酶,此时 NusA 则与核心酶结合,当 RNA 聚合酶-NusA 复合体遇到 *nut* 位点 boxA 时,S10 与 NusB 结合的异源二聚体与核心酶结合,经过 boxB 时,在 NusG 的帮助下,N 蛋白和 NusA 连接而加入到复合体中,形成巨大的控制转录延伸的颗粒 ECP 因子,在 ECP 的作用下,复合体越过终止子,转录继续。ECP 的作用机制还不太清楚,有待进一步研究。

#### 4.2.5.3 裂解反应

在裂解反应中,溶源条件破坏,阻遏蛋白失活,早左、早右操纵子转录,原噬菌体成为 λ,

进入裂解周期。在溶菌途径中,当 λ 噬菌体的 DNA 合成处于抑制状态时,溶源菌受紫外线或丝裂霉素 C 处理后,若某些因素(如紫外线、丝裂霉素等处理)激活具有水解酶活性的RecA蛋白,RecA 蛋白便获得了蛋白酶的活性,专一地水解若干控制蛋白质的 Ala-Gly 之间的肽键,降解 CⅠ蛋白,将其第 111 和第 112 个氨基酸之间的肽链打断,C 末端和 N 末端相继从 DNA 分子上脱落下来,常会使阻遏蛋白失活,由于 CⅠ阻遏蛋白的单体和二聚体之间的平衡被打破,CⅠ阻遏蛋白迅速地从操纵基因上解离下来。这时 RNA 聚合酶才能进入两个早期操纵子,使 RNA 聚合酶有机会与 cro 基因的启动子结合并使转录向裂解的方向进行。首先转录并翻译出抗终止蛋白 N 和另一个调节蛋白 Cro 。只要 CⅡ蛋白比 Cor 蛋白的浓度低,Cor 蛋白就阻止 cⅠ基因转录,控制 λ 阻遏蛋白的生成,并启动其他转录基因,由于 N 的抗终止作用,晚早期基因才得以表达,产生 λ 复制所必需的蛋白质 O 和 P 以及另一个抗终止蛋白 Q。由于抗终止蛋白 Q 的作用,晚期基因得以表达,产生噬菌体的结构蛋白质以及裂解细菌和组装噬菌体颗粒所必需的酶。当产生的 Q 蛋白达到使 $P_R2$ 转录完成时,开始进入裂解循环,从而诱导原噬菌体发育成为 λ 噬菌体而使细胞裂解,进入裂解周期。所以 λ 阻遏蛋白与 Cro 蛋白的作用是不同的。这个 CⅠ阻遏蛋白就是 cⅠ基因产生的,用于关闭左、右早期操纵子,使噬菌体进入溶源状态,λ 阻遏蛋白不但有阻遏转录的作用(负调控),而且有激活自身 cⅠ基因的作用(正调控);Cro 蛋白是负调控作用,它首先阻遏 cⅠ基因的转录,然后才阻遏早期基因包括 Cro 自身基因的转录。

#### 4.2.5.4 复制与包装

λ 噬菌体的复制在早期是 θ 复制,在晚期是滚环复制。λ 噬菌体的复制原点包含 3 个部分:4 个高度保守的 19 bp 组成的正向重复序列,称为 ori 复制序列;约 40 bp 组成的富含A-T序列,其中 A-T 占 80%;36 bp 的回文序列,中间 4 bp 为不对称部分(图 4.28)。

由 $P_RO_R$ 发动的转录是 λ 噬菌体 DNA 复制必不可少的步骤。如果 λ 噬菌体的阻遏蛋白结合于 $F_RO_R$,则 λ 的复制被阻断。转录作用除了在复制原点解链外,还复制了 λ 复制所必需的基因 O 和 P,它们是大肠杆菌 DnaA 和 DnaC 的类似物。在 λ 噬菌体的复制中,除 O和 P 基因产物是必需的外,还需要大肠杆菌中除 DnaA 和 DnaC 蛋白以外的所有大肠杆菌的复制蛋白。

基因 O 和 P 相互重叠 4 bp,基因 O 产物有 298 个氨基酸,分子量为 33 700 D;基因 P 产物有 233 个氨基酸,分子量为 6 500 D。从 $P_RO_R$ 起始的转录为本底水平的转录。O 蛋白非常不稳定,很容易被水解,P 蛋白很稳定。O 蛋白的结合位点是 4 个 ori 重复序列,当 O 蛋白含量较低时,优先结合于重复序列 2 和 3,但 DNA 的正常复制要求 4 个序列都必须是 O蛋白饱和。因此 O 蛋白以二聚体形式结合在 4 个 ori 重复序列上并使 ori 区的 DNA 形成环状结构,8 个 O 蛋白在 ori λ 上形成一个多聚蛋白质复合物。在噬菌体 λ 感染的细胞中,噬菌体编码的 P 蛋白与宿主的 DnaB 蛋白结合后再进入 λDNA 的 ori 区。P 蛋白与结合DNA 的 O 蛋白相互作用,促进 DnaB 螺旋酶结合在 ori λ 上。随着 O 蛋白八聚体的形成,P蛋白和 DnaB 螺旋酶以 P-DnaB 复合物的形式加入其中,形成 ori λ-O-P 复合物。因为 P 蛋白能够抑制 DnaB 螺旋酶的活性,所以 ori λ-O-P-DnaB 复合物在随后的一系列事件中保持无活性状态,只有 P 蛋白失活或者从复合物中脱落的情况下,DNA 复制才能起始。三种大肠杆菌的热激蛋白,即 DnaK、DnaJ 和 GrpE 的结合促进了 ori λ 的活化。它们的协同作用从 ori λ-O-P-DnaB 复合物上去除 P 蛋白,促使 DnaB 活化,从而使 DNA 解旋,这个过程伴

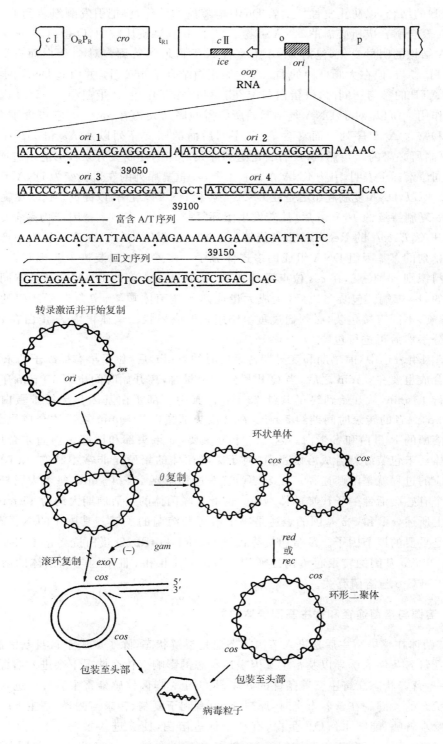

图 4.28  λ 噬菌体的复制原点结构和复制方式图

随着 SSB 的结合,以防止复性。随着 DnaB 螺旋酶的活化,再把引发酶组装到 DNA 上以产生 DNA 聚合酶合成所必需的 RNA 引物。因此,在超螺旋质粒中,O 蛋白与 oriλ 的结合导致 DNA 结构的明显变化,包括 DNA 上富含 A-T 区域的解旋。对 O 蛋白而言解旋过程不需要 ATP 参与,但在大肠杆菌的 DnaA 起始蛋白结合于 oriC 上,并引起 DNA 的结构变化,则需要 ATP 的参与。同时,O 蛋白与 P 蛋白可以相互作用,P 蛋白与 dnaB 基因产物也可以相互作用。所以,对于 DNA 复制起始所必需的序列大约有 350 bp,它包含了 4 个 ori 重复序列和富含 A/T 序列。而富含 A/T 序列后面的回文序列以及 ice 和 oop 序列并非是 DNA 复制所必需的。当然,这没有否定这些序列对体内复制会有某种可能增进或控制的功能。用同位素标记表明,引物 RNA 在紧靠 4 个 ori 重复序列的左边转变为 DNA,而且是双向复制的。所以,DNA 复制起始后是在 DNA 上装载 DNA 螺旋酶,以促进亲代双螺旋的解旋。

在 θ 复制持续约 16 min 后,接着发生滚环复制。gam 和 red 基因产物是 θ 复制向滚环复制的开关,E. coli 的 RecBCD 蛋白能够阻止这一过程的进行。在滚环复制中产生出一系列线性排列的 λ 基因组 DNA 组成的多连体分子。多连体被包装进入头部时,入口处的 A 蛋白专门识别 cos 位点,在 cos 位点进行切割,所以进入头部的 DNA 分子具有同样大小以及相同的 cos 末端。包装完成后,生成大量成熟的噬菌体颗粒。θ 复制所产生的环状单体(负超螺旋)不能直接包装,必须通过重组作用先形成环状二聚体再由 A 蛋白在 cos 位点切出线性分子然后再进行包装。

λ 基因组表达中,前早期和晚早期转录历时约 4 min 后,位于早右操纵子的末端 Q 基因最早的合成也要在 5 min 之后,当 Q 积累到一定量时,离开始时间也有 10 min 了。晚期转录共进行 13 min,从开始到终了共计 23 min。其中头部蛋白基因与尾纤维蛋白基因相距 10 000 bp,二者的转录时间差约 5 min,在合成头部蛋白的 5 min 之后才合成尾部蛋白,最后合成溶菌的 R 蛋白和 S 蛋白。这一点十分重要,如果头部和尾部蛋白尚未合成好,即子代噬菌体还未包装好就合成溶菌蛋白,对于 λ 噬菌体的繁殖是非常不利的。λ 噬菌体进入裂解反应的过程就是溶菌途径。在 37 ℃,这一过程需要 40～45 min,每个大肠杆菌可产生出 100 个有感染活性的子代噬菌体颗粒。因此 λ 噬菌体的生活周期大约为 45 min。

综上所述,cI 和 cro 基因的表达是决定溶源和溶菌的关键。其中 λ 的 N、Cro 和 Q 三个蛋白是重要的调节因子。N 蛋白抗终止子 t1、tR1 和 tR2、Q 蛋白抗终止子 tR4 及 Cro 蛋白对 cI 和 cro 基因的转录起负调控作用。N、cI、cII 和 cIII 基因与噬菌体的溶源状态有关;N、Q 和 Cro 与溶菌有关。

### 4.2.6　溶源与溶菌途径和寄主基因表达的关系

λ 噬菌体在感染宿主后是进入溶源状态还是裂解状态,除了取决于自身基因的表达外,同时又受营养条件的诱导以及宿主基因表达状态的影响。什么情况下会进入溶源状态呢?

第一,营养状态。寄主营养条件的好坏,是决定 λ 噬菌体感染寄主后直接进入溶菌状态或溶源状态的关键。在营养丰富时,原料充足,有利于复制、转录与翻译,寄主 hfl 基因编码的蛋白酶水解酶,能够水解 cII 蛋白,有利于促进溶菌,使 λ 进入裂解生长;但在营养枯竭时,原料底物不足,不利于噬菌体的复制、转录和翻译合成,寄主 hfl 基因关闭,cII 蛋白促进 cI 基因和整合酶 int 基因的表达,有利于噬菌体进入溶源状态。寄主能源枯竭时,产生一系列的生理变化,其中最重要的是 cAMP 的产生,并且寄主 hfl 与 himA 基因的表达与 λ

噬菌体的溶源或溶菌密切相关。在正常情况下，寄主 $hfl$ 基因编码一种蛋白酶，能够水解 CⅡ蛋白。因而，当强大的寄主 $hfl$ 基因产物存在时，$cI$ 基因是不能表达的，只有 $cro$ 遥遥领先，占据左、右两个早期操纵子中的操纵基因，让其先表达然后再关闭。这时 λ 噬菌体已经产生了足够的与 DNA 复制有关的蛋白质（O，P）和抗终止蛋白 Q。由于抗终止蛋白 Q 的作用，噬菌体结构蛋白基因表达，进入溶菌状态。而且 $hfl$ 基因的表达受到 cAMP-CAP 的负调控，当能源枯竭时，cAMP-CAP 增加，$hfl$ 关闭，λ 噬菌体进入整合状态，进入溶源途径。同时寄主 $himA$ 基因是整合过程中必不可少的，它是整合酶的一个亚基。它的表达受什么因素制约，还不十分清楚，有待进一步研究。所以，在寄主正常营养状态，λ 噬菌体进入裂解途径，在营养枯竭时，λ 噬菌体进入溶源途径。

第二，MOI 值的高低。MOI 值即感染复数。当 MOI ≥ 10 时，MOI 值过高，影响 CⅡ蛋白的活性，CⅡ单体无活性，且不稳定，只有 CⅡ的寡聚体才有活性。当两个 λ 噬菌体同时感染一个寄主时，CⅡ的产物不足以形成有活性的寡聚体，λ 噬菌体就进入裂解状态。当 MOI 值过低，就有足够的 CⅡ寡聚体形成，CⅡ蛋白增加，$hfl$ 基因产物减少，加之 CⅢ蛋白的协助，抑制 $hfl$ 基因产物的蛋白水解活性，由于 CⅡ和 CⅢ蛋白复合物的作用，激活了 $cI$ 基因表达，产生 CⅠ蛋白，关闭 $P_L$ 和 $P_R$。由于 $cI$ 基因有两个启动子 $P_E$ 和 $P_M$，$P_E$ 启动转录的 CⅠmRNA 具有 SD 序列，因而能够形成多聚 mRNA，所以 CⅠ蛋白的翻译活性高，就能够很快建立溶源状态。由 $P_M$ 启动转录的 CⅠmRNA，没有 SD 序列，CⅠ蛋白的翻译活性低，减少浪费，维持溶源。CⅡ蛋白除促使 $P_E$ 转录外，同时促进 $P_I$ 转录整合酶基因 $int$ 和阻碍 Q 蛋白基因的表达，整合酶是溶源状态必不可少的，Q 蛋白是溶菌必不可少的，没有溶菌的 Q 蛋白，所以噬菌体就进入溶源状态。当 CⅡ蛋白缺乏时，$P_E$ 和 $P_I$ 两个启动子都不能起始转录，不能产生 CⅠ蛋白和整合酶，一般情况 $O_R3$ 是空着的，如果 CⅠ蛋白与 $O_R3$ 结合，CⅠ则被阻遏，其基因关闭，Cro 和 Q 蛋白增加，$P_R2$ 表达，进入溶菌状态。所以 MOI 过高，进入溶菌途径，MOI 过低，进入溶源途径。如果 $cI$ 基因突变，λ 噬菌体只能进入裂解状态，如果操纵了基因突变，λ 噬菌体也只能进入裂解状态，这时与 MOI 值的高低无关。

第三，细胞紧急状态。如紫外线照射、化学诱变剂诱导、寄主发生 SOS 反应、损伤的 DNA 造成 RecA 蛋白活性的激活、RecA 引起 CⅠ阻遏蛋白的切割、CⅠ蛋白从 DNA 的 $O_R2$ 和 $O_R1$ 位点上脱落，于是 RNA 聚合酶便有机会与 $cro$ 基因的启动子结合，表达 Cro 蛋白，诱导转录向裂解方向进行，Cro 蛋白与 $O_R3$ 结合，Cro 蛋白阻止 $cI$ 基因的表达，起负调控作用，这时，CⅠ蛋白处于劣势，导致原噬菌体的释放和裂解途径的开始，噬菌体利用宿主仅有的原料与底物合成自身包装所需要的蛋白质，即便在缺乏 Xis 切割酶的情况下，RecA 替代切割酶功能引起原噬菌体的切割，包装噬菌体，脱离寄主，进入溶菌裂解状态。

# 4.3 反转录病毒

## 4.3.1 反转录病毒及其生活史

反转录病毒（retroviruses）是一类含 RNA 的动物病毒。它的基因组由 2 条相同的单链 RNA 分子组成，除此之外，在其病毒颗粒内部还包含有 tRNA 引物分子、反转录酶、核糖核酸酶和整合酶等组分，它是属于正链 RNA 的反转录病毒科成员，常见主要成员见表 4.9。

**表 4.9 反转录病毒科主要成员**

| 属　　名 | 典型成员 |
| --- | --- |
| 哺乳动物 B 型肿瘤病毒属 | 小鼠乳腺瘤病毒 |
| 哺乳动物 C 型拟转录病毒属 | 小鼠肉瘤病毒 |
| D 型拟转录病毒属 | 猴病毒 |
| 禽 C 型拟转录病毒属 | 禽白血病病毒 |
| 泡沫病毒属 | 人泡沫病毒 |
| 人嗜 T 淋巴细胞病毒——牛白血病病毒属 | 人嗜 T 淋巴细胞病毒 I 型 |
| 慢病毒属 | 人免疫缺损病毒（HIV） |

反转录病毒的生活周期经过感染吸附、侵入、脱壳、反转录、整合、表达、包装、出芽分泌到胞外,在这个循环中,中间一定会出现 DNA 的中间环节。反转录病毒的感染能否实现,取决于细胞的特性,与细胞的分裂时相及膜上的病毒受体是否存在有关;而病毒的感染性则由宿主细胞基因决定。只有在许多条件都具备时,肿瘤因子才能感染细胞。首先,病毒通过包膜吸附在宿主细胞表面的特异受体上,在这一过程中,细胞受体起主导作用,细胞没有相应的受体就不会被病毒感染。在敏感细胞里,病毒包膜与细胞膜融合,包膜脱落,病毒核衣壳进入细胞质,衣壳在细胞质内解体并释放出 RNA 和反转录酶,细胞质与病毒 RNA 混为一体,细胞质内的某种物质或细胞质的微环境激活了病毒内部的酶的功能,在活化的反转录酶的作用下,在细胞质中以 RNA 为模板按碱基配对规则互补合成的 DNA,再在 DNA 聚合酶的作用下合成前病毒双链 DNA,然后转运至细胞核,在核中双链 DNA 有一个和转座类似的过程,在整合酶的作用下使双链 DNA 插入到宿主基因组成为无感染特性的前病毒,并使宿主 DNA 靶位点产生短的正向重复序列。在这个过程中,前病毒由胞浆向核内过渡时,除占有优势的丝状前病毒外,还出现带有单股或双股的末端重复的环状结构,而环状结构是前病毒的前身,环状结构形成之前,在酶的影响下,前病毒的环状分子在双股末段重复序列处扩增,连接在宿主染色体的一定靶部位,细胞的基因组中有很多靶部位能连接前病毒。在细胞 DNA 内生存下来的前病毒,长期保存在细胞内,一代一代传下去。起初,它们从属于细胞的调节机制。因此,它们的状态在很大程度上取决于细胞的状态。前病毒的表达是病毒信息通过细胞酶转录。前病毒转录产生 mRNA 和子代病毒基因组,由于转化的结果,已形成的病毒 RNA,由核内转移到胞浆内。在胞质内病毒 mRNA 的指导下在细胞质中合成病毒蛋白,病毒蛋白将病毒 RNA 包装成为病毒核粒,病毒蛋白的合成开始在核蛋白体上进行,这时,细胞酶体系参与到病毒包膜上糖蛋白的形成过程,这一过程伴随细胞膜的改变而改变,病毒颗粒的形成是借助于病毒蛋白和病毒的装置进行的,颗粒形成过程中以出芽方式获得了由细胞膜和病毒糖蛋白构成的包膜而成为病毒粒子,最后分泌释放到细胞外,有效的感染就完成了(图 4.29)。

反转录病毒的遗传物质一般是单链正义 RNA 基因组,通常都能够编码产生反转录酶(reverse transcriptase),该酶是分别由霍·坦明(H. Temin)和巴尔的摩(D. Baltimore)于1970 年发现的,它是一种核心蛋白,每个病毒粒子约有 30 多个酶分子,反转录酶将病毒 RNA 基因组反转录成为 DNA,反转录病毒中的整合酶将反转录的 DNA 整合到宿主细胞的 DNA 基因组内。前病毒是反转录病毒所固有的。对病毒本身的增殖来说,DNA 的中间项是必要的。所有含有感染能力的单链 RNA,经过双链 DNA 合成自己的 RNA。在被反转录病毒感染的细胞内,没有双链的病毒 RNA。反转录病毒的复制途径是:病毒 RNA→

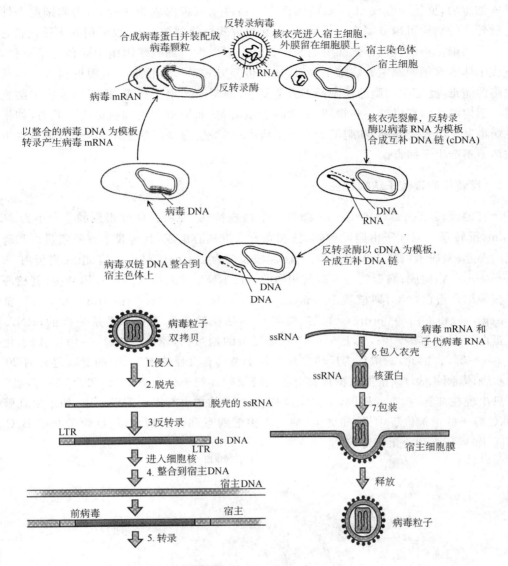

图 4.29　反转录病毒生活史

DNA→前病毒→RNA。DNA 前病毒合成的最后产物是 RNA 与 DNA 杂交分子。反转录病毒不同于其他病毒的显著特点是反转录和整合特性。

　　细胞是否具有肿瘤性质,不仅取决于细胞内是否存在病毒颗粒,而且取决于是否拥有病毒的特殊物质即转化蛋白。前病毒 DNA 提供病毒的调控装置,并能长期存在于感染的细胞内,不形成这样的物质,就不会损害细胞,也就不能表现出自己的存在。DNA 前病毒在潜伏状态时,它自己携带的全部必需物质就是为了在适当的条件活跃起来,传递蛋白合成信息,穿上病毒颗粒成熟所必需的外壳,这样就能使小细胞发生根本的变化,把正常细胞变成肿瘤细胞。

　　反转录病毒按其传播方式可分为外源性病毒和内源性病毒两大类。外源性病毒通过接触感染,在同种宿主或异种宿主之间进行水平传递。正常细胞表面有反转录病毒的受体,病毒进入细胞后,反转录生成 cDNA,而后整合到宿主基因组内成为前病毒,引起细胞恶性转化。被转化的细胞可以复制产生子病毒,由芽生方式释放到细胞外,也可仍处于转化状态而不产生子病毒。内源性病毒是病毒基因组整合在宿主生殖细胞基因组中而传递给下代,这样下代个体所有细胞都带有病毒基因组,这种传递方式是垂直传递。内源性病毒一般都是有缺陷的病毒,受宿主细胞的控制而不大量复制,通常不产生子病毒,也不影响宿主细胞的表型。但内源性病毒可被一些物理、化学因子激活,从而造成宿主细胞癌变。此时,如果内源性病毒基因组是完整的,细胞就会产生子病毒;如果病毒基因组是不完整的,则宿主细胞被破坏但不产生子病毒。

### 4.3.2　反转录病毒粒子结构特征

　　所有的反转录病毒(retrovirus)都有一个结构特征,即粗大的球形颗粒,大小为 $80\sim100\ nm$,反转录病毒粒子由脂质包膜、核衣壳及病毒核心组成,其包膜上有外膜蛋白和跨膜糖蛋白突冠;基质蛋白位于包膜内表面;病毒核衣壳为二十面体对称结构,由衣壳蛋白(capsid protein,CA)构成;病毒核心由两条相同的正链 RNA 形成的基因组双体结构,其核心中还有核酸结合蛋白(NC)即核蛋白(nucleoprotein)、反转录酶(reverse transcriptase)、整合酶(integrase)和蛋白酶(protease)。反转录病毒颗粒的化学成分几乎是一样的,RNA 占 2%,蛋白质占 $60\%\sim70\%$,其中 $5\%\sim7\%$ 是复杂的糖蛋白,脂类为 $30\%\sim40\%$,碳水化合物占 $1\%\sim2\%$。因此,一般认为反转录病毒粒子是具有直径约 100 nm 的囊膜包裹的 20 面体的衣壳仁(图 4.30)。根据电镜观察可将反转录病毒粒子分为 A、B、C 和 D 四种类型。A 粒子只出现在细胞内,有双层膜,中央无拟核;B 粒子的中央有拟核偏于一边,如小鼠乳腺瘤病毒;C 粒子的拟核位于中央,如禽类、哺乳类肉瘤病毒和白血病病毒;D 粒子介于 B、C 粒子之间,如猴病毒和松鼠病毒等。

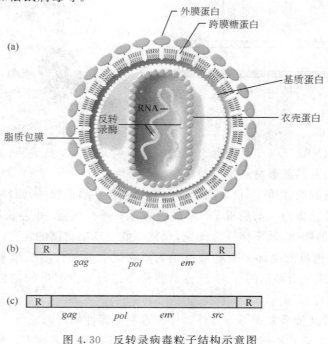

图 4.30　反转录病毒粒子结构示意图

反转录病毒大都具有致瘤性，可引起白血病、淋巴瘤、癌和肉瘤。这些病毒是研究癌变原理的重要模型。重要的反转录病毒有：引起人类艾滋病的人免疫缺损性病毒（HIV），引起禽类劳斯肉瘤的 RSV 病毒以及引起小鼠白血病的 MLV-F（friend）、MLV-M（moloney）和MLV-R（eauscher）病毒等。

### 4.3.3　反转录病毒基因组

反转录病毒 RNA 基因组通常有两个完全相同的亚基在 5′端附近经氢键连接而成的70S RNA 分子，这种结构在反转录过程中起调节作用，反转录病毒具有二倍体基因组，其中，每个亚基的长度为 5 000～9 000 bp。凡是能够复制的基因组，无论是否具有致癌性，都能够编码 3 个与复制有关的蛋白质，这 3 个基因分别是 *gag*（group-specific antigen）、*pol*和 *env*，*gag* 基因编码病毒核心蛋白质，包括基质蛋白、衣壳蛋白和核酸结合蛋白；*pol* 基因编码反转录酶、整合酶和蛋白酶；*env* 基因编码包膜糖蛋白。反转录病毒 RNA 基因组的单体 RNA 为正链，它相当于真核细胞的 mRNA，且有类似于真核细胞 mRNA 的 5′端帽子结构（m⁷GpppGmp）和 3′端的 poly(A)尾巴，5′端是甲基化的鸟嘌呤核苷酸组成的帽子结构（m⁷GpppGmp），3′端是一串多聚腺嘌呤核苷酸 poly(A)，长 200 bp。两端各具有一个 10～80 bp 的正向重复序列，称为 R 序列，在 R 序列内侧相邻的是 U5′（unique to the 5′end）和 U3′序列（unique to the 3′end），U5 是病毒 RNA 基因组 5′端特有的序列，长 80～100 bp；U3 是病毒 RNA 基因组 3′端的特有序列，长 170～1 260 bp。U5 和 U3 之间是*gag*（约 2 000 bp）、*pol*（约 2 900 bp）和 *env*（约 1 800 bp）3 个基因（图 4.31）。另外，在反转录病毒基因组中还含有一些小 RNA 分子，大多数是 tRNA，少数是 rRNA，其 tRNA 的 3′端含有与病毒基因组 5′端互补的核苷酸序列，tRNA 3′端的这一序列可以作为基因组正链 RNA 反转录合成 DNA 的引物，病毒基因组 5′端与 tRNA 互补的序列称为 tRNA 引物结合位点 PBS（primer binding site），该 PBS 与引物 tRNA 结合，在反转录病毒正义 RNA复制过程中，该 tRNA 可作为合成 DNA 的引物，如 RSV 是以 tRNATrp 作为 DNA 合成的引物，而 HTLV 的 tRNA 引物则为 tRNAPro。这些末端序列是反转录病毒基因组进行复制、转录、整合和包装的重要识别信号。图 4.32 是几种常见反转录病毒的基因组的结构

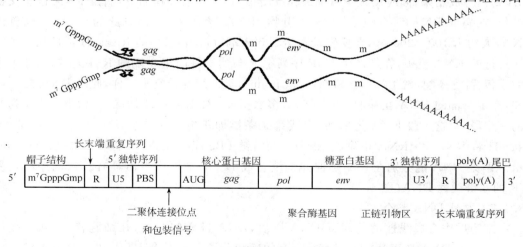

图 4.31　反转录病毒 RNA 基因组结构示意图

示意图。当病毒基因组经反转录酶催化反转录生成 DNA 时,在 DNA 的两端各产生一个末端重复序列(LTR),比 RNA 基因组多了 500～600 bp。LTR 由 5′-U5-R-U3-3′三个 DNA 序列连接,其中含有加帽信号、TATA 盒转录起始位点和 poly(A)加尾信号。LTR 是反转录病毒 DNA 形式的特有结构,在反转录病毒的 RNA 基因组中是不存在的。

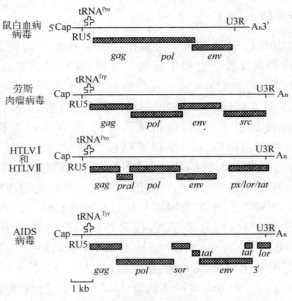

图 4.32  几种反转录病毒 RNA 基因组的结构特征

### 4.3.4  反转录病毒的复制、整合、表达

#### 4.3.4.1  反转录病毒的反转录合成双链 DNA

反转录病毒 RNA 基因组 U5 的内侧,有一个 tRNA 引物结合位点 PBS。基因组 RNA 就是以与 tRNA 互补配对的形式包裹在病毒粒子内的。病毒粒子进入细胞质以后,基因组 RNA 则被释放出来,同时反转录酶也被释放出来,其反转录过程如下:病毒 RNA 以正义链为模板,在病毒 RNA 结合位点 PBS 与引物 tRNA 退火结合,并以此为引物,合成负链 cDNA,大约为 100～200 bp,在反转录酶达到 5′末端时,反转录酶的 RNaseH 活性切除了刚刚拷贝过的 RNA 模板,在新产生 U5R 序列中 R 与病毒基因组 3′端的 R 序列结合,产生了新的模板-引物搭配,发生第一次跳跃(first jump),类似病毒转座子一样,此时 DNA 向 3′端延伸,产生全部的 RNA 互补的 DNA 链,大多数 RNA 被 RNaseH 切除,只留下 U3 序列左边的一小段,以这一段 RNA 为引物,合成第二条链即正链 DNA 的 U3RU5 和 PBS 部分,RNaseH 将 RNA 和 tRNA 切除,正链 PBS 与负链 PBS 序列互补,产生第二次跳跃(second jump),两条 DNA 链分别在 3′端延伸并继续合成 DNA,最后产生出具有长末端序列重复 LTR 的双链线性 DNA(图 4.33)。

#### 4.3.4.2  双链 DNA 整合

在细胞质中合成线性的前病毒 DNA 以后,DNA 进入细胞核,在细胞核内,除了线性 DNA 外,病毒 DNA 还以环状形式存在。有的环状分子含有一个 LTR,可能是通过线性双链 DNA 的两个 LTR 之间的同源重组后产生的;有的环状分子含有紧密相连的同向 LTR,

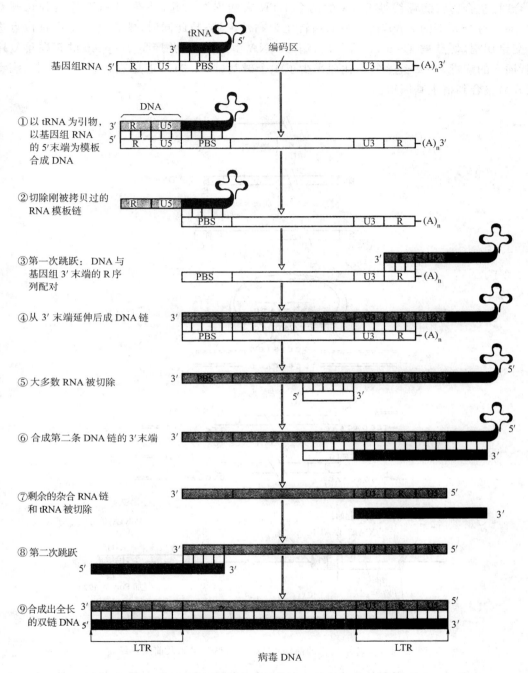

图 4.33　反转录病毒的反转录过程及产生 LTR 序列

是通过线性双链 DNA 末端直接连接而产生的。虽然很长时间都认为环状 DNA 是整合到寄主染色体的中间体(与 λ 噬菌体的整合类似),但最近的研究表明反转录病毒是以线性 DNA 形式进行整合的。

研究发现,LTR 是反转录病毒 RNA 整合进入宿主细胞基因组的过程中,至关重要的结构序列,只有当两个 LTR 末端能够连接成直接重复时,DNA 才能整合到宿主染色体上。

整合时,整合酶将病毒线性 DNA 的两个 LTR 末端连在一起,并在 U5-U3 连接处切开双链,除去每个 3′端的 2 bp,把平头末端转化为黏性末端,与此同时,整合酶对寄主靶位点进行交错切割,切点被 4～6 bp 所分离,病毒 DNA 由此插入,并产生 4～6 bp 的正向重复序列,插入的病毒 DNA 经修复后比原来少了 4 个碱基(图 4.34),正是这高效整合机制,病毒很容易整合到宿主基因组。

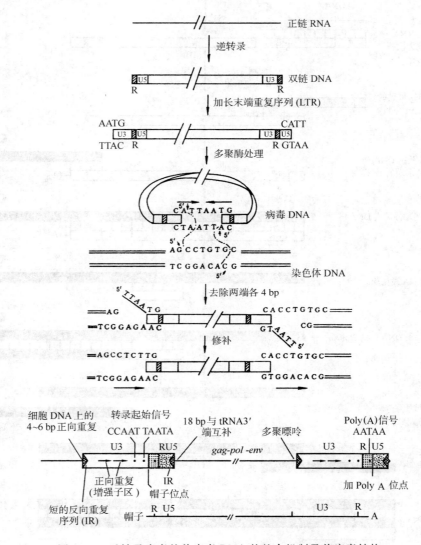

图 4.34　反转录病毒的前病毒 DNA 的整合机制及前病毒结构

不同病毒的 LTR 序列长度在 250～1 400 bp 之间。LTR 的长度变化取决于 U3 序列。在 LTR 的两端各有一个反向重复序列,所有的 LTR 两端都是以 TG……CA 和 AC……GT 为标志的。整合之前的 LTR 的两端还各有两对碱基,即 AATG……CATT 和 TTAC……GTAA,这两个碱基对在 LTR 整合进宿主细胞基因组时丢失。LTR 序列的突变会阻止整合的进行。靶位点的长度与病毒种类有关。病毒 DNA 在宿主细胞中的整合是随机的,每个被侵染的细胞,通常有 1～10 个前病毒 DNA 整合在宿主细胞基因组中。病毒 RNA、病毒线性 DNA 和前病毒 DNA 在结构上是不同的,结构差异如图 4.35。反转录病毒的整合是复制病毒 RNA 的必经阶段,并且这种整合是随机选择的,同时只有反转录病毒 DNA 基因组才能接触到宿主细胞的基因组,所以,双链 DNA 进入细胞核需要宿主细胞处于有丝分裂过程,病毒基因组才能接近核基因组,所以反转录病毒只能在细胞分裂中的细胞内进行复制。因此,宿主基因组有时也会同前病毒 DNA 发生重组,有的宿主基因组中的 DNA 会随同反转录病毒一起转座。当插入染色体新的位置时,有可能使细胞的表型和特性发生改变。

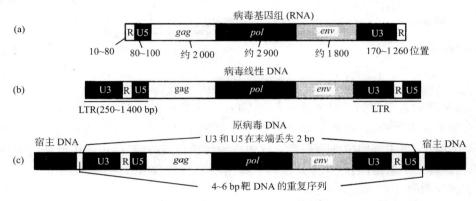

图 4.35　反转录病毒基因组、线性 DNA 和前病毒 DNA 结构比较

实验证明,线性 DNA 可以整合到染色体基因组上,此过程可以被单一病毒产物整合酶所催化。病毒 DNA 的末端是很重要的,正如转座子一样,在末端的突变会阻止整合。

#### 4.3.4.3　反转录病毒的转录与加工

虽然未整合的游离前病毒 DNA 是可以进行表达的,但只有整合的前病毒才能进行持续表达,通常整合在宿主细胞 DNA 上的前病毒 DNA 能够利用细胞的转录系统如 RNA 聚合酶Ⅱ转录合成 mRNA。前病毒 DNA 的转录就像大部分其他真核细胞的转录一样,也需要启动子和增强子。LTR 结构不但提供了整合所必需的末端,而且提供了转录和转录后加工的信号。因此,LTR 序列在病毒基因表达中具有启动功能、起始作用和加尾与加帽识别信号(图 4.36)。LTR 的 U3 序列中含有很强的启动子,LTR 在 U3 区内－25 bp 处有同TAATA 框相似的序列,－80 bp 处有 CCAAT 序列。TAATA 序列是真核生物 RNA 聚合酶Ⅱ的识别序列,因此,LTR 序列利用宿主 RNA 聚合酶Ⅱ来启动基因的转录,CCAAT 序列是真核生物增强转录起始效率的序列。在 U3-R 区分界处还有一个反向重复序列和加帽识别信号序列即帽子位点,反向重复序列对终止病毒 RNA 的合成也有重要作用。LTR 序列中的 R-U5 分界线上游 20 bp 处还有一个 $A_G^A$TAAA 序列,这是真核生物的腺嘌呤核苷酸聚合作用的信号。在 U5 区内,距离 R 区 10～25 bp 处有 TTGT 或类似序列,这是病毒 RNA 合成的终止信号,这对终止病毒 RNA 的合成可能起重要作用。在转录上游较远处有两个以上的长 70～100 bp 的正向重复序列存在,这些序列类似 SV40 的增强子的作用,与SV40 有很高的同源性,有的甚至可以相互替代,LTR 中的增强子可以增强病毒 RNA 的转录能力,同时对前病毒 DNA 两侧的宿主 DNA 的转录活性起到调控的作用。除此以外,5′端的 U3 区内的启动子负责启动前病毒的转录,3′端的 U3 区的启动子有时能够启动位于前病毒插入位点下游的宿主 DNA 序列的转录,不过这种情况很少发生。

LTR 序列的比较分析表明,同种前病毒的 LTR 序列的核苷酸是相同或相似的,不同种

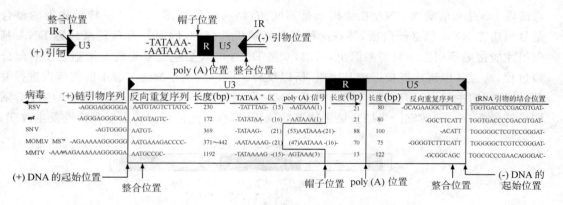

图 4.36　反转录病毒的 LTR 结构

病毒的 LTR 序列各不相同。但各种病毒的 LTR 序列都具有较高的同源性,具有重要功能的序列有的是高度保守的,这对于病毒完成生命周期是必不可少的。病毒 DNA 整合到生殖细胞基区组中,宿主细胞中的前病毒就成为内源性病毒,就能够稳定遗传给子代。一般情况,内源性病毒是不表达的,除非有其他因子的作用才会被激活表达,如感染了另一种病毒或接触了诱变剂等才有可能表达。

在病毒基因组的转录过程中,前病毒仅利用 5′端 LTR 的启动子来启动病毒基因组的转录,3′端 LTR 主要在转录终止方面行使功能。由前病毒 DNA 转录合成的 RNA 既可以作为指导病毒蛋白合成的 mRNA,也可以用做子代病毒基因组 RNA 分子。

反转录病毒 RNA 基因组以及产生的大多数病毒 mRNA 都是由一个前病毒 DNA 转录的初级产物经加工形成的。前病毒 DNA 转录合成是从同一帽子位点起始的,因此所有转录的反转录 RNA 基因组与大多数 mRNA 都有相同的 5′端,并且在 5′端形成帽子结构,在 3′端形成 poly(A)尾巴。加工后的 RNA 转运到细胞质,一些作为翻译的模板,另一些成为子代病毒基因组。因此,反转录病毒被称为正链病毒(plus strand virus),因为病毒 RNA 编码自身蛋白产物。

#### 4.3.4.4　反转录病毒的翻译

全长的 mRNA 转运到细胞质后被翻译时,一般翻译得到的产物是 Gag-Pol 多聚蛋白和 Env 前体蛋白,再经剪接成为 Gag、Pol 和 Env 蛋白。但 Gag 蛋白的表达量高于 Pol 蛋白,这是因为在 gag-pol 基因之间有一个终止子,如果要进行 pol 的表达,必须越过 gag 的终止子,因此,在正常情况下,Gag 蛋白含量高于 Pol 蛋白。不同病毒越过终止子的机制不同,这取决于 gag 和 pol 可读框的相互关系。当 gag 和 pol 密码相互连接时,一个可识别终止码的谷氨酰基--RNA 可以终止过程并合成一个只有 Gag 的单一蛋白。当 gag 与 pol 处于不同阅读框时,一个核糖体的框架迁移可使单一蛋白质得到合成(图 4.37)。通常情况下,翻译可越过终止码的效率为 5%,因此,细胞体内产生的 Gag 蛋白大约是 Pol 蛋白的 20 倍。所以,gag 与 pol 的可阅读框的相互关系对于这两个基因的表达影响较大。Env 多聚蛋白是通过另一种方式产生:剪接产生一个短的亚基因组(subgenomic)的 mRNA,并通过它的表达产物产生 Env 产物。gag 基因提供病毒粒子核蛋白核心的蛋白组成成分,pol 基因编码参与核酸合成与重组的蛋白,env 基因编码参与病毒颗粒包膜成分的蛋白。Gag(或 Gag-Pol)和 Env 蛋白皆为多聚蛋白,它们要经过蛋白酶的切割才能最终形成在成熟病毒颗粒中所发现的单一蛋白质的形式。蛋白酶的活性被病毒以多种形式所编码：它可以是 *gag-pol* 的一部分，也可以是以另一个独立的可读框形式存在。总之，反转录病毒的表达要比一般病毒复杂，必须经历反转录、整合、转录、加工进行表达（图 4.38）。

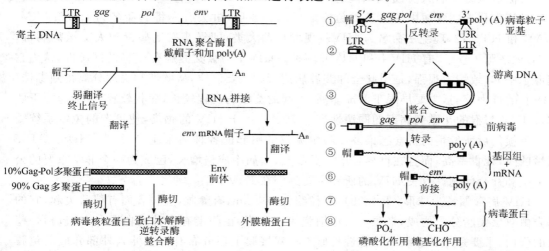

图 4.37　前病毒基因的转录和翻译　　　图 4.38　反转录病毒基因组的复制和表达

### 4.3.5　反转录病毒的作用

反转录病毒的许多特点使其具有与众不同的作用，便于发展作为动物基因克隆载体。第一，就目前所知，在大多数情况下，反转录病毒的肿瘤基因（oncogene,onc）都能够在细胞中转录。这种特性说明反转录病毒有可能是一种天然的转录因子，同时根据这种特性，我们可以在正常细胞中进行操作，将它改建为有用的动物基因的转移载体。第二，反转录病毒的寄主范围相当广泛，包括无脊椎动物，其中有的还能够在人体细胞中生长。第三，反转录病毒不但感染效率高，而且通常还不会导致寄主细胞的死亡，被它感染的或转化的动物细胞能够持续许多世代，保持正常生长和保持病毒感染性的能力。因此有可能利用反转录病毒作载体，改变动物细胞的基因型，并可遗传到子代细胞。Cone 等（1987）和 Karlsson 等（1987）均用反转录病毒表达载体实现了人珠蛋白基因的正确表达。此外，由于痘苗病毒同天花的病原体天花病毒的亲缘关系十分密切，而且当人们接种了痘苗病毒之后，便可获得对天花的高度免疫性，因此，基因工程学家就设想用重组的痘苗病毒作载体，期望表达抗多种病原体的活疫苗，并已经成功地构建了一种专门表达乙型肝炎病毒的表面抗原的感染性的重组痘苗病毒载体。因此，反转录病毒的研究就具有更为重要的意义，为基因工程的广泛应用提供了一种行之有效的方法。

### 4.3.6　常见反转录病毒

迄今为止已经在鸟类及哺乳类动物中发现了许多种反转录病毒，例如鸟类的脾坏死病毒（SNV）、鼠类的乳腺肿瘤病毒（MMTV）、莫洛尼氏小鼠白血病病毒（MOMLV）等，其中研究得最为详尽的则要属劳斯肉瘤病毒（Rous sarcoma virus，RSV）。RSV 病毒感染了鸡之后，就会诱发产生肿瘤。从感染细胞中分离出来的反转录病毒的 DNA，是一种有用的动物细胞的基因载体。反转录病毒对人类影响最大的有禽类肉瘤病毒(avian sarcomas virus,ASV)、艾滋病病毒等。

艾滋病病毒又名人免疫缺陷病毒(human immunodeficiency virus,HIV),在分类上属反转录病毒科慢病毒属中的灵长类免疫缺损病毒亚属,过去有人将其命名为 LAV、ARV、IDAV 和 HTLV3,现统一命名为 HIV。现发现两大类,即猴艾滋病病毒和人艾滋病病毒,人 HIV 来源于猴子,有 HIV Ⅰ 和 HIV Ⅱ 两种。HIV Ⅰ 与猴艾滋病有 45% 的同源性,认为它起源于中非,致病力很强,是引起全球艾滋病流行的主要病原,从欧洲和美洲分离得到毒株。HIV Ⅱ 的毒力较弱,主要局限于西部非洲,引起的艾滋病病程较长,症状较轻,认为起源于西非,HIV Ⅱ 与猴的艾滋病病毒的同源性高达 75%。由于 HIV 的感染,使患者的免疫系统受到严重损伤后所发生的机会感染及(或)罕见癌症引起的各种临床症状,称为 AIDS。ADIS 病情凶险,死亡率高,而且在世界各地广泛蔓延,发病率成倍增长,已成为一个非常重要的公共卫生和社会问题。有关 HIV 的研究主要集中在 HIV Ⅰ。

HIV 病毒颗粒为球形(图 4.39),直径约为 100 nm,有囊膜,囊膜表面有穗状突起,它的外壳由双层类脂分子构成,来源于人体细胞的细胞膜,在膜上有多种蛋白质分布,包括一些人的蛋白,三要是Ⅰ和Ⅱ组织相容性抗原。在双层膜上还分布有许多伸入外部介质的包膜蛋白尖端。每个尖端由膜外的 4 个 Pg120 分子和一个穿膜的 Pg41 分子构成。外壳下面是P17 构成的基质蛋白,基质蛋白环绕着核心部分。核心部分的形状类似中空的截头圆锥,它由 P24 构成,其中包裹着 HIV 病毒的遗传物质。颗粒含有单链 RNA 构成的 RNA 双分子、反转录酶、整合酶、核糖核酸酶及 P6 和 P7 等蛋白。HIV ssRNA 由 9 749 bp 组成。HIV

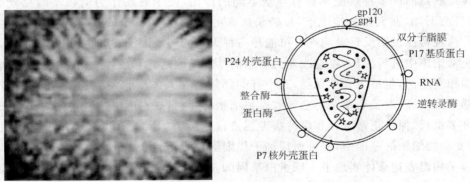

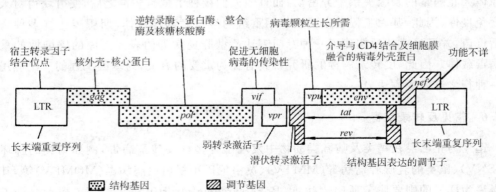

图 4.39 人免疫缺陷病毒

至少有 9 个基因,其中 3 个为结构基因,如 *gag*、*pol* 和 *env*;6 个调节基因,为 *tat*、*rev*、*vif*、*vpr*、*vpu* 和 *nef*。

人体 T4 淋巴细胞最容易受到 HIV 病毒的攻击,T4 淋巴细胞的 CD4 受体能够与 HIV 特异性结合,直接导致 T4 淋巴细胞的感染,引起人体免疫机能的下降,最后导致 T4 淋巴细胞的数量急剧降低。但是近几年的研究表明,即使 HIV 感染晚期的患者,其体内含有 HIV 病毒的 T4 淋巴细胞也仅占全部 T4 淋巴细胞的 1/40,但患者体内总的 T4 淋巴细胞水平却可以降到很低。研究发现,HIV 病毒的外壳蛋白 Pg120 和 Pg41 很容易从病毒颗粒上脱落,从而附着在健康细胞表面的组织相容性抗原上,导致免疫系统对健康 T4 淋巴细胞的攻击。当 T 淋巴细胞表面受体识别外来蛋白后,T 细胞通常会发生分裂,从而激活免疫系统。而脱离了 HIV 病毒的 Pg120 和 Pg41 复合体与 T4 淋巴细胞的 CD4 结合后,会阻碍 T4 淋巴细胞的分裂,这称为 T 细胞无反应性。而且,有证据表明,HIV 病毒感染细胞后可能诱发全部 T 细胞(包括感染细胞和健康细胞)产生编程性细胞死亡。除此以外,HIV 也可以感染其他类型的细胞,如 B 淋巴细胞、单核细胞及不同的细胞系,HIV 感染后可引起明显的病变,形成多核巨细胞,并导致细胞死亡。HIV 病毒可以通过感染细胞扩散到全身,已在患者的淋巴细胞、脑、胸腺、脾等组织中发现了该病毒。不同毒株在试管内感染细胞的能力差异很大,说明自然界中广泛存在着突变株。HIV 病毒的高变异性让人体免疫总是滞后一步。一般认为 HIV 生活史是:HIV 病毒颗粒的 Pg120 外壳蛋白识别 T4 细胞,并与 T4 细胞表面受体 CD4 结合,在宿主 26 蛋白的帮助下进入 T 细胞。HIV 病毒进入细胞后,病毒通过自身携带的反转录酶,以病毒 RNA 为模板合成 DNA。DNA 合成后,病毒核心解体,这时以新合成的 DNA 为模板,利用细胞中的 DNA 聚合酶合成互补链,形成双链 DNA,随后新合成的双链 DNA 整合到宿主染色体中。整合后病毒利用宿主转录系统进一步转录出病毒 RNA,并以其为模板利用宿主细胞的蛋白质合成系统合成病毒的蛋白质,当细胞中积累大量 RNA 和蛋白质时,它们就可以组装病毒颗粒,并通过出芽生殖方式释放到体外。

感染艾滋病病毒后一般出现的体征有发烧、长期发热(低烧)、持续性腹泻、体重锐减、持续性淋巴结肿大、口腔毛样白斑、鹅口疮,并出现毛囊炎、疱疹等多种皮肤病。其病程分为① 急性感染期(窗口期或感染初期),一般将感染的 2 周至 3 个月称为急性感染期,此时在血液中检查不出抗体;②无症状时期,该时期是感染后的几个月到几年,此时能够在血液中检查出抗体;③患病期,将出现明显的症状特征。

对艾滋病的治疗多数是在患病期。目前艾滋病治疗主要有药物干预法、鸡尾酒法和反义 RNA 法等。药物干预法应用最广泛的药物有 AZT(叠氮化苷)、二脱氧肌苷,它们是 $3'$ 脱氧的碱基类似物,是反转录酶的抑制剂。HIV 病毒在药物压力下,不断变异,产生新的耐药毒株,目前已有 1/3 的艾滋病患者所感染的 HIV 毒株具有耐药性。为了解决耐药性问题,研究人员提出针对不同基因产物的多种药物联合作用的解决办法。1996 年何大一博士因提出鸡尾酒疗法被评为《时代周刊》风云人物,该方法价格昂贵,但能有效控制患者血液中的 HIV 病毒数目,在临床上取得了相当的成功。但该方法只能降低血液中的 HIV 病毒数量,对于整合后的原(前)HIV 病毒的控制较差,不是一种根本解决问题的办法。目前反义 RNA 法是研究者们最感兴趣的方法。HIV 病毒 RNA 的反义 RNA 不仅能与病毒 RNA 结合,抑制反转录的起始,而且能够介导病毒 RNA 断裂。但是临床试验反义疗法的效果较差,主要原因是反义疗法的副作用很强,目前有所改进:除去寡聚核苷酸两端的磷酸基团,从而避免该带电基团的存在对细胞正常代谢的干扰;合成针对病毒 RNA 中亲和力最强的区域的寡聚核苷酸片段,利用白细胞介素等细胞辅助因子辅助治疗等。而今利用基因工程手段已开始运用于临床试验,据 2004 年 5 月 14 日《泰晤士日报》消息,感染有抗药性 HIV 病毒的艾滋病患者成为首批基因疗法的参试病人。这个经过修饰的基因将被整合到细胞的基因组中,并一直保持静默状态,直到细胞受到 HIV 感染。一旦细胞被 HIV 感染,该修饰基因将打开,并产生与编码病毒蛋白的 RNA 配对的"反义 RNA"。这样,两种 RNA 将结合在一起,阻止病毒复制。艾滋病治疗最看好的是疫苗法,从 1980 年一直到现在,已经有很多科学家致力于 HIV 的研究,在疫苗方面做了很多试验,但迄今为止,所有的 HIV 疫苗都没有取得临床的彻底成功,这方面的研究还有待进一步加强。但在艾滋病研究中已经取得了不少的进展,已经发现一些蛋白和基因如 cem15 基因对艾滋病具有干扰作用,能够阻止艾滋病病毒在体内扩散。例如,猴子体内的 Trim5-α 蛋白质,可抑制 HIV 病毒脱掉其保护性包膜,无法将病毒自身的遗传物质插入被感染细胞中,病毒 RNA 不能复制,因此不能完成病毒 DNA 与细胞自身的 DNA 融合行为,则不能快速完成脱膜注入过程,病毒就会凋亡,变得无感染性。

　　一般 HIV 病毒是通过血液、性及母婴间的垂直感染途径传播的。HIV 感染人体可以有 7～8 年的潜伏期,潜伏期内 HIV 病毒仍可以大量繁殖,并具有传染性,这是与许多病毒的不同之处。2006 年最新研究表明 HIV 患者经过治疗血液中的 HIV 病毒得到有效控制,但是肠道中的 HIV 病毒逃逸了药物的干扰,由此会不断产生新的 HIV 病毒,当药物一旦停止使用,肠道中的 HIV 则死灰复燃,迅速在血液中蔓延使其 HIV 不能得到有效控制。目前药物干预已经能够有效地控制 HIV 的垂直传播,母婴间 HIV 的传播率降低一半,南非新生儿 HIV 阳性率已降低到 8%。

　　艾滋病已成为 20 世纪末期与 21 世纪初最危险的疾病之一,危险性在于:①它的潜伏期长,从而使人类在漫长的拉锯战中丧失了斗志,它不像"非典"一样,会引起立马的紧急预警作用;②艾滋病病毒的高突变性,使人们的研究总是晚于新突变株,因此新突变株容易逃逸药物和免疫干预,从而使疾病在不知不觉中扩大;③艾滋病病毒在空气中存活的时间极短,这使病理研究的难度增大了。据统计,2002 年 HIV 携带者和艾滋病患者人数全球有 4 200万,2002 年艾滋病死亡人数全球有 310 万,HIV 感染人群包括死亡与幸存者总计 6 000 多万人,已经死亡 2 000 多万人。而 2003 年我国报道艾滋病人数为 84 万。非洲是最危险的地区,其次是亚洲东南亚地带。1981 年 12 月 1 日首个艾滋病例被确诊出来,1988 年世界卫生组织宣布 12 月 1 日为世界艾滋病日,强调为这一天开展适当活动的重要意义。1996 年,联合国艾滋病规划署在日内瓦成立,1997 年联合国艾滋病规划署将世界艾滋病日更名为"世界艾滋病防治宣传运动",使艾滋病宣传贯穿全年。艾滋病的危险性已不容忽视,让更多的人都来关注艾滋病,彻底解决艾滋病的问题。

## 4.4　常见动植物病毒

　　病毒除了动物病毒、微生物病毒外,还有大量的植物病毒。常见植物病毒有番茄斑萎病毒(tomato spotted wilt virus,TSWV)、烟草花叶病毒(tobacco mosaic virus,TMV)、黄瓜花叶病毒(cucumber mosaic virus,CMV)等,植物病毒以 RNA 病毒为多,DNA 病毒相对较少。

### 4.4.1　黄瓜花叶病毒

　　黄瓜花叶病毒(cucumber mosaic virus,CMV),具有广泛寄主范围,能侵染包括单子叶及双子叶植物在内的 85 科,365 属,775 种。CMV 颗粒含有 4 种大小不同的 RNA,三个较大的 RNA 构成 CMV 基因组,RNA1 和 RNA2 编码复制酶组分,RNA3 编码运动蛋白和外壳蛋白。RNA4 为编码外壳蛋白的亚基因组 RNA,位于 RNA3 的 3' 端。此外,有些 CMV 还有卫星 RNA。

　　CMV 有许多不同的株系,在寄主范围、致病性病毒外壳蛋白多肽图谱及核苷酸序列同源性基础上,这些不同的株系被分为两个亚组。其中亚组 I 的代表株系为 Fny-CMV,我国的一种株系 K-CMV 也同属此亚组,亚组 II 的代表株系为 Q-CMV。CMV 的不同株系在寄主范围、致病性、复制效率、卫星 RNA 的复制及传播效率方面均有差异。同一亚组株系的核苷酸序列具有 95% 以上的同源性。随着对 CMV 病毒分子生物学的深入研究,国际上目前对 CMV 株系划分的主要依据倾向于核酸序列的同源性,而我国仍根据血清学及寄主范围对 CMV 分离物进行株系鉴定。谢响明等(1996)以 CMV 亚组 I 和亚组 II 株系的 RNA2 上的特定核苷酸序列作探针,用核酸酶保护法检测来源于我国北方的两种 CMV 分离物——番茄分离物和甜椒分离物,结果表明:CMV 番茄分离物和甜椒分离物与 Fny-CMV 的核苷酸有高度同源性,隶属于 Fny-CMV 为代表的亚组 I 株系。

　　CMV 由蚜虫以非持久方式传播,亦可通过种子传播,利用人工接种也十分容易造成植物感染。初期发病,首先在心叶上表现明脉症,叶色浓淡不均,出现黄绿相间的"花叶"症状。严重时,叶片变窄、扭曲,伸直呈拉紧状,表皮茸毛脱落,失去光泽等。早期患病,植株严重矮化,基本无利用价值。

　　CMV 的复制酶是第一个被纯化的真核 RNA 病毒的 RNA 聚合酶,该复制酶具有模板依赖性和模板特异性,能够利用外源性的正链 RNA 合成负链 RNA,再复制生成正链 RNAnCMV 病毒粒子,也包含有小的卫星 RNA,根据 30 多个 CMV 的卫星 RNA 测序,发现它们的大小在 332~380 bp 之间。卫星 RNA 的核苷酸序列完全不同于 CMV 基因组 RNA,它经常可以削弱 CMV RNA 的复制和减轻病害症状,然而也有一些报道指出,CMV 感染引起的番茄掠夺性系统坏死则可能是卫星 RNA 作用的结果。

　　张振臣等(1999)利用 Fny-CMV 株系 RNA3cDNA 克隆,构建了含有全长和编码区缺失 501 bp 的运动蛋白(MP)基因的植物表达载体 pBMPR 和 pBMPK,在土壤农杆菌 LBA4404 介导下转化烟草品种,研究结果表明外源基因已整合到再生植株中并得到表达。抗病性分析表明,含有缺失型 MP 基因的 R0 代转基因植株抗性较好。张振臣等(1999)还首次利用 Fny-CMV 株系 RNA3 全长 cDNA 克隆,构建了运动蛋白(MP)基因 5' 端缺失突变体和 3' 端缺失突变体的原核表达载体。研究结果表明,MP 基因及其 2 种缺失突变体均能在大肠杆菌 BL21(DE3)pLysS 中高效表达,这些有功能的全长 MP 和缺失型 MP 的获得,为进一步研究 MP 与核酸、MP 与胞间连丝及 CMV MP 介导的抗病性机制奠定了基础。

### 4.4.2　水稻矮缩病毒

　　水稻矮缩病毒(rice dwarf virus,RDV)属于呼肠孤病毒科(reoviridae),是一类既能感染呼吸道，也能感染胃肠道的病毒。RDV 是双链多组分病毒，是最先发现的双链 RNA 病毒。呼肠孤病毒科是一个庞大的家族，有 150 个成员以上，包括呼肠孤病毒属、环状病毒属、轮状病毒属、植物呼肠孤病毒属、胞浆多角体病毒属以及一个未定名的属，广泛分布于脊椎动物、无脊椎动物和植物。侵染植物的有 3 个属和一些尚未确定分类地位的病毒。植物呼肠孤病毒属（Phytoreovirus）有 3 个成员：伤瘤病毒（wound tumor virus，WTV）、水稻矮缩病毒（RDV）和水稻瘿矮病毒（rice gall dwarf virus，RGDV），每个成员的基因组都由 12 条双链 RNA 组成，总相对分子量为 $1.6 \times 10^6$ D。3 种病毒均由叶蝉传播。该属的病毒是二十面体球形结构，含有双层外壳蛋白，RDV 病毒粒子直径为 70 nm，内径为 53 nm，外壳和内外壳的厚度分别是 17 和 7 nm。外壳层表面的三角形剖分数 $T=13$。外壳由 260 个衣壳粒（三体）组成，共有 780 个蛋白亚基，无刺突（图 4.40）。内壳层表面较为平滑，结构薄而致密，是 RDV 的骨架结构，作为内壳层主要结构蛋白的 120 个 P3 蛋白质亚基组成 60 个二聚体。

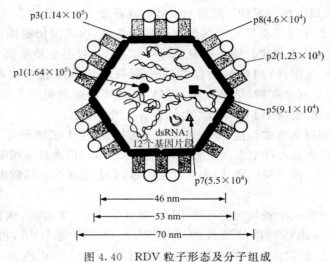

图 4.40　RDV 粒子形态及分子组成

　　水稻矮缩病毒在自然界中主要侵染少数禾本科植物，如水稻、稗等，以黑尾叶蝉、二点黑尾叶蝉、电光叶蝉和大斑黑尾叶蝉进行持久传播，引起水稻矮缩病。病株矮缩僵硬，严重矮化，色深绿 分蘖增多。发病初期，在新叶叶脉上发生黄绿色或黄白色小点，小点沿叶脉形成虚线状条斑。水稻幼苗期受侵染的，分蘖少，移栽后多枯死。分蘖前发病的不能抽穗结实。后期发病的虽能抽穗，但结实不良，多瘪谷，根系发育不良。稻株易感期为苗期至分蘖期。病毒能够在叶蝉和植物中增殖，无组织局限性，病毒经卵传播的比例很高。一般认为，RDV 更适应于它们的昆虫寄主，而不是水稻寄主，病毒能够借助昆虫卵传至后代，但却不能借助植物种子再进行传播。病毒在昆虫中大量增殖，却不致病。

　　RDV 病毒粒子基因组由 12 条单拷贝基因组构成的双链 RNA 构成，RDV 基因组的每个 RNA 片段上包含一个基因，每个组分只编码一个多肽，每个组分的 3′和 5′末端都存在保守序列及组分特异的末端重复序列（表 4.10）。由表 4.10 看出，植物呼肠孤病毒的典型成员 WTV 基因组 RNA 末端序列是高度保守的，5′末端序列和 3′末端序列分别是 5′-GGUAUUU-3′和 5′-UGAU-3′。WTV 与 RDV 和 RGDV 的 3′末端几乎完全一致，说明这 3 种病毒在进化上有非常近的亲缘关系。这些末端保守序列在病毒复制、转录、翻译和组装过程中可能起着非常重要的作用。病毒粒子内含有外壳蛋白、核心蛋白、病毒酶和甲基化酶等,我国已经完成了 RDV 中国福建分离物 11 个片段的克隆和序列分析,各基因产物的性质和作用还未完全研究清楚。

表 4.10　几种植物呼肠孤病毒基因组 RNA 正链末端保守序列

| RNA | WTV | RDV | RGDV |
|-----|-----|-----|------|
| S1 | 5′-GGUAUUUCUU······GGAAAGUGAU-3′ | 5′-GGCAAAUGAU······GAUAUAUGAU-3′ | 5′-GGCAUUUUUU······AAAUAUUGAU-3′ |
| S2 | 5′-GGUAUUUCUC······AGAAAAUGAU-3′ | 5′-GGCAAAACCU······UUAAAAUGAU-3′ | 5′-GGCAUUUUUC······AAAAGUUGAU-3′ |
| S3 | 5′-GGUAUUGAUC······GGAACAUGAU-3′ | 5′-GGCAAAAUCG······GGUUCCUGAU-3′ | 5′-GGUAUUUUUG······AAAAAAUGAU-3′ |
| S4 | 5′-GGUAUUGAUC······UCAUCAUGAU-3′ | 5′-GGUAAAUUGC······CAUAUCUGAU-3′ | 5′-GGUAUUUUUG······AUGUAAUGAU-3′ |
| S5 | 5′-GGUAUUUUAG······UAAACUUGAU-3′ | 5′-GGCAAAAGCU······UUGAACUGAU-3′ | 5′-GGUAUUUUUG······AAAAAAUGAU-3′ |
| S6 | 5′-GGUAUUUUCU······GGAGGAUGAU-3′ | 5′-GGCAAAAAGC······UUUAUCUGAU-3′ | 5′-GGUAUUUUUC······AAAAGAUGAU-3′ |
| S7 | 5′-GGUAUUUUGC······GGAACAUGAU-3′ | 5′-GGCAAAAAAC······CUUUAAUGAU-3′ | 5′-GGUAUUUUAU······AAUGAUUGAU-3′ |
| S8 | 5′-GGUAUUUUUC······GAAACAUGAU-3′ | 5′-GGCAAAAAUC······UUUAUAUGAU-3′ | 5′-GGUAUUUUUG······AAAAAAUGAU-3′ |
| S9 | 5′-GGUAUUUUUC······GAAACAUGAU-3′ | 5′-GGUAAAAAUC······UUUAUACGAU-3′ | 5′-GGUAUUUUUU······AAUAAACGAU-3′ |
| S10 | 5′-GGUAUUUUUG······AAAACAUGAU-3′ | 5′-GGUAAACUUG······CGAUUCUGAU-3′ | 5′-GGUAUUUUUC······AGAAGAUGAU-3′ |
| S11 | 5′-GGUAUUUUUC······AAAACAUGAU-3′ | 5′-GGUAAAUGAU······CAUCUCUGAU-3′ | 5′-GGUAUUUUUG······AAAAAAUGAU-3′ |
| S12 | 5′-GGUAUUGAAC······UUCACAUGAU-3′ | 5′-GGUAAAUUGA······CAUAACUGAU-3′ | 5′-GGUAUUUUUA······AAAAAAUGAU-3′ |

　　研究发现,S1 是 RDV 基因组最大的片段,长 4 423 bp,在邻近 5′ 和 3′ 端保守序列附近分别有 11 bp 的反向重复,在其正链 ORF 的第 36～4 367 nt 之前有一个微型顺反子(第 6～29 nt)。S1 的 ORF 编码一个 1 444 个氨基酸组成的多肽 P1,相对分子量为 $1.64 \times 10^5$。将微型顺反子切除,S1 全长 cDNA 的转录产物是一个 $1.7 \times 10^5$ 的多肽,P1 蛋白可能存在于核心颗粒中,在 724～854 和 897～902 氨基酸残基间存在有保守序列,P1 蛋白可能功能与RNA 聚合酶活性有关复制酶,在水稻叶片和带毒叶蝉中都有检出。

　　RVD S2 全长 3 512 bp,ORF 位于 15～3 363 nt,编码一个 1 116 个氨基酸残基的多肽,相对分子量为 $1.23 \times 10^6$。S2 还可能编码一个相对分子量为 $1.3 \times 10^5$ 的 P2 外壳蛋白,大量存在于水稻叶片匀浆中,但在叶蝉中该蛋白含量却很低。突变发现缺失 S2 片段编码的外壳蛋白(P2)时,RDV 不能被叶蝉传播并丧失侵染能力,推测 P2 在 RDV 与叶蝉的识别与入侵过程中起重要作用,参与介体传播,决定病毒的侵染性(Tomaru 等 1997)。鲁瑞芳等(1999)对 S2cDNA 进行了克隆和序列分析,在 E. coil 中分段表达了 S2 编码的蛋白质,利用DNASIS 软件对 S2 核苷酸序列进行二级结构预测,发现与轮状病毒 5′端核苷酸形成的二级结构相似,而且 RDVP2 蛋白与轮状病毒的 VP2 有一定的同源性,其疏水性及 N 端、C 端的二级结构又与 VP2 的相同。在轮状病毒中 5′ 非编码区形成的发卡和茎环结构对病毒的复制和翻译均起一定作用。VP2 是一种核心蛋白,具有结合 RNA 的活性,参与病毒复制中间体的形成,并能形成二聚体(Patton 等 1995)。那么关于 RDV 5′ 端非编码区发卡结构对 RDV S2 的复制翻译所起的作用、具有 4 个富亮氨酸区域的 P2 是否具有结合 RNA 的活性,及能否在寄主体内形成二聚体等问题,有待进一步探索。

RVD S3 全长 3 195 bp,编码 1 019 个氨基酸残基组成的多肽(P3),相对分子量为 $1.14 \times 10^5$,以核心蛋白存在于病毒粒子中。该序列中还存在着类似于 RNA 聚合酶序列,在其邻近 3′ 和 5′ 端保守序列处各有一段 14 bp 的反向重复序列。同时 P3 蛋白存在于水稻和叶蝉中,并与 RGD VP3 和轮状病毒刺突蛋白 VP4 同源。

RDV S4 全长 2 468 bp,ORF 位于(64～66)～(2 245～2 247)nt,编码一个含有 727 个氨基酸残基的 P4 多肽,相对分子量为 $7.98 \times 10^4$,含有一个锌指结构和一个嘌呤 NTP 的结合区域,锌指结构在第 231～335 位氨基酸序列中。第 311～335 位的 $CX_2CX_{17}HX_2C$ 序列与锌指保守序列 $CX_{2\sim4}CX_{2\sim15}AxX_{2\sim4}a$(a 是半胱氨酸或组氨酸)十分相似,可能是 S4 蛋白锌指结构的保守区域。RDV S4 与 WTV S4 具有显著同源,推测 S4 编码的是非结构蛋白。

RDV S5 由 2 570 bp 组成,在 3′ 和 5′ 端保守序列附近有一段 6 bp 的反向重复序列,ORF 编码一个由 801 个氨基酸残基组成的 P5 多肽,相对分子量为 $9.05 \times 10^4$。与 WTV 的 S5 比较,其核苷酸和氨基酸序列分别有 56.9% 和 52.8% 的同源性。WTV S5 是编码的外壳蛋白,参与叶蝉介导的传播,RDV S5 是否参与传播有待研究。P5 蛋白在水稻叶片和叶蝉中均以低水平存在,能够与 GTP 结合,推测可能是鸟苷转移酶。

RDV S6 长 1 699 bp,在 3′ 和 5′ 端保守序列附近有一段特异的反向重复序列,ORF 编码一个 509 个氨基酸组成的 P6 多肽,相对分子量为 $5.74 \times 10^4$,与 WTV S6 的氨基酸有 20.2% 的同源性,S6 编码的蛋白质不存在于病毒粒子中,可能是非结构蛋白。

RDV S7 长 1 696 bp,在 3′ 和 5′ 端保守序列附近有一段 10 bp 的反向重复序列,ORF 起始于 26～28 处的 AUG,延伸 1 518 bp,编码 506 个氨基酸组成的 P7 多肽,相对分子量为 $5.53 \times 10^4$,与 WTV S7 的蛋白有 32% 的同源性,可能是核心蛋白,与 WTV 的核心蛋白具有相同的电泳迁移率。

RDV S8 长 1 427 bp,起始于 24～26 nt,ORF 长 1 260 bp,编码一个由 420 个氨基酸组成的 P8 外壳蛋白,相对分子量为 $4.64 \times 10^4$。

RDV S9 长 1 305 bp,ORF 位于(25～27)～(1 078～1 080)nt,编码一个由 351 个氨基酸构成的多肽,相对分子量为 $3.86 \times 10^4$。S9 的起始密码子上下游区具有高度保守的真核起始区序列 GXXAUGG,该产物可能是非结构蛋白,与 WTV S9 的 N 端和中间部分具有同源性,与 C 端无同源性。

RDV S10 长 1 321 bp,ORF 长 1 059,翻译产物由 352 个氨基酸组成,相对分子量为 $3.91 \times 10^4$,推测是非结构蛋白,与其他蛋白无同源性。

RDV S11 长 1 067 bp,在 3′ 和 5′ 端保守序列附近有一段 10 bp 的反向重复序列,第一个 ORF 的 AUG 起始于第 6～8 位核苷酸处,长 567 bp,第二个 ORF 的 AUG 位于 30～32 位核苷酸处,并与第一个 ORF 位于同一阅读框内。两个产物的相对分子量分别是 $2.0 \times 10^4$ 和 $1.9 \times 10^4$。第一个 AUG 的两翼序列 UXXAUGA 是不符合 Kozak 的保守序列(−3 和 +4 位必须是嘌呤,G 或 A),而且位于 5′ 端帽子结构 10 bp 以内的 AUG 密码子不能被 40S

的核糖体小亚基有效识别,所以该序列不是强起始序列,在染病的昆虫或植物中很少表达。而第二个 AUG 密码子却满足了 Kozak 保守序列的要求,在昆虫或植物中都是高效表达。S11 的 3′端非编码区很长,占整个片段的 46.4%,远高于其他片段非编码区的相对长度。S11 与 TWV S12 有 25.8% 的同源性,其 C 端与海胆组蛋白 H1 的 C 端有显著同源性,推测 S11 是非结构蛋白,可能具有与核酸结合能力。

RDV S12 长 1 066 bp,有 4 个 ORF,ORF1 是 42~979 bp,ORF2 是 312~590 bp,ORF3 是 335~590 bp,ORF4 是 825~923 bp。ORF2 与 ORF3 是同一阅读框,后者的起始密码子位于前者起始密码子下游+24 nt 处。这些蛋白与其他蛋白无显著的同源性,ORF2 与 ORF3 编码的蛋白在 RDV、TWV 等病毒之间却是保守的,表明这些蛋白可能参与复制过程的调节作用。

病毒复制首先由脱壳而激活,然后进行 ssmRNA 的转录。转录发生在完整的病毒核心中,由病毒核心所携带的倚赖于 RNA 模板的 RNA 合成酶和甲基化酶共同完成。转录是完全保守和有选择性的。在病毒核心内,复制酶倚赖负链为模板合成正链 ssmRNA,然后再释放到粒子外面,核心内 dsRNA 不离开病毒核心,整个复制过程在核心内完成,病毒粒子保持完整。转录产物首先作为 mRNA 指导合成各种病毒所需的多肽,然后作为模板合成负链 RNA,并合成病毒结构蛋白,重新组成病毒基因组,再组装成新的病毒颗粒,这些过程发生在细胞质中的病毒胞质内。RDV 的复制和包装是一个复杂的过程,有些问题尚待研究。比如,ssmRNA 是如何从病毒核心中分泌的? 它与核心蛋白又是如何相互识别的? 12 条不同病毒基因组 RNA 是怎样被正确识别、分拣并组装成病毒颗粒的? 这一系列的问题还不明了,还需进一步研究。

### 4.4.3　花椰菜花叶病毒

花椰菜花叶病毒科(caulimoviridae)包括花椰菜花叶病毒属(caulimovirus)和杆状 DNA 病毒属(badnavirus),其中花椰菜病毒属的代表成员为花椰菜花叶病毒(cauliflower mosaic virus,CaMV)、大丽花花叶病毒(dahlia mosaic virus)、石竹蚀环病毒(carnation etched ring virus)、玄参花叶病毒(figwort mosaic virus)和草莓镶脉病毒(strawberry vien banding virus)等。杆状 DNA 病毒属的代表成员为鸭跖草黄化斑驳病毒(commelina yellow mottle virus)。

花椰菜花叶病毒是环状双链 DNA 反转录病毒。在植物病毒中,绝大多数是 RNA 病毒(约 590 种),只有少数是 DNA 病毒。在自然情况下,CaMV 由蚜虫以非持久方式或半持久方式传播,侵染十字花科植物,病毒不能在蚜虫体内增殖。CaMV 病毒粒子为二十面体(T=7),直径为 54 nm,其外壳由 420 个外壳蛋白亚基构成,结构十分稳定(图 4.41)。

CaMV 双链 DNA 呈环状,负链 α 链含有一个缺刻,正链 β 链上一般有 2 个缺刻,β1 和 β2 上各有一个缺刻。α 负链的缺口缺少 1~2 个核苷酸,是转录模板。所有的花椰菜花叶病毒组(caulimovirus)成员的 α 链上都有缺口,而其 β 正链上的缺口各不相同,有的 1 个,有的 2 个或 3 个缺口。CaMV 基因组大小约为 8 kb,含有 8 个 ORF,除第 4 个外,其余 7 个 ORF 相距很近,而且有部分重叠(图 4.42)。其中Ⅰ至

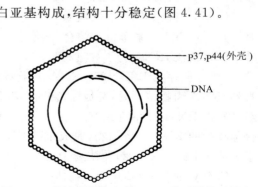

图 4.41　花椰菜花叶病毒 CaMV 粒子结构图模式

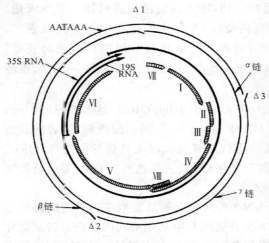

图 4.42　花椰菜花叶病毒基因组

Ⅵ为主要 ORFs，Ⅶ和Ⅷ为两个附加 ORFs，在Ⅵ和Ⅶ之间还有一个大的基因间隔区（intergenic region）。CaMV 复制经历两个阶段，第一阶段是指病毒侵入细胞后在细胞质内脱壳，以 dsDNA 进入细胞核，在核中基因组双链 DNA 的重叠区核苷酸被去掉，缺刻通过共价结合而形成一个完整的封闭的双链环状 DNA，并与组蛋白结合形成一个微型染色体（minichromosome），微型染色体以 α 负链为模板再借助寄主细胞 RNA 合成酶转录 35S 和 19S 两个 RNA，这些 RNA 均含有 5′末端帽子结构和 3′末端的 poly（A）尾巴。35S RNA 是大于基因组长度的转录本，它可以进一步作为子代病毒 DNA 合成的模板，以及编码合成大部分病毒蛋白。在 35S RNA 转录起始位点上游 31 个核苷酸处有一段 TATATAA 序列，称之为 TA-TA 区。另外 35S RNA 转录起始点上游 300 bp 左右的区域还存在有增强子及其他调控元件。19S RNA 仅包含Ⅵ ORF 的编码区，在 19S RNA 转录起始位点上游，也存在类似的 TATATTA 序列。第二阶段是 35S 和 19S RNA 由核内转移到细胞质中，35S RNA 和 19S RNA 5′端有帽子结构，3′端有 ploy（A）尾，它们均可以作为 mRNA 从核内转运到细胞质中，并在细胞质中指导病毒蛋白质的翻译合成或以 35S RNA 为模板反转录合成负链 DNA。19S RNA 的翻译产物是病毒胞质蛋白（ORFⅥ），多顺反子的 35S RNA 则编码合成其余的病毒蛋白。CaMV 35S RNA 至少含有 7 个 ORF，每个 ORF 都有 1 个 AUG，各 ORF 间相距很近，所以 35S RNA 在翻译时被称为"接力赛"模式。35S RNA 的 5′末端有 600 bp 的先导序列，可形成茎环结构，不利于下游基因的表达。在先导序列中有几个小的 ORF 和一些顺式激活元件，这些小 ORF 影响了下游 ORF 的表达。当核糖体与 35S RNA 5′末端结合后，开始翻译直到第一个终止密码子，此时核糖体并不脱落，而在最近一个处于上游或是下游的 AUG 处重新启动蛋白质合成。ORF4 是 CaMV 组唯一利用 19S RNA 自我启动的阅读框，ORF4 产物对位于 35S RNA 上其他基因的翻译有重要的反式激活作用，并同病毒基因组的复制有关。ORFⅥ蛋白也与病毒宿主范围和病毒症状的表现相关联，ORFⅦ和 ORFⅧ蛋白富含碱性氨基酸，它们可能是一类 DNA 结合蛋白，其功能尚不清楚。

CaMV 复制必须经过反转录并发生在细胞质中。其中一个植物 tRNA$^{met}$（约占 14 个碱基）与 35S RNA 3′某个位点结合，该位点在 α 链缺刻的下游处，CaMV ORFⅤ蛋白即病毒反转录酶以这段 tRNA 为引物进行反转录直至 35S RNA 5′末端，然后从该 5′端点跳到 3′末端，合成一段存在于每个 35S RNA 分子末端的 180 bp 左右的重复序列，反转录继续进行，直到 tRNA 引物结合处，完成 α 负链合成，降解 tRNA 引物，在 α 链上产生缺刻（△1）。然后经过病毒 RNaseH 活性或寄主的有关酶的作用，降解 35S RNA 模板链，只保留下来两段富含腺嘌呤的 RNA 作为引物，完成正链 DNA 的合成，其中这两段富含嘌呤区域的位置相当于 β 正链上缺刻 2（△2）和缺刻 3（△3），正链合成时，在经过 α 链缺刻 1 时产生模板跳跃。

CaMV 的 8 个 ORF 均可在体外翻译。ORF1 蛋白分子量为 $3.7 \times 10^4$ D，是一种 ssDNA 结合蛋白，在氨基酸水平上与 TWV 的运动蛋白 P30 有一定同源性，推测与 CaMV 粒子运动有关,负责 CaMV 粒子在细胞间的转运。ORF2 的蛋白分子量为 $1.9 \times 10^4$ D。介导部分 CaMV 株系的蚜虫传播。部分缺失导致蚜虫传播能力的丢失。不同株系的重组试验证明蚜虫传播能力定位在 ORF2 上,认为 ORF2 产物是一个多功能的蛋白,具有多个功能区,分别与粒子、蚜虫口针或前肠的特殊位点相互作用。ORF2 产物还可以增加病毒粒子在胞质中的含量。ORF3 产物分子量为 $1.4 \times 10^4$ D,其 C 端可与 DNA 结合,是一个非序列特异性的 DNA 结合蛋白,作为病毒的结构蛋白是帮助 CaMV 基因组在组装时正确折叠。ORF4 的产物是二十面体外壳亚单位,由 $5.7 \times 10^4$ D 前体蛋白经蛋白酶加工后产生相对分子量为 $4.3 \times 10^4$ D 蛋白,该蛋白既能被磷酸化,又能被糖基化,其磷酸化位点在丝氨酸和苏氨酸残基处,进行磷酸化的蛋白激酶与病毒紧密结合在一起。ORF5 是 CaMV 基因组最大的阅读框,其产物分子量为 $7.9 \times 10^4$ D 的蛋白,是反转录酶。该蛋白既存在于病毒复制复合体中,又存在于病毒颗粒中,利用 ORF5 为抗原制备的抗体可以在复制复合体中检测出 ORF5 产物;其次,反转录病毒中反转录酶与 ORF5 产物氨基酸序列之间有显著同源性;再者,将 ORF5 基因克隆到酵母表达系统中,从酵母提取液中积累了非常高的反转录活性。ORF6 的产物存在于 CaMV 侵染组织的病毒胞质中,与病害的产生、症状的表达和寄主范围密切相关,来自不同病毒的 ORF6 基因在转基因烟草中的症状有所不同。如果发生缺失或移码突变,转基因植物症状消失。该基因表达量在转基因植物与症状表现密切相关,在非寄主植物的表达量与症状产生呈明显的相关性,在寄主植物中基因表达量与症状无相关性。ORF7 与 ORF8 编码的是碱性氨基酸,可能是结合蛋白。它们的功能及在病毒侵染和复制中的作用尚不清楚。

　　35S 启动子是植物基因工程应用广泛的强组成型启动子,可以在多种植物中表达,其表达活性与植物种类和病毒因子的关系不大。35S 上游类似于增强子的序列对启动子的活性有重要作用。缺失试验表明 35S 启动子划分为 2 个区域,即 A 和 B 区域(图 4.43)。这两个区域存在着不同的组织特异性。A 区($-90 \sim +8$ 位,主要是 $-83 \sim -63$ 位)的 as I (activation sequence I)序列,介导植物根部特异表达;而 B 区($-343 \sim -90$ 位)介导了地上部分的表达。Caulimo 病毒组除含有 35S 启动子外,还有一个 19S 的启动子,该启动子表达

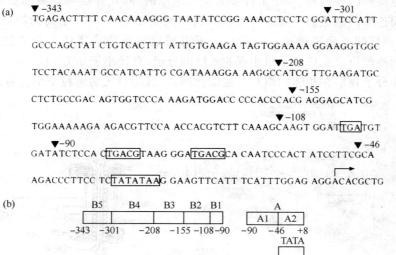

图 4.43　35S 启动子的序列及分布

ORF4 基因,该产物与 35S RNA 3′末端重叠,虽然 19S 的 ORF4 的蛋白产物在病毒胞质中的表达量是最少的,但 19S RNA 与 35S RNA 的量相当。19S 启动子在寄主植物或是非寄主植物都是比较弱的,将强启动子 35S 元件加在 19S 启动子的上游或下游都能激活 19S 启动子,但 TMV 的 34S 去强启动子的增强子会抑制 19S 启动子的表达,FMV 的 19S 启动子活性远高于 CaMV 的 19S 启动子。

植物病毒在寄主体内的运动是病毒致病过程中的最基本环节。病毒在发生侵染时首先进入植物细胞并进行复制和组装,再从该细胞扩散到四周未被感染的细胞。由于植物细胞的特有结构,因此病毒在扩散过程中会遇到许多障碍,比如,角质化、蜡质化的植物细胞表皮,坚硬的细胞壁等。微伤在病毒的起始侵染是必不可少的。植物病毒的运动是由一种或几种病毒基因产物所操纵的主动运输过程。在寄主体内,植物病毒有两种运动方式,即细胞与细胞间的短距离运动和通过筛管组织的长距离运动。单链 DNA 基因组病毒除了上述两种运动方式,还存在细胞内运动,即病毒基因组转录产物由细胞核向细胞质运动。对于系统感染植物而言,病毒在寄主体内的运动是以多种方式共同完成的,即病毒首先从起始感染细胞通过短距离(细胞间)扩散到相邻细胞,逐渐达到筛管组织,再通过长距离运输到达其他器官,再经过短距离运输扩散到该器官内所有细胞,最终侵染每个器官和组织。对于昆虫介导的病毒,是通过昆虫传播到筛管组织,并局限于该组织,不再进一步扩散。

植物的胞间连丝(plasmodesmata)既是物质运输通道,又是病毒粒子或核酸运输的通道。胞间连丝是植物细胞特有的通信连接,是由穿过细胞壁的质膜围成的细胞质通道,通道与邻近细胞质膜相连接,胞间连丝的通道直径约 20～40 nm,多数为 28 nm。通道中有一由膜围成的筒状结构,称为连丝小管(desmotubule)。连丝小管由光面内质网特化而成,管的两端与内质网相连。因此,胞间连丝通道中间有一细线状的连丝小管或链管形式从胞间连丝中间通过。围绕链管有 9～11 个直径为 5 nm 的颗粒,链管与颗粒不具备通透性,病毒粒子不能通过。连丝小管与胞间连丝的质膜内衬之间,填充有一圈细胞质溶质(cytosol)即颗粒。内质网与一条位于胞间连丝的末端的具有一个控制胞间连丝通透性能力的收缩颈区相连,位于原生质膜的外围,是一个由许多大颗粒组成的环,其外层与动物细胞括约肌功能相似,调节胞间连丝的通透性。其链管与颗粒物质只有 1.5～3 nm 空间的物质运输通道,它是物质运输和核酸或病毒通道。一些小分子可通过细胞质溶质环在相邻细胞间传递(图4.44)。胞间连丝可以允许分子量小于 800 D 的分子、直径小于 0.7～1.0 nm 的小分子物质通过,这些小分子物质在相邻细胞间起通信作用,并且明显比病毒粒子小。但是某些植物病

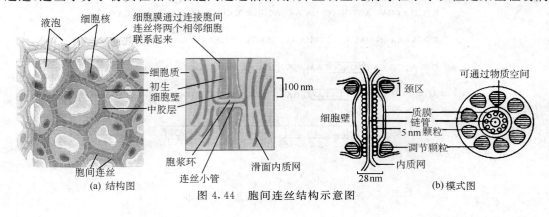

图 4.44 胞间连丝结构示意图

毒能制造特殊的蛋白质,这种蛋白质同胞间连丝结合后,可使胞间连丝的有效孔径扩大,使病毒粒子得以通过胞间连丝在植物体内自由播散和感染。病毒粒子感染可能涉及胞间连丝通道的开启,钙离子、磷酸肌酸/磷酸次黄(嘌呤核)苷酸对胞间连丝运输有抑制作用。烟草花叶病毒的运动蛋白 p30 基因能够与胞间连丝结合,并改变其结构,使胞间连丝的通透性提高 5～10 倍,运动蛋白主要积累在新生的胞间连丝上。

由于病毒粒子或病毒自由折叠,因此核酸体积远大于胞间连丝孔径的最大限度 0.1 nm,目前认为病毒可能编码了有助于自身在细胞间运动的蛋白,从而引起胞间连丝的结构变化,导致病毒侵染从感染细胞进入未感染细胞。运动蛋白与胞间连丝的关系可以分为两类。第一类以 TMV P30 为模式,蛋白与胞间连丝相互作用将其允许通过的最大孔径提高 5～10 倍,这一点已被 P30 蛋白所证实。第二类以豇豆花叶病毒运动蛋白($4.8 \times 10^4 \sim 5.8 \times 10^4$)为模式,它们对胞间连丝的结构影响比较大,能使胞间连丝内的微管消失,由病毒运动蛋白本身形成运输管道取而代之,病毒粒子以此为通道完成细胞间的运动。如果运动蛋白发生缺失突变,不能在胞间连丝中形成管状结构,病毒在细胞间的运动明显受阻,说明管状结构的形成对于病毒运动是必不可少的。有间接证据表明运动蛋白与胞间连丝的相互作用可能受磷酸化调节,细胞的 cAMP 水平将影响 TMV 的运动,但不影响其复制。

不同的病毒有不同的运动方式。病毒基因组结构不同,导致病毒的运动形式的不同。由于植物与病毒的协同进化,植物病毒在寄主体内的运动存在着寄主和病毒基因组的特异性。显然,植物在进化过程中形成了许多限制植物病毒在细胞运动的障碍,而病毒也相应产生了各种不同的机制来克服这些障碍。人们希望通过对植物病毒的研究,来了解植物对病毒的限制,克服病毒对植物的危害。

#### 4.4.4　流感与禽流感病毒

##### 4.4.4.1　流感与禽流感病毒分类

流感病毒(influenza virus,IV)和禽流感病毒(avian influenza virus,AIV)都属于正黏病毒科,正黏病毒科和副黏病毒科的病毒有许多相同的特征,均具有神经氨酸酶(neuraminidase,N)和血凝素(hemagglutinin,H),可凝集某些动物的红细胞;对呼吸系统都有致病性等,特别是这两种病毒对粘多糖和糖蛋白具有特殊的亲和力,尤其是对细胞表面的含唾液酸的受体具有更强的亲和力。正黏病毒科中只有一个属,即流感病毒属。根据流感或禽流感病毒核蛋白(NP)和基质蛋白(MS)抗原性的不同,分甲、乙、丙三型或 A、B、C,它们之间抗原的差别可通过琼脂扩散试验、补体结合试验等测出。按流感血凝素(H)或禽流感的血凝素(HA)和神经氨酸酶(N)或禽流感的神经氨酸酶(NA)的抗原不同,同型病毒又分若干亚型,如亚型 1、2、3。针对 AIV 和 IV 的命名,1971 年提出了流感病毒命名的标准体系,1980 年又进行了修订。一株流感病毒的名称包括型(A、B 或 C)、宿主来源(除人外)、地理来源、毒株编号(如果有)和分离的年代,后面及圆括号内附以 HA(H)和(N)的抗原性说明。

引起禽流感(AI)的病原为禽流感病毒(AIV),其基本特征与人流感病毒类似。禽流感病毒毒株分类是基于 HA 和 NA 亚型而区分的。目前已发现 15 种血凝素 HA 和 9 种神经氨酸酶 NA,所有这些都是从禽流感分离物中以不同的组合鉴定出来的。为了鉴定病毒的 HA 和 NA,要应用一组对不同亚型特异的抗血清,对分离物进行血凝抑制(HI)和神经氨酸酶抑制(NA)试验。一般禽流感是由 A 型流感病毒任何一型引起的传染性疾病综合征(图

4.45 和图 4.46），早在 1878 年，皮瑞科特（Perroncito）就报道了禽流感在意大利的流行。1901 年森特林·斯瓦纳兹（Centanni Saranuzzi）分离和描述了该病的病原，但直到 1995 年斯切夫（Schafer）证明该病属于 A 型流感病毒。历史上危害最大、经济损失最严重的一次禽流感（H5N5）爆发于 1983 年美国宾州等地区，美国政府为此共花费了 6000 多万美元，间接经济损失估计达 3.49 亿美元。我国香港地区 2003 年爆发的禽流感，据估计损失约达 8 000 万港币，已引起了我国政府高度重视，随后几年陆续都有所发生，但疫情得到有效遏制。2009 年 4 月墨西哥爆发猪流感病毒，随即波及美洲、欧洲大陆，亚洲地区也有少量发现，其损失尚未统计，截至 2009 年 4 月 29 日墨西哥疑似病例 1 995 人，可能死亡人数 159 人，确定死亡人数 7 人。AIV 广泛分布于世界范围内的许多家禽（包括火鸡、鸡、珍珠鸡、石鸡、鹌鹑、雉、鹅和鸭）以及野禽（包括野鸭、野鹅、矶鹬、三趾鹬、天鹅、鹭、海鸠、鸥、海鹦等）中。迁徙水禽，特别是鸭，产生的病毒比其他禽类多，而流感在家养火鸡和鸡中所引起的疾病最为严重。

图 4.45　H5N1 型禽流感病毒照片
（黑色部分是 H5N1 禽流感病毒，灰色部分是健康
人体细胞，照片显示 H5N1 正攻击健康细胞）

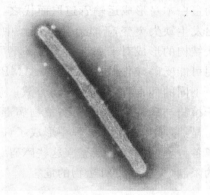

图 4.46　H5N1 型禽流感病毒粒子

同一亚型病毒间的比较，常用鸡和雪豹感染后的血清及单克隆抗体进行。应用单克隆抗体能较细致地比较同种或不同种动物中出现的相关病毒，之后，通过 HI、酶联免疫吸附试验（DLISA）和中和试验对病毒进行比较。

#### 4.4.4.2　流感病毒结构与基因组

流感病毒 IV 或禽流感病毒 AIV 呈球形或丝状，球形直径 80～120 nm，丝状形态长短不一。三型病毒粒子具有相似的生化和生物学特征。流感病毒粒子大约由 0.8%～1.1% 的 RNA、70%～75% 的蛋白质、20%～24% 的脂质和 5%～8% 的碳水化合物组成。脂质位于病毒的膜内，大部分为磷脂，还有少量的胆固醇和糖脂。几种碳水化合物包括核糖（在 RNA 中）、半乳糖、甘露糖、墨角藻糖和氨基葡糖，在病毒粒子中主要以糖蛋白或糖脂的形式存在。病毒蛋白及潜在的糖基化位点是病毒基因组特异的，但病毒膜的糖蛋白或糖类链的脂质和碳水化合物链的成分，是由宿主细胞确定的。流感病毒粒子由三层构成，病毒粒子外层由 10～12 nm 的密集钉状物或纤突覆盖，有两种不同的糖蛋白，即血凝素（H 或 HA）和神经氨酸酶（N 或 NA）构成的 HA（H）的棒状三聚体及 NA（N）的蘑菇形四聚体的辐射状突起。血凝素能引起红细胞凝集，将病毒粒子吸附在细胞表面受体（唾液酸低聚糖）上，是病毒吸附于敏感细胞表面的工具，与病毒的血凝活性相关，在对病毒的中和作用和抗感染保护中,抗 HA 或 H 抗体非常重要;神经氨酸酶能水解黏液蛋白,水解细胞表面受体特异性糖蛋白末端的 N-乙酰神经氨酸,是病毒复制完成后脱离细胞表面的工具,可使新生病毒从细胞中释放出来,抗 NA 或 N 抗体对保护作用也很重要。现已确定血凝集 H2HA 和神经氨酸酶 N2 及 N9NAS 的三维结构,并明确了重要的抗原区域或表位。HA 和 NA 以及被称为 M2 的小蛋白都包埋在宿主细胞质膜衍生的脂质囊膜中。H 和 N 均有变异特性,故只有株系特异的抗原性,其抗体具有保护作用。中层为病毒囊膜,由一层类脂体和一层膜蛋白(MP)构成,主要结构蛋白 M1 位于 RNA 分子的周围,MP 抗原性稳定,也具有类型特异性。内层为病毒核衣壳,含核蛋白(NP)、P 蛋白和 RNA。NP 是可溶性抗原(S 抗原),具有类型特异性,抗原性稳定;P 蛋白(P1、P2、P3)可能是 RNA 转录和复制所需的多聚酶;M 分子蛋白 NP 和三种大蛋白(PB1、PB2 和 PA)负责 RNA 复制和转录。

核酸为负链 RNA 病毒,大小为 13.6 kb,基因组由 8 个单链负链 RNA 组成,编码 11 个多肽。其中 8 个是病毒粒子的组成成分(HA、NA、NP、M1、M2、PB1、PB2 和 PA),分子质量最小的 RNA 片段编码两个非结构蛋白,即 NS1 和 NS2。NS1 与胞浆包含体有关,但 NS1 和 NS2 的功能尚不清楚。现在研究已经获得了包括 H3、H5 和 H7 在内的几个禽亚型号 HA 基因的全部序列及所有 14 个血凝素基因的部分序列。

### 4.4.4.3　流感病毒生活史

血凝集素与细胞表面的含 N-乙酰神经氨酸酶的黏蛋白受体结合,通过细胞胞吞作用进入细胞,进入细胞后病毒脱去外壳,核内低 pH 导致 H 或 HA 的构象改变,介导膜融合,这样,核衣壳便进入胞浆并移向胞核,暴露负链 RNA,流感病毒利用独特的机理转录,启动转录时,病毒的核酸内切酶从宿主细胞的 mRNA 上切下 5′帽子结构,并以此作为病毒转录酶进行转录的引物,以负链 RNA 进入细胞核转录出正链 RNA,以此为模板复制大量的负链 RNA 和 6 个单顺子的 mRNA,以 mRNA 翻译病毒蛋白质,这些蛋白质包括 HA(H)、NA(N)、NP 和三种聚合酶(PB1、PB2 和 PA),NS 和 M 基因的 mRNA 进行拼接,每一个产生出两个 mRNA,依不同阅读框架进行转译,产生 NS1、NS2、M1 和 M2 蛋白。HA(H)和 NA(N)在粗面内质网内糖基化,在高尔基体内修饰,然后运输到表面,植入细胞膜中,HA(H)需要宿主细胞蛋白酶将其裂解成 HA1(H1)和 HA2(H2),但两者仍以二硫键相连,这种裂解可生成传染性病毒,通过出芽方式从质膜中排出细胞形成病毒颗粒,流感病毒在装配过程中会产生一些无感染性的病毒颗粒,而且产生的病毒颗粒也不均一。

### 4.4.4.4　流感病毒的变异性

流感病毒的抗原性变异就是指 H 或 HA 和 N 或 NA 抗原结构的改变,主要是 H。流感病毒抗原性变异的频率很高,主要以两种方式进行:漂移和转变。抗原性漂移可引起 HA(H)与 NA(N)的次要抗原变化,而抗原性转变可引起 HA 与 NA 的主要抗原变化。抗原性漂移(antigenic drift)是由编码 HA(H)与 NA(N)蛋白的基因发生点突变引起的,尤其在亚型内部经常发生的点突变,是在免疫群体中筛选变异体的反应,它可引起致病性更强病毒的出现。抗原性转变是当细胞感染两种不同流感病毒时,病毒基因组的片段特性允许发生片段重组,从而引起转变。它有可能产生 256 种遗传学上不同的毒力各异的子代病毒。

甲型变异最快,具有 8 个或 8 个以上的 RNA 片段,每 2～3 年可发生一次,能够引起世界性流感大流行,是导致人类患病和死亡的重要原因;乙型流感病毒的抗原变异很慢,常引起流感局部流行;C 型主要以散在形式出现,一般侵袭婴幼儿。大的抗原变异出现的亚型

（质变）即称抗原性转变（antigenic shift），其次为 H 和/或 N 都发生大的变异，由此而产生新的亚型，可引起世界性大流行。变异的病毒株称为变种。流感病毒每年变异，常常导致疫苗失效，需不断选择新的病毒株来制备疫苗。如果病毒发生抗原性转变，则人群对新病毒株缺乏免疫力，导致全球大流行。

不同亚型引起的流感也各不相同，H1N1 比 H2N2 亚型造成的后果更严重，H1N1 易造成流感大暴发。甲型流感病毒大约每隔十几年发生一次大变异。自 1933 年以来甲型病毒经历了四次抗原性转变：1933—1946 年为 H0N1（原甲型，A0），1946—1957 年为 H1N1（亚型甲型，A1），1957—1968 年为 H2N2（亚型甲型，A2），1968 年以后为 H3N2（香港型，A3）。一般新旧亚型之间有明显的交替现象，在新的亚型出现并流行到一个地区后，旧的亚型就不再能分离到。另外，每个亚型中都发生过一些变种。乙型流感染毒间同样有大变异与小变异，但未划分成亚型转变。丙型流感病毒尚未发现抗原性变异。根据 WHO 和美国疾病控制中心的研究预测，一般流感发生的染病率为 5%～20%，患上流感的死亡率在 1% 以下。全球每年流感的死亡人数在 5 万～25 万之间，尽管这占全球人口是极少的，但总量却是最大的。流感一般每 4 年小流行一次，每 10 年大流行一次。世界上曾经有过几次大流感爆发，25%～35% 的人口会被感染，死亡率超过 2%，20 世纪的 3 次流感大流行（1918、1957 和 1968 年）死亡人数就达数千万。1918 年西班牙大流感导致 2 000 万人口死亡，超过了第一次世界大战的死亡人数（850 万）；1957—1958 年亚洲流感爆发导致 200 万人口死亡；1968—1969 年香港流感导致 100 万人口死亡，1977 年俄罗斯流感，死亡人数统计不详。全球性的流感每 20～50 年大爆发一次。2003 年以来东南亚已经有 65 人死于 H5N1 型禽流感，其中 4 人是在越南，H1N1 禽流感病毒具有很大的杀伤力，在人与人之间的传播只是个时间问题，现在主要是家禽向人进行扩充性传播，禽流感病毒的高变异性，使禽流感难以控制。

### 4.4.4.5　流感病毒对理化因素的抵抗力

分离流感病毒常用鸡胚培养。组织细胞培养常用人胚肾和猴组织。流感病毒不耐热、酸和乙醚，对甲醛、乙醇与紫外线等均敏感。A 型流感病毒是囊膜病毒，对去污剂等脂溶剂的灭活性比较敏感。福尔马林、β丙内酯、氧化剂、稀酸、乙醚、去氧胆酸钠、羟胺、十二烷基硫酸钠和铵离子能迅速破坏其传染性。禽流感病毒没有超常的稳定性，因此对病毒本身的灭活并不困难。病毒可在加热、极端的 pH、非等渗和干燥的条件下失活。

### 4.4.4.6　流感病毒的致病力及毒力

流感病毒的基因组编码的 11 种蛋白质中，研究人员发现，除了编码血凝素和神经氨酸酶的基因之外，编码 NS1 蛋白质的基因也变异频繁。在不同的流感病毒中，编码这三种蛋白质的基因序列变异最大，这表明它们决定了病毒的致病性。NS1 蛋白质只在病毒侵入机体细胞后才生成，因此研究人员认为，血凝素和神经氨酸酶两种蛋白质，是流感病毒破坏机体免疫系统、感染细胞的关键，而 NS1 蛋白质则决定了病毒在宿主细胞内的破坏作用。研究人员还发现，H5N1 型禽流感病毒的 NS1 蛋白质有一段特征序列，能使这种蛋白质与多个细胞内受体结合，破坏细胞内的关键信号传导通道，使宿主细胞死亡。这可能是 H5N1 型禽流感病毒高致死率的关键所在，而普通的人类流感病毒则没有这段特征序列。

禽流感病毒致病力的变化范围很大。流感病毒感染引发的疾病可能是不明显的或是温和的一过性的综合征，也可能很严重，甚至是 100% 发病率和 100% 死亡率的疾病。疾病的症状可能表现在呼吸道、肠道或生殖系统，并随病毒种类、动物种别、龄期、并发感染、周围环境及宿主免疫状态的不同而不同。禽流感病毒的毒力主要决定于病毒粒子的复制速度和血凝素蛋白裂解位点附近的氨基酸组成。

目前国际上一般按欧共体规定的静脉内接种致病指数（IVPI）来判定毒力，当 IVPI＞1.2 时，则认为是高致病力毒株。

#### 4.4.4.7　流感病毒研究及对人类的影响

在流感病毒的研究中，美国的 Jeffery Taubenberger 于 1997 年 8 月在《科学》上发表文章证明 1918 年的人流感病毒与猪流感病毒相似，是一种与 A 型流感病毒 H1N1 密切相关的病毒；2001 年 9 月澳大利亚研究人员 Mark Gibbs 得出相同的结论，并且认为 1918 年流感病毒编码血凝素（HA）的基因发生了变异，该基因的前后两部分与人流感病毒相似，中间部分与猪流感病毒相似，正是这种变异导致了猪流感病毒与人流感病毒基因的重组，导致流感大暴发。从 1995 年美国开始的研究项目的部分结论看，认为流感的流行与暴发和 1918 年流感病毒的起源和毒性是密切相关的，已公布的第一批数据中包括 209 个流感基因组，认为 1918 年的流感是一种对人类有害的鸟类病毒株。1918 年的流感病毒到底是鸟流感还是猪流感还有待进一步证实。

虽然 1933 年人类就分离出了第一株流感病毒，但对流感病毒是如何进化的还是不完全清楚。为了更好地了解流感病毒的进化，在过去 5 个流感季节（1999—2004 年），美国基因组研究所 TIGR（The Institute of Genomic Research）的科学家测定了 209 株流感病毒的全部基因组序列（包括 2 821 103 个核苷酸），并对其基因组进行比较。这些甲型流感病毒株是从美国纽约州流感病人中分离获得的，其中 207 株为 H3N2，2 株为 H1N2。研究显示，在 5 年研究期间，纽约州至少有 3 种 H3N2 亚群在一些流感流行季节泛滥，这 3 种变异病毒可以同时共存于人群中，患病人群表征类似，但感染的病毒不同。TIGR 病毒基因组学实验室主任 Ghedin 说，即使在这一相对较小的地理区域内，流感病毒的变化也呈现显著的多样性，变异病毒发生了遗传物质交换。该研究证明：这些变异株是流感病毒可以利用的遗传资源库，一小群流感病毒株在局部传播，并向不同方向进化，如一株与另一株混合即出现新的优势病毒株。2004 年美国国家变应性疾病和传染病研究所资助发起的"流感基因组测序计划"，已于 2007 年完成了 2 000 多种流感病毒的基因组测序工作，目前研究报告的全部序列已输入公共数据库（例如 GenBank），有关数据全部开放使用，以供科学家随时查阅，将有助于各国科研人员开发新的流感治疗方法和流感疫苗。

一般禽类和人类之间，病毒的直接传播不会发生，但 A 型流感病毒不仅能引起禽类的严重疾病，而且对人类和低等哺乳动物也具感染性。除此之外，禽流感病毒还有可能通过遗传重组，将病毒基因转给人类毒株，对人类新毒株的演化产生一定作用。这点在抗原和遗传学证据中得到证实。如 1968 年引起人类大流行的病毒的血凝素基因就源于在鸭中传播的病毒。

#### 4.4.4.8　流感症状

流感感染后导致感染细胞变性、坏死和脱落，局部有炎症反应，一般不发生病毒血症。两周以后上皮细胞重新出现修复。严重的可引起肺炎，肺脏充血、水肿，呈暗红色，气管与支气管内有血性分泌物，潜伏期 1～2 d，短者数小时。

人类流感可分为单纯流感、流感肺炎和中毒型与肠胃型流感。单纯流感最为常见，杀伤力不大。流感肺炎在病毒使少部分人感染后，病灶沿上呼吸道向下蔓延累及肺实质，引起肺炎，很多患者会在 5～10 d 内发生呼吸与循环衰竭而死亡。中毒型与肠胃型流感较为少见，主要表现为高热及循环功能障碍,血压下降,可出现休克及弥散性血管内凝血等严重症候,病死率高;肠胃型以呕吐、腹泻为主要特征。流感难以控制的原因是流感病毒的高变异性所决定的,从生物学观点看是它在获取更大的生存空间。

禽流感疾病的症状由于感染禽类的种别、龄期、性别、并发感染的病毒及环境因素的不同而极不一致。症状可能表现为呼吸道、肠道、生殖系统或神经系统的异常。最常报道的症状包括病鸡精神沉郁、消瘦,饲料消耗量减少,母鸡的就巢性增强,产蛋量下降;轻度到严重的呼吸道症状,包括咳嗽、打喷嚏、啰音和大量流泪;扎堆,羽毛倒立,头部和脸部水肿,无毛,皮肤发绀,神经紊乱和腹泻。这些症状中的任何一种都可能单独或以不同的组合出现。有时,疾病的暴发很迅速,在没有明显症状时就已发现鸡死亡。

### 4.4.4.9　流感病毒的预防

人类流感应以预防为主,疫苗注射应在 9—11 月之间,注意多发季节的环境卫生,养成良好的生活习惯,加强锻炼,提高自身免疫能力,有备无患地将流感损失减少到最小。

禽流感病毒的防治措施:①严格进行引种检疫。②养鸡场不要饲养其他禽类及野鸟,因为它们可能成为禽流感病毒的携带者和传播者。③加强卫生消毒措施,减少病毒感染和传播。④由于 A1 亚型众多,变异性强,给该病免疫带来困难。尽管如此,有些国家研制了灭活疫苗或弱毒疫苗并开始试用,现已研制出针对四种血清亚型的 AIV 疫苗。⑤开展禽流感普查和监测也是防治禽流感的重要手段,通过普查监测,可及时发现 AI 阳性鸡并对其进行监控和捕杀。同时加强鸡舍和环境的消毒,以防止病毒感染的蔓延,特别是防止低毒力毒株在鸡群中反复继代繁殖而发生毒力变强。

## 4.4.5　肝炎病毒

肝炎可分为甲肝、乙肝、丙肝、丁肝和戊肝等。肝炎可以由病毒、细菌、真菌等病原微生物引起,也可由各种毒物如砒霜、大量饮酒、某些药物和自身免疫性疾病等引起,但引发肝炎最常见的原因是病毒,由病毒引发的肝炎又称为病毒性肝炎,病毒性肝炎是当前危害人类健康的疾病之一。肝炎病毒(hepatitis virus)可分为 HAV(甲肝病毒)、HBV(乙肝病毒)、HCV(丙肝病毒)、HDV(丁肝病毒)和 HEV(戊肝病毒)等。这些病毒的基因组结构、传播途径和临床表现及分类地位是各不相同的(见表 4.11),但它们均能引起肝炎病变。

表 4.11　五型病毒性肝炎比较

| 项　目 | 甲型肝炎 | 乙型肝炎 | 丙型肝炎 | 丁型肝炎 | 戊型肝炎 |
|---|---|---|---|---|---|
| 病毒 | HAV | HBV | HCV | HDV | HEV |
| 病毒分类 | 微小核糖核酸病毒 | 嗜肝脱氧核糖核酸病毒 | 黄病毒 | (缺陷病毒) | 杯状病毒 |
| 病毒大小(nm) | 27 | 42 | 30~60 | 40 | 27~34 |
| 基因 | ssRNA(+)7.8 kb | dsDNA 3.2 kb | ssRNA(+10.5 kb) | ssRNA(-)1.7 kb | ssRNA(+)3.5 kb |
| 抗原 | HAVAg(VP1~4) | HBsAg<br>HBcAg<br>HBeAg | HCVAg | HDVAg | HDVAg |
| 传播途径 | 肠道传播 | 肠道外及性传播 | 多数肠道外传播 | 多数肠道外传播 | 肠道传播 |
| 潜伏期(范围)(d) | 25(15~45) | 75(40~120) | 50(15~90) | 50(25~75) | 40(20~30) |
| 慢性化率(%) | 无 | 3~10 | 40~70 | 2~70 | 无 |
| 暴发性肝炎(%) | 0.2 | 0.2 | 0.2 | 2~20 | 0.2~10 |

#### 4.4.5.1　肝炎病毒分类

甲型肝炎病毒(HAV),1973 年首次在狨猴原代肝细胞培养成功。HAV 属微小 RNA 病毒科,是微小核糖核酸病毒,含有单股正链 RNA,球形,呈二十面体立体对称结构,直径 27 nm,无囊膜,衣壳由 60 个壳微粒组成,有 HAV 的特异性抗原(HAVAg),每一壳微粒由 4 种不同的多肽即 VP1、VP2、VP3 和 VP4 所组成。野生型 HAV 全基因组长 7 478 bp,由三大部分组成:①5′-非编码区,位于基因组前段,长为 734 bp,在 5′末端以共价形式连接一由病毒基因编码的细小蛋白质,称病毒基因组蛋白(viral protein genomic,VPG),对识别宿主肝细胞浆核蛋白体,从而影响 HAV 的自身复制有重要意义。②编码区,ORF 长 6 681 bp。③3′-非编码区,长 63 bp,在 RNA 的 3′末端 poly(A)。HAV 只有一种抗原。HAV 主要通过胃肠道,粪-口途径传播,也可以通过血液传播,如献血、注射等,传染源多为病人。甲型肝炎的潜伏期为 15～45 d,病毒常在患者转氨酶升高前的 5～6 d 就存在于患者的血液和粪便中。发病 2～3 周后,随着血清中特异性抗体的产生,血液和粪便的传染性也逐渐消失。

丙型肝炎病毒(HCV)与人黄热病和瘟病毒相似,将其归为黄病毒科 HCV。1974 年 Golafield 首先报告输血后非甲非乙型肝炎。1989 年美国的 Chiron 公司 Choc 等应用分子克隆技术反转录酶随机引物法从受感染的黑猩猩血清中成功地克隆出与 HCV-RNA 互补的 cDNA,获得本病毒基因克隆,并命名本病及其病毒为丙型肝炎 (Hepatitis C)和丙型肝炎病毒(HCV)。HCV 病毒体呈球形,直径小于 80 nm(在肝细胞中为 36～40 nm,在血液中为 36～62 nm),为单股正链 RNA 病毒,在核衣壳外包绕含脂质的囊膜,囊膜上有刺突。HCV 体外培养尚未找到敏感有效的细胞培养系统,但黑猩猩对 HCV 很敏感。HCV 基因组长约 9.4 kb,5′、3′非编码区(NCR)分别有 319～341 和 27～55 bp,含有几个顺向和反向重复序列,可能与基因复制有关。中间含单一读码框架,编码一个长约 3 014 个氨基酸的多聚蛋白前体,基因组排列顺序为 5′-C-E1-E2/NS1-NS2-NS3-NS4-NS5-3′。5′-CR 最保守,同源性在 92%～100%,而 3′NCR 区变异程度较高,在 HCV 的编码基因中,C 区最保守,非结构(NS)区次之,编码囊膜蛋白 E2/NS1 的可变性最高,称为高可变区。体外研究表明,该多聚蛋白经细胞或病毒蛋白酶加工为两个结构蛋白和一个非结构蛋白,它们分别是分子量 19 kD 的核衣壳蛋白(或称核心蛋白,C)和分子量 33 kD(E1)、72 kD(E2/NS1)的糖蛋白,及四种分子量为 23、52、60 和 116 kD 的非结构蛋白 NS$_{2～5}$。核心蛋白(C 蛋白)富含精氨酸、赖氨酸,可与 RNA 组成 HCV 毒粒核壳。NS3 蛋白具有螺旋酶活性,参与解旋 HCV-RNA 分子,以协助 RNA 复制,NS5 有依赖于 RNA 的聚合酶活性,参与 HCV 基因组复制。E1 和 E2/NS1 糖蛋白能产生抗 HCV 的中和作用。NS2 和 NS4 的功能还不清楚,发现与细胞膜紧密结合在一起。HCV 主要通过输血和血制品来进行传播。

丁型肝炎病毒(HDV)原称 δ 因子,发现于 1977 年,1983 年国际会议正式命名。HDV 是一种单链环状 RNA 病毒,颗粒呈球形,直径约 36 nm,其外壳是嗜肝 DNA 表面抗原,是一种与乙肝有关的缺型病毒,需要有 HBV 的辅助才能复制增殖;内含丁型肝炎抗原(HiAg)和 HDV 基因组,但无 HBV 那样的核心蛋白。HDV 基因组为一环状单股负链 RNA,全长为 1 679 bp。HDV 是以输血和血制品为主要传播途径。

戊型肝炎病毒(HEV)颗粒呈圆球形,直径约 27～38 nm,平均 32～34 nm,无囊膜,表面有突起和缺刻,可能属于杯状病毒,基因组为线状单股正链 RNA,具有 poly(A)尾巴,长约

7 600 bp。HEV 是经胃肠道传播的，主要宿主是猪。

庚型肝炎病毒（HGV）是新近发现的一种新的与人类肝炎相关的病原因子，1995 年相继由美国 Abbott 公司 Simous 等人与 Genlab 公司 Linnen 等人率先独立报道。通过研究 HGV 在不同地区与不同人群的感染状况发现，HGV 是一种广泛分布、经肠道外途径传播的病原因子。它在急性肝炎献血者（或受血者）、静脉药瘾人群中有较高的检出率。HGV 经常与其也肝炎病毒如 HBV、HCV、HDV 等重叠感染，导致急慢性肝炎发生。临床研究表明，重叠感染 HGV 至少在一部分人群中并不明显加剧肝功能损害。HGV 在结构上类似 HCV，蛋白 N 端包括两个包膜糖蛋白（E1、E2），C 端含有解旋酶、蛋白酶及与 RNA 依赖的 RNA 多聚酶的保守序列。HGV 基因组为单股链 RNA，长约 9 kb，有一个单一读码框架。HGV 呈世界性分布，容易形成持续性感染，类似人类免疫缺陷病和乙型、丙型肝炎。据粗略估计，我国大约有 100 万～1000 万 HGV 携带者，因此，HGV 已成为继 HBV 和 HCV 之后，一种在人类中存在持续感染的肝炎病毒。HGV 主要经血液和血制品等肠道外途径传播。静脉注射毒品成瘾者、血液透析病人、多次受血或使用血制品者、各种急慢性肝炎病人、器官移植病人，及与肝炎相关的再生障碍性贫血病人是 HGV 的高危人群。

乙型肝炎病毒（hepatitis B virus，HBV）属于嗜肝病毒科的 DNA 病毒，原称血清型肝炎病毒，嗜肝 DNA 病毒（hepadnaviridae）是 1986 年国际病毒命名委员会新划分的一个家族，包括乙型肝炎病毒（HBV）、土拨鼠肝炎病毒（woodchuck hepatitis virus，WHV）、地松鼠肝炎病毒（ground squirred hepatitis virus，GSHV）和鸭肝炎病毒（duck hepatitis B virus，DHBV）该科病毒粒子为球形，含小环状不完全双链 DNA 分子。所有的嗜肝 DNA 病毒均有明显的嗜肝性和宿主的种属特异性。人的乙肝病毒只感染人与黑猩猩。其他动物的乙肝病毒有旱獭、地松鼠、鸭、树松鼠、苍鹭等，这些动物的乙肝病毒与人的乙肝病毒结构相似。乙肝病毒感染后引起肝脏损伤，引起肝炎并形成持续性感染，在有些情况下引起癌变。HBV 肝细胞中 HBV 的 DNA 有两种存在形式：游离的 DNA 与整合 DNA。前者见之于某些急性期和慢性期，为病毒的复制中间体；后者见之于慢性感染和原发性肝细胞癌。

HEV 最早于 1965 年由 Blumberg 在澳大利亚发现亚抗原，从那时直到现在，研究揭示了许多奥秘。HBV 感染者的血清有三种存在形式（图 4.47）：①小球形颗粒，直径为 22 nm，由病毒表面抗原 HBsAg、脂类与糖类组成。②柱状颗粒，直径约 22 nm，长 100～1 000 nm。这两者都有 HBsAg，无核酸，无感染性，但可作为预防乙肝病毒的感染疫苗。③大球形颗粒，直径为 42 nm，称 Dane 颗粒，为 HBV 完整的病毒体，由外膜和核衣壳组成，外膜由病毒

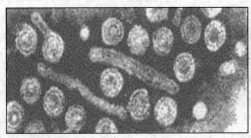
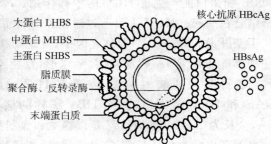

图 4.47　乙型肝炎病毒粒子与结构

的表面抗原、多糖和脂质构成,核壳直径 27 nm,内含核心蛋白(核心抗原 HBcAg)、环状双 DNA、反转录酶、DNA 与 RNA 多聚酶、DNA 结合蛋白和环状双股不对等 DNA,完整病毒具有表面抗原(HBsAg)、核心抗原(HBcAg)、e 抗原(HBeAg),具有很强的感染性。一般 HBV 是通过性接触、血液及血制品、母婴垂直传播等方式传播。我国是 HBV 高发区,约占人群的 1/10,其中有 60% 的 HBV 携带者,主要来自母婴垂直传播。

### 4.5.5.2　乙型肝炎病毒(HBV)基因组与表达

HBV 基因组结构奇特,环状 DNA 2/3 呈双螺旋结构,1/3 为单链,两条链不等长,长链 L 为负链,是模板链,长 3 182 bp,其上有 4 个 ORF,长链 5′ 端有一共价相连的末端结合蛋白,该末端蛋白以引物酶的功效发挥作用,其 3′ 端有 250~300 bp 互补结合区;短链 S 为正链,其长度为长链的 50%~80%,约为长链的 2/3,一般长在 1.6~2.8 kb 之间,其具体长度视病毒而异,短链 3′ 末端随不同来源的毒株而有不同的缺失,所以位置可变,产生了部分环状结构,短链 5′ 末端共价结合具有帽子结构的短 RNA 分子。基因组依靠正链 5′ 端约 240 bp 的黏性末端与负链 3′ 缺口部位互补维持环状结构。短链之间的空隙可由病毒颗粒中的 DNA 聚合酶充填。末端蛋白、短 RNA 分子都与病毒 DNA 的复制有关。两条链的互补区两侧各有一个 11 bp 的直接重复序列(DR,5′-TTCACCTCTGC-3′),分别开始于 1 842 和 1 590 nt 处,称为 DR1 和 DR2(图 4.48)。乙肝病毒是目前已知的感染人类最小的双链 DNA 病毒。为了能在细胞内独立复制,病毒在很小的基因组中尽量容纳大量的遗传信息。因而 HBV 的基因组结构显得特别精密浓缩,以充分利用其遗传物质。表现出 HBV 病毒基因组的最大特点就是功能单位非常密集,高度压缩,重复利用,因此又被称为节约型基因组。

HBV 基因组已确定了 4 个 ORF(图 4.48)和 2 个未确知功能的 ORF。4 个 ORF 分别编码病毒核壳(C)、包膜(S)蛋白、病毒复制酶或聚合酶(P)和一种似乎与病毒基因表达有关的蛋白质 X,分别转录产生 3.5、2.4、2.1 和 0.7 kb 的 mRNA,其基因产物都含有 poly(A) 尾巴。3.5 kb 与 2.1 kb mRNA 由 L 链上的 C 基因转录而来,二者的 3′ 末端完全相同。3.5 kb mRNA 比 L-DNA 链长 200 bp,ORF 长 639 bp,编码衣壳核心蛋白 C,由第二个 ATG 起始翻译形成核心抗原(HB-cAg);另外,在 ORFc 前面也有一短的 ORF,也称为前-C(preC-ORF),长 522 bp,编码一较大的 C 蛋白相关抗原,由第一个 ATG 起始翻译核心蛋白前体,切除 N 端的 19 肽和富含精氨酸的 C 末端后,成为分子量为 $2.2 \times 10^4$ D 的 e 抗原(HBeAg),e 抗原是衣壳上唯一的结构蛋白,可分泌到 Dane 颗粒外,存在于血清中。

S 基因转录 2.4 kb mRNA,编码一个含有 226 个氨基酸残基的表面抗原 S 蛋白(HBsAg),在 S 基因前面也有两个小 ORFs,与 S 基因 ORF 属于同一个阅

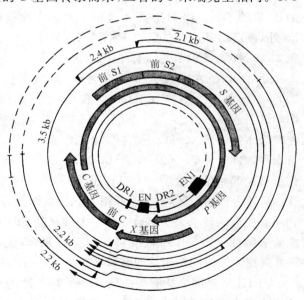

图 4.48　HBV 基因组

读框,可以将 ORFs 通读下去,编码两种 S 蛋白相关的抗原,分别称为前 S1(pre-S1)和前 S2(pre-S2),这两个前 S 蛋白由 2.1 kb mRNA 编码产生 S1 和 S1 蛋白,S1 和 S2 蛋白分别含有 108~115 个氨基酸残基和 55 个氨基酸残基,而且表面抗原 S 蛋白和 S1 与 S2 抗原构成大蛋白 LHBS,所以,乙肝表面抗原由三部分组成,即 S、S1 和 S2。其中 S 蛋白(HBsAg)是病毒外壳蛋白和 22 nm 颗粒表面抗原的主要成分,占病毒蛋白的 70%~90%,而 S1 和 S2 以及大蛋白 LHBS 暴露于病毒颗粒表面,这三种蛋白可以部分或完全糖基化,表现出很强的免疫原性,是乙肝疫苗的主要成分。

X 基因转录 0.7 kb mRNA,编码一个由 154 个氨基酸残基组成的 X 蛋白,X 蛋白覆盖了负链的缺口部分,尽管长短不等,但由于 X 蛋白的反式激活作用,能够激活多个同源或异源的启动子和增强子,研究表明这与肝癌的发生有一定的相关性。

P 基因编码区长 2 532 bp,是基因组中的最长部分,占基因组的 3/4,包含全部 S 区并与 C 区和 X 区有部分重叠。P 编码区由 3 个功能区和一个间隔区构成,排列顺序为末端蛋白(又称为引物酶)、间隔区、反转录酶/DNA 聚合酶和核糖核酸酶 RNaseH。该编码区先转录一个巨大的 mRNA,再翻译为 $9.5 \times 10^5$ 的多肽,然后加工成为功能型的小肽段。

上述 4 个基因的几种转录产物在病毒感染的细胞中的相对含量有明显差异,核心蛋白和聚合酶的转录量远高于表面抗原和待定蛋白,这可能与其功能相关。

在整个基因组中,重叠现象普遍,例如,S 基因完全重叠于 P 基因中,X 基因与 P 基因、C 基因与 P 基因也有重叠,实现了基因最大节约化,但是重叠基因太多,一旦变异,其影响也是不可估量的。

随着基因组深入研究,Miller 等又发现两个 ORF 即 ORF-5 和 ORF-6,这两个 ORF 与 X 基因重叠,其中 ORF-6 是由正链 DNA 编码的。这两个 ORF 的功能目前尚不清楚。

这些 mRNA 的 5′端各不相同。核心蛋白 C 基因的启动子位于 1 705~1 805 bp 处,在该启动子下游还有一个具有启动子功能的区域,推测 3.5 kb 的 mRNA 是由双启动子控制的,C 启动子有类似于 TATA 盒的序列。表面抗原 S 基因的启动子 SP1 位于 −89~−77 bp 处,该启动子具有典型的 TATA 盒,并且与肝细胞特异性转录因子 HNF1 的结合位点相距 45 个碱基,HNF1 的结合是 SP1 启动子在分化的肝癌细胞株高水平转录的必备条件。2.1 kb 的 mRNA 的启动子 SP2 与 SV40 晚期启动子相似,位于 RNA 转录起始位点上游200 bp 处,可分为 A、B、C、D、E、F 和 G 七个区,这些区都可能通过特异的调控蛋白结合而影响转录水平。A、B、C 三个区位于 SP2 启动子远端(−168~−68 bp)之间,若同时缺失,使转录水平下降 30%以下,它们具有增强子的作用;仅有 A、B 或 B、C 区均能保持较高的转录水平。D 区位于 −69~−49 bp 处,是 SP2 启动子的必需元件。近端的 E、F 和 G 三个区位于转录起始位点上游 −45 bp 处,该 DNA 序列与 SV40 主要晚期启动子有一定的同源性。F 区为负调控区,E 区能抑制 F 区的负调控作用并与 G 区互补。B、D、E、F 四个区可与相同或相似的转录因子结合。将外源转录的 SP1 因子与病毒 DNA 共转染,病毒基因表达,实验表明纯化的 SP1 可直接与 B、D、F 区结合,说明 A、B、C、D、E 和 G 这 6 个正调控元件与F 负调控元件协同作用共同转录 2.1 kb 的 mRNA。X 启动子位于 −24~−124 bp 处。

与 HBV 基因表达有关的信号序列有 4 种:①启动子;②增强子;③ poly(A)附加信号;④糖皮质激素敏感因子(GRE)。启动子序列位于转录 mRNA 前体的近 5′端,有的甚至存在于编码蛋白质序列内。poly(A)附加信号位于 CORF 中;增强子(ENH)位于聚合酶基因中;GRE 位于 SORF 和聚合酶基因中,GRE 是与激素受体结构的 DNA 片段,结合后能使某一已知基因转录水平增加,研究发现 GRE 具有许多增强子的特征:①具有顺式作用元件的作用;②在转录的两个方向均有作用;③在距其调节的基因不同距离处均可起作用。因此,认为 GRE 具有增强子的作用。

研究发现 HBV-DNA 具有两个增强子,增强子 I 位于表面抗原基因 3′末端和 X 基因的 5′末端,与 X 启动子重叠,该增强子活性在肝细胞中是非肝细胞的 10～20 倍,意味着该增强子具有细胞特异性,这也可能是嗜肝性 HBV 的基础。增强子 I 具有 4 个反式作用因子的结合位点,分别是 2C、EP、E 和 NF-1 四个区段,而反式作用因子如 NF-1a、NF-1b、NF-1c、AP1、C/EBP、EP 和 X 蛋白都可以与增强子 I 结合,这 4 个结合位点具有协同作用,并且 EP 位点具有非常重要的功能。结合位点中 2C 与 EP 为基础增强子,2C 是与肝细胞专一性有关的增强子,若在基础增强子加上 E 和 NF-1 结合区,其启动活性提高 10 倍以上,其中 E 结合区可以与多种蛋白因子结合,具有调节子的作用。E 结合区不仅能提高基础增强子活性,而且是 X 启动子的必需元件,去除 E 结合区后,X 启动子活性大大降低,一般认为增强子 I 能明显促进 SP1、SP2、X 和 C 启动子的转录。增强子 II 位于增强子 I 下游 600 bp 处,是一个 148 bp 长的 DNA 片段,其结合位点分为 A、B 两个区段。A 区为 60 bp,是正调控元件,与增强子 II 的肝细胞专一性有关。A 区单独存在无增强活性,必须与 B 区协同才具有活性。B 区是增强子 II 的基本单位,由 88 bp 组成,单独存在具有 60%～70% 的增强活性,B 区还可以细分为 B1、B2 和 B3 三个部分,其中前 B1、B2 是主要功能区,B2 是主要转录因子的结合位点。

X 蛋白不但具有激活 HBV 自身启动子以及增强子 I 的功能,而且还具有激活多种异源启动子和增强子的作用,如激活 β-干扰素、HIV I、SV40 早期启动子以及 I 型 MHC 细胞因子等。X 蛋白具有 3 个活性区:第 46～52 位,特别是 Pro-46、His-49 和 His-52;第 61～69 位,特别是 Cys-61、Gly-67、Pro-68 和 Cys-69;第 132～139 位,尤其是 Phe-132、Cys-137 和 His-139 都是功能所必需的。蛋白 N 端的第 5～27 位氨基酸与 C 端最后 12 个氨基酸对生物活性无明显影响,但当 X 蛋白 C 末端缺失 45 个氨基酸,X 蛋白的活性丧失。X 蛋白尽管具有反式激活作用,但 X 蛋白无 DNA 结合活性,而是通过活化其他蛋白因子而起作用的。因此,增强子 I 的 E 结合位点又被称为 X 应答元件 XRE,由 26 bp 组成,X 蛋白与相关细胞因子结合后再把复合体结合于 X 应答元件上而发挥作用。XRE 具有 NF-kB、AP1、AP2、CREB 类似物的结合序列,同时 X 蛋白本身具有丝氨酸和苏氨酸激酶活性。

这种调节序列位于基因内部,这也是 HBV 节约使用遗传物质的一种方式。与 HBV 基因组复制有关的序列有:短链顺向复制序列(DR1 和 DR2)和 U5 样序列(因与反转录病毒末端的 U5 序列类似而得名)。DR1 和 U5 位于前 C-ORF 中,是合成 DNA 长链的起始部位,DR2 位于聚合酶基因与 X 基因重叠处,是 DNA 短链合成的起始部位。

从以上可以看出,HBV 基因组结构严密,组织高效,在已知的病毒中是罕见的。HBV-DNA 不但在结构上有其独特的地方,而且其 DNA 复制过程也非常特别。乙肝病毒的复制不是半保留复制,而是通过反转录途径而复制。

病毒感染宿主后,首先脱掉外壳进入宿主细胞的细胞质,成为完整的闭环双螺旋 DNA,基因组 DNA 进入细胞核,经 DNA 聚合酶修复正链缺失的部分,形成共价闭环 DNA,在 HBV 携带者中发现完整环状 DNA 分子(cccDNA),即共价闭合环状 DNA,是 HBV 复制的中间形式。该环状 DNA 在细胞核内大量增殖,然后,HVB 基因组在宿主 RNA 聚合酶作用下开始转录,以负链为模板合成全长的正链 RNA(称为前基因组 RNA),使其链长为 3.5 kb而转变为 HnRNA,该 RNA 比 DNA 多 130~270 bp,该正链 RNA 被包装在未成熟的核心样颗粒中,同时还有 DNA 聚合酶和一种蛋白质也被包装在颗粒中。在核心颗粒中以正链 RNA 作为模板通过反转录酶催化合成负链 DNA,具体机制尚不清楚,可能与腺病毒 DNA的复制相似,因为在负链 DNA 的 5′端也有共价结合的蛋白质。正链 DNA 合成后再降解HnRNA.便以该负链 DNA 为模板和一段 RNA 为引物聚合延伸合成正链 DNA,最后再经跳跃易位等修饰成为活性病毒颗粒,由于核心样病毒颗粒在这个过程中也成为成熟的活性病毒颗粒,在这个过程中,正链 DNA 仍没有合成完毕,因而造成病毒基因组两条 DNA 链长度不一样。

HBV 根据表面抗原性血清反应的不同,可分为 adr、adw、ayr 和 ayw 等 4 个亚型。不同亚型的地区分布不同,我国大部分地区以 adr 为主,adw 位居第二,西藏、新疆、内蒙古等地以 ayw 为主。不同亚型的 HVB 病毒基因组中有 10%的差异,相同亚型中约有 2%的差异,最高差异可达到 11.5%。HBV 病毒基因组多态性是该病毒高变异率的基础,同时也使治疗的难度增加。

乙肝病毒表面抗原基因编码的 HBsAg 是一种保护性抗原,对诱生的抗体(抗 HBs)有中和作用。HBsAg 阳性患者原发性肝癌的发病率是正常人的 200 倍,原发性肝癌有 30%是被乙肝病毒感染过的。因此,人们认为乙肝病毒是已知的少数几个致癌 DNA 病毒之一。我国是肝炎疾病的重灾国家,尤其又以乙肝更为严重,这与中国人的饮食习惯密切相关,与白酒大量饮用有关,人群中约有 1/10 是乙肝病毒携带者,对于高危人群可以通过疫苗进行防范。通常所说的大三阳是指 HBsAg(+)、HBeAg(+)及抗 HBc(+),揭示病毒复制活跃,传染性强;小三阳是 HBsAg(+)、抗 HBe(+)及抗 HBc(+),小三阳阴性指的是病毒复制不活跃,小三阳阳性则应注意病毒复制或复发的可能。因此大三阳与小三阳最主要区别是 e 抗原有无抗体阳性检出,有 e 抗原抗体阳性则为小三阳,而 e 抗原阳性则为大三阳,即没有 e 抗体检出的为大三阳。目前乙肝尚不能彻底治愈,只能控制。现在乙肝疫苗有血源灭活乙肝疫苗、重组(酵母)乙肝疫苗、重组(CHO 细胞)乙肝疫苗和重组汉逊酵母乙肝疫苗。我国主要用重组酵母乙肝疫苗和重组 CHO 细胞乙肝疫苗。前者对于阻断母婴传播较好,后者转阳率高,适合于一般的成人和其他人群。婴儿接种按 0、1、6 方案,即在出生 24 h 内接种第一针,1 个月后接种第二针,6 个月后接种第三针。成人按剂量接种,一般重组酵母乙肝疫苗的剂量是 10 $\mu$g×3,而重组 CHO 乙肝疫苗剂量是 20 $\mu$g×3,一般按 0、1、6 方案进行。第一次接种为 0,依次类推。因手术大量受血的病人可按 0、1、2 方案接种。总之,乙肝是一种危险的疾病,需要大家加强认识,注意防范。

### 4.4.6　冠状病毒(SARS)

自 2002 年严重急性呼吸道综合征(sever acute respiratory syndrome,SARS)爆发以来,病毒以极快的速度传播至 30 多个国家和地区,严重扰乱了正常社会秩序并危害人民生命财产安全。经全球科学家努力最终确定 SARS 病原体是一种新型冠状病毒,并命名为SARS 冠状病毒(SARS-CoV,SARS coronavirus),且对其进行了基因组测序。

#### 4.4.6.1　SARS 病毒分类

冠状病毒属是冠状病毒科中的一属,是有包膜的正链 RNA 病毒,是在人及驯养动物中能引起高度流行的疾病,是所有 RNA 病毒中基因组最大的病毒,并且通过独特的复制机制导致高频率的重组。病毒粒子通过细胞内膜出芽成熟,某些冠状病毒感染导致细胞融合。最初是根据负染色制备物中典型的病毒粒子形态确认冠状病毒是一个独特的属。病毒包膜是长的花瓣形状的突起,使冠状病毒看起来像王冠(拉丁语,*corona*),核衣壳是可变的长螺旋。

#### 4.4.6.2　病毒粒子形态和结构

如图 4.49 所示为冠状病毒粒子结构。病毒粒子是直径大约为 100～120 nm 的球形颗粒,病毒粒子外包着脂肪膜,膜表面有三种糖蛋白:刺突糖蛋白(S,spike protein,是受体结合位点、溶细胞作用和主要抗原位点);小包膜糖蛋白(E,envelope protein,较小,与包膜结合的蛋白);膜糖蛋白(M,membrane protein,负责营养物质的跨膜运输、新生病毒出芽释放与病毒外包膜的形成)。少数种类还有血凝素糖蛋白(HE 蛋白,hemagglutinin-esterase)。两类显著的突起排在病毒粒子外部:由 S 糖蛋白组成的 20 nm 长突起,存在于所有冠状病毒;由 HE(血凝素-脂酶)糖蛋白组成的短突起,仅存在于某些冠状病毒。而 M 糖蛋白横穿过脂膜双层三次,既是内部核心结构组分又是脂包膜的成分。包膜上的 E 蛋白质,其数量远少于其他病毒包膜蛋白质。近来研究表明,在至少两种冠状病毒(TGEV 和 MHV)中,内部核衣壳主要由糖蛋白 M 和少量磷蛋白 N 规律螺旋状排列呈现为二十面体,并包裹于直径为 65 nm 的球形脂包膜中。磷蛋白(50～60 kb)N 与 RNA 分子组成直径为 14～16 nm 的可延伸的管状链的核蛋白体复合体,其病毒基因组包裹于管状核心中,基因组大小为 27～32 kb,为单链正义 RNA 分子,是目前已知的所有 RNA 病毒基因组中最大的,具有正链 RNA 特有的重要结构特征:即 RNA 链 5′端有甲基化"帽子",3′端有 poly(A)"尾巴"结构,其基因组不稳定,易于改变,使其 RNA 与包膜蛋白发生变化,从而改变病毒抗原性,以此来逃逸宿主免疫系统的攻击,有利于自身生存。

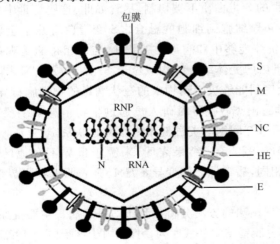

图 4.49　冠状病毒结构模式图

冠状病毒成熟粒子中,并不存在 RNA 病毒复制所需的 RNA 聚合酶(viral RNA polymerase),核衣壳进入宿主细胞后,直接以病毒基因组 RNA 为翻译模板,表达出病毒 RNA

聚合酶。再利用这个酶完成负链亚基因组 RNA(sub-genomic RNA)的转录合成、各种结构蛋白 mRNA 的合成及病毒基因组 RNA 的复制。冠状病毒在宿主细胞内合成各个结构蛋白成熟的 mRNA,不存在转录后的修饰剪接过程,而是直接通过 RNA 聚合酶和一些转录因子,以一种"不连续转录"(discontinuous transcription)的机制,通过识别特定的转录调控序列(transcription regulating sequences,TRS),有选择性地从负义链 RNA 上,一次性转录得到构成一个成熟 mRNA 的全部组成部分。结构蛋白和基因组 RNA 复制完成后,将在宿主细胞内质网处装配(assembly)生成新的冠状病毒颗粒,并通过高尔基体分泌至细胞外,以出芽形式从细胞中脱落出来,在出芽过程中以宿主细胞膜包裹病毒膜蛋白形成病毒包膜以此来完成其生命周期。

### 4.4.6.3　结构蛋白

S 糖蛋白在病毒粒子表面形成大的花瓣样突起。这种强糖基化蛋白质的分子量大约是 150～180 kD。S 蛋白从 N 到 C 末端可分为三个结构域:一个跨膜结构域、一个短羧基末端的胞质结构域和一个大的胞外域。大的胞外域进一步分为两个亚结构域——S1 和 S2。S1 亚结构域包括 S 蛋白的 N 末端的一半,并且形成了突起的球形部分,该结构域含有负责结合到易感细胞膜特定受体的序列;S1 序列是多变的,在冠状病毒不同株以及分离物中含有不同程度的缺失和替换;S1 序列中的突变涉及病毒抗原性及致病性的改变。与之相反,S2 序列更保守;S2 是乙酰化的含有两个 7 个氨基酸重复序列的结构域,呈一种螺旋化螺旋(coiled-ccil)结构。事实上,已经证实了成熟的 S 蛋白质形成寡聚物,最可能是三聚体。因此,S2 亚结构域可能组成了病毒突起的茎部。在大多数 MHV 株以及牛冠状病毒(BCoV)中,180 kD 的 S 蛋白质在病毒成熟时或者成熟后被细胞蛋白酶切割以产生在病毒突起中仍然保持非共价连接的 S1 和 S2 蛋白质。不同冠状病毒中 S 切割的程度不同,还依赖于宿主细胞类型。S 切割为 S1 和 S2 可以促进细胞融合活性或者病毒的感染性,但是 S1 和 S2 蛋白甚至未被切割的 S 蛋白仍然能以较低的效率介导细胞与细胞的融合以及病毒包膜与宿主细胞膜的融合。抗原组 I 中冠状病毒的 S 蛋白质不被切割,尽管如此,这些病毒中的一些例如猫传染性腹膜炎病毒(FIPV)能够介导细胞到细胞的融合。S 糖蛋白有几个重要的生物学功能(表 4.12)。针对 S 的单克隆抗体能够中和病毒的感染性,与此相符的是观察到 S 蛋白质与细胞受体结合。MHV 的 S 蛋白的受体结合结构域位于 S1 结构域的 N 末端 330 个氨基酸内。因此 S1 结构域的氨基酸序列能够决定动物中的冠状病毒的靶细胞特异性。

2003 年 5 月上旬,中国医科大学赵雨杰教授等科研人员通过生物信息学手段对 SARS 病毒基因组/蛋白质组进行分析,并通过互联网与美国健康中心网站联系,对 1 734 529 条基因序列进行对比,共比较了 8 467 530 979 nt。结果表明,来源于世界不同地区的 11 株 SARS 冠状病毒 99% 以上基因序列相同,病毒株之间变异不足 1%,表明近期世界范围流行的 SARS 是同一来源。

科研人员通过对蛋白质氨基酸序列预测的方法分析找到了 SARS 病毒主要抗原蛋白,这个主要抗原蛋白在序列一侧末端有部分膜锚定氨基酸序列,另外,由于该蛋白处于病毒颗粒的外表面,经蛋白结构和抗原决定簇预测分析,该蛋白氨基酸序列有许多抗原决定簇序列位点。赵雨杰教授认为,该蛋白为 SARS 冠状病毒的主要抗原。同时分析抗原决定簇显示,SARS 冠状病毒颗粒主要抗原蛋白氨基酸序列与其他物种不存在相同的连续性抗原决定簇序列。

**表 4.12　冠状病毒结构蛋白的特征与功能**

| 结构蛋白名称 | 特征与功能 |
| --- | --- |
| 核衣壳磷蛋白 N | 结合病毒 RNA<br>形成核衣壳<br>引起细胞介导免疫 |
| 膜糖蛋白 M<br>（以前的 E1） | 高尔基体的整合膜蛋白<br>引起病毒颗粒组装<br>与病毒核衣壳相互作用<br>形成病毒内核的鞘<br>诱生 α 干扰素 |
| 包膜（小膜）蛋白 E<br>（以前的 sM） | 引起病毒颗粒组装<br>结合病毒包膜<br>可引起凋亡 |
| 突起糖蛋白 S<br>（以前的 E2） | 在病毒表面形成大的突起<br>结合特异的细胞受体<br>引起病毒包膜与细胞膜（胞质膜或者内质网膜）的融合<br>可引起细胞膜与细胞融合<br>结合免疫球蛋白的 Fc 片段（MHV:小鼠肝炎病毒；TGEV:猪传染性胃肠炎病毒）<br>结合 9-O 乙酰化神经氨酸或 N-糖基化神经氨酸<br>引起中和抗体<br>引起细胞介导的免疫 |
| 血凝素脂酶糖蛋白 HE<br>（以前的 E3） | 在某些冠状病毒粒子表面形成小突起<br>结合 9-O-乙酰化神经氨酸<br>引起凝血<br>可导致血细胞吸附<br>脂酶从 9-O-乙酰化神经氨酸切割乙酰基团 |

#### 4.4.6.4　SARS 病毒变种规律

　　冠状病毒属的 RNA（核糖核酸）病毒，是以 RNA 复制病毒的遗传信息，而非通过 DNA 进行复制。与 DNA 病毒比较，其复制时的出错率较高，大约每复制 1 万个碱基就会出现一个错误，因而导致其基因突变率极高。此外，研究分析还发现，这种冠状病毒的突变位置很随机，因此导致病毒出现多种不同的变种。按照研究结果推断，所有的变种应是来源于同一原种的不同变种。这种病毒的 6 个月的进化过程，已经相当于经过数万年的进化。此外，这种冠状病毒也是通过基因突变获得感染人类的能力。由于冠状病毒已经出现不同的变种，因此制造疫苗时必须要考虑注射地区的不同品种的冠状病毒情况，从而让疫苗能使人体产生针对多种变种的抗体。

#### 4.4.6.5　SARS 病毒的研究结果总结

　　SARS 病人的呼吸道切片和细胞培养物的电子显微镜照片显示，冠状颗粒 SARS 病毒可以和一群冠状病毒的多克隆抗体发生反应；这是一种新型的冠状病毒，与冠状病毒属中其他已知的成员不同；病毒引起 VERO 和 FRhk-4 细胞病变效应，病毒复制被 SARS 康复者的血清所抑制；可以利用感染的细胞点和康复者的血清进行免疫荧光检测法（immunofluo-rescence assays，IFA）检测，培养细胞中有的细胞感染有病毒，都表现出很高水平的特异性反应。反应从负到正，或者是在非直接的荧光反应中表现有诊断意义的升高。美国、加拿大和香港的研究表明，非 SARS 病人的血清不能和新冠状病毒发生反应。冠状病毒的通用引物研究发现：SARS 病人的切片和细胞培养物中有新型冠状病毒；传染性肠胃炎病毒（trans-missible gastroenteritis virus，TGEV）、鼠肝炎病毒（murine hepatitis virus，MHV）、猫传染性腹膜炎病毒（feline infectious peritonitis virus，FIPV）及人冠状病毒的超抗血清可以抑制培养液中的病毒生长。几个实验室对病毒的部分测序表明，新病毒和冠状病毒属相关，但不同于同属的其他3个群。

对于病毒的起源曾有过种种推测，一种观点认为病毒可能类似于最原始的生命；另一种观点认为病毒可能是从细菌退化而来，由于寄生性的高度发展而逐步丧失了独立生活的能力。例如有腐生菌→寄生菌→细胞内寄生菌→支原体→立克次氏体→衣原体→大病毒→小病毒；还有一种观点认为病毒可能是宿主细胞的产物。这些推测各有一定的依据，目前尚无定论。因此病毒在生物进化中的地位是未定的。但是，不论其原始起源如何，病毒一旦产生以后，同其他生物一样，能通过变异和自然选择而演化，而且它的穿梭也促进了宿主的改变，引起生物适应性进化。

（廖宇静　谢响明）

# 第5章 细菌与放线菌遗传重组体制

## 本章导读

**主题:细菌、放线菌**

1. 什么是接合,其特点是什么?

2. 接合与性导的差异是什么?

3. F 因子、Hfr、F$^+$、F$^-$、F$'$ 有何异同?

4. 什么是部分二倍体,其特点是什么?

5. 中断杂交试验及其用途是什么?

6. 重组频率的计算方法有哪些?

7. 大肠杆菌染色体与基因组的特点是什么?

8. 什么是转化,其特点是什么?

9. 什么是感受态及感受态因子?

10. 影响转化效率的因素有哪些?

11. 共转化与连锁的关系是怎样的?

12. 什么是转导,其特点是什么?

13. 普遍性转导与局限性转导的差异有哪些?

14. 怎样区分流产转导、共转导、稳定转导、低频转导和高频转导?

15. 转导与性导的差别是什么?

16. 接合、转导、性导、转化的异同有哪些?

17. 链霉菌染色体、基因组的特点有哪些?

18. 放线菌类型与细菌类型的异同有哪些?

19. 链霉菌致育因子与 F 因子的差异有哪些?

20. 放线菌接合与细菌接合差异有哪些?

21. 链霉菌遗传分析方法有哪些?

22. 什么是异质系,形成的原因是什么?

23. 古菌的基本特征有哪些?

---

　　细菌与放线菌都属于原核生物,是自然界中分布最广、个体数量最多的有机体,是大自然物质循环的主要参与者,在人体中就分布有 $10^{13} \sim 10^{14}$ 个,人体肠道菌谱有 400 多种,口腔菌谱有约 700 种,人体皮肤、口腔、肠道、鼻咽腔、眼结膜、阴道、尿道等不同组织器官遍布有各种不同类型的细菌,在人体中构成了有益菌群、条件致病菌群和有害菌群的微生态系统。人体有益菌群主要有双歧杆菌(*Bifidobacterium*)和乳酸菌,双歧杆菌属革兰阳性菌,新分离时有的呈分叉状,厌氧,无致病性。主要分布于人的肠道(结肠)内,每 1 g 成人粪便

中其数量可达 $10^{10}$ 个。新生儿刚出生时，肠道内以大肠杆菌为主，出生后 $6\sim8$ d，肠道内即建立起以双歧杆菌占绝对优势的菌群。它们使糖类发酵，产生大量的乙酸和乳酸，从而抑制具有潜在致病性的肠杆菌等的生长繁殖，逐渐达到肠道内微生态的平衡。双歧杆菌的主要作用是：保护身体不受病原菌的感染；抑制肠内腐败的亚硝酸胺、氨气、吲哚（indole）、硫化氢等腐败物质的产生；制造多种维生素；促进肠子的蠕动，防止便秘的产生；调节人体微环境的生态平衡，预防和治疗腹泻；提高身体的免疫力；分解致癌物质；延缓机体衰老。凡可使糖类发酵产生乳酸的细菌，都称乳酸菌，包括乳杆菌、嗜乳链球菌、酵母等。它们和双歧杆菌一起控制着人体生态菌群的平衡，不断清除有毒物质，抵御外来致病菌的入侵。它们对常见致病菌（如痢疾杆菌、伤寒杆菌、致病性大肠杆菌、葡萄球菌等）有拮抗作用。尤其对老人和婴儿，可抑制病原菌和腐败菌的生长，防止便秘、下痢和胃肠障碍等。它们吐出大量的乳酸，促使肠壁蠕动，帮助消化，排尽粪渣，杀灭病原菌，在肠道内合成维生素、氨基酸并提高人体对钙、磷、铁离子等营养素的吸收。因为乳酸菌群具有抗感染、除毒素、协助营养摄取的独特功能，所以能有效地调节肠道微生态平衡，消除致病原，大大地减少亚硝胺类和腐败细菌毒素对癌的诱发性，激活免疫反应，增强人体免疫力。乳酸菌分解乳糖，产生半乳糖，有助于儿童脑及神经系统的发育。有害菌群以威尔斯菌为首，常见类型有梭状芽孢杆菌、葡萄球菌、绿脓菌等，它们会急速地扩张势力，导致疾病。条件致病菌菌群是最多的类型，以大肠杆菌为首，具有典型双面性，在一定条件下不致病，在另一条件下致病，在体内维持一定的数量平衡，一旦菌群平衡态改变则导致疾病，恢复平衡又处于相安无事状态，有利于它生存的微条件可促使它快速繁殖导致疾病发生，犹如水塘、湖泊等环境的富营养化导致的蓝藻过甚，对生态环境是有害的，因此，控制条件致病菌，促进有益菌群，遏制有害菌群是人体健康的保证。

　　细菌是具有典型生命特征和完整生命形态的最小生物，能够独立生活或以菌落形式营群居生活，细菌分布最多的地方是土壤，土壤环境的多样性导致土壤细菌种类各异，尽管细菌在结构与表型上千姿百态，但在遗传上其遗传体制相似，繁殖方式主要有无性繁殖和有性繁殖，并以无性繁殖为主，没有真正完全的有性生殖，在实现遗传重组的过程中有着完全不同于真核生物的遗传体制，与病毒比较也有着不同的特点。第一，它不像病毒一样在遗传过程中要倚赖于寄主系统，不能独立生活；第二，它没有真正的有性生殖，只有类似于有性生殖的异质化的重组过程，而重组方式有其独特的接合作用、转化作用或转导作用；第三，细菌的遗传物质不像病毒一样呈现多种基因组状态，细菌遗传物质染色体只有一个，染色体基因组上有时有前病毒或缺陷前病毒，质粒拷贝一至几个，质粒的多种种类可同存于一个细胞中；第四，细菌不像高等生物的有性生殖一样，在遗传和重组中出现规律性特点。虽然细菌都是单倍体，但是可以通过不同形式的重组（接合、转化、转导等）方式发生遗传物质的交换，实现遗传物质的异质化，增强自身的适应能力，抵御其他生物的侵犯，保护自己得以延续生存。原核生物的遗传重组是指受体细胞接受来自供体细胞的 DNA 片段，并把这种 DNA 片段整合为受体细胞基因组的一部分的过程。

## 5.1　大肠杆菌的接合作用

　　接合作用是指在供体细胞和受体细胞直接接触后，质粒从供体细胞向受体细胞转移的过程。介导接合作用的质粒叫做接合质粒(conjugative plasmid),也叫自主转移质粒(self-transmissible plasmid)或性质粒(sex plasmid)。在接合作用中,质粒除能从供体细胞向受体细胞转移外,有些质粒还能带动供体的染色体向受体转移,通过接合作用接受供体基因的重组受体称为接合子。

### 5.1.1　基因重组的发现与证实

大肠杆菌是不产生有性孢子的微生物。1946 年,莱德伯格(Joshua Lederberg)和泰特姆(Edward Tatum)发现了接合现象。他们选择了 *E. coli* 的两个不同营养缺陷型(图 5.1):A 菌株是 *met⁻ bio⁻ thr⁺ leu⁺*,为甲硫氨酸和生物素的缺陷型,苏氨酸和亮氨酸的原养型,它需要在基本培养基(minimal medium,MM)上补充甲硫氨酸和生物素才能生长;B 菌株是 *met⁺ bio⁺ thr⁻ leu⁻*,为甲硫氨酸和生物素的原养型,苏氨酸和亮氨酸的缺陷型,它需要在 MM 上补充苏氨酸和亮氨酸才能生长。把两个菌株分别培养在 MM 上,无论是 A 菌株或是 B 菌株都不能生长,但把两个菌株混合培养在 MM 上,则能够以 $10^{-5} \sim 10^{-6}$ 个细胞频率长出菌落来。是什么致使两个菌株在 MM 上生长呢? 是部分遗传物质的交换,是营养物质的互养,还是回复突变?

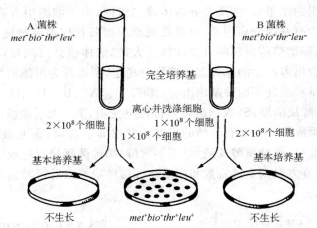

图 5.1　大肠杆菌接合杂交试验

为了解决这个问题,戴威斯(Davis)作了一系列的试验,并设计了著名的 U 型管试验(图 5.2),U 型管的两边分别放上不同的 A 菌株与 B 菌株,在 U 型管的中间有一块带微孔的隔膜,隔膜只能使大分子物质(包括 DNA)通过,不能让两边的细菌通过而接触。如果只是大分子物质的转移导致的重组,那么两边或一边有可能产生重组体;如果是细胞的接触导致产生的重组体,那么在两边就都没有重组体产生。试验结果支持了后一种设想。这一试验没有原养型菌落出现,说明细菌的接触是产生原养型重组体的必要条件。

营养缺陷型细菌通过培养交换养料而生长的现象称

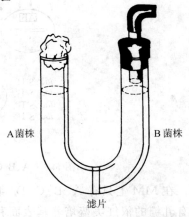

图 5.2　戴威斯的 U 型管试验

为互养。如果是营养物质交换养料而导致的互养,那么将基因型为 $A^+B^-T1^r$ 和 $A^-B^+T1^s$ 的细菌混合培养在 MM 上,允许两种缺陷型细菌有短暂的接触后喷上 T1 噬菌体把 $A^-B^+$ $T1^s$ 细菌杀死,使之不能互养,但经培养后仍有原养型菌落产生,由此说明原养型的产生并非互养所致。

如果是突变体发生了回复突变,那么采用了双重缺陷型菌株进行试验,使回复突变的可能性几乎不能产生。例如:把基因型 $A^-B^-C^+D^+$ 的菌株和 $A^+B^+C^-D^-$ 的菌株进行杂交试验,结果仍然发现有原养型菌落出现。如果 $A^+B^-\times A^-B^+$ 接合试验中原养型是 $A^+B^-$ 菌株中的 $B^-$ 回复突变所致(或 $A^-B^+$ 菌株中的 $A^-$ 回复突变所致),那么双重缺陷型 $A^-B^-C^+$ $D^+$ 的菌株和 $A^+B^+C^-D^-$ 的菌株要两个基因同时发生回复突变的可能性就非常小了,若 $A^-$ 的突变率为 $10^{-5}$,$B^-$ 的突变率为 $10^{-6}$,那么 $A^-B^-$ 同时回复率是 $10^{-22}$,要实现这一双重回复突变则几乎是不可能的。

从以二事实可以看到:原养型的出现是由于细菌细胞接触的结果。细胞接触以后,是发生了基因重组还是两个细胞交换了彼此的细胞质呢?以下试验证实了是基因重组所致。

细菌接合以后两个细胞核质发生了什么变化使其成为原养型呢?核质可能出现的情况有三种:异核体(两个核质同存一个细胞)、二倍体(两个核质体合在一起)和单倍重组体(原养型是基因发生重组的结果)。如果是异核体或二倍体,由于细胞中有隐性基因存在,继续培养中应该或多或少有基因分离现象,也就是说原养型后代应该有缺陷型菌落产生。由于异核体不太稳定,缺陷型菌落出现的可能性就更大,二倍体也会出现规律分离现象,而事实上营养缺陷型的混合培养产生的原养型菌落十分稳定,所以较为可能的是基因重组。

双基因杂交子试验出现了四种基因组合(图 5.3)。$A^-$、$B^-$、$C^-$、$D^-$ 表示四个营养缺陷型,$lac^-$ 表示乳糖发酵缺陷型,$S^r$ 表示链霉素抗性突变型,$T1^r$ 表示噬菌体 T1 抗性突变型。测定方法是把细菌画线接种在含有乳糖的伊红美蓝培养基表面,在上面乳糖发酵细菌菌落呈带金属光泽的紫红色,乳糖发酵缺陷型(即不发酵)细菌菌落呈白色或浅红色,画线接种以后培养以前,再在垂直方向划上链霉素和噬菌体 T1,经培养以后可看到抗性细菌仍能生长,敏感菌则不能生长。

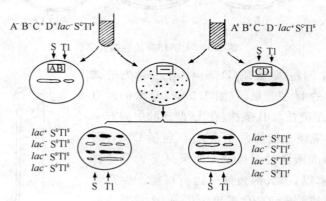

图 5.3 A、B、C、D 为选择性标记的非选择性标记的分离

在 MM 上只有 $A^+B^+C^+D^+$ 细菌能形成菌落。利用 A、B、C、D 的选择性标记,再加上含有乳糖的依红美蓝培养基表面和划上链霉素和噬菌体 T1,可以看到每一个菌落属于八种类型中的一种,这八种类型是三对基因的可能组合。为什么每一种类型都能够出现呢?这

是因为培养条件并不对它们起作用,在这一培养条件下,它们是非选择性标记。

选择性和非选择性决定着基因本身以及培养条件。如果把以上两个菌株的大量细菌混合接种在含有链霉素的培养基上并喷施噬菌体 T1,经过培养后出现的菌落必定属于基因型 $S^r T1^r$。再把每一个菌落分别画线接种在四种培养基(含 A 和 B、含 A、含 B、不含 A 与 B)上,就可以看到每一个菌落属于四种类型($A^+ B^+$、$A^+ B^-$、$A^- B^+$、$A^- B^-$)中的一种(图 5.4)。在这一试验中 S 和 T1 成了选择性标记,A、B、C、D 成了非选择性标记。这一试验结果说明在 $A^+ B^+ C^- D^- \times A^- B^- C^+ D^+$ 杂交子代中四种类型都是存在的。同样,在 $A^+ B^- \times A^+ B^-$ 杂交子代中必然也存在 $A^- B^-$ 重组型,这一结果进一步证实了原养型是单倍重组体这一结论。

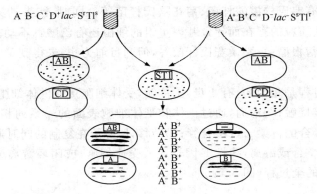

图 5.4　S 和 T1 为选择性标记的非选择性标记的分离

$E. coli$ 的原养型菌落不仅是基因重组所致,而且这种重组是遗传物质的单向转移所致。1952 年 Hayes 在正反杂交试验中证实了基因转移是有极性的,细菌遗传重组是遗传物质单向转移的过程。正交试验中是菌株(A)$Str^s \times$ 菌株(B)$Str^r$ 之间的杂交,在杂交完成之前用高剂量的链霉素将 A 菌株杀死,结果原养型重组体的数目变化不大;反交试验中是菌株(A)$Str^r \times$ 菌株(B)$Str^s$ 之间的杂交,将 B 菌株杀死,则一个重组体也没有出现。这个正反交试验说明 A 和 B 两个菌株虽然来自同一个野生型 $E. coli$(K12),可是在正反杂交期间两个菌株所起的作用不同,所得到的杂交结果也不同,因此,$E. coli$ 的遗传重组是遗传物质单向转移的过程。把 A 菌株认为是供体,而 B 菌株是受体,因为菌株 A 作为遗传物质的供体,当链霉素对它进行灭活以后,并未影响它传递遗传物质的能力,而 B 菌株作为遗传物质的受体,一旦被链霉素杀死以后,必然不能出现重组体。供体菌株又称为雄性细胞,受体菌株又称为雌性细胞。

### 5.1.2　接合分析

$E. coli$ 的基因重组是细胞接合所致。细菌接合的基因重组最初发现于 $E. coli$(K12)内。细菌接合是否只限于 $E. coli$ 这一菌株呢? 在 $E. coli$ 中,曾对 2 000 个菌株进行接合试验。但对这 2 000 个菌株的突变体进行试验,其工作量是很大的。因而又设计了一个试验,只需在一个菌株中得到一个抗链霉素突变型和一个营养缺陷型,就可以对 2 000 个菌株进行检验。

已知 $E. coli$(K12)菌株是能够接合的,所以在 $E. coli$(K12)中筛选 $S^r A^-$,便能用该突变株 S'A⁻ 与野生型菌株 S'A⁺ 杂交。由于在含链霉素的 MM 上亲本均不能生长，只有重组型 S'A⁺ 才能形成菌落，所以混合大量细菌接种在含有链霉素的 MM 上，若能出现菌落则说明这一突变型菌落能和 K12 接合得到重组子。试验结果表明约 2.5％的菌株能和 K12 接合。

除 *E.coli* 能够发生接合外，其他许多细菌都能够发生接合。例如绿脓杆菌能通过接合导致基因重组。*E.coli* 的接合依赖于一种称为致育因子的 F 质粒，故此 F 因子又称为性因子。绿脓杆菌具有类似于 F 因子的质粒。如 FP2、FP5 和 FP39。一些细菌不但种内可以接合，而且种间也可以发生接合，如沙门氏菌和 *E.coli* 同是肠道杆菌科的细菌，可利用细胞的接合将 *E.coli* 的 F 因子引进沙门氏菌，从而使沙门氏菌也像 *E.coli* 一样能进行基因重组，鼠沙门氏菌的遗传学图便是这样绘制出来的。类似的情况包括另一些和 *E.coli* 具有近缘亲缘关系的细菌，有弗氏柠檬酸杆菌、菊花欧氏杆菌等。同时，能带动染色体转移的质粒为数很多。由于这些质粒的存在而导致基因重组的细菌还有乙酸钙不动杆菌、肺炎克氏杆菌、奇异变形杆菌、苜蓿根瘤菌、黏质赛氏杆菌等，但到目前为止，未得到革兰氏阳性菌还因接合而产生的重组体。

所有接合的过程是相似的，有 4 步：①接触，受体细胞接触供体细胞的性菌毛的顶端，几分钟后两细胞直接接触；②沟通，通过供体和受体细胞表面的一系列相互作用，在性纤毛的引导下最后形成接合的桥梁——接合管；③转移，F 因子在复制的同时通过桥梁从供体细胞进入受体细胞；④整合或游离，线性 F 因子进入受体细胞，或闭环游离或整合到受体细胞染色体中，完成接合的全过程（图 5.5）。

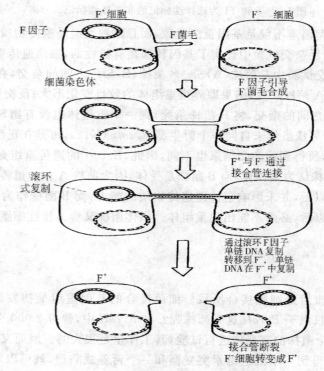

图 5.5　大肠杆菌的 F⁺ × F⁻ 接合过程

### 5.1.3  F 因子与大肠杆菌的性别

研究导致重组体产生的原因时,发现了 *E. coli* 的性别。*E. coli* 中除自身的遗传物质外,还存在一种 F 因子。F 因子是一种细菌染色体的核外 DNA 分子,是一种封闭的环状 DNA 分子,$6.3 \times 10^7$ D,全长约为 99 159 bp(约 100 kb),长度为 30 $\mu$m,大约为大肠杆菌染色体的 2%,可以以游离状态或整合态存在于细胞中,因此,这种质粒又称为附加体(episome)或游离基因,带有 F 因子的菌株都能形成性纤毛,由于 F 因子决定细菌和放线菌的性别,因此又称为致育因子或 F 性因子(F sex factor)。由于其具有接合作用也称为接合型质粒。含有游离态 F 因子的菌株即为 $F^+$,含有整合态 F 因子的菌株即 Hfr 菌株,称为高频菌株,无论游离态或整合态的菌株都统称为供体;不含 F 因子的菌株即为 $F^-$,又称为受体。F 因子不但介导宿主细胞的接合而且与滚环复制有关。F 因子除在肠道细菌中存在外,还存在于假单胞菌属(*Pseudomonas*)、嗜血杆菌属(*Haemophilus*)、奈瑟氏球菌属(*Neisseria*)和链球菌属(*Streptococcus*)等的细菌中。游离态 F 因子能够自我复制,也就是不依赖于寄主染色体的复制而复制,而整合态 F 因子由于与宿主染色体共存,因此是伴随寄主染色体的复制而复制。

F 因子基因组有 60 多个基因,决定着 94 个蛋白质,其中 1/3 的基因与接合作用有关。接合是通过性纤毛完成的,若剪接性纤毛,则接合不能发生。性纤毛的产生是 F 质粒上的结构基因所决定的。F 因子基因组可分为三个区段(图 5.6):

(1)控制自主复制区段,含有复制酶基因(*rep*)、决定不相容性的基因(*inc*)和复制起点(*ori*V)基因(又叫原点),复制区一般只有 2～3 kb,*ori*V 上有 19～22 bp 的重复序列,*rep*E 基因编码的 RepE 蛋白为质粒复制所必需蛋白,RepE 蛋白是一种自体调节蛋白,可以与自身启动子结合对自身质粒拷贝数进行调控,控制 F 质粒进行严格精确的 $\theta$ 双向复制,因此 F 质粒也是一种严紧型质粒。

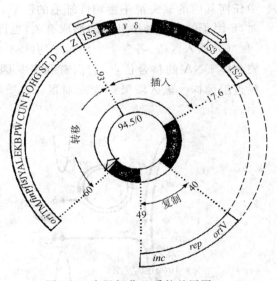

图 5.6  大肠杆菌 F 质粒基因图

(2)转移区段,又称为转移操纵子,长 33 kb,这一段含有 40 个基因与 DNA 转移有关,这些基因叫转移基因(*tra*),它们与性纤毛形成相关,又称为致育基因,它们转录形成三个转录本,最主要的转录本是一个 32～33 kb 的转录单位(*tra*Y-1),协同表达,该转录本有约 21～23 个基因,其中与性纤毛形成有关的基因有 *tra*J、*tra*A、*tra*E、*tra*N、*tra*B、*tra*W、*tra*V、*tra*C、*tra*U、*tra*F 和 *tra*H,并且 traA 编码性纤毛结构蛋白;*tra*J 为调控基因,其表达又受致育抑制基因 *fin*P 和 *fin*O 的负控制;*tra*I(解旋酶 I)和 *tra*D(控制转移)决定转移起始,*tra*Y 和 *tra*Z 编码核酸内切酶,能够在转移起始点 *ori*T 上切开一个缺口;*tra*S 和 *tra*T 基因的产物与表面排斥有关;*tra*T 长约 400 bp,*ori*T 序列小于 300 bp,含有反向重复序列,富含 A-T 碱基,它尽管是转移起点,但转移操纵子是转移的最后区段,它是最后进入到受体细胞中的。转录本 *tra*M 和 *tra*J 是分开表达。*tra*J 调节 *tra*M 和 *tra*Y-1 两者的打开,在另一条链上的 *fin*P 是致育抑制基因,以调节子形式产生一个小分子反义 RNA,关闭 *tra*J。*fin*P 的激活需要另一些基因 *fin*O 的表达。研究表明,转录单位中的某些基因直接和 DNA 的转移有关,但大多数和细胞的特点有关。转移操纵子在表达时转录出一个共同的(*tra*Y-1)多聚 mRNA。转移发生之前,通过质粒编码的性纤毛使 F⁺ 细胞表面具有管状接合细胞,称为接合管,在接合管与细胞表面蛋白的作用下使供体与受体细胞表面接触并融合形成接合通道管,使供体基因发生转移。在接合转移时,转移操纵子 tra 编码的核酸内切酶作用于转移起点(*ori*T),将质粒的一条 DNA 链切开造成缺口,在断端 3'-OH 末端进行延伸,质粒 DNA 以环状单链为模板进行滚环复制,在 DNA 断端 5'-PO₄ 末端与转移蛋白 *tra* I 结合形成复合体,在它们的引导下将置换出来的单链以 *ori*T 为首、转移操纵子为尾,按 5'→3' 方向,沿性纤毛形成的接合通道进入受体细胞,在进入的同时依赖于受体细胞酶系开始互补合成不连续的新链,实现 F⁺ 向 F⁻ 的单链转移(图 5.7),一旦整个 F 因子的长度被转移进受体细胞,DNA 两端再连接形成环状 DNA 分子。因此,性纤毛接合管的形成和细胞表面的接触对于接合是必需的。如果这个区域的部分基因突变或缺失,影响性纤毛的形成,则接合就不可能发生。F 因子的转移还与其他因素有关,如 *tra*Y、*tra*Z、*tra*M、*tra*I、*tra*G 和 *tra*D 基因中任何基因的缺失都不影响性纤毛的形成,但影响 F 因子的转移,*tra*G 与 *tra*N 影响杂交配对,F 因子的存在与性纤毛的形成有关,也许是最原始的精子基因的起源区段之一。

　　(3)插入区段,各含 4 个插入序列(IS3、γδ(Tn1 000)、IS3、IS2),IS 插入因子为 F 质粒与染色体 DNA 的整合位点,它们有利于 F 因子在不同位点插入受体染色体而形成不同的高频重组菌株。该区段又称为配对区。F 质粒上某些基因遗传位点及其功能综合在表 5.1 中。

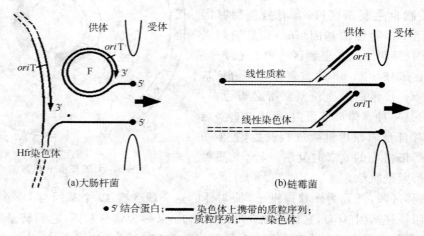

图 5.7　环状复制子和线状复制子的接合转移

**表 5.1　F 质粒上某些基因、遗传位点及其功能**

| 基　　　因 | 功　　　能 |
| --- | --- |
| *tra*A,*tra*B,*tra*C,*tra*E,*tra*F,*tra*G,*tra*H,*tra*J,<br>*tra*K,*tra*L,*tra*U,*tra*V,*tra*W | 性纤毛的形成 |
| *tra*J | 性纤毛的结构基因 |
| *tra*C,*tra*N | 接合时的聚集 |

| 基　　因 | 功　　能 |
| --- | --- |
| *tra*I, *tra*M | 转移的抑制 |
| *tra*M | 转移 |
| *tra*O | *fin*O 基因的操纵基因 |
| *tra*V, *tra*Z | 造成 *ori*T 缺口的内切酶的亚基 |
| *ori*T | 转移 DNA 合成的原点 |
| *ori*V | DNA 复制起点 |
| *tra*S, *tra*T | 表面排斥, 编码膜蛋白 |
| *ilz*A, *ilz*B | 由过多的 Hfr 细胞杀死雌性的细胞 |
| *rep* | F 复制 |
| inc | IncF 群的不相容性 |
| *fin*O, *fin*P | 致育抑制 |

　　前面已述 F⁻ 受体相当于雌性细胞, F⁺ 与 Hfr 即供体相当于雄性细胞, 但是 F⁻ 菌株和 F⁺ 菌株显然不完全等同于动物雌雄性别: ①F⁻ 细菌和 F⁺ 细菌接触 1 h, 70% 或更多的 F⁻ 细菌转变为 F⁺ 细菌; ② F⁺ 细菌经低浓度的吖啶橙(大约 30 mg/ml, 这一浓度不足以抑制生长)处理后转变为 F⁻ 细菌; ③F⁺ 细菌偶尔也能自发变为 F⁻; ④F⁻ 细菌从来没有自发变为 F⁺。这一系列变化都是因为 F 因子的作用而改变的。F⁻ 菌株无 F 因子, 不可能自动发生 F 因子的转移, F 因子只能从供体到受体或从 F⁺ 与 Hfr 中自发游离出来。F 因子通过供体与受体细胞的接合而转移, F 因子可经吖啶橙的处理而消失, F 因子一旦消失, 就不再出现。例如, 大肠杆菌 K12 就是 F⁺, 在诱变剂的处理下, 丢失了 F 因子, 变为了 F⁻。F⁺ 是一种遗传性状, F⁺ 经分裂繁殖仍是 F⁺, F 因子的存在使细菌成为 F⁺, F 因子的消失使 F⁺ 变为 F⁻。因此 F 因子类似于染色体基因, 而又不同于染色体基因, 染色体基因的转移频率为 $10^{-6}$, 而 F 因子的转移频率高达 70%。不难设想, 在多数细菌接合以后染色体还未转移以前 F 因子已首先转移了。

　　Hfr 和 F⁺ 菌株除了 F 因子的存在状态不同外, 在接合上还存在不少差异。F⁺ 菌株能以较高频率使 F⁻ 变成 F⁺; 而 Hfr 菌株能以较高频率使 F⁻ 菌株获得供体基因组的遗传性状, 而 F⁻ 变成 F⁺ 菌株的频率并不高, 一般情况杂交前后 F⁻ 不变。F⁺ 与 F⁻ 之间的杂交只有 F 因子的传递, 而细菌的染色体并不转移, 因此尽管 F 因子转移频率很高, 但两者染色体之间的重组率很低, 大约是每 100 万个细胞中发生一次, 因此 F⁺ 品系称为低频重组(low frequency recombination, Lfr)。由于 Hfr 与 F⁻ 细胞接合后可以将供体染色体的一部分或全部传递给 F⁻ 受体, 当供体与受体的等位基因带有不同的标记时, 在它们之间发生重组, 重组频率可达到 $10^{-2}$ 以上, 故称 Hfr 为高频重组(high frequency recombination, Hfr)品系(图 5.8)。

　　一般 Hfr 和 F⁻ 细胞接触时 *ort*T 活化, 进行滚环复制, 开始时, 缺刻蛋白识别并结合在 *ort*T 区, 切开单链, 以另一条链为模板, 在带切口的单链的 3′-OH 上从头合成, 5′端沿箭头方向延伸, 将宿主的 DNA 移到受体中。由于整合后致育基因 F 位于 DNA 环的末端, 一般尚未进入受体细胞前, 接合管就已经断裂, 使转移中断, 故 Hfr 杂交的后代不能获得致育基因, 也不能产生性纤毛而呈 F⁻ 的性状。所以, F⁺ × F⁻ 通常只能将 F 因子转入受体, 使 F⁻ 变成 F⁺。只有在先整合到宿主的染色体上形成 Hfr, 才能在杂交时将宿主基因转移到受体

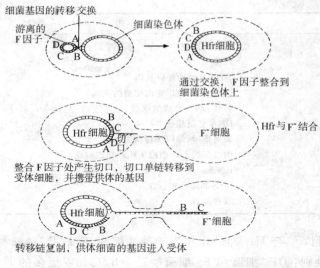

图 5.8　大肠杆菌 Hfr×F⁻ 的细菌基因转移

中,经重组产生重组子。一般 F 因子整合的概率是 $10^{-3}$,Hfr×F⁻ 产生重组子的概率是 $10^{-4}$,所以从 F⁺×F⁻ 产生重组子的频率是 $10^{-7}$。

怎样知道 Hfr 细胞中的 F 因子整合在细菌染色体上?中断杂交试验说明了 Hfr 和 F⁻ 结合以后,Hfr 细菌的染色体从一端开始逐渐进入 F⁻,而且 F 因子结合在染色体上,并处在染色体末端,试验过程中约 2 h 后 F 因子才可能出现在 F⁻ 细菌中,使 F⁻ 变成 F⁺,在这之前染色体已经断裂,这就说明了 Hfr 细菌和 F⁻ 细菌杂交后 F⁻ 并不转变为 F⁺ 细菌的原因。

实验表明,染色体的转移具有方向性和顺序性,所以染色体末端和 F 因子相邻的基因在接合后约 2 h 内同样难以出现在 F⁻ 细胞中。已知 Hfr 菌株的乳糖发酵基因位于染色体末端,高频菌株 Hfr$lac^+$S$^s$ 与 F⁻ $lac^-$ S$^r$ 杂交,在 2 h 内把菌液涂在含有乳糖和链霉素的伊红美蓝培养基表面不会出现乳糖发酵的紫红色菌落。可是在 30 min 曾经选得个别红色菌落,这些菌落属于 F⁺,把它接种到含有乳糖的伊红美蓝培养基上,在大约 1 000 个红色菌落中出现一个白色菌落,这些白色菌落是 F⁻。此外,把红色菌落 F⁺ 与 $lac^-$ F⁻ 一起培养,发现出现相当高的 F⁺,同时由乳糖不发酵转变为乳糖发酵。

从这些事实看,乳糖发酵基因和 F 因子已经结合为一体,所以它们消失时一起消失,转移时一起转移。这个菌株(红色)写为 $lac^-$/F′$lac^+$,这里斜线把染色体基因和 F 因子基因隔开,并且表示 F 因子带有乳糖发酵基因。从其他不同的 Hfr 菌株可以得到带有半乳糖发酵基因的 F 因子(F′$gal^+$)和带有脯氨酸基因的 F 因子(F′$pro^+$)等。这些 F 因子分别从半乳糖基因和脯氨酸基因处在染色体末端的 Hfr 菌株得来。因此把带有少量供体的基因的 F 因子统称为 F′,把带有 F′因子的菌株称为 F′菌株。通过 F′因子的转移而使受体细菌改变它的遗传性状的现象称为 F 因子转导,或性因子转导,简称性转导。所以,F′菌株的存在以及它们来自不同的特定的 Hfr 菌株这一事实充分说明了 Hfr 菌株中 F 因子结合在染色体上,F⁺ 细菌中 F 因子处在非整合状态,F′是带有供体基因的游离态的 F 因子,Hfr 中是整合态的 F 因子(图 5.9)。正是由于 Hfr、F⁺、F′菌株的差异,以及三者与 F⁻ 菌株的接合差异才使人们发现了部分二倍体。

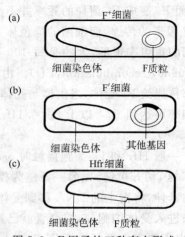

图 5.9　F 因子的三种存在形式

### 5.1.4 部分二倍体与交换

从前面讲解的 Hfr 与 F⁻ 的杂交接合转移中,Hfr 的供体染色体转移时常伴随接合管的自发断裂而使其接合中断,其供体染色体只有部分片段进入到受体 F⁻ 中,这种含有供体部分染色体和完整受体染色体的细胞就称为部分二倍体(merozygote)(图 5.10(a))。部分二倍体是大肠杆菌实现基因重组的必需步骤。若供体的部分基因组与受体的完整基因组之间发生一次单交换,那么产物是线状的(图 5.10(b)),不仅不能复制,且易被降解,所以是不稳定的。只要发生双交换(图 5.10(c))就能产生稳定的环状重组体和一小片段置换 DNA,同样这个小片段也极不稳定,将被降解掉。因此,细菌中部分二倍体具有两个特点:交换过程中单交换是无效的,只有双交换是有效的;交换过程不出现交互性重组子。其中,提供部分基因组的称为外基因子(exogenote),接受外来基因的基因组称为内基因子(endogenote)。所以,供体与受体的重组就是内基因子和外基因子的重组,不同于真核细胞的完整二倍体的重组。

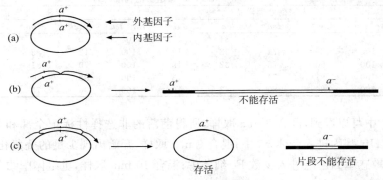

图 5.10 部分二倍体的特点

1959 年 Adelberg 等在重复 Hfr×F⁻ 试验时发现不是所有的 Hfr 菌株都是相当稳定的,有一些菌株回复成了 F⁺ 状态,失去了高频供体能力,但 F 因子已带有供体染色体的部分基因,即 F′因子。Jacob 和 Adelberg 发现当这种菌株与 F⁻ *lac*⁻ 突变型受体菌相混合时,携带 *lac*⁺ 的 F′因子就转入受体菌中,于是在 *lac* 区形成部分二倍体(partical diploid)(F′*lac*⁺/F⁻ *lac*⁻)。这种部分二倍体的群体表现出染色体 *lac* 基因的转移大大超过 F⁺ 群体中 *lac* 基因的转移。

### 5.1.5 中断杂交试验与连锁分析

有交换就存在着连锁。由于 Hfr 细菌与 F⁻ 细菌杂交是 Hfr 菌株的染色体从一固定点按一定方向并以恒定的速率逐渐进入 F⁻ 细菌,因此,通过时间顺序就能够测定基因的相对位置关系从而得知基因的连锁关系。在细菌的接合中分析连锁的方法就是中断杂交试验(interrupted mating experiment)。中断杂交试验是一种用来研究细菌接合过程的试验方法,即是对接合中的细菌作不同时间取样,并把样品猛烈搅拌以分散接合中的细菌,然后分析受体细菌的基因型,测定基因的顺序并确定基因的位置关系的方法。由于每个基因进入 F⁻ 的时间和它在染色体上的位置是相对应的,所以根据每个基因进入受体的时间就能绘制出大肠杆菌的遗传学图谱。

1957 年 Wollman 和 Jacob 首次进行中断杂交试验,试验是将大约 $2 \times 10^8$ 个基因型为 F⁻ *str*ʳ *thr*⁻ *leu*⁻ *azi*ʳ *ton*ʳ *lac*⁻ *gal*⁻ 的细菌和大约 $2 \times 10^7$ 个基因型为 Hfr*str*ˢ*thr*⁺*leu*⁺

$azi^s ton^s lac^+ gal^+$ 的对数期细菌(10:1)混合,在肉汤培养液中进行通气培养,每隔一定时间取样,将菌液样品置振荡器上剧烈振荡以分散接合着的 F⁻ 和 Hfr 细菌,稀释以后接种一定量到含有链霉素且以葡萄糖作为碳源的 MM 上进行选择,使 T⁺L⁺S^R 重组体形成菌落,然后将每一菌落的非选择性标记全部进行测定(表 5.2),这里 $thr^+$、$leu^+$ 是选择性标记,$azi^s$、$ton^s$、$lac^+$、$gal^+$ 是非选择性标记。为进一步鉴定重组子中各个非选择性标记的情况,必须把选择性培养基上长出菌落的平板影印到所需鉴别的培养基上,从而把每个非选择性标记的等位基因所控制的相对性状区分开来,最后算出重组子中每个非选择性标记的频率,也就确定了基因在染色体上的位置以及它们和选择性标记相距的物理图距。即使杂交不用机械装置来中断,同样发现每种 Hfr 菌的标记是梯度转移的(表 5.2),这是由于接合的随机中断或转移过程中染色体的断裂导致远离原点的标记转移减少。

表 5.2　Hfr×F⁻ 杂交中的中断杂交结果

| 取样时间<br>(min) | $thr^+ leu^+$ 重组型的构成(%) | | | | | | | | | |
|---|---|---|---|---|---|---|---|---|---|---|
| | 未振荡处理样品 | | | | | 振荡处理样品 | | | | |
| | $thr^+ leu^+$ | $azi^s$ | $ton^s$ | $lac^+$ | $gal^+$ | $thr^+ leu^+$ | $azi^s$ | $ton^s$ | $lac^+$ | $gal^+$ |
| 5 | 100 | 90 | 73 | 34 | 17 | 0 | 0 | 0 | 0 | 0 |
| 10 | 100 | 89 | 74 | 38 | 18 | 100 | 12 | 3 | 0 | 0 |
| 15 | 100 | 90 | 75 | 32 | 19 | 100 | 70 | 31 | 0 | 0 |
| 20 | 100 | 91 | 74 | 34 | 18 | 100 | 88 | 71 | 12 | 20 |
| 40 | 100 | 90 | 80 | 42 | 19 | 100 | 90 | 75 | 33 | 20 |

从图 5.11 中可以看到,混合 8 min 取样,所得菌落的非选择性标记全部和 F⁻ 菌株相同,说明没有任何 Hfr 基因进入受体 F⁻ 中;混合 9 min 取样,开始出现少量的叠氮化钠敏感菌落,说明叠氮化钠敏感基因已经进入少数 F⁻ 细菌中;混合 10 min 取样,重组体中约 10% 含 Hfr 的 *azi* 基因,但几乎没有 *ton* 和 *gal* 基因;混合 11 min 取样,开始出现 T1 敏感的 F⁻ 细菌;混合 18 min 取样,开始出现乳糖发酵基因;混合 24 min 取样,开始出现半乳糖发酵基因;在 60 min 后,依据图 5.11 的动力学分析,$thr^+ leu^+ str^r$ 重组体的数目达到最高点,而非选择性供体标记也趋于平衡,在这些重组体之间,非选择性供体标记从 *azi* 基因的 90% 到 *gal* 基因的 25%,因此,Hfr 和 F⁻ 杂交建立起稳定的接合对时;供体染色体的转移是从一个固定点(0 点)开始的,并以 0→thr→leu→azi→ton→lac→gal 的次序转移进入 F 受体中去(图 5.12),供体的基因组是以 $3.3 \times 10^4$ bp/min 的速度匀速转移进入受体的。那么每个供体基因进入受体的时间便成为遗传图距的一种量度,即这个时间就可以表示一张基因连锁图。以上事实说明 Hfr 细菌基因按一定顺序依次出现在 F⁻ 细胞中,F 因子位于 Hfr 的末端,最后转移到受体中。

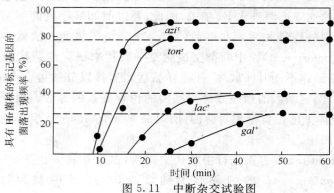

图 5.11　中断杂交试验图

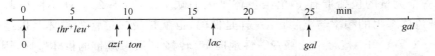

图 5.12 大肠杆菌部分基因的连锁图

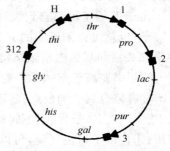

图 5.13 几个 Hfr 菌株线性连锁群的产生

研究除发现不同 Hfr 菌株插入位点的差异外,还发现大肠杆菌的基因是环状排列的(图 5.13),高频菌株转移时,以 F 因子的转移原点开始转移,然后就是供体染色体基因组转移,最后才是 F 因子的转移,这就不难解释 Hfr 菌株为何导致高频率的基因重组,而很少使 F⁻ 改变的原因了。

### 5.1.6 性导

Hfr 与 F⁺ 两种菌株可以相互转变,F 因子可以插入到细菌染色体上变成 Hfr,而 Hfr 中整合的 F 因子也可以从细菌染色体中脱落出来,由 Hfr 变成 F⁺(图 5.14(a))。但在环出时偶尔也会发生错误变成带有少量供体基因的 F′因子(图 5.14(b))。因此环出时在 F 因子附近的少量供体的基因常常被错误包装在 F′因子中,而 F′因子又可以通过交换整合到细菌染色体的原来位置上,回复到原来的 Hfr 状态。一般接合的介导都是 F 因子所致,除 F 因子外,在大肠杆菌中还普遍存在 F′因子。通过 F′因子的转移而使受体细菌改变它的遗传性状的现象称为性导(sexduction 或 F′-duction)。

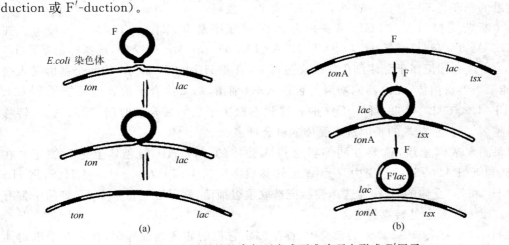

图 5.14 F 因子的整合与环出或不准确环出形成 F′因子

性导就是特殊的接合。它与接合相似:需要细胞的接触,以及与 F 因子类似的 F′因子的介导。它与一般接合又有所不同:性导使 F⁻ 变成 F⁺ 的同时带来了供体的少量基因,使受体基因重组率较高,F′菌株的染色体转移频率要比 Hfr 高 $10^5$ 倍,这种现象称为染色体的诱动(chomosome mobilization)。染色体诱动是 F′上染色体片段与整个染色体的同源区段之间发生交互重组的结果,一方面以极高的频率转移它所携带的基因;另一方面又具有自然整合率,而且整合到受体的特定位置上,由于 F′质粒插到染色体上有效地产生了 Hfr 细胞,这个细胞与典型的 Hfr 细胞不同,在染色体上出现了 F′所带染色体基因的两个拷贝,其中一个在两个接合配对后立即转移,另一个仍以染色体的一个标记最后转移。假如一个供体染色体存在一个大量的包括带有 F′ 上染色体基因的缺失区段,那么 F′ 就不能引起染色体诱动,转移染色体基因的频率与 F⁺ 细胞一样是低的,也就是说二倍性的供体基因才能有效诱动。在 Hfr′(F′)×F⁻ 接合中能够专一性地向 F⁻ 转移 F′ 质粒携带的供体基因,因而也有人把通过 F′ 因子的转移而使受体菌改变其遗传性状的现象称为 F 遗传转导或性因子转导。

由于 F 因子可整合到大肠杆菌染色体的不同位置,所以可得到携带不同染色体基因的 F′ 因子,也就可得到不同的 F′ 菌株。用这些 F′ 菌株能进行互补试验、某些特定基因的定位、显隐性关系和基因内精细结构的分析,所以,F′ 因子和 F 因子也是有所不同的:①F′ 转变成 Hfr 的频率要高于 F⁺;②F′ 变成 Hfr 时 F′ 因子整合到所带基因的同源位点上,而 F⁺ 变成 Hfr 时可整合到不同位点;③F′×F⁻ 时可高频传递特定的基因,形成部分二倍体,而 F⁺×F⁻ 时可产生 F⁺ 子代,但不转移任何基因。因此,性导的特性对于大肠杆菌的遗传研究十分有用:①F′ 因子自主复制,可以在细菌细胞中稳定遗传下去;②不同的 F′ 因子带有不同的细菌染色体片段,因此可以利用不同的 F′ 因子介导的性导来测定不同基因在一起的转移频率,从而根据性导频率来作图;③观察性导形成的部分二倍体的某一性状的表型,可以确定这一性状的等位基因的显隐性关系;④性导形成的部分二倍体也可做互补测验,用于确定两个突变型是属于同一基因还是不同基因。

## 5.1.7　基因重组

利用中断杂交试验结果来测定基因转移的先后顺序,也用于测定连锁关系。这与一般连锁关系的判断是不一样的。这两者的结果是否一致呢?

从中断杂交试验得知:Hfr 菌株的基因转移顺序是 T、L、Az、T1、*lac*、*gal*、*str*。在 HfrT⁺L⁺Az⁵T1⁵*lac⁺ gal⁺ str*⁵ 与 F⁻ T⁻L⁻Az⁵T1⁵*lac⁻ gal⁻ str*⁵ 杂交中,选择标记是 T⁺L⁺ 和 *str*⁵,*str*⁵ 这一标记属于受体细菌。杂交过程中,只要 Hfr 的 T⁺ 和 L⁺ 的两个基因进入受体,就能够得到重组体,无论其他基因是否进入 F⁻ 细菌,那么接合子的表型可能是 T⁺L⁺、T⁺L⁻、T⁻L⁺、T⁻L⁻ 中的一种。Hfr 的转移频率取决于它们接合的时间,时间越长,转移的基因越多,越接近前端的基因进入受体的机会越多。

如果测定基因重组,就要在同等机会进入受体的一段 Hfr 染色体上进行测定。在 HfrHS⁵ 与 F⁻ PA209S⁵ 的杂交中,待测基因转移顺序是 T、L、T1、*lac*、*gal*、*try*、H、S,用 Hfr 细菌的 H⁺ 和 F⁻ 受体的 S⁵ 作为选择性标记选取重组细菌,就保证了每一个 F⁻ 细菌中都有相同的一段 Hfr 染色体转移进去了。

在 HfrHS⁵ 与 F⁻ PA209S⁵ 的杂交中,逐个测定它们的非选择性标记,在 200 个重组体中出现 6 对基因的 38 种组合。分析这些组合中哪两个亲本基因之间发生了重组,计算出它们的重组频率,把这些重组频率基因和大肠杆菌的染色体图上原来的这些基因的位置作比较(图 5.15),可以得知 T-L 这一基因距离不符,其余的 C/B 值都很接近。这一事实说明由

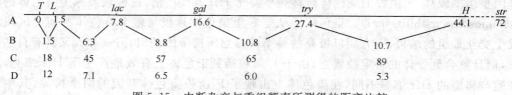

图 5.15　中断杂交与重组频率所测得的距离比较

Hfr 基因进入 F⁻ 细菌的时间先后所测得的基因之间的距离和用重组频率所测得的距离是基本上符合的。

在这样的杂交中,每一供体基因都以大约 50% 的频率出现在受体中。例如在 200 个重组子中得 $T^+$ 44%,$L^+$ 45%,$T1^s$ 47%,$lac^+$ 49%,$gal^+$ 57%,$try^+$ 57%。说明已经进入受体细菌的每一个基因都有 50% 的机会通过某种方式的染色体交换进入到受体中。

但是如果基因间距离很近,基因间的转移时间在 2 min 以内,那么用中断杂交的定位就不是很可靠。Jacob 和 Adelberg 又利用部分二倍体与交换的原理建立了另一种绘制大肠杆菌遗传学图谱的方法。由于绘制染色体图必须较精确地计算基因之间的距离,而中断杂交虽然能根据转移的时间来确定基因的顺序和距离,但较为粗放,在 2 min 之内难以精确测定。此方法以相对基因重组频率为依据,可作出一张较精细的细菌遗传图。例如 $lac$ 与 $ade$ 这两个基因是紧密连锁的,在 Hfr $lac^+ ade^+$ × F⁻ $lac^- ade^-$ 杂交试验中,$lac^+$ 先进入 F⁻,而 $ade^+$ 后进入 F⁻。Hfr $lac^+ ade^+$ 进入受体后,将发生下列几种情况:第一,供体 Hfr $lac^+ ade^+$ 转入片段不能独立复制,如果未进入受体 F⁻ 基因组中,那么在以后的细胞分裂中丢失;第二,供体 Hfr $lac^+ ade^+$ 片段进入受体中,而且在缺乏腺嘌呤的培养基上的表型为 F⁻ $lac^+ ade^+$,这显然是发生了双交换,在 $lac$ 与 $ade$ 之间没有发生重组;第三,在含有腺嘌呤的培养基上筛选出乳糖发酵,表型为 F⁻ $lac^+ ade^-$ 或 F⁻ $lac^+ ade^+$;第四,在含有乳糖的培养基上筛选出 F⁻ $lac^- ade^+$ 或 F⁻ $lac^+ ade^+$(图 5.16)。因此 $lac$ 与 $ade$ 之间的图距为:

$$lac\text{-}ade = \frac{lac^- ade^+}{lac^+ ade^+ + lac^- ade^+} \times 100 = \frac{lac^- ade^+}{ade^+} \times 100。$$

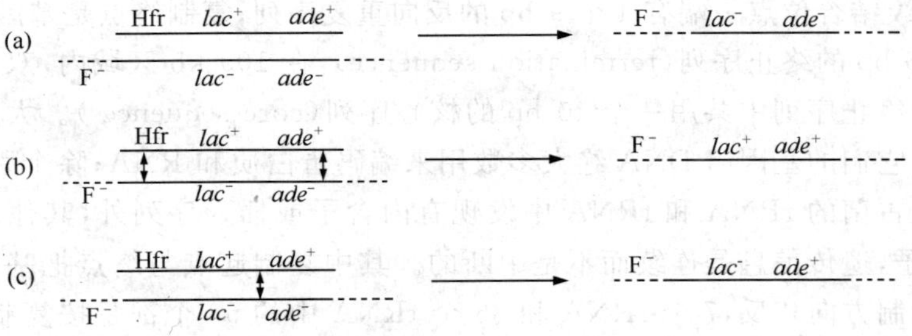

图 5.16　重组作图
(a)未发生交换;(b)发生双交换;(c)发生单交换

用重组频率($RF$)所测得的基因间的距离与通过中断杂交试验以时间($T$)为单位测得的距离基本上是一致的。$RF$ 与 $T$ 的比值约为 22,即它们之间的关系大约是 1 min 等于 20~22 个图距单位(m. u.)。大肠杆菌染色体全长约 90~100 min,含有 $3.6 \times 10^6$ bp,所以 1 min 转移约 40 000~36 000 bp,这 40 000~36 000 bp 相当于 1 800~1 600 m. u.,那么 1 m. u. 约等于 1 600~1 800 bp。但是这种估算方法是非常粗放的,用重组频率对短距离的测定是可靠的,但不能用于远距离的测定,因相距很远的基因不易处于一个转移片段上。当 2 min 以上时,也可能表现为不连锁。由于接合重组不产生交互重组子,所以这种方法得出的图距和减数分裂中所得出的图距是不同的。

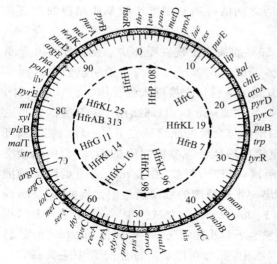

图 5.17 大肠杆菌 K12 环状染色体图

## 5.1.8 大肠杆菌的基因组

大肠杆菌是研究得最深入的微生物,当时 Wollman 和 Jacob 通过以一系列 Hfr 菌株进行的中断杂交试验,首次推断大肠杆菌的染色体基因组是环状的,6 年后 Cairns 才证明细菌染色体确实是双链环状分子,根据中断杂交试验,大肠杆菌的遗传图呈环状(图 5.17),大肠杆菌 K12 株的全部染色体转移需要 100 min,每分钟约转移 $3.6 \times 10^4$ bp 即以 1.2 μm DNA 的速度进行匀速转移。1997 年完成了大肠杆菌 K12 菌株基因组的测序工作。基因组大小为 4 639 221 bp,即 $4.6 \times 10^6$ bp,共含有 4 288 个基因,其中 1

853 个基因已经报道过,其余基因的功能未知,随后又从基因间发现 2 个 ORF,总计 4 290 个 ORF。基因平均长度为 951 bp,有 4 个长度为 4 500~5 100 bp 的巨大基因,51 个基因长度为 3 000~4 500 bp,381 个基因长度小于 300 bp,最大基因为 7 149 bp,编码蛋白质的序列占基因组的 87.8%,0.8%编码稳定的 RNAs,0.7%为非编码重复序列,剩余的 11%可能是起调控或其他作用,可以作为复制起点、启动子、终止子和一些由调节蛋白识别和结合的位点等信号序列。比如 oriC 复制起点长 254 bp,在其 DNA 解旋位点一端有 3 个 13 bp 的重复序列,在 DNA 结合位点一端有 4 个 9 bp 的反向重复序列;复制终点是基因组中段的 100 kb 内的一段 23 bp 的终止序列(termination sequence),在 100 kb 区域内,双向复制在此汇合,两端潜在的终止序列中共用一个 10 bp 的核心序列(core sequence)。大肠杆菌和其他原核生物一样,它们的基因组 DNA 绝大多数用来编码蛋白质和 RNA;除个别细菌(如鼠伤寒沙门氏菌)及古菌的 rRNA 和 tRNA 中发现有内含子或插入序列外,其他绝大部分原核生物不含内含子,遗传信息是连续而不是中断的。其中复制起点与终点把基因组分成两个复制弧,并且复制方向相反,7 个 rRNA 和 86 个 tRNA 中的 53 个都是按复制方向表达的,55%编码蛋白质的基因序列也是按复制方向表达的,复制叉的两个前导链的碱基组成不对称,G 比 C 的含量高。

大肠杆菌的基因可分为多个功能组(见表 5.3)。通过基因组序列分析表明:基因组内共有 2 584 个转录单元,其中约 73%是只转录一个基因,即约 73%为单顺反子,约 16.6%有 2 个基因,约 4.6%有 3 个基因,约 6%有 4 个或 4 个以上的基因。这说明编码蛋白质的基因主要以单拷贝形式存在。在这些转录单元中至少有一个启动子,有的有 2 个启动子,有的有 3 个或 3 个以上的启动子。那些多拷贝转录单元的基因像高等生物的基因以基因家族存在,如核糖体 RNA 基因,由 7 个相同的基因构成基因家族,部分基因随机地分散存在于染色体的不同区域上,如与大肠杆菌染色体复制有关的 10 多个酶基因就是分散排列在染色体上的。因此,除了有些具有相关功能的基因在一个操纵子内由一个启动子转录外,大多数基因的相对位置可以说是随机分布的。如,控制小分子合成和分解代谢的基因与控制大分子合成和组装的基因分布在大肠杆菌基因组的许多部位,而不是集中在一起。再如,有关糖酵解的酶类的基因分布在染色体基因组的各个部位。进一步研究发现,大肠杆菌及与其分类关系上相近的其他肠道菌如志贺氏杆菌属(*Shigella*)、沙门氏菌属(*Salmonella*)等具有相似的基因组结构。伤寒沙门氏杆菌(*Salmonellaty phimurium*)几乎与大肠杆菌的基因组结构相同,虽然有 10% 的基因组序列和大肠杆菌相比发生颠倒,但是其基因的功能仍正常。这更进一步说明染色体上的基因似乎没有固定的格局,相对位置的改变不会影响其功能。有些基因间隔 DNA 具有重要功能,如细菌染色体的复制起点就位于间隔区域,但绝大多数基因是单拷贝。在大肠杆菌染色体基因组中,差不多所有的结构基因都是单拷贝基因,因为多拷贝基因在同一条染色体上很不稳定,极易通过同源重组的方式丢失重复的基因序列。另外,由于大肠杆菌细胞分裂极快,可以在 20 min 内完成一次分裂,因此,携带多拷贝基因的大肠杆菌并不比单拷贝基因的大肠杆菌更为有利;相反,由于多拷贝基因的存在,使大肠杆菌的整个基因组增大,复制时间延长,因而更为不利,除非在某种环境下,需要有多拷贝基因用来编码大量的基因产物,例如,在有丰富乳糖或乳糖衍生物的培养基上,乳糖操纵子的多拷贝化可以使大肠杆菌充分利用乳糖分子。但是,一旦这种选择压力消失,如将大肠杆菌移到有极少量的乳糖培养基上,多拷贝的乳糖操纵子便没有存在的必要;相反,由于需要较长的复制时间,这种重复的多拷贝基因会重新丢失。

在这些多拷贝转录单元的基因中,那些功能相关的基因以操纵子形式存在,编码相关功能的蛋白,并由一个协调的途径控制。在多拷贝转录单元中。其中有 260 个基因已查明具有典型操纵子结构,定位于 75 个操纵子中。在已知转录方向的 50 个操纵子中,27 个操纵子按顺时针方向转录,23 个操纵子按反时针方向转录,即 DNA 两条链作为模板指导 mRNA 合成的几率差不多相等。大肠杆菌有如此多的操纵子结构,这可能与原核基因表达多采用转录调控有关,利用操纵子形式有利于调控表达。

RNA 基因中,rDNA 一般都是以 *rnn* 的转录单元即 *rnn* 操纵子出现,一个转录单元含有三个 rRNA 基因,即按 16SrDNA-23SrDNA-5SrDNA 顺序串联排列,长度在 5 kb 左右,这三种 RNA 除了组建核糖体外,别无他用,而在核糖体中的比例又是 1:1:1。倘若它们不在同一转录产物中,可能造成这三种 RNA 比例失调,影响细胞功能或者造成浪费,或者需要一个极其复杂、耗费巨大的调节机构来保持正常的 1:1:1。*rnn* 转录单位在枯草芽孢杆菌染色体上有 10 个串联拷贝,鼠伤寒沙门菌有 7 个这样的串联拷贝,大肠杆菌也有 7 个拷贝,有 6 个分布在染色体 DNA 的双向复制起点 *ori*C(83 min 处)的附近,这种位置有利于 rRNA 基因在早期复制后马上作为模板进行 rRNA 的合成以便进行核糖体组装和蛋白质的合成。在一个细胞周期中,复制起点处的基因的表达量几乎相当于处于复制终点的同样基因的两倍,这样有利于核糖体的快速组装,便于在急需蛋白质合成时,细胞可以在短时间内有大量核糖体生成。从这一点上看,大肠杆菌基因组上的各个基因的位置与其功能的重要性可能有一定的联系。

有些 rDNA 与 tDNA 或其他基因连接在一起,tRNA 基因比 rRNA 基因种类多得多,一般原核生物有 30~40 种 tRNA 基因,多数以基因簇的形式存在,它们簇集在染色体复制起点附近,一般一个转录单元含有 2~3 个 tRNA 基因,共同受一个启动子控制。有的转录单元只有一个 tRNA 基因,在大肠杆菌 K12 中有 86 个 tRNA 基因,形成 43 个转录单元。结构基因的单拷贝及 rRNA 和 tRNA 基因的多拷贝也充分反映出其基因组经济而有效的结构。

大肠杆菌 K12 菌株中具有许多自主转座子,含有 10 个插入因子,如 IS1、IS2、IS3、IS4、

IS5、IS150、IS186、IS30、IS600 和 IS911，这些转座子非常活跃，有大量的插入失活、缺失、重复、倒位、易位、翻转及突变发生，在基因组部分序列之间如 269 430～271 751 及 4 504 863～4 507 3€9 有多个转座子存在。转座子也是大肠杆菌的重要组成部分，其数目见表 5.3，转座子的存在有利于基因穿梭，可促进基因组进化，以适应环境多样性的变化。

表 5.3　大肠杆菌 K12 基因分类

| 功　能　组 | 基因个数 | 已确定基因个数 | 功能组所占百分比(%) |
|---|---|---|---|
| 参与翻译、核糖体结构和生物合成的基因 | 166 | 120 | 3.87 |
| 参与转录的基因 | 242 | 108 | 5.64 |
| 参与 DNA 复制、重组和修复的基因 | 213 | 128 | 4.97 |
| 参与细胞分裂和染色体分离的基因 | 28 | 18 | 0.65 |
| 参与翻译后修饰、蛋白转化及其分子伴侣功能基因 | 119 | 78 | 2.77 |
| 参与细胞膜生物合成及编码外膜组成蛋白的基因 | 199 | 113 | 4.64 |
| 参与细胞运动及分泌功能的基因 | 115 | 67 | 2.68 |
| 参与无机离子转运及代谢基因 | 169 | 96 | 3.94 |
| 参与信号传导基因 | 140 | 61 | 3.26 |
| 参与能量产生及转运基因 | 267 | 165 | 6.22 |
| 参与糖类转运及代谢基因 | 328 | 174 | 7.65 |
| 参与氨基酸转运及代谢基因 | 340 | 208 | 7.93 |
| 参与核苷酸转运及代谢基因 | 89 | 63 | 2.07 |
| 参与辅酶代谢基因 | 116 | 95 | 2.71 |
| 参与脂类代谢基因 | 85 | 43 | 1.98 |
| 参与次生代谢物生物合成、转运及代谢的基因 | 87 | 30 | 2.03 |
| 噬菌体、转座子和质粒基因 | 87 | | 2.03 |
| 未知功能基因 | 1 500 | | 34.96 |

　　大肠杆菌基因组中有些重复序列，重复序列少而短，种类多种，大多数是短重复序列，少数是长重复序列，一般重复为 4～40 bp，重复的程度有的是 10 多次，有的可达上千次。主要的重复序列有 Rhs、REP、REIC、Chi(位点)等。

　　重复序列最长的是 5 个 Rhs 因子，占整个基因组的 0.8%。Rhs 是 K12 中最大的重复序列，长度为 5.7～9.6 kb，可以编码 141 kD 的大蛋白，但不具有已知的功能，可能是移动因子。

　　数量最多的是 REP 因子的重复序列，REP(repeated extragenic palinodrome，REP)是基因外重复回文序列，是一段 38 bp 的反向重复序列，由约 40 bp 的三种回文序列 REP、BIME 或 PU 串联而成，能够形成稳定的茎环结构，一般位于多顺反子的转录单元之间。基因组中已发现 314 个 REP 因子，占基因组的 0.54%，它们在不同菌株、种属间具有高度保守性，目前已经证实很多细菌中都有 REP 序列，REP 序列与染色体结构的稳定性有关，并与染色体重组有关。

　　ERIC(enterobacteria repetitive intergenic consensus，ERIC)是肠杆菌基因间的重复的一致序列，基因组中发现了 19 个 ERIC 因子、33 个 BoxC 和 6 个 RSA，但目前还不清楚这些重复序列的来源与功能。ERIC 是一种长 126 bp 的反向重复序列，其特点与 REP 序列相似，普遍存在于肠杆菌群中，位于可转录的非编码区。

　　Chi 位点(5'-GCTGGTGG-3')是大肠杆菌染色体的另一个重复序列，是发生同源重组的位点,具有 8 bp。平均每 5.5 kb 就有一个 Chi 位点,大肠杆菌 K12 染色体上有 1 009 个 Chi 位点。

短重复序列在原核生物基因组是随机分布的,通过 DNA 的指纹图谱很容易鉴别出来。除这些重复序列外,还具阻止 DNA 复制叉延伸的 Ter 序列及其他如 LDR 等序列,它们散布于基因组中。IS 因子、*rnn* 和重复序列,尤其是 Rhs 重复序列在基因组上的分布是相互补充状态,没有 *rnn* 和 Rhs 的 DNA 区域就有 IS。重复序列普遍存在于所有生物基因组中,随着进化的深入是一个逐渐增加的过程,重复实现了基因的丰余度,有利于规避单一拷贝突变的风险,提供了更丰富的基因资源,提供了恒量的候补群基因,有利于基因功能化的分化和基因调控的实现。

除上述序列外,大肠杆菌染色体上有噬菌体及噬菌体残迹,大肠杆菌 K12 具有 λ 噬菌体,同时还有一些缺陷性噬菌体和隐蔽性原噬菌体,后两者丧失了裂解生长和产生噬菌体子粒的基本功能。噬菌体残骸说明了病毒在基因组中进化的作用。总之,基因组是复杂的,但同时又是有规律可循的,随着基因组研究的不断深入,生物进化的踪迹终将被逐一揭示出来。

## 5.2　转　化　作　用

转化(transformation)是指某一基因型的细胞从周围介质中吸收来自另一基因型的细胞的 DNA 而使它的基因型和表型发生相应变化的现象。

### 5.2.1　转化与发现

细菌转化是指某些细菌(或其他生物)通过其细胞膜摄取周围供体的 DNA 片段,并将此外源 DNA 片段通过重组渗入到自己染色体组的过程。

转化是英国细菌学家格里菲思(Griffith)于 1928 年在肺炎双球菌(*Dipococcus pneumoniae*)的研究中发现的。现肺炎双球菌改名为肺炎链球菌(*Streptococcus pneumoniae*),它是一种致病菌,直径 0.5~1.5 μm,呈 G⁺ 阳性,为兼性厌氧菌,经常寄居在正常人鼻咽腔中,多数不致病,仅部分具有致病力,它不但引起小鼠败血病,而且还经常引起人的大叶肺炎、急性鼻窦炎、中耳炎、脑膜炎、骨髓炎、脓毒性关节炎、心内膜炎、腹膜炎、心囊炎、蜂窝组织炎及脑脓肿等疾病。野生型能生产荚膜,有毒力,菌落光滑,属于光滑型(smooth)或称 S 型;突变型不能产生荚膜,无毒力,菌落粗糙,属于粗糙型(rough)或称 R 型。S 型菌株能导致小鼠得败血症,R 型对小鼠没有影响,但把加热至 60 ℃杀死的 S 型与 R 型混合注射至小鼠体内,也导致小鼠得败血病,将这种混合菌株进行培养,能够分离出 S 型菌落,并能传代。杀死的 S 与 R 共感染导致小鼠败血症的现象科学家把它称为转化,把致使转化发生的物质称为转化因子,但转化因子的化学本质是什么,直到 1944 年才被揭示。

### 5.2.2　转化因子

转化因子的化学本质是美国科学家爱弗里(Avery)在 1944 年所做的著名转化试验中鉴定和提出来的。是什么原因导致共感染致病的呢?他把 S 型蛋白质、荚膜、DNA 分离出来,分别与 R 型共感染小鼠,全部试验如下:S→小鼠→败血病;R→小鼠→正常;60 ℃杀死的 S＋R→小鼠→败血病；S-荚膜＋R→小鼠→正常；S-P＋R→小鼠→正常；S-DNA＋R→小鼠→败血症。试验表明只有 S-DNA 与 R 型共感染的导致小鼠败血病，由此证明了小鼠败血病是 S 菌株的 DNA 引起的。爱弗里对分离得到的 S-DNA 进行鉴定，S-DNA 分子用脱氧核糖核酸酶处理其转化活性消失，因此提出导致小鼠败血症的 DNA 片段称为转化因子。

转化因子很容易发生变性而导致失活，虽然在这一点上与蛋白质的性质相似，但转化因子不是蛋白质。这不只是爱弗里的转化试验已经证明了的事实，而且在高温下能使 DNA 分子变性·随着分子的变性 DNA 对紫外线的吸收也增加了。由于 DNA 的变性是可逆的，加热后的 DNA 逐渐冷却时对紫外线的吸收也逐渐恢复原状。变性的过程是 DNA 的双链变为单链的过程，冷却或退火的过程是 DNA 的单链又结合成为双链的过程，即复性。肺炎双球菌的转化因子在 100 ℃ 逐渐失去转化活性，在冷却的过程中又逐渐恢复活性。这一过程说明进入受体的转化因子必须是双链的。非转化因子的 DNA 对转化因子的 DNA 有干扰作用。列如，链霉素敏感的肺炎双球菌作为受体，链霉素抗性的菌株的 DNA 作为转化因子，在试验中加入链霉素敏感的受体 DNA，转化频率将会降低。如果把它们混合培养在一起加热并冷却，那么来自链霉素敏感菌的 DNA 便不再有干扰作用。这一试验表明双链结构对于转化是必要的，同时暗示只要一个单链带有抗性信息已经足以使受体细胞发生转化。

研究发现转化因子是供体双链 DNA 片段，一般不得低于 800 个核苷酸对。一般原核生物的核基因组是一条环状 DNA 长链（如在 *B. Subtilis* 中长为 1 700 $\mu m$），不管在自然条件下或人为条件下都极易断裂成碎片，故转化因子通常都是 15 kb 左右的片段，若以每个基因平均含 1 kb 计，则每个转化因子平均含 15 个基因，而事实上，转化因子进入细胞前还会被酶解成更小的片段。在不同的微生物中，转化因子的形式不同，例如，在 G⁻ 细菌 *Haemophilus* 中，细胞只吸收 dsDNA 形式的转化因子，但进入细胞后须经酶解为 ssDNA 才能与受体菌的基因组整合；而在 G⁺ 细菌 *Streptococcus* 或 *Bcaillus* 中，dsDNA 的互补链必须在细胞外降解，只有 ssDNA 形式的转化因子才能进入细胞。但不管哪种情况，最易与细胞表面结合的仍是 dsDNA。由于每个细胞表面能与转化因子相结合的位点有限（如 *S. Pneumoniae* 约 10 个），因此从外界加入无关的 dsDNA 就可竞争并干扰转化作用。除 dsDNA 或 ssDNA 外，质粒 DNA 也是良好的转化因子，但它们通常并不能与核染色体组发生重组，转化的频率通常为 0.1%～1.0%，最高为 20%，能发生转化的最低浓度极低，为化学方法无法测出的 $1 \times 10^{-5}$ $\mu g/ml$。

### 5.2.3 转化过程

转化过程是受体细胞从外界吸收 DNA 片段开始，到供体 DNA 单链与受体染色体同源片段之间发生交换为止。这种现象首先是在细菌中发现的，后来虽然在其他微生物中也发现了自然转化现象，但研究的较深入的仍然是细菌。随着对转化机制的了解以及 DNA 重组技术的建立，人们已可以对那些不能进行自然转化的细菌、真菌、放线菌乃至高等真核生物细胞进行人工处理，获得从周围介质中摄取 DNA 的能力，使其细胞发生转化，实现基因重组。

转化过程包括感染吸附、吸收、重组与整合（图5.18）。细菌转化是细菌实现遗传重组的方式之一。

### 5.2.3.1　感受态与吸附

转化因子的吸附：转化因子进入受体之前首先必须先吸附在感受态受体的细胞表面，然后再吸收到细胞中去。在一个生长过程中的细菌培养物中，只有某一阶段中的细菌才能作为转化受体，这意味着自然界中并不是所有的细菌受体都能进行自然转化，能进行自然转化的受体细菌也并不是在细胞周期的任何时期都能够进行转化，只能在细胞周期内的特定时间进行转化，因此，感受态指的是细菌细胞能够接受外来DNA 分子的特定生理状态。也就是细菌能够从周围环境中摄取 DNA 分子，并且不易被细胞内的限制性内切酶分解时所处的一种特殊的生理状态。肺炎双球菌和枯草杆菌等细菌的感受态都出现在对数期的后期。因此，转化的第一步就需要使细菌处于感受态。关于感受态出现的时间和它持续的时间，因微生物物种不同而有所不同，并且随生长条件的变化而有所变化。一般细菌的感受态大多出现在 DNA 合成刚刚停止的对数生长后期；感受态出现时伴随有感受态因子出现，感受态因子是一种新合成的蛋白质，在肺炎双球菌和枯草杆菌中都发现感受态的出现伴随着细胞表面新的蛋白质成分的出现；同时感受态细胞表

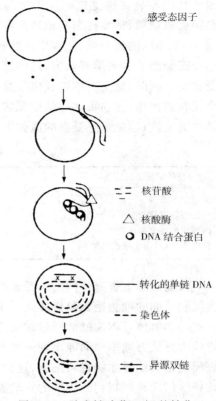

感受态因子

－－ 核苷酸
△ 核酸酶
○ DNA 结合蛋白

—— 转化的单链 DNA

－－－ 染色体

≡ 异源双链

图 5.18　肺炎链球菌($G^+$)的转化

面正电荷数量增加，细胞壁通透性增强，细胞表面 DNA 的分解能力也增加了。这些都是因为感受态因子的出现而引发的变化，这些改变使细胞更易于接受外来物质，易于转化因子的吸收。但是不同菌种感受态具有不同的特点：①不同菌种出现感受态的时间不同，如肺炎链球菌的感受态出现在对数生长期，枯草杆菌的感受态出现在对数生长期的后期。感受态出现的时间便是细胞从不吸收转化因子变为能够吸收转化因子的时间；②不同菌种感受态维持的时间也不同，一般肺炎双球菌仅为 40 min，枯草杆菌则长达数小时；③不同感受态时期细胞的转化率也不相同，处于感受态高峰时期的细菌的转化率是不处于感受态细菌的转化率的 100 倍乃至 100 倍以上。一个菌株能否出现感受态，不仅决定于其遗传特性，而且环境条件也起着一定的作用，例如大肠杆菌在含有一定浓度 $CaCl_2$ 的环境中可诱发感受态的出现。一般认为一旦群体中有少量感受态细胞出现，3～5 min 后感受态细胞会增加一倍，这是因为感受态因子是可以转移的，这是感受态的一个重要特性。因此，感受态是可以诱导的。感受态因子可以诱导处于非感受态的细胞成为感受态，并具有一定的种属特异性。一般诱导方法只是把培养在养料丰富的培养液中的细菌转移到养料贫瘠的培养液中。另外利用 $Ca^{2+}$ 和改变温度的方法，也有利于外源 DNA 进入受体细胞，这在大肠杆菌中常用到。例如：抑制核酸但不抑制蛋白质合成的适当处理能使 100% 的流感嗜血菌处于感受态。对大肠杆菌可以通过把细菌转移到丰富的培养液中并在低温中（但吸收必须在较高的温度中进行）并加入 0.02 mol/L $CaCl_2$ 来诱导它们的感受态。常见转化系统见表 5.4。感受态中出现的感受态因子不同于转化因子，感受态因子是蛋白质，转化因子是 DNA。如果把感受态

因子加到不处在感受态的同种细菌的培养物中,可以使该细菌转变为处于感受态的细菌。在肺炎双球菌、枯草杆菌和链球菌等细菌的感受态细胞中提取的感受态因子是一种分子量为 $5\sim10$ kD 的蛋白质,分离出的这种感受态因子还可以诱发其他非感受态的细胞转变成为感受态细胞。多数学者认为,这些感受态蛋白质能与细胞膜上的受体起作用,使细胞处于感受状态。同时,感受态的形成也是受基因控制的,以下的证据可支持这一观点:①可转化一个性状的菌株,往往很多性状也可转化;②从可转化的菌种中往往能分离到感受态性状有变异的突变体;③决定感受态的遗传因子与其他的性状有关,还可转移给其他细菌。

表 5.4　细菌转化系统

| 受体菌的处理方法 | 转化的类群 |
| --- | --- |
| 生理上的感受态 | 许多种的某些菌株 |
| 钙处理和温度改变 | 大肠杆菌 K12($recB,recC,sbc$),鼠伤寒沙门氏菌 |
| 溶源化的或噬菌体协作 | 金黄色葡萄球菌,大肠杆菌 K12,嗜热脂肪芽孢杆菌 |
| 原生质体(借助于聚乙二醇) | 大肠杆菌 K12($recB,recC,sbc$),其他肠道菌,枯草杆菌 |

目前国际上普遍认同的感受态出现机制假说有两种:一是局部原生质化假说,该学说认为细胞表面的细胞壁是阻碍转化因子进入细胞的障碍,受体细胞的局部失去细胞壁或是细胞壁局部解体,DNA 就能通过细胞膜而进入细胞;另一个是酶受体假说或感受态假说,该学说认为感受态细胞表面能出现一种与 DNA 有结合能力的位点,转化因子首先必须与细胞表面的位点结合才能进入细胞,这种结合是受一种酶(或感受态因子)的作用而产生的。在桑格沙门氏菌观察到细胞壁的自动裂解与结合蛋白的出现之间存在有相互关系。有人认为结合蛋白和感受态因子的存在以及细胞壁局部裂解活性对于感受态的出现都是必需的。

吸附是外源 DNA 吸附在感受态细菌细胞表面的接受位点上。有的细菌有专一接受位点,有的没有。吸附可分为不稳定吸附和稳定吸附两个阶段。不稳定吸附可以用水洗而中断转化试验;稳定吸附后,水则不能洗去,但用核酸酶可以降解使其转化中断。不处于和处于感受态的细胞都能吸附 DNA,但只有感受态所吸附的 DNA 才不能被洗去,才是稳定的。据估计,一个细菌的细胞表面大约有 50 个吸附位点。这些被稳定吸附的 DNA 能被外加的 DNA 酶所分解,DNA 酶的处理减少了最后得到的转化子数目。电镜和放射自显影观察表明:摄入的 DNA 集中在细胞膜表面的凹陷处,并以处于感受态的细胞表面的凹陷数目为多。

#### 5.2.3.2　转化因子的吸收

能吸收的 DNA 主要是双链状态。转化吸收包括吸附、分解和渗入 3 个过程。一般认为,革兰阳性菌和阴性菌在转化过程中的 DNA 吸附和进入方面有些差异。肺炎链球菌属于革兰阳性细菌,其 DNA 的吸附和进入的过程如图 5.19 所示。首先细胞在生长后期、细胞密度高时,细胞向外分泌感受态因子,诱导细胞出现感受态。然后双链吸附在细胞的表面的特异性受体上。双链 DNA 在细胞表面的两种核酸酶(核酸内切酶和核酸外切酶)作用下进入细胞:核酸内切酶存在于细胞壁上,将结合在细胞外的 DNA 随机切成大约平均($4\sim5$) $\times10^7$ D 长短的片段。然后再经过细胞膜上的另一种核酸外切酶作用把双链中的一股链分解,释放的能量推动另一股链与感受态特异蛋白质结合,以这种形式进入细胞。枯草芽孢杆菌及其他阳性细菌也是以这种方式进行吸附 DNA 和使 DNA 进入的。在肺炎链球菌中,每个感受态细胞有 $30\sim80$ 个 DNA 结合和吸收位点;在枯草芽孢杆菌中,每个感受态细胞有约 50 个 DNA 结合和吸收位点。

革兰阴性菌（G⁻）的转化中，如流感嗜血菌（*Hae-mophilus influenzae*）属于革兰阴性细菌，与肺炎链球菌及枯草芽孢杆菌在 DNA 吸附和摄取上有所不同。首先表现在感受态细胞形成过程中，流感嗜血菌会形成一种能结合双链 DNA 的膜结构，叫做转化小体（transforma-some），该结构将双链 DNA 吸收后，能使 DNA 免受外源DNA 酶的降解。转化小体位于细胞表面，与细菌的内外膜相融合。DNA 被吸收到转化小体后，在进入细胞质前，双链 DNA 被降解成单链 DNA，只有单链 DNA 才能进入细胞内部并与宿主的染色体 DNA 进行整合（图5.19）。在流感嗜血菌中，每个感受态细胞表面有 4～8个 DNA 结合位点。

另外，流感嗜血菌只吸收和摄取来自同一物种或亲缘关系相近物种的 DNA，而枯草芽孢杆菌和肺炎链球菌则对外源 DNA 没有特异性要求（对大肠杆菌或 T7 的 DNA 都能进行吸收）。近年来的研究表明，G⁻ 菌和 G⁺ 菌对单链DNA 也能进行有效转化，但一般是在较低的 pH 下进行的。

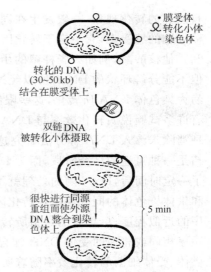

图 5.19　流感嗜血菌（G⁻）的转化

研究发现突变型 *nts* 对于转化因子既不能吸附又不能吸收，它的 DNA 酶活性是正常的，说明酶的作用和吸附无关。肺炎链球菌中的突变型 *noz*，对于转化因子能吸附但不能渗入，其细胞表面的核酸内切酶活性降低了，说明细胞表面的核酸内切酶和转化因子的吸附有关。低浓度的溶菌酶的处理可以提高转化频率，而且经过处理细菌的细胞壁的通透性增加了。这一事实说明可能有一部分转化因子并不通过吸附位点进入受体细胞。

### 5.2.3.3　整合与重组

研究表明，无论枯草芽孢杆菌、肺炎链球菌还是嗜血流感菌，DNA 在细胞内的整合过程基本相同，外源 DNA 片段进入细胞后，首先与受体 DNA 联会交换再整合到细菌染色体上，形成转化子。转化子即是通过转化作用接受供体基因的重组受体。渗入到受体中的单链DNA 的整合过程如下：①转化因子的单链 DNA 和受体染色体的某一部分形成一个供体-受体复合物。这取决于供体片段与受体 DNA 的同源性的高低。当单链进入受体后使受体DNA 具有同源性的部分双螺旋松开，供体和受体 DNA 单链的互补碱基配对；这时的供体和受体 DNA 之间还没有形成共价键，所以供体单链随时可以抽提得到。②通过供体和受体 DNA 形成共价键，染色体交换使供体 DNA 整合于受体染色体上，与之配对的受体单链DNA 则被 DNA 酶所分解。③供体单链复制成双链，受体 DNA 不配对的另一链被切下并分解。在枯草芽孢杆菌中，约 70% 的被吸收到细胞质中的同源 DNA 被整合到染色体 DNA上，被整合的 DNA 片段大小虽有差异，但一般平均长度为 8.5 kb。供体-受体 DNA 复合体的形成可能是 RecA 蛋白催化作用的结果。

### 5.2.4　转化的效率因素

转化成功率与某些因子密切相关，例如受体菌处于感受态阶段可产生感受态因子，是接受外来 DNA 片段的最佳时期，而钙离子、环腺苷酸（cAMP）等物质亦可大大提高转化率。

自然界的转化现象,一般发生在同一物种或近缘物种中。转化的效率因素主要取决于:①受体细胞的感受态,它决定于转化因子能否进入受体细胞。②受体细菌的限制性修饰酶系统和其他核酸酶,例如大肠杆菌的由 $recBC^+$ 基因编码的核酸外切酶 V 能分解线性的 DNA,但不能分解环状的 DNA,所以经过 $CaCl_2$ 处理的大肠杆菌更容易为质粒 DNA 所转化,而不易为染色体 DNA 所转化,这些限制性修饰酶与核酸酶决定转化因子在整合前是否被分解。有许多试验说明转化效率与 DNA 的结合和进入相关。可以运用同位素标记和 DNA 酶处理消除未渗入 DNA 等方法研究这一过程。DNA 酶处理试验麦明:DNA 结合到细胞的最初是一种可逆的结合阶段,因为 DNA 可通过洗涤或被 DNA 酶降解而不发生转化,而结合了一定时间后,DNA 酶的处理就不再影响转化,这时已是一个不可逆的结合阶段。③受体和供体染色体的同源性决定转化因子的整合。这里的同源不只是指整个染色体的核苷酸顺序的近似程度,更重要的是指所转化的特定基因的核苷酸顺序。因为转化因子总是与碱基顺序相同或相似的受体 DNA 配合,亲缘关系越近的其同源性也越强。试验表明:同样一对供体、受体细菌的转化效率随着所转化的性状而不同,相差可以在 1 000 倍以上。所以亲缘关系越远,其转化率越低;同源性越高,其转化率越高;吸附位点专一性越广泛,转化率越高;生理状态的不同与转化率相关;温度、酸碱度也与转化率相关。

### 5.2.5 转化在遗传学分析中的应用

#### 5.2.5.1 连锁检测

转化既可以是两个连锁基因的同时转化,又可以是两个非连锁基因的同时转化。这是因为同时转化的不一定都是连锁基因,可能包含着两个不连锁基因的 DNA 片段同时被同一个细菌所吸收,另一方面同一个 DNA 片段上可以同时带有若干个基因。人们把两个连锁基因同时被转化的现象称为共转化。

例如:枯草杆菌染色体全长大约 1 700 $\mu m$,分子量 $3.3 \times 10^9$ D,DNA 分子约有 $10^7$ bp;整个染色体在抽提的过程中断成 170 个片段,它的转化 DNA 片段平均长约 10 $\mu m$,分子量 $2 \times 10^7$ D,每个片段约有 $(5 \sim 6) \times 10^4$ bp,假定每一个基因包含 1 000 bp,则平均含有 60 个基因;一般转化 DNA 片段分子量应大于 1 000 D,太小的 DNA 则不易为感受态的细胞所吸收,假如转化的每个双链 DNA 片段平均含有 10 个左右基因,其每个双链 DNA 平均长度为 $10^5$ bp,如果每个转化因子至少含有一个基因,那么转化因子最低不能少于 1 000 bp,每次转化 DNA 在细胞外被断裂为若干个小片段,无论转化片段含有几个基因,因为每个感受态细胞只会发生有限的基因重组,因此,一般情况下,每次转化受体只能获得供体细胞的某一性状。无论转化了多少,但一个 DNA 片段可以包含若干个基因是没有疑问的。

如果 R 型受体是对青霉素敏感的肺炎链球菌(R,Amp$^s$),S 型供体是对青霉素抗性的肺炎链球菌(S,Amp$^r$),将供体与受体进行转化试验,一般每次转化受体菌株只能得到供体细菌的某一种性状。但在某些情况下受体也能同时得到供体的两种性状。这种受体细菌吸收外源 DNA 后同时出现两个遗传性状的现象称为共转化。共转化的两个基因可以在同一个 DNA 片段上,也可以在不同的 DNA 片段上。根据什么判断两个转化基因是连锁的呢?

一个可靠的证据是观察 DNA 浓度降低时转化频率降低的程度。如果 A 和 B 是连锁的,当 DNA 浓度下降时,AB 转化频率的下降和 A 或 B 的转化频率的下降相同。如果 A 和 B 不连锁,那么 AB 转化频率的下降将远远超过 A 或 B 的转化频率的降低。这是因为在较低浓度内,转化频率和转化 DNA 的浓度成正比关系。如果两个基因在同一个 DNA 分子上,那么 DNA 浓度降低 10 倍时两个基因同时转化的概率也将减少 10 倍。如果两个基因不在同一个 DNA 分子上,那么 DNA 浓度下降 10 倍时两个基因同时转化的概率将减少 100 倍而不是 10 倍。因此正像图 5.20 中的曲线Ⅲ,它的斜率大于Ⅰ和Ⅱ的斜率。从上述的试验观察从而可以判断转化是共转化或是单一转化(即独立转化)。

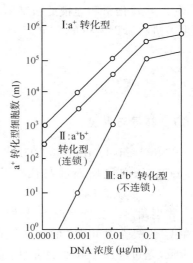

图 5.20　两个基因是否同时转化
由连锁的实验判断

Ⅰ.$a^+$ 或 $b^+$ 的转化;Ⅱ.$a^+ b^+$ 同时转化,假定 $a^+$ 和 $b^+$ 在同一 DNA 片段上;Ⅲ.$a^+ b^+$ 同时转化,假定 $a^+$ 和 $b^+$ 不在同一 DNA 片段上

#### 5.2.5.2　遗传学图的绘制

枯草杆菌不存在像大肠杆菌那样的细胞接合系统。枯草杆菌的遗传学分析主要依靠转化和转导。在发现两个基因可以同时转化,而且证实了基因确实是在同一 DNA 片段后,就可以从共转化频率的分析中测定基因定位。

莱德伯格等将枯草杆菌作了如下试验,即以 $trp_2^+ his_2^+ tyr_1^+$ 为供体,以 $trp_2^- his_2^- tyr_1^-$ 为受体进行转化,结果如表 5.5。从资料看出:$trp_2$、$his_2$ 和 $tyr_1$ 三个基因是连锁的,其中 $his_2$ 与 $tyr_1$ 较紧密,这是因为他们的并发转化率高。由重组值计算可知,$trp_2$ 与 $his_2$ 的重组值为 0.34%,$tyr_1$ 与 $trp_2$ 的重组值为 0.40%,$his_2$ 与 $tyr_1$ 的重组值为 0.13%,因此 $trp_2$、$his_2$ 和 $tyr_1$ 三个基因的排列顺序为:

$$trp_2 \quad\quad\quad\quad his_2 \quad\quad\quad\quad tyr_1$$
$$|\leftarrow\!\!\text{—— 34 ——}\!\!\rightarrow| \leftarrow\!\!\text{— 13 —}\!\!\rightarrow|$$
$$|\leftarrow\!\!\text{———— 40 ————}\!\!\rightarrow|$$

**表 5.5　$trp_2^+ his_2^+ tyr_1^+ \times trp_2^- his_2^- tyr_1^-$ 的转化子类型及重组值计算**

| 座位 | 转化子类型 | | | | | | |
|---|---|---|---|---|---|---|---|
| $trp_2$ | + | − | − | − | + | + | + |
| $his_2$ | + | + | − | + | − | − | + |
| $tyr_1$ | + | + | − | − | − | + | + |
| 数目 | 11 940 | 3 660 | 685 | 418 | 2 600 | 107 | 1 180 |

| | 亲本型 | 重组型 | 重组值 |
|---|---|---|---|
| $trp_2^- his_2$ | 11 940　1 180 <br>(总计 13 120) | 3 660、418、2 600、107 <br>(总计 6 785) | 6 785/19 905≈0.34 |
| $trp_2^- tyr_1^+$ | 11 940　107 <br>(总计 12 047) | 3 360、685、2 600、1 180 <br>(总计 8 125) | 8 125/20 172≈0.40 |
| $his_2^- tyr_1$ | 11 940　3 660 <br>(总计 15 600) | 685、418、107、1 180 <br>(总计 2 390) | 2 390/17 990≈0.13 |

由此得知:在同一 DNA 片段上两个基因位置愈近,则同时转化的机会愈多,也就是共转化频率愈高,反之则低。若已知 $a$ 和 $b$ 两基因是连锁的,转化可以得到 $a^+ b^+$、$a^+ b^-$ 和 $a^- b^+$ 三种转化子,其中 $a^+ b^+$ 是共转化子,共转化子在全部转化子中所占比例称为共转指数,共转指数 $= \dfrac{a^+ b^+}{a^+ b^+ + a^+ b^- + a^- b^+} \times 100\%$,共转指数愈高,表明 $a$ 和 $b$ 基因距离愈近。因

此,利用共转化率和连锁的两基因间的距离的反比关系或共转指数与连锁基因成正比的关系也可进行基因定位的工作。

## 5.3　转　导　作　用

### 5.3.1　转导与发现

转导(transduction)是 1952 年由莱德伯格(Joshua Lederberg)和他的学生津德(Norton Zinder)在研究鼠伤寒沙门氏菌的遗传重组时发现的。他们把营养缺陷型突变株 LT2($met^-$、$his^-$)和 LT22($phe^-$、$trp^-$、$tyr^-$)混合涂布于 MM 上,则在 MM 上以 $10^{-5}$ 的频率长出原养型菌落。是什么原因导致原养型菌落的出现呢? 他们接着用戴威斯的 U 型试验,发现在 U 型试验中 LT22 的一端仍有原养型菌落产生,说明原养型的出现不是由于细菌的接合所致,是过滤因子导致的重组。在研究过滤因子中发现,过滤因子具有如下特性:①可过滤因子并不由于 DNA 酶的处理而失活。说明过滤因子不是转化因子。②可过滤因子和从溶源性的 LT22 菌株得来的噬菌体(称为 P22)具有相同的大小和质量。暗示过滤因子可能是噬菌体。③可过滤因子加热后失活,用抗血清处理后也失活。暗示过滤因子具有病毒的基本特性。④把抗 P22 的 LT2 菌株和 LT22 菌株混合培养,在 MM 上不出现原养型菌落。说明抗 P22 的 LT2 供体是溶源性的,才具有对 P22 的免疫原性,溶源性供体并不能直接使受体 LT22 产生原养型菌落,必须要 P22 的介导才能使受体 LT22 发生转变产生原养型菌落。这一系列试验证明了可过滤因子是温和噬菌体 P22。转导是以噬菌体为媒介,把一个细菌的基因导入另一细菌而实现基因重组的过程。随后在许多其他细菌中也发现了由噬菌体介导的遗传物质转移,包括大肠杆菌、黏球菌、根瘤菌、柄杆菌和假单胞菌。目前在普遍性转导中研究最多的仍然是沙门氏菌噬菌体 P22 和大肠杆菌噬菌体 P1。

研究得知,P22 噬菌体是鼠伤寒沙门氏菌的转导噬菌体,P22 DNA 具有末端冗余和环状排列结构。末端冗余是 P22 DNA 分子的两端约有 2% 的相同的核苷酸重复。P22 的包装与 T 系列噬菌体环状排列及末端冗余的包装类似,能够以滚环形成多联体分子,一般通过噬菌体包装位点(packaging site,简称 *pac* 位点)剪切包装,在鼠沙门氏菌染色体中约有 10～15 个类似的 *pac* 位点,从单个 *pac* 位点开始,一般可剪切 10 个 P22 染色体片段进而被包装,P22 对 *pac* 位点专一性要求不高,因此,在剪切中偶然错误形成转导噬菌体,被包装的染色体不是 P22 自身染色体,而是与 P22 等同大小的宿主染色体,P22 被包装的 DNA 长约为 44 kb,其包装长度不超过宿主染色体的 1%,同时能以较高频率转导宿主染色体的某些区域。

P1 是大肠杆菌的普遍性转导噬菌体,P1 DNA 分子量为 66 D,大小相当于大肠杆菌全长的 2.4%,是 P22 基因组的 2.4 倍,所以 P1 转导的 DNA 片段比 P22 大。P1 DNA 注入细菌 *E. coli trp*$^+$ 后,P1 DNA 进入裂解循环,在寄主体内复制、转录 mRNA 并合成噬菌体外壳蛋白(图 5.21)。同时噬菌体编码的核酸酶将寄主 DNA 降解为大小不同的片段,其中一部分片段为 10～100 D。在装配成熟噬菌体过程中,绝大多数外壳蛋白选取 P1 的 DNA 装配,形成正常的 P1 噬菌体,但约为 $10^5$～$10^7$ 次装配中,会发生一次错误而将相应大小的寄主 DNA 片段装入头部而形成转导噬菌体,几率为 $10^{-5}$～$10^{-7}$,在包装时其长度不超过大肠杆菌 2 min 范围的 DNA,被包装的 DNA 一般长 100 kb,其 *pac* 位点的特异性比其他噬菌体低,通过末端开始进行剪切包装,转导噬菌体从细胞裂解后一并释放出来。当带有 $trp^+$ 基因的转导颗粒再去感染 *E. coli* $trp^-$ 时,因其不含 P1 DNA,所以不能复制、繁殖和裂解,只是将含 $trp^+$ 的 DNA 片段注入新的 $trp^-$ 受体,经双交换发生重组使 $trp^-$ 细胞转变成 $trp^+$,被交换下来的带有 $trp^-$ 的片段,则被降解掉。一般 P1 转导噬菌体用于转导大的 DNA 片段,同时 P1 是一个广泛宿主的转导噬菌体,能够将大肠杆菌 DNA 转移到 $G^-$ 细菌中的克氏杆菌属(*Klebsiella*)和黏球菌属(*Myxococcus*)中的细菌内。

### 5.3.2　转导过程

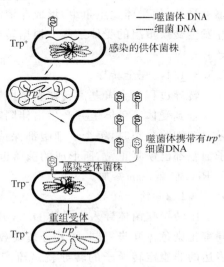

图 5.21　普遍性转导

　　转导作用包括供体、转导噬菌体和受体三部分,它不需要供体和受体细菌的直接接触,而是以噬菌体为媒介达到基因重组的目的。带有寄主染色体基因的噬菌体便是转导噬菌体。转导噬菌体的形成和噬菌体的感染能力是转导的必备条件。

　　转导过程包括两个阶段:①转导噬菌体形成阶段。温和噬菌体感染供体的末期,细菌染色体被断裂成许多小片段,在形成噬菌体颗粒时,少数噬菌体将细菌的 DNA 片段误认为是它们自己的 DNA 而包被在蛋白外壳内,从而包装形成转导噬菌体。在包装过程中,噬菌体外壳蛋白只包被一段与噬菌体 DNA 长度大致相等的细菌 DNA,而无法区分这段细菌 DNA 的基因组成,所以细菌 DNA 的任何部分都可被包被,因此形成的是普遍性转导噬菌体。噬菌体和转导噬菌体的感染能力取决于噬菌体的外壳蛋白。只要噬菌体外壳蛋白不发生突变,其感染能力就没有改变,转导噬菌体并不因包装的 DNA 不是自身基因组而丧失其感染能力。②基因重组阶段。噬菌体与转导噬菌体共同感染受体菌,转导噬菌体把供体 DNA 注入受体菌中,供体 DNA 片段与受体细胞内的染色体 DNA 发生同源重组,而将此片段整合到受体菌的染色体上,形成一个稳定的重组转导子(transductant)。如果携带的是质粒 DNA,则可能会在受体细胞中进行自我复制而稳定地保留下来;如果携带的是含有转座子的 DNA 片段,则转座子可能整合到受体细胞的染色体或质粒上。

　　在了解转导过程之后,我们不难发现:莱德伯格的转导试验中,LT22 是溶源性受体,在 U 型试验中,LT22 一端是最终产生原养型菌落的一端;LT2 是非溶源性供体;P22 是转导噬菌体,P22 在感染 LT22 菌株之前,已经感染了 LT2 菌株,并从 LT2 菌株中获得了供体的 $trp^+$ 基因,成为携带供体 $trp^+$ 基因的转导噬菌体,当 P22 再感染受体 LT22,使其溶源化,通过转导噬菌体将 $trp^+$ 基因整合到受体菌中,使受体 LT22 经溶源性整合后获得 LT2 的某些性状从而表现出成为原养型菌落($trp^+$ 基因等)的特性。

### 5.3.3　转导类型

　　根据转导噬菌体的形成方式的差异,将转导分为普遍性转导和局限性转导。

#### 5.3.3.1 普遍性转导

普遍性转导（general transduction）是指供体任何的单个或紧密连锁的少数基因被噬菌体因错误裝配而转移给相应受体的转导作用。普遍性转导是普遍性转导噬菌体介导的。普遍性转导噬菌体是许多温和噬菌体或者某些烈性噬菌体感染供体菌后，在裂解过程中因错误包装而产生的。如鼠伤寒沙门氏菌的 P22、大肠杆菌噬菌体 P1 等，P1 导致溶源和裂解的途径与 λ 噬菌体相似，溶源时它在沙门氏菌染色体的 *proA* 和 *proC* 之间具有单一附着位点，包装时噬菌体外壳蛋白包裹供体 DNA，裂解形成普遍性转导噬菌体，该转导噬菌体继续感染受体 使受体发生重组，形成非溶源性转导子。转导子即是通过转导作用接受供体基因并发生交换重组的受体细胞。根据转导子是否稳定又将普遍性转导分为完全转导和流产转导。

#### 5.3.3.1.1 完全转导

转导过程包含着基因转移和基因重组，由转导噬菌体导入的供体 DNA 片段通过双交换整合到受体染色体上并产生出伴同寄主染色体同步复制的稳定转导子的转导就是完全转导。在细胞分裂时，每个子细胞都保持了这一导入的 DNA 片段。由完全转导形成的每一子细胞都已恢复正常，所形成的菌落也是正常的大菌落。在大肠杆菌中完全转导需要RecA 和 RecBC 蛋白的参加。

#### 5.3.3.1.2 流产转导

由转导噬菌体导入的供体 DNA 片段未通过双交换整合到受体染色体上并产生出不伴同寄主染色体同步复制，随着分裂次数的增加其供体 DNA 片段逐渐减少，其供体基因仍能表达的非稳定转导子的转导就是流产转导（abo-tiretransduction）。一方面，由于供体基因片段未整合或未环化，易于被受体体内的核酸酶降解，导致转导子数量在群体中的比例下降；另一方面，随着细胞分裂次数增加供体基因片段在群体中的比例相对减少，这两方面的原因都导致形成的是不稳定转导子，而易于流产。如果大肠杆菌重组蛋白有缺陷，供体 DNA 片段就不能整合到受体染色体上，加之它本身没有独立复制的能力，因而也会在细胞分裂的过程中导致只有一个细胞能获得导入的片段而成为单线传递的流产转导；如果限制性修饰酶缺陷不能识别外来 DNA，它就不被降解而被保留下来，由于没有复制能力而进行随机分配成为流产转导。流产转导子的菌落很小，通常要借助于低倍解剖镜才能看到。在流产转导中，只有个别获得供体片段的细胞是正常的，而多数细胞仍保持受体的缺陷型性状并只能依靠细胞内残留的酶分裂，因此，流产转导形成的是小菌落（图 5.22）。

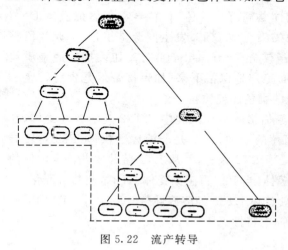

图 5.22 流产转导

利用流产转导进行互补测验：*leu*A × *leu*B 杂交产生流产转导子。由于 A 和 B 属于不同的基因，所以在形成的局部二倍体中，供体提供正常的 B 基因，受体提供正常的 A 基因，因此 A 与 B 基因可以互补，使流产转导中得到导入片段的子细胞能够正常生长，而没有得到导入片段的其他子细胞则受到限制故此形成小菌落。同时 *leu*A1×*leu*A2 的杂交不能产生流产转导子,因为供体缺少正常的 A 基因,受体也缺少正常的 A 基因,因此,无论子细胞是否获得导入的基因片段都不能产生正常的原养型菌落,因而不能恢复生长,也不会出现小菌落。当然偶尔也会在两组转导中发现完全转导子,但那是重组的结果,而不是互补的结果。

基因的顺反位置效应测验告诉我们,一个基因或一个顺反子是一个完整的不可分割的功能单位,所以属于同一基因的两个突变型不能互补。如果两个突变型能互补,证明它们属于两个不同的基因。在流产转导中,由于能形成局部二倍体,也就可以选择两个表型相同的突变型作为转导的供体和受体。例:供体和受体都是 *leu*⁻ 的突变型,在不加亮氨酸的基本培养基上观察是否产生流产转导的小菌落。如果有小菌落,说明这两个突变型是不同的基因;如果只产生少量的正常菌落,则有可能是同一个基因内发生了重组。

### 5.3.3.1.3 普遍性转导的应用

虽然在许多细菌中发现了普遍性转导噬菌体,普遍性转导噬菌体在细菌的遗传性状分析中也起了很大作用。但是,如果有些细菌中没有已知的普遍性转导噬菌体,要寻找普遍性转导噬菌体则非常费时费力。因此,在后来的遗传性状的分析中,还是以接合作用、基因转化和转座子诱变等方法为主。

普遍性转导的重要应用之一是通过测定共转导的频率进行基因定位。所谓共转导(cotransduction)是指供体同一 DNA 片段上的两个基因一同被噬菌体导入受体内并整合到受体染色体中的转导现象。如果两个基因始终在一起转导或同时转导的频率很高,那么这两个基因是紧密连锁的。显然共转导的两个基因之间的距离不能超过转导噬菌体所能包装的 DNA 长度,如果细菌的两个基因之间的距离大于噬菌体染色体长度,一般不能进行转导,除非携带不同基因的颗粒同时感染同一细菌细胞,而这种转导频率是非常低的。一般普遍性转导的频率是很低的,仅有 0.3% 的噬菌体是转导噬菌体,由于供体的任何基因都有转导的机会,所以对每一个具体的基因而言转导频率更是有限的。如沙门氏菌染色体大约有 2 000～3 000 个基因,但能够装入噬菌体头部的 DNA 仅仅约为 1%,即 20～30 个基因,在制备物中又以 0.3% 的概率发生错装,因此任意一个基因的转导频率为 $0.3\% \times 1\% = 3 \times 10^{-5}$,所以两个不同基因的颗粒被同时转导的频率约为 $10^{-10}$。正常情况是共转导频率越高,其基因愈是紧密连锁;反之,这两个基因的距离越远。

转导频率可用以下方法来计算:

$$\text{P1} \xrightarrow{\text{侵染}} \text{供体} \xrightarrow{\text{裂解}} \text{收集子代噬菌体} \begin{cases} \text{受体} \\ \text{(缺陷型 } E.\ coli \text{)} \xrightarrow{\text{(基本培养基)}} \begin{array}{c} \text{选出重组子} \\ \text{(转导子)} \end{array} \\ \text{菌落计数噬菌斑} \\ \text{(完全培养基)} \end{cases}$$

因转导颗粒不能裂解,所以不形成噬菌斑,因此侵染受体的总的 P1 数应为噬菌斑数加转导子数。故转导频率为:

$$\text{转导频率} = \frac{\text{转导子数}}{\text{侵染受体的 P1 颗粒数}} \times 100\% = \frac{\text{转导子数}}{\text{噬菌斑数} + \text{转导子数}} \times 100\%$$

例如 P1 先在大肠杆菌 *thr*⁺ *leu*⁺ *azi*ʳ 供体菌中生长,裂解收集子代的转导噬菌体 P1,P1 的后代再感染 *thr*⁻ *leu*⁻ *azi*ˢ 受体菌株,在基本培养基上筛选重组转导子。然后把重组转导子分别涂布在不同的选择性培养基上,分离统计重组转导子的类型(表 5.6)。把受体转导子细胞麦种到只含亮氨酸不含苏氨酸的选择性培养基上进行选择培养,只有 $thr^+ leu^+$ 或 $thr^+ leu^-$ 的细胞都可以在这种培养基上生长,然后再把这些被选择的受体细胞接种到不含苏氨酸但含叠氮化钠的选择性培养基上,检查其共转导频率,结果选出的 $thr^+ leu^+$ 重组子只有 3%,而 $thr^+ azi^r$ 一个也没有。同样方法不含亮氨酸只含苏氨酸选择 $leu^+$ 重组子($leu^+ thr^-$ 或 $leu^+ tur^+$),然后转入不含亮氨酸但含叠氮化钠的选择性培养基上则有 50% 的 $leu^+ azi^r$、2% 的 $leu^+ thr^+$,由此推断 $leu^+$ 与 $thr^+$ 的距离较远,而 $leu^+$ 与 $azi^r$ 的距离较近,这三个基因的相对排列次序是 $thr^+$—$leu^+$—$azi^r$。由于 $leu^+$ 与 $thr^+$ 的距离较远,它们很少同时包含在 P1 头部 DNA 片段之中。通过计算得到苏氨酸($T^+$)与亮氨酸($L^+$)的共转导频率为:

$$共转导频率 = \frac{T^+ L^+}{T^+ L^- + T^+ L^+} \times 100\%$$

**表 5.6　双因子转导定位 $thr^+ leu^+ azi^r \times thr^- leu^- azi^s$**

| 试验 | 选择性标记 | 非选择性标记 | | | | 位置关系 |
|---|---|---|---|---|---|---|
| 1 | $thr^+$ | $leu^+$ | 3% | $azi^r$ | 0 | $thr-leu-azi$ 或 $leu-thr-azi$ |
| 2 | $leu^+$ | $azi^r$ | 50% | $thr^+$ | 2% | $leu-azi-thr$ 或 $azi-leu-thr$ |
| 3 | $thr^+ leu^+$ | $azi^r$ | 0 | $azi^s$ | 0 | $thr-leu-azi$ 或 $leu-thr-azi$ |

基因顺序　$azi-leu-thr$ 或 $thr-leu-azi$,二者只是方向不同

　　P1 转导噬菌体,一般情况一次只能转导一个基因,一次只能改变一个性状,很少有两个基因被同时转导。但有时也有例外,除了大肠杆菌的 T 和 L 基因被共转导外,对于一些相邻的基因也可能发生共转导。又如,以 P1 转导噬菌体,感染野生型 E. coli,将供体($thr^+ leu^+ ara^+$)基因导入受体菌($thr^- leu^- ara^-$)的转导试验中,分析转导子时发现,thr 和 leu 有时能有时不能与第 3 个基因 ara 一起转导,其试验结果如表 5.7,分析发现这三个基因的排列顺序是 $thr-leu-ara$ 或 $ara-leu-thr$,这表明这三个基因相对位置是固定的,但方向不能确定。

**表 5.7　P1 介导大肠杆菌供体($thr^+ leu^+ ara^+$)×受体($thr^- leu^- ara^-$)的三因子转导定位**

| 试验 | 选择性标记 | 非选择性标记 | | | | 位置关系 |
|---|---|---|---|---|---|---|
| 1 | $ara^+$ | $leu^+$ | 75% | $thr^+$ | 0 | $ara-leu-thr$ 或 $leu-ara-thr$ |
| 2 | $thr^+ leu^+$ | $ara^+$ | 85% | | | $thr-leu-ara$ 或 $leu-thr-ara$ |

基因顺序　$thr-leu-ara$ 或 $ara-leu-thr$

　　从一系列转导试验知道:当转导的 DNA 片段进入受体后,与受体同源分子进行重组,如果其中一个基因的标记被选择,那么另一个邻近基因的出现频率随着它们二者之间的距离的缩小而增大,这个频率就是前面提到的共转导频率(cotransduction frequency)。经过一系列推导得到共转导频率与转导 DNA 片段和两个基因间的距离关系为:$x = (1 - d/L)^3$ 和 $d = L(1 - \sqrt[3]{x})$,式中,$d$ 为两个基因间的距离,以分钟(min)表示;$L$ 是 P1 基因组或转导片段的长度(在遗传图谱上用分钟(min)表示)。$F$ 或 $x$ 为共转导频率。图 5.23 显示了转导频率与标记基因之间的函数关系,我们可以通过测量共转导频率来确定基因之间的距离。

　　根据基因定位原理,利用双因子转导分析需要 3 次的双因子试验才能确定 3 个基因的

相对位置与顺序。如果基因 $a$ 与 $b$ 的共转导频率高,基因 $a$ 与 $c$ 的共转导频率也很高,而基因 $b$ 与 $c$ 的共转导频率低,那么 3 个基因的顺序为 $b$—$c$—$a$。同时观察 3 次试验是繁琐的,因此改用三因子试验可以一次完成分析从而确定基因间的次序。

通过三因子转导可以得到不同类型的转导子和频率,显然频率最低的一类转导子是最难以转导的,因为它们同时发生交换的次数最多。这种转导子的 3 个基因中,两边的应为供体基因,中间的为受体基因。例如大肠杆菌 $trp\text{A}^+ \ supC^+ \ pyr\text{F}^+$ 细胞作供体,$trp\text{A}^- \ supC^- \ pyr\text{F}^-$ 作为受体,由 P1 噬菌体

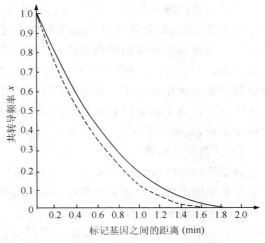

图 5.23　用转导进行基因定位

作为载体进行转导。这里 $trp\text{A}^+$ 代表色氨酸合成基因,$supC^+$ 代表赭石突变抑制基因,$pyr\text{F}^+$ 代表嘧啶生物合成基因。最初选择的是 $supC^+$ 转导子,然后检查 $supC^+$ 转导子中其他两个基因被转导的情况,得到转导子数目如下:① $supC^+ \ trp\text{A}^+ \ pyr\text{F}^+$(36);② $supC^+ \ trp\text{A}^+ \ pyr\text{F}^-$(114);③ $supC^+ \ trp\text{A}^- \ pyr\text{F}^+$(0);④ $supC^+ \ trp\text{A}^- \ pyr\text{F}^-$(450)。

由此数据得知 3 个基因的次序是 $supC^+$—$trp\text{A}^+$—$pyr\text{F}^+$,因为第三种重组子必须发生 4 次交换才能产生(图 5.24)。由图 5.24 可知,$trp\text{A}^+$ 和 $supC^+$ 在第一与第二类转导子中是共转导,而在第三与第四类转导子中不是共转导,所以这两个基因共转导频率为 $(36+114)/603=0.25$。而 $supC^+$ 与 $pyr\text{F}^+$ 的转导仅在第一类转导子中是共转导,其共转导频率为 $36/603=0.06$。如果两个基因紧密连锁,其共转导频率接近 1。如果两个基因从未包含在同一转导子中,那么它们的共转导频率接近或等于 0。利用这种关系可以求出同一染色体上两个基因间的物理距离。

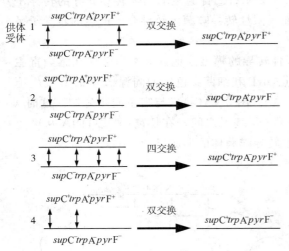

图 5.24　转导噬菌体与受体染色体的重组

利用转导作图也和转化作图一样,最好在中断杂交试验的基础上进一步精确定位,同时只对局部的基因有效。中断杂交实验操作复杂,结果准确性不高,共转导实验操作较简便,结果较精确。中断杂交实验有利于测定许多基因的相对定位,共转导实验有利于测定邻近基因间的精确距离。

因此,P1 广泛应用于大肠杆菌的遗传学分析和基因定位研究。但是,P1 溶源化细菌有一个明显的缺陷,那便是宿主获得了 P1 限制性修饰系统。这使得受体以后再要从另一细菌通过任何方式得到供体的任何基因时,这另一细菌必须是 P1 溶源细菌,否则进入 P1 溶源性受体细菌中的 DNA 将会遭到分解。为了避免这一困难,常用 P1 噬菌体的烈性突变型 P1 vir 作为转导噬菌体。P1 转导噬菌体中一般没有它本身的 DNA,所以被这样一个噬菌

体所感染的受体细胞将不会成为一个溶源性的转导子,但是如果同时被另一非转导 P1 噬菌体所感染,那么就会使转导子成为溶源化细菌,从而被 P1 限制性修饰系统所降解。在转导试验中受体细菌经噬菌体吸附以后立即去除钙离子可以在一定程度上防止 P1 的增殖及混合感染,不过这并不能保证没有混合感染,如果用 P1 的野生型(即非烈性的),那么混合感染将带来溶源化转导子。如果所用 P1 是烈性突变型,那么混合感染将带来裂解反应,这样就能保证转导子都是没有被混合感染的非溶源化细菌。根据中断杂交试验和 P1 噬菌体的转导试验,截至 1979 年已经弄清了大肠杆菌 1 000 多个基因的位置。

### 5.3.3.2　局限性转导

局限性转导(restricted transduction)是只能使供体的原噬菌体整合位置附近的一个或少数几个基因因噬菌体错误包装而转移到受体的转导作用。例如,温和噬菌体 λ 只能转导 *E. coli* 的 *gal* 和 *bio* 基因,*gal* 和 *bio* 基因位于 λ 噬菌体专一性整合位点 *att* 的两旁,如果在 λ 噬菌体脱落切割时发生一点错位,λ 噬菌体就将错误包装进 *gal* 或 *bio* 基因,而成为 λ 缺陷型噬菌体(λ defective phage),记为 λ*d*。向左偏离,脱离的 λDNA 含有 *gal* 基因,形成的转导噬菌体记为 λ*dg*(即携带有 *gal* 基因的缺陷型 λ),这里 *d* 代表缺陷的意思,*g* 则表示半乳糖基因。向右偏离,则含有 *bio* 基因,记为 λ*db*。缺陷型噬菌体就是局限性转导噬菌体,是温和噬菌本感染供体后,先经溶源反应整合,最后再经诱导而产生的。如大肠杆菌的温和噬菌体 λ 和 *φ*80 等到能够产生缺陷型噬菌体,由于噬菌体外壳蛋白包装的 DNA 只含有少数供体染色本基因,所以形成的转导子一般是溶源性转导子。因此,局限性转导噬菌体是不同于普遍性转导噬菌体的:①普遍性转导噬菌体包装的 DNA 是供体 DNA 片段,而局限性噬菌体包装的 DNA 是自身缺陷但带有供体基因的 DNA;②普遍性噬菌体转导介导的转导子是非溶源性的,既无免疫性又无诱导释放性,而局限性转导噬菌体转导介导产生的转导子是溶源性的。

1962 年坎贝尔(Campell)提出了解释局限性转导的模型。他认为 λ 噬菌体在感染寄主细菌后先环化,环化的 DNA 分子以它的附着点 *att*P 和细菌染色体的同源部分 *att*B 发生配对,经过一次交换以直线方式整合到宿主染色体上(图 5.25(a)),与宿主同步复制。这时 λ 噬菌体成为原噬菌体,正好插在染色体的 *gal* 和 *bio* 基因之间。在切离(外源 DNA 从染色体上脱离的过程称为切离)时,不正常切离导致转导噬菌体的形成(5.25(b))。

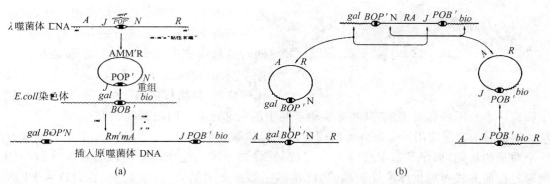

图 5.25　λ 噬菌体的可逆性整合和切离(a)及异常交换和切离产生不同的转导噬菌体(b)

一种噬菌体的头部有一定的大小,能够容纳一定量的 DNA(对于 λ 来讲是正常量的 75%～109%),由于包装在 λ 噬菌体外壳蛋白中的 DNA 的量是相对恒定的,增加了 *gal* 或 *bio* 基因后会丢失相应大小的 λDNA,以致使它失去正常的某些功能而成为缺陷型溶源性噬菌体,而丢失的 DNA 部分也有限的,根据密度梯度离心实验表明 λd 噬菌体失去其自身 DNA 的最大量约为自身 DNA 的 1/4～1/3。这些缺陷型溶源性噬菌体由于单独感染或双重溶源的共感染的差异导致转导频率的不同而形成低频转导和高频转导。

### 5.3.3.2.1　低频转导

低频转导(low frequency transduction,LFT) 是通过缺陷型转导噬菌体介导将供体的个别或少数基因导入到受体中,以整合或游离的形式使其受体基因发生基因重组的转导,因其转导频率极低而称为低频转导。

1956 年莫斯(Morse)和莱德伯格(Lederberg)夫妇以 *E. coli* 为材料寻找转导噬菌体时,发现 λ 噬菌体也具有转导功能,只是它的转导活性只局限在 *gal* 基因和 *bio* 基因之间。例如:含有 λ*dg* 的裂解液感染非溶源性的 Gal⁻ 细菌时,有些细胞接受了 λ*dg*DNA,便获得了供体的 *gal⁺* 基因,转导完成后使 *gal⁻* 细胞转变为 *gal⁺* 细胞。由于整合的 λ 原噬菌体发生错误脱离的几率约为 $10^{-6}$,因而诱导 λ 溶源性菌株得到转导噬菌体的频率也是 $10^{-6}$,故称为低频转导。这种局限性转导现象尽管在其他细菌中也观察到了,但研究最清楚的还是大肠杆菌体系。利用 λ 转导噬菌体感染受体细菌,需要 EMB——半乳糖平板来检测 *gal⁺* 转导子,在这种平板上 *gal⁺* 菌显黑暗色,*gal⁻* 菌落为明亮的颜色,其检测方法简便易行。低频转导可以形成稳定转导和不稳定转导。

稳定转导是指导入的供体基因在受体基因组中因双交换取代了受体对应位置的基因,并与受体的其他染色体整合在一起伴同受体 DNA 复制而复制所形成的稳定转导子(图5.26)。如 λ*dg* 携带的 *gal* 基因与受体上发生突变的 *gal* 基因发生双交换而取代了突变基因,这样 *gal* 就会稳定地随染色体一起复制,这种频率只占全部转导子的 1/3。

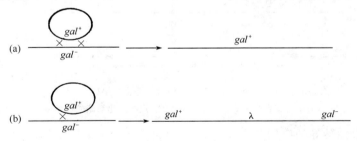

图 5.26　λ*dgal* 通过 *lac* 基因位置的交换产生的转导子
(a)双交换产生的稳定转导子;(b)单交换产生的不稳定转导子

不稳定转导有两种情况:一是导入的供体基因 *gal⁺* 在受体染色体发生一次单交换而使 *gal⁺* 基因整合到受体染色体 *att* 旁边,使受体基因组既有供体基因 *gal⁺*,又有受体基因 *gal⁻* 而形成同一染色体上二倍性的杂基因子,在噬菌体脱落时,容易将其中一个基因携带出来,而形成不稳定的转导子;二是转导噬菌体 λ*dgal* 与受体染色体不发生交换而仅以游离形式存在于受体细胞中,使受体细胞成为既有 *gal⁺* 基因也有 *gal⁻* 基因的杂合二倍体性的杂基因子,用 *gal⁺/gal⁻* 表示。由于杂基因子的个别细胞中的 *gal⁺* 容易丢失,经常会分离出 *gal⁻* 细胞,所以这种转导也不稳定,约占 2/3,无论是上述哪种情况,这类转导的转导频率是低下而不稳定的,但产生的转导子都是缺陷型溶源性的,具有免疫原性,而无诱导释放性,因此不能产生成熟噬菌体。

#### 5.3.3.2.2 高频转导

高频转导(high frequency transduction,HFT)是利用双重溶源菌诱导产生两种等量的 λ 和 λdg 噬菌体共感染受体,使其受体基因与噬菌体携带的供体基因发生重组的转导,因其重组频率高而称为高频转导。双重溶源菌是能够产生等量的缺陷噬菌体和正常噬菌体的菌株。一般用紫外线诱导这些杂合二倍体的供体可以得到大约半数的转导噬菌体,因为这里通过正常或不正常的切离可以从每一个细菌得到一个非转导噬菌体和一个转导噬菌体;利用这种等量噬菌体裂解液再次感染受体,正是由于正常的 λ 的存在,使其 λ 和 λd 的感染率与整合率都有所提高,此时,正常的噬菌体成为辅助噬菌体,辅助缺陷噬菌体顺利进入细胞,并在 λ 的帮助下使其自身缺陷功能得到补偿,而有利于缺陷 DNA 的复制,此时,正常的 λ 首先在 att 位点以正常的方式整合,随着 λ 的溶源化而产生一个"杂合"的附着位点,此位点能与 λdg 的杂合位点联会而整合(图 5.27),形成 λ/λdg 的双重溶源受体菌。由于双重溶源菌是不稳定的,该杂基因子很容易通过顺反位置效应进行测定。一般双重溶源菌经 UV 诱导,结果是两种噬菌体都能成熟,裂解液中含有等量的 λ 和 λdg 噬菌体。用这种裂解液去感染 gal⁻ 细菌,大约有 50% 的转导噬菌体能转导 gal⁻ 基因,用这样得来的噬菌体进行的转导都是高频转导类型,此方法介导产生的转导子都是溶源性的,既有免疫原性,又有诱导释放性,基因重组率高,因此,此方法是诱导重组的好办法,基因工程也常常利用此特性实现基因改造。

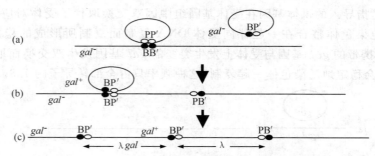

图 5.27 λdgal 通过 att 位置的交换产生的转导子
(a) λ 的整合;(b)λdgal 的整合;(c)双重溶源化细菌的染色体

#### 5.3.3.2.3 局限性转导的应用

在大肠杆菌中还发现了另一类局限性转导噬菌体 φ80,它的整合部位靠近色氨酸基因(trp)。可以采用制备 λdg 的方法得到转导噬菌体 φ80 dt,而对 trp 基因进行转导。另外,还发现了其他一些局限性转导噬菌体,如 P2 是大肠杆菌的另一个溶源性噬菌体,但 P2 不同于 λ 噬菌体,λ 噬菌体只整合在大肠杆菌染色体的同一个位点,而 P2 可整合在大肠杆菌染色体的许多位点,而且 P2 原噬菌体不像 λ 噬菌体那样易受 UV 的诱导。

遗传学研究中有时需要带有特定基因的噬菌体。λ 在正常情况下只能带有 gal 或 bio,以及在这个范围内的少数其他基因。把 λ 噬菌体感染缺失 attB 位点的细菌(ΔattB),由于细菌专一性接受位点的缺失,λ 就会以低频整合到一些其他的次级位点上。经诱导这些溶源菌就可以得到带有这些位点旁边的基因的转导噬菌体,从而以此来了解这些基因的性质。

一个噬菌体插入到一个基因中,那么这一基因就发生了突变。实验发现,在 $\Delta attB$ 细菌中,由于感染了 λ 而成为溶源化细菌时,它的某些基因也同时发生了突变,认为这种突变可能是由于 λ 插入的结果。应用这一原理可以得到 λ 插入在特定基因旁边的溶源性细菌来研究基因的功能与特点,诱导这些细菌就可以得到带有特定基因的转导噬菌体,实现对功能基因的研究。

## 5.4 放线菌遗传学

放线菌最早是由柯恩(Cohn)(1875)自人的泪腺感染病灶中分离得到一种丝状病原菌——链丝菌(streptothrix)而发现的。19 世纪因放线菌具有发育良好的丝状体而被归为真菌。随着学科研究的深入,根据放线菌的特征,才把其归为细菌之中。1968 年,迈瑞(Murray)提出原核生物界和真核生物界之后,放线菌被归类为原核生物界。1978 年,吉本斯(Gibbens)和迈瑞(Murray)根据有无细胞壁和细胞壁的特点将放线菌归在厚壁菌门。1987 年伍斯(Woese)通过对 500 多种生物的 16S rRNA 序列分析,提出了著名的生命三域学说,即真细菌域、古细菌域和真核生物域。1990 年伍斯(Woese)等通过对 rRNA 及 RNA 聚合酶分子结构特征和序列的比较,发现核苷酸分子的结构和序列比表型更能揭示生命的进化关系,并将地球生命分为 3 个类群,正式建立了三域分类系统:古菌域(archaea)、细菌域(bacteria)和真核生物域(eucarya)。根据放线菌的核酸 G+C 摩尔百分含量、细胞壁的化学组成等特点,最终将放线菌归类为细菌域厚壁菌门,放线菌的共同特点的是:①革兰氏阳性;②G+C 含量高于 50%;③具有肽聚糖、脂等化合物;④具有 16S rRNA 序列。

在放线菌遗传学研究中,以链霉菌属(*Streptomyces*)为主要研究对象,其研究也最为深入。阿尔伯特·沙茨(Albert Schatz)1920 年 2 月 2 日出生于康涅狄格州的诺威奇,他在大学攻读土壤微生物博士学位期间跟随瓦克斯曼(Waksman)从事土壤化学研究,因成功分离提取了链霉素而被后人称誉为链霉素之父。瓦克斯曼是一位出生于俄国、定居于美国的土壤微生物专家,就职于鲁特杰斯农学院,并被誉为土壤微生物之父。1943 年沙茨在数千种土壤细菌中筛选出一种灰色的毛茸茸的菌落,这种菌落产生的一种化合物能杀死革兰氏阳性和阴性细菌,沙茨发现的这种菌落跟他导师在 24 年前分离得到的是同一种菌,这种菌产生的抗菌物质曾被瓦克斯曼称为放线菌素。由于瓦克斯曼的另一位助手从另一种放线菌中分离的放线菌素的作用成分被取名为链丝菌素,而沙茨分离的物质比链丝菌素的作用更有效,因此瓦克斯曼把它命名为链霉素,并在 1944 年向全世界宣布了这个发现。链霉素是对抗肺结核的第一种有效药物。为了表彰瓦克斯曼的贡献,1949 年 11 月 7 日他的肖像被刊登在《时代》杂志的封面上,1952 年他获得了诺贝尔生理和医学奖。为什么称沙茨为链霉素之父呢? 链霉素是沙茨与瓦克斯曼的共同发现,但链霉素的抗性是沙茨第一个研究发现的,他不但分离出产生链霉素的菌种,而且对链霉素进行提纯和浓缩。沙茨与瓦克斯曼为了链霉素发明权对簿公堂,官司最终私了,沙茨获得 125 000 美元,外加一份销售药品的特许权,但发明权归瓦克斯曼。

20 世纪 50 年代中期是细菌遗传学发展的迅猛时期。由于细菌的接合、转化和转导作用相继建立起来,在细菌的分子生物学方面的研究开始的同时,人们对放线菌的遗传学研究也开始起步。在 50 年代初期剑桥大学植物学学院霍瑞德·艾特郝斯(Harold Whitehouse)

和利威斯·弗润斯特(Lewis Frost)以粗糙脉孢菌为研究对象,进行了微生物生化遗传学的研究,并预见性地指出了微生物遗传学在基因结构和功能研究方面的重要性和可发展性。1954年霍普伍德(Hopwood)接受了霍瑞德·艾特郝斯(Harold Whitehouse)等的建议,并选择了链霉菌作为研究课题之一。尽管当时研究发现细菌和真菌与高等生物在遗传学方面有明显的区别,尤其是在微生物中从细菌到真菌如肺炎链球菌、大肠杆菌和伤寒沙门氏杆菌等的过渡性遗传学特征是不完全的基因重组,接合、转化和转导这三种形式的基因重组都是从供体向受体进行基因转移,并产生不完全的杂合体;然而在真菌和高等生物(除了那些非有性生殖的种类)中却具有完全二倍体阶段和减数分裂的遗传生活史。研究初期,Hopwood采用了6株链霉菌,其中一株因产生明显的蓝色素,而被命名为天蓝色链霉菌,其余几株均为棕色。色素作为产物,被作为一个有价值的遗传学标记。之后为寻找遗传重组体又筛选出菌株204F的营养缺陷型突变株,并从获得的突变株复合体后代孢子中选出了稀少的原养型菌落。这些具有双重选择性标记的菌株交叉接合,在后代中没有出现类似母体的特征,说明接合过程中发生了基因重排,而不是简单杂合。1955年塞蒙梯(Sermonti)夫妇首先证实了天蓝色链霉菌可通过遗传交换产生重组体,接着Hopwood也在1955年初分离得到了生长良好的液态琼脂状的营养缺陷型突变株菌A3(2),并再次证实了放线菌中存在着类似于大肠杆菌而又不完全等同于大肠杆菌的杂交重组现象,即链霉菌重组。从此,菌株A3(2)的遗传寿命被延长了,该菌株至今仍然是放线菌遗传学研究的良好材料。

　　与Hopwood同期进行的放线菌遗传学的研究也发生在其他不同的实验室内,他们也分别找到了天蓝色链霉菌这一研究材料。很多人希望通过对蓝色色素遗传学的研究,建立高产抗生素菌株的有效育种方法。1960年以后,大部分竞争对手落后了,而Hopwood却与最早发现放线菌重组现象的Sermonti夫妇建立了合作关系。Sermonti夫妇研究了天蓝色链霉菌A3(2)菌株的基因图,而Hopwood收集了大量的突变株和重组体。他们的研究为放线菌遗传学的发展奠定了基础。

　　20世纪70年代早期的研究都集中在描述遗传特征和染色体特性上,中期的研究重点转移到放线菌的性别体系和遗传重组上。20世纪70年代中后期,放线菌遗传学研究有了突出的新的进展:首先利用遗传学方法对抗生素的合成与形态分化及噬菌体等方面开展了全方位的研究,主要研究与放线菌形态分化有关的遗传因子。随着DNA重组技术的诞生和生物信息技术的建立与运用,传统的DNA测序方法得到发展,开始了体外遗传学研究,在DNA重组技术基础上建立了适合于链霉菌的克隆技术,如抽提DNA的条件、放线菌质粒和噬菌体基因组的结构与功能、克隆的选择等方面的研究都有综合性报道。直到20世纪80年代,将DNA重组技术和原生质体融合技术应用于放线菌的研究中,放线菌的遗传学研究则以体外遗传研究为重心,以原生质体融合作为活体重组的技术路线,并在脂质体导入染色体的研究、外源DNA引入链霉菌和通过改变接合质粒的性状研究质粒诱动重组、新型质粒的发现以及线性DNA的遗传稳定性研究等方面取得了丰硕成果。进入到90年代,随着分子生物学方法的推广和计算机信息处理技术的进一步发展,产生了计算机虚拟研究,通过生物信息学方法,测定DNA序列并与数据库中已有序列进行比对,从而推测基因的功能,同时开展了对放线菌基因组的研究,使放线菌遗传学深入到计算机虚拟遗传学研究阶段。链霉菌基因组学的研究已经建立了天蓝色链霉菌染色体DNA的超大黏粒文库,包括一套至少320个黏粒构成的克隆重叠文库,包含了除了3个短间隔区的完整基因组。这套黏粒包含了超过 170 个基因、基因簇和其他遗传元件,这些资料已经成为链霉菌遗传学研究人员绘制基因图谱和进行基因分离的重要资源。1991 年 1 月 15 日公布的链霉菌基因组序列中的 $1.2 \times 10^6$ bp 序列,揭示了 1 045 个蛋白编码区(ORF),每个 ORF 的平均密度是 1.14 kb,这是一个典型的细菌数值。假设所有基因的密度是一致的话,可以预言链霉菌基因组中总计有 7 000 个基因。基因总数大约是大肠杆菌、枯草芽孢杆菌和结核分枝杆菌的 1.7 倍,甚至比真核酿酒酵母的 6 000 个基因还要多。链霉菌属如此多的基因,显然与链霉菌合成抗生素次生代谢产物及复杂的发育周期有关。

### 5.4.1　链霉菌基因重组的发现与研究概况

链霉菌在适宜的培养基上生长时,形成基质菌丝和气生菌丝,在气生菌丝上形成排列和形态各异的分生孢子。利用天蓝色链霉菌作为出发菌株,经紫外线处理,诱发营养缺陷型的突变,然后将两个互补的营养缺陷型在限量培养基平板上进行混合,在长出菌落后,发现在两个互补的缺陷型菌落边缘处有不同于亲本性状的突变菌落。这一现象表明,混合培养中出现原养型的基因重组体,互补营养缺陷型形成原养型重组体的频率是 $0.001\% \sim 0.01\%$。具体实验过程如下:链霉素抗性标记营养缺陷型与链霉素敏感的营养缺陷型混合接种在半透性膜上(使基质菌丝融合),置于完全培养基上,其中一个菌丝的部分染色体通过菌丝间的连接通道进入另一菌丝形成局部杂合核,局部杂合核具有两套染色体,受体染色体是完整的,供体是一个染色体片段,每隔一定时间把它转移到选择性培养基上,此时,局部杂合核在分裂过程中发生染色体交换和减数,结果在同一菌丝体上形成各种单倍重组体孢子。由于这种重组体孢子不能在基本培养基上生长,因此,采用不同选择性培养基可以鉴别不同类型的单倍重组体,这些单倍重组体的集合就是异质克隆系菌落。

本实验经历了三个重要阶段:菌丝融合、局部杂合体形成和异质克隆系生产。异质克隆系(heteroclone)是指由一个杂合核在分裂过程中发生染色体交换后,在同一菌丝体上分裂繁殖形成的各种单倍重组体孢子的集合菌落,又被称为单倍重组体克隆。因此,异质系是放线菌基因重组所特有的现象,通常异质系克隆产生的孢子大多不能在 MM 上生长,可采用不同的选择性培养基鉴别不同类型的单倍重组体。异质系不同于异核体,一些放线菌可以得到异核体,两个营养缺陷型菌株混合接种在基本培养基上培养,便可以得到异核体,另一些放线菌则不易得到异核体,但有时在限量的完全培养基上发现在两个互补的缺陷型菌落之间形成菌丝丛,这便是异核体。实验中发现:在完全培养基(complete medium,CM)上培养时间愈久,重组菌落愈多,这一现象说明放线菌的这一菌株的染色体从一端开始逐渐转移到另一菌株中,这有点类似于接合过程中的转移。在研究中发现它又不同于接合中的转移,放线菌中也存在着致育因子,但这个致育因子完全不同于大肠杆菌的 F 因子。

继天蓝色链霉菌以后,对产生土霉素、金霉素和红霉素等抗生素的放线菌也进行了杂交研究,并将杂交作为提高抗生素产量的重要手段。

### 5.4.2　放线菌细胞结构与繁殖

放线菌是可以形成分枝状菌丝体的原核微生物,其种类繁多,形态各异。在放线菌中最常见且目前产生抗生素种类最多的是链霉菌属。链霉菌属的放线菌可形成多核分枝状菌丝体,在固体培养基上交织成网,菌丝分化为基质菌丝、气生菌丝和孢子丝。基质菌丝生长在固体培养基内部或紧贴在培养基表面,其功能主要是吸收营养,又称营养菌丝。根据菌种不同,营养菌丝可以是无色的,也可产生色素和光泽。气生菌丝是由最表层基质菌丝在生长过程中,由细胞分化为向空间生长的菌丝体。气生菌丝生长到一定阶段,顶端菌丝细胞分化出能产生孢子的孢子丝。其形状有的是直线状,有的呈分枝状,还有不少是螺旋状。孢子丝以断裂方式产生成串的孢子。孢子有各种形状,如球形、椭圆形、杆状等。而且常具有一定的颜色,如白、黄、灰、红、蓝、绿色等。基质菌丝和气生菌丝在固体培养基表面形成紧密结构,形状为放射状的圆形小菌落。菌落表面坚实、干燥。菌落和培养基间结合得很牢固,难以挑取。当菌落生长到一定阶段,在其表面由气生菌丝顶端产生分生孢子,直观可以看到菌落表面呈粉末絮状或颗粒状,这是由于许多分生孢子堆积的缘故。因此,菌落的颜色和形态可因菌种和培养条件不同而异。放线菌的繁殖过程如图 5.28 所示。

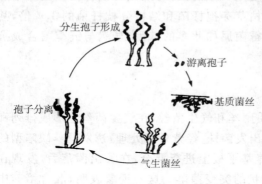

图 5.28　放线菌的繁殖过程

## 5.4.3　链霉菌染色体与基因组

显微镜观察表明,天蓝色链霉菌 A3(2)的染色体 DNA 在细胞中以致密的、拟核状态存在。链霉菌染色体 DNA 具有许多超螺旋区,并与蛋白质和 RNA 分子结合在一起。染色体在菌丝中以多拷贝形式存在,在孢子中以单拷贝形式存在。过去,一直认为链霉菌属的染色体与大肠杆菌一样是环状染色体。早期的研究中,曾通过复性动力学预测链霉菌基因组大小,结果发现链霉菌基因组的大小有很宽的域值。1993 年通过脉冲电泳(PFGE)和酶切物理图谱等方法发现,天蓝色链霉菌 A3(2)、变铅青链霉菌 66、产二素链霉菌和灰色链霉菌 IFO03237 的基因组大小均为 7.8~8.0 Mb,而且首次证明了变铅青链霉菌(S. lividans)的染色体是线性而非环状。越来越多的证据表明,几乎所有链霉菌染色体都是线性而非环状。链霉菌只有一条大的线性染色体,基因内无内含子,由核心区和两个侧臂组成三个区段双相染色体结构。核心区起源于所有放线菌的共同祖先,侧臂的来源则各不相同,天蓝色链霉菌核心区主要涉及细胞基本功能,如细胞分裂、核苷酸与氨基酸的合成、基础代谢和核糖体合成等,几乎所有的必需基因都位于核心区内,其他非必需基因位于侧臂上,如产生次生代谢物或某特定胞外水解酶基因。多数链霉菌染色体约为 $8 \times 10^6$ bp,几乎是大肠杆菌染色体的 2 倍,少数链霉菌染色体小于 $8 \times 10^6$ bp。实验室条件下,链霉菌可以容忍染色体末端 $1 \times 10^6$ bp 或更多染色体的丢失。也许在某些条件下,核心区对于链霉菌的生长繁殖已经足够了,侧臂作为备用基因库只在特定环境中发挥作用,侧臂不断扩增,以至几乎占基因组的半壁江山,这样大的额外基因库,使天蓝色链霉菌的染色体侧臂含有看似浪费的一个部件,例如,两个相对侧臂上有两个独立操纵子,都具有编码合成气囊的潜力,使其基因具有部分二倍性,又如零散分布的 13 个保守子(conservon),是功能未知的 4 基因操纵子的各种变异拷贝;并且天蓝色链霉菌的亚端粒区含有较高比例的转座酶和假基因,表明该区对遗传插入有增强的容忍性。链霉菌线性染色体为基因组扩增提供了有效途径,至于染色体线性化,也许是线性质粒整合、重组或转座等因素所致。链霉菌中转座子包括 IS 与 Tn 转座子和转座噬菌体,天蓝色链霉菌的 IS 因子包括 IS110、IS117、IS118、类 IS281 和 IS466 等,其中 IS117 能够特异在染色体上,具有环状转座中间体,其抗性标记衍生体被用于整合型载体。链霉菌基因组 G＋C 含量为 73％～75％,重复 DNA 序列为 4％～11％。线性染色体具有两个特征:第一特征是染色体末端具有长度为 24～600 kb 的末端反向重复序列,简称为 TIR(terminal inverted repeat),例如天蓝色链霉菌 A3(2)M145 的 TIR 为 61 kb,变铅青链霉菌的 TIR 为 30 kb,灰色链霉菌的 TIR 为 24 kb;第二个特征是每个 DNA 链的 5′末端都有共价结合蛋白,简称 TP(terminal protein),位于染色体中部的 oriC 基因启动子后,当双向 DNA 复制到达自由末端时,末端蛋白可能作为引物来合成最后的冈崎片段。

1997 年 8 月,英国的 Wellcome 基金会 Sanger 研究所和 John Inns 研究所合作开始了对天蓝色链霉菌 A3(2)M145 菌株的基因组序列的测定,并于 2002 年 5 月全部完成。天蓝色链霉菌 A3(2)M145 菌株基因组成为第一个对公众开放的链霉菌基因组,全长约 8 Mb (8 667 507 bp),含有约 7 825 个基因,仅有 55 个假基因,G＋C 含量高达 72.12％,蛋白质编码区占基因组的 88.9％,基因平均密度为 1 107 bp,基因平均长度为 991 bp,含有 6 个 rRNA 操纵子、63 个 rRNA 和 3 个其他稳定 RNA,其遗传图谱如图 5.29,其中大约 2 000 个基因是维持天蓝色链霉菌生长和繁殖所必需的,其余大量的基因都可能涉及各种各样的次生代谢活动,大部分基因用于对付细胞壁外面的事物。

由于动物、植物、昆虫、真菌、细菌等各种生物腐烂产生的生物高聚物残留在土壤中,土壤富集了各种营养来源,为了利用各种营养,天蓝色链霉菌分泌到细胞外的蛋白质有 819 种,占基因组的 10.5％,这些蛋白质大部分是水解酶,包括蛋白酶、几丁质酶、纤维素酶、淀粉酶和果胶酶,这些水解反应的产物与金属、其他离子、氨基酸和多肽一起被运输到细胞质,因此,天蓝色链霉菌蛋白组的另一功能是搬运送出,这类蛋白质有 614 个,占基因组的 7.8％。

天蓝色链霉菌最显著的产物是抗生素,这些抗生素由次生代谢途径合成,能参与各种次生代谢物质合成的基因簇有 22 个,其中 4 个是基因组测序前已知的,3 个参与编码抗生素合成的酶类,1 个负责孢子色素产生,另外 18 个基因簇中参与次生代谢的基因高达 220 个,显然,次生代谢对天蓝色链霉菌不是偶然的,如此规模基因组的投资,必将产生相当的竞争优势。天蓝色链霉菌产生的钙依赖性抗生素基因簇有 41 个,该基因簇能够产生对竞争性的细菌具有抑制作用的化合物,新的基因簇可能的功能与抗旱、适应低温和利用环境中的铁有关。抗生素生物合成基因和抗性基因是协调表达的。在多数情况下,次生代谢产物的合成期与菌体生长期在时间上是相互重叠的。为了避免合成的次生代谢产物如抗生素对自身的毒害,菌体形成了一套可以协调合成基因的抗性基因的表达机制。一般情况下抗生素的抗性基因和生物合成基因是紧密连锁分布的,并且多数广泛聚集成簇排列。除此以外,天蓝色链霉菌还有一整套细胞色素 P450 基因,能够产生 18 种相关的酶,并在大肠杆菌中验证表达,这为天蓝色链霉菌提供了另一种潜在的适应性,使其能够利用土壤中各种有机物质。

为了管理庞大的基因队伍,基因组的调控蛋白占基因组的 12.3％,这和细菌的调控基因数目与其基因组大小成正比的一般原则相符合。天蓝色链霉菌具有很多胞质外因子,如 sigma 因子,另外具有 53 个双组分感应/调控蛋白对(two-component sensor/regulator pair),表明该菌要探测胞外环境,并作出相应的反应,这对天蓝色链霉菌有非常重要的意义。除了已知的调控蛋白外,有 25 个 DNA 结合蛋白是天蓝色链霉菌所独有的,这可能代表新的调控因子。天蓝色链霉菌 A3(2)M145 菌株和变铅青链霉菌染色体中央具有复制起点 *ori*C,一般认为链霉菌线性染色体的复制是通过 *ori*C 复制原点进行双向复制的,位于染色体中部的 *ori*C 基因启动后,当双向 DNA 复制到达末端时,末端蛋白可能作为引物来合成冈崎片段,引物(TP-primesed)引导染色体末端后随链冈崎片段的合成。

　　放线菌另一个显著特征是它的 DNA 错配修复系统。放线菌缺乏正常行使修复功能的 *mut*L-*mut*S 系统,但却含有多个 *mut*T 直系同源物,这也许是适应性改变后的直接结果,是这类生物最先拥有的修复方式。

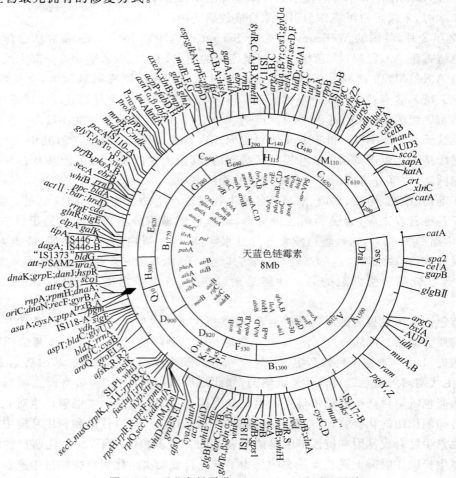

图 5.29　天蓝色链霉菌 A3(2)M145 基因组图谱

(・染色体"端粒";◆复制起点 *ori*C)

　　几乎所有的链霉菌染色体都具有高度的遗传不稳定性,常常容忍末端染色体区域发生大量缺失与扩增,从而引起染色体重排,这也是放线菌杂交产生大量异质系的一个很重要的物质基础,发生的原因可能与转座有关。染色体缺失或扩增的自发频率高达 0.1%～1%。用破坏 DNA 或阻断 DNA 复制的化合物,如吖啶、溴化乙锭、冷激或原生质化处理后其频率会更高。染色体缺失是指链霉菌在生长发育过程中由于丢失部分染色体而使某些基因的功能丧失。一般缺失范围可以高达 2 000 kb 以上。染色体扩增是指某些染色体 DNA 序列拷贝数专一地大量增加的现象。一般扩增常用 AUD 和 ADS 来表示。AUD(amplified unit of

DNA)是 DNA 扩增单位,用于定义 DNA 的扩增区域,AUD 的长度通常是 5～25 kb,两侧是 1～2 kb 的重复序列。ADS(amplified DNA sequence)是定义实际扩增的 DNA 序列,它是扩增单位通过串联重复而形成的。在基因扩增的突变体中,扩增的 DNA 序列(ADS)很容易检测,染色体酶切图谱中,ADS 呈现很强的带纹,在某些突变体中,ADS 是染色体的重要组成成分,含量可以高达 30%。研究发现缺失常常发生在近末端,包括 1/4 的产二素链霉菌的菌株染色体可能发生缺失,形成自发突变株,其基因组的大小为 6.5 Mb。末端缺失的染色体可横越两个末端形成环状可复制的染色体,人工也可以产生类似的结果。

变铅青链霉菌 66 和天蓝色链霉菌 A3(2)中,最常发生缺失的染色体片段是位于染色体末端的氯霉素抗性基因,每个孢子的发生频率为 1%。该抗性基因缺失后,缺失末端重组而环化形成环状染色体,因此多数氯霉素敏感突变株具有环状染色体末端。在变铅青链霉菌中,以大约总孢子数的 5% 的频率分离出氯霉素敏感株(Cml$^s$),Cml$^s$ 表现出极不稳定性,又以大约总孢子数的 25% 的频率分离得到精氨酸缺陷型变种(Arg$^-$),这种缺陷型是由于精氨酰琥珀酸合成酶 $argG$(argininosuccinate syntyetase)基因缺失所致。而 Cml$^s$ Arg$^-$ 双突变体携带特定扩增的 DNA 片段,4.7 kb 的 AUD1 就是其中之一。AUD1 由 1 kb—4.7 kb—4.7 kb—1 kb 组成,位于线性染色体末端的 800 kb。AUD2 是位于线性染色体末端的 300 kb,AUD2 携带汞离子抗性基因,大小为 70 kb(图 5.30)。另外,变铅青链霉菌中的 IS493 是随机整合转座子,改造后被用于转座诱变。

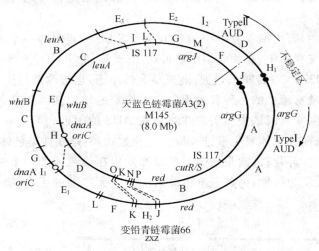

图 5.30　天蓝色链霉菌 A3(2)和变铅青链霉菌 66 染色体的比较及其染色体不稳定区

灰色霉素 2247 线性染色体大小为 7.8 Mb,A 因子是一种细菌激素,对链霉素的产生和孢子形成起着正调节的作用,而 $asfA$ 基因产物是 A 因子生物合成的关键酶。$asfA$ 基因位于染色体左末端 150 kb,在高温或紫外线照射条件下该基因以高频率丢失。通过诱变得到 2 个 $afsA$ 基因的突变株 404-23 和 N2。404-23 是染色体左末端 80 kb 和右末端 20 kb 发生缺失;N2 是染色体左末端 350 kb 和右末端 130 kb 发生缺失。这两个突变株的缺失染色体都再环化形成环状染色体。对环状染色体接头进行克隆和序列分析发现,接头仅有 6 bp 的同源区,这些染色体的环化是非同源重组引起的,属于异常重组。这些环状染色体在突变株中都能稳定存在。

产二素链霉菌野生型菌株的线性染色体长 8 000 kb,末端 TIR 长 210 kb,与蛋白质共价结合。产二素链霉菌的遗传性极不稳定,在培养或保存过程中常常发生变异。对不产色素的自发菌株研究发现,突变株染色体都存在不同程度的缺失,其缺失位置差异归为 3 类:第一类是缺失位于染色体一条臂的近末端,包括部分 TIR 序列,染色体仍为线性;第二类是染色体两端的 TIR-L 和 TIR-R 完全缺失,染色体环化,但环状染色体并不能稳定遗传,常常又进一步发生缺失;第三类是缺失发生在染色体一端,并终止在扩增部位,因此染色体同时表现为缺失与扩增,染色体仍为线性。对 8 个自发突变株研究发现常常发生缺失的单位是 AUD90 和 AUD6。AUD90 长度为 15 kb,而 AUD6 长为 1.9 kb。由于许多缺失突变常常发生在 AUD6 周围,因此称 AUD6 是染色体重排热点位置。AUD6 包括 2 个 ORF,这 2 个 ORF 在野生型中能够正常转录,在突变型中,ORF1 的转录水平高,但 ORF2 并不转录。ORF1 的功能不详,但与调节蛋白基因相似。

不产色素链霉菌红迪变种的野生型中有一个 8.0 kb 的 AUD,该 AUD 对链霉素有微弱的抗性。在扩增突变体中,有 200～300 个拷贝的 8.0 kb 的 AUD 的串联重复形成的扩增区(ADS),该突变体对链霉素具有较高的抗性,伴随着基因扩增在 ADS 附近约有 10 kb DNA 的缺失。链霉菌属染色体是高度不稳定的,扩增突变体中 AUD 具有链霉素抗性,扩增能够强化这种抗性,即使无选择压,ADS 依然存在,然而突变体很快丧失了形成孢子或原生质体的能力,但是这种变异却不是致命的,相反能够被细菌很好地容忍下来,并稳定地与染色体共存。

在弗式链霉菌中,野生型只有一个 AUD,由 8.3 kb 和两侧各一个 2.2 kb 的正向重复序列组成。在扩增突变体中,有 500 多个拷贝约 10.5 kb 的 AUD,扩增长度可以高达 5 000 kb,基因组中具有 Tn 4556 转座子,它是随机整合转座子,也被改造后用于转座诱变。

缺失与扩增是链霉菌中的一种普遍现象。不稳定的结构基因与染色体扩增单位相连,这些不稳定结构基因常常因缺失而丢失并终止在 ADS 的附近。通过对不同链霉菌的突变株的研究,发现链霉菌染色体发生重排一般为三种方式:一是线性染色体的两个末端都发生丢失,缺失后再染色体环化;其次是缺失与扩增都发生在染色体的一个末端,另一个末端保持完整,染色体一般仍为线性;另外是染色体内部发生大范围的丢失,染色体的两个末端仍保持完整(图 5.31)。

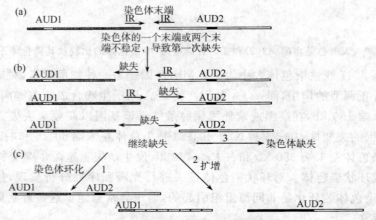

图 5.31 链霉菌染色体的缺失和扩增

链霉菌中的转座因子几乎没有天然的选择标记。天蓝色链霉菌中有 5 种转座因子,它们分别是 IS 因子、Tn 转座子和可转座噬菌体,以 1～3 个拷贝主要分布在染色体上,少量分布在质粒上。其中整合因子 IS117(2.6 kb)以环状低拷贝形式存在,具有环状的转座中间体,能在特异位点整合,其上的抗性标记及衍生物可作为整合载体的标记性状,可在天蓝色链霉菌、变铅青链霉菌和其他许多链霉菌中作为克隆稳定整合载体;IS110 来自天蓝色链霉菌 A3(2)的小环,它可转座到 φC31 噬菌体及衍生物上,插入位点两侧与 IS101 两端一样具有反向重复序列,存在于在 A3(2)菌株上。变铅青链霉菌 66 含有随机整合因子 IS493。弗氏链霉菌也有随机整合因子 Tn4556,末端有 38 kb 的反向重复序列,其顺序与 Tn3 相似,Tn3 转座子在原核生物中非常普遍,在大肠杆菌,假单胞菌,$G^+$ 细菌如葡萄球菌、链球菌中都有发现。偶发分枝杆菌的 IS6100,以及 IS493、Tn4556、IS6100 这几个转座因子都可以作为链霉菌的随机整合载体。链霉菌中的可转座因子包括插入因子 IS 序列、Tn 转座子和可转座噬菌体,它们是各类细菌之间的遗传信息进行水平传播的主要媒介。

### 5.4.4　放线菌的类型

研究发现放线菌与大肠杆菌类似,也有 4 种类型:①原始致育型(IF,相当于大肠杆菌的 $F^+$);②正常致育型(NF,相当于大肠杆菌的 Hfr);③超致育型(UF,相当于大肠杆菌的 $F^-$);④高频致育型(HF,相当于大肠杆菌的 $F'$ 菌株)。天蓝色放线菌的致育因子记为 SCP1,因此在天蓝色放线菌中 IF 记为 $SCP1^+$,是 SCP1 因子以自由态存在的菌株;NF 记为 $SCP1^*$,是 SCP1 因子以整合态存在的菌株;UF 记为 $SCP1^-$,是 SCP1 因子不存在的菌株,HF 记为 $SCP1'$,是 SCP1 因子带有供体染色体片段的菌株,这 4 种类型的杂交与大肠杆菌有所不同:一是 UF 可以自交,是因为 UF 尽管不存在 SCP1 因子,但有其他质粒;二是菌株内有 2 个以上致育质粒;三是致育因子的结构既有线性的,又有环状的,并且部分质粒具有特有的表型效应,如 SCP1 带有次甲基霉素基因,合成次甲基霉素。

在天蓝色放线菌中曾经从 IF×UF 杂交中选得对于某一基因 pabA$^+$ 或 cysB$^+$ 或 uraA$^+$ 等的转移能力特别强的菌株,这些菌株相当于大肠杆菌的 $F'$ 菌株。带有 cysB 的致育因子就称为 SCP1-cysB。通过和 SCP1-cysB 细胞的接触,cysB-UF 菌株可以转变为 IF 致育型,同时由半胱氨酸缺陷型转变为原养型。这种原养型菌株可以将它的 SCP1-cysB 又转移给其他菌株,也可以由于 SCP1-cysB 的消失而又成为半胱氨酸缺陷型的 UF 菌株。

这些类型中,认为原始致育型 IF 相当于大肠杆菌的 $F^+$ 的原因是:①IF 以 0.3% 的频率自发转变为 UF,经紫外线处理 IF,在该群体中可选得高度可育的受体 UF;②IF×UF 杂交中,UF 全部转变为 IF,而染色体基因重组频率大约为 $10^{-4}$,正像 $F^+ \times F^-$ 的杂交一样,F 因子的转移和染色体无关。

正常致育型 NF 相当于 Hfr 的原因是:①IF 和 NF 菌株都产生对于 UF 菌株具有抑制作用的次甲霉素,而 UF 菌株则不产生这一抗菌素;②IF×UF 杂交子代全是 IF,这种转变和染色体基因的转移无关,但是 NF×UF 杂交则不同,在这里 UF 转变为 NF 都伴随着染色体重组;③NF 菌株来自 IF 或是 IF 的杂交子代,正像大肠杆菌的 Hfr 菌株来自 $F^+$ 菌株一样。这些现象可解释为 UF 菌株细胞中没有致育因子,IF 和 NF 菌株细胞中都有致育因子,IF 细胞中的致育因子不和染色体结合,NF 细胞中的致育因子则和染色体结合在一起。

### 5.4.5 放线菌的致育因子

多数链霉菌菌株含有质粒,这些质粒几乎全部是可自身转移的致育因子,这些致育因子既有线性的,也有环状的。线性质粒大小在 10～600 kb 之间,像染色体一样 5′端也有 TIRs 和蛋白质。

#### 5.4.5.1 天蓝色链霉菌的致育因子

SCP1 质粒是天蓝色链霉菌中普遍存在的质粒,于 1971 年首次通过遗传研究证明。SCP1 是一个巨大的质粒,人们在 20 世纪 80 年代末和 90 年代初才了解了它的分子结构。SCP1 是线性开环的双链 DNA,长 363 kb,携带次甲基霉素的生物合成基因,质粒的两端有末端反向重复序列(TIR)。左末端重复序列(TIR-L)和右末端重复序列(TIR-R)长度均为 80 kb,而且 TIR-R 的内侧含有插入因子 IS466(图 5.32(a))。图 5.32(b)是 SCP1 的球拍框架(racket frame)结构,该结构是 Sakaguchi 等提出的线性染色体或线性质粒模型。球拍柄由染色体 DNA 反向重复序列组成,这一结构的形成是 TIR 及其结合蛋白的相互作用的结果。SCP1 质粒具有以下特征:第一,编码几种与产孢有关的蛋白质;第二,携带合成次甲基霉素的基因簇;第三,SCP1 在天蓝色链霉菌中具有几种存在形式:①自主复制质粒(SCP1$^+$),②整合到寄主染色体上的整合型(SCP1$^*$),③带有染色体片段的自主复制质粒(SCP1′),如 SCP1′-cysB 和 SCP1′-argAuraB)。SCP1 系列是一组决定次甲霉素 A 的合成和抗性的性因子,最小的 SCP1.6,只有 6.4 kb。

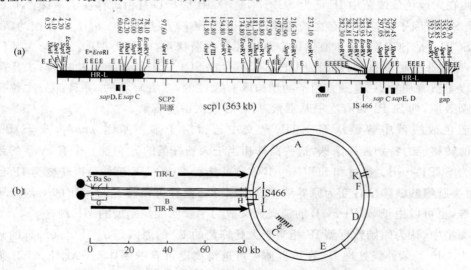

图 5.32 天蓝色链霉菌线性质粒 SCP1 的酶切图谱(a)和球拍框架结构图(b)

SCP2 是存在于天蓝色链霉菌中的第二种致育质粒,于 1975 年通过遗传鉴定发现的共价闭合的环状双链 DNA,长 31 kb(图 5.33)。SCP2 是一个高致育突变体,又被命名为 SCP2$^*$,引起的重组率高达 $10^{-3}$。在 SCP2 体系中,SCP2$^*$ 是用得最多的形式。SCP2$^*$ 和 SCP2 可以根据酶切图谱差异进行区分。一般 SCP2$^*$ 或 SCP2 都能稳定遗传。在经过一个世代后,99.5%的子代都保留 SCP2 质粒,它的复制为 θ 形式的双向复制,在天蓝色链霉菌中是低拷贝质粒。在杂交中,SCP2$^*$ 或 SCP2 与 SCP2$^-$ 的杂交可以促进染色体从供体向受体转移,但接合的必需基因还不到质粒基因组的一半。在自然条件下,链霉菌的遗传重组主要是通过质粒介导的接合作用而进行的。大多数链霉菌的自主转移都具有致死效应,在表型上表现为麻点(图 5.34)。含有自主转移质粒的菌株,接种到不含有该质粒的菌株上并进行培养时,能够产生一种环状晕圈,即麻点。麻点的形成是由于 SCP2* 质粒或 SCP2 质粒转移到 SCP2⁻ 菌株后,导致 SCP2⁻ 菌株发育暂时迟缓而造成的现象,这个现象又称为致死接合反应(lethal zygosis, *lez*⁺)。通过 SCP2* 在 SCP2⁻ 上不产生麻点,就很容易分离得到 SCP2⁻ 的衍生物。因此麻点可以作为接合质粒的表型特征,用来鉴定链霉菌中的接合质粒。在研究中发现链霉菌的所有接合质粒都能够产生致死接合反应。目前已经成功地对 SCP2* 进行了改造,改造后的 SCP2* 质粒可以作为链霉菌的克隆载体和链霉菌与大肠杆菌间的穿梭载体,在链霉菌或大肠杆菌中的基因工程研究中已被广泛使用。

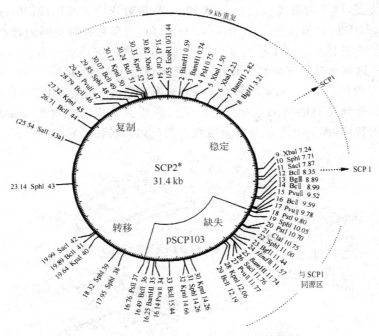

图 5.33　天蓝色链霉菌 SCP2 质粒结构图

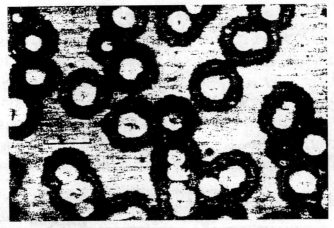

图 5.34　天蓝色链霉菌 M111 在 M138 菌丝坪上产生的麻点

SLP⁻(17 kb)整合在染色体中,具有λ噬菌体类似的 *int* 和 *xis* 基因作为特异性位点,可以非诱变整合到高度保守的 tRNA 基因中去,如果 *int* 基因或 *att* 位点被突变钝化或与染色体分离时缺失就可以形成自主复制的环状的小质粒,即 *ccc* 质粒,这种质粒可以以一定数量的拷贝形式存在。在产二素链霉菌中 pSAM(11 kb)与 SLP1 质粒作用类似。

##### 5.4.5.2　变铅青链霉菌质粒

pIJ101 质粒是变铅青链霉菌中的环状质粒,大小为 8.9 kb,在细胞中的拷贝数高达 300 个,属于目主转移质粒,能够以很高的频率转移到受体中(图 5.35),其复制是滚环形式,复制起始由特异的、编码质粒复制的起始蛋白完成起始作用。该质粒携带的 6 个基因与质粒转移和麻点的形成有关。其中 *kliA* 和 *kilB* 是致死基因,与质粒的致死接合反应有关。如果这两个基因突变,则不能形成麻点。*korA* 和 *korB* 是致死抑制基因(killoverride),抑制致死基因 *kilA* 和 *kilB* 的过量表达。*tra*(transfer)基因负责质粒在菌丝间的转移,而 *spd* 基因负责质粒在菌丝内转移。这两个转移基因如果突变,同样不能形成麻点。因此,认为 *kilA*、*kilB*、*tra* 和 *spd* 这四个基因与质粒的转移及致死接合反应有关,而 *korA* 和 *korB* 对 *kilA* 和 *kilB* 的作用进行调控。所以,麻点的形成是质粒转移到受体细胞后,由于 *kil* 基因的暂时表达而使细胞生长受到抑制的结果。对其他链霉菌的质粒分析研究表明:*tra* 基因也是负责质粒在菌丝间的转移,而 *spd* 基因是负责质粒在菌丝内的转移和麻点的形成。

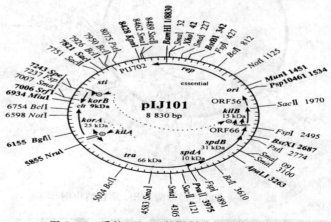

图 5.35　质粒 pIJ101 的限制酶切和作用图谱

SLP2 质粒也是变铅青链霉菌 66 的一个非常重要的接合质粒,但它是线性的,长为 50 kb(图 5.36),属于低拷贝质粒。当天蓝色链霉菌的两个 SCP1⁻ SCP2⁻ 菌株 M130 与 M124 杂交时,如果添加变铅青链霉菌 661 326 菌株的孢子液,则重组率会增高 300 倍,究其原因时发现了 SLP2 质粒。研究证明变铅青链霉菌 661 326 菌株带有 SLP2 和 SLP3 质粒,这两个质粒都是接合质粒,能够产生致死接合反应。SLP2 既可以在种内转移,又可以在种间转移。在天蓝色链霉菌和 *S. paevulus* 中的转移频率分别是 7%～38% 和 4%～59%,而且还能够足进染色体的转移,但是 SLP3 则不能带动染色体的转移,其结构尚未得到定论。

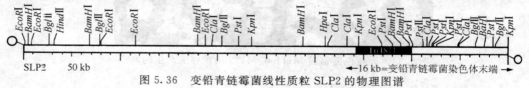

图 5.36　变铅青链霉菌线性质粒 SLP2 的物理图谱

### 5.4.6 线性质粒和线性染色体的复制与转移

链霉菌与大肠杆菌的最大不同是链霉菌的染色体与质粒主要呈线状,因此在复制与转移时都有所不同。研究发现链霉菌、酵母菌或其他真菌乃至玉米的线性质粒都有两个共同特征:①线性 DNA 的两个末端具有反向重复序列;②是 DNA 的 5′ 末端结合着末端蛋白。包括腺病毒、枯草芽孢杆菌的噬菌体 φ29 的基因组 DNA 都具有与链霉菌线性质粒及线性染色体相似的特征。娄彻链霉菌($S. Rochei$)中的线性 pSLA2 质粒(17 kb)是通过位于质粒 DNA 中央的复制起点进行双向复制的,在 3′ 端留下 280 bp 的单链空隙,依靠末端蛋白 TP 作为引物而完成复制。天蓝色链霉菌的染色体是从 $oriC$ 开始进行双向复制,可能在 3′ 端留下的单链空隙,依靠 TP 作为引物而完成末端复制。

以 φ29 噬菌体为例说明线性质粒与线性染色体的复制过程。φ29 基因组 DNA 呈线性排列,末端结合蛋白共价结合于 DNA 的 5′ 末端。DNA 的两端具有 6 bp 的反向重复序列(3′-TTTCAT-5′)和几个不连续的由 2~6 bp 核苷酸组成的反向重复同源区。任何复制都包括起始、延伸和终止 3 个阶段(图 5.37)。起始阶段由噬菌体编码的 P6 蛋白和 P17 蛋白与复制起点结合形成蛋白-核酸复合物,使双链 DNA 末端解旋产生单链区。游离的 TP 与特异的 DNA 聚合酶(由噬菌体编码的 DNA 聚合酶 B 家族)结合形成 TP-DNA 聚合酶复合物,然后 TP-DNA 聚合酶识别复制起点并与之结合。接着由 DNA 聚合酶催化 TP 蛋白的丝氨酸残基上的羟基(OH)基团与 dAMP 共价结合形成活化的起始复合物。在 DNA 复制起始后,继续在 DNA 聚合酶的作用下催化完成链的延伸。延伸过程通过"链置换机理"(strand-displacement mechanism)进行,即在合成新链的同时使带有 TP 的亲本链游离出来,单链结合蛋白 P5 结合在被置换出来的母链上,同时起始蛋白从 DNA 链上脱落下来。复制是连续进行的,并且没有高等生物染色体的冈崎片段出现。在 DNA 的一端起始合成

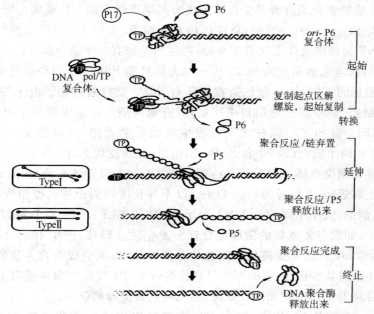

图 5.37 TP 引导的 DNA 复制方式

后,另一端又以同一方式开始复制并形成复制的Ⅰ型中间体,即全长 双链DNA,并带有1个或2个单链分枝。当复制继续时,两个复制叉相遇,Ⅰ型中间复制体在空间上开始分离,形成2个Ⅱ型中间复制体。每个2型中间复制体都具有全长DNA,起始合成的一端是双链DNA,尚未完成合成的一端是单链DNA。随着单链结合蛋白的移去复制将进行到DNA的另一端,复制完成,则复制终止。一旦全长双链DNA合成完成,DNA聚合酶就会与另一个TP结合,开始新一轮的复制。

在转移过程中线性噬菌体与环形F因子有所不同:①环形质粒的转移需要核酸内切酶的切割,在质粒转移起点 $oriT$ 处切开造成缺口,而线性DNA不需要这样的切离;②环形质粒转移时是在转移蛋白 TraⅠ蛋白作用下与DNA的 $5'$ 末端结合再按 $5'$ 到 $3'$ 方向转移,而线性DNA的转移不需要特有的转移蛋白,而是末端结合蛋白替代了环形质粒转移蛋白的功能;③环形质粒在转移过程中其DNA的复制是以滚环方式进行的,但线性DNA在复制中只要带有TP的亲本链就可以发生转移。

### 5.4.7　放线菌的接合和接合机制

#### 5.4.7.1　放线菌的接合

放线菌的遗传重组主要是以质粒为媒介的接合作用。天蓝色链霉菌的接合现象是1957年首次报道的。随后在研究中发现,链霉菌、地中海诺卡氏菌和小单孢菌等营养缺陷型,经过互补菌株的混合培养,发生体内重组是非常普遍的现象。前面已经证明重组是菌丝间的接合作用的结果,是来自两个亲本菌株相距较远的连锁基因在重组子代遗传下来的结果。质粒寻致的重组已经在天蓝色链霉菌 A3(2)、变铅青链霉菌 66、龟裂链霉菌及庆丰链霉菌中得到证实。野生型天蓝色链霉菌有两个自主复制的质粒SCP1 和 SCP2,它们决定重组的发生,重组频率通常为 $10^{-5}$。SCP1$^-$ 与 SCP2$^-$ 菌株之间杂交,重组频率只有 $10^{-7}$,甚至更低。当 SCP1 质粒整合到链霉菌染色体上成为高频重组菌株 NF 或成为带有供体片段的 HF 菌株时再与 SCP1$^-$ 菌株杂交时,就能以极高的频率(大于 $10^{-1}$)产生重组体;当整合状态的 SCP1 从 NF 菌株染色体上脱落下来时,往往产生带有一个染色体片段的 SCP1$'$ 菌株即 HF。由此可见,天蓝色链霉菌的 SCP1 因子和大肠杆菌 F 因子之间具有很多相似之处,但菌株之间又有明显的不同,即天蓝色链霉菌还有 SCP2 质粒的存在。由于 SCP2 质粒广泛存在于天蓝色链霉菌中,加之它的自主状态,对链霉菌染色体基因组的重组至少可促进1 000倍,并且 SCP1$^-$ 与 SCP2$^-$ 菌株之间可发生低水平的重组,这可能是天蓝色链霉菌A3(2)中至少还存在两个质粒(SLP1 和 SLP4)的结果,分析发现 SLP1 和 SLP4 质粒的基因顺序来自天蓝色链霉菌染色体。当天蓝色链霉菌 A3(2)和变铅青链霉菌 66 配对时,从天蓝色链霉菌染色体上靠近 $strA$ 位置的一段 DNA,以不等长度切离而进入变铅青链霉菌的细胞中,成为自主复制的、大小不同的 cccDNA 分子(SLP1,1-SLP1.9)。SLP 系列质粒通常定位在宿主染色体上,如果与无质粒的菌株接合就会发生独立转移,产生 100% 的接合效应。当它们的 $int$ 基因或 $att$ 位点突变钝化或染色体分离时缺失,就会成为自主复制的 CCC 质粒。SLF4 与 SLP 系列基本相同,它的存在只是使携带 SLP4 质粒的菌株能对不携带 SLP4质粒的菌株在混合培养中产生致死接合效应,形成麻点表型而被识别。

变铅青链霉菌 66 的质粒 SLP2 和 SLP3,通过原生质体形成再生技术而分离得到SLP2$^-$/SLP$^+$、SLP$^+$/SLP3$^-$ 及 SLP2$^-$/SLP3$^-$ 菌株,SLP2$^-$ 与 SLP$^+$ 杂交,重组频率为 $5\times$

$10^{-5}$，SLP2$^-$/SLP3$^-$ 与 SLP2$^-$/SLP3$^-$ 杂交，则得不到任何可检测的重组子。显然，变铅青链霉菌重组的发生是由质粒决定的。

龟裂链霉菌($S.\ rimosus$)的 SRP1 质粒决定遗传重组，以后又发现 SRP1$^-$ 和 SRP1 菌株杂交中发生低水平重组也与 SRP2 质粒的存在有关。

庆丰链霉菌中决定庆丰霉素 Q 生物合成的抗性质粒 SQP1 同时也起着性因子的作用。SQP1$^+$ 与 SQP1$^-$ 杂交，重组频率为 $10^{-2}$～$10^{-3}$，而 SQP1$^-$ 与 SQP1$^-$ 杂交，只有 $10^{-6}$ 或更低的重组频率。如果使 SQP$^-$ 菌株经过接合作用而转变为 SQP1$^+$，则致育能力就提高 1 000 倍。但是否有其他质粒参与低水平重组，目前还不清楚。

另外，从变铅青链霉菌 ISP5434 菌株中还分离得到高拷贝、宿主范围广泛的 pIJ101 质粒，这是一个非常有效的质粒，当它转移到天蓝色链霉菌 A3(2)或变铅青链霉菌 66 中，就能使新的宿主在杂交中得到大于 1% 的重组子。利用这种高重组频率质粒来诱导接合，用以提高那些本来不能或很难重组的菌株，使其菌株间发生高频重组已经成为放线菌育种的一种手段。

因此，放线菌接合是指由两个基因型不同的亲本菌丝体直接混合培养，体细胞间接触和融合，使供体菌株的部分染色体转移到受体细胞中，形成部分结合子而最终使其受体发生基因重组以改变自身表型适应其环境的变化。有时也可以是两个亲本细胞都以其自身部分染色体进行结合形成部分结合子而引起基因重组(图 5.38)。

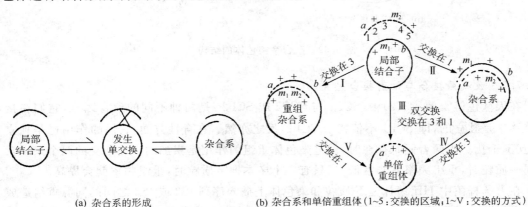

(a) 杂合系的形成　　　　(b) 杂合系和单倍重组体(1~5：交换的区域；I~V：交换的方式)

图 5.38　局部结合子、杂合系和重组体示意图

接合后形成杂合系(heterochone)和重组体杂合系。杂合系是供体染色体转移到受体中所得到的不同 DNA 片段的部分二倍体的单细胞集合群体，这些外来 DNA 片段成为线性样或环化为环状质粒，这些 DNA 不太稳定，有的被宿主酶系所消化，有的与宿主 DNA 发生交换成为重组体杂合系。重组体杂合系是部分二倍体形成后，在繁殖复制过程中两种不同基因型的染色体发生一次交换，由于交换位置不同而产生的各种不同基因型的重组杂合体，染色体上部分区域因交换后有的形成一个二体区，有的形成两个二体区(如图 5.39)，少量重组杂合体发生两次双交换形成稳定重组单倍体，这些重组体的集合群落就是重组体杂合系。每个重组单倍体的染色体不是封闭的环状结构而是呈线状，在染色体末端具有串联重复序列，染色体上的基因部分二倍化，部分被新基因所替代。

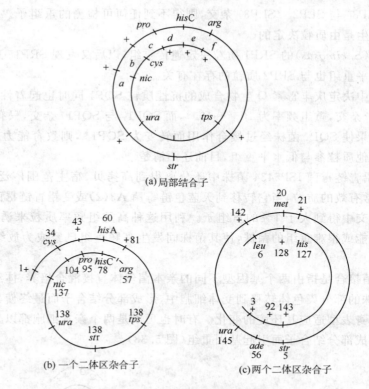

图 5.39　杂合系染色体的结构

### 5.4.7.2　放线菌接合与细菌接合差异

在天蓝色链霉菌 A3(2)中，SCP1 与 SCP2 或 SCP2* 是两种不同的致育因子，它们在接合转移中是独立的，即 SCP1 不依赖于 SCP2，反之亦然。在育性方面，它们的作用也是独立的，互不二扰。当两者同时存在时，促进染色体重组的作用是累加的。当杂交的两个亲本含有同一质粒时，重组频率就非常低；当只有一个亲本携带质粒时，重组频率就会提高。

在大肠杆菌中 Hfr 菌株是 F 质粒和染色体上插入序列 IS2 或 IS3 之间的同源重组造成的。在天蓝色链霉菌中 NF 菌株则是 SCP1 因子整合到染色体上形成的。那么它是怎样形成的呢？研究发现 2 612、A317 和 A322 这 3 个菌株都是典型的 SCP1-NF 菌株，这些菌株的 SCP1 都整合在染色体 9 min 处，并且 SCP1 带动染色体的双向转移。分析上述 3 个菌株的 SCP1，发现其左末端(TIR-L)是完整的，而右末端(TIR-R)是缺失的。对非典型的 NF 菌株进行分析，发现 A608 和 A634 的 SCP1 及染色体接头部位至少缺失 4 kb，这些缺失很可能是 A608 和 A634 两个菌株在典型的 2 612 基础上，进一步缺失后形成的。

已经证明 SCP1 含有插入因子 IS466，天蓝色链霉菌染色体上含有 IS466 和其他插入因子。NF 菌株形成的一种可能是 SCP1 以球拍框架结构整合到染色体上，为了保持其稳定性，SCP1 质粒上的 IS466 和染色体上的 IS466 之间重组，使 SCP1 一端发生缺失(图 5.40)。

研究放线菌接合质粒，发现其上只有少数基因参与接合作用，放线菌质粒编码接合作用相关蛋白的基因比大肠杆菌 F 因子中负责接合作用的基因少得多。SCP1 既是性因子，又决定次甲基霉素 A 的合成和抗性。SCP2 大约 30 kb，但对于接合所必需的基因还不到一

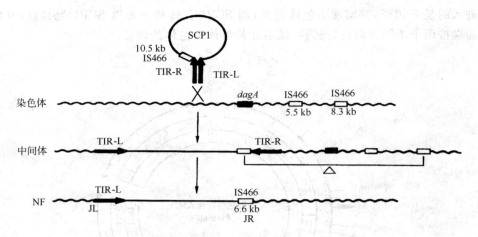

图 5.40　天蓝色链霉菌 NF 菌株可能的形成方式

半。SLP1 系列中最小的一个质粒是 SLP1.6，只有 6.4 kb。研究表明，pIJ101 质粒具有自主转移机制，对其质粒 DNA 分子中大约 2 kb 的位置中的插入或者缺失，就影响其接合转移的功能。由此推测放线菌接合作用所需要的基因数目是很少的。大多数链霉菌质粒既不含抗生素抗性决定因子，又不含抗生素合成基因，SCP1 是个特例。链霉菌接合效率高达 100%。

　　天蓝色链霉菌 SCP1* 与 SCP1⁻ 杂交，具有如下特点。第一，供体染色体以高频率向受体转移，这是因为 SCP1 因子时常整合到供体染色体上，其转移时总是带动染色体一起转移之故；并且可以介导转移的质粒不只有 SCP1，还有 SCP2 和 SLP1 等，都可以介导接合转移。第二，SCP1 整合位置总在染色体的 9 min 处，这是因为 SCP1 上的 IS466 的靶点在染色体的 9 min 处之故。第三，转移起点总是以 SCP1 因子为起点，杂交试验证实了 SCP1 因子总是 100% 被转移。第四，染色体呈现双向梯度转移，这是因为 SCP1 因子永远整合在固定位点——9 min 处，整合有 SCP1 的染色体，都是以 SCP1 因子作为转移起点，其染色体转移是随着 SCP1 因子的转移而转移，但转移方向因染色体断裂方向不同而不同，染色体断端可以发生在 SCP1 因子的左端或右端，如果断裂发生在左端，则左边靠近 SCP1 因子的标记被优先转移，其转移频度高，距离 SCP1 因子越远，其转移频度越低；同理，如果染色体断端发生在 SCP1 因子的右端，靠近右端 SCP1 因子的标记的转移频度高，由于左向和右向的不同而呈现双向梯度转移（图 5.41）。第五，受体中产生大量的异质系，这是不同供体片段转移到同一受体不同细胞而呈现不同表型的接合子所致。第六，在杂交过程中，所有子代的重组子都继承了 NF 菌株染色体 9 min 两端位置或附近的遗传标记。简单地说，在 SCP1* 与 SCP1⁻ 的杂交中，含有完整的 SCP1⁻ 染色体和部分 SCP1* 片段的重组中都无一例外地包含了 9 min 整合位点区域附近的标记，其染色体整合方式与大肠杆菌类似，是通过 IS 因子的同源重组完成的，所不同的是插入因子不一样；而大肠杆菌的整合位置并不固定，从而形成不同的 Hfr 菌株。总之，放线菌的接合转移不同于大肠杆菌的单向转移，除了 Hfr 介导接合重组率高以外，其他类型的接合重组率并不是很高。大肠杆菌的 F 因子如果是自由态，其转移是在滚环复制过程中在转移蛋白的引导下向一个方向进行转移，并没有供体染色体的转移；如果整合态 F 因子是以 F 因子的 oriT 为起点开始按一个方向转移，则供体染色体最后进入的是 F 因子,并实现染色体重组;而 SCP1 在转移中是以 SCP1 为起点,并作为转移的前端按两个不同方向进行转移,随后才是供体染色体的转移。

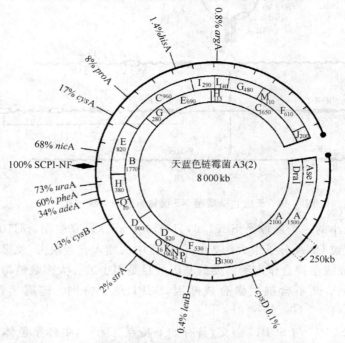

图 5.41　天蓝色链霉菌 NF 与 SCP1⁻ 杂交中 NF 菌株基因转移频率

　　显然,大肠杆菌的杂交与链霉菌的杂交是不同的。其不同点表现为:①大肠杆菌的性因子只有 1 个 F 因子,而链霉菌中的性因子具有 2 个或 2 个以上。②大肠杆菌 F⁻×F⁻ 是不育的,但放线菌 UF×UF 是可育的,并能得到较低频率的重组体。③在大肠杆菌中,F⁺×F⁺ 或 Hfr×Hfr 杂交可育性都很低,除非使其中的一个菌株在表型上暂时成为 F⁻ 状态(称为 F⁻ 表型模型)才是高度可育的。在这种情况下染色体转移按照从 Hfr 或 F⁺ 到表型模型菌株(F⁻)方向前进。在天蓝色放线菌中,则 NF×NF 和 IF×IF 杂交中一部分是高度可育的。④大肠杆菌中 F⁺×F⁻ 杂交子代都是 F⁺,但是 Hfr×F⁻ 杂交子代都是 F⁻。在天蓝色放线菌中则 IF×UF 的杂交子代是 IF,而 NF×UF 的杂交子代也是 NF,所以二者杂交子代的基因型是有区别的。因此认为 NF 菌株中致育因子和染色体相结合,在所转移的染色体片段中都含有致育因子,实现高频转移。⑤在大肠杆菌中 Hfr×F⁻ 杂交是单向梯度转移,而在 NF×UF 杂交中,染色体却是呈双向梯度转移的。⑥在链霉菌中 SLP1 整合位置都在 9 min 处,而大肠杆菌整合位置却不同,由于插入因子的差异而实现不同位置的整合。⑦在大肠杆菌中接合产生的重组体较为有限,而链霉菌将产生大量的重组体,这也是为什么链霉菌高变导的原因。⑧在大肠杆菌中质粒负责编码接合作用相关的基因数量多,而放线菌质粒中负责编码接合作用的基因数量较少。⑨放线菌和大肠杆菌细胞形态是不同的,放线菌一般是丝状体,而大肠杆菌是椭圆形单个细胞。在接合试验中,Hfr×F⁻ 混合培养,在显微镜下观察到成对活动的细菌。用显微操纵器把成对的细菌放到一滴培养液里面,待两个细菌分开以后再分别放到两滴培养液里,就这样,甚至可以把分裂 5～10 次过程中的细菌分别进行系普分析。这个试验结果说明重组体总是出现在 F⁻ 细菌的后代中,而不是出现在 Hfr

细菌的后代中,这一试验可以通过中断杂交试验来证明。而在放线菌中接合后将产生大量的重组子,既与 Hfr 的接合相似,又不同于 Hfr 的接合。所以认为放线菌和大肠杆菌在形态上有显著的区别,在染色体行为转移方面两者也不完全相同,在遗传体制上也是有差异的,虽然相似,但却不同。

### 5.4.8　链霉菌的遗传分析方法和基因连锁作图

由于链霉菌的遗传操作比大肠杆菌困难,因此尚未建立完整的类似于大肠杆菌中断杂交的系列试验方法,目前传统定位仍然以杂交方法进行分析,通常在杂交过程中将两个带有不同营养缺陷型的菌株在琼脂平板上混合培养,使其发生接合,并产生遗传重组。然后对一系列杂交产物进行涂布,在选择性培养基上筛选重组子并进行分析。在其基因定位的常规分析方法中有 4×4 杂交法、异质系克隆法和平板杂交法。

#### 5.4.8.1　4×4 杂交法

4×4 杂交法(four-on-four cross)是通过对杂交子代重组体的定量分析,绘制链霉菌属连锁图的常规方法,包括 4 因子杂交和平板涂布于 4 种选择性培养基上并进行的遗传分析。具体做法是将 2 个缺陷型亲本进行杂交,杂交后的孢子通常以不同浓度被涂布到含有抗生素或缺乏某些生长因子的 4 种选择性培养基上,这些培养基能够使重组子生长但不能使亲本生长。最后对不同培养基上的菌落进行计数,即可得到各种重组体或转移发生的频率。该方法最初于 1972 年由霍普伍德(Hopwood)在天蓝色链霉菌中应用,然后被广泛应用于其他链霉菌的杂交分析中,如淡青链霉菌、龟裂链霉菌、变铅青链霉菌、吖啶霉素链霉菌以及地中海诺卡氏菌等。例如基因型为 $ade^- his^- arg^+ lys^+$ 菌株的孢子与基因型为 $ade^+ his^+ arg^- lys^-$ 的菌株的孢子混合液接种于完全培养基中,在 25 ℃下培养 3～4 d。待孢子形成后,把单位体积的孢子悬浮液涂布在下列 4 种培养基上:①腺嘌呤＋精氨酸;②腺嘌呤＋赖氨酸;③精氨酸＋组氨酸;④组氨酸＋赖氨酸。每种培养基上所长出的菌落(全部或抽样)就可以参照该种培养基上的非选择性标记进行归类。这样在每种培养基上可能得到 4 种可能的基因型。根据培养基上的菌落数,就可以计算出单位体积中每个基因型的数目(表 5.8)。

对表 5.8 进行分析,首先 $ade$ 和 $arg$ 这两个基因是连锁还是独立遗传,这里的独立遗传是指两个基因相距较远而出现的分离现象;同理,$his$ 和 $lys$ 这两个基因是否也连锁或独立遗传。在腺嘌呤与精氨酸的培养基上,只有 $his^+$ 与 $lys^+$(选择标记)才能生长,而 $ade$ 与 $arg$ 有可能是 $ade^+$ 或 $ade^-$、$arg^+$ 或 $arg^-$(非选择标记),因此对四种培养基每一个不能选择的基因,分别按四种可能的组合如 $ade^+ arg^+ his^+ lys^+$、$ade^+ arg^- his^+ lys^+$、$ade^- arg^+ his^+ lys^+$、$ade^- arg^- his^+ lys^+$ 筛选菌落,其他基因型以此类推可以列出 4 个 2×2 的表(表 5.9)。从表 5.9 中可以看出 $ade^+$ 与 $ade^-$ 菌落的比例是否与 $arg^+$ 与 $arg^-$ 菌落的比例相同。利用统计学 $\chi^2$ 检验,可以估计数据可信度的几率。在这个例子中 $arg^+$ 与 $arg^-$ 菌落的比例和 $ade^+$ 与 $ade^-$ 菌落的比例分别是 $14/42 \approx 0.33$ 和 $17/76 \approx 0.22$,在统计学中相同自由度情况下的 $\chi^2$ 值都为 0.96,其意义是相同的,因此可以说这两个基因是独立遗传的。同理 $his$ 与 $lys$ 基因也是独立遗传的,因为它们的 $\chi^2 = 2.1$,但 $arg$ 与 $his$ 是不能独立分离的,其 $\chi^2$ 为 27,同样 $lys$ 与 $ade$ 也是不能独立分离的,其 $\chi^2$ 为 92。

**表 5.8　4×4 杂交分析(*ade his* ＋＋×*arg lys*＋＋)**

| 子代基因型（按互补对非列） | 单位体积内各基因型在选择性培养基上的数目 | | | | 每对基因型出现的平均频率 |
| --- | --- | --- | --- | --- | --- |
| | 腺嘌呤＋精氨酸 | 腺嘌呤＋赖氨酸 | 精氨酸＋组氨酸 | 组氨酸＋赖氨酸 | |
| $ade^-arg^+his^-lys^+$ <br> $ade^+arg^-his^+lys^-$ | 亲本基因型，在选择性培养基上不生长 | | | | |
| $ade^+arg^-his^-lys^+$ <br> $ade^-arg^+his^+lys^-$ | (14)24 <br> ＊ | (45)36 <br> ＊ | (14)33 <br> ＊ | (6)26 <br> ＊ | 30 |
| $ade^-arg^+his^+lys^+$ <br> $ade^+arg^-his^-lys^-$ | (17)29 <br> ＊ | (30)24 <br> ＊ | ＊ | ＊ | 27 |
| $ade^+arg^-his^+lys^+$ <br> $ade^-arg^+his^-lys^-$ | (42)72 <br> ＊ | ＊ | (48)112 <br> ＊ | ＊ | 92 |
| $ade^+arg^+his^-lys^-$ <br> $ade^-arg^-his^+lys^+$ | ＊ | ＊ | (86)202 | (92)393 | 298 |
| $ade^+arg^-his^-lys^-$ <br> $ade^-arg^+his^-lys^-$ | ＊ | (51)41 <br> ＊ | ＊ | (3)13 | 27 |
| $ade^-arg^-his^-lys^+$ <br> $ade^+arg^+his^+lys^-$ | (76)130 <br> ＊ | ＊ | ＊ | (16)70 | 100 |
| $ade^-arg^-his^+lys^+$ <br> $ade^+arg^-his^-lys^-$ | ＊ | (0)0 <br> ＊ | (2)5 | ＊ | 3 |
| 异核体① | (1)2 | (24)19 | (0)0 | (33)142 | |
| 总　数 | (150)275 | (150)120 | (150)352 | (150)644 | |

①异核体即原养型菌落，只能产生两个亲本型的孢子，在分析时忽略不计；括号中的数是实际计数的菌落数量。＊表示重组子不生长。

　　当两个非选择基因不相邻时，发生独立分离；当两个非选择基因相邻时，它们则是紧密连锁。由表 5.9 可以清楚地看出，4 个基因呈环状排列（图 5.42）。如果链霉菌供体与受体染色体发生一次交换，则出现线性染色体，如果发生两次交换，就可能产生成活的单倍体重组体。表 5.10 中的数字(1、2、3、4)表示各个可以发生交换而产生重组的区域。

**表 5.9　4 个 2×2 非选择等位基因间的分离**

| 未选择基因标记 | 选择标记 | | | |
| --- | --- | --- | --- | --- |
| | $his^+/lys^+$ | | $arg^+/his^+$ | |
| | $arg^+$ | $arg^-$ | $lys^+$ | $lys^-$ |
| $ade^+$ | 14 | 42 | 45 | 51 |
| $ade^-$ | 17 | 76 | 30 | 0 |
| 独立分离几率($\chi^2$) | 0.30(0.96)独立分离 | | <0.001(27)非独立遗传 | |
| 未选择基因标记 | 选择标记 | | | |
| | $ade^+/lys^+$ | | $arg^+/ade^+$ | |
| | $arg^+$ | $arg^-$ | $lys^+$ | $lys^-$ |
| $his^+$ | 14 | 48 | 6 | 3 |
| $his^-$ | 86 | 2 | 92 | 16 |
| | <0.001(92)非独立遗传 | | 0.15(2.1)独立遗传 | |

从给出的一套数值 $a$、$b$、$c$ 和 $d$ ，计算 $\chi^2$ 值的一个简单方法

| | | |
| --- | --- | --- |
| $a$ | $b$ | $a+b$ |
| $c$ | $d$ | $c+d$ |
| $a+c$ | $b+d$ | $a+b+c+d$ |

注：$\chi^2 = (ad-bc)^2(a+b+c+d) \div (a+b)(c+d)(a+c)(b+d)$，$\chi^2$ 值越小，独立分离的几率越高，$\chi^2$ 越大，独立分离的几率越低。当 $\chi^2 = 3.8$ 时，独立分离的几率是 0.05。

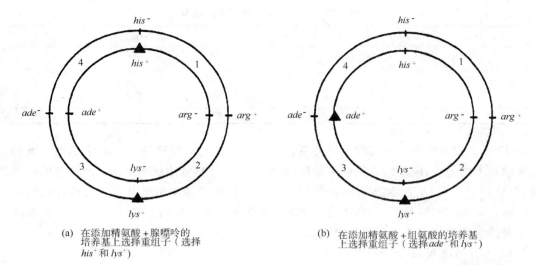

图 5.42　基因的排列图

▲表示选择性基因；○表示两个菌株的染色体

表 5.10(a)中的所有重组子都经过两次交换而产生。因为 1,3∶2,3 的分离概率等于 1,4∶2,4 的分离概率，所以等位基因是独立分离的。而表 5.10(b)中的情况则不相同，有三类重组子是通过两次交换而产生的，有一类重组子是通过 4 次交换而产生的。很明显 1,3∶2,3 的分离概率不等于 3,4∶1,2,3,4 的分离概率，结果等位基因是非独立分离的。*lys* 和 *his* 的分离类似于表 5.10(a)；*ade* 和 *lys* 的分离类似于表 5.10(b)。综上所述，这四个基因顺序如图 5.42。

表 5.10　产生各种可以检测的重组子所需要发生的交换的间隔区

| (a)在精氨酸＋腺嘌呤的培养基上，筛选的 *his*⁺ 与 *lys*⁺ 的重组子 | | | (b)在精氨酸＋组氨酸的培养基上，筛选的 *ade*⁺ 与 *lys*⁺ 的重组子 | | |
| --- | --- | --- | --- | --- | --- |
| | *arg*⁺ | *arg*⁻ | | *arg*⁺ | *arg*⁻ |
| *ade*⁺ | 1,3(14) | 2,3(42) | *his*⁺ | 1,3(14) | 2,3(48) |
| *ade*⁻ | 1,4(17) | 2,4(76) | *his*⁻ | 3,4(86) | 1,2,3,4(2) |

注：括号中的数字是重组子的数量。

虽然通过 $\chi^2$ 值可以识别基因是独立分离或非独立分离，但在使用中不能盲目追求 $\chi^2$ 检验。在杂交中，有的菌株处于不利地位，有的菌株有偏亲表型（即整个染色体偏向来源于一个亲本）的趋势，当非选择标记不相邻时，就会引起分离的偏差，偏向独立分离。

表 5.8 中每对基因型出现的平均频率用于计算成对标记之间的相对重组频率，再根据相对重组频率来判断 4 个基因间的相对距离（表 5.11）。例如，*ade* 和 *arg* 之间的重组，需要 *arg*⁺ 与 *ade*⁺ 或 *arg*⁻ 与 *ade*⁻ 之间的重组，即表 5.8 中的 2、5、6 及 7 的基因型，它们的重组频率的总值是 455。用同样的方法，可以类推其他基因间的相对重组频率（表 5.11）。

从表 5.11 可知，*arg* 与 *his* 的间隔要比其他基因之间的间隔短。*arg*/*lys* 和 *his*/*lys* 的间隔比其他 3 组的间隔都要短，这说明 *his*、*arg* 及 *lys* 这 3 个基因紧密相连，位于染色体的一个区域，而它们与 *ade* 的距离则相对较远。

**表 5.11　每对间隔之间的相对重组频率**

| | ade/arg | ade/his | ade/lys | arg/his | arg/lys | his/lys |
|---|---|---|---|---|---|---|
| | 30 | 27 | 30 | 30 | 92 | 30 |
| | 298 | 298 | 92 | 27 | 27 | 27 |
| | 27 | 100 | 298 | 27 | 100 | 92 |
| | 100 | 3 | 3 | 3 | 3 | 100 |
| 总计 | 455 | 428 | 423 | 87 | 222 | 249 |

　　用 4×4 杂交方法推断基因的连锁关系,似乎是费时费力,但这种方法非常准确。虽然随着科学技术的进步,应用的方法越来越多,比如分子生物学方法证明了链霉菌染色体是线性的,但早期用 4×4 方法建立的遗传图谱与 DNA 测序的物理图谱是基本一致的,因此,在没有好的试验条件的情况下,利用传统经典方法不失为一种可行的方案,这也是为什么在这里还要对传统的遗传方法做介绍的原因之一。

### 5.4.8.2　异质系克隆法

　　除 4×4 杂交方法用于遗传分析外,在试验中利用异质系克隆法进行定位也是十分普遍的现象。在天蓝色链霉菌 A3(2)及其他几种链霉菌的遗传学研究中,曾经使用过异质系克隆的方法进行基因定位。由于异质系克隆是重组子和亲本基因型的总和,并且异质系克隆产生的孢子大多不能在基本培养基上生长,是采用不同的选择性培养基鉴别出来的,因此根据其出现频率就可以绘制链霉菌的遗传图谱。利用异质系克隆法对天蓝色链霉菌 A3(2)等链霉菌的基因定位的具体步骤为:在 NF($+str+++pro\ hisC\ arg$)×UF($tps+ura\ nic\ cys+hisA+$)杂交中可以得到许多重组类型的分生孢子长出的异质系(杂合系)菌落。分析 NF($+st^-+++pro\ hisC\ arg$)×UF($tps+ura\ nic\ cys+hisA+$)杂交的杂合系所产生的 138 个单孢子菌落的基因型,其结果如下:

UF 标记:$tps$　＋　$ura$　$nic$　$cys$　＋　　$hisA$　　＋  
　　　　　138　138　138　137　34　43　　60　　　81

NF 标记:＋　　$str$　＋　　＋　　＋　　$pro\ hisC$　$arg$  
　　　　　0　　0　　0　　1　　104　95　　78　　57

　　图 5.43(a)中的实线圆圈表示 UF 受体的染色体,实线片段表示进入 UF 细胞的 NF 染色体片段,所形成局部杂合子核。假定 NF 的染色体片段进入 UF 细胞以后首先在 b 区域发生一次单交换,得到一个线性(开口环状)的杂合染色体(图 5.43(b))。这一线性染色体中的部分基因呈杂合状态。在杂合核进行复制的过程中,就可以再次在不同区域(如:a,b,……,f 等)发生另一次单交换。两次交换的结果,线性染色体变成环状(闭合环状)。由于交换位置不同,UF 得到 NF 染色体的片段不同,因而就形成了不同基因型的分生孢子,由这些分生孢子便长成不同基因型的重组体。从图 5.43 中可以看到如果交换发生在 a 区,那么所得到的染色体包括全部 UF 标记;发生交换的区域离 a 愈远,则出现 NF 标记愈多,反之愈少。各个 NF 标记出现的频率 $cys^+$(104)、$pro$(95)、$hisC$(78)、$arg$(57),正好符合基因顺序。从杂合系的来源可以看到:在一般情况中放线菌和大肠杆菌的局部合子都经过染色体的两次交换才能得到一个正常的环状染色体。由这样一个染色体复制出来的都是相同的染色体。这就说明为什么重组体菌落的分生孢子都是一样的。但是如果局部合子中两个染色体间只发生一次交换,那么所得到的是一个线状染色体,这一线状染色体中的部分基因呈杂

合状态。由于交换产生的异质系十分复杂,对异质系克隆的分析也是费力费时的,还可能出现难以解释的结果,因此目前在定位中已经很少使用,但异质系是放线菌基因重组所特有的现象,也是选择不同重组体的重要方法之一。

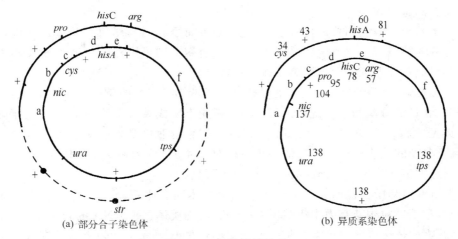

(a) 部分合子染色体　　　　　　　　　(b) 异质系染色体

图 5.43　放线菌异质系

### 5.4.8.3　平板杂交法

平板杂交法的使用也十分广泛,平板杂交法的好处是直观形象。它主要用于多个菌株与同一亲本进行的杂交分析,以测定染色体重组或质粒转移的频率。该方法通常包括两个步骤:第一步是把长有一系列待测菌株的母平板影印到接种同一亲本且已长成孢子"坪"的非选择性培养基(完全培养基或 $R_2YE$)平板上进行杂交。第二步是杂交平板长好孢子后,再影印到一种或多种选择培养基上,回收重组子并进行鉴定。在一个平板上,常常可以测定多至 20 个菌株,这使利用平板杂交法进行快速定位基因位点有了可能。

总之,杂交的方法除了用于制作连锁图外,还可以制备染色体突变的新组合或不同菌株所携带的质粒的新组合,对于研究接合性质粒、确定接合时质粒转移的能力等也是十分重要的方法。

目前基因定位方法更多地使用基因组分析方法,克隆成为永恒的主题,无论是片段序列分析或是功能基因克隆都需要克隆载体,基因工程方法使基因组序列分析成为可能,有关基因工程与基因组分析请阅读后面的相关章节。

### 5.4.9　放线菌重组与原生质体融合

放线菌重组有接合、转导、转化和原生质体融合等方法,但天然的更多的来源于接合,无论种内接合或种间接合都是放线菌重组的基本方法,这是由于多数链霉菌天然携带接合型质粒,在实验室中将两个带有不同遗传背景的亲本菌株在琼脂平板上混合培养就可以发生遗传重组。如果大肠杆菌与链霉菌进行接合,一般需要人工构建在大肠杆菌和链霉菌中都能进行复制的双功能载体,即穿梭载体,同时将外源基因连接在该载体上,然后通过大肠杆菌与链霉菌间的接合作用,就可将外源基因导入链霉菌中,这是进行种间杂交的有效方法。这类载体一般是含有革兰氏阴性菌质粒 RP4 的 $oriT$ 位点的可诱动质粒,可利用大肠杆菌提供转移功能,使之介导大肠杆菌与链霉菌的杂交。常用的大肠杆菌是 S17-1 菌株并含有整合的 RP4 质粒。利用大肠杆菌进行的接合作用将外源基因转移到链霉菌或其他放线菌具有如下优点：①方法简单，一般不需要制备原生质体；②能够利用许多通用的 $oriT$ 载体，进行位点专一性或特定方向插入或整合；③由于这些载体能够在大肠杆菌中复制，因此容易构建所需要的重组体。

放线菌转导一般利用普遍性转导进行重组，通常委内瑞拉链霉菌用 ΦSV1 噬菌体介导能使多种营养缺陷型菌株产生原养菌落，维基尼链霉菌则可用烈性噬菌体 S1 的 DNA 进行转染使其释放转导噬菌体后再感染受体进行转导。

放线菌转化中发现放线菌菌丝呈现感受态而吸收 DNA 的例子并不多。据报道，维基尼链霉菌、春日链霉菌和卡那链霉菌菌丝能在感受态阶段吸入质粒 DNA。粗糙嗜热放线菌则具有典型的转化系统，能广泛转化染色体标记，但这种嗜热放线菌和其他放线菌差异很大，不属于典型的放线菌，因此，它的转化系统对于大多数放线菌来说，不具有实际意义。一般都是通过人工构建原生质体的方法进行转化研究。

一般研究过程中构建的人工系统包括原生质体融合体系、质粒 DNA 转染或转化原生质体细胞、利用质粒构建基因工程载体系统和利用脂质体包裹 DNA 的转化或转染系统。

(1)原生质体融合的遗传重组是一种能使染色体基因发生高频重组的有效方法。将亲株细胞分别用酶法脱去细胞壁，在高渗介质中形成细胞膜包裹的原生质体，再等量相混，在聚乙二醇(PEG)存在下诱导融合，经过 DNA 交换重组而产生重组子。这种重组包括种内和种间融合重组。融合后的原生质体在适宜的再生培养基中再生细胞壁恢复成细胞状态。在最适条件下，种内融合重组子的数量可达到非选择性再生菌落的 20%，种间融合重组的频率一般为 $10^{-5} \sim 10^{-6}$。

(2)在质粒或噬菌体 DNA 对原生质体的转化或转染中，虽然放线菌菌丝体很少能呈现感受态吸收 DNA，但是放线菌细胞用酶法脱壁形成原生质体，在 PEG 存在下以质粒、噬菌体 DNA 或染色体 DAN 进行处理，就很容易在再生菌落中得到转化子或转染子。如果 DNA 的浓度达到饱和时，有 80% 的再生菌落可以被质粒 DNA 转化，而转染的频率则因噬菌体宿主系统不同而有变化，一般有 $10^{-2}$ 或者 $10^{-4}$ 的原生质体发生转染；如果 DNA 的浓度不饱和，每微克质粒 DNA 产生的转化子可达 $10^7$，而每微克噬菌体 DNA 产生的转染子只有 $5 \times 10^5$。

(3)利用质粒或噬菌体作载体的基因克隆。利用上述的转化/转染技术，并以链霉菌的质粒或噬菌体 DNA 作载体，已经建立了链霉菌的基因克隆系统。从 SLP1.2 衍生的一系列低拷贝质粒载体如 pIJ41 和 pIJ61 在早期重组 DNA 研究中发挥了很大的作用，但其宿主范围较窄，使用受到限制。从质粒 pIJ101 衍生出来的高拷贝、宿主范围广泛的载体是特别有用的通用载体。ΦC31 是天蓝色链霉菌 A3(2) 的温和性噬菌体，并建立了具有广泛宿主范围的衍生载体。质粒和噬菌体 DNA 都已建成了可在大肠杆菌和链霉菌中表达的双功能载体(即穿梭载体)。在变青铅链霉菌基因重组中克隆系统是迄今所有的质粒载体和 ΦC31 噬菌体载体的适宜宿主，变青铅链霉菌株的原生质体经过 DNA 转化、再生后，通常每微克完整 DNA 可得到 $10^6 \sim 10^7$ 转化子。如果用供体 DNA 片段做成的连接混合物去转化或转染，每微克 DNA 可得到 $10^4 \sim 10^5$ 转化子或转染子。迄今为止，用这种技术克隆成功的例子包括：抗生素生物合成基因，如杀假丝菌素生物合成途径中对氨基酸甲酸合成酶基因、灵菌红素生物合成途径中氧甲基转移酶基因及放线紫红素生物合成整个途径中酶基因进行的克隆。此外还有一些酶基因的克隆,如琼脂糖酶(agarase)、α 淀粉酶、纤维素酶及胆固醇氧化酶等基因。一些真核生物产物如人的干扰素、人的白细胞介素 2 等基因克隆也成功使用了该系统。

(4)在脂质体包裹 DNA 的转化或转染中,用 PEG 诱导链霉菌原生质体的质粒转化或噬菌体 DNA(转染)虽然十分有效,但却不能转化直线形的染色体 DNA,其原因可能是宿主核酸酶对外源 DNA 的限制作用。如果把染色体 DNA 用脂质膜包裹起来形成脂质体(liposome),并使之与受体菌原生质体相混合,以 PEG 诱导而实现转化,则可以很高的频率获得转化子。所说脂质体即是由两性类脂(如卵磷脂)在水溶液中经过一定的物理处理,形成一种人工模拟的原生质体膜。当水溶液中有 DNA 存在时,小泡囊形成时包入 DNA,成为包有 DNA 的脂质体,在有 PEG 存在下和受体菌原生质体融合,使 DNA 进入受体细胞而发生重组。以脂质体为媒介的转化不仅可保护 DNA 的转化/转染,也同样有明显提高重组率的作用。ΦC31 对变青铅链霉菌的转染频率可提高 158 倍,对 pIJ41 的转化频率可提高 26 倍。

# 5.5　古　菌

## 5.5.1　古菌简介

在漫长的进化过程中,每种生物细胞中的信息分子(核酸和蛋白质)的序列均不断发生着突变。许多信息分子序列变化的产生在时间上是随机的,进化速率相对恒定,即具有时钟特性。因此,物种间的亲缘关系可以用它们共有的某个具有时钟特性的基因或其产物(如蛋白质)在序列上的差别来定量描述。这些基因或其产物便成了记录生物进化历程的分子计时器(chronometer)。显然,这种记录生物系统发育历程的分子计时器应该广泛分布于所有生物之中。基于这一考虑,卡尔·伍斯(Carl Woese)选择了一种名为小亚基核糖体核酸(SSU rRNA)的分子,作为分子计时器。这种分子是细胞内蛋白质合成机器——核糖体的一个组成部分,而蛋白质合成又是几乎所有生物生命活动的一个重要方面,因此,把 SSU rRNA 分子作为分子计时器是合适的。Woese 通过对大量的来源于不同原核及真核生物的 SSU rRNA 序列的相似性的比较分析后发现,原先被认为是细菌的甲烷球菌代表着一种既不同于真核生物,也不同于细菌的生命形式——古细菌,Woese 考虑到甲烷球菌的生活环境可能与生命诞生时地球上的自然环境相似,因此,将这类生物称为古细菌。

1977 年由 Woese 和吉瑞奇·佛克斯(George Fox)正式提出古细菌概念,原因是古细菌在 16Sr RNA 的系统发生树上和其他原核生物有区别。这两组原核生物起初被定为古细菌(Archaebacteria)和真细菌(Eubacteria)两个界或亚界。Woese 认为它们是两支根本不同的生物,认为细菌、古细菌和真核生物各代表了一支具有简单遗传机制的远祖生物的后代。这个假说反映在了"古细菌"的名称中(希腊语 *archae* 意思为"古代的")。1990 年 Woese 正式称这三支为三个域,各由几个界组成,从而构成了生物类群的全部,于是重新命名为古菌(Archaea)和细菌(Bacteria),这两支和真核生物(Eukarya)一起构成了生命的三域系统。

多数古菌生存在极端环境中,一般多生长在极端高热、极端寒冷、高盐、强酸或强碱性的水环境中,除此以外部分古菌是嗜中性的。近年来,利用分子生物学方法,人们发现古菌还广泛分布于各种自然环境中,如土壤、海水、沼泽地、废水等环境中均生活着古菌。

古菌从结构与功能上是介于原核和真核生物之间的一类生物：

第一，古菌在形态与结构方面与真细菌更为相似。表现在：①单个古菌细胞直径在 0.1～15 $\mu m$，有一些种类形成细胞团簇或者纤维，长度可达 200 $\mu m$。它们可有各种形状，如球形、杆形、螺旋形、叶状或方形。②古菌具有与细菌核糖体一样的 70S 核糖体，但是电子显微镜的研究表明它们的形状是显著变化的，并且有时与细菌和真核生物的核糖体都不同。核糖体对链霉素和氯霉素不敏感，表现为抗性，但对茴香霉素、白喉毒素敏感。它们的延长因子像真核生物 EF-2 因子一样与白喉毒素发生反应。③无核膜及内膜系统，呈拟核态，染色体 DNA 单链呈闭合环状，但基因组有重复序列，部分含有内含子，功能基因成簇排列并组织成操纵子形式进行表达调控。

第二，古菌又不同于真细菌，表现在：①形态学上，古菌有扁平直角几何形状的细胞，而在真细菌中从未见过。②中间代谢上，古菌有独特的辅酶。如产甲烷菌含有 F420、F430、COM 和 B 因数。③内含子(introns)上，许多古菌有内含子。④膜结构和成分上，古菌膜含醚而不是酯，其中甘油以醚键连接长链碳氢化合物异戊二烯，而不是以酯键同脂肪酸相连。⑤呼吸类型上，严格厌氧是古菌的主要呼吸类型。⑥代谢多样性上，古菌代谢类型不如真细菌类型多，尽管古菌不能像其他利用光能的生物一样利用电子链传导实现光合作用，但其具有独特的光合作用，如杆菌可以利用光能制造 ATP。⑦在分子可塑性(molecular plasticity)上，古菌比真细菌有较多的变化。⑧在进化速率上，古菌比真细菌缓慢，保留了较原始的特性。⑨古菌鞭毛的成分和形成过程也与细菌不同。⑩古菌很少有质粒，一些古菌的基因组显著小于正常细菌的基因组。大肠杆菌 DNA 大小约 $2.5 \times 10^9$ D，然而嗜酸热原体 DNA 约 $0.8 \times 10^9$ D，热自养甲烷杆菌 DNA 是 $1.1 \times 10^9$ D。G＋C 碱基含量变化大，G＋C 摩尔百分数约 21%～65%，这可以说是古菌生物多样性的另一指征。

第三，古菌在 DNA 结构、复制、转录、翻译等方面与真核相似，表现在：①DNA 及基因结构具有重复序列和内含子。②古菌生物中依赖 DNA 的 RNA 聚合酶亚基和延长因子，与真核生物的同源性高于与原核生物的同源性。③具有与真核生物组蛋白 H2A、H2B、H3、H4 对应的组蛋白，但种属之间序列差异较大，具体包装过程及核小体的周期规律也不清楚。④转录过程需要真核生物中的 TATA 框结合蛋白和 TFIIB，启动子、转录因子、DNA 聚合酶、RNA 聚合酶等均与真核生物的相似，并且对利福平和利迪链霉素不敏感。翻译使用真核的起始因子和延伸因子，如采用非甲酰化甲硫氨酰 tRNA 作为起始 tRNA，以甲硫氨酸起始蛋白质的合成。古核生物氨酰 tRNA 合成酶基因序列与真核生物的同源性较高。⑤对 5S rRNA 的分子分析及二级结构的研究表明古菌与真核生物相似，与原核生物差距甚远。⑥蛋白质合成起始以甲硫氨酸作为新生肽链的 N 端氨基酸，全部以 AUG 为起始密码子。

第四，古菌具有与真核和原核生物都不同的，并为自身所特有的特征：①细胞壁无真核细胞中的胞壁酸，具有假肽聚糖，即 N-乙酰氨基塔罗糖醛酸代替了胞壁酸，有的以蛋白质为主，有的含杂多糖，有的类似于肽聚糖，但都不含胞壁酸、D 型氨基酸和二氨基庚二酸。②细胞壁骨架为蛋白质或假肽聚糖，不含原核的肽聚糖。③古菌细胞膜脂类含甘油醚键，细胞膜中的脂类是不可皂化的，膜中含由分枝碳氢链与 D 型磷酸甘油，以醚键相连形成醚键脂类，不同于细菌中的酯键，细菌及真核生物细胞膜则含由不分枝脂肪酸与 L 型磷酸甘油，以酯键相连形成甘油酯类的脂类物质。④独特的 16S 核糖体 RNA 寡核苷酸谱，古菌的 rRNA

与细菌的 rRNA 的相似性要比古菌与真细菌的 rRNA 的相似性高些。古菌 tRNA 的 TψC
臂无胸腺嘧啶(T),含有假尿苷或 1-甲基假尿苷。古菌这一系列区别也许是对极端环境的
适应。以上分析以及从系统进化关系方面来看,古菌介于真核与原核生物之间,与真核生物
更近些,与其他生物之间存在着许多的差别,这些差别将古生菌与细菌和真核生物都区别
开。由于古菌与真核生物在进化上的关系较原核生物更为密切,真细菌很可能首先从古菌
和真核生物的共同干线中分支出来。从进化途径看古菌可能是古生物残存的类型,也许是
现有原核和真核生物的共同祖先,或者是远古祖先共同繁育的三个分支之一。根据现在的
研究,科学家把生物分为古菌、真细菌和真核生物三界。

从 rRNA 进化树上,古菌分为四类:泉古菌门(crenarchaeota)、广古菌门(euryarchae-
ota)、纳古菌门(nanoarchaeota)和初古菌门(korarchaeota)。广古菌门(euryarchaeota)包含
了古菌中的大多数种类,包括了经常能在动物肠道中发现的产甲烷菌,在极高盐浓度下生活
的盐杆菌,一些超嗜热的好氧和厌氧菌,也有海洋类群。在 16S rRNA 系统发育树上,它们
组成一个单系群。有组蛋白与 DNA 结合形成似核小体结构,与其他的原核生物不同。泉
古菌门是古菌的一个大分支,包括很多超嗜热生物,但在某些海洋里的超微浮游生物中也占
有相当比例(尚未成功培养),也有肠道中分离出的种类(餐古菌目)。它们和其他古菌主要
区别在于 16S rRNA 的序列。从系统发育树上看,泉古菌门的分支相对较短,且非常接近古
菌的基部。按照伯杰氏手册,目前本门只分一个纲和四个目(未包含餐古菌目)。纳古菌门
(nanoarchaeota)是古菌(archaea)的一门,迄今只包括一个种,即由 Karl Stetter 于 2002 年
在冰岛的热泉口发现的骑行纳古菌(*Nanoarchaeum equitans*),这是在另一种古菌燃球菌
(*Ignicoccus*)上生活的专性共生菌。纳古菌门的细胞直径大约 400 nm,基因组只有 48 万个
碱基对,这是目前已发现的有细胞生物中(即除掉病毒之外)基因组最小的生物。它的 16S
rRNA 序列和其他生物相差很多,不能用通常的办法检测到。通过核糖体小亚基 rRNA 的
系统发生树,初步将其单列为一个门。初古菌门(korarchaeota)是通过 16S rRNA 序列区
开的一类古菌,来源于美国黄石公园超热环境中的样品。通过荧光原位杂交能够确认它们
的存在。但目前还没有能够成功培养的样品,与其他生物的关系也尚未确定。它们有可能
并不是一个独立的类群,而是 16S rRNA 发生了某些快速或特殊突变的种类。

目前,可在实验室培养的古菌主要包括三大类:产甲烷菌、极端嗜热菌和极端嗜盐菌。

(1)产甲烷菌(metnanogens),是专性厌氧菌,多生活于富含有机质且严格无氧的环境
中,如存在于沼泽、湖泊、海洋沉积物、水稻田、动物的消化道(反刍动物的反刍胃、白蚁或者
人类的胃)等自然生态系统中,也存在于废水处理、堆肥和污泥通道等非自然的生态系统中。
参与地球上的碳素循环,能利用 $CO_2$ 使 $H_2$ 氧化,生成甲烷,同时释放能量($CO_2 + 4H_2 \rightarrow$
$CH_4 + 2H_2O + 能量$),是自养型微生物。据杨秀山等(1991)报道,美国俄勒冈(Oregon)产
甲烷菌保藏中心当时收藏的产甲烷菌有 215 株分属于 3 目、6 科、55 种,可能是当时最完备
的目录。从系统发育来看,到目前为止,产甲烷菌分成 5 个目,分别为甲烷杆菌目(Metha-
nohacteriales)、甲烷球菌目(Methanococcales)、甲烷八叠球菌目(Methanosinales)、甲烷微
菌目(Methanomicrobiales)和甲烷超高温菌目(Methanopyrales),到目前已经分离鉴定的产
甲烷菌已有 200 多种。产甲烷菌基因组由一个环状染色体组成,但也有一些产甲烷菌如詹
氏甲烷球菌除了含一个环状染色体外,还含有染色体外元件(extrachromosomal element,
ECE)比如 *Methanococcus jannaschii* 不仅含有 1 个 1 664 976 bp 的环状染色体,还含有 1

个 58 407 bp 的大 ECE 和 1 个 16 550 bp 的小 ECE,共有 1 738 个基因。产甲烷菌的 G+C 含量在 30%～65%之间,这种变化与其所生存的环境相关。这类古菌目前已应用于污水处理和沤肥。把有机物转化为有燃料价值的甲烷,是生物能量的主要产能菌,是可再生能源的主要菌种。可以生产沼气,进行治污处理。研究动物饲料与动物胃中甲烷生产量的相关性,改良饲料以减少动物温室气体排放,有利于环境净化。

(2)极端嗜热菌(extreme themophiles),通常广泛分布在草堆、厩肥、温泉、煤堆、火山地、地热区土壤及海底火山附近等处。尤其在含硫或硫化物的热泉、深海火山口的热流和泥潭中容易分离得到,最适生长温度为 70～110 ℃,是生物界耐受高温的冠军。如斯坦福大学科学家发现的古菌,最适生长温度为 100 ℃,80 ℃以下即失活,德国的斯梯特(K. Stetter)研究组在意大利海底发现的一组古菌,能生活在 110 ℃以上高温中,最适生长温度为 98 ℃,降至 84 ℃即停止生长;E. Blochl 等(1997)发现如 *Pyrolobus fumarii* 可以生活在 90～113 ℃、pH 4.0～6.5 的环境中,其最适生存温度为 106 ℃,低于 85 ℃和高于 115 ℃则不生长,能在 121 ℃的高温中存活 1 h。极端嗜热古菌的最高耐热极限是多少,没有人知道底线。美国的 J. A. Baross 发现一些从火山口中分离出的古菌可以生活在 250 ℃的环境中,但从已分离的菌种中普遍认为大多数的耐热极限是 110 ℃。嗜热菌的营养范围很广,有好氧、厌氧和兼性厌氧类型,自养或异养,多为异养菌,绝大多数为严格厌氧,多以化能自养(chemoautotroph)的方式生活,其中许多能以硫为电子受体,在获得能量时完成硫的转化,将硫氧化为硫化氢。极端嗜热菌的耐热机制是研究的重点,研究认为耐热是多种因子共同作用的结果:①细胞膜不是真正的双层,单层的脂类末端具有极性基团,降低了高温环境中的膜流动性。膜的化学成分随环境温度的升高发生变化,增加了膜稳定性。②重要代谢产物能迅速合成,tRNA 周转率提高;DNA 中的 G、C 的含量较高,使生物体中的遗传物质更加稳定;一些组蛋白也增加了 DNA 的耐热性。③蛋白质一级结构中个别氨基酸的改变导致其热稳定性的改变,二级结构中包括稍长的螺旋结构,三股链组成的 β 叠结构,C 末端和 N 末端氨基酸残基间的离子作用以及较小的表面环等使其形成紧密而有韧性的结构,利于热稳定。④斯坦福大学发现了古菌中一种含钨的酶(一般生物中的钨没有作用),认为钨在耐高温的古菌的代谢中起关键性作用。20 多年来一直认为嗜热菌与硫呼吸相关,这也是为什么大多数嗜热菌的耐热极限是 110 ℃的主要原因。但是近几年,马萨诸塞大学的微生物学家 Derek Lovley 和 Kazem Kashefi 注意到大多数嗜热菌都是用铁来进行呼吸的,发现用铁来进行呼吸的嗜热菌的极限温度更高,但铁呼吸只在生命周期里的部分时间存在。华盛顿大学的微生物基因组学家 Jan Amend 认为:"通过升高生命可能存在的地方的温度,将生物栖息地拓展到更深的地方,生物圈比我们早先预想的还要大,其他星球上存在生命也不是没有可能性,生命有可能在外太空的高温下存活。"另外,在湿草堆和厩肥中生活着好热的放线菌和芽孢杆菌,生长温度为 45～65 ℃,有时甚至可使草堆自燃,它们是否是从嗜热菌变异而来的,这需要进一步考证。从细菌研究中发现一般宿主体内的细菌的生长温度是一个缓慢下降的过程,这也可能是共生适应性的表现。总之,嗜热菌的耐热机制研究仍是重点。在应用方面,PCR(多聚酶链反应)中所使用的 Taq 酶就是从 *T. aquaticus* 嗜热细菌中分离到。

(3)极端嗜盐菌(extreme halophiles)生活在高盐度环境中,嗜盐菌一般分布于死海、死谷、盐碱湖、盐田及盐腌制品表面中,甚至在南极的盐湖中也分离到嗜盐菌。极端嗜盐菌能够在盐饱和环境中生长,盐度可达 25%,一般在 3～5 mol/L 氯化钠的盐水中生长,当盐浓度低于 10％时则不能生长。在氨基酸丰富的环境中，氨基酸来源通常是那些不能在高盐环境下生存的微生物的尸解产物，因此，嗜盐菌是严格好氧的化能厌氧菌。实验室中嗜盐菌很容易在复合培养基和含氨基酸的简单培养基中生长，细菌革兰染色为阴性，根据形态学、盐、营养条件及自然栖息的不同，该物种可分为 8 个不同的属。伍斯（Woese）认为嗜盐菌是由厌氧的产甲烷菌进化而来的。嗜盐菌能利用微量的氧合成类胡萝卜素，而嗜盐菌细胞壁却不含肽聚糖而以脂蛋白为主，壁结构以离子键维持。环境中高浓度的 $Na^+$ 对嗜盐菌细胞壁蛋白质亚单位间的连接以及对保持细胞壁的完整性是必需的。低钠使其细胞壁脂蛋白解聚，细胞壁不完整，易于吸收水分而破裂。嗜盐菌细胞膜的极性脂质的甘油和两条长链烃类是通过醚键而不是酯键结合的，并且这种烃链不是直链，而是支链的，其链中每隔 4 个碳原子就有一个甲基构成特有的植烷醇（phytano1），即古菌脂质（archaebacterial lipid）。阿克醇是古菌所共有的脂质结构，而 $C_{25}$ 卡克醇、甘露糖、硫酸糖等为嗜盐菌所特有。极端嗜盐细菌能行光合作用，但其光合作用色素并非叶绿素类的分子，而是与动物视网膜上的视紫红质相似的视紫红质（bacterio rhodopsin，bR）。它们通过其细胞膜上光驱动的质子泵，产生质子动力势，合成 ATP。极端嗜盐菌的众多独特特性吸引人们去开发它的用途，比较有特色的应用研究非常广泛，主要应用于环境生物治理、生物电子和医药工业等领域。美国密苏里州的一个制药厂排放生产废水 390 $m^3/d$，含盐量 7.4％，CODcr 为 7 400 mg/L，主要处理单元有 ZenoGem 系统→活性污泥系统→厌氧处理系统→反应器，出水水质达到国家排放标准。C. H. Liang 等对高盐度有机废水进行吹脱和冷却预处理后，再利用 SBBR（序批式生物膜反应器）处理，取得了良好效果。嗜盐极酶将是工业上耐盐酶的重要来源，以色列 Mevarechy 研究小组将嗜盐的苹果酸脱氢酶和二氢叶酸酶基因在大肠杆菌中表达成功。研究人员正在探索把嗜盐极酶用到提高从油井提取原油量的方法中，用嗜盐极酶可分解掉瓜儿豆胶的黏性。嗜盐碱放线菌 *Nocardioides* sp. M6 能快速降解污染物 2,4,6-三氯酚可应用于环境治理，利用其嗜盐特性除去工业废水中的磷酸盐，还可用于开发盐碱地等。在电子领域，由于 bR 蛋白具有质子泵作用，在未来的太阳能利用技术设备中，还可用作海水淡化和研制天然的太阳能电池。bR 作为一种新的纳米生物材料，由于具有优良的光致变色性、瞬态光电响应性和非线性光学性等有利于应用的优点，使其在光信息存储、人工视网膜、神经网络和生物芯片等应用领域有着广阔的前景，并已开始应用于军事领域。目前，实验室中空间光调制器（spatial light modulator，SLM）32×32bR 生物芯片在日本研制成功。在医药方面，西班牙学者报道地中海嗜盐杆菌（*H. editerranei* R-4 ）在高浓度 NaCl 介质中生长，聚β—羟基丁酸（PHB）积累达细胞干重的 45％，具有一定的应用前景。PHB 能用于医学领域可降解生物材料的开发，如人造骨骼支架、药物微球体、外科手术以及裹伤用品等。此外，目前发现有些嗜盐菌素对去盐作用不敏感，所以可能有比较广泛的应用领域，筛选抑菌谱广、性质稳定的嗜盐菌素，在理论和现实都具有十分重要的意义。

　　除此以外，还有极端嗜酸菌（extreme acidophiles），其能生活在 pH 在 1 以下的环境中，往往也是嗜高温菌，生活在火山地区的酸性热水中，能氧化硫，硫酸作为代谢产物排出体外；极端嗜碱菌（extreme alkaliphiles），其多数生活在盐碱湖或碱湖、碱池中，生活环境 pH 可达11.5 以上，最适 pH 为 8～10。从这些基本资料中不难发现生命存在的范围是人类难以想象的。

　　目前有 22 个古菌基因组已经完全结束了测序，另外 15 个的测序工作正在进行中。

### 5.5.2 古菌的遗传学研究

#### 5.5.2.1 硫化叶菌的遗传学相关研究

硫化叶菌最早由布瑞克(Tome Brock)从美国黄石公园的酸性热泉中分离得到,而后从世界各地——意大利、冰岛、日本及中国的云南腾冲也分离到一些菌株。

目前硫化叶菌被生物学家作为古菌的模式物种,用于研究其环境适应性及 DNA 复制、修复、转录等细胞的基本生物学过程。与其他古菌相比硫化叶菌好氧生长,生长温度在 80°C 左右,可在实验室条件下培养而且能够形成菌落;此外,硫化叶菌中含有许多质粒和病毒,为建立古菌的遗传操作系统提供了依据。

针对硫化叶菌的基因组也开展了不少的研究,硫矿硫化叶菌、东京硫化叶菌(*Sulfolobus tokoaaii*)、嗜酸热硫化叶菌的基因组测序已经完成。硫矿硫化叶菌 P2 菌株的基因组全长 2 992 kb,编码 3 032 个 ORF,基因组中约有 105 个为可移动因子,硫化叶菌所特有的 ORF 是 743 个,193 个是古菌所特有的,357 个与细菌的同源,而另外 67 个与真核生物的同源。基因注释结果表明,在硫矿硫化叶菌的基因组中,参与能量代谢的蛋白与细菌的同源,而参与 DNA 复制、修复、重组、细胞周期控制、转录和翻译的蛋白与真核生物的同源。因此研究硫化叶菌的遗传过程将有助于了解复杂的真核生物的遗传过程,同时还可探讨真核生物的起源和进化过程。

#### 5.5.2.2 甲烷八叠球菌的遗传学相关研究

甲烷八叠球菌是甲烷菌中可利用底物最广的物种,尤其他们可利用乙酸产生甲烷使甲烷八叠球菌具有重要的生态作用。因为乙酸是 60% 的甲烷前体,对温室气体的产生,尤其水稻田的甲烷产生具有大的贡献,因此人们对甲烷八叠球菌给予格外的关注,先后对马氏甲烷八叠球菌(*M. mazei*)和嗜乙酸甲烷八叠球菌(*M. acetivorans*)的全基因组进行了分析,结果表明这 2 种甲烷菌都具有一个很大的基因组,是已测序甲烷菌的 2 倍之多。马氏甲烷八叠球菌的基因组共有 4 096 kb,有 3 371 个 ORF。序列同源性比较表明,376 个 ORF 是甲烷八叠球菌特有的,544 个 ORF 在细菌域中有高度同源性,包括 102 个转运酶及与脯氨酸生物合成、转移过程,DNA 修复,环境感应,基因调控及不利反应相关的 56 个 ORF。并在马氏甲烷八叠球菌的基因组中发现了细菌的 GroEL/GroES 分子伴侣系统和依赖于四氢叶酸的酶。这些现象说明基因的横向转移在甲烷球菌形成代谢多样性和进化上发挥了重要作用。嗜乙酸甲烷八叠球菌是代谢多样性之最的甲烷菌。它的基因组大小为 5 751 kb,有 4 524 个 ORF,比所有测序的古菌的基因组都大。在它的基因组中发现了出人意料的新基因和细胞功能,如新的甲基转移酶,说明它具有未被发现的产甲烷底物;单甲基 CO 脱氢酶;说明它可能具有非产甲烷的能量代谢功能;尽管未发现嗜乙酸甲烷八叠球菌运动,单它的基因组中含有鞭毛素的基因簇和 2 个完整的趋化基因簇。

#### 5.5.2.3 坎氏甲烷火菌的遗传学相关研究

坎氏甲烷火菌(*Methanopyrus kandleri*)被分离于 Guaymas 2 000 m 深处的热液口,后来也从其他热泉和海底黑烟囱中分离得到这种菌。16S rDNA 序列分析表明坎氏甲烷火菌代表了古菌一个很深的分支,进化关系上与其他甲烷菌很远。坎氏甲烷火菌独特的进化分支还得到其他保守大分子的支持,包括甲基辅酶 M 还原酶操纵子和不同的 tRNAs 转录后修饰形式,存在着被认为是进化上非常原始的特征类萜脂,存在一个与真核生物拓扑异构酶Ⅰ相关的新的 DNA 拓扑异构酶。

2002 年斯李萨瑞文(Slesarev)等发表了坎氏甲烷火菌的全基因组序列,全长 1 695 kb,鉴定了 1 692 个蛋白质的编码基因和 39 个 rRNA 的结构基因。坎氏甲烷火菌的蛋白质含有异常高比例的负电荷氨基酸,可能是它适应细胞内高盐浓度和高温环境所致。基因组分析发现,与 16S rDNA 系统进化树不同的是,核糖体蛋白树和基因内含子树都显示了坎氏甲烷火菌和其他甲烷菌属于同一个进化分支。而且坎氏甲烷火菌含有所有产甲烷的基因,部分基因形成的操纵子和其他高温甲烷菌的完全相同。而坎氏甲烷火菌的独特之处在于它的信号蛋白和表达调控蛋白很少,而且它的基因组中似乎很少有横向转移所获得的基因,这可能是它特殊的极端生境的反映。

### 5.5.2.4 嗜盐古菌的遗传学相关研究

嗜盐古菌革兰氏染色为阴性,是严格的嗜盐微生物,在高盐海水的极端环境中生长良好。该类菌细胞膜由多层糖蛋白构成,呈酱紫色,细胞内有气泡,便于漂浮,具有趋光性生长特性,生长在 3～5 mol/L 盐水环境中。盐杆菌(*Halobacterium*)基因组(2 571 010 bp)分为两部分:富含 G+C 的主组分(染色体)和 A+C 含量相对多的(58% 的 G+C)2 个环状卫星 DNA。卫星 DNA 是大染色体外的复制子,含有许多可转座的 IS 因子。基因组中有三类复制子:pNRC100,约 200 kb(191 346 bp);pNRC200(365 425 bp),大小为 pNRC100 的近 2 倍;另外含一个 2 Mb 染色体(2 014 239 bp)。pNRC100 与 pNRC200 有一段长 145 428 bp 的同源序列,包括 33～39 kb 的反向重复序列,这个大单拷贝区在 pNRC100 中为 45 918 bp,在 pNRC200 中为 219 997 bp。基因组中有 2 682 个基因,有 36% 是以前未报道过的,其中包括 52 个 RNA 基因;64% 编码蛋白质(1 652 个)与基因组数据库中的基因有明显同源,其中有 591 个保守蛋白,有 1 067 个蛋白功能已推定。大染色体含推定基因 2 111 个,pNRC100 含 197 个,pNRC200 含 374 个,染色体同源性比例为 45%,明显高于 pNRC200(32%)和 pNRC100(26%)。在 pNRC100 和 pNRC200 中,约有 40 种基因编码的蛋白质对细胞生存是必需的,如一个特殊的异形二聚体 D 型 DNA 聚合酶、7 个 TBP 和 TFB 转录因子以及精氨酰 tRNA 合成酶。这些卫星 DNA 不同于其他质粒,不是可有可无的。功能基因分为 DNA 复制基因、DNA 修复基因、转录基因、蛋白质合成基因、细胞囊膜基因、紫质膜基因、趋性和信号传导基因、气囊基因、类胡萝卜素和视黄醛基因、能量代谢基因,这些基因的详细资料可查阅 http://zdna2.umbi.umd.edu。

嗜盐古菌与嗜盐真细菌、嗜盐真核细胞在渗透保护机制方面存在着本质的区别。嗜盐古菌的细胞内以 KCl 维持着等渗平衡,而嗜盐真细菌及嗜盐真核细胞的 KCl 常以胞内溶质如甘氨酸三甲内盐或甘油相结合形式积累在胞内。因此,嗜盐菌进化出一套在 5 mol/L 高盐条件下仍具有功能活性的生物大分子。嗜盐菌在高盐条件下蛋白质不会沉淀,可能是通过蛋白表面高密度负电荷静电排斥作用来实现其功能作用的。嗜盐菌中的气泡有利于它们在海水中的漂浮,这些气泡是由不含脂的蛋白膜包绕气体而成,这种膜蛋白由 GvpA 和 GvpC 两种蛋白构成,允许气体通过,不允许水通过,这种气泡广泛存在于古菌和真细菌中。*Halobacterium* 基因组中 G+C 含量高,为 65.9%,IS 因子多(91 个),分属于 12 个家族,pNRC100 中有 29 个、pNRC200 中有 40 个,大染色体中有 22 个具有 2 个新的 ISH5 和 ISH10。盐杆菌中的蛋白质为极端酸性,这与高盐(>4 mol/L KCl)胞质环境行使蛋白功能有关。通过 *Halobacterium* 与其他盐古菌的比较,发现其基因组间存在明显多样性。嗜盐杆菌基因组的共同点是主要部分为高 G＋C 组成，卫星部分为低 G＋C，含有大量 IS 因子，NRC-1 菌株占嗜盐生物基因组的 22％，两个复制子 pNRC100 和 pNRC200 的 G＋C 含量（58％～59％）明显低于大染色体的 G＋C 含量（68％），IS 元件占基因组的 69％～76％。染色体中有两个低 G＋C 区段，一个区段为 270 kb 区（region Ⅰ），含有 65％的 G＋C 和 13 个 IS 元件；另一个区段为 150 kb 区（region Ⅱ），G＋C 含量为 66％，含有 4 个 IS 元件。在 pNRC 反向重复上有一个 15 kb 区，其 G＋C 含量比整个 pNRC100 含量（58％）高，没有任何 IS 元件，三个复制子具有不同的基因组特征，91 个 IS 因子代表着 12 类 IS 元件，参与 DNA 复制子之间的交换。高 G＋C 似乎是对高辐射的一种适应，密码子偏嗜于 G＋C，第三位碱基约 86％为 G＋C，第二、第一位碱基对 G 与 C 的偏嗜率分别为 70％和 46％。盐杆菌与产甲烷菌有较远的亲缘关系，它与闪烁古生菌（*Archeoglobus fulgidus*）和詹氏甲烷球菌（*M. jannaschii*）的亲缘关系最近，与 G⁺ 的枯草芽孢杆菌和放射性抗性菌耐放射异常球菌（*Deinococcus radiodurans*）有一定的相似性。通过 16S rRNA 进化树研究，嗜盐生物可能出现在进化早期的一个进化位点，或是该菌在进化树中的位置被扭曲，由于许多细菌基因的水平转移，使盐杆菌从其他古菌中偏离出来而靠向细菌，盐杆菌的呼吸链组分是对氧化性大气的一种适应，并通过基因水平转移，从好氧细菌中获得的电子呼吸传递链。尽管对于紫质膜的感光物质的来源研究得不是十分清楚，但可知盐杆菌可以通过它进行光合作用，虽然这与叶绿素的光合作用不同，但是它可以进行光有机营养生长，以不同能量代谢方式适应不同环境而生长。IS 元件增加了 DNA 之间的交换，导致基因组具有更多的多样性的形成。总之，盐杆菌基因组具有多个微型染色体，能够获得新基因且容纳多种必需基因，使基因组具有多个复制子并处于动态竞争性平衡中。因此，古菌的基因组在结构上类似于细菌，但是信息传递系统（复制、转录和翻译）则与细菌不同而类似于真核生物。负责盐杆菌 DNA 复制的异二聚体 D 型 DNA 聚合酶等与真核生物的复制蛋白类似，具有多复制起始的可能性，研究发现真核复制起始识别复合体蛋白基因散布于染色体上。除复制外，还在修复、转录、蛋白质合成等方面发现与真核类似的一些特点。盐杆菌这类极端环境生存的古菌可能是生命起源的原始类群，细菌和真核生物都是后来衍生而来的类群，对于这类古菌的研究有利于揭示环境与基因的关系，有利于利用古菌作为真核生物基础研究的最佳模式，为真核研究提供一个新的手段。

### 5.5.3　古菌探讨

自三域学说诞生之日起，伍斯（Woese）的三域学说便遭到部分人，特别是微生物学领域外的人的反对。反对者坚持认为：原核与真核的区分是生物界最根本的、具有进化意义的分类法则；与具有丰富多样性表型的真核生物相比，古菌与细菌的差异远没有大到需要改变二分法则的程度。但是到了 1996 年，古菌詹氏甲烷球菌基因组序列测定完成，通过研究发现，詹氏甲烷球菌共有 1 738 个基因，其中人们从未见过的基因竟占了 56％，从而三域学说逐渐被人们接受。随着大量微生物基因组逐渐被揭示，三域学说再次受到冲击，已完成的 18 种微生物基因组序列中，古菌的占了 4 个。采用更灵敏的方法对这些基因组（包括詹氏甲烷球菌基因组）进行分析，得到了令人吃惊的结果：詹氏甲烷球菌基因组中只有 30％的基因编码目前未知的功能，而不是先前估计的 56％，这与细菌基因组相近。古菌的神秘性和独特性因此减少了许多。并且在詹氏甲烷球菌的那些可以推测功能的基因产物（蛋白质）中，44％

具有细菌蛋白特征,只有 13% 像真核生物的蛋白质。在另一个嗜热碱甲烷杆菌(*Methanobacterium thermoaotutrophicum*)古菌的基因组中也有类似情况。因此,从基因组比较的数字上看,古菌与细菌间的差异远小于古菌与真核生物间的差异,不足以说服三域学说的反对者。在属于真核生物的啤酒酵母基因组序列测定完成后,三域学说遇到了更大的危机。酵母细胞核基因中,与细菌基因有亲缘关系的比与古菌有亲缘关系的多一倍。有人还对在三种生命形式中都存在的 34 个蛋白质家族进行了分析,发现其中 17 个家族来源于细菌,只有 8 个显示出古菌与真核生物的亲缘关系。

古菌和真核生物的关系仍然是个重要问题。除上面所提到的相似性外,很多其他遗传树也将二者并在一起。在一些进化树中真核生物离广古菌比离泉古菌更近,但生物膜化学组成得出的结论则相反。然而,在一些细菌如栖热袍菌中发现了和古菌类似的基因,使这些关系变得复杂起来。一些人认为真核生物起源于一个古菌和细菌的融合,二者分别成为细胞核和细胞质。这解释了很多基因上的相似性,但在解释细胞结构上存在困难。

在詹氏甲烷球菌揭示出来的 20 多年中,人们采用多种分子计时器进行的系统发育学研究一再证明,古菌是一种独特的生命形式。但 Woese 的三域分类思想并未被普遍接受,一些生物学家认为古菌和真核生物产生于特化的细菌。基于 SSU rRNA 分析结果的泛系统发育(进化)树随后诞生了,并且从进化树中看,古菌比真细菌更接近真核生物。

但是令人难以理解的是,利用同一生物中不同基因对该物种进行系统发育学定位常常会得到不同的结果。最近,一种能在接近沸点温度下生长的古菌 *Aquifex aeolicus* 的基因组序列测定完成。对该菌的几个基因进行的系统发育学研究表明:如果用参与细胞分裂调控的蛋白质 FtsY 作为分子计时器,该菌与 Woese 进化树上位于细菌分枝的一个土壤细菌——枯草芽孢杆菌相近;如果以一种参与色氨酸合成的酶为准,该菌应属于古菌;而当比较该菌和其他生物的合成胞苷三磷酸(DNA 的基本结构单位之一)的酶时,竟发现古菌不再形成独立的一群。看来不同的基因似乎在诉说不同的进化故事,那么,古菌还能是独特的、统一的生命形式吗?

如果 Woese 进化树正确,古菌与真核生物在进化历程中的分歧晚于两者与细菌的分歧的话,那么怎样才能解释上面这些结果呢? 根据细胞进化研究中流行的内共生假说,真核细胞细胞器(线粒体、叶绿体)的产生源于细菌与原真核生物在进化早期建立的内共生关系。在这种关系中,真核细胞提供稳定的微环境,内共生体(细菌)则提供能量,久而久之,内共生体演变为细胞器。真核生物细胞核中一部分源于细菌的基因可能来自线粒体,这些为数不多的基因通常编码重新运回线粒体的蛋白质分子。可是,现在发现许多源于细菌的核基因编码那些在细胞质而不是在线粒体中起作用的蛋白质。那么,这些基因从何而来呢? 显然,内共生假说已不足以挽救 Woese 进化树。尽管如此,Woese 进化树也不会轻易倒下,支撑它的假说依然很多。最近,有人提出了新版的“基因水平转移”假说。根据这个假说,基因组的杂合组成是进化过程中不同谱系间发生基因转移造成的。一种生物可以采用包括吞食等方式获得另一种亲缘关系也许很远的生物的基因。Woese 推测,始祖生物在演化形成细菌、古菌和真核生物三大谱系前,生活于可以相互交换基因的“公社”中,来自这个“史前公社”的生物可能获得了不同的基因遗产。这一切使得进化树难以枝权分明。但是,Woese 相信,基于 SSU rRNA 的进化树在总体上是正确的,三种生命形式是存在的。

1996 年詹氏甲烷球菌基因组序列的发表,似乎预示着一场延续了 20 多年的关于地球上到底有几种生命形式的争论的终结。古菌似乎被认定为生命的第三种形式。如今,即使最乐观的人都无法预料 Woese 进化树的命运。这场争论仍在继续,尽管古菌的分类地位遭到质疑,但古菌这一生命形式的独特性依然得到不同程度的肯定。目前,古菌研究正在世界范围内升温,这不仅因为古菌中蕴藏着远多于另两类生物的、未知的生物学过程和功能,以及有助于阐明生物进化规律的线索,而且因为古菌有着不可估量的生物技术开发前景。古菌已经一次又一次让人们吃惊,可以肯定,在未来的岁月中,这群独特的生物将继续向人们展示生命的无穷奥秘。表 5.12 是生物系统的几种分类系统。

表 5.12　生物系统的几种分类系统

| 传统分类 | | 按细胞结构分类 | | | | | | | 细胞类型 |
|---|---|---|---|---|---|---|---|---|---|
| | | Whittaker(1969) | | Dodson(1971) | | Woese(1987) | | | |
| 细菌<br>蓝藻 | | 原核<br>生物界 | 细菌<br>放线菌<br>蓝细菌 | 原核<br>生物界 | 细菌<br>放线菌<br>蓝细菌 | 原核<br>生物 | 病毒<br>真细菌 | | 原核细胞 |
| 植物界 | 金藻<br>绿藻<br>红藻<br>褐藻<br>黏菌<br>真菌<br>苔藓<br>维管植物 | 原生<br>生物界 | 金藻<br>原生动物 | 植物界 | 金藻<br>绿藻<br>红藻<br>褐藻<br>黏菌<br>真菌<br>苔藓<br>维管植物 | 真核生物 | 植物界 | 金藻<br>绿藻<br>红藻<br>褐藻<br>黏菌<br>真菌<br>苔藓<br>维管植物 | 真核细胞 |
| | | 真菌界 | 黏菌<br>真菌 | | | | | | |
| | | 植物界 | 绿藻<br>红藻<br>褐藻<br>苔藓<br>维管植物 | | | | | | |
| 动物界 | 原生动物与后生动物 | 动物界 | 后生动物 | 动物界 | 原生动物<br>后生动物 | | 动物界 | 原生动物<br>后生动物 | |
| | | | | | | 古生物 | 古菌界 | | 古细胞 |

（廖宇静　张秀敏）

# 第6章　真核微生物遗传重组体制

## 本章导读

**主题词:丝状真菌或酵母菌**

1. 微生物与高等动植物遗传体制有何异同?
2. 原核微生物与真核微生物遗传体制有何异同?
3. 粗糙脉孢霉基因组有何特点?
4. 顺序四分体的遗传学分析方法是什么?
5. 构巢曲霉基因组有何特点?
6. 非顺序四分体的遗传学分析方法是什么?
7. 准性生殖概念及特点是什么?
8. 异核体、二倍体及重组单倍体鉴定方法是什么?
9. 酵母基因组有何特点? 酵母接合有何特点?
10. 酵母接合与细菌接合有何差异?

微生物遗传体制与高等动植物的遗传体制既有相似之处又有不同点。高等动植物的遗传体制较为单纯,其生活史的差别较小,而且基因重组一般都是通过典型的有性生殖来实现的,基因突变与体细胞融合都是遗传状态中的一些特殊问题。不同微生物的遗传体制差别较大,并且同一种微生物的基因重组往往可以通过不同途径发生,表现出形式多样的特点。真核微生物与真核高等动植物在细胞与染色体结构上具有高等生物的共同性:具有典型细胞核结构,包括核膜、核纤层、核仁、核基质、染色体,细胞器内含有内质网、高尔基体、线粒体、液泡(或溶酶体)、过氧化物体、中心体等,各自执行不同的功能,但在分化体制方面差别显著,真核微生物分化不显著,而高等动植物分化差别大,由于真核微生物具有所有微生物的生长迅速、生活周期短、便于培养等优点,因此真核微生物的研究便于揭示真核生物的细胞遗传与分子遗传的作用机理,甚至可以作为研究真核生物的模式生物。在丝状真菌中,粗糙脉孢菌(*Neurospora crassa*)和构巢曲霉(*Aspergillus nidulans*)一直是研究真核生物遗传重组、基因结构和基因表达调节的模式材料。酵母菌属于单细胞真核微生物,结构简单、便于培养,又具有真核细胞的所有共同特征,酵母已经成为研究真核生物的模式材料,尤其酿酒酵母(*Saccharomyces cerevisiae*)的基因组只是大肠杆菌的2.6倍,它已成为目前在分子水平上研究真核生物的最重要材料。微生物与高等动植物都可通过有性生殖实现基因重组,但微生物在遗传体制上与高等动植物不同的是:①尽管与高等动植物的有性生殖方式相似,但其受精方式不同。如子囊菌和酿酒酵母的受精作用是生殖细胞融合受精和体细胞结合受精,产生孢子。②进行不典型有性生殖,如构巢曲霉的准性生殖。③具有特有的接合生殖。原核微生物形成局部合子,其部分二倍体通过交换实现重组。④细胞通过暂时沟以质粒介导基因转移实现重组。⑤通过噬菌体介导或转化因子的直接作用实现基因重组。这些重组并未包括经过酶处理而失去细胞壁的原生质体融合带来的基因重组。

原核微生物包括病毒与细菌两大类,病毒不能独立生活,生命物质只有核酸和蛋白质,更为简单的只有核酸或蛋白质,高级一点的有包膜;到细菌已经具有典型的细胞形态,具有完整的细胞核,没有完全的有性生殖,通过接合、转化、转导等作用实现遗传物质的交换,但细胞具有供体与受体之分。放线菌是多细胞的丝状体,唯一显著不同的是具有线性环状染色体,并具有线性染色体的末端重复序列和末端结合蛋白,接合转移与细菌类似。真核微生物如酵母、霉菌等,细胞形态已经具有完整的细胞核,染色体呈线状,具有典型的染色体结构:自主复制序列、着丝粒序列和端粒序列,其接合属于细胞融合性的接合,核质差别不显著,个体为少分化体制,在遗传物质的交换中具有多种形式,具有无性生殖、有性生殖和准性生殖等形式,其遗传物质的交换体制也逐步趋于完善。高等动植物的生殖都是通过典型减数分裂形式形成雌雄配子,其配子结合形成合子,合子形成中细胞核各自贡献自己的那部分,细胞质差别显著,具有细胞质遗传特征,在发育分化中,细胞质的不对等分配形成了特有细胞质遗传特征,不同类型的细胞成为不同器官发育雏形,为细胞分化原基的形成起着十分重要的作用。因此真核微生物的遗传体制的深入研究便于揭示真核生物的基因起源与表达的一致性与差别性。

真菌的有性生殖和准性生殖过程是真菌在自然界条件下进行遗传物质转移和重组的主要途径。早期丝状真菌的遗传研究主要集中在有性生殖和准性生殖过程,并通过经典遗传分析对其进行研究。20 世纪 70 年代发展起来的原生质体融合技术为丝状真菌遗传物质的转移和重组提供了较方便和有效的手段,并使获得种间甚至属间杂种成为可能,所以被称为细胞水平上的遗传工程。随着重组 DNA 技术的不断发展,1979 年 Case 等在粗糙脉孢菌中建立了第一个丝状真菌的 DNA 转化系统,从此丝状真菌的遗传研究跨入了分子遗传学时代。目前所有主要的丝状真菌中都建立了 DNA 转化系统,并已普遍用于基因分离和基因结构、基因表达调控等研究。

# 6.1　顺序四分体的遗传学分析

顺序排列的四分体的遗传学分析常见于粗糙脉孢菌,它们是产生有性孢子的一类真菌,其四分体是它们的减数分裂的四个产物按顺序排列的,故此称为顺序四分体,由于顺序四分体直接反映了减数分裂的结果,比较直观形象,便于观察与分析,因此是遗传分析的好材料。

## 6.1.1　粗糙脉孢菌的生活史

粗糙脉孢菌的菌丝体是单倍体,每一菌丝细胞含有几十个细胞核,该菌野生型的分生孢子有两种类型,即小型分生孢子和大型分生孢子。小型分生孢子中含有一个大核,大型分生孢子含有几个核。单一粗糙脉孢菌菌株只产生不含子囊的原子囊果。属于不同接合型 A 和 a 的两个菌株接合后,原子囊果成熟为含有子囊的子囊果,每一个子囊中含有 8 个子囊孢子。它们的生殖方式包括无性生殖和有性生殖,并以无性生殖为主。在无性生殖中,由菌丝体上的气生菌丝产生两种不同类型的大、小分生孢子,小型分生孢子是单核的,大型分生孢子是多核的。这些大、小分生孢子均可萌发长出新菌丝而完成无性世代的循环。其有性生殖需要两个不同接合型的菌株。当它们在氮源不足的固体培养基上生长时,可再分别产生相当于雌雄生殖结构的原子囊果,而进入有性生殖过程。单一粗糙脉孢菌菌株只产生不含子囊的原子囊果,原子囊果上具有称为受精丝结构的菌丝分化,当不同接合型的大、小分生孢子落到受精丝上时,则发生受精作用。受精后细胞核通过受精丝进入产囊体,继而进入产囊菌丝。在产囊菌丝内首先形成含有不同接合型核的原始子囊孢子(类似异核体);两个细胞核融合产生一个二倍体核;二倍体核进行减数分裂,产生四个单倍体核,并再进行一次有丝分裂,形成 8 个子囊孢子,这 8 个子囊孢子按顺序排列在一个子囊内。因此其受精作用有两种方式:一种是接合型菌株的分生孢子落在另一个接合型菌株的原子囊果上,分生孢子中的细胞核进入受精丝中,形成接合型基因的异核体(A/a),经减数分裂形成 4 个单倍体核 a 或 A,再经过有丝分裂形成含有 8 个子囊孢子的子囊(图 6.1);另一种是通过两种接合型菌株的菌丝进行连接,细胞核发生融合,同样经过减数分裂和有丝分裂形成子囊。前一种接合方式如同高等植物的受精作用,但是两种接合型并不相当于雌雄两性,这是因为两种接合型菌株都能够产生分生孢子和原子囊果。两种接合型只能视为类似于高等植物中的不亲和因子,只能用 A 或 a 表示。

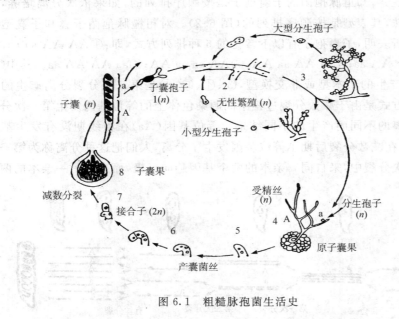

图 6.1　粗糙脉孢菌生活史

### 6.1.2　粗糙脉孢菌染色体基因组和线粒体基因组

丝状真菌染色体基因组的平均大小为 $2 \times 10^7 \sim 4 \times 10^7$ bp,一般以单倍体的形式存在,通常含有 6~8 个线性染色体,7 个染色体的脉孢菌基因组为 $3.9 \times 10^7$ bp;G+C 的含量为 54%,每条染色体的大小为 4~10.3 Mb;基因组内的重复序列较少,约为 2%~10%,其中 rRNA 基因约有 185 个拷贝,重复序列短而分散,重复序列中的 81% 片段具有重复诱变片段 RIF 位点(重复诱变的点突变,repeat-induced point mutation),作用于基因组的防御系统,易于使转座子失活并防止基因组扩增,抑制新基因产生;基因组中有像高等动植物一样的内含子,但较短,大约为 50~200 bp;已经鉴定出 10 082 个 ORF,其中 9 200 个长于 100 个氨基酸,在这些蛋白质中,41% 没有相似的已知序列,57% 在啤酒酵母或裂殖酵母中没有可识别的同源蛋白;基因组内很少有基因簇,以单基因为主;染色体的功能与高等真核生物相似。丝状真菌中功能相关的结构基因一般是不连锁的,分散在基因组中。但也有一些基因是连锁的,聚集成簇。例如与脯氨酸代谢有关的 4 个基因、与奎尼酸代谢有关的 7 个基因以及与青霉素合成有关的 3 个基因是连锁的,构成基因簇。前两个基因簇同时包含结构基因和调节基因。基因簇中所有基因都分别产生各自的 mRNA,并不像原核生物一样形成操纵子。丝状真菌的线粒体 DNA 是大小为 17～176 kb 的环状结构,含有 16S 和 23S rRNA 基因及 20 多个 tRNA 基因,还有几个与电子传递链有关的结构基因。此外,含有一些尚未鉴定的 ORF。线粒体基因组在正常复制过程中经常发生分子内重组,造成基因组大小的多变。重组的内容和方式多样,如线粒体 DNA 重排、DNA 片段的插入和缺失等,另外,基因中因内含子剪接的不同造成基因内所含的内含子的数目不等等。

### 6.1.3　粗糙脉孢菌有性杂交的四分体遗传分析

#### 6.1.3.1　不同分离形式与子囊类型

通过显微镜观察,知道脉孢菌的子囊孢子是按顺序排列的,如果依次分离培养,可以得到 8 个单孢子菌株,其表型是按顺序排列的(图 6.2)。对粗糙脉孢菌子囊和子囊孢子接合型的大量数据分析表明,子囊孢子有以下常见的 6 种排列方式,即:①AA AA aa aa;②aa aa AA AA  ③AA aa AA aa;④aa AA aa AA;⑤AA aa aa AA;⑥aa AA AA aa。其中①、②是第一次分裂分离产生的亲本型或非交换型,③、④、⑤、⑥是第二次分裂分离产生的交换类型。这六种排列方式是由于减数分裂过程中同源染色体上的等位基因发生第一次分裂分离或第二次分裂分离的不同而产生的不同结果。等位基因(Aa)在粗线期没有发生基因与着丝点之间的交换,在减数分裂后期Ⅰ等位基因发生了分离,人们把这种分离称为第一次分裂分离。即在第一次分裂中,来自同一亲本的两个基因趋向一极,而来自另一亲本的两个基因

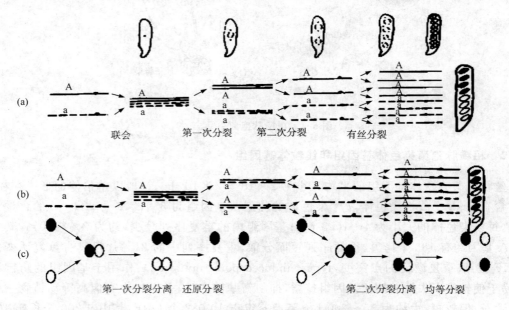

图 6.2　第一次分裂分离与还原分裂和第二次分裂分离与均等分裂

趋向另一极,这种分裂方式又叫还原分裂。等位基因(Aa)在粗线期发生了基因与着丝点之间的交换,在减数分裂后期Ⅰ等位基因发生均等分裂,在减数分裂后期Ⅱ等位基因才发生还原分离,人们把这种分离称为第二次分裂分离。即来自双亲的各一个基因趋向一极,而来自双亲的另两个基因趋向另一极,这种分裂方式又叫均等分裂。

综上所述,粗糙脉孢菌的基因分离与高等动植物有三点区别:①粗糙脉孢菌的子囊孢子是单倍体细胞,由它发芽长成的菌丝体也是单倍体,所以亲本的两个相对性状都在杂交子代中直接表现出来;而高等动植物则在杂交第二代才能观察到基因分离现象。②在粗糙脉孢菌中,一次减数分裂产物包含在一个子囊中,所以很容易看到一次减数分裂所产生的四分体中一对基因的分离情况;在高等动植物中减数分裂的产物混杂在一起,所以要通过杂交子代和隐性亲本回交等形式,才能观察到基因分离现象。③在粗糙脉孢菌中,8 个子囊孢子有顺序地排列在子囊中,这一事实使着丝粒距离的测定得以进行,基因转变现象容易被发现。

### 6.1.3.2　着丝粒距离

不同子囊类型的产生是因为基因与着丝粒之间发生了交换,第一次分裂分离与第二次分裂分离产生了几种不同的排列顺序,基因距着丝粒越远,发生交换的概率越大,故此第二次分裂分离的子囊愈多;而基因之间距离愈大发生交换的概率愈大,除六种基本子囊排列顺序外,其他子囊孢子的排列顺序也就不难解释,如 AA A AA Aaaa、AA AAAAAaa 则是基因转换而产生的子囊类型;因此由第二次分裂分离子囊的发生频度,就可以计算基因和着丝粒之间的距离,这个距离称为着丝粒距离。

根据交换值的概念:$RF = \dfrac{\text{交换型配子数}}{\text{总配子数}}$。从脉孢菌的六种子囊孢子的排列方式看,第一种与第二种子囊排列是非交换型,第三种至第六种子囊排列是交换型,原则上交换型配子数就等于第二次分裂分离产生的配子数,但是由于脉孢菌是单倍体,而且基因与着丝粒之间的每一次交换都只发生在四个染色单体的两个染色单体之间,其中两个染色单体没有发生交换,所以,着丝粒距离被定义为:着丝粒距离 $= \dfrac{\text{第二次分裂分离子囊数}}{\text{子囊总数}} \times \dfrac{1}{2} \times 100$(图距单位)。这里 1/2 是为了精确所致,这是沿袭高等生物交换的概念,但由于微生物是单倍体,每一次交换只有一半的染色单体发生了交换,另一半均未发生变化,故此乘以 1/2。

**例 1**:AAAA aaaa 105,aaaa AAAA 129,AAaa AAaa 9,aaAA aaAA 5,AAaa aaAA 10,aaAA AAaa 16,计算 A 到着丝粒的距离。

**解**:根据公式着丝粒距离 $= \dfrac{\text{第二次分裂分离子囊数}}{\text{子囊总数}} \times \dfrac{1}{2} \times 100$ 图距单位(m.u.),判断第二次分裂分离的子囊类型,得到:着丝粒距离 $= \dfrac{9+5+10+16}{9+5+10+16+105+129} \times \dfrac{1}{2} \times 100 = \dfrac{40}{274} \times \dfrac{1}{2} \times 100 = 7.3(\text{m.u.})$。

### 6.1.3.3　重组频率

一对基因的重组频率可由上述方法计算,但两对基因怎么计算呢? 一般两对基因的距离也是通过重组频率进行计算的。已知一对基因杂交时可产生 6 种不同的子囊类型,两对基因杂交就可产生 6×6=36 种不同的子囊类型。但由于半个子囊内的基因排列次序实际上可以忽略,例如在 $nic + \times + ade$ 杂交中,产生的 $nic +$ 和 $+ ade$ 或 $+ ade$ 和 $nic +$ 形式的排列的子囊也包括了下面的三种类型的子囊(表6.1)。这是因为在半个子囊中,无论是 $nic+$ 在上面,$+ade$ 在下面;还是 $+ade$ 在上面,$nic+$ 在下面,只不过是着丝粒随机取向的结果,与染色体交换行为无关,可以不加考虑。因此,就可将 36 种不同的子囊类型归纳为这 7 种基本子囊类型,这 7 种基本子囊类型的产生基础见表6.2。另外,当不考虑孢子的排列而只考虑性状组合时,可将子囊归纳为 3 种四分体类型,即亲代双亲型(parental ditype,PD)、非亲代双亲型(non-parental ditype,NPD)和四型(tetratype,T)。通过上述归纳,可使两对基因的四分体分析简化。具体看一下粗糙脉孢菌中 $nic+\times+ade$ 杂交情况,其杂交的子代子囊类型数据见表6.3。

**表 6.1　$nic+\times+ade$ 的子囊类型**

| | | |
|---|---|---|
| $nic+$ | $+ade$ | $nic+$ |
| $+ade$ | $nic+$ | $+ade$ |
| $+ade$ | $nic+$ | $nic+$ |
| $nic+$ | $+ade$ | $+ade$ |

**表 6.2　3 种四分体类型的来源**

| 交换类型 | 染色体图像 | 重组 | 四分体类型 | 子囊类型 |
|---|---|---|---|---|
| 无交换 | | 0 | (PD)$+a$,$+a$,<br>$n+$,$n+$ | 1 |
| 四线双交换<br>(1-4)(2-3) | | 100% | (NPD)$++$,<br>$++$,$na$,$na$ | 2 |
| 单交换<br>(1-4) | | 50% | (T)$++$,$+a$,<br>$n+$,$na$ | 3 |
| 二线双交换(2-3)<br>着丝粒-基因-基因 | | 50% | (T)$+a$,$na$,<br>$++$,$n+$ | 4 |
| 单交换(2-3)<br>着丝粒-基因 | | 0 | (PD)$+a$,$n+$<br>$+a$,$n+$ | 5 |
| 四线多交换<br>(1-4)(2-3) | | 100% | (NPD)$++$,<br>$na$,$++$,$na$ | 6 |
| 三线双交换(1-3)(2-3)<br>着丝粒-基因-基因 | | 50% | (T)$++$,$na$,<br>$+a$,$n+$ | 7 |

注:$n$ 表示 $nic$;$a$ 表示 $ade$。

**表 6.3　粗糙脉孢菌 $nic+\times+ade$ 杂交子代的子囊类型**

| | 1 | 2 | 3 | 4 | 5 | 6 | 7 |
|---|---|---|---|---|---|---|---|
| 子囊类型 | $+ade$<br>$+ade$<br>$nic+$<br>$nic+$ | $++$<br>$++$<br>$nic\ ade$<br>$nic\ ade$ | $++$<br>$+ade$<br>$nic+$<br>$nic\ ade$ | $+ade$<br>$nic\ ade$<br>$++$<br>$nic+$ | $+ade$<br>$nic+$<br>$+ade$<br>$nic+$ | $++$<br>$nic\ ade$<br>$++$<br>$nic\ ade$ | $++$<br>$nic\ ade$<br>$+ade$<br>$nic+$ |
| 分离时期 | M1 M1 | M1 M1 | M1 M2 | M2 M1 | M2 M2 | M2 M2 | M2 M2 |
| 四分体类型 | PD | NPD | T | T | PD | NPD | T |
| 子囊数 | 808 | 1 | 90 | 5 | 90 | 1 | 5 |

根据着丝粒距离计算公式,可以计算出 *nic* 和 *ade* 与着丝粒间的距离如下:

$$nic \text{ 与着丝粒距离} = \frac{1/2 \times \text{第二次分裂分离子囊数}}{\text{总子囊数}} \times 100$$

$$= \frac{1/2 \times (5+90+1+5)}{1\,000} \times 100 = 5.05 (\text{m. u.})$$

$$ade \text{ 与着丝粒距离} = \frac{1/2 \times (90+90+1+5)}{1\,000} \times 100 = 9.30 (\text{m. u.})$$

再让我们根据四分体来计算 *nic* 和 *ade* 之间的重组频率,以便判断 *nic* 和 *ade* 与着丝粒间的相对位置。由表 6.3 知每一个四分体中均会含有 4 条染色单体,由于每个 T 型四分体中含有 2 条重组染色单体,每个 NPD 型四分体中含有 4 条重组染色单体,每个 PD 型四分体中不含重组染色单体,所以重组染色单体数目是 $2T+4NPD$;染色单体的总数是 $4(T+PD+NPD)$,因此 *nic* 和 *ade* 基因间的重组频率可根据下列公式计算:

$$\text{重组频率} = \frac{\text{重组染色单体数目}}{\text{染色单体总数目}} \times 100\% = \frac{2T+4NPD}{4(T+PD+NPD)} \times 100\%,$$

所以

$$nic\text{-}ade \text{ 重组频率} = \frac{1/2 \times (90+5+5)+(1+1)}{1\,000} \times 100\% = 5.2\%,$$

也就是说,*nic* 和 *ade* 之间的相对距离为 5.2 m. u.。由于 *nic* 和着丝粒间的距离为 5.05 m. u.,*ade* 和着丝粒间的距离为 9.3 m. u.,因此可以判定 *nic* 和 *ade* 在染色体上的排列顺序和相对距离为:

由上面结果可见,通过着丝粒距离计算公式得到的 *ade* 与着丝粒间距离为 9.3 m. u.,而由重组频率测得的距离为 $5.2+5.05=10.25(\text{m. u.})$。虽然两个数值相近,但并不相等。这是因为在着丝粒距离测定方法中,在求 *ade* 与着丝粒之间的距离时,是将所有第二次分裂分离型的子囊数加起来再除以二倍的总子囊数,此处将少量的在着丝粒和 *ade* 间发生双交换的子囊遗漏了,因此造成着丝粒与 *ade* 间的距离偏低。

关于误差修正通过 Av×aV 的子囊类型进行说明。其中接合型一为 A,缓慢生长为 v,接合型二为 a,正常生长为 V,子囊类型根据统计归纳为表 6.4 的 7 种类型。根据基因到着丝粒的距离公式可以计算得到两个基因到着丝粒的距离分别为 6.20 和 6.28 m. u.。根据公式 $Rf = \frac{NPD+1/2T}{NPT+T+PD} \times 100$,则可以计算基因 A-V 之间的距离为 11.71 m. u.,A-V 之间的距离小于基因到着丝粒间距离之和,即 $11.71 < 12.48$,这是因为在计算过程中,未把着丝粒作为一个座位,在 A-V 的着丝粒距离的计算中未考虑到双交换和三线双交换以及四线单交换,使交换型子囊数的估计偏低。如果把着丝粒作为座位,其交换的子囊数见表 6.5,其中 O 表示着丝粒,那么 A-V 之间发生交换而未统计的子囊数为 $292+288-544=36$,计算得:$36 \div (1161 \times 4) \times 100 = 0.77$,将这一数值加上 11.71,刚好等于 12.48,从而将误差修正,使其数值尽可能的精确。

**表 6.4　粗糙脉孢菌 Av×aV 杂交子代的子囊类型**

| 子囊类型 | 1 | 2 | 3 | 4 | 5 | 6 | 7 |
|---|---|---|---|---|---|---|---|
| 基因型顺序 | Av | AV | Av | AV | Av | AV | Av |
| | Av | AV | AV | aV | aV | av | aV |
| | aV | av | av | Av | Av | AV | AV |
| | aV | av | aV | aV | aV | av | aV |
| 分离类型 | $M_1 M_1$ | $M_1 M_1$ | $M_1 M_2$ | $M_2 M_1$ | $M_2 M_2$ | $M_2 M_2$ | $M_2 M_2$ |
| 分离类型判断 | 每一种子囊类型的基因顺序纵看：＋＋－－或－－＋＋为 $M_1$，＋－＋－为 $M_2$ | | | | | | |
| 四分体类型 | PD | NPD | T | T | PD | NPD | T |
| 四分体类型判断 | 每一种子囊类型的基因型顺序横看：基因型与亲本比较，与亲本相同的为 PD，与新本不同的为 NPD，一半亲本一半非亲本则为 T | | | | | | |
| 子囊数 | 888 | 1 | 126 | 128 | 5 | 3 | 10 |
| 染色体交换 | | | | | | | |
| 染色体数目交换 | 不交换 | 1-4 和 2-3 单交换 | 1-4 交换 | 2-3 双交换 | 2-3 交换 | 1-4 单交换和 2-3 双交换 | 1-3 和 2-3 交换 |

$$A\text{到着丝粒的距离} = \frac{1/2 \times (4+5+6+7\ \text{子囊类型})}{\text{子囊总数}} \times 100 = \frac{1}{2} \times \frac{128+5+3+10}{1161} \times 100 = 6.28(\text{m.u.})$$

$$V\text{到着丝粒的距离} = \frac{1/2 \times (3+5+6+7\ \text{子囊类型})}{\text{子囊总数}} \times 100 = \frac{1}{2} \times \frac{126+5+3+10}{1161} \times 100 = 6.20(\text{m.u.})$$

$$A\text{到}V\text{的距离（重组值）} = \frac{NPD + 1/2 \times T}{\text{子囊总数}} \times 100 = \frac{(1+3)+1/2 \times (126+128+10)}{1161} \times 100 = 11.71(\text{m.u.})$$

作图：A　　6.28　　O　　6.20　　V

|←———— 11.71 ————→|

误差：6.28+6.20－11.71=0.77

原因：不把着丝粒作为一个座位，双交换和三线双交换以及四线单交换在 A-V 的着丝粒距离的计算中未考虑到，使交换型子囊数估计偏低，故此，11.71<12.48。

注：$M_1$ 代表第一次分裂分离，$M_2$ 代表第二次分裂分离，PD 代表亲本型，NPD 代表非亲本型，T 代表四型。

**表 6.5　把着丝粒作为或不作为一个座位考虑时所得到的各类子囊中的重组单体数的比较**

| 子囊类型 | 交换类型 | 子囊数 | 重组发生在不同位置的重组染色单体数 | | |
|---|---|---|---|---|---|
| | | | A 和 O 间 | O 和 V 间 | A 和 V 间 |
| 1 | 不 | 888 | 0 | 0 | 0 |
| 2 | 四线双 | 1 | 0 | 0 | 4 |
| 3 | 单 | 126 | 0 | 252 | 252 |
| 4 | 单 | 128 | 256 | 0 | 256 |
| 5 | 二线双 | 5 | 10 | 10 | 0 |
| 6 | 四线双 | 3 | 6 | 6 | 12 |
| 7 | 三线双 | 10 | 20 | 20 | 20 |
| 合计 | | 1 161 | 292 | 288 | 544 |

#### 6.1.3.4　粗糙脉孢菌有性杂交的随机孢子分析

随机孢子分析就是使所要研究的两个基因杂交,形成二倍体杂种,大量选择来自二倍体杂种孢子的菌落,用其重组频率来表示这两个基因间遗传距离的方法。在进行实验时,可先收集大量的粗糙脉孢菌的子囊孢子,用三角瓶进行大量杂交,待孢子成熟后加水制成菌悬液,然后将该菌悬液涂布于培养基上,检查所形成的菌落。例如,使 A 接合型的亮氨酸缺陷株(遗传标记 A $leu^-met^+$)和 a 接合型的蛋氨酸缺陷株(遗传标记 $a\ leu^+met^-$)杂交,当不考虑 A 和 a 接合型时,预计可以形成 $leu^-met^+$、$leu^+met^-$、$leu^+met^+$、$leu^-met^-$ 4 种子囊孢子,其中 $leu^+met^+$ 和 $leu^-met^-$ 为重组型。在这两种重组型中,$leu^+met^+$ 可以在基本培养基上生长,而 $leu^-met^-$ 只能在添加蛋氨酸和亮氨酸的基本培养基上生长。当然,这 4 种子囊孢子都可以在完全培养基上生长。对于粗糙脉孢菌来说,$leu^+met^+$ 的数目和 $leu^-met^-$ 的数目是基本相等的,所以 $leu$ 和 $met$ 间的重组频率为:

$$leu\text{-}met\ 重组频率 = \frac{leu^+\ met^+ + leu^-\ met^-}{leu^-\ met^+ + leu^+\ met^- + leu^+\ met^+ + leu^-\ met^-} \times 100\%$$

$$= \frac{基本培养基上菌落数 \times 2}{完全培养基上菌落数} \times 100$$

利用上述方法测定了位于第 3 条染色体上 $met$-8 与 $leu$-1 的遗传距离。结果发现,$leu^-met^+$ 型子囊孢子有 758 个,$leu^+met^-$ 型子囊孢子有 760 个,$leu^+met^+$ 型子囊孢子有 61 个,$leu^-met^-$ 子囊孢子有 62 个,根据上述公式,可知 $met$-8 和 $leu$-1 的遗传距离为:

$$met\text{-}8\text{-}leu\text{-}1 = \frac{62 + 61}{760 + 758 + 61 + 62} \times 100 = \frac{123}{1641} \times 100 = 7.5(\text{m. u. })。$$

#### 6.1.3.5　连锁与干涉

通过粗糙脉孢菌杂交还能够进行连锁群分析。其原理是选取着丝粒距离很近的突变株,将每两个突变株进行杂交。首先进行连锁判断,然后进行定位分析。如果一个基因的着丝粒距离是 $X$,另一个基因的着丝粒距离是 $Y$,那么这两个基因之间的距离是 $X-Y$(处于着丝粒的一端),或是 $X+Y$(两基因处于着丝粒的两端)。由于 $X$ 和 $Y$ 的数值均很小,所以如果这两个基因位于同一染色体上,那么杂交子代中重组频率最多不过 $X+Y$;如果这两个基因位于不同的染色体上,那么杂交子代中重组频率应该是约 50%。用遗传分析法已经鉴定出粗糙脉孢菌有 7 个连锁群,并已对 7 个连锁群上的基因进行了定位。

##### 6.1.3.5.1　连锁判断

两个基因组合,可以得到 4 种子囊类型,即 Ab、aB、AB 和 ab,若 4 种子囊数相等,说明 A 与 B 不连锁,它们是自由组合的独立基因;若 AB 与 ab 之和小于 50%,则 A 与 B 基因连锁,A 与 B 之间的重组频率就是 A 与 B 之间的距离,而 Ab 与 aB 为亲本型,反之亦然。重组频率永远低于 50%,理由同连锁一般规律。

##### 6.1.3.5.2　干涉和定位函数

只要有连锁,理论上就存在双交换的可能。由于基因的连锁关系,发生了第一次单交换之后,必然对同一染色体上的第二次单交换的发生或多或少有影响。人们把这种影响现象称为干涉(interference),又称为干扰。也就是说实际双交换值比理论预期的低。根据独立事件的原理,理论预期的双交换值应该是两个单交换的交换值的乘积。而在试验过程中,实际双交换值比预期双交换值低得多,这说明正干涉的存在。正干涉(positive interference)是指第一次交换发生后,引起邻近发生第二次交换机会降低的情况。除此以外还有负干涉,负干涉(negative interference)是指第一次交换发生后,引起第二次交换机会增加的情况。

定位函数表示图距和重组值之间的关系。减数分裂中,每个染色体上发生的交换并不多,而且发生交换的位置是不固定的。利用泊松分布就可以较好地解决这个问题。泊松分布是一种在遗传分析上广泛使用的、适合于描述多遗传过程的数理统计学工具。当某事件出现的概率很低($P \to 0$),而样本中的个体数很多($N \to \infty$)时,二项分布就转变成为一种特殊分布,在统计学上就叫做 Poisson 分布。从统计学可知,Poisson 分布的概率密度函数为:$f(x) = \dfrac{m^x e^{-m}}{x!}$,其中 $x = 0, 1, 2 \cdots$,$m$ 为发生 $x$ 次分布的平均数。当某事件发生的概率等于 0 次,$f(\text{C}) = \dfrac{m^0 e^{-m}}{0!} = e^{-m}$。按泊松分布,某两个基因不发生交换的概率 $P_0 = e^{-m}$,即两个基因发生 0 次交换的概率是 $f(0) = \dfrac{m^0 e^{-m}}{0!} = e^{-m}$,发生一次交换的概率是 $f(1) = \dfrac{m^1 e^{-m}}{1!} = me^{-m}$,发生两次交换的概率为 $f(2) = \dfrac{m^2 e^{-m}}{2!}$,因此可以利用泊松分布原理来描述减数分裂过程中一条染色体上某区域中交换的分布。对于染色体的任一区域,实际上的交换数,相对于该区域上可能发生的交换数总是很少的。如果知道每次减数分裂在该区域的平均交换数,就可以计算减数分裂中的 0 交换、单交换、双交换和多交换的概率密度函数。在实际中,我们只需要考虑 0 交换,因为我们的目的是把图距和可见的重组值($RF$)联系起来,由前所知,染色体某区段在减数分裂过程中发生 1、2、3 或任何有限次的交换,其总结果是产生 50% 的总的平均 $RF$ 值。相反,0 交换的减数分裂产生的 $RF$ 为 0,因此,真实的 $RF$ 值的决定因素是 0 交换类型与其他类型的相对大小,因为除了 0 交换的减数分裂外,就是一次或一次以上的交换,那么至少发生一次的概率是:$P = 1 - e^{-m}$。由此可以导出作图函数,因为在一个区域内,两个基因间至少发生一次交换的减数分裂产物中重组产物只占一半。由泊松分布得知:$f(0) = \dfrac{m^0 e^{-m}}{0!} = e^{-m}$;考虑到至少发生一次交换的减数分裂的比例为 1 与 0 次交换类型比例差,因为在许多细胞中,同一染色体上某个基因之间发生交换的平均数必然很小,所以交换数的分布可以用泊松分布的各项表示,故 Haldane 作图函数可表示为:$RF = \dfrac{1}{2}(1 - e^{-m})$ 或 $RF = \dfrac{1}{2}(1 - e^{-2x})$,式中 $x$ 是两个基因之间用图距单位所表示的距离;$m$ 表示平均交换数。作图函数原则上应该满足两个基本条件:①最大的重组值(即交换值)不能超过 50%,因为这个数值已是两个基因的自由组合了;②较小的重组值应该大致是线性的,具有累加生。

作图函数将重组值 $RF$ 与平均交换数 $m$ 联系在一起了。由于遗传作图的整个概念都基于交换的发生及交换频率与染色体区域大小的比例关系,所以 $m$ 可能是这个过程中最基本的变量。事实上,$m$ 可以被看做是遗传作图中估计图距的最好依据。

如果我们已知 $RF$ 值,可以解方程求得 $m$ 值,当得到一系列 $m$ 值后,可将作图函数绘成曲线(图 6.3)。图中虚线表示如果全部二价体(即联会后的同源染色体)的某两个基因都发生一次交换,那么重组值是 50%;如果两个二价体中有一个发生一次交换,那么重组值是 25%,以此类推。当两个基因相距很近,在发生一次交换后再发生第二次交换的可能性就非常小。

　　图 6.3 中 $RF$ 表示重组值，$m$ 表示平均交换数，$X$ 是校正的图距单位。从图上可知：$m$ 很小时，函数在一定范围内近似于直线，意味着重组值可以直接看做是图距，所以重组值是加性的，图距与 $RF$ 则为直线关系。如 $m=0.05$ 时，$e^{-m}=0.95$，$RF=1/2\times(1-0.95)=1/2\times0.05=1/2\times m=$ 图距。又如 $m=0.10$ 时，$e^{-m}=0.90$，$RF=1/2\times(1-0.90)=1/2\times0.1=1/2\times m=$ 图距。另外，在曲线弯曲度较大的区域，重组值就不是加性的了，无论两个基因位置在染色体上相距多远，都不会有大于 50% 的 $RF$ 值，这是因为两个基因之间的距离越大，$m$ 也一定越大，$m$ 越大，$e^{-m}$ 则越小，当 $m$ 很大时，$RF$ 接近于 $1/2\times(1-0)=50\%$。

　　因此，图 6.3 中的曲线具有如下性质：①曲线的起始一小段基本上是直线，斜率接近于 1，重组值可以直接看做是图距，所以此时重组值是加性的。②在曲线的曲度较大的区域，重组值不是加性的；当图距比较大时，两端两个基因的重组值就要小于相邻两个基因间重组值之和，$R_{ab}+R_{bc}>R_{ac}$，$R$ 值是非加性的，Haldane 作图函数则改写为：$X=-1/2\ln(1-2R)$，改写后的 $X$ 值大致上成为加性的了。③标记基因间的图距很大时，重组值与图距无关，接近或等于 1/2。所以重组值大致代表交换率，但当重组值逐渐增大时，重组值往往小于交换率，而需要加以校正，但在实际应用中，要视研究的生物而定。

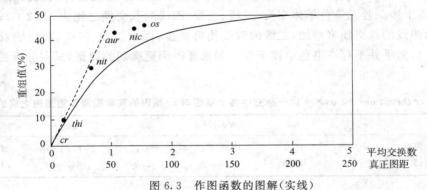

图 6.3　作图函数的图解（实线）

虚线表明 $m$ 值较小时 $RF$ 与图距之间的直线关系，黑点表示基因

　　例如：已知某测交观察的两个基因的重组值为 27.5%，则实际图距为多少？

　　因为 $RF=27.5\%=1/2(1-e^{-m})$，所以 $e^{-m}=0.45$，解方程得 $m=0.8$，因为每次交换是 4 条染色单体中的两条非姊妹染色单体发生交换，所以实际图距 $=1/2\times0.8=40(\text{m.u.})$。

　　由表 6.6 可知，两个基因间发生一次或任何次数的交换时，都有 50% 的染色单体发生了重组，而其余 50% 的染色单体则没有发生重组，因此，重组值 $=1/2\times(1-e^{-m})=1/2\times(1-e^{-2x})$，这一方程可以用图 6.3 的曲线来表示。如果两个基因相距太远，基因之间就可以发生多次交换，那么重组值和图距的关系便如图 6.3 中的实线所表示的那样。按泊松分布，平均交换次数是 0.1、1、2、3 的二价体的交换次数的分布如图 6.4。

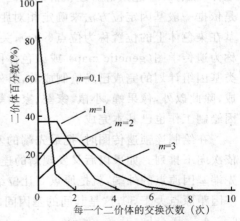

图 6.4　平均交换次数是 0.1、1、2 和 3 的二价体的交换次数的分布

**表 6.6 染色体交叉数与染色单体类型的关系**

| 交换次数 | 染色单体类型 | | | | | 重组值(%) |
|---|---|---|---|---|---|---|
| | 不交换 | 单交换 | 双交换 | 三交换 | 四交换 | |
| 0 | 1 | | | | | 0 |
| 1 | 1 | 1 | | | | 50 |
| 2 | 1 | | 2 | | | 50 |
| 3 | 1 | | 3 | 1 | | 50 |
| 4 | 1 | | 6 | 4 | 1 | 50 |

从图 6.4 可知,当平均交换次数为 1 时,有大约 40％的二价体的某两个基因之间并未发生交换,所以重组值并不是 50％而大约在 30％以上,无论平均交换次数是多少,重组值只是接近而不会超过 50％。一次发生减少邻近位置上另一交换的发生,这种现象称为染色体干涉。图 6.3 中的虚线表示完全干涉情况,因为这一范围内最多只发生一次交换,实线表示没有干涉。表 6.7 中的几个基因落在虚线和实线之间,说明存在一定程度的干涉。一次交换中发生交换的这两个染色单体在邻接的另一次交换中以较少的机会再次交换,这种现象称为染色单体干涉。若无染色单体交换,二线、三线、四线的双交换之比为 1∶2∶1;若有染色单体交换,四线的双交换将增加,二线的双交换将减少,那么二线、三线、四线的双交换之比为 5∶10∶4,似乎并不存在染色单体干涉。如果要得到更确切的数据,只有分析更多的四分体。

**表 6.7 在 *cr thi nit aur nic os*×＋这一杂交中各个基因与 *cr* 基因的实际图距及重组值之间的关系**

| | *cr* | *thi* | *nit* | *aur* | *nic* | *os* |
|---|---|---|---|---|---|---|
| 与 *cr* 基因的实际图距 | — | 10.2 | 33.2 | 52.7 | 67.7 | 78.3 |
| 与 *cr* 基因的重组值 | — | 10.2 | 29.3 | 42.9 | 44.7 | 46.0 |

#### 6.1.3.6 连锁群

位于同一染色体上的所有基因称为一个连锁群(linkage group)。一种物种具有 $n$ 对染色体,就有 $n$ 个连锁群。连锁群的确定依据染色体制图即可完成。连锁群上的基因定位则是依据一般基因定位方法来确定相对距离的,基因在染色体上的位置称为座位(locus),碱基在染色体上的位置称为位点(site),关于生物体的基因连锁图(genelinkage map),有的又称为遗传学图(genetic map) 或染色体图(chromosome map),人类的染色体连锁图随着人类基因组计划的完成已经绘制成功,另外水稻、杨树、葡萄基因组的染色体连锁图也绘制完成,除此以外,像果蝇、小鼠、家蚕、家猪等生物的基因连锁图的研究也十分深入,连锁群的基因绘制工作也已基本完成。

在绘制连锁遗传图时,把最先端的基因作为 0,我们把这个 0 点称为原点,以后的基因依次向下排列。如果以后又发现新的连锁基因,则再补充进去;如果新发现的基因位置在最先端基因原点的外端,就把原点 0 让位给新的基因,其余的基因位置要作相应的变动。若某基因距原点大于 50,这是其间的基因间的图距累加的结果,而不是说交换值大于 50％。如

$$\begin{array}{ccccc} 0 & A & D & F & E \\ \hline 0 & 30 & 45 & 66 & 78 \end{array} \text{ m. u.}$$

等,基因 A 与 D 间的距离为 45－30＝15,因此可以说 A 与 D 之间的相对距离为 15 m. u. ,理论预测的交换值为 15％。原则上交换值都小于 50％,如果连

锁遗传图中标明的数字超过50%,都是从染色体原点0依次累加的结果。因此在应用连锁遗传图之间的距离时,以靠近的相邻基因较为准确,基因间的距离要取相邻基因间的绝对值才具有代表交换值的意义。

一般而言重组是交换的结果。图距的基本计算方法是建立在重组值的计算的基础之上的。1%的重组值被定义为1 m.u.,后来为了纪念摩尔根对基因定位所作的贡献,把单位改为厘摩尔,以cM表示,1 cM≈1 m.u,1 cM大约相当于1 000 kb。事实上,传统意义的m.u.是被严重低估了的,低估的原因是多重变换未考虑在其中,据现代分子生物学方法以cM表示更为精确。当今人类基因组全长约3 600 cM。染色体图的绘制是遗传的中心工作之一。根据重组率的大小确定有关基因间的相对距离,将基因按顺序排列在染色体上,绘制成线性的基因图,这就是人们常说的连锁遗传图或基因图。在绘图中,如果线性染色体上两个基因相距太远,其间可能发生双交换或四交换等更高数目的偶数次交换,形成的配子仍是非重组型,在这种情况下,简单地把重组值看成是交换值,交换值就要被低估,图距自然缩小,显然随着重组值的增大,其衡量图距的准确率也随之降低。由于在大的区域内多交换是较为普遍的,因此,对于大重组值而言,这种低估现象更为严重。在计算图距时,如何将这些多交换包括在内? 为了解决这个问题,运用上述作图函数将重组值与图距准确地联系在一起了。现在很少用传统方法研究连锁群,而是用基因组学的方法进行定位研究,但是无论怎样发展,其最基本的原理仍然是交换值的估算。通常遗传学图的界标是一些表型性状,波特斯坦(Botstein)等于1980年提出了现代遗传连锁图的概念,主要是将界标由单纯的表型多态性改变为DNA序列的多态性,如RFLP、VNTR、STR和SNP等。通过对脉孢霉菌的基因定位分析知道,脉孢霉菌的连锁群为7。

### 6.1.4　丝状真菌的转化及其特点

#### 6.1.4.1　外源DNA导入丝状真菌的方法

外源DNA导入丝状真菌中最普遍使用的方法是$CaCl_2$/PEG(聚乙二醇)介导的原生质体转化。首先是用溶菌酶处理菌丝体或萌发的孢子获得原生质体,然后将原生质体、外源DNA混合于一定浓度的$CaCl_2$和PEG缓冲液中进行融合转化,最后将原生质体涂布于再生培养基中选择转化子。

对于难以获得原生质体的丝状真菌来说,也可利用醋酸锂介导的完整细胞的转化,但转化率低。在丝状真菌中也应用了电转化技术,与普遍采用的$CaCl_2$/PEG方法相比,虽然简化了操作步骤,但对提高转化率并无明显作用。基因枪注射(或生物导弹)转化技术,最近几年也在丝状真菌中得到应用,但同样不能十分有效地提高转化率。

#### 6.1.4.2　载体及其选择标记

转化DNA进入寄主细胞后,可独立于寄主细胞核染色体而自主复制,或整合到寄主染色体上而随寄主染色体一起复制,前者被称为复制型转化,后者被称为整合型转化。

已实现转化的丝状真菌中,绝大多数都是整合型转化。早期应用的载体通常以细菌质粒如pBR322和pUC等为主,在钙离子和PEG作用下向受体菌原生质体进行转移,转化效率较低,一般每微克转化DNA产生100个以下的转化子。这类载体引起的转化属于整合型转化,常常载体携带的真菌基因和载体本身会同时整合到受体染色体上。DNA进入受体细胞后,是通过同源重组和非同源重组两种方式而整合到受体菌的染色体上的。在丝状真菌中,转化 DNA 的整合不需要广泛的序列同源性,这是丝状真菌转化不同于酵母菌转化的普遍特点. 同源重组产生两种类型的转化子,一种是在染色体基因组上带有目的基因的连锁的重复. 这是载体 DNA 与受体 DNA 发生单交换的结果;另一种是基因取代,这是载体 DNA 与受体 DNA 间发生双交换的结果. 非同源重组产生多部位多拷贝整合的转化子,即在转化子 DNA 上带有目的基因的非连锁的重复. 在黑曲霉(*Aspergillus niger*)转化中非同源重组顷向尤为显著. 对一些整合型转化子中质粒 DNA 和基因组 DNA 的连接部位的序列分析表明,转化子只有 3～7 个碱基序列的同源性.

复制型转化需要构建含有真菌复制子的复制型载体,已从玉米瘤黑粉、构巢曲霉、米曲霉、脉孢菌等多种丝状真菌的线粒体 DNA 或基因组 DNA 中分离到自主复制序列(ARS). 最初人们做了大量工作试图在体外构建构巢曲霉和粗糙脉孢菌的自主复制型载体,但没有检测到自主复制活性. 直到 1988 年特苏库达(Tsukuda)等将玉米瘤黑粉菌的 ARS 插入到整合型载体中才成功地构建了复制型载体,它能在瘤黑粉细胞中自主复制,并使转化率高达 10 000 个转化子/$\mu$gDNA;1991 年戴卫斯(Davis)成功地构建了构巢曲霉自主复制型载体 ARpl(11.5 kb). 另外,还构建了许多自主复制型载体,使一些丝状真菌实现了自主复制质粒的转化.

所用的选择标记分两类,一类是营养互补标记,另一类是显性标记(抗生素或其他药物抗性). 最初转化的丝状真菌多是利用营养缺陷型菌株进行的,通过将野生型等位基因转移到相应的营养缺陷型菌株中,在基本培养基中筛选原养型生长菌落而得到转化子. 目前,已用于丝状真菌转化的野生型标记基因有 *ade*(腺嘌呤)、*met*(蛋氨酸)、*pyr*(嘧啶)、*trp*(色氨酸)、*nic*(尼克酸)、*ribo*(核黄素)、*arg*(精氨酸)、*leu*(亮氨酸)、*pro*(脯氨酸)和 *nia*D(硝酸还原酶)等. 使用营养互补标记基因的优点是有可能引导载体质粒整合到染色体的同源部位,且转化的本底低,易于筛选;缺点是在大多数丝状真菌中难以获得适宜的营养缺陷型菌株. 显性标记基因避免了上述缺点而被广泛应用,它包括药物抗性标记,如潮霉素 B 抗性、卡那霉素抗性和苯菌灵抗性等,还包括提供受体新功能的标记,其中构巢曲霉的 *amd*S 基因就能使受体在以乙酰胺或丙酰胺为唯一碳源或氮源的培养基上生长. 细菌来源的报告基因在丝状真菌启动子的带动下的表达可作为丝状真菌转化的选择标记,如 *lac*Z 基因和 GUS 基因.

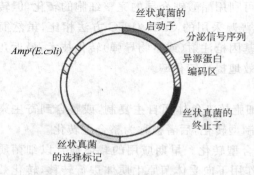

图 6.5 是丝状真菌的通用表达载体图。该载体除含有大肠杆菌复制子(*oriC*)或同时含有真核生物的复制子外,还主要由 5 部分组成:大肠杆菌的选择性标记基因(*amp*),丝状真菌的选择性标记(如 *pyr*4),丝状真菌的启动子、分泌信号序列和终止子。

图 6.5　丝状真菌的通用表达载体

### 6.1.4.3　丝状真菌转化子的表达及其稳定性

克隆基因在转化受体菌中的表达水平与多种因素有关,包括载体中所用启动子及其他调控序列的存在、目的基因的整合位置、整入拷贝数和受体菌株等。

一般来说,无论整合型转化子还是复制型转化子,其在有丝分裂过程中是稳定的,大多数转化 DNA 在经过几十代的有丝分裂后仍保持稳定。但经过减数分裂表现出高度的不稳定,尤其是粗糙脉孢菌。经过有性过程导致转化 DNA 丢失的机制有:质粒的丢失、DNA 的切离、DNA 重排等。

丝状真菌的转化质粒详见第 7 章。

## 6.2　非顺序四分体遗传学分析

### 6.2.1　构巢曲霉生活史

构巢曲霉(*Aspergillus nidulans*)的每一个子囊也有八个子囊孢子,但其排列不像粗糙脉孢菌那样按顺序排列,而是无顺序排列,将这种不是以直线方式排列在一个子囊内的四个减数分裂产物称为非顺序排列四分体。构巢曲霉生长迅速,能够在多种培养基上生长,属于同宗配合菌,即任何两个菌株间均可直接进行交配产生子囊孢子,其有性生殖是通过同宗接合的方式完成的,其生活史见图 6.6。衣藻和酿酒酵母也属于这一类型。构巢曲霉属于子囊菌,是研究遗传学、细胞生物学和基因调控的重要真菌,同时又是工业和医学上使用的曲霉菌如黑曲霉(*A. niger*)、米曲霉(*A. oryzae*)、黄曲霉(*A. flavus*)和烟曲霉(*A. fumigatus*)的近缘种。来自曲霉属其他种的基因或来自哺乳动物的基因通过转化整合到构巢曲霉菌中能很好地表达,发挥其功能,微管和微管蛋白的许多基础性研究工作都是利用该真菌进行的。此外,碳、氮代谢,有丝分裂和机动蛋白、细胞质动力蛋白系统等蛋白质在细胞内的功能等方面的一些基础工作也是以构巢曲霉菌为材料进行的。该真菌中的乙醇脱氢酶基因 *alc*A 可调控启动子,能够被乙醇诱导表达,同时又能被葡萄糖抑制,是基因表达调控中重要的工具元件。

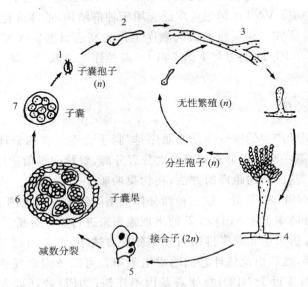

图 6.6　构巢曲霉的生活史

### 6.2.2　构巢曲霉基因组

构巢由霉基因组约有 30.1 Mb(30 068 514 bp),具有 8 个染色体,目前,已经完成的 248 个重叠群的序列测定工作,推测其中具有 9 541 个基因(不包括小于 100 个氨基酸的基因),占基因组的 59.3%,若计这些小于 100 个氨基酸的基因,大约总计为 11 000～12 000 个基因,其中约 900 个基因用传统方法已经被鉴定,432 个已经定位,254 个被克隆和测序;有 4 837 个以 1～6 个核苷酸为基序的数量可变重复(variable-number tandem repeat markers, VNTRs)序列,其碱基总数占基因组的 0.31%,平均 6.2 kb 碱基中分布一个大于 15 bp 的 VNTR,数量最多的是五碱基的 VNTR,有 1 386 个,其次是六碱基的 VNTR(1 228 个),三碱基的 VNTR 有 1 199 个,这三种 VNTR 占总 VNTR 的 78.8%,数量最少的是二碱基的 VNTR,只有 144 个。数量可变重复(VNTR)的性质由重复单元的组成与长度及其在基因组中的分布决定。从原核生物到人类基因组中都存在数量可变重复标记。VNTR 不但分布于非编码序列,也分布在蛋白编码中,在 ORF 中有 1 683 个 VNTR,分布于 1 356 个 ORF 中。VNTR 的分布密度与稻瘟病菌(*Magnaporthe grisea*)、粗糙脉孢菌(*Neurospora crassa*)相比是属于较低的,因为后二者的密度分别达到平均每 2.5 和 2.6 kb 序列中,就分布有一个 VNTR。构巢曲霉菌基因组中的 VNTR 数量足以对许多位点进行较为精细的标记、定位和构建密度非常高的连锁图。由于 VNTR 具有数量丰富、分布广的特性,其重复次数的高度可变性及其侧翼序列的相对保守性,使其成为一种极为普遍的分子标记,并可用 PCR 技术可靠、便捷、较低成本进行检测。对花药黑粉菌(*Microbotryum violaceum*)、鹰嘴豆壳二孢菌(*Ascochyta rabiei*)、尖孢镰刀菌(*Fusarium oxysporum*)、稻瘟病菌(*Magnaporthe grisea*)等一些真菌中的 VNTR 的研究结果表明,VNTR 一般都有 2～5 个等位位点,不但可用于种群遗传多样性、近缘种的比较及系谱研究,而且还可用于不同寄主分离物之间的比较。因此,植物病原 VNTR 标记可广泛应用于种群结构、群体进化、遗传多样性及重要功能基因的精细定位研究。构巢曲霉菌的测序工作为高通量鉴定 VNTR 标记提供了最为直接和有效的基础。ORF 的上游与下游 300 bp 调控序列总长约 286.2 kb,占整个基因组的 10%。

### 6.2.3　构巢曲霉的遗传分析

构巢曲霉的有性杂交所产生的四分体是非顺序排列,子囊孢子在四分体中不是以直线形式排列,因此无法区分第一次分裂分离和第二次分裂分离,对脉孢霉菌适用的通过第二次分裂分离来计算着丝粒与基因间的距离的方法,在构巢曲霉中不能使用。构巢曲霉的四分体分为三种类型,即 PD、NPD 和 T 型。这三种四分体类型的产生机理见图 6.7。在构巢曲霉有性杂交中可采用四分体中 PD、NPD 和 T 的出现频率来进行遗传分析。

构巢曲霉的遗传学分析采用非顺序排列四分体分析方法中,首先根据三种类型四分体的比例判断基因是否连锁,然后由此估计它们的重组频率。可以依据常规遗传分析经验进行如下判断:①如果 PD 数接近于 NPD,意味着基因不连锁;②PD 数远远大于 NPD 数,意味着基因连锁;③NPD/T 的比值大于 1/4 意味着不连锁,NPD/T 的比值小于 1/4 意味着连锁。如果两个连锁的基因发生的不是双交换而是多交换时,三种四分体的比是 1PD：4T：1NPD。

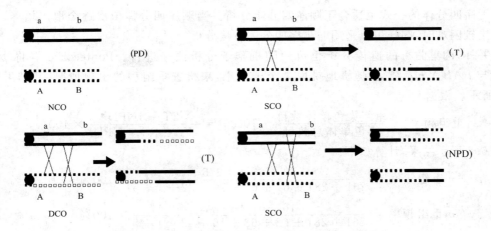

图 6.7　三种无序四分体类型(PD、T、NPD)的形成

如果基因连锁,可以根据图距公式计算图距单位。其中染色体以单体计算是否发生重组,则发生重组的染色单体数是 2T+4NPD,染色单体总数是 4(T+PD+NPD),因此:

$$图距 = \frac{发生重组的染色单体数}{染色单体总数} \times 100\%$$

$$= \frac{2(T+2NPD)}{4(T+PD+NPD)} \times 100\%$$

$$= \frac{1/2T+NPD}{T+NPD+PD} \times 100\%。$$

或者用公式:$RF=1/2T+NPD$,当 $RF=0.5$ 时,可以断定基因 A 与 B 不连锁;如果 $RF<0.5$,基因连锁,并用其交换值去掉百分符号表示其图距。计算过程中,$RF$ 值可能被低估,原因仍然是没有考虑双交换和多交换。当然可通过 PD、NPD 和 T 的出现频率来校正双交换。

如果 A 与 B 连锁,在减数分裂过程中 A 与 B 之间可以发生非交换(no crossover,NCO)、单交换(single crossover,SCO)或双交换(double crossover,DCO)等类型。从图 6.7 知道,NPD 是四线双交换的产物。如果双交换在 4 条染色单体中是随机发生的,可以推断 4 个 DCO 的频率是相同的。这意味着 NPD 类型包括了 1/4 的 DCO,则表示为:DCO=4NPD。单交换用同样的方法计算,这里 T 型四分体既来自单交换又来自双交换,因此 T 型中,DCO 含有 2NPD,SCO 则为 T−2NPD,故此,NCO=1−(SCO+DCO)。

当估算出这一区域上 NCO、SCO 和 DCO 的值之后,可以求得这一区域平均每个减数分裂的交换数 $m$ 值:$m=(T-2NPD)+2(4NPD)=T+6NPD$,由前面作图函数已知,将 $m$ 换算为图距时要乘以 0.5(因为每个交换只产生 50%的重组),所以图距=50(T+6NPD) cM。若在 AB×ab 中,PD=0.56,NPD=0.03,T=0.41。由图距=50(T+6NPD)cM 得到 a 与 b 的图距为 50 ×(0.41+6×0.03)=29.5(cM)。如果将这个数值与 $RF=1/2T+NPD$ =1/2×0.41+0.03=23.5(cM)进行比较。可以发现,用 $RF$ 直接计算的值比作图函数校正的图距公式计算的值少了 6 cM,这是因为 $RF$ 无法校正双交换的影响所致。

如果 A 与 B 不连锁,PD、NPD 和 T 的数值将发生变化,不连锁时,PD 与 NPD 的数值由于独立分配而相等,而 T 型的产生只能通过两个座位分别和各自的着丝粒交换而来。

　　无序四分体的公式也适合于顺序四分体分析。当顺序四分体依次逐个取出培养,在操作上比较困难时,同样可以采用非顺序四分体方法分析。

　　另外 构巢曲霉的遗传分析也可用随机孢子分析法来进行。Pontecorvo 等将 *pab y BIO* 与 *PAB Y bio* 杂交,随机地挑取 2 个子囊果,来检查重组型的出现情况,其结果如表 6.8 所示。根据

$$重组频率 = \frac{重组染色单体数目}{染色单体总数目} \times 100\% = \frac{2T + 4NPD}{4(T + PD + NPD)} \times 100\%,$$

由表 6.8 所示结果,计算如下:

$$pab\text{-}y \text{ 重组频率} = \frac{62 + 63 + 1 + 5}{261 + 281 + 62 + 63 + 16 + 32 + 1 + 5} \times 100\% = 18.17\%$$

$$y\text{-}bio \text{ 重组频率} = \frac{16 + 32 + 1 + 5}{261 + 281 + 62 + 63 + 16 + 32 + 1 + 5} \times 100\% = 7.49\%$$

$$pab\text{-}bio \text{ 重组频率} = \frac{62 + 63 + 16 + 32}{261 + 281 + 62 + 63 + 16 + 32 + 1 + 5} \times 100\% = 23.99\%$$

因此,供试的三个基因在染色体上的排列为:

```
        pab              y           bio
        |---------------|-----------|
             18.17           7.49
        |---------------------------|
                  23.99
```

**表 6.8　*pab y BIO* × *PAB Y bio* 杂交结果**

| 杂　交 | *pab*　　　*y*　　　*BIO* <br> ├──────┼──────┤ <br> 　　　　*a*　　　*b* <br> *PAB*　*Y*　　　*bio* | | | |
| --- | --- | --- | --- | --- |
| 基因型 | Ⅰ | Ⅱ | 总计 | 交换部位 |
| *pab y BIO* | 114 | 117 | 261 | — |
| *PAB Y bio* | 156 | 125 | 281 | — |
| *pab Y bio* | 42 | 20 | 62 | *a* |
| *PAB y BIO* | 39 | 24 | 63 | *a* |
| *pab y bio* | 11 | 5 | 16 | *b* |
| *PAB Y BIO* | 10 | 22 | 32 | *b* |
| *pab Y BIO* | 0 | 1 | 1 | *a,b* |
| *PAB y bio* | 2 | 3 | 5 | *a,b* |

注:Ⅰ和Ⅱ为所检测到的子囊果号;*pab* 为与对氨基苯甲酸代谢有关的基因;*y* 为黄色;*bio* 为生物素。

　　确定了基因的相对顺序,还需要进一步确定基因所在的染色体。例如酿酒酵母有 17 对染色体 所以有 17 个连锁群。测定一个未知基因位于哪个连锁群,可以利用非整倍体来测定。测定原理与高等生物的三体或单体定位原理类似,$n+1$ 菌株与突变株 $n'$ 杂交,$n+1$ 上的基因为 $a$,$n'$ 上的基因为 $a'$,如果 $a$ 基因在多出的染色体上,那么杂交变成 $aa$、$a'$ 的杂交,子代产生的配子为 $aa$、$a$ 和 $a'$。结合产生的合子为 $aaa'$ 和 $aa'$,所以三体与二体之比为 $1:1$。如果基因不是在三体染色体上,子代产生的分离比与正常二体一样,根据表型就可以确定突变基因是否在三体上,如果在三体上,则直接确定三体染色体是第几号染色体,那么基因就定位于该染色体上。

### 6.2.4　其他真菌基因组研究简介

对真菌基因组的了解还是从 1996 年酿酒酵母（*Saccharomyces cereuisiae*）的基因测序开始的，有关真菌基因组的信息可以通过网站（http://www.tigr.org/tdb.fungal）了解。2000 年，美国麻省理工学院 Whitehead 研究所的一部分科学家建立了真菌基因组研究所，致力于开展真菌的测序工作，极大地加速了这方面的工作。截至目前，已完成 40 余种真菌的基因组测序并已公开发布（表 6.9）。在 NCBI 上（http://www.ncbi.nlm.nih.gov）已公开发布了 47 种真菌的基因组序列，其中子囊菌门（*Ascomycota*）41 种。在 dogan（http://www.bio.nite.go.jp）上公布了米曲霉（*Aspergillus oryzae*）的基因组序列。这些真菌基因组大小为 2.5～81.5 Mb，另外还有 40 余种测序计划正在进行中，这些基因组包括重要的人类病原菌、植物病原菌、腐生菌和模式生物。基因组信息极大地加深了人们对真菌遗传和生理多样性的认识。

表 6.9　已完成测序的真菌基因组

| 基因组 | 菌株 | 大小(Mb) |
| --- | --- | --- |
| *Archaeoglobus fulgidus* | DSM4304 | 2.18 |
| *Bacillus anthracis* | Ames | 5.23 |
| *Borrelia burgdorferi* | B31 | 1.44 |
| *Brucella suis* | 1330 | 3.31 |
| *Burkholderia mallei* | ATCC 23344 | 6 |
| *Campylobacter jejuni* | RM1221 | 1.77 |
| *Caulobacter crescentus* | CB15 | 4.01 |
| *Chlamydia muridarum* | Nigg | 1.07 |
| *Chlamydia pneumoniae* | AR39 | 1.23 |
| *Chlamydophila caviae* | | 1.2 |
| *Chlorobium tepidum* | TLS | 2.10 |
| *Colwellia psychrerythraea* | 34H | 5.3 |
| *Coxiella burnetii* | Nine Mile, phase I（RSA 493） | 2.0 |
| *Dehalococcoides ethenogenes* | 195 | 1.5 |
| *Deinococcus radiodurans* | R1 | 3.28 |
| *Desulfovibrio vulgaris* | Hildenborough | 3.6 |
| *Enterococcus faecalis* | V583 | 3.36 |
| *Geobacter sulfurreducens* | | 3.81 |
| *Haemophilus influenzae Rd* | KW20 | 1.83 |
| *Helicobacter pylori* | 26695 | 1.66 |
| *Listeria monocytogenes* | 1/2a F6854 | 2.9 |
| *Listeria monocytogenes* | 4b F2365 | 2.9 |
| *Listeria monocytogenes* | 4b H7858 | 2.9 |
| *Methanocaldococcus jannaschii* | DSM 2661 | 1.66 |
| *Methylococcus capsulatus* | Bath | 3.3 |
| *Mycobacterium tuberculosis* | CDC1551 | 4.40 |
| *Mycoplasma genitalium* | G-37 | 0.58 |
| *Neisseria meningitides* | MC58（ATCC BAA-335） | 2.27 |
| *Plasmodium falciparum Chr 2* | isolate 3D7 | 1.00 |
| *Plasmodium falciparum Chr 2,10,11,14* | isolate 3D7 | 4 |
| *Plasmodium yoelii* | 17XNL | 23.1 |
| *Porphyromonas gingivalis* | W83 | 2.34 |

续表

| 基因组 | 菌株 | 大小(Mb) |
|---|---|---|
| *Pseudomonas fluorescens* | Pf-5 | 6.5 |
| *Pseudomonas putida* | KT2440 | 6.1 |
| *Pseudomonas syringae pathovar phaseolicola* | 1448A | 6.1 |
| *Pseudomonas syringae pv. Tomato* | DC3000 | 6.5 |
| *Salinibacter rubber* | M31 | 3.55 |
| *Shewanella oneidensis MR-1* | ATCC 700550 | 5.14 |
| *Silicibacter pomeroyi* | DSS-3 | 4.1 |
| *Staphylococcus aureus* | COL | 2.81 |
| *Staphylococcus epidermidis* | RP62A | 2.6 |
| *Streptococus agalactiae* | 2603V/R（ATCC BAA-611） | 2.16 |
| *Streptococcus pneumoniae* | TIGR4（ATCC BAA-334） | 2.20 |
| *Thermotoga maritime* | MSB8 | 1.80 |
| *Treponema denticola* | ATCC 35405 | 2.84 |
| *Treponema pallidum* | Nichols | 1.14 |
| *Vibrio cholerae* | serotype O1，Biotype El Tor，strain N16961 | 4.0 |
| *Wolbachia pipientis* | wMel | B |

目前借助于全基因组鸟枪法测序和序列组合技术，真菌基因组测序工作在较为经济的条件下，达到了空前的精确性并实现了长距离测序，远远优于以前真核生物测序所使用的克隆再克隆策略（clone-clone）。关于真菌基因注解的研究主要包括基因功能注解和基因的选择性剪接。注解简单的基因可以采用比较典型的基因结构，并且能够比较准确地完成。同其他真核生物一样，复杂基因注解的难题就是基因的选择性剪接。比如通过在基因组水平最深入地搜索基因的选择性剪接，发现担子菌纲的新型串酵母血清型 D 的 277 个基因存在基因选择性剪接，占全部基因的 4.2%，这个比例远远低于人类的 40%～80%。

通过多基因组序列比对，可以从基因组水平区分真菌的差异，尽管它们在形态学和生理学上十分相似。通过对稻瘟病菌（*Magnaporthe grisea*）和粗糙脉孢菌（*Neurospora crassa*）基因组的比对，发现它们相似的子囊菌来源于 200 万年前共同的祖先并揭示 113 个保守区域存在于 4 种以上蛋白中，氨基酸的平均同一性仅为 47%，且不存在实际保守性的线性进化。对 3 种曲霉（*Aspergillus nidulans*、*A. fumigatus* 和 *A. oryzae*）的两两比较显示，它们之间氨基酸的平均同一性仅为 68%。对丝状真菌基因组的解析，可以加深对其次级代谢的认识，为更好地开发抗生素提供了依据。

经典遗传学与基因组学的一个关键性不同之处就在于两者研究策略与规模不同，前者是"零敲碎打"，后者是"整体阐明"。目前已完成的多为以测序为主的结构基因组学，而对基因功能的诠释，即功能基因组学正方兴未艾，相关学科如药物基因组学、比较基因组学等也得到了相应发展。

通过真菌基因组学技术，可在不同种属的真菌基因序列和人类基因序列间进行比较分析，从而发现不同种属真菌特有的功能性基因。基于这些新靶标进行药物设计，有望能够开发具有广谱抗真菌活性、不良反应低、无交叉耐药性的抗真菌新药。通常认为烟曲霉和白念珠菌缺乏有性期，但基因组序列分析提示它们存在交配型（MAT-1ike）位点，有进行交配和减数分裂的潜能，这为研究此类菌的特性开辟了新的途径。医学真菌基因组学的发展有利于从全方位研究生长条件、药物和环境压力等对致病菌转录的影响，扩展已知的重要基因和发现新的致病基因,阐明致病机制,解释药物的作用和耐药机制及发现新的药物作用靶位点。还可以用类似的方法观察致病菌与宿主相互作用后宿主基因转录的改变,提供控制感染的策略。

丝状真菌广泛分布于自然界,与人类的生产、生活密切相关,在工业、农业、医药、保健卫生以及基础生物学研究中具有重要作用。近年来,对于其基因功能的研究取得了较大的进展,一系列转化和基因操作技术已在不同的丝状真菌中得到运用。许多对于工业、农业和医药卫生等具有重要意义的丝状真菌,如致病菌烟曲霉(*Aspergillus fumigatus*)、工业生产菌黑曲霉(*Aspergillus niger*)和米曲霉(*Aspergillus oryzae*)等,已经完成或正在进行全基因组序列测定。对丝状真菌的研究已步入后基因组时代,大规模基因功能的研究正成为丝状真菌研究的热点。目前,基因功能的研究已有多种方法,如 RNA 干扰、基因标记(gene tagging)、体外转座子标记(in vitro transposon tagging)、异源表达和基因敲除/置换等。当确定了某个基因需要研究其功能时,最直接的方法之一就是将其从基因组中敲除或置换,然后再观察其表型变化。

基因敲除是利用 DNA 转化技术,将构建的打靶载体导入靶细胞后,通过载体 DNA 序列与靶细胞内染色体上同源 DNA 序列间的重组,将载体 DNA 定点整合入靶细胞基因组上某一确定的位点,或与靶细胞基因组上某一确定片段置换,从而改变细胞遗传特性的方法。利用基因敲除技术,能够对细胞染色体进行精确地修饰和改造,而且经修饰和改造的基因能够随染色体 DNA 的复制而稳定地复制。基因敲除技术是建立在 DNA 转化技术的基础之上的。早在 1973 年,米歇尔(Mishra)等首次报道了丝状真菌粗糙脉孢菌(*Neurospora crassa*)的 DNA 转化现象,他们用野生型菌株的总 DNA 处理肌醇缺陷型菌株,获得了肌醇原养型转化菌株。但在当时受到了质疑,因为当时普遍认为真核生物几乎是不可能发生转化的,并认为上述实验的结果有可能是由于回复突变所造成的。以后 Mishra 改进了设计,用含有温度敏感肌醇等位基因突变菌株的 DNA 来处理肌醇缺陷型菌株,得到了温度敏感转化菌株。随后,卡瑟(Case)等证实了 DNA 介导的粗糙脉孢菌遗传转化,在转化子中含有整合于染色体上的质粒 DNA 片段。据不完全统计,已有超过 100 种丝状真菌实现了转化,基因敲除技术在丝状真菌的研究中也开始得到应用。

虽然基因敲除技术目前已广泛应用于细菌、酵母等低等生物和小鼠动物模型的建立,但对于丝状真菌还存在一些技术问题阻碍其应用。主要包括:需要不断地克隆、筛选,获得所需打靶载体费时费力;丝状真菌基因敲除通常需要较长的同源序列;一般在丝状真菌中发生同源重组的频率低,打靶效率低。针对上述问题,近年来研究者从载体构建、提高打靶效率等方面提出了许多有效的改进措施,有的菌种已经建立了高效打靶系统,打靶效率可达100%,这使得在丝状真菌中进行基因敲除实验变得简便、迅速和高效。基因敲除技术作为研究基因功能和结构的最直接最有效的方法之一,为从分子水平研究病原菌致病和耐药机理,并为最终防治病害提供了强有力的手段。

与传统的育种方法相比,采用分子生物学方法育种更具目的性,需要在分子水平对宿主菌及其代谢途径有相当的了解。目前关于利用基因敲除技术进行丝状真菌代谢控制育种的研究报道比较少见,主要还是集中于基因结构和功能的研究。相信随着生物信息学以及功能基因组学研究的深入,将会有大量的改良菌株应用于生产。

#### 6.2.4.1 黑曲霉基因组研究

黑曲霉(*Aspergillus niger*)是传统工业生产糖化酶、植酸酶、低聚糖酶等多种酶制剂和有机酸的重要菌株,并能分泌大量蛋白质到细胞外,在工业生产和科学研究中占有重要地位。当前,黑曲霉作为生产价值昂贵医药产品的基因工程宿主菌,生产普遍应用的主要问题是由于外源蛋白分泌不足导致产量不高,因此有关分泌途径的研究就成了目前国际上的研究热点。

20世纪末的研究者把几株来自黑曲霉的糖化酶高产菌株与实验室菌株进行比较时发现一株编号为 SG 的糖化酶高产菌株具有以下特点:一是该菌株生产速度快,糖化酶基因转录和翻译具有高效性,且分泌功能强,糖化酶在培养基中的分泌水平可达 20 g/L;二是该菌株不产生胞外水解蛋白酶,这就使外源蛋白质分泌到胞外时能稳定地保留在培养基中而不被降解,从而提高基因表达水平;三是该菌株的培养可用廉价的淀粉物质而具有经济性。此外,黑曲霉还具有食用级安全性。因此,该菌株是一株较为理想的可用于建立高效表达基因工程菌的宿主菌。三磷酸甘油醛脱氢酶(glyceraldehyde-3-phosphate dehydrogenase, GPD)在糖酵解及糖异生作用中起着关键作用,其结构已被阐明。有研究者将糖化酶工业生产菌黑曲霉 SG 通过 Northern 杂交证明了该菌株的 SG 株 GPD 基因的转录水平比出发菌株及实验室菌株的转录水平要高出 3~5 倍。为了进一步研究该基因在糖化酶工业生产菌株中的转录及表达规律,研究者对该基因进行了克隆和初步鉴定,从该 SG 菌株中克隆到糖化酶基因启动子并完成了序列测定。

在黑曲霉 GPD 基因的启动子区中发现曲霉属 GPD 基因所特有的 *gpd* 盒序列,位于 460~509 nt 处,长 50 bp,其中黑曲霉和构巢曲霉的 *gpd* 盒有很高的同源性。*gpd* 盒有明显的反向重复序列,反向重复序列一般被认为是启动子中能与转录因子或调节蛋白结合的位点。在黑曲霉 SG 株的 GPD 基因转录起始位点前还有一个长约 54 bp 的 CT 富集区,即 CT 盒,位于 781~834 nt 处。在构巢曲霉和其他真菌的 GPD 基因中也有此 CT 盒,但其长度会因生长种类的不同而有所差异。如在 *A. nidullans* 的 *oliC* 和 *N. crassa* 的 *am* 基因中 CT 盒则相当长。黑曲霉 SG 株的 GPD 基因的转录起始位点可能位于 835~837 nt 之间。

将测定的黑曲霉 GPD 基因序列与构巢曲霉的 GPD 基因进行比较,发现黑曲霉 SG 菌株 GPD 基因由 7 个外显子和 7 个内含子组成。黑曲霉 GPD 基因还存在明显的密码子偏爱性,因为在密码子的第三位置上多数都是嘧啶。这种偏爱性在丝状真菌中高效表达的基因中也存在,但在酿酒酵母高效表达的基因中却没有发现这一现象。黑曲霉 SG 菌株的 GPD 基因中共有 7 个内含子,其中一个位于基因的 5′端非编码区内,另外 6 个内含子则位于编码区内。黑曲霉 GPD 基因内含子的大小在 50~120 bp 之间,这与其他真菌基因中的内含子大小是相似的。

将黑曲霉的 GPD 基因和构巢曲霉的 GPD 基因进行比较,发现它们在核苷酸序列、氨基酸序列等方面均具有很强的同源性。比较黑曲霉与构巢曲霉 GPD 基因编码的氨基酸序列发现,两者的同源性高达 90%。而且在丝状真菌之间(*Ascomycetes* 和 *Basidiomycetes*) GPD 蛋白的同源性高于丝状真菌与酵母之间的同源性。

比较几种不同生物的 GPD 基因编码区内的内含子位置,发现黑曲霉与构巢曲霉 GPD 基因所有的内含子数目及位置相同,而与鸡的 GPD 基因内含子数目及位置差别较大。黑曲霉与构巢曲霉在分类上同属曲霉属中的丝状真菌,因此在进化上的亲缘关系比较密切,同时根据比较来自不同种生物的 GPD 基因的核苷酸序列表明该基因及其该酶蛋白的氨基酸序列具有较高保守性。通过比较限制酶谱发现：虽然黑曲霉和构巢曲霉的 GPD 基因同源性很高，但限制酶图谱却有很大差异，特别是在黑曲霉中该基因缺乏 *Eco*RI 位点而在构巢曲霉中该基因则含有 *Eco*RI 位点，这也说明该基因在进化过程中发生了变化。因为研究者认为黑曲霉是高效表达原核生物及真核生物蛋白的理想宿主菌，在了解黑曲霉 GPD 基因后，就可以很好地利用该基因的强启动子构建表达载体以高效表达异源基因。因此，研究者利用 GPD 启动子序列构建了相应的高效表达载体。还用构巢曲霉 GPD 基因片段为探针，从该菌基因组文库中筛选到一个 GPD（三磷酸甘油醛脱氢酶）基因的阳性克隆 pAN GPD。晋森（Jeens）等人曾经利用三磷酸甘油醛脱氢酶基因的强启动子构建表达载体，并用这种载体成功地表达了各种外源基因。

为优化黑曲霉外源蛋白分泌表达系统，提高外源蛋白的生产效率，研究者借鉴酵母和哺乳动物 HTMAP/EDEM 的研究成果，首次进行了黑曲霉 *htm*A 基因的鉴定，并通过 *htm*A 基因缺失株对外源蛋白漆酶分泌表达的影响探讨其在黑曲霉中的功能。结果表明黑曲霉 *htm*A 基因的破坏延缓了外源漆酶的降解，提示黑曲霉 *htm*A 基因编码蛋白具有与酵母和哺乳动物的 HTMAP/EDEM 类似的功能作用。

2007 年 2 月 5 日荷兰工业化学公司 DSM 首次公布了黑曲霉（*Aspergillus niger* CBS513.88）基因组 DNA 序列，这一研究项目由 29 个国际性研究团体参与，包括 Gene Alliance、Biomax、Affymetrix、阿姆斯特丹大学等，最终论文由 69 名专家学者合作完成。研究最终测定出含有 14 000 多个独特基因的 3 390 万个碱基对的优质基因组序列。其中大约 6 500 个基因的功能已被确定。通过测序计划，DSM 获得了多项专利，包括用于肌肉复原的产物、一种能防止啤酒混浊的酶和一种能防止一些油炸食品形成一种有毒化合物的酶。解开 DNA 序列之谜不仅能够加速新产品的开发进程，而且令研究人员得以借助最先进的生物分析技术，如 DNA 微阵列分析、蛋白质组学和生物信息学，研究黑曲霉极为复杂的生理行为，利用所得知识完善生产工艺。研究人员表示，对黑曲霉的进一步研究有助于确定这些微生物的潜在用途。例如，对原材料的可持续性应用方面。目前仍有约 7 500 个基因的功能尚未确定，因此科学研究者依然任重而道远。黑曲霉基因组研究，对于产业界和学术界都具有重大意义，为工业生物技术领域的研究奠定了坚实的基础。黑曲霉是用于生产酶及其他化合物（如柠檬酸）的一种微生物。这些化合物主要用于面包、奶酪、果汁、啤酒等食品的生产，能够使食品更美味、更持久保鲜、更具质感而且更有营养。

### 6.2.4.2 烟曲霉基因组研究

烟曲霉（*Aspergillus fumigatus*）是曲霉属中最常见的致病真菌，在免疫受损的患者中常引起有致命危险的侵袭性肺曲霉病。烟曲霉是引起深部真菌感染最常见的丝状菌，因其为单倍体，缺乏有性期，因此很难用常规技术来确定其重要基因。国外有学者尝试将转位子（*imp*160:*pyr*G）和拟有性期技术相结合，发现了 20 个既往未见报道的烟曲霉重要基因，涉及蛋白合成、细胞周期调控等，其中有的基因，如编码线粒体成分的基因对酵母并无重要性，提示医学真菌的基因组研究不能以一概全，进一步的基因组测序对烟曲霉具有重要价值。2001 年桑格尔（Sanger）和美国的 The Institute for Genomic Research（TIGR）开始联合测定烟曲霉临床株 Af 293 序列，由于烟曲霉的染色体很难完全分开，故其测序采用的是全基因组鸟枪法，其基因组预计有 30～35 Mb。烟曲霉菌（*Aspergillus fumigatus*）Af 293 菌株基因组的研究已完成,结果发表于 2005 年的《Science》杂志。烟曲霉菌 Af 293 菌株有 8 条染色体、$29.4 \times 10^6$ 个碱基、9 926 个基因,某些基因的表达与温度相关,证实了真菌变应原致敏蛋白组分在培养过程中温度条件的影响。

　　基因组的诠释正在进行中,已发现一些水解酶可能与菌株的生存和致病性有关。推测这些酶对宿主细胞有直接毒性作用或与其他物质协同有利于致病菌的侵袭。如过氧化氢酶(Cat)可减少 ROS 的毒性,有利于菌株维持自稳状态;而由 *alp* 编码的碱性丝氨酸蛋白酶(属于枯草菌素蛋白酶家族),可通过降解弹力蛋白、胶原蛋白、纤维蛋白和酪蛋白等破坏宿主组织结构;此外,金属蛋白酶(Mep)、天冬氨酸蛋白酶(Pep)、二肽基肽酶(DppIV)和磷脂酶(Plb)等也有不同程度的毒性作用。

　　Alcazar-Fuoli 等研究了烟曲霉 *erg*3A 和 *erg*3B 两个基因在固醇合成和对抗真菌药物耐受性中的作用。分别敲除了 *erg*3A 基因、*erg*3B 基因和将两个基因共同敲除,结果显示 *erg*3B 编码 C-5 固醇脱氢酶,而 *erg*3A 对烟曲霉麦角固醇合成没有明显的作用,3 种突变株对两性霉素 B、伊曲康唑、氟康唑、伏立康唑和酮康唑等抗真菌药物的敏感性没有改变。由于构巢曲霉和粗糙脉孢菌相对简单而被作为"模式"种用于真核生物的一些基础生物学特性研究。丙酸盐可以作为丝状真菌的碳源,但是将它添加到含葡萄糖的培养基时又抑制真菌的生长。为了解释这一现象,人们对构巢曲霉进行了研究,发现了柠檬酸甲酯循环。Brock 等进一步研究了这一机制,他们从构巢曲霉基因组序列中确定了上述循环中的一个关键酶——异柠檬甲脂酸裂合酶的编码基因,并将其敲除。得到的缺失株在以丙酸盐为碳源的培养基上不生长,在以其他物质为主要碳源且含有丙酸盐的培养基上受抑制。由此推论,柠檬酸甲酯循环的产物异柠檬甲酯是潜在的细胞代谢毒物。

### 6.2.4.3　米曲霉基因组研究

　　日本研究人员成功破译了米曲霉的基因组,为酿造更具风味的酱油和酒等奠定了基础。研究人员的分析结果显示,米曲霉基因组大约有 3 800 万个碱基对,共有 8 条染色体,包含约 1.2 万个基因。研究人员说,在基因组已被破译的微生物中,米曲霉的碱基对数目是最多的。与相近的曲霉菌相比,米曲霉基因数量要多出 30% 左右。研究人员认为,这也许可以解释米曲霉所具有的一些独特生物特征。米曲霉含有大量的与蛋白质和脂肪分解酶相关的基因,能够把蛋白质分解成让酿造食品更具美味的氨基酸。研究人员认为,基因组所包含的信息可以用来寻找最适合米曲霉发酵的条件,这将有助于提高食品酿造业的生产效率和产品质量。米曲霉基因组的破译,也为研究由曲霉属真菌引起的曲霉病提供了线索。

## 6.2.5　担子菌纲与黏菌纲真菌的染色体及基因组研究简介

　　从 1983 年启动大肠杆菌基因组计划以后,1986 年提出基因组学一词,随着 1990 年人类基因组计划的启动,基因组学成为 20 世纪 90 年代末到 21 世纪最热门的学科之一,微生物基因组已经成为基因组学中发展最快的一个分支领域,尤其是真核微生物基因组研究对揭示真核生物的表达机制以及基因组起源关系都有着十分重要的意义。目前的主要研究集中在揭示不同微生物基因组并进行类比,研究发现其基因的同源起源以及蛋白聚类的功能作用,以期望得到更多可直接利用的信息为人类提供更好的服务。

### 6.2.5.1　担子菌纲真菌

　　黄孢原毛平革菌(*Phanerochaete chrysosporium*)属于白腐真菌,它是第一个全基因组测序的担子菌门的真菌,也是研究最为深入的白腐菌,基因组大小为 30 Mb,有 10 个染色体,它能够分解木质素。作为木质素降解酶系统的一部分,黄孢原毛平革菌产生独特的过氧化物酶和氧化酶,这些酶可以降解有毒废料、农药、炸药污染等中的木质素类物质。不像某些白腐真菌,黄孢原毛平革菌几乎不降解木材的白色纤维素。它还有一个非常高的最适生长温度,使之可以在木屑堆肥中生长。这些特征使黄孢原毛平革菌更易应用于生物技术。有关信息可在 http://www.jgi.deo.gov 上查阅。

*Coprinopsis cinerea* 又称 *Coprinus cinereus*,是一个多细胞、具有形成典型伞状结构并具备完整周期的担子菌。由于其容易在界定的基础培养基上生长,可进行遗传和分子生物学分析,因此成为研究多细胞有机体发展和调节的模型。其基因组大小为 37.5 Mb,分布于13 条染色体。

新型隐球菌(*Cryptococcus neoformans*)是一种二型的异宗配合真菌,单倍体,有明确的有性期,其基因组约为 20 Mb,共有 14 条染色体,编码约 6 574 个基因。在土壤中广泛存在,是土壤、瓜果的腐生菌,经呼吸道、消化道等进入人体,可引起全世界最严重的真菌病害之一的隐球菌病。其发病率和死亡率随着艾滋病的流行而上升。另外新型隐球菌也感染无免疫缺陷的人群。由于抗真菌药物也往往对其不起作用,因此十分有必要研究开发可有效控制全身性隐球菌感染的高活力的抗真菌药物。

禾柄锈菌(*Puccinia graminis*)是一种病原菌,能够引起谷类作物,如小麦、燕麦、黑麦、大麦等的秆锈病。秆锈菌,也称为黑锈或秆黑锈病,是世界上最具破坏性的禾谷类作物病害,据估计,北美洲 1955 年因秆锈病损失小麦 25 亿多 kg;中国 20 世纪 50 年代春麦区也常受其为害而减产。禾柄锈菌为单倍体,基因组约 80 Mb,分布于 18 条染色体,具有复杂的生命周期,包括 5 个孢子阶段和两个非常不同的宿主,即以杂草为初宿主,通常以小檗属植物为转换寄主。因为初寄主专一性,禾柄锈菌有很多专化型,如 *Puccinia graminis* f. sp. Tritici 可侵染小麦。

玉米瘤黑粉菌(*Ustilago maydis*,*Ustilago zeae*)是一种担子菌,通常以一种丝状菌丝体存在,异宗配合,基因组约 20 Mb,分布于 23 条染色体。在玉米瘤黑粉菌的生活史中,有两种不同形态的细胞,即单倍体细胞(担孢子)和双核菌丝体。单倍体细胞没有致病性,在特定培养基上芽殖产生"酵母"状菌落。不同遗传型的单倍体细胞融合形成双核菌丝,双核菌丝能在寄主植物体内迅速发育,刺激寄主组织形成肿瘤,并继而经过细胞核融合,产生双倍体的冬孢子。玉米瘤黑粉菌是一个极好的研究寄主-病原物相互作用的模型系统,并已被植物病理学家研究了 100 多年。它适合如转换和同源基因置换等分子操作。对于玉米瘤黑粉菌的分子遗传研究集中在致病因子的信号传导、交配在发病中的作用和重组(比如首次在玉米瘤黑粉菌观察到 DNA 重组结构——Holliday 结构)。这种真菌容易在实验室条件下在玉米幼苗或者以单细胞酵母形式在人工培养基上生长。最近,玉米瘤黑粉菌已成为一个研究植物病原体的很好的实验模型,尤其是分析响应寄主信号而引起感染菌株的形态改变。玉米瘤黑粉菌也是研究比如锈病、黑穗病菌等实验室很难操作的植物致病担子菌的重要模型。玉米瘤黑粉菌基因组序列测定可和其他真菌基因组进行比较研究,尤其可以更好地了解致病真菌的寄主范围。它还将帮助研究抗真菌药物的分子标靶。分析玉米瘤黑粉菌将为分析研究侵染如大麦、小麦、高粱和甘蔗等重要农作物的其他数百种黑粉病菌提供框架。

#### 6.2.5.2 黏菌纲真菌

黏菌是真核生物中的一个特殊类群，其生活循环兼具了真菌和动物的某些特征，关于其在生物界中的分类地位一直存在争议，五界系统将黏菌归入菌物界，而八界系统则将其归入原生动物界。随着分子生物学技术的发展，DNA标记成为探讨生物分类地位和系统发育关系的最直接最有效的特征或标志。由于黏菌的大多数类群很难在人工培养基上进行培养，因此其DNA提取多以孢子为材料。白秀娟等（2003）分别采用CTAB法、SDS法、蛋白酶K法和SDS-蛋白酶K法等提取黏菌基因组DNA，所得DNA较完整，可用于RAPD等研究。

# 6.3　准　性　生　殖

### 6.3.1　准性生殖概念

真菌在进行有性循环时，通过减数分裂可产生重组体，这是实现基因重组的一条重要途径。但是有很多真菌，特别是半知菌亚门的真菌，没有或很少发生有性生殖过程，却仍然表现出了较高频率的变异，这种变异就是通过另一条独立于有性生殖的基因重组途径，即准性生殖（parasexual reproduction，parasexuality）途径发生的。准性生殖是一种类似于有性生殖但比有性生殖更为原始的两性生殖方式，这是一种在同种而不同菌株的体细胞间发生的融合，它是一种不通过减数分裂而导致低频率基因重组并产生重组子的生殖方式。所以，可以认为准性生殖是在自然条件下，真核微生物体细胞间的一种自发性的原生质体融合现象。

准性生殖不同于有性生殖，其主要区别有：①有性生殖过程导致有性孢子产生，这些有性孢子在形态、生理上都和营养体细胞不同，而且往往产生于特殊的子囊器中。准性生殖过程导致基因重组，可是重组体细胞和营养体细胞没有什么不同，而且并不产生于特殊的子囊器中。②有性生殖过程中由于减数分裂中染色体的交换及其随机分配而导致基因重组，在减数分裂中染色体的交换和每一对染色体减为半数是一个很有规律的协调过程。而准性生殖过程中体细胞染色体的交换和单元化过程中染色体的减少是不规则、不协调的。

### 6.3.2　准性生殖的发现

20世纪50年代，庞特科沃（Pontecorvo）在对构巢曲霉的研究中，发现部分真菌的许多类群特别是半知菌亚门，没有或很少有有性生殖，却仍有较高的重组发生，这些重组就是准性生殖所致，从而揭示了真菌及半知菌类具有频繁的变异的原因。准性生殖是真菌中有别于有性生殖的基因重组途径，与有性生殖一样，是实现基因重组的有效途径。准性生殖的发现不仅丰富了遗传学的研究内容，而且开辟了认识植物病原真菌的新领域，因此受到真菌遗传学家和植物病理学家的高度重视。继Pontecorvo之后，各国科学家先后在21个属40个种的真菌中发现准性生殖（表6.10）。准性生殖发现后人类又在高等动物中发现核内有丝分裂交换重组（mitotic crossing over），即体细胞交换重组（somatic crossing over），其遗传机理与准性生殖类似，所不同的是没有异核体形成过程。体细胞重组是细胞产生非整倍体的主要原因之一，从而导致疾病发生。

**表 6.10　已知发生准性生殖的真菌**

| | |
|---|---|
| *Acrasiomycetes* 聚黏菌纲 | *Basidiomycetes* 担子菌纲 |
| 　*Dictyostelium discoideum* 盘基网柄菌 | 　*Ustiago*（3 *species*）黑粉菌属（3 个种） |
| *Phycomycetes* 藻状菌纲 | 　*Puccinia*（3 *species*）柄锈菌属（3 个种） |
| 　*Phycomyces blakesleeanus* 布拉克须霉 | 　*Melampsora lini* 亚麻珊锈菌 |
| *Ascomycetes* 子囊菌纲 | 　*Coprinus*（4 *species*）鬼伞属（4 个种） |
| 　*Aspergillus*（9 *species*）曲霉属（9 个种） | 　*Schizophyllum commune* 裂褶菌 |
| 　*Penicillium*（3 *species*）青霉属（3 个种） | *Deuteromycetes* 半知菌纲 |
| 　*Saccharomyces cercvisiaz* 酿酒酵母 | 　*Fusarium oxysporum* 尖镰孢菌 |
| 　*Schizosaccharomyces pombe* 粟酒裂殖酵母 | 　*Verticillium*（2 *species*）轮枝孢属（2 个种） |
| 　*Cochiobolus sativus* 禾旋孢腔菌 | 　*Cephalosporium*（2 *species*）头孢霉属（2 个种） |
| 　*Podospora anserina* 柄孢壳菌 | 　*Humicola* sp. 腐质霉 |
| 　*Leptosphaeria maculans* 小球腔菌 | 　*Ascochyra immperfecta* 不全壳二孢菌 |
| 　*Neurospora crassa* 粗糙脉孢霉 | 　*Pyricularia oryzae* 稻瘟病菌 |

### 6.3.3　准性生殖过程

准性生殖过程包括异核体的形成、二倍体的形成以及体细胞交换和单元化（图6.8）。

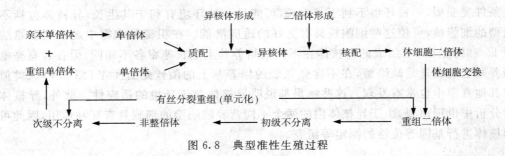

图 6.8　典型准性生殖过程

#### 6.3.3.1　异核体形成及证实

当带有不同遗传性状的两个单倍体细胞或菌丝相互融合时,会导致在一个细胞或菌丝中并存有两种或两种以上不同遗传型的细胞核,这样的细胞或菌丝就叫异核体。异核体的形成是进行准性生殖的第一步。当把构巢曲霉中 A 接合型的亮氨酸缺陷型突变株（$leu^-met^+$）与 A 接合型的蛋氨酸缺陷型突变株（$leu^+met^-$）所产生的大量的分生孢子混合接种在 MM 上培养时,常常可以得到少数原养型菌落,这就是异核体。为什么说原养型菌落就是异核体?原养型菌落从理论上也可能是互养或单倍体重组或单倍体融合成为二倍体或异核体。为了证实原养型菌落是异核体而非其他重组体,特别做了相关实验。

如果是互养,那么两种缺陷型孢子在一起时,菌丝间可能通过培养基互相供应养料,而出现少数能在 MM 上生长的菌落。实验中把原养型菌落的少量菌丝接种在养料贫乏的培养基上,在放大镜下把从接种处向外长出的菌丝的尖端连同小块培养基割下（单个菌丝）,其目的是检查单个细胞是否能在 MM 上生长。如果是互养,由于这样处理,使之失去互养的条件,再观察有无原养型菌落的出现。放入 MM 的试管中,如果是互养,单个菌丝在 MM 上就不能生长,然而实验结果得到菌丝,说明不是互养。

如果原养型菌落是单倍体重组或单倍体融合成为二倍体所致,那么把构巢曲霉的两个

缺陷型菌株 A⁻和 B⁻的分生孢子混合接种到 MM 上,取出现菌落的单个菌丝尖端接种到
MM 上,得到单个菌丝尖端所长的培养物。收集这些培养物上的分生孢子,各取大约 100
个孢子,分别接种在 MM、含 A 的培养基和含 B 的培养基上,其目的是观察有无菌落产生。
实验结果是在 MM 上没有菌落,在含 A 和含 B 的培养基上都有菌落。这个结果表明两种
缺陷型 A⁻B⁻与 A⁻B⁺都不能在 MM 上生长,它们只能在补充了所缺陷的营养物质的培养
基上生长。说明两个缺陷型既没有单倍体重组(A⁺B⁺)也没有成为二倍体 A⁺B⁻/A⁻B⁺,如
果发生了单倍体重组或融合成为二倍体,那么其孢子都能在 MM 上生长,由此排除单倍体
重组和二倍体的可能。从上述实验不难证明这个原养型菌落是异核体。

　　异核体的出现具有什么生物学意义呢?异核体不只是实验室的产物,在自然界中也是
一种普遍现象。早在 1938 年人们就发现 35 属半知菌中有 32 属有异核现象。许多真菌都
有这种现象,异核体在真菌中是普遍存在的。同一种真菌的菌丝接触时,菌丝之间就连在一
起,细胞质和细胞核就混合在一起,菌丝连接处就长出含有两个菌丝体的细胞质和细胞核的
菌丝。如果两个菌丝体的细胞核属于不同的基因型,那么就成为了一个异核体。异核体的
普遍存在并不是偶然的,从两个营养缺陷型的异核体菌株可以在 MM 上生长这一点可以看
到,异核体具有生长优势,类似于高等生物的杂种优势。因此,异核体在自然界普遍存在的
原因是异核体具有的生长优势和可储备隐性突变基因,有利于更好地适应环境。某些突变
型是条件突变型,一种环境不利于其生长,可能另一种环境有利于其生长,异核体包括不同
基因型的细胞核,可使这些细胞核具有更好的适应潜能。在粗糙脉孢霉中观察到亮氨酸缺
陷型 L⁻和野生型 L⁺组成的异核体在不同的培养基上生长速率各不相同,但在含有亮氨酸
的培养基上的菌丝是缺陷型,在不含亮氨酸的培养基上的菌丝是野生型(图 6.9)。类似现
象在其他真菌中也常有发现。这些结果都说明异核体对于环境的适应性。此外,异核体在
遗传分析中也很重要,由于异核体内的两个不同营养缺陷型的细胞具有互补作用,因此可以
用异核体进行基因等位性的测定等研究。

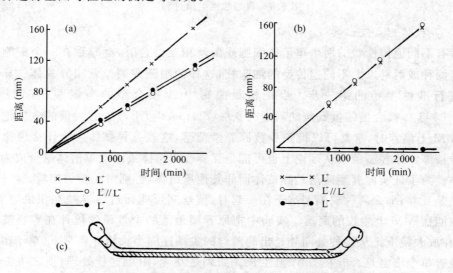

图 6.9　粗糙脉孢菌的同一异核体 L⁺//L⁻和两个纯合体 L⁺和 L⁻

　　一般来说,异核体的形成与 A、a 接合型之间没有关系,但接合型可影响形成异核体的
难易程度,相同接合型的菌株间更容易形成异核体。异核体的形成是由基因型决定的,在粗

糙脉孢菌中已发现至少有 10 个基因与异核体的形成有关,而不同接合型的菌株连在一起更容易产生子囊孢子。真菌传播主要依靠分生孢子,分生孢子多是单核的,那么这些真菌又怎样经常保持它们的异核体状态呢?事实上曾经发现从空气中落下的孢子所长成的青霉菌也有异核体,说明孢子飞散时常是几个连在一起,这样就有利于异核体的传播。即使单个分生孢子长出来的菌丝,也可形成异核体,这是菌丝的个别细胞核发生突变所致。异核体现象在粗糙脉孢霉、土曲霉、异宗曲霉、杂色曲霉等真菌中都有发现,而且许多从自然界分离得到的菌株都属于异核体形成的不亲和类型。这些现象说明异核体具有类似于高等植物的不亲和因子的作用,生物的演化是缓慢而渐进的,性状的改变是一个漫长的过程,纵观生物演化历史,不难在研究过程中发现一系列中间类型,间接地证明了生物的演化过程。

### 6.3.3.2　杂合二倍体形成

真菌在自然界中一般以单倍体状态生存着,但在实验室中可以获得稳定的二倍体菌株。异核体细胞中存在着核融合的可能。核融合是指两个单倍体核融合形成一个二倍体核的现象。基因型相同的核融合形成纯合二倍体,基因型不同的核融合形成杂合二倍体。但后者的频率极低。研究表明异核体发生核融合而产生二倍体的频率为 $10^{-7} \sim 10^{-5}$。用某些理化因素(如紫外线、樟脑蒸汽或高温)处理,可提高杂合二倍体产生的频率。可能原因是由于在处理过程中使某些抑制核融合的基因发生突变的结果。如果把大量异核体产生的分生孢子接种到 MM 上,就可以得到少数菌落。这些菌落不同于第一次异核体混合的 $A^+B^-$ 和 $A^-B^+$ 菌株的孢子在 MM 上的原养型菌落。因为这些菌落在 MM 上能生长,说明它们是二倍体菌株,而不是异核体菌株。这是因为异核体菌落在 MM 基上不能生长,而二倍体在 MM 上能够生长。

从异核体的分生孢子中检出二倍体孢子的过程中,可能会出现重新由两种孢子接合起来的异核体或者由于回复突变而出现的菌落。为了避免将这些异核体菌落误认为是二倍体菌落,可以采取两种措施:一是采用十分纯净的 MM,使得两种缺陷型亲本孢子都不能在上面发芽,这样就可以避免异核体的出现。在这里必须指出,由于同样的理由在检出异核体时,所用的 MM 能使缺陷型亲本的分生孢子在上面发芽,但不能在上面形成菌落。二是采用具有分生孢子颜色突变标记的缺陷型菌株作为亲本。例如:构巢曲霉野生型分生孢子 $W^+Y^+$ 是绿色的,突变型 $W^+Y^-$ 的分生孢子是黄色的,突变型 $W^-Y^+$ 的分生孢子是白色的。黄色孢子($A^-B^+W^+Y^-$)和白色孢子($A^+B^-W^-Y^+$)所组成的异核体($A^-B^+W^+Y^- / A^+B^-W^-Y^+$),产生的分生孢子有黄、白两种。如果是二倍体($A^-B^+W^+Y^- // A^+B^-W^-Y^+$),那么产生的分生孢子应该是绿色的。这是因为异核体所产生的分生孢子就是两个亲本所产生的孢子,而二倍体所产生的孢子就只有一种,并且黄色突变型和白色突变型对于绿色野生型而言都是隐性的,所以二倍体的分生孢子是绿色的。研究发现绿色分生孢子并不十分稳定,在形成大菌落时,常常会以很低的频率出现白色或黄色的扇形面——角变,这个现象可以说明异核体形成二倍体是可逆的,从而也证明了杂合二倍体是异核体融合形成的。此外,形成绿色分生孢子的菌株的细胞内只有一个核,且其 DNA 的含量为亲本 DNA 含量的 2 倍。因此认为绿色分生孢子是由于异核体中的两个核融合而形成二倍体($A^-B^+W^+Y^- // A^+B^-W^-Y^+$)所致。

一般情况,在大量的异核体分生孢子中有少数二倍体孢子,这一事实说明少数单倍体细胞融合成为二倍体细胞。如果期望二倍体细胞出现的频率增高,可借助某些理化因素。例如：樟脑蒸汽处理构巢曲霉菌丝，可提高二倍体菌落的频率 10 倍；米曲霉多核分生孢子经紫外线处理，可提高二倍体频率（从 1％到十几万倍）。

二倍体有着某些不同于异核体的特性。如二倍体所产生的分生孢子在形态上大于单倍体孢子，如构巢曲霉、黑曲霉等的二倍体分生孢子大于单倍体的分生孢子；在另一些真菌如酱油曲霉中，孢子大小没有改变，但孢子中的细胞核数目则不相同，某些二倍体孢子中的细胞核数约为单倍体孢子中细胞核数的一半（表 6.11）。

表 6.11　几种真菌的分生孢子比较

| | 单倍体分生孢子 | | | 二倍体分生孢子 | | |
| --- | --- | --- | --- | --- | --- | --- |
| | 直径($\mu$m) | 体积($\mu$m³) | 核数/孢子 | 直径($\mu$m) | 体积($\mu$m³) | 核数/孢子 |
| 构巢曲霉 | 3.15 | 16.3 | 1.0 | 4.0 | 33.5 | 1.0 |
| 黑曲霉 | 4.5 | 47.7 | 1.0 | 5.4 | 82.4 | 1.0 |
| 酱油曲霉 | — | 135.0 | 4.22 | | 128.0 | 2.21 |
| 米曲霉 | — | — | 3.5 | | | 1.9 |
| 产黄曲霉 | 3.7 | 26.9 | 1.0 | 4.9 | 61.9 | 1.0 |

根据杂合体细胞二倍体的特性，不难将它们与异核体菌落及回复突变产生的原养型菌落区别开来。一般通过测定培养性状特征、稳定性、分生孢子核型、分生孢子大小和 DNA 含量及采用双标记菌株实验，即可排除异核体、单倍体和回复突变。

### 6.3.3.3　体细胞交换和单元化

准性生殖循环过程中产生的二倍体并不像有性生殖过程中的二倍体那样进行减数分裂，它们仍以丝分裂的形式增殖。一般二倍体比异核体稳定，从异核体得到的分生孢子属于两个亲本菌株，从二倍体得到的分生孢子则都是二倍体。可二倍体的稳定性是相对的，正像从大量异核体中可以得到少量的二倍体一样，从大量二倍体中也可以得到少量体细胞分离子。

体细胞交换是指有丝分裂过程中同源染色体局部片段发生交换，从而导致部分基因纯合的现象。把产生部分基因纯合化的重组二倍体称为二倍体分离子。即异核体形成的二倍体以有丝分裂的形式增殖，有两种状况：一是杂合二倍体的一条同源染色体中的一条单体与另一条同源染色体中的一条单体间不发生交换，而是同时移向细胞一极形成子细胞，同源染色体上的基因仍然保持亲代的杂合状态，如杂合二倍体 AbCd//aBcD 有丝分裂后的子细胞仍是 AbCd//aBcD，这是属于体细胞不发生交换的情况；二是偶尔会在有丝分裂的四线期发生同源染色体的两条染色单体之间的节段互换，体细胞交换的结果是产生重组体，使两条带有相同基因(C/C 或 d/d)的染色体移向细胞一极，形成一个子细胞，导致这一节段染色体部分基因同质化，使原来杂合状态的基因会变为纯合状态（图 6.10）。通过有丝分裂的交换，亲本型 AbCd//aBcD 产生重组体 AbCd/aBCd、AbcD/aBcD、AbcD/aBcD，在第一个重组体中导致 C 与 d 基因纯合，在第二个重组体中导致 c 与 D 基因纯合。有时染色体交换的结果还可能产生连锁基因颠倒的分离子。在二倍体中，隐性基因被掩盖，不得以表现，当发生体细胞交换时，部分隐性基因纯合，原来掩盖的性状得以表现，则产生新的表型性状的菌株。

例如，从二倍体 $w^- y^+/w^+ y^-$ 株中分离出分生孢子为白色和黄色的菌株，并且发现它们都具有 $2n$ 的细胞核，认为它们是由于 $2n$ 核在有丝分裂过程中发生了体细胞重组，从而引

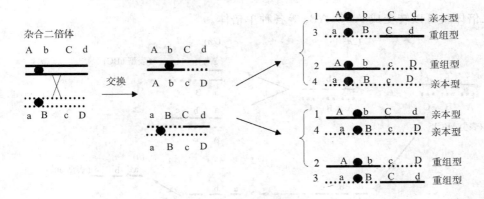

图 6.10　同源染色体交换形成重组分离子

起了绿色→白色、绿色→黄色的变化。也就是说,二倍体 $w^- y^+/w^+ y^-$ 的孢子是绿色的,重组体 $w^- y^+/w^- y^-$ 的孢子是白色的,重组体 $w^+ y^-/w^- y^-$ 的孢子是黄色的,这个颜色的改变与融合二倍体重新分离形成重组分离子是不同的,异核体 DNA 含量是二倍体的一半,这不难于鉴别。

　　单元化是指染色体在有丝分裂后期不分离从而导致染色体丢失并伴同产生非整倍体或单倍体的过程的现象。这个过程不是一次分裂完成的,是通过多次有丝分裂而完成的,细胞由二倍体逐渐变成非整倍体最后形成单倍体,因此单元化产生的分离子的类型多样,有各种类型的非整倍体和单倍体的分离子。因此,杂合体细胞二倍体在有丝分裂时进行的单倍化的过程不同于减数分裂。其特点是需要经过反复发生染色体不分离现象以使染色体逐个单元化。而在减数分裂中,细胞只需经过两次分裂分离,染色体全部由二倍体转变为单倍体。所以,减数分裂使每一对染色体减为半数,由一个母细胞产生四个单倍体细胞。而构巢曲霉等真菌通过准性生殖产生的单倍体细胞,是由二倍体细胞经过若干次分裂而不分离而形成的。因此减数分裂与体细胞交换和单元化过程的不同表现为:①在减数分裂过程中交换并非偶发现象,是以一定频率发生,但体细胞交换是一个偶然发生的事件;②减数分裂过程中,每一对染色体同时减为半数,但在单元化过程中,每一次细胞的有丝分裂中只有个别染色体可能由一对变为一个,故此,所谓单元化过程实际上可看做在一系列有丝分裂过程中一再发生染色体不分离的行为。

　　染色体不分离行为发生在体细胞有丝分裂时期,染色体正处在分离阶段,由于纺锤体中蛋白功能错误或细胞周期调控错误,染色体以偶然的机会使 4 条染色单体不能均等分开,称不离开作用,分离结果使一个细胞多一个染色单体($2n+1$),另一个细胞少一个染色单体($2n-1$)(图 6.11)。这是因为在正常有丝分裂中,染色体一分为二,各自在纺锤丝的作用下趋向两极,使子细胞各含一条染色体,但异常分离使分裂后的两条染色体趋向一极,结果造成单体和三体等非整倍体的产生。非整倍体是很不稳定的,从而表现出细胞异常,在随后的有丝分裂中不断产生染色体丢失现象,直到恢复到单倍体数目,形成一系列重组单倍体。染色体不分离的发生是随机的,可导致一系列非整倍体的产生,由于每对染色单体中任何单体的失去都是不能选择的,因此,导致形成的单倍分离子具有多种多样的类型。虽然通过体细胞交换与单元化产生的分离子频率很低,但因体细胞数目众多,有丝分裂次数远远大于减数分裂次数,因此准性生殖中的变异不容忽视,是基因重组的重要方式之一。经过这一过程,杂合二倍体就可以转变成 ABC、ABc 等各种单倍体。

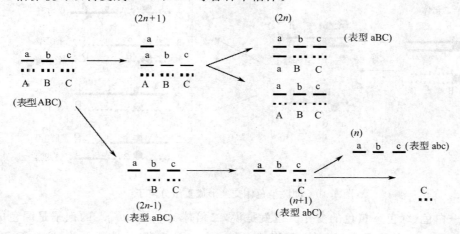

图 6.11 单元化过程

因比,单元化和体细胞交换,其意义是相同的,都是发生标记的分离,最终达到基因和染色体的重组。但它们之间是两个独立的过程。单元化是杂合二倍体整条染色体的重新组合和染色体丢失行为,从而产生各种类型的单倍体分离子和二倍体分离子。体细胞交换,则是局部同源染色体之间的交换而进行重组,只能产生二倍体分离子。

杂合二倍体经过以上体细胞交换和单元化后产生的子细胞,统称为分离子。分离子种类很多,根据不同状况可分为二倍体分离子、非整倍体分离子、单倍体分离子。

综上所述,准性生殖中的体细胞交换和单元化是两个独立发生的过程。体细胞交换产生部分基因纯合化的二倍体的重组体,而单元化过程则产生各种类型的非整倍体和重组单倍体。体细胞重组尽管是准性生殖产生重组体的关键,但体细胞重组现象在生物类群中真菌并不是唯一的,在高等生物疾病细胞或植物愈伤组织细胞的制片中都发现有体细胞重组细胞,关于体细胞重组机制人们了解得并不是十分清楚,但可以肯定的是与细胞周期异常调控有关,与周期蛋白、牵引蛋白和重组蛋白相关。

### 6.3.4 有丝分裂定位

基因定位一般是通过减数分裂而定位的,一般是通过子代交换类型与非交换类型的计算进行定位的。现代遗传学一般利用基因序列分析进行基因定位,但在 1936 年,斯顿(Stern)首次在果蝇的有丝分裂中发现了连锁基因的交换。在果蝇的 X 染色体上有两对连锁基因:y(黄体)对 y$^+$(灰体)隐性,sn(短的曲刚毛)对 sn$^+$(长的直刚毛)隐性。基因型为杂合体的雌果蝇应表现出野生型的灰体直刚毛。将一个灰体曲刚毛雌果蝇和一个黄体直刚毛雄果蝇杂交,Stern 发现正如所预料的那样雌性后代大部分为野生型,但某些雌果蝇有孪生斑(twin spots),即两块互相靠近而面积大小相当的斑点,一块为黄色,一块为灰色,呈现镶嵌表型,在孪生斑的周围都是野生型表型(灰体直刚毛)。Stern 注意到,孪生斑的发生频率较高,并不是一个偶然事件,且孪生斑的两部分是相连的,即这种孪生斑一定是某种遗传事件的交互产物。这种现象无法用体细胞突变等来解释,他认为最好的解释是由于体细胞在有丝分裂过程中发生了同源染色体间的交换而产生的。如果在互斥相排列基因型的杂合子位点和着丝粒之间发生一个有丝分裂交换,发生交换后的染色体在有丝分裂中,由于染色单体的随机定向,在其后代细胞中就会产生等位基因的纯合。

　　体细胞交换发生在有丝分裂的中期之前,由同源染色体形成类似减数分裂的联会复合体,即在光镜下可见的二价体(也有称为四分体),在其中发生交换后再进入中期。如果这种交换发生在发育的早期,那么这两种纯合子后代细胞就会经历更多的细胞分裂,因而产生两种纯合子细胞克隆,即 Stern 所观察到的孪生斑。同源染色体联会被认为是染色体交换的前提,在减数分裂中同源染色体联会是一个必经的过程,因而减数分裂中染色体的交换是一个经常发生的事件,但多数生物的体细胞在有丝分裂过程中同源染色体不联会,因而染色体交换甚至同源染色体配对在有丝分裂中是极不常见的,但通过 X 射线的照射可以增加其发生的频率。由于有丝分裂交换导致部分基因纯合,因此,根据这一现象,计算其基因纯合率则可以确定基因的顺序位置,其原理是依据体细胞同源染色体的交换使得染色体远侧的杂合基因纯合化的规律,然后可推导基因的位置和距离。这就是有丝分裂定位。这一方法使不进行有性生殖的丝状菌的基因定位工作有了可能,但由于其应用面较窄,对于半知菌有效,对于非规律性的有丝分裂重组的意义并不大,因此很少应用。然而由于高等生物的某些疾病与有丝分裂重组有关,因此,这种定位对于异常体细胞团的形成又有十分重要的意义。在构巢曲霉中发现体细胞重组后,使不通过有性生殖过程进行基因定位成为可能(图6.12),有丝分裂交换定位对于那些不进行有性生殖的生物如黑曲霉(*Aspergillus niger*)、酱油曲霉(*A. sojae*)等的基因定位具有重要的价值。

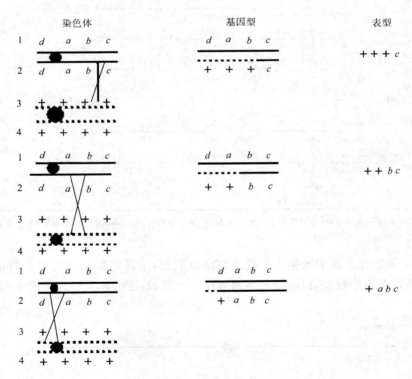

图 6.12　有丝分裂定位原理

　　如图 6.12，如果交换发生在 $b$ 与 $c$ 之间，那么导致 $c$ 纯合化；如果交换发生在 $a$ 与 $b$ 之间，那么导致 $b$ 与 $c$ 纯合化；如果交换发生在 $a$ 与着丝粒之间，那么导致基因 $a$、$b$ 和 $c$ 纯合。图 6.12 可以看到基因距着丝粒愈近，纯合化的机会愈小，基因与着丝粒距离愈远，纯合化机会愈大（如 $a$ 只有 1 次，而 $c$ 则有 3 次）。当 $a$ 是纯合子的时候，$b$ 也是纯合子，但在有些克隆中，当 $b$ 是纯合子的时候，$a$ 却不是纯合子，这说明 $a$ 比 $b$ 更靠近着丝粒。分析所有的克隆表型就会发现 $a$ 离着丝粒最近，$b$ 次之，紧接着是 $c$。某个体细胞克隆所出现的频率反映了某个有丝分裂交换所发生的频率，这个频率就可以用来计算有丝分裂图距。表 6.12 就是构巢曲霉的有丝分裂定位实例。据表 6.12 的数据和图 6.12 的原理，可见着丝粒位置在 $an1$ 和 $pro1$ 之间。各个基因之间或着丝粒和邻近的基因之间的距离可以根据每一类型的出现频度来计算。例如在黄色孢子重组体中，表型属于 $pro\ paba\ y\ ad$ 的分离子占 9/154＝6％。这一类型的分离子是着丝粒和 $pro$ 之间交换的结果。所以如果把这一基因所在的染色体臂从着丝粒到选择性基因 $y$ 之间的距离定为 100 时，着丝粒与 $pro$ 间的距离是 6。通过有丝分裂定位得到构巢曲霉的第一染色体的图谱如图 6.13。

**表 6.12　构巢曲霉第一染色体细胞重组分析**

| 二倍体： | $su$-$ad20$ | $ribo1$ | $an1$ | ● | ＋ | ＋ | ＋ | $ad20$ | $bi1$ | |
| --- | --- | --- | --- | --- | --- | --- | --- | --- | --- | --- |
| | ＋ | ＋ | ＋ | | $pro$ | $paba1$ | $y$ | $ad20$ | ＋ | |
| 选择黄色孢子突变体 | $\dfrac{y}{y}$ | | | | | | | | | |
| **表型** | | | | **基因型** | | | | | | **重组率** |
| $y\ ad$ | $su$ | $ribo$ | $an$ | ＋ | ＋ | $y$ | $ad$ | ＋ | | 35 |
| | ＋ | ＋ | ＋ | $pro$ | $paba$ | $y$ | $ad$ | ＋ | | |
| $y\ pad\ ad$ | $su$ | $ribo$ | $an$ | $pro$ | $paba$ | $y$ | $ad$ | ＋ | | 110 |
| | ＋ | ＋ | ＋ | $pro$ | $paba$ | $y$ | $ad$ | ＋ | | |
| $y\ pro\ paca\ ad$ | $su$ | $ribo$ | $an$ | $pro$ | $paba$ | $y$ | $ad$ | ＋ | | 9 | 9/154＝5.84％ |
| | ＋ | ＋ | ＋ | $pro$ | $paba$ | $y$ | | | | |
| 选择腺嘌呤非缺陷型 | $su\ ad20$ | | | | | | | | | |
| | $su\ ad20$ | | | | | | | | | |
| $su$-$ad20$ | $su$ | ＋ | | $pro$ | $paba$ | $y$ | $ad$ | $bi$ | | 59 |
| | $su$ | $ribo$ | $an$ | ＋ | ＋ | ＋ | $ad$ | ＋ | | |
| $su$-$ad20$ $ribo$ | $su$ | $ribo$ | | $pro$ | $paba$ | $y$ | | $bi$ | | 21 |
| | $su$ | $ribo$ | $an$ | ＋ | ＋ | ＋ | $ad$ | | | |
| $su$-$ad20$ $ribo\ an$ | $su$ | $ribo$ | $an$ | $pro$ | $paba$ | $y$ | | $bi$ | | 181 | 181/261＝69.35％ |
| | $su$ | $ribo$ | | ＋ | ＋ | ＋ | $ad$ | | | |

注：$su$-$ad20$ 为 $ad20$ 的抑制基因；$ribo$ 为核黄素；$an$ 为维生素 $B_1$；$pro$ 为脯氨酸；$paba$ 为对氨基苯甲酸；$y$ 为黄色孢子；$ad$ 为腺嘌呤；$bi$ 为生物素。

　　图 6.13 中染色体上面的数据是有丝分裂定位数据，下面的数据是减数分裂定位数据。可以发现虽然数据相差较大，但基因的排列顺序是一致的，这可以验证连锁图谱构建的准确性。

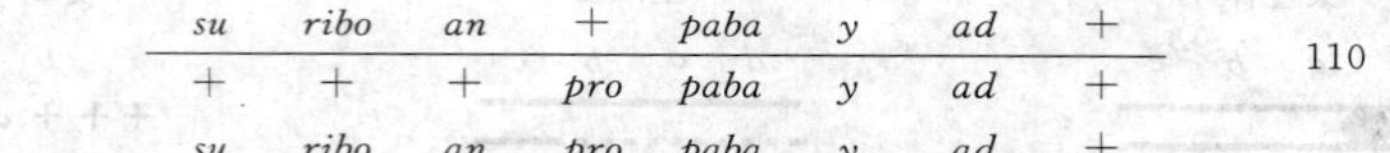

图 6.13　构巢曲霉第一染色体图谱

## 6.3.5　连锁群判断

一个杂合二倍体可以通过体细胞交换而得到某些基因的纯合体。这一局部纯合化的菌株在无性繁殖过程中进一步纯合化,而终于成为完全的纯合菌株(图 6.14)。逐步纯合化的过程中的这些菌株分别称为一级分离子、二级分离子等。分离子可以是二倍体,也可以是单倍体,可来源于体细胞重组,也可来源于单元化。构巢曲霉等真菌二倍体孢子的体积大约为单倍体孢子体积的 2 倍,所以测量孢子大小就可以区分二倍体与单倍体孢子。但非整倍体与二倍体孢子不易区分,根据其他指标,如观察分离子的无性繁殖子代中是否出现基因分离等,可区分二倍体和非整倍体分离子。单倍体可根据杂合二倍体分离规律检出。根据数以千计的分离子的分析,发现准性生殖过程中,异核体产生二倍体的概率是 $10^{-6}$,二倍体产生单倍体的概率是 $10^{-3}$,二倍体核发生体细胞交换的概率是 $10^{-2}$。体细胞交换和单元化是两个独立事件,二者发生在同一细胞中的概率很小,同一染色体上发生两次交换的概率同样很小。通过概率差异大致可以推测分离子是来源于异核体、单倍体还是体细胞交换。另外着丝粒一侧的一次染色体交换可以带来这一染色体臂的某些基因的纯合化,但不会带来另一染色体臂上的某些基因纯合化。如果发现两个染色体臂的基因同时出现纯合化,可能是这一染色体丢失的结果。对于不知道属于哪个连锁群的基因,如果染色体上的两个染色体臂的基因同时纯合化,则可初步判断这些基因属于同一连锁群。

| | | |
|---|---|---|
| $ab/++$ | $cd/++$ | 杂合子 |
| $ab/a+$ | $cd/++$ | 第一级分离子 |
| $ab/a+$ | $cd/c+$ | 第二级分离子 |
| $ab/ab$ | $cd/c+$ | 第三级分离子 |
| $ab/ab$ | $cd/cd$ | 第四级分离子 |

图 6.14　杂合二倍体的逐步纯合过程

因为在单倍化过程中,一条染色体的丢失将导致位于该染色体上的所有基因都随之而丢失,从而表现出类似纯合化现象的性状分离,这样有助于判断基因的连锁关系,如果几个性状同时出现或同时消失,那么控制这几个性状的基因一般连锁。

例如,在进行有丝分裂重组分析时需要构建同一杂合子。可从构巢曲霉的两个不同品系开始构成异核体,然后再筛选出二倍体核即可得到。如两个单倍体品系为:

品系 1:　　　$w$　　　　$ad^+$　　　$pro$　　　$pab$　　　$y^+$　　　$bio$
品系 2:　　　$w^+$　　　$ad$　　　$pro^+$　　　$pab^+$　　　$y$　　　$bio^+$

这两个品系在基本培养基上都不能生长,但异核体由于基因的互补是可以生长的。$w$和 $y$ 两对等位基因都是控制无性孢子的颜色的,$w$ 导致产生白色孢子,$y$ 导致产生黄色孢子。基因型为 $w^+y^+$ 的品系是绿色的,$wy^+$ 品系为白色,$w^+y$ 品系为黄色,$wy$ 品系由于上位效应也是白色的(表 6.13)。因此品系 1 是白色的,品系 2 是黄色的。在异核体中通常出现黄色和白色孢子的混合。

表 6.13　用于曲霉实验中单倍体和二倍体的基因型与孢子颜色的关系

| 表型 | 基因型 | | |
| --- | --- | --- | --- |
| | 单倍体 | 二倍体 | |
| 绿色 | $w^+ y^+$ | $w^+/w^+$ <br> $w^+/w$ <br> $w^+/w^+$ | $y^+/y^+$ <br> $y^+/y^+$ <br> $y^+/y$ |
| 黄色 | $w^+ y$ | $w^+/w$ <br> $w^+/w^+$ | $y/y$ <br> $y/y$ |
| 白色 | $w\ y^+$ <br> $w\ y$ | $w/w$ <br> $w/w$ <br> $w/w$ | $y^+/y^+$ <br> $y^+/y$ <br> $y/y$ |

　　二倍体曲霉细胞繁殖所产生的菌落通常是绿色的(背景绿色,$w^+\ w/y^+\ y$),但也会有很少的产生白色和黄色单倍体及二倍体区域。单倍体和二倍体区域可通过检查孢子的大小来鉴定,因为二倍体孢子较单倍体孢子大。所有这些单倍体区域的产生都是由于单倍体化的结果。

　　我们先来考虑单倍体白色区,通过鉴定后发现白色区中有一半的基因型是 $w\ ad^+\ pro$ $pab\ y^+\ bio$,一半的基因型是 $w^+\ ad\ pro^+\ pab^+\ y\ bio^+$。$ad$、$pro$、$pab$、$y$、$bio$ 这 5 个基因分成两纽且都是亲本的性状,它们是按 1:1 分离的,说明这 5 个基因是相互连锁的,同样也说明 $w$ 基因与这 5 个基因位于不同的染色体上的,即 $w$ 基因与这 5 个连锁基因是自由组合的。通过以上对白色区域的分析,我们可以将这 6 个基因分成两组,但对于 5 个连锁基因的作图却没有任何帮助。

　　为了对这 5 个连锁基因进行作图,我们必须研究第二种类型的分离子:二倍体分离子。前面已经讨论过,有丝分裂交换使得交换点远端的所有基因纯合化。假设我们检出二倍体黄色分生孢子($y/y$,二倍体孢子较大),然后再分析其他基因的表型以确定分离子的基因型。在 $y/y$ 的隐性纯合子中,有 5.5% 为 $pab$ 和 $pro$ 的纯合子,72% 为 $pab$ 的纯合子,22.5% 为原养型(即 $pab^+\ pro^+\ ad^+$)。由于在 $y/y$ 分离子中没有一个是需要腺苷酸的,因而可以推断 $ad$ 位于染色体的另一臂上,因为发生在一个臂上的有丝分裂交换对另一臂上等位基因的分离是无效的,而在两臂同时发生有丝分裂交换的频率是非常低的。

　　构巢曲霉是一种既能进行有性生殖又能够进行准性生殖的子囊菌。构巢曲霉在准性生殖中所得到的数据与在有性生殖中所得到的数据基本相符。但黑曲霉、产黄青霉、酱油曲霉和红花尖镰孢等真菌都不进行有性生殖,对于这类真菌就只能通过准性生殖过程来进行遗传学分析和育种。

### 6.3.6　准性生殖与有性生殖的区别

　　有性生殖与准性生殖是两种不同的生殖方式。在各个阶段都各有特点(表 6.14)。准性生殖不像有性生殖过程中的染色体交换那样具有规律,其发生没有固定的时间和次序,但最终也导致了基因重组。

**表 6.14　有性生殖与准性生殖的比较**

| 比较项目 | 有性生殖 | 准性生殖 |
|---|---|---|
| 细胞质融合 | 通过菌丝或性孢子,有同宗、异宗配合之分 | 通过菌丝连接,存在异核和不亲和系 |
| 细胞核融合 | 凡发生细胞质融合的细胞都发生核配合 | 只有少数发生核配合,多数仍以异核体存在 |
| 合子 | 在特化的器官内形成,细胞质融合后全部形成合子 | 在营养(体)内形成,质配合的细胞中只有极个别形成合子 |
| 二倍体时间 | 只在特定的一段时间内保持二倍体 | 不同的细胞内形成的二倍体持续的时间也不同 |
| 重组单倍体 | 通过减数分裂产生 | 通过有丝分裂及伴随的染色体各级不分离产生 |
| 最终结果 | 形成特化的有性孢子 | 形成未特化的营养(体)细胞 |
| 亲本细胞形态 | 形态或生理上有分化的性细胞 | 形态相同的体细胞 |
| 异核体阶段 | 无 | 有 |
| 双倍体的细胞形态 | 与单倍体明显不同 | 与单倍体基本相同 |
| $2n$ 变为 $n$ 的途径 | 通过减数分裂 | 通过有丝分裂 |
| 接合发生的几率 | 正常出现,几率高 | 偶然出现,几率低 |

# 6.4　酵　母　菌

酵母菌是以单细胞结构为主的非菌丝型真菌的统称,泛指能发酵糖类的各种单细胞真菌,其细胞直径约为细菌的 10 倍。它们在真菌分类系统中分别属于子囊菌亚门、担子菌亚门和半知菌亚门。根据洛德(Lord)分类可将酵母菌分为 39 属 329 种。遗传学研究较多的是子囊菌亚门的酿酒酵母(*Saccharomyces cerevisiae*),细胞大小为 $(2.5 \sim 10) \mu m \times (4.5 \sim 21) \mu m$。其基因组只是大肠杆菌的 2.6 倍,是典型的真核微生物,细胞内除了具有由核膜包围的核以外,还具有内质网、高尔基体、线粒体、液泡和过氧化物体等细胞器,各自执行不同的功能。酿酒酵母已成为目前在分子水平上研究真核生物的重要材料。

## 6.4.1　酵母菌生活史

酵母是真核微生物,是子囊菌亚门的单细胞真菌,生活在潮湿或液态环境中,部分类型生活在生物体内,但又具有原核微生物的某些特征,比如能够像细菌一样在平板上迅速形成单菌落,也可以像细菌一样分裂,酵母专营或兼营好氧生活,缺乏氧气时,发酵型酵母通过体内的糖类物质转化成二氧化碳和乙醇来获取能量。酿酒过程中,二氧化碳被保留;在烤面包或蒸馒头时,二氧化碳与面团一起发酵。不同酵母菌的生活史可分为以下 3 类:

(1)营养体既能以单倍体也能以二倍体形式存在,酿酒酵母是这类生活史的代表。其特点为:①一般情况下都以营养体状态进行出芽繁殖。②营养体既能以单倍体($n$)形式存在,也能以二倍体($2n$)形式存在。在酵母的生活史中有单倍体和二倍体两种状态,单倍体和二倍体都可以通过不对称的出芽方式进行营养体的增殖。单倍体细胞有 $a$ 和 $\alpha$ 两种接合型,只有两个不同接合型的单倍体细胞才能发生细胞间的接合形成 $a/\alpha$ 杂合二倍体细胞,即接合子。接合子又可通过出芽的方式进行二倍体细胞的增殖,当环境条件变化时,二倍体细胞才发生减数分裂,形成 4 个子囊孢子。③在特定的条件下才进行有性繁殖(图 6.15)。直接从自然界中分离到的酿酒酵母通常为二倍体细胞,在营养丰富的条件下,通过有丝分裂进行出芽繁殖;当营养缺乏时,则通过减数分裂形成单倍体的有性孢子。从图 6.15 中可以见其

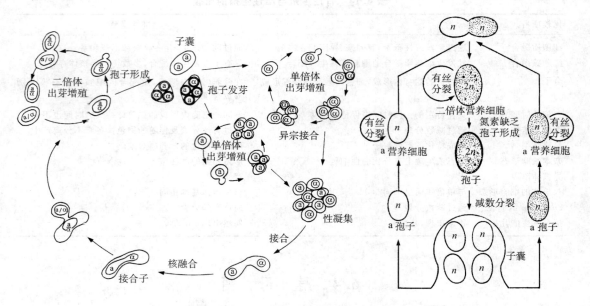

图 6.15　酿酒酵母的生活史与有性繁殖

生活史为:①子囊孢子在合适的条件下发芽产生单倍体营养细胞;②单倍体营养细胞不断地进行出芽繁殖;③两个性别不同的营养细胞彼此接合,在质配后即发生核配,形成二倍体营养细胞;④二倍体营养细胞不进行核分裂,而是不断进行出芽繁殖;⑤在以醋酸盐为唯一或主要碳源,同时又缺乏氮源等特定条件下,例如:在 McClary 培养基、Gorodkowa 培养基、Kleyn 培养基上,或是在石膏块、胡萝卜条上时,二倍体营养细胞最易转变成子囊,这时细胞核才进行减数分裂,并随即形成 4 个子囊孢子;⑥子囊经自然或人为破壁(例如加入蜗牛消化酶溶壁或加硅藻土研磨破壁)后,可释放出其中的子囊孢子。酿酒酵母的二倍体营养细胞体积大、生命力强,可广泛应用于工业生产、科学研究或遗传工程实践中。

　　(2)营养体只能以单倍体形式存在,八孢裂殖酵母(*Schizosaccharomyces octosporus*)是这一类型生活史的代表。其特点为:①营养细胞为单倍体;②无性繁殖为裂殖;③二倍体细胞不能独立生活,故此期极短。整个生活史可分为 5 个阶段(图 6.16):①单倍体营养细胞借裂殖方式进行无性繁殖;②两个营养细胞接触后形成接合管,发生质配后即行核配,于是两个细胞连成一体;③二倍体的核分裂 3 次,第一、二次为减数分裂中的两次分裂,最后一次为有丝分裂;④形成 8 个单倍体的子囊孢子;⑤子囊破裂,释放子囊孢子。

　　(3)营养体只能以二倍体形式存在,路德类酵母(*Saccharomycodes ludwigii*)是这类生活史的典型代表。其特点为:①营养体为二倍体,不断进行芽殖,此阶段较长;②单倍体的子囊孢子在子囊内发生接合;③单倍体阶段仅以子囊孢子的形式存在,不能进行独立生活。其生活史的具体过程为:①单倍体子囊孢子在孢子囊内成对接合,并发生质配和核配;②接合后的二倍体细胞萌发,穿破子囊壁;③二倍体的营养细胞可独立生活,通过芽殖方式进行无性繁殖;④在二倍体营养细胞内的核发生减数分裂,故营养细胞成为子囊,其中形成 4 个单倍体子囊孢子(图 6.17)。

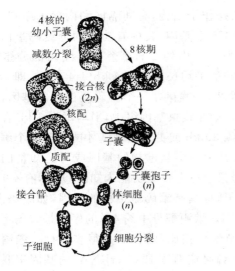

图 6.16 八孢裂殖酵母的生活史

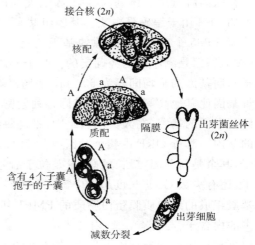

图 6.17 路德类酵母的生活史

### 6.4.2 酵母菌基因组

酿酒酵母的基因组测序工作于 1996 年完成,是当时测序最大的基因组,酿酒酵母是第一个被测序的真核生物。酿酒酵母的单倍体含有 16 个染色体,总长度为 12 068 kb,其中 I 号染色体最短,只有 230 kb;IV 号染色体最长,有 1 531 kb,酵母基因组中染色体的长度以及一些重要因子的分布见表 6.15。

表 6.15 酵母基因组中染色体 DNA 的长度及一些因子在染色体上的分布情况

| 染色体 | 长度(kb) | 编码蛋白质基因数 | tRNA 基因数 | rRNA 基因数 | Ty1 | Ty2 | Ty3 | Ty4 | Ty5 |
|---|---|---|---|---|---|---|---|---|---|
| I | 230 | 107 | 2 | 0 | 1 | 0 | 0 | 0 | 0 |
| II | 813 | 392 | 13 | 0 | 2 | 1 | 0 | 0 | 0 |
| III | 315 | 160 | 10 | 0 | 0 | 1 | 0 | 0 | 0 |
| IV | 1 531 | 747 | 27 | 0 | 6 | 3 | 0 | 0 | 0 |
| V | 577 | 278 | 20 | 0 | 1 | 1 | 0 | 0 | 0 |
| VI | 270 | 130 | 10 | 0 | 0 | 1 | 0 | 0 | 0 |
| VII | 1 091 | 515 | 36 | 140 | 4 | 1 | 1 | 0 | 0 |
| VIII | 563 | 276 | 11 | 0 | 1 | 0 | 0 | 1 | 0 |
| IX | 440 | 220 | 10 | 0 | 0 | 0 | 1 | 0 | 0 |
| X | 745 | 358 | 24 | 0 | 2 | 0 | 0 | 1 | 0 |
| XI | 667 | 314 | 16 | 0 | 0 | 0 | 0 | 0 | 0 |
| XII | 1 078 | 506 | 22 | 0 | 4 | 2 | 0 | 0 | 0 |
| XIII | 924 | 457 | 21 | 0 | 4 | 0 | 0 | 0 | 0 |
| XIV | 784 | 398 | 16 | 0 | 2 | 1 | 0 | 0 | 0 |
| XV | 1 091 | 566 | 20 | 0 | 2 | 2 | 0 | 0 | 0 |
| XVI | 948 | 461 | 17 | 0 | 4 | 0 | 0 | 1 | 0 |
| 总数(16) | 12 068 | 5 885 | 275 | 140 | 33 | 13 | 2 | 3 | 1 |

在酿酒酵母染色体基因组中,没有明显的操作子结构,有间隔区和内含子序列,基因组序列的 71% 用于编码蛋白质。基因组共有 6 275 个基因,其中有功能的可编码蛋白质的基因约有 5 835 个,与人类同源的基因约有 23%。其中约 2 600 个用于编码部分蛋白质和 RNA 的基因是测序前已经确定的。每个 ORF 的平均长度约 1.4 kb(1 450 bp,即 483 个密码子),而基因的平均间隔为 600 bp,平均每隔 2 kb 就存在一个编码蛋白质的基因,这说明酵母基因比其他高等真核生物基因排列紧密。如在线虫基因组中,平均每隔 6 kb 存在一个编码蛋白质的基因;在人类基因组中,平均每隔 30 kb 或更多的碱基才能发现一个编码蛋白质的基因。酵母 ORF 占整个基因组的 72%,其中一半是已知的基因或与已知基因有关的基因,其余是新基因,最长的 ORF 是位于 VII 号染色体上一个功能未知的 ORF,有 4 910 个密码子,还有少数 ORF 长度超过 1 500 个密码子,也具有编码短蛋白的基因,如编码由 40 个氨基酸组成的细胞质膜蛋白脂质的 PMP1 基因。酿酒酵母中约 4% 的序列是编码蛋白质基因中的内含子,与含有 40% 内含子的粟酒裂殖酵母相比,内含子少很多,因此,酿酒酵母基因组更接近原核状态。除此以外,约有 140 个编码核糖体 RNA(rRNA)的基因串联排列在第 VII 染色体的长末端上;属于 43 个家族的 275 个编码 tRNA 的基因分散在所有染色体中,40 个编码 SnRNA 的基因散布于 16 条染色体中。基因组含有 52 个完整的 Ty 因子(反转座子)。酵母基因组排列紧密是因为基因间隔区段较短及基因中内含子较少。基因组中 GC 分布不均匀,多数酵母染色体由不同程度的、大范围的 GC 丰富的 DNA 序列和 GC 缺乏的 DNA 序列镶嵌组成。这种 GC 含量的变化与染色体的结构、基因的密度以及重组频率有关。GC 含量高的区域一般位于染色体臂的中部,这些区域的基因密度较高;GC 含量低的区域一般靠近端粒和着丝粒,这些区域内基因数目较为贫乏。斯米歇(Simchen)等证实,酵母的遗传重组即双链断裂的相对发生率与染色体的 GC 丰富区相耦合,而且不同染色体的重组频率有所差别,较小的 I、III、IV 和 IX 号染色体的重组频率比整个基因组的平均重组频率高。

酵母基因组另一个明显的特征是含有许多 DNA 重复序列,其中一部分为完全相同的 DNA 序列,如 rDNA 与 CUP1 基因、Ty 因子及其衍生的单一 LTR 序列等。在开放阅读框或者基因的间隔区包含大量的三核苷酸重复,引起了人们的高度重视,因为一部分人类遗传疾病是由三核苷酸重复数目的变化所引起的。还有更多的 DNA 序列彼此间具有较高的同源性,这些 DNA 序列被称为遗传丰余(genetic redundancy)。酵母多条染色体末端具有长度超过几十 kb 的高度同源区,它们是遗传丰余的主要区域,这些区域至今仍然在发生着频繁的 DNA 重组过程。遗传丰余的另一种形式是单个基因重复,其中以分散类型最为典型,另外还有一种较为少见的类型是成簇分布的基因家族。成簇同源区(cluster homology region,CHR)是酵母基因组测序揭示的一些位于多条染色体的同源大片段,各片段含有相互对应的多个同源基因,它们的排列顺序与转录方向十分保守,同时还可能存在小片段的插入或缺失。这些特征表明,成簇同源区是介于染色体大片段重复与完全分化之间的中间产物,因此是研究基因组进化的良好材料,被称为基因重复的化石。染色体末端重复、单个基因重复与成簇同源区组成了酵母基因组遗传丰余的大致结构。研究表明,遗传丰余中的一组基因往往具有相同或相似的生理功能,因而它们中单个或少数几个基因的突变并不能表现出可以辨别的表型,这对酵母基因的功能研究是很不利的。所以许多酵母遗传学家认为,弄清遗传丰余的真正本质和功能意义,以及发展与此有关的实验方法,是揭示酵母基因组全部基因功能的主要困难和中心问题。

粟酒裂殖酵母(*Schizosaccharomyces pombe*)是研究细胞周期调控的模式生物,基因组大小为 13.8 Mb,分布在染色体 Ⅰ(5.7 Mb)、Ⅱ(4.6 Mb)、Ⅲ(3.5 Mb)和 20 kb 的线粒体基因组上。预测含有 4 997 个 ORF,包括 11 个线粒体基因和 33 个假基因,其中约有 1 200 个 ORFs 功能已知,3 700 多个 ORFs 功能未知,编码蛋白质的 ORF 有 4 824 个,编码蛋白质序列为基因组序列的 60.2%。其基因数量比啤酒酵母基因的 1/4 还少,其中有 40% 的编码蛋白质基因具有内含子,是目前观察到的真核生物中蛋白质编码基因最少的,甚至比一些细菌还少;基因平均长度约为 2 400 bp,比啤酒酵母低,基因间区域比较长。

通过对酵母基因组的分析了解到在酵母基因组测序以前,人们已经知道在酵母和哺乳动物中有大量基因编码类似的蛋白质。对于一些编码结构蛋白质(如核糖体和细胞骨架)在内的同源基因,人们并不感到意外。但某些同源基因却出乎人们意料,如在酵母中发现的两个同源基因 RAS1 和 RAS2 与哺乳动物的 *H-ras* 原癌基因高度同源。酵母细胞如同时缺乏 RAS1 和 RAS2 基因,呈现致死表型。1985 年,人们首次应用 RAS1 和 RAS2 基因双重缺陷的酵母菌株进行了功能保守性检测,结果表明,当哺乳动物的 *H-ras* 基因在 RAS1 和 RAS2 基因双重缺陷的酵母菌株中表达时,酵母菌株可以恢复生长。因此,酵母的 RAS1 和 RAS2 基因不仅与人类的 *H-ras* 原癌基因在核苷酸顺序上高度同源,而且在生物学功能方面呈现保守性。

随着整个酵母基因组测序计划的完成,人们可以估计有多少酵母基因与哺乳动物基因具有明显的同源性。波特斯藤(Botstein)等将所有的酵母基因同 GenBank 数据库中的哺乳动物基因进行比较(不包括 EST 顺序),发现有将近 31% 编码蛋白质的酵母基因或者开放阅读框与哺乳动物中编码蛋白质的基因有高度的同源性。因为数据库中并未能包含所有编码哺乳动物蛋白质的序列,甚至不能包括任何一个蛋白质家族的所有成员,所以上述结果无疑会被低估。酵母与哺乳动物基因的同源性往往仅限于单个的结构域而非整个蛋白质,这反映了在蛋白质进化过程中功能结构域发生了重排。在酵母 5 800 多个编码蛋白质的基因中,约 41%(约 2 611 个)是通过传统遗传学方法发现的,其余都是通过 DNA 序列测定所发现的。约有 20% 酵母基因编码的蛋白质与其他生物中已知功能的基因产物具有不同程度的同源性(其中约 6% 表现出很强的同源性,约 12% 表现出稍弱的同源性),从而能初步推测其生物学功能。酵母基因组中有 10% 的基因(约 653 个)与其他生物中功能未知的蛋白质的基因具有同源性,被称为孤儿基因对或孤儿基因家族(orphan pairs or family);约 25% 的基因(约 1 544 个)则与所有已发现的蛋白质的基因没有同源性,属首次发现的新基因,是真正意义上的孤儿基因。这些孤儿基因的发现是酵母基因组计划的重要收获,对于其功能的阐明,将大大推进对酵母生命过程的认识,因而引起了众多遗传学家的重视。

为了系统地分析酵母基因组测序发现的 3 000 多个新基因的功能,随着 DNA 测序工作的结束,1996 年 1 月欧洲建立了名为 EUROFAN(European Functional Analysis Network)的研究网络。这一网络由欧洲 14 个国家的 144 个实验室组成,包括服务共同体(service consortia,A1~A4)、研究共同体(research consortia,B0~B9)和特定功能分析部(specific functional analysis nodes,N1~N14)三部分,每个部分下设许多小的分支机构。其中研究共同体中的 B0 部门负责制作特定的酵母基因缺失突变株。缺失突变株的制作采用新发展起来的 PCR 介导的基因置换方法进行,即将来自细菌的卡那霉素抗性基因(KanMX)与线状真菌(*Ashbya gossypil*)的启动子和终止序列构建成表达单元,它可赋予酵母细胞 G418 以抗性。然后,根据所要置换的染色体 DNA 序列设计 PCR 引物,这些引物的外侧与染色体 DNA 序列同源,内侧则保证通过 PCR 可以扩增出 KanMX 基因,PCR 产物直接用于基因置换操作。通过这项技术,可以有目的地将新发现的基因用 KanMX 置换,造成基因缺失突变,随后通过系统地研究这些酵母缺失突变株表型有无改变(如生活力、生长速度、接合能力等)来确定这些基因的功能。此种方法中有两个方面的问题限制实验进程:其一是大部分的突变子(60%～80%)并不显示明显的突变表型,这往往与前面提到的遗传丰余有关;其二是许多突变子即使发生了表型改变,也不能反映其编码蛋白质的功能,如某些突变子不能在高温或高盐的环境中生长,但这些表型却不能提示任何有关缺失蛋白质在生理功能方面的信息。

据巴斯森特(Bassett)的不完全统计,到 1996 年 7 月 15 日,至少已发现了 71 对人类与酵母的互补基因,这些酵母基因可分为六大类型:①20 个基因与生物代谢包括生物大分子的合成、呼吸链能量代谢以及药物代谢等有关;②16 个基因与基因表达调控相关,包括转录、转录后加工、翻译、翻译后加工和蛋白质运输等;③1 个基因编码膜运输蛋白;④7 个基因与 DNA 合成、修复有关;⑤7 个基因与信号转导有关;⑥17 个基因与细胞周期有关。现在,人们发现有越来越多的人类基因可以补偿酵母的突变基因,因而人类与酵母的互补基因的数量已远远超过过去的统计。在酵母中进行功能互补实验无疑是一种研究人类基因功能的捷径。如果一个功能未知的人类基因可以补偿酵母中某个具有已知功能的突变基因,则表明两者具有相似的功能。而对于一些功能已知的人类基因,进行功能互补实验也有重要意义,例如与半乳糖血症相关的 3 个人类基因 GALK2(半乳糖激酶)、GALT(UDP-半乳糖转移酶)和 GALE(UDP-半乳糖异构酶)能分别补偿酵母中相应的 GAL1、GAL7、GAL10 基因突变。在进行互补实验以前,人类和酵母的乳糖代谢途径都已十分清楚,有关几种酶的活性检测法也已十分健全,并已获得其纯品,可以进行一系列生化分析。随着人类三个半乳糖血症相关基因的克隆分离成功,功能互补实验成为可能,从而在遗传学水平进一步确证了人类半乳糖血症相关基因与酵母基因的保守性。人们又将这一成果予以推广,利用酵母系统进行半乳糖血症的检测和基因治疗,如区别真正的突变型和遗传多态性,在酵母中模拟多种突变型的组合表型,或筛选基因内或基因间的抑制突变等。这些方法也同样适用于其他遗传病的研究。

利用异源基因与酵母基因的功能,还能使酵母成为其他生物新基因的筛查工具。通过使用特定的酵母基因突变株,对人类 cDNA 表达文库进行筛选,从而获得互补的克隆。如 Tagendreich 等利用酵母的细胞分裂突变型(cdc mutant)分离到多个在人类细胞有丝分裂过程中起作用的同源基因。利用此方法,人们还克隆分离到了农作物、家畜和家禽等的多个新基因。为了充分发挥酵母作为模式生物的作用,除了发展酵母生物信息学和健全异源基因在酵母中进行功能互补的研究方法外,建立酵母最小的基因组也是一个可行的途径。酵母最小的基因组是指所有明显丰余的基因减少到允许酵母在实验条件下的合成培养基中生长的最小数目。人类 cDNA 克隆与酵母中功能已知基因缺陷型进行遗传互补可以确定人类新基因的功能,但是这种互补实验会受到酵母基因组中其他丰余基因的影响。如果构建的酵母最小基因组中所保留的基因可以被人类或者病毒的 DNA 序列完全替换,那么替换后的表型将完全取决于外源基因,这将成为一种筛选抗癌和抗病毒药物的分析系统。

### 6.4.3　酵母菌染色体

酵母菌染色体像其他高等生物一样,除 DNA 外,还具有组蛋白 H2A、H2B、H3 和 H4 成分,组蛋白 DNA 结合形成核小体,进一步形成染色质,与高等动植物不同的是没有 H1 组蛋白,而 H1 组蛋白在高等动植物的有丝分裂中使染色质维持高度超螺旋的致密结构方面起着关键的作用。但是酿酒酵母含有大量的酸性非组蛋白,这类蛋白质的氨基酸组成和电荷与高等真核生物染色体中发现的同一类蛋白质具有相似的作用,其功能还不是十分清楚。

真核生物的染色体具有 3 个重要的序列,与其功能密切相关。这 3 个序列是着丝粒、端粒和复制起点,它们是染色体功能实现的 3 个基本要素。这一点已被酵母人工染色体的成功构建所证实。

(1)着丝粒是真核细胞染色体 DNA 上的一段特殊序列。在有丝分裂和减数分裂时,着丝粒结合蛋白即纺锤丝与着丝粒结合,将染色体拉向两极。早在 20 年前,就以酿酒酵母为材料,从分子水平上对着丝粒的结构和功能开始了研究,通过染色体步移法(chromosome walking)确定了酵母染色体上的着丝粒序列(centromeric sequence,CEN),并且证实了着丝粒是细胞分裂过程中后期染色体均衡分配的必要结构之一。将着丝粒序列(CEN)插入酵母质粒中,能够使质粒在细胞分裂期间出现有规则地向子代细胞中分配的行为。随着功能性着丝粒的分离和人工染色体研究的发展,对

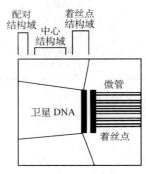

图 6.18　着丝粒的 3 个结构域

其他出芽酵母、粟酒裂殖酵母、果蝇、人的着丝粒也进行了深入研究。研究证实了着丝粒(centromere)和着丝点(kinetochore)是两个不同的概念,着丝粒指中期染色单体相互联系在一起的特殊部位,着丝点指主缢痕处两个染色单体外侧表层部位的特殊结构,它与纺锤丝微管相接触。着丝粒含 3 个结构域(图 6.18),即:着丝点结构域(kinetochore domain)、中心结构域(central domain)和配对结构域(paring domain)。着丝点结构域位于着丝粒的表面,由外板(outer plate)、内板(inner plate)、中间区(interzone)和围绕外层的纤维冠(fibrous corona)组成。内、外板的电子密度高,中间区电子密度低。内板与中央结构域的着丝粒异染色质结合,外板与微管纤维结合,纤维冠上结合有马达蛋白,如胞质 Dynein 和属于 Kinesin 家族的 CENP-E,为染色体的分离提供动力。中央结构域位于着丝粒结构域的下方,含有高度重复的 α 卫星 DNA 构成的异染色质。配对结构域位于着丝粒结构的内层,分裂中期两条染色单体在此处相互连接,在此区域发现有两类蛋白,一类为内着丝粒蛋白 IN-CENP(inner centromere protein),另一类为染色单体连接蛋白 CLIP(chromatid linking protein),几种着丝粒蛋白的功能见表 6.16。研究中发现着丝粒的类型有两种:第一类型的着丝粒序列很短,约 200 bp,又称为点着丝粒(point centromere),酿酒酵母就属于这一类型;第二类型的着丝粒是区域着丝粒(regional centromere),该着丝粒序列较长,从 40 kb 到几个 Mb,含有很多重复序列,真菌(如脉孢菌)、果蝇、哺乳动物和人的着丝粒都属于这一类型(图 6.19)。在酿酒酵母中,所有染色体的 CEN 序列的长度约为 130 bp,由 5′ 到 3′ 方向依次是 CDEⅠ、CDEⅡ、CDEⅢ三个区域。CDEⅠ和 CDEⅢ是两个共有序列,位于两侧,中间由 78～86 个核苷酸组成的 CDEⅡ,其中 CDEⅡ中的核苷酸序列中的 A＋T 含量超过 90%,

因此很容易弯折(图 6.20)。CEN 序列抗核酸酶的消化能力要比其他染色质区域大。在 CEN 序列的两侧,核小体单独沿着 DNA 排列。从 CEN 不易被核酸酶消化这个特征上判断,一般 CEN 序列上结合着一个经过修饰的核小体,或者有一个蛋白质复合体来保护 CEN 序列。每个着丝粒上附着一条纺锤丝,并且着丝粒的直径与纺锤丝微管的直径非常匹配(图 6.21)

表 6.16　几种着丝粒蛋白质的功能

| 类　型 | 功　能 |
| --- | --- |
| CENP-A | 着丝粒特异性组蛋白 |
| CENP-B | 与中央结构域的卫星 DNA 结合 |
| CENP-C | 与着丝点结合 |
| CENP-D | 与着丝点结合 |
| CENP-E | 驱动蛋白类分子马达 |
| CENP-F | 与着丝点结合 |
| INCENP-A | 连接姊妹染色单体 |
| INCENP-B | 连接姊妹染色单体 |

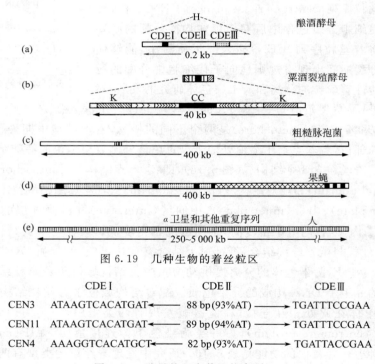

图 6.19　几种生物的着丝粒区

|  | CDEⅠ | CDEⅡ | CDEⅢ |
| --- | --- | --- | --- |
| CEN3 | ATAAGTCACATGAT← | 88 bp(93%AT) → | TGATTTCCGAA |
| CEN11 | ATAAGTCACATGAT← | 89 bp(94%AT) → | TGATTTCCGAA |
| CEN4 | AAAGGTCACATGCT← | 82 bp(93%AT) → | TGATTACCGAA |

图 6.20　酵母的 3 个着丝粒序列

(2)端粒是真核生物线性染色体两端的特殊 DNA-蛋白质复合体结构,这种端粒结构由 DNA 重复序列和与之结合的末端蛋白质分子构成,是线性染色体的必需部分,具有封闭染色体末端、维持染色体稳定和保证染色体的末端复制等作用。当端粒结构的端粒重复片段缺失时,线性染色体无正常功能。多数生物的端粒序列都很相似,端粒 DNA 只是由 5~10 bp 的 DNA 重复序列通过串联重复而形成,长度从 20 bp 到几个 kb 不等(表 6.17),端粒

DNA 与染色体 DNA 的末端复制有关。酿酒酵母端粒 DNA 的长度约为 300 bp，其 DNA 的重复单位为 $\begin{array}{l}5'C_{1\cdots3}A\\3'G_{1\cdots3}A\end{array}$。

在大多数生物中，端粒 DNA 的旁边含有中等重复序列组成的 DNA。在酵母中，与端粒相连的 DNA 有两类：X 和 Y′。X 是保守性较差的序列，长度为 0.3～3.7 kb，存在于大多数染色体上。Y′ 高度保守，长度为 6.7 kb。酿酒酵母中 2/3 的端粒含有 1～4 个拷贝的 Y′（图 6.22）。X 和 Y′ 序列对于端粒是非必需

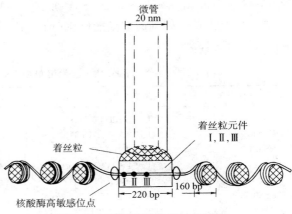

图 6.21　酵母着丝粒的结构模型

的，但它们对端粒的稳定性、染色体断裂后的修复以及在减数分裂中染色体联会方面都有重要作用。在 X 和 Y′ 序列之间有一段长约 50～130 bp 端粒重复序列，该序列可能是备用序列，序列的长短与细胞老化程度有关，当染色体断裂或从某端粒处被降解时，这段序列可以作为端粒酶的引物延伸端粒。同时 X 和 Y′ 序列中含有自主复制序列（ARS），它能使质粒 DNA 在酵母中自主复制，但对端粒的复制和功能的作用不大。

表 6.17　端粒 DNA 的重复序列

| 生物种类 | DNA 重复序列 | 生物种类 | DNA 重复序列 |
|---|---|---|---|
| 拟南芥 | TTTAGGG | 四膜虫 | TTGGGG |
| 人 | TTAGGG | 酿酒酵母 | $TG_{1\sim3}$ |
| 黏菌 | TAGGG | 脉孢菌 | TTAGGG |

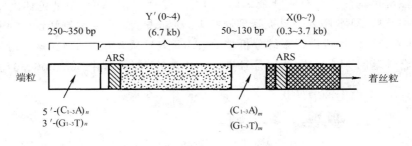

图 6.22　酵母端粒结构和相邻序列示意图

（3）酵母的复制起点是指酵母染色体上控制 DNA 复制起始的一段 DNA 序列，通常称为自主复制序列（autonomously replicatory sequence，ARS）。将 ARS 克隆到质粒中，能使质粒 DNA 在酵母中自主复制。自 1979 年首次发现酿酒酵母的 ARS 以来，已经对 ARS 的结构和功能进行了深入研究。酵母基因组约有 400 个 ARS，平均每 40 kb 的染色体上有一个 ARS，但这些 ARS 的使用频率各不相同，在 0～100％之间变动。粟酒裂殖酵母基因组中，平均每 20～50 kb 的染色体 DNA 上有一个 ARS。在酿酒酵母中，ARS 的长度是 100～200 bp，富含 AT 的 DNA 片段，ARS 可分为 A、B 和 C 三个结构域，其中 A 和 B 最重要。A 是由 11 bp 核苷酸（A/T）TTTAT（A/G）TTT（A/T）组成的保守序列，称为 ARS 的共有序

列(ARS consensus sequence，ACS)。所有的 ARS 都含有一个完全相同或非常相似的 ACS。ACS 内单一碱基的突变能够降低或消除其起始功能。表 6.18 是酿酒酵母中 18 种 ARS 的 ACS 序列。

表 6.18　酿酒酵母中 18 种 ACS 序列的比较

| ARS 因子 | ACS 序列 | ARS 因子 | ACS 序列 |
|---|---|---|---|
| ARS1 | TTTTATGTTTA | H4 ARS | TTTTATGTTTT |
| HO ARS | TTTaATATTTT | ARS307 | ATTTATGTTTT[a] |
| ARS307 | TTTTtTATTTA[a] | ARS604 | TTTTACGTTTT |
| ARS121 | TgTTtTGTTTA | ARS605 | AaTTACGTTTT |
| HMR E ARS | TTTTATATTTA | ARS606 | ATTTATATTTT |
| ARS601 | ATTTcCATTTT | ARS607 | gTTTATATTTA |
| ARS602 | TTaTACGTTTA | ARS608 | TTTTACtTTTA |
| ARS603 | TTTcATATTTT[a] | ARS609 | TTTTATGTTTT |
| ARS603 | TTTaAaGTTTT[a] | RDNA ARS | gTTTATGTTTT |

注：小写字母表示与共有序列不同的核苷酸；a 表示 ARS307 和 ARS603 含有两个 ACS，这两个 ACS 都具有功能。

ACS 是自主复制序列的必需因子，但 ARS 的活性还需要 B 结构域。B 结构域位于 ACS 的 3′末端，长约 80 bp。ACS 的 5′末端一般是 C 结构域，这一结构域也富含 AT，但该结构域之间不具有同源性，也不含有共有序列。酿酒酵母在复制起始时需要通过 ARS 结合蛋白与 ARS 序列结合。ARS 结合蛋白有 6 种，分子量分别为 120、72、62、57、53 和 50 kD，这些蛋白以复合体的形式存在并与 ACS 结合，这种蛋白质复合体称为起始识别复合物(origin recognition complex，ORC)。ORC 可能与 A 结构域结合，也可能与 B 结构域结合(图 6.23)。由此可见，ORC 具有与原核生物 DnaA(复制起始蛋白)类似的某些特性，表明它可能是真核细胞中复制起始蛋白。另外，Abf1p 也是一种主要的 ARS 结合蛋白，能够提高复制效率。虽然酵母基因组约有 400 个 ARS，但并不是所有的 ARS 在染色体上都具有自主复制活性。但这些 ARS 序列一旦克隆到质粒上，却都表示出自主复制活性。对Ⅲ号染色体上长 200 kb 的染色体片段进行系统分析表明，ARS 编号从 300 到 314。该片段从染色体左臂端粒到接合性基因 MAT 处，约占Ⅲ号染色体长度的 62%，其中 305、306、307、309 和 310

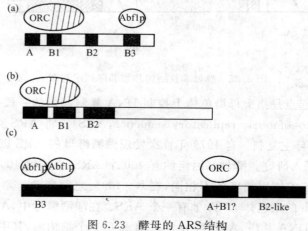

图 6.23　酵母的 ARS 结构

(a)ARS1 的结构；(b)ARS 307 的结构；(c)ARS 121 的结构

在大多数细胞周期中具有起始复制活性，ARS308 仅在 $10\%\sim20\%$ 的细胞周期中能有起始复制活性，其余的 ARS 则在染色体上无起始复制活性（图 6.24）。从启动的时序看，一类是在 S 期前期启动邻近序列的复制，另一类则在 S 期后期具有活性。另外，靠近端粒的 ARS 一般不具有活性。为何 ARS 在质粒中具有活性，而在原染色体上却无活性，这一问题还有待于进一步探讨。一种可能的解释是部分 ARS 序列在细胞内处于阻遏状态，导入到质粒中，由于质粒内无相关的阻遏蛋白，因此其表现出原有序列的功能特征，但是细胞内相关调控因子还需要进一步验证。

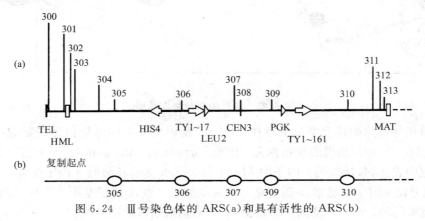

图 6.24　Ⅲ号染色体的 ARS(a)和具有活性的 ARS(b)

### 6.4.4　酵母接合型

#### 6.4.4.1　两种接合类型细胞

酿酒酵母的接合型有两种类型：a 和 α。酿酒酵母中与接合过程有关的基因见表 6.19。a 和 α 分别被位于Ⅲ号染色体右臂距着丝点 28 cM 位置上的一对等为基因 MATa 和 MATα 控制。只有当两个单倍体具有不同基因型时，接合才可能发生。并且只有二倍体是杂合子时，才能产生重组体，才能产生孢子（图 6.25）。这两种不同接合型细胞间的接合是一种复杂的生物反应，是许多生物反应相互作用的结果。该过程包括 a 和 α 细胞相混、细胞停止繁殖生长形成接合管、细胞壁溶解，细胞融合，随后核融合形成二倍体，在此过程中有许多酶参与，因此必然有许多基因参加。后来获得了一系列接合缺陷型突变株（sterile mutant），通过对接合缺陷型突变株的研究，详细地了解了细胞接合的遗传机制。

表 6.19　酿酒酵母中与接合过程有关的基因

| 基因 | 基因产物与功能 | 基因 | 基因产物与功能 |
|---|---|---|---|
| *asg*（a 型细胞的特异基因） | | *hsg*（单倍体细胞的特异性基因） | |
| *MFa1,MFa2* | a-因子 | *scg1(gpa1)* | G 蛋白的 α-亚单位 |
| *ste2* | α-因子受体 | *ste4* | G 蛋白的 β-亚单位 |
| *ste6* | 分泌 a-因子所必需基因 | *ste18* | G 蛋白的 γ-亚单位 |
| *αsg*（α 型细胞的特异基因） | | *ste5* | 激活 *asg*、*asg* |
| *MFα1,MFα2* | α-因子 | *ste12* | 转录因子（激活 *asg*、*asg*） |
| *ste3* | a-因子受体 | *ste7,ste11,ste20* | 激酶（蛋白磷酸化酶） |
| *ste13* | α-因子加工 | *fus3* | 激酶，关闭细胞周期，开通接合 |
| | | *kss1* | 激酶 |
| | | *fus1* | 细胞融合 |

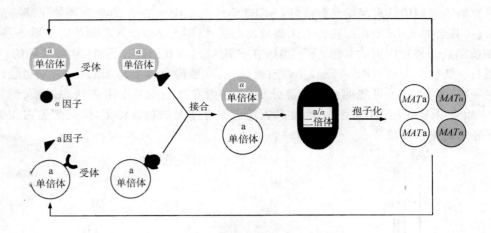

图 6.25 酵母的两种接合类型

一个单倍体细胞的接合型是由存在于 *MAT* 基因座位上的遗传信息决定的,在基因座位上,携带 *MAT*a 等位基因的细胞称为 a 细胞。*asg*(a specific gene)是 a 细胞特异的基因,只在 a 细胞中表达,包括编码 a 因子的 *MF*a1 和 *MF*a2 基因及编码 α 因子受体的 *ste2* 基因等。a 细胞分泌 a 因子信息素,a 因子是一个氨基酸十二肽,a 因子是由 2 个独立的 *MF*a1 和 *MF*a2 基因编码的。*MF*a1 基因产物是由 36 个氨基酸组成的前体肽,*MF*a2 编码 38 个氨基酸的前体肽,前体肽在其他基因产物如 RAM1、RAM2、Ste14、Ste6 等的作用下,经过裂解、异戊烯化等过程,被法尼基和羧甲基修饰,成熟后分泌到体外,完成信息素的功能。a 细胞表面具有 α 受体,α 受体由 *ste2* 基因编码决定。*MAT*a 基因座编码 a1 和 a2 两种蛋白,a1 蛋白由 148 个氨基酸组成,是一种调节蛋白,但 a1 蛋白在单倍体细胞中不起作用,只在二倍体细胞的接合和产孢中起作用;而 a2 是一种短肽,由 26 个氨基酸组成,与细胞的接合无关,其功能不详。在单倍体 a 型细胞中,*asg* 特异性基因可以组成型表达,这些特异性基因包括 a 因子和编码 α 受体的 *ste2* 基因。由于这些特异性基因的表达,表现出 a 细胞性状,因此 a 细胞能够迅速识别 α 信息素。

而携带 *MAT*α 等位基因的细胞则称为 α 细胞。*asg*(α specific gene)是 α 细胞特异的基因,只在 α 细胞中表达,包括编码 α 因子的 *MF*α1 和 *MF*α2 基因及编码 α 因子受体的基因 *ste3* 等。α 细胞分泌一种小分子肽,称为 α 因子信息素,α 因子是一个氨基酸十三肽,α 因子是由 2 个独立的 *MF*α1 和 *MF*α2 基因编码的。*MF*α1 基因产物是由 165 个氨基酸组成的前体肽,在其编码区含有 4 个拷贝的 α 因子的短肽序列(Trp His Trp Leu Gln Len Lys Pro Gly Gln Pro Met Tyr)。*MF*α2 编码 120 个氨基酸的前体肽,其中含有 2 个拷贝的 α 因子的短肽序列。*MF*α1 和 *MF*α2 编码的前体肽运输到内质网中,经过裂解加工和糖基化才能形成成熟的、只含十三肽的 α 因子。α 细胞表面具有 a 受体,a 受体由 *ste3* 基因编码决定。*MAT*α 基因座编码 α1 和 α2 两种调节蛋白,α1 蛋白由 175 个氨基酸组成,α2 由 210 个氨基酸组成;α2 是一种同源结构域蛋白,能够阻遏 *asg* 基因群的表达,α1 蛋白激活 *asg* 特异性基因的表达,这些特异性基因被诱导,特异性基因包括 α 因子和编码 a 受体的 *ste3* 基因。由于这些特异性基因的表达,所以在 *MAT*α 细胞中出现 α 细胞的表现性状,在 α 细胞中也能够迅速识别 a 因子信息素。

*hsg* 是单倍体特异基因,在 a 细胞和 α 细胞中都能表达,包括 G 蛋白和一些转录因子。

一般相反类型的细胞才能够进行接合,相同类型的细胞不能进行接合。相反接合型细胞的识别是通过信息素的分泌而实现的,信息素即是 a 和 α 因子。一种接合型的细胞表面携带相反类型的信息素的表面受体。α 细胞分泌的 α 因子与 a 细胞中 *ste2* 基因编码的受体蛋白结合。同样,a 细胞分泌的 a 因子与 α 细胞中 *ste3* 基因编码的受体蛋白结合。这种细胞外信号的相互交换,标志着两个不同接合型的单倍体细胞开始发生改变,与细胞凝聚有关的特异性基因开始表达。当一个 a 细胞与一个 α 细胞相遇时,它们的信息素彼此作用,使细胞停留在 G1 期并使细胞产生多种形态上的变化。在成功接合中,细胞周期停止,细胞和核发生融合,产生一个 a/α 二倍体细胞。a/α 细胞携带 *MAT*a 和 *MAT*α 等位基因,与单倍体细胞相比具有完全不同的特征(表 6.20)。a/α 细胞能生成孢子。只有杂合体能够产生孢子,而纯合体不能产生孢子。

**表 6.20　单倍体细胞 MATa 与 MATα 和二倍体细胞 MATa/MATα 的比较**

| 项目 | MATa | MATα | MATa/MATα |
|---|---|---|---|
| 细胞类型 | a | α | a/α |
| 接合能力 | + | + | − |
| 孢子形成 | − | − | + |
| 信息素 | a 因子 | α 因子 | − |
| 受体特征 | 结合 α 因子 | 结合 a 因子 | − |

### 6.4.4.2　酵母接合过程

接合是一个对称的过程,该过程的开始是一种类型的细胞分泌信息素并同另一种类型的细胞表面受体发生反应。在这个过程中两种类型的细胞没有供体与受体之分,只有信息素与受体识别,在这种共同途径中,那些对某些步骤起删除作用的突变,在两种细胞中产生相同的效应。因此,a 细胞和 α 细胞的接合过程是通过可扩散性的 a 因子和 α 因子两种信息素的相互交换而起始的。关于信息素有多种称呼,如 α 因子(α-factor)、α 信息素(α-phero-mone)、α 接合信息素(α-mating pheromone)、α 因子信息素(α-factor-pheromone)。同样,a 因子也有多种称呼。

接合型反应的起始阶段如图 6.26。细胞表面的组成成分类似于受体-G 蛋白偶联系统。受体是镶嵌的膜蛋白(Ste2 是 a 细胞的 α 受体,Ste3 是 α 细胞的 a 受体)。当任何一个受体被激活时,它有同样的 G 蛋白反应。G 蛋白由 α、β 和 γ 亚基组成三聚体,这三个亚基分别由 *scg*1(或 *gpa*1)、*ste*4 和 *ste*18 基因编码。在完整的 G 蛋白三聚体中,α 亚基和一个鸟嘌呤核苷酸相结合,即 α 亚基与 GDP 相连。当信息素受体被激活时,GDP 被 GTP 取代,其结果是 α 亚基与 β-γ 二聚体分离。G 蛋白亚基的分离使 G 蛋白被激活并打开通道形成与之相偶联的下一个通路的蛋白。

这种通路最常见的机制是被激活的 α 亚单位与靶蛋白反应。但在接合型通路上情况有所不同,该通路中的 β-γ 二聚体活化下一步骤。游离出来的 β-γ 二聚体直接与 Ste5(骨架蛋白,scffold protein)及 Ste20(PAK 激酶)相结合,然后通过 Ste11(MAPKKK 激酶)—Ste7(MAPKK 激酶)—Fus3/Kss1(MAP 激酶)级联反应使 Ste12 蛋白磷酸化,形成磷酸化转录因子 Ste12。在酿酒酵母中,磷酸化转录因子 Ste12 是一个控制不同发育过程起始的转录调

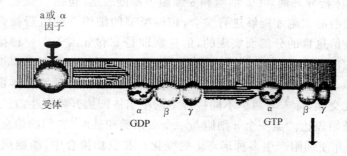

图 6.26　a 或 α 因子与受体结合激活 G 蛋白

节因子。已知 G 蛋白三聚体的各个组分是通过影响信息素反应的 3 个基因 scg1、ste4 和 ste18 上的突变来了解接合型反应各个步骤的。编码 Gα 蛋白的 scg1 基因的灭活引起信息素反应通路的持续表达（因为 Gα 不能与 Gβγ 以灭活的三聚体形式存在）。这种突变是致死的，它的影响使细胞周期停止。编码 Gβ 蛋白的 ste4 基因或编码 Gγ 蛋白的 ste18 基因的失活，使接合反应终止，产生不育类型，它们发生突变使该通路中的下一阶段不能被激活。通过研究，已经鉴定出该通路的后随阶段的其他基因，它们形成了一个级联反应（图 6.27）。该反应中，信号由一个阶段传到下一个阶段，最终激活接合所需要的基因。这些基因编码激酶，作用于级联反应的初始阶段，如 ste11 和 ste7 使下一步反应的蛋白磷酸化并使之活化。最终转录因子 ste12 被激活，反过来它又激活其他产物的接合所需的基因。在单倍体细胞中，Ste12 通过阻遏单倍体细胞特异性基因的表达和促进与接合有关的必需基因的表达，从而促进接合所需的生理反应，最终形成合子；在双倍体细胞中，Ste12 是细胞生长的必需因子。总之，信息素作为酵母接合的信号，通过一系列传播途径，最终使两个不同接合型的酵母细胞融合形成合子。

有几个 ste 基因还没有放到级联反应中，这是因为它的组分序列尚未确定。有些基因如 fus3 和 kss1 编码激酶，它们可能属于级联反应或存在于支路中。然而，与级联反应原理是相同的，都是信息素同受体反应产生一种信号，沿着级联反应依次传递，最终阻碍正常细胞周期所需要的功能并激活接合所需要的功能。级联反应最终的一些靶物质是这些激酶之

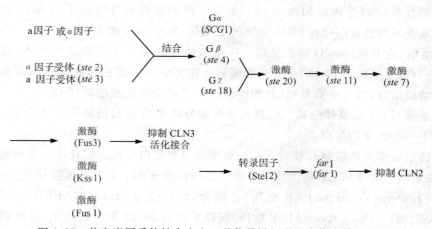

图 6.27　信息素同受体结合产生一种信号沿级联反应依次传递的过程

一的底物。如,Fus3 激酶作用于 CLN3,它是细胞周期进行所需要的 3 种 CLN 蛋白的一种。另外一些靶物质则在基因水平被控制,例如,另一种 CLN 蛋白——CLN2 蛋白是 *far1* 作用的靶物质,它的表达是通过转录因子 Ste12 激活的。

　　a 与 α 两种类型的细胞接合中,除了 *asg*、*asg* 和 *hsg* 基因产物及 Ste12 蛋白外,MAT 基因编码的蛋白质具有非常重要的调控作用。当不同类型的 a 和 α 细胞接合形成杂合(a/α)二倍体细胞后,细胞中接合型基因以 MATa/MATα 二倍体形式存在。MATα 生成 α2 蛋白,抑制 *asg* 基因群的表达,同时 α2 和 a1 蛋白协同作用阻碍 α1 和所有 *hsg* 基因表达。因此细胞不再具备接合能力,而是激活二倍体特异性基因转录,同时信息素信号系统也终止。在二倍体营养不良条件时,细胞进行减数分裂产生子囊孢子(图 6.28)。

　　因此,酵母接合不但与自身的类型有关,而且与其细胞表面的受体有关,即与 *ste* (sterile)基因突变有关。*ste2* 和 *ste3* 基因突变时,接合型的改变是特异的。这时因为 *ste2* 基因决定 a 细胞的 α 受体,*ste3* 基因决定 α 细胞的 a 受体,因此 *ste2* 突变使 a 细胞的 α 受体改变,*ste3* 突变使 α 细胞的 a 受体改变。其他 *ste* 基因突变时也会使 a 和 α 细胞丧失接合能力。

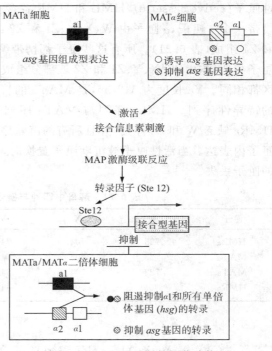

图 6.28　*MAT* 基因的调节功能

### 6.4.5　酵母接合型的转变

#### 6.4.5.1　接合型改变基因

　　已知单倍体 a 和 α 的两种接合型分别由 *MATa* 和 *MATα* 两个基因控制,只有两个单倍体是不同类型时才能发生接合,而相同的类型一般是不能接合的,只有其中一个转变为相反的类型,才能发生接合。而一些酵母菌株具有显著改变其接合型的能力。这些菌株携带一个显性等位基因 *HO*(homothallism,HO),该基因能够经常改变其接合型,其频率每一代改变一次,即 a 型可以转变成 α 型,α 型也可以转变成 a 型,这种可以相互转变的现象称为接合型转变(mating type conversion)。而携带隐性基因 *ho* 的菌株,是一个具有稳定性的接合型,其改变频率大约为 $10^{-6}$。

　　HO 的存在会引起一个酵母群体基因型的改变,无论起始的接合型是什么,在很少几代后,该群体即有大量的两种接合型细胞,从而导致 MATa/MATα 二倍体形成并成为该群体的主体,这就是酵母生活史中所谓的同宗配合,但从基因本质上是异宗配合。由一个单倍体群体产生稳定的二倍体群体可被认为是转换存在的理由。

#### 6.4.5.2　沉默匣子

　　接合型转换的存在表明所有的细胞都含有成为 MATa 或 MATα 所需要的信息,但只有一种类型获得表达。改变接合型的信息来自哪里呢? 不同类型的转换需要另外两个基因,一个是 *HMLa*,另一个是 *HMRα*。*HMLa* 为转换形成 *MATa* 所必需,*HMRα* 为转换形

成 *MAT*α 所必需。*HML*a/*HMR*α 基因与 *MAT* 基因在同一染色体上,位于酵母细胞的 Ⅲ 号染色体上,*HML* 位于左侧远端,*HMR* 位于右侧远端,*HML*a/*HMR*α 在距离着丝点 65~64 cM 处 与 *MAT* 基因分别相距 180 和 150 kb,*HML*α 和 *HMR*a 被称为沉默基因座位,又称为沉默匣子。*HML* 和 *HMR* 含有与 *MAT* 相同的交配型基因,但只有 *MAT* 座位的基因才具有组成型表达,而 *HML*α 和 *HMR*a 不表达。

图 6.29 为接合型的匣式模型(cassette model),该模型假定 MAT 有一个 a 或 α 型的活性匣子(active cassette),HML 和 HMR 各含有一个沉默匣子(silent cassette)。通常 HML 携带一个 α 匣子,α 匣子由 W、X、Y、Z1 和 Z2 组成;而 HMR 携带一个 a 匣子,a 匣子由 X、Y 和 Z1 组成(表 6.21)。所有这些匣子都携带编码接型的信息,MATα 和 MATa 与 HMLα 匣子相似,均由 W、X、Y、Z1 和 Z2 五部分组成,但 MATa 和 MATα 在 Y 区不同,W、X 和 Z 区都相同。Ya 长度为 642 bp,是 MATa 的特异性序列;而 Yα 的长度是 747 bp,是 MATα 的特异性序列。HMLα 序列与 MATα 序列完全相同,HMRa 与 MATa 序列也相同,但 HMRa 缺乏 W 和 Z2 序列,并且所有的沉默序列并不在自己匣子内表达,只能在 MAT 活性匣子内表达。当活性匣子被沉默匣子置换时,接合型发生转换,新置入的匣子被表达,原有的匣子丢失。

表 6.21 酵母中四种与接合型相关的序列组成与长度

| 匣子 | W | X | Y | $Z_1$ | $Z_2$ | 总长 |
| --- | --- | --- | --- | --- | --- | --- |
| HMLα | 723 | 704 | 747 | 239 | 88 | 2 501 |
| MATα | 723 | 704 | 747 | 239 | 88 | 2 501 |
| MATa | 723 | 704 | 642 | 239 | 88 | 2 396 |
| HMRa | | 704 | 642 | 239 | | 1 585 |

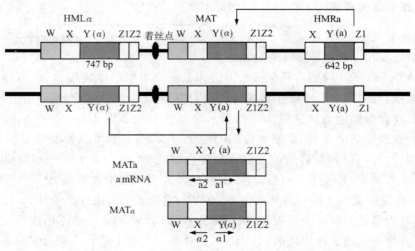

图 6.29 酵母接合型的基因座位及转换

### 6.4.5.3 酵母接合特点

转换并不是相互的,在 HML 和 HMR 上的拷贝替代 MAT 上的等位基因时,MAT 上的一个突变被永久丢失了,这种替代并不是互换进行的,而是单方向进行的。如果存在于 HML 或 HMR 上的沉默拷贝发生突变,转换引入突变的等位基因到 MAT 座位上。HML

或 HMR 上的突变拷贝经无数次转换后仍然保留在原处,像复制转座一样,供体元件在受体部位产生新的拷贝,而本身却保留完整并无变化,但受体原来的拷贝被替代并丢失。

接合型的转换具有方向性,这里只有一个受体 MAT,但有两个供体。转换经常涉及 MATa 被 HMLα 上的拷贝置换或 MATα 被 HMRa 上的拷贝置换。有 80% ～ 90% 的转换是 MAT 的等位基因被其相反类型的基因所替代,该作用是由细胞表型所决定的。a 型细胞倾向于选择 HML 作为供体,而 α 细胞倾向于选择 HMR 作为供体,MATa 总是与 HMLα 进行重组,而 MATα 与 HMRa 进行重组。在突变过程中,可以获得一些酵母菌株,其沉默匣子的方向被倒转,当它的基因型是 HMRa 或 HMLα 时,92% 的替换是同源的,在这种情况下,一个 a 匣子被另一个 a 匣子所替换,或一个 α 匣子被另一个 α 匣子所替换,这是因为不管沉默基因座位的内容是什么,供体匣子的选择是一样的。研究表明对供体的选择并不是由沉默座位中的 Ya 或 Yα 序列决定的,而是通过重组增强子 RE 调控的。

#### 6.4.5.4　酵母接合相关基因

研究表明,接合型转换需要几种基因参与,除了直接决定接合型的基因外,还包括抑制沉默基因及与转换接合型和执行接合功能有关的基因。因此,酵母接合相关基因有如下类型:

#### 6.4.5.4.1　沉默匣子与活性匣子基因

沉默匣子基因差异是由结构决定的。通过两种沉默匣子(HMRa 和 HMLα)与两种活性匣子(MATa 和 MATα)序列的比较可知,图 6.30 表明每个匣子都含有位于两侧的共有序列,a 和 α 型匣子的中心区域是不同的(称为 Yα 或 Ya 区),位于该区的相应一侧的序列是相同的,其表达只在 MAT 活性匣子由 Y 区内的启动子转录起始。

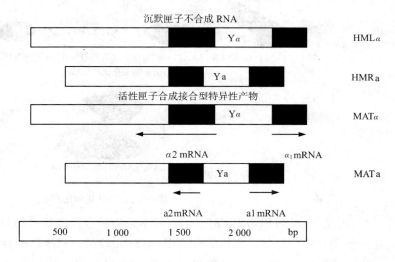

图 6.30　接合型相关基因的结构和转录

MAT 基因座位的基本功能是控制信息素和受体基因的表达并行使其他与接合有关的功能。其中 α1、α2 和 a1 调节蛋白起着重要的作用,α1、α2 与 a1、a2 调节蛋白分别由 MATα 和 MATa 编码,其转录起始位点也分别位于 Yα 区和 Ya 区,但转录方向相反;其接合只与 α1、α2 和 a1 调节蛋白相关。研究发现 MAT 基因的蛋白之间无同源性,其调节作用是通过 a 和 α 蛋白直接控制不同的靶基因转录实现的,其功能通过正或负调控调节。a 和 α 蛋白功能在单倍体中相互独立,在二倍体中相互关联。在单倍体中,特异性的功能基因即信息素和受体基因,以及与类型转换有关的 *HO* 基因和抑制孢子生成的基因进行特异性表达,在两种类型的单倍体中,它们被同时表达;但在杂合二倍体中,MATa 和 MATα 的特异性基因不被表达。

a 和 α 接合型通过不同的机制调节:在 a 单倍体中,a 的接合功能呈组成型表达,a 细胞中 MATa 产物的功能不详,有待进一步研究,但估计它可能用来抑制二倍体细胞中单倍体的功能。在 α 单倍体中,α1 产物激活 α 接合型所需产物相对应的基因,α2 产物则抑制产生与 a 接合型有关的基因,它的作用是通过与靶基因上游的操纵基因序列相结合而实现的。在二倍体中,α1 和 α2 基因产物共同抑制单倍体相关基因,它们一起识别一个与单独的 α2 靶序列不同的操纵基因序列。α2、a1 和 α1 蛋白调节转录能力依赖于其本身蛋白之间及其与其他蛋白之间的相互作用。a 与 α 在单倍体和二倍体 a/α 细胞中基因调控类型如图 6.31 所示。

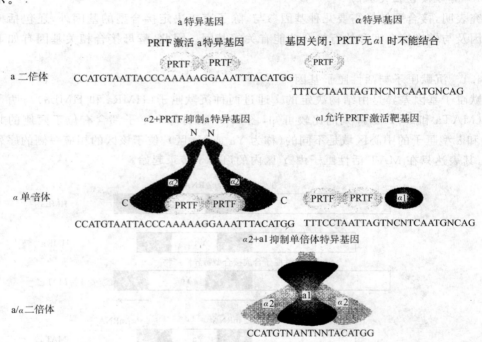

图 6.31 a 与 α 单倍体和二倍体 a/α 细胞中基因的调控模式

由图 6.31 可见,一种被称为 PRTF 的蛋白(不是为接合型所特有的蛋白)参与 a 与 α 蛋白之间的相互作用。PRTF 与一个短的称为 P 框(P box)的共有序列结合,不同的位置都具有 P 框,表明 PRTF 在基因调节中的作用可能是广泛存在的。在一些基因座位上,P 框的作用是活化基因,但在另一些基因座位上,PRTF 的作用是抑制某些作用位点上的基因的表达。因此,PRTF 的作用取决于一些与 P 框相邻位点的结合蛋白。a 特异基因可以单独被 PRTF 活化,这充分保证了它们在 a 单倍体中的表达。在一个 α 单倍体中,a 基因被 α2 蛋白和 PRTF 的共同作用所抑制。α2 蛋白含有两个结构域,C 末端结构域与 32 bp 的操纵基因共有序列末端的一个短的回文成分相结合,但是这个片段 DNA 的结合并不产生抑制作用;N 末端的结构域是产生抑制作用所必需的,α2 负责自身与 PRTF 发生接触,PRTF 的结合部位是一个操纵基因中心——P 框。实际上，α2 和 PRTF 以协同方式与操纵基因结合。

α 基因的表达需要 α1 活化因子，这是另一个小分子蛋白，由 175 个氨基酸构成。与 α 特异性转录有关的序列位于 UAS 元件内，共有序列有 26 bp 长并能分成两部分：第一部分是由 16 bp 序列形成 P 框，此部位 P 框与 PRTF 结合；第二部分是相连的 10 bp 序列形成 α1 结合部位。只有当 PRTF 存在时 α1 因子才与靶部位结合。PRTF 与 α1 蛋白不能单独与 UAS 元件的靶部位结合，但合在一起则能够与 DNA 结合，这可能是蛋白与蛋白相互作用的结果。

在 a 单倍体细胞中，由于 α1 蛋白的缺失，PRTF 不能与 α 特定基因的靶部位结合并使其活化，因此，α 的特异基因不能表达。

α2 蛋白也能和 a1 蛋白共同起作用，它们相结合识别一个不同于 α1 与 PTRF 结合识别的操纵基因，这个操纵基因与 α2 单独识别的序列有一个大致相同的回文序列，但操纵基因较短，这是因为它们之间的序列是不同的。在二倍体中，α2/a1 结合抑制带有这部分特征序列的基因。

### 6.4.5.4.2　沉默子对 MAT 基因选择表达的影响基因

虽然在 Y 区内同时存在 MATa、MATα 与 HML、HMR 基因座，但只有 MAT 基因被表达，并转录起始于 Y 区，而在 Y 区的 HML 和 HMR 基因却不能表达。这意味着基因表达的调节不是对启动子序列相互重叠的某些位点的直接识别所完成的，一定有一个位于这些匣子之外的位点能够将 HML 和 HMR 与 MAT 区别开来。缺失突变分析表明，在两个沉默基因座位 HML 和 HMR 的两侧各有一个抑制基因表达的沉默子（silencer），位于 HML 上游和下游的沉默子分别称为 EL 和 IL，位于 HMR 上游和下游的沉默子分别称为 ER 和 IR。沉默子对 HM 基因表达起负调控作用，是抑制 HM 表达所必需的。通过基因突变的方法鉴定出这些匣子内维持沉默基因是控制活化的基础条件。当一个突变使 HML 和 HMR 基因在沉默匣子内表达时，a 和 α 功能皆被表达，该细胞的表现如同二倍体 MATa/MATα 细胞。在这几个沉默子基因座位上的突变导致终止沉默子失活并使 HML 和 HMR 表达。研究发现了 4 个 sir（silent information requlator）基因座位。这 4 个野生型 sir 基因皆是 HML 和 HMR 处于抑制状态所必需的。这些基因任何一个发生突变，产生一个 sir⁻ 的等位基因的突变体，则伴随产生两种效应：HML 和 HMR 能够被转录，并且两个沉默匣子变成替代的靶部位。因此，抑制一个沉默匣子的表达并阻止它成为另一个匣子替代的受体所利用的是沉默子的调节。

其他抑制沉默基因座位的基因，包括 RAPI（维持端粒异染色质处于惰性状态所需要的）和编码组蛋白 H4 基因。组蛋白 H4 的 N 末端的缺失或定点突变能够活化沉默匣子。这些突变的作用能够因在 SIR3 引入新突变或通过 SIR1 表达而被抑制，这表明组蛋白 H4 和 SIR 蛋白之间有特异性的相互作用。

研究得到一个一般性的结论：SIR 蛋白影响染色质的结构从而阻止这些基因的表达。由于 SIR 蛋白的突变对端粒异染色质近端被灭活的基因有失去负向控制的作用，这似乎表明 SIR 蛋白与组蛋白作用而形成异染色质。

当一个匣子处于活性状态时，它有几个高度敏感部位（图 6.32）。这些高度敏感部位在沉默匣子上是钝化的，但当引入一个 sir⁻ 突变后则所有的钝化点则转变为敏感部位。启动子上的高度敏感部位被认为与基因座位的表达能力直接相关，另一部位与接合型的转换有

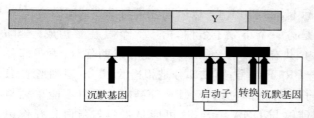

图 6.32 活性匣子上的高度敏感部位

关,而沉默匣子上那些位点的功能至今还不清楚。

把温度敏感的 *sir* 突变体用于检测 HML 和 HMR 抑制的建立与细胞复制的关系研究。携带一个 *sir*[ts] 突变的细胞在高温下温育,HML 和 HMR 被表达。然后降温使 SIR 活性恢复。当细胞阻断于 G1 时期,HML 和 HMR 被继续表达,当 DNA 可以进行复制时,抑制的反应可以得到确立,表现为沉默效应。这表明,与沉默子 E 元件相关联的 *ars* 序列的利用对确立 HML 和 HMR 的抑制是必需的。

复制过程中,一个被称为 ORC 的大的蛋白复合物与 ASR 的共有序列相结合,这是复制的引发所需要的。编码这个复合物的组分 ORC2 和 ORC5 的突变可以终止复制并终止沉默。这一结果直接证实了在 ARS 部位复制起始点与 ORC 的结合是维持沉默所必需的。ORC 的一个可能作用是提供一个起始中心,使沉默效应由此扩散,这也许是因为它为某些其他组分提供了结合位点。目前还不知道 ORC 的单独结合是否足够引起复制以及所有的后来阶段所需要的起始或延伸。

#### 6.4.5.4.3 内切酶基因 *HO* 引发的酵母接合基因转换

转换过程中由于受体 MAT 的 Yα 或 Ya 被位于同一染色体上的 HMRa 中的 Ya 或 HMLα 中的 Yα 序列所替代,因此位于左侧的 HMLα 是细胞由 a 型转变为 α 型所必需的,位于右侧的 HMRa 是细胞由 α 型转变为 a 型所必需的。接合型的转变是通过受体位点 MAT 获得供体(HML 或 HMR)序列的基因转换完成的。通过阻止转换的 MAT 位点的突变已经鉴定出转换所需要的必需位点。由于在 HML 或 HMR 上缺乏突变位点,表明转换的过程是单方向的。

突变研究揭示了 MAT 的 Y 区内右边界处有一个对转换过程十分重要的位点。对这些突变位点的序列与位置分析表明该边界部位的一些共有特征:有些突变位于被置换的区域内,在转换发生后,这些突变消失,而其余的突变位于被置换区域外,阻止置换的发生,不能转换。位于置换区内部和外部的序列都是置换过程所需要的。

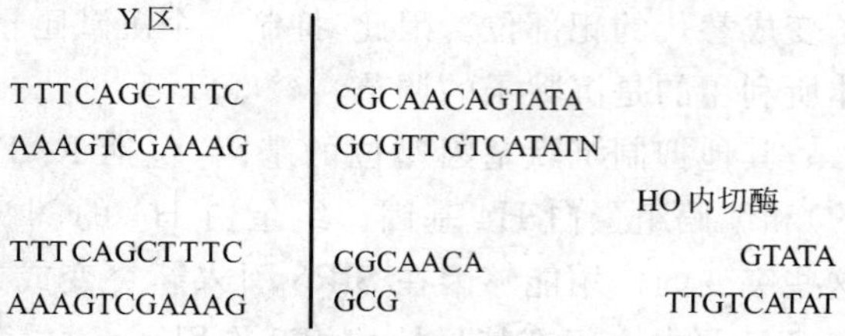

转换起始于靠近 Y-Z 边界的双链断裂处,该处刚好是 DNA 酶的敏感部位。该敏感部位因缺乏一个核小体而有可能易于接近。它含有 *HO* 基因编码的内切酶识别序列,这相当于体外对 DNA 酶的高度敏感性反映出体内对 HO 内切酶的一种天然的敏感性。HO 内切酶只对 MAT 的 Y 区右侧

Y 区

```
TTTCAGCTTTC      CGCAACAGTATA
AAAGTCGAAAG      GCGTTGTCATATN
                                        HO 内切酶
TTTCAGCTTTC      CGCAACA          GTATA
AAAGTCGAAAG      GCG              TTGTCATAT
```

图 6.33 HO 内切酶的作用部位

的 Y-Z 交界处进行识别和切割,产生双链断裂,由此产生一个 4 个碱基的单链末端(图 6.33)。

HC 内切酶在整个酵母基因组中只有一个切割位点,即 MAT 座位,而 HMR 和 HML 不是内切酶的位点。HO 内切酶只能在 MAT Y 区与 Z 区相紧邻的边界右侧产生双链交错式断裂,酶切后产生一个 4 个碱基的单链末端。HO 内切酶激发的双链断裂,激发了 MAT

序列的转换过程,这实际上是一种重组。核酸酶对不能转换的突变型 MAT 基因座位不起作用。缺失分析表明,Y 区接合部位周围 24 bp 序列大部分或全部是体外切割所必需的。识别位点对于 HO 内切酶是很大的,有可能此识别序列只见于三种接合型匣子内。

只有 MAT 基因座而非 HML 或 HMR 基因座是内切酶的靶部位,似乎是一种相同的机制维持沉默匣子免于被转录,并且使它们对 HO 内切酶不敏感,这种不敏感性确保转换是单一方向的。

### 6.4.5.5　酵母接合机制

图 6.34 显示的是接合型基因相互转换模型。该模型认为在 HO 内切酶的作用下,Y-Z 交界处的双链断裂后,Y 区域就被降解了,至于哪一种酶降解这一区域还不十分清楚,降解一直进行到 Ya 和 Yα 都相同的部分或到 X 区与 Y 区相连的边界。这样 MAT 部分的 2 个游离的 3′ 末端就先入侵供体座位(沉默子)的同源部分并与其中的互补链配对。再以供体 DNA 为复制模板复制 Y 区,形成 holliday 连接体,然后通过拆分,产生新的 MAT 座位,而供体的序列保持不变。

转换的发生是由 DNA 酶所激发的,图 6.34 显示了供体向受体方向的转变。供体和受体序列之间有一段同源序列,从 DNA 每个链的相互作用的角度看,反应过程相当于双链断裂后的重组过程,并且在切割之后的步骤中需要一般重组反应所需要的酶。这些基因的某些突变可以使转换终止。

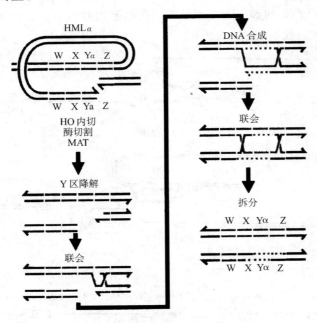

图 6.34　接合型基因相互转换模型

假设 MAT 的游离末端侵入 HML 或 HMR 基因座并同右侧区配对。MAT 的 Y 区被降解直到暴露出左侧的同源区,这时,MAT 与 HML 或 HMR 在左、右两侧相互配对。HML 或 HMR 的 Y 区的拷贝复制并替代 MAT 失去的区域(有可能延伸到 Y 区本身的界限),然后配对的基因座再发生分离。

像重组的双链断裂模型一样,该过程是由被替代的 MAT 基因座开始的。从某种意义上讲,对供体基因座 HML 或 HMR 的描述是指它们的最终作用而不是指这个过程的机制。像复制转座一样,供体部位不影响受体序列发生的变化,和转座不同的是受体基因座发生了替代反应而不是序列的额外增加。

　　为了更深入了解接合基因型转换机制,研究者用 PCR 方法对基因转换过程进行检测,发现转换需要 1 h。图 6.35 是 MATa 转换成为 MATα 的过程。由于 Ya 序列中有 Sty1 酶切位点,而 Yα 序列中无此位点,因此可以利用该酶切位点来检测基因型的转换。以供体 Yα 特异性序列为引物 1(P1),受体中离 Ya 较远的序列作为引物 2(P2),对基因型转换进行检测。HO 切割反应刚开始时,a 细胞中没有 PCR 产物,经过 30 min 左右,开始出现 PCR 产物,说明细胞内正在进行由 MATa 向 MATα 的基因型转换。从 HO 切割到 MATα 出现需要 1 h,表明这一过程有很多缓慢的反应步骤。转换过程需要重组蛋白、DNA 复制蛋白如单链结合蛋白和 DNA 多聚酶等,在转换中,还可以检测到高分子量的 DNA 酶切片段。以上实验表明,接合型基因型转换是一种由双链断裂引起的同源重组过程。HO 内切酶造成双链断裂后,HO 切割末端的 DNA 链沿着 5′到 3′方向降解,形成 3′末端突出的单链 DNA。然后 3′末端入侵供体 Yα 区,进行复制和同源重组。

　　因此,转换是由 HO 基因引发的,而 HO 基因本身又以特有的方式调控转换行为。HO 基因的转录受几种调控因素的影响:① HO 受接合型的控制。这是因为它不在二倍体 MATa/MATα 内合成。从目的论的观点看,当两个 MAT 基因都被表达时,没有必要进行接合的转换。②HO 在亲代细胞内而不是在子代细胞内被转录。③HO 的转录也与细胞周期有关,该基因只在亲代 G1 期末表达。

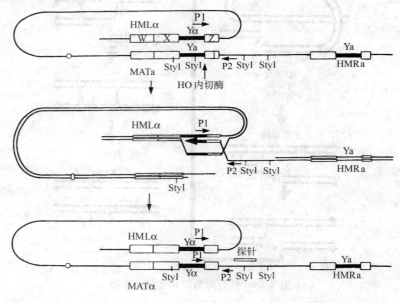

图 6.35　接合型基因型转换

　　核酸酶产生的时间可以解释转换和细胞品系的关系。转换只能在分裂产物中被检测到,两个子细胞为同样的接合型,是由亲代细胞而形成的(图 6.36)。这说明了 G1 期 HO 的限制性表达确保了在 MAT 基因座被复制前进行接合型的转换,其结果是两个子代细胞变为新的接合型。

控制 *HO* 转录的顺式作用位点位于 *HO* 基因上游。与调控循环相对应的许多位点中,任意一个位点的抑制都可阻止 *HO* 基因的转录。

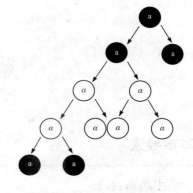

转换发生在 a 亲代 子代是 α

子一代不能转换

转换发生在 α 亲代 子代是 α

图 6.36　接合型的转换只发生在亲代细胞

酵母接合型的调控与其他一些单倍体特异性基因类似。在二倍体中,α1/α2 阻遏物阻止转录。在 MAT 上游有 10 个阻抑物的结合位点,这些位点与它们的共有序列共存,目前还不知道哪些或多少个结合位点是单倍体特异性阻遏所必需的。

细胞周期的调控由一个 8 个核苷酸序列的 9 个拷贝所完成,它们位于 −150～−900 nt 之间。与这些序列的一个拷贝相连的基因的表达受细胞周期调控,除了 G1 期末期的短暂时间外,与这个序列相连的基因被抑制。它的活性取决于细胞周期中决定细胞分裂的调节因子 CDC28 的作用。

SWI 和 SIN 基因产物之间的相互作用与细胞周期和亲代与子代的调控有关。*HO* 基因的转录需要 SWI1～5 基因。它们的作用是阻止 *SIN6* 基因产物对 *HO* 基因的抑制。*SWI* 基因首先被发现,是由于其突变体不能进行转换;然后 *SIN* 基因被发现,是因为它们能够解除特定的 *SWI* 突变体引起的阻断。然而 *SIN* 和 *SWI* 基因之间的反应还不能完全被确定,因为它涉及多种途径。

在亲代细胞中,发生转录需要 SWI5。SWI5 的作用是阻断 SIN3 和 SIN4 所产生的抑制。在缺乏这些功能的突变体中,在亲代和子代细胞中 *HO* 基因同样很好地被转录。该系统作用于上游远端的序列(−1 260～−1 300 nt 之间)。*SWI5* 本身受细胞周期的控制,它的表达晚于 *HO*。子代细胞先天缺乏 SWI5 的功能,所以在第一个细胞周期时,如果 SWI5 被激活,直到第二个细胞周期才有机会激活 *HO* 并引起转换。这就解释了子代细胞转换能力的延迟,子代细胞直到成熟为一个亲代细胞才能进行转换。类似的过程,SWI4 的产物通过阻抑 SIN6 使 *HO* 基因免于抑制。

某些 *SWI* 和 *SIN* 基因不是与接合直接相关的,而是通用的转录调节元件,许多基因座的表达需要它们的作用。这些基因包括激活剂复合物 SWI1、SWI2 和 SWI3 及编码染色体蛋白的基因座 SIN1 和 SIN2。*SWI* 和 *SIN* 基因在接合型表达中的作用不是最主要的。

(廖宇静　卫亚红)

# 第 7 章 质粒遗传

## 本章导读

## 7.1 质粒概述

质粒(plasmid)一词由莱德伯格(Lederberg)于 1952 年提出,用于概括全部染色体外的遗传因子。狭义的质粒是指细菌、真菌等微生物细胞中,独立于染色体外,能进行自我复制的遗传因子;广义的质粒是指染色体外能够进行自主复制的遗传单位,包括共生生物、潜伏性病毒、真核生物细胞器和细菌细胞中染色体外的遗传因子。有些既可以整合到染色体上,作为染色体的一部分而伴随染色体的复制而复制,又可以再游离出来并携带一些寄主的染色体基因的质粒称为附加体。原核生物和真核生物都拥有质粒,质粒种类按性质划分有

DNA 质粒、RNA 质粒,按结构划分有环状质粒和线性质粒,但质粒在很多生物中不是生命必需品,如 *E. coli* F 因子,没有 F 因子的细菌也能够正常分裂繁殖。一般细菌质粒是共价、闭合、环状 DNA 分子(covalent closed circular DNA,简称 cccDNA)(图 7.1),具有超螺旋结构,存在于细胞质中。除 DNA 质粒外,目前在酿酒酵母等真核微生物中还发现了 dsRNA 质粒,在链霉菌、酵母菌和小型丝状真菌等微生物中发现了线性双链DNA 质粒。质粒大小通常为 1~1 000 kb,大的种类包括共生生物的质粒、细菌接合质粒和细胞

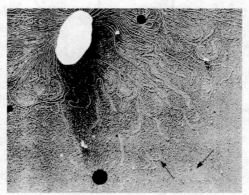

图 7.1　电镜下细菌染色体和质粒
箭头所指处为质粒

质基因的质粒(如线粒体基因组、叶绿体基因组、中心粒基因组、动粒基因组、膜体系基因组等),小的种类多是细菌高拷贝质粒。质粒多具有半自主性,依靠宿主的复制系统进行独立复制,质粒可以携带编码一种或多种遗传性状的基因,并赋予宿主细胞特有的遗传表型,如抗性质粒、根瘤质粒、降解质粒等。质粒的穿梭特性为生物基因组进化提供了可能,目前质粒是基因工程的重要载体,具有广泛的应用价值,质粒的研究与人工构建都具有十分重要的意义,也是现代生物科学研究的重要课题之一。

### 7.1.1　质粒的发现

质粒最早发现于 1946 年莱德伯格(Lederberg)和塔特姆(Tautum)等的细菌接合研究中,他们发现了 *E.coli* 的 F 质粒(即 F 因子),F 因子能在接合作用过程中经性菌毛向 F⁻ 细胞转移,由此揭示了大肠杆菌的接合重组规律。1952 年莱德伯格提出质粒的概念。海依斯(Hayes)1953 年进一步发现 F 因子能以极低的频率整合到细菌的染色体 DNA 上,并有可能在重新脱落时因发生误差而携带部分染色体基因,使之在下一步的接合转移过程中向受体菌传递。雅可布(Jacob)和沃尔曼(Wollman)考虑到 F 因子的这一特性与温和噬菌体相似而建议将它们改称为附加体(episome)。诺威克(Novick,1963)则建议仍应采用质粒一词来表示这类存在于细胞质中、染色体以外的活跃遗传因子。F 因子的发现对细菌遗传学的发展产生了深远的影响,莱德伯格和塔特姆也因在细菌遗传学方面的突出的开创性工作而获得了 1958 年诺贝尔生理学和医学奖。

自 1952 年开始,大肠杆菌素作为一种神奇的抗菌物质而被人研究,到 1954 年才逐渐查明,它是由性质与 F 因子很相似的 Col 因子支配而产生的;1957 年日本学者渡部力(Watanabe)首次报道了志贺氏菌(*Shigella*)中质粒介导抗生素抗性的转移现象,并分离出转移因子,发现抗药性是由核外遗传因子 R 因子决定的。R 因子虽然不能整合到细菌的染色体上,但很容易在细菌之间转移,由此揭示了质粒的转移现象。在以后的 20 多年中,人们集中研究了抗性质粒,尤其是流行病学和抗性的机制。20 世纪 70 年代随着基因工程的崛起,质粒作为载体广泛应用于遗传工程和分子生物学研究,质粒研究进入到空前繁荣的时期。随着研究工作的深入,在细菌的许多类群中发现并分离鉴定出许多种质粒,且它们的表型特征已远远超过了致育性和药物抗性的范围。质粒不但可以控制宿主细胞的性别,而且可以通过质粒抗生素或细菌素控制另一类细菌或病毒的抗性,如抗生素或细菌素可以抑制或杀死其他细菌,噬菌体抗性质粒可以抵抗噬菌体的感染,重金属抗性质粒可以抵制金属的腐蚀作用,毒素蛋白质粒可以遏制有害昆虫的泛滥,降解性质粒可以降解高分子有机物以减小环境污染,生物固氮质粒可以提高生物肥料的自然利用率,致病性质粒有利于揭示疾病产生的原因。总之,质粒是非常重要的核外遗传物质,它的相对不稳定性,为生物进化提供了可能。

### 7.1.2　质粒的命名规则

质粒依据表型效应、大小、复制特性、转移性或亲和性差异划分为不同的类型。最初发现的质粒一般是研究者根据表型、大小等特征自行命名,如 R 质粒(resistance factor,抗性质粒)、F 质粒(fertility factor,致育因子)和 Col 质粒(colicin,大肠杆菌毒素质粒)等。随着研究的逐渐深入,质粒的种类越来越多,但由于无统一的命令规则,文献中质粒名称十分混乱,统一命名十分必要。直到 1976 年诺威克(Novick)才提出并逐渐形成了一套可为质粒研究者普遍接受并遵循的命名规则：①质粒的名称一般应由三个英文字母及其编号组成，第一个字母一律用小写的 p 表示，后两个字母应大写，可以采用发现者的名字、实验室名称、表型性状或其他特征的英文缩写。编号为阿拉伯数字，用于区分属于同一类型的不同质粒，如 pBR322、pSC101、pUC19 等。②质粒的名称应放在其宿主名称后面的括号中，同一菌株含有多个质粒时，每一个质粒均应用各自的括号。如：*E. coil* C600(pBR322)(pXY1234)表示大肠杆菌 C600 菌株同时含有 pBR322 和 pXY1234 两个不同的质粒。③菌株的原有质粒被消除后应在其质粒名称的右上角用"−"号表示，质粒 DNA 有缺失以"△"符号表示，插入以"Ω"符号表示，并应在它们之后用括号标明缺失位点或插入位点及外源基因。如：pXY9010 质粒可写成 F△traA3(63.1～64.0 kb)，表示它是一个缺失了转移基因 A3 的 F 质粒，缺失部分从 63.1～64.0 kb。又如：pXY2101 可写成 pSC101Ω4(0 kb：K12，*his*A，1.5 kb)，表示pXY2101 是在 0 kb 位置上插入了来自大肠杆菌 K12 菌株 1.5 kb 的 *his*A 基因的 pSC101 第 4 号质粒。

# 7.2  质粒的种类

## 7.2.1  致育质粒

致育质粒与宿主育性有关，广泛存在于不同细菌中，其功能相似，介导接合作用。常见致育质粒有 F 质粒、SCP1 质粒和 SCP2 质粒。有关特点请参阅第 5 章。F 因子介导的接合作用具有性纤毛，而乳酸链球菌(*S. lactis*)等 $G^+$ 细菌在接合转移时一般不形成性纤毛，接合前受体菌细胞表面形成一种特殊的多肽类信号物性诱导素(sex pheromore)，能诱导含质粒的供体菌细胞产生特殊的表面应答蛋白，进而产生供、受体菌细胞间的接合转移。SCP1 和 SCP2 质粒是通过末端在天蓝色链霉菌的接合作用中起作用，带动染色体从供体细胞向受体细胞转移。由 SCP1 和 SCP2 介导的重组作用比大肠杆菌复杂，天蓝色链霉菌不同菌株间的接合转移性见表 7.1。

表 7.1    天蓝色链霉菌不同菌株间的接合转移性

| 供体与受体菌 | 平均重组频率(%) | 转移的基因类型 | 转移方向 |
|---|---|---|---|
| SCP$^-$ ×SCP1$^-$ | 0.001 | 随机性 | 非单向性 |
| SCP$^+$ ×SCP1$^+$ | 0.01 | 随机性 | 非单向性 |
| SCP$^+$ ×SCP1$^-$ | 0.01 | 异质性 | 混合方向性 |
| SCP1$^*$ ×SCP1$^*$ | 1 | 随机性 | 非单向性 |
| SCP1$^*$ ×SCP1$^+$ | 10 | 特殊性 | 单一方向性 |
| SCP1$^*$ ×SCP1$^-$ | 100 | 特殊性 | 单一方向性 |

注：随机性指染色体上任何基因均有可能以相似的频率转移；特殊性指转移基因均含有 9 min 区段；非单向性指每一菌株
　　均可作为供体或受体菌；单一方向性指 SCP1 始终是供体，SCP1$^+$ 或 SCP1$^-$ 为受体。

## 7.2.2  抗性质粒

抗性质粒是指使其宿主微生物对抗生素、化学药物或重金属离子等杀菌剂表现出抗性的质粒。自 1957 年日本人渡部力(Watanabe)首次从临床的流行性痢疾志贺氏菌(*Shigella dysenteriae*)中分离出抗药性 R 质粒以后，已陆续分离出数十种抗性质粒，如在大肠杆菌、沙门氏菌、欧文氏菌（*Erwinia*）、流感嗜血菌（*Haemophilus influenzae*）、霍乱弧菌（*Vibrio cholerae*）、根瘤菌（*Rhizobium*）、荧光假单胞菌（*Pseudomonas fluorescens*）、铜绿假单胞菌（*P. aeruginosa*）等 100 多种细菌中发现了这类质粒。与此同时，抗性微生物的数量和抗性表型也显著增加，到 1964 年，自临床分离的抗性细菌中有 40% 具有四种以上的抗药性，个别带有多种抗性基因质粒的病原微生物已使疾病的化学治疗面临新的严重挑战，抗性质粒在环保和生态学等方面的重要性日益为世人所公认。

抗性质粒中 R 质粒研究较为深入，R 质粒又称为抗药性质粒或抗药性因子或 R 因子，带有抗药性因子的细菌有时对几种抗生素或其他药物均呈现抗药性。R 质粒上通常具有编码抗生素的抗性基因，如 R100 质粒（89.3 kb）可使宿主对下列 6 种抗生素和重金属离子具有抗性：汞离子（*mer*）、磺胺（*sul*）、链霉素（*str*）、梭链孢酸（*fus*）、氯霉素（*cam*）和四环素（*tet*），多数 R 质粒由两部分组成：抗性决定因子（r-determinant）和转移区（*tra*）（图 7.2）。转移区（*tra*）也称为抗性转移因子（resistance transfer factor，RTF），它含有调节 DNA 复制拷贝数基因、转移基因和抗性基因，如 *tet*ʳ。RTF 的分子量为 $11 \times 10^6$ D。抗性决定因子又称为 r 决定子，大小不固定，从 $10^6$ D 到 $10^8$

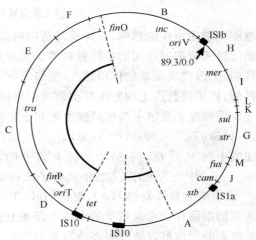

图 7.2　R100 质粒的遗传图谱

D 以上。通过 R 质粒与 F 质粒进行比较发现：R 质粒的表达和转移受到细胞内的某种阻遏/调控因子的制约，带有 R 质粒的细菌很少有性纤毛，并且只有 0.01% 的细胞发生了 R 质粒的转移现象，R 质粒也很少与宿主细胞的染色体整合在一起。R 质粒的 *tra* 与 F 质粒的 *tra* 操纵子相似，RF2 和 RF4 接合转移分为两个区：*ori*T 区和 *tra* 区。*tra* 基因编码性纤毛和 DNA 内切酶等与转移有关的蛋白质，*ori*T 是接合转移起始位点，DNA 内切酶识别此位点并在此造成缺口，质粒 DNA 从供体向受体转移，这些调控区域具有调控质粒自身复制、质粒拷贝数量以及质粒转移的能力。RTF 的两侧通常有相同的 IS 序列，*tet*ʳ 因子与两侧的 IS10 构成了 Tn10 转座子，IS1b 和 IS1a 及中央的 5 个抗性基因构成了 Tn2671 转座子，R 质粒上成簇的多种抗性因子是通过单个转座子的积累形成的。由 RTF 质粒和抗性决定因子结合形成 R 因子的过程如图 7.3 所示。不同的 R 质粒含有不同的抗性决定因子，多数 R 质粒只有 1～2 个抗性基因，个别可以多达 10 个以上的抗性基因。由于抗性基因大多由转座子所携带，因此抗性基因很容易在细胞内或细胞间转移，也可因环境中的选择因子（如同时采用多种抗生素作临床治疗）的筛选而在质粒间转移并最终积累形成一个具有多种抗性的新质粒。R 质粒并非细菌产生抗药性的唯一来源，导致临床抗性和交叉感染的不少病原菌的抗药性也取决于染色体上的抗性基因。染色体上的抗性基因一般不易转移，抗性水平及多样性也较低。

研究质粒的作用机理发现，不同质粒的抗性基因的作用机理各不相同。R 质粒上抗青霉素基因通常编码 β-内酰胺酶，用以直接分解青霉素；对氨基糖苷类抗生素（链霉素和庆大霉素等）的抗性是产生以不同方式钝化抗生素的酶类；对四环素的抗性则来自于受体菌

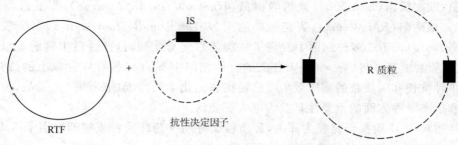

图 7.3　接合转移的 R 因子的形成

对细胞壁表面特性的修饰,以降低对药物的渗透吸收;对磺胺类药物的抗性主要来自产生某种能绕过药物抑制作用的抗性蛋白等。简言之,一般质粒赋予宿主的抗性是通过四种方式实现的:○改变抗菌素的作用靶点;②修饰抗菌素使其失活;③阻止抗菌素进入细胞;④产生一种酶,该酶代替宿主细胞中被抗菌素作用的靶酶。

　　R 质粒除了使宿主细胞对抗生素和磺胺药类呈现抗性外,还能对许多金属离子表现为抗性,如碲($Te^{6+}$)、砷($As^{3+}$)、汞($Hg^{2+}$)、镍($Ni^{2+}$)、钴($Co^{2+}$)、银($Ag^+$)、铬($Cd^{2+}$)等。肠道细菌中的 R 质粒,约 25% 是抗汞离子的,在绿脓杆菌(铜绿假单胞菌)($Pseunomonas$ $aeruginosa$)中约为 75%。这种汞离子抗性是一种由质粒编码的还原酶引发的。该酶使 $Hg^{2+}$ 还原成为易挥发的 HgO,而且 HgO 不溶于水,可通过汗液排出体外或在细胞内累积。当抗汞的细菌在含有汞离子的液体培养基上生长时,汞离子很迅速地像蒸汽一样释放出来,释放出来的蒸汽可以被收集在冷凝器中生产液体的金属汞。

### 7.2.3　亢菌素质粒

　　常见抗菌素包括抗生素和细菌素。抗生素是一种生物体产生的能够抑制另一种生物体生长甚至可以杀死另一种生物体的生物活性物质。抗生素分为医用抗生素和农用抗生素。农用抗生素用于农业与畜牧业等诸多领域。抗生素多数来源于质粒和放线菌染色体,一半以上是放线菌产生的,其中又以链霉菌产生的抗生素最多,其研究工作也以链霉菌研究最为深入。位于染色体上的抗生素生物合成基因,在链球菌中成簇排列,但不是以形成一个操纵子的形式出现,而是组成几个不同的转录单位,绝大多数基因表达的调节出现在转录中,并且抗生素产生菌通常不止一个抗性基因,其抗性基因通常与生物合成基因簇的基因紧密连锁或构成生物合成基因簇的一部分。抗生素生物合成基因与抗性基因相互调节,特异性调节基因在生物合成基因簇内或相邻位置上。抗生素生物合成基因和抗性基因的表达除了受特异性调节基因调控外,还受中央调控的控制。在链霉菌中通常有 1~9 个 5.4~17 kb 的小质粒,日本学者木梨阳康(Kinashi)等(1987)在对 6 株抗生素产生菌株的遗传分析中发现有大型线状质粒存在,大小为 320~520 kb 不等,占整个基因组的 5%。SCP1 质粒是放线菌中能够使宿主产生抗生素的典型代表,SCP1 质粒与次甲基霉素 A 的生物合成有关,包含抗性基因、调节基因和结构基因。弗氏链霉菌($S.$ $fradiae$)的泰乐菌素基因和庆丰链霉菌($S.$ $qingfengmyceticus$)的庆丰霉素基因也定位在质粒上。查特尔(Chater)研究发现质粒参与抗生素合成类型依据作用方式分为三种:质粒携带抗生素生物合成途径中酶的编码基因,如次甲霉素 A、泰乐霉素和庆丰霉素等;质粒决定抗生素分子中的部分结构,如卡那霉素和链霉素等;质粒参与抗生素合成调控,如土霉素等。除此以外,在放线菌质粒中还发现了氯霉素、春雷霉素等多种抗性,目前发现的 6 000 多种抗生素,60％来源于放线菌。

细菌素质粒能够产生细菌素(bactericin)。细菌素是细菌产生的一般只能抑制或杀死种内不同亚种或菌株中敏感细菌的特殊多肽类代谢产物。细菌素能与敏感细菌细胞壁上专一性受体蛋白相结合,继而抑制或杀死敏感细菌。细菌素产生菌因含有免疫基因(*ime*)而不受其产物的危害。研究最深入的是大肠菌素(Colicin),大肠菌素是由 Col 质粒决定的,大肠杆菌的 Col 质粒有 10 多种。根据所产生的细菌素的特异性,可以分为 ColE1、ColE2、ColB、Col Ⅰ 和 Col Ⅴ 等 12 种不同的质粒型及 7 种待定类型。在作用机理上,ColE1 细菌素抑制主动运输,Col Ⅰ 抑制 ATP 的产生与核酸

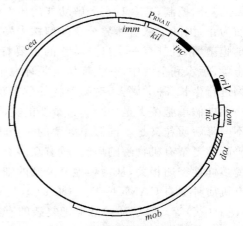

图 7.4　ColE1 质粒的遗传图谱

和蛋白的合成。根据是否具有转移能力可将 Col 质粒分为两大类:第一类是非接合型(non-conjugative plasmid),包括 ColE1、ColE2 和 ColE3,它们的分子量小,大约在 5 MD,缺乏自身传递的遗传结构,如 ColE1 的分子量为 4.2 MD,大小为 6.6 kb,长度为 3 $\mu$m,在细胞中为多拷贝质粒,不具有自主转移能力(图 7.4),如果细胞中存在另一类具有转移能力的质粒如 F 质粒或 R64-11,ColE1 质粒可以被 F 质粒的转移而诱动转移。第二类是接合型质粒(conjugative plasmid),分子量为 50～80 MD,有的还编码一种以上的细菌素,它们像 F 质粒一样,具有编码性纤毛的基因,使宿主细胞表面具有性纤毛。ColB、ColV 和 ColIb 等就是这一类质粒。如 ColIb 的分子量为 62～68 MD,大小为 110 kb,长度为 30 $\mu$m,在细胞内只有1～2 个拷贝数,并具有自主转移能力,能产生性菌毛,并能通过与宿主 DNA 的整合来推动宿主染色体的基因转移。ColB 和 ColV 与 Col Ⅰb 相似,ColV 也能通过与染色体 DNA 的整合来推动宿主细胞染色体基因的转移。

其他产生细菌素的微生物类群主要有产生乳酸链球菌素(Nisin)的乳酸链球菌(*Streptococcus lactis*),产生乳酸菌素(*Lactocin*)的乳酸杆菌(*Lactobacillus*)和产生根瘤菌素(*Rhizotoxin*)的根瘤菌(*Rhizobium*)等。土壤杆菌属的细菌可以分泌土壤杆菌素 84、D286 和 J73 三种细菌素,其中放线土壤杆菌 K84 菌株所分泌的土壤杆菌素 84 是迄今为止应用最为广泛的一种细菌素,它是腺嘌呤脱氧阿拉伯糖苷氨基磷酸盐,是一类小分子核苷酸类似物,能够抑制具有胭脂碱型 Ti 质粒的根癌土壤农杆菌,有防治桃树根癌病的作用。

### 7.2.4　降解质粒

降解质粒(degradative plasmid or catabolic plasmid)是编码降解酶并能够通过此酶具有了降解某类特殊的难分解有机物质能力的质粒,20 世纪 70 年代率先在假单胞菌(*Pseudomonas*)中发现,后来发现的具抗生素抗性或重金属抗性以及能产生细菌素、肠菌素、溶血素和一些 K 表面抗原等表型效应的菌都可能含有不同性质的降解质粒。除假单胞菌具有这种降解能力外,产碱菌属、黄杆菌属等微生物都具有这种降解特性。20 世纪 70 年代初查克拉巴蒂(Chakrabarty)率先证明恶臭假单胞菌(*Pseudomonas putida*)R1 菌株中降解水杨酸的酶系由质粒基因控制,从而开创了降解质粒研究的新领域。以后相继又发现许多脂肪

烃、芳香烃、多环芳烃及其氧化产物、萜烯、生物碱、氯代芳烃和多氯联苯的降解都受质粒携带的基因控制,这些具有分解功能的质粒使其宿主具有降解此类非正常碳源的能力。到目前为止,国际上从自然界分离的菌株中发现的天然降解性质粒共有几十种,其中大都来自假单胞菌属,且都有一个自身转移的重要特性。假单胞菌是一大类 G⁻ 杆菌,广泛分布于水、土壤、污水和空气中,一直被认为是环境中最"杂食"的微生物,能十分广泛地利用环境有机物进行生长,种类繁多,对动植物的危害较大,尤其是对植物的危害大于对动物的危害,在致病菌中假单胞菌类是一个非常重要的类群,同时在治污行业中它也是一个非常重要的类群。不同降解质粒又是不同假单胞菌的一个非常重要的鉴定性特征。假单胞菌因含有丰富的编码降解复杂有机物酶的质粒,故有众多类型的代谢途径,这与该菌在自然界中分布广泛及环境多样性密切相关,从污染地分离到的细菌 50％以上含有降解性质粒。降解质粒所降解的有机质种类有 CAM(樟脑)、OCT(辛烷)、XYL(二甲苯)、SAL(水杨酸)、TOL(甲苯)和 NAH(萘)等。降解质粒能够把复杂的有机物甚至有毒化合物降解成为能够被微生物利用的碳源和氮源等能源的简单形式,以提供给自身生长发育所需,它在自然界物质循环、环境保护和污染治理等方面有重要的应用前景。

微生物的降解功能不仅仅只是质粒能够完成,部分微生物染色体中也具有降解芳香族化合物的操纵子,如从大肠杆菌发现的操纵子中,由加单氧酶基因 $mph$A、加双氧酶基因 $mph$B、水解酶基因 $mph$C、水合酶基因 $mph$D、脱氢酶基因 $mph$F 和 4-羟基-2-氧代戊酸醛缩酶基因 $mph$E 等组成的操纵子就具有降解芳香族化合物的能力,还具有类似于假单胞菌降解苯、甲苯和联苯芳香族化合物的酶基因构成的降解芳香族的操纵子。降解功能的遗传控制中,大多数质粒编码整个降解系统的酶,有一部分降解由染色体基因控制,还有一部分由质粒和染色体共同协调控制降解途径;部分降解是质粒和染色体分别编码不同化合物不同降解途径的酶,分别降解,互相补充,完成降解;还有的是某些菌种中一些特殊物质的降解酶由质粒编码,而另外一些菌种中,同样降解途径的酶则由染色体编码。降解质粒一般具有接合能力,分子量较大。表 7.2 是部分假单胞菌的降解质粒的性质。在恶臭假单胞菌中具有降解甲苯和二甲苯的 TOL 质粒,以及降解萘的 NAH 质粒,都具有广泛的宿主范围,并能够通过接合作用在假单胞菌之间转移,也能够转移到大肠杆菌中,带有 TOL 和 NAH 质粒的大肠杆菌也能像假单胞菌一样利用甲苯和二甲苯或萘,作为碳源进行生长,但由于来自假单胞菌的基因在大肠杆菌中不能有效表达,效率低,所以生长缓慢。

表 7.2　部分假单胞菌的降解质粒的性质

| 质粒名称 | 质粒大小(kb) | 降解的化合物 |
| --- | --- | --- |
| pAC25 | 108 | 3,5-二氯苯甲酸酯 |
| pAC31 | 102 | 3-氯苯甲酸酯 |
| pCAM | 225 | 樟脑 |
| pJP1 | 87 | 2,4-D |
| pJP2 | 54 | 2,4-D |
| pJP3 | 78 | 2,4-D |
| pNAH | 69 | 萘 |
| pSAL | 60～83 | 水杨酸盐 |
| pTOL | 113 | 二甲苯和甲苯 |
| pXYL | 15 | 二甲苯 |
| pXYL-K | 135 | 二甲苯和甲苯 |
| pWWO | 176 | 二甲苯和甲苯 |

### 7.2.5　致病性质粒

致病性质粒是指与宿主微生物对人、动物或植物致病性有关的质粒。这些致病性质粒与致病性微生物密切相关。致病性微生物包括植物性致病菌和动物性致病菌。在植物病原菌中有病毒、细菌、真菌和线虫等,研究最深入的以细菌为主。常见的植物病原菌以苛养木杆菌、青枯病菌、根瘤农杆菌和黄单胞杆菌的研究较为深入,而致病性质粒则以根瘤农杆菌(*Agrobacterium tumefaciens*)的 Ti 质粒研究最为透彻。动物致病菌以肠杆菌和专性细胞内寄生病原菌研究最为深入。肠杆菌以大肠杆菌和沙门氏菌为核心,专性细胞内寄生病原菌以立克次体和衣原体为重点。其中破伤风梭菌(*Clostridium tetani*)和肉毒梭菌(*C. botulinum*)等的质粒与人类和动物的致病性关系最为密切。产毒素大肠杆菌是引发腹泻的重要病原菌之一,其中许多菌株都含有编码一种或多种肠毒素的质粒。

这里以 Ti 质粒为代表详细讲解其感染过程。Ti 质粒是能在双子叶植物的根、茎部产生冠瘿瘤的质粒,存在于根瘤农杆菌中。根瘤农杆菌属革兰氏阴性菌,是一种植物病原菌,它的质粒中转移 DNA 片段 T-DNA 转入植物细胞后会导致植物产生冠瘿瘤(crown gall),T-DNA 编码的生长素将干扰被侵染植物的正常生长。Ti 质粒不仅是双子叶植物转化的有效载体,也广泛应用于单子叶植物的基因转化研究。

Ti 质粒是 1971 年斯歇尔(Schell)和蒙塔哥(Montagu)发现的。它是一个双链环状 DNA 分子,长约 200~250 kb,分子量为 $(95\sim156)\times10^5$ D。一般 Ti 质粒基因组分为 4 个区:T-DNA 区、Vir 区、Con 区和 Ori 区(图 7.5)。

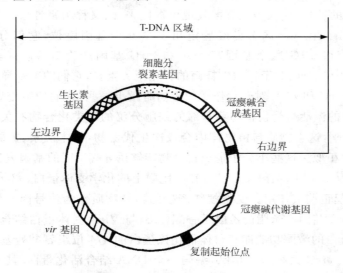

图 7.5　Ti 质粒结构示意图

T-DNA 区(transferred-DNA regions)是根瘤农杆菌侵染植物细胞时,从 Ti 质粒上切割下来并转移到植物细胞内整合于植物细胞核基因组中的一段 DNA 片段,故称为转移 DNA。T-DNA 的大小约为 Ti 质粒 DNA 的 1/7,其上的基因与植物肿瘤形成有关,一般编码生长素基因、细胞分裂素基因、冠瘿碱合成基因等,它只能在植物细胞中表达。由于菌株的来源不同,不同 T-DNA 的长度不同,在 12~24 kb 之间,一般为 23 kb。T-DNA 一般仅存在于植物细胞的核中,与植物 DNA 之间没有同源性,而不同 Ti 质粒的 T-DNA 具有同源性,都含有 8～9 kb 的核心区或称为保守区。T-DNA 含有激发和保持肿瘤状态所必需的基因。T-DNA 转录产物都含有 polyA 的 mRNA。T-DNA 区上的基因都有各自的启动子,并且两条链都能被转录,T-DNA 基因具有典型的真核转录调控区,5′末端起始处具有 TATA 和 CAA 盒,3′末端有 poly(A) 的尾巴,可能通过甲基化和去甲基化来调节基因的活性。T-DNA 区的基因产物生长素和细胞分裂素都是调节植物细胞生长和发育的,这些基因的过量表达就会引起冠瘿瘤的生长。在 T-DNA 区的左、右端具有 25 bp 的正向重复的左、右边界序列,这两个序列是高度保守的,其中 14 个 bp 是完全保守的,称为核心序列,该核心序列分为两部分:10 bp(CAGGATATAT) 和 4 bp(GTAA)。左边界序列的功能不详,而右边界序列对于 T-DNA 的转移和整合是必需的,缺一不可。如果 T-DNA 右边界序列发生突变,则 T-DNA 的转移功能彻底丧失或是大大降低。两端序列具有方向性,若两端序列方向正确,那么在两端序列之间插入任何一个 DNA 片段,都可能被转移到植物基因组中。这一原理是目前植物基因转化的基础。研究发现部分 T-DNA 右端有一个 24 bp 的驱动子(OD),有人认为 OD 序列与 T-DNA 的高效转移有关,具有增强子的作用,也有人认为可能是内切酶和 T-DNA 合成酶的附着位点。总之,这个 OD 序列与 T-DNA 的高效转移密切相关,去除 OD 序列,农杆菌诱导肿瘤的能力降低;T-DNA 的转移与 T-DNA 区域的基因无关,这一特性对去除致瘤基因和其他无关序列并插入外源目的基因非常有利,有利于用改造的 Ti 质粒作为植物基因工程的载体。

Vir 区(virulence region)是致病区,大小约为 35 kb,是 T-DNA 以外的另一个非常重要的区域,位于 T-DNA 的左侧,Vir 区与 T-DNA 合起来约占 Ti 质粒的 1/3。Vir 区的基因能够激活 T-DNA 的转移,使根瘤农杆菌表现出毒性来,故又称为毒性区。目前已经发现有 7～8 种不同的 Vir。在 Vir 区上已经鉴定出至少 6 个基因座位,它们分别是 virA、virB、virC、virD、virE 和 virG 六个基因。virA 和 virG 基因产物对 Vir 区具有正调控作用;virA、virG、virB 和 virD 对于根瘤农杆菌的转化至关重要,它们的突变导致 T-DNA 转化能力的彻底丧失;virC 和 virE 对转化作用的影响略微小一些,它们的突变导致转化效率的降低。一般 Vir 区的激活与受伤植物茎基部的细胞分泌的酚类化合物有关,如乙酰丁香酮和 α-羟基乙酰丁香酮,这类物质与植物体内合成次生代谢物,如木质素、黄酮类物质的苯丙烷途径的产物非常相似。这些小分子酚类化合物能够诱导 Vir 区的基因表达。

virA 大小为 2.8 kb,编码一个结合在细胞膜上的化学受体蛋白(92 kD),与其他调节蛋白具有同源性,起正调节作用。受伤植物产生的酚类物质作为信号因子促进 vir 基因的表达,首先表达 virA 基因。亲脂的乙酰丁香酮(AS)与 VirA 受体蛋白结合后,活化受体蛋白的 C 端,VirA 蛋白的激酶功能能够自体催化该蛋白的 474 位组氨酸残基的磷酸化,从而使 VirA 蛋白激活。virG 大小为 1.0 kb,编码一个 DNA 结合活化蛋白,其 C 端具有 DNA 结合活性,活化的 VirA 蛋白使 VirG 蛋白激活,活化的 VirG 蛋白以二聚体或多聚体的形式结合到 vir 区的特定启动子区域,从而促进 vir 区的其他基因的表达。所以 virA 和 virG 基因的调控作用是双因子调控系统。VirB 由 11 个基因构成操纵子,其编码的产物可以在感受态的细菌表面特异地形成类似纤毛的结构,其作用与 T-DNA 跨膜、运输、转移时能量的供给和根瘤农杆菌的裂解有关,促进 T-DNA 向植物细胞的移动。VirD 具有多个阅读框,靠近 5′端的两个阅读框分别编码 VirD1 和 VirD2 蛋白,其分子量分别为 $1.6 \times 10^4$ 和 $4.7 \times 10^4$ D,它们具有限制性核酸内切酶的功能,可特异地识别 T-DNA 两端边界序列,在 VirD2 的导向作用下促进 T-DNA 的转移。VirC 包括 *vir*C1 和 *vir*C2 两个阅读框,这两个基因之间相差 2 个核苷酸,它们可能是偶联转录的,其功能与农杆菌的宿主范围有关。*vir*E 编码一个分子量为 $6.9 \times 10^4$ D 的单链结合蛋白,该蛋白不但具有保护单链 DNA 的作用,同时促进 T-DNA 的转运。

上述这些 *vir* 基因产物能够诱导 Ti 质粒产生 T-DNA 区域的单链线性拷贝,该单链 T-DNA 分子从 Ti 质粒上脱落下来,可以与 *vir* 基因产物 VirD2 蛋白共价结合,并在 *vir* 基因产物 VirD4 和 VirB 蛋白的引导下穿过根瘤农杆菌的内膜、外膜、细胞壁,再穿过植物细胞的细胞壁、细胞膜以及核膜,最后整合到植物细胞的染色体上。其作用方式与细菌的接合过程相似。整合中主要依赖于右边界的重复序列,左边界序列不参与整合。因此,vir 区的基因产物对 T-DNA 的转移和整合是必不可少的。对于植物基因工程而言,T-DNA 区和 vir 区则是最为重要的两个区域。

Con 区(regions encoding conjugations)上存在着与细菌间接合的转移 *tra* 基因,调控 Ti 质粒在农杆菌之间转移。冠瘿碱能够激活 *tra* 基因,诱导 Ti 质粒的转移,因此称为接合转移编码区。

Ori 区(origin of replication)是 Ti 质粒的自我复制起点,因此又称为复制起始区。

根瘤农杆菌染色体上与 T-DNA 转移有关的区域称为染色体致病区(chv region)。其上有 *chv*A、*chv*B 和 *chv*C 三个基因,其中 *chv*A 和 *chv*B 的大小分别为 1.5 和 5kb,它们都是非诱导性的组成型表达。这三个基因都与环状 α-1,2-葡聚糖的合成与运输有关,*chv*B 基因催化合成葡聚糖,*chv*A 编码产物与多糖从胞质转运到胞外有关,*chv*C 与环化葡聚糖和琥珀酸多聚糖合成有关,这些基因产物是保证农杆菌吸附于植物细胞壁所必需的组分,与细菌的附着相关。*chv* 基因突变导致农杆菌与植物细胞的附着能力降低 10 倍以上,有的甚至彻底丧失转化能力。目前发现农杆菌染色体上有 10 个基因与 T-DNA 的转移有关。

T-DNA 区域的大部分基因只有在 T-DNA 序列插入植物基因组后才能激活表达,表达的产物与冠瘿瘤的形成有关。其中 *iaa*M(*tms*1)和 *iaa*H(*tms*2)编码用来合成植物生长素(吲哚乙酸)的酶,*iaa*M 编码色氨酸 2-单加氧酶,该酶能将色氨酸转化成吲哚-3-乙酰胺;*iaa*H 则编码吲哚-3-3 乙酰胺水解酶,将吲哚-3-乙酰胺转化为吲哚乙酸;*tmr*(*ipt*)编码异戊烯转移酶,此酶在类异戊二烯分子侧链上加上 $5'$-AMP 形成细胞分裂素异戊烯腺嘌呤和异戊烯腺苷,再经其他酶作用,羟基化后生成细胞分裂素,分别称为反式玉米素和反式核糖玉米素。这几种基因产物催化生成的细胞分裂素和植物生长素都是用来调节植物细胞的生产和发育的,它们的过量表达就会引起冠瘿瘤的生长。冠瘿碱合成酶基因负责冠瘿碱的合成。冠瘿碱由一个酮酸分子和一个氨基酸分子缩合而成,也可由一个氨基酸分子与一个糖分子缩合而成(精氨酸与丙酮酸缩合成章鱼碱,精氨酸与 α-酮戊二醛缩合成胭脂碱,谷氨酸的二糖衍生物形成农杆碱)。这些冠瘿碱都是在冠瘿瘤合成时分泌出来的,可作为根瘤农杆菌生长的碳源和氮源。但是冠瘿碱的代谢基因并不在 T-DNA 区域内,而是在 Ti 质粒的非 T-DNA 区域上,事实上大部分土壤微生物都不能利用冠瘿碱作为碳源,所以根瘤农杆菌以其独特的方式来操纵植物细胞,使之成为仅供自己使用的含碳化合物的生产基地及加工厂。这也是根瘤农杆菌的特性,这一特性使它成为最受分子生物学家青睐的一种细菌。现在,绝大多数的双子叶植物和部分单子叶植物都可以用根瘤农杆菌介导法来进行基因转化,植物基因工程中常常对 Ti 质粒加以适度地改造,更利于植物基因工程的高效转化。

### 7.2.6 毒素质粒

毒素质粒是指导致昆虫致病的细菌素质粒,它广泛地存在于苏云金芽孢杆菌(*Bacillus thuringiensis*)中。这些质粒 DNA 占细胞 DNA 的 10%~20%。20 世纪 50 年代,人们发现苏云金芽孢杆菌孢子形成时期产生的伴孢晶体中的蛋白可以特异性地毒杀鳞翅目昆虫。这些蛋白被称为杀虫晶体蛋白(ICP)或 δ 内毒素或 Bt 毒素蛋白。苏云金芽孢杆菌的毒素蛋白基因大多定位于质粒上。

苏云金芽孢杆菌是 G$^+$ 菌,短杆状,生鞭毛,单生或形成短链。当细菌的营养体生长到一定阶段后,在菌体的一端形成芽孢,另一端形成一种被称为伴孢晶体的近菱形的蛋白质晶体。菌体破裂后可释放出芽孢和伴孢晶体。苏云金芽孢杆菌可寄生于 130 多种鳞翅目幼虫及一些膜翅目、双翅目、直翅目和鞘翅目的昆虫体内。苏云金芽孢杆菌可合成 δ 内毒素杀死寄主昆虫。苏云金芽孢杆菌有若干菌株(亚种),每一种都产生不同的毒素,能特异地杀死不同的昆虫。

对苏云金芽孢杆菌致病机理的研究中发现:杀死寄主昆虫主要靠其芽孢和毒素。在昆虫吞食苏云金芽孢杆菌的芽孢后,芽孢在昆虫肠道中萌发,并大量增殖,最后穿透肠壁进入血液,引起昆虫败血病。苏云金芽孢杆菌所产生的毒素主要是 δ-内毒素和 β-外毒素。δ-内毒素是所有苏云金芽孢杆菌菌株共有的毒素,它存在于伴孢晶体中,伴孢晶体不溶于水或有机溶剂,有一定的耐热能力,在 100 ℃ 下仍能保持毒性 30 min。伴孢晶体可溶于碱性溶液,对蛋白质变性剂敏感。目前尚未发现伴孢晶体对细菌生长发育有何作用。

伴孢晶体约占芽孢干重的 20%~30%,主要由蛋白质和糖类组成,分别占伴孢晶体重量的 95% 和 5%,用碱温和处理此晶体,它可解聚为亚基,每个亚基的相对分子量约为 $2.5 \times 10^5$,每一亚基上约有 20 个葡萄糖残基和 10 个甘露糖残基,在体外用 β-巯基乙醇处理可使亚基再解聚为两个相同的多肽链,每个相对分子量为 $1.3 \times 10^5$ D。

伴孢晶体本身并不能杀虫,它只是毒素的前体(前毒素)。当昆虫吞食伴孢晶体后,在肠道的碱性 pH(7.5~8.0)条件下和特定的蛋白酶的作用下,伴孢晶体变成活性毒蛋白,相对分子量约为 $6.8 \times 10^4$ D。这种活性毒蛋白可以插入昆虫小肠上皮细胞中,形成离子通道,造成胞内 ATP 大量流出。形成离子通道 15 min 后,细胞代谢终止,昆虫停止进食,最后脱水死亡。由于形成有活性的毒素蛋白,必须同时具备碱性和特定的蛋白酶两种条件,因此人和牲畜不会受到影响。

β-外毒素是苏云金芽孢杆菌的几个突变株在一定条件下产生的胞外毒素,它是腺嘌呤核苷酸的衍生物,相对分子量约为 700 D。β-外毒素可溶于水,热稳定性很好,在高温高压下仍能保持毒性。β-外毒素是 RNA 聚合酶的竞争性抑制剂,可以干扰与昆虫发育有关的激素的合成,导致昆虫发育畸形或不能正常化蛹。

苏云金芽孢杆菌必须经吞食过程进入昆虫体内才能杀死昆虫,与昆虫表面接触则不起作用,这样在一定程度上限制了它的广泛使用。另外,苏云金芽孢杆菌毒素只能在昆虫发育的某一阶段杀死昆虫,因而只能在昆虫生活史的某一特定阶段应用。

苏云金芽孢杆菌库斯塔克亚种(*Bacillus thuringiensis* subsp. *kurstaki*)细胞中有 7 个质粒,杀虫前毒素基因位于其中一个质粒上。7 个质粒的大小分别为 2.0、7.4、7.8、8.2、14.4、45 和 71 kb,经蔗糖密度梯度离心和 DNA 杂交技术的分析,证明该前毒素基因位于

71 kb 的质粒上。经 DNA 重组技术的修饰,得到前毒素基因的共整合载体结构(如图 7.6)。

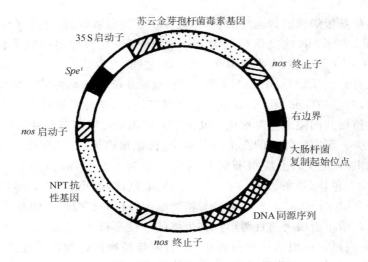

图 7.6　带有苏云金芽孢杆菌毒蛋白基因的共整合载体

　　Bt 毒素蛋白的特点:N 端高度保守,是活性部位,不同株系间 98% 具有同源性,活性区域位于原毒素 1 156 个氨基酸残基中的 N 端的 646 个氨基酸区域内,最小的活性片段位于 N 端 29~607 位氨基酸残基之间,C 端变化很大,仅有 45% 的保守区域,推测是受体结合部位,不同株系的 Bt 毒素蛋白对不同昆虫具有专一杀伤性。

　　质粒消除同时伴随着苏云金芽孢杆菌对昆虫毒力的消失。目前已成功把毒素蛋白基因克隆到大肠杆菌(*Escherichia coli*)、假单胞菌(*Pseudomonas*)、枯草芽孢杆菌(*Bacillus subtilis*)和巨大芽孢杆菌(*Bacillus megaterium*)等微生物中,并且通过转基因操作得到了带有抗虫性的转基因作物,如棉花、玉米等已在大田大面积种植,取得了较好的抗虫效果。毒素质粒现在广泛应用于生物抗虫研究中。把毒素蛋白基因进行点突变修饰改造,改造 G+C 含量或删减影响植物表达的序列,增加植物偏好的启动子,使之更适合于植物表达,提高毒素基因表达量,可提高杀虫活性。迄今为止,Bt 毒蛋白基因已在番茄、烟草、马铃薯、棉花、烟草、水稻和杨树等植物中表达。从 1987 年比利时 PGS 公司报道了转 *cry*IA 基因烟草对烟草天蛾的毒杀率高达 95%~100% 以来,美国、欧洲、中国等国家相继报道了不同植物利用毒素基因进行的生物抗虫研究进展,直到 1995 年米歇尔斯(Michaels)等分离纯化出新的具有广谱性的 Bt 毒蛋白菌株 PS201T6,克服了以前大多数 Bt 毒蛋白杀虫范围窄的缺点。对 Bt 毒蛋白基因进行分子改造,可提高其表达量。抗虫转基因作物不仅有 Bt 毒蛋白,还有蛋白酶抑制剂基因、α-淀粉酶抑制剂、外源凝集素基因、真菌的壳多糖酶、核糖体灭活蛋白基因,胡蜂、蝎子、蜘蛛毒液分离的小肽也都具有抗虫作用。抗虫作物已经开始在全世界范围内进行普及。1979 年,在加拿大喷施杀虫剂的森林中,只有 1%(约 $2.0 \times 10^6$ hm²)喷洒了苏云金芽孢杆菌,其余都用的是化学杀虫剂;1986 年,74% 喷洒杀虫剂的森林都用了苏云金芽孢杆菌。20 世纪 90 年代以后,苏云金芽孢杆菌已经成为加拿大控制枞色卷蛾的主要手段。在其他国家,苏云金芽孢杆菌还用于对付毛虫、吉卜赛毒蛾、白菜金翅夜蛾和烟草天蛾。这些细菌杀虫剂的最大问题在于成本是化学杀虫剂的 1.5~3 倍左右。未来降低其生物防虫的成本是进行推广的关键。毒素质粒为植物抗虫基因工程育种开辟了广阔的前景。

### 7.2.7　共生固氮质粒

共生固氮质粒是根瘤菌的普遍性质粒，一般存在于根瘤菌中，它能控制与之共生的豆科植物进行联合固氮的作用，这类质粒记为 pSym。研究发现根瘤菌中的质粒多数为 2～3 种，数目一般有 1～10 个不等，大小在 100～300 kb 之间，有少数大于 1 000 kb 的巨大质粒。

根瘤菌质粒有共生质粒（pSym）和非共生质粒（non-pSym）。共生质粒（pSym）含有与共生有关的基因，与结瘤（nod）和固氮（nif）基因紧密连锁，功能与这些基因密切相关，共生固氮质粒与豆科植物共同完成固氮作用。共生质粒的消除或特定基因片段的缺失均导致共生作用的完全丧失。研究较深入的有土壤根瘤菌、苜蓿根瘤菌、百脉根瘤菌、豌豆根瘤菌和三叶草根瘤菌的共生质粒。土壤根瘤菌基因组大小为 5.67 Mb，由四部分组成：一条长 2.841 Mb 的环状染色体，一条长 2.075 Mb 的线性染色体，大小为 542.8 kb 的 pAtC58 质粒和大小为 214.2 kb 的 pTiC58 质粒。参与植物细胞转化和根瘤形成的基因分散在这四个基因组部件中。苜蓿根瘤菌是与苜蓿形成共生体的 α-变形杆菌，它感染植物根部并形成根瘤，然后在根瘤中固氮。在根瘤形成过程中，根瘤菌与植物保持通信并建立起代谢共享体系，以便根瘤菌能从植物体中获得碳源，并为植物提供氮源。苜蓿根瘤菌基因组由 3.65 Mb 染色体、1.35 Mb 大质粒 pSymA 和 1.68 Mb 大质粒 pSymB 组成，总共 6.68 Mb 的基因组有 6 204 个 ORF。氮代谢基因在大质粒 pSymA 上成簇排列，大质粒 pSymB 含有参与小分子转运的基因。把苜蓿根瘤菌和百脉根瘤菌基因组比较发现：百脉根瘤菌中仅有 35% 的基因与苜蓿根瘤菌直系同源，苜蓿的三重基因组所携带的遗传信息分散在百脉根瘤菌基因组中，这充分说明根瘤菌在基因数和基因组结构上差异显著。然而分析土壤根瘤菌和苜蓿根瘤菌的环状染色体高度同源。研究表明多数快生型根瘤菌的结瘤基因（nod、nol、hsn 等）、固氮基因（nif）和共生固氮基因（fix）等定位于共生大质粒上。少数共生固氮质粒（如豌豆根瘤菌的 pRL1JⅠ和菜豆根瘤菌的 pJB5JⅠ等）还能自主经接合作用向其他根瘤菌或农杆菌转移；其他大多数根瘤菌的共生固氮质粒虽然没有自主转移能力，但经改造导入诱动基因（mob）后也可以被带有 tra 基因的其他转移性质粒（如 RP4）诱动转移。除根瘤菌的共生质粒以外，大多数菌株还具有非共生关系的必需质粒，这类质粒称为非共生质粒或隐蔽质粒，这些非共生质粒对共生作用具有或正或负的调节作用。有的根瘤菌没有共生质粒，但含有共生基因，这些基因分布在根瘤菌的染色体上，如百脉根瘤菌（Rzobihium loti）、慢生根瘤菌（Bradyrhizobium）以及根瘤菌（Rhizobium sp.）等的少数菌株就不含共生质粒，但具有接合性的大质粒，其共生基因分布在染色体上。

### 7.2.8　代谢型质粒

代谢型质粒是指控制微生物的某一特殊代谢过程的质粒。如病原性沙门氏菌通常以不分解乳糖而区别于大肠杆菌，但某些沙门氏菌一旦获得了乳糖发酵基因的质粒后，使以生化反应来诊断流行性沙门氏菌感染发生困难，以致延误病人治疗。

此外，有些放线菌的质粒还决定或参与抗生素的合成作用，如天蓝色链霉菌（Streptomyces coelicolor）的次甲霉素 A 基因定位在 SCP1 质粒上，弗氏链霉菌（Streptomyces fradiae）的泰乐菌素基因和庆丰链霉菌（Streptomyces qingfengmyceticus）的庆丰霉素基因也定位在质粒上。

质粒还参与某些抗生素的部分结构的合成（如卡那霉素、链霉素和金丝霉素）或抗生素合成作用的调节（如土霉素）。

根瘤农杆菌的 Ti 质粒在植物体内合成冠瘿碱，但其冠瘿碱分解代谢基因却在根瘤农杆菌中表达，这也是为什么根瘤农杆菌本身不产生冠瘿瘤的原因。

有人在乳酸链球菌中也分离出控制降解乳糖的质粒，在大肠杆菌中发现某些菌株发酵蔗糖的能力与质粒有关。在其他微生物类群中也有人报道质粒与尿素的水解或 $H_2S$ 的产生有关。

由于微生物环境的多样性，导致微生物的代谢途径和种类繁多。不同微生物代谢类别各不相同，微生物基因组除了不断进化以适应特定环境之需并产生与之对应的各种代谢途径以满足自身生长发育所需外，微生物的基因突变、染色体重组、转座行为、接合作用、质粒的转移与穿梭及噬菌体介导的重组等都增加了微生物基因组的适应性。代谢性质粒是基因组代谢功能的补偿系统，必需代谢物质慢慢演变为基因组稳定序列，非必需代谢物质以次生代谢和质粒代谢来满足不同环境的需要。比如大肠杆菌的芳香族化合物的代谢操纵子与假单胞菌的降解质粒从进化演变上很难说明到底谁先谁后的问题，但是在细菌基因组比较研究中发现多数细菌基因组大约 5%～10% 的序列是来源于不同种的其他细菌，这些是基因穿梭的结果，这也说明了进化是一个适应与包容的缓慢过程，对于大多数物种而言，其基因组是稳定的。

### 7.2.9　隐蔽质粒

隐蔽质粒是指已经检测并从微生物细胞内分离到，但其表型效应尚未查清的质粒。随着研究的深入，隐蔽质粒对宿主的功能将逐步揭开。

需要说明的是按表型性状区分质粒并不是绝对的，有些质粒具有多种表型效应。如 R 质粒、ColⅠb、ColV 和 CAM 质粒同时也具有与 F 质粒相似的致育性；天蓝色链霉菌的致育因子 SCP1 同时也与抗生素的产生有关。

# 7.3　细菌质粒的特性

## 7.3.1　质粒的复制

#### 7.3.1.1　质粒复制酶系

质粒一般只编码一种或少数几种与复制有关的蛋白质，而复制所需的其他蛋白质，如 DNA 聚合酶（DNA polymerase）、引发酶（primase）、连接酶（ligase）、RNaseH、旋转酶（gyrase）及拓扑异构酶Ⅰ、DnaB 和 DnaC 等都是利用寄主的复制酶体系进行复制的（表 7.3）。

#### 7.2.1.2　质粒的复制类型

根据质粒与宿主染色体的复制关系，将质粒分为严紧型质粒和松弛型质粒。严紧型质粒的典型代表是 F 质粒，其分子量比较大，在细胞内的拷贝数量较少，一般只有 1～3 个，其复制仅依靠宿主的复制系统伴同宿主染色体的复制而复制，其分配通过特殊的与膜结合的机制来保证质粒均衡分配到子细胞中。松弛型质粒的代表是 ColE1。它的复制与染色体不同步，分子量较小，其拷贝数较多（大于 10），可导致细胞质粒的拷贝数高达 40 以上，若经特殊处理(如氯霉素等)还可以进行质粒扩增,可以使其拷贝数增加到成百上千。松弛型质粒因拷贝数较高而以随机分配的方式来保证向子代细胞传递。

表 7.3 质粒 DNA 复制所需要的宿主细胞基因和复制酶系

| 基因 | 酶或基因产物 |
| --- | --- |
| *pol*A | DNA 聚合酶 I |
| *pol*B | DNA 聚合酶 II |
| *pol*C | DNA 聚合酶 III |
| *ana*X, *dna*Z | DNA 聚合酶 III 亚基 |
| *ana*A, *dna*1, *dna*P | 参与 DNA 复制起始作用 |
| *anav*B, *dnav*C | 引发体(primosome)亚基 |
| *ana*G | 引发体的引发酶(primase)亚基 |
| *r'* | 引发前体复合因子 |

### 7.3.1.3 质粒复制形式

　　质粒的复制主要依赖于宿主细胞的复制酶系,有的甚至完全依靠宿主的复制酶系,但也有某些质粒可以编码个别酶参与复制过程。质粒的复制一般是通过复制子(replicon)进行的。复制子是一个复制单位,细菌染色体、每个质粒都是一个复制子。复制起点是复制子的起始部位,大肠杆菌的复制起点称为 *ori*C,质粒的复制起点称为 *ori*V。质粒的复制形式主要有 θ 复制和滚环复制(也称 σ 复制)。在 θ 复制中有双向和单向两种类型(图 7.7)。R1 和 R100 等的复制都是单向复制。单向复制只有一个起点(*ori*V),按一个方向进行复制,复制结束于起始点。例如,ColE1 的复制只有一个 *ori*V 起点,它全部依赖于宿主大肠杆菌的复制酶进行单向复制。当用氯霉素处理宿主染色体 DNA 使其复制停止时,ColE1 的复制仍继续进行并使其拷贝数扩增到 50 倍以上。换句话说,氯霉素只对宿主染色体 DNA 的复制有抑制作用,而对 ColE1 质粒的复制没有抑制作用。双向复制原则上也是一个起点,按相反方向进行复制,比如 F 因子和 R6k 的复制是双向复制。研究表明:大多数接合性质粒有两个潜在的复制起始位点,其复制主要依赖于宿主细胞的复制酶系,但个别也需要质粒编码

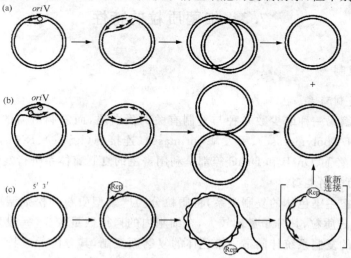

图 7.7 质粒的单向(a)、双向(b)、滚环(c)复制方式

的特殊酶。F 质粒的双向复制中，两个复制叉相会于 *ori*V 的位点的 180°相对位置上。在复制过程中，质粒只编码一种或少数几种与复制有关的蛋白质，复制需要的 DNA 聚合酶、引物酶、连接酶、RNase H 酶、旋转酶、拓扑异构酶 I 及引发体亚基 DnaB 和 DnaC 等蛋白酶都是宿主提供的。

### 7.3.1.4　质粒的复制原点与复制调节

#### 7.3.1.4.1　质粒的复制原点

质粒的复制原点(*ori*V)是复制过程必不可少的，其上具有重复序列，如 pSC101 质粒在 *ori*V 区有 3 个重复序列：R1、R2 和 R3，是复制蛋白 RepA 识别结合的作用部位，*rep*A 基因编码的复制蛋白是复制起始所必需的，该质粒的 *ori*V 区和 *rep*A 基因的结构如图 7.8，*ori*V 与复制蛋白的相互作用控制质粒复制、质粒拷贝数和质粒的宿主等，不同质粒具有不同复制机制。如果将 *ori* 序列去掉，质粒则不能复制，如果复制蛋白基因突变丧失部分或全部活性，质粒复制功能将受到极大影响甚至不能复制。不同质粒具有不同的复制起点，但基本结构相似，都富含重复序列，只是重复序列的核心不同，*ori*V 序列的长度也不同。表 7.4 是几种大肠杆菌质粒的复制起点的来源和拷贝数，其中 pUC 类质粒是高拷贝质粒，其复制起点来源于 pMB1 质粒，但对复制起负调控作用的 *rop* 基因已被删除，所以是高拷贝质粒。

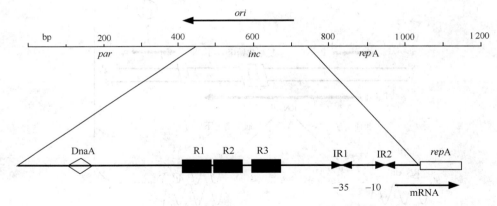

图 7.8　pSC101 质粒 *ori* 区和 *rep*A 基因的结构

**表 7.4　几种大肠杆菌质粒的复制起点**

| 质粒 | 复制起点 | 拷贝数 |
| --- | --- | --- |
| pBR322 | pMB1 | 10～30 |
| pUC | pMB1 突变体 | 100～300 |
| pET | pMB1 突变体 | 100～300 |
| pBluscript | pMB1 突变体 | 100～300 |
| pSC101 | pSC101 | 5 |

#### 7.3.1.4.2　复制原点的调节机制

质粒复制的原点不同，其复制机制也不同。质粒复制调节机制目前被认可的主要有两种类型：抑制物-靶向调控(inhibitor-target regulation)和干扰序列竞争结合调控(iteron-binding regulation)。质粒 DNA 复制的调控机制一般是直接或间接的负控制模型，负调控因子一般是蛋白质或 RNA 或 DNA 重复序列。由于质粒复制调控机制不同，其质粒的拷贝数也不相同。

### 7.3.1.4.2.1 抑制物-靶向调控模型

抑制物-靶向调控模型主要存在于大肠杆菌的 ColE1、葡萄球菌的 pT181 以及某些类似于 F 质粒的接合性质粒中。其特点是依赖一小段反义 RNA 作为抑制物,通过抑制物与复制开始时顺向转录的目标 RNA 的互补结合以终止质粒 DNA 的复制。目标 RNA 既可以是质粒复制的引物前体,也可以是用于编码复制所需的 Rep 蛋白的 mRNA。属于这一类型的质粒有 p15A、pMB1、ColE1、pT181、RST1010、CloDF13 和 R1 等。

(1)ColE1 质粒的双重负调控复制。ColE1 质粒大小为 6.6 kb,拷贝数为 10～20。ColE1 质粒的 DNA 复制不需要质粒编码的蛋白质,而是完全依赖于宿主的复制酶体系。ColE1 质粒复制从固定的原点 $oriV$ 开始,进行单向复制。ColE1 质粒复制如图 7.9 所示。ColE1 质粒复制需要一个 RNA 引物。ColE1 质粒编码的反义 RNA(RNA I)和 Rop 蛋白质是两个负调控因子,这两个负调控因子控制了复制过程中的引物合成。RNA II 是质粒复制的引物,$P_{RNAII}$ 是转录 RNA II 的启动子。RNA II 引物是从复制原点($oriV$)的上游一555 bp 处在 RNA 聚合酶作用下向右转录,是质粒复制所必需的。当 RNA II 延伸至复制起点时,被 RNaseH 切断,从而产生 3'-OH 末端。然后由 DNA 聚合酶以此为引物合成 DNA,

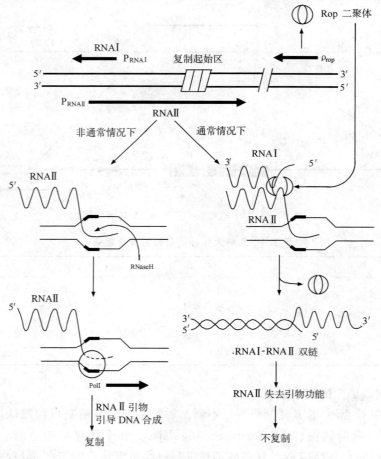

图 7.9　ColEl 质粒的复制调控

质粒复制从复制起点(将 RNA 与 DNA 的转换处定义为复制起点)开始向右复制。RNA Ⅰ 从复制起点上游－445 bp 处,相当于 RNA Ⅱ 的第 111 碱基的位置,以双链 DNA 分子的另一条链(C 链)为模板向左转录,长度约为 111 bp。这个 RNA Ⅰ 约有 111 个碱基与 RNA Ⅱ 的 5′ 末端互补,这样 RNA Ⅰ 与 RNA Ⅱ 互补形成双链 RNA 结构,使之不能被 RNaseH 识别,通常 RNase H 只识别 DNA-RNA 的杂合链,而不识别双链 RNA 结构,于是 RNA Ⅱ 继续转录,因此,在复制起点不能产生有活性的引物,从而对复制起着负调控的作用(图 7.9),所以,RNA Ⅰ 控制了质粒的拷贝数。由于 RNA Ⅰ 是质粒编码合成的,当质粒浓度高时,就会产生较多的 RNA Ⅰ,高浓度的 RNA Ⅰ 就会干扰 RNA Ⅱ 的加工,从而抑制复制。一般 ColE1 质粒在细胞中的拷贝数达到 16 个时,质粒的复制几乎完全被抑制。

除 RNA Ⅰ 外,ColE1 质粒还编码 Rop 蛋白(有的文献称为 Rom 蛋白)。Rop 蛋白也参与质粒拷贝数的调节。Rop 蛋白由 63 个氨基酸组成,也进行负调控。$rop$ 基因位于 ColE1 质粒原点下游不远处。表达的 Rop 蛋白形成一个二聚体,增强了 RNA Ⅰ 和 RNA Ⅱ 的相互作用,从而加强了 RNA Ⅰ 的抑制作用,使得 RNA Ⅰ 在低浓度时也能抑制 RNA Ⅱ 加工形成引物。去除 $rop$ 基因或突变 RNA Ⅰ 会导致质粒拷贝数的增加。

(2)反义 RNA 负调控复制,如大肠杆菌质粒 pMB1 和 pA15 等。反义 RNA 对质粒复制主要是负调控作用,控制质粒的拷贝数。如果反义基因发生突变,就会增进引物的合成,促进质粒的复制,质粒的拷贝数将增加。野生型细胞中的 ColE1 质粒拷贝数一般不超过 20 个,但反义基因突变后其宿主细胞内质粒的拷贝数可多达 250 个,这种缺陷更强时,其质粒拷贝数会高得使宿主细胞无法承受,最终导致宿主细胞破裂。因此,在研究中获得拷贝数突变型(copy number mutant),并研究检测小分子 RNA 的碱基变化,均可检测到碱基发生变化的小分子 RNA,从而得到与调控有关的保守序列与非保守序列,以上表明质粒复制突变型的获得与反义 RNA 的调节有关。肠杆菌的许多小质粒的复制是以此方式进行复制的。

(3)R 质粒的双启动子负调节复制。R 与 ColE1 质粒复制类似,但有些不同。R 质粒是通过 RNA 的间接作用进行负调控的。R1 质粒是 IncF Ⅱ 类型的代表质粒,R1 质粒编码的 RepA 蛋白是 R1 质粒复制起始所必需的。RepA 蛋白的 $rep$A 基因具有 2 个启动子,一个是 $P_{copB}$,其产物是 CopB 和 RepA 两个蛋白;另一个是 $rep$A 自身的启动子,即 $P_{repA}$。CopB 蛋白是 $P_{repA}$ 启动子的阻遏物,在质粒刚进入细胞还没有产生 CopB 蛋白时,RepA 蛋白在 $P_{repA}$ 启动子的作用下迅速转录;当达到适量的拷贝数时,$P_{repA}$ 启动子被 CopB 蛋白阻遏,RepA 蛋白只能从 $P_{copB}$ 启动子处转录(图 7.10)。$rep$A 基因的翻译起始区与 R1 质粒中的 $cop$A 基因转录的 RNA 有部分重叠,但转录方向相反。$cop$A 基因位于 R1 质粒的复制区,一般情况 $cop$A 基因在自身启动子带动下进行转录,并且是从 $cop$A 基因的互补链进行转录的。但是 $cop$A RNA 会与 $rep$A RNA 形成双链结构,染色体编码的切割双链 RNA 的 RNase Ⅲ 能将这种 RNA 结构切割掉,这样用于合成 RepA 蛋白的 mRNA 被降解,因为 RepA 蛋白无法合成,从而抑制了 R1 质粒的复制。

#### 7.3.1.4.2.2　干扰序列-竞争结合模型

干扰序列-竞争结合模型主要存在于 F、P1、R6K、RK2、RP4 和 pSC101 等质粒中,是通过 RepA 蛋白进行复制调控的。这些质粒在复制的原点($ori$V)和复制基因($rep$)附近存在着多个长度约 17~20 bp 的 DNA 片段,这些 DNA 片段称为干扰序列,这些干扰序列又被称为重复子,因此该模型也被称为重复子-竞争结合模型,这些 DNA 片段能与复制必需的

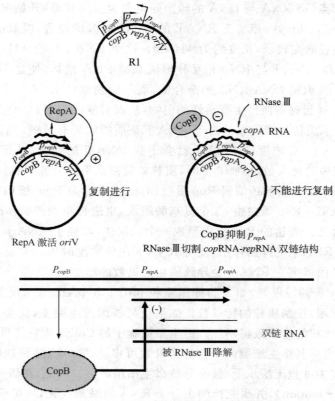

图 7.10　R1 质粒的复制调控模型

Rep 蛋白竞争性结合，从而抑制了质粒的复制和拷贝数的增加。由于这类质粒含有重复子，因此这些质粒又称为重复子质粒。干扰序列通常在 ori 区域内有 3～7 个重复，少量干扰序列在 ori 区域外不远处。

　　pSC101 是最简单的重复子质粒，通过 RepA 蛋白与复制序列结合控制质粒拷贝数量。pSC101 控制重复子质粒复制的方式有两种：①转录自体调控（transcriptional autoregulation），是通过 RepA 蛋白与自身启动子区的反向重复序列 IR1 和 IR2 的结合抑制自身的合成的控制模式。质粒的浓度越高，合成的 RepA 蛋白越多，则与反向重复序列结合越多，抑制越彻底。因此，RepA 蛋白的浓度总维持在一定的范围内，复制的起始受到严格的控制。②偶联模型（coupling or handcuffing model），是由于重复序列间的相互作用使两个质粒偶联在一起，从而控制质粒的起始复制的模式（图 7.11）。当质粒浓度低时，RepA 蛋白只与一个质粒结合，如果质粒浓度升高，RepA 蛋白通过与重复序列结合使两个质粒偶联在一起，从而阻止了质粒的复制；同时 RepA 蛋白的浓度也对质粒的复制进行调控，因此质粒复制受到质粒浓度（即重复序列浓度）与 RepA 蛋白浓度的双重控制。如果将含有几个重复序列的一段 DNA 片段连接到质粒上，然后将这个质粒导入到含有重复子质粒的宿主细胞中，细胞内的重复子质粒的拷贝数就会降低。

　　与 pSC101 质粒一样，F 质粒也是通过 repE 基因编码的自体调节蛋白 RepE 与自身启动子区的重复序列结合对自身浓度进行调控，RepE 蛋白也是质粒复制所必需的。RepE 蛋白是一种自体调节蛋白，通过与重复序列的结合抑制质粒的复制（图 7.12）。

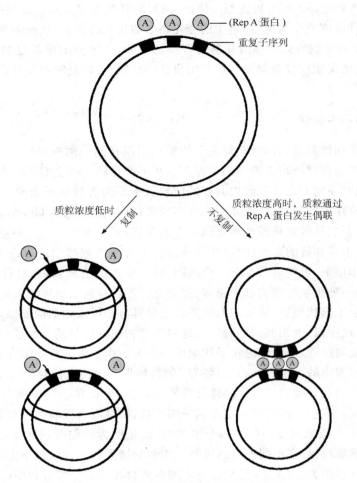

图 7.11　重复子质粒复制调控偶联模型

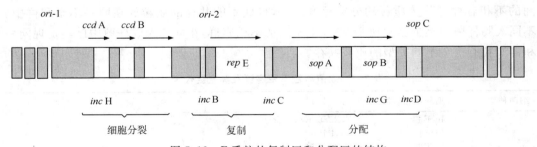

图 7.12　F 质粒的复制区和分配区的结构

　　此外,质粒复制原点也决定质粒宿主范围。ColE1 质粒,包括 pRB322、pET 和 pUC 质粒具有较窄的宿主范围,这些质粒只在 *E. coli* 以及一些亲缘关系较近的沙门氏菌和克雷伯氏菌中复制。而 RP4、RK2、RSF1010 和 G⁺ 细菌中分离出的滚环复制的质粒都具有广泛的宿主范围。具有广泛宿主范围的质粒一般能编码与复制起始有关的所有蛋白质,这样可以不依赖于宿主的功能。但宿主范围与质粒复制的严紧型和松弛型有一定的相关性,例如,大肠杆菌中 ColE1 为松弛型,拷贝数较多,R1 为严紧型,拷贝数较少;而在奇异变形杆菌中,

ColE1却转为严紧型,R1转为松弛型。因此,质粒的复制类型是随着宿主的变化而变化的,虽然质粒原点并没有发生改变,但宿主的变化将影响质粒的复制,从而影响到质粒的拷贝数量。质粒DNA的复制与染色体的复制是有所区别的,一般情况质粒复制与染色体复制是不同步的,多数情况质粒复制时染色体复制将受到抑制,质粒复制调控具有其自身特有的机制。

### 7.3.2　质粒的不亲和性

质粒的不亲和性是指相同或相似类型的质粒不能在同一宿主细胞内共存的特性,而不同类型的质粒可以在同一宿主细胞内共存。这些不能在同一宿主细胞内共存的质粒称为同一不亲和群,能够在同一宿主细胞内共存的质粒属于不同类型的不亲和群又称为同一亲和群。由于相同质粒的不相容性,因此质粒的不亲和性又叫不相容性(incompatibility)。研究表明:特性和来源相近的质粒通常属于同一不亲和群,因而不能在同一宿主细胞内共存。一般情况下,同一不亲和群的两种质粒,在非选择性条件下不能稳定地存在于同一个细胞中,但在特殊选择作用下,可暂时共存于一个细胞内,如果失去选择条件,这种细胞经过若干代的培养,含有同一种质粒的细胞越来越多,而含有两种质粒的细胞则越来越少。造成质粒不亲和的原因是由于形状相近、特征相似的质粒通常具有相同或相似的复制调控机制,其阻遏物(抑制剂或干扰序列)也相似,在调控时,这些阻遏物随机地与其中的任一质粒的复制区结合而阻遏了其复制过程,进而使之在子代细胞中丢失。由于阻遏物的结合是随机的,因此两个质粒在子代细胞中的出现几率相等,各为50%;如果多个质粒同存于一个细胞,质粒在子代细胞中一般是随机分配的。对于高拷贝数质粒而言,质粒在子代细胞中的丢失常需要多次分裂才能实现。有些质粒能够稳定在同一细胞内,那是因为控制拷贝数的机制完全不同。如F质粒与ColE1质粒能够共存于一个细胞内,就是因为它们分别属于不同的不相容群,即是同一亲和群质粒,具有不同的复制机制。质粒的拷贝数与复制机制密切相关,质粒的分配与宿主细胞分裂相关,图7.13是相容与不相容质粒在细胞分裂过程中的分配模型。

目前发现的质粒不亲和群已达30多种,细菌质粒不亲和群及其主要代表见表7.5。质粒间的不相容性已作为质粒的分类标准之一,彼此不能共存的质粒放在同一不亲和群中。在不同大肠杆菌中至少已发现25种以上不同的不相容群,在同一大肠杆菌中已经发现同一亲和群质粒有7个不同类型的质粒共存。

**表 7.5　细菌质粒不相容群及其主要代表**

| 细菌种类 | 质粒不相容群 | 代表性质粒 |
| --- | --- | --- |
| | IncF I | F,R386,R455,ColV |
| | IncF II | R1,R100 |
| | IncF III | Col1B-K98 |
| | IncF IV | R124 |
| | IncA | RA1 |
| | IncC | R40a,R55 |
| | IncH | R27,R726 |
| G⁻ | IncI | ColIb-P9,R144,R483,R64,R621a |
| | IncM | R69,R466b |
| | IncN | R46,R15,N3,pKM101 |
| | IncO | R16,R723 |
| | IncP | RP1,RP4,R68,R751,R690,RK2,pRK404,pRK310,pVK100,pLA2917 |

| 细菌种类 | 质粒不相容群 | 代表性质粒 |
|---|---|---|
| | IncQ | RSF1010,pKT212,pKT230,pGSS,pKT211,pUSP204,pSCU106,pMMB31 |
| | IncT | R394,R401,Rts1 |
| | IncW | R7K,R388,pSA747 |
| | IncX | R6K |
| G+ | pT181 | pT181,pC221,pS194,pC23,pUB112,pE194 |
| | pUB110 | pUB110,pBC16 |
| | pSN2 | pSN2,pE12,pIM13 |

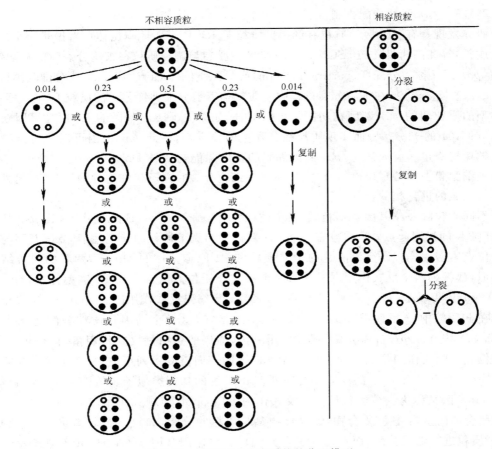

图 7.13   相容和不相容质粒的分配模型

## 7.3.3   质粒的稳定性

质粒的不稳定性(plasmid instability)包括分离不稳定性(segregation instability)和结构不稳定性(structural instability)。分离不稳定性是指细胞分裂过程中,有一个细胞没有获得质粒,而最终形成无质粒的细胞群体;结构不稳定性是指由于转座或重组作用引起质粒DNA重排或缺失。正常条件下,质粒的复制和分配是两个独立事件,质粒应在细胞分裂前复制,并借助特殊的分配机制保证其在子代细胞中的均等分配 从而实现质粒遗传的稳定性。细胞学研究表明:质粒很可能依靠与染色体分配类似的方式,即通过依附在质膜上的特定位点,随细胞分裂均等分配到子细胞中。导致细胞分裂过程中发生质粒不平均分配的原因也是质粒不稳定性的原因之一。要保证质粒的稳定遗传,需要每一个世代每一个质粒平均至少发生一次复制,同时需要复制后产生的质粒能够平均分配到两个子细胞中。质粒的分配具有两种分配机制:主动分配机制和随机分配机制。在主动分配机制中,一般低拷贝质粒要么通过 *par* 区来实现质粒的稳定分配,要么通过质粒编码的基因产物如致死蛋白来使不含质粒的子细胞致死而实现质粒的稳定遗传。在随机分配机制中,以高拷贝数来实现质粒的随机分配,从而实现质粒的稳定遗传。

### 7.3.3.1 主动分配机制

#### 7.3.3.1.1 *par* 区的分配机制

研究发现具有 *par* 区的质粒有低拷贝质粒 F、R1、P1(P1 原噬菌体可看做是一个100 kb 的大质粒)等和高拷贝质粒 pSC101 等,*par* 区主要参与调控质粒在细胞分裂时的分配作用。因此,*par* 区又称为分配区(partition region)或分配座位(partition locus)或分配基因(partition gene)。*par* 区指在细胞分裂过程中使质粒均等地分配到细胞中的质粒 DNA 序列。不同类型的质粒间的 *par* 基因在功能上可以互补,如丢失了 *par* 基因的 R1 质粒可因获得了来自 pSC101 的 *par* 基因而实现质粒在分配上的稳定性,因此 *par* 基因可以使无亲缘关系的质粒保持稳定。有人认为,*par* 基因编码的蛋白除能与质粒 DNA 专一性结合外,还可以与宿主细胞膜上的特定位点结合,实现质粒在细胞分裂时向子代细胞的均等分裂;另外还与着丝点区域的进化相关。

不同质粒的 *par* 基因各不相同。R1 质粒含有 *par*A 和 *par*B 两个基因,其 *par* 基因远离 R1 质粒的复制起点。F 质粒有 3 个 *par* 基因参与调节质粒的稳定性,其 *par* 基因与复制起始位点紧密相连。研究最清楚的是 F 质粒和 P1 原噬菌体的 *par* 区,两者的遗传结构极为相似,都编码两个反式作用因子并与一个顺式作用位点结合。在 P1 噬菌体中,*par* 区由 *par*A、*par*B 和 *par*S 基因组成,其中 *par*A 和 *par*B 编码反式作用因子,*par*S 是顺式作用位点。在 F 质粒中,*par* 区由 *sop*A、*sop*B 和 *sop*C 组成,这 3 个基因是质粒分配的基本要素(图 7.14),其中 *sop*A 和 *sop*B 是反式作用基因,编码的蛋白是反式作用蛋白,*sop*C 是顺式作用位点。顺式作用位点 *sop*C 由 12 个 43 bp 的正向重复序列组成,在每个 43 bp 的正向重复序列中,有一对 7 bp 的反向重复序列。*sop*C 区的功能类似于真核染色体上的着丝粒,所以 *sop*C 区又称为类着丝粒位点。反式作用蛋白 SopB 与顺式作用位点 *sop*C 结合,形成分配复合体的蛋白-核酸复合物,该复合物参与质粒的分配,如果 F 质粒缺失 *sop*(ABC)片段,则质粒进行随机分配,而不是有规则分配。反式作用基因 *sop*A 的 *sop*B 构成一个转录单位,其产物 SopA 和 SopB 两种蛋白具有协同抑制作用,共同抑制 *sop*AB 操纵子的转录,因此 SopA 和 SopB 反式作用蛋白属于自体阻遏蛋白。其中 SopA 蛋白与 *sop*AB 转录单位的启动子区的操纵基因结合,对其转录进行调控;SopB 蛋白不能直接与 *sop*AB 操纵子的启动子结合,但具有促进 SopA 蛋白与 *sop*AB 操纵子启动子结合的能力。如果细胞内只有 *sop*B 基因而没有 *sop*A 基因,则会抑制细胞内 mini-F 质粒和携带有 *sop*ABC 片段的 *oriC* 质粒两者共存的稳定性,这说明了 *sop*C 与质粒的不相容性有关。抑制中只有 SopB 蛋白维持在适当的浓度,才能保证 F 质粒的稳定性。因此,F 质粒的 *par* 区不但与 F 质粒的稳定分配相关,而且与质粒的不相容性也具有一定的相关性。除此以外,F 质粒的细胞分裂中,还可以通过另一种特殊的机制来实现其传代过程中的稳定性,也就是当细胞内的 F 质粒只有一个拷贝或其复制没有完成时,F 质粒能阻遏细胞分裂,但却不能抑制细胞的生长和染色体 DNA 的复制,只有待 F 质粒复制完成后,细胞才能进行分裂。

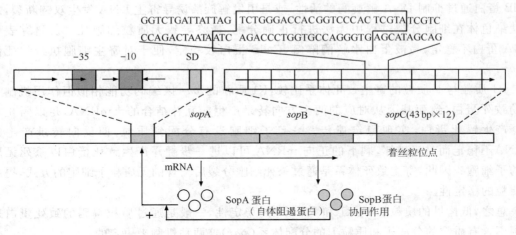

GGTCTGATTATTAG TCTGGGACCACGGTCCCAC TCGTA TCGTC
CCAGACTAATAATC AGACCCTGGTGCCAGGGTG AGCATAGCAG

图 7.14　F 质粒的 *sop* 区结构及作用机理

细菌质粒 DNA 的分配模型如图 7.15。质粒 DNA 位于细胞内的复制体中,并在其中进行复制。质粒复制完成,分配蛋白与类着丝粒位点结合形成分配复合体,然后,由一种尚未明了的结构(该结构可能是与微管、微丝蛋白功能类似的类蛋白组成的原核细胞骨架系统)很快将质粒拷贝移向细胞两极,使复制后的质粒 DNA 均等地分配到两个子细胞中,接着是在分配蛋白的作用下,使分配的质粒限于特定的区域。

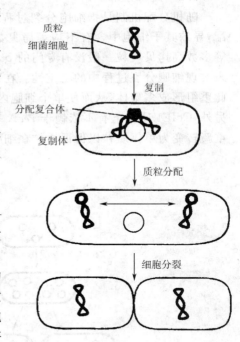

图 7.15　细菌质粒 DNA 的分配模型

### 7.3.3.1.2　致死基因的分配机制

在低拷贝质粒中广泛存在着寄主致死体系(host-killing mechanism)。寄主致死体系是通过母细胞质粒编码的基因产物如致死蛋白来抑制细胞分裂后出现的无质粒的子细胞,从而提高含有质粒的子细胞的稳定性,实现质粒的稳定遗传。因此,致死蛋白与质粒的稳定性有关。某些质粒可以通过在无质粒细胞中产生一种特殊致死蛋白来保证质粒的稳定性。研究发现 F 质粒中具有 *ccd* 致死体系,R 质粒中拥有 *par*B 致死体系(hok-sok)。

在 F 质粒中控制寄主致死功能的基因有 *ccd*A 和 *ccd*B。*ccd*A 和 *ccd*B 基因属于同一自我调节的操纵子,分别编码分子量为 8.3 和 11.7 kD 的两个蛋白,CcdA 蛋白是作为解毒剂发挥作用的,但 CcdB 蛋白是作为毒剂发挥作用的。一方面,在含有质粒的子细胞中,CcdA 蛋白作为解毒剂与毒剂 CcdB 蛋白结合,使毒剂蛋白失效,质粒稳定遗传;另一方面,在不含质粒的子细胞中,CcdA 和 CcdB 蛋白通过细胞质遗传方式进入子细胞,但因子细胞无质粒

DNA,则无后续 CcdA 和 CcdB 蛋白的形成,从母体传承下来的 CcdA 和 CcdB 蛋白,随着蛋白质半衰期的临近,这两种蛋白逐渐稀释;并且毒剂 CcdB 比解毒剂 CcdA 更稳定,残留的 CcdB 蛋白通过抑制 DNA 解旋酶的活性,或是引发解旋酶诱导寄主 DNA 发生双链断裂,从而使染色体在细胞分裂过程中无法进行正确分配,最终导致无质粒细胞死亡。研究表明 CcdA 蛋白不稳定,易被蛋白水解酶降解,CcdB 蛋白较稳定,便于对寄主细胞执行致死作用。

　　R1 质粒与 F 质粒的寄主致死体系比较,R1 质粒的 *par* 区编码功能相似但作用机制不同的致死蛋白,致死基因从对应的两个方向转录产生能互补结合的±mRNA,足以阻止其翻译产生致死蛋白,实现稳定遗传。一旦子细胞没有分配到质粒,使反向转录产生的 mRNA 不稳定而易于破坏,剩下的正向 mRNA 可以进一步翻译产生致死蛋白以杀死无质粒的子细胞。因此,寄主致死体系是通过杀死细胞分裂后出现的无质粒子细胞的方式,提高了质粒的稳定性。

　　总之,低拷贝的质粒如 F、R1 和 RK2 等的稳定性,一般是通过质粒编码的致死蛋白来抑制不含有质粒的分离子和质粒上的分配体系(*par*)这两种机制来决定的。

### 7.3.3.2　随机分配机制

　　随机分配机制是指细胞分裂过程中质粒的拷贝数随着细胞分裂的进行而进行随机分配,导致其子细胞中含有不均等拷贝数量的质粒。随机分配质粒一般无 *par* 区,如 ColE1 等多数高拷贝质粒一般没有专门的 *par* 基因,它们都是依赖于高拷贝质粒的随机分配机制来实现细胞分裂过程中的稳定性。在某些情况下,尤其在 *recA*+ 的宿主细胞中,ColE1 能彼此重组形成多聚体,从而使单个细胞内质粒的拷贝数减少并将增加无质粒子细胞的可能性。另外,ColE1 质粒上有不依赖于 *recA* 基因的 *cer* 基因专门负责多聚体的解聚作用,能使之重新转变为单体质粒以保证质粒在细胞分裂时的稳定性(图 7.16)。

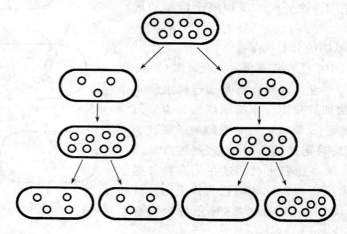

图 7.16　质粒的随机分配

　　另外,人工构建的质粒 pRB322 等,在构建过程中并不携带 *par* 区,它们在细胞分裂过程中也是随机分配的。尽管在培养中产生无质粒的子细胞的可能性比较小,但偶尔也有发生,在一定的条件下,如培养基耗尽或是寄主细胞快速生长分裂的过程中,仍有可能产生出无质粒载体的细胞。在实验培养过程中可以通过保持抗生素选择压力来克服这个问题。

质粒的稳定性与是否含有质粒的细胞的生长速度有关。一般含有质粒(尤其是具多种抗性的基因工程质粒)的细胞的生长速度低于无质粒细胞,在相同条件下混合培养时,含质粒细胞所占比例将逐渐下降(图 7.17)。

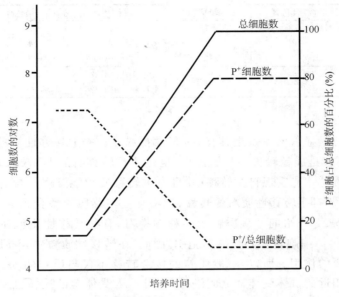

图 7.17 生长速度差异对质粒稳定性的影响

### 7.3.4 质粒的转移

#### 7.3.4.1 质粒转移的类型

根据是否能够进行自主转移可将质粒分为转移性质粒和非转移性质粒两大类。所谓转移性质粒是指质粒能自动地从一个细胞转移到另一个细胞,甚至还能带动供体细胞的染色体 DNA 向受体细胞转移,这类质粒常常被叫做自主转移质粒(self-transmissible plasmid)。质粒在细菌间的转移,需要供体和受体细胞间的直接接触才能进行,这就是所谓的接合作用(conjugation),因此这类质粒又被叫做接合型质粒(conjugative plasmid)。转移性质粒有:大肠杆菌的 F 质粒、R1、R100、ColV、Col I b-P9、R6k、RP4、天蓝色链霉菌的致育质粒 SCP1,粪链球菌质粒的致育质粒 pAD1 和豌豆根瘤菌的共生质粒 pJB5JBI 等。转移性质粒多是低拷贝大质粒。G⁻ 的细菌质粒,最小的 p6R 也有 38 kb,但 G⁺ 细菌如链霉菌中的自主性转移质粒一般都是 10 kb 大小的小质粒,只有 SCP1 质粒是巨大质粒,一般小质粒参与转移的区域仅为 2 kb 左右。由于质粒大小的差异,其转移机制可能不同,G⁺ 细菌中的质粒在转移中不需要性纤毛,因此质粒的容量比较小;许多 G⁻ 细菌中的转移性质粒需要30 kb 的 DNA 来编码与接合有关的蛋白质。非转移性质粒一般不能自动地从一个细胞转移到另一个细胞,原则上是高拷贝的小质粒,又被称为非接合型质粒。非接合型的质粒,由于分子小,不足以编码全部转移体系所需要的基因,因而不能够自主转移。但如果在其宿主细胞中存在着一种接合型的质粒,那么它们通常也是可以被转移的。这种由共存的接合型质粒引发的非接合型质粒的转移过程,叫做质粒的迁移作用(mobilization)。有些质粒虽然不能自主转移,但在非转移性质粒中具有诱动基因,它能被接合质粒的自主转移诱导而转移,这类非接合型质粒又被称为可移动质粒(mobilizable plasmid)(表 7.6 是几种不同质粒的转移性能)。因此,不同质粒因其转移机制的不同可划分为接合转移质粒和诱动质粒。

表 7.6  几种不同质粒的转移性能

| 质粒 | | 拷贝数/染色体 | 自主转移能力 | 质粒 | | 拷贝数/染色体 | 自主转移能力 |
|---|---|---|---|---|---|---|---|
| Col 质粒 | ColE1 | 10～18 | 不能 | R 质粒 | R100 | 1～2 | 能 |
| | ColE2 | 10～18 | 不能 | | RP4 | 12 | 能 |
| | ColE3 | 10～18 | 不能 | | R6k | 4～7 | 能 |
| 性质粒 | F | 1～2 | 能 | 人工重组质粒 | pBR322 | 约 20 | 不能 |
| | | | | | pBR325 | 约 20 | 不能 |

#### 7.3.4.2 接合转移质粒

接合转移质粒最显著的特点是具有 $tra$ 转移操纵子。一般转移性质粒都有 oriT 和 $tra$ 区域,oriT 位点不仅是质粒转移的起始位点,也是质粒转移后的 DNA 末端的环化位点,因此,具有 oriT 的质粒才能实现自主转移;并且自主转移质粒能够诱导含有与自己相似或相近的 oriT 位点的非自主转移性质粒的转移,如将自主转移质粒整合到染色体上后,带动染色体转移也是从 oriT 开始的。从质粒的转移频率看,有些转移性质粒在细胞接触的情况下,几乎 100% 从供体细胞转移到受体细胞中,因此,在转移性质粒中,oriT 和 $tra$ 序列在接合中起着非常重要的作用。所以,一般质粒的接合转移不仅与质粒的 oriT 和 $tra$ 有关,而且只能在相同或相近的供体受体菌之间进行,并且导入受体菌的质粒也要受到宿主细胞的限制修饰作用。亲缘关系越近,质粒接合转移的频率越高。质粒的转移性还与供体菌细胞内的其他质粒有关。如:R 质粒上含有致育抑制因子($fi^+$),当它与 F 质粒共存于一个细胞($F^+R^+fi^+$)内时,$fi^+$ 能抑制 F 质粒向受体菌的接合转移。反之,属于 $F^+R^+fi^-$ 的供体菌,却能以较高的频率实现 F 质粒的转移。研究表明,R 和 F 质粒具有相似的致育性调控机制,其基因产物可以相互作用。F 质粒上的致育抑制基因 $finP$ 的产物 $FinP_F$ 只有和来自 R100 质粒($fi^+$)的 $finO$ 基因产物 $O_R$ 结合,才能抑制转移基因 $traJ$ 的操纵基因 $O_J$ 的表达并进而阻遏 $tra$ 操纵子的表达,最终抑制了 F 质粒的接合转移(图 7.18)。

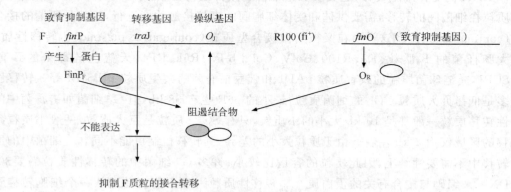

图 7.18  R 质粒抑制 F 质粒的转移

#### 7.3.4.3 诱动转移质粒

诱动转移质粒是自身不具有 $tra$ 转移操纵子,不能自行转移,但可与接合质粒一起经过接合质粒的诱动而进行转移的质粒。如一些 $G^-$ 细菌中的部分可移动质粒缺乏与性纤毛合成有关的 10 个左右的基因,因此在转移中,必须利用同一细胞内的转移性质粒编码的性纤毛才能进行转移。由于可移动质粒的转移依赖于其他转移质粒,所以可移动质粒比自主转移质粒在体积上都要小一些。例如 ColE1 和 RSF1010 等小质粒就是由于缺乏转移基因而不能自主转移,但因带有与 F 质粒 *ori*T 位点类似的 *bom*(或 *nic*)位点或与 *tra* 基因类似的诱动基因 *mob*,因而能够被带有 *tra* 基因的转移性质粒如 F 质粒等诱动转移。以同时含有 F 和 ColE1 质粒的大肠杆菌供体菌对受体 F⁻ 菌株进行的接合转移结果表明,诱动不需要 *rec*A 基因产物,获得的 90% 以上的 F⁺ 受体菌同时带有 ColE1,并有 5% 的受体菌接受了 ColE1 后仍为 F⁻,表明诱动不一定需要接合性质粒的共转移。非转移性质粒的诱动中,F 质粒诱动 ColE1 质粒的转移模型(如图 7.19),ColE1 是一种可诱动转移的非接合型质粒,它的转移需要质粒自己编码的两种基因参与:一个是位于 ColE1 DNA 上的特异位点 *bom*,其功能类似于 F 质粒的 *ori*T;另一个是 ColE1 质粒特有的负责 DNA 转移的可移动基因 *mob*(mobilization),其功能类似于 *tra* 基因,*mob* 基因还能编码特异的核酸内切酶,在 *bom* 位点进行切割,也编码其他一些与 DNA 转移有关的蛋白质。当 ColE1 质粒和 F 质粒共存时,F 质粒编码的性纤毛使大肠杆菌供体与受体细胞表面接触融合形成胞质桥,即所谓的接合管,为接合转移创造了必备条件,再由 ColE1 质粒中的 *mob* 基因编码的一种松弛蛋白使 ColE1 质粒开始解螺旋,然后内切酶在 *bom* 位点上造成一个缺口,使超螺旋 DNA 转为松弛的开链环状结构,松弛蛋白继续结合在打开缺口的 5′端作为引导蛋白,并在 F 质粒转移基因 *tra* 产物的帮助下经接合作用过程诱动转移到受体菌细胞内。如果 ColE1 质粒与 F 质粒共存时,ColE1 质粒的诱动基因 *mob* 突变,则 ColE1 质粒不能诱动转移,或者 ColE1 质粒的诱动起始位点 *bom* 突变,ColE1 质粒也不能诱动转移。当 ColE1 与 F⁻ 菌株共存时,虽然 *mob* 基因产物可以作用于 *bom* 位点,但由于 ColE1 质粒与 F⁻ 都不能形成性纤毛,因此 ColE1 质粒还是不能转移,所以,ColE1 的转移需要 *mob* 基因与 *bom* 基因的参与和 F 质粒的共存。已知 ColE1 能被属于 IncF、IncI 和 IncP 的转移性质粒诱动转移,但不能被 IncW 的转移性质粒诱动转移。RSF1010 能被 IncP 的转移性质粒诱动,但不能被 IncF 的转移性质

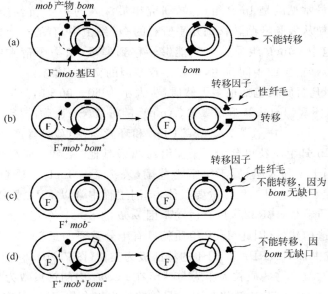

图 7.19　F 质粒诱动 ColE1 质粒的转移模型

粒诱动。转移性与非转移性质粒的诱动转移是一个复杂的相互作用的过程,仍需进一步研究。

### 7.3.5 质粒的宿主

根据宿主范围可将质粒划分为广泛宿主质粒和窄宿主质粒。广泛宿主质粒(broad host range plasmid)(又称广谱质粒)是指能在多种不同细菌(宿主)细胞中生存的质粒,这种质粒能通过接合作用转移到不同种属的宿主内,且能稳定遗传,如 RP4 和 RSF1010 等质粒;窄宿主范围质粒(narrow host range plasmid)(又称窄谱质粒)则是指只能在单一或极为相近的宿主中生存的质粒,如 F 和 ColE1 等质粒。

质粒的宿主范围与质粒复制起点的特异性及其复制所需要的条件和质粒本身所携带的基因有关。如果一个质粒携有与其本身复制有关的基因,而这些基因的启动子又是最容易启动的,那它对宿主的需求自然很少,它的宿主范围当然很广,如 RP4 在几乎所有的革兰氏阴性菌中都能生存。相反,一个对宿主需求很多的质粒,对宿主的依赖性自然很强,它的宿主范围当然很窄,如 F 质粒只能在大肠杆菌中生存。

接合型质粒一般都能够在同种细菌间转移,如 F 质粒不仅能在大肠杆菌间发生转移,而且能够诱动 ColE1 质粒的转移,同时可以带动供体染色体进行转移,但 F 质粒只限于亲缘关系较近的大肠杆菌,其宿主范围较窄。

滥交质粒是指能够在广泛的革兰氏阴性细菌间转移的质粒,由于其宿主广泛又被称为泛主接合质粒,这是一个非常重要的群体,尤其是滥用抗生素所引起的质粒抗药性主要来自于这个群体,最典型的是恶臭假单胞菌中的 RP4 的抗生素质粒。所有的 R 质粒几乎都是滥交质粒,由于含有转移操纵子和抗性基因,能在较广的宿主范围内转移,在医学上常常引起 context 现象,它们可通过临床上广泛的重要细菌传播抗生素抗性基因,从而给疾病的化学治疗带来相当大的困难。

广泛宿主质粒最常见的是 IncP 组质粒,研究得最深入的是 R 抗性质粒。IncP 组质粒自身或带动其他质粒从大肠杆菌转移到几乎所有的 G⁻ 细菌中,有的甚至能够转移到 G⁺ 细菌、酵母和植物细胞中。IncP 组质粒虽然能够转移到酵母、植物等宿主中,但不能进行复制,这些宿主属于转移宿主或中间宿主,可以导致基因的交叉感染。

大肠杆菌的 IncP 组质粒包括很多天然质粒,大小为 60～90 kb,具有多种抗性,可以对卡那霉素(Kan)、四环素(Tet)、氨苄青霉素(Amp)、链霉素(Str)、磺胺(Sul)、汞(mer)、氯霉素(Cam)、庆大霉素(Gen)、甲氧苄二氨嘧啶(Tp)和环丝氨酸(Ox)等产生抗性。这些质粒分布在不同位置。IncP 组质粒可分为 3 个亚组:α、β 及其他。α 和 β 亚组在进化上属于不同分支,其他亚组不同于 α 和 β 组,属于窄宿主范围(表 7.7)。IncP 组质粒的宿主范围见表 7.8。IncP 组质粒是构建基因工程的重要载体,基因工程中常以 RP4 或 RK2 的 *ori*T DNA 序列构建人工万能质粒如 pBR322,具有诱动基因 *mob* 的 pSUP 系列质粒等都是以 IncP 组质粒为基础进行改造构建的,因此,IncP 组质粒具有十分重要的意义。

在 IncP 组质粒中,RK2、RP1 和 RP4 的特征极为类似(图 7.20),它们也是 IncP 组质粒中研究得最清楚的质粒。这些质粒大小为 60 kb,在 *E. coli* 中的拷贝数为 4～7,有复制起点 *ori*V、接合转移起始位点 *ori*T 和转移基因 *tra*,能够发生接合作用,还具有氨苄青霉素抗性、卡那霉素抗性及四环素抗性等部分抗性基因,同时质粒上携带有转座子 Tn1 和插入序列

IS21,有利于移动甚至整合。

表 7.7　大肠杆菌 IncP 组天然质粒的特征

| 质粒 | 抗性 | | | | | | | | | | 大小(kb) | 起源地 |
| --- | --- | --- | --- | --- | --- | --- | --- | --- | --- | --- | --- | --- |
| | Kan | Tet | Amp | Str | Sul | mer | Cam | Gen | Tp | Ox | | |
| α | | | | | | | | | | | | |
| RK2 | + | + | + | | | | | | | | 60 | 英国 |
| RP4 | + | + | + | | | | | | | | 60 | 英国 |
| RP1 | + | + | + | | | | | | | | 60 | 英国 |
| R18 | + | + | + | | | | | | | | 60 | 英国 |
| R68 | + | + | + | | | | | | | | 60 | 英国 |
| R26 | + | + | + | | + | | + | + | | | 72 | 西班牙 |
| R527 | + | + | + | + | + | + | + | + | | | 72 | 西班牙 |
| R702 | + | + | | + | + | | + | | | | 77 | 美国 |
| R839 | + | + | | | + | | + | | | | 87 | 英国 |
| R938 | + | + | | | + | | + | | | | 84 | 法国 |
| R995 | + | + | | | | | | | | | 57 | 香港 |
| R934 | + | + | | | | | + | | | | 72 | 法国 |
| R1003 | + | + | + | + | + | | + | | | | 75 | 西班牙 |
| pUZ8 | + | | | | | | + | | | | 58 | 西班牙 |
| β | | | | | | | | | | | | |
| R751 | | | | | | | | + | | | 53 | 英国 |
| R772 | + | | | | | | | | | | 61 | 美国 |
| R906 | | | | + | + | | + | | | + | 58 | 日本 |
| 其他 | | | | | | | | | | | | |
| pAV1 | | | | | + | | | | | | — | 英国 |
| pHH502 | | | + | | | | + | + | + | | 71 | 英国 |

表 7.8　IncP 质粒的宿主范围

木状醋杆菌(*Acetobacter xylinum*)　　土壤杆菌(*Agrobacterium* spp.)

极小无色杆菌(*Achromobacter paroulus*)　　产碱菌(*Alcaligenes* spp.)

不动杆菌(*Acinetobacter* spp.)　　鱼腥蓝细菌(*Anabaena* spp.)

气单胞菌(*Aeromonas* spp.)　　巴西固氮螺菌(*Azospirillum brasilense*)

固氮菌(*Azotoobacter* spp.)　　黄色黏球菌(*Myxococcus xanthus*)

博德特菌(*Bordetella* spp.)　　奈瑟球菌(*Neisseria* spp.)

柄杆菌(*Caulobacter* spp.)　　脱氮副球菌(*Paracoccus denitrificans*)

紫色色杆菌(*Chromobacterium violaceum*)　　假单胞菌(*Pseudomonas* spp.)

肠杆菌科(*Enterobacteriaceae*)　　根瘤菌(*Rhizobium* spp.)

生丝微菌(*Hyphomicrobium* spp.)　　红假单胞菌(*Rhodopseudomonas* spp.)

侵肺军团菌(*Legionella pneumophila*)　　红螺菌(*Rhodospirillum* spp.)

嗜有机甲基杆菌(*Methylobacterium organophilum*)　　硫杆菌(*Thiobacillus* spp.)

甲基球菌(*Methylococcus* spp.)　　霍乱弧菌(*Vibrio cholerae*)

食甲基嗜甲基菌(*Methylophillus methylotrophus*)　　黄单胞菌(*Xanthomonas* spp.)

发孢甲基弯菌(*Methyosinus trichosporium*)　　发酵单胞菌(*Zymomonas mobilis*)

IncP 和 IncO 质粒中的许多天然或经人工改造的质粒是重要的基因工程载体质粒，如 RK2、RP1、RP4、R68、pKT230、pRK290 和 pSUP204 等，也能在大多数 G⁻ 细菌之间转移，是基因工程中常见的广泛宿主质粒。在基因操作中，需要一系列广泛宿主质粒载体进行基因克隆和基因转移。宿主细胞是基因克隆中重组 DNA 分子的繁殖场所，适当的宿主细胞，必须符合以下条件：①对载体的复制和扩增没有严格的限制；②不存在特异的内切酶体系降解外源 DNA；③在重组 DNA 增殖过程中，不会对它进行修饰；④为重组缺陷型，不会产生体内重组；⑤容易导入重组 DNA 分子；⑥符合重组 DNA 操作的安全标准。但是广

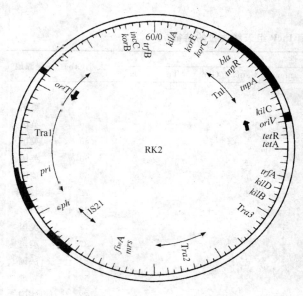

图 7.20 RK2、RP4 和 RP1 遗传图谱

泛宿主基因工程质粒在为基因工程的成功带来便利的同时也带来了基因的扩散问题，使用窄宿主质粒可以避免这一问题，但又提高了基因工程的成本，因此在这个相对矛盾中，谨慎使用载体是十分重要的，要根据载体特性进行选择。

## 7.4 质粒的研究方法

质粒 DNA 与宿主染色体共存在于细胞内，都编码了某些遗传特性的基因，具有一定的表型性状。那么细菌表现的性状是由质粒基因编码的还是染色体基因编码的呢？可以根据质粒的遗传特性和分子结构加以区分。

### 7.4.1 质粒的检测

质粒的检测主要依据质粒两方面的特征，即遗传学特征和分子结构特征。所谓遗传学特征是指质粒具有与染色体 DNA 不同的特征，如：质粒具有独特的表型效应、能独立地从一个细胞转移至另一个细胞、能人为地被消除而不影响宿主的生存等。根据这些特征，可以检测菌株是否含有质粒。另外，从分子结构上来讲，由于质粒 DNA 在细胞中处于共价、闭合、环状的超螺旋状态，因而与染色体相比，它们对碱、高温等理化因子处理有更强的抗性。根据这些特征可很容易地对宿主中的质粒进行检测、分离和纯化。质粒的消除只是质粒存在的间接证据，质粒是否真实存在，可进一步通过质粒的分离和纯化加以证实。一般情况下，当在自然界中某处得到的某种细菌中，不能确定是否存在有质粒时，理论上首先考虑可能有质粒；当检测的性状不稳定、易于丧失时，也应该考虑是否是质粒引起的。但是一般不能反向推论。

#### 7.4.1.1 质粒的消除

细质粒的消除是指通过理化因素或生物学方法消除质粒，并观察宿主细胞是否伴随着

性状的丢失现象。目前消除质粒的方法有两种,一是理化因素消除质粒,二是原生质体诱导消除质粒。

### 7.4.1.1.1　理化因素消除质粒

菌质粒常因自发和诱发等原因从部分细胞中丢失,并同时伴随失去控制表型的性状或功能。常见消除质粒的理化因子有:吖啶橙、溴化乙锭、利福平、丝裂霉素 C、亚硝基胍、高温、紫外线等(表 7.9),常用的试剂是吖啶橙,但吖啶橙的应用范围很窄,有时还应用其他化合物和手段。这些理化因子同时也是染色体的诱变剂,因此在消除质粒的同时也可能带来染色体的变化。在试验中可以根据突变率和回复突变来加以区别,具体区别详见第 2 章。通过理化因子处理进行质粒消除试验时,可根据初步结果推测质粒与某一性状的相关性,表明控制该性状的基因可能定位在该质粒上。但如果理化因子处理没有获得质粒消除效应,却不能反过来推论该基因不在质粒上,或推论该微生物没有质粒。

**表 7.9　消除质粒的化合物及相关因素**

| 化合物和因素 | | 化合物和因素 | |
| --- | --- | --- | --- |
| 染料类 | 吖啶类(吖啶橙等) | 表面活性剂 | 十二烷基磺酸钠(SLS 或 SDS) |
| | 菲啶类(溴化乙锭等) | | 苯硫酚 |
| | 二苯甲烷类(结晶紫等) | | 某些脂肪酸等 |
| 抗菌素 | 氟化脱氧尿苷、利福平、大炭霉素 | 其他 | 胸腺嘧啶饥饿处理、高温、紫外线辐射 |

质粒的消除取决于多种因素的共同作用,如:宿主生理状态、消除剂种类、处理剂量和环境条件等。R 质粒的自发丢失率小于 1%,其原因是细胞分裂时发生了阻碍质粒正常复制或分配的特殊变化,从而导致了质粒在部分子细胞中的丢失。$F^+$ 菌株的 F 质粒在 42 ℃下利用吖啶橙,其消除率可以达到 100%,在常温下消除率很低,对整合态的 Hfr 菌株基本无效。质粒消除与宿主本身有关,有报道某些宿主的 F 质粒不能被消除。吖啶橙对 ColE1、ColV 和 ColV3 质粒的处理基本无效。有些质粒很容易消除,如快生型根瘤菌的共生固氮基因定位在大质粒上,37 ℃高温处理可筛选到消除大质粒的突变株,这些突变株同时也丧失了固氮能力。又如,SDS 消除质粒的效果与其浓度和作用温度密切相关:浓度太高,会抑制细菌生长,浓度太低,质粒消除不理想;同样,适宜的温度也可以取得理想的质粒消除效果。Sonstein(1972)报告用 0.002% SDS 对金黄色葡萄球菌青霉素 B 质粒有 0.57%～1.34%的消除作用,用 0.6% SDS,消除率则为 100%。

消除作用并不是药物对质粒 DNA 的破坏作用,一方面是药物的抑制作用影响质粒 DNA 的复制和质粒 DNA 在细胞分裂时的分配,从而提高了不含质粒的子细胞的出现频率而达到消除目的;另一方面是药物提高了环境选择性,选择性抑制带有质粒的宿主细菌的生长。研究表明,吖啶橙染料是质粒 DNA 复制的抑制剂,大炭霉素和 SDS 等是选择性杀菌剂,它们对具有性纤毛的细菌产生作用。细菌染色体 DNA 与质粒 DNA 的一个共同特点是它们均附着于细胞膜上进行复制。SDS 是一种离子型表面活性剂,在合适的浓度下它能溶解膜蛋白,破坏细胞膜,SDS 可改变质粒在细胞膜上的结合位点,使其不能精确复制,并最终导致质粒不能正确地分配到子细胞中,从而达到消除质粒的目的。SDS 另一个可能的作用机理是,当它进入细胞质后,使某些与质粒复制及分配有关的蛋白部分或完全失活,造成质粒的丢失。

#### 7.4.1.1.2 原生质体诱导消除质粒

理化因素消除质粒对某些高度稳定的质粒消除一般不易成功,而高剂量的消除剂又可能导致 DNA 片段的重排,对于这些难以消除的质粒,可以利用原生质体诱导法进行消除。原生质体诱导消除法是使待消除的含有质粒的菌株在一定条件下(如溶菌酶处理)形成原生质体,发现在原生质体的再生菌株中出现高频率的质粒消除菌,消除频率可以高达 94%。这种方法曾在葡萄球菌、枯草杆菌、链霉菌和沙门氏菌等细菌上使用,取得了较好的结果。原生质体消除质粒的原理还不十分清楚,一方面可能是去除细菌细胞壁,降低了细胞壁的保护作用,提高了质粒穿透膜的能力;另一方面受伤的细菌细胞——原生质体,在细胞分裂时可能不足以保全质粒,发生不均等分裂以提高原生质体的活力,导致质粒的丢失。实验表明,用高浓度的溶菌酶长时间处理细胞,可导致质粒消除。

细菌耐药性的形成一直是困扰科学家和临床医生的难题,而细菌中绝大多数耐药性基因是由质粒所编码的,如果能消除细菌中的耐药质粒,则可恢复耐药菌株对抗生素的敏感性,对于治疗临床上由耐药菌导致的感染和阻断耐药性的传播都有非常重要的意义。

#### 7.4.1.2 质粒的转移

质粒的转移是质粒存在的直接证据之一。带有转移基因的质粒,如 F 质粒和 R 质粒,它们能够通过接合作用向受体菌转移。另一些小质粒如 Col 质粒,受基因容量的限制一般没有自主转移的能力,但可以通过转化、诱导转移或高压电脉冲等特殊手段进行质粒转移。质粒转移的成功与否取决于供、受体菌之间的接合能力以及质粒在受体菌中复制存在的可能性。试验中为便于从较低的转移频率中筛选转移接合子,供体菌最好带有选择标记,如带有 R 质粒上的抗药性基因的菌株,受体菌也最好带有选择标记,如营养缺陷型或不同的抗性基因的菌株。例如含有氨苄青霉素抗性基因(amp)的 R 质粒的大肠杆菌为供体 Nal$^S$(amp),带有奈丁酮酸(nal)的根瘤菌为受体 Nal$^R$,供体与受体杂交接合,使其质粒发生转移,在含有 Amp 和 Nal 的双抗平板上筛选接受了 R 质粒的受体菌(图 7.21)。

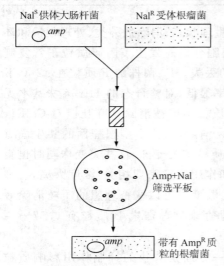

图 7.21 R 质粒从 *E.coli* 向根瘤菌的转移筛选

将质粒导入已经消除该质粒的原宿主细胞,比较其导入前后表型性状的差异或恢复程度,可以从正反两方面证实质粒与表型的相关性,确定质粒的存在。如果在上述观察的基础上用接合或转化的方法把所检测的性状转移到另一株菌中,则很可能所检测到的性状是由质粒所决定的。特别是当用重组缺陷型(Rec$^-$)的变异株为受体时,就更增加了其确定性。

#### 7.4.1.3 分子杂交

在初步确定某些菌株可能存在质粒的情况下,可以利用分子杂交方法来确定质粒编码的基因。利用已知表型性状的基因片段作探针,进行分子杂交来检测菌株中是否确实含有该质粒,这是目前检测质粒的重要手段。例如,Kronstad 等(1983)克隆了苏云金芽孢杆菌晶体蛋白基因的限制性内切酶片段作为探针与各个含有质粒的菌株的总质粒提取物进行杂交,研究了 14 个亚种 22 个菌株的晶体蛋白质基因的定位,证实了 9 个亚种 17 个菌株的晶体蛋白质是由质粒编码的。

#### 7.4.1.4　线性质粒的检测

线性质粒,尤其是大线性质粒的发现和研究是随着脉冲场电泳技术的发展而逐步开展起来的。在此之前,很少涉及线性质粒,因为要把它们和染色体分开是很难的,主要有两方面的原因:①染色体 DNA 很大,在提取过程中通常会降解成较小的线性片段;②超过 30 kb 的线性 DNA 在常规凝胶电泳中共同迁移,从而产生“染色体带”,普通电泳是无法分离和检测大线性质粒的。在常规脉冲电泳条件下线性 DNA 大分子能够进入凝胶中运动,而高分子量的环形超螺旋 DNA 则无法离开上样孔进入凝胶。利用线性与环形 DNA 大分子在脉冲电泳条件下这个特点,可以将菌体包埋在低熔点琼脂糖中进行原位溶菌(用溶菌酶、蛋白酶 K 和 SDS 处理),以避免在溶液中对大分子 DNA 的剪接力,然后进行脉冲场凝胶电泳,以判断是否存在线性质粒。此外,也可以采用双向高压脉冲电泳技术检测是否存在线性质粒,做法是:将第一向电泳后的凝胶取出,经溴化乙锭(EB)染色后在紫外照胶仪上照射一定时间,切下凝胶中的质粒 DNA 带,水平转动 90°,在制备第二向凝胶时将其镶嵌到点样孔部位,再与第一向电泳样品同步进行第二向高压脉冲电泳,若第二向电泳的质粒与第一向电泳中对应的质粒平行泳动在同一个位置上,则可判定质粒为线性。

### 7.4.2　质粒的分离

上述质粒的消除或转移只能间接地证明质粒的存在。质粒存在的直接证据取决于从宿主细胞中直接检测分离和纯化出 DNA。由于质粒具有共价、闭合、超螺旋结构,与染色体 DNA 比较,具有对碱、酸、高温等因素更高的抗性,因此质粒的分离方法可采用碱基变性法、SDS(十二烷基硫酸钠)裂解法和煮沸法等。

碱基变性法是基于染色体 DNA 和质粒 DNA 的变性与复性差异而达到分离的目的。在 SDS 等表面活性剂存在条件下,在沸水中加热约 40 s 或加 NaOH 溶液使 pH 升至 12.4,均可使菌体蛋白质和染色体 DNA 发生不可逆变性而与质粒 DNA 分开,再通过离心而分离沉淀得到质粒。在碱性条件下,SDS 破坏细菌细胞壁并使菌体蛋白质和染色体 DNA 变性,双链解开;质粒 DNA 虽然也发生了变性,但由于是环状结构,双链不会完全分离。同时,用酸性的高盐缓冲液调 pH 至中性,质粒 DNA 恢复原来的构型,在溶液中为可溶状态,而染色体 DNA 不能复性,形成缠绕的网状结构。通过离心达到初级分离出细菌碎片、染色体 DNA、不稳定的 RNA、蛋白质-SDS 复合物和质粒 DNA,再通过酚/氯仿抽提,酚使蛋白质进一步变性,但不能完全抑制 RNase 活性,氯仿使变性蛋白质加速有机相和水相的分离,异戊醇有利于消除抽提过程中出现的气泡,然后通过再次离心得到质粒 DNA 成品。此法用于小量制备质粒。

SDS 裂解法主要用于大质粒 DNA(大于 15 kb)的提取,该法是将细菌悬浮于蔗糖溶液中,用溶菌酶和 EDTA 破坏细胞壁,再用 SDS 处理裂解原生质体,使染色体 DNA 缠绕在细胞壁碎片上,通过离心沉淀,把质粒 DNA 释放到上清液中。蔗糖可提高溶液的渗透压,SDS 用于解聚蛋白质与 DNA 的结合。

煮沸法主要用于高拷贝小质粒的分离,通过热变性差异使环状小质粒分离出来。

这些方法中最常用的方法是碱变性法。

无论采用哪种方法分离质粒,在质粒分离过程中通常包括三个主要步骤:菌体培养与收集、菌体的溶菌裂解变性、质粒离心分离。第一,菌体的培养与收集。一般采用营养丰富但产生胞外多糖少的培养基,必要时可加氯霉素等使质粒拷贝数扩增,收集细胞时应选用对数期培养物。基因工程上现在使用的许多质粒载体(如 pUC 系列)都能复制到很高的拷贝数,只要将菌种接种在标准 LB 培养基中生长到对数晚期,就可以大量提纯质粒。此时,不必选择性地扩增质粒 DNA。然而,较老一代的载体(如 pBR322)由于不能如此自由地复制,所以需要在得到部分生长的细菌培养物中加入氯霉素继续培养若干小时,以便对质粒进行扩增,然后收集,菌体收集一般通过离心进行。第二,菌体的溶菌裂解变性。一般用溶菌酶或链丝蛋白酶等溶菌去壁形成原生质体或原生质球。菌体的裂解则可以采用溶菌酶处理,用非离子型或离子型去污剂、有机溶剂或碱进行处理及用加热处理等方法中的任意一种,有时也可采用几种方法进行组合处理。选择哪一种方法取决于 3 个因素:质粒的大小、细菌菌株和裂解后用于纯化质粒 DNA 的技术。大质粒(大于 15 kb)在裂解过程中容易受损,故应采用温和裂解法使其从细胞中释放出来,一般采用 SDS 裂解法。对于小质粒一般采用更剧烈的方法来分离。将细菌悬于蔗糖等渗溶液中,然后用溶菌酶和 EDTA 进行处理,破坏细胞壁和细胞外膜,再加入 SDS 一类去污剂溶解球形体。即在 EDTA 存在下,用溶菌酶破坏细菌细胞壁的糖肽层,用阴离子去污剂 SDS 使细胞膜崩解,从而达到菌体充分裂解,如果裂解不够,再通过煮沸或碱处理使之完全裂解。这些处理可破坏碱基配对,故可使宿主的线性染色体 DNA 变性,但闭环质粒 DNA 链由于处于拓扑缠绕状态而不能彼此分开。当条件恢复正常时,质粒 DNA 链迅速得到准确配置,重新形成完全天然的超螺旋分子,并以溶解状态存在于液相中。一些大肠杆菌菌株(如 HB101 和 TG1 等)在用去污剂或加热裂解时可释放相对大量的糖类,当随后用氯化铯-溴化乙锭密度梯度离心进行质粒纯化时很难避免质粒 DNA 内糖类的污染,而糖类可抑制多种限制酶的活性,因此,从诸如 HB101 和 TG1 等大肠杆菌菌株中大量制备质粒时,不宜使用煮沸法。当从表达核酸内切酶 A 的 *E. coli* 菌株($end$A$^+$)如 HB101 中制备小量质粒时,建议也不要使用煮沸法。因为煮沸不能完全灭活内切核酸酶 A,以后在温育(如用限制酶消化)时,质粒 DNA 会被降解。但如果通过一个附加步骤(用酚/氯仿进行抽提)可以避免此问题。第三,质粒离心分离。在 1 M NaCl(或 KCl)溶液中高速离心可以使已变性的菌体蛋白和染色体 DNA 一道沉淀,上清液中主要是质粒(DNA),再经乙醇沉淀后,可获得质粒 DNA。

### 7.4.3 质粒的纯化与鉴定

无论何种方法分离的质粒 DNA,都会有少量染色体 DNA 和大量 RNA 混杂其中,质粒 DNA 具有三种不同构型:共价闭合环状、线性质粒和开环质粒。质粒纯化和鉴定的方法很多:紫外分光光度计法、琼脂糖凝胶电泳法、氯化铯-溴化乙锭密度梯度离心法、聚乙二醇沉淀法和层析柱法等,其中氯化铯-溴化乙锭梯度离心法和聚乙二醇沉淀法效果最好,琼脂糖凝胶电泳法最普通,紫外分光光度计法最简便,层析柱法最新颖。

#### 7.4.3.1 紫外分光光度计法

利用 DNA 在 260 nm 的紫外吸收特性,测定质粒 DNA 的光密度值与质粒标准紫外光谱(波长为纵坐标、光密度值为横坐标)比对,利用公式计算 DNA 的质粒含量。其中公式为：

$$DNA \text{ 浓度}(\mu g/ml) = \frac{\Delta OD_{260}}{0.020 \times L} \times \text{稀释倍数}$$

其中 $L$ 为比色皿光程，单位：cm。

一般 RNA 的 260 nm 与 280 nm 的吸收比值在 2.0 以上，DNA 的 260 nm 与 280 nm 的吸收比值在 1.9 左右，当样品中蛋白质含量较高时比值即下降，可以通过比值的比较了解产品的纯度，此法一般用于质粒鉴定，很少用于纯化实验。

### 7.4.3.2 琼脂糖凝胶电泳法

琼脂糖凝胶电泳法是实验中最常用和最普通的易于操作的方法。其基本原理是：利用 DNA 分子的电荷特性，在琼脂糖凝胶中电场作用下，根据分子量的大小、电泳距离长短及带型粗细的差异，将质粒 DNA 与变性染色体 DNA 碎片和 RNA 分离开来。研究表明，DNA 在电场作用下的移动速度和迁移速率取决于 DNA 的分子量、DNA 构型、电场的电流与电压及凝胶的浓度等因素。从分子量看：DNA 分子的移动距离与其分子量的对数成反比，即分子量越大，移动速度越慢。从 DNA 构型看：在细菌细胞内，多数质粒以超螺旋、共价闭环 DNA（supercoid covalently closed circle DNA，scccDNA，即 scDNA）形式存在为主，也有些质粒以松弛的共价闭环 DNA（relaxed covalently closed circle DNA，rcccDNA，即 rcDNA）为主，但提取的质粒主要是超螺旋、共价闭环 DNA（scccDNA）。除了超螺旋 DNA 外，还会产生其他构型的质粒 DNA：如果质粒 DNA 两条链中有一条链发生一处或多处断裂，DNA 分子就会旋转而消除链的张力，形成松弛型的环状分子，称开环 DNA（open circular DNA，简称 ocDNA）；如果质粒 DNA 的两条链在同一处断裂，则形成线性 DNA（linear DNA，简称 L DNA）（图 7.22）。最近利用原子力显微镜（atom force microscopy，AFM）研究表明，提取的质粒在溶液中的构型较为复杂，既有开环和超螺旋结构，也有二者间不同程度聚集形成的复杂的二维网状结构（图 7.23）。不同 DNA 的构型影响 DNA 电泳速度，一般同一分子

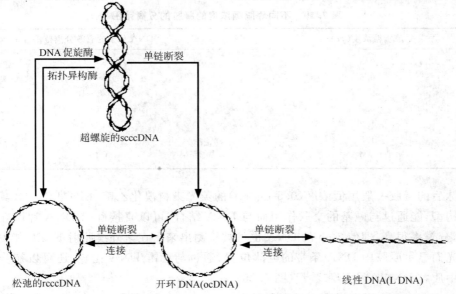

图 7.22 质粒 DNA 的分子构型转换

量、不同构型的 DNA 的电泳速度排列是:超螺旋闭合环状＞线状＞开环状(图 7.24)。从电压与电流强度看:一般电压愈高,电流强度愈大时 DNA 的电泳速度愈快;但电泳速度过快会降低琼脂糖凝胶电泳的有效分离范围,并由于电泳过程中放热而使凝胶升温。除特殊需要外,应采用的电压一般不超过 5 V/cm,电流不超过 100 mA。在需要采用高压或高电流时,应选用有水循环降温系统的电泳装置。从琼脂糖凝胶凝胶的浓度看:常用琼脂糖凝胶的浓度范围为 0.3%～2.0%,琼脂糖凝胶的浓度会影响到其中 DNA 的分离情况,一个给定大小的线性 DNA 片段,其迁移速率在不同浓度的琼脂糖中各不相同。DNA 电泳迁移速率的对数($\mu$)与凝胶浓度($\tau$)呈线性关系。一般地说,琼脂糖凝胶浓度愈大,不同分子量 DNA 的电泳距离愈小。因此检测小质粒或小的 DNA 分子宜用较高浓度的琼脂糖,检测大质粒或大的 DNA 分子宜用较低浓度的琼脂糖,常用琼脂糖浓度与分离 DNA 大小的关系见表 7.10。

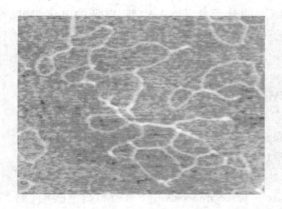

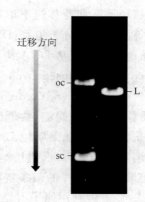

迁移方向

图 7.23　pBR322 质粒的二维网状结构　　　图 7.24　同质量不同构型质粒在琼脂糖凝胶电泳中的比较

sc:超螺旋、共价闭合环状 DNA;L:线性 DNA;oc:开环 DNA

**表 7.10　不同琼脂糖浓度的凝胶的分离范围**

| 琼脂糖浓度(%) | 线性 DNA 分子的有效分离范围(kb) |
| --- | --- |
| 0.3 | 5～60 |
| 0.6 | 1～20 |
| 0.7 | 0.8～10 |
| 0.9 | 0.5～7 |
| 1.2 | 0.4～6 |
| 1.5 | 0.2～3 |
| 2.0 | 0.1～2 |

　　电泳后的凝胶一般用低浓度(0.5 $\mu$g/ml)的荧光染料溴化乙锭(EB)染色,EB 具有特殊的扁平构型,能通过与碱基的交联作用而与 DNA 结合,可以直接确定 DNA 片段在凝胶上的位置,分辨率很高,即使 2 ng 的 DNA 也可被检测出来。在紫外线照射下,EB 能发出橙红色可见光而显示凝胶中 DNA 条带的电泳位置,通过与标准 DNA 比较,还可以初步判断供试样品中质粒 DNA 的大小和数量(图 7.25)。

### 7.4.3.3　氯化铯-溴化乙锭密度梯度离心法

　　氯化铯-溴化乙锭(CsCl-EB)密度梯度离心法是根据密度的不同(即溴化乙锭与线性

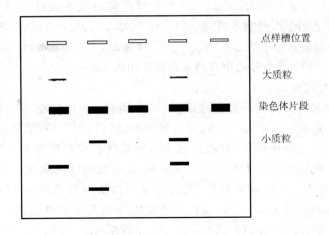

图 7.25 琼脂糖电泳检测的质粒数量和大小

DNA 及闭环 DNA 分子的结合量的不同)将质粒 DNA 和染色体 DNA 区分开来的实验方法。由于氯化铯(CsCl)溶液在超速离心力的作用下能形成密度从 1.15～1.80 g/ml 的连续梯度,因而常用于分离纯化 DNA 和进行 DNA 的 G＋C 克分子百分率的测定。考虑到同一微生物细胞内的染色体 DNA 和质粒 DNA 的 G＋C 克分子百分率的差异有限,需要在 CsCl 溶液中加入适量的溴化乙锭(EB),以扩大染色体与质粒 DNA 在密度上的区别。溴化乙锭通过嵌入 DNA 碱基之间而与 DNA 结合,进而使双螺旋解旋。由此导致线性 DNA 的长度有所增加,作为补偿,将在闭环质粒 DNA 中引入超螺旋单位。最后,超螺旋度大为增加,从而阻止了溴化乙锭分子的继续嵌入,但线性分子不受此限,可继续结合更多的染料,直至达到饱和(每 2 个碱基对大约结合 2 个溴化乙锭分子)(Cantor 等,1980)。同时,质粒 DNA 在氯化铯-溴化乙锭密度梯度离心的分离过程中一般仍然保持共价、闭合的环状,DNA 分子无自由末端,因而与溴化乙锭染料分子结合量较少,再加上与溴化乙锭的结合还会通过增加质粒 DNA 分子的内聚力而使构型进一步扭曲并转为更紧密的缠结状态,因而能减少梯度离心时的沉降阻力而使质粒 DNA 成为离心时的重带。反之,染色体 DNA 由于提取过程中的高温或碱变性大多已在离心时随细胞碎片和蛋白质等一道去除,仅有少量因提取的机械破坏而产生的断裂的线状 DNA 随质粒 DNA 一道存在于离心分离时的上清液中,其线状 DNA 两端可以自由转动而使分子内的超螺旋紧张状态完全松弛,它们通常因能结合较多的溴化乙锭而使其密度更小,离心时沉降阻力加大而形成位于质粒 DNA 之上的轻带(图 7.26)。

另外,CsCl-EB 密度梯度离心也是提纯质粒的最常用方法。用这种方法能够很好地将分子量相同的超螺旋 DNA、开环 DNA

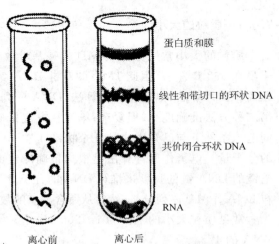

蛋白质和膜
线性和带切口的环状 DNA
共价闭合环状 DNA
RNA

离心前　　　离心后
图 7.26 质粒 DNA 的氯化铯-溴化乙锭
密度梯度离心

和线状 DNA 质粒区分开来,因此 CsCl-EB 密度梯度离心法不但可应用于分离纯化和检测质粒 DNA,而且还适用于大量制备高纯度的质粒 DNA 以满足进一步酶切、转化及制备 DNA 探针等研究工作的需要。由于该方法需要昂贵的超速离心机(>35 000 rpm)、较长的离心时间(>18 h)、较昂贵的 CsCl 药品和使用有诱变致癌作用的 EB 而在普及应用中受到限制。

#### 7.4.3.4　聚乙二醇沉淀法

聚乙二醇(PEG)沉淀法是一种分级沉淀法,在质粒 DNA 的粗品中首先加入预冷的氯化锂(LiCl)溶液沉淀高分子量的 RNA,再用异丙醇沉淀回收核酸,然后再用 RNase 消化小分子 RNA,随后在高盐的条件下,聚乙二醇选择性地沉淀回收质粒 DNA,而小分子与染色体留在上清液中。沉淀的质粒 DNA 进一步酚/氯仿抽提以去除蛋白质,乙醇沉淀即可得到高纯化的质粒 DNA。该法经济简便,尤其对碱变性法制备的质粒 DNA 纯化效果更好,该法分离的高纯度的质粒 DNA 足以胜任分子克隆中的各种复杂实验,是目前实验室常用的质粒 DNA 纯化方法。

聚乙二醇分级沉淀法与 CsCl-EB 密度梯度离心法有一点不同,那就是前者不能有效地把带切口的环状分子与闭环质粒 DNA 分开。因此,需要纯化较大的质粒(比如大于 15 kb)以及用于生物物理学测定的闭环质粒时,密度梯度离心仍是首选的方法。然而,两种纯化方法都可得到足可胜任分子克隆中各种复杂工作的质粒 DNA,包括用于哺乳动物细胞的转染以及利用外切核酸酶产生成套的缺失突变体。

#### 7.4.3.5　质粒纯化与鉴定的其他方法

由于 CsCl-EB 密度梯度离心的普及应用受到限制,除 PEG 分级沉淀法以外,人们还开发了离子交换层析和凝胶过滤层析等纯化鉴定质粒的方法。离子交换层析是利用带有相反电荷的颗粒,在固相与液相溶液中通过离子交换剂的吸附与洗脱达到分离物质的目的,物质分离效率与物质迁移速率和分配系数有关,一般迁移速率与分配系数成反比。凝胶过滤层析的基本原理与离子交换层析相似,所不同的是交换剂是凝胶,凝胶的孔径与溶质分子的大小决定了物质分离的纯度。层析技术精度较高,但操作较为复杂,从 20 世纪 70 年代发明层析技术以来,其应用也越来越广泛。

### 7.4.4　质粒的大小

质粒的大小常用分子量 MD 或碱基对数 kb 来表示。考虑到四种脱氧核苷酸的平均分子量在 333 D 左右,因此 1MD 的双链 DNA 约等于 1.65 kb。质粒大小的估算方法有电泳距离作图计算法、电镜作图计算法、DNA 序列分析法。第一种方法简便,但准确度不够高;第二种方法准确度高,但复杂;第三种方法精确,但烦琐。对未知大小的质粒通常可以在相同电泳条件下与已知大小的几个标准质粒同时电泳,根据电泳距离比较并计算出未知质粒的分子量。电镜作图计算法是根据精确测定的未知 DNA 与已知质粒 DNA 的电镜照片上电镜的 DNA 链的长度来推算 DNA 的分子量。碱基序列分析方法更精确,在测定时需要对质粒 DNA 作碱基序列分析,然后从所含碱基的数目和分子量来直接计算出其大小或分子量。

常见质粒大小的范围为 1~200 kb,个别大质粒可达 800~1 000 kb,已接近细菌染色体 DNA 的 1/3。

#### 7.4.4.1　电泳迁移率估算

根据电泳迁移速率估算质粒大小的方法和估算 DNA 片段(分子)大小的方法基本相

同,只不过对于环状质粒在电泳前需要用质粒 DNA 上唯一位点的限制酶对质粒进行消化处理使质粒线性化。粗略计算方法是,线性化的 DNA 样品进行凝胶电泳时,根据待测定的 DNA 片段(分子)大小范围,选用一组已知各片段(分子)大小的标准 DNA(分子量标准,marker),在同一块凝胶上同时进行电泳,凝胶染色后直接比较待测定的 DNA 片段(分子)在标准 DNA 的分布区的位置间接得到待测 DNA 的分子量。也可以根据标准 DNA 的相对迁移距离(从加 DNA 样品位置到 DNA 带峰尖的距离),推测待测定的 DNA 片段(分子)的大小。先用系列标准 DNA 的相对迁移距离($M$)对相应的 DNA 片段(分子)大小($L$)绘制坐标曲线图,只要知道待测定的 DNA 片段(分子)的 $M$ 值,就可以根据曲线图估算出 $L$ 值。也可以以 lg $L$ 对 $M$ 作坐标曲线图,较准确地估算出待测定的 DNA 片段(分子)的大小。

### 7.4.4.2　电镜观察估算

电镜观察是把纯化后的质粒 DNA 经电镜样品的特殊制片、重金属离子染色等处理后,用透射或扫描电镜观察,根据电镜计算方法确定质粒分子量的大小。在高倍放大条件下,可在电镜下直接观察到呈环状双链的质粒 DNA 分子,并很容易与线状的染色体 DNA 分开,通过仔细测量电镜照片中标准质粒 DNA 与供试质粒 DNA 在相同放大倍数下的长度,就可以较准确地计算出供试质粒分子量的大小。

### 7.4.4.3　DNA 序列分析计算

估算质粒 DNA 大小最精确的方法莫过于测定其 DNA 序列,然后从其所含碱基数目来直接推算出其大小和分子量。这里提取出来的质粒,首先要进行测序分析,测序方法有 DNA 自动测序法、DNA 化学测序法和鸟枪射击法等,质粒 DNA 测序完成后,根据核苷酸长度以及核苷酸的分子量可计算出质粒的大小。

## 7.4.5　质粒的数量

质粒的数量也称为质粒在每一个细胞中存在的拷贝数,不同质粒在细胞中的拷贝数不同。质粒的拷贝数是确定某种质粒特性的一个重要参数,从中也可以获得质粒的基本信息。一般而言,质粒的拷贝数与其分子量成反比,分子量越大,拷贝数越低,分子量越小,拷贝数越高。如 F 质粒,在细胞中只有 1～2 个拷贝数,是严紧型质粒(stringent plasmid)或低拷贝质粒,它们的复制受到宿主的严格控制;而 ColE1 质粒在每个细胞中有 10～100 个拷贝数,是松弛型质粒(relaxed plasmid)或高拷贝质粒,它们的复制未受到严格的控制。含有严紧型质粒的菌株在含有氯霉素的培养液中其细胞分裂受到抑制,染色体 DNA 也停止了复制,但所含的松弛型质粒(ColEl)可持续复制 10～15 h,直到每一个细胞中含有 1 000～3 000 个质粒。基因工程中为获得大量的基因产物所用的载体质粒大多是这类松弛型质粒。常见质粒拷贝数见表 7.11。

表 7.11　常见质粒的拷贝数

| 质粒 | 分子大小(bp) | 拷贝数(个) | 质粒 | 分子大小(bp) | 拷贝数(个) |
|---|---|---|---|---|---|
| F | 100 000 | 1～2 | pRB322 | 4 363 | ＞25 |
| P1 噬菌体 | 约 100 000 | 1 | pACYC | 4 000 | 约 10 |
| RK2 | 60 000 | 4～7(在大肠杆菌中) | pSC101 | 9 000 | 约 6 |
| ColE1 | 6646 | ＞15 | pUC | 2 700 | 100～300 |

质粒数量的测定有直接法和间接法。直接法是需要分别测定质粒的分子量和每一细胞中质粒 DNA 的总量,然后用总量除以分子量即为质粒的数量,直接测定每一细胞中质粒 DNA 总量的难度较大,在已知待测菌株染色体 DNA 分子量的条件下,也可以通过测定质粒 DNA 对染色体 DNA 含量的百分数来推算质粒 DNA 的总量。在测定过程中利用物理分离法和分子杂交法效果较好。物理分离法主要包括氯化铯-溴化乙锭密度梯度离心法、凝胶电泳法、高效液相色谱法以及毛细管电泳法等。通常用来测定质粒拷贝数的分子杂交方法有斑点印迹杂交(dot blotting)和 Southern 印迹杂交(southern blotting)两种。间接法有繁殖代数法和活性测定法。繁殖代数法是采用质粒复制抑制剂(如吖啶橙、溴化乙锭等)或突变株(温度敏感突变株)使质粒处于不复制的状态,通过测定开始出现不含质粒供试菌时所经历的分裂代数,即可推算出质粒的拷贝数。活性测定法是考虑到质粒表型效应与质粒拷贝数在一定范围内有着正相关性,因此也可以通过比较测定质粒的表型效应(如抗药性水平、产细菌素多少或其中酶活性的高低等)的大小来推算质粒的拷贝数,这种方法又称为基因的剂量测定法。基因剂量测定不是像其他方法那样直接测定质粒的浓度,而是通过确定质粒所编码的某个基因产物的功能来反映质粒的含量。这种方法一般都是通过测定某个酶的活性来实现的,最常用的是测定 β-内酰胺酶的活性。采用这种方法的前提是确定所分析的表现型与基因剂量之间是呈线性关系,并且这个基因定位在质粒上。

质粒的拷贝数依赖于细胞内外的各种因素,首先决定于自身的遗传性,控制质粒拷贝数的基因位于一个包括 DNA 复制起点在内的质粒 DNA 的区域内。其次,质粒的拷贝数也受细胞生长条件的影响。细胞的生长速率增大时,质粒的拷贝数下降,主要是因为在高生长速率下质粒的复制速度跟不上细胞分裂的速度,从而质粒拷贝数不断下降。此外,培养时的温度和培养基的组成都对质粒拷贝数有影响,比如当营养物限制或缺乏时会使质粒的拷贝数下降。

不同质粒具有不同特性,可从大小、数量、复制、转移、稳定性、不亲和性和宿主范围等方面研究质粒,对于天然质粒侧重在它的天然特性上,对于人工构建质粒根据需要设计更容易转移导入表达的质粒,有利于基因工程的开展。

## 7.5　真核微生物质粒遗传

质粒最初是在细菌中发现的,以后又在真核微生物如丝状真菌和酵母菌中都有所发现,最早的真菌质粒发现于酵母菌中,随后在丝状真菌四孢柄孢壳菌(*Podospora tetraspora*)和鹅柄孢壳菌(*Podospora anserina*)中也发现了质粒。真菌细胞中的质粒一般是环状或线状的双链 DNA 分子,大多数是不编码任何表型的隐蔽性质粒,少数可编码一定性状,一般位于线粒体内,真菌质粒多与线粒体有关,或是线粒体基因组的一部分。具有表型的质粒有鹅柄孢壳菌质粒、粗糙链孢霉的 Stopper 质粒、Poky 质粒和 Mauriceville 质粒及中间链孢霉的 LaBelle 质粒和 Fiji 质粒等。在粗糙链孢霉、尖孢镰刀菌、立枯丝核菌等中都发现了一种或一种以上的质粒位于线粒体内,目前还没有发现质粒对真菌的生长有明显的影响,但迄今为止在曲霉中还没有发现质粒。按质粒的严格意义讲,少数植物细胞含有质粒,动物细胞中没有质粒。真菌质粒也许与寄主的选择优势有关,赋予寄主在线粒体的代谢和分裂等方面具有某种未知的作用,也可能与寄主的老化与长寿有关。比如,粗糙链孢霉(*Neurospora cras-*

*sa*)和四孢柄孢壳中的线性质粒分别使寄主具有衰老和长寿的特点,灰绿梨头霉(*Absidia glauca*)的质粒编码正株菌丝表面蛋白。表7.12就是常见的含有质粒的真菌。

**表7.12 常见含有质粒的真菌**

| | |
|---|---|
| 灰绿梨头霉(*Absidia glauca*) | 十字花科子囊腔菌(*Leptosphaeria maculans*) |
| 伞菌(*Agaricus* spp.) | 尖顶羊肚菌(*Morchella conica*) |
| 埋生粪盘菌(*Ascobolus immerses*) | 赤球丛赤壳菌(*Nectria haematococca*) |
| 蜂状囊菌(*Ascosphaeria apis*) | 粗糙链孢霉(*Neurospora crassa*) |
| 链格孢菌(*Alternaria alternata*) | 中间链孢霉(*Neurospora intermedia*) |
| 麦角菌(*Claviceps purpurea*) | 鹅柄孢壳菌(*Podospora anserina*) |
| 旋孢腔菌(*Cochliobolus* spp.) | 腐霉菌(*Pythium* spp.) |
| 香柱菌(*Epichloe typhina*) | 立枯丝核菌(*Rhizoctonia solani*) |
| 禾白粉菌(*Erisyphe graminis*) | 腥黑粉菌(*Tilletia* spp.) |
| 茄腐皮镰刀菌(*Fusarium solani*) | 绿色木霉(*Trichoderma viride*) |
| 尖孢镰刀菌(*Fusarium oxysporum*) | 香菇(*Lentinus edodes*) |

### 7.5.1 丝状真菌质粒

丝状真菌质粒有两种形式,线性质粒和环状质粒。丝状真菌一般以线性质粒为主,但链孢霉以环形质粒为主,并含有11种不同类型质粒,它们分别是 Mauriceville、Fiji、LaBelle、Java、MBI、VS(Varkud Satellite)及 Harbin-2 环形质粒和 Kalilo、Maranhar、Moorea 及 Zhi-si 线性质粒,这11种质粒名称最早是根据宿主的采集地点而命名的。除链孢霉外,旋孢腔菌、麦角菌、灰绿梨头霉等中都存在环形质粒。

线性质粒具有末端反向重复序列(terminal inverted repeat,TIR),其长度因质粒的种类而异,质粒两端的 5′末端各具有一个结合蛋白(terminal protein,TP),保护质粒不受外来核酸外切酶的切割,在质粒中有两个非重叠的 ORF(open reading frame),每个 ORF 都起始于末端反向重复序列内,但转录方向相反,即转录方向都是从末端指向中央。其中一个编码 DNA 聚合酶,另一个编码 RNA 聚合酶,它们与噬菌体和酵母菌线粒体中的聚合酶具有相似性。在两个 ORF 之间具有基因间隔区,虽然含有转录信号,但尚未发现其功能(图7.27)。

链孢霉的环形质粒因功能差异编码不同的酶。Fiji 和 LaBelle 质粒编码 DNA 聚合酶,而 Mauriceville 和 Varkud 环形质粒编码反转录酶(图7.28),都产生全长的 RNA 转录产物。

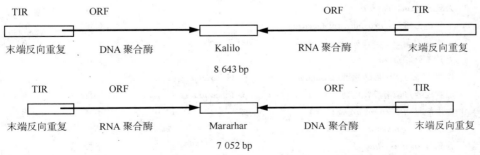

图7.27 粗糙链孢霉的线性质粒结构

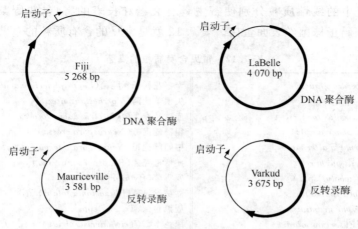

图 7.28　粗糙脉孢菌的环状质粒结构与产物

大多数真菌线性质粒与链孢霉一样具有反向重复序列和末端结合蛋白（表 7.13），但因质粒种类的不同，其 ORF 的数量各异，有的是 2 个，有的是 1 个，其排列也各异，功能也各不相同，如尖孢镰刀菌中的质粒 pFOXC1、pFOXC2 和 pFOXC3 编码反转录酶。但有些线性质粒也表现出非典型性，如立枯丝核菌的 3 个线性质粒末端是闭合的发夹结构，而且 ORF ≤91 个氨基酸。对丝状真菌的质粒的复制了解得还不十分清楚，一般认为由于它的 5′末端具有末端结合蛋白，它的复制可能与腺病毒和噬菌体 Φ29 相似，以蛋白质作为引物进行复制，质粒编码的反转录酶与质粒复制有关。

线性质粒与环状质粒很容易通过电泳区分开来。另外由于线性质粒末端具有末端结合蛋白，这也是一个识别特征。总之，线性质粒的检测要复杂一些，常用探针进行检测，根据带型来确定线性质粒。但一般细菌质粒的检测方法都可以用于真菌质粒的检测。

表 7.13　部分丝状真菌中线性质粒的特性

| 质粒 | 来　源 | 大小(kb) | TIR(bp) | TP(kD) |
|---|---|---|---|---|
| pA12 | 埋生粪盘菌(*Ascobolus immerses*) | 5.6 | 约 700 | 有 |
| pMC32 | 尖顶羊肚菌(*Morchella conica*) | 6.0 | 约 750 | 不详 |
| pCF637 | 甘薯黑斑病菌(*Ceratocystis fimbriata*) | 8.2 | 不详 | 有 |
| pFQ501 | 甘薯黑斑病菌(*Ceratocystis fimbriata*) | 6.0 | 750 | 不详 |
| pRS64 | 立枯丝核菌(*Rhizoctonia solani*) | 2.6 | 不详 | 不详 |
| pEM | 大肥菇(*Agaricus bitorquis*) | 7.3 | 约 1 | 不详 |
| pMPJ | 大肥菇(*Agaricus bitorquis*) | 3.6 | 不详 | 不详 |
| Kal DNA | 中间链孢霉(*Neurospora intermedia*) | 9.0 | 1 361 | 有 |
| pFOXC2 | 尖孢镰刀菌(*Fusarium oxysporum*) | 1.9 | 50 | 有 |
| pCIK1 | 麦角菌(*Claviceps purpurea*) | 6.7 | 327 | 有 |
| pFSC1 | 茄腐皮镰刀菌南瓜转化型(*Fusarium solani* f. sp. *Cucurbitae*) | 9.2 | 1 211 | 80 |
| pFSC2 | 茄腐皮镰刀菌南瓜转化型(*Fusarium solani* f. sp. *Cucurbitae*) | 8.3 | 1 027 | 80 |
| pLPO1 | 糙皮侧耳(*Pleurotus ostreatus*) | 10.0 | 不详 | 有 |
| pLPO2 | 糙皮侧耳(*Pleurotus ostreatus*) | 9.4 | 不详 | 有 |
| pLLE1 | 香菇(*Lentinus edodes*) | 11.0 | 不详 | 有 |
| pGML1 | 香蕉炭疽病菌(*Glomerella musae*) | 7.4 | 520 | 有 |

### 7.5.2 线性质粒的遗传

通常,丝状真菌的线性质粒只分布于线粒体中,一般线粒体质粒的遗传与线粒体 DNA (mtDNA)的遗传相似,是细胞质遗传;但转移有两种形式,即垂直转移和水平转移。垂直转移时,在有性杂交中,母本质粒绝大部分随母本线粒体 mtDNA 一同传给后代,父本质粒一般不传给后代,但个别具有例外现象,如四孢壳孢菌 AL2 菌株中的 pAL2-1 质粒,以 AL2 菌株为母本时,有些后代就不含有质粒。水平转移时,线性质粒是通过菌丝在种内和种间进行转移,例如粗糙链孢霉中的 Maranhar 和 Kalilo 质粒就能够通过异核体现象在菌株间进行水平转移,从一个菌株转移到另一个菌株,同时也能侵染无线性质粒的菌株;再如中间链孢霉和粗糙链孢霉混合培养时,中间链孢霉的 Kalilo 质粒能够通过粗糙链孢霉不含质粒的菌株进行转移,而且,如果两个菌株混合时可以产生部分或过渡性异核体;又如在麦角菌中,天然质粒可以通过原生质体融合从一个菌株转移到另一个菌株中。有些丝状真菌的水平转移甚至通过了属的界限,如埋生粪盘菌的线性质粒能通过胞质接触转移到四孢柄孢壳中。然而,在新的宿主中质粒不能稳定存在,会逐渐消失。研究也发现 Kalilo 质粒存在于链孢霉和麻孢壳菌(*Gelasinospora* sp.)中,可能是种间转移的结果,也可能是来自共同的祖先,而质粒的穿梭带来了一些新的特性,给予菌株新的变化。

### 7.5.3 链孢霉线粒体遗传

按狭义质粒概念线粒不属于质粒的范畴,但按广义质粒概念,线粒体基因组就是一种真核质粒。为了探究线粒体的起源以及线粒体与质粒的进化关系,在这里我们特别把线粒体与叶绿体基因组纳入质粒中进行讲解。众多的试验表明,线粒体、叶绿体与质粒具有一定的相关性,线粒体是质粒进化的高级形式还是原核生物的共生体,这一切都有待进一步研究,虽然关于线粒体、叶绿体起源有内共生假说与分化假说,但线粒体缺陷在遗传过程中不仅表现为细胞能量不足,而且影响到一系列的相关性状,尤其在高等真核生物中的表现更为复杂,因此线粒体进化是一个非常重要的课题,这里以链孢霉线粒体进行阐述。

线粒体(mitochondrion)是真核细胞中的一种重要的细胞器,是细胞中能量代谢中心,是能量生成的场所,广泛分布于细胞质中,以多拷贝形式存在,其膜上含有三羧酸循环的酶类,三羧酸循环反应、氧化磷酸化反应及脂肪酸的生物合成反应等重要的细胞代谢循环都是在线粒体的不同部位上进行的。由于线粒体遗传发生在细胞核和有丝分裂与减数分裂过程以外,因此它是一种细胞质遗传(cytoplasmic inheritance),也称为非孟德尔遗传(non Mendelian inheritance)。

1952 年玛莉·米特歇尔(Mary Mitchell)分离到了链孢霉的"缓慢生长"突变型(poky mutant),究其原因是线粒体不正常,线粒体中的核糖体的小亚基有缺陷,细胞色素的总量异常等。缓慢生长与野生型进行正反交,子代表现为细胞质遗传特点(图 7.29),不出现孟德尔的分离比,表现为母本性状。为了探明缓慢生长的细胞质遗传是细胞质哪部分改变所致,大卫·卢珂克(David Luck)用放射性胆碱(膜的一种成分)来标记线粒体,然后让它在非标记的介质中分裂并进行放射自显影。他发现,质量加倍 $n$ 次后,放射性标记仍分布在线粒体中。Luck 得出结论,线粒体是通过原来存在的线粒体的分裂来增殖的。如果线粒体是重新合成的舌,那么产生的线粒体群体就不会被标记,而原来的线粒体应保持较强的标记。
1965 年艾德瓦尔德·塔踏姆(Edward Tatum)领导的研究小组从"缓慢生长"的链孢霉中抽
提、分离纯化了线粒体,并把分离到的缓慢生长的线粒体注射到正常野生型菌丝中,缓慢生
长就会传递下去,证明了缓慢生长是线粒体异常所致。对链孢霉的缓慢生长的线粒体进行
化学分析,发现缓慢生长品系缺乏线粒体编码的核糖体小亚基的蛋白以及细胞色素 a 和 b,
在缓慢生长品系中仅含有细胞色素 c。线粒体内的核糖体大、小亚基是线粒体中蛋白质合
成的基本构件,小亚基的缺乏导致蛋白质合成能力下降;细胞色素是线粒体的电子传递蛋
白,是生物氧化酶类的辅助因子,在氧化磷酸化过程中产生能量必须要有细胞色素,细胞色
素 a 和 b 的缺乏导致细胞能量不足。

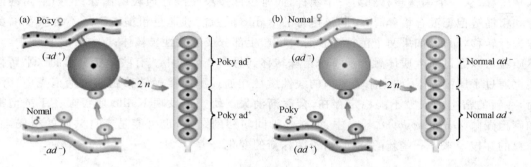

图 7.29　链孢霉的缓慢生长性状的母性遗传现象

### 7.5.4　酵母小菌落遗传

酵母是以单个细胞生长的,而不是像链孢霉那样以菌丝体生长,因此,酵母在固体培养
基上形成不连续的菌落。每个菌落是由数以千计的单个细胞聚集在一起组成的,可在有氧
或无氧的条件下生长。酵母可以通过呼吸和发酵这两种代谢形式来获得能量,在有氧条件
下进行呼吸,在缺氧条件下进行发酵,在发酵中不涉及线粒体。

1949 年,法国学者伊弗瑞西(B. Ephrussi)与同事一起研究酵母时发现了小菌落突变
型,小菌落突变型不能在以甘油或乳酸盐等非发酵型底物作为唯一碳源的培养基上生长,在
以葡萄糖为碳源的培养基上也只形成微小的菌落。在酵母群体中,有 $1\% \sim 2\%$ 的细胞会自
发生成小菌落。小菌落可以通过化学诱导产生,如碱基插入剂(intercalating agents)溴化乙
锭(EB)和吖啶橙存在时,可诱发酵母菌突变形成小菌落,诱导过程与有无氧气无关。实验
已诱变分离到一批不能利用甘油而只在葡萄糖培养基上形成中等菌落的突变株,证明它们
的线粒体的细胞色素 b 或 c 基因发生了点突变。

酵母小菌落突变有的能够回复,有的却不能回复,究其原因时发现小菌落是在碳水化合
物代谢中不能利用氧气的缺陷株,它们缺少细胞色素 a 和 b 以及细胞色素 c 氧化酶。即使
在通气的条件下,细胞生长也很缓慢,只能长成小菌落。并且在实验中小菌落是稳定的,能
够稳定遗传,对大菌落自发产生的小菌落,将其分离后再培养,则只产生小菌落,不再回复到
正常的大菌落。

研究发现酵母小菌落分为三种类型:分离性小菌落、营养性或中性小菌落和抑制性小菌
落。分离型小菌落是由染色体上的基因突变产生的,这些核基因编码了某些线粒体蛋白的

亚基,当将这种突变体($pet^-$)与野生型($pet^+$)杂交时产生的二倍体 $pet^+$/ $pet^-$ 是大菌落。二倍体经过减数分裂产生的子代一般分离为小菌落与正常菌落,且小菌落与正常菌落之比为 1∶1。统计分析发现分离型小菌落的发生频率比核外小菌落要低得多。中性小菌落(neutral petite)又称营养性小菌落,以 $rho^-$N 来表示。中性小菌落与野生型($rho^+$N)杂交产生的二倍体($rho^+$N/$rho^-$N)表型正常,减数分裂后产生的四分体,其小菌落与大菌落之比为 0∶4。显示出典型的单亲遗传,所有的后代只显示出一个亲本的表型,这是因为细胞质中的线粒体自身能够自我复制,但不会像核基因那样在减数分裂过程中有规律地分离,而是随着细胞质随机分配到子细胞中。这样,每个子囊孢子都可能获得正常的线粒体,因此子代的菌落表现正常。但我们不能把这一现象简单归结于母体遗传,因为两个单倍体细胞融合为二倍体时双方细胞质的贡献是相同的。中性小菌落中线粒体遗传物质的实验揭示了一个明显的特点:其丢失了 99%～100% 的 mtDNA。中性小菌落是没有线粒体功能的,然而它们能活下来是由于它们可以在细胞质中进行发酵,在与带有正常线粒体的野生型酵母杂交时产生的后代都有正常线粒体,“小菌落”杂交一代以后就消失了,这种小菌落是一种中性突变,并不影响正常的表型。抑制性小菌落不同于前两种小菌落,大部分 $rho^-$ 突变是属于抑制型($rho^-$S)的。它与中性及分离性突变相似,即 $rho^-$S 小菌落不能合成线粒体蛋白;但又与它们有所不同:即在它与野生型杂交形成的二倍体中能发挥作用。当 $rho^+$/ $rho^-$S 二倍体形成时,它具有呼吸功能,比野生型弱,比小菌落强,居二者之间。若在二倍体产生之后立即形成孢子的话,结果在四分体中小菌落与正常菌落之比为 4∶0,即全部后代皆为小菌落。若二倍体有丝分裂的时间加长的话,后代群体中小菌落的比例不等,变化幅度很大,在 1%～99% 之间,此时小菌落形成取决于特殊的抑制型小菌落品系。在这个群体中任何正常亲体的孢子都是正常的,即小菌落与大菌落之比为 0∶4。这种抑制性突变是由于 mtDNA 发生改变所致,开始抑制小菌落缺失了部分的 mtDNA,而后来通过某些机制使得序列不再缺失,而且发生重复,直到 mtDNA 的总量恢复正常为止,从而序列得到了恢复。在这个过程中有时 mtDNA 会发生重排,由于线粒体中蛋白编码基因广泛地被扩散,因此 mtDNA 任何重要的缺失和重排可能都会导致线粒体蛋白合成的缺陷,特别是会影响到需氧呼吸的酶类,如细胞色素 b 和 c。

通过氯化铯-溴化乙锭密度梯度离心,测出小菌落的线粒体 DNA 与大菌落的线粒体 DNA 不一样,小菌落的突变是线粒体 DNA 严重缺失或大部分丢失所致,最严重的小菌落已经测不出线粒体 DNA 的存在。通过分子杂交和限制性酶分析,小菌落 DNA 与正常的线粒体 DNA 相比较,发现小菌落 mtDNA 有全部缺失或严重变异,许多小菌落的 DNA 除有一些片段多次重复外,线粒体基因组还有大片段缺失。因此小菌落的突变是由于线粒体 DNA 的遗传变异,致使线粒体不能执行正常功能,线粒体的蛋白质合成受阻,造成呼吸代谢的缺陷。

简言之,分离性小菌落是由染色体的基因突变所致,与野生型杂交子代子囊孢子的分离比为 2∶2,分离性小菌落是染色体遗传;中性小菌落突变已完全丢失了线粒体 DNA,在与野生型菌落杂交时恢复;抑制性小菌落突变只部分丢失了部分线粒体 DNA 片段,在与野生型菌落杂交时可部分被恢复,其恢复程度与二倍体的无性繁殖代数有关。后两类都是核外遗传现象,线粒体基因组的部分或全部丢失都会影响到线粒体的呼吸功能。

### 7.5.5 酵母菌中的质粒

#### 7.5.5.1 2 μm 质粒

酵母中的 2 μm 质粒是一个环状质粒,这是目前研究得比较深入且具有广泛应用价值的酵母质粒,该质粒是双链 DNA,其周长为 2 μm,长度为 6.3 kb。2 μm 质粒广泛存在于酿酒酵母中,位于酵母细胞核内,拷贝数为 50~100 个,约占酵母细胞 DNA 总量的 30%。该质粒是 1967 年从酵母菌中检测到的,它只携带与复制和重组有关的 4 个蛋白质基因(REP1、REP2、REP3 和 FLP),不赋予宿主细胞任何表型,属于隐蔽性质粒。它最显著的特征是质粒上有两个 600 bp 的反向重复序列(IR),这两个 IR 中间有一个 2.7 kb 的大单一区域和一个 2.3 kb 的小单一区域。在两个 IR 上各有一个专一性重组位点(FRT),由于这两个 FRT 间的相互重组,产生两种互变异构型的混合质粒,即 A 和 B 型(图 7.30)。A 型可被 EcoR I 酶切成 2.3 和 3.6 kb 的两个片段,B 型被则切成 2.1 和 3.8 kb 两个片段。反向重复序列的存在,使 2 μm 质粒经变性后再复性时也可以形成类似于转座子的典型的茎环结构。已鉴定出 2 μm 质粒如图 7.30,其中 ori 为复制起点,rep1、rep2 和 rep3 为复制所必需的基因,rep1 和 rep2 与质粒稳定传代有关,并在反式(trans)构型下起作用,而 ori 和 rep3 是复制酶的结合位点,仅在顺式(cis)构型下有效。flp 编码的重组酶则与质粒的构型转换有关。

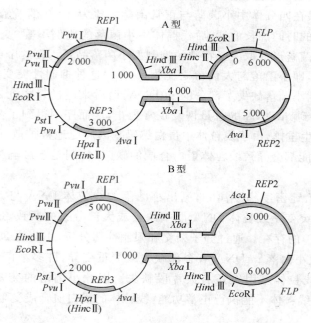

图 7.30  酵母 2 μm 质粒的不同构型和限制性图谱

A 型和 B 型是两种构型的 2 μm 质粒,图谱的环状部分代表单一顺序,直线部分代表反向重复序列(IR),
粗线条表示复制原点,REP1、REP2 和 REP3 分别代表复制酶基因和顺式作用位点,FLP 表示重组酶基因

2 μm 质粒已应用于酵母菌染色体基因定位研究并可进一步改造为基因工程的载体。1978 年贝格斯(Beggs)将 Tc 抗性基因的质粒 pMB9 与 2 μm 质粒连接并进一步改造成能在细菌和酵母菌间穿梭的双功能克隆载体 pJDB219,该质粒带有酵母菌的 leu 基因和 Tc 抗性

基因,可经转化进入受体大肠杆菌或酵母菌细胞,并能在质粒稳定传代的基础上使受体菌表现为 $Leu^+$ 和 $Tc^r$。2 $\mu$m 质粒是酵母菌中进行分子克隆和基因工程的重要载体,以它为基础改建的克隆和表达载体已得到广泛应用。另外,该质粒也是研究真核基因调控和染色体复制的一个十分有用的模型,因而对该质粒的研究日益受到重视。

### 7.5.5.2 嗜杀质粒

生物界中普遍存在着相互杀死的现象,以此维持生物种属的特性。在 1963 年,贝文(Bevan)和玛科威尔(Makower)发现酿酒酵母中某些菌株可以利用毒素杀死其他酵母,这种现象被称为嗜杀现象。把能产生毒素的菌株称为嗜杀株(killer),嗜杀株对毒素具有免疫性;把既不生产毒素又对毒素敏感的菌株称为敏感株;把既不产生毒素又对毒素不敏感的菌株称为中性株。目前已经通过各种自然途径和实验室培养,分离到许多嗜杀株,并从这些嗜杀株中分离出嗜杀质粒,根据遗传物质的性质将嗜杀质粒分为 DNA 嗜杀质粒和 RNA 嗜杀质粒。

#### 7.5.5.2.1 线性 DNA 嗜杀质粒

从乳酸克鲁维酵母(*Kluyveromyces lactis*)菌株 1267 中发现了双链线性 DNA 嗜杀质粒 pGKL1 和 pGKL2,拷贝数为 50~100 个,其长度分别为 8 847 和 13 457 kb。乳酸克鲁维酵母能分泌毒素杀死酿酒酵母、鲁氏酵母(*Saccharomyces rouxii*)、耐热克鲁维酵母(*Kluyveromyces thermotolerance*)、光滑球拟酵母(*Torulopsis glabrata*)、产朊假丝酵母(*Candida utilis*)和中型假丝酵母(*Candida intermedia*)等。用紫外线照射乳酸克鲁维酵母,有 10% 的细胞变为敏感株,全部消除了 pGKL1 质粒;约有 1% 的细胞只保持了 pGKL2 质粒。这一结果表明 pGKL1 具有分泌嗜杀毒素和免疫性状。至今尚未分离到只含 pGKL1 质粒的菌株,从而证明 pGKL2 是维持 pGKL1 质粒稳定性所必需的。

在用紫外线消除 pGKL 质粒时,分离到 pGKL1 质粒中央部位缺失 2.9 kb 的 *Eco*RI-*Bam*HI 突变株 pGKL1,酵母表型不表现嗜杀活性,但具有对毒素的免疫性。因此认为 pGKL1 中央部位决定编码嗜杀毒素的基因。如果 pGKL1 质粒从 *Eco*R I 部位附近至右侧末端缺失 4.95 kb,该突变株则同时失去嗜杀活性和免疫性,说明编码免疫基因位于右侧末端。毒性蛋白有两个亚基,分别为 27 和 80 kD,它们抑制腺苷酸环化酶,使敏感酵母的生长受到阻遏。

#### 7.5.5.2.2 双链 RNA 嗜杀质粒

酵母属(*Saccharomyces*)K1 型嗜杀酵母的嗜杀质粒,是线性双链 RNA(dsRNA)。通常是以蛋白外壳包裹 dsRNA 状态存于酵母细胞质中,这种粒子具有 RNA 聚合酶活性及病毒粒子的特性。但许多实验证明这种粒子不具有体外感染能力,只能借助于酵母细胞间的接合,传递嗜杀质粒。从这点上看,这种粒子具有质粒的特性,所以又称它为病毒样粒子,或类病毒粒子(virus like partical,VLP)。

酵母嗜杀 dsRNA 质粒有两种,M-dsRNA(1.8 kb)质粒和 L-dsRNA(4.5 kb)质粒。L-dsRNA 含有 2 个 ORF,编码 L 型和 M 型类病毒的外壳蛋白及复制病毒 RNA 的 RNA 聚合酶。M-dsRNA 编码杀伤毒素前体物质前毒素(M-P1),并从细胞中分泌出去。因此 L 型和 M 型类病毒的外壳蛋白是相同的,L 型与 M 型 RNA 嗜杀质粒都不具有胞外感染能力,但它们可以通过酵母的高频率的接合转移而在酵母中广泛存在。M-dsRNA 只能在嗜杀酵母细胞中检出。嗜杀酵母大约全部核酸的 0.1% 为 dsRNA,其中 dsRNA 中的 90% 为

L-dsRNA,6%为 M-dsRNA。M-dsRNA 在低浓度放线菌酮或高温培养下可以消除,而 L-dsRNA 却能保留下来。几乎所有基因型的酵母菌都有 L 型类病毒,只有 L 型类病毒而无 M 型类病毒的酵母不具有嗜杀性,是嗜杀性敏感酵母;只有同时具备 L 型和 M 型类病毒的酵母才具有嗜杀性(图 7.31)。所以有人称 M 型类病毒为嗜杀性质粒,称 L 型类病毒为辅助质粒。不同的嗜杀性酵母菌株有不同的 M 型类病毒,编码合成不同的毒素蛋白,分泌到体外表现出不同的嗜杀性。根据在酿酒酵母中发现的嗜杀现象,将酵母分为嗜杀型酵母、中性酵母和敏感型酵母(表 7.14)。嗜杀型酵母基因型为[KIL-k],中性酵母基因型为[KIL-n],敏感型酵母基因型为[KIL-o]。K 表示分泌嗜杀毒素基因,R 表示对嗜杀现象具有免疫性基因,C 表示对嗜杀毒素的敏感型基因,M 表示产生嗜杀毒素的基因,mak 表示(maintenance of killer)维持嗜杀型核基因 MAK 的突变型。此外,KEX、PETl8、SFE2、MAK10 和 MAK3 等表示核染色体基因,与嗜杀毒素表达有关。自然界除酵母中的嗜杀现象外,在草履虫中也广泛存在着放毒遗传,其基本原理与酵母嗜杀现象类似,需要毒素基因与核基因共存才能表现放毒现象。

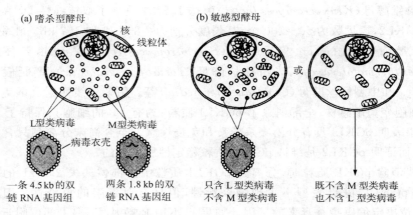

图 7.31　酵母中的嗜杀现象

表 7.14　酵母嗜杀 dsRNA 质粒表型

| 株型 | 表型 | | dsRNA | 基因型 |
| --- | --- | --- | --- | --- |
| | 产毒素 | 免疫性 | | |
| 嗜杀型 | K$^+$ | R$^+$ | M, L | [KIL-k] |
| 中性型 | K$^-$ | R$^+$ | M, L | [KIL-n] |
| | | | M, L | Kex1[KIL-k] |
| | | | M, L | Kex2[KIL-k] |
| 敏感型 | K$^-$ | R$^-$ | L | [KIL-o] |
| | | | L | mak[KIL-o] |

### 7.5.6　共生酵母菌

在褐飞虱腹部脂肪体内普遍存在着共生酵母菌(yeast-like endosymbiote,YLES),该类共生菌在褐飞虱的生理代谢和营养利用等方面起着重要作用。国内外大量研究证实,该类共生菌在褐飞虱体内甾醇类物质代谢、氨基酸和维生素供给及氮素循环中起着十分重要的作用,此外,还能生物合成褐飞虱胚胎发育和胚后发育所需的蛋白质,并对胚胎的腹节分化具有促进作用,最终影响到宿主褐飞虱的生长发育和繁殖。结合褐飞虱对抗性品种水稻致害性变异的研究发现,取食抗性品种水稻能显著减少虫体内共生酵母菌的数量。此外,不同地理种群褐飞虱体内共生酵母菌的数量也存在显著差异。据此推测,褐飞虱体内共生酵母菌的数量变化与其对抗性品种水稻的致害性变异之间存在着某种关联。灰飞虱等体内也存在共生酵母菌。

## 7.6　人工改造质粒

在大多数质粒中,与复制有关的蛋白质基因位于它们的复制原点 *ori* 序列附近,因此 *ori* 位点周围的小范围 DNA 是质粒复制所必需的。如果质粒 DNA 的大部分区域被去掉,只保留质粒的 *ori* 序列,质粒保持环状,复制仍然进行。把 *ori* 区域引入到不能自主复制的环状双链 DNA 中再导入原核细胞中,这个重组 DNA 分子就具有复制能力。分子克隆的常用质粒构建方法就是以这种办法进行的,也便于区分 *ori* 区域和非 *ori* 区域,有利于研究 *ori* 的功能。

质粒 pBR322 就是大家最熟悉的利用不同来源的 DNA 片段构建的人工质粒(图7.32),是大肠杆菌基因工程中最常用和最具代表性的质粒,它是由波利伍(Bolivar)和若吉格瑞斯(Rogigerus)等于 1977 年构建完成的。质粒 pBR322 是环状双链 DNA 分子,由 4 361 bp 组成,其结构分为三部分:第一部分是来源于 pMB1 质粒(ColE1 的衍生质粒)的一个 DNA 复制起点(*ori*)及 *rop* 区;第二部分是来源于质粒 pSC101 的四环素抗性基因(*tet*r);第三部分来源于转座子 Tn3 的氨苄青霉素抗性基因(*amp*r)。已知有 40 多种主要限制酶在

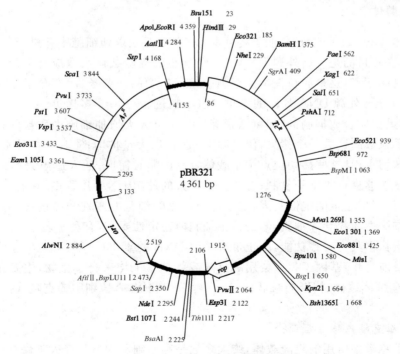

图 7.32　pBR322 质粒的遗传图谱

pBR322上都只有一个切点,其中有 8 种限制酶的切点位于四环素抗性基因之内,还有 6 种限制酶的切点位于氨苄青霉素抗性基因之内(图 7.32 中粗体标示)。pRB322 是 pBR 系列质粒的代表,有万能载体之称。pBR322 是一个松弛型质粒,其拷贝数平均每个细胞为 10~30 个,属于中等拷贝数质粒,这是因为该质粒中的 *rop* 基因产生的 ROP 蛋白对质粒的复制具有负调控作用。加入氯霉素之后,每个细胞可含有 1 000~3 000 个拷贝,大大有利于重组质粒在细胞中的扩增。在构建重组质粒时可插入外源 DNA 大小为 5 kb 左右,外源 DNA 若超过 10 kb,质粒在复制时就会变得不稳定。因外源 DNA 的插入而导致基因失活的现象,称为插入失活(insertional inactivation)。插入失活常被用于检测含有外源 DNA 的重组体。例如,若在质粒 pBR322 的 *Bam*H I 的位点插入外源 DNA,然后转化大肠杆菌($Tet^s$、$Amp^s$),有重组质粒(即带有外源 DNA 的质粒)的宿主细胞失去对四环素的抗性,所以不能在含有四环素培养基的平板上生长,但仍能在含有氨苄青霉素培养基的平板上生长。而那些含有不带外源基因的质粒的宿主细胞,则可以在含有四环素或氨苄青霉素培养基的平板上生长,这样就很容易筛选到含有目的基因的细菌,从而淘汰不含目的基因的细菌。因此,人工质粒的构建就是在天然质粒的基础上为适应实验室操作而进行遗传操作。与天然质粒相比,质粒载体通常带有一个或一个以上的选择性标记基因(如抗生素抗性基因)和一个人工合成的含有多个限制性内切酶识别位点的多克隆位点序列,并去掉了大部分非必需序列,使分子量尽可能小,以便于基因工程操作。大多数质粒载体带有一些多用途的辅助序列,这些用途包括通过组织化学方法肉眼鉴定重组克隆、产生用于序列测定的单链 DNA、体外转录外源 DNA 序列、鉴定片段的插入方向及外源基因的大量表达等。人工质粒根据用途的不同分为克隆载体、表达载体、整合载体和测序载体等。

### 7.6.1　克隆载体

克隆载体(cloning vector)是便于将外源 DNA 片段运送到细胞中并进行复制与扩增的人工载体,其主要目的是扩增外源 DNA。一个理想的克隆载体大致应有下列一些特性:①具有独立的复制起点,这是质粒在宿主细胞中进行扩增的必要条件;②分子量尽可能小,大小约为 1~200 kb,外源 DNA 片段的大小一般不超过 15 kb;③多拷贝,数量为 10~200 个之间,当加入蛋白质合成抑制剂(如氯霉素等)时,还可大大增加细胞中质粒的拷贝数,使其每个细胞内质粒数高达数千个拷贝,使外源 DNA 得以大量扩增;④具有多种常用的限制性内切酶的特殊切点,且这些酶切位点位于载体复制的非必需区,插入适当大小外源 DNA 片段后载体仍然能够进行正常的复制;⑤能插入较大的外源 DNA 片段;⑥具有可供选择的遗传标记,例如具有抗生素的抗性基因,便于对阳性克隆细胞的鉴别和筛选;⑦易于通过转化或电穿孔等方法把质粒导入细胞;⑧在宿主细胞内稳定性要高,有利于表达;⑨具有安全性,作为载体的质粒不具有转移功能,防止带有外源 DNA 的重组质粒扩散至实验室外,以免造成危害。到目前为止,基因工程中使用的克隆载体基本上均来自微生物,主要包括六大类:质粒载体、λ噬菌体载体、柯斯质粒载体、M13 噬菌体载体、真核细胞的克隆载体和人工染色体等。

#### 7.6.1.1　质粒克隆载体类型简介

当前分子克隆中所用的克隆载体,绝大多数是利用细菌的质粒经人工修饰改造而成的。常见的克隆载体为 pBR322,还有如下种类。

### 7.6.1.1.1 pUC 系列载体

1977 年以来,麦辛(Messing)等利用互补原理构建了 pUC 系列,包括 pUC8、pUC9、pUC18 和 pUC19 等。pUC 系列具有 pRB322 的特点,都具有氨苄青霉素抗性基因和一段 *lacZ* 基因的序列,pUC 转化 *lac*⁻ 的大肠杆菌后,在异丙基-β-D-硫代半乳糖苷(IPTG)和 5-溴-4-氯-3-吲哚-β-D-半乳糖苷(X-gal)存在的培养基上出现蓝色菌落,当外源 DNA 插入到 pUC 中时,*lac* 基因失活,表现白色菌落,这成为筛选重组子的指示系统。而 pUC19 是最常用克隆载体,大小是 2 686 bp,其上有 pBR322 的 *ori*V、一个 *amp*ʳ 基因、一个 β-半乳糖苷酶基因(*lacZ*′)及多克隆位点(multi cloning sites, MCS)(图 7.33),多克隆位点也叫多聚接头(polylinkers),是一短的 DNA 序列,携带有许多不同的限制酶位点,外源基因可随意插入其中任何一个位点。限制酶位点互相靠近,使得可以同时切割两个位点而不切除载体。*lacZ*′编码半乳糖苷酶启动子和 α 肽(N 端 146 个氨基酸序列),MCS 插入 *lacZ*′中不影响 α 肽介导的互补作用,但插入外源 DNA 片段到 MCS 中则会影响。这种载体适用于大肠杆菌 *lacZ* 突变株 ΔM15(缺失突变,缺失了 β-半乳糖苷酶 N 端的 11~41 个氨基酸的 M15 多肽,而它能编码 β-半乳糖苷酶的 C 端)。虽然宿主和质粒编码的片段都没有酶活性,但二者可通过基因互补形成具有酶活性的 β-半乳糖苷酶。在有诱导物 IPTG 存在时,可诱导宿主细胞产生 β-半乳糖苷酶,该酶可将 X-gal 分解为半乳糖和深蓝色底物 5-溴 4-氯-靛蓝,从而使菌落呈蓝色。重组质粒由于外源 DNA 的插入不能产生有活性的 α 肽因而也不能互补产生有活性的 β-半乳糖苷酶,菌落呈现白色,因此重组 pUC19 的克隆转化细胞可用蓝/白筛选法筛选出。

pUC118 和 pUC119 分别来自 pUC18 和 pUC19。它们带有 M13 噬菌体 DNA 合成的起始与终止序列及 DNA 包装进入噬菌体颗粒所必需的顺式序列(图 7.34),在接受外源

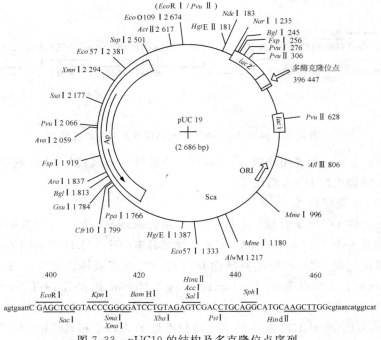

图 7.33 pUC19 的结构及多克隆位点序列

DNA区段后,可以像质粒一样以常规方式进行增殖。当带有这些质粒的细胞被适当的丝状噬菌体感染时,可合成质粒DNA的其中一条链,并包装进入子代噬菌体颗粒,从菌体内放出。这种带有丝状噬菌体复制起始点的质粒载体又称为噬菌粒(phagemid)。噬菌粒有以下优点:①双链DNA既稳定,又高产,并具有常规质粒的特征;②免除了将外源DNA片段从噬菌体载体亚克隆到质粒;③可克隆长达10 kb的外源DNA片段。目前,最常用的噬菌粒是pBluescript。

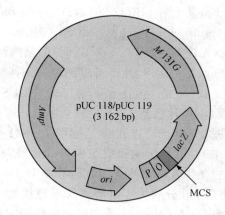

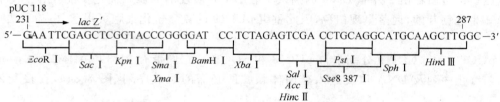

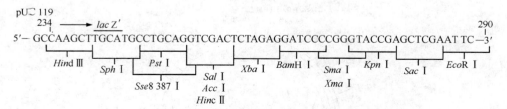

图7.34　pUC118/pUC119的结构及多克隆位点序列

pUC118/119是一类多用途载体,可以用于克隆外源基因、利用 *Lac* 启动子进行基因表达、使用M13引物进行DNA测序等。

#### 7.6.1.1.2　T/A克隆载体

大部分耐热性DNA聚合酶(如 *Taq* DNA聚合酶等)进行PCR反应时都有在PCR产物的3′末端添加一个"A"的特性,即PCR产物都具有一个3′末端突出的A,T/A克隆载体就是专门为解决这类PCR产物的克隆而开发的一类克隆载体。常用的T/A克隆载体有pGEM-T Vector、pGEM-T Easy Vector、pMD18-T Vector和pMD19-T Vector等。这些载体多是由pUC18/pUC19改造得到的。例如pMD18-T Vector和pMD19-T Vector这两种载体分别在pUC18和pUC19载体的多克隆位点处的 *Xba* I和 *Sal* I识别位点之间插入了 *Eco*RV识别位点,用 *Eco*RV进行酶切反应后,再在两侧的3′端添加"T"而成。T/A克隆载体既可用于 PCR 产物的高效克隆,也可以载体上的通用序列作引物用于测序(图 7.35)。

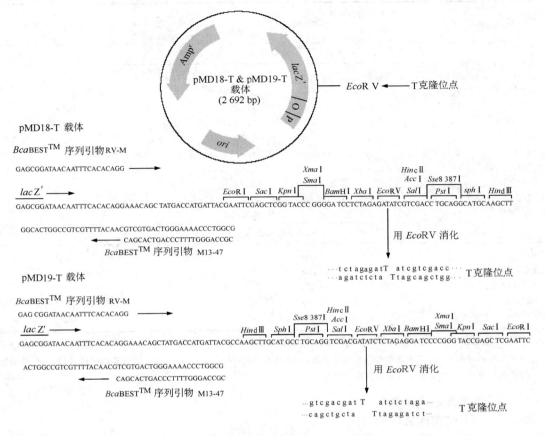

图 7.35　pMD18-T 载体和 pMD19-T 载体的结构

### 7.6.1.1.3　其他质粒克隆载体

pGEM-3Z 和 pGEM-43 质粒除具有 pSP 系统的多克隆位点及 SP6 和 T7 两个启动子以外,还具有半乳糖苷酶蓝/白筛选系统,使下一步质粒与目的基因结合后形成的重组子的筛选更为直接、方便。

除大肠杆菌质粒外,枯草芽孢杆菌质粒也可作为质粒载体,链霉菌也有自身常用的基因工程载体(表 7.15)。此外,酿酒酵母的 2 μm 质粒常作为酵母细胞外源基因的克隆或表达载体。为了便于基因工程工作,人们先后构建了一系列不同类型的穿梭载体(shuttle vector)。这是一类同时含有两种细胞的复制起点(特别是同时含有原核与真核生物的复制起点),能在两种生物细胞中进行复制的质粒载体。其中最为常见和被广泛应用的是大肠杆菌-酿酒酵母穿梭质粒载体,这种质粒同时含有大肠杆菌和酿酒酵母的复制起点,故既可在大肠杆菌细胞中复制又可在酵母细胞中进行复制。此外还有其他穿梭质粒载体系统如 Ti 质粒。

**表 7.15 链霉菌基因工程常用载体**

| 载体 | 拷贝数 | 克隆片段大小(kb) | 遗传标记 | 可克隆位点 | 复制子来源 |
|---|---|---|---|---|---|
| 质粒载体 | | | | | |
| pIJ61 | 5 | 14.8 | *ltz*,*tsr*,*aph*Ⅰ | *Bam*HⅠ,*Pst*Ⅰ,*Xba*Ⅰ | SLP1.2 |
| pIJ486/487 | 100 | 6.2 | *tsr*,*neo* | 多接头位点 | pIJ101 |
| pIJ680 | 100 | 5.3 | *tsr*,*aph*Ⅰ | *Bam*HⅠ | pIJ101 |
| pIJ699 | 100 | 9.6 | *tsr*,*amp* | *Bgl*Ⅱ,*Hnid*Ⅲ,*Xba*Ⅰ | pIJ101 |
| pIJ702 | 40~300 | 5.8 | *tsr*,*mel* | *Bgl*Ⅱ,*Sph*Ⅰ,*Sst*Ⅰ,*Pst*Ⅰ | pIJ101 |
| pIJ941 | 1~2 | 25.0 | *tsr*,*hyg* | *Bam*HⅠ,*Bgl*Ⅱ,*Pst*Ⅰ,*Xba*Ⅰ,*Eco*RⅠ | SCP2 |
| pIJ943 | 1~2 | 20.6 | *tsr*,*mel* | *Bgl*Ⅱ,*Xho*Ⅰ,*Xba*Ⅰ,*Eco*RⅠ | SCP2 |
| pIJ6021 | 100 | 7.8 | *kan*,*tsr* | 多接头位点 | pIJ101 |
| pIJ4123 | 100 | 9.2 | *kan*,*tsr* | 多接头位点 | pIJ101 |
| pKC505 | 1~2 | 18.7 | *aph* | *Bam*HⅠ | SCP2 |
| 噬菌体载体 | | | | | |
| KC304 | | 39.6 | *vph*,*tsr* | | φC31 |
| KC505 | | 40.7 | *vph*,*tsr* | | φC31 |
| KC515/516 | | 38.6 | *vph*,*tsr* | | φC31 |
| KC518 | | 36.8 | *vph*,*tsr* | | φC31 |
| KC684 | | 40.5 | *tsr*,*lacZ'* | | φC31 |

注:*ltz* 表示致死合子;*tsr* 表示硫链丝菌素抗性基因;*aph* 表现氨基糖苷类抗生素抗性基因;*neo* 表示新霉素抗性基因;*mel* 表示黑色素基因;*amp* 表示氨苄青霉素抗性基因;*hyg* 表示潮霉素抗性基因;*kan* 表示卡那霉素抗性基因;*vph* 表示紫霉素抗性基因;*lacZ* 表示 β-半乳糖苷酶基因。

### 7.6.1.2 λ噬菌体克隆载体

#### 7.6.1.2.1 λ噬菌体载体的构建

野生型 λ 噬菌体 DNA 不适于作为克隆载体,因为它的 DNA 分子很大,基因组结构复杂,限制酶有很多切点,并且这些切点多数位于必需基因之中等。为了避免上述问题,需将其进行一系列改造。构建 λ 噬菌体克隆载体的基本原则是:①删除基因组中段非必需区,长约 20 kb,λ 中间约 30% 为裂解生长所非必需的,使基因组变小,有利于克隆大的 DNA 片段,在导入外源 DNA 时,在 I/E 区域两边各设计一个 *Bam*HⅠ 位点,用 *Bam*HⅠ 酶解λDNA 时会产生 3 个片段,其中左臂包含头部和尾部的基因,右臂包含主管 DNA 复制和细胞裂解的基因,人们用大小相当的外源 DNA(一般在 15~20 kb)片段来替代 I/E 区域;②除去左右臂多余的限制位点,并在非必要的区域插入多个限制性内切酶位点,这样便于对不同种类的限制性内切酶切割 DNA 片段进行克隆;③引入 *LacZ'* 等方便重组子筛选的标记基因,便于筛选;④构建的重组 λ 噬菌体分子,总长度不得超过野生型 DNA 的 105%,不能短于 75%。

现已构建了两类 λ 噬菌体载体:插入型载体(insert vector)和取代型载体(replacement vector)。插入型载体有 λNM540、λNM1590、λgt10 和 λgt11 等,外源 DNA 插入到限制酶位点,一般用于构建 cDNA 文库,可容纳 10 kb 外源 DNA(图 7.36);取代型载体有 Charon 系列载体、λgtWES、λEMBL3 和 λEMBL4,具有成对限制酶位点,外源 DNA 可取代两个限制位点间的 DNA 区段,一般用于构建基因组 DNA 文库,可容纳 20 kb 外源 DNA。

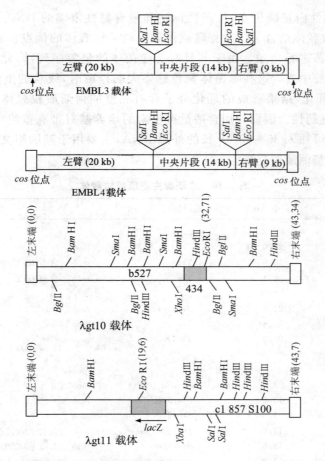

图 7.36　λgt10 插入型载体的结构及 EMBL3 和 EMBL4 取代型载体 λ 载体的结构

#### 7.6.1.2.2　λ 噬菌体载体的体外包装

噬菌体载体 DNA 导入宿主细胞的唯一有效方法是转染(transfection)。新鲜制备的野生型 λ DNA 的转染效率可达 $10^5$ 噬菌斑/μg DNA,但是重组的 λDNA 的感染效率通常仅 $10^3 \sim 10^4$ 噬菌斑/μg DNA,这是远远不能满足一般研究需要的。为了提高转染效率,可以将重组 DNA 在体外包装后侵染宿主细胞。转染后筛选时,λ 噬菌体文库可用 DNA 探针或免疫分析进行筛选,其差异只是细菌文库形成单菌落,而噬菌体文库形成单个噬菌斑。

#### 7.6.1.3　柯斯质粒载体

柯斯质粒载体(cosmid vector),也称为黏粒载体,是利用 λ 噬菌体的 cos 黏性末端以及与包装相关的序列和质粒的复制起始序列、标记基因、多克隆位点等构建而成的,有效地克服了 λ 噬菌体载体的容量(最大插入片段不能超过 23 kb,实际有效克隆范围在 15 kb 左右)受到限制的不足。柯斯质粒由以下几部分构成(图 7.37):质粒复制起始位

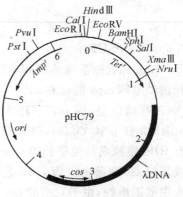

图 7.37　柯斯质粒

点、1 个或多个限制性内切酶位点、抗药性标记和带有黏性末端的 DNA 片段,载体大小为 4～6 kb。柯斯质粒载体结合了质粒克隆载体和 λ 噬菌体载体的优点。它可以用标准的转化方法导入大肠杆菌进行增殖。由于其具有 λ 噬菌体的包装序列,因此可将克隆的 DNA 包装到 λ 噬菌体颗粒中去。这些噬菌体颗粒感染大肠杆菌时,线状的重组 DNA 被注入细胞并通过 cos 位点环化,结果形成的环化分子含有完整的柯斯质粒载体,就像质粒一样复制,并使宿主获得抗药性。因而可用含适量抗生素的培养基对带有重组柯斯质粒的细菌进行筛选。柯斯质粒可插入 35～45 kb 长的外源 DNA,主要用于基因组文库的构建,适于作真核细胞大片段和基因簇的克隆。

表 7.16　广泛宿主范围质粒载体

| 载体 | 大小/kb | 选择标记 | 特征 |
|---|---|---|---|
| IncP1 克隆载体 | | | |
| pRK290 | 20.0 | Tec | mob⁺ |
| pRK404 | 10.6 | Tec | mob⁺,含有 lacZ',在有些菌株中不稳定 |
| pRK310 | 20.4 | Tec | mob⁺,含有 lacZ' |
| Cosmid 载体 | | | |
| pVK100 | 23.0 | Tec,Kan | mob⁺,cos |
| pLAFR1 | 21.6 | Tec | mob⁺,cos |
| pLA2917 | 21.0 | Tec,Kan | mob⁺,cos |
| IncQ 克隆载体 | | | mob⁺ |
| RSF1010 | 8.9 | Str,Sul | mob⁺ |
| pKT212 | 15.8 | Cm,Str, Tec | mob⁺ |
| pGSS8 | 9.5 | Str,Tec | mob⁺ |
| pAYC30 | 17.0 | Hg,Str,Sul | mob⁺,含有 pBR322 复制子 |
| pKT211 | 12.5 | Str, Tec | mob⁺,含有 pACYC177 复制子 |
| pKT230 | 11.9 | Str,Kan | |
| pSUP204 | 12.0 | Amp,Cam,Tec | mob⁺,含有 pBR322 复制子 |
| IncW 克隆载体 | | | |
| pGV1106 | 8.7 | Kan,Str | mob⁺ |
| pS9152 | 15.0 | Cam,Kan,Str | mob⁺ |
| Cosmid 载体 | | | |
| pSa747 | 15.0 | Kan,Str | mob⁺,cos |

#### 7.6.1.4　pSUP 系列

　　pSUP 质粒系列是在 pBR325 和 pACYC177 质粒的基础上插入 RP4 质粒的 bom 位点和诱动基因 mob 的可移动的广泛宿主范围质粒(图 7.38),一般把 RP4 或 RK2 质粒中的 DNA 移动位点,即 oriT DNA 序列称为 bom 位点。在大肠杆菌中,常用质粒有 pBR322、pBR325 和 pACYC184,这些质粒既不能自主转移也不能被高效诱动。如果这些质粒上带有 RP4 质粒或其他质粒的 bom 位点,则可以被 RP4 质粒诱动转移到不含质粒的大肠杆菌或其他 G⁻ 细菌中。表 7.16 是一些人工构建的带有 bom 诱动位点和 mob 诱动基因的广泛宿主范围质粒,由于它们的 ori 序列来源不同,则分属不同的相容群。pRK290 是以 RK2 质粒为基础,通过对 RK2 质粒缺失,保留 RK2 复制起点区域(oriV)和转移位点区(oriT)而构建的质粒。pRK290 大小为 20.0 kb,带有 *mob* 序列和四环素抗性基因。

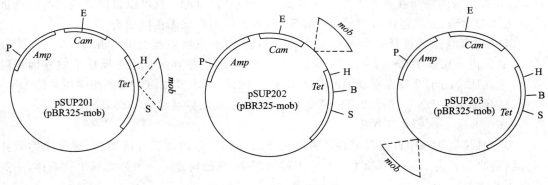

图 7.38　pSUP 载体系列

#### 7.6.1.5　单链丝状噬菌体载体

大肠杆菌丝状噬菌体包括 M13 噬菌体、fl 噬菌体和 fd 噬菌体。这些噬菌体均含有一个约 6 400 个核苷酸的单链闭环 DNA 分子。它们感染雄性(F$^+$ 或 Hfr)大肠杆菌或通过转染进入雌性(F$^-$)大肠杆菌并进入细胞后,转变成复制型(RF)dsDNA,然后以滚环方式复制出 ssDNA。每当复制出单位长度正链,即被切出和环化,并立即组装成子代噬菌体和以出芽分泌方式(即宿主细胞不被裂解)释放至胞外。

野生型 M13 不适于作为克隆载体,因此人们对野生型 M13 进行了改造,构建了一系列 M13 克隆载体(图 7.39)。在 M13 基因组中,除基因间隔区(IG)外,其他均为复制和组装所必需的基因。外源 DNA 插入 IG 区,可不影响 M13 的活动,因此对野生型 M13 的改造主要在 IG 区中进行。

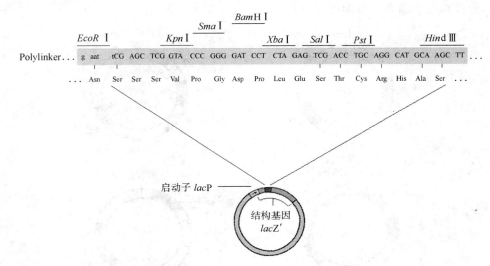

图 7.39　噬菌体载体 M13mp18 的结构示意图

主要的改造是在 M13 噬菌体的 IG 区中插入 β-半乳糖苷酶选择标记和多克隆位点序列(multiple cloning sites,MCS)。这段基因序列 *lac*Z′ 和 pUC 系列质粒的 *lac*Z′ 一样,含有 β-半乳糖苷酶的 α 肽的编码区和启动子序列,并含有一个多克隆位点序列,可用 *lac*Z 基因筛选克隆,β-半乳糖苷酶能水解乳糖或乳糖类似物而产生蓝色,如果外源基因插入后,*lac*Z 基因失去活性，则形成清亮的噬菌斑，而未插入者则呈现蓝色噬菌斑。若将 M13（含外源 DNA）和宿主细胞涂布在含有 IPTG 和 X-gal 培养基的平板上，就可以根据噬菌斑的颜色进行重组体的筛选，非重组体可形成蓝色噬菌斑，重组体则形成无色噬菌斑。

M13 克隆载体是对野生型 M13 进行改造后建成的，其特点是克隆外源 DNA 的能力较小，一般只适于克隆 300～400 bp 的外源 DNA 片段，因此特别适合用于原核生物基因克隆载体，尤其适合用于制备克隆基因的单链 DNA。因此，它主要被用于制备测序用单链 DNA 模板、特异的单链 DNA 探针和定位诱变等，也可用于噬菌体展示（phage display）。

### 7.6.1.6　真核生物的克隆载体

关于真核生物基因调控及真核基因产物转录和翻译后的加工等问题，是原核生物载体所无法解决的。为了适应真核生物基因工程的需要，现已构建了一系列真核生物载体，主要有以下几大类。

### 7.6.1.6.1　酵母质粒载体

酵母是研究真核生物 DNA 的复制、重组、基因表达以及调控过程等的理想材料，为此，也构建了许多人工质粒载体。根据这些质粒载体和复制方式的不同，把它们分为整合型（integrating plasmid，YIP）、复制型（replicating plasmid，YRP）、附加体型（episomal plasmid，YEP）和着丝粒型（centromere plasmid，YCP）四种类型（图 7.40）。以上 4 种载体类型的共同特点是：①能在大肠杆菌中克隆，并且具有较高的拷贝数。这样可使外源基因转化到酵母细胞之前先在大肠杆菌中扩增。②含有在酵母细胞中便于选择的遗传标记。这些标记一般能和大肠杆菌相应的突变体互补，如 $LEU2^+$、$HIS^+$、$URA3^+$ 和 $TRP^+$ 等。有些还携带有用于大肠杆菌的抗生素抗性标记。③含有合适的限制酶切割位点，以便外源基因的插入。酵母质粒载体都是利用酵母的 2 μm 质粒和其染色体组分与细菌质粒 pBR322 构建而成的，能分别在细菌和酵母菌中进行复制。

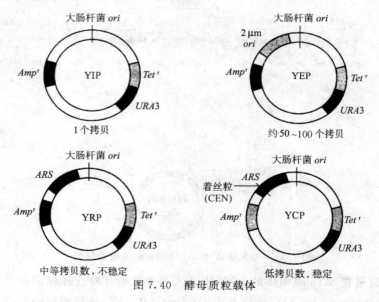

图 7.40　酵母质粒载体

（1）酵母附加体型质粒载体（YEP）属于自主复制型质粒，含有来自细菌质粒 pBR322 的 $oriV$ 并携带有 $E.coli(Amp^r)$；此外还有来自酵母 2 μm 质粒的复制起点（2 μm $ori$）以及一个作为酵母选择标记的 *URA*3 基因(尿嘧啶核苷酸合成酶基因 3)。这种质粒载体的特点:既可以在大肠杆菌中也可以在酵母细胞中复制,当重组质粒导入酵母细胞中时可进行自主复制,且具有较高拷贝数(50~100),稳定性好,是酵母基因工程中应用最广泛的载体系统,常用于酵母菌的一般基因克隆和基因表达研究。

(2)酵母复制型质粒载体(YRP)含有来自细菌质粒 pBR322 的 *ori*V、来自 *E. coli*(*Amp*^r)、*E. coli*(*Tet*^r)以及来自酵母染色体的自主复制序列(ARS)和酵母选择标记的 *URA*3 基因及 *TRP*1 基因(色氨酸合成酶基因 1),能在大肠杆菌或酵母细胞中复制,重组质粒导入酵母细胞中可获得中等拷贝数的质粒,可用于染色体外因子的复制与传递。这类载体转化率高,拷贝数中等,但在减数分裂和有丝分裂中不稳定遗传而使群体内拷贝数变化很大。

(3)酵母整合型质粒载体(YIP)含有来自大肠杆菌质粒 pBR322 的 *ori*V、来自 *E. coli*(*Amp*^r)及 *E. coli*(*Tet*^r),以及来自酵母的 *URA*3 基因。它既可以作为酵母细胞的选择标记,也可以与酵母染色体 DNA 进行同源重组。这种质粒可以在大肠杆菌中复制,但不能在酵母细胞中进行自主复制。一旦导入酵母细胞,以低频率整合到酵母染色体上,成为染色体 DNA 的一个片段,整合位点数目取决于载体中的互补基因序列数,通常以单拷贝形式存在,少数发生多位点整合。大部分整合质粒含酵母选择标记,如 *HIS*3、*LEU*2 和 *URA*3 等。这种质粒的转化子很稳定,可在无选择条件下培养很多代而不丢失,但其转化率很低。

(4)酵母着丝粒型载体(YCP)含有酵母自主复制序列(ARS)和酵母染色体的着丝粒 CEN,因此能够在染色体外自主复制。在细胞分裂时新复制的质粒均等分离,每一个细胞得到 1~3 个质粒,拷贝数低,遗传稳定。因为酵母着丝粒载体具有低拷贝与高稳定的特点,所以这类质粒适合于亚克隆载体和构建酵母基因组 DNA 文库,还可用于检测有丝分裂中染色体倍性变化和分析鉴定酵母基因突变等研究。

### 7.6.1.6.2　丝状真菌载体

丝状真菌一般以 pRB322 和 pUC 质粒进行转化,为了转化的需要也进行了一些改造,1988 年构建了含有黑曲霉真菌的复制子和带有特有标记基因的复制型载体,使转化效率提高 1 000 倍/μgDNA;1991 年又构建了构巢曲霉的自主复制型载体 Arp(11.5 kb)。真菌载体含有大肠杆菌的复制子或同时含有真核生物复制子、大肠杆菌标记基因如 *Amp*^r、丝状真菌标记基因如 *pyr*4、丝状真菌启动子、分泌信号序列和终止子(图 7.41)。真菌标记基因分为

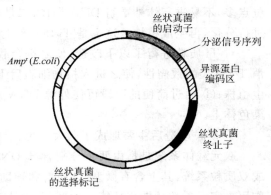

图 7.41　丝状真菌质粒表达载体结构

两大类:营养互补标记和显性标记。营养互补标记基因可以引导载体整合到染色体上,转化成本低,易于筛选,不足之处是难以获得适宜的营养缺陷株;而显性标记即抗性筛选,应用广泛,但是菌株的耐受性突变使情况变得复杂。载体的转化率受载体的启动子与其他调控序列、目的基因整合位置、整入拷贝数及受体菌株的状态的影响,无论是整合型转化子或是复制型转化子,在有丝分裂过程中都是稳定的,但在减数分裂中却高度不稳定,尤其是在粗糙链孢霉中。导致这一结果与质粒的丢失、DNA 的切离和 DNA 的重排有关。

7.6.1.6.3　动物细胞克隆载体

　　动物载体与微生物载体及植物载体尽管大同小异,但由于动物的特殊结构,其启动子、调控序列以及密码子的偏嗜性总是多少有别于其他生物,因此,在动物基因工程中其载体也有自身偏好的类型,如病毒载体等。

　　(1)哺乳动物病毒载体。这类病毒载体具有许多优点,例如,动物病毒能够识别宿主细胞,某些动物病毒载体能高效整合到宿主基因组中,以及具有高拷贝和强启动子等特点,有利于真核外源基因的克隆与表达,利用许多哺乳动物病毒如 SV40、腺病毒、牛痘病毒、反转录病毒等改造后的衍生物作为基因载体,其改造主要是删除病毒的致病基因序列和裂解生长基因,保留病毒的感染特性和免疫原性,用外源目的基因替换病毒的致病基因和裂解生长基因区域,从而通过感染将目的基因导入宿主内,并在宿主体内表达。

　　(2)昆虫病毒载体。昆虫中的杆状病毒的衍生物作为载体具有许多优点:主要为高克隆容量,克隆外源 DNA 片段大小可高达 100 kb;其次具有高表达效率,外源 DNA 的表达量达到细胞蛋白质总量的 25%左右,甚至更多;此外,它具有安全性,仅感染无脊椎动物,并不引起人和其他哺乳动物疾病,其改造与哺乳动物病毒载体改造类似。

7.6.1.6.4　植物基因克隆载体

　　植物基因克隆中应用最广泛的载体是 Ti 质粒。Ti 质粒的 T-DNA 能够自发地整合到植物染色体 DNA 上,诱导植物形成肿瘤,是一种理想的天然植物基因工程载体。Ti 质粒能够转化裸子植物和双子叶被子植物。后来实验又证明,重要的禾谷类植物——玉米,也能被 Ti 质粒转化,这为 Ti 质粒发展成为单子叶植物克隆载体带来了希望。Ti 质粒中的 T-DNA 能整合到宿主 ch-DNA 上成为正常的遗传成分,世代相传。T-DNA 上的冠瘿碱(opine)合成酶基因具有一个强启动子,能启动外源基因在植物细胞中高效表达,这都是 Ti 质粒作为载体的优点。但直接使用 Ti 质粒也存在两大困难:一是 Ti 质粒相对分子质量太大,限制酶位点多,不易进行体外重组 DNA 操作;二是被 T-DNA 转化的植物细胞成为肿瘤细胞,不能进行分化,再生成植株。这也是 Ti 质粒作为载体的缺点。

　　对 Ti 质粒进行了以下改造,使之符合载体的要求:① 保留 T-DNA 的转移功能;② 取消 T-DNA 的致瘤性,使之进入植物细胞后不至于干扰细胞的正常生长和分化,转化体可再生植株;③ 通过简便的手段可使外源 DNA 插入 T-DNA 之中,并随着 T-DNA 整合到植物染色体上。

　　Ti 质粒改造后主要形成了两大系统:双元载体系统和共整合载体系统。

　　双元载体系统是指由两个分别含 T-DNA 和 Vir 区相容性突变的 Ti 缺陷质粒元件构成双质粒系统,其上含有微型 Ti 质粒和辅助 Ti 质粒,利用 *vir* 基因与 T-DNA 的反式互补作用来完成质粒的转移功能。微型 Ti 质粒就是含有 T-DNA 边界、缺失 *vir* 基因的 Ti 缺陷广谱性质粒,含有选择标记基因、复制起点、T-DNA 边界序列和克隆位点,但不能在植物中产生肿瘤。辅助 Ti 质粒是含有 *vir* 区段的缺失 T-DNA 的 Ti 缺陷质粒。双元载体能够在植物与细菌中穿梭,便于重组。一方面由于 Ti 质粒含有植物生长激素,容易破坏受体细胞的激素平衡,阻碍转化细胞的再生,而且参与冠瘿碱合成的基因对于转基因植物意义不大,还会因此将能源转化为冠瘿碱而降低植物的产量,因而此部分常常被删除或被目的基因所取代;另一方面 Ti 质粒过于庞大(约 200~8 000 kb),对于重组 DNA 实验来说,小一些会更有利于操作,因此在新构建载体中将激素基因、冠瘿碱合成基因和一些不必要的序列进行删除。同时由于 Ti 质粒在大肠杆菌中不能复制,Ti 质粒中插入外源 DNA 后,在细菌中的操作和保存会很困难,因此还需要插入大肠杆菌的复制起始位点,由此可知新构建的双元载体系统具有以下特点:①选择标记基因。如新霉素磷酸转移酶,能使转化的植物细胞获得卡那霉素抗性。由于它同大多数标记基因一样都来源于原核生物,因此还需要加上真核生物的转录调控信号,包括启动子和末端 poly(A)信号序列,以确保基因在转化的植物细胞内能够正确高效校地转录表达。②DNA 复制起始位点。它使质粒能在大肠杆菌中进行复制,某些载体还同时带有可在根瘤农杆菌中进行复制的复制起始位点。③T-DNA 右边缘序列。它对于 T-DNA 的整合必不可少。目前使用的大多数克隆载体都含有两端的边缘序列。④单克隆位点。为方便克隆基因,人们在载体左、右 T-DNA 边缘序列之间的区域内设计了一段 DNA 序列,包含有一系列单个的限制性内切酶的识别位点(图 7.42)。⑤另外一个具有缺失 T-DNA 的 Ti 质粒充当 vir 基因的作用。双元载体系统中的克隆载体既有大肠杆菌的复制起始位点,又有根瘤农杆菌的复制起始位点,也就是说它是在大肠杆菌与农杆菌中进行穿梭的质粒,但载体上不带有 vir 基因。所以在转化根瘤农杆菌之前,先在大肠杆菌中克隆所有相关的内容,待完成克隆后,再转入一种已修饰过的 Ti 质粒的根瘤农杆菌中。根瘤农杆菌的 Ti 质粒包含有一整套 vir,但由于 T-DNA 序列的预先修饰使其发生缺失或部分缺失而无法转移,那么由缺失的 T-DNA 区的 Ti 质粒提供合成 vir 基因产物,使双元克隆载体中的 T-DNA 能够整合到植物染色体中。因此缺失 T-DNA 区的 Ti 质粒在此起了提供 Vir 蛋白的作用,因而它是一种辅助质粒。

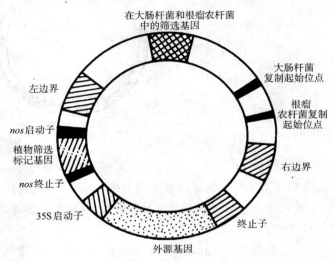

图 7.42　双元载体结构示意图

共整合载体系统(图 7.43)也是 Ti 质粒修饰改造后的人工载体。共整合载体系统是由一个缺失了 T-DNA 上的肿瘤诱导基因的 Ti 质粒与一个普通穿梭克隆载体组成的。共整合载体系统具有双元载体系统的前四个基本特征,但同时还导入了 vir 基因。如果没有 vir 基因,T-DNA 序列则无法整合到受体细胞中。另外,克隆载体和经修饰的 Ti 质粒都含有一段同源的 DNA 片段。当带有外源基因的克隆载体进入根瘤农杆菌后,通过同源重组就可以把克隆的基因整合到修饰过的 T-DNA 上,然后由 Ti 质粒提供 T-DNA 向植物转移所必需的 vir 基因产物,在这些产物的帮助下带动含有目的基因的 T-DNA 片段向植物细胞转移,以实现植物转化的目的。Ti 质粒经过一系列改造得到很多 Ti 质粒的衍生系统质粒,用于植物基因克隆,尽管类型很多,但标记基因、克隆位点、复制起点和 T-DNA 的右边界是必不可少的。

除 Ti 质粒外,目前植物基因工程中常见中间表达载体有 pMON129 质粒、pMON131 质粒、pLGV23DHFR 质粒、pBin9 质粒、pLGV23neo 质粒和 pLGV2382 质粒等;另外一些

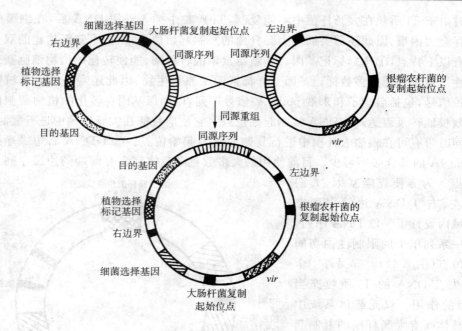

图 7.43 共整合载体与根瘤农杆菌重组过程

RNA 病毒和 DNA 病毒已被改造为植物基因工程载体,包括 Cis 载体和病毒载体。植物基因工程操作中较多使用双链 DNA 病毒载体,如花椰菜花叶病毒载体等。

### 7.6.1.7 人工染色体

人工染色体(artificial chromosome):即人工组建的具有染色体功能的 DNA 分子,可以插入大量的外源 DNA,最常见的是细菌人工染色体(bacterial artificial chromosome,BAC)和酵母人工染色体(yeast artificial chromosome,YAC)。酵母人工染色体是目前能克隆容纳最大的人工构建的载体之一。它是由默里(Murray)于 1983 年首次构建成功的,他将酵母着丝粒、自主复制序列及一些标记基因与四膜虫大核 rDNA 末端的端粒连接在一起,构成了长度为 55 kb 的酵母人工染色体。伯克(Burke)等于 1987 年构建的 YAC 克隆库载体,是以质粒 pBR322 为骨架,加入几个酵母染色体所必需的 DNA 片段而构建的,用以克隆大片段的 YAC,并被称为第一代 YAC 系统,每个 YAC 具有两个臂,每个臂的末端有一个端粒,臂上有着丝点等,还有供选择的标记基因。酵母染色体的控制系统主要元件有(图7.44):①着丝粒(centromere,CEN),它的作用是使染色体的附着粒与有丝分裂的纺锤丝相连,保证染色体在细胞分裂过程中正确分配到子代细胞中;②端粒(telotmere,TEL),位于染色体两个末端,它的功能是保护染色体两端,保证染色体的正常复制,防止染色体 DNA复制过程中两端序列的丢失;③酵母自主复制序列(autonomously replicating sequence,ARS),其功能与酵母细胞复制有关;④选择标记序列(URA3)。YAC 可以以环状形式在大肠杆菌中增殖,在转化酵母后变成微型染色体,并稳定地保留下来。

目前已经根据不同用途构建了一系列 YAC 载体,各成员之间的差别主要是克隆位点的差别。YAC4 以 pBR322 为骨架;着丝粒是酵母第 4 染色体 CEN4。ARS1 是酵母第 4 染色体自主复制序列。TET 是四膜虫大核核糖体 DNA(rDNA)的分子末端序列,该序列本身不是端粒,但它可以作为端粒的接种序列以很高频率形成有功能的端粒。SUP4 是酵母

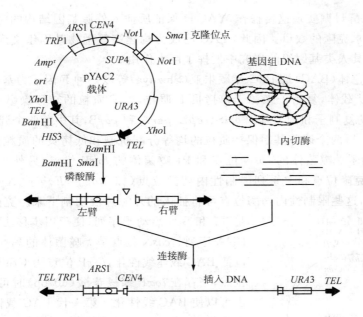

图 7.44 YAC 克隆示意图

TEL 代表端粒；ARS 代表自主复制序列；CEN 代表着丝粒；URA3 代表尿嘧啶核苷酸合成酶基因 3；Not 代表限制酶位点

Trp-tRNA 基因的一个赭石突变校正基因，具有多克隆位点，在发生 ade2-1 赭石突变的宿主细胞中，如果没有外源基因插入，突变基因表达受到抑制，受体菌 ade$^+$ 表现为白色菌落；当外源基因插入时，SUP4 表达被阻断，受体菌 ade$^-$ 菌落为红色，便于重组体的筛选。TRP3 和 URA3 分别是酵母色氨酸和尿嘧啶营养缺陷型 trp1 和 ura3 的野生型的等位基因，在相应的营养缺陷型酵母宿主中可作为选择标记，分别形成 YAC 的左臂与右臂。ori 和 Amp$^r$ 是来源于 pRB322 的复制起点和氨苄青霉素抗性基因，可使 YAC 载体在大肠杆菌中复制，便于制备载体 DNA。HIS3 基因来源于酵母菌，在形成 YAC 的克隆过程中，可经 BamHI 酶切除，将这些功能序列组装于 pRB322 的合适位点上就构建了 pYAC4 载体。如果用 BamHI 切除载体 pYAC4 的 HIS 序列，再用 EcoRI 切开克隆位点，形成 YAC 的左、右臂；然后制备待克隆的目的 DNA，首先将细胞包埋在琼脂糖凝胶中进行细胞裂解、蛋白质消化和 EcoRI 酶切，酶切片段通过脉冲电泳（PFGE）分离，可制备 100～1 000 kb 的 DNA 片段，再将目的 DNA 片段与切开的 pAYC4 载体相连接，就组装好重组 DNA 分子；此时再将重组 DNA 分子转化酵母细胞即形成 YAC 克隆。在酵母细胞中，YAC 可以以线性分子的形式稳定地复制和表达。将待研究的总 DNA 用 EcoRI 酶切的所有片段在体外构建 YAC 重组载体并转移到酵母细胞中，则构建了总 DNA 的 YAC 分子克隆文库。由于 YAC 带有 ori 序列，因此还可将 YAC 进一步亚克隆进行序列分析。而且 YAC 克隆外源 DNA 的能力非常大，一个 YAC 可插入长达 100 万碱基以上的 DNA 片段。当大片段的外源 DNA 克隆到这些染色体载体上后，YAC 能像天然染色体那样，在受体细胞中稳定地复制并遗传。染色体是由线性的 DNA 束组成的，它们构成高等生物（从酵母到人）的可遗传的遗传蓝图。酵母染色体是最简单的天然染色体之一，与 F 质粒被用于构建人造细菌染色体相对而言，它专门用于真核生物基因克隆载体的制备。因此，YAC 可以将高等生物的基因（50

～2 000 kt）导入酵母菌实现遗传操作，YAC 既保证所插入外源基因结构的完整性，又大大减少基因庐所要求克隆的数目。因此，YAC 已成为构建高等生物基因组文库的首选载体，并且在动植物及其人类基因组的研究中发挥了巨大作用。

细菌人工染色体（BAC）是 1992 年歇朱亚（Shizuya）等以一种 F 因子为基础构建的大片段 DNA 克隆环状载体，复制子来源于单拷贝 F 质粒，将 F 质粒的转移操纵子和插入区切除，保留 F 质粒的复制子和调节基因 *ori*S、*rep*E、*par*A 和 *par*B，其中前两个调节基因保持 F 质粒的单向复制，后两个调节基因保持质粒的均等分配机制和低拷贝的质粒拷贝数。同时 BAC 载体还包括了 λ 噬菌体的 *cos*N 位点和 P1 噬菌体的 *lox*P 位点，另外具有 *Hind*Ⅲ 与 *Bam*HⅠ 的 2 个克隆位点和一系列限制性内切酶位点（如 *Not*Ⅰ、*Eag*Ⅰ、*Xma*Ⅰ、*Sma*Ⅰ、*Bgl*Ⅱ 和 *Sfi*Ⅰ），这些限制性内切酶位点可将插入的外源片段切割下来。克隆位点的两侧

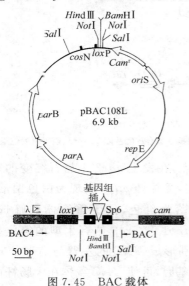

图 7.45 BAC 载体

是 T7 和 SP6 启动子序列，便于用步移法测定插入外源 DNA 序列。*cos*N 位点是 λ 噬菌体的黏性末端序列，可以使 BAC 载体线性化，*lox*P 位点为 Cre 蛋白提供重组位点，当存在 *lox*P 寡核苷酸（60 bp）时可以发生重组，也可以使 BAC 线性化。第一代 BAC 载体（pBAC108L 大小为 6.9 kb）具有氯霉素（*cam*）抗性基因并以此作为选择标记基因（如图 7.45）。第二代 BAC 载体（pBeloBAC11）与 pBAC108L 的区别是第二代的克隆位点位于 *lac*Z′ 基因内，因此可以用蓝白斑进行筛选。在大肠杆菌宿主细胞内拷贝数低，可稳定遗传，无缺失、重组和嵌合现象，转化率高，在 *E. coli* 中非常稳定，易于分离纯化，用碱裂解等常规方法即可分离 BAC，用蓝白斑、抗生素、菌落原位杂交等方法均可筛选目的基因，外来 DNA 可长达 100 kb，其克隆最大容量可达 300 kb，而且可对克隆在 BAC 的外源 DNA 进行直接测序，它是微生物基因工程的常用质粒。

### 7.6.2 表达载体

表达载体（expression vector）主要用于目的基因的表达，具有基因表达所需要的结构单元，如强启动子和终止子序列，有的甚至有转录起始序列、翻译起始序列、起始密码子、引导肽序列；一般在克隆载体基本骨架的基础上增加表达元件，就构成了表达载体，最终将外源基因运载到宿主细胞中表达。

如果想通过克隆的基因制得 RNA 探针或者获得大量的基因产物，那么就需要表达载体。在这两种情况下，都需要克隆基因的转录。尽管可以把基因置于其自身的启动子控制之下，但更通常的做法是利用载体上的启动子。因为这种载体携带的启动子是经过优化的，有利于结合大肠杆菌的 RNA 聚合酶，而且其中许多启动子都可以通过改变宿主细胞的生长条件来方便地进行调控。典型的大肠杆菌表达质粒载体（图 7.46）的主要组成部分包括大肠杆菌的启动子、操纵位点序列、多克隆位点、转录及翻译信号、质粒载体的复制起点及抗菌素抗性基因。

#### 7.6.2.1 原核表达载体

常用的原核表达载体一般可依据启动子及操纵位点序列不同分为如下三类：Lac/Tac 表达系统、$P_R/P_L$ 表达系统和 T7 表达系统。

##### 7.6.2.1.1 Lac/Tac 表达系统

最早应用的表达系统是 $Lac$ 乳糖操纵子，由启动子 $P$、操纵基因 $O$ 和结构基因 $lac$ 组成。其转录受 CAP 正调控和 $lac\mathrm{I}$ 负调控。$lac$UV5 突变能够在没有 CAP 的存在下更有效地起始转录，该启动子在转录水平上只受 $lac\mathrm{I}$ 的调控，因而随后得到了更广泛采用。$lac\mathrm{I}$ 产物是一种阻

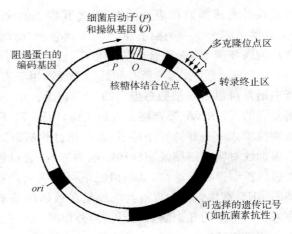

图 7.46　一类典型大肠杆菌表达型质粒载体的结构

遏蛋白，能结合在操纵基因 $O$ 上从而阻遏转录起始。乳糖的类似物 IPTG 可以和 $lac\mathrm{I}$ 产物结合，使其构象改变而离开 $O$，从而激活转录。这种可诱导的转录调控成为了大肠杆菌表达系统载体构建的常用元件。

Tac 启动子是 Trp 启动子和 $lac$UV5 的拼接杂合强启动子，且转录水平更高，比 $lac$UV5 更优越，同样受 $lac\mathrm{I}$ 阻遏蛋白调控。在常规的大肠杆菌中，$lac\mathrm{I}$ 阻遏蛋白表达量不高，仅能满足细胞自身的 $lac$ 操纵子，无法应付多拷贝的质粒的需求，导致非诱导条件下较高的本底表达，为了让表达系统能够严谨调控产物表达，能过量表达 $lac\mathrm{I}$ 阻遏蛋白，其 $lac\mathrm{I}q$ 突变菌株常被选为 Lac/Tac/Trc 表达系统的表达菌株。现在的 Lac/Tac/Trc 载体上通常还带有 $lac\mathrm{I}q$ 基因，以表达更多的 $lac\mathrm{I}$ 阻遏蛋白，实现严谨的诱导调控。

IPTG 广泛用于诱导表达系统，但是 IPTG 有一定毒性，有人认为不适合用于制备医疗目的的重组蛋白，因而也有用乳糖代替 IPTG 作为诱导物的研究。

另外一种研究方向是用 $lac\mathrm{I}$ 的温度敏感突变体，这种突变体在 30 ℃以下抑制转录，42 ℃开放。热诱导不必添加外来的诱导物，成本低，但是由于发酵过程中加热升温比较慢而影响诱导效果，而且热诱导本身会导致大肠杆菌的热休克蛋白激活，一些蛋白酶会影响产物的稳定性。

##### 7.6.2.1.2 $P_R/P_L$ 表达系统

以 λ 噬菌体早期转录启动子 $P_L$、$P_R$ 构建的载体也为大家所熟悉。这两个强启动子受控于 λ 噬菌体 $c\mathrm{I}$ 基因产物。$c\mathrm{I}$ 基因的温度敏感突变体 $c\mathrm{I}857(ts)$ 常常被用于调控 $P_L$ 和 $P_R$ 启动子的转录。同样也是 30 ℃下阻遏启动子转录，42 ℃下解除抑制开放转录。同样，$P_L$ 和 $P_R$ 表达载体需要携带 $c\mathrm{I}857(ts)$ 菌株作为表达载体，现在更常见的做法是在载体上携带 $c\mathrm{I}857(ts)$ 基因，所以可以有更大的宿主选择范围。另外一种思路是通过严谨调控 $c\mathrm{I}$ 产物来间接调控 $P_L$ 和 $P_R$ 启动子的转录。比如 Invitrogen 的 $P_L$ 表达系统，就是将受 Trp 启动子严谨调控的 $c\mathrm{I}$ 基因溶源化到宿主菌染色体上，通过加入酪氨酸诱导抑制 Trp 启动子，抑制 $c\mathrm{I}$ 基因的表达，从而解除强大的 $P_L$ 启动子的抑制。

##### 7.6.2.1.3 T7 表达系统

T7 启动子是当今大肠杆菌表达系统的主流，这个功能强大兼专一性高的启动子经过巧

妙的设计已成为原核表达的首选,尤其以 Novagen 公司的 pET 系统为杰出代表。强大的 T7 启动子完全专一受控于 T7 RNA 聚合酶,而高活性的 T7 RNA 聚合酶合成 mRNA 的速度比大肠杆菌 RNA 聚合酶快 5 倍——当二者同时存在时,宿主本身基因的转录系统竞争不过 T7 表达系统,几乎所有的细胞资源都用于表达目的蛋白;诱导表达后仅几个小时目的蛋白通常可以占到细胞总蛋白的 50% 以上。由于大肠杆菌本身不含 T7 RNA 聚合酶,需要将外源的 T7 RNA 聚合酶引入宿主菌,因而 T7 RNA 聚合酶的调控模式就决定了 T7 系统的调控模式——非诱导条件下,可以使目的基因完全处于沉默状态而不转录,从而避免目的基因毒性对宿主细胞及质粒稳定性的影响;通过控制诱导条件控制 T7 RNA 聚合酶的量,就可以控制产物表达量,某些情况下可以提高产物的可溶性部分。表达载体 pET-5a 是典型的 pET 载体(图 7.47),其组成是在载体的基本结构的基础上加了 T7 噬菌体启动子序列及其下游的几个酶切位点。当外源基因插入到这些酶切位点后,就可在特定的宿主细胞中诱导表达。

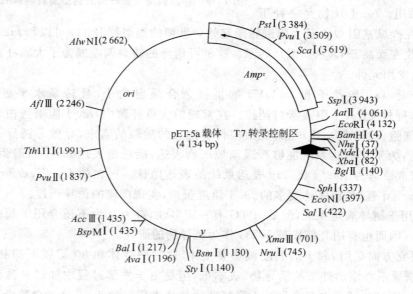

图 7.47　大肠杆菌表达载体 pET-5a 的结构

### 7.6.2.2　真核表达载体

在酵母、哺乳动物、植物和昆虫等细胞中使用的表达载体或其他载体,一般都有在大肠杆菌中复制的元件,因此都具备穿梭载体的特征。通常真核表达载体由克隆载体应有元件、真核生物复制起始点、选择标记性基因和真核表达元件构成。其中,真核表达元件主要有启动子、增强子序列、转录起始与终止序列、加尾信号序列。

原核生物启动子和增强子在哺乳动物细胞内不起作用,真核表达载体必须有真核启动子和增强子。常用的有:①病毒源启动子和增强子,如 SV40 病毒早期基因启动子和增强子、劳斯肉瘤病毒基因长末端重复序列、人类巨细胞病毒启动子及腺病毒晚期基因启动子;②真核细胞源启动子和增强子,如肽链延长因子基因启动子、β-肌动蛋白启动子、热休克蛋白启动子、肌酸激酶启动子和金属硫蛋白启动子。

真核细胞的转录终止机制是转录越过修饰点后,在修饰点处切断,随即加入 poly(A)。

基因工程中最常使用的加尾信号序列来自于 SV40 病毒,其典型序列是 AAUAA。

### 7.6.3　测序载体

测序载体(sequencing vector)可用于 DNA 测序和体外定向诱变。DNA 序列分析即测序是分子生物学重要的基本技术。无论从基因库中筛选的基因或经 PCR 法扩增的基因,最终均需进行序列分析。除少数情况下可以使用 PCR 产物直接测序外,一般的序列分析均要将待测基因克隆到特定载体上后进行测序,专门为测序而设计的这类克隆载体就是测序载体。

传统的 Sanger 法测序需要利用单链 DNA 作模板,而人为分离的基因是 dsDNA,为此必须制备测序模板。前面讲述的 M13 噬菌体载体就是这类典型的测序载体。

所使用的测序载体的共同特点是在插入位点附近两侧有通用的引物序列供克隆基因的测序之用,常用的引物序列有 M13$^+$/M13$^-$(有的文献称为 M13F/M13R)、T7/SP6 等。pUC18/19 克隆载体和各种 T/A 克隆载体等都是常用的测序载体。

### 7.6.4　整合载体

在生物学研究和基因工程应用中,会涉及将某个基因或某些基因插入到染色体中去的工作,承担这部分工作的载体,可称为整合载体(integration vector),即可借助于受体细胞染色体上的同源序列而将重组质粒上的目的基因整合到染色体中去,因而可大大提高目的基因的稳定性的载体就是整合载体。根据整合方式的不同可分为定点整合和随机整合,按其作用来分可归为目标基因的插入或敲除以及随机突变体库的构建。

#### 7.6.4.1　基因插入/基因敲除

同源重组整合载体是最常用的整合载体,一个典型的基因插入/基因敲除载体一般由三部分组成,即含有要插入到受体细胞基因组中去的用于打靶的基因或外源基因,在外源基因两侧的、与细胞内靶基因座同源的 DNA 序列,以及用于筛选的标记。通常用新霉素磷酸转移酶基因(neo)作为筛选标记。

#### 7.6.4.2　随机插入突变载体

随着功能基因组研究的发展,不断需要一系列发生基因突变的材料。为了满足这一要求,通常的做法是构建随机突变体库。随机突变体库是指标记基因在载体的携带下通过 DNA 重组事件随机插入基因组中而形成的突变体的集合。为了提高标记基因插入到基因组中的频率,一般都要借助转座子来实现。

总之,载体的种类非常多,各种分类并不是绝对的,各种质粒具有不同特点,在基因工程实际操作中应根据需要选择或重新构建合适的载体。

(廖宇静　吕志堂)

# 第8章 基因与微生物基因组学

## 本章导读

**主题：基因、基因组**

1. 什么是基因？其发展经历了怎样的演变？基因具有哪些种类？基因具有怎样的结构与功能？

2. 什么是基因组？基因组的 C 值悖论是什么？为什么？微生物基因组研究有何意义？什么是人类元基因组？生物信息学的主要研究任务是什么？基因组学的研究内容是什么？

3. 基因组研究策略是什么？怎样建立克隆文库？测序方法有哪些？基因组注释的基本内容包含哪些方面？

4. 原核基因组与真核基因组的特点与差异是什么？

5. 常见微生物基因组基本类型及特征有哪些？

6. 什么是蛋白组学？什么是 DNA 芯片？具有什么作用？

7. 微生物基因组的进化趋势是怎样的？

## 8.1 基因演变与作用

任何一门科学的发展都是以概念为基础的。化学是以原子和分子概念为基础的，而遗传学则是以基因概念为基础的。基因概念是相对的，也是发展的。基因概念的演变，标志着遗传学的发展，基因表达调控研究的深入，标志着基因认识水平的提高，基因认识的深入带动着遗传学与基因组学的发展。

### 8.1.1 基因概念及其发展演变

最初的基因是指 1866 年孟德尔(Mendel)在《植物杂交试验》一文中用于解释分离定律和独立分配定律中控制性状的"遗传因子"，它仅仅是生物性状的符号。孟德尔并没有说明遗传因子到底是什么物质，存在于细胞内什么地方，只指出它是以颗粒形式存在的。1909年，丹麦遗传学家约翰逊(Johannsen)提出了"基因"一词，代替了孟德尔的遗传因子并一直沿用至今。1903 年摩尔根(Morgan)的学生萨顿(Sutton)和波威瑞(Boveri)提出了染色体学说，认为遗传因子位于细胞核内染色体上，从而将孟德尔遗传规律与细胞学研究结合起来。直到 1910 年摩尔根发现连锁定律证明了染色体学说，1926 年在著名的《基因论》中指出基因代表着一个有机的化学实体，并控制着与之相对应的遗传性状，基因是控制性状的可交换、突变和重组的最小结构功能单位，以念珠状形式直线排列在染色体上。根据基因功能的差异,把基因分为等位基因、复等位基因、非等位基因、连锁基因、互补基因、抑制基因和上位基因等。

等位基因(allele)是指位于同一染色体上的相同位置的同一基因的两种不同形式。例如赖氨酸原养型($L^+$)与赖氨酸缺陷型($L^-$)互为等位基因。复等位基因(multiple alleles)是指同一染色体上同一基因座位具有三个以上的等位基因。例如人的 ABO 血型,分别由$I^A$、$I^B$ 和 $i$ 三个基因所控制;$I^A$ 与 $I^B$ 对 $i$ 为显性,$I^A$ 与 $I^B$ 为并显性。A 血型基因型有 $I^A I^A$ 和 $I^A i$,B 血型基因型有 $I^B I^B$ 和 $I^B i$,O 血型基因型为 $ii$,AB 血型的基因型为 $I^A I^B$。$I^A$、$I^B$ 和 $i$ 互称为复等位基因。非等位基因是指位于染色体上不同座位的基因,有两种情况:一是两个基因位于不同染色体上,这种非等位基因就是非连锁的可以独立分配进行自由组合的基因,一般意义上非等位基因就是这种状态的基因;二是位于同一染色体上的不同基因,这种基因一般称为连锁基因。因此,连锁基因(linkage gene)就是指位于同一染色体上的非等位基因,可紧密排列,也可非紧密排列。互补基因(complementary gene)是指某些性状的产生依赖于几个非等位基因的同时出现,当其中任何一个基因发生突变时都会导致同一性状的改变的基因。例如,在花色基因 $P$ 和色素形成基因 $C$ 共同存在的前提下香豌豆才能产生紫色性状,其他为白色。在非等位基因中,有的基因能够抑制其他非等位基因的作用,其中一对等位基因对另一对等位基因表现出的抑制遮盖效应称为上位效应,能够遮盖其他基因的基因具有上位性,被遮盖的基因具有下位性。基因根据不同功能其表现非常复杂,性状的表现既与内在的基因型有关,也与生物物种的性别、年龄、背景环境、所处的温度和营养状态有关,是内外因综合作用的结果。在当时还不知道基因的化学本质是什么,直到 1944 年阿威尔(Avery)等通过肺炎双球菌转化实验证实了基因的化学本质是 DNA,基因是 DNA 分子上的一段核苷酸片段,是控制性状的功能单位。按照经典遗传学对基因的认识,基因具有下列共性:①基因具有染色体的主要特性,能自我复制,有相对的稳定性,在有丝分裂和减数分裂中有规律地进行分配;②基因在染色体上占有一定的位置,称为基因座位,基因是交换重组以及突变的最小结构单位,是保持结构完整的最小功能单位,它控制着有机体的某一个或某些性状;③基因是一个独立、稳定的化学实体,互不重叠地排列在染色体上。这就是经典遗传学中著名的功能-突变-重组三位一体的基因概念。

1957 年本泽尔(Benzer)在分析基因的精细结构时发现了突变子、重组子和顺反子,认为基因是顺反子的同义词从而推翻了基因的三位一体的内涵,并认为基因内部由若干突变子和重组子构成,基因结构与功能并非完全一致。直到 1961 年法国分子生物学家雅各布(F. Jacob)和莫诺(J. Monod)提出了著名的乳糖操纵子学说(operon theory),才把基因与基因表达有机地联系在一起。他们认为生物活性相关的基因组织在一起进行统一调控,并保持每个基因产物的精确比例,一起密切合作、协调控制实现其功能。并且根据基因功能的不同把基因划分为调节基因、操纵基因和结构基因三大类。结构基因是负责合成实现各种功能的蛋白质基因;调节基因是负责产生调节蛋白、控制基因开放或关闭的基因;操纵基因是调节基因产物的作用部位,具有特殊序列,但无基因产物。原核生物的操纵子系统是最有效和最经济的在转录水平上的调控系统,该系统的发现具有划时代的意义,为基因表达调控这一难题的揭示奠定了基础,由于雅各布和莫诺的贡献杰出,他们于 1965 年获得诺贝尔奖。操纵子概念的提出大大丰富了基因的概念,基因是可分的,在结构上是由许多可以独立发生突变、重组的核苷酸组成的,在功能上,基因是有差别的,有的可以表达具体的蛋白质,如结构基因,有的仅具有调节控制作用,如调节基因、操纵基因;基因不仅是遗传信息的独立单位,而且是遗传信息表达的统一整体,在操纵子表达系统中,DNA 提供转录模板,mRNA 提供氨基酸顺序装配模板,rRNA 支撑起核糖体骨架并与 mRNA 互补形成蛋白质合成的复合体,负责肽段的合成,tRNA 负责把氨基酸携带到核糖体的 A 位并参与肽段合成,并由此进一步证实了 1957 年克里克(Crick)提出的中心法则,明确了基因的作用和遗传信息转移的规律。在基因组分析诞生之前认为操纵子是原核生物的基因表达的主要形式,并以多顺反子形式进行表达,基因组分析表明原核基因多是单基因表达,部分基因以操纵子形式表达;而在真核生物中多数结构基因是单独调控的,多数以单顺反子形式表达,只有少数基因以基因家族或基因簇形式存在。

基因家族(gene family)是真核生物基因组中许多来源相同、结构相似、功能相关的一组基因,基因家族各个成员可以成簇分布,也可以分散在不同染色体上,或者两者兼而有之。这些基医家族在高等真核生物中比真核微生物中更为普遍。基因家族在染色体上的形式有三种:一是基因家族成员独立分布在不同染色体上的不同基因座位中,如醛缩酶家族的 5 个成员分别位于不同染色体上;二是基因家族的部分成员成簇分布在同一个染色体上,部分成员分布在不同染色体上,在表达过程中经过染色体重排最终形成有功能的 mRNA,再进行表达;三是基因家族的成员以紧密成簇的形式串联重复排列在一起,构成位于同一染色体上的特殊区域,这些区域就是基因簇(gene cluster)。由于基因簇是为了适应不同环境条件由同一祖先基因演化出来的,其内部的基因又称为超基因(super gene),这些超基因共同控制一个性状,如人的生长素基因成簇位于 17 号染色体上。基因簇可以是由基因重复而产生的两个相邻的相关基因,也可以是由几十个甚至上百个相同基因首尾衔接的串联排列,如 rRNA 基因和组蛋白基因,组蛋白基因家族就成簇地集中在第 7 号染色体长臂 3 区 2 带到 3 区 6 带区域内。基因簇中也可以有假基因。假基因(pseudogene)是与已知的基因相似,但位于不同座位,因缺失、倒位或突变而不能翻译或转录的没有功能的基因。除此以外,在成簇的基因家族中通过染色体重排而分散到其他位置上的成员,又被称为孤独基因(orphan gene)。例如血红蛋白基因簇,位于 16 号染色体上,跨度约 30 kb,编码血红蛋白 $\alpha$-珠蛋白(图 8.1);位于 2 号染色体上,跨度为 60 kb,编码血红蛋白 $\beta$-珠蛋白。这些基因在发育的不同阶段进行选择性表达。在血红蛋白基因簇中的 $\psi\zeta$、$\psi\alpha$、$\varphi\alpha$ 和 $\psi\beta$ 都是进化过程中产生的假基因。

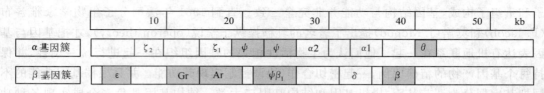

图 8.1　血红蛋白基因簇

在 20 世纪 50 年代以前人们就认为每一个基因组的 DNA 是固定的,包括基因的数目、位置、功能都是固定的,操纵子的发现进一步证实了基因是以有序组织形式实现基因功能的统一集合体,说明大肠杆菌的染色体上的基因不是随机排列的集合体,而是按一定排列规律组合在一起的集合体。随着基因结构的深入研究,1951 年麦克林托克(McClintock)发现的转座子在 60 年代才得到广泛认可,从而证明了部分基因是可以移动的。免疫蛋白基因重排的多样性表达是基因移动的直接证据。基因重排是基因的普遍现象,是基因针对多样性演变的节约化的手段。

1977 年桑格尔(Sanger)在测定 $\varphi \chi 174$ 的 DNA 顺序时发现了重叠基因。共用同一DNA 序列的两个以上的基因互称为重叠基因。重叠基因广泛存在于原核生物中,而真核生物中很少,近几年研究表明真核生物中的少量重叠基因与疾病产生具有某种相关性。由于真核生物是单顺反子表达,因此暗示重叠基因与表达调控有关。基因重叠在低等生物中是遗传资源有效利用的一种节约化方式,也许更重要的是参与基因调控、提高遗传物质效率的适应性的一种表现。但过多基因重叠不利于突变,这是因为如果突变位点发生在重叠基因的重叠部分,这样将导致多个基因的改变,增加了生物适应性的难度,因此,一般重叠基因在进化上趋于保守。

1977 年贝格特(S. M. Berget)、莫瑞(C. Moore)和夏普(P. A. Shap)在研究腺病毒中发现了内含子和外显子,提出了断裂基因的概念。断裂基因由外显子和内含子相间排列组成,又称为隔裂基因,外显子与内含子的数量分别是 $n$ 与 $n-1$,外显子序列是编码蛋白质并最终在成熟 mRNA 中表达的 DNA 序列,内含子是不编码蛋白质并最终在成熟 mRNA 中不表达的 DNA 序列。隔裂基因广泛存在于真核生物中,是一种普遍现象,近几年研究发现部分原核生物如病毒、古菌中也有内含子存在。隔裂基因的内含子和外显子与基因表达和基因突变有关,已揭示的人类基因组发现蛋白质编码序列占基因组的比例不到 2%,基因数目在 3 万~4 万之间,转录为 RNA 的序列占基因组的 82%,内含子序列占基因组的 24%,基因间序列占基因组的 75%。基因编码序列远少于蛋白质数量,人类已知的蛋白质有 10 万之多,尚未包括人类未知的蛋白质。在研究中发现同一基因序列在不同组织器官中其外显子表达是有一定差异的,同一基因可以通过内含子的选择加工成为不同的 mRNA,翻译出功能相似的不同蛋白质,外显子与内含子剪接与基因表达调节有关。隔裂基因表现出特有的生物学效应:①有利于较多遗传信息的贮存,增加信息量。内含子的增加,增加了 DNA序列,也增加了 DNA 的绝对信息量。②增加了基因的多样性。由于剪接方式的差异,使同一 DNA 序列具有编码多种功能蛋白的可能。③有利于物种的变异与进化,增加了基因的保护手段。如果突变发生在内含子内部,则不会产生表型改变,增加了 DNA 序列的多态性,有利于功能基因序列的保护,增加生物多样性的适应性。如果突变发生在剪接位点,将造成剪接方式的改变,结果使蛋白质结构发生大幅度的变化,从而加速进化,有利于新基因的产生,增加生物多样性的适应性。如果突变发生在外显子序列,如果是同义突变则只增加单核苷酸多态性,其效应是沉默效应;如果是错义突变则只引起氨基酸的改变,不至于造成蛋白质功能完全丧失,很难产生重大改变而形成新的蛋白质,这样就大大降低了突变的效应。④内含子出现降低了基因突变几率,特别是有效地降低了保守序列的突变,有利于保护核心序列。这是由于内含子序列增加,增加了基因绝对长度,在相同突变概率下降低了基因突变几率,降低了保守序列突变风险。⑤是基因调控装置,是基因多样性表达的手段。⑥降低了基因在基因组中的分布密度,增加了 C 值悖论。C 值悖论是生物基因组 C 值大小与生物进化不协调现象,在正常情况下 C 值越大基因组进化越高等,但两栖类与显花植物的 C 值都大于哺乳类,由于内含子的核苷酸数量可比外显子多 5~10 倍,正是内含子核苷酸数量的剧增,导致了基因组进化中的 C 值悖论现象。

以上试验结论推翻了经典遗传学认为的基因不可移动、不能分割、不可重叠的理论。因此,现代遗传学认为基因是位于染色体或质粒上,具有实现一定遗传效应,部分序列可移动、可断裂、可重叠,能够表达和产生蛋白质及 RNA 序列的一段连续或非连续的 DNA 片段,并把基因分为结构基因、调节基因、RNA 基因和调控序列片段。

(1) 结构基因(structural genes)是指决定蛋白质一级结构的序列,因剪接差异导致的同一基因的不同蛋白质决定着生物相同性状的不同表现形式。结构基因通过转录等产生 mRNA,再以 mRNA 为模板以一个三联体密码子决定一个氨基酸的方式翻译合成多肽链,最初合成的多肽链经加工、修饰后成为蛋白质的组成部分。各种结构基因表达合成的蛋白质,包括酶、运载蛋白(如血红蛋白)、结构蛋白(如核糖体蛋白、种子贮藏蛋白)、蛋白质激素(如人生长激素)、抗原和抗体等。这些蛋白质在细胞或生物体内发挥不同的功能,决定着生物体的各种性状和这些性状的不同表现。

(2) 调节基因(regulatory genes)是指控制结构基因选择性表达的 DNA 区段,不同于调控序列,具有基因产物。这种选择性表达可表现在细胞周期的不同时期和个体发育的不同阶段,在各种组织和不同的器官及在不同的环境下,调节基因产物调节各种结构基因的关闭或表达及表达量的多少,这种选择性的表达既避免了细胞容量承载蛋白质数量之重负,又节约了有限性的资源。例如人的血红蛋白 $\beta$ 链基因($H_b\beta$)的表达在胎儿后期到出生时才急剧上升,人的生长激素基因只在脑垂体表达并且表达量因人而异,大肠杆菌代谢乳糖的酶基因在不含葡萄糖而只含乳糖或乳糖类似物的培养基上才大量表达。因此,结构基因与调节基因都是不仅能够转录,而且能够翻译成多肽的基因,翻译多肽链可以形成不同构象的蛋白质或酶类,从而构成各种结构蛋白和催化各种生化反应的酶或产生调节基因表达活性的激活蛋白质和阻遏蛋白质。一般这类基因在结构上具有启动序列、信息编码序列和终止序列。

(3) RNA 基因中,最主要的是核糖体 RNA 基因(rDNA)、转移 RNA 基因(tDNA)、snRNA 基因和 RNAi 基因,其产物 rRNA 和 tRNA 分子参与蛋白质多肽链的合成,snRNA 和 RNAi 参与转录与翻译调控,snRNA 参与转录复合体的形成并与内含子剪接复合体形成密切相关,RNAi 是干扰 RNA 或反义 RNA 的总称,是干扰转录与翻译的,起负调控作用,尤其对于防御病毒和跳跃基因是非常重要的。这类基因一般是多拷贝的,即使少数拷贝发生变化一般也不会带来严重的后果,并且这类基因在结构上也具有启动序列和终止序列,但不具有信息编码序列,只决定 RNA 分子的空间构象。

(4) 调控序列片段是不具有编码功能,仅提供调节基因产物的作用部位,具有特殊的生物学功能的 DNA 片段,一般具有一小段保守核心序列,因保守核心序列的不同而表现出不同的功能差别,也就是遗传学术语上常说的顺式作用元件。上述各类基因之间的相互关系如图 8.2。这些顺式作用元件关系到结构基因的活化与钝化,生物体通过这些基因的相互作用、密切合作、相互协调,调控基因的有序表达,使其各类生命活动表现出规律性与和谐性。

## 8.1.2 DNA、基因结构与功能

原核基因结构(图 8.3(a))具有编码序列和位于编码序列两侧的调控序列,在编码序列前端的是启动子(promoter),位于基因 5′ 端上游外侧紧挨转录起始位点的一段长度为20～200 bp 的非编码核苷酸序列,是 RNA 聚合酶的识别结合部位,其功能是调节基因转录起始;在编码序列后端的是终止子(terminator),位于基因或操纵子末端,提供转录终止信号的

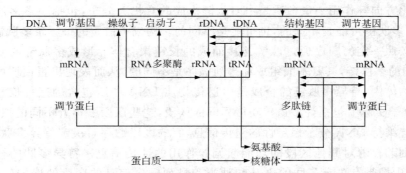

图 8.2　各类基因 DNA 区段之间的相互关系

DNA 区段,其功能是终止基因转录;编码序列叫开放式阅读框(open reading frame,ORF),
负责编码蛋白质或 RNA 序列。真核生物的基因结构(图 8.3(b))与原核类似,不同的是原
始编码序列包括内含子和外显子,外显子与原核 ORF 类似,但由于外显子连接方式的不
同,一个基因可以编码几个功能相似的不同 mRNA,在不同组织上进行差异表达。

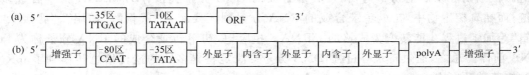

图 8.3　原核生物(a)与真核生物(b)基因结构比较

　　基因是具有编码功能的 DNA 序列,研究发现不同生物的 DNA 分子,最短的约有 4 kp,
最长的约有 40 亿 bp ,多肽链一般由 150~300 个氨基酸组成,一个基因的外显子按三联体
密码子计算必须有 450~900 bp,加之不表达的内含子序列,一般基因大约有 500~6 000 bp
来编码其对应的多肽链。但是并非 DNA 分子上的任意含有几千个核苷酸对的区段都是一
个基因,基因是含有特定遗传信息的 DNA 分子区段。怎样判断 DNA 分子中一段特定的核
苷酸序列是不是一个基因呢? 主要看这个特定的核苷酸序列是否与其转录产物 RNA 核苷
酸序列或翻译多肽链的氨基酸序列相对应。这样就必须同时测定某一段 DNA 的核苷酸序
列与相应产物的序列。

　　1965 年霍利耶(Holley)第一次测定了酵母苯丙氨酸 tRNA 的 75 个核苷酸对的全部序
列;1972 年费尔斯(Fiers)又测定了 RNA MS2 噬菌体外壳蛋白的核苷酸序列。MS2 噬菌
体很小,它的 RNA 不仅是遗传物质,同时还是 mRNA,总共有 3569 个核苷酸,包含 3 个基
因,分别控制 MS2 噬菌体的外壳蛋白、吸附寄主必需的 A 蛋白质和 DNA 自身复制所需的
一种合成酶。1978 年 Fiers 等进一步测定了 MS2 噬菌体 RNA 的核苷酸序列,并与这 3 个
基因控制的蛋白质氨基酸序列完全对应起来。他们还测定了肿瘤病毒 SV40 的全部序列的
5 224个核苷酸对。1977 年桑格尔(Sanger)等完成了 φχ174 的测定并发现基因重叠现象,
这些精细的工作使人们对基因的本质以及基因与 DNA 的关系有了更深入的了解。DNA
序列包括基因序列和非基因序列,基因序列与非基因序列在结构上是有差别的,基因编码序
列具有一定的表型效应,非编码序列也并不是没有功能,研究发现大量的非编码序列与基因
表达调控有关,有的与 DNA 的高级结构的空间构象有关,所以 DNA 序列是具有独特功能
的,其主要功能是贮存遗传信息、实现遗传信息的传递、控制性状表达、决定其生物表型和决

定生物进化方向等作用。蛋白质是由多肽链构成的有机大分子,包括1条多肽链或多条多肽链,多条多肽链可能是相同的,也可能是不同的。构成蛋白质的每一条多肽链又是由不同的氨基酸按照一定的顺序通过肽键连接而成的长链聚合体。形成多肽链的氨基酸一般有20种,不同的多肽链,其氨基酸组成和排列顺序是不同的,从而表现出蛋白质的多样性和特异性。生物体内,特异多肽链的合成是由遗传物质DNA中所包含的遗传信息决定的。每个DNA分子实际上包括许多遗传功能不同的区段,这些区段贮存着不同的遗传信息,有的区段贮存着维持DNA分子稳定性的遗传信息,有的区段贮存着决定特异多肽的遗传信息,有的区段则贮存着对其他区段的功能起调控作用的遗传信息。特异多肽的合成过程就是DNA分子中携带有决定多肽的氨基酸种类和排列顺序信息的区段的遗传信息的转移、加工、编辑和修饰等过程。在转录过程中,以DNA分子中决定特异多肽的区段的一条链作为模板,在RNA聚合酶等的作用下,按照碱基互补配对的规则合成互补的RNA分子链。在转录时,A与U是互补配对的,C与G是互补配对的,在合成的RNA分子中,除U代替了T以外,碱基的排列与非模板链是相同的,因此,模板链又称为无义链,非模板链又称为有义链。在细菌等原核生物中,由初级转录合成的RNA分子直接作为mRNA指导合成多肽链;而在真核生物中,初级转录合成的RNA分子则还要经过"戴帽"、"加尾"、"剪接"、"编辑"等加工过程才能转变为成熟的mRNA。相应地,初级转录合成的RNA分子称为mRNA前体。总之,通过转录等过程,DNA分子中决定特异多肽的遗传信息转移到了mRNA的核苷酸顺序中。

由DNA转移到mRNA分子的核苷酸顺序决定了特异多肽的信息,通过翻译作用,进一步转移到多肽链的氨基酸序列中。翻译时,以mRNA为模板,从固定起点开始,从5′到3′的方向,按照3个连续的、不重复的碱基决定1个氨基酸的原则,通过肽键顺序连接相应的氨基酸,形成多肽链,直至遇到终止信号。这种3个连续的核苷酸或碱基,决定多肽链中的1个氨基酸,称为三联体密码子。密码子在一个mRNA分子上通常是不重叠的,其间无逗号,即在翻译时是连续译读的。有4种不同的核苷酸或碱基,相应地,就有64种不同的密码子(表8.1)。而组成蛋白质的氨基酸一般只有20种,与密码子数不一致,是因为多个密码子可决定同一种氨基酸,密码子的这种特性称为简并性。简并密码子为同义密码子,第1、2个碱基相同,第3个碱基不同。可见,当三联体密码子的第1、2个碱基决定之后,第3个碱基不同,也可能决定同一种氨基酸,密码子的这种特性称为有序性。它们之所以决定同一种氨基酸是由搬运氨基酸的tRNA分子上的副密码子区域决定的,副密码子(paracodon)即是tRNA分子上决定其携带氨基酸的区域,同一种氨基酸的副密码子是相同的,且位置不固定,并不与氨基酸单独发生作用,与氨基酸侧链信息有关。tRNA分子上不仅有副密码子决定氨基酸种类,还有反密码子(亦为三联体)来校对副密码子的正确性,密码子是通过与反密码子配对识别来校对氨基酸的种类的,密码子与反密码子配对具摇摆性,即一种tRNA分子上的反密码子5′端的第1个碱基能够与密码子3′端第1位的多种碱基发生碱基配对,这是由tRNA的空间结构决定的,而一种tRNA分子只能携带一种氨基酸,携带同一种氨基酸而反密码子又不同的一组tRNA分子称为同工tRNA(isoaccepting tRNAs),同工tRNA由一种氨酰基tRNA合成酶所识别,即一种氨酰基tRNA合成酶只能识别一组同工tRNA,一组同工tRNA分子最多只有6个tRNA分子。副密码子决定tRNA携带氨基酸的种类,密码子校对氨基酸的信息,通过密码子与反密码子配对的摆动性来实现密码子简并性。在简并密码子中,不同生物往往偏好于使用其中一种,这就是密码子的偏好性(prefer codon)。在 64 个密码子中,UAA、UGA 和 UAG 不决定任何氨基酸,是无义密码子,是多肽合成的终止信号,称为终止密码子。AUG 是常见起始密码子,其次为 CUG 和 UUG;在原核生物中 AUG 是翻译起始密码子,并编码甲酰甲硫氨酸,作为非起始密码子时编码甲硫氨酸;有时 UGU 和 AUU 也可以作为起始密码子;AUG 在真核生物中编码甲硫氨酸,并兼作起始密码子,GUG 编码缬氨酸,在某些生物中也兼有起始密码子的作用。除在线粒体等中有一些例外外,密码子从病毒到人类都是通用的,具通用性。在不同生物中部分密码子具有部分特异性,如支原体(Mycoplasema)的 UGA 不是终止密码子,而是色氨酸密码子,嗜热四膜虫(thermophilus tetrahymena)的 UAA 也不是终止密码子,而是谷氨酰胺密码子,而且线粒体部分密码子不同于染色体 DNA 密码子,如 AGA 核密码为精氨酸,在哺乳动物的线粒体中为终止密码子,在果蝇中为丝氨酸密码子,并且在线粒体中不是一个密码子不同于核密码,是某些密码子不同于核密码子。综上所述,贮存在 DNA 特定区段碱基序列中的决定多肽氨基酸序列的遗传信息,通过转录转移到 mRNA 上,这种遗传信息的转移不是简单的信息传送过程,最初的遗传信息可能会得到较大的改变;然后,mRNA 核苷酸序列中的信息通过翻译过程转移到多肽链的氨基酸序列中,多肽得以合成。这样,储存有多肽氨基酸序列的遗传信息的 DNA 区段的碱基序列是不同的,其合成的多肽氨基酸序列也有所不同,从而决定了蛋白质或酶的特异性,使生物个体表现出特异的表型特征。当然,特异多肽的合成除了与储存有该多肽氨基酸序列信息的 DNA 区段有关外,还与 DNA 分子的其他区段的调控有关。

**表 8.1 遗传密码字典**

| 第 1 位核苷酸(5′端) | 第 2 位核苷酸(中间位置) | | | | 第 3 位核苷酸(3′端) |
|---|---|---|---|---|---|
| | U | C | A | G | |
| U | Phe, F(苯丙氨酸) | Ser, S(丝氨酸) | Tyr, Y(酪氨酸) | Cys, C(半胱氨酸) | U |
| | Phe, F(苯丙氨酸) | Ser, S(丝氨酸) | Tyr, Y(酪氨酸) | Cys, C(半胱氨酸) | C |
| | Leu, L(亮氨酸) | Ser, S(丝氨酸) | Stop(终止子) | Stop(终止子) | A |
| | Leu, L(亮氨酸) | Ser, S(丝氨酸) | Stop(终止子) | Trp, W(色氨酸) | G |
| C | Leu, L(亮氨酸) | Pro, P(脯氨酸) | His, H(组氨酸) | Arg, R(精氨酸) | U |
| | Leu, L(亮氨酸) | Pro, P(脯氨酸) | His, H(组氨酸) | Arg, R(精氨酸) | C |
| | Leu, L(亮氨酸) | Pro, P(脯氨酸) | Gln, Q(谷氨酰胺) | Arg, R(精氨酸) | A |
| | Leu, L(亮氨酸) | Pro, P(脯氨酸) | Gln, Q(谷氨酰胺) | Arg, R(精氨酸) | G |
| A | Ile, I(异亮氨酸) | Thr, T(苏氨酸) | Asn, N(天冬酰胺) | Ser, S(丝氨酸) | U |
| | Ile, I(异亮氨酸) | Thr, T(苏氨酸) | Asn, N(天冬酰胺) | Ser, S(丝氨酸) | C |
| | Ile, I(异亮氨酸) | Thr, T(苏氨酸) | Lys, K(赖氨酸) | Arg, R(精氨酸) | A |
| | Met*, M (起始密码子兼甲硫氨酸) | Thr, T(苏氨酸) | Lys, K(赖氨酸) | Arg, R(精氨酸) | G |
| G | Val, V(缬氨酸) | Ala, A(丙氨酸) | Asp, D(天冬氨酸) | Gly, G(甘氨酸) | U |
| | Val, V(缬氨酸) | Ala, A(丙氨酸) | Asp, D(天冬氨酸) | Gly, G(甘氨酸) | C |
| | Val, V(缬氨酸) | Ala, A(丙氨酸) | Glu, E(谷氨酸) | Gly, G(甘氨酸) | A |
| | Val*, V (起始密码子兼缬氨酸) | Ala, A(丙氨酸) | Glu, E(谷氨酸) | Gly, G(甘氨酸) | G |

在代代相传的 DNA 分子中,DNA 作为遗传信息的载体,对于生命状态的存在和延续

来说要求 DNA 保持高度的精确性和完整性。在细胞中没有哪一种分子可以和 DNA 相媲美,这是因为在长期的进化中,生物体不仅演化出 DNA 复制机制,而且还演化出能纠正偶然的复制错误的系统以及修复因环境因素(如射线、化学诱变剂)和体内化学物质造成的 DNA 分子损伤的系统,即复制修复系统和损伤修复系统。对某一种生物来说,其 DNA 分子的数量和结构是相对稳定的,从而保持物种的遗传稳定性。但是,生物 DNA 的复制和修复系统并不是完美无缺的。事实上,DNA 的分子数量的改变以及核苷酸序列较大和微小的改变时时以低频率发生着,这些改变的原因是 DNA 的重组、染色体的组合、基因突变以及转座子和病毒的穿梭移动,从而导致了染色体数目变异、结构变异和基因的点突变,这些变异形成了生物的种族差异,为进化提供了自然的材料,变异经过遗传漂移的固定、时间的积累作用和自然选择作用形成了不断向前发展的形形色色的生物种群。

## 8.2　微生物基因组学概况

对大多数生物来说,遗传物质是 DNA。DNA 主要存在于染色体上,一个染色质就是一个 DNA 分子,一个染色体含有两个染色单体,一个染色单体也是一个 DNA 分子。真核生物的染色体是由 DNA 分子和大量蛋白质结合形成的一种复合结构,存在于细胞核中,在分裂期染色体清晰,数目可识别,间期每条染色体含有一个 DNA 分子,以染色质形式存在,可以说,染色体与染色质只是遗传物质在细胞周期中的存在状态差异,没有本质的区别。细菌等原核生物没有细胞核,其染色体在细胞的拟核区域,一般由一个 DNA 分子和一些蛋白质结合而成;病毒没有细胞结构,主要由外壳蛋白及其包被的遗传物质 DNA 或 RNA 组成,DNA 病毒的染色体几乎就是裸露的 DNA 分子,RNA 病毒的染色体则是 RNA 分子。另外,真核生物和原核生物的细胞质中也含有部分遗传物质,如叶绿体 DNA、线粒体 DNA 和质粒 DNA 等。一个物种的一套完整的遗传物质称为该物种的基因组。其中,一个物种的一套完整的单倍体染色体的遗传物质称为核基因组,其上的基因称为核基因;一套完整的细胞质中的遗传物质统称为细胞质基因组,其上携带的基因称为细胞质基因。通常所说的基因组一般指的是核基因组。对于二倍体生物而言,能维持配子或配子体正常功能的一套染色体就称为一个基因组,一个基因组包括一整套基因。对于单倍体生物,多数只有一条染色体的原核生物,它的整个染色体就是一个基因组,多数原核生物的基因组包括一个染色体基因组和一至几个质粒基因组。因此,以基因组为研究单位的遗传分支学科就是基因组学(genomics),即是从事基因组的序列测定和表征描述,以及基因活性与细胞功能关系的研究的一门学科。基因组根据基因功能差异又划分为结构基因组学、功能基因组学、比较基因组学、蛋白组学等分支学科。结构基因组学(structural genomics):研究基因与基因组结构,各种遗传元件的遗传特征,基因组作图,基因定位的学科。功能基因组学(functional genomics):研究不同的序列结构具有的不同功能,基因表达调控,基因和环境(基因与基因,基因与其他 DNA 序列,基因与蛋白质)之间相互作用的学科。比较基因组学(comparative genomics):在基因组图谱和测序基础上,对已知的基因和基因组结构进行比较,来了解基因的功能、表达机理和物种进化的学科。利用模式生物基因组与人类基因组之间编码顺序上和结构上的同源性,克隆人类疾病基因,揭示基因功能和疾病分子机制,阐明物种进化关系,及基因组的内在结构。蛋白质组学(proteomics):基因的功能通过其编码的蛋白质产物实现,故研究细胞内全部蛋白质组成及活动规律的学科称为蛋白质组学。

### 8.2.1　基因组的大小和 C 值矛盾

一个物种的基因组的 DNA 含量一般是恒定的,通常把这个恒定值称为该物种 DNA 的 C 值。不同物种的 C 值差异极大(图 8.4),最小的支原体的 C 值只有 $10^4$ bp,而最大的如某些显花植物和两栖动物的 C 值可达 $10^{11}$ bp。C 值的大小差异大致反映了物种的进化关系,如真菌和高等植物同属于真核生物,后者的 C 值就大得多。随着生物的进化,生物体的结构和功能越来越复杂,基因数目不断增多,C 值不断增大;另一方面,在结构、功能很相似的同一类生物中,甚至亲缘关系十分接近的物种之间,它们的 C 值却可以相差数十倍乃至上百倍。最突出的例子是两栖动物,其 C 值大小为 $10^9 \sim 10^{11}$ bp,而包括人类在内的哺乳动物的 C 值均为 $10^9$ bp 的数量级,人们很难相信两栖动物的结构和功能会比哺乳动物更复杂;而且,人和牛的 C 值相当,然而二者性状表现的差异却是如此之大。这样,人们难以用已知功能来解释基因组大小与物种差异的对应性关系。人们把这种 C 值大小与生物进化不协调的现象称为 C 值矛盾或 C 值悖论。如何理解 C 值悖论的产生呢?从哲学观点看,进化的初期,是数量上的变化,C 值越大,表明生物进化程度越高,随着机体结构与功能的复杂化,C 值也越来越大;但进化到一定程度,C 值无限量增加,遗传物质的含量越来越高,对生物体的细胞而言,其负担也是越来越重,在这个时候,生命体选择了质量上变化,随着进化程度的进一步提高,在有限的遗传物质中进行质量上的演变,比如有效基因数目增加,或必需基因种类增加,或基因间的协同作用增加,以提高生物体的适应能力以及生存能力,从这个观点看,就不难理解 C 值矛盾了。从基因组进化而言,假基因的出现可能是为了规避无功能基因,这样可降低基因差错,保证正常基因的运转而进行的自我选择的主动淘汰机制;重复序列的出现,增加了基因丰余性,提供更多的候补基因以避免错误,同时也增加了基因表达方式,表现出不同的调控手段,对生物多样性的适应作出积极的选择;内含子的出现降低了基因点突变的风险,起到了保护基因的作用;基因间间隔序列增加,降低了基因密度,使同一染色体的基因分散,有利于规避辐射等诱变剂对 DNA 的集中性损害;同源异型框的出现保证了功能

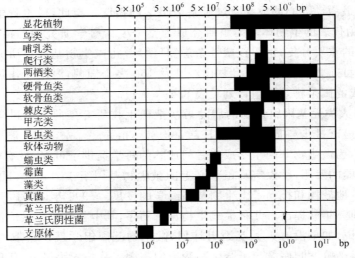

图 8.4　基因组 C 值

与进化的协调,以上这些特有序列都增加了 C 值悖论的产生。基因组进化是必然的,但功能与手段的改变是有限的,在适应中改变,在改变中适应,从而实现着生物基因组的演化,以增加生物的适应性与多样性,提高生物的生存能力。

### 8.2.2 微生物基因组学研究概况

人类基因组计划(human genome project,HGP)是一项耗资约 30 亿美元,测序工作量约 30 亿碱基对的举世闻名的跨国科研计划。微生物基因组学的历史与人类基因组计划有着密切的联系,微生物基因组与人类基因组计划是相得益彰的,由于微生物基因组小,易于操作,相对投入少,而且微生物基因组研究可以积累经验、完善技术,微生物基因组的研究起着"先行官"的作用。同时,微生物基因组收效快,成果易于转化为产品,尤其是基因组与药物筛选技术的匹配性有利于药物开发的针对性。近年来发现,酵母菌基因组中有与人的老年性痴呆基因相似的基因结构,这无疑说明了研究微生物基因组的潜在价值。1977 年完成的第一个生物基因组测序就是全长 5.3kb 的 $\varphi\chi174$ 噬菌体基因组。1986 年美国能源部健康与环境办公室的 Charles DeLisi 和 David Smith 在新墨西哥州圣菲市主持召开了人类基因组可行性研讨大会,讨论了酵母人工染色体、噬菌体、黏粒图谱(cosmid map)、随机鸟枪法测序(random shotgun sequencing)和 cDNA 等,多数人主张用图谱、酵母人工染色体和黏粒来交叠覆盖克隆人类基因组。同年能源部划拨 530 万美元作为国家实验室做前期工作的经费。1986 年美国国立卫生院(National Institutes of Health,NIH)认为人类基因组计划与健康有关,NIH 应该是主要参与者,沃森(Watson)被任命为人类基因组研究办公室主任。1990 年能源部与 NIH 联合向美国国会提交了人类基因组的 15 年规划和 5 年研究计划。这期间大肠杆菌基因组和酵母基因组测序完成,详细内容见第 1 章。位于美国马里兰州 Rockville 的基因组研究所(The Institute for Genomic Research,TIGR)从 1994 年完成第一个嗜血流感菌(*Haemophilus influenzae*)全基因组测序任务后,随即美国能源部启动了微生物基因组计划,对微生物的研究扩展到了对全基因组序列的整体研究,微生物基因组学应运而生,并推动了人类基因组的测序研究,促进了医学与生物学迅猛发展,取得了巨大的飞跃,在 20 世纪末最激动人心的成果莫过于基因组学的揭谜。至此,微生物学进入了一个新时期。以 HGP 为代表的生物体基因组研究成为整个生命科学研究的前沿,而微生物基因组研究又是其中的重要分支,世界权威性杂志《科学》曾将微生物基因组研究列为世界重大科学进展之一。目前微生物基因组计划已经涉及 160 多个细菌,测序工作量已经达到 5 亿碱基对,已经完成的微生物基因组计划见表 8.2。

2006 年 4 月人类元基因组计划的启动再次把微生物研究推向生命科学的最前沿。微生物基因组学的显著进步与基因组技术日趋完善密切相关。首先,DNA 测序技术以及自动测序仪器的发明,为微生物基因组学成为一门成熟的科学提供了可能,没有 DNA 测序技术以及自动测序仪器的发明,就没有真正意义上的微生物基因组学。其次,HGP 开拓了人们的思维,前所未有地鼓舞和推动了微生物基因组学的发展。1990 年 10 月 1 日,人类基因组计划正式启动,前 5 年就提出对几种模式生物进行测序,其中包括研究最广泛的大肠杆菌和酵母。可以这样说,如果没有人类基因组计划,微生物基因组学就不会取得现在这样的进展。最后,全基因鸟枪法测序掀起了微生物测序的高潮。从技术手段上,任何来源得到的任何未知或未曾研究过的有机体的几微克基因组 DNA 都适用于测序,而鸟枪法的成熟使

DNA 测序技术日益完善。截止到 2006 年 11 月,已经完成测序的微生物基因组达到 383 个,正在测序的有 995 个。

**表 8.2 已经完成的微生物基因组计划**

| 菌种名 | 碱基数(bp) | 蛋白数量 |
| --- | --- | --- |
| [A]*Aeropyrum* | 1 669 695 | 2 694 |
| [B]*Aquifex aeolicus* | 1 551 335 | 1 522 |
| [A]*Archaeoglobus fulgidus* | 2 178 400 | 2 436 |
| [B]*Bacillus halodurans* C-125 | 4 202 352 | 4 066 |
| [B]*Bacillus subtilis* | 4 214 814 | 4 100 |
| [B]*Borrelia burgdorferi* | 910 725 | 853 |
| [B]*Buchnera* sp. ASP | 640 681 | 564 |
| [B]*Camplobacter jejuni* | 1 641 481 | 1 654 |
| [B]*Caulobacter cresentus* | 4 016 947 | 3 737 |
| [B]*Chlamydia pneumoniae* CWL029 | 1 230 230 | 1 052 |
| [B]*Chlamydia pneumoniae* AR39 | 1 229 853 | 997 |
| [B]*Chlamydia penumoniae* J138 | 1 228 267 | 1 070 |
| [B]*Chlamydia muridarum* | 1 069 412 | 818 |
| [B]*Chlamydia trachomatis* D/UW-3/CX | 1 042 519 | 894 |
| [B]*Clostridium acetobutylicum* | 3 940 880 | 3 672 |
| [B]*Deinococcus radiodurans* | 2 648 638 | 2 580 |
| [B]*Escherichia coli* K12 | 4 639 221 | 4 289 |
| [B]*Escherichia coli* O157:H7 EDL933 | 5 528 970 | 5 349 |
| [B]*Escherichia coli* O157:H7 | 5 498 450 | 5 361 |
| [B]*Haemophilus influenzae* | 1 830 138 | 2 709 |
| [A]*Halobacterium* sp. NRC1 | 2 014 239 | 2 058 |
| [B]*Helicobacter pyloi* 26695 | 1 667 867 | 1 566 |
| [B]*Helicobacter pylori* J99 | 1 643 831 | 1 491 |
| [B]*Lactococcus lactis* | 2 365 589 | 2 266 |
| [A]*Methanobacterium thermoautotrophicum* | 1 751 377 | 1 869 |
| [A]*Methanococcus jannaschii* | 1 664 970 | 1 715 |
| [B]*Mesorhizobium loti* | 7 036 074 | 6 752 |
| [B]*Mycobacterium tuberculosis* | 4 411 529 | 3 918 |
| [B]*Mycobacterium tuberculosis* CDC1551 | 4 403 836 | 4 187 |
| [B]*Mycobacterium leprae* | 3 268 203 | 1 605 |
| [B]*Mycoplasma genitalium* | 580 073 | 484 |
| [B]*Mycoplasma pneumoniae* | 816 394 | 677 |
| [B]*Mycoplasma pulmonis* | 963 879 | 782 |
| [B]*Neisseria meningitides* MC58 | 2 272 325 | 2 025 |
| [B]*Neisseria meningitides* Z2491 | 2 184 406 | 2 121 |
| [B]*Pasteurella multocida* | 2 257 487 | 2 014 |
| [B]*Pseudomonas aeruginosa* | 6 264 403 | 5 565 |
| [A]*Pyrococcus abyssi* | 1 765 118 | 1 765 |
| [A]*Pyrococcus horikoshii* | 1 738 505 | 1 979 |
| [B]*Rickettsia prowazekii* | 1 111 529 | 834 |
| [B]*Sinorhizobium meliloti* | 3 654 135 | 3 341 |
| [B]*Staphylococcus aureus* N315 | 2 813 641 | 2 595 |
| [B]*Staphylococcus aureus* N315 | 2 878 134 | 2 697 |

续表

| 菌种名 | 碱基数(bp) | 蛋白数量 |
|---|---|---|
| [B]*Streptococcus pneumoniae* | 21 608 371 | 2 094 |
| [B]*Streptococcus pyogenes* | 1 852 451 | 1 696 |
| [B]*Streptomyces coelicolor* | 8 667 507 | 7 846 |
| [A]*Sulfolobus solfataricus* | 2 992 245 | 2 977 |
| [B]*Synechocystis* PCC6803 | 3 573 470 | 3 169 |
| [A]*Thermoplasma acidophilum* | 1 564 906 | 1 509 |
| [A]*Thermoplasma volcanium* GSS1 | 1 585 104 | 1 499 |
| [B]*Thermotoga maritime* | 1 860 725 | 1 846 |
| [B]*Treponema pallidum* | 1 138 011 | 1 031 |
| [B]*Ureaplasma urealyticum* | 751 719 | 613 |
| [B]*Vibrio cholerae* | 4 033 464 | 3 827 |
| [B]*Xylella fastidiosa* | 2 679 306 | 2 766 |

注:[A]=Archara,[B]=Bacteria

2005 年 10 月 27—29 日,美国、巴西、法国、德国、英国、日本和中国等 13 个国家 80 余名代表参加了人类元基因组计划第一次协调会议。国际上著名的基因组学研究机构如美国的 TIGR、JGI 及英国的 Sanger 研究所等都有代表出席。我国上海交通大学生命科学技术学院赵立平教授代表由上海交通大学生命科学技术学院、国家人类基因组南方研究中心和浙江大学等单位组成的中国人类元基因组联盟,并作为国际微生物生态学会的"中国大使"参加了会议,中国科学院基因组研究所也派代表出席了会议。会议围绕对人体内共生微生物群落进行全序列测定的核心议题,针对测序策略和方法、项目对医学与健康领域的作用和影响、项目对生物技术产业的作用和影响以及经费筹集和国际研究活动的协调与组织等 4 个方面 进行了充分讨论和交流,会议起草了《人类元基因组计划巴黎宣言》,计划在 2006 年春季召开会议,正式成立"人类元基因组计划国际联盟",作为协调这一宏大科学计划的国际组织。赵立平教授应会议组织方邀请负责协调中国地区的人类元基因组计划相关的活动。

随着基因组研究的深入,共生菌的逐一破译,发现一个吸食树液的昆虫内的共生菌拥有 159 662 bp,编码 182 个基因。西班牙瓦伦西大学的安姆帕罗·拉托雷(Amparo Latorre)发现一种只有 400 000 bp 的 DNA 共生菌,其编码的基因不到 180 个。美国破译人类基因组的领军人物克雷格·文特尔(Craig Venter)认为利用这样小的基因组可以帮助人类合成产生生物燃料的细菌,根据目前基因合成技术的能力,这样的 DNA 片段已经可以完成。从共生菌中也许能够发现远古生命的痕迹,尤其是厌氧菌与古菌的比对,试图探明生命起源的轨迹。文特尔认为基因组技术有可能解决现在的能源问题,人造生命不是没有可能,利用基因组技术解决人类疾病问题指日可待。元基因组计划的目的是解析微生物群落中所有基因组信息的总和,揭示人体本身与共生菌的关系。由于微生物基因组 DNA 序列具有种属特征,用基因组 DNA 序列的种类及其被检出的频度就可以代表群落微生物种群的种类和数量。因此,采用高通量、大规模和系统化的基于 DNA 序列的方法就能够分析、监测和认识微生物群落及其生命过程,从而破解这本微生物群落的大部"天书"。假如元基因组的基因将超过 100 万个,如果假设人体微生物基因组平均为 5 Mb,每个基因组平均编码 4 000 个基因,那么人体内将有 200 万~400 万个非人类基因,这些非人类基因可能是人类基因的 100 多倍,这些微生物基因产物分泌出来必将对人类细胞的生理功能产生影响,怎样协调人类与微生物的关系也许是控制疾病更有效的方法。

　　人类是由细菌和人体细胞组成的混合体，是一个典型的超生物体(superorganism)。人体口腔菌谱多达 500 余种，人体已知的肠道菌谱多达 400 余种，人体体内到底有多少共生菌，有多少是有益菌群，多少有害菌群，多少条件致病菌，这一系列的问题尚不清楚。这些共生菌生活在我们的体内，它们与我们朝夕相伴，同呼吸共命运，很多人意识不到它们的存在，但它们是人类亲密而陌生的朋友。

　　国际学术界把多种微生物聚集在一起形成的系统叫做"微生物群落"，也称菌群，群落中的所有微生物基因组的总和称为"元基因组"。科学家把不依赖于分离培养、直接分析菌群中微生物基因组序列和功能的方法称为一个新兴的学科领域——元基因组学。越来越多的研究表明，人体的生理代谢和生长发育不完全受自身基因控制，有许多现象，如对疾病的易感性、药物反应等，无法全部用人体基因的差异来解释。这是因为人体内生活着大量"亲密的陌生者"——体内菌群，它们的组成和活动与人的生长发育、生老病死息息相关。对动物研究表明动物消化系统菌群的建立是在动物出生后的几天到几周，这些消化道菌群的快速建立有利于动物幼崽的生存。因此推测人体易感性差异与人体微生物菌群差异有关，疾病发生与体内微生物菌群微生态破坏有关，有害菌群的过度繁殖与某些疾病有直接关系。微生物对于人体消化和免疫系统的一些重要功能至关重要，要想理解人类疾病发生的原因、药物的作用机理，仅仅研究人类基因组是不够的，参与人体生命活动的细菌尤其是肠道菌群同样很重要。微生物的世界非常广阔，人类对微生物的了解是非常有限的，由于微生物无处不在，种类繁多，数量惊人，可以说超过 99％ 的微生物都是人类未知的，它们在自然-生物-地球-化学循环方面起着很重要的作用，在去除污染物质方面扮演着重要的角色，而且它们为新药剂、新酶及其新的生物反应过程的开发提供了很大的潜力资源。由于微生物种类的多样性，微生物基因组计划正在以惊人的速度扩展，它的总投入和工作量都将超过人类基因组，它对人类产生的影响也将是难以估计的。人类微生物基因组与人类基因组和环境微生物共同作用于人类，人们对人类微生物基因组的认识还非常有限，关于微生物的代谢与人体自身的代谢以及两者相关性的影响我们还知之甚少。了解微生物基因组的演变可以了解微生物与环境的关系。绝大多数微生物生活于土壤中，土壤微生物进一步影响着植物的生长与繁殖，动物通过植食性以植物影响着动物和体内微生物，动物死亡后在自然状态下通过微生物的分解作用参与物质循环，生物通过食物链影响着自然界的动植物，从而影响整个生物圈的变化。在生物界，微生物的作用时常被缩小了，而事实上，微生物与高等动植物的关系也是密不可分的，对生物进化的影响是显著的，也许，了解微生物与高等动植物的协同关系，对于人类在自然界的定位与作用将有一个更加科学与合理的解释，让人类成为大自然和谐的一分子，为自然界的发展与保护起到更加积极的作用。

　　回顾微生物基因组的发展历史，可以发现基因序列测定方法的建立与日益完善是微生物基因组学发展的前提。虽然近几年来已经完成了很多微生物基因组的序列测定，而且微生物基因组学领域本身也不过 10 年左右的历史，但它可以进一步向三个领域延伸，即：结构基因组学、功能基因组学和比较基因组学。伴随着这门学科的发展，微生物学知识正以极快的速度累积着并被广泛地认识着。

### 8.2.3 基因组学工具——生物信息学

广义的生物信息学是指从事对基因组研究相关的生物信息的获取、加工、储存、分配、分析和解释。包括了两层含义,一是对大量数据的收集、整理与服务,也就是管好这些数据;另一个是从中发现新的规律,也就是用好这些数据。具体地说,生物信息学是一门利用计算机技术研究生物系统规律的学科,是对基因序列进行比对研究,从而揭示基因与基因组的演变规律的学科。它把基因组和 DNA 序列信息分析作为源头,寻找基因组序列中代表蛋白质和 RNA 基因的编码区;同时,阐明基因组中大量存在的非编码区的信息实质,破译隐藏在 DNA 序列中的遗传规律;在此基础上,应用计算机归纳、整理、分析与基因遗传及其调控相关信息数据,从而认识代谢、发育、分化、进化的规律。利用计算机工具来处理基因组计划的资料的需求不断增大,许多新的正在研究或已经完成的基因组正源源不断地出现在我们面前。基因组计划网站上提供了充足的注释、功能分类、查找方法及基因组片段展示和修复。在不久的将来,功能基因组工作的实验资料也将增加到现有结构中,并为基础研究领域提供更多有价值的参考。

基因组测序需要许多工具,在 DNA 随机测序和文库构建阶段,高通量测序的软件用来进行自动碱基查找和资料跟踪处理,序列比对程序被用来在随机序列中发现重叠,并建立大的 DNA 连续序列,序列缺口处先测序,然后闭合,最终得到完整的全基因序列。同时,跟踪和更新这些信息的程序是至关重要的。只有通过这种途径,才能利用检索程序在 DNA 文库中查找 ORF,并利用计算机技术从微生物基因组潜在的 ORF 中识别出真正的功能基因。功能基因的种类也可通过已知功能的基因和生物能量代谢关系来识别,最终,高质量的注释是基于对生物信息学的分析,而不仅仅是利用基本局部比对搜索工具(basic local alignment search tool,BLAST)相似性系数的大小的比对。仅通过 BLAST 比对,蛋白质可能会消失,基因家族可用马尔科夫模型和其他技术重建。而在生物信息基础上通过模拟软件建立分子模型,将分子模型进行比对可以在三维水平上看到蛋白质的内部关系。目前该领域的研究已经积累了大量的数据和资料,如何组织分析这些资料已是现阶段的当务之急。作为基因组学的工具,其研究、发展、应用是当前的热点之一!

生物信息学在基因组研究中的主要任务是:①各种生物数据库的建立和管理;②数据库接口和检索工具的研制;③高度自动化的实验数据的获得、加工和整理;④序列片段的拼接;⑤基因区域预测;⑥基因功能预测;⑦碱基含量测定;⑧同源区域的比对;⑨分子进化的研究;⑩从海量数据中提取新知识。在比对与分子进化中主要包括直系同源比对、侧系同源比对以及基因水平或垂直转移的比对。直系同源(orthologs):指不同物种中的某一基因来自同一祖先。侧系同源(paralogs):指由于进化产生的种系间的相似基因的复制。水平基因转移(horizontal gene transfer,HGT),又称侧向基因转移(lateral gene transfer,LGT),与垂直的遗传相对应,水平基因转移泛指非传代繁殖(有性的或无性的)引起的遗传物质转移,它可以通过转化、转导、接合等方式实现基因在水平方向上(生物个体之间,或单个细胞内部细胞器之间)遗传物质的交换,从而加速基因组的革新与进化。

通过生物信息学分析我们可以识别基因组的所有的 ORF 以及其他特征,如基因组 tRNA、rRNA、重复序列等,这些分析还能延伸到鉴定基因间区域、碱基偏嗜性、复制起点、潜在基因水平转移区域、插入序列元件和质粒等。有效基因自动识别可用隐匿式马尔科夫模型(hidden markov model,HMM)完成,也可用内插式马尔科夫模型(interpolated Markov modeler),如基因定位(gene locator)和寻找基因(geng finding)可利用 Glimmer 软件来完成,将计算机程序自动化与人工管理结合来确定基因的生物意义即基因类别和功能,利用核糖体结合部位(ribosome binding site,RBS)可以进一步优化基因预测结果。BLAST 或 FASTA 可在序列数据库只搜寻和比较蛋白质同源族,包括 HMM、Pfam 和 COG(clusters of orthologous group,直系同源群族),帮助进行功能预测;通过全基因组比较(whole genome comparison)可以揭示基因组所有的相似性特征以及 DNA 重排、缺失、插入和多样性特征;通过与数据库资源比对,了解保守基因、保守蛋白、基因起源追踪和特异性转移位点的发生和发展踪迹,进而了解环境对基因的影响方式与作用效果等基因与环境的互作特征。

美国的国家生物技术信息中心(National Center for Biotechnology Informatics, NCBI)、欧洲生物信息学研究所(European Bioinformatic Institute,EBI)、日本信息生物学中心(Center for Information Biology,CIB)等相互合作,共同维护着 GenBank、EMBL、DDBJ三大基因序列数据库。目前我国已经建立中国生物技术发展中心(China National Center For Biotechnology Develoment)(http://www.cncbd.org.cn)、中国生物技术信息网(http://www.biotech.org.cn)、生物大观园、中国基础科学研究网、人类疾病相关基因分类数据库、中国科学院、北京生命科学研究所等生物科学网络技术平台。各地政府也给予了足够重视,北京市已经成立了北京生物工程学会生物信息学专业委员会(即北方生物信息学研究会),目的在于联合北方地区从事生物信息学的专家,加强合作,促进学科的发展,并为政府决策提供参考意见。国内一些科研单位已经开始摸索着从事这方面的工作。清华大学在基因调控及基因功能分析、蛋白质二级结构预测方面,天津大学物理系和中国科学院理论物理研究所在相关算法方面,中国科学院生物物理研究所在基因组大规模测序数据的组装和标识方面,北京大学化学学院物理化学研究所在蛋白质分子设计方面,华大基因组研究中心(原中国科学院遗传与发育生物研究所人类基因组研究中心)在大规模测序数据处理自动化流程体系及数据库系统建立方面,均已展开相关研究。北京大学已建立了 EMBL 中国镜像数据库,将该数据库移植到中国本地,并提供部分的检索服务(http://www.Ipc.pku.edu.cn/mirror/mirror.html;http://www.Ebi.pku.edu.cn)。复旦大学遗传学研究所为克隆新基因而建立的一整套生物信息系统也已初具规模。中国科学院上海生化所、生物物理所等单位在结构生物学和基因预测研究方面也有相当的基础,在此基础上先后成立了国家人类基因组北方中心和南方中心。总之,生物信息学在全世界范围内都是一门新兴学科,尽管我国起步较晚,但我国的整体水平与世界水平的差距并不是很大,只是我们这方面的专业人才紧缺,尤其既是生物技术的高材生又是计算机软件方面的高手的高科技人才奇缺,这个学科的普及应用还需要一定的时间,随着基因组学的推进,生物信息学将会得到极大的发展。

### 8.2.4 基因组学研究的基本内容

基因组学是遗传学研究进入分子水平后发展起来的一个分支,主要研究生物体全基因组的分子特征。基因组学强调的是以基因组为单位,而不是以单个的基因为单位作为研究对象。基因组学的研究目标是认识基因组的结构、功能及进化,弄清基因组包含的遗传物质的全部信息及相互关系,为最终充分合理地利用各种有效资源,为预防和治疗人类遗传疾病提供科学依据。

基因组学的重要组成部分即基因组计划,大体上可分为以下几个内容:①构建基因组的遗传图谱;②构建基因组的物理图谱;③测定基因组 DNA 的全部序列;④构建基因组的转录本图谱;⑤研究全基因组的功能;⑥研究鉴定各个基因的功能以及基因之间的相互关系;⑦研究基因表达调控机制;⑧研究主要的模式生物;⑨研究基因组技术方法的建立与改进;⑩研究基因组与环境的关系。

基因组遗传图谱与物理图谱的诠释是通过基因组作图(genome mapping)绘制每条染色体的遗传连锁图(genetic linkage map)和物理图(physical map)。根据作图所用的遗传标记(genetic marker)或界标(landmark),可以分别以界标为名绘制各种图谱,如限制性酶切片段长度多态性(restriction fragment length polymorphisms,RFLPs)图、表达序列标签(expressed sequence tag,EST)图、序列标点定位(sequence-tagged site,STS)图、短串联重复序列(short tandem repeat,STR)图、单核苷酸多态(single nucleotide polymorphisms,SNPs)图等。也可以绘制基因在基因组上定位的基因图(gene map),以及基因转录序列在基因组上位置的转录图(transcription map)。当把各种有效的作图标记汇集在一起时,就可以绘制基因组的整合图(integrate map)。基因测序(sequencing)测定全基因组 DNA 分子的核苷酸排列次序,实际上也是一种基因组作图,绘制的是最精细的 DNA 序列图。cDNA 图谱是通过功能蛋白反转录所对应的 DNA 序列,研究功能蛋白与生命周期的关系;并且研究同一段基因序列到底能够产生一至几个不同的 mRNA,同一基因产生这些 mRNA 的转录本到底有哪些内在的联系,它们又是怎样通过蛋白质在不同组织细胞中发挥各自的相似而又不同的作用的。基因组功能的研究提高基因识别(gene identification)方法,在作图、基因定位和测序的同时,识别出基因的序列,设法克隆基因,并研究基因的生物学效应。在识别和克隆基因的同时发展了 cDNA 战略。通过蛋白组学建立各种类型细胞的 cDNA 文库,从中分离出 cDNA,从而更快分离出蛋白质编码序列,便于及早研究基因的功能。基因功能的研究便于了解疾病产生的原因,了解基因单核苷酸多态性在生物进化中的作用。基因与基因的相互关系将揭示生物多样性与复杂性的本质。基因表达调控的深入研究将解释生命产生以及生物进化和生命周期的内在关系。模式生物(model organism)的研究对人类基因计划的顺利实施起着不可估量的作用。最常用的模式生物有大肠杆菌、酵母菌、线虫和小鼠等。植物基因组的模式生物是拟南芥。从模式生物获得的数据,对于阐明人类生物学的功能是必不可少的。一方面,生物的多样性是在进化中形成的,虽然不同生物有不同的形态结构和生理特征,但对生命活动有重要功能的基因却是高度保守的。因此,可以首先搞清低等生物的相对比较简单的基因组和生理功能,再在此基础上研究复杂的人类基因组。另一方面,在多数情况下,不可能用人直接做实验,往往用动物替代人类,研究基因的功能、生物的发育等问题。模式生物的研究,尤其是微生物的深入研究使人类对疾病与进化产生机理的认识更为明晰。基因组技术方法的建立与改进探究,是为了提高基因组研究效率与准确度等问题,有利于筛选有效、有用、准确、核心的信息,更好地进行科学研究,其中,生物信息学就是研究基因组技术的方法之一,该技术就是在研究基因组过程中产生的全新技术,随着系统生物学研究的推进,生物研究将进入更深层次的认识与研发和应用。

随着基因组学研究的深入,比较基因组学的应用与推广将全面解释生物与环境的关系,同时也将带来基因组所产生的社会问题、经济问题,以及更重要的法律、伦理问题的研究。无论植物、动物还是人类,微生物将动植物与环境紧密地联系在一起,微生物遗传学的深入研究将使人类更为明智地理解生命与科学和环境的相互关系。

人类基因组学研究的成功,推动着基因组学研究的深入,未来生物科学的发展也将面临新的发展趋势。第一,随着人类基因组的揭谜与深入,生命科学向纵深发展。动植物与微生物的协同研究将带来新的产业进步,例如 1972 年发现的抗疟疾的青蒿素(artemisinin)因提取成本高昂无法普及,但研究进行到 2003 年,加州大学的杰伊·凯阿斯林(Jay Keasling)运用生物合成方法将青蒿基因置入大肠杆菌,经改造后的大肠杆菌能够制造青蒿素的中间物,经过数步处理就能够合成青蒿素,2005 年凯阿斯林又把它导入酵母中,应用生物技术方法生产青蒿素将不再是不可逾越的难题,利用这一技术产生青蒿素将使其成本降低 9/10。未来药物生产将以单体药作为主要发展方向,动植物药库的有效成分的基因鉴定、分离克隆并转入微生物产生菌中实现工业化生产将不再遥远,利用生物防治部分替代化学防治,以减少化学物质对生物体系的干扰作用,降低污染,提高生命质量,将成为可能。基因组测序、功能基因的研究和基因技术的应用,将推动整个生物技术的发展,也将对科技发展、经济发展以及整个社会产生深远影响。第二,对人类基因的认识才刚刚开始。从人类、动物、植物、微生物、大自然这个超级循环圈中,发现禽流感的肆虐、HIV 的流窜、癌症的不断爆发、SARS 与猪流感敲响的警钟,人类也许将重新认识自己与其他生物和环境的关系。第三,生物基因组已成为全球竞争的新热点。基因组学发展的最终理想是要通过基因组学带动一个学科和一个产业。青蒿素是一个例子,基因组资源库的建立将是掌握科技先机的关键。所有生命的进化都刻写在基因组的 DNA 密码上,可以说,只要弄清了一个动植物的基因密码,也就掌握了这一资源。人类基因组计划宣告完成的时候,生物基因组就成为世界竞争的一个主要方向。基因组的破译,以及比较基因组学与环境基因组学的研究将诠释基因组进化演变的轨迹。从基因与蛋白的同源性研究中有利于了解基因组的种系关系,有利于诠释人类疾病的产生的原因。基因组的深入研究将带动生物资源基因组计划的实施,推动生物科技产业的发展,建设以 DNA 序列为基础、以生物信息学为先导的有我国资源特色和自主知识产权的生物产业。第四,基因图谱有助于进一步破译蛋白质。功能基因组与结构基因组的研究将有利于掌握蛋白质的作用。第五,基因图谱有利于疾病诊断。特别是人类元基因组与人类肿瘤基因组的破译将使人们更深入了解疾病的产生与疾病的控制。第六,后基因组时代序幕拉开。蛋白基因工程、药物基因组学将成为新的研究热点。基因组是蓝图,蛋白质是生命现象的执行者,蛋白质扮演着构筑生命大厦的"砖块"角色,其中可能藏着开发疾病诊断方法和新药的"钥匙"。基因与各种疾病的关系的研究,以及人体疾病易感基因的确认,使疾病的遏制与疾病预防也可能从此有了新的转机,基因治疗有可能成为新的医疗手段。人类基因组、元基因组、肿瘤基因组、蛋白质基因组、药物基因组是生命科学研究中的新的分支,遗传疾病资源、药物资源、食物资源、能源资源的有效利用将促进生命科学的百花齐放。

# 8.3　基因组学的一般研究技术

## 8.3.1　基因组的分离与纯化

由于生物基因组的来源不同、性质不同及用途不同,其分离纯化的方法也各不相同。分离微生物基因组首先需要分离微生物样品,然后分离基因组,最后再纯化。一般微生物从土壤、海洋‑极端环境(如高温、低温、高盐、高碱、高压)等环境中分离,土壤环境中分离的微生物以放线菌、细菌和真菌为主,一般含有机氮较多的中性土壤中,放线菌与细菌为主要类群,含有机氮较少的酸性土壤中真菌为多,日本高桥先生研究了 0～40 m 深处土壤中微生物的垂直分布,真菌仅存在于地表 0～0.3 m 处,大多数放线菌和细菌分布在 0～1 m 的上层土壤中,80％的菌株存在于 0 ～10 cm 的地表土壤,除土壤外,河(湖、海)泥、水、枯树叶、堆肥和动物粪便中都可以分离得到放线菌和细菌。采集土壤样品后,可以通过物理或化学方法富集土壤微生物,通过高温处理,利用孢子与营养体的耐热差异,富集需要的菌群,利用离心可选择分离部分微生物,离心后上清液主要为放线菌孢子,沉淀主要含有细菌和真菌孢子,超声波处理可收集耐性孢子,利用化学方法如 SDS 方法降低细菌,富集放线菌。简言之,不同方法分离的目的产物各不相同,一般分离方法有稀释法、干土喷射法、滤膜法或孢子飞扬法等,将富集的微生物类群通过选择性培养基再次筛选富集需要的目的微生物品种,将分离得到的微生物品种保存起来备用,用于菌种选育或分离基因组等。从不同环境中分离微生物的方法各异,根据不同条件选择不同方法。分离微生物基因组,因微生物基因组较小可以直接提取。最简单的提取方法是酚抽提法。首先裂解细胞,再进行变性处理,离心分离 DNA,重复抽提至一定纯度后再纯化。

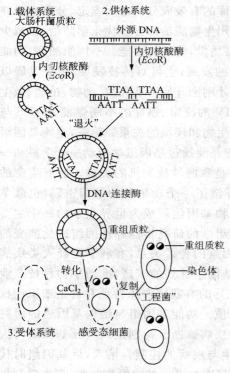

图 8.5 基因组文库的建立示意图

### 8.3.2 建立克隆文库

根据目的基因的来源不同,重组 DNA 和分子克隆有如下几种方法:①从基因组中分离目的基因,在细胞中克隆;②由特定 mRNA 反转录合成 cDNA 后再进行克隆;③化学合成目的基因进行克隆;④PCR 体外扩增目的片段进行克隆。基因组克隆是利用超声波或限制性内切酶将基因组随机打断成相当小的片段(大约一个基因大小或更小,约 2 kb),并用琼脂糖凝胶电泳分离纯化 2 kb 左右的片段,用于构建小片段文库,把这些片段与测序质粒载体结合,产生一个独立的质粒克隆文库。同时,采用不同的超声波条件,再构建一个含大片段(约 15～20 kb)DNA 的独立文库(图 8.5)。以便测序和重叠顺序分析。另外,也可以用不完全酶切(图 8.6),制备随机文库 DNA 片段,这样只需要建立一个文库即可。

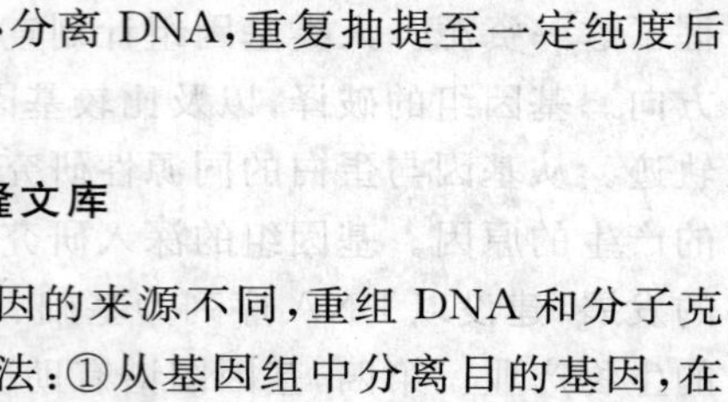

### 8.3.3 DNA 片段序列测序

对基因测序,并不是关注基因本身,而是通过全基因组序列的测定,进一步了解生物机体的生物学特性。因此,不管是克隆还是基因图谱的构建,只是方法与手段,而不是目的。单个 DNA 片段构建基因图

图 8.6 DNA 完全酶切和部分酶切示意图

谱必须对其进行测序。在过去的 20 年间,DNA 测序经历了许多技术方法上的改变。从一次可以测定 20~50 bp 的聚丙烯酰胺凝胶法进化到一次可以读出 200 bp 片段的先进的方法。20 世纪 70 年代末期,DNA 序列通过混合有放射性同位素标记的化学和酶方法进行处理,用 X-光胶片放射自显影进行检测。到 90 年代,荧光标记 DNA 被应用在凝胶测序上,利用计算机图像识别的测序仪序列读取(如 Applied Biosystems377)。在 90 年代晚期,毛细管测序仪(如 Amersham MegaBACE 和 Applied Biosystems3700)产生了,DNA 自动测序的产出剧增,这些仪器设备的应用催化了果蝇基因组的鸟枪法测序,并极大促进了人类基因组计划提上日程。测序方法有手工测序和自动测序。手工测序有双脱氧法(dideoxy technique)和链终止法(chain terminator technique),这是英国科学家 Sanger 发明的,因此又称为 Sanger 法。DNA 化学测序法(chemical method of DNA sequencing),又称为 Maxam-Gilbert 法,还有 PCR 法等。在手工测序的研究基础上,1986 年在加州理工学院由胡德(Hood)和史密斯(Smith)宣布发明了自动测序。自动测序仪有各种型号,可根据用途进行选择。一般实验室研究还是以手工测序为主,如果有大量序列进行测定,一般将样品交给有关的基因公司进行测序。

Sanger 法是以单链 DNA 为模板,用一段很短的寡聚核苷酸 DNA 作为引物,与单链模板复性,互补结合成为双链,然后把反应物分为 4 份,每一份的反应物中加 4 种脱氧核苷酸(dATP、dGTP、dCTP、dTTP),其中一种脱氧核苷酸用放射性同位素磷标记,如 $\alpha$-$^{32}$P-dATP。同时在四份反应物中各加一种双脱氧核苷酸(ddATP、ddGTP、ddCTP、ddTTP)。双脱氧核苷酸可以替代相应的脱氧核苷酸在 Klenow 酶的催化下参与 DNA 的合成,掺入模板的互补链中。可是,双脱氧核苷酸没有 3′ 的羟基,所以不能再接上另一个脱氧核苷酸。这样,在掺入双脱氧核苷酸的位置上,DNA 的链合成也就终止。由于每份反应物中都有四种脱氧核苷酸和一种双脱氧核苷酸,脱氧核苷酸会与双脱氧核苷酸发生竞争作用,所以双脱氧核苷酸不可能掺入可与其互补的每一个位置,这样,就可以由于终止位置的不同而得到长度不同的 DNA 片段,这种新合成的 DNA 的片段由于掺入了放射性同位素磷标记的一种脱氧核苷酸而出现放射性。当把反应结束后的样品通过聚丙烯酰胺凝胶电泳时,这套不同长短的 DNA 片段在凝胶中被分开,用 X 光底片曝光,就出现了梯状带的图形,这些条带从底部向上"读",就可读出 DNA 中的脱氧核苷酸的序列(图 8.7)。

化学测序法是利用化学反应部分切割 DNA 片段。片段的一个末端用$^{32}$P 标记,然后分成四份。每份用化学反应使 DNA 部分降解,这种反应只对一种脱氧核苷酸是专一的。然后将反应物用聚丙烯酰胺凝胶电泳加以分开。产生了一套长度依次递减的 DNA 片段。这些片段的一端是标记了放射性同位素$^{32}$P,另一端是化学反应专一的某一种核苷酸,于是,从曝光的 X 光片上可以直接读出 DNA 序列(图 8.8)。

自动测序一般在制备克隆和提纯 DNA 以后,把数千个细菌 DNA 片段进行自动测序,通常是用特殊的染料标记引物(图 8.9)进行测序。DNA 的自动测序是根据 Sanger 酶促反应原理,在技术上作出改进,基本方法是先用 4 种荧光染料标记引物,这 4 种荧光在受到激光照射时会发出可以分辨的不同颜色。将这 4 种荧光染料标记的引物,分别与 4 种双脱氧核苷酸反应系统相匹配,比如,激光照射后会产生绿色荧光的标记引物同 ddATP 相匹配;这样记录到绿色荧光反应时,就知道这是 ddATP 造成的链的终止片段。把这 4 种反应物混合后,进行聚丙烯酰胺凝胶电泳,在电场的作用下,小片段走在前面。此时安装一个检测仪,在激光束照射下,长度相差哪怕只有一个核苷酸的 DNA 片段,也会出现按照长度依次通过而激发产生的不同的荧光,在记录仪扫描下得到不同颜色表示的峰,这时从记录纸上就可直接读出所测 DNA 片段的核苷酸序列。这个程序的特点是几乎基因组的所有片段都被测序几次,以增加最后结果的精确性。

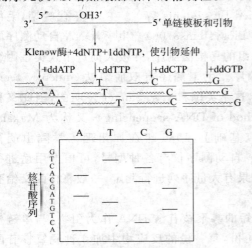

图 8.7　DNA 测序的链终止法

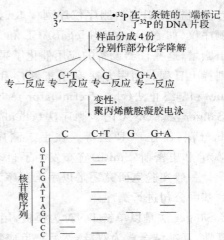

图 8.8　Maxam-Gilbert 化学测序法

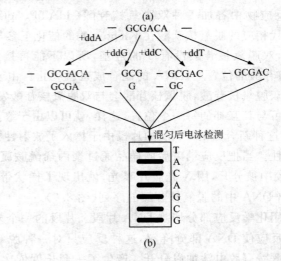

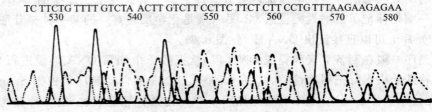

图 8.9　DNA 的自动测序结果

注:DNA 自动测序是对 Sanger 方法的改进:(1)用不同颜色的荧光标记 ddNTP;(2)4 种反应混合进行,并一块进行电泳;(3)对凝胶上具有不同颜色的荧光带(b)进行扫描,可迅速确定待测 DNA 序列(a)

对于人类基因组,通常是先绘制遗传图和物理图谱,尤其是以 STS 为标记的物理图谱,然后再把基因组"打碎",由各大实验室包干,采用很多仪器同时测序,再将测序结果整合起来,成为基因组的序列图谱;对于微生物基因组而言,一般以鸟枪随机测序法(图 8.10)进行测序,再将结果整合起来。测序中的常见方法有物理作图法(physical method of mapping)和化学作图法(chemical method of mapping)。DNA 序列测定中制作全序列图的方法也就是用物理作图法,先测定每个小的 DNA 序列,然后叠连拼接成大片段,最后再设法尽可能地减少和缩小空当(gap)。在测序过程中常常使用克隆连续序列法和鸟枪射击法。定向鸟枪射击法常用于测定小基因片段的序列,是以基因组图谱中的标记为依据,测序、装配和构建不同 DNA 片段的序列。克隆连续序列法是将基因组 DNA 切割成长度为 0.1～1 Mb 的大片段,克隆到 YAC 或 BAC 载体上,分别测定单个克隆的序列,再装配、连接成连续的DNA 分子。人类基因组六国联合研究中心的实验室采用克隆法,而塞莱拉公司采用计算机进行自动测序。

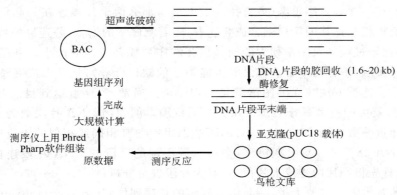

图 8.10　鸟枪随机序列示意图

### 8.3.4　物理序列图谱的建立

自 1995 年 1.8 Mb 大小的流感嗜血杆菌基因组公布后,改进现有的测序技术就成了微生物基因组学的首要任务,只有测序技术的进步才能测定细菌甚至真核生物的基因组。今天,全基因组鸟枪法测定微生物基因组的实用性是不容置疑的。但在当初,流感嗜血杆菌计划被认为是不可能完成的、高风险的,也没有资金支持,因为这样的基因片段不能用随机方法测序。任何大规模的测序计划不论是测定人类基因组还是相关模式物种基因组,都要基于一定的策略。此策略是将人类基因组 DNA 用机械方法随机切割成 2 kb 左右的小片段,把这些 DNA 片段装入适当载体,建立亚克隆文库,从中随机挑取克隆片段,最后通过克隆片段的重叠组装确定大片段 DNA 序列。

基因测序技术在使用计算机技术以前是先建立克隆,逐一测定每一个克隆片段,最后分析克隆片段的关系,再建立大片段联系逐渐将全基因组测定完成。在测序技术与计算机技术融合后,基因组测序分为两个阶段。首先是构建基因图谱,再构建柯斯质粒,紧随其后的是亚克隆、测定一整套克隆基因组片段,该片段在柯斯质粒中具有最小重叠。当时,一个微生物基因组的大片段测序不能归咎于计算机水平的限制,已有的集合随机 DNA 片段的软件包不能有效地装配一个比柯斯质粒(约 40 kb)大的 DNA 片段。然而,一种非传统的测定人类基因组序列的方法为小基因全基因组测序提供了平台。美国国立健康研究院（National Institute of Health，NIH）的 Venter 实验室和后来的美国基因组研究所（The Institute for Genomic Research，TIGR）发明了表达序列标签（expressed sequence tag，EST）法。表达序列标签是指从不同的组织构建的 cDNA 文库中，随机挑选不同的克隆，进行克隆的部分测序所产生的 cDNA 序列。表达序列标签法在人类基因组测序中利用富集和测定 mRNA 来发现基因，通过优化高通量荧光测序的条件和利用计算机软件集合成千上万的随机序列成相连 DNA 片段的叠连群（contigs），可借助这种方法尝试利用鸟枪法测定全基因组序列，并于 1982 年测定了 λ 噬菌体的基因组序列。

因此，利用构建的基因文库直接测序，根据片段之间的重复序列，就可以连接成完整的基因组 DNA。但是随着 DNA 片段数的增加，最后对各片段序列的分析连接变得越来越复杂。一般利用专门的计算机程序将已测序的 DNA 片段通过片段之间核苷酸序列重叠的比较，phrec-phrap 软件可根据重叠序列确定相邻序列的位置，并将其装配成比较长的 DNA 序列。如果这些序列在其末端重叠（或有相同的末端），那么两个片段连在一起形成更长的一段 DNA，从而将相互比邻的序列融合成叠连群，随着测序量的增多，叠连群的数量会越来越少，这种重叠比较过程导致一系列大的相邻核苷酸序列或叠连群的产生。利用这些叠连群按合适的顺序排队，填补两个叠连群之间可能留下的缺口（gap），从而形成完整的基因组序列。所以利用叠连群方法建立的图谱就是物理图谱。通常，测序量达到目的基因组的 6 ～8 倍覆盖量时，就可能覆盖百分之九十几的基因范围。例如当 DNA 片段数为 $n$ 时，各个片段之间的可能重叠数达到 $2n^2 \sim 2^n$。另外，若基因组中含有相同或相似的重复序列，在构建、装配连续 DNA 分子时容易出现错误，会将来源不同的区段的 DNA 片段连接在一起。为了减少错误，首先将小片段连成大片段，再对大片段进行分析。

物理作图的基本方法有两大类：一是由长到短的长序列作图（top-down mapping），一是由短到长的短序列作图（bottom-up mapping）。长序列作图是用在基因组内识别序列很少的限制性内切酶，例如识别序列为 8 个核苷酸（GCGGCCGC）且多是 GC 的限制性内切酶 Not I 完全酶切（complete digestion）基因组 DNA，可以分离得到多个长度为 100 ～1 000 kb 的 DNA 大片段，然后再用在基因组 DNA 上识别序列较多的限制性内切酶把每一个长片段酶切成许多个短片段，最后把短片段连接排列成序。这种作图法由于 DNA 片段较长，不易丢失，绘制的图谱比较完整，缺点是不够精细，分辨率较低。目前一般采用短序列作图，首先利用很多序列识别的限制性内切酶对基因组进行部分酶切（partial digestion）。部分酶切是相对于完全酶切而言的。如果一个限制性内切酶有 4 个切点，完全酶切将基因组切成 5 个片段，它们之间的排列关系很难确定。如果控制反应条件如减少酶量、缩短反应时间等，使相同的酶只能作用于一部分切点，结果就形成长短不一的 DNA 片段，这样最终得到的片段多于 5，这就是部分酶切。由于片段之间有部分重叠，就可以初步确定 5 个片段的大致排序。如果某一限制性内切酶有 $n$ 个切点，在部分酶切时，最多片段可以达到 $(n+1)(n+2)/2$。如 $n$ 为 4，最多可以产生 15 个片段。部分酶切的片段可通过两两连接，逐渐延伸片段长度。如果同一酶切的部分连接点不清晰，还可以利用另一个限制性内切酶进行酶切，如果这一限制性内切酶有 6 个切点，将基因组切成 7 个片段，这 7 个片段与第一个酶切割的 5 个片段总是有部分重叠，这样，根据重叠关系，就可以确定片段之间的关系，如果其中还有不清楚的，同理，再用不同的限制性内切酶切割以进一步确定片段之间的相互关系。这样绘制的图谱分辨率高,比较精细。由于在分离克隆短片段等实验操作过程中,有些片段容易丢失,使得短片段连接延伸出现一些空当(gap)。这样绘制的图谱就不够完整,因而需要设法弥补这些空当。这些空当就是 DNA 物理图谱与 DNA 精细图谱的区别,精细图谱填补了所有酶切位点,而物理图谱则未能完全填补。尽管 DNA 精细图谱有了 DNA 的全序列,但其序列的意义是不清楚的,因此需要对 DNA 基因组进行注释说明。

　　实际操作时是从叠连群着手的。叠连群就是指若干 DNA 小片段彼此间可通过重叠序列而连接成较长的 DNA 片段的一组 DNA 短序列的集合群(图 8.11)。一个叠连群里包含的短片段的数目少,叠连后的长片段跨度大,则这个叠连群对作图和测序更为有利,否则要在重叠序列上耗费大量的人力与物力。要使叠连群的跨度增长,两个叠连群间没有或很少有空当,就要增加实验用的基因组 DNA 的摩尔数,例如,用 5 倍或 10 倍基因组 DNA,这样固然可以增加基因组 DNA 中每一段序列出现在叠连群中的概率,但这又会大大增加工作量,因此需要研究合适的基因组摩尔数进行实验。

　　组装叠连群后留下的缺口需要补平,对于物理缺口,可根据缺口两边的序列设计引物,以完整的 DNA 为模板,用 PCR 技术扩增,制备补缺模板,再用 primer walking 方法补缺。对于序列缺口和低质量的薄弱区域,直接根据两侧已测出的序列设计引物,重复测序,直到获得满意结果,最后形成 DNA 序列图谱。

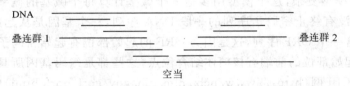

图 8.11　叠连群(contig)和空当(gap)示意图

### 8.3.5　基因组注释

　　已经测定完成的基因组序列图的含义是什么还不是很清楚。接下来要完成的工作就是利用生物信息学的工具进行基因信息诠释,主要利用软件寻找基因,预测基因区域。首先分析基因组碱基组成,测定 G+C 含量,对密码子偏嗜性进行分析,利用软件进行开放式阅读框的鉴定,进行移框的检测与校正,对编码序列的结构性特征进行分析,确定 ORF 的可能数目,并检索鉴定 tRNA 基因与 rRNA 基因,检索重复序列、插入序列等特殊元件,对复制点进行鉴定,确定待测物种的基因组特征。然后进行基因组比较分析,进行基因同源性检索以及垂直同源蛋白质聚类分析,以估算基因的基本数目、tRNA 基因数目、rRNA 基因数目并对插入因子、重复序列等特征指标的诠释。在同源聚类分析比对中,探讨进化中特有基因类群和演进系列,确定已知功能基因和未知功能的基因,预测未知功能基因的可能功能,并进行基因克隆和基因敲除试验,进行基因功能工作验证试验。

　　(1) 碱基组成分析,确定 G+C 的百分含量。这项工作通过软件完成,G+C 含量是物种特征表现,是微生物的分类指标之一,测定 GC 倾斜度$[GC_{skew}=(G-C)/(G+C)]$,确定碱基分布的均一性。碱基不均一性可能是基因组中明显的 G+C 区段的 DNA 来源的反映,遗传物质的侧向转移或水平转移与重组现象在微生物基因组中是非常常见的;碱基不均一性也有可能是特殊功能区段的反映,如 TATA 盒预示着启动子的存在,GC 区段也可能预示着结构基因的保守区段或核心区段。通过特征性的分析,可以确定基因组中某些功能区段的位点.通过基因组比较发现进化的痕迹。

(2)密码子偏嗜性分析,可以反映物种的特征。由于密码子具有简并现象,尽管蛋白质的氨基酸序列相同,但在基因组上的碱基却是不同的,不同物种对不同密码子的偏嗜性是不同的,同一物种不同个体偏嗜性差异可以反映单核苷酸多态性差异,尤其是碱基位点的差异可以反映氧化能力的不同,某些位点可能是易感基因的表现,可能是导致细胞老化或者生理功能异常的表现。微生物的点突变导致了某些密码子偏嗜性的改变。对基因组密码子偏嗜性的统计分析,有可能揭示微生物基因组侧向转移所获得的基因。

(3)ORF 的鉴定,就是寻找基因的过程。寻找基因较常使用内插式马尔科夫模型的 Glimmer 软件及系列改良软件来完成基因搜索任务。微生物基因组内含子几乎无或者很少,因此,基因组序列主要是编码序列,寻找基因,通过基因寻找开放式阅读框(open reading frame,ORF),即进行基因识别。马尔科夫模型是一个概率模型,通过贝叶斯定律进行计算:

$$p(M/S) = \frac{p(S/M)\ p(M)}{p(S)}$$

式中 $p(S/M)$ 是序列 $S$ 在 $M$ 模型产生完全相同序列的概率,$p(M)$ 是模型优先概率,$p(S)$ 是序列优先概率,$p(M/S)$ 是编码区占序列 $S$ 中的概率。确定符合基因的片段,内插式马尔科夫模型比马可夫模型复杂,这个模型用多达 8 个碱基计算每个碱基的概率,首先需要定义 ORF,ORF 内是没有终止密码子序列的一段 DNA 序列,一个基因是从起始密码子到终止密码子,其中包含一个 ORF 序列,这是因为 ORF 的起始部位有起始密码子,在终止部位有终止密码子,在起始部位的前端有核糖体结合位点,这些都是编码基因所具有的基本特点,可以根据网站 NCBI 网(http://www.ncbi.nlm.nih.gov/gorf/gorf.html)中的多种软件进行分析,其中 ORF finder 就是分析软件之一,先进行基因搜寻,在输入分析序列之后,必须选择几个重要参数,一是选择数据库中的物种代码,比如标准码选 1,细菌码选 11;二是给定最短的 ORF 长度,默认值是 100 个核苷酸的 ORF,测定结果都是大于 100 的 ORF,如表 8.3。

表 8.3 中"Frame+1"是指该 ORF 位于正链上,表明读框位置是从第 1 号碱基开始依次记数;"Frame+2"是指该 ORF 位于正链上,表明读框位置是从第 2 号碱基开始依次记数,以此类推。表 8.3 中"Frame-1"是指该 ORF 位于负链上,表明读框位置是从负链上第 1 号碱基开始依次记数;"Frame-2"是指该 ORF 位于负链上,表明读框位置是从负链上第 2 号碱基开始依次记数,其余类同。由于不同软件参数不同及起始密码子与终止密码子的差异,输出结果也是有差异的,而不同物种密码子的偏嗜性不同,因此,在使用软件进行 ORFs 检查时应注意考虑使用何种起始密码子和终止密码子。

表 8.3  ORF 分析结果报告举例

| 读框位置 | 起 | 止 | 长度 | 读框位置 | 起 | 止 | 长度 |
|---|---|---|---|---|---|---|---|
| -3 | 25 457…28 | 627 | 3 171 | -1 | 38 575…40 | 692 | 2 118 |
| +1 | 13 465…15 | 174 | 1 710 | +2 | 5 270…6 | 394 | 1 125 |
| -2 | 32 736…34 | 277 | 1 542 | +3 | 19 032…19 | 592 | 561 |
| …… | | | | | | | |

　　基因搜寻的另一个工具是利用核糖体结合位点（ribosome-binding site，RBS）进行搜寻。RBS 是一段位于大多数基因起始密码子上游的短序列，在原核生物中我们把它称为SD（shing-delgarno）序列，SD 序列与 16S 核糖体 RNA 3′端互补，并通常以 AGGAG 形式出现，在大肠杆菌和其他细菌中经常出现。RBS finder 程序可从 Glimmer 主页（www. tigr. org/software/glimmer）上免费得到。用户只需要简单地输入基因组以及 Glimmer 的预测结果，RBS finder 就以 SD 序列为指导，试图找出每个基因的 RBS。

　　（4）移框检测与校正。可以在网站（http：//genio. informatik. uni－stuttgart. de/GE-NIO/frame）上通过计算机软件完成。移框是在 ORF 上的某一点上增加（或减少）1 个或 2个碱基导致位点下游序列整个改变。发生移框突变在自然状态下多是 DNA 复制时或插入或缺失时产生，但在基因组检测时或 DNA 片段组装时也可能发生移框突变，后者与前者不同，是人为的结果，因此需要校正。一般通过计算机来完成。

　　（5）编码序列（coding sequences，CDSs）分析。CDSs 分析目的是最终确定真正的基因，这也是通过现有软件来完成的，如 Genemark（http：//genemark. Biology. gatech. edu/Gene-mark/heruristic. cgi）就是其中之一。这类软件中需要考虑：①起始密码子和终止密码子；②编码序列上、下游的"语法结构"特征，如原核生物的编码序列的 ORF 的上游－4～－19 区域内通常有 RBS 和启动子序列等特征；③编码序列与非编码序列中使用的核苷酸语汇，如对 6 核苷酸语汇的差异进行判断。

　　（6）tRNA 基因检索。通常是利用 tRNA 的结构特征进行检索的。tRNA 的四环（DHU 环、反密码子环、额外环、T$\psi$C 环）、三柄（DHU 柄、反密码子柄、T$\psi$C 柄）、两臂（可变臂、氨基酸臂）结构明显，对 tRNA 基因进行鉴定是不太困难的，尤其是氨基酸臂的 3′端均为"-C-C-A-OH"结构，根据这一系列的结构特征就可以进行搜索完成该工作。目前已有专门软件进行鉴定，如在法国 Pasteur 实验室网站（http：//bioweb. pasteur. fr/sequanal）选择Fast tRNA analysis method 就可以完成这项工作。

　　（7）rRNA 基因鉴定。原核 rRNA 基因不同于真核 rRNA 基因，利用细菌 rRNA 的序列结构特征，已经发展出专门用于细菌鉴定和分类的服务，网站 http：//www. midilabs. com 就是从事这一服务的。该网站提供了 16S rRNA 基因的序列资料，一旦基因组测序完成，就可利用已知的 rRNA 基因鉴定基因组中的 rRNA 基因。由于 rRNA 基因的多样性，rRNA 基因鉴定远不如 tRNA 基因鉴定成熟。

　　（8）重复序列、插入序列等特殊元件检索。重复序列、插入序列、转座子、致病岛（path-ogenicity island，PAI）等特殊序列是在不同生物基因组中的常见序列，各自具有不同功能，尤其是重复序列与插入序列几乎是存在于各种基因组中，有着复杂的生物学含义。原核生物与真核生物基因组中最大的不同是重复序列随着进化显著增加，编码序列却呈现为下降趋势。检索串联重复序列可选用 tandem repect finder（http：//c3. biomath. mssm. edu/trf. html）。不同生物拥有不同转座子，但共有的是具有转座酶特征以及转座酶识别序列或靶序列特征，利用这些特征可进行转座子检索，一般检索插入元件可进入 http：//www. embl-heidelberg. de/～seqyanal/single. html 或 http：//www-is. biotoul. fr/进行搜寻，检索转座子可进入 http：//nucleus. cshl. org/protarab/TnAnnotation. html 进行搜索。致病岛是细菌基因组的常见特殊结构，自从大肠杆菌基因组揭示出来并命名后，发现致病岛涉及两个主要现象：细菌致病作用和基因水平转移现象。很多与致病有关的基因都是串联排列的，越来越多的证据表明这些基因起源于基因的水平转移。有关致病岛的信息可在 http://www.pathgenomics.sfu.ca/islandpath/上进行检索。

不同序列具有多样性特点,为其鉴定增加了难度。目前各国都针对特殊序列开发了一些软件,尤其是重复序列的检测,用户可根据需要在网站上选用不同软件。

(9)复制原点鉴定。一般是根据复制原点的特殊结构进行鉴定,一些寡聚核苷酸片段趋于在微生物复制起点周围不均衡分布,根据这些片段可以推测出复制起点。如大肠杆菌复制原点 *ori*C 长 245 bp,包含 4 个核苷酸的九聚体"TTATCCACA",其中两个同向排列,另外两个反向排列 该序列是 DnaA 蛋白的结合位点,九聚体结构称为 *dna*A 框,根据这些结构特征进行复制原点鉴定。另外,还可以通过复制起点附近经常出现的基因来判断复制起点。

(10)基因间隔序列分析。Glimmer 可以预测 Glimmer 编码区,然后再搜索它们所编码的蛋白质与已知蛋白质的相似性。在有些情况下(如种间转移的基因组区域),基因组成很特殊,以致无法被 Glimmer 识别。为了纠正这一错误,不含吻合序列的 ORF 或根本不含 GlimmerORF 的区域被再次扫描。这些"基因间隔区域"的所有 6 个 ORF 都被扫描,希望能发现吻合序列,如果发现,就可以通过该区域进行双序列比对确定可阅读框终止点。注释员对这些候选基因进行分析后,再给予最终注释以确定基因间隔序列和 ORF 序列。

(11)同源性基因检索。同源性基因检索是对基因的功能性鉴定方法之一。对于鉴定出来的 CRF,一般研究者不清楚这是一个什么基因,具有什么功能,则可以通过同源性检索,推断它是哪类基因,并可能具有什么功能。同源性检索就是进行基因比较,将待测基因与大规模基因数据库进行比对,一般采用美国国立卫生院的 BLAST(basic local alignment search tcol)软件来完成,进入 http://www.ncbi.nlm.nih.gov 网站可完成这一工作。一般可通过核苷酸序列比对核苷酸(nucleotide-nucleotide BLAST,blastn)进行检索或通过核苷酸序列比对蛋白质(nucleotide query-Protein,blastx)进行检索。通过检索确立同源性特征,进而确立已知功能基因和未知功能基因。对于数据库中所没有的新基因,后期需要通过基因敲除等实验方法鉴定基因的核心序列、保守区域、可变区域等,并以此来确定基因的某些功能恈质。

(12)垂直同源蛋白质的聚类分析。垂直同源蛋白质的聚类分析是对基因或蛋白质种系发生进行鉴定。种系发生也是通过同源性比较完成的,主要通过全基因组比较(all-against-all sequence comparion)进行鉴定,把同源性基因分为垂直同源性基因(orthologous gene)和平行同源性基因(paralogous gene)。垂直同源性基因是由共同祖先进化而来的,不同物种垂直传递的编码蛋白质其功能相同。平行同源性基因是已经进化出来的同源性复本基因,编码具有类似功能,但不是功能完全相同的基因。蛋白质聚类分析使用的是 COGNITOR 软件,进入网站 http://www.ncbi.nil.gov/COG 则可完成这一工作。

(13)基因功能性诠释。基因功能性诠释是把确定 ORF 的基因进行归类,并阐明其具体的功能性质,需要区分哪些是已知功能基因,哪些是未知功能基因,哪些是保守性基因,哪些是同源基因,哪些是同源异型基因,哪些是该基因组的独特基因。对于已知功能的基因归类说明即可,对于未知功能的基因,需要对基因功能进行检测,其检测方法有基因敲除、基因阻抑、基因转入等。有关基因功能研究的方法很多,这里不再详述,研究者可根据自己的研究特点选择适宜方法。对于独特基因主要诠释该基因组与环境适应性的特异性演进及其与某类独特功能相关基因的演进。

## 8.3.6　全基因组测序程序

全基因组鸟枪法(whole-genome shotgun sequencing)可分成 4 个阶段:文库构建、随机测序、闭合时期和编辑注释。首先将随机产生的单个的 DNA 片段进行序列测定,然后用计算机排列,最终形成完整的基因图谱。目前美国基因组研究所(TIGR)仍在探索改进全基因组鸟枪法,其基本思路如图 8.12。

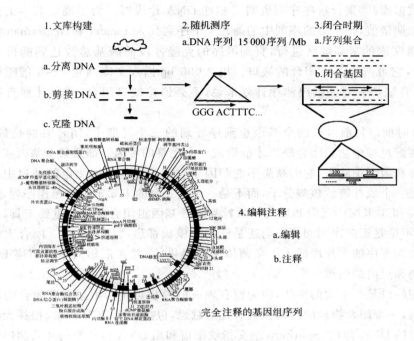

图 8.12　全基因组鸟枪法的测序策略

(1) 文库构建时期。基因文库构建是微生物基因组测序计划的关键时期。假设一个完全随机文库,Lander 和 Waterman 认为序列统计遵循泊松分布。一个非随机库的测序将严重背离利用随机序列测序获得的模型,产生的集合有许多缺口需要闭合。对某基因组文库全部克隆片段进行末端序列测定中未测到的碱基数,即缺口(gap),与已测定的总碱基数相关。随着已测定碱基数的增加,缺口的总碱基数会按照泊松公式的一个推论($P=e^{-m}$)迅速减小。其中 $P$ 为基因组中某个碱基未被测定的概率,$m$ 为所测定的碱基数与基因组大小相比的倍数。$m$ 越大 $P$ 值越小。当 $m$ 值达到 5(即随机测定的碱基数达到基因组数量的 5 倍)时,基因组中未测定的碱基数为基因组总碱基数的 0.67%($e^{-5}=0.0067$)。基因文库构建程序已被发明并成功产生随机序列,它由以下几个步骤组成:① 随机剪接基因组 DNA 序列,并纯化 2 kp 大小的基因片段;② 片段末端修复,并连接到去磷酸化的载体的平末端;③ 从其他类型中通过凝胶电泳纯化出"v+i"( 载体与插入序列)条带;④ 纯化的载体与插入片段连接;⑤ 高效转化 E. coli;⑥ 涂布在加有抗生素的双层平板中。这种优化的方法可有效地测序,因为文库是由高随机性单插入片段构成的,因此,它可用通用引物一次性从两个末端测序,与成败有关的关键因素是:DNA 的随机剪接;狭小插入片段的纯化;第二次凝胶纯化的载体与插入片段质粒克隆缺少插入序列或含有其他的插入序列,在高限制性缺陷的 E. coli 中快速繁殖。在加有抗生素的平板上转化细胞作为单克隆单位进行选择性繁殖。尽管有以上保护措施,基因组的缺口也会不可避免,这主要是由随机测序的方法和克隆一定 DNA 片段的能力决定的,例如,它们含有强启动子或有毒基因。

(2)随机测序时期。基因文库构建后就要进入单克隆随机测序时期。这包括:①在 96 孔板上产生成千上万的模板;②从两个方向测定纯化的质粒模板 DNA 的序列;③把测定的序列转移到数据库;④集合这些序列资料成相连 DNA 片段群。为了确定获得的随机序列符合泊松分布期望值,把汇集的序列中的前几千个序列代入 Lander 和 Waterman 模型。测序和检验随机文库的富集继续进行,直到测序的克隆片段的碱基总数达到随机基因组数量的 7～8 倍,它可产生需要闭合的缺口。用 2 000 bp 插入文库测定 7～8 倍随机基因组覆盖率后,闭合缺口。对基因组测序计划来说,不必追踪缺口闭合,测序计划直接进入注释时期。

(3)闭合时期。目前讨论的全基因组测序计划的三个时期中,闭合时期是最耗时的。只有在片段装配过程中达到闭合缺口才能形成一个完整的基因。如果某个基因或代谢途径的基因从闭合基因组中缺失,它的缺失不能归因于它定位于一个未测定的缺口中。一个完整的基因组是一个线性链状核酸分子,而不是一个接一个的未知定位的相连序列,线性基因有准确的 5′端和 3′末端。正向和反向的质粒克隆是基因组闭合缺口的重要工具,一旦获得汇集的序列,不论是正向序列阅读方向还是反向的模板都启动闭合缺口。闭合大缺口的克隆连接是由末端测序的大片段插入 λ 噬菌体文库提供的,并在汇集的序列相连 DNA 片段群上绘制正向和反向的图谱。

闭合物理缺口是一个大的挑战,因为没有现成的模板可用。根据需要闭合的缺口数目和可用的工具,一个闭合物理缺口的模板有几层意思,包括片段 PCR 扩增、扫描大的插入克隆的包含缺口的 DNA 片段、Southern 杂交指纹图谱和用 DNA 作核酸的环状测序。通过这一系列比对分析,完成闭合缺口获得完整的 DNA 序列。一旦获得一个模板就一直测序直到物理缺口闭合。缺口闭合资料就被整合到汇集的序列中,与汇集的序列相连的 DNA 片段群被连接,这个过程一直重复,直到整个基因组的闭合完成。

(4)编辑注释时期。一旦基因组序列测定被完成后,紧接着就是编辑和注释。注释的目标是确定特定基因在基因组图谱中的位置,每一个大于 100 个密码子的 ORF 是不被终止密码中断的可读框的序列,它被看成是一个潜在的蛋白质编码序列,用计算机程序来与含有已知酶或其他蛋白质的核苷酸和氨基酸序列的庞大数据库进行比对。如果一种细菌的某段序列与同一数据库中的另一个已知细菌的 DNA 片段相同,那么可推断它编码同样的蛋白质。虽然这样比较会出现错误,但它可以为大约 40%～50% 的推断的编码区提供暂定的功能说明,此外,基因组序列还能提供一些关于转座因子、操纵子、重复序列及其他基因组特征的某些信息。

编辑包括校正序列和处理不明确的区域或者说被染色中止测序的低覆盖区域。与此同时,移码区段也能被确定,从基因组 DNA 中片段 DNA 的 PCR 扩增、重复序列测序并被标记等方法中被检查出来。然而一些相似碱基的插入、缺失和移码是真实存在的。例如:空肠弯杆菌(Campylobacter jejuni)基因组重复序列的多态性和流感嗜血杆菌(Haemophilus influenzae)在实验室繁殖条件下蛋白质编码区中多达 20 个的移码突变均可被确定。

注释随基因的发现一起出现,在原核生物中它并不很重要。尽管开放阅读框的中止位点是简单明了的,然而确定一定的转录起始密码子也是一个挑战。注释也包括基因组的其他特征,如重复核酸序列、基因家族、核酸合成物的可变性。除此之外,所有的基因都可分为功能基因和调节其他代谢途径的调节基因。所以全基因组测序描绘了生物体代谢的蓝图,一旦细胞的基因全部确定,就为许多前端研究打下了基础。

## 8.3.7 流感嗜血菌基因组

流感嗜血杆菌(*Haemophilus influenzae*)的基因组测序结果和注释见图 8.13。图中外同心圈用不同的颜色代表不同功能的编码区(例如:氨基酸的生物合成,能量代谢,复制、转录、翻译、调节功能等);外圈周边显示 Nat Ⅰ、Rsr Ⅱ和 Sma Ⅰ限制位点;第二圈显示高 G+C 含量和高 A+T 含量(黑和绿);第三圈显示由 λ 克隆所包含的片段;第四圈显示 rRNA 操纵子、tRNA 和类似 Mu 原噬菌体;第五圈显示简单的串联重复、可能的复制起点和潜在的终止序列。流感嗜血杆菌是皮费夫尔(Pfeiffer)于 1892 年流感世界大流行时,从患者鼻咽部分离出的短小杆菌,当时认为这是流感病毒菌,由此而命名为流感嗜血杆菌,直到 1933 年史密斯(Smith)等从流感患者体内分离出流感病毒,才证实了流感真正的病原菌是流感病毒,但流感杆菌容易造成继发感染,也可引起原发性化脓感染。

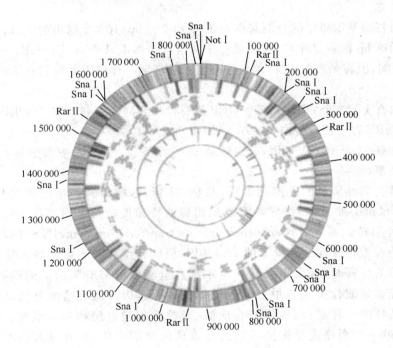

图 8.13 流感嗜血杆菌基因组图谱

嗜血流感杆菌呈球杆状,大小为 $(0.3 \sim 0.5) \mu m \times (1.0 \sim 1.5) \mu m$,为需氧或兼氧性厌氧菌,最适生长温度为 35~37 ℃,生长必需因子是 X 和 V 因子。X 因子是血红素及其衍生物氯化血红素,是细菌合成细胞色素氧化酶及过氧化物酶所必需的;V 因子是不耐热的 NAD 或 NADP,在细菌呼吸链中起传递氢的作用。流感嗜血杆菌依据荚膜多糖抗原性不同分为 a~f 共 6 个亚型,其中 b 型荚膜抗原是多聚核糖醇磷酸盐(polyriboseribitol phosphate,

PRP)主要的毒力株。流感杆菌不产生外毒素,细胞壁含有脂寡糖(LOS)。

流感杆菌的基因组测序和基因组初步注释于 1995 年由费雷斯歇曼尼(R. D. Fleis-chmann)初步完成,1996 年塔突索夫(R. T. Tatusov)把大肠杆菌基因组与流感嗜血杆菌基因组进行了系统比对,再次完善了流感嗜血杆菌的注释。流感嗜血杆菌基因组是环状双链 DNA 分子,大小为 1.8 Mb(1 830 137 bp),G+C 含量为 38%,与人类基因组接近;但 G+C 分布并不均匀,如其中一段 5 000 bp 片段中,有几个大的富含 G+C 区和几个大的富含 A+C 区,富含 G+C 区对应于 6 个 rRNA 操纵子和一个隐匿 Mu⁻样前噬菌体(cryptic Mu-like prophage),Mu 基因位于 1.56～1.59 Mb 间,编码的部分蛋白与 Mu 噬菌体编码的一些蛋白完全相同。每个 rRNA 操纵子含有 3 个亚单位和可变区间(variable spacer region),依次为 13S 亚单位—23S 亚单位—5S 亚单位,各亚单位长度分别为 1 539、2 653 和 116 bp。3 个核糖体亚单位的 G+C 含量远远高于基因组平均水平,在 6 个操纵子内 3 个 rRNA 亚单位的核苷酸序列完全相同。由于 16S 和 23S 亚单位间的序列的不同,rRNA 操纵子分为两类:较短间区为 478 bp(rrnB、rrnE 和 rrnF),且内含 tRNA$^{Glu}$编码基因;较长间区为 723 bp(rrnA、rrnC 和 rrnD),内含 tRNA$^{Ile}$和 tRNA$^{Ala}$编码基因。3 个操纵子的每组间区的序列完全相同,tRNA 基因分别位于两个 rRNA 操纵子的 16S 和 5S 的末端,tRNA$^{Arg}$-RNA$^{His}$tRNA$^{Pro}$基因位于 rrnE 的 16S 末端,而 tRNA$^{Trp}$、tRNA$^{Asp}$基因则位于 rrnA 的 5S 末端。

流感嗜血杆菌基因组中的复制起点 oriC 长约 280 bp,有 3 个拷贝的 13 bp 的重复序列和 4 个拷贝的 9 bp 的重复序列,该区域位于两组核糖体操纵子 rrnF、rrnE、rrnD 与 rrnA、rrnB、rrnC 之间,但转录方向相反,终止序列与大肠杆菌一样位于复制起点 180°对侧约 100 kb 序列中。

基因组内有 1 743 个 ORF,736 个 ORF 没有检阅到同源序列,389 个 ORF 没有对应的蛋白,347 个 ORF 存在假设蛋白,1 007 个 ORF 确定了功能。

基因组中有 54 个 tRNA 基因,分别转运 20 种氨基酸。每一种氨基酸都对应一种氨基酰-tRNA 合成酶。

基因组具有兼性厌氧的发酵葡萄糖、果糖、核糖、木糖和岩藻糖的相关基因,如磷酸转运酶 1、Hpr(ptsI 和 ptsH)特异基因以及葡萄糖特异性转运蛋白基因 crr,这些基因负责磷酸烯醇丙酮转运系统(phosphoenolpyruvate transferase system,PTS)的功能,但是尚未鉴定出膜结合型特异性葡萄糖Ⅱ的编码基因,膜结合型特异性葡萄糖Ⅱ酶是 PTS 转运葡萄糖所必需的。同时,鉴定出果糖转运系统及全套糖酵解所需酶类的编码基因、无机离子转运系统如硝酸盐类和二甲亚砜等受体的编码基因。流感嗜血杆菌基因组缺乏完整的三羧酸循环的三种基因:柠檬酸合成酶、异柠檬酸脱氢酶和乌头酸酶。谷氨酸盐是由 TCA 循环的一个旁路途径提供氨基酸合成所需要的前体,即谷氨酸由谷氨酸脱氢酶转化 α-酮戊二酸进入 TCA,功能性氧依赖电子转运系统在 ATP 合成过程中作为电子的终极受体。

该基因组的致病区和毒力相关基因含有 4 个串联重复结构,在复制过程中被插入或删除一个或多个重复单位就有可能造成 ORF 的漂移继而导致表达产物的改变。

该基因组具有高效 DNA 转化系统,DNA 摄取序列的位点 5′-AAGTGCGGT 在整个基因组有多个拷贝,它是外源 DNA 摄入所必需的。在以前所描述的发生改变的 15 个基因中,其中 6 个(*com*A、*com*B、*com*C、*com*D、*com*E、*com*F)的启动子上游一个螺旋处有一个 22 bp 回文结构的感受态调节元件(competence regulatory element,CRE)的正调节操纵子。基因组中有多个 CRE 拷贝以及由 CRE 所控制的潜在重组基因。

基因组中的二元感受系统(two-component system)是由一个感受分子感受外界环境信号,再由活化状态的感受分子调控分子磷酸化。一般调控分子经感受分子活化后,开启或关闭特异性基因表达。基因组中已经鉴定出 4 个感受分子和 5 个调控分子。而大肠杆菌中估计有 40 个感受调控分子。

菌毛基因簇中的 8 个基因在不同菌株中表现不同,在 Rb 株系中 *pep*N 和 *pep*E 基因位于菌毛基因簇两侧,在 Rd 株系中这两个基因紧密连锁、紧密比邻。研究发现非致病性杆菌与致病性杆菌在很多方面差异明显。二者在影响感染方面的因子有许多不同,如细菌黏附宿主的有关菌毛基因簇中的 8 个基因在 Rd 株系不存在。

通过基因组比对发现两个未发现的基因簇,其中之一是 HI0589 和 HI0580,它们的全长序列分别为 139 和 143 个氨基酸残基,具有 75% 的同源性;其二是 HI1555 和 HI1548,它们的全长序列分别为 394 和 471 个氨基酸残基,具有 30% 的同源性。

# 8.4　微生物基因组

## 8.4.1　原核生物基因组

从已经测序完成的原核基因组了解到,原核生物的基因组一般都很小,DNA 含量低,已测序的基因组都小于 9 Mb,流感嗜血杆菌 1.8 Mb、噬菌体 48.5 kb、天蓝色链霉菌 8.66 Mb、大肠杆菌为 4.6 Mb,含有 4 290 个基因,原核生物的 DNA 位于细胞的中央,称为类核(nucleoid)。最小的病毒如双链 DNA 病毒 SV40,其基因组的相对分子量为 $3 \times 10^6$,大小为 5 243 bp,含有 5 个基因,而单链 RNA 病毒 Q$\beta$,含有 4 个基因,最小的大肠杆菌噬菌体 MS2 只有 3 000 bp,含有 3 个基因,各种生物基因组的大小和基因数目各不相同,原核基因组一般为 $10^3 \sim 10^6$ bp,比真核生物的基因组小,低等真核生物基因组大小为 $10^7 \sim 10^8$ bp,而高等真核生物基因组大小为 $5 \times 10^8 \sim 5 \times 10^9$ bp,有些植物和两栖类可达到 $10^{11}$ bp,一般真核生物基因组的分子量在 $10^{10}$,其 DNA 大小在 $10^8$ bp 以上,哺乳动物大于 $2 \times 10^9$ bp,可编码上百万个基因。尽管不同生物基因组数量级差别显著,但是在研究中发现原核生物基因组还是有许多共同的特点。

(1)原核生物基因组大多数是环状,部分是线状形式,都为单倍体,基因组裸露,与类组蛋白结合形成螺旋体并和质膜系连,处于拟核态,在信息表达时时间上偶联,转录翻译同步。如大肠杆菌是环状、λ 噬菌体是线状 DNA,但其基因顺序是环状排列。

(2)基因组上遗传信息具有连续性,基因组结构简单,大部分序列用于编码蛋白质。

(3)基因中一般无内含子,部分古菌基因中发现内含子的存在,一般遗传信息连续而不中断。

(4)基因密度大,基因数目接近基因组大小所估算的基因数目。

(5)少部分序列不编码,一般为调控序列,φχ174 不转录的部分占 217/5 386,约为 4%,不转录序列位于 *H* 和 *A* 基因之间的第 3 906~3 973 位核苷酸之间,包括 RNA 聚合酶结合位点、转录终止信号区以及核糖体结合位点等基因表达控制序列;而 T4DNA 不转录的为 282/5 577,约为 5%,大肠杆菌的不转录的调控序列大约占 11%左右,不包括 0.7%的非编码重复序列。细菌的染色体约有 75%的 DNA 编码基因,余下 25%的 DNA 为基因间的 DNA(intergenic DNA)。有一部分基因间的 DNA 是有重要功能的,如复制起点(origin of replication),另一些基因间区域可能涉及和 DNA 包装蛋白的相互作用。但真核生物中的不转录序列却高达 75%以上,随着基因组的进化,不转录序列增加的比例远远高于转录序列的增加。

(6) 在原核生物中功能相关的基因一般以操纵子的形式存在,并被转录成为多顺反子 mRNA 的形式,在操纵子上有启动子、操纵基因、弱化子、结构基因等序列,结构基因与调节序列共同组成转录单位。例如大肠杆菌组氨酸操纵子转录成为一条多顺反子 mRNA,再翻译组氨酸合成有关的 9 个酶,像这种形式的多顺反子在原核生物中普遍存在,在真核生物却是个别现象。

(7) 结构基因多为单拷贝,但 rRNA 基因为多拷贝,多为散布分布,tRNA 基因成簇分布。

(8) 基因组中重复序列少而短,大肠杆菌的非编码重复序列约为基因组的 0.7%,编码重复序列约为 16.4%。

(9) 原核生物的基因重叠现象非常普遍,尤其是病毒基因组,这是因为基因组小,重叠基因是扩大信息量的一种特有形式;细菌基因组重叠现象则很少;真核生物更少或几乎没有重叠。

(10) 原核生物一般具有自身生活非必需的质粒,而在真核生物中有的质粒类群是必需的,有的是非必需的。如大肠杆菌的 F 质粒或 R 质粒都是大肠杆菌生命周期非必需的质粒形式,这些质粒存在,可以提高基因组之间的重组频率,没有这些质粒,大肠杆菌也可以进行自我繁殖和世代传递。但是对高等生物来说,叶绿体基因组对于植物生命周期是必需的,线粒体基因组对于生命细胞也是必需的,没有线粒体细胞就不能够呼吸,不可能实现能量的转换与传递,而多数以高等生物为寄主的病毒,都是寄主非必需部分,这些寄主多数是病毒复制繁殖的中间体。原核生物和真核生物相似的是都具有复制起点、启动子、转座子等序列,只是这些序列在不同类群的生物中具有不同的序列形式以及不同的表达形式。表 8.4 为 2006—2007 年正在测序或测序完成的微生物基因组。

**表 8.4  2006—2007 年正在测序或测序完成的微生物基因组**

| 基因组 | 大小(nt) | 出版物 | 测序单位 | 完成时间 |
|---|---|---|---|---|
| *Streptococcus pyogenes* str. *Manfredo*, complete genome (曼弗里多化脓性链球菌) | 1 841 271 | *J Bacteriol*. 2007 Feb; **189**(4):1 473-1 477. Epub 2006 Sep 29 | | |
| *Streptococcus pneumoniae* D39, complete genome (D39 肺炎链球菌) | 2 046 115 | *J Bacteriol*. 2007 Jan; **189**(1):38-51. Epub 2006 Oct 13 | | |
| *Lactococcus lactis* subsp. *Cremoris* SK11, complete genome (乳酸乳球菌乳脂亚种 SK11) | 2 438 589 | *Proc Natl Acad Sci USA*. 2006 Oct 17; **103**(42):15 611-15 616. Epub 2006 Oct 9 | | |

续表

| 基因组 | 大小(nt) | 出版物 | 测序单位 | 完成时间 |
|---|---|---|---|---|
| *Geobacillus thermodenitrificans* NG80-2，complete genome （嗜热解烃细菌 NG80-2 ） | 3 550 319 | *Proc Natl Acad Sci* USA. 2007 Mar 27; **104**(13):5 602-5 607. Epub 2007 Mar 19 | | |
| *Bacillus coagulans* 36D1 （凝血芽孢杆菌） | 2 941 017 | | US DOE Joint Genome Institute (JGI-PGF)（美国能源部联合基因组研究所） | 2007/02/07 |
| *Bacillus cereus* AH187 （蜡质芽孢杆菌） | 5 531 188 | | TIGR（ 美国基因组研究所） | 2006/11/09 |
| *Staphylococcus saprophyticus* subsp. *saprophyticus* ATCC 15305 （腐生葡萄球菌 ATCC 15305） | 2 516 575 | *Proc Natl Acad Sci* USA. 2005 Sep 13;**102**(37): 13 272-132 777. Epub 2005 Aug 31 | | 2005/08/20 |
| *Ruminococcus torques* ATCC 27756 （扭链瘤胃球菌 ATCC 27756） | 2 739 406 | | Washington University Genome Sequencing Center （华盛顿大学基因组测序中心） | 2007/02/14 |
| *Ruminococcus gnavus* ATCC 29149 （活泼瘤胃球菌 ATCC 29149） | 3 484 788 | | Washington University Genome Sequencing Center（华盛顿大学基因组测序中心） | 2007/03/22 |
| *Thermosinus carboxydivorans* Nor 1 （脱羧栖热腔菌） | 2 889 774 | | US DOE Joint Genome Institute (JGI-PGF)（美国能源部联合基因组研究所） | 2007/01/09 |
| *Halothermothrix orenii* H168 （奥氏嗜热盐丝菌 H 168） | 2 463 968 | | US DOE Joint Genome Institute (JGI-PGF)（美国能源部联合基因组研究所） | 2006/03/06 |
| *Rubrobacter xylanophilus* DSM 9941 （嗜热红色杆菌） | 3 225 748 | | US DOE Joint Genome Institute (JGI-PGF)（美国能源部联合基因组研究所） | 2006/06/12 |
| *Gramella forsetii* KT0803 | 3 798 465 | *Environ Microbiol*. 2006 Dec;**8**(12): 2 201-2 213 | Max Planck Institute for Molecular Genetics（马克斯普朗克研究所分子细胞生物学、遗传学中心） | 2006/11/06 |
| *Psychroflexus torquis* ATCC 700755 （冷弯菌 ATCC 700755） | 6 014 448 | | The Gordon and Betty Moore Foundation Marine Microbiology Initiative (Gordon 与 Betty Moore 基金海洋微生物研究所） | 2006/04/07 |
| *Pelobacter propionicus* DSM 2379 （初油酸暗杆菌 DSM 2379） | 4 008 000 | | US DOE Joint Genome Institute(JGI-PGF)（美国能源部联合基因组研究所） | 2006/12/01 |
| *Lyngbya* sp. PCC 8106 （鞘丝藻 PCC 8106） | 7 037 511 | | The Gordon and Betty Moore Foundation Marine Microbiology Initiative(Gordon 与 Betty Moore 基金海洋微生物研究所） | 2006/12/15 |
| *Roseobacter* sp. SK209-2-6 （玫瑰杆菌 SK209-2-6） | 4 555 826 | | J Craig Venter Institute （J Craig Venter 研究所） | 2007/03/08 |

| 基因组 | 大小(nt) | 出版物 | 测序单位 | 完成时间 |
|---|---|---|---|---|
| *Candidatus Desulfococcus oleovorans* Hxd3 （烃氧化酶系脱硫球菌假丝酵母 Hxd3） | 3 788 421 | | US DOE Joint Genome Institute (JGI-PGF)（美国能源部联合基因组研究所） | 2007/01/09 |
| *Helicobacter pylori* HPAG1 （幽螺杆菌 HPAG1） | 1 596 366 | *Proc Natl Acad Sci USA.* 2006 Jun 27; **103**(26):9 999-10 004. Epub 2006 Jun 20. | Washington University (WashU)（华盛顿大学） | 2006/06/07 |
| *Campylobacter jejuni* subsp. *jejuni* 81-176 （空肠弯曲菌 81-176） | 1 616 554 | | TIGR（美国基因组研究所） | 2007/01/10 |
| *Campylobacter jejuni* subsp. *doylei* 269.97 （空肠弯曲菌 269.97） | 1 878 481 | | TIGR（美国基因组研究所） | 2006/06/28 |
| *Sagittula stellata* E-37 | 5 262 893 | | J Craig Venter Institute (J Craig Venter 研究所) | 2007/03/08 |
| *Jannaschia* sp. CCS1 | 4 317 977 | | US DOE Joint Genome Institute (JGI-PGF)（美国能源部联合基因组研究所） | 2006/03/01 |
| *Jannaschia* sp. CCS1 *plasmid*1 | 86 072 | | US DOE Joint Genome Institute (JGI-PGF)（美国能源部联合基因组研究所） | 2006/03/01 |
| *Bartonella bacilliformis* KC583 （杆菌样巴尔通体 KC583） | 1 445 021 | | TIGR（美国基因组研究所） | 2007/01/10 |
| *Brucella melitensis biovar* Abortus 2308 *chromosome* II （流产羊布鲁菌变种 2308 的染色体 II） | 1 156 948 | *Infect Immun.* 2005 Dec;**73**(12):8 353-8 361. | | 2005/11/22 |
| *Granulibacter bethesdensis* CGDNIH1 | 2 708 355 | | Rocky Mountain Laboratories, National Institutes of Allergy and Infectious Disease, The National Institutes of Health(美国国立健康研究院) | 2006/09/14 |
| *Rhodospirillum rubrum* ATCC 11170 （深红红螺菌 ATCC 11 170） | 4 352 825 | | US DOE Joint Genome Institute (JGI-PGF)（美国能源部联合基因组研究所） | 2005/12/13 |
| *Parvularula bermudensis* HTCC2503 （蓝仙短八盒菌 HTCC2503） | 2 907 267 | | The Gordon and Betty Moore Foundation Marine Microbiology Initiative(Gordon 与 Betty Moore 基金海洋微生物研究所) | 2006/01/10 |
| *Magnetococcus* sp. MC-1 （磁裸球菌 MC-1） | 471 958 | | US DOE Joint Genome Institute (JGI-PGF)（美国能源部联合基因组研究所） | 2006/11/13 |

| 基因组 | 大小(nt) | 出版物 | 测序单位 | 完成时间 |
|---|---|---|---|---|
| *Mariprofundus ferrooxydans* PV-1 | 2 867 087 | | The Gordon and Betty Moore Foundation Marine Microbiology Initiative（Gordon 与 Betty Moore 基金海洋微生物研究所） | 2006/09/18 |
| *Prochlorococcus marinus* str. NATL1A（海洋原绿球菌 NATL1A） | 1 864 731 | | The Gordon and Betty Moore Foundation Marine Microbiology Initiative（Gordon 与 Betty Moore 基金海洋微生物研究所） | 2007/01/23 |
| *Prochlorococcus marinus* str. AS9601（海洋原绿球菌 AS9601） | 1 669 886 | | The Gordon and Betty Moore Foundation Marine Microbiology Initiative（Gordon 与 Betty Moore 基金海洋微生物研究所） | 2007/01/22 |
| *Cyanothece* sp. CCY0110（蓝丝菌 CCY0110） | 5 880 532 | | The Gordon and Betty Moore Foundation Marine Microbiology Initiative（Gordon 与 Betty Moore 基金海洋微生物研究所） | 2007/03/07 |
| *Synechococcus* sp. WH 7805（蓝细菌 WH 7805） | 2 620 367 | | The Gordon and Betty Moore Foundation Marine Microbiology Initiative（Gordon 与 Betty Moore 基金海洋微生物研究所） | 2006/02/24 |
| *Synechococcus* sp. WH 5701（蓝细菌 WH 5701） | 3 043 834 | | The Gordon and Betty Moore Foundation Marine Microbiology Initiative（Gordon 与 Betty Moore 基金海洋微生物研究所） | 2006/02/16 |
| *Leptospira borgpetersenii serovar Hardjo-bovis* JB197 chromosome 2（致病钩端螺旋体 JB197 染色体 2） | 299 762 | *Proc Natl Acad Sci USA*. 2006 Sep 26；**103**(39)：14 560-14 565. Epub 2006 Sep 14. | Monash University（蒙纳士大学） | 2006/10/21 |
| *Leptospira borgpetersenii serovar Hardjo-bovis* L550 chromosome 1（致病钩端螺旋体 L550 染色体 1） | 3 614 446 | *Proc Natl Acad Sci USA*. 2006 Sep 26；**103**(39)：14 560-14 565. Epub 2006 Sep 14. | Monash University（蒙纳士大学） | 2006/10/21 |
| *Fervidobacterium nodosum* Rt17-B1（多节闪烁杆菌 Rt17-B1） | 1 849 124 | | US DOE Joint Genome Institute（JGI-PGF）（美国能源部联合基因组研究所） | 2006/11/16 |
| *Chloroflexus aggregans* DSM 9485（聚生屈挠菌 DSM 9485） | 4 596 772 | | US DOE Joint Genome Institute（JGI-PGF）（美国能源部联合基因组研究所） | 2006/11/16 |
| *Herpetosiphon aurantiacus* ATCC 23779（橙色滑柱菌 ATCC 23 779） | 6 605 151 | | US DOE Joint Genome Institute（JGI-PGF）（美国能源部联合基因组研究所） | 2006/09/04 |

续表

| 基因组 | 大小(nt) | 出版物 | 测序单位 | 完成时间 |
|---|---|---|---|---|
| *Blastopirellula marina* DSM 3 645 | 6 653 746 | | The Gordon and Betty Moore Foundation Marine Microbiology Initiative(Gordon 与 Betty Moore 基金海洋微生物研究所) | 2006/02/16 |
| *Solibacter usitatus* Ellin6076 | 9 965 640 | | US DOE Joint Genome Institute（JGI-PGF）（美国能源部联合基因组研究所） | 2006/10/24 |
| *Acidobacteria bacterium* Ellin345 （细菌酸杆菌 Ellin345） | 5 650 368 | | US DOE Joint Genome Institute（JGI-PGF）（美国能源部联合基因组研究所） | 2006/05/09 |

注：上述数据截止到 2007 年 3 月 28 号

### 8.4.2　真核微生物基因组

前面讲到原核基因组的基本共性特征，真核微生物尽管更为复杂，但同样也表现出一些类似的基本特征，分述如下。

（1）真核微生物基因组一般比原核微生物基因组大，比高等生物的基因组小，一般位于细胞核中，核膜将细胞分隔成细胞核和细胞质，因此在基因表达中转录和翻译在空间位置上是分隔的，在时间上是不偶联的，这是与原核微生物的首要区别。

（2）真核微生物具有典型的染色体结构，染色体是以由 DNA 与组蛋白构成的核小体为基本单位，进一步盘旋折叠并与非组蛋白骨架相结合形成染色质，再由染色质高度缠绕螺旋而成，DNA 部分裸露；染色体上有自主复制序列、着丝粒和端粒。染色体呈棒状，细胞内存在多个染色体，每个染色体与蛋白质稳定结合形成复杂的高级结构，结合的蛋白质有组蛋白和非组蛋白，组蛋白一般都富含碱性氨基酸（精氨酸和赖氨酸），在进化上高度保守，无组织特异性，肽链上氨基酸分布极不均匀，碱性氨基酸多分布在肽链的 N 端，使 N 端富带正电荷，易于与带负电荷的 DNA 结合，而组蛋白的疏水的基团多分布于肽链的 C 端，疏水端易于与其他组蛋白和非组蛋白结合，因此这种不对称分布与组蛋白的功能相关，并且组蛋白上各种残基具有不同的修饰作用，如甲基化、乙基化、磷酸化以及 ADP 核糖基化等，这些修饰只发生在细胞周期的特定时间和组蛋白的特定位点上，与各种功能的实现密切相关，如 H5 的磷酸化在染色质失活过程中起作用；而非组蛋白种类繁多，包括 RNA 聚合酶类、包装蛋白、加工蛋白、收缩蛋白、骨架蛋白、核孔复合物蛋白以及与基因表达有关的蛋白，非组蛋白一般具有组织特异性和种属专一性，也就是说不同组织具有不同的非组蛋白，不同的种属之间的非组蛋白各不相同。

（3）不同物种染色体数目各异，每一种物种染色体数目恒定，即 C 值恒定。从染色体的质量和数量看，真核生物的染色体所蕴藏的遗传信息都显著提高了，基因信息的绝对含量增加，而基因密度显著下降。例如人的单倍体基因组由 3 000 kb 碱基组成，按 1 000 个碱基编码一种蛋白质计算，理论上可有 300 万个基因。但实际上，人细胞中所含基因总数只有 3 万个左右。这就说明在人类基因组中有许多 DNA 序列并不转录成只用于指导蛋白质合成的 mRNA。

(4) DNA 序列分为编码区与非编码区,不编码的区域显著多于编码区域,根据 DNA 序列的复性动力学研究发现 DNA 非编码区往往都是一些大量的重复序列和内含子序列以及假基因序列与基因间的间隔序列等,这些序列的存在降低了基因密度。在人类细胞的整个基因组当中只有很少一部分(约占 2%～3%)的 DNA 序列用以编码蛋白质,真核生物编码序列约为 5%～10%,重复序列在人类基因组中高达 30%。

(5) 基因分布极不均衡,有的地方是荒漠,有的地方却十分密集,但总基因密度小,整个基因组的基因密度与原核生物比较显著降低;基因内和基因间不编码序列显著增加,基因内存在着不表达的内含子序列和表达部分的外显子序列,基因间具有各种调控元件以及假基因等。

(6) 遗传信息并不一定连续,基因间有间隔序列,基因内有内含子,基因组成是断裂基因,基因中表达的外显子被不表达的内含子序列所隔开,内含子在基因表达过程中最终被剪接掉,基因一般要通过复杂的剪接和成熟过程,才能顺利翻译出蛋白质,内含子的存在增加了基因的多样性,也降低了基因的突变几率。而原核生物几乎没有或只有少量内含子,因而其基因组平均突变率高于真核微生物。

(7) 每条染色体 DNA 分子都具有多个复制起点,并且每个复制子的长度较小;多数基因以单顺反子表达,少数基因以基因家族形式选择表达。无论单拷贝或基因家族其表达往往受多种调控元件的调控。

(8) 真核微生物基因组一般不存在操纵子和重叠基因。功能相关基因以基因家族形式存在,或成簇或散布。常见的基因簇有 rRNA 基因簇、tRNA 基因簇和组蛋白基因簇。

rRNA 基因簇在真核生物基因组中度重复,重复次数为 $10^3$～$10^5$。17～18S、5.8S、25～28S 共同构成一个转录单位,以串联形式重复排列。每个转录单元分为转录区和非转录区,转录成为前体后要经过一系列加工才能形成有表达活性的 rRNA。5S rRNA 的基因是单独存在的,每个 5S DNA 与一个非转录间隔区组成一个 5S DNA 的重复单位,一个 5S DNA 的长度为 375 bp。在进化上 rRNA 基因簇是比较保守的,可在属、科、目不同水平上的不同生物中进行比较研究,从分子水平探测分子进化的机理。

真核细胞中的 tRNA 基因簇几乎都是重复的,每种 tRNA 基因数目从几百个到几千个不等,如酵母中有 275 个 tRNA 基因,果蝇有 600～900 个 tRNA 基因,瓜蟾有 8 000 个 tRNA基因。tRNA基因一般是分散在不同染色体上,tRNA 长 70～80 bp,而 tRNA 基因长 140 bp 左右,有些 tRNA 基因含有内含子,但 tRNA 基因的内含子没有序列共有性,转录后不但要切除两端的非转录间隔区,而且要进行拼接才能形成成熟的 tRNA 分子。

组蛋白基因簇由 H1、H2A、H2B、H3、H4 这 5 种组蛋白彼此靠近构成一个转录单位,长约 6 000 bp,基因间由非转录序列所间隔。在真核生物体中像组蛋白基因簇一样的功能蛋白还有很多,如人珠蛋白基因家族。$\alpha$ 和 $\beta$ 珠蛋白家族成员在胚胎发育和成年的不同阶段进行特异性表达。

重叠基因在正常细胞中几乎没有发现,但在高等生物中如人的某些疾病部位的细胞中偶有重叠基因发现。

(9) 基因组中有多种特殊元件,如重复序列、外显子、内含子、假基因、转座子、活化子、增强子、单一核苷酸的多态性位点、顺式作用元件、反式作用因子的编码序列等元件,在基因表达中有基因扩增、染色体丢失、基因重排等多种遗传现象。

（10）真核微生物基因组内存在大量的假基因，原核生物很少有假基因存在，假基因可能不会合成功能蛋白质，但是它会调节功能基因的活性，假基因是相应的正常基因在染色体的不同位置上的部分错误的复制品，由于突变积累的结果而丧失活性。假基因有的完全缺少在相应的正常基因中存在的内含子顺序。假基因的 3′末端有一段连贯的脱氧腺嘌呤核苷酸。有些假基因与相应的功能基因在顺序组成上的相似性只限于相应的 mRNA 的 3′末端之前的部分。假基因可能是进化过程中一种适应性表现，一种规避突变的有效手段。研究显示，当酵母菌被置于一个充满压力的新环境中时，它的某些细胞表面的蛋白假基因就会被重新激活。

（11）真核生物基因组重复序列显著增加，其分布或集中成簇，或分散在基因之间；重复次数有的几份，有的多达几十份乃至几百份，这些重复序列与调控密切相关，大多数重复序列是不转录的调控序列，包括各类调控元件，这些调控元件需要更多的调控蛋白因子参与协作以实现调控功能，但调控蛋白基因序列与调控元件序列尽管功能上密切相关而其位置并非紧密连锁，有的甚至分隔很远。而原核生物几乎没有或很少有重复序列。

（12）真核微生物的细胞器基因组对于真核生物的生命是必需的，不像原核生物的质粒一样对于细菌生存是非必需的，酿酒酵母染色体总长度为 12 156 678 bp，其中核基因组 12 070 899 bp，线粒体基因组（Q）85 779 bp，2-micron 质粒（R）6 318 bp。二倍性的生物其基因组拷贝除配子具有一套外，体细胞内的基因组拷贝是双份的（即双倍体，diploid），含有两份同源的基因组。总之，真核生物的基因组远远大于原核生物的基因组。表 8.5 为一些真核生物基因组的大小、染色体数量与编码基因数。图 8.14 为人体基因组的组成。

表 8.5　几种模式真核生物基因组的大小、染色体数量与编码基因数

| 物　种 | 描　述 | 基因组大小（Mb） | 染色体数目 | 编码基因数 |
| --- | --- | --- | --- | --- |
| 啤酒酵母（Saccharomyces cerevisiae） | 是啤酒生产上常用的发酵酵母，1996 年，在英国、美国、欧洲、日本等国 600 位科学家的共同努力下完成了啤酒酵母全基因组的测序工作，是当时完成测序的最大基因组，也是真核生物中第一个被测序的生物。此外，非洲粟酒裂殖酵母的全基因组序列于 2002 年完成 | 13 | 16 | 5 570 |
| 线虫（Caenorhabditis elegans） | 是一种常见的、自由生活的小型土壤线虫 | 97 | 6 | 19 099 |
| 果蝇（Drosophila melanogaster） | 常用来进行杂交的遗传实验，研究性状遗传的规律 | 180 | 4 | 13 601 |
| 拟南芥（Arabidopsis thaliana） | 研究基因组学的一种模式植物 | 125 | 5 | 25 498 |
| 智人（Homo sapiens） | 用来研究人类基因的模式生物 | 3 000 | 23 | 25 000～35 000 |

真核生物的重复序列分为高度重复序列、中度重复序列和非重复的单一序列。非重复序列即单拷贝序列，只有一个或几个拷贝，占 DNA 总量的 40%～80%；长约 750～2 000 bp，一般为 1 000 bp 左右，相当于结构基因的长度。一般结构基因都为单一序列。真核生

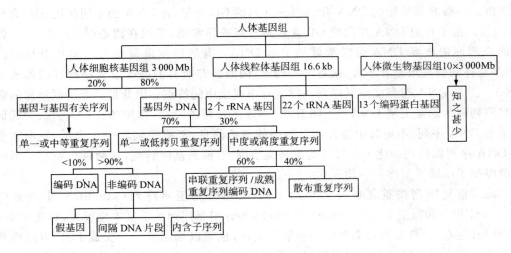

图 8.14　人体基因组的构成

物的大多数基因都是单拷贝的,不同生物基因组单拷贝序列所占的比例是不同的。原核生物一般是非重复序列。随着生物的基因组大小的增加,非重复序列的 DNA 的绝对长度也随之增加,但在基因组中的相对比例却在下降。非重复 DNA 含量和生物的相对复杂程度是一致的。大多数结构基因位于基因组非重复 DNA 序列之中,单拷贝的结构基因编码许多重要的蛋白质、多肽链和酶类。单拷贝基因通过基因扩增来实现大量的蛋白质合成。

重复序列中的中度重复序列的重复单位平均长度约 300 bp,重复次数为 $10\sim10^2$,人的珠蛋白(血红蛋白)基因属于这种少量重复序列,这一类型在真核微生物中较为少见。此外许多假基因属于少量重复序列。另一类中度重复序列的重复次数为 $10^2\sim10^5$,该序列常以回文序列方式出现在基因组的许多位置上,一些回文序列中间间隔着单拷贝序列,另一些不存在单拷贝序列,经变性复性后前者出现茎环结构,后者出现发夹结构。中度重复序列一般是不编码的序列,这种序列和非重复序列一样都不是长序列,它们常被其他组分所分隔。中度重复序列占总 DNA 的 10%～40%,如小鼠占 20%,各种 rRNA、tRNA、可移动基因、重复序列家族以及某些结构蛋白如组蛋白基因等属于此类,与基因表达调控有关。

高度重复序列一般重复 $10^6$ 以上。通常这些序列的长度为 6～200 bp,如卫星 DNA。占总基因组的 10%～60%,由 6～100 个碱基组成,在 DNA 链上串联重复几百万次。这些序列大部分集中在异染色质区,位于着丝粒和端粒附近,高度浓缩,少量位于核基因组多个位置上,呈现为异染色质区。高度重复序列中常有一些 AT 含量很高的简单串联重复序列。因序列简单,缺乏转录所必需的启动子,故没有转录能力。然而其 DNA 的复制却和单一序列复制得一样快。大多数高等真核生物 DNA 都有 20% 以上的高度重复序列,而且数目变化大,这类序列的多少对 C 值的影响可能最大。过去认为重复序列是过剩 DNA,现在普遍认为是造成遗传丰余度的主要原因。其中某些重复序列具有特殊功能,如调节基因的表达、增强同源染色体之间的配对与重组、有利于减数分裂时的染色体交换,对基因起着某种保护和调节的作用,如维持染色体结构的稳定性、调节 mRNA 前体的加工过程、参与 DNA 的复制等,此外,重复序列还可能是进化的重要源泉之一。重复序列的生物学功能尚待阐明。

卫星 DNA 是一类高度重复序列。DNA 片段中的 GC 含量决定了不同 DNA 片段的浮力密度。一般真核生物的 DNA 有 30%～50%的 GC 含量,在 DNA 的不同区段,GC 含量相差 10%。由于有的 DNA 片段的 GC 含量异常高或异常低,所以在离心时,主要 DNA 带的后面或前面的次要 DNA 带常常就是卫星 DNA。有的高度重复序列的碱基组与基因组 DNA 总伴的碱基组差异不大,接近于平均值,因而并非所有的高度重复序列都能形成卫星 DNA。卫星 DNA 与高度重复序列一样具有串联集中的特点。因此把具有串联重复的高度重复序列称为隐蔽卫星 DNA。不同卫星 DNA 的长短不一样,作用各异。人们认为任何串联重复 DNA 序列,不论其中是否含有编码的遗传信息,都将受到均一化作用,使串联重复的 DNA 序列保持均一化。一般认为不是交换固定,就是基因转变,这两种机制与基因扩增一道维持了串联重复序列的均一化。

高度重复序列按重复单位大小的不同,又可分为卫星序列(satellite)、小卫星序列(minisatellite)和微卫星序列(microsatellite)3 种。卫星序列的重复单位很大,长度在 100～5 000 kp 左右,一般分布在染色体的异染色质区,也难以采用分子杂交或 PCR 方法揭示其多态性。而小卫星序列和微卫星序列的重复单位较小,由这些重复单位的序列差异性和重复单位的数目变化,可以形成非常丰富的多态性。目前已发展了多种方法,如利用小卫星的多态性进行基因组的指纹分析,也开拓了微卫星的多态性作为遗传作图的分子标记。随着对 RFLF 的深入研究,人们发现基因组中具有一些变异性很高的 DNA 序列,即高变异 DNA 序列。这使遗传标记的研究和应用有了新的进展。事实上,在高等生物如人类和哺乳动物的 DNA 分子连锁图中,微卫星已成为取代 RFLP 的第二代分子标记而被广泛使用。

小卫星的重复单位比较长,且每一个重复单位都有一个核心序列。不同来源的小卫星序列的核心序列具有高度保守性,小卫星 DNA 是一些重复单位在 11～60 bp、总长度由数百到数千个碱基组成的串联重复序列,主要存在于染色体靠近端粒处,在不同个体间存在串联数目的差异。小卫星 DNA 的共同特点是它们都有一短的串联重复序列,同一高变异区的重复序列具有高度保守性,不同个体的重复序列的重复数目不同而造成众多的等位基因。因此小卫星是信息量很高的分子遗传标记,具有高度的多态性和较高的杂合度。因此,如果用于重复序列中没有切点、而在重复序列两端有切点的限制性内切酶酶切中,则切割下来的片段将由于所包含的重复序列的数目不同而出现长度的变化。由小卫星 DNA 组成的染色体座位具有丰富的多态性,这是由重复单位的数目变异造成的,这种多态性亦可称为数量可变重复(variable number of tandem repeat locus,VNTR)。VNTR 可能成为一种广泛应用的复等位标记。对小卫星 DNA 多态性鉴别可用重复单位的同源序列作为特异性探针进行 RFLP 分析,因为在每一个染色体座位上的串联重复序列中有重复出现的限制性内切酶位点。在酶解后,会出现一条主带,它们可以用分子杂交和自显影的方法加以分辨。检测用的探针可在基因组文库中筛选,也可人工合成。

微卫星(microsatellite)DNA 又称为短串联重复(short tandem repeat,STR)或简单重复序列。它是由 1～5 个核苷酸组成的重复单位串联重复排列而成的长达几十个核苷酸的 DNA 串联重复序列,每个重复单位都有核心序列和侧翼序列之分。大多数微卫星序列的长度在 200 bp 以下,微卫星序列在基因组中的分布比小卫星序列更具有随机性。同一类的微卫星 DNA 可分布于整个基因组的不同位置上,它们广泛分布于许多结构基因的内含子中,甚至在基因间隔区和调控序列中也有微卫星序列。例如,在人类基因组中广泛存在的一种微卫星 DNA 是$(dC-dA)_n (dG-dT)_n$,由于重复的次数不同以及重复程度的不完全而造成了每个位点的多态性,这种多态性有比较丰富的信息量。由于每个微卫星 DNA 两端的序列多是相对保守的单拷贝序列,因而可根据两端的序列设计一对特异的引物,扩增每个位点的微卫星序列,再经聚丙烯酰胺凝胶电泳,比较扩增产物的长短变化,即可显示不同基因型的个体在每个微卫星 DNA 位点的多态性。一般微卫星标记在遗传上是共显性的。由于微卫星 DNA 蕴含的多态性丰富,目前已成为人类遗传图谱研究的热点。最近已建成一张完全由微卫星 DNA 标记组成的人的第 20 号染色体的连锁图,标记数达 26 个,远远超过已定位的 RFLP 标记数。但微卫星 DNA 作为一种标记,其方法上的缺点是必须针对每个染色体座位的微卫星,根据其两端的单拷贝序列设计引物,这给微卫星标记的开发带来了一定的困难。

　　在标记中 STR 标记比 VNTR 标记应用更多,这是因为 VNTR 主要集中在染色体末端,而 STR 分布在整个基因组中。利用 PCR 检测小于 300 bp 的 DNA 速度快,准确度高,而 VNTR 的长度通常在 300 bp 以上,因此利用 PCR 产物进行电泳,可以直接观察到等位基因的差异。总之,这种卫星 DNA 的遗传标记的应用价值很广:①可以进行个体及亲缘关系的鉴定。DNA 的指纹图谱具有高度的个体专一性,可用于动物的亲子鉴定和分析胚胎移植的结果等。加之 PCR 的应用,使多态性鉴定所需的样品数比传统分析所需的样品数减少了,但分析的内容更丰富了,测定也更为精确、可靠和经济。②利用遗传标记可对群体的结构进行分析,并为合理保存和使用品种资源提供保障。③利用遗传标记监测遗传效应。在品种选育中,引入基因的程度或移植胚胎的效果均可以通过遗传标记加以分析和检测。④利用遗传标记对经济性状位点进行相关的连锁分析。从表型着手,用遗传标记连锁分析确定基因的相关位置,然后进行基因分离,研究其结构与功能,寻找控制生产性状的基因位点,以便通过筛选进行遗传改良。⑤利用遗传标记进行基因作图。通过基因作图确定待测位点与染色体上的已知标记位点的距离,从而构建遗传图谱,在完成遗传图谱的构建中,需要大量的遗传标记。

### 8.4.3　细胞器基因组

　　DNA 并不只位于细胞核中,在细胞质中也有少部分 DNA 的存在,主要位于动、植物的线粒体和绿色植物的叶绿体中,低等的原核生物尽管没有这些结构,但具有质粒 DNA。我们尽管现在不能完全知道质粒基因组和原核 DNA 与真核生物细胞器 DNA 的关系,但是从细胞器基因组的起源也许可以追踪基因组起源的痕迹。线粒体和叶绿体的基因组又称染色体外基因组、细胞质基因组、细胞器基因组等。其遗传为非孟德尔式的,核外基因的遗传并不像核基因那样具有典型分离现象和减数分裂性质一样的规律性的重组。近年来现代分子生物学技术的发展和应用已明晰了核外基因组的结构。

#### 8.4.3.1　线粒体基因组

　　线粒体是好氧动物和植物以及真核微生物细胞质中的细胞器,它们含有三羧酸循环的酶类,执行氧化磷酸化及脂肪酸的生物合成。通过菌株的缺失定位等方法已经确定了酵母线粒体基因组(图 8.15)。酵母线粒体 DNA 是周长约 $26\mu m$ 的环状 DNA 分子,大小为 84 kb,随菌株的不同可变化在 75~84 kb 之间。酿酒酵母 (*Saccharomyces cerevisiae*)线粒体基因组测序在 1999 年 8 月已经完成(序列号为 NC_001224)。测序结果表明酿酒酵母 mtDNA 全长 85 779 bp,GC 含量为 17%,编码区占 mtDNA 的 23%,编码细胞色素 b、细胞色素 c 氧化酶、ATPase 等共 19 种蛋白质、24 个 tRNA 基因、1 个 RPM1 基因、2 个 rRNA 基因(21S rRNA 和 5S rRNA)。此外,还编码有氯霉素(*cam*)、红霉素(*ery*)和寡霉素(*oli*)抗性基因等。

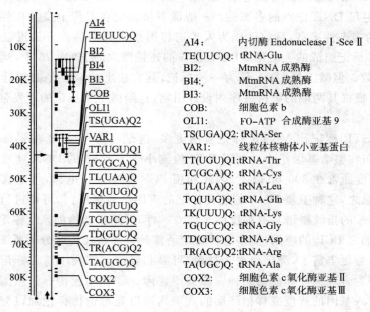

| | |
|---|---|
| AI4: | 内切酶 Endonuclease I -Sce II |
| TE(UUC)Q: | tRNA-Glu |
| BI2: | MtmRNA 成熟酶 |
| BI4: | MtmRNA 成熟酶 |
| BI3: | MtmRNA 成熟酶 |
| COB: | 细胞色素 b |
| OLI1: | FO–ATP 合成酶亚基 9 |
| TS(UGA)Q2: | tRNA-Ser |
| VAR1: | 线粒体核糖体小亚基蛋白 |
| TT(UGU)Q1: | tRNA-Thr |
| TC(GCA)Q: | tRNA-Cys |
| TL(UAA)Q: | tRNA-Leu |
| TQ(UUG)Q: | tRNA-Gln |
| TK(UUU)Q: | tRNA-Lys |
| TG(UCC)Q: | tRNA-Gly |
| TD(GUC)Q: | tRNA-Asp |
| TR(ACG)Q2: | tRNA-Arg |
| TA(UGC)Q: | tRNA-Ala |
| COX2: | 细胞色素 c 氧化酶亚基 II |
| COX3: | 细胞色素 c 氧化酶亚基 III |

图 8.15　酿酒酵母线粒体基因组图谱

通过电镜、放射自显影、浮力密度比较等方法对线粒体的 DNA 进行了系统研究,线粒体 DNA(mitochondrial DNA,mtDNA)的一些特点是:

图 8.16　线粒体 DNA 的电镜照片

(1) 不同物种的真核生物线粒体基因组大小差异很大,但含量是恒定的,真菌、昆虫直到哺乳动物显示出一种趋势,即从低等到高等真核生物 mtDNA 越来越小,排列越来越紧密。如酵母 75～84 kb,粗糙脉孢菌 60 kb,曲霉 32 kb,一般真菌为 17～176 kb,动物线粒体基因组为 14～39 kb,四膜虫属和草履虫等原生生物为 50 kb,瓜蟾 17 533 bp,牛 16 338 bp,小鼠 16 295 bp,人类仅 16 569 bp。植物 200～2 500 kb,高等植物 mtDNA 链长 250～2 000 kb(80～800 μm),如玉米的 mtDNA 基因组有 600 kb(200 μm),线粒体越大,所含有的 DNA 分子越多。以上表明高等生物 mtDNA 基因排列是最经济的。酵母的 mtDNA 的利用率比高等动物低。

(2) 链长的差异是由间隔区和内含子的数目及长度决定的,在某些基因编码区内还存在着内含子,许多内含子被证明是非必需的,并且一些内含子的随意性好似转座一般,可以在线粒体基因组内移进移出,这种内含子称为随意内含子,随意内含子对于线粒体基因组、叶绿体基因组和核基因组的穿梭演变具有十分重要的作用,它是否是转座子的前身,有待证实。

(3) 线粒体 DNA 一般是裸露双链环状的分子,少量为线性,由于缺乏组蛋白,故不能组成核小体(图 8.16)。在线粒体中有和细菌细胞中相似的类核区(nucleoid regions),每个类核中含有几个拷贝的线粒体染色体。例如酵母每个线粒体含有 $10\sim30$ 个类核,每个类核含有 $4\sim5$ 个 mtDNA 分子。由于每个酵母细胞中有 $10\sim45$ 个线粒体,这样每个细胞就有很多 mtDNA 分子。线粒体染色体的多拷贝性对于细胞的整个活性而言其贡献与核基因组相比显得更为重要。

(4) 绝大多数 mtDNA 没有重复序列,这是 mtDNA 基因组的一级结构的特点。

(5) 基因之间存在间隔区,基因间存在大段非编码序列;mtDNA 基因组具有转座子序列,mtDNA 基因组绝大部分是编码序列,主要用于编码与氧化磷酸化相关的酶系;mtDNA 基因组内具有内含子序列。

(6) 基因分布表现为不均衡性,mtDNA 基因组表现为不均一性,酵母线粒体基因组 GC 含量低,酿酒酵母 GC 含量仅为 17%,其上存在大量的非编码富含 AT 区,其功能尚不清楚,但是已知这些区域含有酵母线粒体基因组的多个复制原点。对热变性表现为不均一性,即在变性过程中,一些区域对热极不稳定,另一些区域则有较强的抗性。线粒体基因组具有寡聚核苷酸,这类寡聚核苷酸是一类短的多聚核苷酸序列,比核 DNA 的小。

(7) 线粒体密码子与细胞核密码子不是完全通用,具有一些自身所特有的密码子,酿酒酵母菌线粒体 DNA 在转录 mRNA 和翻译蛋白质时,还会使用某些特殊的与染色体基因不同的遗传密码,并且密码子与 tRNA 分子都少于核基因组,酵母的 mt-tRNA 只有 24 种,少于细胞质蛋白质合成的 tRNA 数,并且细胞质 tRNA 不能代替线粒体 tRNA,已有实验证明,细胞质 tRNA 不能进入线粒体参与其蛋白质合成。通过不同线粒体基因组研究表明,在线粒体基因表达过程中 UGA 不是终止信号,而是色氨酸的密码;多肽内部的甲硫氨酸由 AUG 和 AUA 两个密码子编码,AUA 不再是核中编码异亮氨酸(Ile)密码子;起始甲硫氨酸由 AUG、AUA、AUU 和 AUC 四个密码子编码;AGA、AGG 不是精氨酸的密码子,而是终止密码子,线粒体密码系统中有 4 个终止密码子(UAA、UAG、AGA、AGG);CUG 在核中是亮氨酸(Leu)的通用密码子,在酵母线粒体中编码丝氨酸(Ser)。

(8) mtDNA 基因组调控区存在于 Loop 区。哺乳动物的 mtDNA 的 D-loop 区(也称为控制区)总长约 1000 bp 左右,为非编码区,该区是线粒体基因组进化最快的区域,特别适合于种内群体水平的研究。

(9) mtDNA 基因组复制是以 $\theta$ 形式的半保留复制为主,也有报道称其为 D 环合成的复制和滚环复制;线粒体 DNA 的复制与细胞分裂不同步;复制表现为不均一性,有的复制几次,有的只复制一次,有的可能一次也不复制。复制具有半自主性;线粒体所含有的 DNA 不仅可以复制传递给后代,而且可以转录所编码的遗传信息,合成线粒体某些自身特有的多肽。

(10) 线粒体的遗传装置由线粒体 DNA、tRNA、rRNA、核糖体以及有关的酶组成,能够独立复制、转录和翻译,甚至独立重组。这些表明了线粒体的自主性,尽管如此,线粒体的遗传装置并不是自给自足的,线粒体除了自身的少数成分外,大部分蛋白质是由核基因编码并在细胞质内的核糖体上合成的,这些蛋白质是通过至今尚不完全了解的途径进入线粒体的。由线粒体和核基因两部分编码的蛋白质共同组成线粒体的遗传装置,但线粒体基因组和核基因编码的蛋白质对某些抑制物具有不同的反应,根据这些不同的抑制反应可以很容易区分不同来源的蛋白质,例如,线粒体蛋白质合成受到红霉素、氯霉素等抗生素的抑制,而由核基因编码的在细胞质上合成的蛋白质受到放线菌酮的抑制。这样,区分线粒体内合成的蛋白质和细胞质中合成的蛋白质变得十分方便。

（11）线粒体的遗传效应为母性效应，功能实现需要核基因组和 mtDNA 基因组协同作用共同完成，部分功能完全是 mtDNA 基因组自行决定；翻译系统为原核 70S 翻译系统。

线粒体缺陷在高等生物中与雄性败育有关，而酵母菌线粒体缺陷遗传中最典型的现象是呼吸缺陷突变株的遗传，也就是人们常说的小菌落遗传。

#### 8.4.3.2　叶绿体基因组

叶绿体是地球上唯一能把光能转化成为化学能的重要细胞器，是一种只存在于绿色植物中的细胞器，主要负责光合作用，和线粒体相似，叶绿体也含有自己的基因组，其基因组比线粒体基因组更复杂一些，但目前对叶绿体基因组的了解不如线粒体那样多。

叶绿体基因组与线粒体基因组的结构在很多方面是相似的。每个叶绿体中叶绿体 DNA（chloroplast DNA，ctDNA）的拷贝数随着物种的不同而不同，但都是多拷贝的。这些拷贝位于类核区，通常一个叶绿体含有 1 个至十几个 ctDNA 分子，例如甜菜的叶细胞中每个类核体有 4～8 个拷贝的 ctDNA，而每个叶绿体有 4～18 个类核体，每个细胞中约有 40 个叶绿体，每个细胞总共约有 6 000 个 ctDNA 分子。在单细胞生物衣藻（*Chlamydomonas*）中，一个叶绿体含有 500～1 500 个 ctDNA 分子。在很多植物中 ctDNA 长 40～45 $\mu$m，约是动物 mtDNA 的 8～9 倍，大小一般在 120～217 kb 之间，多数大小为 121～155 kb。大的约为 195 kb，如莱茵哈德衣藻（*Chlamydomonas reinhardi*），小的只有 85 kb 左右，最大的伞藻达 2 000 kb。叶绿体基因组不含有 5'-甲基胞嘧啶，这一特点可以作为鉴定叶绿体 DNA 的提纯指标。

叶绿体基因组全序列比较分析（表 8.6）表明，叶绿体 DNA 是裸露双链环状，缺乏组蛋白和超螺旋。从高等植物分离到的环状叶绿体 DNA 分子，大约占叶绿体 DNA 分子群体的 80%，其中超螺旋结构占 15%～30%，此外还有约 10% 的环状二聚体和约 2.5% 的线状二聚体。ctDNA 中的 GC 含量与核 DNA 及 mtDNA 有很大的不同，因此可用 CsCl 密度梯度离心法来分离 ctDNA。

**表 8.6　叶绿体基因组全序列比较分析**

|  | 地钱（bp） | 烟草（bp） | 水稻（bp） |
|---|---|---|---|
| 反向重复序列 | 10 058 | 25 339 | 12 798 |
| 短单拷贝序列 | 19 813 | 18 482 | 12 335 |
| 长单拷贝序列 | 81 095 | 86 684 | 80 592 |
| 总基因组 | 121 024 | 155 844 | 134 525 |

引自：Lewin，1997

ctDNA 基因组中有两个反向重复序列，其长度一般为 6～76 kb，IRA 和 IRB 长各 10～24 kb，编码相同，方向相反；其间由两段大小不等的非重复序列隔开。复性中互补形成双链结构，两个非重复区形成两个大小不等的单链 DNA 环，分别称为大拷贝区（large single copy region，LSC）和一个小单拷贝区（small single copy region，SSC），LSC 长约 80 kb，SSC 长约 20 kb。不同植物的叶绿体基因组大小不同，这些不同首先表现在两个 IR 区上，其次是 SSC 上。并不是所有的叶绿体都含有 IR。IR 上含有两种 rRNA 基因，根据它们排列的情况叶绿体可分为 3 类（图 8.17）：Ⅰ类是 IR 序列，两种 rRNA 各有 2 个拷贝，对称分布在 IR 上，ctDNA 也较大，如玉米、烟草、水稻、菠菜、地钱、莱茵哈德衣藻，大部分叶绿体都属此类。Ⅱ类无反向重复 IR,而在 ctDNA 一侧,16S 和 23S rRNA 以正向串联重复的形式(各3～4个拷贝)排列,如裸藻(*Euglena gracilis*)等;Ⅲ类无 IR 和正向重复序列(direct repeat sequence, DR),rRNA 只有一个拷贝,如豌豆(*Posum satirum*)等,这可能是在进化的过程中因 DNA 片段的重复和倒位而造成的。

ctDNA 启动子和原核生物的相似,有的基因产生单顺反子的 mRNA,有的为多顺反子的 mRNA。尽管 ctDNA 大小各不相同,但基因组成是相似的,叶绿体基因组主要编码光合磷酸化的主要酶系,而且所有基因的数目几乎是相同的,它们大部分产物是类囊体的成分并且与氧化还原反应有关。基因内有内含子,基因间存在非编码序列。

叶绿体中核糖体蛋白有 1/3 是叶绿体基因组自己编码的,一般核糖体 rRNA 基因以 16—23—4.5—5S次序排列在反向重复序列中。tRNA 基因 37 个,分布在 IRA 和 IRB 上各有 7 个,LSC 上有 23 个,tRNA 基因内具有内含子序列,最长者达 2 526 bp,这与原核 tRNA 不同。有的内含子位于 DH 环上,这与真核生物核 tRNA 内含子常位于反密码子环上也不相同。另外,叶绿体功能蛋白基因也是 ctDNA 基因组编码。叶绿体基因组中的基因数目多于线粒体基因组中的基因数目。所有叶绿体基因转录的 mRNA 都由叶绿体核糖体翻译,其翻译系统 70S,叶绿体蛋白分为三类:叶绿体自己编码、核编码以及叶绿体和核共同编码,负责光合磷酸化功能。

ctDNA 基因组可以自主复制,其遗传效应为母体效应,其功能部分独立完成,部分协同完成。每个叶绿体 DNA 分子中含有 12～18 个核糖核苷酸,与脱氧核糖核苷酸仍以共价键相连,尚不知其功能。叶绿体 DNA 分子还与包被的内膜相连,这一特点与原核细胞 DNA 相似。

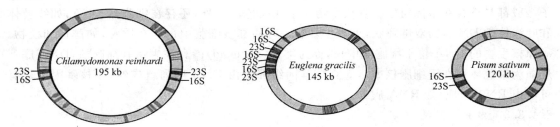

(a) 莱茵哈德衣藻(*Chlamydomonas reinhardi*) (b) 小眼虫(膝曲裸藻)(*Euglena gracilis*) (c) 豌豆(*Pisum sativum*)

图 8.17 几种叶绿体基因组的组成(引自 Russell, 1992)

蓝藻基因组的作图和测序由日本 Kazusa DNA 研究所塔贝塔(S. Tabata)博士领导的研究组,于 1994 年开始对集胞藻(*Synechocystis* sp. PCC6803)作分析,已于 1996 年完成。最近他们又基本完成了鱼腥藻(*Anabaena* sp. PCC7120)的全序列测定。集胞藻 6803 的基因组大小为 3 573 470 bp,含有 3 168 个编码蛋白的潜在基因,占全基因组的 87%。它的基因密度为 1.1 kb/基因,一个基因表达的产物平均长度为 326 个氨基酸残基,这些都是细菌基因组的典型数据。在 3 168 个潜在基因中,1 416 个基因(45%)与已知的相似,尚有 1 752 个基因(55%)需要鉴定。1 416 个已知基因中,按生物学功能可分成15 类,其中与光合和呼吸有关的有 131 个,与转录有关的为 24 个,与翻译有关的为 144 个。自 1986 年以后,已测得了地钱、烟草、水稻、Epifagus virginiana、细小裸藻、黑松、玉米、*Odentella sinesis*、*Cyanophora paradoxa*、紫菜、椭圆小球藻和拟南芥等十几种真核生物叶绿体基因组的全序列。它们的大小在 50～400 kb 范围内,叶绿体的平均分子量为 $1×10^8$ kD,它们编码蛋白的基因为 54～194 个,有 4～14 类不同生物功能的基因:与光合和呼吸有关的基因减少到 26～54 个,与转录有关的基因减少到 3～5 个,与翻译有关的只剩 19～54 个。把已测得的上述 10 种植物的叶绿体的光合器蛋白和光合代谢蛋白与蓝藻进行同一性比较发现,进化上差异越大,它们的同一性差异就越大;不同基因的同一性也有不同,如编码光合器的基因同一性较高,编码光合代谢的基因同一性差些。在编码光合器的蛋白中,光系统Ⅰ和Ⅱ反应中心的蛋白同一性较好。现在要做的是如何解释从蓝藻进化到叶绿体失去了绝大部分基因及为何在叶绿体进化中保留下来的蛋白在同一性上有这样的差异,从这些差异上能否得到启示来改造基因以提高光合作用效率?

叶绿体基因组研究不仅可以了解叶绿体的功能,同时通过叶绿体基因组、线粒体基因组以及核基因的比较研究还可能了解基因组的演变关系,这些改变中,质粒的穿梭也可能具有一定的作用。

根据原核生物基因组与真核生物基因组的特点,现比较总结如下:①真核生物基因组指一个物种的单倍体染色体组所含有的一整套基因。这一套基因组包括叶绿体、线粒体的基因组。原核生物一般只有一个环状的 DNA 分子,其中所含有的基因主要分布在一个基因组上。②原核生物的染色体分子量较小,基因组含有大量的唯一序列(unique sequences),DNA 仅有少量的重复序列和基因。真核生物基因组存在大量的非编码序列,包括:内含子和外显子、基因家族和假基因、重复 DNA 序列。它的重复序列不但数量庞大,而且存在复杂谱系。③原核生物的细胞中除了主染色体以外,还含有各种质粒和转座因子。质粒常为双链环状 DNA,可独立复制,有的既可以游离于细胞质中,也可以整合到染色体上。转座因子一般都是整合在基因组中。真核生物除了核染色体以外,还存在细胞器 DNA,如线粒体和叶绿体的 DNA,为双链环状,可自主复制。有的真核细胞中也存在质粒,如酵母和植物。④原核生物的 DNA 位于细胞的中央,称为类核(nucleoid)。真核生物有细胞核,DNA 序列压缩为染色体存在于细胞核中。⑤真核基因组都是由 DNA 序列组成的,原核基因组还有可能由 RNA 组成,如 RNA 病毒。

### 8.4.3.3 内共生假说

1890 年艾特曼尼(Altmann)等在发现线粒体的同时,就指出它们的形态、大小与细菌相似。1905 年,科尼斯坦廷·迈瑞歇柯威斯克(Konstantin Mereschkowsky)最先提出叶绿体是由原先的内共生体形成的。1918 年颇瑞特尔(Porteir)和 1922 年伊娃·威尔林(Ivan Wallin)明确提出线粒体来自细胞内共生细菌,在此基础上,美国生物学家马克利斯(Lynn Margulis)1967 年进一步提出设想,并于 1970 年出版的《真核细胞的起源》一书中正式提出内共生假说,随着人们发现线粒体含有 DNA,这些想法被亨瑞·芮斯(Henry Ris)重新提出。直到 1981 年内共生假说被马克利斯(Lynn Margulis)所著的《细胞进化中的共生》一书所普及。内共生假说(endosymbiont hypothesis)认为:线粒体的祖先原线粒体(一种可进行三羧酸循环和电子传递的革兰氏阴性菌)被原始真核生物吞噬后与宿主间形成共生关系。此共生关系对共生体和宿主都有好处:原线粒体可从宿主处获得更多的营养,而宿主可借用原线粒体具有的氧化分解功能获得更多的能量。从而认为线粒体、叶绿体和动体(knetosomes)等真核细胞的细胞器是由那些以内共生形式生存于真核生物祖先细胞内的原核生物进化而来的,认为真核细胞的祖先是一种吞噬细胞;线粒体和叶绿体等细胞器的祖先是一种革兰氏阴性菌,好气细菌被变形虫状的原核生物吞噬后,经过长期共生能成为线粒体,蓝藻被吞噬后经过共生能变成叶绿体,螺旋体被吞噬后经过共生能变成原始鞭毛。这个学说的主要证据是:①共生是生物界的普遍现象;②细胞器基因组与细菌基因组结构相似;③线粒体、叶绿体等细胞器的基因表达的机制和对抗生素敏感性等方面与原核生物相同;④它们的基因和多肽序列十分相似;⑤线粒体、叶绿体的内、外膜有显著差异,内、外膜之间充满了液体。研究发现,它们内、外膜的化学成分是不同的。外膜与宿主的膜比较一致,特别是和内质网膜很相似;内膜则与细菌和蓝藻的膜相似。马克利斯认为经历了一个进化时期,线粒体和叶绿体的部分基因丢失进入核内,从而产生了对宿主的依赖。混杂 DNA (promiscuous DNA)的存在也支持了上述观点。所谓混杂 DNA 是指进化初期由于转座而发生转移的 DNA 片段。这种转移可能发生在细胞器之间,也可以发生在细胞器和细胞核之间。

生物共生现象十分普遍,例如根瘤菌与豆科植物的共生关系,蓝藻或绿藻与真菌共生形成地衣等。有一种草履虫(*Paramoeciumbursaria*),其体内有小的藻类与之共生,并能进行光合作用;与草履虫共生的卡巴粒和草履虫核基因共同决定草履虫的放毒遗传,除卡巴粒外,$\gamma$ 粒、$\lambda$ 粒和 $\mu$ 粒等与卡巴粒一样也表现出核与质基因共同作用的特点。另外,过去说澳洲白蚁消化道内生活着一种所谓混毛虫(*Mixotricha paradoxa*),实际由两种螺旋体、两种真菌和一种纤毛虫组成,它们能分泌有关的酶,消化纤维素。特别是近年发现的灰孢藻(*Glancocystis*),它本身并无叶绿素,但有许多叶蓝小体(cyanella)生活在体内,进行光合作用,制造食物。这种共生关系看来建立不很久,因为叶蓝小体在细胞内还不太固定。灰孢藻的发现是对"内共生假说"的有力支持。

### 8.4.4　基因演化与基因组挖掘

对微生物基因组的研究可以帮助我们得知基因的数量与功能,但它所能给我们的信息并不仅仅是基因组的大小、个体微生物怎样适应环境,而且还可以帮助我们了解早期微生物的生命形式与微生物的演化过程,进而可以使我们弄清物种的起源。

#### 8.4.4.1　基因演化与基因家族

在基因组分析中,我们知道基因组是逐步演进而来的,在演进过程中以基因演化逐步迁移形成稳定的基因组。其中基因家族在演化中的重要作用再次被证实。在基因组进化中,一个基因通过基因重复产生了两个或更多的拷贝,这些基因即构成一个基因家族。它们是具有显著相似性的一组基因,编码相似的蛋白质产物。通过对 16sRNA 的序列分析比较,我们可以得知原核微生物具有共同的进化祖先。而真核基因组的特点之一就是存在多基因家族(multi gene family)。多基因家族是指由某一祖先基因经过重复和变异所产生的一组基因。在多基因家族中的假基因与有功能的基因同源,它们往往缺少正常基因的内含子,两侧有顺向重复序列。人们推测,假基因的来源之一,可能是基因经过转录后生成的 RNA 前体通过剪接失去内含子形成 mRNA,如果 mRNA 经反复转录产生 cDNA,再整合到染色体 DNA 中去,便有可能成为假基因,因此该假基因是没有内含子的,在这个过程中,可能同时会发生缺失、倒位或点突变等变化,从而使假基因不能表达。

#### 8.4.4.2　基因组挖掘

正如我们所讨论过的,对基因组的分析为我们提供了微生物生理学和微生物系统发育学的信息,然而,在此分析过程中,与代谢途径相关的一个或多个基因很可能缺失,但机体可以利用一条新的代谢途径或者至少是一个新的生理反应来保存其生理性状和生理功能不变。对于有缺失的基因,它虽然不能编码功能蛋白,可关于这种现象产生的原因却引起了科学家们极大的兴趣。

这种通过对全基因组序列的检索寻找新基因的方法称之为基因挖掘(genomic mining)。我们知道,几乎所有细菌都含有与大肠杆菌 DNA 聚合酶Ⅲ相似的 DNA 聚合酶,而 DNA 聚合酶高度保守,对基因复制极其重要,故用来编码 DNA 聚合酶的基因应该具有序列相似性。然而,事实并非如此,在对集胞藻(*Synechocystis*)基因序列进行搜索时发现:它的聚合酶基因是由两个开放式阅读框(ORF)拼接在一起编码而成的(图 8.18)。两个开放式阅读框(ORF)朝相反的方向进行转录,翻译出来的蛋白质通过剪接内含子后拼接到一起,得到了 DNA 聚合酶。

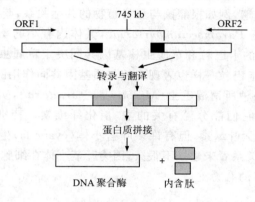

图 8.18　基因挖掘示意图

(引自 Michael 等,2006)

关于基因组挖掘还有待于进一步研究。以酿酒酵母基因组为例,根据基因组分析,有 5 885 个蛋白质基因、140 个 rRNA 基因、40 个 snRNA 基因和 275 个 tRNA 基因,共计6 340 个基因。这一数目远远超过了测序前由遗传分析得出的基因数(约超出 1 000 个)。而对一些功能未知的基因进行计算机序列分析发现,其中半数可归于已知的功能蛋白质类(激酶、转录因子等)。在进行基因水平比对和基因垂直比对时,可以发现基因组的保守假定蛋白(conserved hypothetical protein)(与其他物种有同源性)或假定蛋白(hypothetical protein)(为该物种特有)具有特殊的意义。通过代谢图数据库可查阅 KEGG(Kyoto Encyclopedia of Genes and Genomes,http://www. genome. ad. jp/keg/kegg2. html),WIT(What Is There,http://wit. mcs. anl. gov/WIT2/)以及 EcoCyc(http://www. ecocyc. org/)。KEGG 数据库是以基因组信息为基础的,主要为物种的利用提供生物信息资源。WIT 数据库力图以各个物种的基因序列、生化及表型特征为基础重建代谢模型。EcoCyc 数据库基本上是以大肠杆菌基因组为基础的,致力于建立大肠杆菌的生化途径,它已经成为大肠杆菌及其共同生化途径相似物种的电子文献来源。EMP 数据库(Enzymes and Metabolic Pathways,http://www. empporiject. com/)整合了酶学和代谢诸多方面生化数据的综合资源。明尼苏达大学生物催化与生物降解数据库(the University of Minnesota Biocatalysis/Biodegradation Database,UM-BBD;http://umbd. ahc. umn. edu/)是一个主要关于微生物对异生物质(xenobiotic compound)和化学合成物质(chemical compound)的生物催化和降解途径的电子资源数据库。我们通过不同数据库资源进一步了解基因组的信息,挖掘基因组中的潜在信息,使以 ATCG 为符号的基因组天书成为能够被快速识别的有效信息,犹如 0 与 1 构成的计算机的机器码一样,使 ATCG 成为生物信息码的可识别含义。

## 8.5　常见微生物基因组

### 8.5.1　病毒基因组

φχ174 序列测定由英国剑桥大学的 Sanger 于 1977 年完成,并由此获得诺贝尔奖。φχ174 是一种单链 DNA 病毒,宿主为大肠杆菌。它感染大肠杆菌后共合成 11 个蛋白质分子,总分子量为 25 万 D 左右,相当于 6 078 个核苷酸所容纳的信息量。而该病毒 DNA 本身只有 5 375 个核苷酸,最多能编码总分子量为 20 万 D 的蛋白质分子,研究发现 φχ174 基因组最显著的特征是基因重叠现象,该基因组共有 11 个基因,依次为基因 A、基因 A*、基因 B、基因 C、基因 D、基因 E、基因 J、基因 F、基因 G、基因 H 和基因 K(图 8.19)。基因 B、基因 K、基因 E 分别在基因 A、基因 C、基因 D 之中,但使用不同的阅读框(8.20)。基因 A* 虽然与基因 A 使用相同的阅读框,但却在 A 基因中部才开始转录。类似的基因重叠现象也存在于其他噬菌体及真核生物病毒中,另外,φχ174 噬菌体 DNA 的绝大部分用来编码蛋白质,不翻译出来的部分只占 4%(217/5 386),其中包括基因之间的间隔

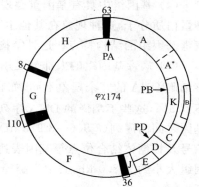

图 8.19　φχ174 基因组

区和一些控制基因表达的序列。重叠方式有包含重叠、部分重叠、首尾重叠、三重叠、反向重叠等,重叠基因不但增加了信息量,也可以对基因表达进行调控。

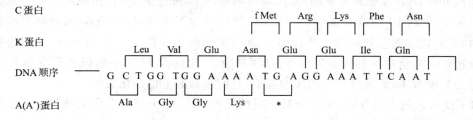

图 8.20　φχ174 基因组中的重叠基因

通过对 φχ174、SV40、乙肝病毒及反转录病毒的比较研究发现,病毒基因组具有如下特征:

(1)病毒基因组大小相差较大,与细菌或真核细胞相比,病毒的基因组很小,但是不同的病毒之间其基因组相差亦甚大。如乙肝病毒 DNA 只有 3 kb 大小,所含信息量也较小,只能编码 4 种蛋白质,而痘病毒的基因组有 300 kb 之大,可以编码几百种蛋白质,不但为病毒复制所涉及的酶类编码,甚至为核苷酸代谢的酶类编码,因此,痘病毒对宿主的依赖性较乙肝病毒小得多。

（2）病毒基因组可以由 DNA 组成,也可以由 RNA 组成,每种病毒颗粒中只含有一种核酸,或为 DNA 或为 RNA,两者一般不共存于同一病毒颗粒中。组成病毒基因组的 DNA和 RNA 可以是单链或双链分子,也可以是闭环或线性分子。如乳头瘤病毒是一种闭环的双链 DNA 病毒,而腺病毒的基因组则是线性的双链 DNA,脊髓灰质炎病毒是一种单链的 RNA 病毒,而呼肠孤病毒的基因组是双链的 RNA 分子。一般说来,大多数 DNA 病毒的基因组是双链 DNA 分子,而大多数 RNA 病毒的基因组是单链 RNA 分子。

（3）多数 RNA 病毒的基因组是由连续的核糖核酸链组成的,但也有些病毒的基因组RNA 由不连续的几条核酸链组成,如流感病毒的基因组 RNA 分子是节段性的,由 8 条RNA 分子构成,每条 RNA 分子都含有编码蛋白质分子的信息;而呼肠孤病毒的基因组由双链的节段性的 RNA 分子构成,共有 10 个双链 RNA 片段,同样每段 RNA 分子都编码一种蛋白质。目前,还没有发现有节段性的 DNA 分子构成的病毒基因组。

（4）基因组中具有基因重叠现象。基因重叠即同一段 DNA 片段能够编码两种甚至三种蛋白质分子,这种现象在其他生物细胞中仅见于线粒体和质粒 DNA,所以也可以认为是病毒基因组的结构特点。这种结构使较小的基因组能够携带较多的遗传信息。

（5）病毒基因组的大部分是用来编码蛋白质的,只有非常小的一部分不被翻译,这与真核细胞 DNA 的冗余现象不同,如在 $\varphi\chi174$ 中不翻译的部分约为 4%,T4DNA 的编码序列不到 5%,这些不翻译的 DNA 序列通常是基因表达的控制序列。如 $\varphi\chi174$ 的 H 基因和 A基因之间的序列(3 906～3 973 nt),共 67 个碱基,包括 RNA 聚合酶结合位点、转录的终止信号及核糖体结合位点等基因表达的控制区。乳头瘤病毒是一类感染人和动物的病毒,基因组大小约为 8.0 kb,其中不翻译的部分约为 1.0 kb,该区同样也是其他基因表达的调控区。

（6）病毒基因组 DNA 序列中功能上相关的蛋白质的基因或 rRNA 的基因往往丛集在基因组的一个或几个特定的部位,形成一个功能单位或转录单元。它们可被一起转录成为含有多个 mRNA 的分子,称为多顺反子 mRNA(polycistroniem RNA),然后再加工成各种蛋白质的模板 mRNA。如腺病毒晚期,基因编码病毒的 12 种外壳蛋白,在晚期基因转录时是在一个启动子的作用下生成多顺反子 mRNA,然后再加工成各种 mRNA,编码病毒的各种外壳蛋白,它们在功能上都是相关的;$\varphi\chi174$ 基因组中的 $D—E—J—F—G—H$ 基因也转录在同一 mRNA 中,然后再翻译成各种蛋白质,其中 $J、F、G$ 及 $H$ 都是编码外壳蛋白的,D蛋白与病毒的装配有关,E 蛋白负责细菌的裂解,它们在功能上也是相关的。

（7）除了反转录病毒以外,一切病毒基因组都是单倍体,每个基因在病毒颗粒中只出现一次。反转录病毒基因组有两个拷贝。

（8）噬菌体(细胞病毒)的基因是连续的,无内含子;而真核细胞病毒的基因是不连续的,具有内含子。除了正链 RNA 病毒之外,真核细胞病毒的基因都是先转录成 mRNA 前体,再经加工才能切除内含子成为成熟的 mRNA。更为有趣的是,有些真核病毒的内含子或其中的一部分,对某一个基因来说是内含子,而对另一个基因却是外显子。如 SV40 和多瘤病毒(polyomavirus)的早期基因就是这样。SV40 的早期基因即大 T 和小 t 抗原的基因都是从 5 146 nt 开始反时针方向进行,大 T 抗原基因到 2 676 位终止,而小 t 抗原到 4 624位即终止了,但是,4 900～4 555 nt 之间一段 346 bp 的片段是大 T 抗原基因的内含子,而该内含子中从 4 900～4 624 nt 之间的 DNA 序列则是小 t 抗原的编码基因。同样,在多瘤病毒中,大 T 抗原基因中的内含子则是中 T 和 t 抗原的编码基因。另外,基因组很少有重复序列,偶有 IS 因子。

无论是病毒还是类病毒都不具有独立进行生物合成的能力,它们都是细胞的寄生物,因此在进化上病毒的出现可能起源于具有独立生活能力的病毒,后来进化性演进退化为寄生性病毒,一般多数人认为病毒起源不太可能早于细胞,笔者认为病毒起源可能有两条途径:一是病毒的前身很可能是在宿主染色体外独立进行复制的质粒(plasmid)。质粒既有 DNA 型的,也有 RNA 型的。质粒与病毒的相似之处主要在于,它具有专一的核苷酸序列作为复制的起始部位。但质粒又不同于病毒,不能制造蛋白质外壳,不具有感染特性。质粒都能够在细胞间穿梭传递。当 DNA 质粒获得了为衣壳蛋白质编码的基因时,即意味着病毒出现了。二是病毒可能来源于早期原始类核酸与类蛋白进化的直接演化物,这是因为在细胞起源之前的地球就已经存在有原始类蛋白与类核酸的有机大分子物质,它们是生命物质起源的中间环节,尽管人类不清楚原始生命是如何完成有机大分子物质的多分子体系的组装,并实现遗传信息流的匹配演变为原始生命的,但原始类蛋白与类核酸与现代生命的主要物质核酸与蛋白质具有某种演化的相关性。不断揭示的亚病毒种类,暗示了蛋白质或核酸是现代生命多样性演进的直接变化原因之一,亚病毒可能是原始类核酸与类蛋白的直接进化物,亚病毒的相互包裹产生了病毒。可以肯定的是,病毒是生命进化过程中的动力因素之一,病毒能在种间传递核酸序列,因而它在生物进化上起着重要作用。

由于病毒核酸往往可与宿主染色体重组,所以病毒核酸就有可能连接上一小段宿主染色体,并一同传递到另一种细胞或有机体中。更有甚者,病毒 DNA 整合到宿主染色体中,变成宿主基因组的一部分,这部分 DNA 称为前病毒(provirus)。通过病毒在宿主细胞基因组间传递 DNA 序列的过程称为 DNA 转导(DNA transduction)。在生物工程和分子生物学研究中常通过这种途径来转导目的基因,并且在基因工程中常常构建人工脂质体包裹重组载体如改造的病毒载体或重组质粒等实现基因转移。病毒的某些属性在细胞的生命活动中也具有普遍意义,对病毒活动的研究有助于对生命现象的理解。例如:①自我装配。病毒成分有限,结构简单,但只要成分齐备,条件适宜,即可自动装配成有活性的病毒。②装配信息来自分子本身。③遗传密码的统一性。病毒和细胞携带的遗传物质是相同的,使用了同一套遗传密码。④自我复制。病毒进入细胞后,能够自我复制和繁殖,具有生命特征。基于上述原因,笔者廖宇静女士认为生命起源可能是通过脂质膜系物质包裹其他生命物质如蛋白质或核酸或蛋白质和核酸形成无生命的前细胞体系,并通过前细胞体系的膜融合使其膜内物质相互作用实现了生命物质的相互匹配,最终完成了细胞体系的建立,从此诞生了生命细胞。在细胞产生之前无序态脂质分子通过分子布朗运动以及天体未知的某种能量因素的作用实现了脂质分子的有序排列,产生了膜系结构。在这个膜系结构产生的过程中,一个偶然的错误包裹了原始类蛋白质或类核酸,产生了拟态原始细胞。拟态原始细胞当时并不具有生命特征,但具有化学特性,根据物质运动的相对稳定性和化学分子半衰期特性,膜系有规则地破裂与建立,但在膜系重新建立中偶然同时包裹了核酸与蛋白质,由于有机物的特性,蛋白质与核酸的相互作用,产生了原始细胞;或者是通过膜包裹的原始拟类蛋白产生拟类病毒和膜包裹原始类核酸产生拟亚病毒,再通过膜融合产生拟原始细胞,这些拟原始细胞最初并不具有复制特性,但是由于核酸与蛋白质的共存,它们的相互作用使膜内物质稳定性有所提高,同时由于膜内外渗透压的不同,小分子物质可以通过膜系渗透进入原始病毒,为

RNA 分子在膜内形成提供了原始底物。为了提高分子的稳定性,由于分子运动特性产生了不规则的互补行为,从而产生了原始配对行为,初步具有了复制的雏形,在逐步演变中慢慢建立起复制体系。在生命产生过程中蛋白质被纳入核酸体系建立起完整的多分子运转体系应归功于核糖体结构的建立与完善。膜内 RNA 分子和蛋白质共存为核糖体建立提供了可能,一个庞大的膜系内包裹了较多的核酸与蛋白质为核糖体的建立提供了较充分的条件,核糖体建立完成了实现遗传信息流传递的关键结构。原核与真核细胞尽管细胞器差别很大,但都拥有核糖体结构,核糖体的构成为膜内蛋白质的合成提供了可能。核酸与蛋白质的相互运转的另一关键是遗传密码的建立,遗传密码的建立是一个逐步成熟的过程,病毒为遗传密码的建立起着某种天然的联系作用,部分病毒密码子和线粒体密码子不同于通用密码子,也许是密码子进化中的残留物,尽管目前人类还未完全了解密码子建立机制,但随着遗传密码体系的建立及逐渐完善,最后完成的是细胞分裂机制的建立,病毒组分齐备时自我组装成活性病毒粒子的能力为细胞分裂体系的建立提供了一定的基础,出芽式的无丝分裂产生了原始分裂形式,这样形成了完整的原始生命循环。1986 年美国科学家科沃特·吉尔伯特(Walter Gilbert)提出了“RNA 世界学说”,20 世纪 80 年代初美国科罗多大学的切赫(T. Cech)和耶鲁大学的奥尔曼(S. Alman)发现了 RNA 的自体拼接过程,证明了 RNA 确确实实能完成生命所需要的各种反应,并于 1989 年获得了诺贝尔化学奖,这一事实为这一假设提供了有力的支持。生命始于 RNA 的观点广泛地被人类所接受,RNA 不仅是细胞遗传结构的关键,而且酷似蛋白酶的方式起催化反应,证明了 RNA 分子兼有双重功能的特性,既有蛋白质活性又有核酸活性。1989 年,美国 Uhlenbeck 实验室人工合成出具有催化活性的 19 寡聚核糖核苷酸,这一进展为生命起源的“RNA 世界学说”提供了证据。如果把 RNA 分子和某种匹配的蛋白质小分子包裹在人工膜系分子中,这个膜系分子是否就具有某种细胞基本特性呢?我们可以假设生命的遗传信息起源于 RNA,RNA 的不稳定性通过 DNA 被逐渐取代,DNA 是生命过程中后来产生的遗传物质,没有 DNA 的病毒以 RNA 为遗传信息载体为这一假设提供了可能的支持,拥有稳定性较高的 DNA 分子的生物,其遗传信息模板被 DNA 取代了不稳定的 RNA 分子,DNA 升级为生物遗传信息的载体,蛋白质成为生命活动的体现者,RNA 成为 DNA 与蛋白质的连接者。尽管膜系包裹假设还缺乏足够多的证据,但分子生物学研究、亚细胞结构的研究、重组蛋白质颗粒结构的研究以及蛋白质与核酸相关性研究,也许通过比较基因组的分析,人类有可能了解生命进化的痕迹,揭示生命起源途径,并找出更有利的试验证据。

## 8.5.2 细菌基因组

在第 5 章对大肠杆菌进行了讲解,在此以幽门螺杆菌(*Helicobacter pylori*,Hp)为例说明细菌的基因组特点。Hp 是 $G^-$ 细菌,常呈 S 型、螺旋或弧形弯曲,单极多鞭毛,运动活泼,是一种致病菌,1997 年由杰茨夫·汤伯(Jean-F Tomb)和奥温·怀特(Owen White)等人完成测序。

### 8.5.2.1 细菌基因组基本特点

(1) 细菌基因组组成。Hp26 695 株的全基因组大约由 1 667 867 bp 组成,包含在一个环状染色体上。G+C 百分含量平均值为 39%。在整个基因组中有 5 个区段的 G+C 百分含量明显不同。其中两段包含一个或多个插入序列 IS605 的拷贝,一端是 5S rRNA 序列,另一端附近则是一段 521 bp 的重复序列。这两个区段包含了 DNA 加工的基因,其中一段含有 *vir*B4 和 *ptl* 两个基因,其产物是土壤杆菌的致癌性 T-DNA 片段和百日咳杆菌毒素分泌所必需的。Hp 基因组中另一个重要区段是 Cag 毒力岛(PAI),位于 31 bp 同向重复序列的一侧,表明它是侧向转移的产物。

(2) RNA 和重复元件。Hp 基因组中包含有 36 种 tRNA,由 7 个基因簇和 12 个单拷贝基因组成。核糖体 RNA 基因由两套独立的 23S-5S rRNA 基因、两套独立的 16S rRNA 基因和一个 5S 基因组成。此外基因组中包含一条结构 RNA 基因。与每一个 23S-5S rRNA 基因簇相连的是一段 6 kb 的重复序列,它可能包含着一个与现有蛋白数据库无同源性的 5 种蛋白的开放阅读框的操纵子结构。在染色体中发现有 8 个重复序列家族,同源性为 97%,长度从 0.47 kb 到 3.8 kb 不等。

(3) 复制起点。作为一种典型真细菌(eubacteria)其复制起始点尚不明确,暂且随机指定(AGTGATT)$_{26}$重复序列起始部位的一碱基对作为复制的起点。重复序列在所有阅读框架中构成翻译的终止密码,它不可能包含任何编码序列。

(4) 开放阅读框架。Hp 基因组中具有 1 590 个左右的编码序列。通过与现有蛋白数据库的比较分析,可推测其中 1 091 个编码序列具有明确的生物学作用。所有编码基因平均长度为 945 bp,与其他原核生物相似。经计算,Hp 超过 70% 的编码蛋白的等电点大于7.0,而流感嗜血杆菌和大肠杆菌只有 40%,Hp 编码的碱性氨基酸(精氨酸和赖氨酸)是流感嗜血杆菌和大肠杆菌的两倍。这种基因构成也反映出 Hp 在胃酸环境中的高度适应性。

(5) 平行同源基因家族。Hp 基因组中共有 95 个平行同源基因家族,由 266 个基因产物组成,约占总编码基因的 16%。其中 67 个家族总共编码的 173 种蛋白具有确定的生物学意义。64 个家族仅由 2 个基因组成,而膜孔蛋白/黏附素样外膜蛋白家族作为最大的家族,包含 32 种编码蛋白,分别属于细胞壁、运输结合蛋白以及与复制有关的蛋白。如此多的细胞壁蛋白数量反映出要么是精简的生物合成能力,要么是为适应胃环境挑战的一种需要。

### 8.5.2.2　幽门螺杆菌主要功能基因及特点

(1) 细胞分裂与蛋白分泌相关基因。细胞分裂和染色体分配有关的基因有 13 个、蛋白质 14 个,与翻译后修饰、蛋白周转和分子伴侣有关的基因有 43 个、蛋白质 45 个,与细胞运动和分泌有关的基因有 63 个、蛋白质 64 个。对这些基因分析比对后反映出 Hp 的基因组成在复制的基本机制、细胞的分裂和蛋白的分泌方面与流感嗜血杆菌和大肠杆菌具有一定的相似性。然而,也应该注意到它们在某些方面存在着重要差异。例如,Hp 基因组中明显缺失编码 Dnac、Minc 和分泌型陪伴蛋白 SccB 的垂直同源基因。在复制起始的 C 型引物复合体形成过程中,DnaB 和 DnaC 蛋白组成一种 B-C 复合体,再结合于 DnaB 解旋酶促进引物复合物的形成。在 Hp 基因组中 DnaC 的明显缺失,提示要么存在一种全新的结合 DnaB 的机制,要么存在一种相似性极低的 DnaC 同源物。

(2) 重组、修复与限制性系统相关基因。与 DNA 复制、重组和修饰有关的基因有 73 个、蛋白质 88 个。在 Hp 中存在着同源重组系统以及复制后修复、错配、切除和转录偶联修复系统。此外,它还具有与 DNA 糖基化酶相似的基因。该酶与 AP 核酸内切酶的活性相关。然而 Hp 缺少介导同源重组和双链断裂修复的 RecBCD 通道及有关重组过程中 DNA 链交换的 RecT 和 RecE 垂直同源蛋白。其错配修复主要依赖甲基转移酶 MutS 和 UvrD,而 MutH 和 MutL 的垂直同源物尚不确定。Hp 具有 11 套完善的限制修饰系统来对外源

DNA 进行降解,限制修饰系统均以基因顺序和核酸内切酶、甲基转移酶及特异性亚基的相似性为基础来进行限制修饰,这些修饰系统分为 3 种 I 型、1 种 II 型、3 种 II S 型和 4 种 III 型,并包括了新近确定的上皮应答性核酸内切酶 iceA 及相关的 DNA 腺嘌呤甲基转移酶 Hyp I 基因,同时还发现了 7 种腺嘌呤特异性及 4 种胞嘧啶特异性甲基转移酶系统和一种未知特异性系统。它们的每一种均含有一种未知基因,这些未知基因是作为限制性修饰系统的一部分来发挥作用的。

(3) 转录与翻译相关基因。与转录相关的基因有 12 个、蛋白质 15 个,与翻译和蛋白质合成有关的基因和蛋白质分别有 103 个,虽然从基因组构成上看,Hp 与大肠杆菌的基本转录和翻译机制比较相似,但也存在着令人关注的差异。比如,在 Hp 中就缺少有关催化 tR-NA 成熟的基因。在三种已知的有关 mRNA 降解的 RNA 酶中,Hp 只有多聚核糖核苷酸磷酸化酶。蛋白质生物合成过程中需要近 20 种 tRNA 合成酶,在 Hp 基因组中只存在编码其中 18 种酶的 21 种基因。缺失编码谷氨酰-tRNA 合成酶基因 glnS,可能存在第二种谷氨酰-tRNA 合成酶基因 glnX,从而获得了合成谷氨酰-tRNA 的功能。除此以外,还缺失天冬酰胺-tRNA 合成酶基因 asnS,发现了编码 RNA 多聚酶 $\beta$ 和 $\beta'$ 亚单位融合基因,这有别于其他原核生物,是同一转录单位的两个独立组分。

(4) 黏附与适应性抗原变异相关基因。与黏附和细胞包膜及外膜合成相关基因有 53 个、蛋白质 61 个。绝大多数细菌都具有对特异组织和特定类型细胞的趋向性,并通过数种不同的黏附机制来进行附着,Hp 同样也具有至少 5 种方式黏附到胃上皮细胞。其中之一是 HpaA(Hp0797),已确认它是鞭毛鞘壳和外膜中的一种脂蛋白。除了 HpaA 之外,目前另外确定有 19 种脂蛋白,虽然大多数功能尚不明确,但其中有一些极可能和细菌的黏附能力有关。Hp 有两种黏附素属于外膜蛋白(OMP)大家族,其中之一是 Lewis$^b$ 组织血型抗原黏附素,这可能是抗原性发生变异的基础并以此来逃逸宿主免疫反应。除此以外,还存在其他抗原变异机制,在 OMP 家族中有 5 种成分在内的 8 种基因的起始序列都存在包含 CT 或 AG 双核苷酸重复序列的延伸段,在另外 9 种基因的编码序列里存在 polyC 和 polyG 序列,这些重复序列可能是复制打滑产生的错配,成为基因变异的机制之一,这种机制使病原菌与宿主发生严格的相互作用时增加表型变异的可能性。这 17 种基因可能提供了 Hp 适应性进化的例子。Hp 在转录水平上也有表型变异,启动子区域的寡聚核苷酸重复序列可能参与转录水平调控,在这 18 种基因中,可能存在 A 或 T 的同聚物,包括 OMP 家族中的 8 种组分。

(5) 毒力相关基因。Hp 的毒力决定于其产生细胞毒素相关蛋白(CagA)和空泡毒素蛋白(VacA)的能力。Hp 与毒力有关的基因与蛋白质有 30 个。一个毒力岛包含有诱导胃上皮细胞产生 IL-8 的基因。虽然 cagA 基因并不是一个毒力决定因子,但它定位于毒力岛的一端。Hp26695 分离株具有较高的毒力,因此它也包含了一个单独相连的毒力岛区域。VacA 可诱导宿主上皮细胞产生酸性空泡样变,但它不是引起溃疡的唯一原因,40% 的菌株检测不到该毒素,毒株和无毒株所产生的 VacA 蛋白的氨基端与中部氨基酸序列存在差异。产毒株除产生 VacA 毒素蛋白外,还产生毒性更强的 Sla/ml 型细胞毒素和其他 3 种蛋白,这 3 种蛋白与具有活性的细胞毒素的羧基端具有 26%～31% 的相似性,但它们缺少成对的半胱氨酸残基和从细胞膜释放 VacA 毒素所必需的分裂位点,这些蛋白可能维系着 Hp 与宿主细胞间的相互识别、相互依存、相互反应的关系。脂多糖(LPS)在 Hp 的致病性中扮演着重要的作用。与肠道菌相比,Hp 的 LPS 的免疫原性要低几个数量级。从 Hp 中分离的 O 抗原与人类 lewis$^x$ 和 lewis$^y$ 血型抗原相似,发现了两个与墨角藻糖基转移酶相似性较低的基因 Hp379 和 Hp651,可能在 LPS 与 lewis 抗原分子的相似上发挥重要作用,并且这两种糖基转移酶与细菌相变转换有关。

(6) 无机离子吸收、转运和代谢有关基因。Hp 存在几种铁吸收系统,一种与大肠杆菌 fec 系统类似,但缺乏 FecR 和 FecI 调节蛋白,同时这一系统不在同一操纵子内,具有 3 份拷贝的 fecA、exbB 和 exbD 基因;第二种系统与大肠杆菌的厌氧系统 feo 类似,但缺乏 feoA 和 feoB 基因;第三种系统由 4 个 frpB 基因组成,编码蛋白与乳铁结合蛋白类似;第四种系统是细菌铁蛋白 NapA 和用于储存铁的 Pfr 蛋白。其他细菌铁摄取调节蛋白 Fur 也存在于 Hp 中。Hp 编码的至少 40 种蛋白与鞭毛结构、分泌和组装功能有关。与无机离子吸收、转运和代谢有关的基因有 35 个、蛋白质 39 个。

(7) 基因表达调控有关基因。当细菌受到外界刺激时,可自动调节其基因的转录水平,如养分浓度、细胞密度、pH、DNA 损伤因子、靶组织受体蛋白、温度和渗透压等,这些表达调控主要是对其逃逸宿主防御并成功定植、适应不同环境需要的不同定植部位以及在新宿主中生存所必需表达的基因。与表达调控的信号传导相关的基因在 Hp 中有 7 个、传导蛋白质有 11 个。基因组中的全局调节蛋白少于大肠杆菌,因此,基因组中缺乏调节操纵子表达的结合蛋白基因,这些操纵子包括氧化应激操纵子、碳利用操纵子、热休克操纵子、延胡索酸盐和硝酸盐操纵子。HTH 是转录因子标志性结构域,Hp 基因组仅有 4 种蛋白具有这种结构域,如热休克蛋白(HspR)、一种与分泌机制有关的 SecA 元件和两种未知功能蛋白(Hp1124 和 Hp1349),而在流感杆菌和大肠杆菌中分别有 34 和 148 种蛋白含有 HTH 结构。spoT 和 cstA 分别调节氨基酸饥饿和碳饥饿时应激反应。在细胞膜上有组氨酸激酶传感器蛋白和胞质 DNA 结合蛋白组成的调节系统,发现了 4 种感受蛋白和 7 种反应调节器,其数量与嗜血流感杆菌相似,但只有大肠杆菌的 1/3 多,这也可能是大肠杆菌适应性广的原因。

(8) 新陈代谢及其基因。Hp 利用葡萄糖作为其糖类的唯一来源,底物水平磷酸化是其主要代谢方式,通过降解丝氨酸、丙氨酸、天冬氨酸和脯氨酸来获得能量,主要通过糖酵解和糖异生途径来产生能量。Hp 中与能量产生与转换有关的基因有 44 个、蛋白质 61 个,与碳水化合物运转及代谢相关基因有 24 个、蛋白质 26 个,与氨基酸代谢有关的基因 76 个、蛋白质 82 个,与核苷酸代谢有关的基因有 29 个、蛋白质 31 个,与辅酶代谢有关的基因 52 个、蛋白质 53 个,与脂代谢有关的基因与蛋白质各有 25 个。肽聚糖、磷脂、芳香族氨基酸、脂肪酸以及辅酶等生物合成皆源于乙酰辅酶 A 或糖酵解途径的中间产物。Hp 的丙酮酸代谢以嗜微氧条件为其主要特点,无需氧的丙酮酸脱氢酶以及混合发酵的厌氧丙酮酸甲酸裂解酶,丙酮酸转化为乙酰辅酶 A 由 POR 酶催化完成,POR 酶由 4 个亚基构成,目前仅在嗜热菌中发现,Hp 的三羧酸循环不完整,没有乙醛酸旁路系统。Hp 在降解、摄取和生物合成嘌呤、嘧啶及血红素的代谢过程中用的氮源底物较多,包括尿素、氨、丙氨酸、丝氨酸和谷酰胺。Hp 尿素酶产生的大量氨主要由谷氨酰胺合成酶进行运转,$\alpha$ 酮戊二酸生成的谷氨酸不是由谷氨酸合成酶催化而是由谷氨酸脱氢酶来完成的。质子转运主要由 NDH-1 脱氢酶和不同细胞色素来完成,其中包括细胞色素 cbb3。呼吸链上的脱氢酶包括 3-磷酸甘油脱氢酶、D-乳酸脱氢酶、NADH-辅酶 Q 氧化还原复合体(NDH-1)和氢化酶复合体 Hyd ABC。Hp 不能利用硝酸盐、二甲亚砜、氧化三甲胺和硫代硫酸盐作为呼吸链的电子受体。目前对 Hp 全基因组序列的分析已使人们对 Hp 的致病性、耐酸性、抗原变异性和微需氧特性有了深入的了解,当许多位点的等位基因多态性已被证明与疾病表征相关后,对 Hp 的遗传多态性进行更广泛的评估就显得更重要了。关于 Hp 与人类宿主的分子拟合性现在也能进行全面研究了。通过基因组研究还能确定许多新的毒力因子,从而发现新的有关初始定植、持续感染引起胃十二指肠疾病的机制。我国人群中 Hp 感染率为 $50\% \sim 60\%$,属于 Hp 相关疾病的重灾区。然而,目前仅有对我国 Hp 临床分离株亚单位($ureB$、$hspA$、$hpaA$ 等)基因克隆的报道,如吴超等研究发现,中国重庆 Hp 分离株 $ureB$ 基因序列与国际 26 695 株的同源性为 $96.4\%$,推定氨基酸的同源性为 $99.65\%$。为了更加有效减小及消除 Hp 对人民健康的危害,我们应当启动系统研究中国 Hp 菌株的基因组及后基因组计划。

通过 Hp 基因组与大肠杆菌基因组和其他细菌基因组的比较发现,Hp 的蛋白与大肠杆菌的同源性更高,在氨基酸合成、能量代谢、翻译和细胞进程上与一些非变形菌类微生物更相似,在 Hp 早期从种族分支形成 γ 变形菌并维持一些酶系如分支酸合成途径的起始酶等酶系的原始特征,而在流感嗜血杆菌和大肠杆菌中这些酶遭遇了取代,在分支酸途径中转化为酪氨酸的预苯酸脱氢酶 TyeA 以及天冬氨酸合成途径所需要的 15 种酶都与枯草杆菌具有更高的同源性,这些序列同源性的相似程度的轨迹见证了基因侧向转移的可能。另外发现大肠杆菌通过致病适应性突变向致病志贺氏菌属进化过程中,环境选择压对于基因组顺应环境的适应性改变具有一定的推动作用。从这些基因组比较中,发现细菌基因组具有如下特点:

(1)细菌的染色体基因组通常仅由一条环状双链 DNA 分子组成,细菌的染色体相对聚集在一起,形成一个较为致密的区域,称为类核(nucleoid)。染色体上有类组蛋白,类核无核膜与胞浆分开,类核的中央部分由 RNA 和支架蛋白组成,外围是双链闭环的 DNA 超螺旋。染色体 DNA 通常与细胞膜相连,连接点的数量随细菌生长状况和不同的生活周期而异。在 DNA 链上与 DNA 复制、转录有关的信号区域与细胞膜优先结合,如大肠杆菌染色体 DNA 的复制起点(OriC)、复制终点(TerC)等。细胞膜在这里可能是对染色体起固定作用,另外,在细胞分裂时将复制后的染色体均匀地分配到两个子代细菌中去。有关类核结构的详细情况目前尚不清楚。

(2)细菌基因组比病毒基因组大,基因数量也比病毒多,基因长度也有所增加,编码序列占绝大多数,非编码的调控序列比病毒基因组多,基因中基本上无内含子,组织成操纵子结构进行表达,结构基因一般为单顺反子,部分功能相关的结构基因串联在一起组成多顺反子,其表达受同一个调节区调节。数个操纵子还可以由一个共同的调节基因(regulatory gene)即调节子(regulon)来调控。

(3)在大多数情况下,结构基因在细菌染色体基因组中都是单拷贝的,但是编码 rRNA 的基因 $rrn$ 往往是多拷贝的,这样可能有利于核糖体的快速组装,便于在急需蛋白质合成时,细胞可以在短时间内有大量核糖体生成。

(4)和病毒的基因组相似,不编码的 DNA 部分所占比例比真核细胞基因组少得多。

(5)具有编码同工酶的同工基因(isogene),例如,在大肠杆菌基因组中有两个编码分枝酸(chorismic acid)变位酶的基因,两个编码乙酰乳酸(acetolactate)合成酶的基因。

(6)和病毒基因组不同的是,在细菌基因组中编码顺序一般不会重叠,即不会出现基因重叠现象。

（7）在 DNA 分子中具有各种功能的识别区域，如复制起始区 OriC、复制终止区 TerC、转录启动区和终止区等。这些区域往往具有特殊的顺序，并且含有反向重复顺序。

（8）在基因或操纵子的末端往往具有特殊的终止顺序，它可使转录终止和 RNA 聚合酶从 DNA 链上脱落。例如大肠杆菌色氨酸操纵子后尾含有 40 bp 的 GC 丰富区，其后紧跟 AT 丰富区，这就是转录终止子的结构。终止子有强、弱之分，强终止子含有反向重复顺序，可形成茎环结构，其后面为 polyT 结构，这样的终止子无需终止蛋白参与即可以使转录终止。而弱终止子尽管也有反向重复序列，但无 polyT 结构，需要有终止蛋白参与才能使转录终止。

（9）基因组中具有少量重复序列，重复类型也增多，这些序列与调控或特殊功能有关。

（10）基因组内有假基因、转座子以及噬菌体残骸。基因组中的转座子，与基因的插入、失活或染色体缺失、重复和倒位等效应有关。基因组中的原噬菌体痕迹，说明基因组变化与病毒具有相关性。

（11）基因组除具有染色体基因组外，有的具有质粒基因组，质粒基因组一般是环状，一个或多个拷贝，有的与育性有关，有的与抗性有关，不同质粒其性状各不相同，但是非生命所必需。

随着微生物基因组全序列的测定，目前国际互联网上已经有多个细菌基因组研究机构的网页和细菌基因组的数据库，现列举如下，以供参考：

MAGPIE Automated Genome Project Investigation Environment（www. mcs. anl. gov/home/gasterl/magpie. html）；Genome Sequencing Projects（www. mes. anl. gov/home/gaster/genomes. html）；TIGRMicrobial Database（www. tigr. org/tdb/mdb/mdb. html）

蛋白直系同源群簇：http://www. ncbi. nlm. nih. gov/COG/

已测序微生物基因组一级结构分析：http://www. cbs. dtu. dk/services/GenomeAtlas

欧洲信息中心生物数据库：http://www. ebi. ac. uk

国际核酸序列数据库：http://gib. genes. nig. ac. jp/

高质量自动人工注释的微生物蛋白组：http://us. expasy. org/sport/hamap

微生物基因组数据库：http://mbgd. genome. ad. jp

毒力因子数据库：http://www. jenner. ac. uk/BacBix3/Welcomehomepage. htm

细菌和古菌的全基因组：http://www. ncbi. nlm. nlm. nih. gov

肠道微生物基因组：http://bio. ces. psu. edu

免疫生物信息学：http://www. imtech. res. in/raghava/ctpred/link. html

　　　　　　　http://www. jienner. ac. uk/bioinfo03

疾病相关的 SNP 数据库：http://www. ncbi. nlm. nih. gov/SNP

### 8.5.3　放线菌基因组

放线菌中的链霉菌属的基因组染色体呈线状，是目前已知的最大的原核生物基因组，比细菌基因组大，开环线状，并具有复杂结构，染色体上有类组蛋白，染色体末端有末端蛋白和重复序列。如天蓝色链霉菌（*Streptomyces coelicolor*）基因组全长 8 667 507 bp，共 7 825 个开放阅读框架（ORF），其中 55 个是假基因，其大小约为原核生物 *E. coli* 的两倍，比真核酿酒酵母（*Saccharomyces cerevisaie*）的基因组（6 200 个 ORF）还要大。而同属的阿维链霉菌（*S. avermitilis*）染色体则长达 9 Mb 以上，至少含有 7 575 个 ORF。编码序列的百分比下降,但次生代谢基因显著增加,基因组末端不稳定,常常发生缺失和重复,基因内无内含子,重复序列增加,假基因、转座子、IS 因子和转座噬菌体增加。质粒基因组多个,具有线性质粒和环状质粒,有的质粒甚至整合到染色体中。

链霉菌属的代表种天蓝色链霉菌的全基因组测序于 2001 年 7 月在英国剑桥 Sanger 中心完成。这是放线菌中第一个完成全基因组测序的菌种。目前已完成测序的链霉菌还有 *Streptomyces avermitilis*、*Streptomyces noursei* 和 *Streptomyces peucetius* 等,随着更多数据的补充,放线菌基因组的研究将更加深入。两种链霉菌的基因组基本信息见表 8.7。已经测序完成的放线菌基因组特征比较见表 8.8。从放线菌的基因组比较中发现其具有特殊的保守基因和操纵子,它们将是未来的主要研究方向之一。尤其在分枝杆菌中,ESAT-6 簇类的蛋白质具有特殊的意义,它们具有 T 细胞抗原性,可作为亚单位疫苗制备抗原,在疫苗生产上具有特殊用途。编码 ESAT-6 的基因位于 RD1 位点,靠近结核杆菌的复制起点。在不同放线菌类型中都发现了相对保守的 ESAT-6 基因,尽管基因同源性在不同菌种中有差别,但它们都是 ESAT-6 基因的同源直系物。在靠近复制起点处有 5 个保守基因,他们分别是 *ppp*、*rod*A、*pbp*A、*pkn*A 和 *pkn*B,分别编码磷蛋白磷酸酯酶、细胞分裂蛋白、肽聚糖生物合成蛋白、丝氨酸-苏氨酸-蛋白激酶,这些蛋白质分别参与信号传导和细胞分裂。放线菌的另一个显著特征就是具有特殊的 DNA 错配修复系统,不同于革兰氏阴性菌,缺乏正常行使修复功能的 mutL-mutS 系统,但含有多个 *mut*T 直系同源物。有关放线菌基因组信息可进入 http://www.sanger.ac.uk/网站进行查阅。

表 8.7　两种常见链霉菌的染色体基因组特征

| 染色体结构 | 天蓝色链霉菌 | 阿维链霉菌 |
| --- | --- | --- |
| 总长(bp) | 8 667 507 | 9 026 608 |
| 末端反向重复序列(bp) | 2 653 | 174 |
| G+C 含量(%) | 72.1 | 70.7 |
| 编码序列(个) | 7 825 | 7 577 |
| 编码密度(%) | 98.9 | 86.0 |
| 核糖体 RNA 基因(个) | 6 | 6 |
| tRNA 基因(个) | 63 | 68 |
| 其他稳定 RNA 基因(个) | 3 | 1 |

表 8.8　部分放线菌基因组特征比较

| 特征 | 白喉杆菌 C. diphtheriae NCTC13139 | 谷氨酸棒杆菌 C. glutamicum ATCC13032 | 麻风分枝杆菌 M. leprae TN | 牛分枝杆菌 M. bovis AF2122/97 | 结核分枝杆菌 M. tuberculosis H37Rv | 结核分枝杆菌 M. tuberculosis CDC1551 | 天蓝色链霉菌 S. coelicolor A3(2) |
| --- | --- | --- | --- | --- | --- | --- | --- |
| 基因组大小(bp) | 2 488 635 | 3 309 401 | 3 268 203 | 4 345 492 | 4 411 532 | 4 403 836 | 8 667 507 |
| G+C 百分含量(%) | 53.50 | 54.72 | 57.79 | 65.63 | 65.61 | 65.60 | 72.12 |
| 蛋白质编码(%) | 87.9 | 87.3 | 49.5 | 90.8 | 90.8 | 92.7 | 88.9 |
| 编码蛋白质的基因数(个) | 2 320 | 3 099 | 1 605 | 3 953 | 3 994 | 4 250 | 7 825 |
| 假基因(个) | 45 | NA | 1 116 | 23 | 6[a] | NA | 55 |
| 基因密度(bp/gene) | 1 073 | 1 067 | 20.7 | 1 108 | 1 104 | 1 036 | 1 107 |
| 基因平均长度(bp) | 962 | 933 | 1 011 | 1 003 | 1 004 | 960 | 991 |
| 未知基因平均长度(bp) | NA | NA | 338 | 653 | 584 | NA | NA |
| rRNA 操纵子(个) | 5 | 6 | 1 | 1 | 1 | 1 | 6 |
| tRNA | 54 | 60 | 45 | 45 | 45 | 45 | 63 |
| 其他稳定 RNA | NA | 2 | 2 | 2 | 2 | 2 | 3 |

注:NA,无数据;a 不包含插入因子

### 8.5.4　古菌嗜热甲烷杆菌基因组

在第 5 章已经较为详细地阐述了古生菌中嗜盐古菌杆菌基因组,在此以古菌嗜热甲烷杆菌为例说明一些古菌基因组的特征。

嗜热碱甲烷杆菌(*Methanobacteriun thermoautrophicum*,M.t)的基因组测序工作是 1994 年美国能源部资助的由道格拉斯·史密斯(Douglas R. Smith)、莱昂·多卡特森坦曼(Lynn A. Doucette-Stamm)和卡文吉·德罗夫尔(Craig Deloughery)等共 37 人于 1997 年完成的,GeneBank 号为 AE000666。甲烷是工农业生产及城市生活垃圾中消耗性材料的厌氧降解中的最后一步反应所产生的,是一种可再生能源。从二氧化碳和氢合成甲烷需要 7 步反应,为了更好地解决温室气体问题以及变废为宝的能源再生问题,美国能源部资助测定了甲烷菌基因组计划,包括嗜热甲烷杆菌和詹氏甲烷球菌(*Methanococcus jannaschii*,M.j)。

甲烷杆菌最适生长温度为 65 ℃。该基因组揭示该菌的许多酶在高温下具有活性。但在遗传信息储存、表达,DNA 包装、复制,RNA 合成和加工,以及蛋白质合成方面更接近真核生物。

嗜热自养甲烷杆菌 M.t delta H 菌株基因组序列为 1 751 377 bp,用全基因组鸟枪测序法完成,是单链环状 DNA 分子。M.t 基因组 G+C 含量为 49.5%,有几个区域 G+C 含量高,如 rRNA、tRNA 基因和几个散布于基因组的多肽编码区。许多区域 G+C 含量很低,其中一些基因簇含有基因的不规则密码子,这可能是通过基因横向转移而获得的。

有一个区域(49 000 bp)由 2 个紧挨着的 8 kb 重复序列形成,G+C 含量约为 40%,这段序列与复制功能有关,含有 30 多个基因,其中 MTH0067、MTH0068、MTH0082、MTH0083 基因与 M.j 中的基因类似,在转录起始因子 TFⅢC 和细胞分裂蛋白有共同的基序(motif)。这段序列在 M.j 中是不存在的,而在 M.j 中含有 36 个未鉴定基因的约 29 kb 区域在 M.t 中也是不存在的。重复序列 5'GC 和 5'CGCG 和 5'GCGC 在 M.t 基因组未能充分表现出来,5'CTAG 比 5'CG 序列更少,5'CTAG 很少出现在微生物基因组中,认为是 G-T 错配修复所致,是由 5-甲基胞嘧啶去氨基或不准确重组或复制产生的。2 个长重复序列(3.6 和 8.6 kb)与整合素相邻,这在 M.j 中是一个 18 个分子的家族成员。

M.t 基因组有 1 855 个 ORF 和 47 个 RNA 基因。22% 的基因是以 GTG 开始的,15% 是以 TTG 开始的,63% 的 ORF 是以 ATG 为起始密码子。ORF 中有 1 350 个 ORF(73%)在共同数据库具有相似性序列,同源性较高;有 357 个(19%)为部分同源;有 148 个 ORF(8%)完全没有任何同源性。从功能上看,844 个 ORF(45%)是根据同系物确定其功能的蛋白质;514 个 ORF(28%)是保守序列,但功能不详;有 496 个(27%)在数据库中没有找到类似序列,可能是该菌所特有的。其中有 16 个 ORF 有明显的移码没有包括在基因列表中。与古菌、真细菌和真核生物数据库比较发现,有 1 013 个 ORF 产物(54%)同以前的古菌领域中描述过的其他多肽序列极为相似;有 210 个 ORF(11%)仅在古菌中有同源物,其中包括产甲烷酶,这 210 个 ORF 中有 140 个 ORF 的功能不确定。M.t 中有 1 149 个 ORF(62%)与 M.j 同源,有 786 个 ORF(42%)更类似于真细菌,241 个 ORF(13%)同真核类似。

类似细菌的基因产物大部分是辅酶、小分子合成、中间代谢、运输、氮固定、调节功能和同环境相互作用的分子。类似于真核的基因产物是 DNA 代谢、转录、翻译等过程所涉及的分子。

　　M. t 基因结构及组织方面,包括类似于真核功能的基因,都呈现细菌典型特征,包括 24 条多肽形成感受器激酶-应答二元调节子及细菌 Hsp70 反应蛋白 DnaK 和 DnaJ 的同系物,都表现出典型细菌特征,但这些在 M. j 中是缺乏的。

　　由于 M. t 中的 2 个 Cdc6 同系物和 3 个组蛋白表现出真核特征,因此 DNA 复制和包装具有真核特性。但 $ftsZ$ 基因存在分裂启动,具有细菌特征。

　　DNA 聚合酶包括 X 家族修复类型和少见的古菌 B 型。DNA 依赖于 RNA 聚合酶(RNAP)的亚单位 A′、A″、B′、B″和 H 存在于同一个操纵子中,但 A′亚单位基因定位较远。

　　M. t 只有 2 个 rRNA 操纵子、39 个 tRNA 操纵子散布于染色体中,但在染色体内是成簇存在的,其中 3 个 tRNA 基因有内含子,如 tRNA Pro(GGG)基因有 2 个内含子,这是其他生物所没有的。

　　M. j 与 M. t 比较其甲烷途径是保守的。M. t 中约有 20% 的基因不存在于 M. j 中,15% 的 M. j 基因在 M. t 中也没有,两者仅有 352 个 ORF(19%)的多肽序列的相似性超过 50%,蛋白贡相似性高于 70% 的不到 1%,垂直同源基因几乎没有保守性。

　　M. t 基因均匀地分布在整个基因组上,约有 51% 从一条链转录,约有 49% 是不互补链转录,有 92% 的序列编码基因,基因平均间距 75 bp,基因组含有很多重复序列区域。

　　功能基因成簇排列,尽管具有操纵子特征,但成簇基因的一部分仅表现为真核特征,一些基因聚合到真核生物和 M. t 的共同祖先上。基因以操纵子形式表达,但成簇排列。核苷酸 1 是在基因簇上游的非编码区的一个核苷酸,该基因簇包括 31 个核糖体蛋白(r-protein)编码基因,按同一方向排列在一起,该基因簇相当于大肠杆菌 S10、spc、alpha 和 L13 核糖体序列的总合,这些核糖体蛋白基因大多数也出现在 M. j 中。在 M. t 中有 5 个核糖体蛋白基因是以散布单基因形式存在的,而在 M. j 中则分别以 3 个基因簇形式存在。

　　一个由 51 个基因形成大转录单位、包括 0~30 kb 的区域,其中 31 个核糖体蛋白基因约占有 9 kb,14 个甲烷基因构成 2 个操纵子,但进行共转录。另外 15 个基因簇,每个含有至少 4 个功能相关基因,它们可能是单个转录的。

　　基因组中有 409 个基因(22%)分别是以 2 个或 2 个以上成员共聚合为 111 个家族,比 M. j 的 136 个基因家族少,仅有 59 个保守家族出现在两个产甲烷菌中。M. j 最大基因家族有 16 个成员,占基因组编码序列的 1%,而在 M. t 中却没有这个成员,M. t 的最大家族是感受器激酶-应答二元调节子,有 24 个成员,这在 M. j 中也是找不到的。

　　在 M. t 中,除了甲烷途径是保守的,还有一些保守家族分别是编码铁氧化还原蛋白(15 个成员)、AEC 转运家族(9 个成员)、脱氢酶相关蛋白(11 个成员)和镁螯合蛋白(6 个成员)。这些基因家族可在 GTC 网站查到。

　　基因组可移动因子很少,没有发现原噬菌体残骸、质粒和 IS 因子,仅有一个整合素,而在 M. j 中有 19 个整合素和 IS 家族 11 个成员。

　　M. t 中氮固定能力在古菌中保留了下来,而真核生物则丧失了氮固定能力。固氮能力是进化中重新形成的,还是被保留下来的,或者是分支后重新演进的结果?真核丢失固氮能力,抑或是固氮与光合分歧所在,这些问题都不清楚,需要进一步探明。

　　通过比较基因组研究,古菌多数具有一个 DNA 和数目不定的多个质粒基因组,基因以基因簇形式存在,组织成操纵子表达,基因组有少量重复序列,部分基因具有内含子,但内含子序列很短,基因簇中含有少量不规则密码,具有转座子和原噬菌体残骸,具有真核基因组和原核基因组的部分特点,与原核基因组更近一些,与真核基因组更远一些。古菌既有细菌特征,又有真核特征,还有不同于细菌和真核的特征,它的研究揭示了生命系统可能是三界系统或是原核与真核的共同祖先,到底是怎样,还需要科技工作者的深入研究,以揭开生命诞生之谜,至少古菌的存在改变了过去认为极端环境是不可能有生命存在的观点,我们现在了解到在各种极端环境下往往有原始的古菌类群,古菌与现代生物是自然界生命系统的不同部分,它们具有怎样的进化关系还有待进一步阐明。

### 8.5.5 真菌基因组

真菌基因组比细菌与病毒基因组复杂。真菌中的霉菌以曲霉最为典型,第 6 章对霉菌的部分基因组做了简单的介绍,我们知道曲霉基因组具有很典型的霉菌基因组特征。通过对构巢曲霉菌、米曲霉菌和烟曲霉菌三种霉菌的基因测序研究发现,尽管三种霉菌源自同一家族,基因组却有很大不同,米曲霉菌基因组大小为 36 Mb,共有 8 条染色体,包含约 1.2 万个基因。烟曲霉菌的基因组大小为 28 Mb,构成 8 条载有约 9 000 个基因的染色体。构巢曲霉菌的基因组大小为 30 Mb,共有 8 条染色体,共有约 9 400 个基因在基因组已被破译的微生物中,米曲霉菌的碱基对数目是最多的。三种霉菌只有 68% 的蛋白质相同,其基因组数量有明显差别。米曲霉菌的基因数比烟曲霉菌多 31%,比构巢曲霉菌多 24%。在科研人员识别出的 9 500～14 000 个基因中,有 30% 是新基因。

酵母基因组特征详见第 6 章。无论酵母或霉菌,真菌基因组有多个染色体,染色体为线性,其上有组蛋白;染色体具有典型的自主复制序列、着丝粒和端粒片段;基因组大,基因内具有内含子,基因密度比细菌低;ORF 比一般的细菌多,但并不一定比放线菌多,ORF 呈增加态势;基因间有间隔序列,重复序列、假基因、IS 因子、转座子以及噬菌体残骸增加,新基因增多,功能多样化。

## 8.6 基因功能与调节

### 8.6.1 蛋白质组学

随着基因组学的迅速发展,目前我们已经从只关注基因序列的前基因组时代进入到了深入了解基因结构与功能关系的后基因组时代。由于基因转录产生的 mRNA 的表达情况不能直接反映蛋白质的表达水平,而蛋白质有其自身特有的活动规律,蛋白质构象并不能依靠 DNA 序列来解释,只有蛋白质才能动态反映生物系统所处的状态。因此,蛋白质组学产生了,它是研究细胞内全部蛋白质存在方式及其活动方式规律的科学。

蛋白质组学研究的内容包括:①表达蛋白质组学,研究细胞内或组织内蛋白质的表达模式及其修饰,用到的关键技术是双向电泳(2-D 电泳,见图 8.21);②结构蛋白质组学,关注蛋白质的序列和高级结构,利用 X-射线单晶体衍射分

图 8.21　2-D 电泳结果实拍图

析、多维核磁共振波谱分析、电镜晶体三维重构技术对蛋白质的序列和高级结构进行研究；③细胞图谱蛋白质组学，将细胞纯化后用质谱仪鉴定蛋白质复合物的组成，从而对蛋白质在胞内的分布及移位进行描述；④功能蛋白质组学，利用对酶的加工修饰研究蛋白质的功能模式。

　　研究蛋白质组学的相关技术已从传统的分析鉴定技术转向依赖计算机、自动化的高新技术，对蛋白质的生物信息鉴定被广泛地应用到了各个领域，而蛋白质组学与基因组学关系也是日益密切，对其结构与功能的阐释已经是揭示基因调节机理的必要条件。

### 8.6.2　DNA 微阵列（DNA microarray）或 DNA 芯片（DNA chips）

　　芯片是 20 世纪 50 年代发展起来应用于电子计算机技术的大规模晶体管集成电路，具有微型化的特点和大规模处理、交换代表信息的电信号能力，是当今电子计算机技术的核心和关键。而生物芯片是 20 世纪 80 年代提出的，是近 20 年发展起来应用于分子生物学研究的一项新技术，因具有与芯片相似的微型化和大规模分析、处理生物信息的特点而得名，在研究过程中有不同的称谓，如 Biochip、Genechip、DNAchip、Microarray 等，这些名称都反映了研究对象的差异和制作工艺的发展，这里统称为生物芯片。根据功能和制作差异分为三大类：基因芯片、蛋白芯片、微缩芯片。其中基因芯片根据应用于 DNA 或 RNA 研究的不同分为 DNA 芯片和 DNA 微阵列。

　　DNA 芯片主要用于基因检测。基因调控主要是转录水平上的调控，而检测基因表达的最好方法之一是用 DNA 芯片。DNA 以高度有组织的阵列形式附着在载玻片上，实验时首先将被分析的核酸（通常称之为靶）进行分离，并用荧光报告基因标记，核酸靶可以是

mRNA 也可以是 cDNA，然后将芯片和核酸靶混合足够长的时间，以确保通过互补序列特异性地结合到探针上，再洗去未结合的靶，并用激光扫描芯片，有荧光的位置表示探针已与那个特殊的序列结合，最后，通过杂交分析显示出哪些基因进行了表达（图 8.22）。来自不同实验的靶样品可用不同的荧光基团标记，并用同样的芯片进行比较。

　　DNA 芯片的结果使我们可以观察到一套基因在不同环境或对环境变化做出应答的特征性表达。在有些情况下，当单一条件变化时会有许多基因改变表达。基因表达的状况能够被

图 8.22　DNA 芯片示意图

检测，并且根据表达可大概知道该基因的功能。如果一个未知基因在一个与已知功能的基因相同的条件下获得表达，可知它们是共同调节，并且可能分担同样的功能。DNA 芯片可通过失活一个调节基因，并观察该调节基因对基因组活性的影响，或直接研究调节基因来观察基因表达差异，而只有被表达的 mRNA 才能被检测。如果基因短暂表达，那么它的活性可能被 DNA 芯片分析漏掉。

## 8.7　微生物基因组的进化

### 8.7.1　原核生物的进化及分类简史

　　日益庞大的基因组数据库将有助于人们认识原核生物与自然的关系，并正在影响人类

目前对原核生物进化的理解。以前,达尔文关于物种起源的研究以及新达尔文合成论(Neo-Darwinian Synthesis)认为,很长的一段时间内,生物的进化总能描述为严格的二分枝树状结构,反映生命树的分类学是现代系统学家的目的,由于微生物分类不得不依赖很少的特性,以至于不可能建立一个自然的分类系统。现如今,在基因组水平上,生物的进化体现为基因组的进化。繁杂多样的生物界的遗传基础其实就是基因组的多样性。理解基因组演化的历史,破解其规律意味着将达尔文以来的进化生物学推到前所未有的高度和深度,最终有可能实现遗传、发育和进化的统一。

到了近代,伍斯(Woese)和佛克斯(Fox)引进小亚基 rRNA 作为微生物分类的工具,使许多微生物学家确信关于动物和植物的分类概念能被延伸到原核生物的王国,直到出现分子测序数据,才把物种更准确地放到生命进化树中。各种分子数据,特别是 16S rRNA 和全基因组数据,成为微生物分类有价值的工具。根据分子序列数据确立群的概念,通常反映了生化、生理学的结构的特征。然而,原核生物可以通过转化、转导、接合等方式实现基因在水平方向上(生物个体之间,或单个细胞内部细胞器之间)遗传物质的交换,从而加速基因组的革新与进化。与垂直的遗传相对应,这种遗传物质交换方式被称为水平基因转移(horizontal gene transfer, HGT)。正是这一现象使历史的、亲缘的进化关系被打上现实的、生存的生态关系烙印,使得进化树变得带有进化网的属性,更像是"藤缠树"的状态,这对于微生物的系统进化研究具有极大阻碍,它究竟是否是微生物进化的一个重要力量,仍然在激烈的讨论之中。通过种系发生探究,科学家认为遗传信息交换是微生物进化的主要因素,操纵子形成归因于频繁的基因转移,而基因获得通常形成基因组孤岛策略,这是能使某一生物占据一个新的生态环境的重要因素。有人甚至建议以种内水平基因交换的高频率来定义微生物的种,但基因转移并不局限于水平转移,还有垂直转移和域间转移,基因转移是基因组进化的主要动力因素。

### 8.7.2　细菌基因组的进化

细菌的基因组是动态的,影响它的因素也是多种多样的,这些因素有:突变、选择、漂移、重组等。漂移固定了突变的基因,选择使被漂移固定的基因逐渐在群体中扩大。由同源重组、滑动、异常重组引起的插入、缺失和转变,染色体复制和终止区的倒位,程序化的基因转变及可移动遗传因子和基因的重排,乃至程序化的外源基因的转移等,这一系列改变都导致基因突变的不断产生。这些因素的影响使细菌基因组发生了千奇百怪的变化,基因不但通过水平转移使基因组发生改变,同时也通过水平转移摄取外源 DNA。细菌通过转化、接合转移和噬菌体介导转移使基因水平转移有了可能,通过整合方式使外来基因慢慢内化为基因组的一部分,IS 因子、转座子、倒位重组把外来基因进行迁移或分割以适应同种生物多样性的改变。作为一类"杂乱无章"的生物,虽然大多数细菌都倾向于将基因传递给自己物种的下一代,但细菌常常与毫无亲缘关系的物种进行遗传物质交换,基因组分析表明,10%的基因序列是来源于不同基因组间的基因穿梭。通过比较基因组分析发现了插入基因岛(islands of inserted gene),最初称为致病岛,现在一般称为基因组岛(genomic island)。这些区域可以作为一个整体移动和插入,所含基因具有更多的表型特征。许多岛具有噬菌体、转座子、接合质粒、接合转座子特征,插入位置多在转运 tRNA 基因附近,插入位置附近含有整合酶基因和侧翼反向重复序列。

共生现象为基因提供了来源。研究中发现错配率越高、重组现象越低,这是因为宿主的限制修饰系统总是对外来基因片段加以攻击降解,利用限制性修饰系统可以使自身 DNA 片段有别于外来 DNA,从而使自己免遭伤害,以达到降解外来 DNA 的目的。因此,宿主限制性修饰系统是一种对噬菌体和质粒的防御策略。这也说明了为什么近缘物种反而容易发生基因穿梭。物种的隔离最本质的是生殖隔离。宿主的错配修复系统的特异性说明了在亲缘关系很元的细菌间进行同源重组是一道不太容易跨越的屏障。细菌基因组交换的稀有性、混杂性研究发现不同细菌间的基因组重组频率高于自身基因突变频率,通过回顾(retrospective)方法,即在自然群落中寻找序列或等位基因的变异的方法,其原理是利用个体中不同位点的突变遗传因子具有高度连锁性(即连锁不平衡)或不同 DNA 片段产生一致的种系发生树时,可以推测其基因片段具有低重组频率,证实了细菌重组并不是一个十分稀有的现象。研究发现细菌重组频率远远高于点突变频率。基因重组是一种细菌演进性变化,基因突变是一种细菌渐进性变化。重组稀有性是细菌种群内遗传多样性产生的动力因素之一。而基因交换混杂性表明细菌可与 25% 的 DNA 片段发生同源重组,但在不同菌种之间的交换还是存在着广泛的限制因素,要求供体菌和受体菌必须要有相同的重组载体和微生境。细菌重组不仅限于同源片段的转移,在异源重组中细菌可以捕获其他细菌的基因位点和操纵子,通过细菌基因组比较发现细菌基因组中约有 5%~10% 来自不同种的细菌。由于近源细菌物种的基因组测序的完成以及新分析方法的问世,亚利桑那大学的研究人员证明构建细菌进化树是完全可能的。南森·莫瑞(Nancy Moran)、伊曼纽尔·利瓦特(Emmanuelle Lerat)和维尼森特·达沃宾(Vincent Daubin)提出了追溯细菌进化史的一个新方法:在细菌基因组中寻找一组可作为可靠的细菌进化时钟(evolutionary clock)的基因。这种方法对于研究生物进化史的生物学家具有重要意义,因为它为勾画水平基因转移、塑造基因组结构等实质的进化事件奠定了基础。在这项研究中,研究人员选择了古生菌群 γ-变形菌纲(γ-Proteobacteria),这是一个在生态上具有丰富多样性的细菌类群(包括大肠杆菌和沙门氏菌等),记载的大多数水平基因转移都发生在这个类群,而且这个类群中细菌基因组完成测序的也最多。这种方法重建不仅影响基因组进化事件,而且有望用于查明细菌基因组的进化,还能揭示细菌物种的多样化。

细菌的基因组很小且结构紧凑,是良好的研究材料,因此它有望为科学家揭示丰富的基因组学进化信息,并使得广泛比较分析各个物种的基因组成为可能。

### 8.7.3　病源菌和共生菌与宿主的协同进化

真核生物在进化过程中与其他物种相互适应、共同发展,生态学上将其称之为协同进化(concerted evolution)。由于真核基因组结构复杂,某些基因存在着多拷贝,DNA 序列具有不同于原核生物的特征,因此有理由在分子水平探求这种进化机制的机理。共生体通过横向机制(从已建立起共生关系的成体传递到新成年个体)、纵向机制(由亲代传给子代)和复感染机制(环境引起的)使种系发生协同性和非协同性的进化。共生菌和病原菌在微环境内,由于环境限制,易于使种群进化速率上升,形成重复瓶颈效应和极小有效种群,其突变体更容易在共生体中固定下来,共生协同变异可以是自由生活独立变异的 2 倍,这也是局部暴发疾病的原因。我们知道人类对细胞器共生体、昆虫微生物共生体、植物病原体共生体、人体共生体的了解还很有限。通过对部分病原菌和共生体与宿主关系的研究及观察得出了这样的结论:真核生物中存在某种分子驱动力(molecular drive)维持着基因多拷贝序列的一致性。而关于同一基因或相似基因的来源究竟是直系同源(orthologs)还是侧系同源(paralogs)仍在深入研究中。但毫无疑问,这种维持着基因多拷贝的序列一致性的现象对于真核生物基因的进化是十分重要的。除此以外,水平基因转移导致了基因组间的基因穿梭。

　　前面我们已经讨论过在真核生物中某些基因存在着多拷贝,例如在复杂的生物中核糖体 RNA 基因存在着几百或几千个拷贝。这些多拷贝是由于重复而产生的。随着基因的重复,单个拷贝也可能发生突变和歧化,选择能限制编码区的突变对物种生存具有非同寻常的意义。但如果有很多拷贝存在的话,预期也可能有歧化的发生,特别是在非编码序列中。但实际的情况和预期的相反,许多研究结果表明,在基因不同拷贝中的核苷酸序列常常是完全同源的,且非编码序列也是相同的,表明单纯的选择是不起作用的,其原因还有待深入研究。

　　共生是比自由生活花费更少能量而易于生存的一种方式。高等生物的复杂化与高等生物自身的密切相关,也与共生体的演进有关,作为复杂有机体的高等生物,它具有了不同环境的组织特异性和功能特异性,这为不同共生体提供了不同的环境条件。环境选择压推动了进化的速率,自然变异、重组交换为进化提供了材料,环境多样性为物种多样性提供了外部条件,基因内在演变动力趋势为进化提供了基础,在内外双重因素的作用下,物种发生对应性的协同进化。

　　从已知基因组状态可以发现基因组演变的趋势:染色体形态是从环状向线性演变的;染色体末端是逐步出现的;质粒基因组从非必需态转变为必需细胞质基因组;重复序列呈增加状态,转座子几乎存在于所有的基因组中,与基因穿梭有关,是基因组演变的动力因素之一;染色体的稳定性是逐步形成的,着丝粒的形成与染色体均衡分配有关,低等生物分配基因 *par* 到高等生物的点着丝粒和区域着丝粒的演变,使染色体的稳定分配有了保证;端粒片段的重复及端粒蛋白与线性染色体的稳定有关,从放线菌具有类似端粒的结构到酵母以上高等生物的端粒的完善使线性染色体末端复制以及染色体稳定性趋于规律化与制度化,端粒缺失导致线性染色体不稳定;染色体中的同源重复序列为基因交换提供了可能,有的甚至引起染色体断裂,不同重组蛋白因子的介导形成了不同的重组模式,为生物系统演化提供了可能;基因组中不同碱基对不同诱变剂的敏感性不同,氧化能力也各不相同,使基因组的单核苷酸多态性有了可能;基因突变机制为生物适应性的多样性和不同生物的特异性提供了可能;而基因回复突变和抑制突变机制、密码子的兼并性、二倍体的遮掩性及生物体内的完善的修复机制和修饰限制机制为生物趋变性所保持物种的相对恒定性提供了可能;假基因是重要功能基因突变丧失功能形成的,是直接规避风险的机制之一,特别是酵母菌的沉默匣子并不直接表达,为细胞提供了永恒的拷贝,为假基因错误恢复功能提供了可能。

　　原核向真核的演进主要是环境多样性的适应性改变,其保护机制更加完善,有利于机体生存,表现为调控序列、基因中内含子序列和基因间隔序列显著增加,这些序列的增加降低了基因密度,基因突变的风险也随之而降低,抵抗突变的能力增强;ORF 数目增加,参与多样性代谢能力也相应增强,尤其是各种环境产生出特异性的生物更是适应性改变的结果。在生物类群中放线菌是原核向真核的过渡形式之一,染色体具有线性染色体的末端蛋白和重复序列特征,但是染色体结构上却保留原核类组蛋白特征。染色体高度不稳定性说明其变化是主要表现,但其次生代谢基因是细菌的 2 倍,说明其对环境多样性的适应能力增强,但染色体极其不稳定,这与染色体稳定机制还没有完全形成有关,同时也与环境的多样性有关。从细菌的不同质粒表现出的不同抗性,到放线菌基因组和质粒的抗性的共同表现也间接证实了基因从不稳定态趋于稳定的进化演进。极端环境的古菌是从远古到现代的残留生物的永恒证明。现有生物的极端环境的部分生物如嗜酸性的幽门螺旋杆菌与古菌中的嗜酸性古菌的类比也许可能发现基因组功能演进的痕迹。病毒在细菌、放线菌和真菌中的感染状态的不同形成了不同类型的病毒。病毒基因组与宿主基因组的整合与脱落是导致生物间基因穿梭的主要原因之一,病毒与转座子是基因组进化的主要因素;转座子是同类生物基因组水平传递的主要因素之一,部分转座子能够在不同菌种间进行穿梭,引起物种基因组的部分交流,从而引起变化;选择压和环境多样性以及诱变剂的广泛存在是导致基因直接突变的结果,是生物多样性的适应性变化。

随着微生物基因组学的不断发展,当前主要在分子和细胞两个层次上探讨真核生物基因组以及它们的起源进化问题,其目的在于从进化的视角考察和阐明现存的真核细胞(尤其是高等真核细胞)为什么具有如此这般的精细结构和精妙的功能活动机制,它们是怎样进化发展的,其进化的动力和机制是什么,以及真核细胞的起源进化是如何为后续的生物多样性和复杂性的大发展奠定基础的。相信不久的将来,真核基因进化的机制必将清楚地展现在我们面前!

(廖宇静　谢响明　刘宏生)

# 第 9 章　微生物基因表达调控

## 本章导读

**主题：基因表达调控**

1. 基因重排、基因倍增、基因丢失有何特点与作用？
2. 基因活化与甲基化修饰、转录基因与核小体结构、活性染色质形成、活性染色质的 DNase 位点、核小体改构复合体途径、非组蛋白的调节作用的特点是什么？
3. 基因结构、顺式作用位点（启动子、增强子、CAP 位点、终止子、沉默子、调节效应元件等）、反式作用因子（α 螺旋-转角-α 螺旋、亮氨酸拉链、α 锌指结构、α 螺旋-环-α 螺旋、转录激活域等）特点是什么？
4. 阐述转录因子与 RNA 聚合酶对转录起始调节、转录后加工调节、转录终止与抗终止调节作用、代谢产物对基因活性调节、葡萄糖效应对基因活性调节。
5. 真核 K 序列和原始 SD 序列的翻译起始调节、固定模式的差别表达与等量表达调节、反义 RNA 调节、翻译自体调控、代谢产物对基因活性调节、葡萄糖效应对基因活性调节、$\sigma$ 因子更替与热激现象调节、酵母稳定期与对数期调控、信息素识别与调节、应激反应调节有何特点？
6. 乳糖、半乳糖、色氨酸、阿拉伯糖、组氨酸、双组分调节、固氮、多启动子调控、基因家族、细胞色素 C 调节特点是什么？

无论原核和真核生物，在其生命周期内，生命过程所需的各种营养物质在不同时间、不同地点、以不同方式进行着合成与分解代谢，以保证生命所需，保证这种供需的机制就是基因表达调控。基因表达在高等生物中，有细胞周期表达、时序表达、组织差异表达，尽管具有一些差异，但基因表达控制的基本原理是相似的。基因表达调控的手段是多样化的，主要表现在 3 个层次，即 DNA 水平调控、转录水平调控和翻译水平调控。原核生物细胞的基因和蛋白质种类较少，大肠杆菌的基因组约为 4 Mb，假如平均每个基因长 1 000 bp，一个细菌就约有 4 000 个基因，能合成约 4 000 种蛋白质。已知一个细胞中有 $10^7$ 个蛋白质分子，如果每个基因同时等量翻译的话，一个多肽有 2 500 个拷贝，但是已知蛋白质并不是以相同拷贝数存在于细胞中。例如：大肠杆菌细胞约有 15 000 个核糖体，与其结合的约 50 种核糖体蛋白质的数量是十分稳定的，其他的则不一定。在代谢过程中，有些酶和蛋白质的需要量很大，生物体会根据需要来进行合成加工，但一些代谢过程中所需的酶或蛋白质，其合成速率不受环境或代谢状态的影响，前者称为适应型或调节型控制，而后者蛋白质或酶的合成称为永久型控制。因此，在生命体中，从 DNA 到蛋白质的过程称为基因表达，对这个过程的调节就称为基因表达调控。

# 9.1 DNA 水平表达调控

### 9.1.1 基因重排

　　基因重排(gene rearrangement)是指 DNA 分子核苷酸序列的重新排列,这些序列的重排不仅可形成新的基因,还可调节基因的选择性表达。常见形式有倒位,易位、转座等,不仅在原核生物中可以观察到,而且在真核生物中也十分普遍。不同的重排形式导致的基因表达产物不同,基因表达水平不同,这是多样性产生的主要机制,既不增加基因的负担,又可产生蛋白质的多样性。例如,鼠伤寒沙门氏菌有两个编码鞭毛蛋白的基因 H1 和 H2,这两个基因并不紧密连锁。H2 的一边有一个调节基因 $rh_1$,它编码的阻遏蛋白作用于 H1 并使它不表达。H2 基因的另一边有一段经常发生倒位的长约 970 bp 的 DNA 序列,它的一端为一个启动基因 P。如果倒位片段使 P、H2 和 rh1 邻接,H2 和 rh1 这两个基因得以转录,Rh1 阻遏蛋白阻止 H1 表达,鞭毛蛋白由 H2 构成,如果再次倒位使之成为 H1-P,则 H1 表达,细菌鞭毛由 H1 蛋白构成(图 9.1)。

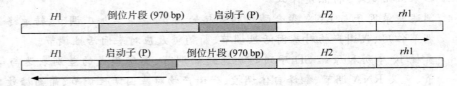

图 9.1　鼠伤寒沙门氏菌编码基因

　　啤酒酵母接合型 α 和 a 细胞,分别由 Matα 和 Mata 两个基因所控制。Matα 产生 α 因子,Mata 产生 a 因子,其左右端分别具有沉默匣子 HML 与 HMR,它们是促进不同接合型细胞相互揉合的物质基础。杂合体 Mata/Matα 可以产生接合作用,完成有性繁殖。同种类型不能接合,但可以相互转换,这是由 HO 基因所控制的,转变是通过沉默匣子发生的复制性转座易位完成的,而且转化过程中 α 转换成 a 的频率高于 a 转换成 α 的频率。如果 HO 突变为 ho,互变率下降到 $10^{-6}$。在高等动物中,免疫基因的重排是抗体多样性产生的主要原因。重排导致免疫细胞产生针对不同抗原决定簇的不同特异性抗体。

　　酵母不仅通过类似转座性复制发生接合型改变,而且可以通过转座元件随着转座的不同导致基因的表达水平改变。利斯勒·康恩(Leslie R Coney)研究发现,在酵母菌中,位于 HIS4 位点的 3 个酵母转座子元件(Transposon Yest,Ty)可以影响 HIS4 的表达,对 Ty 和 HIS4 表达具有重要作用的序列位于 Ty 的 ε 区域,该区域对 HIS4 的表达是必需的,但是对 Ty 的转录没有明显的作用,Ty 启动子区的突变降低了 Ty 的表达,却使其邻近基因的表达增加,这种截然相反的作用可能是由于对启动子竞争所导致的。

　　酿酒酵母中 Ty 元件是一类散布的具有反转座能力的重复序列,Ty1 序列和 Ty2 序列具有同源性,含有一个约 5.6 kb 的独特序列,即 ε 区,330 bp 的末端重复序列 δ 位于 ε 的两侧。Ty 的转录从一个 δ 开始,经过 ε 区到另一个 δ 区,产生一个末端冗长的 mRNA(terminally redundant mRNA),所编码的蛋白质产物是转座所必需的,Ty 含有两个互相重叠的 ORF,这一点与反转录病毒相似,在 Ty 转座过程中,Ty mRNA 反转录产生的双链 DNA 整合到染色体 DNA 中。有的 Ty 插入突变导致邻近基因表达水平下降,有的则导致邻近基因表达水平升高,当插入到缺乏启动子序列的基因上游时,使邻近基因表达增加。Ty 元件上调基因表达的一般情况是插入到基因 5′端非编码序列中,隔开了该基因的编码区及其野生型表达所必需的调节序列:TATA 盒和 UAS。因而必须由 Ty 元件提供 TATA 盒和 UAS 的功能,由于在 δ 区有许多 TATA 样序列,位于 Ty TATA 盒的对侧链上,它们可能为 his4 基因表达提供 TATA 盒功能。Ty 不仅影响 his4 基因的功能,而且也影响 cyc1 基因的表达,cyc1 基因也位于 Ty 附近,突变后没有 UAS,但具有 TATA 序列。Ty δ 区 P→P′突变使 P 的 TATA 盒序列由 TATAAAA 变为 TATGAAA,仅仅一个碱基的改变便使 Ty 转录降低了 5～59 倍。许多研究结果已

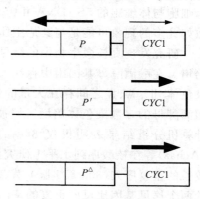

图 9.2　Ty 与 CYC1 转录方向与产物水平

经表明 TATA 序列对酿酒酵母准确而有效的转录起始具有重要作用(图 9.2)。尽管该突变对 Ty 转录具有负影响,但却使 his4 的表达增加了 3 倍。P′→P△ 突变的产生是由于一段含 TATA 盒序列的 27 bp 片段的缺失所引起的,该突变对 cyc1 基因的表达有显著影响,进一步说明这种截然相反的作用是由于 Ty 和邻近基因启动子对转录因子的竞争所导致的,并且这种突变使得邻近基因具有更强的竞争能力。

### 9.1.2　基因倍增

基因倍增也称为基因扩增(gene amplification),是指基因组内某些基因的拷贝数专一地大量增加的现象。它是细胞在短期内为满足发育或生理需要而产生足够多的基因产物的一种调控手段,它是通过基因的差别复制(differential gene replication)而实现的。基因扩增在原核与真核生物中十分普遍,它是实现基因调控的一种手段,是基因组进化的一种重要机制,是基因功能多样化的前提,也是物种进化的主要推动力,是基因组进化最主要的驱动力之一,是产生新功能基因和进化出新物种的主要原因之一。但扩增不是随时随地都可以发生的,一般发生在发育的特定阶段,在细胞亚周期的特定时间内。基因倍增有两种模式:串联基因倍增和大规模基因倍增,两种基因倍增过程均产生大量基因家族。串联基因倍增是 DNA 分子复制出一个或多个邻近拷贝的过程,通过高频率的基因复制和失活实现基因家族的进化;大规模基因倍增是指染色体中大片段基因组倍增,甚至全基因组倍增,其发生频率较低,且倍增基因通常大量流失,存留下来的倍增基因积聚突变或者获得新的功能,或者退化成没有功能的假基因。基因功能在具备多样化之前,必须先发生基因倍增,由此可见基因倍增在进化中的重要性。基因倍增中,对应的同源基因的两个片段称为同线性同源区域(synteny)。

原核生物中,噬菌体在感染的后期、包装之前,噬菌体 DNA 滚环复制产生多联体分子就是一种最普遍的基因倍增现象,细菌的高拷贝质粒在随机分配之前,也会发生倍增现象。

高等生物的基因倍增最早发现于两栖类及昆虫的卵母细胞中,其 rRNA 基因 rDNA 扩增现象普遍。爪蟾体细胞 rDNA 只有 500 个拷贝数,而在卵母细胞中,rDNA 有 $2 \times 10^6$ 个拷贝,扩增了 4 000 倍,这些 rDNA 约占卵母细胞 DNA 的 75%。基因扩增中 18S、5.8S 及

28S核糖体亚基的rDNA成簇存在,并重复串联在一起形成核仁组织区,但5S亚基的rD-NA是单独重复串联的,约有20 000个拷贝数。几乎所有的染色体都有5S rRNA基因,卵母细胞与体细胞的5S rDNA相差6个碱基,但一般5SrRNA基因无基因扩增现象,其拷贝数如此多的现象可能是与其他主体rRNA基因扩增机制相适应的一种表现。

研究发现真核微生物中的酵母等菌种中也存在大规模基因倍增,有的甚至是全基因组倍增。在酿酒酵母基因组中存在大量的副本基因,早在1993年拉罗(Lalo)就发现酿酒酵母染色体Ⅱ、Ⅹ、Ⅳ之间存在大量的倍增现象,该发现为酵母基因组倍增提供了第一个证据。酿酒酵母的多数染色体倍增区域被认为是由发生在100百万年前的全基因组倍增产生的,计算机分析结果表明仅仅8%的原始基因在基因倍增后保留在副本基因中。奥查滋(Achaz)等在核酸序列水平上研究酿酒酵母染色体内的基因倍增,通过寻找每条染色体上较长的重复序列(303 885 bp),发现正向重复和反向重复序列表现出不同的特征:正向重复的两个拷贝基因比反向重复的基因更长并且更相似;与反向重复序列相比,大量的正向重复序列间隔更小。

酵母基因组内部序列的比对研究也说明了酵母基因组内存在着基因倍增。凯利斯(Kellis)等将克鲁雄酵母(*Kluyveromyces waltii*,*K. waltii*)的基因组与模式生物酿酒酵母比对,发现两者是1:2对应的同线性关系,即*K. waltii*基因组的每一区段均对应于酿酒酵母的两个区段。Kellis等在*K. waltii*和酿酒酵母的基因组中找寻到253个同线性区域,涵盖了*K. waltii*全部基因的75%以及酿酒酵母全部基因的81%,由此认为酵母基因组经历了全基因组倍增。由于每一*K. waltii*的基因组区段,在酿酒酵母中均有两个对应区段,则酿酒酵母的基因组大小应为*K. waltii*的2倍,而基因数目也应为2倍。事实上两者基因组的大小和基因数目相差不大,研究认为是由于大量的基因流失所造成的,同线性区域中88%的同源基因流失。笛特瑞切(Dietrich)等完成了一种细丝状子囊菌(*Ashby gossypii*,*A. gossypii*)的基因组测序并注释了其所含的基因,*A. gossypii*基因组的90%可以在酿酒酵母上找到对应区段,而且*A. gossypii*的一个区段也对应于酿酒酵母的两个区段,正如前述酿酒酵母与*K. waltii*的对应关系;而两个酿酒酵母的区段合并起来,其基因内容与基因顺序与*A. gossypii*的对应区段完全相符。由*A. gossypii*与酿酒酵母1:2对应的同线性区域,推断在两者分化之前有一个带有7个或8个染色体的共同先祖。都爵尼(Dujon)等选择了半子囊菌纲内的四种酵母,通过确定其基因组序列及注释其基因,并与酿酒酵母相比较,揭示了酵母的演化过程。由于现在已知的酵母种类超过700种,今后随着更多种类的酵母会完成基因组定序,整个的演化进程将更为清楚。

最近,许多研究者致力于研究倍增基因的进化和功能趋异,而之前也有一些研究者运用数学统计模型来研究功能趋异系数,寻找导致功能趋异的重要位点。因为多数基因是基因家族的成员,所以研究倍增基因之间功能的趋异和基因家族中基因的冗余功能具有重要意义。1970年奥哈诺(Ohno)预测倍增基因的突变会选择性地中性化,或者将该基因变成没有功能的假基因,或者将倍增基因变成一个具有新功能的基因,该学说引起了广泛的争论,主要因为没有证据表明基因通过这种途径产生新功能,因此研究基因倍增后的功能趋异有助于我们理解基因进化的过程。

### 9.1.3　基因丢失

染色体丢失或基因丢失(gene elimination，gene loss)是指通过丢失染色体或丢失某些基因而除去这些基因的活性的现象。这个现象在部分真核生物中可以发现：在小麦瘿蚊个体发育中，卵的后端含有一种称为极细胞质的特殊细胞质，在极细胞质区域中核保留了全部40 条染色体，在其他细胞质区域染色体丢失了 32 条染色体，只保留了 8 条染色体，这种现象称为染色体消减(chromosomal elimination)。有 40 条染色体的细胞发育成为生殖细胞，有 8 条染色体的细胞发育为体细胞。通过对脊椎动物进化过程中基因丢失案例的研究，人们认识到基因丢失可以使有机体获得新的发育和生理路径，在系统发育标记(phylogenetic marker)方面有重要价值。多种真核模式基因组的测序完成，为低等真核生物如酿酒酵母在进级性进化中发生基因丢失现象的发现提供了机会。

朱新宇(2003)利用 SMART 蛋白质域家族数据库，根据在已完成测序的 7 种真核生物蛋白质域家族成员中存在或不存在酿酒酵母蛋白质域信号，判断是否发生了基因丢失。通过这种方法，共有 6 个酿酒酵母基因判断为在进级性进化过程中发生了丢失。表 9.1 中所列的序列登录号和描述均对应于酿酒酵母的各个物种"，＋"表示存在直系同源物，"－"表示不存在直系同源物。推测可能有两种机制决定低等真核生物酿酒酵母进化过程中发生基因丢失(图 9.3)。在图 9.3(a) 机制下，祖先种基因组中存在 A 和 B 两个(也可能是多个)功能上相似的基因，这两个或多个基因也可能来自不同的基因家族，在分支进化过程中，其中一个分支丢失了 A 基因，但在另一个分支中两个基因都保留了下来；在图 9.3(b) 机制下，祖先种的 A 基因功能上是特定的，不可替代的，在分支进化过程中，其中一个分支丢失了 A 基因，但另一个分支进化中这个基因则保留下来。DNA 聚合酶 Ⅳ 的进化机制倾向属于(a) 机制，酵母可抑制碱性磷酸酶前体和羧肽酶 Y 分选蛋白倾向属于(b) 机制。

**表 9.1　酿酒酵母进化过程中丢失基因列表**

| 登录号 | 物种分布 | | | | | | | 描　述 |
|---|---|---|---|---|---|---|---|---|
| | H. s. | M. 123 | D. m | C. e | S. c | E. c | D. d | |
| P25615 | + | + | － | － | + | － | － | DNA polymerae Ⅳ(DNA 聚合酶Ⅳ) |
| P11491 | + | + | － | － | － | － | － | Repressible alkaline phosphatase 1 precursor(可抑制性碱性磷酸酶前体) |
| P39105 | + | + | － | － | － | － | － | Lysophospholipase 1 precursor(溶血磷脂酶 1 前体) |
| Q03674 | + | + | － | － | + | － | － | Lysophospholipase 2 precursor(溶血磷脂酶 2 前体) |
| Q08108 | + | + | － | － | + | － | － | Lysophospholipase 3 precursor(溶血磷脂酶 3 前体) |
| P32319 | + | + | － | － | － | － | － | Carboxypeptidase Y-sorting protein(羧肽酶 Y 分选蛋白) |

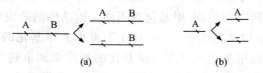

图 9.3　酿酒酵母进化过程中基因丢失的可能机制

# 9.2　染色质调节

### 9.2.1　DNA 甲基化修饰与基因活化

真核生物 DNA 中大约 20%～70%的胞嘧啶存在着甲基化修饰,其中卫星序列的甲基化的程度最高。甲基化多发生在二核苷酸对上,C 和 G 都出现甲基化称为完全甲基化,即

$$5'\cdots\cdots^m C_p G\cdots\cdots 3'$$
$$3'\cdots\cdots G_p{}^m C\cdots\cdots 5'$$

,CG 中若只有一个 C 是甲基化的,这种 CG 对则呈半甲基化。甲基化研究表明:不同限制性酶对甲基化要求不一样,同一组织不同细胞的 DNA 甲基化位置具有一致性,不同组织甲基化程度不一样,不同基因甲基化程度不一样。

如限制性酶 HpaⅡ识别并切割未甲基化的 CCGG 序列,对甲基化的 CG 对则不起作用;而限制性酶 MspⅠ识别并切割所有 CCGG 序列,不受甲基化影响。因此,可以用 MspⅠ来识别 CCGG 序列存在与否,用 HpaⅡ来鉴别这些 CCGG 序列是否甲基化。在同一组织不同细胞中甲基化在 DNA 上的位置总是一致的,这为限制修饰(restriction-modification)提供了基础。甲基化修饰一般通过甲基转移酶和去甲基化酶来共同完成,以保持基因活性状态的差别。

研究表明:不表达的组织,其 DNA 呈甲基化状态,而在表达组织中,DNA 去甲基化而被激活。活性基因状态称为甲基化不足,这是因为 DNA 的甲基化与未甲基化是相对的,甲基化是一动态过程。甲基化不足不但出现在转录区,而且也出现在两基因间的非转录区中。并且甲基化不足的范围与对 DNaseⅠ敏感区段的边界十分一致。DNA 甲基化抑制转录实验表明,在特异性表达组织中,其活跃基因附近的 5-mCCGG 比非表达组织中甲基化程度明显降低 30%左右;同时,在哺乳动物细胞核内 80%的 CG 对甲基化,并存在于含有 H₁ 的紧密结构的核小体中。因此,基因表达与 DNA 甲基化呈负相关。近年研究表明,DNA 甲基化对转录的抑制主要取决于甲基化 CG 对的密度和启动子的强度这两个因素。启动子附近甲基化 CG 对的密度是阻遏转录的主要决定因素之一。弱启动子可以被散在的甲基化 ᵐCpG 完全阻遏,如果外加增强子使启动子强化,那么,在同等程度的甲基化影响下转录可以恢复;若是甲基化 ᵐCpG 位点进一步增多,转录就会停止。在转录的充分激活和完全阻遏之间的调节开关决定于 ᵐCpG 的密度和启动子强度的平衡。DNA 甲基化和去甲基化同基因活性的关系并不是绝对的。动物种属之间 5-ᵐC 水平的变化很大,高等生物甲基化程度比低等生物的甲基化程度高。发育性阶段表达的基因可通过诱导作用去甲基化而表达,必需基因甲基化程度低而维持转录活性。甲基化现象在低等生物 λ 噬菌体与高等生物中都有发现,但在酵母与果蝇中尚未发现,由此推测甲基化作用机制并不完全相同。甲基化被认为并非原始进化状态,是进化过程中形成的,普遍认为甲基化作用是使其基因暂时失活一种措施,是保持低转录状态的一种手段。所以,甲基化和去甲基化对基因表达的调节作用因生物种类的不同而不同,即便在同一种生物,甲基化对不同基因活性的效应也是不同的。有的基因如 rDNA 形成了容忍一定甲基化的能力,能够在不发生去甲基化的情况下进行转录;对于其他大多数基因,则是通过甲基化不足或去甲基化的方式来调节转录的。一般甲基化可使 DNA 的转录活性降低,严重甲基化可使 DNA 严重失活,去甲基化即可恢复正常。

### 9.2.2　核小体结构与基因转录

　　研究知道,转录时,RNA 聚合酶(RNA polymerase, RNAP)与约 50 bp 的 DNA 区域结合,其中 12 bp 必须发生解链,由于 RNAP 分子远远大于核小体本身,早期认为转录时染色质结构被破坏、核小体解体、DNA 完全裸露的条件下,RNAP 才能进行转录。近年研究表明,基因转录时染色质的核小体基本结构并未被完全破坏,而是通过核小体结构变化实现转录的。核小体结构研究表明,核小体结构是动态变化的,真核生物细胞染色质中的核小体有两种可能趋向:一是与相邻的或较远的核小体聚集成 $H_3$-$H_4$ 四聚体;二是解聚为 $H_2A$-$H_2B$ 二聚体,聚集与解聚处于动态平衡中。核小体连接区的 $H_1$ 组蛋白、装配蛋白和转录因子等都可使平衡状态改变为另一种构象。组蛋白 $H_3$-$H_4$ 四聚体一旦组装到核小体中就很稳定,而 $H_2A$-$H_2B$ 二聚体与它结合,易于基因转录。在转录活跃的染色质中,DNA 依然保持着同组蛋白八聚体的结合,RNA 聚合酶一经启动就能够通过覆盖有核小体的基因进行转录。尽管目前对分子量达到百万级的 RNA 聚合酶是如何通过核小体 DNA 的细节和机制还没有十分完美的解释,但最近的研究表明,在某些改构复合体的催化和介导下,完整的组蛋白八聚体可以沿着 DNA 链作顺式的"滑动",从而产生重新定位,进行核小体相位的改变,实现转录。体外核小体构建和体外转录实验表明,核小体对转录过程的抑制是相对的,它可以降低基因转录的活性,但不能封闭转录过程。

　　例如在 SV40 微染色体中,正在转录的基因仍然有核小体结构。用微球菌核酸酶处理染色质,进行凝胶电泳,发现转录的基因和不转录的基因都出现 200 bp 间隔的 DNA"梯"带。这说明转录基因和非转录基因的核小体数目没有显著差异,只是转录基因对微球菌核酸酶更为敏感,降解也更快,因此,其核小体的数目略少,这很可能是 RNA 聚合酶经过部分的核小体中组蛋白被暂时移开,待 RNA 聚合酶离去后又立即恢复了核小体的结构。因此,核小体的相位改变与基因转录有着密切的关系。

　　相位是同一类型的所有细胞中,组蛋白八聚体在 DNA 序列上的特殊定位。染色体遗传信息的表达依赖于核小体在 DNA 链上的相位变化,DNA 双螺旋大沟的核苷酸序列是蛋白质识别的基础,DNA 二级结构的动态变化为相位的改变提供了可能。宾夕法尼亚大学的 Istvan Albert 等人用 $H_2A.Z$ 特异性抗体从酿酒酵母 DNA 中分离得到了所有的 322 000 个启动子核小体复合物,这些核小体都是转录启动子区 DNA 缠绕组蛋白核心形成的。酵母菌中只有这些启动子核小体含有叫做 $H_2A.Z$ 的核心组蛋白突变体。科学家们用最先进的 DNA 测序仪对缠绕在 $H_2A.Z$ 核小体上的 DNA 测序,将这些序列与已公布的酵母基因组上的同样序列进行比对,确定了每个 $H_2A.Z$ 核小体在整个染色体上的具体位置,并获得了一张分辨率为 4 bp 的 $H_2A.Z$ 核小体完整图谱,该图首次精确揭示了酵母基因组每个基因中组成 $H_2A.Z$ 核小体控制中心的 DNA 序列,同时也首次阐述了 $H_2A.Z$ 核小体是如何控制整个基因组内基因表达的,指出了调控基因表达的关键是有一小段 DNA 形成螺线管样结构缠绕在核小体上(图 9.4)。正是这个螺线管充当了核小体的开关装置,是决定位于下一个核小体上的结构基因转录起始的关键通道的起点。研究者们目前已经确切知道这些核小体在 DNA 分子中的位置以及受其严密控制的 DNA 区段,在一个基因转录之前,由核小体控制的关键通路必须被打开,结构科学家们对关键通路也进行了研究,几乎所有基因在转录起始处都具有同样的通道结构:起始于上游核小体控制转录的开关装置(螺线管)直至下

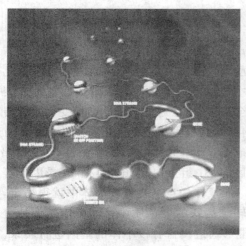

图 9.4 酿酒酵母核小体开关示意图

一个核小体上基因的转录起点处,并且每个基因的转录通道几乎位于核小体的同样位置处,惊人的一致! 研究者们也发现个别基因是例外的,并对其序列作了报道。另一个发现是,转录控制中心倾向位于核小体的外侧边缘,并向外排列在 DNA 双螺旋上,使得转录蛋白(或转录因子)较为容易地找到它们,这种分布很重要:当信号蛋白到达控制中心后,能够很好地就位,帮助核小体打开转录通路,使得基因能被阅读。该研究还发现一些染色体元件,包括端粒、中心粒以及转录单元也都拥有典型的核小体结构,这些核小体结构或许对这些元件功能的发挥具有重要作用。

以前我们仅是粗略地知道结构基因上游的 DNA 序列可能是决定该基因是否被转录的调控序列,但我们并不知道这些序列是如何实现调控的,它们是否是裸露的,是否随时可以工作? 现在我们知道了是核小体使得它们处于锁定状态而不能被开启,当细胞需要该基因转录时,细胞的分子装置使缠绕核小体的 DNA 松开,打开转录通道而使转录复合物进入结构基因区,所以核小体的功能是控制转录的通道。现在我们知道在染色质中由于相位的改变,使围绕在核小体左边的控制开关(螺线管)序列被暴露出来,这样核小体相位就会对该基因的调控产生重要的影响。特定序列的核小体相位还可以促进远距离调控元件之间的联系,通过 DNA 盘绕使得较远的顺式作用元件彼此靠近,形成特殊的三维结构。如在有关的体外模型中类似的结构可以使爪蟾卵黄蛋白基因转录活性提高 10 倍。

### 9.2.3 改构复合体与活性染色质形成

#### 9.2.3.1 活性染色质特点

活性染色质即发生转录的 DNA 区段,结构松散,对 DNase I 降解敏感或超敏感,而非转录染色质对 DNase I 不敏感,这是因为 DNase I 很容易消化松散的 DNA,不能消化紧缩的 DNA。用极低浓度的 DNase I 处理染色质时,切割将发生在少数特异性位点上,这些特异性切割点即是活跃基因所在染色体上的优先降解位点,这些位点对 DNA 酶 I 超敏感。每个表达活跃的基因都有一个或数个这样的位点,这种超敏感位点并不是某个特定碱基位点,而是一段 DNA 序列,一般长 100~200 bp,主要出现在已经开始或即将开始转录的活性基因 5′端上游调控区 1 kb 范围之内,并且常常晚于一般敏感位点的出现,这是所有活性基因的共性。非活跃表达基因的 5′端相应位点却不表现对 DNA 酶 I 的超敏感性。例如,野生型果蝇唾腺染色体上胶原蛋白基因 sgs4 的转录区上游 330 和 405 bp 左右各有一个超敏感位点。在突变体中如果这两个超敏感位点缺失大约 100 bp 的 DNA 序列后,则丧失了合成胶原蛋白的能力。这两个完整的超敏感位点是 sgs4 基因转录所必需的。鸡红细胞中的 β-血红蛋白基因 5′端的超敏感位点在 -50~-280 bp 之间,该区包括 DNA 酶 I 和限制性内切酶 Msp I 优先切割位点。并且有实验证明,转录活跃的鸡珠蛋白基因的超敏感位点还能被专一切割单链的核酸内切酶 S1 降解,说明超敏感位点至少有一部分启动子 DNA 解旋成单链,由于高迁移率非组蛋白(hihn-mobility group protein,HMG)与启动子的结合导致单链区的形成,从而不能继续缠绕在核小体上,致使启动子裸露于组蛋白表面,形成活性染色质,从而对 DNA 酶Ⅰ超敏感。

### 9.2.3.2　改构复合体与改构方式

近年来研究发现了一批能够通过改变染色质结构来促进或阻止转录因子同 DNA 结合,从而激活或抑制基因转录的蛋白因子,这些蛋白因子对染色质结构改变、核小体修饰和基因转录调节具有重要作用,在这一过程中涉及 DNA 与蛋白质、蛋白质与蛋白质之间的相互作用,最终导致基因表达调控差异。这些能够通过改变染色质构型来影响(活化或抑制)转录的蛋白质复合因子所组成的复合体统称为核小体改构复合体(nucleosome remodeling complexes)(表 9.2)。它们通过增强核小体 DNA 与转录装置的可接触性而激活转录;改变核小体中 DNA—蛋白质的相互作用方式;重构核小体构型;修饰核心组蛋白的酶活性,在基因转录、重组、DNA 复制和修复等重要活动中起作用。目前了解比较清楚的生物体内改变染色质构型的方式有两种:一是通过组氨酸乙酰转移酶 HAT 修饰组氨酸形成组蛋白乙酰转移酶复合体和脱乙酰酶复合体;二是依赖 ATP 水解的改构复合体重建途径催化完成改构变化,酵母 SWI/SNF 是这种类型。这两大类改构复合体可能通过共同协调作用行使基因转录的调节作用。

**表 9.2　酵母菌中部分核小体和组蛋白改构复合体及其功能**

| 名称(亚基数目) | 功能(作用亚基或活性部位)[a] |
| --- | --- |
| CBP/p300 | HAT(CRD1, GCN5) |
| SAGA(14) | HAT(GCN5p) |
| Esa1p | HAT(Esa1p) |
| RSC | ATPase |

注:ATPase 表示依赖 ATP 酶的改构活性,HAT 表示组蛋白乙酰基转移酶活性

活性染色质的形成一般是通过染色质上组蛋白的乙酰化、去磷酸化和 DNA 的去甲基化和非组蛋白磷酸化以及通过改构复合因子的修饰激活来重建形成活化染色质,从而激活基因表达。核小体核心组蛋白乙酰化是赖氨酸残基上的氨基乙酰化,通过组氨酸乙酰转移酶(histone acetyltransferases,HATs)修饰组氨酸使核小体解聚,组氨酸脱乙酰酶(histone deacetylases,HDs)可去除乙酰基,恢复紧缩的染色质结构从而完成核小体改构作用。组蛋白乙酰转移酶与组蛋白脱乙酰酶的作用相反。过去组蛋白乙酰转移酶往往被鉴定为转录辅助活化因子(co-activators),后来才又发现它们具有组蛋白乙酰转移酶的活性,例如 酵母的 GCN5 因子、细胞核激素受体辅助因子 SRC-1 和 ACTR 等。HAT 的主要功能是对核心组蛋白分子 N 端 25～40 个氨基酸范围内的赖氨酸残基进行乙酰化(acetylation)修饰。与此同时,细胞核内的组蛋白脱乙酰酶则起着与 HAT 相反的作用对组蛋白修饰,它们对乙酰化的组蛋白进行脱乙酰化(deacetylation)作用。乙酰基转移到组氨酸末端的碱性氨基酸上后将降低碱性组蛋白与酸性 DNA 的吸引力,它使相邻核小体的聚合受阻,同时影响泛素同组蛋白 H2A 分子的结合,导致蛋白质的选择性降解。组蛋白 H3 和 H4 是蛋白酶修饰的主要靶点,组蛋白 H3 的巯基暴露和 H3、H4 的乙酰基修饰改变了染色质的活性状态。已知 H3 的 110 位上是一个半胱氨酸残基,它是大多数生物体内核小体组蛋白上唯一的半胱氨酸,通常分离的染色质在溶液中并不能测出半胱氨酸上的巯基活性,然而在含有正在转录的

核糖体 RNA 基因(rDNA)的染色质中,这个巯基被暴露出来,利用这个巯基可以结合在汞柱上的特点,在有机汞(Affigel 501)亲和层析中可以分离活性和非活性这两部分性质不同的染色质。这样,通过转录时核小体巯基的暴露便可证明染色质的"开放"状态,这一状态与电镜下的哑铃结构同时存在,表明转录活性存在于一种结构疏松的染色质中。而 H3、H4 的乙酰化可能类似于旋转酶(gyrase)的活性,使核小体间的 DNA 因产生较多的负螺旋而易于从核小体上脱离,使染色质疏松并出现类似于活跃基因的特点,对核酸酶的敏感性增高,有利于敏感蛋白因子的结合,导致基因表达。研究发现活性染色质的乙酰化程度明显高于非活性染色质,组蛋白通过乙酰化和脱乙酰化来完成染色质构型的改变。越来越多的实验证据支持组蛋白乙酰化可提高染色质的转录活性,但作用机制有待进一步深入研究。

依赖 ATP 的改构复合体(ATP-dependent remodeling complexes)中的复合因子都含有一个依赖 DNA 激活的 ATP 酶活性部位(DNA-stimulated ATPase)。例如酵母 SWI/SNF 是一个由 11 个亚基组成的复合体,重建复合体通过激活子、转录因子及其他的重建复合体一起作用于靶基因。激活子改变核小体与 DNA 的结合,促进转录。其中 SWI2/SNF2 因子是 SWI/SNF 原型复合体的 ATP 酶亚基。SWI/SNF 能够以很低的亲和力(nanomolar affinity)与 DNA 和核小体结合,并利用其水解 ATP 产生的能量去减弱核小体中 DNA-组蛋白的结合力。这时,尽管核小体的整体结构只发生了极微小的变化,但却使核小体与转录活化因子的亲和力增加了 30 倍以上。其次依赖 ATP 的改构复合体在增加 DNA 对其他蛋白质的可接触性的同时,似乎并不去除核心组蛋白(core histones)。有人提出了依赖 ATP 改构复合体作用的 3 种方式:①改构复合体水解 ATP 产生能量使其在 DNA 链上移动的同时使 DNA 与核小体产生位移;②使 DNA 在组蛋白核心上的缠绕路径改变但不影响核心组蛋白的构型;③改变组蛋白核心从而改变 DNA-组蛋白的接触方式。

### 9.2.3.3　组蛋白与非组蛋白的调节作用

真核生物的染色体 DNA 与大量的组蛋白和非组蛋白结合,每个组蛋白分子的 N 末端含有许多赖氨酸和精氨酸。这些碱性 N 末端区域与 DNA 磷酸基团有相互的静电作用,它们在维持染色质结构上起着很重要的作用。20 世纪 60 年代早期胡昂(R. C. Huang)和布勒尔(J. Booner)就曾提出组蛋白是基因转录的抑制者,因为发现增加与 DNA 结合的组蛋白后,便降低了 DNA 的模板能量,抑制了基因的转录。当 DNA 与组蛋白以相等比例的克分子数结合时,可最大限度地抑制转录;一旦去除组蛋白,活性染色质形成,转录便开始进行。组蛋白 H1(linker histones)在转录调控中的作用一直未得到确定,很久以来人们就认为连接区组蛋白在宏观上是一种转录的抑制成分,由于核小体和染色质的聚集浓缩往往是 H1 依赖性的,所以通常认为 H1 对转录的抑制作用主要是通过维持染色质高级结构的稳定性来实现的。这是因为活化染色质对 H1 的亲和力极低,而 H1 的磷酸化就能够直接影响染色质活性,活性染色质与组蛋白 H1 结合并不紧密。H1 的磷酸化主要发生在有丝分裂时期,每个 H1 分子中可有 5~6 个丝氨酸磷酸化,但到分裂后期则下降到峰值的 20%。组蛋白 H1 对核小体起装配作用,确定核小体的方向性,并能够进一步将核小体从 10 nm 纤维组装到 30 nm 纤维中,而 H1 在有丝分裂中的磷酸化可使其对 DNA 的亲和力下降,这种情形可能和活性染色质的疏松结构相似。在活性染色质中,组蛋白 H2B 较少磷酸化;较少变异的 H2A 在活性染色质中高浓度富集,H2A 在很多生物中都有发现,包括酵母、果蝇和人。也就是说非磷酸化染色质处于活性状态,磷酸化染色质处于非活性状态。最新研究表明

H1 通过某些机制能够有选择地调节特定基因的活性,例如, H1 能特异性地抑制非洲爪蟾(*Xenopus laevis*)发育早期卵母细胞的 5S rRNA 基因的表达。究其原因,可能有两种机制:一是 H1 对串联重复排列的 5S rRNA 基因这一特定序列有较强的结合力,促进其形成稳定的高级结构;二是 H1 可能与单个核小体作用,形成一种能够阻碍 RNA 聚合酶通过的结构。

由于活性染色质的核小体常常缺乏 H1,在研究中发现活性染色质却特异地结合高迁移率非组蛋白 $HMG_{14}$ 和 $HMG_{17}$,在全部染色质中,每 10 个核小体结合一个 HMG,这些 HMG 是一组较丰富而不均一、富含电荷的、高度保守的非组蛋白,其分子量一般小于 $3.0 \times 10^4$,在聚丙烯酰胺凝胶电泳中的迁移率很高而得名。HMG 氨基酸序列在进化过程中高度保守,用 DNA 酶 I 处理,$HMG_{14}$ 和 $HMG_{17}$ 被优先从染色质释放出来。这两种蛋白质可以被低盐溶液(0.35 mol/L NaCl)抽提出来,说明它们与染色质的结合是疏松的,并且有试验表明 HMG 蛋白是造成表达活跃基因对 DNA 酶 I 高度敏感的因子之一。如果缺乏 $HMG_{14}$ 和 $HMG_{17}$,染色质中正在转录的基因组序列便失去了对 DNA 酶 I 的优先敏感性,一旦把 $HMG_{14}$ 和 $HMG_{17}$ 重组到缺乏 HMG 的染色质中之后,这种敏感性就得以恢复。$HMG_{14}$ 和 $HMG_{17}$ 单独存在时也有同样的效应。新近研究发现在爪蟾卵提取物体系中 $HMG_{17}$ 掺入 DNA 复制后新组装的染色质中会促进 RNA 聚合酶 III 的基因转录作用;而 $HMG_{14}$ 则可直接参与 RNA 聚合酶 II 对染色质中基因的转录等。由此可见,$HMG_{14}$ 和 $HMG_{17}$ 与活性染色质的形成密切相关,这些 HMG 蛋白与核小体结合是产生活性染色质的重要细胞过程。

由于体内非组蛋白种类繁多,不同组织其类型和数量各不相同,因而具有组织特异性。但 HMG 与一般非组蛋白不同的是它们没有组织特异性,在进化中的保守性甚至高于组蛋白。多数非组蛋白的分子量一般比组蛋白大,性质也不如组蛋白稳定,在细胞中变化迅速。在代谢旺盛的组织,当 RNA 大量合成时,非组蛋白的合成量也大量增加。非组蛋白与 DNA 的结合一般是特异性结合。已知非组蛋白中有多种是参与核酸代谢和修饰的酶类,其他序列特异性 DNA 结合蛋白也种类繁多,其中许多非组蛋白则是重要调控作用的反式作用因子。关于非组蛋白对基因转录的调控模型认为,具有特异性的非组蛋白首先连接到一个特定的被组蛋白所抑制的 DNA 位置上,随后在磷酸化酶的作用下,这个非组蛋白被磷酸化而带有更多的负电荷,因而与具有负电荷的 DNA 相互排斥,并强烈地与带正电荷的组蛋白结合,于是组蛋白—非组蛋白集合体从 DNA 上转移位置,DNA 裸露出来不再受到组蛋白的抑制而转录特定的 DNA 区段。构成核小体的组蛋白并不与特定的 DNA 序列专一地结合,在不同物种、不同组织细胞的染色质中,其数量、类型以及氨基酸序列没有多大的差异,无功能性分化;而且组蛋白种类少,进化中很稳定。因而,一般认为,在基因表达中,组蛋白只是在染色质中起作用,是染色质活化的抑制者,而非组蛋白则起调节作用。所有这些修饰作用的共同特点就是降低组蛋白所携带的正电荷,临时性地松弛它们与 DNA 的结合,使染色质活化,便于基因转录。

### 9.2.3.4　甲基化、乙酰化、活性因子与活性染色质形成

真核生物基因组中核小体的相位和化学修饰状态能显著影响基因表达的调控。通过染色质免疫沉淀技术和 DNA 芯片技术可以获得高分辨率的全基因组组氨酸乙酰化和甲基化图谱,证实了乙酰化和甲基化都与转录活性有关,但是乙酰化主要发生在基因的开始序列,

甲基化发生在整个转录区域。人们早就注意到组蛋白的高乙酰化（hyperacetylation）是活跃转录染色质的一个标志，低乙酰化则与转录抑制有关。通过 HAT 与 HD 这一对反作用过程的相互作用，决定了染色质结构的紧凑状态以及转录因子是否可以与启动子结合（图9.5 和图 9.6）。

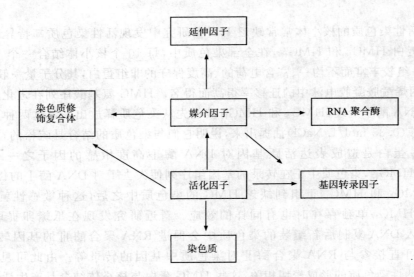

图 9.5　控制真核基因转录起始的各类蛋白质相互关系

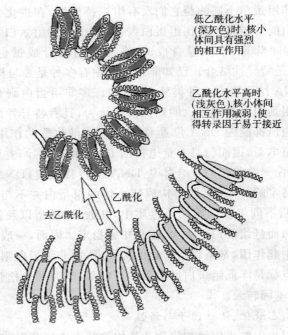

低乙酰化水平（深灰色）时，核小体间具有强烈的相互作用

乙酰化水平高时（浅灰色），核小体间相互作用减弱，使得转录因子易于接近

乙酰化

去乙酰化

图 9.6　组蛋白乙酰化水平对转录的影响

DNA 的甲基化差异将导致活性染色质和非活性染色质的差异,我们前面已知活性染色质甲基化不足,DNA 去甲基化就是染色质处于相对活化状态的标志之一。

活性染色质形成是依赖于一系列激活基因转录的蛋白因子作用的结果。间期染色质以直径为 30 nm 以上的纤维为主要存在形式,基因转录前染色质必须经历结构上的改变变为直径 10 nm 的松散的核小体链,即活性染色质,它是基因转录的必要前提。真核生物的 RNA 聚合酶不能直接识别启动子序列,转录复合体的形成依赖于多种蛋白质的协调作用。对每一个特定基因的转录需要活化因子与启动子结合才能启动。活化因子自身也不与 RNA 聚合酶反应,而是通过辅助活化因子(co-activators)或媒介因子(mediators)传递调控信号启动转录。在酵母和人的细胞中鉴定出了多种媒介因子(如 TRAP,DRIP,ARC,SMCC 等),它们都是很大的复合体,含有多个可以与不同蛋白质相互作用的亚基,包括与活化因子、RNA 聚合酶、基本转录因子、染色质修饰因子、转录延伸因子(elongation factors)等作用的亚基,以此来调节转录起始和转录延伸过程中的各个步骤(图 9.7)。

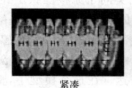

紧凑　　　　　疏松

图 9.7　核小体间相互作用强弱决定了染色质的紧凑和疏松

转录起始复合物形成的第一步有赖于启动子区域与活化因子和基本转录因子的结合,这一过程的实现必然涉及转录因子和核心组蛋白在 DNA 模板上的竞争结合。有实验表明,转录因子能够通过瓦解或取代核心组蛋白与模板 DNA 特定位点的结合来活化转录,这就是所谓的转录增强作用或去阻遏作用。研究表明各种特异结合因子确实能同核心组蛋白竞争 DNA 上的结合位点,关于它们之间的竞争结合方式和机制,凝胶电泳分析以含有 *hAMFR* 基因上游启动子的 DNA 片段为模板,研究了纯化的组蛋白和 HeLa 细胞核抽提物中的转录因子在 DNA 上的竞争结合,结果表明:在预先构建核小体的启动子序列上仍能结合转录因子;同样地,结合有转录因子的启动子序列上也能够再结合组蛋白,这一结果提示转录因子和核心组蛋白可以同时结合到 DNA 上形成三元复合体(tertiary complex),而不是在竞争中简单地排斥对方。

## 9.3　转录调节的基础构件

转录调节一般是通过基因结构上的顺式作用元件和反式作用因子的相互作用进行基因表达调节的,原核生物的基因结构与真核生物类似,但最大的不同是真核生物基因以割裂基因存在,原核生物基因组织为操纵子形式,而真核生物组织为 Britten-Davidson 模型,分别通过顺式作用元件和反式作用因子的相互作用实现基因表达。

### 9.3.1　基因结构

原核生物与真核生物的基因结构包括启动子序列和终止子序列,在这中间是编码序列,为结构基因。原核生物中,功能相关的结构基因串联排列在一起,组织成操纵子进行表达,表达时并非一定紧密相连的调节基因才能作用于启动子区域,控制基因的开关,使基因表达或关闭。真核生物的结构基因一般独立存在,少数组织为基因家族形式,但都是独立表达。大多数基因家族是根据发生特征进行选择性表达。无论是独立存在的结构基因,还是基因家族形式的结构基因其内部多数被内含子所分割,表达时组织成 Britten-Davidson 模型进行表达。高等真核生物的基因结构在转录调控上至少需要两种顺式作用元件,即启动子和增强子。

Britten-Davidson 模型是 1969 年贝尔特(K. J. Britten)和戴卫森(E. H. Davidson)提出的真核生物单拷贝基因转录调控模式,并分别于 1973 和 1979 年陆续作了修改。该模型认为在个体发育时期,许多基因可被协同调控,重复序列在调控中具有重要的作用。不连续基因发生协同诱导是通过结构基因以外的 3 个遗传因子参与而作用的:①受体位点(receptor site,R)是整合基因 5′端连接的一段高度专一性 DNA 序列,它可被激活因子激活;②整合基因(integrator gene,I)是产生激活物的基因,作用类同于原核操纵子外的调节基因;③感受位点(sensor site,S)负责接受生物体对基因表达的调控信号,如氨基酸饥饿、激素水平等,诱导整合基因合成激活物。信号分子(激素或激素-蛋白复合体)刺激感受位点,刺激信号与感受位点相互作用,激活整合基因,使其表达,产生具有生物活性的激活物(RNA 或蛋白质),激活物再与受体位点结合诱导结构基因的表达。在这个模型中,整合基因类似于原核生物的调节基因,受体位点类似于原核生物的操纵基因或二元系统的接受位点,感受位点类似于大肠杆菌乳糖操纵子的 CAP-cAMP 位点或二元感受系统的感受位点,结构基因与原核生物的结构基因类似。如果许多结构基因在邻近位置上同时具有相同的受体位点,那么这些基因就会受同一激活因子的控制而表达,这些基因就归为同一个组(set);如果一个感受位点可以控制几个整合基因,那么一种信号分子可以通过一个相应的感受位点激活几个组中的整合基因表达,这样可以把相同感受位点所控制的整合基因归属为一套(battery);如果几个不同的受体位点与一个结构基因相连接,那么结构基因能够被不同的因子所激活;如果一种整合基因重复出现在不同套中,那么同一组基因也可以分属于不同套而出现在不同的套中;不同组的基因也可以出现在同一套中(图 9.8)。

这个模型最吸引人的地方是许多基因可以被同时调控,这就是真核生物基因表达的协同调节,是多级别的、经济节约的形式,一种信号可以使不同基因协同表达。整合基因和受体位点的重复序列是基因组中表达调控的基础,重复序列的存在是真核生物基因组的调节特点。对 DNA 序列研究发现,在某些不连锁的相关基因的上游处确实存在短的重复序列,这些重复序列的保守性强,一般称为共有序列或一致性序列(consensus sequence),一旦保守的共有序列缺失,基因便不能表达。如酵母菌 his4 基因 5′端上游有一段 6 个核苷酸的共有序列 5′TGACTC3′。野生型酵母菌在氨基酸饥饿时可以诱导 his4 基因表达,缺失这一序列 his4 基因便不能表达。果蝇热诱导蛋白(热激蛋白)基因分散在各处,其 5′端具有共有序列,其核心部分是 5′CTNGAATNTTCTAGA3′。如果 HSP70(一种热激蛋白)基因 5′端的这一序列连接在疱疹病毒的胸腺嘧啶激酶基因上,这个基因就可以进行热诱导,如果缺失这一序列,则热诱导消失。在鸡的卵清蛋白基因、溶菌酶基中也发现了这种共有序列,这些基因都能够被类固醇激素所诱导。在人、小鼠和大鼠中的某些基因上游也发现了这种类似结构。由此说明,重复序列可能是真核生物的调控元件,通过序列的保守性进行协调控制。实

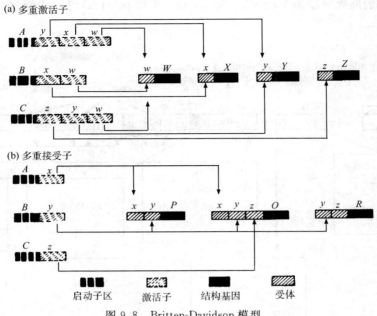

图 9.8　Britten-Davidson 模型

际上真核生物的表达远比 Britten-Davidson 模型复杂,Britten-Davidson 模型可能是真核生物错综复杂的表达调控形式之一,模型本身具有一定的合理性,但还有待充实与完善。

比较原核生物与真核生物基因结构,有以下几点差别:

(1) 真核生物的基因转录本 mRNA 的 $5'$ 端一般都有结构专一的帽子结构,而且只有嘌呤(以腺嘌呤为主)才能作为转录开始位点;而原核生物 mRNA 没有帽子结构,嘌呤与嘧啶都可以作为转录开始位点。

(2) 真核生物的调控区域较大,TATAA(TA 区)一般位于 $-20\sim-30$ 区,为聚合酶结合区域,$-40\sim-110$ 区为上游激活区;而原核生物的 TATAAT 区的中心位于 $-7\sim-10$ 区,上游 $-30\sim-70$ 区为正调控区域,$+1\sim-20$ 区为负调控因子结合序列。

(3) 真核生物除含有 TATAA 区外,还有 CAAT 区、大多数基因还拥有 GC 区和增强子区等顺式作用元件;而原核除启动子上游具有 TATAAT 区(即 pribnow 区)外,一般只有 TTGACA 区($-40\sim-30$)作为 RNA 聚合酶 II 的主要调控位点,参与转录调控。

(4) 几乎所有 RNA 聚合酶 II 转录的真核生物的基因,其 mRNA 的 $3'$ 端都有一个 poly(A)位点,该位点上游 $15\sim30$ bp 处有一保守序列 AATAAA,该序列对于初级转录产物 hnRNA 的准确切割及成熟 mRNA 加 poly(A)尾是必需的。如果将这一保守序列切除,该基因的转录活性就会消失。如果点突变将 AATAAA 变成 AAGAAA,虽然维持了基因的转录活性,却发现 mRNA 的剪接加工受阻,产生没有功能的 mRNA 分子。

(5) 尽管 poly(A)位点及 AATAAA 的存在对真核生物基因的转录和成熟意义重大,但 RNA 聚合酶 II 却不在 poly(A)位点终止,而是在 poly(A)位点的下游 $0.5\sim2$ kb 核苷酸处终止。小鼠 $\beta$ 珠蛋白基因的终止区能够用来终止腺病毒基因的转录,农杆菌胭脂碱合成基因终止区几乎可以终止所有的外来基因,这说明可能存在共同的转录终止机制(图 9.9)。实验表明,初级转录产物的终止是 AATAAA 区和终止区共同作用的结果,新生的 RNA 在

poly(A)位点的准确剪接加工则通过 AATAAA 区和 poly(A)位点周围序列的相互作用来实现。

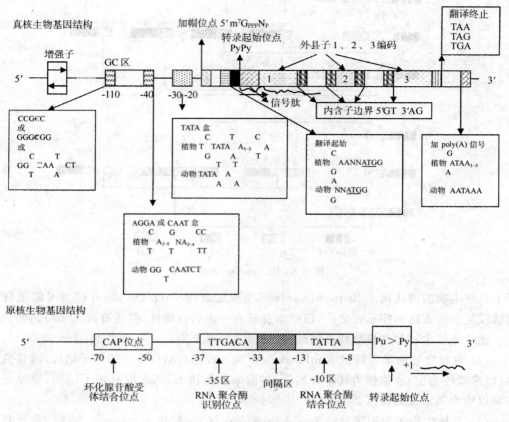

图 9.9　真核生物基因结构

## 9.3.2　顺式作用元件

顺式作用元件(cis-acting element)是指 DNA 上对基因表达有调节活性的某些特定调控序列,其活性仅影响与其自身处于同一 DNA 分子上的基因,是转录调节的基础。这些顺式作用元件序列多位于基因旁侧或内含子中,不编码蛋白质,按其功能可分为启动子、增强子、静止子(或沉默基因)等,这些顺式作用元件的保守序列各不相同。

### 9.3.2.1　启动子元件

启动子元件包括原核启动子元件与真核启动子元件。原核生物启动子(promoter)区是 DNA 分子上能够被 RNA 聚合酶识别并结合以及形成转录起始复合物的区域,位于转录起始点上游的 DNA 序列,长度在 $100\sim200$ bp 之间,其结构分为转录起始位点、—10 区、—35 区和—10 与—35 区之间的间隔区 4 个区域(图 9.10),是 RNA 聚合酶和环化腺苷酸受体的识别和结合区域,自身并不转录。将转录起始点定义为 +1,向右即 $3'$ 以下的方向称为下游,向左即 $5'$ 端以上的方向称为上游。文献中习惯把基因的有义链按 $3'\rightarrow5'$ 的方向书写,把 mRNA 写成 $5'\rightarrow3'$,如果将一条 DNA 写成 $5'\rightarrow3'$,则是指反义链。转录起始点多数情况(>90%)是嘌呤,常见序列为 CAT,A 为起点,CAT 不是高度保守序列,因而不能作为固定转录起点。−10 区位于转录起点上游 10 bp 处（−13～−8 bp），由 7 bp 组成的保守共有序列，即 $T_{80}A_{95}t_{45}a_{60}A_{50}T_{96}G$（下标数字表示出现的频度），−10 区是 RNA 聚合酶牢固结合点，又称为 Pribnow 盒（子），−10 区富含 AT，易于解链，容易使封闭式复合物转变为开放式复合物，便于转录的起始，因此又称为 TATA 盒。保守序列的突变将导致启动子上升或者下降突变。第六位的 T 最保守，其次是第一位的 T 与第二位 A 位点，这 3 个位置相对高度保守，如果这 3 个位置的碱基发生突变，一般会导致启动子下降突变；如果增加−10 区共有序列的同源性，如 TATGTT 变成 TATATT，就会导致启动子的上升突变。−10 区和−35 区之间的距离大约在 16～19 bp 之间，小于 15 bp 或大于 20 bp 都会降低启动子的活性，它们之间的最佳间距为 16～19 bp。间隔序列的碱基序列并不重要，但序列长度，即碱基数目却是至关重要的。合适的距离可以为 RNA 聚合酶提供适合的空间结构，便于转录的起始。−35 区，即 $T_{82}T_{84}G_{78}A_{65}C_{54}A_{45}$ 区，又称为 Sextama 盒子区，它是 RNA 聚合酶识别启动子的区域。RNA 聚合酶的 σ 因子与−35 区能够相互识别且具有很高的亲和力，因此这个区域又称为识别位点。一般 RNA 聚合酶很容易识别强启动子，对弱启动子的识别较差。RNA 聚合酶识别这一区域（−35 区），并与之结合，然后再移动到 RNA 聚合酶结合位点（−10 区）。

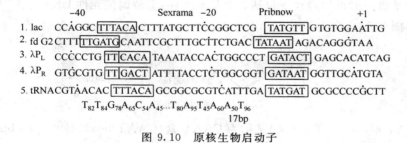

图 9.10　原核生物启动子

真核生物启动子元件根据 RNA 聚合酶的不同分为 RNA 聚合酶Ⅰ启动子、RNA 聚合酶Ⅱ启动子和 RNA 聚合酶Ⅲ启动子。RNA 聚合酶Ⅰ启动子差异最小，其结构分为两个部分，即核心启动子（core promoter）和上游调控元件（upstream control element, UCE）（图 9.11）。核心启动子位于−45～+20 bp 区域，使转录起始。UCE 位于−180～−107 bp 之间，这个序列可以大大提高转录的起始效率。这两个区域内的碱基组成和一般启动子有所差异，富含 G 和 C，两者间有 85% 的同源性。

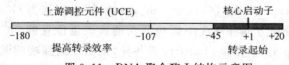

图 9.11　RNA 聚合酶Ⅰ结构示意图

RNA 聚合酶Ⅱ启动子是从转录起始位点（+1）到上游−100 bp 左右的具有独立功能的序列，序列内为多部位结构元件，如帽子位点、TATA 盒、CAAT 盒、GC 盒等，可与不同功能的反式作用因子特异结合，不同元件的功能各异，RNA 聚合酶Ⅱ启动子主要负责蛋白质基因和部分核内小 RNA（small nuclear RNA，snRNA）的转录，其结构复杂。RNA 聚合酶Ⅱ并不能单独转录起始转录，必须和其他辅助因子共同作用形成转录起始复合体，才能起始转录。

(1) 帽子位点(cap site)。帽子位点称为转录起始位点,其碱基富含 A(指非模板链),这与原核生物相似。

(2) TATA 盒。TATA 盒类似于原核生物的启动子－10 区的 Hogness 盒,TATA 盒的中心位置位于转录起始位点上游－25～－30 bp 处,其一致序列为 TATAA(T)AA(T),富含 A、T,具有选择起始点的功能,它决定着聚合酶对转录起始位点的精确选择,精确控制转录的起始,因此 TATA 盒的主要作用是使转录精确起始。框内任何一个碱基的突变都会引起启动子下降突变。虽然 TATA 盒的突变并不影响转录的起始,但可以改变转录的起始位点,并使转录效率降低。TATA 盒周围富含 GC 碱基对,可能对启动子的功能有重要影响。并非所有基因都含有 TATA 盒,少数基因不含 TATA 盒。TATA 盒对大多数酵母基因的转录是必需的,TATA 盒的缺失会使转录水平大大降低。酵母 TATA 盒位于－40～－120 bp 处,转录起始点与 TATA 盒之间的距离可变性较大,酵母基因平均转录 5～10 次,其 mRNA 的稳定性可保持 1～2 min,虽然不同生理状态转录效率相差很大,但多数基因具有 TATA 盒、转录起始点和上游激活序列(USA)。USA 是长度为 10～30 bp 的 DNA 序列,位于－100～－1 500 bp 处,是基因转录所必需的。酵母基因组含有 6 000 个编码蛋白质的结构基因,有些基因是组成型表达,有的基因是诱导型表达,不同基因的 RNA 水平相差 2～3 个数量级。酵母的启动子包括 3 个基本元件:上游调控元件 USA、TATA 元件和转录起始位点(图 9.12)。

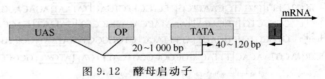

图 9.12 酵母启动子

(3) CAAT 框。CAAT 框(区)又称为 CAAT 盒(CAAT box),位于－75 bp 处,一致序列为 GGC(T)CAATCT,因富含 CAAT 而得名。该序列的头两个 GG 十分重要。CAAT 框距离转录起始位点的长短对转录作用影响不大,并且正反方向排列均能起作用,但框内序列的突变对转录的起始频率与效率影响很大,突变都会导致启动子的下降突变,例如兔 β 蛋白基因的 CAAT 框突变成 TTCCAATCT,其转录效率只能达到原来的 12%,而且框内碱基缺失,将导致转录效率急剧下降。CAAT 框对于启动子无特异性,但它的存在可增强启动子的强度,因此 CAAT 框控制转录的起始频率,该区任意碱基的改变都极大地影响靶基因的转录强度。

(4) GC 框(GC box)。GC 框(区)位于－90 bp 处,核心序列为 GGGCGG,它在启动子中有多个拷贝,并能以任何方向存在而不影响其功能。最近位置的 GC 框位于转录起始位点的上游－40～－70 bp 处,但不同启动子位置各异,例如在胸腺嘧啶激酶启动子中,GC 框与 CAAT 框相邻,也紧靠近 TATA 框;在 SV40 启动子中,GC 框是 6 个串联重复形式并位于 TATA 框的上游－40～－110 bp 处。

CAAT 框和 GC 框主要控制转录起始频率,基本不参与起始位点的确定。CAAT 框对转录起始频率的影响最大。

RNA 聚合酶Ⅱ启动子除以上这些常见的调控元件外,有些基因中还有八聚核苷酸序列元件、κB 元件和 ATF 元件等。八聚核苷酸元件(octamer element,OCT element)的一致序列为 ATTTGCAT;κB 元件的一致序列为 GGGACTTTCC;ATF 元件的一致序列为

GTGACGT。$H_2B$ 组蛋白基因的启动子中含有 2 个八聚体元件、2 个 CAAT 元件和 1 个 TATA 元件,如果将八聚体元件去除,$H_2B$ 基因的转录不再具有细胞周期特异性。由此可见,基因的启动子成分与转录的起始方式和表达性质有着密切的关系。

不同基因的启动子具有不同的调控元件,例如 SV40 的早期启动子中含有 6 个 GC 框;在胸腺嘧啶激酶的启动子中含有 1 个八聚体、2 个 GC 框、1 个 CAAT 框和 1 个 TATA 框。虽然 GC 框和 CAAT 框在启动子中的排列正反方向都有,但启动子仍然只能在一个方向(下游方向)上起始转录。

在有些不具有 TATA 框的基因启动子中,同时也存在一些必需元件。在这些元件中,CA 在转录起始位点周围出现的概率较高,尽管周围碱基的保守性较差,但经统计和序列分析,发现了一个保守序列 PyPuA+1nt/APyPy,这一保守序列是不含有 TATA 框的启动子所必需的,可能在不同组织中被一种蛋白质因子所识别。在这一保守序列中,+1 位的 A、+3 位的 A 或 T 和−1 位的碱基是十分关键的,但只有 CANT 是不够的,还必须有几个嘧啶碱基。在保守序列中,不要求 4 个嘧啶碱基同时存在启动子才有活性,只是要求 4 个嘧啶碱基都存在能够增强启动子的活性。

起始子(initator,Inr)是吉诺歇德尔(Grosschdl)和宾森特尔(Birnstiel)首次提出的,是海胆组蛋白 $H_2A$ 基因中一段包括转录起始位点在内的 60 bp 长的 DNA 序列,缺失这一段序列,启动子能够正常起始转录,但强度下降了 4 倍,在不含有 TATA 框的启动子中都发现了起始子。例如鼠类淋巴细胞分化特异性表达的末端脱氧核糖核苷转移酶(TdT)基因的启动子中具有一段长 17 bp(−6~+11 bp)的起始子序列(5′—GCCCTCATTCTGGAGAC—3′),该起始子控制着前 B 淋巴细胞和前 T 淋巴细胞中的基因特异地由 +1 的 A 位置准确起始,只是转录的效率很低,该起始子中没有 TATA 框,如果在这类起始子中加入 TATA 框可以显著提高转录的效率。而且 TATA 框与起始子可以同时共存,在腺病毒晚期基因中就发现了典型的 TATA 框与起始子并存现象,这意味着 TATA 框与起始子可以同时起作用。

对不含有 TATA 框的启动子,转录起始位点下游的一些元件对转录起始也是非常重要的。在 AdML 启动子中,+7~+33 bp 这段序列是启动子活性所必需的。转录因子 TFIID 可保护启动子免受 DNase I 的降解。另外帽子结合蛋白(cap binding protein,CBP)可与 +10 bp 左右的区域结合;TF II-I 和 USF 可与 +45 bp 区域左右的区域结合。鼠的 TdT 启动子中,+33~+58 bp 的序列缺失可使启动子完全失活。果蝇基因不含 TATA 框的启动子的下游,发现了一保守序列 A/GGA/TCGTG,称为下游启动子元件(downstream promoter element,DPE),可与高度纯化的 TFIID 结合,并且,DPE 对于含有 Inr 但不含 TATA 框的启动子的活性十分重要,但对具有 TATA 框的启动子却没有作用。

总之,RNA 聚合酶 II 启动子十分复杂,有的只有 TATA 框,有的只有 Inr,有的两者都有,有的两者都没有,因此,对于 RNA 聚合酶 II 启动子要根据不同生物不同基因具体分析,各种启动子的功能与结构的关系有待进一步研究。

RNA 聚合酶 III 启动子主要转录 5S rRNA、tRNA 和部分 snRNA 的基因。这三种类型基因的启动子是不同的,在识别过程中 RNA 聚合酶 III 必须与其他辅助因子共同作用,才能识别不同类型的启动子。RNA 聚合酶 III 对上游启动子和内部启动子的识别方式不同。被 RNA 聚合酶 III 识别的 snRNA 基因的上游启动子位于转录起始点上游,含三个短序列元

件,分别是 TATA 框、近端序列元件(proximal sequence element,PSE)和八聚核苷酸元件,
主要负责 snRNA 基因的转录,但部分 snRNA 基因由 RNA 聚合酶Ⅱ转录,它们的启动子也
有相似的结构,三个元件也有相似的功能。TATA 框决定启动子与两种 RNA 聚合酶的作
用。TATA 框和转录起始点决定转录起始,PSE 和 OCT 元件决定转录效率,它们的存在大
大提高了转录效率。PSE 对 RNA 聚合酶Ⅱ的启动子是必需的,对 RNA 聚合酶Ⅲ的启动子
只是刺激作用。内部启动子(internal promoter)是位于转录起始点下游的启动子,负责 5S
rRNA 和 tRNA 基因转录。内部启动子最早发现于非洲爪蟾的 5S rRNA 基因。在缺失试
验中,发现缺失所有上游序列,转录仍能起始,而缺失下游序列,缺失+55 bp 以前的序列,
转录仍能进行,只是合成的 RNA 比正常的 5S RNA 短,但缺失+55 bp 以后的序列,转录便
不能起始。用相同方法从另一端开始缺失,缺失至+80 时,转录便不能起始。这说明+55
到+80 这段序列与转录起始有关,即 5S RNA 基因的启动子位于基因内部+55～+80 bp
区域。该启动子可使 RNA 聚合酶Ⅲ在其上游的 55 bp 处(+1 位)起始转录。野生型的转录
起始位点十分固定,该起始点缺失时,起始会选择离 55 bp 最近的嘌呤碱基作为转录起始
点。内部启动子根据结构差异也可分为两类,每类启动子均含有两个短序列元件(图
9.13)。内部启动子Ⅰ含有 A 框(box A)和 C 框(box C);内部启动子Ⅱ含有 A 框和 B 框
(box B),两个保守序列由其他序列隔开。内部启动子Ⅱ的 A 框和 B 框间的间隔序列长短
差异很大 如果间隔序列过短,会影响启动子的功能。转录起始点也可影响转录起始的效
率,紧接转录起始点的上游序列的突变会影响转录的起始,内部启动子均被 RNA 聚合酶Ⅲ
所识别,转录起始点附近序列控制转录起始效率。原核生物的 tRNA 基因的启动子也由 A
框和 B 框组成,但位于转录起始点上游,不属于内部启动子。

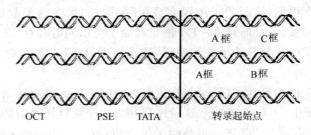

图 9.13　RNA 聚合酶Ⅲ启动子

### 9.3.2.2　增强子

　　增强子(enhancer)是强化转录起始的序列,可增加与它连锁的基因的转录频率。在原
核与真核生物中广泛存在。它是 1980 年在 SV40 病毒中发现的。增强子是通过启动子来
增加转录作用的,如果失去这一区段,转录活性将大大降低。增强子可以位于基因的 5′端、
3′端、内含子内、基因远端或近端,甚至远离靶基因几千个核苷酸,因此,增强子的位置与增
强子的功能无关,具有远距离效应且无方向性。增强子效应明显,可增强转录频度 10～200
倍,有的甚至可增强 1 000 倍以上。1981 年本勒杰(Benerji)在 SV40DNA 发现了第一个增
强子序列,长 140 bp,该序列可大大提高 SV40 DNA/兔 β 血红蛋白融合基因的表达水平,位
于 SV40 早期基因的上游 200 bp 处,由两个正向重复序列组成,每个长 72 bp,除去这两段
序列大大降低细胞的转录水平,若保留其中一段或将其取出并插入到 DNA 分子的任何部
位,转录保持正常。由此可见,增强子作用时无物种和基因的特异性,可以连接到异源基因

上发挥作用。目前发现的增强子多半是重复序列,一般长 50 bp,通常有一个 8～12 bp 组成的核心序列,如 SV40 的核心序列是 5′—GGTGTGGAAAG—3′。增强子自身并不转录,根据作用性质的不同,增强子可分为组织和细胞专一性增强子及诱导性增强子两类。组织和细胞专一性增强子具有很高的组织细胞专一性,一般只在特定的转录因子的作用下才能发挥作用。诱导性增强子可以对外部信号产生反应,通常有特定的启动子参与。例如,金属硫蛋白基因可以在多种组织细胞中转录,只有在锌和镉存在下才提高转录水平,某些增强子可以被类固醇类激素所激活。增强子的活性与半周 DNA 双螺旋(5 bp)的奇、偶位点有关,在电镜下呈现球状结构,与双螺旋的空间构象有关。因此增强子作用和 DNA 的构象有关,具有相位性。增强子在转录起点的远端起作用,其作用方式有 3 种:①增强子可以影响模板附近的 DNA 的双螺旋结构,导致 DNA 链的弯折等,在反式作用因子的作用下,以蛋白质之间的相互作用为媒介形成增强子与启动子之间“成环”连接的模式活化转录;②将模板固定在细胞核内的特定位置,如连接在核基因上,有利于 DNA 拓扑异构酶改变 DNA 双螺旋结构的张力,促进RNA 聚合酶II在 DNA 链上的结合与滑动;③增强子区可以作为反式作用因子或 RNA 聚合酶II进入染色质结构的入口。

### 9.3.2.3　CAP 位点

CAP 位点是环化腺苷酸(cAMP)与受体蛋白(CAP)形成的复合物的结合位点,长约22 bp,不同操纵子的 CAP 位点与转录起点的相对位置有所不同,例如半乳糖操纵子的 CAP 位点一般位于－50～23 bp 处,中心在－43 bp 处。CAP 位点在不同基因中表现出一定的保守性,一般具有两个反向重复的保守序列,具有回文对称结构,保守元件为 TGTGA//ACACT,是与 CAP 结合力最强的位点(图 9.14)。

CAP 由 *cap* 基因编码,是原核与真核生物基因表达的一种正调控蛋白,当 CAP 蛋白与 cAMP 结合形成复合物,CAP 蛋白的构象发生改变,提高了对启动子的亲和力,促进转录的进行。CAP 一方面直接作用于 RNA 聚合酶的 α 亚基,另一方面

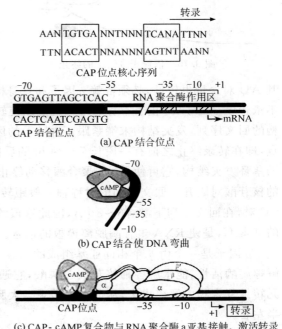

图 9.14　乳糖操纵子上的 CAP 位点

作用于 DNA,使其发生弯曲,改变 DNA 的结构(图 9.15),以协助 RNA 聚合酶的作用。依赖于 CAP 的启动子通常缺乏一般启动子所具有的典型－35 区序列,因此影响 RNA 聚合酶与其结合,而 CAP 的存在可以明显提高 RNA 聚合酶与启动子的结合,促进转录的启动。CAP 受体蛋白是同聚二聚体,每个亚基含有 210 个氨基酸残基,分为两个结构域,氨基末端结构域与 cAMP 结合,羧基末端结构域与 DNA 结合。每个亚基都含有螺旋—转折—螺旋基序。只有当 cAMP 存在时,CAP 才具有活性,cAMP 起到了传统的小分子诱导物的作用。cAMP 的浓度下降,CAP 就不能与 CAP 位点结合,RNA 聚合酶就不能启动转录,因此 CAP

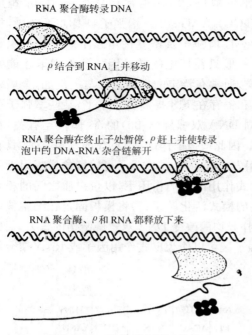

RNA 聚合酶转录 DNA

ρ 结合到 RNA 上并移动

RNA 聚合酶在终止子处暂停，ρ 赶上并使转录泡中的 DNA-RNA 杂交链解开

RNA 聚合酶、ρ 和 RNA 都释放下来

图 9.15　依赖于 ρ 因子的终止

与依赖于 CAP 的启动子的结合是激活这类启动子转录的必要条件。当 cAMP 浓度增高，促进 CAP 与 CAP 位点结合，促进转录启动与进行，但是 CAP 对于具有典型的 -35 区、-10 区的启动子，作用并不十分有效。CAP 位点不是原核生物所特有的，真核生物有着类似于原核的 CAP 位点，但其保守性不详，有待进一步研究，无论原核生物还是真核生物，其 CAP 位点都是作为顺式作用元件与正调节因子相互作用的。

#### 9.3.2.4　终止子（terminator）

每个基因或操纵子都有一个启动子和一个终止子。终止子位于一个基因的末端或一个操纵子的末端，是提供转录终止信号的特殊 DNA 区段。原核生物终止子有两类，即弱终止子和强终止子。弱终止子终止转录依赖于 ρ 因子存在，其回文序列中的 GC 含量较少，回文序列下游没有固定结构，其 AU 对含量也较低，必须依赖 ρ 因子和自身构象的改变完成终止功能（图9.16）；强终止子不依赖于 ρ 因子，终止子本身的结构就足以使转录终止，在结构上具有可以形成强的发夹结构的回文序列，发夹结构末端紧跟富含 AT 的区域（图 9.17）。这两类终止子都有一共同特点，即在转录终止之前有一段长 7～20 bp 的反向重复序列，因而所得的 mRNA 可形成典型的茎环发夹结构，它可使 RNA 聚合酶移动停止或减弱，其中的两个重复部分由几个不重复的核苷酸对隔开。回文序列的对称轴一般距转录终止子约 20±4 个核苷酸。回文序列富含 GC 对，在回文序列下游有 6～8个 A，因此这段终止子转录后形成的 RNA 具有与 A 相对应的寡聚 U，是使 RNA 聚合酶脱离模板的信号。

ρ 因子是一个由 6 个相同亚基组成的六聚体，相对分子量约为 275 000，具有 NTP 酶和解螺旋酶活性，能水解各种核苷酸三磷酸，它通过催化 NTP 的水解促使新生 RNA 链从三元转录复合物中解离出来，从而终止转录。大肠杆菌的 ρ-依赖型终止子占所有终止子的一半左右。

原核生物中除有不依赖于或依赖于 ρ 因子的强、弱终止子外，在操纵子中还存在一种内部终止子，称为弱化子（attenuator），用于调节基因是否完全表达。它也是原核生物所特有的顺式作用元件，目前在真核生物中尚未发现类似弱化子的序列，它广泛存在于大肠杆菌中的色氨酸操纵子、苯丙氨酸操纵子、异亮氨酸操纵子和缬氨酸操纵子，沙门氏菌的组氨酸操纵子、亮氨酸操纵子、嘧啶合成操纵子等中。在原核生物基因表达中，RNA 聚合酶通过阅读弱化子来实现对基因表达的控制。在 trp 操纵子 mRNA 5' 端 trpE 基因的起始密码子前有一个 162 bp 的 mRNA 片段，被称为前导序列。研究发现，当 mRNA 开始合成时，只要有色氨酸存在，mRNA 转录就终止于这个前导序列，产生一个 140 个核苷酸的 RNA 分子。但如果第 123～150 位核苷酸序列缺失后，trp 操纵子的转录就不会终止，并且 trp 基因的表达可

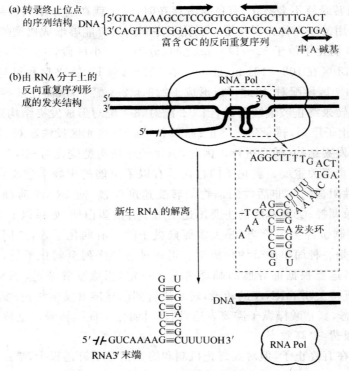

图 9.16　不依赖于 ρ 因子的终止

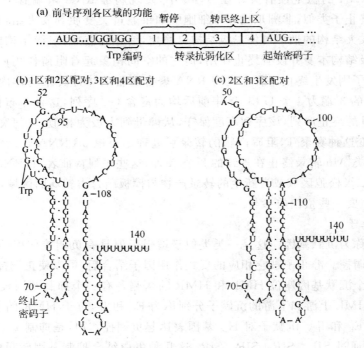

图 9.17　弱化子结构

提高 6～10 倍,123～150 nt。序列终止转录的作用是可以调控的,如果完全没有色氨酸的存在,*trp* 操纵子的转录就不会终止,有色氨酸存在时,转录就在前导序列区终止,因此把这个具有转录终止作用的序列称为弱化子。弱化子序列内具有能够形成典型的茎-环结构的序列(图 9.17),*trp* 弱化子位于 52～140 bp 之间,分为 4 个小区段,1 区在 54～68 bp 处,2 区在 74～92 bp 处,3 区在 108～121 bp 处,4 区在 126～134 bp 处,2 区段可与 1 和 3 区段配对,3 区段可与 2 和 4 区段配对,因此可以形成 1-2、3-4、2-3 配对,从而使前导序列的二级结构发生构型改变使转录终止或继续转录,当 1-2 配对,3-4 配对形成发夹结构后,在发夹结构后面是 U8 内部终止子序列,转录到此终止;如果 2-3 配对,则 4 区没法配对,只能保持单链,不能形成终止子的发夹结构,转录进行。因此,弱化子序列构型变化对 RNA 聚合酶在前导序列上能否继续转录至关重要。弱化子的存在具有以下可能的生物学意义:①由于弱化子的存在,可能使活性阻遏物和非活性阻遏物的转变速度变慢,使 tRNA 荷载与否变得更为灵敏,便于实现转录调控;②氨基酸的主要用途是用于合成蛋白质,如果以 tRNA 荷载情况作为标准来进行控制也许更为恰当;③大多数操纵子除具有弱化子外,还同时具有阻遏蛋白。这种双重阻遏是一种简单的节约化机制。当转录前导序列至弱化子处,是在弱化子处终止还是继续转录,这要根据前导肽的翻译情况来决定,当氨基酸充足,tRNA$^{AA}$ 负载的氨基酸满负荷时,则直接关闭 mRNA 的转录,转录进行到前导链就发生终止;氨基酸匮乏,tRNA 则处于空载状态,氨基酸操纵子需要表达,则越过弱化子继续转录。这样通过弱化子来实现调节,可避免浪费,提高效率。

　　真核生物也存在有终止子,但对其终止机制和终止信号了解还很少,唯一清楚的是真核生物 mRNA 都有 poly(A)尾,但它不是真核基因本身就有的,多数是对初级转录产物加工形成的,与 mRNA 的稳定性有关。在 SV40 中,发现病毒 RNA 末端有 U 串,具有发夹结构,与原核强终止子类似,非洲爪蟾卵母细胞中如果通过突变使其发夹结构破坏,则妨碍转录终止,增加发夹结构的柄部可使二级结构更稳定,终止更有效,二级结构的形成比碱基序列更重要,二级结构本身并没有终止作用,但它的空间构象起着阻碍作用使转录速度放慢,其后如有终止子则发生终止。研究发现 RNA 聚合酶Ⅲ的体外转录与体内转录完全相同,爪蟾 5S RNA 的 3′端为 4 个 U 串,U 串前后均为富含 GC 序列,这种分布构成了真核生物 RNA 聚合酶Ⅲ的终止序列,该序列高度保守,从酵母到人极为相似,任何突变将导致通读,在 DNA 上改变这种寡聚 T,阻碍产物的转录后处理。小鼠 5S RNA 转录终止发生在一排 23 个 A 处,人类 Alu 转录终止在连续的 9 个 A 处,这些序列特征表明,RNA 聚合酶Ⅲ能够识别 DNA 的二级松弛区域或者新生的转录产物与模板结合力较弱的区域,除 RNA 聚合酶Ⅲ外,终止还需要一些蛋白质参与。

### 9.3.2.5　静止子

　　静止子又称为沉默基因。这是一类类似于增强子但具有负调控作用的顺式元件,参与基因表达的负调控。静止子被它相应的反式作用因子结合后,可以使正调控系统失去作用。例如在酵母两个沉默基因座位 HML 和 HMR 的两侧各有一个抑制基因表达的沉默子(silencer),位于 HML 上游和下游的沉默子分别称为 $E_L$ 和 $I_L$,位于 HMR 的上游和下游的沉默子分别称为 $E_R$ 和 $I_R$。沉默子对 $H_M$ 基因表达起负调控作用,是抑制 $H_M$ 表达所必需的。其中 E 位点是通过 $SIR_1$、$SIR_2$、$SIR_3$、$SIR_4$ 这几种蛋白结合抑制基因转录的。E 的行为类似于负增强子(negative enhancer),可在距离启动子 2.5 kb 的距离行使功能,并无方向性。

而活性匣子 MAT 内,无 E 和 I 位点。EL 与 HML 中的接合型基因的启动子的距离是 1.7 kb,ER 与 HMR 接合型启动子基因相距 0.9 kb;而 IL 和 IR 与各自的接合型基因 HM 的启动子都相距 1.0 kb(图 9.18)。因此,HML 和 HMR 每个匣子左侧的位点称为 E 沉默基因,右侧的称为 I 沉默基因。这两个沉默基因序列有两个显著特征:①它们的作用像负增强子,它们能够在一定距离(距离启动子达 2.5 kb)和任意方向上发挥作用。②它们和自主复制序列 ARS 相关联。HMR 的 E 位点和 I 位点的长度分别是 260 和 85 bp。4 个 SIR 蛋白(silent information regulation)通过与 E 序列和 I 序列相互作用,改变染色质的结构,从而抑制基因的表达。E 位点是抑制 HML 和 HMR 交配型基因转录所必需的,如果消除 E 序列,则 HML 和 HMR 交配型基因能够转录出有活性的 mRNA 的产物。I 位点也是必不可少的,如果 I 缺失,则 HML 和 HMR 交配型基因会部分表达。除 E 和 I 这两个位点外,其他基因如 *sir1*~4 的产物(即 SIR 的 4 个蛋白质)对抑制交配型基因 HML 和 HMR 的转录是必需的。4 个中的任何一个 *sir* 基因发生突变,都会引起 HML 和 HMR 基因的转录。酵母交配型中的 HMR 及 HML 上的 E 和 I 两个静止子,通常是一个反式作用因子结合其上,或是一个反式作用因子结合在一个静止子和一个促进子上,从而使其间的 DNA 形成不同的结构状态,使 TATA 结合蛋白相关因子(TBP associated factor,TAF)或转录起始复合物不能结合,使基因被封闭,不能表达。静止子在真核生物中对成簇基因的选择性表达起重要作用。在 $\beta$ 珠蛋白基因簇中 $\epsilon$ 基因 5′端的沉默基因可能直接参与 $\epsilon$ 基因在个体出生后的表达关闭。在 T 淋巴细胞激活中,T 淋巴细胞辅助淋巴细胞 CD4($\alpha\beta$)/CD8($\gamma\delta$)基因在胸腺中的表达也受到静止子对其细胞亚型和成熟过程的特异性选择表达。由于编码 $\alpha$ 和 $\delta$ 的基因同在一个基因座位中,而 $\alpha$ 链 $\alpha$ 恒定区 C$\alpha$ 基因 3′下游的 $\alpha$ 增强子在各种 T 细胞中均有潜在活性,因此在 T 细胞分化时需要通过各种正负调节机制进行精密选择,才能正确表达。而负调控元件静止子一个紧接在 C$\alpha$ 基因的下游,另一个在 C$\alpha$ 增强子的上游。对 $\alpha$ 特异的沉默可阻止 J$\alpha$ 基因在 $\gamma/\delta$ 型细胞中参与重排,而相应的 $\delta$ 增强子可促进 $\delta$ 基因重排倒位。可见 $\alpha$ 沉默基因对 T 淋巴细胞 $\alpha/\delta$ 基因的转录和重排起着重要作用。这类静止子可以不受距离和方向的限制,并对异源基因的表达起促进作用,静止子是如何实现"静止"效应的,其机理还不十分清楚。

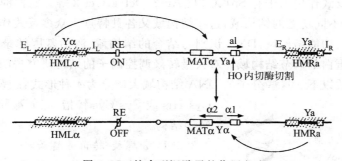

图 9.18　接合型沉默子的作用方式

### 9.3.2.6　调控效应元件

调控效应元件是供专一性转录调控因子识别的上游 DNA 序列,使相应基因应答此类转录因子并控制基因的特异性表达,又称为效应元件或应答元件。常见的效应元件有热激效应元件 HSE、糖皮质激素效应元件 GRE、金属效应元件 MRE 和血清效应元件 SRE 等

（表 9.3）。这些应答元件与细胞内高度专一的转录因子结合，协调相关的基因转录。在微生物中热激元件以及各种金属效应元件较为常见。

表 9.3　一些转录因子及其所识别的元件

| 调 节 剂 | 效应元件 | 保守序列 | 因子 |
| --- | --- | --- | --- |
| 热激 | HSE | CNNGAANNTCCNNG | HSTF |
| 糖皮质激素 | GRE | TGGTACAAATGTTCT | 受体 |
| 佛波酯（phorbol ester） | TRE | TGACTCA | AP1 |
| 血清 | SRE | CCATATTAGG | SRF |
| 镉 | MRE | CGNCCCGGNCNC | |

效应元件具有与启动子上游元件和增强子相同的特点，即起转录调节作用。它们含有短的重复保守序列，不同基因的效应元件的拷贝数很接近，但不完全相同。调控因子结合在保守序列上，保守序列两端覆盖距离不长。在启动子上，效应元件与转录起始点的距离不固定，通常在转录起始点上游 200 bp 内。效应元件可能位于启动子内如 HSE，也可能位于增强子内如 GRE。有的效应元件只需单个元件就可以受调控因子的控制，有的可以以单一元件的多个拷贝的形式同时被调控，这可能与基因的大量转录有关，与诱导表达相关。特异转录因子与效应元件的特异性结合是效应元件转录起始的必要条件。而多个转录因子分别与启动子（或增强子）不同元件结合，决定了该基因的多元调控或组织特异性。活化蛋白仅在基因被表达这个特定条件下完成，活化蛋白的缺乏意味着启动子不能按特定程序激活。

### 9.3.3　反式作用因子及结构域

反式作用因子（trans-acting factor）是指由不同染色体上基因座位编码的、能直接或间接地识别或结合在各种顺式作用元件 8～12 bp 核心序列上并参与调控靶基因转录效率的结合蛋白。它们在转录调节中具有特殊的重要性。这些 DNA 结合蛋白有很多种，能够特异性识别这类蛋白质的序列也有很多种，正是 DNA 结合蛋白与不同识别序列之间在空间结构上的相互作用，以及蛋白质与蛋白质之间的相互作用，构成了复杂的基因转录调控机制的基础。常见的反式作用因子有 Sp1、CTF、Ap-2、Oct-1、Oct-2 等。它们的结构具有一些共有特征：一般具有不同功能的结构域，这些结构域又各具特点。众多反式作用因子的基本结构中有 3 个主要的功能结构域：DNA 识别与结合的结构域、激活基因转录的结构域和结合其他因子或调节蛋白的调节结构域。对大量转录调控因子的结构研究表明，DNA 结构域大多在 100 个氨基酸以下。这些分子的 DNA 结构域大体分为 4 种形式：α 螺旋-转角-α 螺旋、Cys-His 或 Cys-Cys 锌指、亮氨酸拉链或螺旋-环区-螺旋结构。

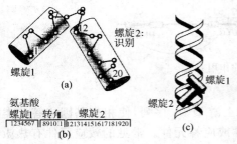

图 9.19　螺旋-转角-螺旋

#### 9.3.3.1　α 螺旋-转角-α 螺旋

α 螺旋-转角-α 螺旋（helix-turn-helix，HTH）是研究得较为清楚的 DNA 结合蛋白结构域，最早发现于原核生物的噬菌体的阻遏蛋白和激活蛋白。X 光衍射分析表明这类调节蛋白至少有两个 α 螺旋，其间有 β 转角（图 9.19）。HTH 结构域大约由 20 个氨基酸组成,α螺旋 1 和 α螺旋 2 一般各由 7～9 个氨基酸残基组成,两个 α螺旋被一段有 4 个氨基酸的转折序列所隔开,两个螺旋之间大约呈直角排列,故称为螺旋—转折—螺旋结构。α螺旋 2 位于 DNA 的大沟,其羧基端为识别螺旋,其氨基端残基直接与靶 DNA 大沟的碱基专一性结合,这个螺旋中的氨基端残基的替换会影响到该蛋白质在 DNA 大沟上的结合。α螺旋 1 通过转角穿过 DNA,位于 α螺旋 1 中的氨基酸和 DNA 的磷酸戊糖骨架发生非特异性结合(图 9.19(b))。在真核生物中,控制酵母交配型 MAT 基因座以及果蝇体节发育的调节基因(antp、ft2、ubx)等同源盒(homeobox)基因所编码的蛋白都有 H-T-H 结构。同源框(盒)是一段约 180 bp 长的高度保守序列,其编码的同源域蛋白几乎存在于所有真核生物的 DNA 结合蛋白中,并以二聚体形式结合于 DNA 双螺旋相邻的两个大沟中。同源异型域紧靠同源框编码的结合蛋白的 C 末端,该区域负责与 DNA 结合,与 α螺旋-转角-α螺旋结构域序列同源,在不同生物中主要区别在于识别 DNA 螺旋的长度各不相同。在果蝇中,同源(异型)框能确定特定基因在发育过程中何时表达。

### 9.3.3.2　锌指结构

Cys-His 或 Cys-Cys 锌指结构(zinc finger)域是由一小群氨基酸与一个锌原子结合,在蛋白质中形成相对独立的结构域,其保守序列为 Cys-$X_2$-Cys-$X_3$-Phe-$X_5$-Leu-$X_2$-His-$X_2$-His,锌指本身约有 23 个氨基酸,锌指间通常有 7～8 个氨基酸,由于这类结构含有 Zn 原子,形状像指形,故此得名。锌指结构特有的半胱氨酸(Cys)和组氨酸(His)残基之间的氨基酸残基数基本恒定,有锌参与时才具备转录调控活性。含有锌指结构域的蛋白质一般都含有 Cys(His)-$X_{2\sim4}$Cys(His)的肽段,长度多为 30 个氨基酸左右。按照与锌结合的氨基酸的性质可分为 $Cys_2$-$His_2$ 锌指和 $Cys_2$-$Cys_2$ 锌指两类,其共同特点是以锌作为活性结构的一部分,并通过 α螺旋结合到 DNA 螺旋的大沟中。最早发现的锌指结构域可被 TFⅢA 因子所识别,RNA 聚合酶Ⅲ转录 5S rRNA 基因必需 TFⅢA 因子,另外一些转录因子或类固醇受体也需要这种结构域序列。TFⅢA 因子含有 9 个锌指组成的串联重复结构域。这些重复的锌指结构大约每 30 个氨基酸就有一对半胱氨酸 Cys 和一对 His,每个锌指 C 端形成 α螺旋,与 DNA 大沟结合,C 端侧的非保守性氨基酸可能负责识别特异的目标位点;N 端形成 β折叠。锌指中的 Cys 在反平行的 β折叠中,His 在 α螺旋中,它们与 $Zn^{2+}$ 之间形成配位键连接(图 9.20)。锌指环上突出的赖氨酸、精氨酸参与 DNA 结合。由于重复的 α螺旋几

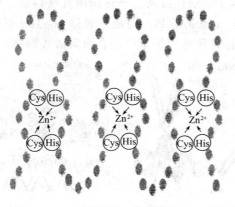

图 9.20　锌指结构

乎连成一线,使得这种蛋白质在 DNA 大沟中结合很牢固且特异性高,一般多个锌指中,第一个锌指的右侧控制 DNA 的结合,第二个锌指的左侧控制二聚体的形成(图 9.21)。Cys$_2$-Cys$_2$ 型的锌指蛋白如酵母的转录激活因子 GAL4、哺乳动物的甾体激素受体等属于这一类型。

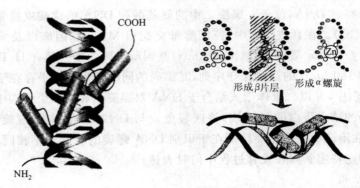

图 9.21　锌指二聚体

### 9.3.3.3　亮氨酸拉链

亮氨酸拉链(leucine zipper,ZIP)由伸展的氨基酸组成,这类结构的肽链羧基端约 35 个氨基酸残基形成 α 螺旋,氨基酸中每隔 6 个氨基酸就有一个亮氨酸残基,这使得第 7 个亮氨酸残基排成一行,出现于螺旋的同一个方向。一个多肽链的亮氨酸拉链与另一个多肽链上的亮氨酸拉链相互作用形成二聚体,该二聚体与 DNA 的靶点结合,两个分子相应的 α 螺旋之间,靠亮氨酸残基的疏水作用力形成拉链式结构。亮氨酸拉链并不直接结合到 DNA 分子上,而是以肽链中的富含 20～30 个碱性氨基酸组成的带正电的伸展的氨基端结构域与 DNA 结合(图 9.22)。如果不形成二聚体则碱性区域对 DNA 的亲和力明显下降,可见这种激活蛋白的 DNA 结构域实际上是以碱性区和亮氨酸拉链结构为整体来行使功能的,故也被称为碱性-亮氨酸拉链(basic-leucine zipper,bZIP)。ZIP 常见于转录因子,如酵母的转录激活因子 GCN4、癌基因产物 MyC、C-fos 等蛋白质中均含有此类结构。它们的共同特征是可与 CAAT 框、病毒的增强子结合。含有 ZIP 的转录因子的活性受一种或几种方式调控:①合成转录因子是组织特异性因子,它仅在特定的细胞中合成,这是典型的调节发育的因子,如同源域蛋白。②修饰因子的活性可通过修饰作用直接控制。如 HSTF 经磷酸化转变成活性形式。如 AP1(亚基 Jun 和亚基 Fos 构成二聚体)经 Jun 亚基磷酸化转变成活性形式。③结合配基转录因子的活性可通过配基的结合而激活或抑制。类固醇受体就是通过配

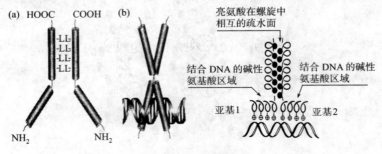

图 9.22　亮氨酸拉链

基结合影响蛋白质的定位(引起从细胞浆到细胞核的转运),也改变了其结合 DNA 的能力。④切割释放转录因子是当蛋白质与核膜或内质网结合时,产生出一种转录。固醇中胆固醇缺乏引起蛋白质的胞浆区被切割,然后转运到细胞核,形成转录因子的活性形式。⑤抑制剂释放转录因子是转录因子的有效性发生改变,如转录因子 NF-$\kappa$B(在 B 细胞中它能激活免疫球蛋白 $\kappa$ 基因)存在于很多细胞中。但是它被抑制剂 I-$\kappa$B 限制在细胞质内。在 B 淋巴细胞中,NF-$\kappa$B 从 I-$\kappa$B 中释放出来移到细胞核内激活转录。⑥与不同伴侣形成二聚体的转录因子中的二聚体因子可能是伴侣分子。无活性的伴侣可能引起它的失活,活性伴侣分子的合成可取代无活性伴侣分子,使之激活,如 HLH 蛋白中。

### 9.3.3.4　螺旋-环区-螺旋

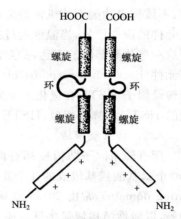

图 9.23　螺旋-环区-螺旋

　　螺旋-环区-螺旋(helix-loop-helix,HLH)是新近发现的一种 DNA 结合蛋白的序列(图 9.23),广泛存在于动物、植物的 DNA 结合蛋白(DBP),在免疫球蛋白 $\kappa$ 轻链基因的增强子结合蛋白(EBP)、E12、E47 以及一些原癌基因产物 Myc 等中均有发现。HLH 结构由 3 部分组成:两端为两个极性(亲水又亲脂)$\alpha$-螺旋,中间是由一个或几个 $\beta$ 转角组成的环区,大约有 60 个氨基酸残基,$\alpha$ 螺旋含有许多高度保守的疏水氨基酸,$\alpha$-螺旋 1 的疏水区有 12 个氨基酸,其中 Leu 和 Phe 高度保守,$\alpha$-螺旋 2 疏水区有 13 个氨基酸,有一段 5 肽高度保守,多由 Gly-Pro-Asp-Asn-Ser 组成,螺旋中以亮氨酸为主体形成的疏水面和以亲水性氨基酸残基组成的带电荷的另一侧亲水面,有助于二聚体的形成。HLH环区氨基酸 12～28 个,其中 Pro-Glu-Leu-Glu-Asn-Glu 为共有序列,同族的 HLH 结构蛋白,其环区大小和组成在不同种属是相同的,但不同族的就有很大差异。在 HLH 上游为一富含碱性氨基酸的区域(basic region,BR),由 10～20 个氨基酸组成,分为三个碱性片段 B1、B2、B3,这些碱性氨基酸高度保守,在缺乏 BR 或中断的 BR 中,HLH 起负调控作用。$\alpha$-螺旋参与 HLH 的二聚体形成,两个 HLH 蛋白质分子的 $\alpha$-螺旋上的疏水氨基酸残基相互靠近形成疏水键从而形成二聚体。HLH 二聚体才能与 DNA 结合,与 DNA 结合的部位是上游碱性氨基酸区 BR。BR 突变可影响 BR 与 DNA 结合,环区氨基酸序列和长度的改变也会影响 HLH 与 DNA 的结合能力。HLH 分为三类,一是广泛存在的 A 类如转录因子 E12、E47 等;二是组织特异存在的 B 类如 *myo*D;*myc* 基因编码的 HLH 为 C 类。A 类与 B类可以形成异源二聚体,A 类和 B 类都不能与 C 类结合形成异源二聚体,而且异源二聚体的结合能力比同聚二聚体强。

### 9.3.3.5　热激蛋白结构域

　　转录调节蛋白除上述的几种外,还有几种不能归为其中,如热激蛋白(HSP)、一些病毒激活蛋白如 SV40T 抗原等。酵母、果蝇和人的 HSP 具有多个可形成拉链(zipper)的疏水DNA 区域,其中 3 个位于 HSP 的 N 端,紧接 DNA 结合区,参与 HSP 三体的形成;第 4 个拉链位于 C 端,它与位于第 452～488 位氨基酸残基之间的保守区,都是维持 HSP 单体所必需的。如果去除第 4 个拉链区或更换第 452～488 位保守区中的第 391 位的甲硫氨酸为赖氨酸,第 395 位的亮氨酸为脯氨酸,都会导致 HSP 突变体对热激应答元件(HSE)在常温下的高亲和力；删除第 452~488 位氨基酸，可部分替代热激效应。因此，科学家推测，在常温下，HSP 蛋白第 1 和第 4 个拉链发生相互作用，阻断了三体的形成；热激或其他环境胁迫导致内源性拉链间的解离，蛋白质伸展为长链，不同链上的拉链发生作用，形成具有 DNA 结合能力的三体。此外，并不是所有的转录调节蛋白都是序列特异性 DNA 结合蛋白，有些调节蛋白可能是修饰其他转录因子，间接作用于特异 DNA 序列，如 IE 蛋白。

　　热激应答在原核和真核生物许多基因的表达控制中很普遍，热激基因（又名热休克基因）散布在染色体的各个部位或不同染色体上，产生的热激蛋白（又名热休克蛋白）是一种分子伴侣（moleculer chaperon），可使因温度升高构型发生改变的蛋白质恢复成原有的三维构象，不致丧失功能而使机体得以存活，热激蛋白具有亮氨酸拉链结构域，温度的变化是热效应元件的秀导信号，当温度超过某种生物的最适温度以上，温度关闭一些正常基因的表达，开放一些热激基因的表达，受热诱导合成的热激蛋白转变为活化形式，并特异性地与热激应答元件（heat shock response element，HSE）结合，促进热激状态下的基因转录。HSE 和热激转录因子 HSTF 在进化上十分保守，果蝇的 HSE 可以在海胆或哺乳动物中激活表达，果蝇的 HSTF 与酵母相似，HSTF 磷酸化可以使 HSTF 蛋白质活化。

### 9.3.3.6　转录激活域

　　所有转录因子结构域都有两部分：①DNA 结合域（DNA binding domain），多由 60~100 个氨基酸残基组成的几个亚区组成，如前面将 HTH、ZIP、HLH 等；②转录激活域（activating domain），常由 20~100 氨基酸残基组成，此结构域富含酸性氨基酸、谷氨酰胺、脯氨酸等，以酸性结构域最多见。还有一些转录因子具有第三部分，二聚化结构域或连接域，主要介导蛋白质与蛋白质的相互作用。转录激活域不与 DNA 直接结合，而是通过与 RNA 聚合酶或腺苷酸环化受体蛋白结合激活转录。一般情况下转录激活域直接或间接作用于转录复合体，影响转录效率。有时一个转录因子或一个反式作用因子可含有一个以上的转录激活区。如酵母半乳糖代谢中转录因子 GAL4，是一个酵母半乳糖代谢酶基因 gal 被诱导高效转录表达所必需的调节蛋白，其基因定位于酵母的第 16 条染色体上，由 881 个氨基酸残基组成，有两个激活转录的功能区，分别位于第 148~196 和第 768~881 位氨基酸残基范围内，在 768~881 激活区内还有一个由约 30 个氨基酸（851~881）组成，可结合一个反式作用因子的 GAL80 蛋白。另外第 65~94 位氨基酸残基是一个与蛋白质二聚体化作用有关的区段，活化形式以二聚体形式和 GAL4 蛋白的羧基端及 gal1、gal10、gal7、gal2、gal5 等基因的启动子区的上游激活序列中 17 bp 反向重复序列结合，并激活启动这些基因的转录，反式作用因子与顺式作用元件的相互作用，调节基因的表达。不同转录激活区结构具有以下共性特点：①α 螺旋结构带有很多的负电荷，但是在氨基酸序列上很少有同源性。氨基酸替换试验表明，激活转录的水平与净负电荷的变化有关，增强激活区的负电荷可以提高转录激活水平。②富含谷氨酰胺，如结合于启动子 GC 框的 SP1，共有 4 个激活转录区域，其 N 端的两个激活区含有 25% 的谷氨酰胺。③在一些反式作用因子中具有富含脯氨酸的结构，如结合于 CCAAT 框的 CTF-1、CTF-2 因子的羧基端内富含脯氨酸残基，高达 20%~30%。

　　又如 GCN4 也是酿酒酵母的一个转录因子，由 281 个氨基酸残基组成，以二聚体形式起作用，它能识别启动元件的调控序列，并结合在 9 bp 的反向重复序列 ATGACTCAT 上，激活基因的转录，参与包括编码氨基酸生物合成酶系各基因在内的表达调节作用。大多数酵母基因的任何一种氨基酸饥饿，均会增加 GCN4 因子的合成。GCN4 的增加是由于 eIF-2

因子的磷酸化作用,eIF-2 因子磷酸化对蛋白质合成具有抑制作用,但对 GCN4 mRNA 则有增加蛋白质翻译的功能,其原因是当氨基酸处于饥饿状态时,空载的 tRNA 被堆积,这些 tRNA 可以作用于 GCN2 蛋白激酶肽链上类似于 His-tRNA 合成酶的结构,活化的激酶使 eIF-2 因子的 $\alpha$ 亚基第 51 位上的丝氨酸磷酸化,磷酸化的 eIF-2 因子抑制 eIF-2B,参与 GTP 及 eIF-2 因子的再循环,从而启动了 GCN4 mRNA 的翻译作用。

# 9.4　转录过程调节

## 9.4.1　转录因子与 RNA 聚合酶对转录的起始调节

转录因子在原核与真核生物中很多,不同转录因子在不同基因中的差别调节是组织细胞差异表达的基础。转录需要必需的 RNA 聚合酶外,还需要一些辅助转录的蛋白因子,这些辅助蛋白因子又称为转录因子,他们共同作用参与转录起始、转录延伸与转录终止调节。

### 9.4.1.1　原核生物 RNA 聚合酶对转录起始的调节

原核生物 RNA 聚合酶由 $\alpha_2\beta\beta'(\omega)\sigma$ 组成,称为全酶,相对分子量为 $4.8\times10^5$ 道尔顿,这 5 个亚基分别由 4 个基因 $ropA$、$ropB$、$ropC$、$ropD$ 编码。全酶中的 $\sigma$ 亚基识别不同转录模板的启动子并与 DNA 模板和核心酶等结合形成起始复合物,细胞内哪条 DNA 链被转录以及转录方向与转录起点的选择都与 $\sigma$ 因子有关。$\sigma$ 亚基与其他亚基的结合较为松弛,很容易从全酶上脱落下来,形成由 $\alpha_2\beta\beta'(\omega)$ 组成的核心酶,其作用是进行转录合成的,核心酶在模板链和起点上都具有很大的随意性,往往同一段 DNA 的两条链都被转录,因此转录过程 $\sigma$ 因子对识别 DNA 链上的转录信号是必不可少的,它是连接核心酶与启动子的桥梁,它在酶与启动子特异性结合的过程中起着极其重要的作用:提高酶辨认启动子的能力,降低酶与 DNA 的非特异性结合,减少在单链 DNA 缺口处起始非特异性转录,促进 DNA 的开链,提高 RNA 链合成起始的速度,阻止酶分子的聚合。

随着第一个核苷酸与模板 DNA 碱基配对,形成 RNA 链的第一个核苷酸键,转录起始也随即结束,RNA 链的延伸随之开始。从起始到延伸,模板 DNA、酶分子发生构象变化。随着 RNA 链的延伸,模板双链也随即解旋,酶也跟着变构。在起始阶段,全酶与 DNA 形成稳定复合物,对结合部位的一级结构的专一性很强,识别 $-35$ 区,牢固结合于 $-10$ 区。在延伸阶段,为了能沿着模板滑动,它必须放松与 DNA 的结合。酶与 DNA 分子的相互作用使转录起始后立即从全酶分子上释放出 $\sigma$ 因子。$\sigma$ 因子的存在使 $\beta$ 与 $\beta'$ 亚基的构象有利于与 DNA 的紧密结合,$\sigma$ 因子脱落后,$\beta$ 与 $\beta'$ 亚基转变为与 DNA 的松弛结合,有利于延伸进行,对模板没有特异性,因此,转录起始至延伸包括 $\sigma$ 因子的结合与解离的循环,$\sigma$ 因子保证了原核生物 RNA 聚合酶只能与启动子区而不能与其他区域形成稳定复合物。在同一细菌内具有不同的 $\sigma$ 因子,它控制着不同基因的转录起始,因此 $\sigma$ 因子的替更在原核细胞的不同发育阶段和对环境应答的反应中起主导作用。RNA 聚合酶中,有时有 2 个 $\omega$ 因子,其功能不详,估计是转录因子,参与转录调节。

### 9.4.1.2　真核生物 RNA 聚合酶和转录因子对转录的起始调节

真核生物中共有 3 类 RNA 聚合酶,即 RNA 聚合酶 Ⅰ、RNA 聚合酶 Ⅱ 和 RNA 聚合酶 Ⅲ,三种 RNA 聚合酶的分布及其基本特性见表 9.4。其结构比大肠杆菌 RNA 聚合酶更复杂,它们在细胞核中的位置不同,负责转录的基因不同,对 α-鹅膏蕈碱的敏感性也不同。RNA 聚合酶各自约 10 个亚基左右,一般 8～14 个亚基,单个亚基在多数情况下是无活性的,但转化为复合体后便成为有功能的蛋白质。其中 RNA 聚合酶 II 研究得最清楚,酵母 RNA 聚合酶 II 由十几个亚基组成,其中有 10～11 个亚基是活性所必需的,最大的三个亚基与细菌的 RNA 聚合酶同源,并可能组成基本的催化活性单位,其中两个亚基可能具有催化位点。还有三个小亚基是三种 RNA 聚合酶的共享亚基,在 RNA 聚合酶 I～III 中都存在。RNA 聚合酶 II 中的最大一个亚基相当于细菌 RNA 聚合酶的 $\beta'$ 亚基,其羧基末端有多磷酸化位点的 7 肽重复序列(carboxy-terminal repeating heptamer,CT 7n),或称为羧基末端结构域(carboxy-terminal domain,CTD)。此七肽序列(Tyr-Ser-Por-Thr-Ser-Por-Ser)是 RNA 聚合酶 II 所独有的,在酵母、果蝇、拟南芥、人和小鼠中分别重复 26、45、40、52 次。这个序列的重复次数对酶的活性很重要,若缺失数目达到一半以上,会对细胞产生致死效应。CTD 中的丝氨酸和苏氨酸残基可以被高度磷酸化,目前对 CTD 的功能尚不确切,有待进一步研究,而磷酸化与非磷酸化有助于了解基因的转录机制,CTD 的磷酸化可能是转录起始过程中的不同阶段的"开关"。非磷酸化的 CTD 富含丰富的羟基,可以与上游调控因子的激活区(如含负电荷的酸性激活区)相作用,形成稳定的转录起始复合物。在转录起始完成后,CTD 的磷酸化使转录起始复合物瓦解,转录便进入 RNA 链的延长阶段,因此 CTD 参与了转录的起始。RNA 聚合酶 II 的第二大亚基与细菌 RNA 聚合酶的 $\beta$ 亚基有 9 个同源区,可能类似于原核 RNA 聚合酶 σ 亚基的识别功能,有关试验提示这个亚基可能参与染色质转录水平的调控。与原核生物一样,真核生物的 3 种 RNA 聚合酶都需要不同的蛋白质辅助因子的协助才能进行工作。此外,在真核细胞的线粒体和叶绿体中,均发现了少数 RNA 聚合酶,它们都是由核基因编码,在细胞质中合成并转运到细胞器中的,这些 RNA 聚合酶的相对分子量较小,活性也较低,这与细胞器 DNA 的简单性是相互适应的。

**表 9.4  真核细胞的 3 种 RNA 聚合酶**

| 酶 | 位置 | 转录产物 | 相对活性 | 对 α-鹅膏蕈碱敏感性 |
|---|---|---|---|---|
| RNA 聚合酶 I | 核仁 | rRNA | 50%～70% | 不敏感 |
| RNA 聚合酶 II | 核质 | mRNA 前体 | 20%～40% | 敏感 |
| RNA 聚合酶 III | 核质 | tRNA,5SrRNA | ～10% | 不同种类敏感性不同 |
|  |  | Alu 序列、其他小分子 RNA |  |  |

转录起始是一个非常复杂的过程,不仅需要形成转录起始复合物,而且具有不同的作用机制。在转录起始过程中,三类 RNA 聚合酶需要与 SL1、TF II D 和 TF III B 等一系列转录起始因子顺序结合,形成特有的转录起始复合物才能开始进行转录。各自具有独特的一套 TBP 相关因子组成(表9.5)。

TATA 框结合蛋白 TBP 是 SL1、TF II D、TF III B 类转录因子所共有的,早期的生化研究在哺乳动物,苍蝇,酵母中鉴定出了典型的三种含有 TBP 的复合物,分别指导 RNA 聚合酶 I、II、III 型启动子下游结构基因的转录,TBP 是 TATA 框的结合蛋白,其 TBP 的 cDNA 已从植物、动物、酵母和昆虫中克隆成功。克隆 TBP 的相对分子量为 $2.0×10^4～3.8×10^4$ 不等。酵母 TBP 含有 240 个氨基酸残基,比较不同生物的 TBP,发现 TBP 的 C 末端是一个长约 180 个氨基酸的核心区,氨基酸组成高度保守,物种间的同源性为 80%～90%,N 端功能区的长度和差异都很大。体外研究表明：TBP 的 C 端的核心区对于 TBP 与 TATA 框的结合和基础转录很重要，TBP 与 TATA 框的结合造成 TATA 框 3′端 DNA 发生弯曲及 TATA 框序列的局部构象改变，这种改变有助于其他转录因子的介入。在不含 TATA 框的调节序列中，TBP 则通过 TAF 间接与 DNA 发生作用。而且，种属特异性很高的 N 端在黑腹果蝇和啤酒酵母中也具有转录活性。因此，TATA 结合蛋白（TBP）是可与三种 RNA 聚合酶启动子结合的一种因子，因而极有可能是三种 RNA 转录调节的靶蛋白，当 TBP 与启动子结合后，会有一系列的转录因子加入进来，形成一个大的蛋白质复合物来启动转录程序。因此，TBP 也被认为是转录起始的定位因子。

**表 9.5　参与三类基因转录起始的转录因子**

| | RNA 聚合酶 I | RNA 聚合酶 II | RNA 聚合酶 III | |
|---|---|---|---|---|
| 转录产物 | rRNA | mRNA | snRNA | tRNA |
| 基因调节序列 | 核心启动子不含 TATA 框，上游含有 GC 框 | 启动子含 TATA 框或 Inr 结构 | 上游调节序列含有 TA-TA 框、PSE 或 DSE | 下游调节序列含 A、B 或 C 区，上游不含 TA-TA 框 |
| 转录起始因子 | SL1(TBP/TAF) UBF | TFⅡD(TBP/TAF) TFⅡA TFⅡB TFⅡE TFⅡF TFⅡG/J TFⅡH TFⅡI | TFⅡD(TBP/AFA) TFⅢB(TBP/TAF) RSP | TFⅢB(TBP/TAF) TFⅢC TFⅢA(5S rRNA) |

　　TAF 因子是与 RNA 聚合酶 I、II 和 III 类启动子结合的 TBP-相关因子（TBP-associated factors），根据类型的不同又分别称为 TAF I s、TAFⅡs 和 TAFⅢs。TAF 具有启动子和聚合酶特异性，参与不同类型的转录起始。TAF 是三类 RNA 聚合酶转录起始复合物中的重要组成成分，相对分子量在 $3.0 \times 10^4 \sim 2.50 \times 10^5$ D 之间，分别命名为 TAFⅡ-30 ～ TAFⅡ-250。参与三种基本转录起始的 TAF 不论在相对分子质量或是在结构上都不完全相同，表明它们具有聚合酶的特异性，不同的 TBP-TAF 复合物识别不同的启动子，又表明 TAF 可能具有启动子特异性。TAF 的主要作用是作为中介物，把反式作用因子的转录调控结构域与基本转录复合物相连接，控制转录起始复合物的组装或影响其稳定性，以调节基因转录，因而 TAF 又称为辅助激活因子（coactivator）。不同种类激活因子可能通过特异的 TAF 参与转录水平的调控。如上游启动子成分（UPE）的结合蛋白 SP1 与 TAFⅡ-110 的结合是通过二者各自富含谷氨酰胺的结构域连接而激活靶基因转录的。又如病毒转录激活因子 VP16 具有两个转录激活区：N 端第 412～456 位残基与 TFⅡB 结合，C 端第 452～490 位残基与 TAFⅡ40 结合，而 TAFⅡ40 还通过其第 22～222 位氨基酸残基与 TFⅡB 结合，于是 VP16、TAFⅡ40 和 TFⅡB 形成三聚体。这种三聚体的形成可导致 TFⅡD-TFⅡB-启动子复合物的构象改变，从而促进其他基本转录因子如 TFⅡA 等参加转录起始复合物的装配。其中 TFⅡ40 是形成稳定的前起始复合物的关键。新的研究证据表明至少还有其他五种因子可与 TBP 反应，在总共可与 TBP 反应的 8 种因子中，4 种（TAFI，TAFⅡIIs，TAFⅢs 和 PTF/SNAPc）在启动子选择中发挥作用（图 9.24），其余的四种（SAGA、Mot1、NC2 和 Nots）与 TAFⅡs 共同作用调节蛋白质编码基因的表达（图 9.25）。总之，一定数量

和种类的 TAF 与 TBP 结合,形成 SL1、TFⅡD 或 TFⅢB 复合物,其中 TAF 有的是作为 TBP 结合 DNA 的媒介;有的是作为 TFⅡD 组装时其他 TAF 与 TBP 相互作用的桥梁;有的是转录激活蛋白与 TBP 联系的纽带,起辅助激活因子的作用。除 PTF/SNAPc 外,其余的 7 种因子在真核生物中具有高度的保守性,酵母菌中与 TBP 反应的因子总结在表 9.6 中。

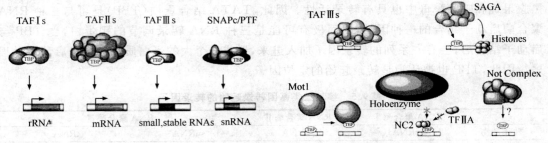

图 9.24　启动子选择功能的四种启动　　　　图 9.25　TBP 调节 RNA 聚合酶Ⅱ的转录调节
子特异性复合物因子

表 9.6　酿酒酵母中与 TBP 反应的因子

| 因子 | 基因 | 亚基(kD) | 必需基因 | 特点 |
|---|---|---|---|---|
| TAT$_l$s | ERN6 | 102 | Y | |
| | ERN7 | 60 | Y | |
| | ERN11 | 59 | Y | |
| TAF$_u$s | TAF150/TSM1 | 161 | Y | 参与细胞周期 |
| | TAF145/TAF130 | 121 | Y | 组蛋白乙酰转移酶 |
| | TAF90 | 89 | Y | 参与细胞周期 |
| | TAF67 | 67 | Y | |
| | TAF61/TAF68 | 61 | Y | 与 H$_2$B 组蛋白类似 |
| | TAF47 | 40 | Y | |
| | TAF40 | 41 | Y | |
| | TAF30/ANC1/TFC3/SWP29 | 27 | N | TFⅡF 的组分 |
| | TAF25/TAF23 | 23 | Y | |
| | TAF19/FUN81 | 19 | Y | |
| | TAF17/TAF20 | 17 | Y | 类似于 H$_3$ 组蛋白 |
| TAF$_m$s | ERF1/TDS4/PCF4 | 67 | Y | 与 TFⅡB 同源 |
| | TFC5/TFC7 | 68 | Y | 含有 SANT 结构域 |
| SAGA | SPT3 | 38 | N | |
| | SPT7 | 153 | N | |
| | SPT8 | 66 | N | |
| | SPT20/ADAS | 68 | N | |
| | ADA2/SWT8 | 51 | N | |
| | ADA3/NGG1 | 79 | N | |
| | GCN5/ADA4/SW79 | 51 | N | 组蛋白乙酰转移酶 |
| Mot1 | MOT1/BUR3/ADI | 210 | Y | ATP 酶 SNF2 家族成员 |
| NC2 | NCB1/BL/RG | 16 | Y | 组蛋白折叠域 |
| | NCB2/YDRI | 17 | Y | 组蛋白折叠域 |
| Nots | NOT1/DC39 | 240 | Y | |
| | NOT2/CDC36 | 22 | N | |
| | NOT3 | 94 | N | |
| | NOT4/MOT2/SIGI | 65 | N | 锌指蛋白 |
| | NOT5 | 66 | U | 含有与 NOT3 同源的区域 |

注:"Y"代表"是","N"代表"否";"U"代表"未知"

RNA 聚合酶 II 正确起始基因转录,至少需要 7 种转录因子的协调作用,这些转录因子与 RNA 聚合酶 II、TATA 框及其附近的 DNA 序列相互作用时都遵循着一定的时空顺序进行,转录起始复合物的形成首先是转录因子 TFIID 与 TATA 框特异性结合,形成 TFII D-TATA 框启动子复合体,而后依次为 TFIIA、TAIIB、TFIIF 和 RNA 聚合酶 II、TFII E、THIIH 和 TFIIJ 与启动子进行有序装配,最后形成稳定的起始复合物(图 9.26)。高等真核生物 TFIID 由 TBP 和其他约 8 种不同的 TAF 组成。生物体内很多重要的转录调节因子都是以 TFIID 为桥梁,通过 TFII D 与其他转录因子相互作用,影响起始复合物的形成和稳定性,实现对转录的调节。因此,TFIID 被认为是转录起始中最重要的基本起始因子。TFIIB 是继 TFII D 后加入转录起始复合物的因子,以其 C 端直接结合到 TFII D-启动子复合体上。TFIIF 因子则是在没有 DNA 和其他因子存在下先与 RNA 聚合酶 II 形成复合体,并以此形式加入转录起始复合物。TFIIF 和聚合酶 II 结合后具有解旋酶活性,是封闭复合物转变为开放复合物所需要的。TFIIE 则可能是通过 TFIIB 结合到起始复合物中而不直接与 DNA 结合,其功能是促进 TFIIH 的磷酸酶活性。TFIIH 是一个多亚基的蛋白质复合物,如酵母的 TFIIH 由 5 条多肽构成,其中有的亚基在闭合复合物转向开放复合物中起作用,另有一个亚基是激酶,使聚合酶 II 大亚基 CDT 中的丝氨酸或苏氨酸磷酸化,以便聚合酶脱离起始复合物而进入转录延伸。TFIII 可识别起始因子,在以起始因子 Inr 为主的途径中参与转录起始复合物。TFIIA 的作用只是当它结合到 TFII D-启动子复合物上时,形成 D-A 复合体,从而防止某些抑制物与 TFIID-启动子复合物结合,D-A 复合物可影响其他转录因子同 TFII D-启动子复合体的结合。根据对一些基因的转录活性的检测,表明转录起始并不一定要求各种转录因子都到位,这也是说基础转录所要求的转录因子可以少些,除 TFII D 和 TFIIB 外,还得有 TFIIF,如果再有 TFIIE 和 TFIIH,则可提高转录水平。

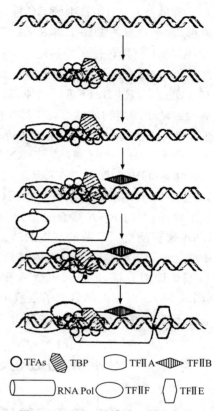

图 9.26　RNA 聚合酶 II 转录起始

虽然现已证实了 TBP 参与转录过程,但在含有起始因子 Inr 成分的腺病毒群(adeno-associated virus,AAV)的 P5 启动子只需要 YY1、TFIIB 和聚合酶 II 就可启动 P5 模板 DNA 的转录,这意味着无 TBP 参与转录。研究表明 TBP 除参与各种转录过程外,还与酵母染色体的复制过程有关。鉴于转录与复制过程都存在解链、多种蛋白质因子参与等特征,TBP 在这两个过程中的角色与功能可能会成为 TBP 研究领域的新课题,可能与模板识别、解链和初始过程中的 RNA 合成有关,也可能存在尚未明了的新的功能。

RNA 聚合酶 I 的转录起始需要 SL1 和 UBF1 两种转录因子。SL1 转录因子由一种 TBP 和三个 TAF 构成,TBP 负责 RNA 聚合酶与 DNA 的相互作用,RNA 聚合酶 I 的 TBP 种间保守性强。SL1 转录因子类似于原核生物的 σ 因子,它可与启动子特异结合,并保证

RNA 聚合酶定位于转录起始点上,因而启动特定的基因转录。单独的 SL1 不能识别特异的 DNA 序列,在 UBF 与 DNA 结合后,SL1 才能结合上来;只有当两种辅助因子与 DNA 都结合后,RNA 聚合酶 I 才能与核心启动子结合,起始转录。UBF1 由一条多肽链组成,是一种上游结合因子,其 C 端呈酸性,N 端具有 5 个高迁移率结合域,可特异地识别核心启动子和上游调控元件 UCE 中的 GC 框,UBF1 与 RNA 聚合酶 I 相互作用可以识别不同来源的模板,如来自鼠的 UBF1 与 RNA 聚合酶 I 相互作用可以识别人的基因,表现出无种属特异性,但 SL1 却具有种属特异性。

RNA 聚合酶 III 的启动子有三类,其中两类是内部启动子,RNA 聚合酶 III 的转录因子也有 TFIIIA、TFIIIB、TFIIIC 三种,其中 TFIIIA 的 N 端有 9 个锌指结构,分别与具有 A、B、C 框的启动子的结构域结合,TFIIIA 的 C 端无锌指,是与其他转录因子相互作用的区域。TFIIIC 是一个多(至少 5 个)亚基的转录因子,它可以以单个大分子或多个亚基形式同时结合于一个基因的两个区域,转录 tRNA 时,它最先结合于启动区,而后是 TFIIIB 的结合。TFIIIB 含有 TBP 和两种 TAF 因子,它不与 DNA 发生特异性结合,而是与 TFIIIC-tDNA 或 TFIIIA-5S rRNA 复合物发生作用(图 9.27)。TFIIIB 结合后,就可使转录起始区上游 DNA 发生弯曲,并将 RNA 聚合酶 III 定位于此,激活转录(图 9.27)。因此,可以说 TFIIIB 才是 RNA 聚合酶 III 所需要的真正的转录起始因子,TFIIIA 和 TFIIIC 属于装配因子,协助 TFIIIB 与启动子正确结合。识别内部启动子 II 型需要 TFIIIA、TFIIIB、TFIIIC 三种同时参与。TFIIIC 识别 B 框,但可与包括 A 框的区域广泛结合,然后由 TFIIIB 与起始位点区域结合(图 9.28)。而在内部启动子 I 型中,TFIIIA 与包括 C 框在内的序列结合,使得 TFIIIC 能靠近下游序列并与之结合,最后由 TFIIIB 与转录起始位点附近序列结合,并伴随另一个 TF

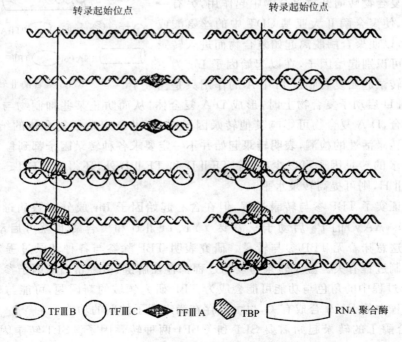

图 9.27 RNA 聚合酶 III 的转录起始

ⅢC 与 DNA 结合(图 9.28)。这样复合体形成之后,RNA 聚合酶Ⅲ即可与启动子结合,在 RNA 聚合酶Ⅲ结合之时 TFⅢA 和 TFⅢC 要释放出来,TFⅢB 起着定位作用。另外上游启动子类似于 RNA 聚合酶Ⅱ的启动子,由于 TFⅢB 中有 TBP 因子,通过 TBP 识别 TATA 框,但必须依赖于 RNA 聚合酶Ⅲ的其他因子的共同作用,使 RNA 聚合酶Ⅲ正确定位在启动子上。从功能看 TFⅢB 类似于原核生物的 σ 因子,自身缺乏与 DNA 的结合能力,但有与其他蛋白因子的协同作用。

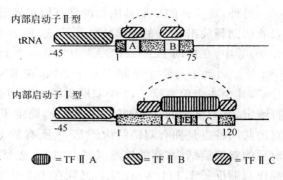

图 9.28 RNA 聚合酶Ⅲ的转录因子的起始复合物

### 9.4.2 转录后加工调节

#### 9.4.2.1 原核转录后加工调节

原核细胞转录的 RNA 多数不需要加工就能够执行其功能,但部分 RNA 转录产物还是需要加工才能成熟。原核生物转录除单顺反子外,多数功能相关蛋白的 mRNA 组成多顺反子 mRNA 进行表达。多顺反子一经转录,在 5′端就有核糖体结合上去,实现转录和翻译的偶联。这两个过程的速度也很接近,转录速度大约每分钟 2 500 个核苷酸,即每秒钟 14 个密码子,而翻译每秒钟 15 个氨基酸,这些原核 mRNA 大多不需要加工,转录后就直接翻译,这些 mRNA 的寿命与半衰期的长短关系很大,一般原核 mRNA 的寿命只有几分钟。很大一部分 mRNA 利用其寿命的长短来实现对蛋白质翻译的调控,有的 mRNA 的寿命短得令人吃惊,mRNA 的降解伴随着蛋白质翻译的开始就开始发生,转录开始 1 min 后,降解就开始了,也就是说一个 mRNA 分子的 5′端已经开始降解,但在 3′端仍在翻译合成。这降低了细胞有限空间负载蛋白质之重。少部分多顺反子需要经过加工,切割成小单位后再进行翻译。如 RNA 聚合酶-核糖体蛋白操纵子是 RNA 聚合酶 β 和 β′亚基(rpoB,rpoC)与核糖体大亚基蛋白 L10、L7/L12 的基因所组成的混合操纵子(图 9.29),由 L10 启动子控制它们共转录,转录出来的多顺反子 mRNA 需经过 RNAaseⅢ切割,然后分别翻译。RNA 聚合酶的 α 亚基和核糖体小亚基 S4、S11、S13 和 S17 的基因也是一个混合操纵子,其 mRNA 也需要转录后加工。显然,这种加工本身就具有调控的意义,因为这两个转录成员的产物的数量不是 1∶1 的比例,而核糖体蛋白质与 rRNA 的合成水平是彼此对应的,才能适应细胞的生长速度;RNA 聚合酶的合成水平则较低,这样这类混合顺反子 mRNA 经切割加工能更有利于各自的翻译。

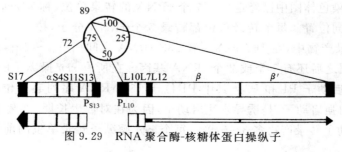

图 9.29 RNA 聚合酶-核糖体蛋白操纵子

另外,噬菌体的早期基因与晚期基因也转录成多顺反子,然后在多顺反子的几个酶切位点处切割释放出各自的 mRNA 分子,这种表达形式存在于 T3 噬菌体和 T7 噬菌体(图9.30)等中:在启动子 A1、A2、A3 中的某一个上启动后,转录终止于约 7 000 bp 的后的终止子 t 处。启动子与终止子间有 6 个基因,在 RNA 聚合酶Ⅲ作用下最后释放出 5 个 mRNA分子,其中 4 个单顺反子,1 个双顺反子。对切割形成的 mRNA 分子的 5′ 和 3′ 末端序列进行测定,并与已知的 T7 DNA 进行比较,确定了 RNA 聚合酶Ⅲ的切割位点的性质,切割位点的共同特点是拥有双链结构。T7 上所有的 RNA 聚合酶Ⅲ切割位点形状都含有一未配对环的双螺旋结构,都能够形成发夹结构,这个发夹结构是酶的识别特征。T7 噬菌体为了翻译双顺反子 1.1/1.2 mRNA,必须在 1.2 基因的末端进行切割。当切割被阻止时,1.1 和1.2 基因编码区则不能翻译。造成这个结果的原因是 mRNA 形成的二级结构阻止了 1.1编码区翻译的起始,1.1 区翻译失败阻止了 1.2 区的翻译。

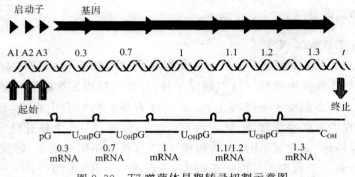

图 9.30　T7 噬菌体早期转录切割示意图

RNA 聚合酶Ⅲ不但影响 T7 噬菌体 mRNA 的翻译,而且还能够影响含有 *int* 基因的 λ噬菌体的mRNA 的翻译。λ 噬菌体 *int* 基因的 mRNA 通常不被翻译,在 *int* 编码区的下游,*sib* 位点的突变,使 Int 蛋白从无活性的mRNA 上翻译。这是由于 *sib* 突变破坏了 RNA 聚合酶Ⅲ识别的靶位点。而野生型 mRNA 上此位点被 RNA 聚合酶Ⅲ切割从而使 3′端暴露,被另一核糖核酸酶降解,mRNA 的这种不稳定性阻止了蛋白质 Int 的合成。研究发现 *sib*和 *rnc* 位点突变都有相同的效果,都阻止了 RNA 聚合酶Ⅲ的切割,因此稳定了 mRNA,使其翻译。

在 T7 噬菌体 1.1/1.2 基因和 λ 噬菌体 *int* 系统中,mRNA 的翻译能力与 RNA 聚合酶Ⅲ在特定位点的切割之间有一定的关系。切割事件对翻译功能的影响,主要是改变了一些具有重要功能的 RNA 的结构,主要影响 RNA 的翻译起始区,使 RNA 易于降解或使 RNA被剪接实现不同需要的调控。

在大肠杆菌染色体图中已经定位了 7 个 rRNA 的转录单位,称为 *rrn* 操纵子。它们分散在基因组的不同位置。每个转录单位都转录 3 个 rRNA 分子,按 16S—23S—5S 方向转录(图 9.31),转录产物中,在 16S rRNA 和 23S rRNA 之间插有 1～2 个 tRNA 分子,有时在 5S rRNA 基因之后还有 1 个或 2 个 tRNA 基因。在所有 *rrn* 操纵子的 16S rRNA 基因的上游都有双重启动子 P1 和 P2。其中 P1 位于 16S rRNA 序列起始位点上游约 300 bp处,可能是重要的强启动子,是诱导表达启动子,因为在对数生长期,细菌 P1 启动子的转录产物要比 P2 启动子转录产物多 3～5 倍。每个 *rrn* 操纵子转录单位的前 150 bp 序列各不

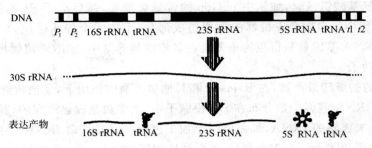

图 9.31　*rrn* 操纵子结构

相同,在这段区域内,P1 下游约 110 bp 处是第二个启动子 P2,是弱启动子,为本底水平调控,16S rRNA 与 23S rRNA 两侧的间隔序列是保守序列。在 16S rRNA 和 23S rRNA 序列之间有一段 400~500 bp 的转录间隔区,这个间隔区有一个或几个编码 tRNA 的序列。而 5S rRNA 位于操纵子的末端,在原核生物中每个 *rrn* 操纵子被共同转录成为 rRNA 前体,在 RNaseⅢ 内切核酸酶的作用下,将原初产物切割加工成成熟的 rRNA 和 tRNA 分子。RNaseⅢ 是一种内切核酸酶,它在 rRNA 的原初产物上切割靶点,靶点位于短小的 RNA 分子上,这些小的 RNA 分子是由 rRNA 两边的间隔片段经过配对形成的链 RNA,如 16S rRNA 两旁的间隔序列互补形成茎环结构,而 16S rRNA 就在此环中。RNaseⅢ 在 RNA 双链基部两边交错切割,产生含有该 RNA 的分子(图 9.32)。这些前体 RNA 链较成熟 RNA 长,在 5′ 和 3′ 端含有附加序列,称为 16 p 和 23 p 前体分子,一个长 1 600 bp,另一个长 2 900 bp,前体分子再经过 RNaseE 和 RNaseM3 等酶切,并通过甲基化酶的修饰方能成为成熟的

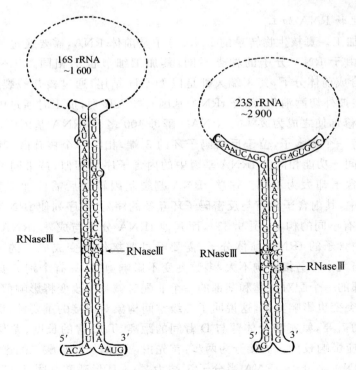

图 9.32　RNA 前体上 RNaseⅢ 的切割位置

rRNA 分子。在氨基酸饥饿时,细胞中 ppGpp 的含量会增加,强启动子 P1 的作用被抑制,因为 rRNA 是细胞中蛋白质合成机器的重要组成部分,不能完全停止供应,而由弱启动子 P2 起始转录的 rRNA 基因就显得更为重要。在贫瘠的培养基中,细胞增殖缓慢,P2 是合成 rRNA 的主要启动子。

tRNA 基因的初级转录产物,在 RNaseP 和其他加工酶的作用下,变成成熟的 tRNA 分子。原核生物的 tRNA 基因少数分布在 *rrn* 操纵子中,大多数是成簇存在的,其转录产物与 rRNA 相似,都是未成熟的 tRNA,都需要一个加工过程。大肠杆菌 $tRNA_1^{Tyr}$ 由 85 个核苷酸组成,其 tDNA 长 350 bp,有 2 个拷贝,2 个拷贝间隔 200 bp。一个拷贝称为 I 型,含有 CCA 序列;另一个称为 II 型,无 CCA 序列,一般需要通过酶的作用添加 CCA 序列变为成熟 tRNA 分子。原核生物的 tRNA 多为 I 型,少数噬菌体如 T4 为 II 型。一般加工是通过核酸内切酶 RNaseP 识别 tRNA 前体 5' 末端的空间构象,使之成熟,RNaseO 负责切开 tRNA 前体的间隔序列,RNaaseF 则从 3' 端在原初产物上切下各个 tRNA,随后在外切酶 RNaseD 的修剪下把 tRNA 3' 端的无关序列逐个切除,直达 tRNA 的 3' 末端,使 CCA 序列暴露,若原初产物无 CCA 序列,最终在 tRNA 核苷酰转移酶作用下,在 tRNA 的 3' 端添加 CCA 臂。另外,部分 tRNA 还需在修饰酶的作用下进行某些碱基的修饰,才能成为成熟的 tRNA 分子。某些 tRNA 的 3' 端也将添加 poly(A)。原核的 poly(A) 不如真核的研究的清楚,一般 poly(A) 与 RNA 分子的降解和稳定有关。质粒拷贝数基因 *pcn*B 突变将影响 RNA I 的降解,RNA I 结构与 tRNA 类似,野生型中具有 poly(A) 的 RNA I 降解很快,但 poly(A) 变长,降解速度变慢。RNA I 3' 端降解由 RNase P 完成,RNA I 5' 端降解由 RNase E 负责。

### 9.4.2.2 真核生物 RNA 加工

(1) tRNA 加工。真核生物转录的 RNA 分子是前体 RNA,需要通过加工才能形成成熟 RNA 分子。由于 RNA 分子的种类不同,其加工细节也不相同。tRNA 加工是通过 RNA 聚合酶 III 合成前体分子,其 3' 端大都是以 U-OH 结尾,通过核苷酸裂解和修饰,约有 15～30 个核苷酸被外切酶消化,部分 tRNA 基因有插入序列,加工时通过内切酶将插入序列除掉和核苷酸修饰使之成为成熟的 tRNA。酵母 400 多个 tRNA 基因中,有 40 个 tDNA 是割裂基因,含有一个内含子,位于反密码子环的 3' 端,相距一个核苷酸,其内含子的长度在 14～16 bp 之间。功能相同的 tRNA 基因中的内含子序列相似,携带同一氨基酸的同工 tRNA 基因的内含子却大为不同。这些 tRNA 割裂基因转录后需要加工剪接,所有酵母 tRNA 割裂基因中,其内含子含有与反密码子环互补的序列,该序列使 tRNA 前体分子与成熟 tRNA 分子具有不同的构象(图 9.33),而其他 tRNA 分子与成熟 tRNA 分子的构象相同。因此,含有内含子的 tRNA 前体分子,需要经过剪接作用变成成熟的 tRNA。在剪接中,内含子序列与大小对剪接影响不大,多数突变不影响剪接,只有个别突变影响剪接的完成,如内含子环部的一个配对碱基和茎部的一个非配对碱基的改变将影响剪接;改变内含子碱基配对状态的突变也影响剪接,这说明了二级空间构象对剪接的重要性,识别不同二级结构,是剪接反应的需要,氨基酸受体臂与 D 臂间的距离、TψC 臂的长度、尤其是反密码子臂的长度对剪接反应影响较大。剪接分为两步:首先由内切酶切断磷酸二酯键,形成一线状的内含子和两个 tRNA 半分子,tRNA 半分子 3' 端为 2',3' 环形磷酸基团,5' 端为羟基(-OH),两个 tRNA 半分子通过碱基配对形成 tRNA 的结构,在这个过程中不需要 ATP,属于非典型核酸酶反应,然后在 ATP 的帮助下,环形磷酸基团在磷酸二酯酶的作用下被打开,形成具有 2'-磷酸基团和 3'-OH,半分子的 5'-OH 必须磷酸化,才能在 RNA 连接酶的作用下与 3'-OH 断端连接成磷酸二酯键,此时,内含子已经去除,剪接点处的 2'磷酸再在磷酸酶的作用下去除磷酸基团,变为成熟的 tRNA 分子。

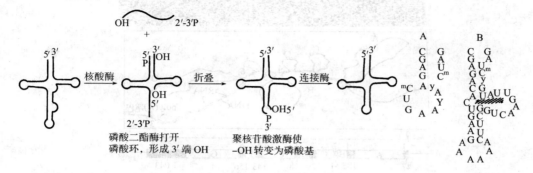

图 9.33　tRNA 加工

(2) rRNA 加工。rRNA 加工是以 rDNA 为模板由 RNA 聚合酶 I 依次转录形成 18S、5.8S 和 28S rRNA 的前体分子即 47S rRNA,随即快速转变为 45S rRNA 前体分子,其上有 110 多个甲基化位点。45S rRNA 前体再经过多次酶切降解切除 5'端和 3'端以及中间不需要的序列,依次形成 18S、5.8S 和 28S rRNA,45S rRNA 前体已知的剪接方式有两种,两种方式中 45S 前体 rRNA 剪接位点是相同的,只是对剪接位点的剪接顺序不同,一个位于 18S rRNA 的 5'边,两个位于 18S rRNA 和 5.8S rRNA 的间隔区,另两个位于 5.8S rRNA 和 28S rRNA 间的间隔区,也可能还存在其他剪接方式,因为有时在一种细胞中发现两种以上的间接方式。目前还不知道剪接位点断裂后是否就可产生成熟末端,还是需要进一步加工。对其加工的酶类也了解不多。但转录和剪接过程或剪接以后被甲基化修饰是肯定的,甲基化修饰碱基被保留在成熟的 rRNA 分子上,甲基化是 rRNA 成熟的标志。18S rRNA 上有 39 个甲基化位点,还有 4 个位点是进入细胞质后被甲基化的,74 个甲基化位点在 28S rRNA 上。动物核仁中具有成千上万个 rDNA 拷贝,酵母核内的 rDNA 基因大量重复。5S rRNA 基因位于核仁组织之外,散布分布在不同染色体上,真核 5S rRNA 与 tRNA 是一起转录的,经加工处理后成为成熟的 5S rRNA,一经切离不需要加工就具有结构功能。

(3) mRNA 加工。mRNA 最为复杂,首先转录成 mRNA 前体,由于基因长度和性质的差异,原始转录的 mRNA 前体极不均匀,因此其前体分子统称为核内不均一 RNA (heterogeneous nucleus RNA,hnRNA)。这种 hnRNA 经加工成为成熟的 mRNA。hnRNA 的加工包括剪接、编辑、加帽和加尾等过程(图 9.34)。"剪切"即将 mRNA 前体中与模板 DNA 中内含子互补的核苷酸序列区段切除,并将其他区段连接起来。

hnRNA 的剪接因内含子的差异,其剪接方式也不同。内含子根据其结构和作用方式分为内含子 I、内含子 II 和内含子 III。

内含子 I 分布广,存在于低等真核生物的核基因组和线粒体基因组中,广泛存在于真菌线粒体基因、四膜虫和绒泡菌的 rRNA 基因以及叶绿体基因、噬菌体 RNA 中,但未见于脊椎动物基因中,其内含子大小不等,一般含有中部核心结构,有 4 个重复保守序列(表 9.7),长度在 10~12 bp,保守序列构成特有的二级结构,共有 9 个茎环结构(图 9.35),与剪接有

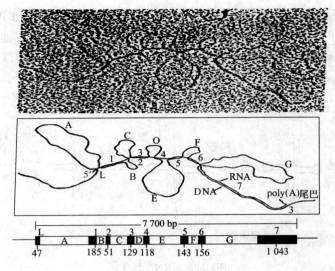

图 9.34 转录与加工

表 9.7 内含子 I 中构成核心结构的保守序列成分

| 成 分 | 代 号 | 保守序列 | 互补对象 |
|---|---|---|---|
| A | P | AAUGCUGGAAA | B(Q) |
| B | Q | AAUCAGCAGG | A(P) |
| Box9L | R | UCAGAGACUACA | Box2(S) |
| Box2 | S | AAGAUAUAGUCC | Box9L(R) |

关,距离剪接点很远,5′剪接点是↓U,3′剪接点为G↓,其剪接方式是自我剪接,内含子 I 具有 RNA 酶活性,这类 RNA 酶称为核酶,内含子 I 中常常具有 ORF,该 ORF 与外显子联合编码成熟酶,是自我剪接必不可少的酶,其作用是稳定 RNA 的空间构象。内含子 I 具有移动元件的功能,DNA 水平上被自我编码的产物促进内含子移位,在 RNA 水平上促进自我剪接的逆反应,即把内含子重新插入外显子之间。内含子的可移动性又称为内含子回巢或内含子寻靶(intron homing)。

内含子 I 最初发现于原生动物的 pre-RNA 中,后来在细菌和 T4 噬菌体中也发现存在这类内含子。四膜虫两种 rRNA 转录为 35S 的产物,小的 rRNA 位于前体的 5′端,大的 26S 位于前体 3′端。26S 的 rRNA 基因中含有一个 414 核苷酸的内含子,切除内含子碱基成为线状片段,再形成环状分子,反应过程不需要能量,只要一价离子、二价离子和游离的鸟苷酸辅助因子,GTP、GDP、GMP 均可,经过二次转酯反应完成,第一次,游离 G 发动,由 G 的 3′-OH 作为亲核基因攻击内含子 5′末端的磷酸二酯键,产生上游外显子游离的 3′-OH 末端;第二

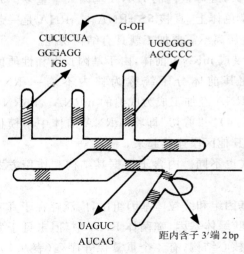

图 9.35 内含子 I 的结构

次由上游外显子游离 3′-OH 作为亲核基因攻击内含子 3′ 位(下游外显子的 5′ 位)核苷酸上的磷酸二酯键,使内含子被完全切离并形成环状内含子,上下游两个外显子通过新的磷酸二酯键相连(图 9.36)。

内含子Ⅱ发现于 tRNA 前体剪接研究中,主要存在于真核生物线粒体和叶绿体 rRNA 基因中,如酿酒酵母线粒体细胞色素 c 氧化酶 a 亚基和 b 亚基的内含子 aⅠ1、aⅠ2、aⅠ4 和 bⅠ1,这些内含子无核心结构,5′ 剪接点是 ↓GUGCG,3′ 剪接点为 YnAG↓,在 3′ 剪接点上游 6～12 bp 的序列相对保守,为 PyPuPy-PyTAPy,其中 A 绝对保守,在 A 的前后都有几个 3～5 bp 的短序列,可以与上游序列形成具有 6 个茎环结构的二级结构,此二级结构(图 9.37)包括 6 个区,5 区和 6 区间隔 2 个碱基,保守的 A 则位于 6 区,6 区可能是 RNA 的催化活性区域。其剪接方式类似于核基因的 mRNA 前体的剪接,RNA 本身具备完成剪接的能力,总体上属于自我剪接,不需要能量。剪

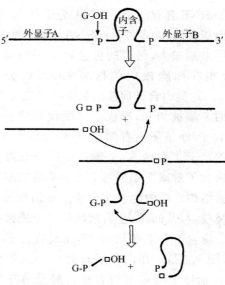

图 9.36　内含子Ⅰ的自我剪接过程

接过程中发生两次转酯反应,由内含子本身靠近 3′ 端的腺苷酸的 2′-OH 作为亲核基因攻击 5′ 端的磷酸二酯键从上游切开 RNA 链后形成套索状结构,再由上游外显子的自由 3′-OH 作为亲核基因攻击内含子 3′ 端剪接点,完成转酯反应(图 9.37),使内含子被完全切离。它不同于核 mRNA 剪接的是不需要其他成分的参与,RNA 分子本身能够形成剪接所需的空间结构和催化活性区域。

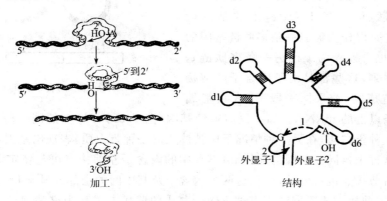

图 9.37　内含子Ⅱ的结构与加工

内含子Ⅲ的大小不等,为 100～10 000 bp,与外显子连接处的两端有两个高度保守的碱基,5′(左)剪接点是 ↓GU,3′(右)剪接点是 AG↓,左剪接点称为供体位点,右剪接点称为受体位点,几乎所有真核核基因都遵循这个 GU－AG 规则,且左剪接点比右剪接点更重要。若 GU 中的 U 突变,则不能精确剪接,右剪接点上游 20～50 个核苷酸处的分支点都为 A。剪接点的识别是剪接过程中的关键问题,一般认为有两种方式识别:一种是通过酶来识别,另

一种是 RNA 经碱基配对形成二级结构后再由酶识别。无论哪种方式剪接,其剪接过程需要依赖 RNA 的 ATP 酶,或是解链酶,或是脱分支酶,另外需要由 5～9 种核小 RNA 蛋白(small nuclear RNA protein,snRNP)和若干 snRNA 分子共同组成剪接体参与剪接反应。每种 snRNP 含有一个 snRNA 分子和 10 个左右的蛋白质,这些蛋白质分子称为剪接因子,剪接因子共有 40 多种。snRNA 一般长度为 100～300 bp,在酵母中可达到 1 000 bp,它们的丰余度差别很大,最多的可达到 105～106 个,最少的几乎检测不到,但在功能鉴定可以测到,分布在细胞核中的称为 snRNA,分布于细胞质的称为 scRNA(small cytoplasmic RNA)。这类内含子剪接的最大不同就是需要形成剪接体。剪接反应分为三个阶段:①内含子的 5′端被切开,形成左侧线状外显子和右侧内含子-外显子。右侧内含子-外显子中,在距离内含子 3′端约 30 个碱基处的分支点保守 A 与内含子游离 5′端通过 5′—2′磷酸二酯键形成套索结构。②内含子 3′剪接点被切断而以套索状释放,与此同时,左右两侧外显子连接在一起。③内含子套索被切开,形成线状分子并被降解(图 9.38)。在内含子Ⅲ剪接中真核生物 mRNA 前体中的多个内含子一般是有序地被逐一切除的,最后将各个外显子连接为成熟的 mRNA,这种剪接是组成性剪接。RNA 剪接提出了 GT—AG 规则,也就是说内含子的 5′末端大多是以 GT 开始的,3′末端是以 AG 结束的,这为 RNA 剪接提供了剪接信号。由于剪接方式的不同造成基因的多样性,并非一定是一个基因一条多肽,同一条 DNA 链上的某一段 DNA 序列,它可以作为编码一条多肽链基因的外显子部分,也可以作为编码另一条多肽链基因的内含子序列,这些都是由于内含子的剪接方式不同所造成的,结果同一段 DNA 可能编

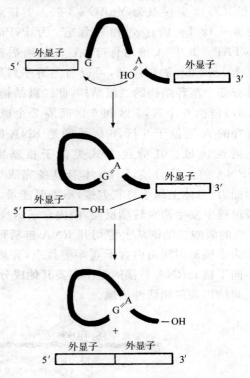

图 9.38　内含子Ⅲ的加工

码两条或两条以上的 mRNA。如小鼠淀粉酶基因(图 9.39),SV40 的同一段 DNA 在一种情况下读成一种蛋白质,在另一种情况下则被读成另一种蛋白质,表现出基因与蛋白质的非线性关系。这种来自同一基因的前体 mRNA 中的内含子左剪接点可与特定条件下的另一个内含子的右剪接点进行剪接,删除这两个内含子及其中间的全部外显子和内含子,使同一前体 mRNA 因剪接方式不同产生多种不同蛋白质的剪接方式称为交替剪接。交替剪接使翻译的一组蛋白质具有相同的结构域或功能域,又具有特异性差异,实现不同发育阶段、不同组织或细胞分化的不同生理状态对基因的不同要求,使基因编码信息实现了转录后的扩展,从而增加了基因的复杂性。

　　mRNA 编辑是一种独特的遗传信息加工形式,对 mRNA 前体的核苷酸序列进行大刀阔斧的插入、删除、重排和转换,以致最后成熟的 mRNA 与有义链或 mRNA 前体的核苷酸序列相比较大不相同,它是对 RNA 分子的一种修饰行为。1986 年由鲍尼(R. Bonne)等在

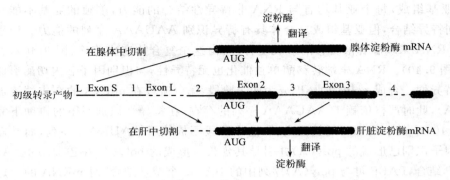

图 9.39　内含子选择性表达

原生动物锥虫线粒体基因转录产物中发现存在 RNA 编辑现象,在其产物 5′端有几个非编码的尿苷酸,后在病毒、动植物中也发现了 RNA 编辑现象。剪接是切除内含子,切除信息和编码信息在原始基因都中存在;编辑后所得到的成熟 mRNA 编码区发生的碱基数量上的改变,并不出现在原始基因中。编辑有三种形式:碱基插入与删除以及核苷酸替换。碱基插入与删除一般插入或删除 U,如锥虫 Co Ⅲ 基因,在转录产物编码区有 158 个位点插入 394 个尿苷酸,在 9 个位点共删除了 18 个 U,实际增加了 374 个 U,占成熟 mRNA 总长度的 53%。碱基插入中,黏菌线粒体 RNA 编辑插入 C,插入在编码区内,插入刚好校正了线粒体 DNA 中的移码突变;又如副黏病毒由于 G 的插入产生 2～3 种相同氨基端不同羧基端的蛋白质,实现了不同 mRNA 的差别表达。核苷酸替换改变密码子的含义,甚至造成翻译提前终止,实现了发育过程中不同组织的不同需要。RNA 编辑可以纠正移码突变,可以视为有机体应答有害突变的手段。通过编辑构建或删除起始密码子或终止密码子,可控制翻译,实现差别表达;通过编辑,可改变遗传信息,使基因产物获得新的结构和功能,实行信息扩充,有利于生物的进化。RNA 编辑是基因表达的重要手段,可能是遗传信息加工的原始方式,也可能是生物进化中古老信息加工的遗留痕迹。

真核生物的 mRNA(不包括叶绿体和线粒体)5′端都是经过修饰的,修饰时在 mRNA 前体的 5′端加上 7-甲基鸟苷三磷酸的帽子结构 $m^7$-GPPP。帽子有三种形式:$m^7$-GPPPX 为帽子 0;$m^7$-GPPPX$_m$ 为帽子 1;$m^7$-GPPPXmY$_m$ 为帽子 3。帽子为核糖体识别 mRNA 提供信号,帽子与帽子结合蛋白的相互作用,可以促进蛋白质翻译起始复合物的形成,增强翻译效率;帽子可以增加 mRNA 的稳定性,有"帽子"的 mRNA 其翻译效率高于无"帽子"的 mRNA,无帽子的 mRNA 的蛋白质合成受到抑制;帽子参与某些病毒 RNA 的正链合成和对某些成熟 mRNA 的核苷酸修饰,如甲基化,没有甲基化的帽子其翻译活力显著下降,因此,帽子对 mRNA 的翻译具有重要作用。

加尾是在 mRNA 或 hnRNA 的游离 3′末端加 50～200 bp 的 poly(A)尾巴,其加尾是由 RNA 末端腺苷酸转移酶催化完成的,以 ATP 为前体,逐个添加到 mRNA 的 3′末端,使之变为带有 poly(A)的 mRNA 或 hnRNA。poly(A)尾巴并不是加在转录产物终止的 3′末端,而是通过一个特异性内切酶(360 kD)和其他识别因子相互作用识别转录产物酶切点上游方向的 13～20 个碱基附近的 AAUAAA 序列和酶切点下游方向的 GUGUGUG 序列,并切除这一序列,在此基础上,再由 RNA 末端腺苷酸转移酶添加 poly(A)。其中转录产物中的 AAUAAA 序列高度保守,一个碱基的差异可阻止 poly(A)的形成。识别 AAUAAA 序列的因子由 3 个亚基组成,每个亚基均有与 RNA 非特异性结合的能力,单独的亚基不能与 AAUAAA 序列特异结合,但亚基组成复合体具有特异识别 AAUAAA 序列的能力。识别因子、内切酶和 RNA 末端腺苷酸转移酶形成复合体,由这个复合体完成剪接(图 9.40),并合成 poly(A)(图 9.40)。RNA 末端转移酶单独催化也无特异性,与识别因子和内切酶形成的复合体具有特异性。合成 poly(A)尾巴分为两个阶段:第一阶段在 mRNA 的 3′末端添加 10 bp 的 poly(A),此时严格依赖于 AAUAAA 序列的存在,在特异性识别因子的协助下完成;第二阶段将 10 bp 的 poly(A)延长至全长,这个阶段不依赖于 AAUAAA 序列,而是需要另一个刺激因子识别已形成的 poly(A)并引导其延长。形成的 poly(A)尾巴与 poly(A)结合蛋白 PABP 结合,PABP 可与 poly(A)序列中的 10~30 个碱基结合,对 mRNA 的稳定性有着重要的作用。通常 12 个 poly(A)与 1 个 PABP 发生亲和性结合,PABP 像"串珠"一样覆盖在 poly(A)的腺苷酸残基上,保护 poly(A)不被降解。高等真核生物 mRNA 的 poly(A)一般长 200 bp,低等真核生物的 poly(A)则为 100 bp。当 mRNA 从细胞核转移到细胞质时,poly(A)的长度一般要减少 30~50 bp。一般认为 poly(A)与 mRNA 的寿命有关,与 mRNA 的稳定性密切相关,其长短影响翻译效率。例如,去除 poly(A)的 mRNA 易被水解,PBAP 的缺乏能够抑制酵母的翻译。又如在营养丰富的培养基中,黏菌以营养生长为主,当营养不足或细胞密度过大时,生长停止,开始一系列程序化的发育过程。从营养生长到发育生长的关键在于氨基酸饥饿以及细胞的相互作用。黏菌进入发育阶段使 5 种多肽的合成起始速度迅速下降,但编码这几种多肽的 mRNA 的量并未减少;而营养细胞和发育细胞的不同在于 mRNA 上核糖体数量及 poly(A)的长短不同。营养细胞中 90%以上的 mR-

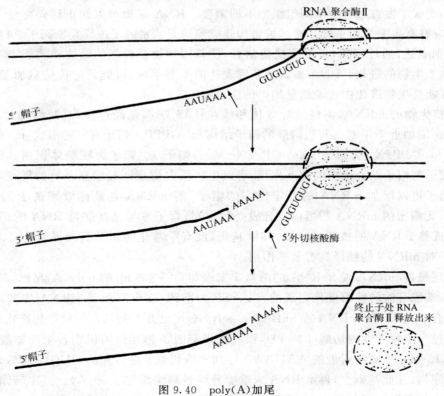

图 9.40　poly(A)加尾

NA(包括恒态和新合成的)以多聚核糖体形式存在,平均每条 mRNA 上有 10～12 个核糖体,恒态的 mRNA 链上平均有 60～65 个腺苷酸,新合成的 mRNA 链上则有 110～115 个腺苷酸。但是发育早期细胞,生长期 mRNA 中仅有 30% 以多聚核糖体的形式存在,每条 mRNA 链上只有 6～8 个核糖体和 30 多个腺苷酸;而发育阶段特异表达基因中,新合成的 mRNA 与原先营养生长期 mRNA 没有什么不同。所以,快速生长细胞中,蛋白质合成旺盛时,mRNA 链上的核糖体的数量多,mRNA 链上 poly(A)也较长,而新合成的 mRNA 链上的 poly(A)就更长;缓慢生长细胞,蛋白质的需求减少,mRNA 链上的核糖体减少,mRNA 链上的 poly(A)也缩短,当某些 mRNA 链上不再翻译时,核糖体就被释放出来,其 poly(A)也缩短。所以,poly(A)与 mRNA 的寿命有关,没有 poly(A)的 mRNA 易被降解,具有 poly(A)的 mRNA 不易被降解,poly(A)的缩短可以降低翻译速度和效率。

无 poly(A)的 mRNA,其 3′端的正确形成依赖于 RNA 本身形成的二级茎环结构,一般转录到此就终止转录,形成茎环结构的序列发生突变,只要不影响茎环结构形成,突变对转录就没有影响,这说明对于转录终止,二级结构(茎环结构)所提供的信息比序列信息更重要。

### 9.4.3 转录终止和抗终止调节

原核生物终止子有强、弱之分。弱终止子的调节作用依赖于 $\rho$ 因子和终止子本身的结构变化及终止子序列的暴露。$\rho$ 因子是 *rho* 基因编码的强碱性蛋白质,分子量为 46 kD,由 3 个二聚体组成的六聚体,所有亚基都相同,每个二聚体上各有 2 个 RNA 和 ATP 结合的强结合位点和弱结合位点。其 N 端有 150 个氨基酸与 RNA 结合,C 端具有依赖于 RNA 的 ATPase 活性。$\rho$ 因子活性形式为六聚体,分子量为 270 kD。所以 $\rho$ 因子具有能够识别弱终止子序列、依赖于 RNA 的 ATPase 活性、及类似于 DNA 复制的解旋酶活性,其解旋作用只发生在 RNA－DNA 的杂合链中。当 $\rho$ 因子与 RNA 聚合酶的浓度比为 1:10 时,$\rho$ 因子表现为最大的活性。当活性六聚体 $\rho$ 因子与新生 RNA 的 5′端结合,或与新生 RNA 链的终止子上游的某一序列结合,由于 $\rho$ 因子有依赖于 RNA 聚合酶的 ATPase 活性,所以 $\rho$ 因子借助 ATP 的水解获得能量,并沿着 RNA 链由 5′端向 3′端移动,由于 $\rho$ 因子比 RNA 聚合酶小,移动速度快,聚合酶在终止子处暂停,给 $\rho$ 因子提供机会。研究分析发现 nut 序列是 RNA 与 $\rho$ 因子相互作用的序列,RNA 上的 nut 序列的长度一般大于 50 nt,富含胞嘧啶(C),$\rho$ 因子正是利用 RNA 上的 nut 位点和 RNA 结合,以穷追(hot pursuit)方式沿着 nut 序列向 3′端移动,在 nut 上有多个 C,由于转录速度放慢,当 RNA 聚合酶遇到终止子序列而暂停,$\rho$ 因子得以在终止子处追赶上 RNA 聚合酶,并跻身于转录泡的 RNA－DNA 杂合链中,而 $\rho$ 因子的 ATPase 活性也同时被激发,并出现 RNA－DNA 解旋酶活性,使转录三元复合物(由 RNA 聚合酶的核心酶、DNA 模板和新生 RNA 链组成)的结构发生剧烈变化,停止延伸,结果 RNA 被释放。突变体研究结果显示,RNA 聚合酶的 $\beta$ 亚基参与 $\rho$ 因子的转录终止作用,有可能是 $\rho$ 因子与 RNA 聚合酶 $\beta$ 亚基作用,将嵌合于 RNA 聚合酶空间结构中的 RNA 链抽出来,迫使 RNA 聚合酶离开转录泡中的杂合链,释放转录物。$\rho$ 因子能否发生作用,还需要看 $\rho$ 因子是否有机会进入 RNA 链的 5′端并沿着 RNA 链向 3′端移动。原核基因表达时转录与翻译的耦合,使一个转录单位上有几个结构基因的多顺反子的翻译正在旺盛的时候,新生 RNA 链的 5′端就被核糖体一个接一个地覆盖上去进行翻译。由于核糖体的存在,$\rho$ 因子不能与 RNA 接触,即使结合到 RNA 上,也只能跟在核糖体后面移动,只有在翻译到终止子处肽链不再延伸时,核糖体从 RNA 上释放,RNA 链暴露出来,$\rho$ 因子才有机会结合上去并在 RNA 链上移动,直到依赖于 $\rho$ 因子的终止子信号与 RNA 聚合酶相互作用,才能释放出 RNA。这一依赖于 $\rho$ 因子的终止子模型是 1976 年艾德哑(S. Adhya)和歌特曼(M. Gottesman)提出的。此模型也解释了基因表达的极性现象。经缺失研究发现,$\rho$ 因子可识别终止子上游 50~90 bp 的区域,这段区域 C 含量较多,G 含量较少。C 占 41%,而 G 占 14%,终止发生在 CUU 的某一位置。再有,依赖于 $\rho$ 因子的终止子虽然具有发夹结构,但 GC 相对含量较低,并缺乏 U 串。

不同终止子的发夹结构长度有所不同,在 7~20 bp 之间,由一组反向重复序列构成茎环结构的茎,中间的间隔序列构成环。在茎的底部有一富含 GC 对的区域。由于 DNA 模板上富含 GC,所以转录的 RNA 链富含 CG,所以 RNA 与 DNA 之间可以形成较强的氢键,成为 DNA-RNA 的杂合分子,从而 RNA 聚合酶的移动有利于终止。研究发现,导致发夹结构改变的突变可阻止转录的终止,说明发夹结构对于终止是必需的,非常重要。

强终止子是不需要 $\rho$ 因子,只需要形成茎环结构的回文序列和终止子序列。强终止子调节是由于茎环结构基部 GC 含量高,茎较长,故终止作用较强。而且,新生 RNA 链的发夹结构可阻止 RNA 聚合酶催化的聚合反应暂停,暂停的时间因不同终止子而有所不同,典型的终止子可暂停 60 秒左右。转录的终止并不只依赖于发夹结构,新生的 RNA 链可有多处发夹结构。RNA 的暂停只是为转录的终止提供了机会,如果没有终止子序列,聚合酶可以继续转录而不发生终止。强终止子的终止调节还需要模板上回文序列后面富含 AT 的序列,使转录出的 RNA 上有较多的 U,它们可能对转录物从 DNA 模板上释放有利。6 个连续的 U 串可能为 RNA 聚合酶与模板的解离提供信号。这是因为 RNA 与 DNA 间的 U-A 结合力较弱,有利于 RNA 和 DNA 的解离。终止点并不固定在某一个碱基上,而是徘徊在几个邻近的核苷酸之间,如有时 RNA 的 3′ 末端带有 5 个 U 串,有时是 6 个 U 串,转录终止于这些 U 串上。如果 U 串缺失或缩短,尽管 RNA 聚合酶可以发生暂停,但不能使转录终止。因此,终止子回文序列之后富含 AT 对的区域就是与新生 RNA 的 3′ 末端的 U 串相对应的区域,这说明 AT 富含区在转录终止和起始中均发挥了重要作用,U 串在终止子中必不可少。所以不依赖于 $\rho$ 因子的强终止子的终止作用主要是依赖于在终止子部位形成茎环发夹结构的反向重复序列和发夹结构后面的 AT 区域来终止转录的。这种发夹结构破坏了转录泡中 RNA-DNA 杂合链结构的形成。转录泡中的 RNA-DNA 杂合链结构可以帮助 RNA 聚合酶固定在 DNA 模板上,转录泡中 RNA-DNA 发夹结构使 RNA 聚合酶变得不稳定。可能转录泡中的 RNA-RNA 发夹结构比 RNA-DNA 杂合链稳定,因此,将 RNA 从 RNA-DNA 杂合链上拉下来,由于 RNA 新生链中 U 串的作用,使 RNA 聚合酶从 DNA 模板上脱落下来,完成终止。

由此可知,弱终止子和强终止子在作用方式上是不同的。强终止子转录产生的 RNA 发夹结构比 RNA-DNA 杂合链稳定,阻止 RNA-DNA 杂合链的继续产生,再在 U 串的帮助下,使转录终止;弱终止子在 $\rho$ 因子的促进下使 RNA-DNA 解旋,使转录三元复合物的结构发生变化,停止延伸,终止转录,发夹结构形成的只是空间障碍结构,不能使转录终止,只能使转录速度减慢,终止子的作用是终止,两者相互配合完成终止。在细菌中,弱终止子少于强终止子,而噬菌体则刚好相反。

正常情况下,原核生物基因表达时,转录与翻译过程偶联,mRNA 上覆盖了很多核糖体,因此阻碍了 ρ 因子追赶 RNA 聚合酶,并且 mRNA 是多顺反子,上游结构基因的终止密码子与下游结构基因的起始密码子紧密相连,ρ 因子接近终止子时,RNA 聚合酶早已越过依赖于 ρ 因子的弱终止子,导致转录不会停止,而继续转录后面的基因。即使 ρ 因子结合到 RNA 链上,也只能跟在核糖体后面移动,不能实现终止。但是如果多顺反子内的前端基因在终止子之前发生了无义突变,而且这无义突变越靠近 mRNA 的 5′ 端,由于缺乏偶联机制,核糖体便从无义密码子处解离下来,终止翻译,而不再进入到 mRNA 上无义密码子之后的位置上(图 9.41),于是 ρ 因子就可以自由地进入 RNA 并移动,直到赶上停留在终止子处的 RNA 聚合酶,与之结合使 RNA 聚合酶释放,

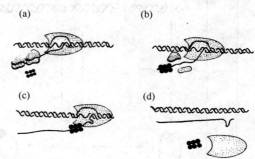

图 9.41　无义突变引起的极性现象示意图

导致下游基因不再转录翻译,这就是极性现象的原因。这种在某些情况下同一转录单位里,由于一个基因的无义突变,阻碍了其后续基因表达效应的现象就称为基因表达的极性现象。无义突变、插入突变都能够造成基因表达的极性现象。多顺反子内的终止子一般都是弱终止子,在噬菌体表达中由于操纵子的重叠作用,一些操纵子的继续表达则需要 RNA 聚合酶与抗终止序列 nut 和抗终止蛋白共同作用来完成抗终止作用使基因有效地组织时序表达。大肠杆菌中有 4 个 nus 位点。nusA、nusB、nusG 编码的蛋白质只与转录终止有关,其作用与 λ 噬菌体类似,有关抗终止作用的详细过程请阅读本书第 4 章第 2 节。抗终止作用也许是噬菌体与宿主协同作用的结果,是发育阶段表达最初的基础,是高等生物组织细胞选择性表达的基础。

### 9.4.4　代谢产物对基因活性的调节

　　在降解代谢中,起始端的酶(催化第一步反应的酶)的底物浓度往往决定是否合成这一途径中的其他各个酶。合成代谢中,最终产物则往往是调节物质。单顺反子 mRNA 翻译出的蛋白质也可能充当自我调节的角色,其浓度决定了启动子的转录活性。根据调节机制的差异,可以把调节控制分为正调节和负调节。调节蛋白通过与 DNA 上的特定位点结合以控制转录是调控的关键所在。正调控是调节蛋白与 DNA 的特定位点相互作用,启动或增强操纵子的转录活性,此时调节蛋白以激活物(activator)的形式存在,根据调节蛋白是否具有直接活性,分为可诱导正调节和可阻遏正调节。细胞内调节蛋白没有活性,在诱导物(inducer)存在的情况下,诱导物与调节蛋白结合使之激活作用于操纵子使之开放表达,这就是可诱导的正调控(图 9.42(b)),如阿拉伯糖操纵子。细胞内的调节蛋白是有活性的,关闭基因的转录表达,但效应物(effector)与调节蛋白结合使之失活,开启转录,这就是可阻遏的正调控(图 9.42(d))。负调控是调节蛋白与 DNA 的特定位点相互作用,关闭或降低操纵子的转录活性。调节蛋白以阻遏物(repressor)的形式存在,根据阻遏物是否有直接活性分为可诱导负调节和可阻遏负调节。细胞内的阻遏物具有活性,该阻遏物能够与操纵基因结合并使操纵子关闭;当细胞内出现诱导物时,诱导物与阻遏物结合使之变构,复合物不能与操纵基因结合,使操纵子开放,这就是可诱导的负调控(图 9.42(a)),例如乳糖操纵子。有些操纵子始终处于开放状态,这类操纵子产生的阻遏物是没有活性的,当诱导物出现时,诱

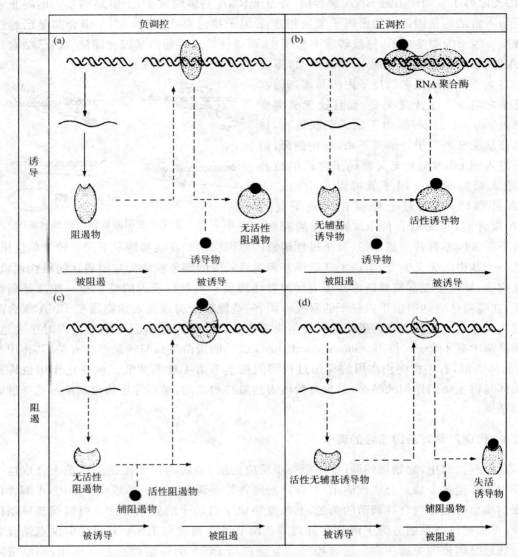

图 9.42  原核生物基因表达的正负调控
(a)可诱导调控；(b)可诱导正调控；(c)可阻遏调控；(d)可阻遏正调控

导物与阻遏物结合为具有活性的共阻遏物，并与操纵基因结合关闭转录，这就是可阻遏的负调控（图 9.42(c)），例如色氨酸操纵子。激活物是与启动子结合并使基因表达的蛋白质或小分子物质。阻遏物是与操纵基因结合的蛋白质或小分子物质，诱导物是能够诱导基因表达的小分子物质。效应物是能够与调节蛋白结合并能够改变调节蛋白的性质的小分子物质。阻遏物和激活物一般都是调节基因编码的蛋白质，这些调节蛋白结合在操纵子的操纵基因处，调控操纵子的转录。诱导物和效应物是激活或抑制阻遏物和激活物的小分子物质。判断是正调控或是负调控，可以通过调节基因缺失或失活效应来进行鉴定。如果调节基因失活，操纵子就进行转录，说明这个操纵子是负调控；如果调节基因失活，操纵子就停止转录（图 9.42），这说明是负调控。在真核生物也有正负调控，唯一不同的是基因不是组织为操纵子形式表达,是以单基因结构或基因家族的选择性表达进行调节。

### 9.4.5　葡萄糖效应对基因活性的调节

　　葡萄糖是生物体最有效、最方便、最快捷的能源物质,在葡萄糖存在条件下,生物体优先利用葡萄糖,直到葡萄糖利用完了,才利用其他糖原,由此造成二度生长现象,又称为葡萄糖抑制效应(图 9.43)。葡萄糖抑制效应就是在葡萄糖存在的情况下,即使存在其他糖原如乳糖、半乳糖、阿拉伯糖或麦芽糖等诱导物,并且这些诱导物与对应的操纵子或转录本即便是结合了,也不会启动,不能产生出代谢这些糖的相关酶来,也称为降解物抑制作用。在葡萄糖存在下,细胞所需要的能量便可从葡萄糖中得到满足,细胞不需要开动一些不常用的基因去利用这些稀有糖类,提高自己的支出成本。葡萄糖的存在会抑制细胞腺苷酸环化酶的产生,从而减少环化腺苷酸(cAMP)的合成,环化腺苷酸与 CAP 蛋白质结合时,因找不到配体cAMP 而不能形成 cAMP-CAP 复合物。这一复合物是正调节物质,是基因表达的正调节物,可以与基因启动子区结合,启动基因转录;所以,葡萄糖存在时,就不能形成 cAMP-CAP复合物,受其控制的基因就不能转录表达。如果培养基中的葡萄糖的量减少,则腺苷酸环化酶活力提高,cAMP 合成增加,cAMP 与 CAP 形成复合物并与启动子结合,促进基因表达。降解抑制作用是通过促进基因转录来正向调节基因表达,这是一种积极的节约化的调节方式。

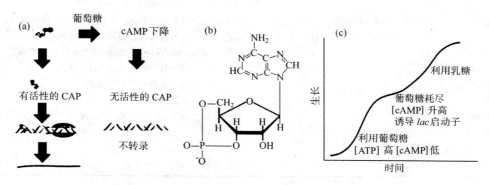

图 9.43　葡萄糖效应
(a)葡萄糖抑制作用;(b)环化腺苷酸;(c)糖原利用曲线

## 9.5　翻　译　调　控

### 9.5.1　真核 K 序列与原核 SD 序列的翻译起始调控

　　蛋白质合成包括起始、延伸和终止。对翻译起始的调节是真核生物基因表达的关键步骤,众所周知,位于 mRNAs 5′端的帽子结构在核糖体与 mRNA 结合的过程中起关键作用,在起始过程中,由 Met-tRNAi,eIF-2 和 GTP 形成三元复合体(ternary complex),再结合核糖体 40S 小亚基形成前起始复合物(preinitiation complex)。核糖体结合位点由起始密码子所决定,在某些起始密码子上游,邻接序列也可能十分重要,被称为 Kozak 序列(ACCAUGG),它相当于原核生物的 SD 序列。前起始复合物结合于 mRNA 的 5′端的帽子结构并沿着 mRNA 扫描,借助 Kozak 序列搜寻第一个起始密码子,翻译才能真正开始。翻译起始因子帽子结合蛋白(cap binding protein,CBP)4F (eIF-4F)对帽子结构最先识别,并由帽子结合蛋白 eIF4E 与 eIF4C 和 eIF4A 形成 40S·eIF-3·eIF-4C 亚单位,其中 eIF4E 与帽子结构发生物理作用,在酿酒酵母中由 cdc 33 基因所编码;eIF4C 作为一种支架蛋白将一些起始因子以及 mRNA 联结在一起;另外在 eIF-4A 与 eIF-4B 共同作用下去除 mRNA 的 5′非翻译区域(UTR)的二级结构形成三元复合物 eIF-2·GTP·Met-tRNAiMet,然后三元复合物在 eIF-3 帮助下与 40S 亚基结合以形成 40S 前起始复合物 40S·eIF-3·eIF-4C·eIF-2·GTP·Met-tRNAiMet。酵母菌中构成上述复合物任何组分的失活都会抑制依赖于帽子结构的翻译,而依赖于帽子结构的翻译是翻译起始的一种主要机制,研究最多的是内部核糖体进入序列(internal ribosome entry sequence,IRES)介导的翻译。翻译效率与蛋白质的起始合成密切相关。有多种起始因子(表 9.8)参与起始过程,各个起始因子的功能各不相同。起始复合物的形成(图 9.44)、Kozak 序列和起始因子的磷酸化是实现起始调控的主要环节,调控翻译的速度和对起始密码子的选择。

表 9.8　真核细胞蛋白质合成的起始因子

| 起始因子 | 相对分子量($\times 10^3$) | 主要功能 |
| --- | --- | --- |
| eIF-1 | 15 | 使 40S 起始复合物稳定,并有多重作用 |
| eIF-2 | 130(36,38,55) | 与 Met-tRNAiMet 结合有关,并需 GTP 存在 |
| eIF-2A | 65 | AUG 存在下,Met-tRNAiMet 结合 40S |
| eIF-2B | 272(26,39,58,67,82) | 促进 eIF-2-GDP 转变成 eIF-2-GTP 反应中核苷酸的转变 |
| eIF-3 | 554(35,36,40,44,47,67,115,170) | 促进 40S 前起始复合物的形成 |
| eIF-4A | 46 | 依赖于 RNA 的 ATPase,促进 mRNA 结合核糖体 |
| eIF-4B | 80 | 激活 eIF-4A 和 eIF-4F,促进 mRNA 结合 |
| eIF-4C | 19 | 参与 40S 亚基前起始复合物的形成 |
| eIF-4D | 17 | 促进第一个肽键的形成 |
| eIF-4E | 24 | 识别并结合 mRNA 的 5′"帽子"结构 |
| eIF-4F | 230(24,46,220) | "帽"识别 |
| eIF-5 | 125 | 促进 40S 与 60S 亚基结合 |
| eIF-6 | 25 | 核糖体解离;结合 60S 亚基 |

SD(Shine Dalgarno)序列是位于 mRNA 5′端起始密码子的上游约 4～7 个核苷酸的短序列(5′…AGGAGG…3′),该序列是 mRNA 链与核糖体的结合部位,富含嘌呤类核苷酸,并直接参与翻译的起始,它可以与核糖体 16S rRNA 的 3′端的 3′…UCCUCC…5′区段完全互补。多数细菌中的 SD 序列与起始密码子 AUG 序列很近,不同来源的 SD 序列上的碱基有些差异,但一般都富含嘌呤类碱基。在细菌中受核糖体保护的起始序列约 35～40 bp,其中包括起始密码子 AUG,当核糖体结合在 SD 序列上,需要沿着 mRNA 向 3′端移动,直至遇到第一个起始密码子 AUG 后才开始翻译;在起始过程中 mRNA 与核糖体结合的过程中,mRNA 上的 SD 序列与 16S rRNA 3′端相应的序列进行配对对于翻译起始是至关重要的,如果发生点突变,就不能翻译,如 T7 mRNA 中的 SD 序列的 GAGG 变成 GAAG,翻译效率明显降低。研究表明 16S rRNA 3′端序列是高度保守的,这段序列可自身互补形成分子内发夹结构,这种发夹结构使 16S rRNA 3′端不能与 SD 序列配对,并且这种发夹结构是交替出现的,在翻译起始时,发夹结构被破坏,于是 mRNA 与 16S rRNA 3′端完全配对,促进

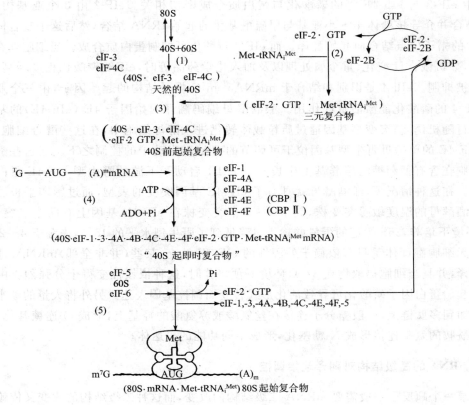

图 9.44 翻译的起始

翻译起始；当翻译已经起始，16S rRNA 的 3′端再度形成发夹结构，16S rRNA 3′端与 mR-NA 的配对完全破坏，核糖体离开起始区沿着 mRNA 向前移动。其次，SD 序列与 16S rRNA 序列的互补程度和起始密码子与 SD 序列的距离也强烈地影响翻译的效率。具有 SD 序列的 mRNA 的翻译效率快，SD 序列发生突变，翻译效率降低，严重者不能进行翻译。不同 SD 序列与 16S rRNA 的结合能力不同。靠近 SD 序列的基因，其翻译效率高于远离 SD 序列的基因。因此，SD 序列是可以调节多顺反子的基因翻译频度的，最终决定了翻译的速度与效率。图 9.45 是几种不同基因的 SD 序列。

| φχ174蛋白基因 | 5′ AAUCU *GGAGG* CUUUUUU<u>ADG</u>GUUCGUUCU 3′ |
| QB 复制酶基因 | 5′ UUAC *UAAGGGAGU* GAAAAUGC<u>ADG</u>UCUAAGACA 3′ |
| R17A 蛋白基因 | 5′ UCCUAGG *AGGU* UUGACCU<u>ADG</u>CGAGCUUUU 3′ |
| λ Cro 蛋白基因 | 5′ AUGUAC *UAAGGAGGU* UGUA<u>ADG</u>GAACAACGC 3′ |

图 9.45 几个不同基因的 mRNA 中的 SD 序列

### 9.5.2 磷酸化修饰对翻译起始的调控

酵母翻译起始过程中有 12 种因子参与，这些蛋白质中的某些小基团被修饰可以起到调节翻译的作用，如乙酰基修饰、甲基化修饰、磷酸修饰、糖基化修饰，不同修饰的作用各不相同,其中 eIF-2 与 eIF-4F 等的磷酸化与蛋白质合成密切相关。eIF-2 由 3 个亚基构成,与 GTP 结合并介导核糖体 40S 小亚基与甲硫酰基化的起始 tRNA 结合,然后这个复合体再与 mRNA 的帽子位点结合而起始翻译。而 eIF-2 磷酸化可抑制蛋白质合成。当细胞处在异常环境中,如饥饿、pH 变化、重金属处理以及加入化学药品等时,eIF-2 磷酸化程度增高,蛋白质合成被抑制。eIF-4 是识别和结合于 mRNA5'-m⁷G 帽子结构的起始因子,由三个亚基构成。eIF-4 的磷酸化能激活翻译作用。酿酒酵母编码翻译起始因子 4E（eIF-4E）的基因在体外进行随机诱变,突变型基因通过质粒载体转化进入酵母细胞中,在这些酵母细胞中,质粒上 eIF-4E 的单拷贝野生型基因位于可调节的 GAL1 启动子的控制之下。当这些酵母转化子细胞在含有葡萄糖的培养基上生长时,GAL1 启动子下游的野生型 eIF-4E 蛋白的翻译停止。在这种情况下,酿酒酵母就具有了 eIF-4E 基因突变的表型,通过影印平板法筛选出了酿酒酵母的温度敏感突变株,其中 4～2 个突变株在 eIF-4E 基因上有两个点突变,在 37 ℃环境下培养,35S 标记的蛋氨酸掺入量降低到了野生型水平的 15%,来源于 4～2 个突变株的无细胞翻译体系只有依赖于外源性的 eIF-4E 补充,某些（并非全部）mRNAs 才能被有效翻译,并且当细胞提取物在 37 ℃环境下预培养时,这种依赖性变得十分强烈。由此可见翻译起始蛋白因子磷酸化可导致活化形式转变而调控基因表达。另外将大量的碳水化合物侧链加到多肽链上,一般糖分子连接在丝氨酸或苏氨酸的羟基上,形成 O-连糖基化,或者与天冬酰胺的氨基连接形成 N-糖基化,形成不同功能的表达体。

### 9.5.3　RNA 的高级结构对翻译起始调控

转录一个顺反子一般需要 mRNA 二级结构的改变,而这种二级结构的改变又依赖于前一个顺反子的翻译。RNA 噬菌体蛋白质合成就是通过 RNA 的高级结构来进行调控的,从而使 RNA 噬菌体顺反子总是以一定的顺序进行表达。例如,RNA 噬菌体 f2 以 RNA 为模板,在大肠杆菌无细胞体系即体外蛋白质合成系统进行蛋白质合成时,大部分是合成外壳蛋白,RNA 聚合酶只占外壳蛋白的 1/3,其他的 RNA 噬菌体也有类似的现象,如 MS2。用同位素标记分析 RNA 噬菌体几种蛋白质的翻译起始过程,发现外壳蛋白起始频率是合成酶的 3 倍。另外 RNA 噬菌体 f2 的外壳基因发生琥珀突变,除影响外壳蛋白的起始合成,还影响 RNA 聚合酶的起始翻译。如果突变不发生在翻译起始区附近,而发生在第 50、第 54、或第 70 位氨基酸处（共 129 个氨基酸）,那么就不影响 RNA 聚合酶的翻译。这说明合成酶与外壳蛋白的翻译起始有关,与外壳蛋白的 C 端的合成无关。也就是说,大肠杆菌无细胞体系中,核糖体可以直接起始外壳蛋白,但不能立即起始 RNA 聚合酶的合成,外壳蛋白合成到一定的程度时才能开始翻译 RNA 聚合酶。可是为什么会造成这种差异呢？研究发现,RNA 聚合酶的起始翻译区被 RNA 的二级结构所掩盖,外壳蛋白的起始破坏了 RNA 的立体构象,使核糖体能够与 RNA 聚合酶的起始区结合进行翻译。这也解释了为什么用甲醛处理,可提高 RNA 聚合酶的产量。图 9.46 中噬菌体 RNA 形成一个二级结构,在此二级结构中,仅暴露一个翻译起始序列,第二个翻译起始序列由于与 RNA 上的其他区的碱基配对而不能被核糖体所识别。然而,第一个顺反子的翻译破坏了原有的二级结构,使核糖体能够与下一个顺反子的翻译起始区结合。因此,在这个转录翻译中,二级结构对翻译的起始进行了调控。

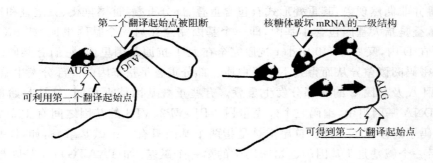

图 9.46　RNA 的二级结构对翻译起始的调控

### 9.5.4　固定模式的差别表达与等量表达调节

翻译水平的调控可以分为固定式调控和非固定式调控。包含在 DNA 序列之内,如稀有密码子、重叠基因的使用等调控是不受环境影响的固定式调控。非固定式调控是受环境影响的调控,与 DNA 序列无关。

在原核生物中,由于基因被组织为操纵子,mRNA 为多顺反子,如果一个多顺反子中的基因产物数量要求差别表达,一般是通过稀有密码子的修饰形式来实现调控的。例如,大肠杆菌 DNA 复制中,冈崎片段之前的引物是由 $dnaG$ 基因编码并由引物酶催化合成的,细胞对引物酶的需求量不大,若引物酶过多,会导致细胞死亡。已知 $dnaG$、$ropD$(编码 RNA 聚合酶 $\sigma$ 亚基)及 $rps$U(编码 30S 核糖体上 S21 蛋白)三个基因位于大肠杆菌基因组上的同一操纵子内,但 3 个基因产物的数量不太相同;每个细胞内 $dnaG$ 基因产物有 50 个拷贝,$ropD$ 基因产物有 2 800 个拷贝,$rps$U 基因产物有 40 000 个拷贝。这种拷贝数不一致的现象 $dnaG$、$ropD$ 和 $rps$U 是通过基因序列中的稀有密码子在翻译过程中实行差别翻译来进行调控的。研究发现 $dnaG$ 序列中有不少的稀有密码子,这些稀有密码子是转录产生的hnRNA经过碱基修饰加工存在于成熟的 mRNA 上的,由于高频率使用这些稀有密码子,其对应的tRNA 较少,使细胞内的基因翻译受阻,影响蛋白合成的总量,达到调控的目的。从大肠杆菌中的 25 种非调节蛋白和 $dnaG$、$ropD$ 序列中 64 种密码子的利用频度看,$dnaG$ 与其他两类有明显的不同。如:3 种 Ile 密码子在 25 种非调节蛋白中共出现 405 次,其中 AUU 占37%,AUC 占 62%,AUA 占 1%;这 3 种 Ile 密码子在 $dnaG$ 中出现 22 次,其中 AUU 占36%,AUC 占 32%,AUA 占 32%;而这 3 种 Ile 密码子在 $ropD$ 中出现的频度分别是 AUU占 26%,AUC 占 74%,AUA 占 0%。由此可见非调节蛋白 $ropD$ 对 AUA 的利用率极低,但 $dnaG$ 对稀有密码子 AUA 的利用率极高。除了这 3 种密码子外,细胞内还存在其他的稀有密码子,在使用频度上也存在着差别。如:UCG(Ser)、CCU(Pro)、CCC(Pro)、ACG(Thr)、CAA(Gln)、AAT(Asn)、AGG(Arg)等 7 种密码子在使用频度上也存在明显的差别。许多调控蛋白如 LacI、AraC、TrpR 等在细胞内的含量也是很低的。这些蛋白编码基因中的密码子使用频率与 $dnaG$ 相似,而与非调节蛋白明显不同。科学家认为,细胞内的稀有密码子对应的 tRNA 很少,高频度使用这些稀有密码子,会使翻译过程受阻,影响蛋白质合成的总量。

另一种情况是蛋白质需要等量表达,一般是通过重叠基因来实现等量控制的。重叠基因不仅在 $\varphi$X174 上发现,而且在丝状 RNA 噬菌体、线粒体 DNA 和细菌染色体上都有发现。基因重叠并非偶然现象,其重叠形式有包含重叠、部分重叠、首尾重叠、三重叠和反向重叠等。包含重叠是指大基因包含小基因,即一个基因完全在另一个基因里面,如 $\varphi X174$ 中 B 在 A 内,E 在 D 内,又如 SV40 中小 t 抗原完全在大 T 抗原基因里面,它们有共同的起始密码子,由于密码阅读差异从而得到不同蛋白质。部分重叠是指基因的一部分发生重叠,如基因 K 和基因 A 及基因 C 的一部分发生重叠。有些重叠基因读框相同,只是起始部位不同,如 SV40 DNA 基因组中,编码三个外壳蛋白 VP1、VP2、VP3 的基因之间有 122 个碱基的重叠,但密码子的读框不一样。首尾重叠是指两个基因只有一个碱基重叠,如:D 基因终止密码子最后一个碱基是 J 基因的起始密码子的第一个碱基(如 TAATG);A 基因与 C 基因首尾重叠了两个密码子,A 的最后两个密码子是 C 的起始密码子的第一和第二密码子,尽管这些重叠基因的 DNA 大部分相同,但是由于将 mRNA 翻译成蛋白质时的读框不一样,产生的蛋白质分子往往并不相同。三重叠是指 3 个基因的部分重叠,如:噬菌体 G4 中发现了 B、A、K 重叠。反向重叠是指 DNA 双链都转录,密码读框相同,但方向不同,所以产生不同的蛋白质。这种转录互不干扰,往往基因表达是一强一弱。

除重叠基因外,还有部分重叠操纵子。重叠操纵子是结构基因重叠或结构基因与调控序列的重叠或调控序列的重叠。如大肠杆菌 $frd$ 和 $amp$C 两个相邻的操纵子重叠;又如色氨酸操纵子 $trp$E 的终止密码子与 $trp$D 起始密码子重叠,因此 $trp$D 的翻译依赖于 $trp$E 的翻译,这种衣赖性称为偶联。

以色氨酸操纵子为例进行说明:色氨酸操纵子由 5 个基因(E、D、C、B、A)组成。正常情况下,这 5 个基因产物是等量的,E 突变后,邻近的 D 产量比下游的 B、A 产量要低得多。研究发现了 E、D 以及 B、A 两对基因的核苷酸序列与翻译偶联的关系,发现 E 的终止密码子 UGA 和 D 的起始密码子 AUG 共用一个核苷酸 A。

由于 E 的终止密码子与 D 的起始密码子重叠,E 翻译终止时核糖体立即处于起始环境中,这种重叠的密码子保证了同一核糖体对两个连续基因进行翻译的机制。实验表明偶联可能是保证两个基因产生数量相等产物的重要手段。

除了 E、D 存在偶联现象,B、A 也存在偶联现象,大肠杆菌半乳糖操纵子也存在基因 ETK 重叠的现象。T 基因的终止子虽然与 K 基因的起始密码子相隔 3 个核苷酸,但 K 基因的 SD 序列却位于 T 基因终止子之前,由于核糖体结合在 mRNA 上,可以覆盖 20 个核苷酸,包括 SD 序列和 K 基因的起始密码子,所以当 T 基因翻译终止时,核糖体还没有脱落就直接与 SD 序列结合,开始了 K 基因的翻译,这样也保证了两个基因的等量翻译,也是一种偶联。

在高等生物中,一个基因的内含子是另一个基因的编码序列,果蝇中编码角质层蛋白的基因位于编码嘌呤代谢途径中的一种酶的基因内含子中。近年在人中也发现了重叠基因。一种常染色体显性遗传病是由 I 型神经纤维瘤(NTI)基因引起的。克隆这个基因后发现,它的第一个内含子中竟然包含另外 3 个基因,其中两个是编码产生跨膜蛋白的基因(EV12A 和 EV12B),另一个是编码少突细胞髓磷脂糖蛋白 OMGP 基因。与果蝇不同的是这 3 个基因的转录方向与 NFI 基因的转录方向正好相反。在这里内含子与外显子的界限似乎消失了。内含子与外显子的互换是有条件的,是受时空程序调控的。究竟是什么条件、什么信号因素决定转录的方向等相关问题已成为最新研究的课题之一。重叠基因虽然具有一定的适应性,但也有不利的一面,如重叠基因中,一个碱基的突变将会引起几个基因的变化,这将导致极为严重的后果,从这个意义上讲,生物的重叠基因越多,生物的适应性就应越小,所以在原则上重叠基因在进化中趋于保守。综上所述,基因重叠是低等生物遗传信息组织利用的一种节约化方式,也是基因表达的调控手段,是提高遗传物质效率的适应性的一种表现。

### 9.5.5　反义 RNA 调节

反义 RNA(antisense RNA)是能够独立合成,能与所调控的 DNA 或 RNA 序列互补形成特异二聚体,起阻遏抑制作用,抑制 DNA 复制或阻断 mRNA 表达,抑制蛋白质翻译的小分子 RNA 片段。1981 年托米阿瓦(Tomizawa)第一次报道了天然反义 RNA 的生物学功能,发现在质粒复制时,与引物 RNA 分子互补的 RNA 分子能够抑制 DNA 的复制。1983年米朱诺(Mizuno)和斯莫尼(Simon)等同时发现反义 RNA 的调节作用,揭示了一种新的调节方式。研究表明反义 RNA 广泛存在于原核与真核生物中,先后在不同生物中发现了近 4 000 种反义 RNA siRNA(small interfering RNA)或双链 RNA(dsRNA)的抑制作用。控制复制的反义 RNA 与复制引物互补而抑制复制的起始,在质粒复制和抗病毒复制方面表现突出,如 ColE1 质粒复制、植物抗病毒复制都是通过反义 RNA 来抑制病毒复制行为的。大肠杆菌 Tn10 转座子的复制抑制以及 λ 噬菌体的 Q 蛋白的调控表达也与反义 RNA有关。多数反义 RNA 抑制翻译,是通过反义 RNA 分子与 mRNA 的起始 SD 序列或与起始密码子 AUG 和部分 N 端的密码子特异结合,影响 RNA 的修饰,甚至引起 mRNA 降解,抑制 mRNA 的翻译而实现负调节作用的,所以反义 RNA 又称为干扰 RNA(mRNA-intefering complementary RNA, micRNA)。

在研究 *E. coli* 与渗透性有关的外膜蛋白的调节作用时发现了两种外膜蛋白,一种叫OmpC,另一种叫 OmpF,它们的合成受渗透压的调节,这两个蛋白由 *ompC* 和 *ompF* 基因编码,这两个基因不连锁。在结构基因 *ompC* 上游存在一个反向转录的一10 区和一35 区,*ompC* 基因的启动子上游有一段 DNA 序列,是一个调节基因 *mic*F。*mic*F 的产物是一段长174 个核苷酸的 RNA,这个 RNA 可以与 *ompF* 的 mRNA 前导序列的 44 个核苷酸(包括SD 序列)以及编码区域(包括起始密码子 AUC)互补,形成杂合链,从而抑制 *ompF* 的mRNA 的翻译(图 9.47)。当培养基的渗透压过高时,*ompC* 除正向转录外,还可以向上游方向反向转录调节基因 *mic*F,生成一个含有 174 个核苷酸的反义 RNA。该反义 RNA 由于与*ompF* 基因转录的 mRNA 的 5′端有较强的同源性,因而能通过互补结合(图 9.48)而抑制*ompF* 的 mRNA 的翻译,最终可使 *ompF* 蛋白含量下降、*ompC* 蛋白含量上升,以维持细胞内两种膜蛋白总量的恒定。因此,高渗透压时,*ompC* 合成,*ompF* 合成受到抑制;低渗透压时,*ompC* 合成受到抑制,*ompF* 合成。两者通过渗透压的改变而变化,但两者的总量不变。另外 *envZ* 位点编码一个作为渗透传感器的受体蛋白 EnvZ。当渗透压高时,*envZ* 激活*ompR* 基因的产物——蛋白质 OmpR 表达,OmpR 是一个正调节物,它分别激活 *ompC* 和*mic*F 基因。

研究表明反义 RNA 可能的作用途径如下:①反义 RNA 与 mRNA 的 SD 序列或和编码区互补结合,形成 RNA−RNA 二聚体,使 mRNA 不能与核糖体结合而阻止了翻译的进程;②在复制水平上,反义 RNA 则可与引物 RNA 结合,抑制 DNA 的复制,从而控制 DNA(如质粒 ColE1)的复制频率;③在转录水平上,反义 RNA 可以与 mRNA 5′端互补结合,阻

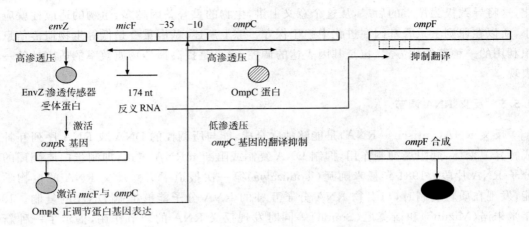

图 9.47 反义 RNA 调节膜蛋白的翻译

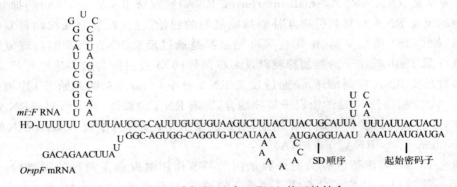

图 9.48 反义 RNA 与 mRNA 的互补结合

止完整的 mRNA 的转录。反义 RNA 的作用具有区域特异性和种属特异性。不同的反义 RNA 功能各异,它们控制着质粒的复制频率、不相容性及细菌的接合和细菌基因的表达。由于反义 RNA 在原核和真核生物中普遍存在,又因反义 RNA 作用的多级性与广谱性,其研究具有重要的意义:①为基因分析提供了更好的手段,由于反义 RNA 能高度特异性地与 mRNA 结合,抑制基因的表达,不需要改变基因的结构,就可以分析特定基因在细胞内的功能,从而避免了复杂的对基因进行诱导突变的方法,而是使用常规的条件突变就能够研究基因功能;②拓宽了原位杂交的应用领域,以反义 RNA 为探针可比较方便而又特异性地进行基因的准备定位和转录水平的检测,在 mRNA 加工和转运过程中跟踪观察其在核内外的分布情况,以及进行病毒在细胞内正义和反义的复制与表达研究;③具有广阔的应用价值,可用作基因治疗,通过诱导型、组成型的启动子来控制反义 RNA 表达,以抑制某些有害基因的表达,达到治疗的目的。

### 9.5.6 翻译的自体调控

自体调控也是一种负反馈机制,是指基因自身编码的蛋白质或 RNA 分子来调控自身基因表达的一种方法。这种调控方法在原核与真核生物中十分普遍。如大肠杆菌 RNA 噬菌体 $Q\beta$、T4 噬菌体 gp32、DNA 聚合酶、RF2 调节蛋白因子、蛋白表达复合体装置系统等都是通过自体调控来抑制翻译的。以 $Q\beta$ 噬菌体为例进行说明，$Q\beta$ 基因组包括 3 个基因，从 $5'$ 到 $3'$ 方向依次是与噬菌体组装和吸附有关的成熟蛋白基因 A、外壳蛋白基因及 RNA 复制酶基因。当噬菌体感染细菌，正链 RNA 基因组进入细胞，以此为模板转录翻译复制酶，并与宿主中的相关亚基结合行使复制功能。在正链 RNA 上此时已有一定数量的核糖体，它们沿 $5' \rightarrow 3'$ 方向进行翻译，这无疑影响了复制酶催化的沿 $3' \rightarrow 5'$ 方向进行的负链 RNA 复制。这个问题是以 $Q\beta$ 复制酶作为翻译的阻遏物而解决的。体外试验证明，纯化的复制酶可以与外壳蛋白的翻译起始区结合，抑制蛋白质的合成。由于复制酶的存在，核糖体便不能与起始区结合，但已经开始的翻译仍能进行，直到翻译完毕核糖体才从模板链上脱下，此时与正链 RNA $3'$ 端结合的复制酶便开始负链 RNA 的复制。复制酶既能与外壳蛋白的起始区结合，又能与正链 RNA 链的 $3'$ 端结合，研究发现这两个结合部位都存在着稳定的茎环结构，而且环上都有 CUUUAAA 序列，茎环结构是复制酶识别的空间构象，而 CUUUAAA 序列是复制酶的作用位点，复制酶的双重功能即复制与阻遏物功能，是自体调节因子的不同功能态。对多个噬菌体研究发现，阻遏蛋白与 mRNA 的翻译起始区域结合，抑制了核糖体对翻译起始区的识别，这与阻遏蛋白与 DNA 结合阻止 RNA 聚合酶的转录是相似的。大部分阻遏蛋白与靶基因的作用位点是专一的（表 9.9）。

表 9.9　与 mRNA 翻译起始区内序列结合抑制翻译起始区

| 阻遏蛋白 | 靶基因 | 作用位点 |
| --- | --- | --- |
| R17 外壳蛋白 | R17 复制酶 | 核糖体结合位点的发夹结合 |
| T4 RegA | 早期 T4 mRNA | 包括起始密码子的各种序列 |
| T4 DNA 聚合酶 | T4 DNA 聚合酶 | SD 序列 |
| T4 p32 | 基因 32 | 单链 $5'$ 端前导序列 |

　　T4 噬菌体单链结合蛋白 p32 蛋白是通过与 DNA 和 mRNA 的结合力差异来实现自体调控的，细胞内存在单链 DNA 时，p32 蛋白与单链 DNA 结合，而不能与 mRNA 结合；但缺乏单链 DNA 并有丰余的 p32 时，p32 蛋白便阻止自身 mRNA 的翻译。研究表明 p32 与 mRNA 的结合位点的亲和力明显小于与单链 DNA 的亲和力，相差约 2 个数量级；并且结合时调控区并不形成特有的二级结构。T4 噬菌体基因 $reg$A 编码的蛋白质则是一个更为常见的翻译调节物，它阻止 T4 噬菌体早期感染宿主时的几个基因的表达。RegA 蛋白通过与 30S 亚基争夺 mRNA 上的起始位点而阻止这些基因的 mRNA 的翻译，其功能相当于结合多种操纵子的阻抑蛋白的作用。而 RF2 的自体调控是通过核糖体与 RF2 mRNA 链的滑动结合来实现翻译的自体调控的。蛋白表达复合体装置中的蛋白质合成是受装置中的部分游离组分的合成来完成自体调控的。由于装配好的颗粒太大、蛋白质种类与数量太多，且有严格的空间定位，不适合作调控物，但其部分组成成分的合成是受到某些游离成分的影响而进行自体控制的。如果由于某种原因装配通路被阻断，则游离成分聚集，装配大分子的成分合成被关闭。蛋白质表达复合体装置中约有 70 种蛋白质因子参与细菌基因表达复合体的构成。核糖体蛋白是其中最重要的成分，RNA 聚合酶亚基以及辅助因子也是其中的成分，它们共同参与蛋白质的合成。一般编码核糖体蛋白质、蛋白质合成因子和 RNA 聚合酶亚基等蛋白质的基因混合组成几个操纵子。在 $E.coli$ 中，这些蛋白质大多数仅由一个或几个操纵子编码。r 蛋白操纵子受 r 蛋白自体调节和 rRNA 水平的双重控制。r 蛋白与 rRNA 结

合位点的结合能力比与 mRNA 的结合位点的结合力强。当存在 rRNA 时,新合成的 r 蛋白与 rRNA 结合,开始核糖体的装配,此时没有游离的 r 蛋白与 mRNA 结合,因此 r 蛋白继续翻译。一旦 rRNA 的合成速度减慢或停止,游离的 r 蛋白富集,r 蛋白与 mRNA 结合,阻止 r 蛋白的翻译。因此,r 蛋白的表达水平受细胞生长条件的影响,受 rRNA 水平的控制,实现了对核糖体所有成分合成的控制。尽管实现自体调控的细节有些差别,但结果相似。一般自体调控的每一种调控作用是专一的,即调控蛋白仅作用于自身的 mRNA。

　　图 9.49 总结了 6 种操纵子的组织形式。编码核糖体蛋白质的基因有一半分布在紧靠在一起的 4 个操纵子中,它们是 str、spc、S10 和 α。其余的两个操纵子 rif 和 L11 位于其他位置,每个操纵子都含有数个基因。str 操纵子编码核糖体小亚基的一些蛋白质及 EF-Tu 和 EF-G。spc 操纵子和 S10 操纵子编码组成核糖体大亚基和小亚基的一些蛋白质。α 操纵子除编码组成核糖体大亚基和小亚基的蛋白质外,还编码 RNA 聚合酶的 α 亚基。rif 操纵子编码核糖体大亚基上的蛋白质及 RNA 聚合酶的 β 和 β' 亚基。绝大多数核糖体蛋白(除 L7/L12 在每个核糖体中有 4 个分子外)在每个核糖体只有一个分子,因此它们的表达必须与 rRNA 相协调。对于延伸因子 EF-Tu,每个细胞中 Tu 的分子数大约是核糖体的 10 倍。RNA 聚合酶的每种亚基数要比核糖体少。由于这些基因混合存在于不同操纵子中,必然存在一种协调机制,使上述不同基因的表达量各得其所。这些操纵子的共同特点是基因的表

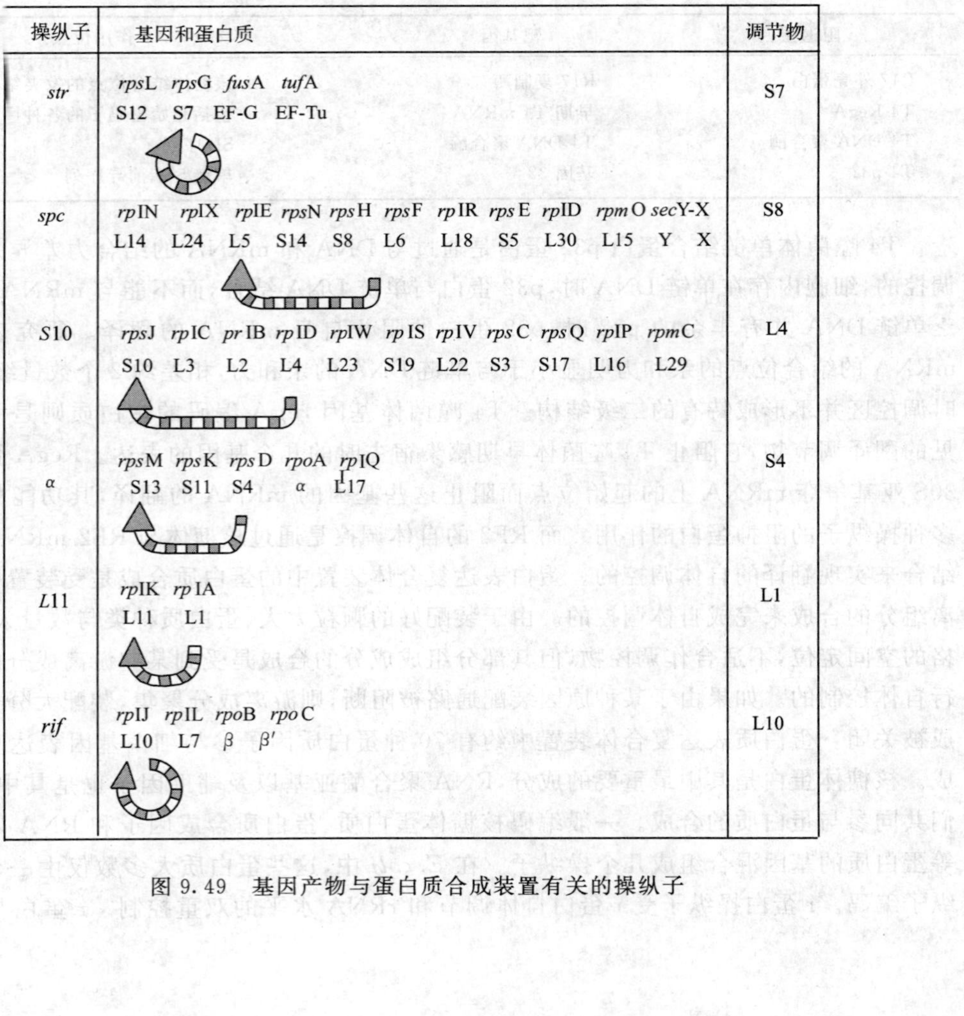

| 操纵子 | 基因和蛋白质 | 调节物 |
|---|---|---|
| str | *rps*L　*rps*G　*fus*A　*tuf*A<br>S12　　S7　　EF-G　EF-Tu | S7 |
| spc | *rp*lN　*rp*lX　*rp*lE　*rps*N　*rps*H　*rps*F　*rp*lR　*rps*E　*rp*lD　*rpm*O *sec*Y-X<br>L14　　L24　　L5　　S14　　S8　　L6　　L18　　S5　　L30　　L15　　Y　X | S8 |
| S10 | *rps*J　*rp*lC　*pr*lB　*rp*lD　*rp*lW　*rp*lS　*rp*lV　*rps*C　*rps*Q　*rp*lP　*rpm*C<br>S10　　L3　　L2　　L4　　L23　　S19　　L22　　S3　　S17　　L16　　L29 | L4 |
| α | *rps*M　*rps*K　*rps*D　*rpo*A　*rp*lQ<br>S13　　S11　　S4　　α　　L17 | S4 |
| L11 | *rp*lK　*rp*lA<br>L11　　L1 | L1 |
| rif | *rp*lJ　*rp*lL　*rpo*B　*rpo*C<br>L10　　L7　　β　　β' | L10 |

图 9.49　基因产物与蛋白质合成装置有关的操纵子

达都受操纵子自身的一些基因产物的自体调控,即通过蛋白质的富集,抑制自身及一些相关基因产物的进一步合成,这种作用常见于多 mRNA 的翻译水平调控。每种调节物都直接与 rRNA 骨架中的核糖体蛋白结合,在翻译中的作用取决于结合自身 mRNA 的能力。mRNA 上这些蛋白质的结合位点位于翻译起始区内或其附近,或通过构象改变对翻译起始区进行调控。例如 S10 操纵子中,L4 蛋白正好作用于 mRNA 的起始位点,从而抑制了 S10 及其下游基因的翻译。蛋白质与 mRNA 上核糖体结合位点结合,从而阻断了核糖体与 mRNA 的结合,因而引起翻译的抑制。

自体控制是原核生物翻译调控的常见手段,基因表达装置受自体控制,在噬菌体基因表达中参与遗传重组、DNA 修复、DNA 复制等的一些重要因子都可以通过自体调控而控制表达。在研究高等生物如酵母基因表达过程中也发现了自体调控现象。总而言之,自体控制是生物翻译调控的主要形式,而在原核生物十分普遍,而在真核生物表现得更为复杂一些。

### 9.5.7 σ 因子更替的发育差别表达与热激应答调控

原核生物转录起始需要 RNA 聚合酶的作用,在不同生理条件下也可通过 RNA 聚合酶实现基因的差别表达。这种调节是通过在同一细菌中的不同 σ 因子的更替来实现的。

大肠杆菌和枯草杆菌中存在着不同的 $\sigma$、$\sigma'$ 亚基。不同的 σ 亚基参与不同启动子的识别和结合以及转录起始复合物的异构化。$\sigma'$ 亚基组成的全酶可以利用双链 DNA 为模板合成 poly(A)。$\sigma^{32}$、$\sigma^{70}$ 组成的 RNA 聚合酶参与识别热激基因的启动子。在高温条件下诱导表达的特异基因称为热激基因,从本质上讲这是一种应激反应,热、高盐环境、重金属离子、极度干燥都会引起热激反应。热诱导产生 $\sigma^{32}$,$\sigma^{32}$ 识别 −35 区或 −10 区上游的几个保守碱基。当热激基因表达一定时间,大肠杆菌适应了这种条件后,一般 20 min 后热激基因就关闭了,大肠杆菌又恢复为了正常表达。

$\sigma^{70}$ 基因作为 σ 操纵子(图 9.50)中的一部分并转录在多顺反子的 mRNA 中;同时 $\sigma^{70}$ 基因本身还具有一个热激启动子,位于 DNA 引发酶内。认为 $P_1$ 和 $P_2$ 是 σ 操纵子的诱导与组成型表达的启动子,但 $P_E$ 是热激的诱导启动子。在热激条件下 $\sigma^{70}$ 基因被诱导大量表达。$\sigma^{70}$ 因子有 4 个保守区域,其中 2 区和 4 区与 −35 区和 −10 区的保守序列结合,2 区的一部分能与单链 DNA 结合,可能与解链有关,361~390 位氨基酸残基负责与核心酶结合,去除 N 端区域的 σ 因子能特异地与启动子结合,并能组织其他游离 σ 因子与启动子结合。σ 因子的二级结构一般属于 α 螺旋。

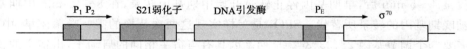

图 9.50　σ 操纵子的启动子($P_1$ 与 $P_2$)和 $\sigma^{70}$ 基因的热激启动子 PHS

在大肠杆菌中,53% 的转录起始于 A,40% 起始于 G,5% 起始于 C,2% 起始于 T,并且 +1 区与 −10 区和 −35 区有明显的对应关系。77% 的 +1 区在 −10 区下游 6 或 7 个 bp 处,有 64% 在 −35 区下游的 28 或 29 bp 处。当氮缺乏时,同样会出现 σ 因子的更替。$\sigma^{54}$ 因子识别 −10 区和 −20 区的保守序列,促进基因表达,使大肠杆菌可以利用其他的氮源,即便是在没有核心酶的作用下,$\sigma^{54}$ 因子也能与启动子结合。大多数细菌在进化过程中都保留了这种机制,以适应不同营养条件下的生长。$\sigma^{28}$ 因子是与芽孢形成有关的识别因子;$\sigma^{24}$ 因子也是热激因子，但不如 $\sigma^{32}$ 热激因子研究得清楚；$\sigma^E$ 是调控热激蛋白表达的另一个因子，由细胞间质或膜的变性蛋白提供信号。由 $\sigma^E$ 引起的表达温度变化比 $\sigma^{32}$ 引起的表达变化更剧烈，它引起与化学趋向性和鞭毛结构有关基因的表达。

在枯草杆菌中 $\sigma^{43}$ 因子是 RNA 聚合酶的主要形式。除 $\sigma^{43}$ 外，还有 $\sigma^{37}$、$\sigma^{29}$、$\sigma^{28}$ 和 $\sigma^{32}$。$\sigma^{43}$ 只能识别营养基因的启动子，$-35$ 区碱基序列为 TTGACA，$-10$ 区为 TATAAT，两区间隔 17 bp 负责与营养有关的转录；而 $\sigma^{37}$（$-35$ 区：AGGNTT，$-10$ 区：GGGTAT，间隔 14 bp）是应激状态如热激或缺氧等条件下的应激启动子，$\sigma^{29}$（$-35$ 区：TTNAA，$-10$ 区：CATATT，间隔 14 bp）可参与早期基因表达，并参与孢子的形成。枯草杆菌中 $\sigma$ 亚基的代换并不彻底，含 $\sigma^{37}$ 的 RNA 聚合酶只占 RNA 聚合酶总数的 10%。在孢子形成过程中最初需要的是 spoO 基因，spoO 基因产物就是 $\sigma^{28}$（$-35$ 区：CTNAAA，$-10$ 区 CCGATA，间隔 15 bp），含有 $\sigma^{28}$ 的 RNA 聚合酶只占 RNA 聚合酶总数的极小比例，它负责枯草杆菌中与鞭毛和运动有关的基因的表达，一旦孢子生成过程开始，$\sigma^{28}$ 即失去活性。$\sigma^{28}$ 可能是信号系统的一个成员，负责转录那些能够探测营养耗竭和起始孢子形成反应。在营养生长阶段的细胞中，还发现了 $\sigma^{32}$（$-35$ 区：AAATC，$-10$ 区：TANTGTTTNTA，间隔 15 bp），含有 $\sigma^{32}$ 的 RNA 聚合酶要比含有 $\sigma^{28}$ 的多，但也不到 1%。$\sigma^{32}$ 负责识别某些基因的启动子，一般负责对数生长后期基因的表达，在孢子形成过程的早期才有活性。不同的 $\sigma$ 因子识别不同表达阶段的基因，在枯草杆菌中到底有多少种 $\sigma$ 因子，目前还不十分清楚，在枯草杆菌中已经发现 10 种左右的 $\sigma$ 因子，有的 $\sigma$ 因子只存在于生长期细胞，有些只出现在噬菌体感染或由正常生长状态转变为芽孢等特殊时期的细胞中。$\sigma^{43-37-32-28-30-L}$ 负责生长期基因的转录，$\sigma^{29-F-G-27}$ 负责芽孢形成期基因的转录。其中 $\sigma^{30}$（$-35$ 区：AGGAA(T)T，$-10$ 区 GAAT，间隔 14 bp）负责对数后期基因和感受态及早期孢子形成基因表达；$\sigma^L$（$-35$ 区：TGGCAC，$-10$ 区：TTGCANNN，间隔 5 bp）负责降解酶基因表达；$\sigma^F$（$-35$ 区：GCATN，$-10$ 区：CGHNANHTN，间隔 15 bp）负责前孢子形成基因表达，$\sigma^G$（$-35$ 区：GHATN，$-10$ 区：CATNNTA，间隔 18 bp）负责后期孢子形成基因的表达；$\sigma^{27}$（$-35$ 区：AC，$-10$ 区：CATANNNTA，间隔 17 bp）负责后期母细胞基因表达，这些 $\sigma$ 因子的更替顺序是 $\sigma^{43}$、$\sigma^{37}$、$\sigma^{32}$、$\sigma^{28}$、$\sigma^{30}$、$\sigma^L$、$\sigma^{29}$、$\sigma^F$、$\sigma^G$ 和 $\sigma^{27}$，但更替顺序在不同状态是有差别的，总的来说，需要 $\sigma$ 更替来完成芽孢形成的不同阶段。

除此以外，在枯草杆菌中还存在 $gp^{28}$ 和 $gp^{33-34}$。这两个启动子是由 SPO1 烈性噬菌体感染枯草杆菌后，转录噬菌体基因的启动子。烈性噬菌体的生长周期分为早、中、晚 3 个时期。在侵染 $2\sim5$ min 后，早期基因停止转录开始中期基因转录，在 $8\sim12$ min 中期基因的转录又被晚期基因的转录所替代。SPO1 是怎样实现这两次替换的呢？噬菌体早、中、晚期的表达需要 3 个调节基因 28、33、34。早期基因具有与宿主相同的启动子，由宿主的正常的 RNA 聚合酶转录，早期基因 28 编码 gp28，与核心酶组成全酶转录中期基因，中期基因 33、34 编码 $gp^{33}$ 和 $gp^{34}$ 来代替 $gp^{28}$，表达晚期基因。这种噬菌体识别因子的替换比较彻底，因此噬菌体转录反应是不可逆的。

生活周期的转换，也是由 $\sigma$ 因子更替来完成的。在对数生长后期，由于营养物质缺乏，细菌转向芽孢形成期，由正常细菌转向休眠期细胞，菌体的代谢发生了急剧变化，有些基因关闭，有些基因开启表达，但大部分基因是持续表达。在芽孢菌中，约有 40% 的特异 mRNA。SopOA 是一个转录调控因子，其活性受磷酸化状态的控制，在磷酸化时，可使细菌的 RNA 聚合酶转录 $\sigma^F$ 的基因。SopOA 的磷酸化是芽孢形成过程的开端。磷酸基团经过几次传递最终使 SopOA 磷酸化，这一过程需要几种基因产物。

总之，在细菌生长发育的不同阶段由不同的 $\sigma$ 来识别不同基因，实现表达的时序调控，这对基因的差别表达十分重要。

在真核生物中果蝇与酵母的热激基因表达相似，黑腹果蝇受热诱导，产生比正常情况效率高 1 000 倍的热激因子（heat stirs factor，HSF）或热激蛋白（heat stirs protein，HSP），并与热激基因 $hsp70$ 的 TATA 区上游 60bp 的热激元件（heat stirs element，HSE）结合，激发转录起始。果蝇中有两个 HSE，一个在热激基因 TATA 区上游 60 bp 处，另一个在第一个 HSE 上游 800 bp 处。通常情况下，HSF 与 HSE 或其他 DNA 序列非特异性结合，由于结合作用太弱，不能推动转录起始。温度升高后，HSF 构象发生改变，一般 HSF 是以单体形式存在于细胞质或核内，单体 HSF 没有 DNA 结合能力，Hsp70 可能参与了维持 HSF 的单体形式；受到热激或其他环境胁迫时，细胞内变性蛋白增多，它们都与 HSF 竞争结合 Hsp70，释放 HSF，使之形成三体并运入核内，三体特异性地与 HSE 结合，促进基因的转录起始；而且 HSF 被进一步修饰，如磷酸化等，HSF 与 HSE 的特异性结合，引起包括 $hsp70$ 在内的热激应答基因表达，产生大量 Hsp70 蛋白。随着热激温度的消失，细胞内出现大量游离的 Hsp70，它们与 HSF 结合，并使其脱离 DNA 序列，最终形成没有 DNA 结合能力的单体（图 9.51）。

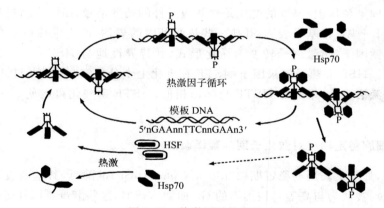

图 9.51　热激因子的表达

金属硫蛋白 MT 基因的多重调控是与 MT 基因的启动子结构密切相关的。MT 基因启动子结构如图 9.52，最大特点是含有多个调控元件。金属应答是热激应答的一种形式。TATA 框和 GC 框是两个组成型启动子元件，在不同生物中的位置变化不大，紧靠转录起始点，其基础水平的组成型表达还需要一个基础水平元件 BLE，它属于强增强子范畴，BLE 位于转录起始点附近，如果将它移到其他位置，仍能起作用。其他增强子中也有 BLE 的相

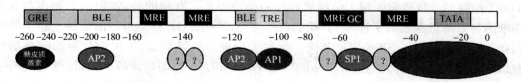

图 9.52　启动子和增强子中含多个组成型元件的人金属硫蛋白的调控区

关序列,这些序列可与 SV40 增强子结合蛋白结合。佛波酯效应元件 TRE 含一些增强子的共有序列,包括一个金属硫蛋白和 SV40 病毒的72 bp的重复序列,具有转录因子 AP1 的结合位点,两者相互作用引起组成型表达,TRE 与 AP1 结合为 AP1-TRE 复合物不但引起组成型表达,而且负责应答佛波酯如 TPA(启动肿瘤的一种试剂)等信号,是佛波酯激发基因转录的必备条件。多个效应元件 MRE 负责对金属刺激的应答,它们起启动子元件的作用。一份 MRE 就有了对重金属信号的应答能力,多份 MRE 则可实现金属对基因的高效诱导表达。糖皮质激素效应元件 GRE 负责应答类固醇激素信号,是固醇类激素受体结合位点,它位于转录起始点上游 250 bp 处,起增强子的作用,GRE 的缺失不影响基因的本底水平表达和金属离子的诱导表达,但对应答类固醇激素信号却是必需的。金属硫蛋白通过与金属结合使金属排出细胞并使细胞免受高浓度金属的侵害。通常金属硫蛋白基因在基础水平表达,如果重金属离子(如镉)或糖皮质激素诱导时,其表达水平增高。MT 基因同时受几种转录因子的影响调控,在 MT 基因中几个不同元件的任一个,无论位于启动子或是增强子中都能独立激活基因表达。缺乏某一激活模式的元件并不影响其他模式的激活。各个元件独立作用,它们之间的排列没有特别严格的限制,表明一个与任一元件结合的因子能够通过基础转录装置独立提高转录起始效率,每一调控过程都有特定序列与相应的蛋白质结合,借助蛋白质之间的相互作用,使转录起始复合物更加稳定或促进起始复合物的形成。

热激应答在原核和真核生物许多基因的表达控制中很普遍,热激基因散布在染色体的各个部位或不同染色体上,温度的变化是热效应元件的诱导信号,当温度超过某种生物的最适温度时,关闭一些正常基因表达,开放一些热激基因的表达,产生受热诱导合成的热休克蛋白或称为热激因子,热激因子转变为活化形式,并特异性地与 HSE 结合,促进热激状态下的基因转录。HSE 和热激转录因子 HSTF 在进化上十分保守,果蝇的 HSE 可以在海胆或哺乳动物中激活表达,果蝇的 HSTF 与酵母相似,HSTF 磷酸化可以使 HSTF 蛋白质活化。

### 9.5.8 酵母细胞稳定期和对数生长期的翻译调控

研究发现,处于生长周期稳定期(stationary phase ,SP)的酵母,其基因表达的调节不同于分裂相细胞。被认为与高等真核细胞的 G0 期细胞相似,这些酵母基因在 SP 相的表达调节不同于分裂相细胞,在非分裂相细胞中,大多数基因的转录和翻译都受到抑制,仅有少数基因持续表达。因此了解饥饿状态下非分裂相酵母细胞的基因表达可作为研究高等真核细胞 $G_0$ 期基因表达调控的模型。对于哺乳动物,饥饿通过影响 eIF4E 的磷酸化水平或者通过增强 eIF4E 与其结合蛋白的结合而引起 eIF4E 部分失活。雷帕霉素的靶标(target of rapamycin, TOR)是一种细胞生长周期的核心调节蛋白,它介导的信号转导途径通过控制依赖于帽子结构的翻译而转导酵母菌中的可利用营养状况的信号,雷帕霉素对 TOR1 和 TOR2 的抑制导致依赖于帽子结构的翻译的全面停止。有趣的是,雷帕霉素处理对数生长期细胞导致酵母菌获得了许多 SP 期的典型特征,说明 TOR 抑制引起的依赖于帽子结构的翻译停止与酵母进入 SP 期紧密相关。近期发现处于饥饿状态、不发生分裂的酵母细胞具有识别内部核糖体进入位点(IRESs)和不依赖于 mRNA $5'$端翻译的能力,该发现说明不依赖于帽子结构的翻译机制在 SP 细胞基因表达中具有重要作用。这些观察结果促使人们研究 eIF4E 在 SF 期对翻译调节的作用。在 SP 期,依赖 eIF4E 的表达负责大多数的合成活动,而那些对付长期饥饿所必需的蛋白质的合成似乎是由不依赖于 eIF4E 的翻译所负责的。

在细胞周期调控中,细胞分裂周期基因(cell division cycle gene)中的 *cdc* 33 是野生型(WT)细胞 eIF4E 基因的温度敏感突变型的周期调节蛋白之一,在温度敏感突变型中分别收集对数生长中期($1×10^7$ 个/ml)和刚进入 $SP_0$ 期($1.5×10^8$ 个/ml)等量的菌体细胞及 9 h 后的 $SP_1$ 细胞($1.5×10^8$ 个/ml),然后提取蛋白质,分别取 $100\ \mu g$ 的蛋白质样品进行免疫印迹分析,发现抗 eIF4E 抗体识别的条带与预期分子量大小一致。可见刚进入 SP 期即 $SP_0$ 期,eIF4E 的表达量要比对数生长期低 22 倍,并持续降低,9 小时后 $SP_9$ 比对数生长期降低了近 4 倍。eIF4E 是翻译起始过程中识别帽子结构的翻译起始因子,其活性可能被控制在稳定状态水平以外的其他途径所抑制,例如与抑制蛋白结合或翻译后加工修饰,一种极端的情况是 eIF4E 活性被完全抑制以至于这个因子在翻译过程中不起任何作用。

对于上述翻译水平的降低有两种可能解释,一是由同一 DNA 片段产生几个不同 mRNA 转录本的过程中,其中 mRNA 水平相对较低的基因的表达受到抑制,二是翻译机制受到抑制使其部分特定基因翻译水平显著下降。进一步分析表明,在 SP 期,带有 poly(A)尾的 mRNAs 并未与核糖体结合,这就否定了第一种猜测,即翻译水平的降低并非由 mRNA 水平降低所引起,而是翻译起始即受到了抑制。eIF4E 是调节翻译起始的一种关键因子,SP 期细胞中的 eIF4E 水平显著低于对数生长期细胞(图 9.53),*cdc*33-42 产物被加热灭活的饥饿细胞能够长期存活的现象强烈表明,那些依赖于 eIF4E 合成的蛋白质在 SP 期对细胞存活是非必需的(图 9.54)。那些 SP 期细胞存活的必需蛋白质的合成是 eIF4E 非依赖性的,这些蛋白质包括热休克蛋白伴侣(heat shock protein chaperones),比如一种称为 Ubi4p 的应激诱导蛋白(stress-induced protein)就是 SP 期细胞存活的必需蛋白,HSP70 基因家族的 Ssa1p 的合成也被证明是帽子结构非依赖的。该家族的其他两个成员 Ssa 2p 和 Ssa 3p 的合成也是在进入 SP 期后被诱导的,但这两个成员的合成却是帽子结构依赖性的。一些在 SP 期帽子结构依赖性性合成的蛋白质仅在由对数生长期到 SP 期的过渡期合成,并不是 SP 期长期存活所必需的,只有那些帽子非依赖性合成的蛋白质才是恒定期饥饿细胞长时间存活所必需的。

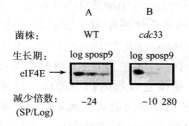

图 9.53　eIF4E 表达水平从对数
生长期进入静止期(SP)后降低

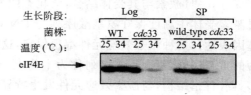

图 9.54　相当于对数生长期细胞以及恒定期细胞
置于 34 ℃培养时,*cdc*33-42 基因产物降低

## 9.5.9　信息素识别诱导调节

信息素是细胞识别信号,是通过与细胞表面受体相互识别并结合而完成识别过程的一类化学分子。细胞识别与构成细胞外被的寡糖链密切相关,每种细胞寡糖链的单糖残基具

有一定的排列顺序,变成了细胞表面的识别密码,它是细胞的"指纹",为细胞的识别形成了特有的分子信息。同时细胞表面还有寡糖的专一受体,对具有一定序列的寡糖链具有识别作用。因此,细胞识别实质上是分子识别。不同类型的信息素,其识别机制不同,但信息素识别后会根据不同类型而启动不同基因的表达。研究最清楚的是激素,激素是信息素的一大类。激素调节(图9.55)是高等生物的特有现象,低等生物几乎没有激素调节作用,但是低等生物的性因子产生的系列物质与其同种生物的不同类型细胞的接合作用是密切相关的。从这一点看,激素调节也是生物进化过程中慢慢出现的现象。低等生物中F因子及其产物表现出"性"的差异,又如海生后蟥吻部组织里有造成雄性化的化学物质,只有落入吻部的幼虫才有可能变成寄生的雄虫。果蝇也有性因子物质,注入性因子的个体全部变成了雌蝇。激素与激素受体的识别形成了不同兼容性,如酵母a信息素只能与α受体结合。激素作为特异性受体的诱导物或阻抑物与之结合而激活基因转录。类固醇受体

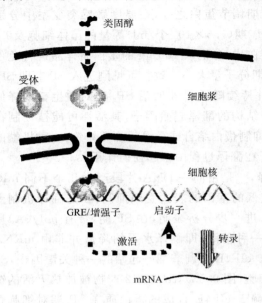

图 9.55　激素调节

(steroid receptor)是高等生物特有的一组功能相关的蛋白质,每个受体都需要与特定的类固醇结合才能被激活。其他糖皮质激素受体是人们分析得最为清楚的类固醇受体。类固醇受体与其他受体如甲状腺激素受体一起,组成作用方式类似于转录因子的超家族。激素基因在进化中具有保守性,小分子激素演变较快,大分子激素演变较慢,小分子相对于大分子激素的半衰期较短,合成速度较快。一般小分子激素以相互识别为主,大分子激素则演化为具有重要功能的激素,如性激素,在进化中高度保守,以超基因家族的形式组织表达。激素作为效应诱导物与其受体发生特异性结合,不同受体具有不同作用部位,氨基端一般多为激素调节区段,其变化最大,羧基端常为激素结合区段,相对保守,中间为DNA结合区段,高度保守,一旦激素与其受体结合,活化态的激素-激素受体复合体便作用于激素效应元件,通过激素受体中高度保守氨基酸序列与DNA上的激素效应元件发生专一性结合,诱导相关基因表达。每种激素效应元件都很保守,这些效应元件有一个共有特征:序列内都含有两个短的重复序列,每个重复序列称为半位点,是激素-激素受体复合物的作用部位。激素受体多具有锌指结构,与激素效应元件发生特异性结合,诱导相应基因表达。激素受体为相同亚基构成二聚体,两个亚基形成"头对头"对称结构,识别DNA的反向重复序列。不同亚基形成"头对尾'的不对称的二聚体结构,不对称二聚体聚合时的界面决定了识别DNA的正向重复序列的间隔。以二聚体形式结合是激素对基因转录调控所必需的,如果二聚体被破坏,转录调控也不能进行。尽管激素受体以二聚体形式参与调控,但一些转录因子和有关的成分一起协同作用于启动子,才能使基因转录。

### 9.5.10　应激反应

细菌处于极其恶劣的生存条件下,如营养物质极度匮乏,氨基酸饥饿或能源不足时,细胞就会采取紧急措施,产生一系列应激反应,使蛋白质合成受到抑制,关闭大量的代谢过程。包括产生各种 RNA、糖、脂肪和蛋白质在内的全部生物化学反应过程几乎均被停止,这是细菌为了度过困难时期而存活下来的适应性表现。细菌仅进行有限的代谢过程以节约使用有限资源,以渡过难关。当营养条件改善时,细菌将停止这种应激调控,重新开放各代谢过程。这就是应激应答(stringent response)或应激调控(stringent control),它是细菌为了度过困难时期而存活下来的适应性表现。

产生这一应激反应的信号是鸟苷四磷酸(ppGpp)和鸟苷五磷酸(pppGpp)。起初将细胞抽提物进行双向电泳时,(p)ppGpp 表现异常,因当时未搞清这个异常现象,因此,把(p)ppGpp 称为魔斑核苷酸。由于 ppGpp 与 pppGpp 的作用不只影响一个或几个操纵子,而是影响一大批,因此又把 ppGpp、pppGpp 称为超级调控子。这些核苷酸是典型的小分子效应物,能与目标蛋白结合,使其活性发生改变。ppGpp 能够直接与 RNA 聚合酶作用,改变RNA 聚合酶的结构,影响其启动转录的能力,停止 rRNA 的合成,rRNA 的数量急剧下降,核糖体蛋白就失去了结合对象,且核糖体合成受阻,这样就关闭了许多基因的表达。应激反应使 rRNA 和 tRNA 的合成大幅度下降,降至原来的 10%～5%,这使得总 RNA 的合成量仅为应答前的 5%～10%,某些 mRNA 的合成也下降,降至原来的 1/3,蛋白质降解速度加快,核苷酸、糖和脂肪等的合成量也随之下降。细菌的生长速度与异常核苷酸的总量呈反比关系。

细胞内缺乏任何一种氨基酸或引起任何一种氨基酰-tRNA 合成酶失活的突变都能导致应激反应。整个应激应答系列反应的触发器是位于核糖体 A 位点上的未装载氨基酸的tRNA(空载 tRNA)。因此,空载 tRNA 是 ppGpp、pppGpp 的诱导物。正常情况下,由EF-Tu 将氨基酰-tRNA 放在核糖体 A 位点上,当缺乏氨基酸时,氨基酰-tRNA 是空载状态,空载 tRNA 占据 A 位点,核糖体上的蛋白质合成被阻断,引发空转反应(idling reaction),从而引发应激信号——鸟苷四磷酸和鸟苷五磷酸产生。

通过对松弛型突变体(relaxed mutants,rel 突变体)的研究,发现(p)ppGpp 由空转反应产生。rel 突变体不表现应激应答,所以,氨基酸的缺乏不会引起稳定 RNA(tRNA 和rRNA)合成的下降,也不会出现应激应答中常见的其他改变。最常见的松弛型突变的位点位于 relA 基因上,relA 基因编码的蛋白称为应激因子(stringent factor),在应激状态下,应激因子(RelA)能催化 GTP 与 ATP 反应,生成 pppGpp,催化 GDP 与 ATP 反应,生成ppGpp,因此根据应激因子的这种催化活性,其正式名称应该是(p)ppGpp 合成酶。在正常情况下,应激因子在细胞体内非常少,每 200 个核糖体不足一个应激因子,这种应激因子与核糖体相结合,因此只有很少核糖体能发生应激应答。如果 A 位点被空载 tRNA 占据,应激细菌的核糖体在体外能合成 ppGpp 和 pppGpp。松弛型突变体的核糖体则不能进行类似的合成,但如果加入应激因子,则能进行合成。与利用 GDP 为底物合成 ppGpp 相比,RelA酶更多地利用 GTP 为底物进行合成反应,因此 RelA 酶催化合成的主要产物是 pppGpp,而pppGpp 能经几种酶转化为 ppGpp,这些酶能进行去磷酸化反应,如翻译因子 EF-Tu 和 EF-G。pppGpp 转化产生 ppGpp 是最常见的途径,在通常情况下,ppGpp 是应激应答的效应物。当氨基酸匮乏，应激状态细胞中便存在大量的不带氨基酸的 tRNA，这种空载的 tRNA 会激活焦磷酸转移酶，便会大量合成 ppGpp，ppGpp 的浓度从 $50\mu mol/L$ 可增加到 $500\mu mol/L$，其浓度可增加 10 倍以上，同时伴随 rRNA 合成停止。

当细菌的生存条件恢复正常时，需要降解 ppGpp。一种名为 *spoT* 的基因，编码降解 ppGpp 的酶。它能以约 20 秒的半衰期快速将 ppGpp 分解为 GDP，因此应激应答能随着 (p)ppGpp 的消失很快逆转。*spoT* 突变株能提高 ppGpp 的水平，结果生长变慢。核糖体的状态会影响 RelA 酶的活性。除了 relA 基因突变引起松弛型突变外，另一基因的突变也可引起松弛型突变，这个基因一开始称为 *relC*，后来发现它就是编码 50 S 亚基蛋白 L11 的基因 *rplK*。L11 位于 A 和 P 位点附近，参与和反密码子配对的空载 tRNA 进入 A 位的反应。此蛋白或其他一些成分构型的改变能激活 RelA 酶，从而使空转反应取代转肽反应。每一次 (p)ppGpp 的合成都引起空载 tRNA 从 A 位点上释放出来，因此 (p)ppGpp 的合成是空载 tRNA 水平应答的继续。在应激状态下，当空载 tRNA 按密码子配对原则，进入 A 位后，核糖体上进行的正常肽链的合成就暂停。空载 tRNA 的进入，引发 (p)ppGpp 的合成，(p)ppGpp 又使空载 tRNA 再次释放，然后再次进入，再次引发 (p)ppGpp 合成，直到有氨基酰-tRNA 的存在，核糖体才继续进行肽链的合成，而结束新一轮空转反应，终止这种应答反应。

由于 ppGpp 与 pppGpp 的作用范围十分广泛，影响一大批基因表达，主要以超级调控因子 (p)ppGpp 形式以其效应物调控一些反应，能抑制转录，从报道的资料看，最主要的作用有两方面：一方面是抑制编码 rRNA 的操纵子的启动子的起始转录；另一方面是大多数基因转录的延伸受到 ppGpp 抑制。

# 9.6　基因表达模式类型

## 9.6.1　双重控制的乳糖操纵子

细菌在碳源利用中，在含有葡萄糖的培养基上生长良好，而在含有乳糖的培养基上，开始时生长不好，直到合成利用乳糖的一系列酶后，利用乳糖作为碳源，才能在该培养基上生长良好。大肠杆菌乳糖操纵子的结构如图 9.56，该操纵子位于大肠杆菌染色体 9 min 位置，大小 6.5 kb。乳糖操纵子的结构基因编码 $\beta$ 半乳糖苷酶、$\beta$ 半乳糖苷透过酶和 $\beta$ 半乳糖苷乙酰基转移酶，其中 $\beta$ 半乳糖苷酶的作用是使乳糖水解为半乳糖和葡萄糖，以葡萄糖作用碳源供细胞生长所需；$\beta$ 半乳糖苷透过酶的作用是使乳糖进入细菌细胞内；而 $\beta$ 半乳糖苷乙酰基转移酶的作用是使 $\beta$ 半乳糖苷第六位碳原子乙酰化。在葡萄糖培养基中，每个细胞中只有不到 5 个 $\beta$ 半乳糖苷酶分子，但在乳糖培养基中，$2\sim3$ min 后，每个细菌细胞可产生 5 000 个 $\beta$-半乳糖苷酶，因此，乳糖操纵子的基因是一类可诱导基因，这些基因所产生的酶是一类可诱导酶，乳糖就是诱导物。乳糖操纵子的调节基因产生的阻遏蛋白是具有活性的，以相同的 4 个亚基组成四聚体，每个亚基分子量为 38 kD。一个大肠杆菌细胞内大约有 10 个阻遏蛋白，并与操纵基因结合，使乳糖操纵子关闭。在诱导物乳糖存在的情况下，乳糖与阻遏蛋白结合，使之变构并失活，没有活性的阻遏蛋白从操纵基因上脱落下来，乳糖操纵子开放，即可诱导的负调控。乳糖以异构乳糖形式作为诱导物比较稳定，而异丙基-$\beta$-$D$-硫代半乳糖苷(IPTG)可作为非底物诱导物,其诱导活性高,在体内不易被降解,给研究工作带来了方便。

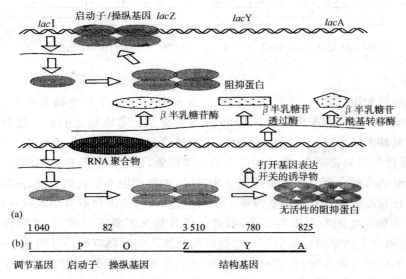

图 9.56　乳糖操纵子

　　一般把 mRNA 启动子起始处到结构基因起始密码子之间的序列称为前导区。把 mRNA 结构基因的起始核苷酸定为+1,与转录方向一致的为正,相反的则为负。如图 9.56 和图 9.57 所示:调节基因 I 是产生阻遏物的基因,P 是启动子,位于 I 与 O 之间的-82~ +1区域,长82 bp。一般 RNA 聚合酶不能单独与 P 区结合转录合成 β 半乳糖苷酶和 β 半乳糖苷透过酶。O 是操纵基因,是 DNA 上一小段序列(-7~+28),仅为 26bp,其碱基序列具有对称性,对称轴在+11 碱基对处,是阻遏物的结合位点,称为 O 区,位于 P 区的后半部和转录起始区。这些对称区在蛋白质与 DNA 的识别和结合中具有重要作用。P-O 区有 7 个碱基重叠。乳糖操纵子的 P 区的启动子不是典型的原核-35 区和-10 区的启动子,同时具有两个 cAMP-CAP 复合物结合区,CAP-Ⅰ位点位于-70~-50 bp 之间,有一个反向重复序列,其对称轴在-60 到-59 之间,是 CAP 强结合位点;CAP-Ⅱ位点,在-50~-40 bp 之间,是 CAP 弱结合位点,当 cAMP-CAP 复合物结合于位点Ⅰ时,位点Ⅱ结合复合物能力显著增高,因此位点Ⅰ和位点Ⅱ具有协同效应。当位点Ⅱ被 cAMP-CAP 占据时,RNA 聚合酶便能进入-35 区并在-10 区牢固结合,从而开始启动转录。因此 lac 操纵子的调控区具有以下几个特点:①m RNA 合成的起始位点在操纵基因中,当阻遏物蛋白存在时,该位点被阻遏物占据。②若 RNA 聚合酶预先结合在启动子区域,阻遏物无法与操纵基因结合。③cAMP-CAP 的结合位点非常接近于 RNA 聚合酶的作用位点,但不与 RNA 聚合酶结合位点重复。④整个调节区的长度为 115 bp,约为 DNA 螺旋的 12 圈。⑤这一区域的序列为 IPOZ,与遗传学分析的结果相吻合。⑥cAMP-CAP 复合物与启动子区的结合是 lac mRNA 的起始合成所必需的。这个复合物在启动子的上游结合,很可能起着松弛 DNA 双螺旋、形成稳定的开放型启动子-RNA 聚合酶结构的作用。而阻遏物则是一个抗解链蛋白,阻止形成开放结构,从而抑制 RNA 聚合酶的功能。

　　体外实验表明:反应体系中先加入阻遏物,后加 RNA 聚合酶,体系无转录活性;但先加

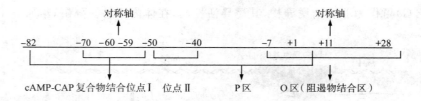

图 9.57　乳糖操纵子调节区

RNA 聚合酶，后加阻遏物，体系有转录活性。这与 P-O 区 7 个重叠碱基有关，可能阻遏物与 O 区的结合影响了 RNA 聚合酶与 Prinow 区紧密结合形成稳定的起始复合物。所以当阻遏物与操纵基因结合时，$lac$ 操纵子 mRNA 的转录起始受到抑制，操纵子关闭；当诱导物存在时，诱导物与阻遏物结合，改变阻遏物的三维构象，使之不能与操纵基因结合，从而激发 $lac$ 操纵子 mRNA 的合成。当乳糖操纵子表达时，才能产生 β-半乳糖苷酶、β-半乳糖苷透过酶和 β-半乳糖苷乙酰基转移酶。在操纵子没有表达时，理论上没有 β-半乳糖苷透过酶，诱导物需要穿过细胞膜才能与阻遏物结合，而转运诱导物又需要透过酶，后者的合成又需要诱导，怎样解释第一个诱导物是如何到达细胞内的呢？人们推测有两种可能：①一些诱导物可以在透过酶不存在时进入细胞；②一些透过酶可以在没有诱导物的情况下合成或上次细胞周期未使用完的乳糖代谢酶系通过细胞分裂而随机分配到子细胞而残留的酶分子。通过实验表明第二种推测更合理。这就是乳糖操纵子的本底水平表达。由于阻遏物与操纵基因的结合并不是绝对紧密的，即使在它与操纵基因紧密结合时，也会偶尔掉下来，这时启动子上的障碍物被解除，mRNA 聚合酶开始转录，这种现象以每个细胞周期 1～2 次的概率发生。因此，在非诱导状态下会有少量的 $lac$ mRNA 合成（大约每代有 1～5 个 mRNA 分子），这种合成称为本底水平的永久型合成。由于乳糖操纵子的本底水平表达，乳糖在 β-半乳糖苷透过酶帮助下使乳糖进入细菌细胞内，再在单个 β-半乳糖苷酶的作用下将乳糖变成异构乳糖，异构乳糖与操纵基因的阻遏蛋白结合，使阻遏蛋白失活而离开操纵基因，这样乳糖 mRNA 就开放。mRNA 翻译产生大量 β-半乳糖苷酶、β-半乳糖苷透过酶和 β-半乳糖苷乙酰基转移酶，结果使乳糖大量涌入细胞。多数乳糖被水解为半乳糖和葡萄糖，另一些乳糖被转变为异构乳糖，然后与细胞内的阻遏蛋白结合，阻遏蛋白失活促使 mRNA 的高速合成，进一步提高 β-半乳糖苷酶、β-半乳糖苷透过酶和 β-半乳糖苷乙酰基转移酶的浓度。降解的葡萄糖被细胞作为碳源和能源，降解的半乳糖被另一套酶体系转变为葡萄糖，这就是半乳糖操纵子。在深入研究中发现：乳糖（葡萄糖-1，4-半乳糖）并不能与阻遏物结合，真正的诱导物是乳糖的异构体——异构乳糖（葡萄糖-1，6-半乳糖），异构乳糖是在 β-半乳糖苷酶的催化下由乳糖形成的，乳糖诱导 β-半乳糖苷酶的合成需要有 β-半乳糖苷酶的预先存在。如果调节基因 I 突变，产生不能与诱导物结合的阻遏调节蛋白，则操纵子处于恒久低水平表达状态，这类突变称为超阻遏突变型，记为 $I^s$；如果 I 突变产生不能与操纵基因结合的阻遏调节蛋白，使操纵子处于高效表达，这类突变称为超诱导突变，记为 $I^o$。

　　细菌碳源利用情况是在有葡萄糖存在的情况下，一般先利用葡萄糖，葡萄糖对 $lac$ mRNA 转录的抑制（间接）可能来自于两个方面：①葡萄糖阻止了诱导物引起阻遏物失活效应；②仅仅阻遏物并不能启动 $lac$ 基因的表达，还有其他因素参与调控这一基因表达。如果葡萄糖和乳糖同时存在时，$lac$ 操纵子的表达受阻，没有 β-乳糖苷酶活性。当葡萄糖被耗尽时，腺苷酸环化酶活力提高，cAMP 合成增加，cAMP 与 CAP 形成复合物并与 CAP 位点结合,促进乳糖操纵子的表达,β-半乳糖苷酶活性增加,一度停止生长的细胞又恢复分裂表现出二度生长现象。如果将细菌放在缺乏碳源的培养基中培养,细胞内的 cAMP 浓度会非常高;如果在含有葡萄糖的培养基中培养,cAMP 的浓度就很低;如果培养基中只有甘油或乳糖等不进行糖酵解途径的碳源,cAMP 的浓度也很高,因此推测糖酵解途径中位于葡萄糖-6-磷酸与甘油之间的某些代谢产物是腺苷酸环化酶的抑制剂。所以葡萄糖浓度升高,腺苷酸环化酶活力降低,cAMP 合成减少,cAMP 与 CAP 形成复合物的可能性降低,CAP 位点空缺,乳糖操纵子不能表达。只有当 CAP 位点被 cAMP-CAP 复合物覆盖时,RNA 聚合酶才能启动转录乳糖操纵子,这就是乳糖操纵子的正调控。CAP 激活转录有两种方式:第一种是直接作用于 DNA,即 cAMP-CAP 复合物与 DNA 结合后,使 DNA 发生弯曲,促进 RNA 聚合酶与启动子的结合;同时,cAMP-CAP 复合物与 DNA 结合后改变了这一区段 DNA 的二级结构,促进了 RNA 聚合酶结合区的解链,有利于转录的顺利进行。第二种是 CAP 直接作用于 RNA 聚合酶,即 CAP 蛋白与 RNA 聚合酶的 α 亚基的羧基端接触,通过 CAP 与 RNA 聚合酶之间的相互作用,提高转录水平。实验表明,如果缺少 CAP,尽管乳糖操纵子的启动子有−35 区和−10 区,RNA 聚合酶也不能很好地与−35 区结合,即便 RNA 聚合酶与−10 区结合,但因缺少 CAP,这个起始区内的 DNA 的双螺旋结构不发生解旋作用,也无法开始转录。因此乳糖操纵子受乳糖诱导物和 CAP 受体蛋白的双重控制。

当培养基和细胞中的所有乳糖被耗尽的时候,由于阻遏物还在不断地合成着,有活性的阻遏物浓度超过异构乳糖的浓度,细胞重新建立起阻遏状态,*lac* mRNA 的合成被抑制。

细菌中,多数 mRNA 的半衰期只有几分钟,所以在不到一个世代的生长期内,*lac* mRNA 几乎从细胞中消失。β 半乳糖苷酶和透过酶的合成也趋向停止,这些蛋白质虽然很稳定,但其浓度随着细胞分裂而不断稀释。如果在原有的乳糖被耗尽之后的同一个世代里再加入乳糖,这时的乳糖可以立即开始降解,这是因为细胞内仍有一定浓度的透过酶和 β 半乳糖苷酶。在一个世代内 mRNA 的合成只有在特定阶段表达,但这个 mRNA 翻译的蛋白质足以维持这个世代的生理功能。

### 9.6.2　双启动子的半乳糖操纵子

半乳糖操纵子具有双启动子,半乳糖操纵子在大肠杆菌遗传图上位于 17 min 处,包括三个结构基因:半乳糖表面异构酶 E、乳糖-磷酸尿嘧啶核苷转移酶 T 和半乳糖激酶 K。这 3 种酶的作用是使半乳糖变成葡萄糖-1-磷酸。半乳糖操纵子的调节基因(*gal*R),与半乳糖操纵子不在一起,位于遗传图 55 min 处,它的产物对半乳糖操纵子的操纵基因起作用。半乳糖操纵子的诱导物是半乳糖,cAMP-CAP 是它的正调控蛋白。半乳糖操纵子的调节区具有两个启动子($P_2$ 和 $P_1$),这两个启动子相距 5 bp,重叠 2 bp,可从两个不同的起始点开始转录,每个启动子拥有各自的 RNA 聚合酶结合位点,即−10 区的 $S_1$ 和 $S_2$ 位点,$S_2$ 位于−17∼−11 bp,$S_1$ 位于−12∼−6 bp,cAMP-CAP 对 $S_1$ 和 $S_2$ 起始的转录有不同的作用。$P_2$ 是不依赖于 cAMP-CAP 的启动子,从−5 bp 处开始转录,$P_1$ 是依赖于 cAMP-CAP 的启动子,从+1 bp 处开始转录。半乳糖操纵子的启动子区无−35 区。具有两个 O 区,一个在 P 区上游−67 到−53 处,另一个在结构基因 E 的内部,两个操纵基因距离启动子都有一段距离,不直接相连。*gal*E 内的+46∼+60 bp 序列与−53∼−67 bp 具有同源性,体外实验表明,这段序列可以结合抑制物,一般把上游的 O 区称为外操纵区($O_E$),*gal*E 内 O 区称为内操纵区（$O_1$），在半乳糖操纵子中$-70\sim-50$ bp 之间包含一段回文对称序列，与 $lac$ 操纵子上相应位置的 CAP 位点非常相似，但又不是真正的 CAP 位点，而是操纵区。真正的 CAP 结合位点在操纵区的下游，位于$-23\sim-50$ bp 之间，中心在$-41$ bp 处。CAP 位点与 RNA 聚合酶结合区（$-1\sim-50$）有部分重叠，这两种蛋白质相互作用，刚好适合于 RNA 聚合酶结合于 P1 区，并从 $S_1$ 处起始转录。由于 $P_2$ 区太靠近 CAP 位点，cAMP-CAP 复合物与 CAP 位点结合，使 DNA 构型变化，妨碍了 RNA 聚合酶结合到 $P_2$ 区，因此从 $S_2$ 处的转录是低水平的转录。当阻遏蛋白与操纵基因 OE 结合，由于 CAP 位点与 OE 紧密相连，cAMP-CAP 复合物无法与 CAP 位点结合，便影响到 RNA 聚合酶结合于 $P_1$ 启动子区，因而不能从 S 处转录起始，这时 RNA 聚合酶可部分结合于 $P_2$ 启动子区，便从 $S_2$ 处起始转录。

　　半乳糖操纵子的表达有两种状态（图 9.58）。GalR 是组成型表达，产生的阻遏蛋白只在半乳糖缺乏的条件下才有活性。当培养基中无葡萄糖而有半乳糖存在时半乳糖与 GalR 阻遏蛋白结合而失活，由于无葡萄糖，则腺苷酸环化酶活力提高，cAMP 合成增加，促进 cAMP-CAP 复合物的形成并结合在$-47\sim-23$ bp 的 CAP 位点上，RNA 聚合酶结合在 $S_1$ 位点，CAP 和 RNA 聚合酶的相互作用，使转录从 P1 处顺利进行。如果没有半乳糖，GalR 以二聚体形式与操纵基因 $O_E$ 和 $O_1$ 结合并使该区的 DNA 形成茎环结构，从而使 $P_2$ 启动子的表面裸露而 $P_1$ 启动子被遮盖，则阻止了 $P_1$ 的转录，而 $P_2$ 处的转录不受影响，结果是半乳糖操纵子维持本底水平的表达。$S_2$ 位点是完全依赖葡萄糖的，低水平 cAMP-CAP 使 $S_2$ 组成表达，但高水平则抑制 $S_2$ 启动子起始的转录。当腺苷酸环化酶或 cAMP 受体蛋白即 CAP 突变，半乳糖操纵子不能从 $S_1$ 起始转录，若在体外加入 cAMP-CAP，就能从 $S_1$ 起始转录。cAMP-CAP 在半乳糖操纵子中所起的调节作用比在乳糖操纵子中更为复杂，大肠杆菌

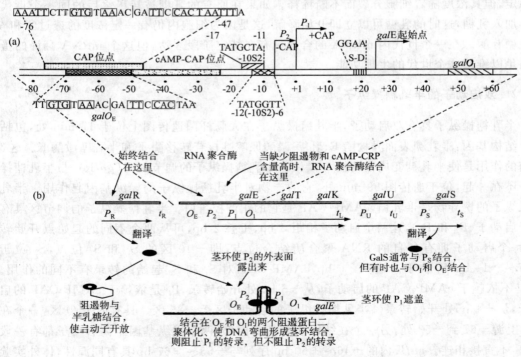

图 9.58　半乳糖操纵子调节区及操纵子结构

的 cya⁻ 和 CAP⁻ 突变型不能利用乳糖，但可以利用半乳糖作为唯一碳源。体外实验证明 cAMP-CAP 能促进半乳糖操纵子转录，用含有 *gal* 操纵子调节区的 DNA 片段作为模板进行体外转录时，发现 cAMP-CAP 抑制从 $S_2$ 的转录而促进从 $S_1$ 的转录。所以，$S_1$ 是依赖于 cAMP-CAP 的强势诱导表达；$S_2$ 是不依赖于 cAMP-CAP 弱势组成表达。由于 RNA 聚合酶结合位点 S1 和 S2 有两个相互重叠碱基 TA/AT，如果 $S_1$ 的第二位核苷酸 A 变成 T，导致不能从 S1 处转录，并影响 $S_2$ 区的 RNA 聚合酶的结合和转录的起始活性。cAMP-CAP 是如何促使从 $S_1$ 的转录，并抑制从 $S_2$ 的转录呢？其机理还不太清楚。研究者推测 cAMP-CAP 可能有利于 RNA 聚合酶－$S_1$ 复合物形成开链构象，从而起始基因的转录，由于 $S_1$ 和 $S_2$ 区的重叠，这一复合物的存在干扰了 RNA 聚合酶-$S_2$ 复合物的形成，抑制了 $S_2$ 处的转录起始。

半乳糖操纵子的这种双重控制系统与半乳糖在分解代谢与合成代谢中的双重作用有关。一方面，半乳糖可作为细菌的碳源提供养料，另一方面半乳糖衍生物——尿苷二磷酸半乳糖（UDP-gal）是大肠杆菌某种细胞壁成分的前体物质。当没有半乳糖时，细菌必须将自身的 UDP-G 转变成 UDP-gal，催化这一反应的酶是半乳糖异构酶。为了维持细胞分裂过程中细胞壁组分的需要，所以，半乳糖操纵子必须进行较高的基础合成，这种基础组成型转录是由 P2 区启动。由此可见，野生型细菌中，半乳糖操纵子所表达的 3 种酶既有诱导酶的性质，也有组成型的性质，两个启动子的存在，使半乳糖操纵子对应答有了更大的适应性，既能满足经常的低水平需求，又能应对临时的大量需求。GalS 也是一种阻遏蛋白，能够参与自我阻遏调控，但与 OE 和 OI 的亲和力低，对半乳糖操纵子也有一定的控制能力。GalS 和 GalR 这两种蛋白质在氨基酸水平上有 55％的同源性，它们的功能也具有互补性。GalS 是对 *mgl*（methyl galactoside）操纵子的负调节蛋白，对半乳糖操纵子的调控作用较弱，GalR 对半乳糖操纵子起主要调节作用，对 *mgl* 的调节作用较弱。

### 9.6.3　具有衰减作用的色氨酸操纵子

色氨酸操纵子位于大肠杆菌 72 min 处，负责色氨酸的生物合成。无外源色氨酸或缺乏色氨酸时，色氨酸操纵子表达合成色氨酸，以供应蛋白质合成的需要；如果有足够的色氨酸，色氨酸操纵子自动关闭。色氨酸在这个操纵子中是一个激活阻遏物的小分子效应物。这类操纵子是可阻遏操纵子。这类操纵子不受葡萄糖或 cAMP-CAP 的调控。

色氨酸操纵子具有 5 个结构基因，它们分别是邻氨基苯甲酸合成酶（*trp*E）、邻氨基苯甲酸焦磷酸转移酶（*trp*D）、吲哚甘油－3－磷酸合成酶（*trp*C）、色氨酸合成酶（*trp*B）和邻氨基苯甲酸异构酶（*trp*A）。其中 *trp*E 和 *trp*D 编码的 $\varepsilon$ 和 $\delta$ 亚基构成具有活性的邻氨基苯甲酸合成酶 $E_1$，*trp*B 和 *trp*A 编码的 $\beta$ 和 $\alpha$ 链构成具有活性的色氨酸合成酶 $E_2$。这些酶控制从分支酸到色氨酸的合成（图 9.59）。

*trp*R 是一个调节基因，产生没有活性的辅助阻遏物，该基因距色氨酸操纵子很远，在大

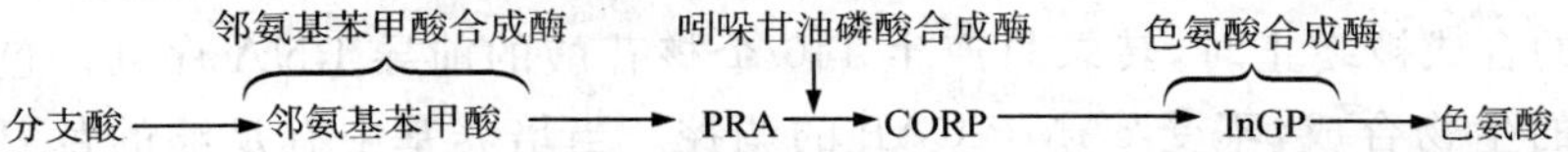


PRA（N-5′-磷酸核糖邻苯氨基甲酸），CORP（N-5′-磷酸-1′-脱氧核酮糖邻氨基苯甲酸），InGP（吲哚甘油磷酸酯）

图 9.59　色氨酸合成途径

肠杆菌 90 min 处。阻遏蛋白以四聚体形式存在,每个亚基的相对分子量为 $1.2 \times 10^4$ D,单个亚基不能与操纵基因结合,只有与色氨酸结合的活化态四聚体才能与操纵基因结合,关闭其表达。$t$-$p$S 是色氨酸 tRNA 合成酶基因,位于大肠杆菌 65 min 处,它和携带有 tRNA$^{\text{Trp}}$ 的 tRNA 也参与色氨酸操纵子的调控作用。

色氨酸操纵子(图 9.60)的调控区包括启动子(P)、操纵基因(O)和前导区(L)。启动子 P 区位于 $-46 \sim +14$ bp,含有 $-35$ 区和 $-10$ 区的共有序列。操纵基因 O 区位于 $-21 \sim +1$ bp,恰好在启动子区内的 $-10$ 区,并有以 $-11$ bp 为对称轴的反向重复序列,由此可见 RNA 聚合酶与色氨酸操纵子的 P 区的结合和阻遏蛋白与操纵基因的结合是互相排斥的。前导区是位于结构基因 $trp$E 起始密码子到启动子区 P 之间的一段长 162 bp 的 DNA 片段。对前导序列的 mRNA 分析发现,在 $trp$E 基因的上游有一段核糖体结合部位,起始密码子后是 14 个氨基酸的前导肽的编码区,即前导序列中的 $+27 \sim +71$ bp 区段,含有起始密码子 AUG 和终止密码子 UGA,翻译产生一段含有 14 个氨基酸的多肽——前导肽。研究发现前导序列具有非常有意义的特点,在其第 10 和第 11 位上有两个相同的色氨酸密码子。一般大肠杆菌的蛋白质中,每 100 个氨基酸中才有一个色氨酸,而由 14 个氨基酸组成的前导肽就有 2 个色氨酸,这是比较特殊的。不仅色氨酸操纵子的前导序列具有这样的特点,还在组氨酸操纵子的前导序列中发现有 7 个相邻的组氨酸密码子,丙氨酸操纵子的前导序列中有 7 个苯丙氨酸密码子。前导序列中的这些相同氨基酸密码子,是实现调控的一种手段,是对合成产物的高度敏感部位。在前导序列的尾部具有直接参与色氨酸操纵子调控的弱化子。它是一个不依赖于 $\rho$ 因子的终止子,是一段富含 G 和 C 的回文序列,可以形成发夹结构,并在此终止转录。其中 1 区处于 14 个前导肽中。如果形成 3—4 配对,就形成了终止结构,因终止密码子正好位于 3、4 区域。

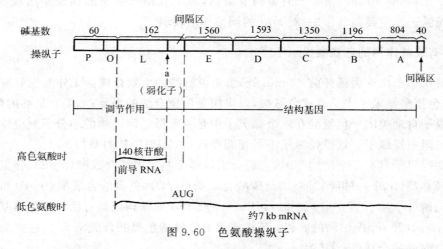

图 9.60　色氨酸操纵子

色氨酸操纵子的表达,受色氨酸的浓度和氨基酰-tRNA 的浓度的调节。起信号作用的是具有特殊负载的氨基酰-tRNA 浓度。如果色氨酸操纵子中色氨酰-tRNA 的浓度高时,操纵子被阻遏,RNA 的合成被终止时,转录只产生 140 个核苷酸的前导 RNA 序列。色氨酸操纵子负责色氨酸的生物合成,不受 cAMP-CAP 的调控。当培养基中有足够的色氨酸时,操纵子自动关闭;缺乏色氨酸时操纵子打开,色氨酸基因表达。色氨酸的作用是以其浓度作为一个调控信号,一般认为通过前导 RNA 序列翻译前导肽来实现基因表达调控的。

由于色氨酸操纵子的转录与翻译偶联,而且在前导肽基因中有两个相邻的色氨酸密码子,所以这个前导肽的翻译必定对 tRNA$^{Trp}$ 的浓度非常敏感。当色氨酸浓度很低时,负载有色氨酸的 tRNA$^{Trp}$ 非常少,翻译通过两个相邻色氨酸密码子的速度就会很慢,当 4 区被转录完成时,核糖体才进行到 1 区,这时的前导区形成 2～3 配对的结构,不形成 3～4 配对的终止结构,弱化子不起作用,转录则继续进行,直至结构基因全部转录完毕,转录产生约 7 kb 的 mRNA,并进行色氨酸的合成,操纵子的第一个结构基因的起始密码 AUG 在 +162 bp 处。当色氨酸浓度很高时,核糖体可以顺利通过两个相邻的色氨酸密码子,在 4 区被转录之前,核糖体到达 2 区,这样使 2～3 不能配对,3～4 得以配对形成终止子结构,由于弱化子的作用,转录终止,产生一个 140 个核苷酸的前导 RNA,转录则在弱化子处终止。所以弱化子对 RNA 聚合酶的影响依赖于前导肽翻译中核糖体所处的位置。

如果 trpR 突变,将使 trp mRNA 永久型合成,trpR 基因产物称为辅助阻遏蛋白,除非具有色氨酸,否则这个辅助阻遏蛋白不会与操纵基因结合。辅助阻遏蛋白与色氨酸结合便变成活性阻遏物,并与操纵区结合关闭 trp mRNA 的转录和表达。由于启动子与操纵区有很大程度的重叠,trp 操纵子的 O 区完全在 P 区内,因此活性阻遏物和 RNA 聚合酶与操纵区和启动子发生竞争性结合。体外试验证明:先加入阻遏物,则 RNA 聚合酶不能结合。反过来,先加入 RNA 聚合酶,则阻遏物也不能结合。

### 9.6.4　双向控制的阿拉伯糖操纵子

阿拉伯糖是一种可以为代谢提供碳源的五碳糖。在大肠杆菌中,阿拉伯糖的降解需要 3 种降解基因。阿拉伯糖在透性酶的作用下被吸收到细胞内,再在阿拉伯糖操纵子的 3 种酶的作用下转变成木酮糖,最后进入磷酸戊糖代谢途径。编码这 3 种酶的基因分别是 araB、araA 和 araD 基因,分别编码核酮糖激酶(B)、L-阿拉伯糖异构酶(A)和 L-核酮糖-5-磷酸-4-差向异构酶(D)。阿拉伯糖的代谢途径涉及 3 个不同的转录本:一是以 B、A、D 构成的操纵子转录本,二是不连锁基因 araE,远离阿拉伯糖操纵子,编码膜蛋白,负责将阿拉伯糖运入细胞内,三是不连锁基因 araF,也远离阿拉伯糖操纵子,编码一个位于细胞壁与细胞膜之间的结合阿拉伯糖的周质蛋白,A、B、D、E、F 构成类似真核的基因家族,散布在染色体上不同位置。E、F 负责把阿拉伯糖运到细胞内,A、B、D 负责把阿拉伯糖降解掉。

调节基因 araC 位于阿拉伯糖操纵子上游(图 9.61)。调节基因的产物 AraC 调节蛋白没有活性,只有在阿拉伯糖存在的情况下,与阿拉伯糖结合才可变成有活性的调节物,此时的活性调节物与阿拉伯糖的启动子区结合,活化 RNA 聚合酶,使阿拉伯糖操纵子开放表达。调节蛋白 AraC 不同于乳糖操纵子和半乳糖操纵子。乳糖和半乳糖操纵子中阻遏物是负调节因子,cAMP-CAP 蛋白只是正调节因子,而 AraC 蛋白具有正负调节因子的作用,具有的两种形式:P$_r$ 和 P$_i$。P$_r$ 是起阻遏作用的形式,可以与操作区结合;P$_i$ 是起诱导作用的形式,它通过与 P 启动子结合进行调节。P$_r$ 与 P$_i$ 处于动态平衡:没有阿拉伯糖时,P$_r$ 形式占优势,操纵子呈阻遏状态;有阿拉伯糖,阿拉伯糖与 AraC 蛋白结合变构使 P$_r$ 脱落操纵区,并转变为 P$_i$ 形式且与启动子结合促使诱导阿拉伯糖操纵子表达。

阿拉伯糖操纵子的调控区具有两个启动子($P_{BAD}$ 和 $P_C$)和 ara 序列。$P_{BAD}$ 负责阿拉伯糖代谢基因的表达,$P_C$ 负责调节基因表达,但二者转录方向相反。在两个启动子之间具有一个 araC 序列。araC 序列是不同形式的 AraC 蛋白结合位点,类似于操纵区,araC 序列

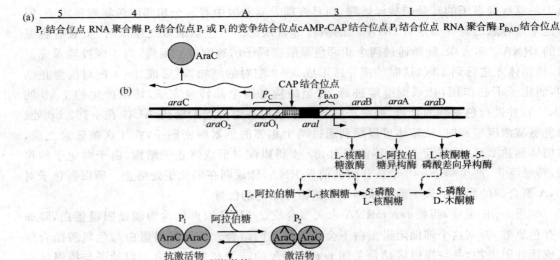

图 9.61　阿拉伯糖操纵子

具有 6 个结合位点，包括 1、I、3、A、4 和 5 位点。1、I 位于 $P_{BAD}$ 启动子内。A 和 4 位于 $P_C$ 启动子内。3 位点被 $P_{BAD}$、$P_C$ 启动子所共用，位于 $-107 \sim -78$ 之间，是 cAMP-CAP 结合位点，同时调节右侧 araBAD 基因及左侧 araC 基因的表达，cAMP-CAP 是 araC 与 araBAD 转录所必需的。当 CAP 结合位点没有与 cAMP-CAP 结合时，RNA 聚合酶对 $P_{BAD}$ 和 $P_C$ 的结合就减弱，影响转录的起始。1 位点和 4 位点是 RNA 聚合酶结合位点，分别负责右向与左向基因转录起始表达。但 4 位点与 A 位点重叠，A 在 4 位点内，A 是 araC 基因的操纵区（$araO_1$），位于 $-144 \sim -106$ bp 之间，调节蛋白 AraC 结合后对 araBAD 只表现轻微的阻遏作用。A 位点可竞争性地与 $P_r$ 或 $P_i$ 结合，从而抑制 RNA 聚合酶与 $P_C$ 的结合，它们的不同结合形式决定表达或阻遏。而 $P_i$ 还可与 I 位点结合，参与的 araBAD 转录过程的正调节，I 位点即激活区域，位于 $-78 \sim -40$ 之间，可分成两个区域：$araI_1$ 和 $araI_2$，其重要性在于除非 I 与 $P_i$ 完全结合，否则 RNA 聚合酶不能与 $P_{BAD}$ 结合。5 位点是 $araO_2$，位于 $-280$ bp 附近（$-294 \sim -265$ bp），它在 araC 基因的前导序列中，对 araBAD 的有效阻遏是必不可少的。

AraC 蛋白的合成调节是受到自我调节控制的。AraC 蛋白一方面受到 $P_C$ 的负调节，另一方面也受到 cAMP-CAP 的调节。一方面由于 $araO_1$ 与 $P_C$ 的部分重叠，当调节蛋白以 $P_r$ 的形式存在并结合在 $araO_1$ 处时，就阻碍了 $P_C$ 的表达。另一方面，如果有葡萄糖时，就没有 AraC 蛋白产生；因为葡萄糖的存在，cAMP-CAP 含量降低，没有 cAMP-CAP，araC 和 araBAC 都无法表达。因此 araBAD 片段与 araC 基因的转录是协同调节的，这符合最小耗能原则。如果无阿拉伯糖诱导物，araC 处于低水平的基础表达，当 AraC 蛋白合成累积过量时它的合成速度就会降低；合成的 AraC 蛋白又反过来阻止 araC 和 araBAD 的表达。只有在阿拉伯糖存在的条件下，调节蛋白 $P_r$ 形式转变为 $P_i$ 形式，促进 araC 和 araBAD 基因的表达。araC 基因产物对于 $P_{BAD}$ 起始的转录也有阻遏作用，当培养基中无阿拉伯糖存在时，araC 基因产物与 $P_{BAD}$ 上游的 $araO_2$ 结合位点，有效阻遏了 araBAD mRNA 的转录。因此，$P_i$ 形式的 AraC 正调控转录起始时需要 cAMP-CAP 的共同参与，AraC 与 cAMP-CAP

的协同作用才能起始 *ara*BAD 的转录。在 AraC 蛋白和 cAMP-CAP 同时存在时,RNA 聚合酶才与操纵子的启动子区域结合,分别以相反方向进行 *ara*C 与 *ara*BAD 的转录。*ara*C 以 $P_C$ 处向左转录,*ara*BAD 基因簇从启动子 $P_{BAD}$ 处向右方向转录。因此,阿拉伯糖是诱导物,野生型中,只有阿拉伯糖存在时,才进行 *ara*BAD mRNA 的转录,而葡萄糖存在时不转录。

在不同营养条件下,*ara*C 和 *ara*BAD 的表达状态有所不同。如果有葡萄糖,无阿拉伯糖时,因葡萄糖存在,cAMP-CAP 没有与操作区位点 3 结合,AraC 蛋白处于 $P_r$ 形式并与 A 位点结合,RNA 聚合酶很少与 $P_C$ 结合,AraC 基因虽然仍有转录,但受到抑制,只有少量的 AraC 蛋白形成,整个系统处于相对静止状态,虽然未完全关闭,但已尽可能关闭了。无葡萄糖,无阿拉伯糖时,因没有诱导物,尽管有 cAMP-CAP 与操纵区位点 3 相结合,AraC 蛋白仍以 $P_r$ 形式为主,无法与 I 位点相结合,无 *ara*BAD mRNA 转录。只有在无葡萄糖,有阿拉伯糖时,大量 AraC 基因产物以 $P_i$ 形式存在,并分别与操纵区 I、A 位点相结合,在 cAMP-CAP 的共同作用下,*ara*C 和 *ara*BAD 基因大量表达,操纵子被充分激活。

### 9.6.5　多重调节的组氨酸操纵子

许多氨基酸除了能被用来合成蛋白质外,还可以在碳源或氮源不足时,作为能源维持细胞生长。由于这种双重作用,氨基酸的降解受到严格控制。在产气克氏菌和沙门氏菌中,组氨酸被降解成氨、谷氨酸和甲酰胺,参与基础能量代谢。参与组氨酸降解代谢的酶有 4 种还有一个阻遏物。这 4 种酶分别由 *hut*G、*hut*H、*hut*I、*hut*U 编码,阻遏物由 *hut*C 编码的。这些酶控制组氨酸的降解代谢。在产气克氏菌中,组氨酸操纵子的基因被转录成为两个多顺反子,按相同方向进行转录,一个 mRNA 含有 I、G、C 基因的遗传信息,另一个 mRNA 含有 U 与 H 基因的遗传信息。这两个转录单位各有一个启动子和一个操纵区,两个转录单位共同构成一个操纵子。

组氨酸操纵子是一个典型的多重调节的操纵子,有两个启动子、两个操纵区及两个正调节蛋白(图 9.62)。两个启动子分别位于两个转录单位的前端,两个操纵区紧随启动子之后,但这两个操纵区是相同或相似的,*hut*C 编码的阻遏物能与这两个操纵区结合。组氨酸操纵子的诱导物是鸟苷酸,而不是组氨酸本身。鸟苷酸是组氨酸在 *hut*H 基因产物的作用下生成的,因此诱导过程必须有组氨酸存在。鸟苷酸与阻遏物结合使阻遏物失去活性,从而保证每个转录单位上游的启动子处于开启状态。组氨酸操纵子产生的阻遏蛋白是具有活性的,一般情况下与操纵基因结合使组氨酸操纵子处于关闭状态,只有在组氨酸作为唯一的能量来源时,组氨酸操纵子才表现出活性。一般在能源充足的情况下,组氨酸降解操纵子不表达,需要进行蛋白质合成时,则组氨酸合成操纵子表达。组氨酸降解操纵子的两个正调节因子中的一个参与促进 RNA 聚合酶与启动子区的结合,另一个可能参与组氨酸合成操纵子和组氨酸降解操纵子的转换。当细胞环境中的碳和氮来源受到限制时,组氨酸操纵子负责向细胞提供碳和氮。以组氨酸作为唯一碳源或氮源时,组氨酸合成操纵子始终处于有活性的状态。组氨酸降解操纵子的每一个启动子都有与 cAMP-CAP 的结合位点,当碳源匮乏时,细胞就合成 cAMP,出现 cAMP-CAP 复合物,并与操纵区上的相应位点结合,诱发基因转录。氮源受到限制的信号见下面的双组分系统调节,它作为一个正调节因子,在氮源供应不足时才有活性。这个效应物的合成与谷氨酰胺合成酶的合成相关,谷氨酰胺合成酶负责将氨用于合成含氮化合物。

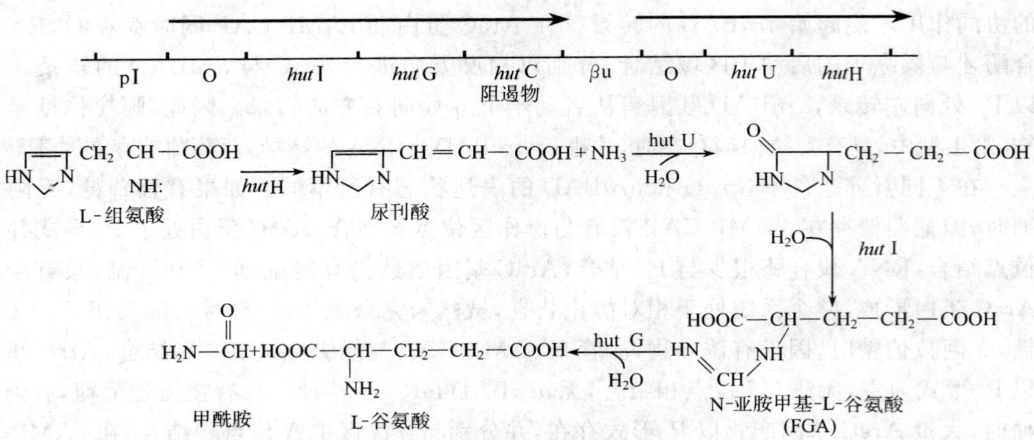

图上部为操纵子结构示意图：

pI　O　*hut* I　*hut* G　*hut* C　βu　O　*hut* U　*hut*H
阻遏物

L-组氨酸 $\xrightarrow{hut\,H}$ 尿刊酸 + $NH_3$ $\xrightarrow[H_2O]{hut\,U}$ （咪唑酮丙酸）$\xrightarrow[H_2O]{hut\,I}$ N-亚胺甲基-L-谷氨酸（FGA）

甲酰胺 + L-谷氨酸 $\xleftarrow[H_2O]{hut\,G}$ N-亚胺甲基-L-谷氨酸（FGA）

图 9.62　组氨酸代谢与操纵子

### 9.6.6　双组分调节系统

双组分调控系统（sensor-response regulator two-component system）负责编码双组分调控蛋白 NtrB 与 NtrC，它们对胺的代谢调控有特殊作用。研究发现 *ntr*BC 基因存在于大多数细菌中。双组分调节蛋白由一感应蛋白（sensor，又称为 transmitter）和一调节蛋白（regulator，又称为 receiver）组成，它们分别由不同基因编码，两个基因通常是相邻的，有的感受基因和调节基因共同组成一个操纵子。许多感受蛋白是一个跨膜蛋白，N 端位于细胞膜上，直接或间接感受细胞外的环境信号，保守的 C 末端与调节蛋白保守的 N 末端相互作用将信号传递给调节蛋白，这种信号的传递是通过双组分蛋白的磷酸化和去磷酸化来实现的。在很多双组分系统中，感受蛋白是磷酸激酶，保守的 C 末端含有一个十分保守的组氨酸，组氨酸是感受蛋白的自体磷酸化位点，感受蛋白在接受外来环境某种信号后，将磷酸化基团转移到调节蛋白上，使调节蛋白磷酸化，被磷酸化的调节蛋白具有了调节其他基因表达的活性，大多数调节蛋白在 N 末端有一个天门冬氨基酸残基，接受传递感受蛋白的磷酸基团而被磷酸化（图 9.63）。

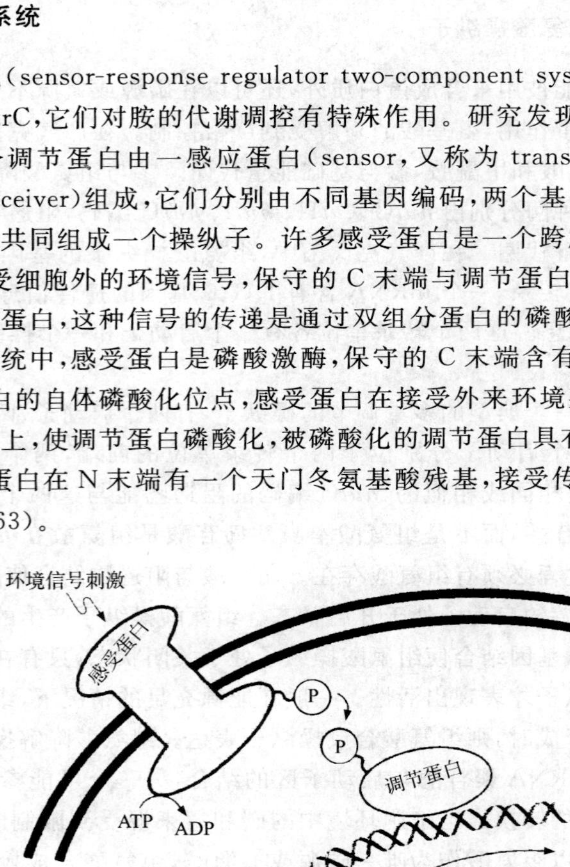

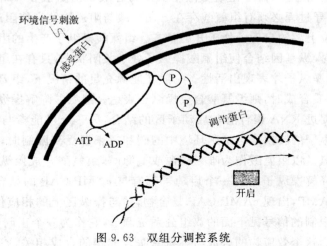

图 9.63　双组分调控系统

双组分系统是普遍存在于革兰氏阴性和阳性细菌中的一种调控系统，可能是细菌在长期进化过程中保留下来的重要调控机制。当环境发生变化时,细菌细胞通过双组分系统直接或间接地感受和传递信号,调节机体内其他有关基因的表达或有关蛋白的活性,从而对环境的变化作出积极反应,使细菌能适应环境的变化而生存。通过双组分系统蛋白质同源性比较,发现双组分系统有近 30 个,其中对肺炎克氏杆菌、大肠杆菌、鼠伤寒沙门氏菌、根瘤菌等的氮调控,大肠杆菌、枯草芽孢杆菌等的磷调控,大肠杆菌、产气肠杆菌和鼠伤寒沙门氏菌等的趋化性调控研究得较为深入。

### 9.6.7 肺炎克氏杆菌的固氮调控

自然界中存在着许多固氮微生物,根据它们与宿主的关系可分为三类:自生固氮微生物、联合固氮微生物和共生固氮微生物。自生固氮微生物有肺炎克氏杆菌(*Klebsiella pneuomoniae*)、棕色固氮螺菌(*Azotobacter vinelandii*)等;联合固氮微生物包括巴西固氮螺菌(*Azospirillum brasilense*)、日勾维肠杆菌(*Enterobacter gergoviae*)等;共生固氮微生物有根瘤菌(*Rhizobia* spp.)、费氏固氮放线菌(*Frankia* spp.)等。这些固氮菌都含有两个固氮酶基因,能够在低氨和低氧分压条件下合成固氮酶以同化空气中的分子态氮,在高氨或高氧分压条件下,将迅速停止固氮作用。在固氮微生物中,对肺炎克氏杆菌的固氮机理研究得最为深入,它已成为固氮微生物的模式菌株。

肺炎克氏杆菌简称为 Kp,是一种肠道微生物,在水、土壤及人的肠道中存在。与固氮相关的基因称为固氮基因,简称为 nif 基因,它们成簇以首尾相连形式排列在肺炎克氏杆菌的染色体上,包括 21 个基因,全长 23 kb,构成 8 个转录单位,它们分别是 *nif*JC、*nif*HDKTY、*nif*ENX、*nif*USVW、*nif*ZM、*nif*F、*nif*A、*nif*BQ,大部分基因已于 1988 年鉴定分离出来,其功能如表 9.10,染色体排列如图 9.64。

**表 9.10 肺炎克氏杆菌 *nif* 基因的功能**

| 基因 | 产物与功能 |
| --- | --- |
| *nif*H | 铁蛋白亚基,形成同源二聚体(相对分子量约为 60 000) |
| *nif*D | 钼铁蛋白 $\alpha$ 亚基,与 $\beta$ 亚基形成 $\alpha_2\beta_2$ 四聚体(相对分子量为 220 000) |
| *nif*K | 钼铁蛋白 $\beta$ 亚基 |
| *nif*F | 黄素氧还蛋白,铁蛋白 |
| *nif*J | 丙酮酸-黄素氧还蛋白-氧化还原酶 |
| *nif*M | 参与合成铁蛋白 |
| *nif*U | 功能尚不清楚,可能参与铁蛋白合成或阻止氧破坏 Fe-S 键 |
| *nif*S | 功能尚不清楚,可能参与铁蛋白合成或阻止氧破坏 Fe-S 键 |
| *nif*V | 编码一个高柠酸合成酶,参与合成 FeMoco 辅因子 |
| *nif*E | 参与合成 FeMoco 辅因子,利用 *nif*N 产物形成 $\alpha_2\beta_2$ 四聚体(相对分子量为 210 000) |
| *nif*N | 参与合成 FeMoco 辅因子,利用 nifN 产物形成成 $\alpha_2\beta_2$ 四聚体(相对分子量为 210 000) |
| *nif*B | 参与合成 FeMoco 辅因子 |
| *nif*Q | 影响 FeMoco 辅因子合成 |
| *nif*W | 功能尚不清楚,可能对 MoFe 的突变和稳定起作用 |
| *nif*Z | 功能尚不清楚,可能对 MoFe 的突变和稳定起作用 |
| *nif*A | 正调节因子 |
| *nif*L | 负调节因子 |
| *nif*X | 可能是负调节因子 |
| *nif*T | 功能尚不清楚,非固氮所必需 |
| *nif*Y | 功能尚不清楚,非固氮所必需 |

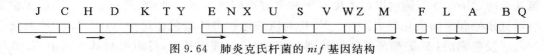

图 9.64 肺炎克氏杆菌的 *nif* 基因结构

Kp 菌中 $nif$ 基因的表达调控中,其基因表达受细胞结合态氨(胺)及氧的调节,氨与氧通过一系列过程对 nifA 正调节因子的活性和转录产生影响,从而实现对固氮基因的表达调控。NifA 蛋白是固氮基因转录的激活蛋白,它与 $nif$ 操纵子上的一段特定的 DNA 序列结合,可启动除了它自身以外的其他所有与固氮有关的操纵子上的固氮基因的转录;NifA 蛋白失活或编码 NifA 蛋白的基因突变,固氮基因则不能转录,表现为 $nif^-$。研究表明 NifA 蛋白结构域有两大类。一类是含有 Cys-X-X-X-X-Cys 的结构域,根瘤菌属的所有菌株都含有这一序列。这一结构序列是 NifA 蛋白与金属原子的结合区域。在这一类蛋白中氧气对固氮作用的调节是通过与 NifA 结合的金属离子进行的。在根瘤菌属中,氧气通过与 FixL 的相互作用,并进一步使具有转录调节作用的 FixJ 磷酸化,从而对 NifA 蛋白与金属离子的结合产生影响,进而影响整个固氮过程。另一类是没有 Cys-X-X-X-X-Cys 结构域的 NifA 蛋白,氧气对固氮作用的调节是通过与 NifL 蛋白的相互作用来实现的,这类 NifA 蛋白有三个结构域:N 端结构域、中间结构域和 C 端结构域。N 端结构域参与 $nif$A 与 $nif$L 蛋白的相互作用;中间结构域具有高度保守性,是 RNA 聚合酶的 $\sigma^{54}$ 因子的作用部位,几乎已知的所有 $\sigma^{54}$ 启动子的激活蛋白都有这一保守区域;C 端结构域具有典型的螺旋-转角-螺旋结构,是 DNA 结合部位。而 $nif$L 产物是负调节因子,NifL 蛋白是细胞内胺和氧变化的蛋白感受因子,NifL 蛋白含有 495 个氨基酸,有两个结构域:N 端结构域和 C 端结构域,其中 N 端结构域可能参与对氧的反应;C 端结构域通过与正调节因子 NifA 蛋白的相互作用,使 NifA 蛋白失活,NifL 蛋白直接与 NifA 蛋白作用,对 NifA 蛋白起抑制作用。在肺炎克氏杆菌中,正调节因子 $nif$A 基因与负调节因子 $nif$L 基因组成一个操纵子,$nif$L 基因位于 $nif$A 基因的上游,其启动子都是 $\sigma^{54}$ 型的,二者的蛋白合成是等量的。在有氧的情况下,NifL 蛋白使得 $nif$ 基因的 mRNA 非常不稳定,研究发现 NifL 蛋白具有大肠杆菌核酸外切酶的同源性,NifL 蛋白可能是通过外切酶活性降解 mRNA 的。$nif$LA 操纵子直接受到 NtrB/NtrC 双组分调节蛋白的控制。细胞内氮水平调控激活蛋白 NtrC 的活性,从而决定 $nif$LA 基因是否表达。$O_2$ 通过改变 DNA 的拓扑结构来调节 $nif$LA 操纵子的转录。$nif$LA 操纵子的启动子上游有两个 NtrC 结合位点(−120∼−140 bp),在限氮和无氧的条件下,磷酸化的 NtrC 结合到 $nif$LA 的 NtrC 位点上,与 RNA 聚合酶相互作用,启动转录(图 9.65),$nif$LA 操纵子控制了所有 $nif$ 操纵子及自身基因的表达。在有氧或有固定氮源的情况下,NifL 蛋白与 NifA 蛋白结合,关闭其他 $nif$ 基因的转录。因此对 $nif$A 和 $nif$L 基因实行改造可以提高固氮微生物的固氮能力。

ntr 系统(general nitrogen regulation system)存在于大肠杆菌与其他细菌中,控制氮代谢相关基因的表达,ntr 系统包括四个基因:$glnD$、$glnB$、$ntrB$ 与 $ntrC$,分别编码尿苷酰转移酶 GlnD,信号传递蛋白 GlnB 和双组分调节蛋白 NtrB 与 NtrC。GlnD 是细胞内结合态氮的初级感受蛋白,受细胞内谷氨酰胺与 α-酮戊二酸比例的控制;GlnB 蛋白又称为 PⅡ 蛋白,由三个亚基组成;NtrB 与 NtrC 负责感受外界环境的氮信号。在肺炎克氏杆菌中,NtrB 感受蛋白是由 38 kD 的亚单位组成的二聚体,C 末端保守,具有磷酸激酶和磷酸化酶的双重功能;NtrC 调节蛋白为由 52 kD 亚单位组成的二聚体,磷酸化的 NtrC 具有转录激活活性。在氮缺乏时,NtrC 在细胞内以高浓度水平和部分磷酸化形式存在;在氮充足时,NtrC 在细胞内以低水平和非磷酸化形式存在。NtrC 的磷酸化和去磷酸化作用由 NtrB 催化,磷酸化通过两步反应完成:ATP 磷酸基团转移到 NtrB 的组氨酸残基上,然后磷酸基团再由 NtrB 转

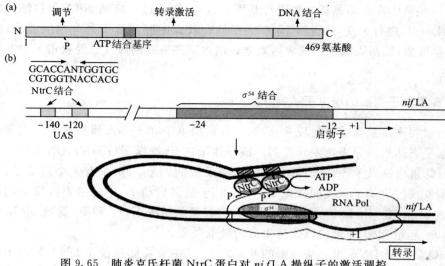

图 9.65　肺炎克氏杆菌 NtrC 蛋白对 $nif$ LA 操纵子的激活调控

移到 NtrC 的天门冬氨基酸残基上。在肺炎克氏杆菌中,外界环境中的氮浓度高低不是直接由 NtrB/NtrC 系统来感应的,而是通过 GlnD 作为细胞内结合态氮的初级感受蛋白,将信号通过 PⅡ蛋白传递到 GlnD/NtrC,即通过 ntr 系统对固氮作用和氮代谢进行调控的。当外界氮浓度低于 1mmol/L 时,细胞内 α-酮戊二酸与谷氨酰胺的比例升高,GlnD 使 GlnB 蛋白尿苷酰化,即每个亚基的一个酪氨酸残基结合一个 UMP,在 GlnB-UMP 参与下,NtrB 表现为磷酸激酶活性,使 NtrC 磷酸化。磷酸化的 NtrC 具有 DNA 结合特性,可以激活 nif-LA、glnAntrBC、hut(组氨酸利用)、put(脯氨酸利用)等启动子转录。当环境中有足量的化合态氮时,在高胺条件下,细胞内的 Gln(谷氨酰胺)/α-KT(α-酮戊二酸)比例上升或氧分压提高时,在非尿苷化的 GlnB 参与下,NtrB 表现出磷酸化酶活性,催化 NtrC 去磷酸化反应,非磷酸化的 NtrC 不具有转录激活活性,则 $nif$ LA 的启动子不能开始转录,这样就抑制固氮基因的表达(图 9.66)。为了使 Kp 等固氮菌在高胺条件下也能够固氮,打破胺对固氮作用

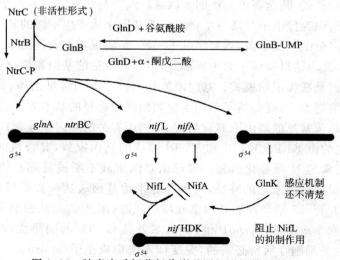

图 9.66　肺炎克氏杆菌氮代谢基因级联调控机制

的抑制,一些科学家对固氮微生物进行基因改造:一般通过对抑制 NifA 蛋白活性的固氮负调控基因 nifL 进行突变,获得的 NifL-突变株在较高的胺浓度下具有固氮能力;或者增强 NifA 的拷贝数,提高固氮基因的表达效率。通过这些方式的改变已经获得了一些抗胺菌株并用于生产。

### 9.6.8　多启动子调控的操纵子

原核生物中多重启动子比较常见,如半乳糖操纵子和 rRNA 操纵子等。主要目的是实现本底水平表达与诱导表达差异控制。核糖体蛋白 SI 操纵子(rpsA)、DNA 聚合酶全酶的亚基 DnaQ 蛋白操纵子等,它们都会受到应激反应的调节。rpsA 有 4 个启动子,是大肠杆菌中目前发现的启动子最多的操纵子。$P_1$ 和 $P_2$ 是强启动子,平时主要依靠它们来启动基因的表达 SI 蛋白。$P_3$ 和 $P_4$ 是弱启动子,只有在紧急情况下,$P_1$ 和 $P_2$ 受到 ppGpp 的抑制,由 $P_3$ 和 $P_4$ 起始合成 SI 蛋白以维持生命的最低需要。

DnaQ 蛋白是 DNA 聚合酶全酶的亚基之一,其主要功能是校正 DNA 复制中可能出现的错误。这一操纵子受 RNA 聚合酶活性的调节,并有两个启动子,在 RNA 聚合酶活性很低时,操纵子由弱启动子 $P_2$ 控制,在 RNA 聚合酶活性很高时,则由强启动子 $P_1$ 启动。因为细胞内 RNA 聚合酶的活性与细胞增殖速度有关,也就是说,在细胞染色体复制比较缓慢时,RNA 聚合酶活性往往很低,此时 DnaQ 蛋白的合成靠弱启动子 $P_2$ 来维持;当细胞增殖速度加快,RNA 聚合酶活性升高时,$P_1$ 被激活,DnaQ 蛋白的合成就大大增加。

总之,操纵子中有不同的启动子,它们有不同的调节速度,其启动作用又受到不同因子的调节。许多因素的相互作用,才使基因表达更加有效,更加协调。在不同生活环境中,不同启动子精密地调节基因的表达量,这对维持细菌的生存起着非常重要的作用。

### 9.6.9　基因家族的调控

基因家族是生物体调节生长发育过程中不同发育阶段基因表达的一种节约化机制。尽管原核生物很少有基因家族,但原核生物唯一染色体上的不同基因按不同的时序表达也是基因家族的变相形式,甚至高等生物的基因家族演变与病毒时序表达密切相关;功能相关基因在原核生物组织为操纵子与高等生物组织为基因家族产生不同的转录本类似。基因家族是实现功能化区分的主要手段,犹如操纵子一样,是实现功能表达的形式。原核生物操纵子已经广为认可,其表达以操纵子为主要形式,但也有少量的基因家族存在。真核生物的基因家族从理论上讲是选择组织模式。基因家族是真核基因的常见结构,是代谢相关基因在进化途中可见的演进形式,既保留了不同生物相同代谢途径的基本方式,又提示了不同生物演进的差别。酵母菌常见的基因家族有与碳、磷利用有关的基因家族,与半乳糖利用有关的基因家族,新发现的由 KRE2、KTRl 和 YURl 组成的基因家族,其合成的蛋白质都进入分泌途径,并参与正常的 N-糖基化过程。酵母菌基因家族不断被发现并加以研究,在此以 rho 基因家族为例说明基因家族的特征,可为高等生物基因表达研究提供信息。rho 基因家族在进化上保守并与 ras 途径原癌基因家族高度同源(图 9.67),从酿酒酵母中通过序列分析分离并鉴定了两个成员基因:rho1 和 rho2,二者具有 53% 的同源性,对它们的灭活研究表明,RHO1 蛋白是细胞存活所必需的,突变体不能形成孢子(sporulation),并且突变等位基因对野生型等位基因是显性的,而 rho2 是一个非必需基因,尽管 rho 基因家族与 ras 基因家族编码的蛋白质分子量为 21 kD 左右,并且都具有相同的与 GTP 结合和水解有关的氨基酸序列片段,这些蛋白质都以羧基端吸附于内质网膜内凹的小叶上。*ras* 和 *rho* 基因及其蛋白质具有的这些共同特性提示它们具有相似的功能,但 *ras* 和 *rho* 基因上仍存在完全不同的序列,表明这些基因家族成员可能以这些相似功能来实现不同的目的,*rho*1 作用时不需要乙酰环化酶 cAMP-依赖性蛋白激酶,因此,*rho* 和 *ras* 基因参与不同的生化途径。

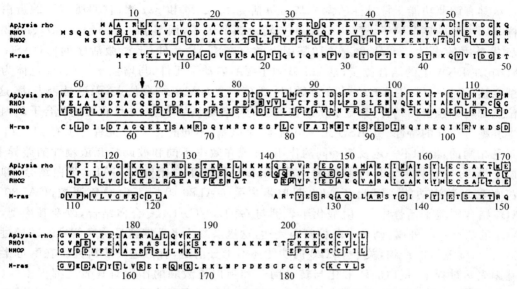

图 9.67　RHO1、RHO2 和 H-ras 编码的氨基酸序列比较(框内表示相同的氨基酸)

另一个研究得较深入的是半乳糖 *gal* 基因家族,其结构基因和调节基因的组成见表 9.11,该基因家族赋予酵母菌利用半乳糖作为碳源的能力,是酿酒酵母(*saccharomyces cerevisiae*)中研究得最为清楚的基因家族,是研究真核生物基因调控的主要模型,*gal* 家族的结构基因主要是通过半乳糖在转录水平加以调控的。

表 9.11　*gal* 基因家族的结构基因和调节基因

| 基因 | 碳源物质 | | | 诱导倍数[a] | ♯ UASG[b] | 功能 |
|---|---|---|---|---|---|---|
| | G | Gly | Gal | | | |
| A)结构基因 | | | | | | |
| *gal*2 | O | O | + | >1 000 | 2 | Gal 半乳糖过膜转运 |
| *gal*1 | O | O | + | >1 000 | 4[c] | Gal → Gal-1-P |
| *gal*7 | O | O | + | >1 000 | 2 | UDPG →Cal-1-P |
| *gal*10 | O | O | + | >1 000 | 4[c] | UDP-G $\xrightleftharpoons[\text{Gal10p}]{}$ UDP-Gal |
| *mel*1 | O | O | + | >1 000 | 1 | α-半乳糖苷酶编码基因 |
| (*gal*5) | O | O | + | 3～4 | | Gal-1-P →Gal-6-P |
| B)调节基因 | | | | | | |
| *gal*4 | + | + | + | <1 | O | 转录激活 |
| *gal*80 | + | + | + | 5～10 | 1 | 与 Gal4 直接结合,抑制其转录激活功能 |
| *gal*3 | O | + | + | 3～5 | 1 | 功能不详 |

[a]指半乳糖的诱导能力是甘油的多少倍;[b] UASG 的共同序列为 Gly 5′CGGAGGACTCTCCTCCG3′;[c] *gal*1 和 *gal*10 之间的共同碱基数;O 代表基因不表达。

酵母 *gal* 结构基因。一般被认为 *gal2*、*gal1*-*gal7*-*gal* 10和 *mel1* 都是 *gal* 的结构基因。*gal2* 为透性酶基因、*gal1* 为激酶基因、*gal7* 为转移酶基因、*gal* 10为差向异构酶基因,这些基因产物负责把半乳糖转运入酵母细胞内,而 *gal5* 编码的变位酶 GAL5 为葡萄糖磷酸变位酶(phosphoglucomutase),催化 1-磷酸葡萄糖(G-1-P)和 6-磷酸葡萄糖(G-6-P)的相互转换,将细胞内的半乳糖转变为酵解底物 1-磷酸葡萄糖,提供半乳糖酶活性,并且在某些方面对 *gal* 具有调节功能。特异性的调节基因包括 *gal3*、*gal4* 和 *gal* 80,它们所编码的蛋白是结构基因主要的调节因子。酵母 GAL4 是转录调节因子,调节 *gal1*、*gal* 10、*gal7*、*gal2* 和 *gal5* 等基因的表达。*gal1* 和 *gal* 10基因上游存在 UAS 元件(上游激活序列),UASG 是 GAL4p 在 DNA 上的结合位点,是 *gal* 基因主要的启动子元件,与增强子类似,染色体为组成型表达,无核小体,对 DNaseⅠ酶超敏感,具有 4 个 GAL4 结合位点,无论是否表达,这 4 个位点都与调控蛋白结合,介导 *gal* 结构基因的半乳糖诱导表达,并且有可使杂合子基因具有半乳糖可诱导的特性。UASG 元件包括 17 个碱基,不同的 UASG 元件至少有 11～14 个碱基是相同的,但却不一定发挥等同的作用,表现在效率不同和彼此相互依赖性的差异上。而位于第 13 染色体的 *gal* 80基因编码的 GAL80 阻抑蛋白则能与 GAL4 蛋白结合,抑制 *gal4* 的转录激活功能。因此,GAL4 调控蛋白受 GAL80 阻抑蛋白的负调控,GAL80 与 GAL4 结合覆盖了活性中心,磷酸化半乳糖与 GAL80/GAL4 复合体结合,改变其构型,使 GAL4 的活性中心外露,诱导半乳糖基因表达,这里磷酸化半乳糖就是诱导信号。诱导过程中需要 *gal3* 基因的产物,关于 GAL3 的功能还不十分清楚,有待进一步研究。在酵母半乳糖基因表达过程中,蛋白的磷酸化与转录因子和蛋白质激酶的作用对其表达都很重要(图 9.68)。简言之,GAL4 转录因子与 *gal* 基因的表达关系是无半乳糖时,不表达。在没有半乳糖做碳源时,即使 GAL4p 已经与启动子结合,一旦 GAL80p 与 GAL4p 结合便使其失去转录启动功能,当外界环境中有半乳糖可以利用时,GAL3p 作用使 GAL80p 从 GAL4p 上释放,解除抑制而诱导表达,在有半乳糖存在时,mRNA 表达提高 1 000 倍。葡萄糖可利用几种不同的机制抑制其表达,GAL3、GAL4 和 GAL80 自身的表达也是受到调控的。

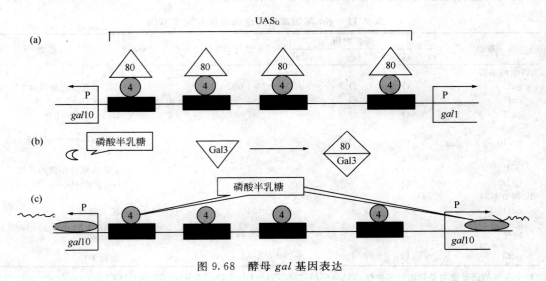

图 9.68　酵母 *gal* 基因表达

　　*gal* 基因家族的基本调节策略：*gal*1 基因家族表达并不只是半乳糖形式的调节，还有其他形式的调节。图 9.69 总结了 *gal* 基因家族的三种依赖于碳源的调节状态：葡萄糖存在时的抑制不活跃状态、甘油存在时的不活跃待诱导状态和半乳糖存在时的高效表达状态。*gal* 基因家族在半乳糖中的表达极其旺盛，*gal*1-*gal*7-*gal*10 mRNA 占带有 poly(A)尾 mRNA 总量的 0.25%～1%。但在葡萄糖或甘油存在时，检测不到 *gal* 基因的表达，这就说明在其背后势必存在高效精确的控制机制，也正是由于这一点，使得 *gal* 基因家族成为一个人们广泛研究的模式系统。

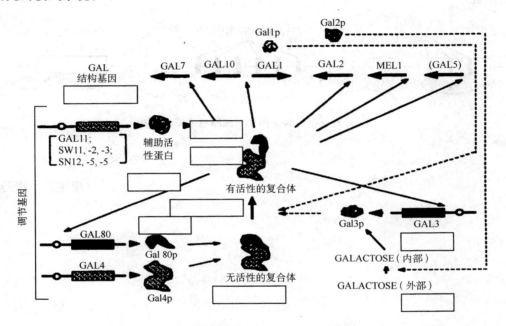

图 9.69　GAL 基因家族的半乳糖诱导途径

### 9.6.10　转录因子 HAP 对细胞色素 C 的转录调控

　　HAP 是酵母的转录因子，有三种类型，分别是 HAP$_1$、HAP$_2$、HAP$_3$，其功能是控制细胞色素 C 基因 *cyc*$_1$ 和 *cyc*$_7$ 的转录从而间接控制细胞色素 C 的翻译(图 9.70)。在血红素缺乏时，即厌氧条件下，这两个基因不表达；血红素充足时，反式作用因子 HAP1 与上游元件 CYC$_1$-USA$_1$ 和 CYC$_7$-UAS 结合，并激活 C 基因的转录。酿酒酵母细胞色素 C 基因(iso-1-cytochrome c gene)*cyc*$_1$ 的表达受到细胞内原血红素(heme)水平的严格调控，当酵母在原血红素缺乏的环境中生长时，该基因的表达至少降低 200 倍，对 *cyc*$_1$-*lacZ* 融合基因以及 mRNA 水平的测定结果表明这种控制发生在转录水平，并且原血红素在 *cyc*$_1$ 启动子区的调节位点是一个上游活化位点(upstream activation site，UAS$_c$)，CYC$_1$-UAS 由 UAS$_1$ 和 UAS$_2$ 两个位点组成，位于转录起始点上游 275 bp 处，−275～0 区的 DNA 片段是高效表达所必需的，含有三个 TATA 盒序列和 6 个明显的 34 bp 长的 mRNA 起始位点，用酵母菌 *gal*10 基因的 UAS 替代 UAS$_c$，导致 *cyc*$_1$ 正常转录本的活化。在这种情况下，转录与原血红素调节无关，表明在野生型菌株中，原血红素仅仅控制转录起始本身并不控制翻译或 mRNA 的稳定性，单独的 UAS$_1$ 与葡萄糖抑制时基因的转录有关，而 UAS$_1$ 和 UAS$_2$ 共同作用是乳糖去阻遏时基因转录所必需的。HAP₁ 编码一个 1 483 个氨基酸的蛋白质,其 N 端 1～148 氨基酸区域具有半胱氨酸-锌指结构的 DNA 结合域;而高度酸性的 C 末端(1 308 ～1 483 氨基酸区域)是激活基因转录所必需的;第 245～555 位氨基酸残基与血红素诱导有关,无诱寻物时,该区可能遮盖了 DNA 结合区。特别要指出的是,HAP₁ 可以和 $cyc_1$-UAS₁ 及 $cyc_7$-UAS 相结合,但这两个 UAS 的 DNA 序列完全不相同。HAP₂/HAP₃ 结合 $cyc_1$ 的 UAS₂,它们以异源二聚体的形式发挥作用,其中任何一个单独存在时都不具有与 DNA 结合的活性。

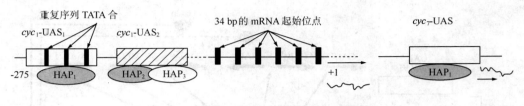

图 9.70　酵母转录因子对细胞色素 C 的调控

(廖宇静　霍乃蕊)

# 第 10 章　微生物育种与应用

## 本章导读

**主题:育种**

1. 不同类群的微生物杂交育种方法有哪些? 各有什么特点? 怎样获得、检出异核体? 什么是分离子,有哪些类型?

2. 原生质体融合技术特点及程序是什么? 怎样制备原生质体? 影响原生质体育种的因素是什么?

3. 诱变育种基本程序有哪些步骤? 出发菌株的选择原则是什么? 菌悬液制备有什么要求? 诱变剂选择要求有哪些? 怎样确定诱变剂量? 常见平板菌落筛选方法有哪些? 怎样进行营养缺陷型筛选? 致癌剂怎样检测?

4. 什么是基因工程? 有哪些步骤? 基因工程载体与受体的条件是什么? 目的 DNA 的获取方法有哪些? 基外源因转化后有些什么检测方法? 基因工程育种有些什么特殊方法? 基因工程定向育种有哪些方式,各具有什么特点?

5. 微生物的应用有哪些方面? 各举一个例子进行说明。

在自然界中,微生物基因重组现象是广泛存在的,不同物种的基因重组扩大了物种变异的范围,是导致微生物变异的重要途径。根据遗传学原理,微生物杂交技术和基因突变技术,不仅用于微生物遗传学研究,而且用于微生物育种研究,微生物育种的目的是创造更多适宜工业生产的菌种,生产更多的产品为人类服务。目前微生物育种的方法有 4 大类,分别是微生物杂交育种、微生物原生质体融合育种、微生物诱变育种和微生物基因工程育种。

# 10.1　微生物杂交育种

## 10.1.1　微生物杂交育种

微生物杂交育种包括有性杂交与准性杂交,是自然变异的主要方法,杂交的目的是在微生物传代过程中使亲本的遗传物质发生基因重组,使子代累积有益变异,有利于微生物工业生产。微生物因杂交形式的多样化而表现出不同的特征,原核微生物以部分二倍体实现重组,真核微生物是通过有性生殖的减数分裂和准性生殖的体细胞交换而实现重组的。在进行酵母菌杂交育种时,由于杂交菌株自身是单倍体,必须分别制备得到不同单倍体的子囊孢子,通过融合形成二倍体,再通过细胞分裂产生重组单倍体。制备单倍体子囊孢子时,由于细胞继代具有衰退现象,因此常常需要在特殊的产孢培养基上才能形成子囊孢子,使其子囊孢子萌发长出 A、B 两个单倍体菌株,再分别测定其接合型和遗传性状,选取具有优良性状的不同接合型的菌株进行杂交,通过选择性培养选择需要的目标菌种。传统杂交方法有接合、转化、转导、溶源转换和转染等技术,它们的特点见表 10.1。

**表 10.1　微生物杂交育种形式**

| 微生物类别 | 杂交方式 | 供体与受体细胞关系 | 参与交换的遗传物质 |
|---|---|---|---|
| 原核微生物 | 接合 | 体细胞间暂时沟通 | 部分染色体杂合 |
| | 转化 | 细胞不接触,吸收游离 DNA 片段 | 个别或少数基因杂合 |
| | 转导 | 细胞间不接触,质粒、噬菌体介导 | 个别或少数基因杂合 |
| 真核微生物 | 有性生殖 | 生殖细胞融合或接合 | 整套染色体高频率重组 |
| | 准性生殖 | 体细胞接合 | 整套染色体低频率重组 |

资料来源:施巧琴等,2003

### 10.1.2　微生物杂交育种基本步骤

微生物杂交育种基本步骤:选择原始亲本→诱变筛选直接亲本→直接亲本之间亲和力鉴定→杂交→分离到基本培养基或选择性培养基培养→筛选重组体→重组体分析鉴定。

#### 10.1.2.1　杂交过程中亲本和培养基的选择

原始亲本是用于杂交育种中具有不同遗传背景的优质出发菌株,主要根据杂交的目的来选择。可以来自生产用菌或诱变过程中的某些符合要求的菌株,也可以是自然分离的野生型菌株。原始亲本应该具有野生型遗传标记,如具有一定的孢子颜色、可溶性色素或抗性标记等明显不同的性状。直接亲本是杂交育种中具有遗传标记(携带一定的选择性标记和非选择性标记)及亲和能力(能够杂交配对)而直接用于杂交配对的菌株。它是由原始亲本菌株经诱变剂处理后选出的具营养缺陷型等遗传标记或具有其他优良性状并通过亲和力测定而获得的菌株。直接亲本菌株要求优良性状突出,使新菌株产生杂种优势;两亲株间遗传特性差异要大,遗传物质重组产生的变异范围才较广,有利于达到菌种选育的目的;要获得高产的重组体,最好采用遗传性状差异明显的近亲菌株为直接亲本,防止远缘亲株间杂交的后代产生严重的遗传分离现象或生理不协调现象,避免增加筛选高产、稳定的新变种的难度。杂交过程中常用的培养基有完全培养基(CM)、基本培养基(MM)、有限培养基(LM)、补充培养基或选择培养基(SM)和发酵培养基(FM)。

#### 10.1.2.2　杂交育种的遗传标记

由于杂交育种重组频率极低,一般为 $10^{-7}$ 左右,可想而知,很难在普通的条件下筛选到百万分之一的重组体。为了提高重组体筛选和检出效率,一般采用营养缺陷型或抗药性突变型等作为杂交亲本菌株的遗传标记,为选择重组体提供标准和依据。除此,亲本菌株本身具有的某些特殊遗传性状,如温度敏感性标记、孢子颜色、菌落形态结构、可溶性色素含量、代谢产物产量高低和代谢速度快慢,利用的碳、氮源种类和杀伤力等,都可以作为重组体检出的辅助性标记。

### 10.1.3　不同微生物类群杂交育种方法

#### 10.1.3.1　细菌杂交育种

细菌杂交育种技术包括杂交亲本的选择、亲本菌株遗传标记的确定、不同性别菌株的制备及重组体的形成和检出等。细菌杂交亲本菌株的选择要求两个具有不同遗传特性的菌株作为亲本菌株,并且要带一定选择性标记和非选择性标记,并以此作为直接亲本用于杂交。最常用的遗传标记为营养缺陷型,用诱变剂处理后筛选获得的营养缺陷型菌株。杂交时首先将 Hfr 或 F$^+$ 菌株与 F$^-$ 菌株在新鲜肉汤培养液中分别培养至对数期,使其细胞浓度约达 $2\times10^8$ 个/ml,再按 1∶10 或 1∶20 的比例直接混合,在 37 ℃水浴中缓慢振荡,以利于菌株细胞间接触和接合,并保持适宜温度和良好通气条件,培养一定时间,让亲本菌株间的染色体进行转移、交换和重组。杂交后的混合液用缓冲液稀释,分离到 MM 上或其他 SM 上,培养后可得到各种原养型的重组体的菌落。在 MM 上带有营养缺陷型标记的两直接亲本都不能生长,从 MM 上分离到的就是各种重组菌株或其他杂交后代。由于细菌接合形成重组体的频率很低,为了排除细菌杂交后的大量亲本,检出重组体,可应用反选择标记的筛选方法。反选择标记方法之一是在 SM 上少加一种供体亲本菌株所需的生长因子,目的是抑制其生长而浓缩重组体;另一种方法是根据受体菌株对某种药物或噬菌体带有抗性基因,在 MM 中加入该种药物或噬菌体,以抑制供体菌株的生长,最终达到在大量杂交菌株中准确检出重组菌株的目的。

#### 10.1.3.2　放线菌杂交育种

放线菌是一类重要的资源微生物,是目前抗生素生产的主要菌种。放线菌杂交也是利用接合实现的。放线菌杂交育种的一般程序如图 10.1。放线菌杂交方法有混合培养法、玻璃纸法和平板杂交法等几种(图 10.2)。

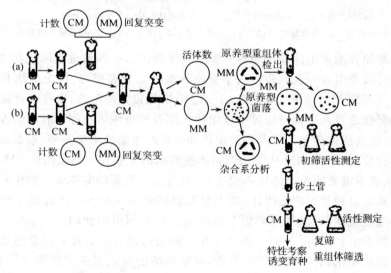

图 10.1　放线菌杂交育种程序

混合培养法首先利用携带不同营养缺陷型或抗性遗传标记的菌株为直接亲本(配对两亲本最好各自还带有颜色标记或产量标记)进行斜面混合接种,其次从斜面上挑选成熟孢子制备单孢子悬液,然后检出重组体,最后进行杂合系分析和分离子鉴定。接种时取两亲株新培养的成熟孢子或菌丝,重叠接种到 CM 斜面上,在适温下培养,根据选育目的决定培养时间,培养时间长一些,易选到原养型重组体,培养时间短些,异养型重组体较多。混合培养时要注意两亲株的孢子萌发时间和菌丝生长速度的同步性,生长速度慢的亲株要提前接种。

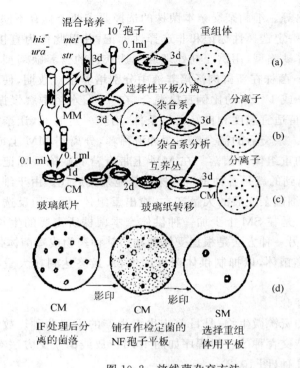

图 10.2　放线菌杂交方法

(a)混合培养法;(b)杂合系分析法;(c)玻璃纸转移法;(d)平板杂交法;

IF:原始致育型;NF:正常致育型;MM:基本培养基;CM:完全培养基;SM:选择性培养基

重组体检出方法有原养型重组体检出和异养型重组体检出。原养型重组体是两亲本各带遗传标记的染色体片段重组在一起表现出两个原始亲本野生型表型,其检出方法是将混合培养的孢子稀释液分离到 MM 平板上,培养 10～15 d,出现较大的菌落,这些菌落除了回复突变和互养杂合系菌株之外几乎都属原养型重组体。原养型重组体往往具有两亲本的优良性状,其产量表现出超亲遗传现象。异养型重组体即是新产生的缺陷突变型,根据缺陷物质差异可在 SM 上进行检出,即在 MM 中不加两亲本所要求的某些营养物质制成 SM,两直接亲本都不能生长,某些不需要的重组体也不能生长,只有满足需要的突变体才能生长。如果筛选的目的是需要获得多种类型的重组体,那也要配制多种类型的 SM 才能满足要求。为进一步区别于原养型重组体,可以将该平板上长出的菌落分别影印到同样的 SM 和 MM 上,培养后在 SM 平板上生长,而在 MM 平板上不生长的菌落是真正的异养型重组体。异养型重组体与原养型菌株相比,其生理代谢不平衡,对某些酶的合成有一定影响。因此,抗生素产生菌的异养型重组体生产能力比直接亲株要低些,在生产实际中无多大应用价值,但在遗传学理论研究方面具有更重要的意义。杂合系分析包括杂合系菌落的分离、分离子获得和重组体鉴定。杂合系菌落分析时取混合培养孢子悬液分离到 MM 平板上,在适宜的条件下培养后,形成大小不同的菌落,其中一些较大的菌落是原养型重组体菌落,一些较小的表面长有丰富孢子的菌落是杂合系菌落。杂合系细胞是由两亲本不同基因型染色体通过一次交换形成的,如重新分离到 MM 上则容易发生遗传分离,其子代几乎都是两亲本分离子。分离子获得时 取杂合系菌落上的孢子,制成单孢子悬液,分离到 CM 平板上,培养后长出独立菌落。然后把每个菌落上的孢子点种到 CM 平板上,待孢子长成后,根据筛选目的需要用影印法将分离子菌落复印到多种不同的 SM 平板上,可以得到不同类型的重组体菌株(图10.3)。重组体鉴别时,采用鉴别培养基的影印法从杂合系菌落中分离到各种类型的分离子,可以根据在鉴别培养基上的生长情况,鉴别出不同类型的重组体。重组体获得后,原养型重组体用于进一步育种研究,经过单菌落分离纯化、摇瓶液体培养,测定代谢产物的生产能力、形态特征、培养特性和生理生化特性等,或结合诱变育种,进一步提高产物产量。

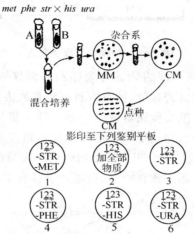

图 10.3　杂合系分析方法

玻璃纸法要求两个直接亲本都携带营养缺陷型标记,其中一个亲本还要带药物抗性标记(如抗链霉素),另一亲本对同一药物是敏感的,用于筛选的是 SM,即在 MM 中加入与抗药性标记相同药物的 SM。玻璃纸杂交法是把两亲本孢子混合接种到覆盖于固体 CM 上的玻璃纸表面,经一定时间培养,将玻璃纸转移到含有链霉素的 SM 上,于适温继续培养,在该SM 平板上由于异核体中带有对链霉素敏感的等位基因、B 亲本对链霉素敏感且又缺乏其生长所需要的营养成分、A 亲本也是缺乏其生长所需要的营养成分,所以这三种菌落都不能形成,唯独能生长的是带有抗链霉素等位基因的部分结合子所形成的杂合系菌丝丛。在含有链霉素的 SM 上,当基质菌丝停止生长,杂合系的气生菌丝在玻璃纸表面开始生长时,可以用接种针逐个挑取杂合系的菌丝丛,进一步进行分析,检出分离子(图10.4)。应用玻璃纸法进行混合杂交时要注意两个关键操作,一是两亲本孢子混合液的浓度要适当,使菌落间能够相互接触,以保证形成杂合系菌丝丛;二是要严格控制玻璃纸转移时间,如培养过长,杂合系菌丝丛就会长得过于旺盛,并且抗药性亲本的菌落也会出现,这些都会影响杂合系的检出。与混合培养法相比,玻璃纸杂交法对杂合系的分离和分析较为简便,时间也短。为了便于研究杂交过程,可通过控制玻璃纸转移时间进行中断杂交实验,控制染色体的转移或杂交过程。此外,玻璃纸杂交法的两亲本营养标记不一定要紧密连锁及事先了解标记在遗传图上的位置。

平板杂交法是将多株亲本 A 菌株的菌落以点种法分别接种到各个 CM 平板上,待形成大量孢子后备用。将一株共同配对的亲本菌株 B 产生的孢子作成高浓度的孢子悬液,取一定量加入到另一个 LM 琼脂平板上,涂布培养待长成大量孢子后备用。待点种的 A 亲本菌

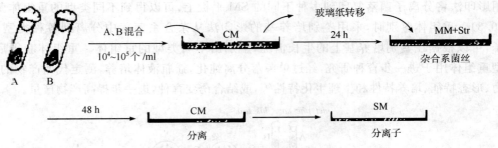

图 10.4　玻璃纸平板杂交法

落的孢子成熟后,采用影印法将不同的 A 亲本复印到 B 菌株平板上,继续培养,A、B 两亲本的孢子萌发,长成菌丝,相互间紧密接触,使双方具有致育能力的菌丝进行接合,形成部分结合子。两亲本染色体进行一次单交换而形成杂合系。进一步培养,经过繁殖、复制、杂合系形成孢子.采用影印法,将杂合系孢子复印到各种选择性培养基平板上,从中可检出重组体分离子(图 10.5)。该法的优点是适合于在短时间内进行大量配对菌株的杂交,适合于大量菌落与一个共同试验菌株配对测定致育能力,也适合于具有丰盛孢子层的亲株间的杂交。

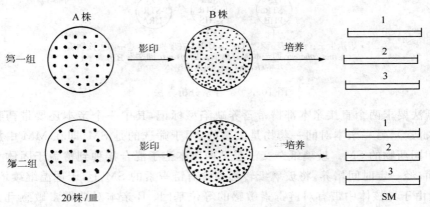

图 10.5　平板杂交法示意图

### 10.1.3.3　酵母菌杂交育种

酵母菌主要是通过接合杂交进行育种。但是,某些酵母菌如假丝酵母不具有性生殖能力,其生活史中不产生子囊孢子和有性过程,只是出芽生殖或裂殖来完成一个生活史循环,也只能和霉菌一样,通过准性繁殖过程进行杂交。

有性生殖的酿酒酵母杂交育种的步骤主要包括酵母菌杂交配对亲株的确定、遗传标记菌株的选择和具有不同遗传标记的异接合型细胞杂交。酵母菌杂交前首先要选择各具优良遗传特性的原始亲本,并从两个原始亲本中分别选出不同接合型的单倍体菌株或单倍子囊孢子,并对直接亲本进行一定遗传标记的确认,以便作为杂种检出的依据。常用的标记是营养缺陷型或抗性突变基因,可采用适合的诱变剂处理单倍体菌株,从中获得带有不同营养缺陷基因的亲本菌株。菌落的形状、大小,细胞的形状、大小及色素等也都是常用的杂交标记。如果杂交采用菌落或细胞形态作为遗传标记,配对的亲株可以直接选用原养型单倍体细胞进行杂交。酵母有性杂交包括子囊孢子的制备、子囊孢子的分离和杂种细胞的获得等步骤。制备子囊孢子时,在营养丰富条件下,酵母菌产生孢子的能力衰退而不能进行有性繁殖而是以出芽生殖为主要繁殖形式,因此适度营养条件对于子囊孢子的制备十分重要。另外,由于杂交配对的菌株必须是单倍体的,所以首先要得到单倍的子囊孢子。将酵母菌接种于营养成分贫乏的产孢培养基上,使二倍体酵母菌细胞在饥饿情况下发生减数分裂而形成子囊孢子。然后进行子囊孢子的分离。在子囊中形成的子囊孢子通常不易分离,可采用蜗牛酶处理,水解子囊壁,然后剧烈振荡,释放出子囊孢子,接着加入液体石蜡,摇匀后孢子就聚集于液体石蜡层;也可采用蒸馏水洗下斜面的子囊,加入液体石蜡和硅藻土,在玻璃匀浆器中研磨,通过离心使破壁后被分散的子囊孢子集中到石蜡层。取含有子囊孢子的石蜡 0.05 ml,加入 15％明胶 0.05 ml,在琼脂平板上涂布培养,可得到单倍体菌落,移入斜面,经单倍体检验后备用。最后获得集合了双亲优势性状的杂种细胞,因此杂种细胞的获得是通过有性杂交实现的。

　　酵母常用杂交方法有群体杂交法、单倍体细胞杂交法和孢子杂交法。

　　群体杂交法是将大量带有遗传标记的两种不同亲本菌株的交配型的单倍体混合在麦芽汁或完全培养基中混合培养过夜,使两亲株细胞在生长中充分接合,然后把混合液分离到基本培养基平板上,培养后形成二倍体的杂种菌落。镜检时可以观察到大量的哑铃形细胞,将这些哑铃形细胞转接到微滴液体培养中培养形成二倍体细胞。用于交配的单倍体菌株可以预先测定其遗传性状,也可选择具有所需特性的菌株进行交配。若杂交产生的二倍体细胞的性状仍不符合要求,可以将它们的子囊孢子再进行杂交。此法进行初步筛选比较好,容量大,在具有好的性状的杂交组合中进一步做孢子杂交。

　　单倍体细胞杂交法仅在数量上与群体杂交法有所区别。先将两种已测定交配型的单倍体细胞配对,以等量混合接种于完全培养液(如麦芽汁培养基)中进行适温下的微滴培养,直至在显微镜下直接观察到哑铃状接合子的产生,即合子形成。培养并接合后第一个芽往往从双亲细胞接触融合处首先长出来,这可与接合的单亲细胞出芽状况相区别(表 10.2)。此法不易成功,交配反应弱,细胞难以联结,经常在核还没有融合时就已经发芽,结果形成的不是二倍体细胞而是单倍体细胞。因此,生产上采用群体杂交法更为普遍。

　　孢子杂交法是在显微操作器下挑取单个孢子,将分离获得的子囊孢子随机两两配对,在完全培养基中进行微滴培养液培养,置于适温使其萌发并接合形成合子,在显微镜下可以直接观察到二倍体的接合子的形成,并将二倍体菌株分离出来,再进一步筛选有性杂交后的产物。此法难度较大,由于随机交配使孢子的接合机会也较少,但此法得到的变异株一般是有性生殖的自然产物,主要是通过减数分裂的交换导致的重组,所以,在生产上利用价值还是很大的。

　　酵母杂交和其他微生物的杂交重组一样存在一个共同问题,即种间杂交比属间杂交易于获得产量提高的重组体。种间杂交遗传特性比较稳定,属间杂交产物易于发生分离。两亲株的染色体间存在着严重的排斥作用,这可能是由于染色体结构不同,两亲株的核基因组之间、细胞器基因组之间和核质基因组之间不能协调配合,产生不良反应、营养不互补、信息识别不匹配等原因而造成的。比如酿酒酵母的种内杂交,面包酵母可用于发酵面包,其利用麦芽糖和葡萄糖的能力强,产 $CO_2$ 多,生长快;而酒精酵母产酒率高,但利用麦芽糖和葡萄糖的能力差。为了克服酒精酵母的不足,将酒精酵母和面包酵母杂交,得到生产酒精能力强、麦芽糖和葡萄糖发酵能力强的菌株。生产上有人用糖蜜酒精酵母 73 号和 111 号杂交得到 $\alpha$ 交配型单倍体菌株,用此菌株与生产用的面包酵母 $\alpha$ 交配型单倍体菌株杂交,从杂交子代中选择出新的菌株,其酒精产量没有下降,但麦芽糖和葡萄糖的发酵能力增加了一倍。而不能完全利用甜菜中的棉子糖和蜜二糖酒精酵母与能够完全利用棉子糖发酵卡氏酵母杂交中,把在发酵液中浮在表层的称为上层酵母即酒精酵母,沉在下面的称为底层酵母即卡氏酵母,主要用于啤酒酿造。这样,用蜜糖酒精酵母与卡氏酵母杂交,以期获得能够发酵棉子糖的酒精酵母。有人用598对供试孢子进行孢子杂交,选出能够形成合子的2对,其中一株杂合二倍体67号在酒精产量和繁殖速度方面都比亲本好。后改用群体杂交,以杂种67号与另一杂种26号再进行杂交,所得到的杂交菌株无论在酒精产量和生长速度方面都进一步提高。也有人将上层酵母与下层酵母杂交,将其杂种子代自交或与亲本回交,得到比亲本的香味和味道更好的啤酒。这种种间再杂交又称为复合杂交。准性生殖的酵母杂交与霉菌杂交基本相同。

表 10.2　酿酒酵母单倍体和二倍体细胞的区别

| 测定项目 | 单倍体 | 二倍体 |
| --- | --- | --- |
| 细胞大小 | 小,球形 | 大,椭圆形 |
| 菌膏形态 | 小,形态不一 | 大,形态一般 |
| 液伝培养状态 | 繁殖较慢,细胞多聚集成团 | 繁殖较快,细胞较分散 |
| 在孢子培养基上 | 不能形成子囊 | 能形成子囊 |

### 10.1.3.4　霉菌杂交育种

　　霉菌在自然界中分布很广,是抗生素和酶制剂发酵工业的重要生产菌种。主要以准性生殖进行杂交育种,是利用霉菌准性生殖过程中基因重组和分离现象,将不同菌株的优良性状集合到一个新的菌株中,从而选育出具有高产和优良特性的新菌株。其育种过程主要有4个环节:①出发菌株的选择标记与分离;②异核体的获得、形成与检出;③杂合二倍体的形成与检出;④体细胞重组与分离子的检出。出发菌株的选择标记与分离与其他菌种没有太大差别,一般尽量选择遗传差异大的单倍体菌株。鉴于不产有性孢子的真菌之间的结合发生在形态相同的细胞之间,因此杂交的两个亲本应做营养缺陷型标记,否则难以检出已经结合的细胞。异核体是由两个基因型不同的菌株的菌丝体在培养过程中紧密接触,继而质膜融合而产生的。异核体产生的原因,除了由两种不同基因型菌丝细胞融合产生之外,还可以由同核体的细胞偶然发生。但不是任何两个亲本菌丝体接触都能形成异核体,只有那些具有交配型(即感受态)的菌株之间才能形成异核体。异核体细胞质中的两个细胞核处于游离状态,是独立的,相互间没有发生融合和交换,而细胞质却发生了融合和互换。异核体具有营养互补作用,也就是说,在异核体中两个直接亲本携带的不同营养缺陷的基因之间可以互补,能在 MM 上生长。在进行异核体检出时,要特别注意排除由于营养互补作用产生的菌落。所以,在特定条件下使杂交的两个标记菌株进行细胞融合以形成异核体。由于异核体的形成受遗传因素和环境条件的共同作用,因此为了提高菌丝联合的机会,必须选择最适合的培养条件。由于准性生殖是霉菌的生殖方式之一,在自然环境中,霉菌异核体的出现是屡见不鲜的事,因此,用于发酵工业的霉菌菌种,在不断移代过程中,也会经常出现异核体菌株,使菌株特性不稳定,在生长繁殖过程中发生分离,导致菌种不纯,甚至退化,最后造成发酵产物的产量下降。

　　异核体的形成与检出是霉菌杂交育种的关键之一,异核体的获得方法有:选择直接亲本法和异核体合成法。选择直接亲本法与其他菌种杂交育种一样,选择亲和力强又携带明显营养标记和辅助标记的菌株为杂交直接亲本。霉菌直接亲本的亲和力试验可采用衔接法或混合法,即将两个配对菌株共同接种于基本斜面或基本液体培养基中,若能形成异核体菌丝丛或呈絮状生长,则表明此两菌株具有亲和力,该组合即可用于杂交试验。合成异核体法首先要将两个直接亲本菌株的分生孢子或菌丝体进行混合接种和培养,使两个配对菌株的细胞彼此接触,进而细胞壁融合和细胞质交流,其合成方法有 CM 混合培养法、MM 衔接法、限制性 LM 培养法和固体平板培养法。

CM 混合培养法是将配对菌株新鲜孢子混合接种于液体 CM 中,适温培养 1～2 d,待长出新的菌丝后,用生理盐水离心洗涤数次,除去黏附的培养基,用无菌镊子把菌丝撕碎,并涂布于MM 平板上,培养 7～8 d 后,长出异核体的菌丝丛(图 10.6),取其上孢子接于 MM 斜面保存。此法特别适合应用于两个直接亲本的分生孢子不易融合的菌种,这样易获得异核体。此外,还可以把两个直接亲本菌株的分生孢子混合接种于 CM 斜面,培养 5～8 d,形成为数很少的异核体,进一步纯化分离,将获得的异核体的单个菌落移接到 MM 斜面保存。

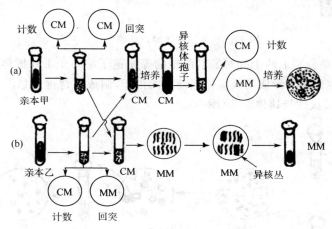

图 10.6　混合培养法
(a) 斜面混合培养;(b) 液体混合培养

MM 衔接法是从新鲜斜面取两个配对菌株的分生孢子,用生理盐水洗涤数次,制成高浓度的孢子悬液,用灭过菌的少量脱脂棉裹在接种针的前端,蘸取适量两亲本的孢子悬液,分别从下至上和从上至下涂接到基本培养基斜面上。接种长度约为斜面的 2/3,而两菌株接种的衔接部分约为斜面的 1/3,适温培养后,衔接部分长出异核体菌丝丛(图 10.7)。进一步考证、纯化,移入斜面保存。此法可获得很高频率异核体。

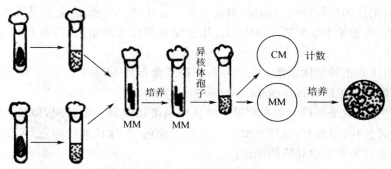

图 10.7　斜面衔接法

限制性 LM 培养法的培养基是 CM 和 MM 以 1∶9 组成,有液体静止培养法和固体平板培养法两种。液体静止培养法是在盛有液体 LM 的试验瓶内接入两个配对菌株的分生孢子,培养 1～2 d,将长出的年轻菌丝撕碎,涂布于 MM 平板上,培养 6～8 d,将两亲本菌落间长出的异核体菌丝丛移入斜面保存(图 10.8)。该法所获得的异核体的频率仅次于 MM 衔接培养法。

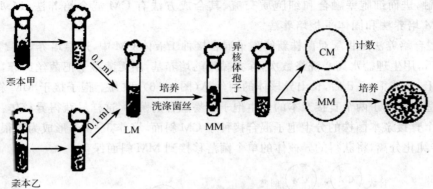

图 10.8　有限液体静止培养法

固体平板培养法是分别取两个配对亲本菌株的等量孢子涂布于 LM 固体平板上,适温培养 6～8 d,将两个亲本菌落间形成的异核体菌丝丛的孢子,制成混合孢子悬液,涂布于 MM 平板上,挑取在 MM 上形成的异核体菌落(图 10.9)。

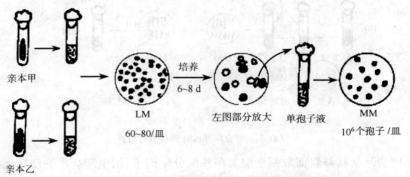

图 10.9　有限固体平板培养法

在异核体形成平板上形成的不完全都是异核体菌落,有的不完全是异核体,有的是同核体菌落,有的是由营养互补而产生的互养菌丝丛。这就需要对异核体进行检出。其检出方法有单挑法、涂抹分离法和孢子颜色鉴别法。

单挑法是把认为是异核体的菌丝,单独一条一条地挑取出来,甚至把菌丝丛置于显微镜下切割单个细胞,再把单个细胞置于 MM 上,凡是能重新形成菌落的,即为异核体菌株,这可以排除互养菌株。

涂抹分离法是把异核体菌落上的大量分生孢子涂布到 MM 平板上,若能形成少量的杂合二倍体菌落,则为真正的异核体菌株。

孢子颜色鉴别法是将以上初步获得的异核体菌落培养到一定时间,如果在特有的异核体孢子颜色(灰黄色)的菌落上,出现类似野生型孢子颜色(黄绿色或浅绿色)角变或斑变的杂合二倍体,则说明该菌落是由异核体形成的。

在异核体内,细胞质内存在着两个单倍的细胞核,两种不同遗传型的核偶尔会结合形成杂合二倍体,杂合二倍体与异核体的主要区别是分生孢子在基本培养基上的表型差异。杂合二倍体的菌落形态与亲本有所不同,杂合二倍体的分生孢子体积比直接亲株几乎大一倍,孢子形状也发生变化;DNA 含量为直接亲株的两倍;杂合二倍体的孢子颜色也不同于异核体,如构巢霉菌杂合二倍体孢子为绿色,异核体形成的分生孢子是黄色与白色的混合体。杂合二倍体和异核体相似,作为标记的突变基因一般都是隐性的。杂合二倍体的营养要求、生长习性、孢子颜色或菌落形态结构都与野生型相似。而产黄青霉和荨麻青霉杂交产生的杂合二倍体除了孢子颜色类似于野生型,菌落质地、菌落结构都与原始亲本相似。杂合二倍体的产量与两直接亲本生产能力有关,直接亲本的产量高,杂合二倍体产量也相应高,反之,直接亲本产量低或不具有生产能力,则杂合二倍体产量也低或不具有生产能力。在二倍体鉴别中注意区分杂合二倍体与纯合二倍体,纯合二倍体因基因纯合,理论上性状存在不分离现象;杂合二倍体是因原始亲本杂交而形成的,它不仅具备了杂种特性,而且随着染色体重组和分离还能够形成更多类型的重组型分离子,通过进一步选择不难从中获得具有优良经济性状的菌株。因此,杂合二倍体的形成是准性生殖的关键。把杂合二倍体从异核体菌落表面上挑选出来的方法有角变分离、撕碎分离、涂抹分离。

角变分离是让杂合二倍体在异核体菌丝内和其他单倍体一起繁殖,直到异核体形成分生孢子,杂合二倍体就在异核体菌落表面形成与异核体颜色不同的(一般类似野生型)角变(扇形)或斑变(斑点)分生孢子,这里就有杂合二倍体,通过挑取角变或斑点上的孢子,进行分离纯化,得到纯杂合二倍体的菌株。

撕碎分离是把异核体菌丝撕碎,分离于 MM 平板上,经培养后,在长出的异核体菌落上借助放大镜寻找原养型的角变或斑点,挑取分生孢子,进一步进行分离、纯化,得到杂合二倍体。

涂抹分离是把异核体或异核丛上的分生孢子($1 \times 10^6$ 个/皿)分离于 MM 平板上,经培养,在形成的菌落中发现似野生型的原养型的角变或斑点,移接分生孢子,进行分离、纯化后得到杂合二倍体。由于杂合二倍体都是从异核体菌落或异核体菌丝丛上挑出来的,常常带有两直接亲株的分生孢子,因此,作为杂交育种和遗传分析材料,必须事先进行多次分离、纯化,或用显微操作器作单孢子纯化,以保证不混杂其他菌株。当获得纯杂合二倍体菌株后,还要对它的形态、生理和遗传等特性进行研究。杂合二倍体并不是两个单倍细胞核简单地加倍,而是已经具有杂种遗传物质的特性。严格地说,真正的杂种应该是杂合二倍体的重组型分离子,而不是杂合二倍体本身,获得重组体才是霉菌杂交的目的。

一般异核体自发核融合形成杂核二倍体的频率极低,约为 $10^{-6}$。常以人工诱变方法来提高形成杂核二倍体的频率,天然樟脑蒸气熏蒸、紫外线照射、高温培养等都能促进核融合,可获得高频率的杂合二倍体。据试验证实,人工合成异核体的方法对形成杂合二倍体的频率有明显影响,如采用 MM 衔接培养法合成异核体时,有利于提高杂合二倍体的频率。

杂合二倍体经过体细胞重组(即体细胞交换、体细胞分离和单倍化)将产生各种类型的分离子,这些分离子根据营养条件和表型差异如菌落与孢子颜色等可分以下几类:亲本分离子、原养型分离子和异养型分离子。亲本分离子,其营养要求、孢子颜色都和直接亲本相同,基因型和亲本也一样。原养型分离子,在培养过程中表现出不缺少两直接亲本所缺陷的营养,能在MM 上正常生长,菌落孢子颜色一般是野生型的。从基因型分析,这种分离子由于重新组合,或许已不带营养缺陷的隐性标记,或者营养缺陷标记仍然存在,但处于隐性状态不表现出来。异养型分离子是由于基因重组产生的既不同于原始亲本、又不同于野生型的重组体,在培养过程中尽管表现出与两直接亲本部分相同的营养缺陷,说明基因型虽然是重建了,但还是带有部分原有营养缺陷标记。原养型分离子和异养型分离子都是由于基因型发生了重建,故又称重组型分离子。根据分离子细胞核内染色体的倍性情况将分离子分为二倍分离子、单倍分离子和非整倍分离子。二倍分离子,细胞核内包含两组染色体;单倍分离子,细胞核内仅有一组染色体,它是一种稳定分离子,在以后传代中不再有分离现象;非整倍分离子,细胞核内含有非整数染色体组,比如超二倍体、亚二倍体和超单倍体等都属于这一类。二倍分离子和非整倍分离子都是不稳定的,在以后子代中还会产生分离现象,因分离而产生的分离子称为次级分离子。在此过程中,杂合二倍体经过诱变因子或重组剂的诱发可提高分离子产生的频率,但总的数量仍然很少。单倍体的频率约为 $10^{-3}$,体细胞交换的频率约为 $10^{-2}$ 左右。

根据分离子的特性将各类分离子检出,其检出方法有菌落颜色检出、抗性检出、抑制检出、饥饿检出和顺反位置效应检出等。菌落颜色检出分离子是将杂合二倍体菌落产生的分生孢子分离在 CM 平板上,经过培养,在大量菌落中找到个别菌落上出现带有颜色隐性标记突变的角变或魔斑,挑取其上的分生孢子移接到 CM 斜面,进一步分离、纯化,供测定鉴别分离子,利用颜色差别进行检出。抗性检出分离子是将杂合二倍体孢子分离在带有抗生素的 SM 平板上,则可筛选到抗药性分离子。例如要筛选抗对氟苯丙氨酸的分离子,可把大量杂合二倍体孢子分离在含有 0.01 mol/L 对氟苯丙氨酸(FPA)CM 平板上,经过培养,凡带有抗药性隐性突变基因的分离子(纯合二倍体 fpa/fpa 和单倍体 fpa)能形成菌落,而对药物敏感的二倍体孢子(一个抗性突变株与一个敏感突变株合成的二倍体)不能在其上生长。这样就能把需要的分离子逐个检出。抑制检出分离子是利用抑制基因对于另一突变型的抑制作用而检出的分离子。比如:构巢曲霉中成为 su-ad$_{20}$ 的突变型,当这个 su-ad$_{20}$ 基因存在时,腺嘌呤缺陷型 ad$_{20}$ 菌株便成为原养型。杂合二倍体 su-ad$_{20}$ ad$_{20}$/su-ad$_{20}^+$ ad$_{20}$ 是腺嘌呤缺陷型,就腺嘌呤而言它是纯合体,所以抑制基因则是隐性的,没有抑制作用,单倍体 su-ad$_{20}$ ad$_{20}$ 是原养型,重组体 su-ad$_{20}$ ad$_{20}$/su-ad$_{20}$ ad$_{20}$ 也是原养型,只有杂合体是野生型由此而检出。饥饿法检出分离子是利用双重突变导致的生理平衡而检出分离子,如生物素缺陷型的孢子在 MM 上很快死去,如果出现另一缺陷型成为双缺陷型则不易死。杂合体 bi$^-$ A$^+$/bi$^-$ A$^-$ 很快死去,单倍体 bi$^-$ A$^-$ 不易死去,重组体 bi$^-$ A$^-$/bi$^-$ A$^-$ 也不易死去,就是利用这个差异而检出的。因此杂合体分生孢子接种到 MM 上,随着饥饿时间的推移,会出现越来越多的需要 A 的缺陷型,这些便是单倍体或重组体。顺反位置效应检出分离子是利用反式杂合子选取顺式组合方式而得以检出。同一基因的两个不同位点的突变型处于反式组合的杂合二倍体在基本培养基上不能生长,通过体细胞交换而出现顺式杂合子则能生长。总之,不同分离子可采用不同检出方法。

对检出的分离子进行测定以确定分离子的菌落形态、营养要求、孢子颜色和大小、孢子含量及代谢产物生产水平等,并确定分离子表型和基因型以及二倍体分离子和单倍体分离子的形态、生理特征。一般重组型分离子或亲本型分离子都携带特殊的隐性标记,它们可以通过鉴别性培养法进行测定。鉴别性培养法就是在 MM 中除去两亲本之一的一种营养要求,或加入一种药物配置为鉴别培养基,只有产生与之对应的营养要求才能在鉴别培养基上生长,从而得以鉴别出所需的营养条件与它自身的生理特征。在采用鉴别性培养基测定分离子的同时,还要结合可见标记,如孢子颜色、菌落形态等,以便进一步确定分离子的表型和基因型。例如要测定营养标记,可采用影印法,把获得的分离子点种在 CM 平板上,培养后长出菌落作为总平板,然后分别影印到各种鉴别性培养基平板上,培养后生长的菌落就是相应的分离子。另外从杂合二倍体菌落上以异色的扇面、角变或斑变中不仅可以分离到二倍分离子、单倍分离子，还可得到非整倍分离子，从而确定二倍分离子、单倍分离子的形态特征。非整倍体菌落结构紧密，较小，孢子稀少，生长也较慢，易产生角变，从中易分离到单倍分离子或二倍分离子。二倍分离子的孢子大，单倍分离子孢子小，非整倍分离子的分生孢子大小不一。根据这些特性我们可以加以分离，得到的单体重组分离子就是我们所选育的生产菌株。

# 10.2　原生质体育种

杂交育种由于受亲本亲和力的影响，双亲本必须具有性的分化，杂交受到一定的局限，应用范围较小。为此人们探索了多种更为有效的基因重组方法，原生质体融合（protoplast fusion，PT）是在自然杂交基础上迅速发展起来的新型杂交育种技术之一，由于其具有变异性高、不受双亲亲缘关系限制的特点而得到广泛应用。原生质体研究始于 19 世纪末，维布尔（Weibull）等于 1953 年首次用溶菌酶处理巨大芽孢杆菌（*Bacillus megaterium*）细胞获得原生质体（protoplast），并首先提出原生质体概念。直到 20 世纪五六十年代才开始采用酶法大量制备植物和微生物原生质体。细胞壁被酶水解剥离，剩下由原生质膜包围着的原生质部分称为原生质体。微生物中 $G^-$ 菌经酶水解后细胞壁尚有残余部分，细胞具刚性，保持球形，称为原生质球或球质体；$G^+$ 菌细胞壁去除彻底，失去刚性，原生质体类似于球体。不论原生质体或原生质球都基本保持原细胞的结构、活性和功能，只是由于它们去掉了细胞壁，对渗透压敏感脆弱，因此在培养过程中要求的条件较为苛刻。迈库伦（McQuillen）于 1955 年首次发现巨大芽孢杆菌原生质体的再生方法，使之恢复成正常细胞并能继续生长繁殖。伊笛（Eddy）等人利用蜗牛酶处理酵母或丝状真菌也获得了原生质体。道格拉斯（Douglas）首先利用溶菌酶从链霉菌中制备出原生质体。随后日本人对链霉菌的原生质体的形成与再生条件进行了系统研究，为以后细菌原生质体的深入研究奠定了基础。1974 年我国的高国楠利用 PEG 在 $Ca^{2+}$ 的条件下促进植物原生质体的融合利用，此后在微生物中推广应用成功，在酵母菌、霉菌、放线菌、细菌等多种微生物的种内、种间、株间乃至属间进行 PT，获得了很好的效果，使 PT 技术成为微生物领域中一个很重要的实验体系。原生质体与正常细胞相比，具有一些新的特性：对外界环境影响敏感，对诱变剂效应强烈，主动吸收外来 DNA 片段；破壁之后细胞表面的受体和噬菌体的结合部位不再存在，失去对噬菌体的敏感性；遗传转化不受细胞感受态影响，易于进行原生质体转化和细胞融合等基因重组。自 20 世纪 70 年代以来，各种原生质体操作技术已成为工业微生物育种的重要手段，并取得了较大成就。以微生物原生质体为材料的育种方法有原生质体再生育种、原生质体诱变育种、原生质体转化育种、原生质体融合育种及其他原生质体育种等。

## 10.2.1　原生质体融合技术

原生质体融合（protoplast fusion，PT）技术是 20 世纪 70 年代发展起来的基因重组技术，利用水解酶将两个亲本菌株的细胞壁剥离，使其在高渗透压的条件下释放游离出原生质体，再将两个原生质体在高渗透压的条件下混合，用物理、化学或生物学方法，一般是在聚乙二醇的帮助下，使遗传特性不同的两亲本原生质体细胞凝集，通过细胞质膜融合乃至核融合，最后形成稳定的原生质体融合体，再通过再生培养形成细胞壁，最终从再生细胞中筛选出集双亲优良性状于一体的稳定性融合子。原生质体融合技术有着与有性杂交育种和诱变育种所不同的特

点:①重组频率高。放线菌、小型丝状真菌、霉菌、酵母和细菌的融合重组率分别为 $10^{-2}\sim$
$10^{-1}$、$10^{-3}\sim10^{-2}$、$10^{-1}\sim10^{-6}$、$10^{-6}\sim10^{-3}$ 和 $10^{-5}\sim10^{-6}$，最高的链霉菌融合重组率高达 $1\%$，
比准性重组率高20～20 000倍。融合前结合紫外线处理，重组率可达20%～30%。②原生质体
融合很少受到微生物的接合型或致育性的限制，甚至不受亲缘关系的限制，原生质体融合与细
胞壁的表面结构无关，两个菌株间不存在供体与受体的限制，有利于不同种属间的杂交。③原
生质体融合使遗传物质的传递更为完整。由于核质共融合，对于微生物的非必需的质粒基因
组在融合过程中也能表现出一些特有性状，有些并能够稳定遗传。④重组体的种类更多。融
合后，两亲株的整套基因组之间发生接触，遗传物质转移和重组性状较多，集中双亲本优良性
状的机会更大，有多次交换的可能，有助于得到更多各种类型的重组体，质粒融合、转移、交换
将产生更丰富的性状整合；还可进行多亲融合，便于筛选更多重组类型。⑤有助于外源基因的
转化。原生质体能够自发吸收 DNA 片段或自发融合，如果有融合剂的帮助，则转化效率更高。
⑥被灭活的原生质体融合后，仍有可能获得重组体。如采用适量的 UV、热或某些化学物质处
理原生质体可使其失去再生与繁殖能力，但融合后，通过不同菌株的互补可能恢复再生繁殖能
力。⑦原生质体的形成与再生本身就是一种育种方法，尤其是链霉菌通过原生质体的形成与
再生对于某些菌株产生抗生素的能力有明显的增加作用。由于原生质体融合技术的这些优越
性，故受到普遍的重视，特别是在工业微生物生产菌的育种中使用广泛，它除了能显著提高重
组频率外，与诱变育种途径相比，还具有定向育种的含义。不足之处是 DNA 交换和重组是随
机的，增加了筛选的难度；细胞对异质体 DNA 的降解和排斥作用，以及 DNA 非同源性等因素
也会影响原生质体融合的重组频率，使远缘融合杂交存在较大困难。随着研究的深入和技术
的进步，利用各种遗传标记来提高筛选和分离重组体的效率，其效果显著，最近采用的新型电
融合技术又能进一步提高融合重组率。近年来，原生质体融合技术已成为生物界颇受瞩目的
研究领域，是细胞生物学中迅速发展的方向之一。佛道尔（Fodor）和沙歇夫尔（Schaeffer）于
1976 年分别报道了巨大芽孢杆菌和枯草芽孢杆菌的种内原生质体融合，微生物原生质体融合
现象得到证实，并建立起了相应的实验体系。从此，原生质体融合育种广泛应用于霉菌、酵母
菌、放线菌和细菌，并从株内、株间发展到种内、种间，打破了种属间亲缘关系，实现了属间、门
间，甚至跨界融合。两个具有不同遗传性状的菌株，通过一定的遗传途径实现基因的交换和重
组，是产生多种新基因型的一种重要手段。至今研究表明，由聚乙二醇（PEG）诱导的原生质体
融合是微生物获得高频重组的主要方法，种内的融合频率可高达 $27\%$，种间的融合频率也可
达 $10\%$，比传统杂交重组频率提高数千倍以上。最近出现的电场诱导融合又将融合率提高了
10 倍。

## 10.2.2 原生质体融合技术程序

### 10.2.2.1 直接亲本选择与遗传标记

直接亲本选择根据融合目的的不同而不同，一般把诱变系谱中筛选获得的不同"正突变株"
作为直接亲本进行融合，通过交换、重组，使优良性状集中于重组体中，以加快育种速度。现在
倾向认为原生质体融合的亲本应采用具有较大遗传差异的近亲菌株，使重组后的新个体具有
更大的杂种优势。其直接亲本标记一般有营养缺陷型标记、抗性标记、热致死（或灭活）标记、
孢子颜色标记、色素标记、菌落形态标记、温度敏感标记、糖发酵标记、同化性能标记、呼吸缺陷
标记和荧光染色标记等。标记时尽可能采用菌株本身自带的遗传标记，减少标记对菌株的影

响。遗传标记选择根据试验目的而确定,筛选遗传标记也是耗时费力的工作,应尽量简单易行。营养标记应尽量避免采用对正常代谢有影响的营养缺陷型,营养标记丰富,但筛选复杂。抗性标记,简单易行,是首选标记,但有些突变性状与抗性标记无关,因此,有的不易得到抗性标记。灭活标记,是把双亲中任何一方的原生质体用热灭活(如 50 ℃ 2 h 或 60 ℃ 5 min),或用紫外线、药物灭活,使细胞内的某些酶或代谢途径钝化,然后以供体形式和另一方具有正常活性的原生质体融合而获得重组体,这样可省去营养缺陷型的遗传标记,但灭活标记融合频率较低。荧光染色标记是最近发展的原生质体融合筛选方法,是一种非人工遗传标记,在育种中具有重要意义,是在双亲原生质体悬浮液中分别加入不同的荧光色素,离心除去多余染料后,将带有不同荧光色素的亲本原生质体融合,然后挑选同时具有双亲染色的两种荧光色素的融合体。复合使用不同选择标记的方法替代人工标记,可提高融合频率。

#### 10.2.2.2　原生质体制备

原生质体制备包括去除细胞壁、分离原生质体、收集与纯化原生质体、活性鉴定和保存原生质体等步骤。

##### 10.2.2.2.1　去壁

去除细胞壁有三种方法:机械法、非酶分离法和酶法。前两种方法制备原生质体效果差,活性低,仅适用于某些特定菌株,并未得到推广。在实际工作中,最有效和最常用的是酶法去壁。

##### 10.2.2.2.2　酶解

酶解分离原生质体是原生质体制备的关键,酶解分离因菌体细胞类型、菌龄、菌体密度、菌体细胞壁成分、培养基成分、酶解前预处理、菌体收集与酶的种类、酶的浓度、酶解时期、酶解温度与 pH、酶解时间、酶解方式以及酶解溶液的稳定性不同而不同。酶解分离原生质体时一般把遗传标记的原始亲株中筛选得到的直接亲本,采用培养平板玻璃纸或摇瓶振荡法培养,取年轻的菌体转入到高渗溶液中,加入有关水解酶,在一定条件下(温度、pH 等)酶解细胞壁,酶解后释放的原生质体和残存菌丝片断的混合液经 G-2 或 G-3 砂芯漏斗过滤,除去大部分菌丝碎片。滤液进一步低速离心 10 min,洗涤后弃去上清液,沉淀悬浮于同一种高渗溶液中,即可收集得到纯化的原生质体。酶法分离原生质体的主要影响因素如下:

(1) 菌龄与菌体时期及密度。不同细胞类型其原生质体产量各不相同。微生物生理状态是决定原生质体产量的主要因素之一,特别是菌龄,明显地影响原生质体释放的频率。微生物菌龄因菌种和培养条件而异,在细胞周期内以感受态时期为佳。一般丝状菌用刚萌发的菌丝,尤其丝体尖端细胞分离原生质体效果最佳,极个别菌株用孢子获得原生质体。白地霉(*Geotrichum candidum*)制备原生质体时,对数期前期和对数期效果最好。产黄青霉(*Penicillium chrysogenum*)原生质体释放分别在对数期和静止期出现两个高峰期。酿酒酵母在对数期时菌体细胞壁易被瓦解,而静止期酶渗入细胞有较大的抗性,这种抗性作用由对数期到静止期迅速增加,如果此时用氯霉素或 5-氟尿嘧啶处理细胞,其抗性不会增加。酵母菌制备原生质体时,要使菌体同步化,才能大幅度地提高制备率。放线菌制备原生质体,以对数期到静止期的转换期比较理想,不仅制备量多,而且细胞壁再生能力也比较强。细菌适合在对数期分离原生质体。菌体释放原生质体的最佳时期也是酶处理的最佳时期。另外,不同的培养方式获得的孢子,对释放原生质体频率是有差别的。摩尔(Moore)等从黄曲霉菌摇瓶沉没培养的孢子中得到原生质体,而从斜面培养的孢子中却很难分离到原生质体。酶液中菌体密度也影响原生质体的释放。丝状菌酶解混合液中要控制菌丝体量,一般每毫升酶液中加入 100 mg 新鲜菌丝体为宜,过多过少都难以得到最大量的原生质体。

(2) 酶种类与酶浓度。各种微生物,由于细胞壁组成不同,用于水解细胞壁的酶的种类也不相同,细菌和放线菌细胞壁的主要成分是肽聚糖,用溶菌酶(lyxozyme)来水解。细菌酶解时酶的浓度控制在 0.02~0.5 mg/ml,枯草芽孢杆菌的溶菌酶浓度为 0.1~0.25 mg/ml。细菌处于不同生理状态时,对酶的浓度的要求也不一样,枯草芽孢杆菌处在对数前期对酶的浓度要求高些,后期则反之。大肠杆菌在对数期溶菌酶的浓度为 0.1 mg/ml,而在饥饿状态时则为 0.25 mg/ml 才能达到理想的结果。大多数 $G^-$ 菌和部分 $G^+$ 菌,细胞壁不易被酶解,对这些细菌可在含有甘氨酸或青霉素的培养基中培养,使菌株的细胞壁对酶的敏感性增加。放线菌通常在甘氨酸和溶菌酶配合使用时可达到预期目的,但不同菌种品系要求的浓度不尽相同,如弗氏链霉菌菌株在含有 0.4% 甘氨酸的培养基中培养到对数期至静止期之间,取出菌体用 1 mg/ml 溶菌酶溶液处理 15~60 min,大部分细胞可转化为原生质体;又如天蓝色链霉菌(*Streptomyces coelicolar*)菌株,甘氨酸的浓度在 0.5%~4%,而天蓝色链霉菌 A(3)2 菌株甘氨酸的浓度为 1%,然后加溶菌酶 1 mg/ml,能获得满意的结果。一般链霉菌接种到含有 0.8%~3.5% 的甘氨酸的培养基中,培养后使菌株对溶菌酶敏感,易于酶解分离原生质体。真菌类细胞壁组成较为复杂,其中霉菌主要为纤维素、几丁质,用蜗牛酶(snailase)、纤维酶(cellulose)、β 葡聚糖酶(β-dextranase)等进行水解。最常用的是蜗牛酶,是一种以纤素酶为主的混合酶,含有 20 多种酶类、30 多种成分。国外常用的是欧洲大蜗牛酶(helicase)与美洲蜗牛酶(glusulase)。我国常使用褐云螺与环口螺中提取的消化液酶类。青霉菌采用 0.5% 玛瑙蜗牛酶加 0.5% 纤维素酶,或单独用 1% 纤维素酶瓦解细胞壁均可获得理想的效果。分离霉菌原生质体时,在复合溶菌酶中加入美洲蜗牛酶,可以加速原生质体的释放。酵母细胞壁为葡聚糖、几丁质,制备酿酒酵母原生质体时,一般采用 50 μl EDTA 和 5 μl 巯基乙醇及 1% 纤维高渗磷酸-甘露醇缓冲液处理,原生质体的获得率达 99%;彭贝裂殖酵母蜗牛酶液中加入 α 和 β-1,3 葡聚糖酶,能显著增加原生质体产量。酵母培养在含有 0.2% 的巯基乙醇和 0.6 mol/L EDTA 的培养液中,培养后菌株易于制备原生质体。总之,用于水解细胞壁酶的浓度要适当,酶量过低,作用不彻底,不利于原生质体形成;浓度过高,处理时间过长,会影响原生质体数量和活性,致使再生频率下降。

(3) 酶解温度与 pH。不同的酶具有各自不同的最适温度,不同菌体的最适生长温度也不相同,确定酶解温度时以上二者均要兼顾,以避免因温度不当引起酶失活而导致原生质体活性降低,甚至被破坏。总的来说,细菌类酶解温度可高一点,但不同菌种要求也不相同,如小单孢菌在 37 ℃下释放原生质体最合适。产黄青霉采用蜗牛酶和纤维素酶的混合酶液维持在 28~33 ℃,须霉最适温度为 25 ℃,酵母菌多在 28~30 ℃。酶解时的最适 pH 也随着酶的特性和菌种的特性而异。青霉原生质体分离时 pH 维持在 5.4~6.5 之间,放线菌 pH 在 6.5~7.0,而枯草杆菌 pH 在 5.8~6.7 都能释放原生质体。采用 0.067 mol/L、pH 7.5 的磷酸缓冲液制备原生质体效果良好。

(4) 培养基成分。玛丝科瓦(Musilkova)研究发现培养基成分对原生质体分离具有不同效应。黑曲霉(*Aspergillus niger*)在 LM 或综合性培养基中分离原生质体的数量会显著地增加。黑曲霉在 Czaplk-Dox 培养基上菌丝生长很慢,加酶后极易除去细胞壁,获得较多的原生质体;而在麦芽汁培养基上虽然菌丝体生长很丰满,但释放的原生质体容易破裂。放线菌的培养基中加入甘氨酸有利于酶类渗入和细胞壁瓦解,可收集释放更多的原生质体。甘氨酸加入的浓度,通常控制在明显抑制菌丝生长并可获得适量的菌丝体为度,即亚适量。白地霉(*Geotrichum candidum*)采用同一菌龄的不同培养基产生的菌丝体来分离原生质体,有的用平板玻璃纸法,有的用振荡沉没培养法,还有的对振荡培养的丝体采用匀浆器或超声波破碎法,使菌丝断裂或细胞壁松弛。丝状菌常用平板玻璃纸法,细菌和酵母菌多用振荡沉没培养法。菌种不同培养方式也不一样。产黄青霉采用前两种方式都能取得良好的效果。有的真菌采用平板玻璃纸法比液体振荡法分离原生质体效果更好。所以正式试验之前,应做预备试验,研究确定哪种培养方式最佳。

(5)酶解预处理。酶解预处理是加入预处理物质,抑制或阻止某一种细胞壁成分的合成,有利于酶溶液渗透到细胞壁中去,促进酶解去壁。SH 化合物(如 $\beta$ 巯基乙醇)广泛应用于酵母菌和某些丝状真菌中,效果很好。其主要作用是这类化合物在还原细胞壁中蛋白质的二硫键后(S-S 键),使分子链切开,酶分子易于渗入,促进细胞壁的水解,易于释放原生质体。在腐霉中,如加入 TritonX-100 或脂肪酶后,可以去除细胞壁上的脂肪层,促进酶分子进入细胞壁,有利于提高原生质体的释放频率。酵母菌常用 EDTA(乙二胺四乙酸)或 EDTA 加巯基乙醇进行预处理,在粟酒裂殖酵母(*Schizosaccharomyces pombe*)的年轻细胞中加入 2-脱氧-D-葡萄糖作预处理,抑制葡聚糖层的重新合成,促使酶液渗入细胞壁。在放线菌培养液中加入 0.2%～4% 的甘氨酸,有利于原生质体的释放,其作用是在细胞壁合成过程中,甘氨酸错误地代替分子结构相类似的丙氨酸而干扰细胞壁网状结构合成,使酶液趁机而入,有助于瓦解细胞壁。甘氨酸加入的时间随菌种而异,有的放线菌开始培养时就要加入,有的菌株前期培养不加甘氨酸,让菌丝充分生长后,再加入,继续培养 18～24 h,再进行酶的处理,效果良好。细菌通常加入亚抑制量的青霉素,以抑制细胞壁中黏肽等大组分的合成,有益于酶对细胞壁的水解作用。其中革兰氏细菌细胞壁中含有脂多糖及多糖类,须用 EDTA 预处理,时间约 1 h,然后加入酶。

(6)菌体收集。菌体收集一般在对数生长时期进行,收集前用缓冲液或生理盐水对收集的菌体进行洗涤。链霉菌用 10.3% 的蔗糖溶液和缓冲液各洗涤一次,酵母菌用生理盐水洗涤两次,再进行离心收集。收集完成进行酶解处理。酶解时期即是菌体生理状态的感受态时期,一般都是处于对数生长期后期。尽管不同菌体感受态略有差别,但这一时期的细胞生长旺盛、代谢作用强、细胞壁对酶解作用敏感,因此,正在培养的菌株在对数生长期的菌体中加入酶液并进行收集时,细胞悬浮于酶液中,置于 30～37 ℃下,保温 30～60 min 或更长时间,在保温期间,每隔 20 min 进行镜检,待 90% 以上的细胞都已经形成原生质体时,再离心去除酶液,将原生质悬浮在高渗溶液中备用。

(7)酶解方式。酶解方式也同样会影响原生质体的释放。在细胞壁酶解过程中要经常轻微摇动混合液,这样不仅能使菌体不断地接触新鲜酶液,而且又能补充氧气,保持良好的通气条件,有利于正常生理活动的进行,这对原生质体释放数量和活性都是有益的。因此,酶解时保持较好的通气条件和适当振荡,可促进原生质体的释放和分离,有利于原生质体释放数量的增加和活性原生质体的获得。在进行酵母与微藻原生质体分离时,曾对比了试管、锥形瓶和培养皿等容器对原生质体分离影响的试验,结果使用培养皿时原生质体分离效果最好,原生质体制备率高于试管或锥形瓶 3～5 倍,这可能与溶氧有关。

(8)渗透压与稳定剂。由于原生质体失去细胞壁的保护作用,因此,对外界环境尤其是对渗透压变得十分敏感,加入稳定剂可避免原生质体在蒸馏水或低渗溶液中因吸水膨胀而破裂。维持细胞的高渗溶液状态,常用稳定剂有无机盐和有机物。无机盐稳定剂包括 NaCl、KCl、

$MgSO_4$、$CaCl_2$ 等;有机物中有糖和糖醇,如蔗糖、甘露醇、山梨醇等都是一些有效的稳定剂。已证实无机盐对丝状真菌效果较好,而糖和糖醇对酵母更为合适,细菌多使用蔗糖或 NaCl。放线菌中的天蓝色链霉菌菌株用 0.3 mol/L 蔗糖溶液,放线菌一般常用 10%～15%蔗糖溶液。而弗氏钲霉菌常采用 10%的蔗糖溶液。霉菌常用盐溶液系统,如 NaCl、KCl、$MgSO_4$ 等组成的稳定液,浓度为 0.3～1.0 mol/L。各种稳定剂的 pH 应保持在一定范围之内,这需要适宜的缓冲液配合使用,以保证酶活性和菌体本身活性维持在最高的水平。

具体试验中,最佳的浓度因菌种而异。概言之;稳定剂不仅能防止原生质体的破裂,控制菌体细胞释放的原生质体数目达到最大释放量,而且对提高酶的活性、促进酶和底物结合都具有相当的优越性。比如无机盐中的 $Ca^{2+}$ 的功能,主要是对酶的激活作用,而 $MgSO_4$ 的作用根据 Vries 等试验,认为用于丝状真菌具有突出的优点,其作用除了维持渗透压之外,能够使菌丝在酶的作用下释放出很多的带有大液泡的原生质体,离心后由于液泡的存在而漂浮在上层,极易与其他残存碎片菌丝分离开来。不同的稳定剂对原生质体的释放和保护作用是不同的,一般认为易于渗入质膜或易于被原生质体及菌体分解的物质不宜作为稳定剂。

(9) 确定酶解终点。水解酶作用于菌体后,必须定时取样观察原生质体分离的程度,以确定酶解终点,一般通过低渗爆破法和荧光染色法等方法在普通光学显微镜或相差显微镜下直接观察并计数以确定原生质体酶解终点。低渗爆破法是直接在显微镜下观察原生质体在低渗溶液中吸水膨胀、破裂的过程,细胞壁去除完全的原生质体吸水破裂后细胞彻底解体,没有残骸;如果原生质体破壁不完全,还有部分剩余细胞壁,则原生质体从无细胞壁处吸水,膨胀破裂并留下一个残存的细胞形态;对于那些正常细胞或酶解程度不彻底的细胞,吸水后由于细胞壁的保护作用,不会胀裂,能维持正常形态。荧光染色法是指原生质体混悬液用 0.05%～0.1%的荧光增白剂(VBL)染色,染色适度后离心再弃染料,洗涤后在荧光显微镜下观察(波长用 3 600～4 000 Å[①]),如发出红色光则为完全原生质体,如发出绿色光则表明还有细胞壁成分存在。

在实际工作中,由于菌种本身的差异和酶的后续效应和低渗溶液对原生质体的破坏作用,具体试验条件都要经过反复试验才能最后确定下来。可通过测定、计算原生质体的形成率来确定其条件是否适合分离原生质体。适合于细菌和酵母菌的测定方法:用血球计数板分别计数蒸馏水加入之前(以 $A$ 代表)和蒸馏水加入之后(以 $B$ 代表)的原生质体化和未原生质体化细胞总数。原生质体形成率(%)=$(A-B)/A×100\%$。或把加入蒸馏水之前($A$)和加入蒸馏水之后($B$)的菌体混合液,分别涂布于高渗再生培养基上,计数比较菌落数,套入上述公式计算即可。适合于霉菌和放线菌等丝状菌的方法:一是把酶解后多数已经原生质体化的混合液,分别等量悬浮于高渗溶液($A$)和蒸馏水($B$)中,然后涂布于高渗的再生培养基上,长出菌落,计数二者的菌落数并计算;二是把酶解后的菌体混合液悬浮于高渗溶液中,分别涂布于高渗再生培养基($A$)和普通琼脂培养基($B$)上,培养后,计数二者菌落数并计算。

### 10.2.2.2.3 原生质体收集与纯化

原生质体从菌体细胞中大量释放后,酶解结束,必须将原生质体与酶液和未酶解的残余菌体及碎片分开,通常采用过滤离心的方法进行原生质体收集。酶解后释放的原生质体和残存菌丝片断的混合液经 G-2 或 G-3 砂芯漏斗过滤,除去大部分菌丝碎片。滤液进一步低速离心

---

① 1 Å=$10^{-10}$m,下同。

10 min,洗涤后弃去上清液,沉淀悬浮于同一种高渗溶液中,即可收集得到纯化的原生质体。收集的原生质体需要进一步纯化以提高原生质体纯度,满足融合的要求。纯化方法有过滤法、密度梯度离心法、界面法和漂浮法等。过滤法适用于丝状微生物(如放线菌、霉菌及丝状微藻等),根据细胞大小,选用孔径略小于细胞的砂芯漏斗,过滤。原生质体由于外层细胞膜柔软可变形,可以从比它小的微孔中穿过,而未酶解单细胞或成丛细胞团却不能,由此原生质体和正常细胞分离而得到纯化。对一些细胞较大的微生物(如微藻),也可采用微孔径网筛来过滤原生质体。密度梯度离心法用蔗糖或氯化铯等制成浓度梯度溶液,由于密度差别,经离心后原生质体漂浮于上部,未酶解细胞和细胞碎片沉于溶液下部。界面法是将原生质体分离液置于两种液体的混悬液中,这两种液体密度有区别,上层密度小于下层密度,离心后原生质体就集中在两层液面交界处而得到纯化。漂浮法适用于一些细胞较大的微生物,原生质体与细胞比重不同,原生质体的比重小于细胞,能在一定渗透浓度的溶液中漂浮在液面上,从而得到纯化。

#### 10.2.2.2.4 原生质体活力鉴定与保存

分离纯化后的原生质体,用做再生或融合等育种的出发材料,必须要求原生质体具有活力及再生能力,因此,需要进行活力鉴定。原生质体活力鉴定方法有荧光素双醋酸盐(FDA)染色法、酚藏花红染色法和伊文思蓝染色法。FDA 本身不发荧光,被细胞吸收脂解后产生具有荧光的极性物质。荧光物质不能透过质膜,存在于活细胞中,这样就可通过观察原生质体是否发生荧光来判断其有无活性,能发出荧光的原生质体具有活性。酚藏花红染色法用 0.01% 浓度的染料染色,活性原生质体能吸收酚藏花红染料而成红色,无活性的死细胞不能吸收染料呈白色。伊文思蓝染色法用浓度为 0.25% 的伊文思蓝染色,活性原生质体不吸收染料为无色,死的无活性细胞吸收染料呈蓝色。原生质体新鲜程度与其活性直接有关,一般都是将新制备的原生质体立即进行融合或其他方式育种。如果不是立即使用,则必须在低温下保存。在一般冷藏条件下保存时间很短,有些种类几小时就失活。在液氮中超低温状态下保存时间可长些,方法是加入 5% 的二甲亚砜(DMS)或甘油等其他保护剂,迅速降温保藏。

#### 10.2.2.3 原生质体融合

原生质体融合除自发融合外,其融合受亲本基因型影响较大,融合率较低。直到卡奥(Cao)等在 1974 年研究植物原生质体时,发现了 PEG 能大幅度诱导原生质体融合。此后在动物、植物和微生物领域盛行起来,并得到迅速发展。一般融合时将制备好的原生质体等量混合,在助溶剂或电场的诱导下发生融合反应。融合方法有化学融合和物理融合。

化学融合现在普遍采用的是 PEG 介导的融合。在微生物原生质体融合时 PEG 多用分子量为 4 000 和 6 000 两种。加入 PEG 后,再加入 $Ca^{+2}$、$Mg^{+2}$ 等阳性离子,融合时,PEG 的最终浓度一般为 30%～50%,$MgCl_2$ 为 20 mmol/L,$CaCl_2$ 为 50 mmol/L 左右。PEG 的作用一方面是使原生质体的膜电位下降,并通过 $Ca^{2+}$ 离子交联促进凝聚;另一方面是 PEG 渗透压的脱水作用,扰乱了分散在原生质膜表面的蛋白质和脂质的排列。霍普伍德(Hopwood)建议放线菌原生质体融合采用 PEG 的相对分子量为 1 000～6 000 范围的,最终浓度以 50% 为最佳。有学者研究认为低浓度 PEG 有稳定原生质体和促进核分裂作用,也有利于细胞壁的形成和再生。放线菌适用相对分子质量常为 1 000～1 500,也有人使用 4 000～6 000,真菌一般采用 4 000～6 000,细菌用 1 500～6 000。PEG 浓度因菌种不同而有所不同,真菌在 30% 左右效果较好,低于 20% 失去稳定性,导致原生质体破裂,高于 30% 会引起原生质体皱缩,过高引起中毒现象。链霉菌适宜 PEG 浓度为 0～50%,融合率超过 1%。丝状真菌采用 PEG 之后,融合率达到

$0.1\%\sim4\%$，提高 1 000 倍以上。天蓝色链霉菌不需要已知性因子 SCP1 与 SCP2 的情况下，最高融合重组率可达 17%，而不用 PEG 的原生质体融合率仅有 $10^{-6}\sim10^{-7}$。一般从野生型或突变型菌株中选择两亲本菌株培养并收集菌体，加酶水解后获得原生质体，以 $10^7\sim10^8$ 个/ml 的浓度混合，加入 $30\%\sim50\%$ PEG 及适量的 $CaCl_2$ 和 $MgCl_2$ 维持在一定 pH 的渗透压稳定剂中，适温处理($20\sim30$ ℃)$1\sim10$ min，立即用再生培养基稀释 $4\sim5$ 倍。以低速离心(1 000×g 或 2 000×g)数分钟，除去 PEG，沉淀重新悬浮，然后分离在各种 SM 上，使之再生细胞壁，或分离在 CM 上，先再生细胞壁，然后分离到各种 SM 上进行检出。以霉菌为例说明细胞融合的生物学过程，两亲株原生质体混合于高渗透压的稳定溶剂中，在 PEG 或电场的诱导下，两个或两个以上原生质体凝聚成团，相邻原生质体紧密接触的质膜面积扩大，相互接触的质膜消失，细胞质融合，形成一个异核体细胞，异核体细胞在繁殖过程中发生核融合，形成杂合二倍体，通过染色体交换，产生各种重组体。

物理融合有电融合法和激光诱导融合法，常用融合剂是电场和激光。电融合是 1979 年森达(Senda)等提出的。应用电脉冲，通过微电极，在显微镜下使植物细胞原生质体融合，从而发展了电融合技术。随后，兹弥曼尼(Zimmermann)等在动植物和微生物中进行了广泛的电融合诱导的原生质体研究。电融合法有交流电融合法与非交流电融合法。电融合诱导分为两个阶段，第一阶段是将原生质体的悬浮液置于大小不同的电极之间，然后加上强电场(200 V/cm)，并以 0.5 MHz 的频率逆运转，使原生质体向小电极方向泳动，与此同时，细胞内产生偶极，由此促进原生质体相互黏接，并沿着电场方向连接成串珠状。第二阶段是在加直流脉冲下，原生质体膜被击穿，导致原生质体融合。选择适宜的电压强度和持续时间，对原生质体融合十分重要，融合效果最好的可以使全部原生质体都发生融合。电场诱导融合过程与 PEG 诱导作用类似，一般情况下，融合频率 $=\dfrac{\text{融合子数×稀释倍数}}{\text{再生在完全培养基上长出的总菌落数×稀释倍数}}\times100\%$。交流电融合法比一般的 PEG 融合法的融合频率更高，并且操纵简便。研究表明电融合与电脉冲幅度、宽度、波形和波的个数等因素有关，对质膜通透性变化都有较大影响。电融合适用于动植物和微生物等的各类细胞，而且融合效率高，比 PEG 法提高 10 倍以上，无残余毒性，参数容易控制，还能直接在显微镜下观察融合过程，在育种中的应用日益增多。激光诱导融合是让细胞或原生质体先紧密贴在一起，再用高峰值功率密度激光对接触处进行照射，使质膜被击穿或产生微米级的微孔。由于质膜上产生微孔是可逆过程，质膜在恢复过程中细胞连接小孔的表面曲率很高，处于高张力状态，细胞逐渐由哑铃形变为圆球状时，说明细胞已融合了。原生质体融合的关键是要控制微束激光的能量级，应使其稍低于质膜上产生明显微孔的能量密度。激光融合的优点是毒性与损伤小，定位性强，还可在融合前或融合后有选择地用激光对细胞的某个细胞器施加作用。

原生质体融合是生物体互相结合的复杂过程，融合率除受到融合剂和融合方法影响外，还与融合温度、亲本亲和力、原生质体活性和无机离子等因素密切相关。高温会降低 PEG 黏度，增加质膜流动性，有利于融合。丝状真菌适宜融合的温度约为 30 ℃，而细菌原生质体融合的适温往往偏低，据认为 4 ℃或 20 ℃比 37 ℃更好，放线菌通常在常温约 20 ℃下进行融合。总的来说，在 $20\sim30$ ℃下进行融合效果较理想。融合处理时间从 1 min 到 1 h，但绝大多数微生物为 $1\sim10$ min，处理时间过长，原生质体因脱水而失活，时间过短则融合率低。亲株的亲和力和原生质体活性这两方面与融合率关系最密切，亲本亲和力是指双亲亲缘关系,最好是亲缘关系近些,远缘融合染色体交换后重组体不稳定,易分离,影响融合效果。原生质体活力增高其融合率也增高,适度诱变有助于融合,如对亲株原生质体先进行紫外线照射后再融合,其融合频率显著提高。无机离子是融合过程中的主要介质因子。在 PEG 介导融合时,通常需要维持一定的 $Ca^{2+}$ 和 $Mg^{2+}$ 浓度,这样能更有效地促进融合。通常所用浓度为 $CaCl_2$ 0.05 mol/L,$MgCl_2$ 0.02 mol/L。各种菌类又有所不同,丝状真菌融合时 $CaCl_2$ 浓度以 0.001～0.01 mol/L 为佳,酵母菌以 0.05 mol/L 时融合率最高。电场融合时,混合液中离子存在对电场及原生质体偶极化形成偶极子有一定影响,会干扰融合,一般采用糖或糖醇为稳定剂,尽量减少无机离子。两亲株原生质体融合时,需要达到一定的细胞密度。一般具有活性的原生质体浓度要在 $10^7$～$10^8$ 个/ml,不少于 $10^6$ 个/ml,并且应采用年轻的、含残余菌丝少的原生质体进行融合,这些都有助于提高融合频率。

### 10.2.2.4　原生质体再生

原生质体再生是指原生质体在再生培养基上进行的原生质体细胞壁重建及恢复细胞生长、分裂、增殖等能力的过程。原生质体是具有生物活性的球体,与细胞一样具有细胞全能性,具有进行细胞分裂、增殖的能力,正常细胞在分裂增殖过程中其本身就涉及细胞壁的解离与形成,原生质体再生正是利用细胞分裂增殖中的细胞壁解离与形成特性,首先合成细胞壁物质,并恢复其细胞的完整形态,进而表现细胞生长、分裂和增殖特性的过程。但刚剥离出的原生质体本身不能立即进行分裂、增殖,且在普通培养基上不能生长,需要在再生培养基中才能生长。原生质体再生过程大致分为三个阶段:首先是大分子合成与原生质体生长,表现为合成细胞器成分,原生质体的体积增大,一般融合发生在这个时期;第二阶段是细胞壁合成与再生,此时期主要合成细胞壁物质,组装、恢复成完整细胞;第三阶段是分裂能力恢复并开始分裂繁殖成为正常的细胞形态和菌落。

在再生过程中,原生质体对渗透压十分敏感,渗透压的改变很容易导致原生质体外流使细胞死亡,要求再生培养基与原生质体内的渗透压保持一致,需要在再生培养基中加入具有一定渗透压的稳定剂,$Ca^{2+}$ 和 $Mg^{2+}$ 浓度等都要与原生质体制备时采用的渗透压稳定剂相同,不同菌种之间稍有差别。对于不同微生物而言,其原生质体的高渗再生培养基的主要成分是不同的,表 10.3 列出了几种常见微生物的再生培养基的主要成分。

**表 10.3　几种常见微生物再生培养基成分**

| 微生物种类 | 再生培养基成分 |
| --- | --- |
| 枯草芽孢杆菌 | 0.5 mol/L 蔗糖,0.02 mol/L 顺丁烯二酸,0.02 mol/L $MgCl_2 \cdot 6H_2O$ |
| 钝齿棒杆菌 | 135 g 丁二酸钠,2 g $MgCl_2 \cdot 6H_2O$,1.9 g EDTA |
| 弗氏链霉菌 | 12.5% 蔗糖,0.368% $CaCl_2 \cdot 2H_2O$,0.51% $MgCl_2 \cdot 6H_2O$ |
| 链霉菌 | 0.3～0.5 mol/L 蔗糖(或 0.55 mol/L 琥珀酸钠),0.05 mol/L $MgCl_2 \cdot 6H_2O$,0.025 mol/L $CaCl_2 \cdot 2H_2O$ |
| 霉菌 | 0.4～0.8 mol/L KCl,0.3～1.0 mol/L NaCl |
| 酵母 | 多种糖或糖醇 |

原生质体在稳定的再生培养基上,重新形成细胞壁,恢复正常细胞形态并继续生长繁殖,直至形成菌落,这是融合育种重要的步骤和必要条件。只要稳定剂及培养基组浓度合适,是不难再生的。因此,在原生质体融合试验前必须摸索出最佳的再生条件和完成再生试验,为融合体再生和复原做好准备。由于菌种类别、特性,酶种类、酶浓度、酶解条件,原生质体本身的再生能力、原生质体分离制备、原生质体密度,保存条件、再生方法、再生培养基、再

生条件如融合剂、温度、pH 以及残留菌体分离等因素都与原生质体再生密切相关,因此,这些因素都将影响原生质体再生,尤其是原生质体制备时酶的浓度、酶解温度对再生能力的影响更大。所以原生质体再生是一个非常复杂的过程。

就丝状菌的生理状态而言,一般年轻细胞再生能力比衰老细胞强,顶端菌丝比老菌丝产生的原生质体再生能力强。再生时还要排除再生培养基上的冷凝水,避免水分降低渗透压,致使原生质体破裂。需将琼脂平板置于硅胶干燥器内 2 h,或用灭菌滤纸吸干。酶浓度不宜过大,酶切时间要适当,过长、过浓均会使原生质体脱水皱缩、活性下降而影响再生率。再生培养基组成中,其碳源会影响微生物原生质体的复原率。丝状真菌、酿酒酵母等的原生质体仅能在固体培养基上再生,在液体培养基中细胞壁再生不彻底,不能完全复原。再生培养基的磷酸盐浓度要控制适当,放线菌一般为 0.01%～0.001%,不宜过高,否则影响再生率。有些学者发现,在再生培养基中加入 0.1%水解酪蛋白,可促进细胞壁的再生,提高原生质体再生率;加入某种菌体细胞壁提取物有利于原生质体细胞壁的再生,如法国的沙切尔(Schaelle)在再生培养基中加入大肠杆菌细胞壁制剂或热灭活大肠杆菌细胞壁浓缩液,取肉汤中培养的大肠杆菌经 110 ℃ 20 min 灭活、离心、洗涤,然后浓缩 20 倍,使细菌原生质体再生频率增加 10 倍。酶解后的混合液中既有原生质体,也有相当多的未酶解残留细胞。在再生培养前一定要将它们过滤或离心除去,否则再生培养时这些活力强的细胞会优先长出菌落而抑制原生质体的再生及菌落形成。在再生培养基上分离原生质体的密度不能过密,否则先长出的菌落会抑制后生长的菌落,影响再生频率。使用不同再生方法时,因为去壁后的原生质体不能承受较强的机械作用,否则易于破裂,所以不宜用玻璃棒在平板上涂抹分离。一般采用双层平板法或液体培养法进行再生,双层培养中下层为再生培养基,琼脂含量约 2%,制成平板后除去冷凝水,取原生质体悬浮液 0.1 ml 加到平板上,然后上层加入含琼脂 0.8%或琼脂糖 0.4%的半固态同一成分的培养基 3～10 ml(要求上层培养基的温度不超过 40 ℃,以防原生质体失活),迅速摊布均匀,使原生质体植于固体培养基中,有利于再生;液体培养适于直接用于遗传转化的再转入双层培养。酿酒酵母(*Saccharomyces cerevisiae*)和产朊假丝酵母(*Candida utilis*)等出芽酵母的原生质体在液体培养基中难以再生,只有埋在固体培养基中才能达到理想效果。放线菌和霉菌原生质体再生也可直接分离到单层再生培养基平板上,效果较好。有些微生物还能在液体再生培养基上再生。原生质体再生还与其结构有关,有不少原生质体细胞结构不完整,如缺乏细胞质或细胞器,仅有细胞核,这些原生质体本身已失去活性,不能再生;有些原生质体细胞壁去除过于彻底,缺少细胞壁再生时所需的引物,也难以再生;具有残壁的原生质体比完全剥除细胞壁的更易于再生。

各类微生物的再生频率是不相同的。细菌原生质体再生频率在 90%以上,放线菌再生频率为 50%～60%,真菌为 20%～70%。就同一种微生物来说,其再生频率变化也是很大的,可在百分之零点几到百分之几十。通过再生频率测定,可以进一步寻找、确定和检验最佳的原生质体制备和再生条件及再生培养基。一般在进行原生质体融合之前,需要对原生质体再生频率进行测定,如果不测定就很难确定原生质体不融合或融合频率低是由双亲原生质体已经失活或是再生频率低造成的。原生质体再生频率计算中,

$$再生频率(\%) = \frac{C-B}{A-B} \times 100\%$$

式中 $A$ 为总菌落数,即未经酶处理的菌悬液涂布于平板上生长的菌落;$B$ 为未原生质体化

细胞,即酶解混合液加蒸馏水破坏原生质体,涂布于平板上生长的菌落;C 为再生菌落数,即酶解混合液加高渗溶液,涂布于再生培养基上生长的菌落。

再生频率计算方法不同,结果也有一定差异,系统研究最好采用固定再生率计算方法可以避免方法误差。常见的原生质体再生率计算方法还有:

$$原生质体再生率 = \frac{再生菌数 - 剩余菌数}{破壁前菌数 - 剩余菌数} \times 100\%,$$

$$原生质体再生率 = \frac{在再生培养基上形成细胞的原生质体数}{原生质体总数(以血球计数法计算)} \times 100\%。$$

#### 10.2.2.5　融合子选择与遗传分析

(1) 融合体再生。双亲融合后形成的融合体不等于重组体,一般有融合原生质体与异核原生质体同时存在,由于发生真正融合的原生质体稳定,而异核体不稳定,根据这个特性首先把融合原生质体分离出来。但霉菌的异核体或二倍杂合体或重组体均可在 MM 上形成菌落。而融合体的再生,包括融合体细胞壁的合成与重建,融合体再生的具体过程与一般原生质体再生相同。以酿酒酵母为例,细胞壁成分的生物合成是伴随着细胞体积的增大和细胞核的分裂进行的,再生过程为:先在原生质体表面形成纤维网状物,然后逐一沉积其他成分。这期间由于原生质体重建细胞壁,而停止了核分裂和胞质形成的同步性,在细胞壁再生过程中,发生在 S 期,只有核的复制,而细胞质不分裂。经过培养,从该细胞上一处或多处长出第一代芽管,接着长成菌丝并产生分枝。细胞的形状不一定典型,可能形成一个核细胞。继续培养 10 多个小时,长出第二代芽管,经过有丝分裂和胞质分离,回到原来细胞形态,呈典型的椭圆形酿酒酵母细胞,并再生形成菌落(图 10.10)。原生质体复原后,细胞的生理和生物学特性可恢复正常状态。但其中对一些质粒是有影响的,尤其对该菌某些代谢功能调节方面不是必需的质粒,如控制合成生物素的质粒等,在细胞中可能消除。据报道,由天蓝色链霉菌分离的原生质体,经再生回复到正常细胞时,往往脱落大部分质粒。融合原生质体与非融合原生质体一样对外界条件异常敏感,必须悬浮于一定的高渗溶液中,再生要加入维持渗透压的稳定剂及 $Ca^{2+}$、$Mg^{2+}$ 等离子,与制备原生质体时的条件相同。再生培养基可以是加入 $Ca^{2+}$、$Mg^{2+}$ 的 CM 或高渗 MM。含有融合原生质体的悬浮液分离在 CM 上,不管已融合的还是未融合的原生质体都有可能再生而长出菌落。在 MM 上则只有那些营养得到互补的融合体才能得到再生和形成菌落,但由于营养贫乏,再生速度慢,频率低。融合原生质体以双层培养法再生。以酵母($Saccharomyces$)为例,在含有 0.6 mol/L KCl 的琼脂板上,加入经融合后的悬浮液 0.1 ml,接着在其上倾斜倒入保持 40～45 ℃ 的同一种培养基 10 ml,混合均匀,于 30 ℃ 培养 7 d,使融合体再生并形成菌落。霉菌和放线菌除了用双层平板法培养外,也可把原生质体直接分离到高渗培养基平板上,同样能得到再生菌落。

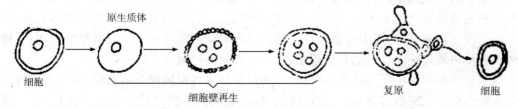

图 10.10　融合体再生过程示意图

(2) 融合体检出。融合体中除重组体外,还有异核体或部分结合子、杂合二倍体或杂合系,这些都会在平板上形成菌落,检出融合体的方法有营养缺陷型标记选择法、抗药性选择法、灭活原生质体检出法、荧光染色法检出、利用双亲对碳源利用不同检出法等多种方法,在育种工作中可根据实验目的和微生物不同加以选择。

营养缺陷型标记选择融合体是一种传统而有效的选择方法,其检出是因双亲带有不同营养缺陷型标记而不能在 MM 上生长,只有融合体生长而得以检出。此法较为准确可靠,在 MM 上长出的菌落即可初步判断为融合体,缺点是易使部分表型延迟的融合体漏选;为了避免遗漏,可事先将融合体在 CM 上诱导一段时间,使其活力得以恢复,然后除去 CM 基后,再转入到 MM 上培养分离;另外此法工作量大,且营养缺陷型标记会使亲本的优良性状丧失或降低。

抗药性选择融合体也是一种广泛而有效的方法,利用不同种的微生物对某一种药物的抗性差导而进行检出。布瑞德歇夫(Bradshaw)和皮得(Perdy)于 1984 年首先采用这种方法检出融合体。他们以构巢曲霉(*Aspergillus nidulans*)(营养缺陷型,吖啶黄抗性)和微皱曲霉(*Aspergillus rugulosus*)(原养型,吖啶黄敏感)为双亲本,经原生质体融合处理后在含有 25 $\mu g/ml$ 或 50 $\mu g/ml$ 吖啶黄的基本培养基上检出融合体。应用此法要注意药物的浓度,过高会使融合频率降低,过低则会使亲本生长。

灭活原生质体检出融合体中如产朊假丝酵母原生质体与酿酒酵母原生质体融合时,用碘乙酸处理亲本之一的产朊假丝酵母原生质体灭活,然后双亲原生质体融合,利用形态差异选择融合体。除药物灭活之外,还可以采用紫外线或温度灭活。灭活法不足的是制备原生质体过程中由于菌丝酶解不彻底往往混有一些菌丝碎片或完整细胞,它们在灭活时比原生质体具有更强的抗性,当与融合体一起在 SM 上生长时会优先形成菌落,从而抑制融合体生长。因此,用于融合的原生质体纯度要高,必须经过一定方法分离纯化,除去菌丝残片。

荧光染色法是事先使双亲染色而携带不同荧光色素标记,然后在显微操作器和荧光显微镜下,挑取同时带有双亲原生质体荧光标记的融合体,直接分离到再生培养基上再生,最后得到融合体。具体操作是制备原生质体时,在酶解液中加入荧光色素,使双亲原生质体分别携带不同的荧光色素标记。它对原生质体活力无影响,携带色素的原生质体能正常进行融合并具有再生能力。融合处理时,在荧光显微镜下能观察到融合过程,并通过显微操作仪,直接挑选出已发生融合而带有两种荧光色素的融合体。使用这种方法时,两种荧光染料的区分要明显,并注意染料的浓度和处理时间。本法简便易行,保持了亲本的优良遗传特性,是融合体选择法的发展趋势,但对仪器设备要求高,有条件的实验室采用此法能提高育种效率。融合体确定的主要依据:通过特定波长的激发光,用分光镜及滤波器观察,有三种情况出现:个体上同时观察到双亲的两种荧光色素,即可判断为融合体;个体上只表现双亲中一种染色的荧光色素,是没有融合的原生质体;个体上不发出荧光色素,可能是失活原生质体。利用荧光染色技术进行融合体选择时应注意几点:首先应选择对原生质体形成、再生无影响的荧光色素,同时用于双亲染色的两种荧光物质颜色分辨上要有明显的差别;各种荧光色素在使用前要确定合适的有效浓度;色素的有效处理时间不同。

双亲对碳源利用不同而检出融合体中,利用亲株对各种碳源利用差异,结合其他特性分离筛选融合体。如酿酒酵母 89-1 为呼吸正常,不能利用木糖,对放线菌酮敏感。另一亲株能利用木糖,经诱变剂处理,挑选失去线粒体的呼吸缺陷型菌株,抗 20 $\mu g/ml$ 放线菌酮。双亲的原生质体融合后,在含有木糖和 20 $\mu g/ml$ 放线菌酮的 SM 上检出融合体,双亲原生质体都不能生长,只有重组后的融合体才能在 SM 上生长。本法适应的种类范围相对较小。

　　除上面这些方法可以较准确地选出融合体外,还有一些辅助性方法用于融合体的检测。虽然依靠这些方法单独定论是否为融合体证据还不充分,但它们各自都从不同方面证实了融合的发生,因而常被用做非人工标记鉴别融合体的辅助性方法。对昆虫毒力测定并进行融合体的选择,至今还未见到利用毒力变化进行融合体检测的报道,但是在金龟子绿僵菌等虫生真菌中进行常规育种时,利用杂交双亲的毒力与重组体毒力的不同进行后代的选择。利用形态差异选择,通过形态差异进行融合体选择,这一方法首先要求所采用的菌株具有可供肉眼直接观察的形态学差异。目前只有在青霉的育种过程中采用了这个方法。利用生化测定指标选择融合体,通常测定的生化项目有 DNA 含量、氨基酸含量、酸性磷酸酶、同工酶电泳等。DNA 含量的测定有两种方法:一是提取 DNA 后,以紫外分光光度计测定其含量;二是直接以显微分光光度计测定孢子或菌丝的 DNA 含量,一般来说,融合子的 DNA 含量高于任何一个亲本的 DNA 含量,但却少于双亲 DNA 含量之和。一般情况下,比较融合子与双亲氨基酸含量百分比,电泳测定亲本和融合子酸性磷酸酶同工酶和酯酶同工酶酶谱,两者的酶谱存在着一定的差异。以上都是一些常见的融合体选择方法,实际应用中往往是将上述这些方法结合使用。如将营养缺陷型与抗药性;抗药性与原生质体灭活等相结合选择融合体。融合体检出后,还要结合一些生化分析方法对其进一步鉴定。

　　(3) 融合重组体检出与遗传特性分析。当检出融合重组体后对其进行遗传特性分析,通过试验确定其遗传稳定性。检出和鉴别融合重组体细胞的主要依据是亲本的遗传标记,同时还要结合 DNA 含量和孢子形态等遗传学和形态学方面的特性加以确定。常用的方法有:菌体或孢子形态和大小的比较、DNA 含量的测定比较、同工酶电泳谱带的比较、酶活性的测定、代谢产物组成和产量的分析比较与测定、对营养物质的利用及超微结构的变化等。另外,还要对重组体含染色体的拷贝数及稳定性进行研究,综合研究其各种性质,从而判断它是异核体、杂合二倍体,还是重组的二倍体或单倍体。重组体的检出和鉴别的方法有直接法、间接选择法、钝化选择法等。直接法是把 PEG 处理或经电场处理的融合产物直接分离在 MM 上或 SM 平板上,其中融合体由于营养互补,经过再生,长出的菌落为融合菌落,同时还涂布于 CM 上,以作对照,则可直接检出融合细胞(图 10.11)。一般丝状真菌核融合需要 MM 的强制培养,都是采用直接选择法。此法虽简便易行,但难以检出那些表型延迟而

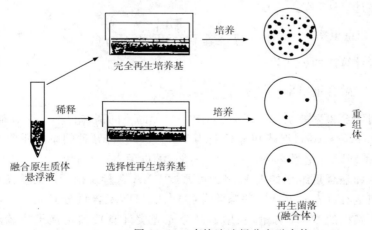

图 10.11　直接法选择分离融合体

基因却已重组的融合重组体,需在选择性再生培养基上进一步培养确定。间接选择法是把融合产物先分离到 CM 上,使原生质体再生形成菌落,再影印到 SM 上,那些在 CM 和 SM 上都能够生长的即是重组融合体(图 10.12)。该法表型延迟的融合体与融合体和亲本非融合体都能检出,但对融合频率低的菌株来说在 CM 上产生的绝大多数菌落是由没有融合的原生质体形成的,要检出重组体需要花相当大的精力。钝化选择法是指灭活原生质体和具活性原生质体融合后,利用二亲本原生质体表型差异进行筛选的方法,先把亲本中的一方原生质体在 50 ℃热处理 2～3 h,使融合前原生质体代谢途径中的某些酶钝化而不能再生和形成菌落,但其部分遗传物质(标记基因)可以和另一未灭活的亲株(营养缺陷型)原生质体融合而得到重组体。由于灭活的亲株原生质体和营养缺陷型亲株原生质体在 MM 上都不能生长,只有融合体才能形成菌落,所以利用这一特性就能够把融合体鉴别和检出。在融合过程中灭活的一方是供体,另一方则是受体,遗传物质从供体传递到受体中。灭活方法除加热外,用紫外线照射或某些药物处理,也可以达到目的。亲株中任何一方或双亲原生质体都可以灭活而作为供体。灭活可作为仅有少数标记基因的供体和另一个是原养型受体亲本的融合选择重组体的一种有效方法。

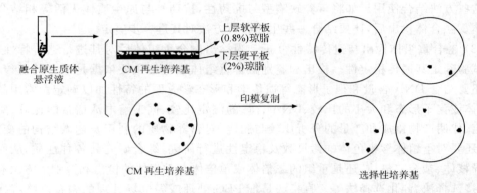

图 10.12 间接法选择分离融合重组体

(4) 融合重组频率计算。融合重组体检出后可根据重组融合体与融合体的比例计算融合重组频率。融合重组频率计算方法有直接计算法、间接计算法、DNA 含量及孢子形态鉴定等。融合重组直接计算法,其公式为:

$$融合重组率(\%) = \frac{基本培养基上再生的菌落数}{完全培养基上再生的菌落数} \times 100\%$$

融合重组率间接计算法的公式为:

$$融合重组率(\%) = \frac{重组体后代总数}{所有后代总数} \times 100\%。$$

各类微生物之间融合频率差别很大,即使是同一个种的不同菌株也不一样。霉菌、放线菌融合重组率约为 0.1%～10%,细菌和酵母菌为 $10^{-3}$～$10^{-6}$。异种间融合重组率比同种间又低得多,如霉菌种间融合重组率约为 0.1%～1%,酵母菌、放线菌为 $10^{-5}$～$10^{-7}$。各类微生物原生质体再生和融合重组率如表 10.4。可通过 DNA 含量及孢子形态鉴定计算融合重组率,DNA 含量测定有分光光度计数法与生化指标法。DNA 含量分光光度计法是通过测定二倍体和单倍体亲株的 DNA 含量,利用显微分光光度计直接测定孢子或菌丝细胞核中的 DNA 含量而鉴别融合率的方法。生化指标法是提取 DNA 后用二苯胺或紫外分光光度计测定其含量从而达到鉴别融合体的目的。融合重组体单倍化是霉菌原生质体融合产物中除含有杂合二倍体和重组体外,还会产生一种暂时融合的菌株,即异核体。以上三种融合产物都会在 MM 上生长成为菌落。但异核体菌株是不稳定的,在繁殖过程中会分离成亲本分离子,有时异核体可延续几代。要获得真正的重组体,从再生培养基上挑取的融合重组体细胞,必须进行连续几代的自然分离和纯化,才能获得表型稳定的重组体,也可使用单倍化剂(重组剂)处理,打破二倍体的相对稳定性。对于融合重组体的相关酶活性及孢子体积测定是指在酶活性方面,主要检测重组体与双亲本的淀粉酶、蛋白酶等水解酶及脂肪酶、氧化酶等同工酶酶谱。孢子体积测定是指用显微测微尺测定和比较它们的大小。此外,菌落形态及颜色变化在重组体检出与鉴定中也是一个重要指标,是以显微摄影照片及电镜片记录下菌丝、细胞或孢子的形态变化。分子生物学方法是比较亲本与重组体的 DNA 限制性内切核酸酶酶解片段或进行核苷酸片段的序列分析。通过比较电泳图谱可分析重组体与亲本的限制性内切酶差异,通过核酸序列分析仪测定可比较核酸片段的核苷酸组成与排列。以育种为目的的融合,代谢产物的产量或质量是检测的重要依据。

表 10.4　各类微生物的原生质体再生和重组融合体

| 菌种 | 原生质体再生频率(%) | 融合方法 | 重组体检出方法 | 融合重组频率 |
|------|------|------|------|------|
| 霉菌 | 20～70 | PEG4 000～6 000,30% | 直接法 | 0.1%～10% |
| 细菌 | 90～100 | PEG6 000,35%～40% | 间接法<br>直接法 | $10^{-3}$～$10^{-6}$ |
| 放线菌 | 50～60 | PEG4 000～6 000,<br>40%～50% | 间接法<br>直接法 | 0.1%～10% |
| 小单孢菌 | 50 | PEG6 000,40% | 间接法 | $10^{-3}$～$10^{-4}$ |
| 天蓝色链霉菌 | 1～10 | PEG1 000,43% | 间接法 | 5%～20% |
| 弗氏链霉菌 | 50 | PEG6 000,36% | 直接法 | 0.3% |
| 枯草杆菌 | 1～10 | PEG6 000,36% | 间接法 | $10^{-5}$～$10^{-6}$ |
| 大肠杆菌 | 0.1～1 | PEG6 000,约 40% | 直接法 | $10^{-3}$ |
| 酵母菌 | 20～31 | PEG6 000,30%～35% | 钝化灭活法 | $10^{-6}$～$10^{-7}$ |
| 曲菌 | 70～80 | 电融合 | | 0.1～0.2 |
| 放线菌 | — | 电融合 | 钝化灭活法 | $10^{-3}$～$10^{-4}$ |
| 生米卡链霉菌 | — | 电融合 | 直接法 | $10^{-2}$ |

**原生质体融合实例:**如在对淡色库蚊有高毒力的球形芽孢杆菌 TS-1 和对黏虫、玉米螟高毒力的苏云金芽孢杆菌 H4 的亲本进行融合试验时,获得了既对双翅目又对鳞翅目具有高毒力的融合子。酒精酵母与乳酸克鲁维酵母进行融合得到在乳糖发酵的培养基中酒精产量提高 2.5 倍的融合子。直接利用原生质体融合就可以创造新的菌株,同时对原生质体进行诱变,那么得到的变异株就更为广泛了。对原生质体进行诱变的常用诱变剂与一般基因突变的诱变剂类似。但紫外线对微生物比较敏感,处理时间不宜太长,处理时间过长会导致微生物的死亡,一般处理时间在 3～5 min。李庆余等用紫外线诱变阿氏假囊酵母原生质体进行诱变,使维生素 $B_{12}$ 产量提高 1 倍;张利平用 NTG 诱变扩展青霉原生质体使碱性脂肪酶发酵水平提高了 57%。激光也可以进行诱变,一般利用氦氖激光进行诱变处理效果最好,其他激光也能使用。离子束如 $^{50}$Co-γ 诱变也可以得到广谱性的突变株,而且损伤轻,突变率高。化学诱变就更为常见。除了常见的理化因素的诱变,也可利用转座子进行诱变。

例如利月 Tn5 诱变冰核细菌获得无冰核活性菌株。利用 Tn916 在革兰阴性菌和阳性菌中穿梭使其发生突变。总之,原生质体技术是一个利用范围很广泛的领域,在育种应用中具有很强的适用性。原生质体融合在微生物育种中的应用已经相当广泛,应用范围主要包括以下几方面:①提高产量或质量,合成新物质;②改良菌种遗传特性;③优化菌种发酵特性;④质粒转移提供新的基因转移和育种途径;⑤原生质体与细胞核融合的核质技术;⑥便于进行遗传分析。原生质体融合技术为遗传操作、分子生物学和遗传学基础理论研究提供了一种重要工具,也是遗传育种的一条有效途径。

### 10.2.3　微生物原生质体再生育种

原生质体再生育种是指微生物制备原生质体后直接再生,从再生菌落中分离筛选变异菌株,最终得到优良性状提高的正变菌株。原生质体再生育种不用任何诱变剂处理,而能产生比诱变还高的突变率,尤其是正变率。造成这个结果的主要原因:一是原生质体的敏感性,制备和再生过程中的各种化合物及环境中的物理因子(光、热、机械损伤、其他射线等)对染色体或质粒 DNA 都有一定诱变效应;二是原生质体再生本质上是细胞壁重建和分裂能力恢复的过程,再生的细胞壁可能在组成与结构上都发生变化,甚至于产生可遗传的利于细胞代谢产物分泌的变异;三是常规诱变育种选用材料多为孢子,这些休眠体对诱变剂较为迟钝,获得的大部分是负变菌株,而制备原生质体的出发材料一般为对数生长期细胞,活力较强,对环境和诱变剂较为敏感,破壁与再生过程中又淘汰了大量弱势菌株,能再生的菌株不论初级弋谢与次级代谢过程均较活跃,故高产优质正变菌株比例大;四是原生质体再生材料无需经过遗传标记,减少了对菌株的损伤和优良性状的影响。

在壳生素工业中有不少采用原生质体再生获得高产菌株的成功例子,如弗氏链霉菌(*Streptomyces fradiae*)再生后泰乐菌素产量提高约 3 倍,产二素链霉菌(*Streptomyces ambofaciens*)再生后的螺旋霉素产量提高 2 倍。这与细胞破壁和原生质体形成过程中质粒脱落有关。据报道,链霉菌在制备原生质体过程中质粒脱落率高达 13% ~ 85%。质粒上有许多与壳生素合成有关的调节基因,它从原生质体中脱落后,解除了这些调节基因对抗生素合成的凋控作用,从而获得脱敏型的高产突变株。此外,质粒上还有一些控制菌株形态的基因,也会引起菌株的形态变异,如孢子颜色、菌落形态及色素等不同。因此,进行原生质体再生育种时,结合分离形态突变菌株,可能在短期内获得解除代谢调控的超敏高产突变菌株。原生质本再生育种程序简单,主要包括如下步骤:出发菌株的选择→菌种活化和预培养→原生质体制备→原生质体再生→高产菌株分离(初筛)→复筛→遗传稳定性鉴定→菌种特性及发酵特性研究。有时一轮筛选获得的菌株变异较小,还需重复多次,直至分离到产量提高幅度较大的突变菌株为止。

### 10.2.4　微生物原生质体诱变育种

原生质体诱变也是一种行之有效的育种新技术,它是以微生物原生质体为育种材料,采用物理或化学诱变剂处理,然后分离到再生培养基中再生,并从再生菌落中筛选高产突变菌株。自凯米(Kim)等于 1983 年首先采用该法诱变玫瑰色小单孢菌(*Micromonospora rosaria*)取得成功以来,应用逐渐广泛,已在抗生素、酶制剂、有机酸及维生素等高产突变株的选育中起到重要作用。常规诱变育种为了防止表型延迟和严重的遗传分离现象,一般采用单孢子为材料,以避免后代菌落不纯或突变基因隐性而被漏选。而孢子壁结构致密牢固,不利于诱变剂向核内渗透,而诱变剂却需要一定浓度的诱变剂内渗,最终直接与核中 DNA 分子接触、反应才能达到目的;另外,诱变效果与细胞代谢活跃程度关系极大,只有代谢活跃,DNA 处于复制状态,才有利于诱变剂与 DNA 分子作用,导致基因突变,而孢子代谢缓慢,往往造成基因突变频率较低或因表型延迟效应而漏筛。利用去壁后的微生物原生质体作为诱变出发材料恰能弥补这两方面的不足,细胞去壁后外层仅存原生质膜,在诱变过程中,直接与诱变剂接触,诱变剂迅速内渗并与核作用。由于用于制备原生质体的材料通常为对数生长期的细胞,代谢旺盛,复制频繁,生命力强,可提高对诱变剂的敏感性。原生质体是单个的分散细胞,与诱变剂接触面大,同时,诱变后易于形成单菌落,便于分离筛选;另外,原生质体具有细胞壁再生能力,又保持细胞全能性,可按一般细胞诱变方式进行诱变。对于一些不产孢子的丝状微生物,原生质体无疑是最适的诱变材料。

　　原生质体诱变育种方法与普通材料诱变类似,使用的诱变剂通常有物理诱变剂和化学诱变剂两大类。①物理诱变剂诱变原生质体的一般程序。取 10 ml 对数生长期微生物培养物,离心收集菌体,无菌水洗涤→离心,菌体沉淀物用酶液悬浮,水解去壁,制成原生质体→离心,高渗溶液洗涤原生质体→原生质体悬浮液稀释至一定浓度,取适量放入无菌培养皿内→将培养皿移至紫外灯下诱变处理→置暗处后处理一定时间→移入再生培养基中再生培养(由于原生质体较脆弱,用双层平板法再生)→分离优质菌株→突变株稳定性试验→突变株鉴定。其他物理诱变剂,如激光和$^{60}$Co-γ 射线等诱变方法也大致相同。也可先将原生质体用双层平板法分离在固体再生培养基上,然后再用物理诱变剂进行诱变处理,于适宜培养条件下再生,筛选优良变异菌株。②化学诱变剂诱变原生质体的一般程序。出发菌株培养和原生质体制备及再生→选择合适的化学诱变剂,配制成合适的浓度→加入原生质体悬浮液,混合(含有高渗溶液,稳定原生质体)→诱变处理→离心后弃诱变剂、原生质体沉淀用稳定液洗涤→稀释、分离到再生平板上(双层平板法)→再生培养→观察、筛选突变株→复筛→突变株鉴定。原生质体诱变对于某些种类的工业微生物具有良好效果,但操作方法较为烦琐,技术性相对要求高,特别是原生质体分离和再生对于不同菌种难易程度相差较大,而且原生质体再生时间长,容易染菌。因此,原生质体诱变周期一般比常规诱变育种要长,难度更大。

**原生质体诱变育种实例:**张利平在碱性脂肪酶高产菌株 FS1884-1 的选育研究中采用原生质体诱变的方法,结合筛选抗阻遏和高渗漏型突变株。出发菌株为 PF-868,它是通过多代常规诱变而产生的菌种,由于常规诱变方法容易产生“疲劳效应”,且菌种诱变系谱比较复杂,因此难以提高产量,但制备成为原生质体后,原生质体对理化因子较为敏感,继续诱变仍可较大幅度地提高产量。选用不同诱变剂处理,结合琥珀酸钠和制霉菌素筛选抗阻遏突变和高渗漏型突变株,经过多代诱变,最终获得高产突变株 FS1884-1,酶的活性大幅度增加,由原出发菌株的 2 260 U/ml 提高到 7 000 U/ml 以上,产量提高 2 倍以上。具体操作如下:①扩展青霉 PF-868 原生质体制备。取产孢培养基上生长旺盛的菌种斜面,加入适量无菌水,轻轻振荡,悬浮孢子,供接种用。在菌丝生长培养基平板上平铺一层无菌玻璃纸,然后将孢子悬液接种、涂布,适温培养。培养至对数生长期,用无菌镊子将附有菌丝的玻璃纸轻轻揭下,用二硫苏糖醇(DTT)预处理 30 min,离心后转入盛有纤维素酶和蜗牛酶酶液的培养皿内,于 28 ℃下,轻微振荡酶解 3~3.5 h,可见大部分菌丝都转变为原生质体。过滤去除残存菌丝片段。滤液低速离心,沉淀原生质体,沉淀物洗涤三次,用血球计数板计数纯化后的原生质体。②原生质体再生。取一份原生质体悬液,用高渗稳定液适当稀释。吸取 0.1 ml 于下层固体再生培养基上,再加入 0.8％琼脂再生培养基,轻微摇匀,双层平板置于 28 ℃下再生。同时另取一份原生质体悬液用无菌水稀释,先让原生质体破裂,再用同样方法再生作对照,培养 3 d 后计算再生菌落数,并计算原生质体再生率。③原生质体诱变。用高渗溶液将原生质体悬浮液的浓度调整至 $10^7$ 个/ml,分别用紫外线、He-Ne 激光和 $^{60}$Co 诱变处理。经过不同处理的原生质体适当稀释后分离到再生培养基上,双层平板法再生,3 d 后计算再生率及致死率。同时将处理后的原生质体悬液于覆有玻璃纸的再生培养基上培养再生,待原生质体再生出细胞壁后,用无菌水洗下,适当稀释后涂布于豆饼粉平板上,26 ℃下培养60 h.待菌落长至针尖大小时用内径为 0.5 çm 的打孔器打取琼脂块,移入灭菌后的平皿中,置于一个保持湿度的容器中,26 ℃下培养一定时间,然后将琼脂块移入有底物的琼脂平板上,26 ℃下保温 24 h,观察测定水解透明圈大小。同时分离至斜面上,以供进一步摇瓶复筛。④突变株鉴定。得到的高产突变株连续传代以检验其遗传稳定性,并与出发菌株比较酯酶同二酶、淀粉酶同工酶、孢子红外光谱、菌落形态、细胞和孢子电镜观察等特征,以鉴定突变类别。

### 10.2.5　微生物原生质体转化育种

经过多年研究和探索,已发展了整条染色体 DNA 或片断 DNA 转化原生质体和质粒DNA 转化原生质体的技术,为实现定向育种的目标和原生质体育种技术开拓了一个更广阔的领域。米耶茹斯(Meyrueis)等于 1980 年用染色体 DNA 转化原生质体的频率可达所有再生原生质体的 $5×10^{-5}$。并且发现并非 DNA 浓度越高对转化率越有利,过高的染色体DNA 对转化过程有抑制作用,他据此推测,可能许多染色体 DNA 转化试验不成功就因浓度过高。不过一般来说,用染色体 DNA 或其他线性 DNA 转化原生质体效率较低,而用质粒 DNA 能得到高频转化率,但完整质粒、单链质粒和重组质粒都能影响原生质体转化效果,除此以外,还有许多因素影响转化效率,如融合促进剂 PEG 来源、批号及聚合度;制备原生质体的菌丝体的菌龄,菌丝的生长条件和原生质体再生条件;转化时的原生质体的质粒浓度;再生培养基组成等都对转化率有一定影响。

原生质体的转化方法(以细菌为例):收集对数生长期细菌细胞,转入到溶菌酶中(含稳定剂)制备原生质体,离心洗涤,取原生质体悬浮液 1 ml,2 倍 SMMF 液和质粒 DNA 各0.1 ml,然后加入 40％聚乙二醇 4 000 ml,混匀后静置 2 min 后离心,悬浮于 1 ml HCP 培养基中,适当稀释后分离在选择性培养基平板上,双层平板法培养,筛选转化子。

# 10.3　微生物诱变育种

### 10.3.1　微生物诱变育种的作用

微生物诱变育种是指以人工诱变手段诱发微生物基因突变,从而改变基因的结构和功能,通过筛选,从多种多样的变异体中筛选出产量高、性状优良的突变株,并且找出发挥这个突变株的最佳培养基和培养条件,使其在最适的环境条件下合成有效产物。工业微生物育种主要采用诱变育种,工业育种过程分为三个阶段:①菌种基因型改变;②菌种筛选,确认并分离出具有目的基因型或表型的变异株;③产量评估,全面考察此变异株在工业化生产上的接受性。工业微生物育种就是经由改变和操纵微生物的基因,进而选育出适合工业化生产的菌种的一种综合技术。基因突变是微生物变异的主要源泉,人工诱变又是加速基因突变的重要手段。以人工诱发突变为基础的微生物诱变育种,结合杂交育种、融合育种使育种工作快捷而富有成效,具有速度快、收效大、方法简单等优点,它是菌种选育的一个重要途径,在发酵工业菌种选育上具有卓越的成就,迄今为止国内外发酵工业中所使用的生产菌种绝大部分是人工诱变选育出来的。诱变育种在抗生素工业生产上的作用更是无可比拟,几乎所有的抗生素生产菌,都离不开诱变育种的方法。我国抗生素工业的发展,是与菌种选育工作的开展紧密相关的。目前生产用的抗生素,如青霉素、链霉素、金霉素、四环素、土霉素、红霉素、灰黄霉素等,都随着菌种选育取得了重要成就,从而使发酵工业生产得以发展、扩大和提高。时至今日,诱变育种仍是大多数工业微生物育种上最重要而且最有效的技术。从自然界分离所得的野生菌种,不论在产量上或质量上,均难适合工业化生产的要求。理想的工业用菌种必须具备:遗传性状稳定;纯净无污染;能产生许多繁殖单位;生长迅速;能于短时间内生产所要的产物;可以长期保存;能经诱变,产生变异和遗传;生产能力具再现性;具有高产量、高收率等特性。在微生物发酵工业中,菌种通过诱变育种不仅可以提高有效产物的产量,改善生物学特性和创造新品种,而且对于研究有效产物代谢途径、遗传图谱绘制等方面都有一定的用途,归纳起来有以下几个方面:①提高有效产物的产量;②改善菌种的特性以提高产品质量;③简化工艺,缩短周期,降低成本;④开发新品种。

### 10.3.2　诱变育种基本程序

微生物的诱变育种要经过出发菌株选择、诱变、浓缩、筛选、检出和鉴定等步骤。一般的诱变育种有杂交诱变育种和原生质体诱变育种等方法,其基本原理是类似的,都是利用诱变剂处理出发菌株,通过浓缩、筛选等步骤选育出稳定的新品系。在诱变育种试验设计之前,要深入了解高产出发菌株的特点,为以后试验工作提供依据。诱变的目的是使遗传物质结构改变,破坏细胞的自控系统,引起微生物代谢向着异常方向发展,如孢子数量由多变少、生活周期延长,偶然也使某些目的产物(抗生素、酶等)的产量提高,这就表现了高产菌株的特征,使其得到人们所需要的产品性状。尽管细胞生理代谢失调,生活能力降低,但菌体本身具有自我调节能力,有可能部分产生对目标变异不利的回复突变或发生新的负变,而使产量下降。尽管实际操作中的负变多于期望的目标变异,但筛选出有用菌株的几率却显著大于杂交育种。

一般诱变育种的基本步骤见图 10.13,整个流程主要包括诱变和筛选两个部分。诱变从出发菌株开始,制备新鲜的孢子悬液或细菌悬液进行诱变处理,然后稀释涂平皿,待长出单菌落后再筛选。筛选包括平板筛选、斜面筛选、摇瓶初筛、复筛,测定产物活性,反复摇瓶筛选直至筛选到目标菌株,进行中试考察最后投入生产。一般诱变育种工作量大,周期长,对周期为 $7\sim10$ d 的抗生素菌种来说,一代诱变需 $2\sim3$ 个月。对此,事先一定要作好充分准备,全面了解菌种培养特征和生化特征,以及有关培养条件对其影响,设计严密的试验方案,确立正确的选育方法。

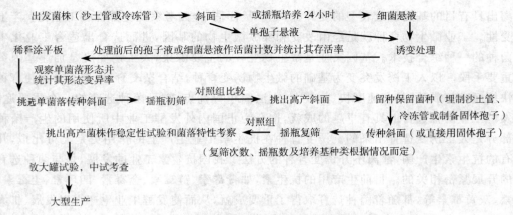

图 10.13 微生物诱变筛选的典型流程

### 10.3.3 出发菌株的选择

（1）菌落特性。选取出发菌株之前必须了解每个菌株在特定的培养基和培养条件下，具有特异性的菌落特征和培养的生理、生化特征。这些菌落特征包括菌落大小、形状、高度、颜色、光泽、黏性、边缘结构、表面结构，丝状菌的放射线多少、外观组织结构（粉状、绒毛状、絮状等）、孢子多少和色泽，细胞可溶性色素情况等。从培养条件中了解菌落所需碳、氮源的种类及适宜的培养基，从培养过程中了解这些菌落的生理、生化、遗传特性及其与生产性能相关联的培养条件以及产物合成水平，从而掌握控制菌落生长发育和生产能力的培育和限定因素。例如，土霉素产生菌的诱变育种中，土霉素原菌种用于生产的斜面孢子在 37 ℃下生长 8 d，用于纯化等研究的单菌落要培养 12 d；培养菌落 12 d 中包含三代的生活周期。第一代是从接种的孢子萌发成菌丝，到形成孢子约 3～4 d，检测其孢子能保持 90% 的原高产特性；第二代是由第一代孢子萌发长成菌丝和孢子约需 7 d，第二代孢子保持 50% 的原高产特性；第三代是由第二代孢子长成菌丝又产生孢子，约计 9～10 d，第三代孢子仅有 10%。第一代孢子制备斜面，同步性好、高产特性强、周期短，由原来的 9～10 d 缩短到 3～4 d，这样的孢子供进一步诱变育种就容易获得性能好的高产菌。菌种的某些生物学特性与产量合成的相关性诱变中，研究发现头孢菌素 C 产生菌顶头孢霉菌（*Cephalosporium acremonium*）的抗生素的产量随着节孢子体积增大或数量增加而提高，节孢子合成头孢菌素 C 的能力较菌丝体高 40%。在合成培养基中加入甲硫氨酸后，可增加抗生素产量和节孢子数量。另外放线菌基质菌丝颜色的变化和菌落直径的大小与产量也有一定的关系，凡菌落由大到小并伴随着由深至浅变化时，产量逐步提高，这样交替变化使产量不断上升。因此，节孢子的大小、多少与头孢菌素 C 的产量具有明显的相关性，这些均可以作为筛选时的参考标志。在灰黄霉素产生菌荨麻青霉（*Penicillium urticae*）D-756 中，在平皿上形成菌落会产生紫色素，色素越深，灰黄霉素产量越低。除此之外，还要了解菌种的最佳培养基（包括斜面培养基及一、二级发酵培养基）。在影响菌种生长发育的主要因素中，培养基是影响菌种和孢子形成的重要因素之一，其中碳、氮源的种类和浓度影响很大。此外，培养基的 pH、培养温度与湿度、琼脂浓度、培养基配置的药品的相对稳定性、培养基消毒的压力与时间、培养基斜面制备技术、斜面培养基表面的冷凝水多少、菌丝体的移种密度（菌种从沙土管中移接到母瓶斜面时,接种量宜小,大约使一个斜面上的菌落基本能单独生长,以便从中能识别出正常型菌落,然后再把它们单个地移接到子瓶斜面上培养,以维持菌种优良性状和稳定性,宜稀不宜密,每个子瓶的孢子约 40 亿～50 亿个左右,使每粒孢子生长饱满,有利于发芽)等因素都将影响菌落生长状态和目的产物的合成量。一般孢子菌的营养是控制生长和孢子形成的主要因素,营养过剩无益于孢子的形成,尤其是氮源,太丰富时促使菌丝大量生长,却不利于孢子产生。不同微生物菌种对斜面培养基的要求不完全一样。放线菌类性喜微碱性,孢子培养基的碳、氮源要低些,其中碳源约 1%,氮源不超过 0.5%,通常有机氮为麸皮、蛋白胨、黄豆汁或豌豆浸出汁,还可加适量的无机氮。霉菌类微生物性喜偏酸,孢子培养基要求碳源高一些,氮源低些。因为碳源在微生物生长过程中会产生有机酸一类代谢产物,会使培养基变为微酸性,常用的有麦芽汁和土豆汁培养基。细菌喜欢生长在偏碱环境,一般要求氮源丰富而碳源低的培养基。菌种有效产物中的各种组分在代谢合成过程中与培养条件的关系研究发现,棘孢小单孢菌(*Micromonospora echinopora*)产生庆大霉素,其中 $C_1$ 是有效的组分,$C_2$ 是无效的。在发酵过程中加入适量的磷或蛋白胨以及加大通风量都有利于 $C_1$ 的合成;反之,$C_2$ 的比例就上升。发酵周期中的不同阶段,有效组分和无效组分合成的比例也有较大的差异。庆大霉素产生菌 A-1 菌种在发酵培养到 130～135 h,$C_1$ 组分最高,但在此时期前后 $C_2$ 相应比例也增加,此后 $C_2$ 逐步下降,为了尽量不影响产品质量,该菌最适发酵周期应控制在 130～150 h。了解有效组分比例与培养条件的关系,便于控制菌种培养,使菌种优良特性充分发挥。由于诱发突变频率极低,因此需要从相当数量的诱变分离菌株中筛选,才有可能获得较理想的目的突变株。而摇瓶控制筛选量,建立快速、简便、准确、有效的检测方法以及菌种保藏的最佳培养基和培养条件以便确定生产条件。这一系列前期准备是诱变成功的基础。一个优良菌种的获得往往要花费巨大的人力、物力和时间,是非常不容易的,不能随便采用某个培养基、培养条件和保藏方法进行培养和保藏。否则,容易发生回复突变,使菌种特性钝化或衰退乃至优良特性消失,结果将前功尽弃。因此,事先研究最佳的培养基、培养条件和适宜的保藏方法是相当重要的。

　　(2)出发菌株的选择原则。在此基础上进行诱变处理前,需要选择确定出发菌株。出发菌株是用于每代诱变的试验菌株,它的选择好坏直接关系到诱变效果。微生物稳定品系对诱变剂的耐受作用强,适宜于生产,不宜于作出发菌株。挑选出发菌株的绝对标准是产量高、对诱变剂敏感度大、变异幅度广的品系。通常选取出发菌株的原则如下:①选取自然界新分离的野生型菌株,尽管其产量较低,但对诱变剂敏感,易于突变,变异幅度大,正突变率高,便于选择。②选取在生产中通过自然筛选而得到的菌株,它与野生型相似,容易得到较好的效果。③选取每次诱变处理后,产量或抗性或耐受性、效价等都有一定提高的菌株,多数产量性状是数量遗传,由多个基因控制,只能逐步累加,通过多次诱变积累增加其产量。④选取对诱变剂敏感的菌株,每次诱变后都有新突变菌株产生,几乎每代出发菌株都在发酵单位、菌落大小、菌落结构或颜色、基质菌丝颜色、可溶性色素以及生长速度等方面的表型或多或少发生过变异,遗传稳定性已被动摇,继续经诱变因子处理,产量有显著提高的可能。例如,在金霉素生产菌株中,曾发现以分泌黄色色素的菌株作出发菌株时,只会使产量下降,而以失去色素的变异菌株作出发菌株时,则产量会不断提高。⑤采用具有有利性状的菌株。选择具有产物增加、产孢子早或多、不产或少产色素、生活能力强、生长速度快、营养要求低、周期短以及糖氮利用快、耐消泡、黏度小等性状的菌株作为出发菌株,要尽量选择符合育种所需要的生物学和代谢特性,具有一定生产能力的出发菌株或至少能产生少量目标产物,说明该菌株原来就具有合成目标产物的代谢途径,这种菌株进行诱变容易得到较好的效果。⑥开始时可以同时多选几个出发菌株,诱变处理后,经几组对比,再选择其中最好的菌株作继发诱变。诱变育种工作中,一般采用3～4个出发菌株,在逐代处理后,将产量高、特性好的菌株留作继续诱变的出发菌株。如灰黄霉素产生菌,原有菌种 Rt18 是一个具有复杂诱变系谱的菌株,其发酵需以乳糖、玉米浆作为碳、氮源,发酵水平仅 5 000～8 000 U/ml。为提高发酵单位和改变原料路线,施巧琴等从土壤中筛选了一株荨麻青霉野生型作为出发菌株,经过连续 13 代的诱变育种,发酵单位比野生型菌株提高 100 多倍,发酵水平达到了30 000～40 000 U/ml,并且彻底改变了原有乳糖玉米浆的原料路线,以廉价大米和少量无机盐即可大规模工业化生产。⑦采用一类被称为"增变菌株"的菌株为出发菌株。"增变菌株"对诱变剂极为敏感,具有极高的自发突变率,突变谱广,对大幅度提高突变率是极为有利的。⑧尽量挑选遗传性单一的纯系菌株作为出发菌株。纯系是指细胞在遗传上是同质性的。选择单倍体细胞、单核或少核的细胞作为出发菌株,有利于突变性状的表达,便于观察选择所需要的性状。⑨选择出发菌株应考虑其相对稳定性,以便选育后能够得到相对稳定品系。但应注意避免选用对诱变剂不敏感、产生"饱和"现象的高产菌株,一般认为高产量的菌株不一定是产量潜力最大的菌株。在这种情况下应设法通过杂交、原生质体融合手段,使遗传物质重新组合,产生新的重组体,改变遗传类型,提高菌种对诱变剂的敏感性,诱变后可以显著提高正突变率。⑩在诱变处理前,将该菌株进行自然分离,根据平皿上单个菌落的形状、大小、色素,孢子多少、孢子颜色,菌落结构致密度等形态特征及生长速度,可归纳为几个菌落类型,考察哪种菌落类型具有所需的优良特性和一定的发酵水平,将其确定为出发菌株。

(3) 出发菌株纯化。确定诱变出发菌株之后,就要进行纯化。因为微生物容易发生变异和染菌。一般丝状菌的野生菌株多数为异核体。生产菌在不断移代过程中,菌丝间接触、融合后,易产生异核体、部分结合子、杂合二倍体及自然突变产生变株等。这些都会造成细胞内遗传物质的异质化,使遗传性状不稳定。如果一个菌种遗传背景复杂,不稳定,用诱变剂处理后的变株中,负变率将增加。特别对诱变史长的菌株,采用强烈诱变剂处理,又不进行纯化分离,诱变效果是很差的,发酵单位反而变得更低。因此,微生物菌种选育之前的出发菌株和新变种获得之后,都要进行自然分离,即所谓菌种纯化。通过菌种纯化分离,从单菌落中挑选所需要的优良菌株,与具有其他性状的菌株分离开来,从中获得遗传性状基本一致并且稳定的变种。纯种分离方法,常用画线分离法和稀释分离法。单纯采用以上两种分离法,有时还不能达到育种的要求,因为操作技术的误差会掩盖菌种不纯的特性。应该进一步提高纯化技术,比如采用显微镜操纵器分离单孢子,培养形成单菌落,这样可以得到完全真实的纯菌株。日本东洋酿造公司,提出在青霉菌单孢子分离的同时,还要结合延长培养时间,使孢子趋向老年阶段,使遗传性状分化充分并趋向稳定,从中筛选到高产的突变株。

### 10.3.4　单孢子(或单细胞)悬液的制备

在诱变育种中,所有处理细胞必须是均匀悬液状态的单细胞。这可使分散态的细胞均匀地接触诱变剂,避免长出不纯菌落。菌悬液是由出发菌株的孢子或菌体细胞与生理盐水或缓冲液制备而成的供直接诱变处理的细胞悬液,其质量将直接影响诱变效果。菌悬液制备要求如下:

(1) 供试菌株的孢子或菌体要年轻、健壮,供试细胞要新培养的,细胞生理活性方面要求同步并处在最旺盛的对数期,这样突变率高,重现性好。细菌常常通过前培养达到要求,丝状菌制备菌悬液时,采取分散法,使细菌或孢子团块在培养液或悬浮液中充分分散,力求90% 以上为单孢子,并务必除去菌丝片段,避免多核菌丝通过遗传分离而产生不纯现象,多核细胞易发生竞争性抑制现象,降低单位存活菌的突变率。菌悬液的浓度,霉菌、放线菌孢子浓度分别为 $10^6$ 个/ml 和 $10^6 \sim 10^7$ 个/ml。菌悬液的孢子或细菌数可用平板计数、血球计数器计数和光密度法测定。制备菌悬液通常采用生理盐水。化学诱变处理时,应采用相应的缓冲液配制,避免处理过程中 pH 变化而影响诱变效果。

(2) 菌悬液制备依赖于斜面培养提供孢子或菌体,斜面或预培养的质量对诱变效果影响较大。细菌诱变时,在诱变前常通过摇瓶振荡预培养,使菌体分散,易于得到单个细胞,也可通过温度和碳源控制使其同步生长,取得年轻健壮、生理活性一致的细胞,为此,培养基和培养条件都要经过试验确定。培养的菌龄要适中,细菌宜在对数期,细胞是新培养的营养细胞,真菌或霉菌孢子应选刚成熟的活跃孢子。预培养可增加细胞对诱变剂的敏感性,有利于DNA 复制错配产生,增加变异率。在预培养中可补给嘌呤、嘧啶或酵母膏等丰富的碱基物质,为加速 DNA 复制提供营养而增加变异率。同步化的预培养方法为:细菌经 $20 \sim 24$ h 培养的新鲜斜面,移接到盛有 MM 的三角瓶中,于 $35 \sim 37$ ℃振荡培养到对数期,再于 6 ℃培养 1 h,使之同步生长,然后加入一定浓度的嘧啶、嘌呤或酵母膏,继续振荡培养 $20 \sim 60$ min。置于低温(约 2 ℃)10 min,离心洗涤,用冷生理盐水或缓冲液制备菌悬液,放在盛有玻璃珠的三角瓶内振荡 10 min,令其分散,用无菌脱脂棉或滤纸过滤。通过菌体计数,调整菌悬液的浓度供诱变处理。产孢子的菌类诱变时,处理材料是单核孢子而非多核菌丝。孢子是处于休眠不活跃状态的细胞,在试验中应尽量采用成熟而新鲜的孢子,并且置于液体培养基中振荡培养到孢子刚刚萌发,即芽长相当于孢子直径的 $0.5 \sim 1$ 倍。离心洗涤,加入生理盐水或缓冲液,振荡打碎孢子团块,以脱脂棉或 $G_3 \sim G_5$ 玻璃过滤器过滤,用血球计数法进行孢子计数,调整菌体浓度,供诱变处理。有的真菌孢子对诱变剂比较敏感,不一定都要培养萌芽,可以直接用斜面孢子诱变处理。某些不产孢子的真菌可直接采用年幼的菌丝体进行诱变处理,有三种方法:①菌丝尖端法,取灭菌后的玻璃盖片或玻璃纸,紧贴于平皿的营养琼脂平板上,其上滴上数滴培养基,接上菌丝,培养后菌丝生长延伸到盖片以外的培养基上,揭去盖片及其上的菌丝,使盖片周围部分尖端菌丝断裂而留在平皿培养基上,然后对这些菌丝进行诱变处理;②处理单菌落周围尖端菌丝,通过自然分离,平皿挑选数个单独生长的菌落,利用紫外线对菌落四周延伸的菌丝尖端进行照射或加入杀菌率低的一定浓度的化学诱变剂处理,培养一定时间,经过繁殖使突变的遗传性状统一、稳定,挑取顶部尖端一小段菌丝于斜面,培养后进一步摇瓶筛选;③混合处理法,常用于化学诱变剂,取培养后相当年幼的菌丝体,用玻璃匀浆、过滤,取小段菌丝的菌悬液进行处理。

## 10.3.5　诱变处理

诱变处理是根据不同菌种选择不同种类与浓度的诱变剂按一定的时间段处理菌株。选择合适的诱变剂进行诱变处理是诱变育种的关键,诱变剂选择包括诱变剂种类、诱变最适剂量、诱变处理方式与时期等内容的选择。

(1) 诱变剂选择。诱变剂的选择主要决定于诱变剂对基因作用的特异性和出发菌株的特性。每一种诱变剂的作用不同,其选择方式也各不相同。诱变剂的作用主要有三点:一是提高突变频率;二是扩大产量变异幅度;三是使产量变异向着正突变或负突变方向进行移动。实践证明并非所有的诱变剂对某个出发菌株都是有效的。诱变作用不仅取决于诱变剂本身,而且取决于菌株的修复能力,不同菌株修复能力是不同的,能力弱的菌株,对已形成的突变进行复制而被遗传下去,表型上成为突变体。修复能力强的菌株,由于自身修复而回复到原养型状态,即回复突变,或新的负变。因此诱变剂选择具有以下要求:第一,选择诱变剂根据诱变剂作用特点进行专一性选择,诱变剂特点请查阅第 2 章。第二,根据诱变剂作用机制,再结合菌种特性来考虑选择哪种诱变剂进行诱变。例如,灰黄霉素野生菌使用氯化锂和紫外线进行诱变处理取得了惊人的诱变效果;对头孢菌素 C 产生菌有效的诱变剂是紫外线、氯化锂、甲基磺酸乙酯;博莱霉素、四环素族产生菌常用一些具有氨基、硝基、亚硝基还原性质的亚硝酸、羟胺、氯化锂等诱变剂,突变率较高;青霉素生产菌以亚硝基胍、氮芥、乙烯亚胺等具有活泼烷化基团的烷化剂更为适合。第三,根据菌种特性和遗传稳定性来选择诱变剂。对遗传稳定的出发菌株,最好采用以前未使用过的、突变谱较宽的、诱变率高的强诱变剂进行复合处理,使 DNA 结构发生严重损伤,造成大的变异,然后再采用一些作用较缓的诱变剂处理。对遗传性不稳定的出发菌株,它们的遗传背景是复杂的,为了提高这类菌株的产量,常可采取这样的选育路线:首先进行自然分离,划分菌落类型,从中选择效价高的、性能好的一类菌落作为诱变处理的出发菌株。采用温和诱变剂或对该类菌在诱变史上曾经是有效的诱变剂进行继续处理,使 DNA 结构发生微小突变,从中筛选突变体,并结合自然分离和环境条件的改变,使有效的菌落类型不断增加,成为正常型菌落。例如施巧琴等选育的金霉素产生菌金色链霉菌(*Streptomyces aureofaciens*)H-502,遗传性能不够稳定,当用它作为出发菌株时,首先进行纯化分离,发现有 5 个菌落类型,经过生产性能和生化特性的考察,其中直帽型产量最高,作为出发菌株。经过紫外线、氯化锂复合诱变,选育出 F-303 变株。结合自然分离和种子发酵培养基调整和强化补料、改造设备等培养条件的改变,使发酵单位比出发菌株提高 16.7%。发酵周期由原来的 170～175 h 缩短到 100～110 h。大幅度提高了发酵指数,获得了很大的诱变效应,从而选育出一株高产短周期的优良变株。第四,参考出发菌株原有的诱变系谱来选择诱变剂。诱变之前要考查出发菌株的诱变系谱,详细分析,总结规律性。有的菌株对某种或某一组合诱变因子是敏感的,特别是诱变史短的或野生型菌株,例如灰黄霉素产生菌 D-756 变株是由荨麻青霉 4541 野生型菌株经过紫外线与氯化锂连续 13 代的诱变处理选育出来的,其各代的出发菌株对紫外线、氯化锂都具有相当高的敏感性。诱变效应表现在变株的形态特征、生理特性及发酵单位均发生显著的变化,这在其他菌种诱变史上是少见的。对诱变史很长的高产菌株来说,如果长期多次使用某一诱变因子,可能会出现对该诱变剂的"钝化"反应,即所谓"饱和现象"。如土霉素 T-1001 变株选育中,最初用紫外线对龟裂型菌落进行照射,出现产量较高的梅花型菌落,说明紫外线诱变效果较好,但将钝化后的梅花型菌株继续使用紫外线处理时,诱变效果大不如以前,改用氯化锂后结果又从梅花型菌落中出现了产量更高的颗粒型菌落。继续用氯化锂诱变,使颗粒状菌落数不断增加,通过自然分离,颗粒型菌落占了优势,并上升为正常型菌落,土霉素产量不断提高。为了成功地选育具有某种特性的生产菌种,就要选择一种最佳的诱变剂。对此,事先需要做预备试验,可采用生产能力分类法来直接比较其效果。通常做法是:取几种诱变剂,各取不同剂量做一系列诱变试验,挑选处理后的菌落上千个,进行生产能力的测定,了解生产能力的分布状况。然后分别统计它们的正突变株、负突变株和稳定株的频率。也有人在青霉素菌种选育中发现，凡能诱发营养缺陷型菌株的诱变剂，往往也是高产菌株良好的诱变剂。

（2）最适诱变剂量的选择。每一种诱变剂的最适剂量因诱变剂种类的不同而不同。诱变剂的最适剂量主要与所用诱变剂造成的 DNA 损伤的性质以及对于这些损伤的修复功能有关，因此，①每一种诱变剂对于每一种生物有它的特定的最适剂量；②可以用一个便于测定的突变来测定最适剂量，以便决定在提高产量的诱变工作中所采用的适当剂量；③同一诱变剂的不同剂量处理同一菌株，诱变幅度最宽的剂量则是最适宜剂量；④利用临界剂量或半致死剂量来确定最适剂量。根据同一诱变剂的不同浓度梯度试验很容易确定半致死剂量或临界剂量，临界剂量即突变体成活率为 40％的诱变剂量，利用半致死剂量和临界剂量确定小范围精确剂量（突变体成活率为 40％～60％）筛选范围用以确定最适剂量。在实际育种工作中，具体到某个菌种对某种诱变剂最适剂量的确定，作突变剂量曲线是比较可靠的。根据经验，在高产菌株选育中，正突变的最适剂量采用最高形态变异剂量的 1/3 还是可行的。在判断诱变剂量时，采用抗药性突变也是比较可靠的。因为抗药性突变表型明显，易于在平皿上测定，同时其突变机制主要是基因突变，对诱变效应具有代表性。筛选抗药性突变株时，取细胞浓度 $10^6$～$10^8$ 个/ml 菌悬液，用待测诱变剂处理后，分离在含药物（抗生素）的培养基平板上。培养后出现的菌落多为抗性菌落。同时，将未经诱变剂处理的细胞悬液，分离在同一种培养基平板上，只出现少数自发抗性突变菌落，以此作为对照，作出诱变剂剂量曲线，确定最适剂量。因此，剂量的大小常以致死率和变异率来确定。诱变剂对产量性状的诱变作用，大致有如下趋向：处理剂量大，杀菌率高（90％～99％），在单位存活细胞中负变菌株多，正变菌株少。但在不多的正变株中可能筛选到产量提高幅度大的变株。经长期诱变的高产菌株正突变率的高峰多出现在低剂量区，负突变率在高剂量时更高。高剂量处理时，形态突变率和负变株出现多，两者的高峰值几乎是相平行的，正变株出现少，并且往往负突变大于正突变。但对诱变史短的低产菌株来说，情况恰好相反，正变株的高峰比负变株高得多。用小剂量进行诱变处理时，杀菌率约 50％～80％，在单位存活细胞中正突变株多，然而大幅度提高产量的菌株可能较少。其他一些具有较长诱变史的高产菌株和低产野生菌株，与以上趋向大致相似。诱变剂量选择是个复杂问题，不单纯是剂量与变异率之间的关系，而是涉及很多因素，如菌种的遗传特性、诱变史、诱变剂种类及处理的环境条件等。试验中要根据实际情况具体分析。前人的经验认为，经长期诱变后的高产菌株，以采用低剂量处理为妥。对遗传性状不太稳定的菌株，宜用较温和的诱变剂和较低的剂量处理。因为对这样的菌株，仅要求在正常型菌落中能筛选到一些较高单位的菌株，达到发酵单位有所提高就可以了。但是当选育的目的是要求筛选到具有特殊性状的菌株，或较大幅度提高产量的菌株，那么可用强的诱变剂和高的剂量处理，使基因重排后产生较大的变异，容易出现新特性或产量有突破性提高的变异菌株。对诱变史短的野生低产菌株，开始也宜采用较高的剂量，然后逐步使用较温和的诱变剂或较低的剂量进行处理。对多核细胞菌株，采用较高的剂量似乎更为合适，在高剂量下，容易获得细胞中一个核突变，其余核可能被诱变剂致死。低剂量处理时，在多个细胞核中可能仅有个别核突变，使之成为异核体，形成一个不纯的菌株，给以后育种工作带来很多麻烦。另外，用高剂量处理菌株，容易引起遗传物质较大幅度的变异，这样的菌株不易回复突变，遗传特性比较稳定。对一个菌株来说，不仅要选择一个有效的诱变因子,还要确定一个最适的剂量。实际诱变处理中如何控制剂量大小,化学诱变剂和物理诱变剂不太一样。化学诱变剂主要是调节浓度、处理时间和处理条件(温度、pH 等)。物理诱变剂主要控制照射距离、时间和照射过程中的条件(氧、水等),以达到最佳的诱变效果。

(3) 诱变剂的处理方式与时期。①诱变剂的处理类型。可分为单因子处理和复合因子处理。一般认为单因子处理不如复合因子处理效果好,这已经被很多事实所证实。但当一种诱变剂对某个菌株确实是有效的诱变因子时,那么单因子处理同样能够引起基因突变,效果也是不错的。例如施巧琴等在选育碱性脂肪酶的扩张青霉(*Penicillum expansum*)野生型菌株 S-596 时,采用紫外线、亚硝基胍单因子分别连续处理,酶的生产能力提高 16 倍多。单一诱变剂处理,还可以减少菌种遗传背景复杂化、菌落类型分化过多的弊病,使筛选工作趋向简单化。但是单因子处理的突变率低于复合因子处理,突变类型也较少。复合因子处理一般处理遗传过于稳定的菌体,以弥补某种不亲和性或热点饱和现象。各种诱变因子的作用机制不一样,主要是 DNA 分子上的不同基因位点对各种诱变剂吸收阈值有较大差异,即不同诱变剂对基因作用位点有其一定的专一性,有的甚至具有特异性,因而得到更多突变类型。复合因子处理又可分为双因子以上诱变剂同时处理菌体诱发其突变、不同诱变剂如理化诱变交替处理、同一诱变剂连续重复处理、紫外线光复活交替处理。对于难以突变的适宜多因素处理或交替处理,可以动摇多种基因的稳定性,造成各种基因功能重新调整而产生丰富多彩的突变类型,提高变异率。交替处理时,诱变剂量宜适中或偏低。对于诱发能力强的、对基因作用较为广谱的诱变剂可连续重复使用,有益于变异率的提高。但是单因子连续使用的代数不能过多,否则也会出现"钝化"现象。因为其作用于基因上的位点是有限的,有的甚至只作用于单一位置,造成突变类型少的弊病。对于某些代谢失调菌株适宜紫外线光复活交替处理,有利于使群体中那些只能勉强维持其生活所必需的代谢平衡的突变体保留下来,以提高变异率。从诱变剂处理时间与诱变效应的关系上看,头孢菌素 C 产生菌选育中,用甲基磺酸乙酯低浓度、长时间处理与高浓度、短时间处理的诱变效应是不同的。在致死率大致相同的情况下,前者比后者不仅正突变率高,而且提高的幅度也大。复合因子处理中,一般诱变剂具有协同效应,使用时先用弱诱变因子后用强诱变因子处理,协同效应更好,反之,则使变异率下降。②诱变处理的方式有直接处理、生长过程处理和摇瓶振荡处理。直接处理最常用,是将菌悬液用物理、化学因子处理,然后分离。生长过程处理,适用于诱变作用强而杀菌率较低的诱变剂,或在分裂过程中只对 DNA 起作用的诱变剂,如 NTG、LiCl、秋水仙碱等。具体做法:首先将诱变剂加入到培养基中,混匀,倒入平皿制成平板,将诱变后的菌悬液分离其上,培养,生长过程中诱发菌体突变;另一种方式,先把培养基制成平板,将一定浓度的诱变剂和菌体加入平板,涂抹均匀,接菌,培养,生长过程中诱发突变。对那些价格昂贵的诱变剂更适合摇瓶振荡培养处理,即在摇瓶培养基中加入一定量的诱变剂,菌体随着振荡培养,不断地和诱变剂接触,它们之间的作用远比平板生长过程处理充分得多,所以诱变剂浓度不宜高。为达到诱变目的,诱变剂可以分次加入。对某些不溶于水的 EMS、DES 等诱变剂,可事先用少量 75%乙醇或吐温 80 溶解,但要注意不能影响菌体生长。以产碱性脂肪酶的扩张青霉变株 PF-868 为出发菌株,经多代单因子或多因子复合诱变,获得产酶水平平均提高 3.5～4.5 倍的变株 FS 1884-1,酶活达 7 500～8 500 U/ml,最高达 11 200 U/ml。在处理时,特别需要注意温度、时间及处理完毕后有效终止药物的继续作用的简便方法,常用办法有稀释法、终止剂中和法(如硫代硫酸钠中和甲基磺酸乙酯)和改变 pH 的方法。紫外线诱变时,集中采用 15 W 紫外灯管,距离在 28～30 cm 处理,处理时间因生物种类而不同,多数微生物在紫外线下暴露 3～5 min 即可死亡,但灭活芽孢中则需要 10 min 或更长时间。③诱变处理细胞时期多在菌体对数生长时期,一般与细胞悬浮液时期相同,其菌悬液浓度,真菌孢子或酵母细胞常常为 $10^6$ 个/ml,放线菌孢子和细菌为 $10^8$ 个/ml。除此以外,微生物的生理状态,菌体细胞壁结构,环境条件如诱变前预培养、诱变后培养、培养基成分、温度、pH、氧气等,以及菌悬液在平皿上的分布密度等因素都对诱变效果有显著影响,不同状态其诱变率不同。

### 10.3.6　中间培养

　　诱变处理成功后,微生物在突变性状的表现上往往有生理延迟现象,因此在诱变处理之后筛选之前进行中间培养或后培养是十分必要的。中间培养指诱变后的菌悬液不直接分离于平板,而是立即转移到营养丰富的培养基中培养数代,让细菌繁殖几代,然后再稀释涂平板培育以便随后筛选突变体。这是因为诱变处理后发生的突变,通过修复、繁殖,即 DNA 的复制,才能形成一个稳定突变体。通过中间培养,可以淘汰不稳定的、甚至具有退化现象的菌株,不仅如此,可以使突变性状充分表现并趋于稳定,形成纯的变异株系。在筛选过程中,尤其是复筛中要不断结合自然分离以纯化菌株。用于中间培养的培养基,其营养成分对突变体的形成和繁殖,将产生直接的影响。一般培养基中加入足量的酪素水解物、酵母膏等富含各种氨基酸、生长因子和 ATP 的营养物质,有利于突变体重新调节代谢,以维持其代谢平衡所需的能量和物质,特别对那些高产突变但平衡严重失调的菌体进行修饰,可以提高突变率和增加变异幅度。中间培养对化学诱变剂处理和紫外线照射后的菌体突变率影响较大,对电离辐射处理的影响不明显。诱变处理后保存于冰箱中的菌体悬液成分会影响突变体的成活率,应添加一些使正突变个体和总菌数的死亡率减低的物质,如酪素水解蛋白、色氨酸等。有人在后培养的培养物中加入一定量的氯化锰,可以增加菌株的稳定性,在获得最高突变率的同时,减少自发突变率。

### 10.3.7　突变株的浓缩与分离筛选

　　经诱变剂处理后,突变株在群体中的比率是很低的,必须从群体中把突变体筛选出来,再经自然分离,调整培养基和培养条件,使所需的菌落类型在数量上不断增加,以至达到 90％以上,从遗传结构上成为占优势的正常型菌落,从而达到选育目的。

#### 10.3.7.1　突变株筛选程序

　　在通过各种突变手段改变菌体的遗传性状之后,如何将携带有所需要的突变性状的突变个体从数量庞大的菌落群体中筛选出来,是筛选的主要任务,这是育种中至关重要的一步,也是耗时费力的工作。选择合适的筛选方法是育种成功的关键之一,也是育种程序中的瓶颈。克服此瓶颈一般是通过提高突变率、增加筛选几率、使用与工业化生产密切相关的筛选条件来克服的。目前的筛选技术有随机筛选(random selection)技术和定向筛选(rational selection)技术。随机筛选是指在大量无特定标志的变异株中进行筛选,因变异株并未经过特殊筛选,往往要筛选上万株菌才能找到一株较好的所要性状的变异株,因此筛选效率不佳。定向筛选是先筛选具有某一特性的变异株,再由其中筛选出高产的菌株,可大大提高筛选的品质与效率。由于随机筛选与定向筛选的筛选特异性差异,两者结合使用则可大大提高筛选效率。由于定向筛选技术是建立在生理特性研究基础上，具有筛选特异性和高效性，而备受育种工作者的青睐。赖氨酸生产菌的育种就是一个应用定向筛选成功的典范。

一般诱变中，微生物正突变概率仅 $0.05\% \sim 0.2\%$，产量提高 $10\%$ 以上的突变株也只有 $1/300$，所以挑选的菌落愈多，概率就愈高，但工作量也愈大，特别是产物的测试工作。一个高产菌株的获得要通过连续多代累积诱发才能达到目的。为了加快选育进度，缩短选育周期，提高筛选效率，建立简便、快速、准确的检测方法就是育种工作的中心议题。筛选根据主次分为初筛和复筛。初筛以多为主，即大量挑选诱变处理后平板分离的菌落，尽量扩大筛选范围。如春雷霉素，采用琼脂块法，在一年内挑取琼脂块菌落 65 万块，再进行筛选而获得成功，产量提高 10 倍。复筛以质和精为主，即把经过初筛获得的少量较优良的菌株，进一步筛选。这种复筛要反复进行几次，并结合自然分离，最后才能选育出高产或其他优良菌株。为了提高筛选效率，在大的布局上，应采用快速循环筛选法，即选用几条循环线进行筛选。如果完成一次循环需要 40 d，那么每隔 10 d 进行一条筛选线，使 4 条循环线交错进行，每条循环线使用不同的出发菌株、诱变剂及不同的培养条件，以增加筛选成功率。从筛选程序看，一般分为常规筛选程序（图 10.14）和简便筛选程序（图 10.15）。

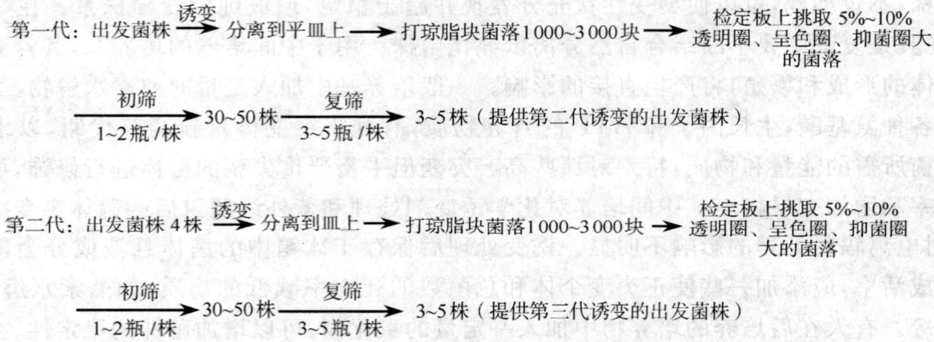

第一代：出发菌株 $\xrightarrow{\text{诱变}}$ 分离到平皿上 $\longrightarrow$ 打琼脂块菌落1 000~3 000块 $\longrightarrow$ 检定板上挑取 5%~10% 透明圈、呈色圈、抑菌圈大的菌落

$\xrightarrow[\text{1~2瓶/株}]{\text{初筛}}$ 30~50株 $\xrightarrow[\text{3~5瓶/株}]{\text{复筛}}$ 3~5株（提供第二代诱变的出发菌株）

第二代：出发菌株 4 株 $\xrightarrow{\text{诱变}}$ 分离到皿上 $\longrightarrow$ 打琼脂块菌落1 000~3 000块 $\longrightarrow$ 检定板上挑取 5%~10% 透明圈、呈色圈、抑菌圈大的菌落

$\xrightarrow[\text{1~2瓶/株}]{\text{初筛}}$ 30~50株 $\xrightarrow[\text{3~5瓶/株}]{\text{复筛}}$ 3~5株（提供第三代诱变的出发菌株）

图 10.14　常规筛选程序

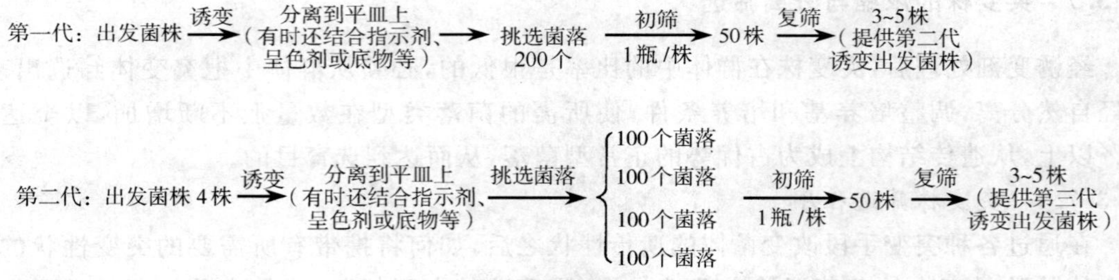

第一代：出发菌株 $\xrightarrow{\text{诱变}}$ 分离到平皿上（有时还结合指示剂、呈色剂或底物等） $\longrightarrow$ 挑选菌落 200 个 $\xrightarrow[\text{1瓶/株}]{\text{初筛}}$ 50株 $\xrightarrow{\text{复筛}}$ 3~5株（提供第二代诱变出发菌株）

第二代：出发菌株 4 株 $\xrightarrow{\text{诱变}}$ 分离到平皿上（有时还结合指示剂、呈色剂或底物等） $\longrightarrow$ 挑选菌落 ⎧100 个菌落 / 100 个菌落 / 100 个菌落 / 100 个菌落⎫ $\xrightarrow[\text{1瓶/株}]{\text{初筛}}$ 50株 $\xrightarrow{\text{复筛}}$ 3~5株（提供第三代诱变出发菌株）

图 10.15　简便筛选程序

无论选择哪种程序，共同的是经诱变处理后的菌株，分离到琼脂平板上，由一个突变的单细胞或孢子发育为菌落而形成一个变异菌株，因此平板预筛是最烦琐的首要工作。诱变后突变类型很多，包括以菌落形态、菌丝形态、分生孢子形态等变异的形态突变株和以抗性突变型、营养缺陷型、条件致死突变型、产量突变型、糖分解突变型等突变的生化突变株。各种突变株都混合在诱变处理后的微生物群体中，根据不同突变株特性，利用不同浓缩与检出突变体的方法逐一将不同突变体从大量群体中分离筛选出来，以提高突变体的群体比例。

分离筛选经历平板预筛→摇瓶初选→摇瓶复选等过程,经历若干代筛选直到得到满意株系。常见筛选方法有两大类:平板预筛和随机筛选。

平板预筛是在培养皿或特制玻璃框平板上进行的,是用于从诱变后的大量试样中筛选出突变体的一种琼脂平板筛选法。这是因为在随机微量的突变群体中,有益突变体极少,为了获得高产或者具有优良特性的变异株,大量菌株的筛选是十分必要的。把获得高产性能或者具有某种优良特性的变异株从大量菌落中筛选出来,通常要在 2 000~3 000 琼脂块中保留 5%~10% 的菌株(约 200 菌株)提供给摇瓶筛选。平板预筛尽管准确度不够高,但可以淘汰大量低产菌株,留下的菌株再进行摇瓶发酵培养,复证被筛菌株的重演性,同时从 200 株优良菌株中筛选出更高产量的突变株。

随机筛选也称摇瓶筛选,主要是在随机挑选平板菌落后进行的摇瓶筛选,具体做法是:将诱变处理后的菌体分离在琼脂平板上,培养后随机挑选平板菌落,一个菌落移入一个斜面,然后一个斜面的菌体接入一只锥形三角瓶,放置在摇瓶机上振荡培养,根据测定产物活性的高低,决定取舍,每一株培养一瓶,从 200 株中根据测定活性的差异筛选 50 株,然后从 50 株选出 1~3 株,直到得到满意的株系。该法的优点是:不管种子或发酵过程的生产条件、生理条件如何,都与发酵罐生产条件相近,可以模拟进行。摇瓶中的通气量可以通过调整转速、装量和瓶内加挡板等方法加以控制。

在突变概率小的情况下,如果菌落挑取少了,很难筛选到理想的突变株。根据瑟芝帝工作法,高产菌株概率愈低筛选菌落数量就越大,如果突变频率为 1%,那么初筛挑选菌落起码要 200 个。经过这样多级水平筛选,平板留取 5%~10%,摇瓶初筛保留 25%~30%,摇瓶复筛保留 10%,再经复筛或小型发酵罐试验,优良变株也随之不断地筛选,通过连续进行几次复证,最后获得 1~3 株高产菌株。小型发酵罐试验,为投入大生产摸索有关发酵的重要参数,提供了初步发酵条件。

### 10.3.7.2 突变株浓缩检出、鉴定筛选方法

在诱变育种中,育种工作者常常根据特定代谢产物的特异性,在琼脂平板上设计许多巧妙的筛选方法和活性粗测方法。平板菌落预筛是初筛的一部分。通过预筛可以淘汰那些低产菌株。平板筛选技术种类很多,可根据不同菌落或生理特性逐一将不同突变株从大量群体中浓缩出来,并淘汰大量低产菌株,提高检出效率,因此,平板菌落预筛法无疑比随机挑选菌落效率高得多。常见平板菌落筛选方法如下:

(1)平皿涂抹筛选形态突变株。形态突变株是最容易筛选浓缩的,根据形态特征如菌落颜色、菌落直径、细胞大小、菌落表面特点、生长速度、产孢多少等可见性状,通过涂抹稀释把菌落挑选出来,再测定形态突变与目标变异的相关性进行选取。菌落形态变化有着这样的趋向:原来具有较高发酵水平的菌种作为出发菌株时,由突变引起形态剧烈变化的菌落是一些代谢严重失调的菌株,常常负变菌株占多数,其抗生素产量以低产为多,而突变的高产菌株的菌落形态往往处在常态的正常范围内,因为它们的遗传物质仅受到微小损伤,还保留了正常代谢的基本功能,在青霉素、环己酰亚胺、制霉菌素、四环素选育中均取得了很好的效果。例如蒽环类抗生素别洛霉素(beromycin)产生菌球团链霉菌(*Streptomyces glomcrolus*),用嵌合剂吖啶橙或吖啶黄处理后,高频率出现无黑色素和不产孢子的变种,其中别洛霉素增产的菌株高达 100~200 倍,远比用紫外线或 $N_2O$ 处理效果好。道诺霉素产生菌淡蓝浅红链霉菌经紫外线、γ 射线处理和自然分离选育了 6 代,由产孢子的菌株突变为光秃型

菌落,使道诺霉素酮糖苷的产量提高了 40 倍,最后导致终产物道诺霉素高产。

（2）浓度梯度法筛选耐药性突变株。一个合成抗生素的菌株的合成水平与其耐自身合成的抗生素能力大小有关,不同活性菌株对其自身合成的抗生素的耐药性不同:野生菌或低产菌总是比高产菌株耐自身合成的抗生素能力差,即产生菌产量越低,对自身抗生素越敏感;产量愈高,耐药性越强。可利用这一特征筛选对自身抗生素耐受性高的高产菌株。研究表明,抗生素产生菌对自身抗生素抗性基因与该抗生素生物合成基因连锁。也就是说,菌株产生抗生素水平受到它自身所产抗生素数量的制约,耐受性越高,抗生素产生能力也就越强,由于抗生素合成基因与抗生素抗性基因连锁,也可以通过连锁标记进行筛选。为此,诱变后分离突变株时,可以在培养皿中加入该菌株所产生的抗生素,用双层法制成浓度梯度平板,其上分离一定稀释度的菌体细胞或孢子,培养后长出菌落,挑取高抗生素浓度区域的菌落,易于筛选到耐药性变株。梯度平板制备:在 10 ml 培养基中加入一定量抗生素(超越现有生产水平的量),倒入培养皿内,立即将一小棍放在平皿底部的一边,使平皿倾斜制备成Ⅰ,培养基凝固后,抽取小棍,将培养皿放平,在其上面加入 10 ml 不加抗生素的同一培养基,制成浓度不同的梯度平板Ⅱ(图 10.16A(a))。将诱变后的菌悬液画线涂布于培养基表面,置适温中培养,长出单个菌落(图 10.16A(b))。培养皿内由于抗生素浓度按梯度分布,所以菌落生长情况显然也有很大差异,浓度低的一边,布满菌落,随着抗生素浓度逐渐增高,由于受到抑制,菌落生长数量也逐步减少,在高浓度一边,只有极少数具有抗性或耐受性菌落生长。通常要挑选高浓度区域那些生长迅速的菌落,即抗性或耐受性强的突变株。进一步用摇瓶发酵复证,择优留取。另外也可以把两层平板颠倒,即底层是没有药物的 MM,上层是含有药物的培养基,在上面涂上大量敏感菌(图 10.16B(a)),经培养以后出现如下现象(图 10.16B(b)),一边是白色部分,长满敏感菌,接近白色部分大约有 20 个抗性或耐受性菌落。将其中两个菌落向高浓度方向涂布,在第一次没有出现菌落的地方又出现了菌落。这些便是由于第二次抗性基因或链霉素依赖性基因发生突变而使抗性或依赖性进一步提高的突变型。

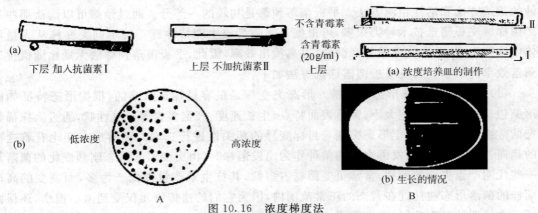

(a) 下层 加入抗菌素Ⅰ　　上层 不加抗菌素Ⅱ　　不含青霉素　含青霉素(20g/ml) 上层　(a) 浓度培养皿的制作

(b) 低浓度　　高浓度　　(b) 生长的情况

A　　B

图 10.16　浓度梯度法

在结构类似物或前体类似物耐药性菌株的筛选中,青霉素产生菌黄青霉菌在 FM 中加入苯乙酸或苯氧乙酸时,就可以分别合成青霉素 G 和青霉素 V,但是培养基中过量的前体或前体类似物往往对生产菌有抑制作用,并可抑制代谢终极产物的合成。选育对毒性前体或其他类似物的抗性突变菌株,就能够消除前体类似物对生产菌的抑制作用或负反馈调节作用。例如氯化物是灰黄霉素的发酵前体,选用耐氯化物的突变株可提高灰黄霉素的产量,在生产中青霉素发酵选用耐 1.3% 苯乙酸的突变株,可使青霉素 V 的发酵单位达到 5 万 U/ml。再如氨基酸生产菌中,氨基酸结构类似物的耐药突变株所产生的氨基酸的反馈调节往往被降解与消除,因而可提高氨基酸的生产量。又如赖氨酸生产菌 S-(2-氨乙基)-L-半胱氨酸耐药突变株,苏氨酸生产菌 α-氨基-β-羟基戊酸耐药性突变株的筛选都能够提高其氨基酸的生产能力。耐药性的筛选对于育种具有重要的意义。

(3) 利用温度差别分离筛选突变株。吉鲁斯攀·萨特塔(Giuseppe Satta)等从人的病原菌中经诱变分离出低温敏感菌变异株(下称冷敏菌)。在 20 ℃ 下这种冷敏菌不能生长,但一般产生抗生素的放线菌则能良好地生长。作为检验菌的冷敏菌和诱变后的放线菌孢子悬浮液混合,分离在同一培养基平板上,置于 20 ℃ 培养 3~4 d,抗生素产生菌生长不受干扰,能正常形成菌落,而冷敏菌不生长或极微弱生长。当放线菌落已经成熟,并且抗生素产量已达高峰,将培养皿移至冷敏菌生长最适的温度(37 ℃)下培养 18~20 h,冷敏菌迅速生长,而此时在抗生素产生菌菌落周围的冷敏菌因生长受到抗生素的抑制而形成抑菌圈。根据菌落直径与抑菌圈直径之比的有效值,可以直接筛选出抗生素高产突变株。冷敏菌可根据菌种选育目的进行选择,可选用那些对抗生素产生耐药性的微生物,也可以筛选至今尚无有效抗生素对付的微生物,如酵母菌的冷敏菌等作检验菌。此法用于从土壤试样中分离新抗生素产生菌也是十分方便和理想的。还可采用高温差别杀菌法把芽孢与营养体突变体浓缩分离出来。细菌的芽孢比营养体耐热,使经诱变剂处理的细菌形成芽孢,把处在芽孢阶段的细菌转移到 MM 液中振荡培养一段时间,野生型芽孢萌发,而营养缺陷型芽孢不能萌发,然后加热(例如 80 ℃ 15 min)杀死营养体,由于野生型芽孢能萌发所以被杀死,缺陷型芽孢不能萌发所以不被杀死而得到浓缩。

(4) 利用复印技术快速筛选突变株。应用复印技术从平板上可直接筛选产脂野生株和具有高脂含量的突变株,是产脂微生物的简便检测方法。采用该方法时,平板上的单个菌落必须具备高脂含量,然后寻找一种有效的染色方法,使染料既不能被细胞吸收利用,又能渗入细胞的油滴内,同时可指示脂肪累积的浓度。埃文斯(Evans)等利用复印技术测定了不同酵母菌落细胞内脂肪含量,采用该法时要注意筛选培养基的合理设计,因为一般产脂酵母只在生长培养基中氮素耗尽、碳素过量时才用于脂类合成,并在细胞内累积较多脂类。复印和染色方法如下:①采用诱发产脂的限氮培养基制成平板,接种菌体后置于 30 ℃ 下培养 3~4 d,至菌落完全成熟和足够大小,约 2~3 mm(称母皿);②在母皿上覆盖一张滤纸(直径 9 cm,1 号),用"丝绒印模"轻轻一压,然后取出已复印菌落的滤纸,置于 50 ℃,干燥 20 min;③将滤纸浸入含有苏丹黑(质量体积比为 0.08%,溶剂 95% 乙醇)溶液的平皿内,使其染色 20 min;④取出滤纸,再放入盛有 95% 乙醇的平皿中洗去多余染料,轻轻摇动 3 min;⑤再将滤纸放入第三个含有 95% 乙醇的平皿中,使其脱色 5 min;⑥使滤纸干燥,高脂酵母菌落呈现深蓝色或紫色,而低脂菌落为浅蓝色或无色。该法能直接显示微生物细胞脂的含量,它不仅可以筛选自然界存在的不同产脂微生物,而且同样可以筛选高脂的突变株和杂交的重组体,能适用于大规模高脂酵母或其他微生物变株初筛。

(5) 利用鉴别培养法筛选毒力菌株。鉴别培养基是在 MM 上加上特定抗毒素,用于筛选毒力突变型菌株,它是利用菌落的一些可鉴别的特性来进行筛选,简单易行。例如霍乱弧菌筛选毒力降低突变型,首先用霍乱弧菌的毒素制备抗毒素平皿,将诱变剂处理后的细菌逐个活体接种在含有抗毒素的培养皿上使其发生反应或利用毒素滴定进行毒力测定;能产生毒素的菌落的周围可看到毒素和抗毒素反应所生成的浑浊圈子,不产生毒素的菌落没有这样的反应圈,然后用能够产生毒素的菌株再在抗毒素培养基中进行进一步筛选,直到筛选到理想的毒素水平的菌株。

(6)利用琼脂块大量筛选突变株。该法是日本学者八木建立的,而伊歇诺娃(Ichilawa)等在春雷霉素选育中应用取得满意结果,我国也广泛应用于抗生素和酶类等突变株的筛选。施巧琴等应用琼脂块法筛选碱性脂肪酶高产变株,产酶水平由 75 U/ml 提高到 7 800 U/ml,增加了 104 倍。由于琼脂块法筛选巧妙、准确性高、特异性强、可靠、简便,筛选量大,一次可筛选琼脂块上的菌落达 1 000～3 000 个或更高,因此目前使用广泛。

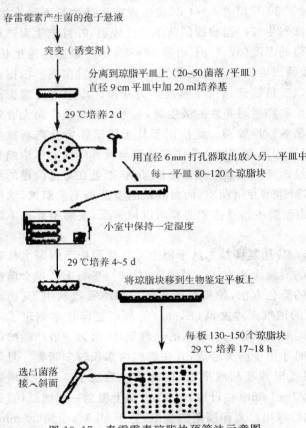

春雷霉素产生菌的孢子悬液

突变(诱变剂)

分离到琼脂平皿上(20~50菌落/平皿)
直径 9 cm 平皿中加 20 ml培养基

29℃培养 2 d

用直径 6 mm 打孔器取出放入另一平皿中
每一平皿 80~120 个琼脂块

小室中保持一定湿度

29℃培养 4~5 d

将琼脂块移到生物鉴定平板上

每板 130~150 个琼脂块
29℃ 培养 17~18 h

选出菌落
接入斜面

图 10.17    春雷霉素琼脂块预筛法示意图

如图 10.17 所示,选择一种既有利于菌体生长,又能满足产物形成的培养基(一般可用改进后的发酵培养基)20 ml 倒入底部平整的平皿内,待凝固后,将诱变后的菌悬液分离于平板上。每皿约控制菌落 30～50 个,在适宜的温度下培养,待刚刚长出针尖样菌落时(尚未产生抗生素之前),用内径 6 mm 的打孔器,连同下面的琼脂一起取出,转移到无菌空白平皿内。于适温培养至大约所有菌落的待测产物已达高峰期,将琼脂块移到检定板上(抗生素用敏感的检验菌,酶类可用其相应的底物),温育一定时间,测量并比较琼脂块周围所形成的抑菌圈或水解圈的大小和清晰度,挑选出生产能力高的菌株,进一步进行摇瓶筛选。通过此法,可以在分离阶段淘汰约 95% 低产菌株,取其中 5% 左右上摇瓶复筛,这样可提高筛选工作效率 15～20 倍。采用琼脂块法需注意一个问题,当一个菌株随着诱变代数增多,其突变后产物的数量也不断累加,到一定代数后,琼脂板上的活性圈太大,超出其有效可比范围,以至分辨不出真实的活性大小,易造成漏筛。在这种情况下可以采取如下措施:发酵液进行稀释,增加底物浓度(或检定菌的浓度)或琼脂板的厚度,使活性圈大小限制在一定范围。琼脂块法用于酶类产生菌预筛时,也取得了同样的良好效果。具体方法基本相同,不同的是把检验菌改为酶类的相应底物。例如筛选蛋白酶变株时,用酪素作底物,脂肪酶产生菌的底物为油脂类。把所有琼脂块上的菌落培养到产酶高峰期,移至由底物制成的琼脂平板上,置于酶水解的适温下培育 15～20 h。根据透明圈出现快慢、大小及清晰度来决定取舍。例如,头孢菌素 G 的高产菌株的选育就是利用琼脂块法筛选的。它是采用"菌丝尖端切块"法进行的,即把诱变处理后的孢子,分离在琼脂平板上,待长成单独的成熟菌落后,将周围延伸的顶端菌丝切一块转移到琼脂平板上,培养至菌落产抗生素达到高峰,在琼脂平板上喷射粪产碱菌(*Alcaligenes faecalis*)ATCC8750 检定菌,培养 17~20 h,"抑菌圈÷菌落直径"为有效指标,选出高产突变株。但由于"菌丝尖端切块法"操作麻烦,时间较长,并不是理想的方法。后来,有人在青霉素菌种选育中,利用加入青霉素酶来筛选青霉素高产菌株,显得更为简便。

琼脂块产量测定,除了测量检定板上扩散圈的直径外,还可以把琼脂块中的产物用水或有机溶剂抽提出来,然后采用该产物的常规测定法,测定抽提液中的含量。琼脂块扩散圈和溶剂抽提产物的数量检测各有利弊。扩散圈直径测量法的优点是操作方便、效率高、筛选量大。不足之处是产物的产量与其形成的扩散圈直径之间,在浓度高时不成线性关系。也就是说,随着诱变代数增加,产量不断提高,扩散圈不能按比例增加,因而容易造成漏筛。所以琼脂块法只适用于大量筛选的初级阶段。为了提高准确性,最好用活性圈放大仪测量反应圈,可以减少误差。更理想的方法是采用图像识别技术测定扩散圈的面积。产物抽提法的优点是用定量分析法测定抽提液中产物含量,准确性高,但操作烦琐,工作量大,限制了筛选量。

采用琼脂块法要注意一点,诱变后在琼脂平板上会出现大小不同的菌落。一般总认为,由小菌落产生的扩散圈是比较小的,由大菌落形成的扩散圈是比较大的,实际上并不完全如此,具体工作时,易忽视前者,挑选后者,造成漏筛。为避免这一现象,有的研究者用菌落直径与扩散圈直径的比值来衡量。

琼脂块法比直接分离在平皿上判断活性圈要准确。首先,它限制了所有菌落都在同一面积的琼脂块上生长,避免相互间的干扰;其次每个菌落的产物都在同一体积的琼脂块中,从环境中摄取的营养是一致的,避免由于扩散不同而造成的误差,这样能较准确地比较每个菌落的生产能力。琼脂块更大的好处是可以大幅度地增加筛选量,一般一个出发菌株诱变后可以打琼脂块菌落上千块,比常规的筛选量提高 15~20 倍。

琼脂块法的不足之处,主要是培养条件与发酵条件有较大距离,容易造成优良菌株的漏筛。为此,采用该法时,某些培养条件尽量缩小差距,如制备琼脂块的培养基,通常要用发酵培养基。琼脂块法尽管有一些缺点,但由于比直接摇瓶筛选增加 10 多倍的筛选量,所以还是颇受育种工作者欢迎的。日本人用琼脂块法作为春雷霉素变株的初筛,共筛选 60 多万个菌落,提高产抗能力 10 倍多。

(7) 根据平板菌落生化反应筛选突变株。不同突变型表型差别很大,还可根据平板菌落生化反应筛选突变株,通过琼脂平板上的透明圈、呈色圈、抑制圈及浑浊圈等生化反应来筛选水解酶、有机酸及抗生素等有益代谢产物。这些方法可直接在琼脂平板上定性和半定量检测出微生物产物,它们不仅可用于野生种的筛选,而且也可用于诱变后高产突变株的筛选,不同生化反应采用的试剂不同。

(8) 利用紫外线、回复突变、缺失突变等方法筛选特殊突变株。利用紫外线进行筛选中,在 DNA 的损伤修复中提到紫外线修复缺陷型(*uvr*)、寄主细胞复活缺陷型(*hcr*)、重组缺陷型(*rec*)、增变突变型(*mut*)、光复活缺陷型(*phr*)等都对紫外线格外敏感,根据这一特性,可筛选这些缺陷型。

在诱变测定的实际工作中,同一组氨酸缺陷型的不同突变型的回复突变的诱发具有不同意义。尤其在对突变剂敏感性检测中具有特殊意义。在同一基因突变中,其 DNA 分子结构的改变可以是碱基置换、移码突变或缺失插入等。活菌疫苗对于突变型菌株的稳定性的要求很高。例如霍乱弧菌的无毒菌株在作为活菌疫苗应用时,要求菌株的稳定性非常高。在所有突变中,只有缺失突变不会发生回复突变,所以作为活菌疫苗的最理想的无毒菌株就是缺失突变型,而在这种情况下亚硝酸可能是一种较为理想的诱变剂。

对于一些特殊产物,可以根据其产物的特点设计一些初选的方法。例如 $\beta$ 内酰胺类抗生素可以与某些金属离子如汞与铜等形成复合物从而减低这些化合物对生产菌的毒害作用。因此,某些对此类金属离子具有耐药性的菌株,可能会产生更多的抗生素而起到解毒的作用,从耐药性菌株筛选高产变异菌株的几率明显高于随机筛选。生产中,$\beta$ 内酰胺类抗生素的青霉菌、头孢霉菌以及链霉菌通过这样的初选而得到的高产菌株都有所报道。而抗生素蒽环类、大环内酯类、四环素类及安莎类等的生物合成是通过聚酮体途径进行筛选的。浅蓝菌素对聚酮体合成有明显的抑制作用。例如蒽环类抗生素柔毛霉素的育种中,将其分离在含有适当浓度的浅蓝菌素的平板上,培养后长出的菌落多数因抗生素合成被抑制而呈现无色,只有少数菌落为红色,其中高产菌株的频率明显提高。

### 10.3.7.3　营养缺陷型的筛选

营养缺陷型是突变型中最为丰富的一个种类,都是生化突变株,一般诱变后,都是通过CM 与 SM 的反复比对筛选基本的突变类型,最后利用 SM 进行筛选鉴定。由于突变率低,营养突变体一般通过抗生素法、菌丝过滤法、差别杀菌法、饥饿法等方法浓缩而淘汰大量野生型,但浓缩后野生型细胞和营养缺陷型细胞数量比例发生了很大变化,但终究还是个混合体,要设法把缺陷型从群体中分离检出,其常见检出的方法有点植对照法、影印法、限量补充法、逐个检出法、夹层法等。最后对检出来的突变型的突变体的营养物质进行鉴定,主要方法有生长谱法和分类生长法。

#### 10.3.7.3.1　营养缺陷型浓缩

(1)抗生素浓缩法有青霉素法和制霉菌素法。青霉素法常用于细菌突变株富集,制霉菌素法多用于酵母。青霉素、制霉菌素都能杀死处于生长状态的细菌、酵母菌和霉菌,而不能杀死休眠状态的细菌或真菌,通过这一特性将缺陷型浓缩出来。青霉素法的基本原理是青霉素能抑制细胞壁肽聚糖链之间的交联,阻止正在生长的野生型细菌细胞壁的合成,在含青霉素的 MM 上,野生型细菌细胞中的蛋白质等物质继续在合成增长,而细胞壁不再增大,野生型细菌细胞因破裂而死亡,所以未突变的野生型因生长而被杀死,突变型因不能生长反而被浓缩筛选。也就是说处在生长繁殖过程的细菌对青霉素十分敏感,因而被抑制或杀死,但青霉素不能抑制或杀死处于休眠状态的细菌,将诱变处理后的菌悬液分离在加有抗生素的 MM 上,培养后野生型细胞由于正常生长繁殖而被杀死,营养缺陷型细胞因不能生长而被保留下来,达到富集目的。青霉素法的不足是表现在含有青霉素的 MM 上,这些破裂野生型细菌所释放出来的营养物质可能同时被缺陷型所吸收,缺陷型因吸收野生型的营养物质而生长,从而间接被青霉素杀死。控制青霉素处理细菌的浓度可以减少这一副作用,由此改进了青霉素浓缩法,使之可以大大增加细菌浓度而不至于因野生型的死亡而带来缺陷型的死亡。改进的青霉素浓缩法是在含有青霉素的 MM 上加 20% 的蔗糖,使它成为高渗溶液,高渗容液可以增加细菌浓度,使细胞成为原生质体状态,因而不会引起野生型原生质体破裂而导致营养物质泄漏间接造成缺陷型的死亡。接着把培养物转入不含青霉素的低渗溶液中,这时野生型原生质体破裂,可是因没有青霉素,所以缺陷型不会生长,也不会由于吸收了野生型细菌所释放的营养物质而死亡,然后稀释涂皿分离。青霉素法适合于细菌、放线菌和霉菌,霉菌和酵母菌的营养缺陷型都可以用制霉菌素代替青霉素进行筛选,其原理与方法与细菌青霉素法类同,制霉菌素可与真菌细胞膜上的固醇反应而改变细胞膜的通透性,起到富集营养缺陷型菌株的作用。

(2)菌丝过滤浓缩法。菌丝过滤浓缩法是适用于霉菌和放线菌的分离,是利用野生型霉菌或放线菌的孢子能够萌发并长出菌丝,而突变型孢子不能萌发,即便萌发却不形成菌丝的差异把突变型分离浓缩出来的方法。其操作步骤是把经诱变剂处理的孢子悬浮在 MM 液中,不断给培养液通气,振荡培养 10 h 左右,刺激分生孢子的生长,不断地振荡培养液以防止孢子相互结合在一起,大约培养 1 d,分生孢子萌发并长出菌丝。野生型孢子萌发的菌丝刚刚肉眼可见,则用灭菌的脱脂棉、滤纸或玻璃漏斗除去菌丝,未萌发的分生孢子仍留在培养液中。继续培养,每隔 3~4 h 过滤一次,重复 3~4 次,最大限度地除去野生型细胞。然后稀释涂皿分离。这些未萌发的分生孢子可能包括三种情况:一是死亡的分生孢子;二是需较长时间萌发的野生型;三是已突变的分生孢子。因为缺陷型在 MM 上不生长,以后每隔一定时期进行过滤,连续若干次之后,所剩下的都是缺陷型或死亡的分生孢子。这样经过振荡培养和过滤的几次重复,每次培养时间不宜过长,就可以得到充分浓缩的缺陷型孢子。对缺陷型分生孢子就可以通过 SM 来鉴定它们对营养物质的需求,以确定它们属于哪一类营养缺陷型。

(3)差别杀菌浓缩法。差别杀菌浓缩法利用温度差别或其他差别筛选不同的突变型。温度差别用于筛选营养体与芽孢的浓缩分裂,主要浓缩细菌、酵母菌和子囊菌的芽孢,酵母菌和子囊菌的孢子分离的温度不同于细菌,一般 58 ℃ 4 min 浓缩缺陷型。枯草杆菌利用温度差别可选出芽孢缺陷型及发芽缺陷型。抗药性突变型通过含有药物的培养基选得,核糖体缺陷型可用氨基酸合成缺陷型筛选。利用渗透压的差别可筛选细胞膜缺陷型。酵母菌利用乙醚能杀死不产孢子的细胞,选出不产孢子的突变型及影响减数分裂的突变型。筛选突变型的最有效的方法是差别杀菌或利用野生型能抑制生长的条件来进行筛选。

(4)饥饿浓缩法。饥饿浓缩法是利用单一缺陷型微生物因代谢不平衡而易于死亡,而双重突变的微生物反之得以浓缩,主要用于筛选温度敏感的氨基酸活化酶缺陷型。例如胸腺嘧啶缺陷型易于死亡,在不给胸腺嘧啶时,丧失合成 DNA 的能力,但具有蛋白质合成能力,由于代谢不平衡,在短时间内大量死亡。但同时发生氨基酸突变如氨基酸活化酶突变型和胸腺嘧啶突变型则免于死亡。氨基酸活化酶突变型是温度条件致死突变型,多数氨基酸活化酶在 30 ℃ 以下具有活性,但升至 42 ℃ 时则失去活性,一旦温度恢复正常又具有活性。正是由于胸腺嘧啶和氨基酸活化酶双重缺陷,阻止了代谢上的不平衡状态,氨基酸活化酶突变阻止了蛋白质合成就会使胸腺嘧啶缺陷型免于死亡。因此,利用饥饿法和温度进行筛选就可得到这样的双重突变。

利用饥饿法筛选浓缩胸腺嘧啶缺陷型的氨基酸活化酶缺陷型的步骤如下:把经诱变剂处理的大肠杆菌的胸腺嘧啶缺陷型在不供给胸腺嘧啶的情况下在 42 ℃ 中培养,诱导使之胸腺嘧啶缺陷,42 ℃ 在这里成为新的筛选因素,如果其中有温度敏感的氨基酸活化酶突变型,它们虽然不能生长,但在这一温度中免于死亡而被保存下来。多数细胞仍保持出发菌株的单一缺陷,因培养基中缺少胸腺嘧啶,原来的胸腺嘧啶缺陷型却大量死亡,从而浓缩筛选出胸腺嘧啶和氨基酸活化酶的双重突变型。然后将已经死去大部分细菌的浓缩菌液转涂在含有胸腺嘧啶的 MM 上,再在 30 ℃ 中培养。在这样的条件下,温度敏感的突变型能够形成菌

落,而原来的胸腺嘧啶缺陷型也能够形成菌落。因此,进一步把培养皿上的菌落影印到含有
胸腺嘧啶的 CM 上,把一个培养皿放在 42 ℃培养,把另一个放在 30 ℃培养。菌落出现后比
较两个培养皿上的菌落,凡是在 30 ℃培养皿上出现菌落而在 42 ℃培养皿同一位置上不再
出现菌落者,便是所需要的胸腺嘧啶缺陷和氨基酸活化酶缺陷的双重突变型。原来的胸腺
嘧啶缺陷型细菌和诱发产生的营养缺陷型不论是否温度敏感都能在两种温度中形成菌落,
所以可以加以区别。按本法来筛选某一氨基酸活化酶的温度敏感条件突变型,在实验中得
到 60 个温度敏感突变型,其中 14 个是氨基酸活化酶缺陷型。

　　胸腺嘧啶缺陷型的筛选和利用胸腺嘧啶缺陷型筛选其他突变型是在试验中经常使用的
方法。例如掺入错误突变中,胸腺嘧啶缺陷型能够比野生型掺入更多的 5-溴尿嘧啶和胸腺
核苷。利用掺入错误在胸腺嘧啶缺陷型和野生型的混合培养物中加入氨基蝶呤以及胸腺核
苷,在培养过程中胸腺嘧啶缺陷型的细菌便处于优势而逐渐在数量上超过野生型细菌,根据
这一现象把经诱变剂处理的细菌在含有氨基蝶呤和胸腺核苷的培养液中培养,这里的胸腺
嘧啶缺陷型就能被浓缩。另外,大肠杆菌的二氨基庚二酸缺陷型也可以用饥饿法进行浓缩。
二氨基庚二酸是大肠杆菌合成赖氨酸和细胞壁物质的前体。二氨基庚二酸缺陷型在不给赖
氨酸的情况下既不生长也不死亡。这是因为它不能合成细胞壁物质,同时也不能合成蛋白
质的缘故。可是在加入赖氨酸的情况下它反而在短时间内大量死亡。这是因为它这时能够
合成蛋白质,但仍然不能合成细胞壁的缘故。这种情况正像细菌在含有青霉素的培养基上
生长一样。如果二氨基庚二酸缺陷型细胞再发生另一个氨基酸缺陷型突变,那么它又丧失
了合成蛋白质的能力,代谢作用又恢复了平衡,这时即使给予了赖氨酸也不会死亡了。所以
在含有赖氨酸的培养基中可以分离得到各种氨基酸缺陷型。在粗糙脉孢霉和酵母菌中利用
肌醇缺陷型,在构巢曲霉中利用生物素缺陷型,都可以利用饥饿法筛选得到许多其他类型的
突变型。

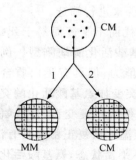

图 10.18　点植对照检出法

### 10.3.7.3.2　营养缺陷型的检出

　　(1) 点植对照检出法是诱变后的孢子或菌体,经富集培
养后,涂布分离在 CM 平板上进行培养,待菌落孢子成熟
后,用灭菌的牙签或接种针把每个菌落上的孢子或菌体分别
点接到 MM 和 CM 平板上的相应位置,每皿约点接 30～40
点,同时培养,然后观察对比菌落生长情况(图 10.18)。在
MM 上不生长而在 CM 相应位置上生长的菌落,可能为营
养缺陷型。挑取孢子或菌体分别移接到 MM 和 CM 斜面
上,进一步复证。该法可靠性强,但工作量很大。

　　(2) 影印法是将经富集后的孢子或菌体分离在 CM 上培养至菌落成熟(称母皿),用灭
菌后的特制"丝绒印模"在母皿平板的菌落上轻轻一印,再转印到方位相同的另一 MM 和
CM 的平板上(图 10.19)。培养后观察比较菌落生长情况。凡是在 MM 上不生长,而在
CM 上同一位置生长的菌落,便可以初步断定为一个缺陷型。随后分别移接到以上两种培
养基的斜面上进一步复证。抗药性突变一般利用平板影印接种法筛选检出。另外还可采用
更简化的办法,即以上印模从母皿中沾上菌体细胞后,仅影印在 MM 平板上,培养后,生长
的菌落情况与存放于冰箱的母皿菌落比较即可检出营养缺陷型。"丝绒印模"是由直径
8 cm、高 10 cm 的铜柱或木柱,一端蒙上一块 13 cm×15 cm 的丝绒布并用圆形金属卡子固

定制成的,使用前进行灭菌。

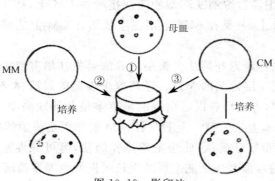

图 10.19　影印法

　　例如,链霉素突变型的检出是把敏感的细菌稀释后涂在不含链霉素的培养基表面,使每个细菌都长成菌落,然后用一个包有丝绒的木块作为"印章式"的接种工具,其直径较培养皿小,经灭菌后,把平皿上面的菌落影印到灭菌的丝绒上面,再把丝绒上面的细菌影印到含有链霉素的培养基表面,使两个培养皿的位置相对应,经培养含有链霉素的培养基上出现个别突变菌落,表明这个菌落是链霉素突变菌落,包括耐受性、链霉素依赖性和链霉素抗性菌落。然后比较两个培养皿,在不含链霉素的培养皿上的对应位置上找出一个菌落,该菌落就是链霉素突变型菌落。最后再把这个链霉素突变菌落接种到另一个含有链霉素的培养基上,结果也能长出菌落。以上试验表明,链霉素突变是在接触链霉素之前就已经发生的事件,可见链霉素只是一个选择因子,把原先已经产生了的有关链霉素的突变筛选出来。如果试验不是用链霉素作为选择因子,而是采用其他选择因子,也能够筛选出其他的突变体。再利用浓度梯度法区分筛选链霉素耐受性、链霉素抗性以及链霉素依赖性。实际上抗链霉素突变型不可能出现在几百个细菌中间,所以最初涂在培养皿上的不可能是几个,也不是几百个细菌而是长成一片的大量细菌,经过两个培养皿比较以后,也只能取得包括某一个抗性菌落在内的一片细菌。然后重复同一过程,每一次减少涂上去的细菌数量,最后便能在涂有几百个细菌的培养皿上取得少数抗性菌落。

　　用影印法检出霉菌营养缺陷型时,要注意两点。第一,防止菌落扩散和蔓延,可以在培养基中加入 0.5% 左右的脱氧胆酸钠,或在 MM 中用山梨糖作为碳源,再加入适量蔗糖使菌落长得小而紧密。第二,为了克服孢子扩散而带来不纯现象,在操作方法上可作如下改进:在诱变后分离到 CM 上的菌落尚未形成孢子之前,用一张灭菌的薄纸覆盖在琼脂平板上,继续培养,待菌落的菌丝长到纸上后,把纸转移到 MM 平板上。此时薄纸上的菌丝向 MM 表面生长,便在相应位置上长出菌落。该法也有不足之处,薄纸易带有 CM 成分,会把部分营养带到 MM 中,易造成误差,故要进行几个平皿的重复试验。本法适用于细菌、酵母菌,其次对小型菌落的放线菌和霉菌也适用。

　　(3)限量补充培养法有两种情况,如果试验的目的仅是检出营养缺陷型菌株,则其方法是将富集培养后的细胞接种到含有 0.01% 蛋白胨的 MM 上,培养后,野生型细胞迅速地长成大菌落,在平皿底部作好颜色标记,而生长缓慢的小菌落可能是缺陷型,此称限量培养;如果试验目的是要定向筛选某种特定的缺陷型,则可在 MM 中加入某种单一的氨基酸、维生素或碱基等物质,称为补充培养,这样便于快速检出突变型是哪种类型的营养性突变,便于下一步进一步筛选。试验过程中所补充的量最好先用已有的缺陷型进行测定。

（4）逐个测定法是把经过浓缩缺陷型的菌液接种在 CM 上，待长成菌落后将每一菌落分别接种到 MM 和 CM 上，凡是在 MM 上不能生长而在 CM 上能够生长的菌落就是营养缺陷型。

（5）夹层培养法，也称延迟补给法。夹层培养法是先在培养皿上倒上一层不含细菌的 MM，待冷凝以后再加上一层含菌的 MM。经培养出现菌落以后在培养皿底上把菌落做上标记，然后加上一层 CM，再经培养以后出现的菌落多是营养缺陷型，即只在 CM 上而不在 MM 上出现菌落的就是营养缺陷型。上下两层 MM 的作用是使菌落夹在中间，以免细菌移动或被 CM 冲散。进一步复证确认，此法虽然操作简便，但可靠性差。在 CM 上长出的菌落中除缺陷型之外，有的可能是生活能力弱的生长缓慢的原养型菌落。如果是丝状菌落，个别菌落可能是由菌丝片段形成的，所以，本法用于细菌更为合适。

### 10.3.7.3.3　营养缺陷型鉴定

营养缺陷型鉴定是指通过鉴别测定，确定突变菌株属于哪一类营养缺陷型（如氨基酸类、维生素类、核酸类、碳源或氮源类以及无机盐等），或更具体的是缺陷哪一种营养因子（缺哪种氨基酸或哪种维生素）。其方法有生长谱法和分类生长法。

（1）生长谱法是在同一培养基上测定一个缺陷型对于多种化合物的需要。当突变体被基本检出后，就需要进一步了解所缺陷的物质。生长谱法具体步骤是把待测微生物如营养缺陷型或孢子从 CM 上洗下来，离心洗涤，配成 $10^6 \sim 10^8$ 个细胞/ml 的悬液，取 0.1 ml 与基本培养基混合倒入培养皿，制成平板，待冷凝后在标定的位置上放入少量的氨基酸或碱基等结晶或粉末。经培养以后就可看到在缺陷型所需要的化合物四周出现混浊的生长圈。生长谱法比培养液测定法具有以下优点：①方法简便，在一个培养皿上可以测定许多化合物；②污染不影响测定结果，因为污染使培养皿上出现个别菌落，而真正的生长反应则是一个混浊区域，可是在培养液中个别污染细菌便会造成整个培养液的混浊；③回复突变不影响结果，和污染一样，在固体培养基上回复突变形成个别菌落，可是在培养液中将造成混浊；④不必考虑浓度，由于化合物的扩散，在固体培养基上自然而然地形成浓度梯度，不像液体培养基中每个试管中一种化合物只能一个浓度。

为了简化工作，可以把几种化合物合成一组进行测定，假如 21 种化合物分为六组（表10.5）编号为甲、乙、丙、丁、戊和己。如果缺陷型在甲类生长，说明缺陷型缺乏甲类某种物质的合成能力，具体是甲类的哪一种再进一步鉴定。如果缺陷型在丙类与丁类物质之间生长，说明缺陷型可能缺乏丙类和丁类物质中某两种物质的合成能力，以此类推就不难将缺陷型所缺乏的物质一一鉴定出来（图 10.20）。

**表 10.5　化合物分组**

| 组别 | 化合物代号 | | | | | | |
|------|------|------|------|------|------|------|------|
| 甲 | 1 | 7 | 13 | 19 | 4 | 10 | 16 |
| 乙 | 2 | 8 | 14 | 20 | 5 | 11 | 17 |
| 丙 | 3 | 9 | 15 | 21 | 6 | 12 | 18 |
| 丁 | 4 | 10 | 16 | 1 | 7 | 13 | 19 |
| 戊 | 5 | 11 | 17 | 2 | 8 | 14 | 20 |
| 己 | 6 | 12 | 18 | 3 | 9 | 15 | 21 |

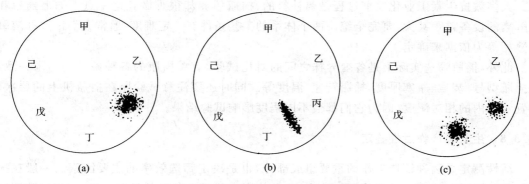

图 10.20　营养缺陷型的生长谱鉴定

　　(2) 分类生长法是在同一培养器上测定多个缺陷型(10～50 株)对同一化合物或生长因子的需要。如果需要测定的不是一个或两个缺陷型,而是几十个缺陷型对营养物质的需要,则采用分类生长法更为有效。先将营养物质分成几大类(如以氨基酸、核苷和必需的维生素分别归类)。用每一类生长因子与 MM 混合制备平板,再将待测缺陷型按编号接种在不同类平板的划分区域内,培养观察其生长情况,大的类别确定后再作进一步的测定。这种方法较准确,但操作较麻烦,研究者多采用生长谱法。分类生长法对于多种突变型需要某种化合物测定有效,如果测定多种缺陷型需要几种化合物就无法确定。如果为了测定需要 2～3 种化合物的缺陷型菌株,可以采用此类办法。具体方法是化合物 A、B、C 三种。如果缺陷型在缺 A 的培养基上不能生长,而在缺 B、C 的培养基上能够生长,说明缺陷型缺乏合成 A 的能力。如果在缺 A、B 的培养基上都不能生长,却在缺 C 的培养基上能够生长,说明缺陷型缺乏合成 A、B 的能力。为了节约时间与劳力,也可以采用影印接种来代替多次重复。

　　在鉴定过程中这两种方法经常同时使用,这样就可以鉴定出一个缺陷型到底是哪类物质以及哪些因子的缺乏,有利于在 SM 上添加必要养料进行保存。总而言之,试验方法简单可行,科学有效,有说服力,就是好的试验方法。鼓励广大科技工作者发明创造更多更好的实验方法,以提高实验效率,简化实验步骤,促进技术进步。

### 10.3.7.4　摇瓶初筛与复筛

　　无论常规随机筛选或是简便筛选,都要通过摇瓶培养,在经过平板菌落预筛后,弃去大量低产菌株,把挑选出的菌落移入试管斜面,然后再进行摇瓶液体培养,才能逐步筛选出高产菌株。摇瓶培养是依赖摇动振荡,使培养基液面与上方的空气不断接触,供给微生物生长所需的溶解氧。其优点是通气量充足,溶氧好,菌体在振荡培养过程中,不断接触四周培养基而获得营养和溶解氧。其培养条件接近于发酵罐,是好气工业微生物菌种试验的重要手段,可以作为发酵工艺模拟试验,这样选出来的变株易推广到大生产中去。

　　摇瓶培养通常可分初筛和复筛。初筛由于菌株数较多,常采用锥形瓶或大号试管进行菌株培养,置于摇瓶机上,调节一定转速和温度,进行连续一个周期的振荡培养。当目的产物达到高峰时期,终止发酵,逐个进行活性测定。凡是生产能力比出发菌株高 10% 以上的菌株,放入 4 ℃冰箱或用砂土管、冷冻管保藏。待初筛菌全部结束后,再从冰箱或砂土管中移入斜面,采用新鲜培养的菌体或孢子进一步摇瓶复筛,一个菌株重复 3～5 个试验瓶,以提高重演性。必要时还要用两个以上培养基进行筛选,以防漏筛。

　　选育菌种的目的是要应用到大生产,因此,摇瓶培养条件要尽量与大生产发酵条件相近。大多数抗生素工业化发酵过程是要补料的,摇瓶培养却很难做到这一点。加上摇瓶和发酵罐的设备差距甚大,要完全统一两个体系的工艺条件有一定难度,通常人们以选择溶氧系数相等为依据来确定工艺条件。

此外,摇瓶筛选实际上是各变异株之间的对比试验,有关摇瓶的各种条件要力求一致,如摇瓶型号、装量、瓶塞厚度、摇瓶转速、温度等。同时还要注意试验瓶在摇瓶机上的层次、位置及室内的相对湿度,因为它们都会不同程度影响试验结果。

### 10.3.8 生长菌产物活性鉴定

活性测定是菌种筛选工作的重要组成部分,也是决定筛选效率的主要因素。一般在摇瓶培养阶段进行检测。常规检测方法中,每种代谢产物都有各自的经典方法,如蛋白酶测定采用分光光度法,脂肪酶测定采用 NaOH 滴定法。这些方法本身是精确的,在样品少、发酵试样连续一次性检测的情况下,具有相当的可信度。但这些方法往往操作烦琐,从样品处理到测定完毕要花费较长的时间。有的方法在一天内仅能测试几个样品,如一次有 30～50 个试样,就不可能在一天内完成测试任务,结果使产物失活而带来误差,失去可比性。要避免这种情况,只能减少摇瓶培养的菌株数,这样势必推迟筛选进度。根据育种工作者长时间的实践经验,要想使突变育种产量大幅度地提高,最有效的方法是多次累积诱变处理,这就需要加快筛选速度,缩短每次处理的周期。因此,在筛选工作中寻找并建立一个简便、快速、又较准确的检验方法显得十分重要。目前生长菌产物活性鉴定方法有琼脂平板活性圈法、纸片法、琼脂薄层纸片法和琼脂薄层法。

琼脂平板活性圈法是在特制的玻璃框琼脂平板上进行的,以检验菌或底物与一定量的琼脂制成平板,用专制的打孔器取出琼脂块,在留下的圆孔中加入发酵液,或用圆形滤纸片浸透发酵液直接覆于琼脂平板上,在适合温度下培养一定时间,测量圆孔或滤纸片周围形成的抑菌圈或水解圈,根据活性圈的大小挑选高产菌株。具体做法:如用于脂肪酶的突变株的筛选。将一定量的底物乳化液和 1.6%～1.8% 的琼脂做成厚约 3 mm 的平板(用 26 cm×16 cm 玻璃板),待凝固后,用内径 5 mm 的特制不锈钢打孔器,取出琼脂块,使平板上留一个圆孔。一块玻璃板可打 50～60 个孔,然后加入过滤或离心后的发酵液 10 μl。每个菌株编号,置于底物作用温度下培育 20～25 h,在圆孔四周出现稳定的水解圈。根据活性圈的大小和清晰度决定取舍。应用本法时,如果发酵液中产物浓度控制在一定范围内,其水解圈的大小与产物的活性是呈线性关系的,结果比较准确。通常每天可测试 100～200 个样品,甚至更多,适合于大量菌株筛选。但该法终究是比较粗放的,试样活性只能和出发菌株对比,难以测出绝对值,所以一般仅适合大量样品的初筛阶段。而复筛样品的检测,可以和常规法结合起来进行,即先用琼脂板活性圈法把所有试样分析一遍,从中淘汰那些低活性菌株,把那些活性圈大的菌株发酵液再用常规法测定,这样既提高筛选效率,又保证相当的准确性。

随着诱变代数的增加,有效产物浓度不断提高,当发酵液中产物浓度相当高时,活性圈大小与产物浓度之间失去线性关系,掩盖了菌株的高产性能而易被漏筛。此时可改用纸片法。具体做法是:取直径 0.5 cm 圆纸片,灭菌后覆于含底物或待检菌的琼脂板上,准确取发酵液 1～2 μl 滴在滤纸片上,置于一定温度下培养 20～25 h,测量水解圈大小。如果活性圈仍然很大(直径在 15 mm 以上),则可将发酵液稀释,或者增加底物的浓度和琼脂板的厚度,使水解圈控制在一定范围内。

　　琼脂薄层纸片法适合于抗真菌抗生素和农业抗生素野生菌的初筛及诱变菌株的初筛，适合于对大量菌株和多种产孢子的真菌、病原菌为对象的综合筛选，也是一种与生物相关性较强的室内初筛方法。具体做法为：将制备病原菌的孢子悬液，加入到温度为 45～50 ℃的真菌培养基中，混匀倒入到玻璃板（26 cm×16 cm）上，均匀摊平，制成厚度约 1 mm 的薄层琼脂板。将圆形滤纸片依次覆于薄层琼脂板上，用加样器加入 1～2 μl 发酵液，每块玻璃板可排 5 行，每行 15～18 个，依次编号。在玻璃板两端底部各放上一块条状的玻璃，作垫子，上盖一块灭菌过的玻璃板。然后，把它们放入底部置有浸湿纱布的搪瓷盘内，以便保湿。加盖，于适宜的温度下培养大约 3～4 d，置于解剖镜或立体显微镜下观察孢子萌发、菌丝形态，并测量抑菌圈大小。

　　琼脂薄层法是可以根据孢子不发芽、芽管或菌丝不伸长、芽管或菌丝畸形、孢子不形成等进行分类，作为抑菌试验的有效标志。琼脂薄层法操作与琼脂薄层纸片法类似，先制备琼脂薄层板，然后直接把样品点在琼脂薄层板上静置片刻，再在薄层板上喷洒测试并观察样品与试剂的反应状况。该法具有灵敏、简便和微观性，可以初步筛出抗生素产量较高的变异株。不容忽视的是，一个简便、快速和准确的检测方法，固然对加速育种工作的进度十分有利，但在筛选前，首先应该对该法的分析误差进行研究。对于琼脂板活性圈法和纸片法，最好采用活性圈放大仪来测量，以减少误差。

　　在初筛阶段如果建立一个适宜的快速、简便、准确的方法，那么每次摇瓶培养的数量则可大大增加，这时如果锥形瓶培养不能满足数量增加的需要，可改用大试管发酵，它可以容纳上百个菌株的振荡培养，能适应大规模的初筛试验。为了提高筛选效率，国外主要是借助生化仪器和自动化设备进行筛选。例如日本发明了自动点菌机，可以将单一菌落点种到不同平板上，节省许多人力与时间。再者流式细胞计数（flow cytometry）的发展，亦使菌体族群可以逐一检查，还原虾红素（astathaxin）的高产菌株即是利用此仪器筛选出来的。此外，自动分析仪对菌体或其产物的检测上，较过去人工方法快了许多倍。然而并非所有产物或菌体的筛选均能自动或半自动化，一般常用的仍以具有颜色变化的、吸收光谱度变化的以及生长变化的为主。

　　筛选菌种为一种重复性和计量性的工作，所以必须应用统计方法，区别并肯定其产量上的差异，以便进行下轮育种的评估。

### 10.3.9　摇瓶数据的调整和有关菌株特性的观察分析

　　不管是随机筛选法，还是平板菌落直接筛选法，最后都要通过摇瓶培养、复证。摇瓶发酵液的测试数据是否准确直接关系到高产菌株筛选频率。一个菌株产量的检测总会存在两种误差，一种是摇瓶培养条件变化影响遗传特性的表达，另一种是检测过程中的误差。虽然严格地控制摇瓶和检测中试验条件，可以使试验误差减少，但无法完全避免。比如，要完成大量菌株的摇瓶培养，在一台摇瓶机上要进行多批试验或同时使用多台摇瓶机试验，在这种情况下，不同的批次或不同的摇床都会造成系统误差，致使数据之间处于不可比的状态。所以，对摇瓶发酵液的测试数据要尽量应用生物学统计方法来处理，以便从复杂的差异中，去伪存真，由此及彼，抓住本质，找出其中真正的规律性。在分离、筛选的整个试验过程中，每个阶段都要周密地观察菌株特性，诱变后分离在平板上的菌落生长情况，如生长快慢，菌落形态、大小、颜色等，要一一详细记录。菌落移入试管斜面后的生长情况、接入到摇瓶培养液和发酵培养基后,其培养过程中的糖、氮利用,生长速度,pH 变化,颜色,黏度等,都要及时观察,结合镜检,测定产物活性,进行详细记录。然后综合菌落的形态特征、培养特征及生化特征作为初筛时挑选菌落的依据。另外还要对筛选过程中摇瓶产量数据的分布作全面分析,以便帮助判断诱变剂、诱变剂量及筛选条件的选择是否恰当。如果菌株在初筛时产量数据分布具有明显差异,说明诱变剂、诱变剂量和筛选条件是可行的,若几乎所有菌株都与出发菌株相差无几,则要考虑重新调节和更换诱变剂或筛选条件。摇瓶复筛是对经过初筛得到的较优良菌株进一步复证,考察其产量性状的稳定性,从中再淘汰一部分不稳定的、相对产量低的或某些遗传性状不良的菌株。

　　一个突变株由于基因突变,失去生理特性的平衡,同时也因此降低了与原来环境条件的适应能力。这种环境因素的选择作用,导致不适应的突变株的优良性状不能表达,甚至被淘汰。在实际工作中,当筛选到一个优良变株时,要改善环境条件,即调整培养基配方和培养条件,使变株处于一个适应的环境中,得到充分表达的机会,使其高产性状及其他优良特性完全发挥出来,这就是表型等于基因型加环境的作用。基于这一道理,对诱变 1～2 代后的优良菌株,要进行培养基和培养条件的调整,使其在短时间内的群体遗传结构占优势,从而表现出更高的生产性能,发酵单位达到最佳水平。

　　例如,一种抗真菌抗生素的链霉菌(*Streptomyces*. sp)M-106,经过 6 代诱变,并结合改进培养基和培养条件,产量由原来的 75 $\mu g/ml$,提高到 9 500 $\mu g/ml$,增加 125 倍。盐霉素产生菌经 4 代诱变,结合培养基和培养条件改良,使盐霉素产量提高 600 倍(图 10.21)。因此,把这种选育法也称为突变和饰变选育法。

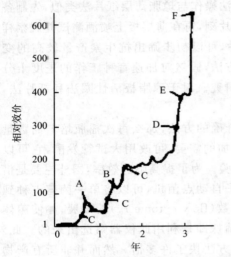

图 10.21　盐霉素产生菌育种过程产量提高情况
A. 营养改良;B. 培养基调整;C. 采用新菌种;
D. 菌种改良;E. 调整营养,增加种量;F. 培养基调整

　　总之,一个新筛选到的变种不应马上用于生产,应该通过大量试验进行重要发酵参数的研究。

### 10.3.10　秀变剂致癌性检测

#### 10.3.10.1　诱变剂的检测

　　突变剂是否具有诱变作用,诱变是否致畸或致癌,这一系列问题需要检验才能作出正确的回答。检测突变剂的方法要求简便、灵敏度高、具有一定的代表性。药物依赖性与药物非依赖性、药物敏感性与药物抗性和药物耐受性、营养缺陷型与非缺陷型等突变体对这些检测指标的灵敏度都较高,可以用于检测某类物质是否具有诱变作用。例如大肠杆菌经紫外线处理直接接种在含有链霉素的培养基上筛选,几乎得不到链霉素突变菌落,但处理后的菌落直接接种到不含链霉素的培养基上培养 2 h 或更长时间以后再喷施链霉素,这样才能得到链霉素突变菌落。前者处理期望一步到位,但由于突变体的延迟反应或隐性突变使突变体识别变得不太容易;后者在处理的两个过程中直接接种,有一次正向突变,喷施链霉素使之成为新的选择因素,增加选择压,使其发生回复突变,虽然回复突变具有一定难度,但由于链霉素的选择作用使这一突变变为可能。所以利用链霉素依赖性的回复突变的测定方法使这一试验方法在诱变试验中得到广泛使用。测定诱变作用的目的是要了解某一物质是否能够引起正常细胞的突变、引发细胞代谢或次生代谢物的异常以及某种抗菌素生产菌的有关产量的基因突变等。突变的诱发归根到底是诱变剂造成 DNA 分子结构的改变,那么突变需要考虑:①对某种微生物具有诱变作用的药物对其他生物是否具有同样较强的诱变作用? 试验过程中常见的主要诱变剂有环氧乙烷、甲基磺酸乙酯、硫酸二乙酯、乙烯亚胺、羟胺、三乙基聚氰酰胺、氮芥、吖啶橙、5-溴尿嘧啶、8-氮鸟嘌呤、丝裂霉素 C、亚硝基胍、X-射线、紫外线、γ-射线等。突变是个复杂过程,同一诱变剂对于各种生物的诱变作用的强弱各不相同,需要了解具有诱变作用的物质对不同生物的诱变效果。②对某种生物的某一基因具有诱变作用的药物是否对同种生物的其他基因也具有同样较强的诱变作用? 从基因考虑,正向突变比回复突变的测定指标更具有代表性。例如:枯草杆菌的 40 多个基因中任何一个突变都使它不能产生正常的芽孢,野生型菌落呈棕色,不产芽孢的突变型呈浅棕色或无色,所以能在培养皿上检出几千个菌落中的个别突变型菌落。而链霉素抗性和缬氨酸抗性则属于个别基因突变所致。所以突变剂检测一般常用方法有定量法与定性半定量法。

定量法是将含有药物的溶液与菌种一起培养一段时间,然后离心后去除药物,再将菌种接种在培养基上,培养后,计数突变型菌落。这种方法程序简单,因计数而使手续烦琐,但较为准确。定性半定量法是将待测微生物混合在培养基中倒入培养皿中,待凝固后将药品放在一个小圆片的中央,经培养后,如果看到围绕在纸片周围出现菌落,说明药品有诱变作用。利用营养缺陷型作为测试材料,在 CM 上不生长的是药品的杀菌的结果,而在不加诱变剂的 MM 上生长的就是自发回复突变。这种检查的准确度较差,但方法简便。

### 10.3.10.2　致癌剂的检测

在肯定突变剂具有诱变作用后,还需要检测这种诱变剂是否具有致癌性。目前,公认的致癌剂检测方法是爱姆斯试验,是利用一系列鼠伤寒沙门氏菌的不同组氨酸缺陷型的回复突变来检测诱变物质是否致癌的方法,是检测致癌物质的一种最有效的方法。每一个组氨酸缺陷型菌株代表一个结构的改变,爱姆斯测验几百种诱变剂,检测的总有效率达 90% 以上,爱姆斯测验呈阳性反应的物质具有致癌的危险性。还可用于新物质致癌性鉴定。例如:TA1535($rfa$ Δ $uvr$B $his$G46)$his$G46 是碱基替换;TA1536($rfa$ Δ $uvr$B $his$C207)$his$C207 是移码突变,可能是 G-C 对缺失;TA1537($rfa$ Δ $uvr$B $his$C3076)$his$C3076 是移码突变,G-C对的增加;TA1538($rfa$ Δ $uvr$B $his$D3052)$his$D3052 是移码突变,是 G-C 和 C-G 对缺失。为了提高测试系统的灵敏度,每一个缺陷型菌株还包括另外两个突变:一个是造成细胞表面透性增进的深度粗糙突变型($rfa$),另一个是丧失切除修复能力的缺失型(Δ $uvr$B)。不同的实验室具有不同的鼠伤寒沙门氏菌组氨酸营养缺陷型,常见的有 TA1535、TA100、TA1537、TA98 等,S-CK 作为对照。不同突变剂对同一菌株的作用不同,同一诱变剂对不同菌株的突变也不相同。这些组氨酸缺陷型菌株在不含组氨酸的基本培养基上不能生长,但如遇上具有诱变突变的物质后可以发生回复突变,$his^-$ 变为 $his^+$,因而在基本培养基也能生长,形成肉眼可见的菌落,由此可以在短时间内,根据回复突变发生频率来判断该物质是否具有诱变或致癌的性能。

本试验所使用的测试菌株具有的遗传性状见表 10.6,不同突变在性状鉴定方法上具有各自的特点,在鉴定时要根据性状特征进行差别设计。待测物致突变性的鉴定检测流程如图 10.22。在 4 支试管中,加入培养液与菌种一起培养,将培养物同时分别转入 4 个不同的培养皿中,第一个是含有未知样品或称为待测样品,用以检测自发突变;第二个是空白处理,用以检测回复突变;第三个是含有溶剂或蒸馏水,作为阴性对照用以检测溶剂的诱变性;第四个是含有黄曲霉素 $B_1$,作为阳性对照。如果第一个培养皿出现轻微突变菌落,说明该物质有诱变作用;如果第二个有少量菌落产生,说明有微量的自发突变产生,一般情况经常得到的是空白;如果第三个有少量突变,说明配制待测物的溶剂与诱变有一定的相关度,如果没有突变,说明配制待测物的溶剂与诱变无关,一般溶剂应该是无诱变作用;第四个阳性对照说明待测物与黄曲霉素 $B_1$ 的诱变作用的强弱,如果待测物的突变率低于黄曲霉素的突变率,说明待测物只有诱变作用,而无致癌作用;如果待测物的突变率高于黄曲霉素 $B_1$ 的突变率,说明待测物不但具有诱变作用,而且具有致癌作用。

表 10.6　测试菌株的遗传特性

| 特性菌株 | 组氨酸缺陷型 | 脂多糖屏障突变 | UV 修复缺失 | 生物素缺陷型 | 抗药因子 R | 检测的突变型 |
|---|---|---|---|---|---|---|
| TA1535 | $his^-$ | $rfa$ | $uvrB$ | $bio^-$ | — | 置换 |
| TA100 | $his^-$ | $rfa$ | $uvrB$ | $bio^-$ | R | 置换 |
| TA1537 | $his^-$ | $rfa$ | $uvrB$ | $bio^-$ | — | 移码 |
| TA98 | $his^-$ | $rfa$ | $uvrB$ | $bio$ | R | 移码 |
| S-CK 野生型 | $his^-$ | 未突变 | 不缺失 | $bio^+$ | — | — |

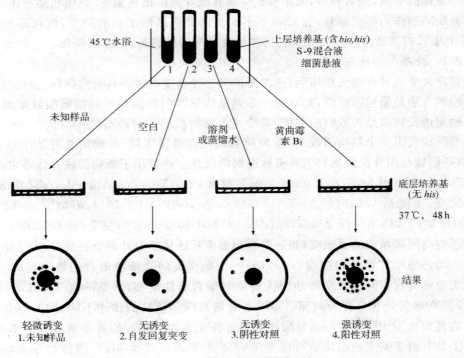

图 10.22　爱姆斯试验

　　由于有些被检测的致癌剂需要哺乳动物肝细胞中羟化酶系统的激活才能显示致突变物的活性,所以在进行试验时还需加入哺乳动物肝细胞内微粒体的酶作为体外活化系统(S-9

混合液),提高阳性物的检测率。在突变诱发过程中,某些物质本身不是诱变剂,但进入人体或动物体内以后能转变为诱变剂,应用细菌作为测定诱变剂的材料时,这种所谓的前诱变剂的诱变作用便测不出来,为了弥补这一缺点,可在检测系统中加入鼠的肝脏提取物,肝脏提取物中包含着一些能使前诱变剂转变为诱变剂的酶,可以使一些对缺陷型菌株没有诱变作用的物质的诱变性得以检测出来。几种常见致癌物质的诱变检测结果:2-氨基蒽和 β-萘胺对于置换突变型 TA1535 具有诱变作用;2-氨基蒽、β-萘胺、苯芘、7,12-二甲基苯并蒽对于移码突变 TA1537 和 TA1538 都有或多或少的诱变作用;2-氨基蒽对 TA1536 有轻微的诱变作用。这一结果表明:致癌物质往往容易引起移码突变而不容易引起置换突变。各种致癌物质对于不同的移码突变的作用具有相对的专一性。一般认为致癌物质造成的移码突变是因移码比置换更不容易被修复,而诱发的置换突变(例如烷化剂)容易被细胞所破坏。

　　爱姆斯测验理论认为癌变是某些基因发生突变的结果。如果确实,那么每一种诱变剂应该都是致癌剂,可是 2-氨基嘌呤却不是致癌剂。另一观点认为基因突变和癌变有共同的原因,并不是基因突变造成癌变,共同原因是 SOS 反应,有一部分突变并不通过 SOS 反应(例如 2-氨基嘌呤诱发的突变),这些药物就不是致癌剂,这就是突变的符合率并非 100% 的原因。SOS 反应(SOS 修复系统)是 DNA 分子受到较大范围的损伤,复制又受到抑制时,经诱导产生的一种应激反应,可通过两个途径进行修复:①增加细胞内原修复酶的合成量;②产生新的修复酶系统,以便快速修复错误。λ 噬菌体的诱导释放就是一种 SOS 反应,因此某些学者认为 λ 的诱导释放是比爱姆斯测验更为理想的致癌物质的检测系统,应该比预期有更高的符合率。由此可知,致癌物的快速检测方法的建立是一个具有挑战性的问题,它对于检测环境与食品安全具有不可估量的作用。

# 10.4　微生物基因工程

## 10.4.1　基因工程的概念

　　1972 年,美国斯坦福大学的贝尔格(Berg)等用一种限制性内切酶(EcoRⅠ)将猿猴病毒 SV40 的 DNA 和 λ 噬菌体(P22)的 DNA 在体外一起酶切成片段后,再用 T4 DNA 连接酶连接,结果首次构建了包含 SV40 和 λ DNA 的重组 DNA 分子或称杂合分子。这种将不同来源的 DNA 分子或片段在体外切割和重新连接构建新的重组 DNA 分子的技术称为 DNA 重组技术。1973 年,美国加利福尼亚大学旧金山分校的波伊尔(Boyer)和斯坦福大学的柯赫尼(Cohen)用 EcoRⅠ 在体外将大肠杆菌的两种质粒 pSC101 和 R6-5 DNA(分别带有 Tet$^r$、Kan$^r$)酶切,再用连接酶连接以构建重组质粒,他们进一步成功地将重组质粒 DNA 分子导入了大肠杆菌细胞中得到了增殖,并获得了具有 2 种抗生素抗性的细菌,从而为重组 DNA 技术的实际应用开辟了道路,宣告基因工程的诞生,也为微生物育种带来了一场革命。因此,基因工程是 20 世纪 70 年代初随着 DNA 重组技术的发展应运而生的一门新技术,是指按着人们的科研或生产需要,在分子水平上将目的 DNA(目的基因或特定 DNA 片段)与载体 DNA 分子在体外拼接形成重组 DNA 分子,然后将重组 DNA 分子引入到受体细胞中,使目的 DNA 在受体细胞内复制扩增,使目的基因在受体中表达从而生产出符合人类需要的产品或创造出具有新的遗传特性生物的技术。狭义的基因工程即 DNA 重组技术,广义的基因工程则包含 DNA 重组技术、细胞工程和染色体工程等。

　　基因工程中的 DNA 重组技术是指体外不同物种来源的 DNA 拼接,不同于生物体内的遗传交换产生的重组,其最突出特点是打破了杂交育种难以突破的物种之间的界限,使原核与真核生物、动物与植物,甚至人与其他生物之间的不同遗传信息进行重组和转移有了可能。人的基因可以转移到大肠杆菌中表达,细菌的基因可以转移到植物中表达。基因工程有两个显著特征:一是可把来自任何生物的基因转移到与其毫无关系的任何其他受体细胞中使之稳定遗传表达,实现了按照人们的愿望定向改造生物的遗传特性,创造出生物的新性状,生产出新产品;二是某特定 DNA 片段可在受体细胞内进行复制,为制备大量纯化的 DNA 片段提供了可能,拓宽了分子生物学的研究领域。

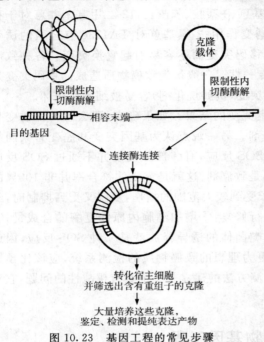

图 10.23　基因工程的常见步骤

### 10.4.2　基因工程的基本步骤

　　典型的基因工程操作应包括以下基本步骤(图 10.23):选择合适的工具酶,从合适的生物材料中分离或人工合成目的 DNA;选择或制备适合运载目的 DNA 的载体;将目的 DNA 与载体 DNA 拼接形成重组 DNA;将重组 DNA 导入受体细胞,并在体内表达增殖;通过筛选选出含有重组子的细胞克隆,大量培养含有重组子的细胞克隆,对克隆的目的 DNA 进行回收、纯化和分析以及对目的基因的表达产物进行鉴定、分离、提纯等。目的 DNA 在受体细胞内随着重组 DNA 分子的复制而复制,并随细胞分裂分配到子细胞中去,使子细胞中均含有目的 DNA 的拷贝。这样就得到目的 DNA 的克隆,即分子克隆。

　　由于工具酶的不同及获得目的基因的方法和受体与载体的不同,将目的基因导入受体细胞的方法以及目的 DNA 与载体的连接方法和目的基因在转化子内的筛选、鉴定也不相同,在具体实施基因工程时要根据物种特异性而采取不同的技术路线,而 DNA 重组技术的主要技术路线原则上可归纳为图 10.24。

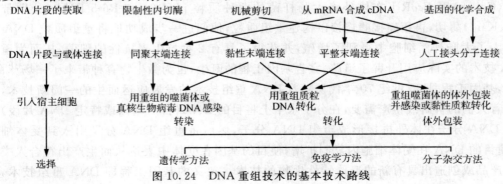

图 10.24　DNA 重组技术的基本技术路线

### 10.4.3　基因工程的基本要素

#### 10.4.3.1　工具酶

基因工程在某种意义上讲是一种以核酸为底物、以酶促反应为基础的操作。在操作中使用的酶统称为工具酶,用于对核酸分子或片段进行切割、连接、合成和修饰等。工具酶的种类很多,如限制性内切酶、DNA 连接酶,DNA 聚合酶、反转录酶、核苷酸激酶、末端转移酶、碱性磷酸酯酶和核酸酶等。

限制性内切酶(restriction endonuclease,RE)是一类非常特异的、能识别双链 DNA 分子的特定核苷酸序列,并在特定核苷酸序列上某一位点,以内切(从 DNA 双链之间)方式水解核酸中的磷酸二酯键,并产生 $5'$-磷酸,$3'$-OH 末端的内切酶。内切酶的切割不是任意的,是在专一序列上的切割。限制性内切酶种类很多,目前发现的有 600 多种,共分三大类,即:Ⅰ、Ⅱ、Ⅲ型内切酶,基本特性归纳如表 10.7。Ⅰ型和Ⅲ型限制酶兼有修饰(甲基化)作用以及依赖于 ATP 的切割活性,它们的酶切位点不固定,不能产生可以利用的 DNA 片段。基因工程中用的主要是Ⅱ型酶,通常说的内切酶主要指Ⅱ型而言。Ⅱ型内切酶分子量较小,能识别 4~6 个核苷酸组成的酶切位点和切割双链 DNA 链上的同一核苷酸序列,产生特异的 DNA 片段。不同的内切酶识别和切割位点各不相同,表 10.8 列出了几种最常用的内切酶的识别序列。

**表 10.7　限制性内切酶的类型及主要特性**

| 特性 | Ⅰ型 | Ⅱ型 | Ⅲ型 |
|---|---|---|---|
| 限制和修饰活性 | 单一多功能酶 | 核酸内切酶和甲基化酶 | 同聚亚基的双功能酶 |
| 限制性核酸内切酶的蛋白组成 | 3 个不同亚基 | 单一成分 | 2 个不同亚基 |
| 限制作用所需要的辅助因子 | ATP、$Mg^{2+}$、S-腺苷甲硫氨酸 | $Mg^{2+}$ | ATP、$Mg^{2+}$、S-腺苷甲硫氨酸 |
| 寄主特异性位点序列 | $Eco$B:TGAN$_8$TGCT | 旋转对称 | $Eco$P1:AGACC |
|  | $Eco$K:AACN$_6$GTGC |  | $Eco$P5:CAGCAG |
| 切割位点 | 距离寄主特异性位点至少 1 000 bp 随机切割 | 位于寄主特异性位点或其附近 | 距离寄主特异性位点 $3'$-端 24~26 bp 处 |
| 酶催转化 | 不能 | 能 | 能 |
| DNA 易位作用 | 能 | 不能 | 不能 |
| 甲基化作用位点 | 寄主特异性位点 | 寄主特异性位点 | 寄主特异性位点 |
| 识别未甲基化的序列核酸内切酶切割 | 能 | 能 | 能 |
| 序列特异性切割 | 不是 | 是 | 是 |
| 在 DNA 克隆中的用处 | 无用 | 十分有用 | 用途不大 |

不同内切酶酶切 DNA 的位点虽不一样,但能产生相同类型的 DNA 末端。Ⅱ型内切酶切割双链 DNA 产生 3 种不同的末端:平头末端、$5'$ 突出黏性末端和 $3'$ 突出黏性末端。当一种酶在 dsDNA(双链 DNA)对称轴两边的同一位点同时切割时,产生的断端是齐头的,称平

头末端(flush 或 blunt end),如 HpaⅠ。当在顺序对称轴的 5′端或 3′端两侧对称位点切割时,则产生 5′或 3′末端,是非齐头的、未互补的末端,称黏性末端(cohesive end),这类末端容易彼此重新连接。如 EcoRⅠ酶切后产生 5′突出黏性末端,PstⅠ酶切后产生 3′突出黏性末端。

表 10.8　常用的限制性核酸内切酶

| 限制性内切酶 | 识别位点 | 产生的黏性末端 |
| --- | --- | --- |
| BamHⅠ | 5′-GGATCC-3′<br>3′-CCTAGG-5′ | 5′-G-3′<br>3′-CTTAA-5′ |
| EcoRⅠ | 5′-GAATTC-3′<br>3′-CTTAAG-5′ | 5′-G-3′<br>3′-GTTAA-5′ |
| HindⅢ | 5′-AAGCTT-3′<br>3′-TTCGAA-5′ | 5-A-3′<br>3′-TTCGA-5′ |
| PstⅠ | 5′-CTGCAG-3′<br>3′-GACGTC-5′ | 5′-CTGCA-3′<br>3′-G-5′ |
| SalⅠ | 5′-GTCGAC-3′<br>3′-CAGCTG-5′ | 5′-G-3′<br>3′-CAGCT-5′ |
| SmaⅠ | 5′-CCCGGG-3′<br>3′-GGGCCC-5′ | 5′-CCC-3′<br>3′-GGG-5′ |
| KpnⅠ | 5′-GGTACC-5′<br>3′-CCATGG-5′ | 5-GGTAC-3′<br>3′-C-5′ |
| HpaⅠ | 5′-GTTAAC-3′<br>3′-CAATTG-5′ | 5-GTT-3′<br>3′-CAA-5′ |

DNA 连接酶可催化 DNA 相邻的 5′-PO$_4$ 与 3′-OH 之间形成磷酸二酯键,把断开的 DNA 连接起来,使 DNA 单链缺口封合起来。常用的 DNA 连接酶有 2 种,即 T4 DNA 连接酶和大肠杆菌 DNA 连接酶。T4 DNA 连接酶既能连接单链切口,也能连接平头末端。大肠杆菌 DNA 连接酶一般只能连接双链 DNA 上的单链切口,而不能连接平头末端。在重组 DNA 构建时,常用 T4 DNA 连接酶将目的 DNA 片段和载体 DNA 片段连接起来。DNA 重组实验中,最常见的反应是将外源 DNA 片段和载体用相同的核酸内切酶切开,使外源 DNA 片段和载体带有相同的黏性末端,两者混合后迅速降温至 14～20 ℃,由于带有相同的黏性末端,一部分外源片段和载体互相退火,形成带切口(nick)的双链环状重组质粒,在连接酶的作用下切口被修复,形成完整的闭合环状重组质粒。

DNA 聚合酶能以单链 DNA 为模板催化脱氧核苷酸聚合合成互补链。常用的有大肠杆菌 DNA 聚合酶Ⅰ、大肠杆菌 DNA 聚合酶Ⅰ大片段(Klenow 片段)、T4 和 T7 噬菌体编码的 DNA 聚合酶、经修饰的 T7 噬菌体 DNA 聚合酶(测序酶)、耐热 DNA 聚合酶(Taq DNA 聚合酶)及一种将核苷酸加到已有的 DNA 分子末端的 DNA 聚合末端转移酶或叫做末端脱氧核苷酸转移酶(terminal transferase)。

大肠杆菌 DNA 聚合酶Ⅰ是一种从大肠杆菌中分离出来的多功能酶,具有四种主要酶活力：$5' \to 3'$ 聚合酶活性，即以单链 DNA 为模板，在有 DNA 或 RNA 引物时，沿 $5' \to 3'$ 方向聚合单核苷酸合成模板链的互补链；$5' \to 3'$ 外切酶活性，即从 $5'$ 端降解 DNA 释放出单核苷酸；$3' \to 5'$ 外切酶活性，即能从 $3'$ 端把 DNA 降解成为一个个单核苷酸；同时还具有 RNA 酶 H 活性。DNA 聚合酶 I 可被枯草杆菌蛋白酶水解成 2 个活性片段，其中的大片段又叫做 Klenow 片段，具有 $3' \to 5'$ 聚合酶活性和外切酶活性，常可代替全酶使用，小片段只有 $5' \to 3'$ 外切酶活性。DNA 聚合酶 I 在基因工程中有以下多种用途：①用切口平移方法标记 DNA 并制备高比活的放射性 DNA 探针。在所有聚合酶中只有大肠杆菌 DNA 聚合酶 I 能用于此反应，因为它具有 $5' \to 3'$ 外切核酸酶活性，可以在聚合酶沿 DNA 链推进之前，从 DNA 链上去除核苷酸。②用于 cDNA 克隆中合成第二链（现在常使用反转录酶和该酶的 Klenow 片段）和 DNA 测序等。③用于对 DNA 分子的 $3'$ 突出尾进行末端标记。首先利用 $3' \to 5'$ 外切核酸酶活性去除 DNA 的 $3'$ 突出尾而产生 $3'$ 凹端。然后，在高浓度的放射性标记的核苷酸前体 dNTP* 的存在下，使外切降解反应与 dNTP* 掺入 $3'$ 端的反应达到平衡，以达到标记 $3'$ 末端的目的。上述反应包括从凹端或平头末端 DNA 上周而复始地去除并置换 $3'$ 端核苷酸，故有时称为交换反应或置换反应。Klenow 片段在基因工程中也有多种用途：①补平限制酶切割 DNA 产生的 $3'$ 凹端；②用 $^{32}$ PdNTP 补平 $3'$ 凹端，对 DNA 片段进行末端标记；③对带 $3'$ 突出端的 DNA 进行末端标记；④在 cDNA 克隆中，用于合成 cDNA 第二链；⑤在体外诱变中，用于从单链模板合成双链 DNA；⑥应用 Sanger 双脱氧链终止法进行 DNA 测序；⑦早期用于消化某些限制酶作用后产生的 $3'$ 突出端。现在人们更喜欢使用 T4 噬菌体 DNA 聚合酶，因为它具有更强的 $3' \to 5'$ 外切核酸酶活性。

T4 噬菌体 DNA 聚合酶与大肠杆菌 DNA 聚合酶 I Klenow 片段相似，它们都具有 $5' \to 3'$ 聚合酶活性及 $3' \to 5'$ 外切核酸酶活性。而且 $3' \to 5'$ 外切酶活性对单链 DNA 的作用比对双链 DNA 更强，T4 噬菌体 DNA 聚合酶的外切核酸酶活性要比 Klenow 片段强 200 倍。由于 T4 噬菌体 DNA 聚合酶不从单链 DNA 模板上置换寡核苷酸引物，因此在体外诱变反应中，它的效率比大肠杆菌 DAN 聚合酶 I Klenow 片段更强。T4 噬菌体 DNA 聚合酶在基因工程中有以下几种用途：①补平或标记限制酶消化 DNA 后产生的 $3'$ 凹端；②对带有 $3'$ 突出端的 DNA 分子进行末端标记；③标记用做探针的 DNA 片段；④将双链 DNA 的末端转化成平头末端；⑤使结合于单链 DNA 模板上的诱变寡核苷酸引物得到延伸。

T7 噬菌体 DNA 聚合酶是所有已知 DNA 聚合酶中持续合成能力最强的一个。T7 噬菌体 DNA 聚合酶所催化合成的 DNA 的平均长度要比其他 DNA 聚合酶催化合成的 DNA 的平均长度大得多，这在某些情况下，例如在用 Sanger 双脱氧链终止法测定 DNA 序列时，具有很大的优势。

Taq DNA 聚合酶是从一种生活在 75 ℃ 温泉的水生栖热菌（*Thermus aquaticus*）中分离的耐热 DNA 聚合酶，该酶具有 $5' \to 3'$ DNA 聚合酶活性。最佳作用温度为 75～80 ℃，一般用于 PCR 法体外扩增特定 DNA 序列片段和 DNA 测序。

末端转移酶是仅存在于前淋巴细胞及分化早期的类淋巴样细胞内的 DNA 聚合酶。该酶具有特殊的功能，即在二价阳离子存在下催化 dNTP 加于 DNA 分子的 $3'$-OH 端。受体 DNA 可短至 3 个核苷酸。如使受体 DNA 与核苷酸的比例得当，则可掺入数千个核苷酸。

反转录酶是一种能把 RNA 反转录成 DNA 的酶,产物 DNA 称互补 DNA(Complementary DNA,cDNA)。此酶又称为依赖 RNA 的 DNA 聚合酶,能以 RNA 为模板催化合成双链 DNA,双链 DNA 可再插入到原核载体中。在基因工程中,反转录酶的主要用途是以 mRNA 为模板反转录合成 cDNA,以制备基因片段。在单链 DNA 或 RNA 模板参与下,也可用反转录酶制备杂交用探针。反转录酶还可用于标记带 5′突出端的 DNA 片段(补平反应)。当其他酶(如大肠杆菌 DNA 聚合酶 I Klenow 片段)的使用结果不理想时,反转录酶也用于双脱氧链终止法测定。

### 10.4.3.2　目的 DNA 制备

目的 DNA 是指准备导入受体细胞内,以研究或应用为目的所需要的外源 DNA 片段,它可以是纯的目的基因或含有目的基因的 DNA 片段或未知功能的 DNA 片段。目的基因的制备是基因工程研究和应用的关键内容之一,其制备方法主要有直接分离法、构建基因文库分离法-化学合成法、酶促合成法和 PCR 法等。

直接分离法包括限制性核酸内切酶酶切分离法和基因分离物理化学法。限制性核酸内切酶酶切分离法适于从简单基因组中分离目的基因。质粒和病毒等 DNA 分子小的只有几千碱基,大的也不超过几十万碱基,编码的基因较少,获得目的基因的方法也比较简单。可通过已知限制性内切酶识别切割序列进行切割,分离纯化目的 DNA;或根据目的基因两侧序列选定适合的限制性内切酶进行切割,获得目的 DNA;或对未定序的含有目的 DNA 的基因序列进行部分酶切,克隆构建一个非常简单的基因组文库,从中根据需要钩出目的基因。

基因分离的物理化学法是基因工程初期的方法,某些生物的 rDNA 基因最早是利用该法分离获得的,但目前已很少采用。其基本原理是 DNA 分子的两条链存在着 $G \equiv C$、$A = T$ 碱基配对,不同基因片段的碱基组成差异较大,其理化性质如浮力密度和解链温度等也有明显不同,采用相应的方法即可达到从生物基因组分离目的基因的目的。物理化学法分离目的基因的方法主要有密度梯度离心法、单链酶解法和分子杂交法等。密度梯度离心法是根据双链 DNA 片段因 GC 含量不同其浮力密度不同,通过密度梯度超速离心分离不同大小的 DNA 片段,然后通过与某种放射性标记的 mRNA 杂交来检出分离相应的目的基因。单链酶解法是根据 DNA 分子中因 GC 含量差异其解链温度($T_m$)值不同,由此控制解链温度使富 $A = T$ 区变性解链,从而富集 $G \equiv C$ 区的双链 DNA 片段,再利用单链核酸酶 S1 酶切除解开的单链部分,得到富 $G \equiv C$ 区的 DNA 片段。分子杂交法是利用单链 DNA 与其互补的序列总有"配对成双"的倾向而分离目的 DNA。

高等真核生物基因组 DNA 庞大,基因数目有数万个,基因组结构与基因种类复杂,具有编码序列、非编码序列、调控序列、间隔序列、重复序列、内含子序列、假基因序列等,要从这众多序列中分离有效基因序列难度很大,为了解决这个难题,最可行的方法就是 PCR 扩增或 cDNA 反转录。进行这样的分离,首先需要构建该生物材料的基因组文库,然后通过杂交技术和合成技术钩钓基因,最后分离得到目的基因。基因文库是将某一物种的全部或部分遗传物质所有不同 DNA 序列片段与载体 DNA 连接形成重组 DNA,再导入受体细胞,经过克隆而得到的所有重组 DNA 克隆的集合体群体。基因文库分为基因组文库、cDNA 文库、染色体基因文库等。因此,基因组文库构建本身就是基因工程中的主要任务。

　　基因组文库构建见第 8 章,原核生物以构建基因组文库为主,真核生物因基因组庞大,一般以 cDNA 文库和染色体文库构建为主,对于功能蛋白研究和巨大的真核生物基因组的功能蛋白组则多以 cDNA 文库为主。我们可以在已知蛋白质序列的基础上,通过反转录该蛋白的编码序列,再通过分子杂交方法把该基因从基因组中钩钓出来即可得到该基因的全部 DNA 序列。为了了解真核生物各组织器官表达差异,可以通过各组织器官所表达的蛋白质差异来了解基因表达差异,因此,以某物种的某组织、某器官、某细胞在一定时期的所有 mRNA 为模板,在反转录酶的作用下合成各自的单链互补 DNA 即 cDNA,然后用 DNA 聚合酶进一步合成相应的双链 DNA,再将这些双链 DNA 与适宜的载体连接成重组 DNA 后导入合适的受体细胞进行克隆,这样得到的重组 DNA 克隆的集合便是 cDNA 文库。构建 cDNA 文库的主要步骤如下:①mRNA 的分离纯化。从细胞中分离总 RNA,然后纯化 mRNA。由于 mRNA 的不均一性,分子量大小不一,种类繁多,而且大多数的 mRNA 的 3′端都含有 20~250 个 poly(A),因此,在 mRNA 纯化之前可利用寡聚核苷酸(oligo-dT)标记层析柱,很容易利用亲和层析柱分离 mRNA。②单链 cDNA 的合成。一般在反转录酶的作用下,以 mRNA 为模板,反转录 cDNA。常见反转录酶有两种:一种是 AMV(avain myelo-blastosis virus)的反转录酶,另一种是 M-MLV(moloney murine leukemia virus)的反转录酶。常见引物也有两种,一种是由 12~20 个 dT 组成的 oligo-dT 片段,另一种是 6~10 个核苷酸随机引物。利用染色体合成需要第一种引物,需要越过较长的 3′非编码区,这对于大于 3 kb 的 mRNA 分子就很难得到全长的 cDNA。为了克服这一困难,一般采用随机引物进行合成。③双链 cDNA 的合成。由于前一步得到的是 RNA-DNA 杂合链,因此需要处理。一般用碱或 RNaseH 处理。碱处理后,游离的单链 cDNA 在 3′末端自身环化,形成发夹结构并作为合成互补链的引物,合成完毕,需要用 S1 核酸酶切割去除。因此常常造成 cDNA 的少量丢失。为了克服这一不足,现在常常使用 RNaseH 处理,RNaseH 处理后 RNA 分子被降解为小分子,刚好作为合成互补链的引物,合成完毕,加入连接酶使之成为完整双链 cDNA 分子。④cDNA 与载体连接。一般合成的 cDNA 需要进行处理才能与载体分子连接,在 cDNA 分子上加入人工接头或黏性末端进行连接。⑤利用转化等方法将重组 cDNA 分子导入受体细胞。⑥对重组受体进行筛选鉴定。这些重组集合体就是目的基因的 cDNA 文库。染色体基因文库是以一条染色体或其部分 DNA 构建的基因文库。这种文库对于该染色体上的功能基因以及调控序列的鉴定与分布的研究是最常用的工具。从基因文库中钓取目的基因,可根据对目的基因相关信息的了解程度确定筛选方法和条件。一般是利用目的基因的一段已知序列制作放射性或非放射性标记探针,进行原位分子杂交,将阳性克隆筛选出来,或根据目的基因的表达蛋白制备抗体,通过免疫反应将所需克隆筛选出来。然后对筛选出的克隆进行限制性内切酶酶切、核酸分子杂交、序列测定和序列分析,最终将目的基因或含目的基因的 DNA 片段分离出来。

　　人工合成目的基因 DNA 片段有化学合成法和酶促合成法两条途径。第一个用化学方法合成的基因是大肠杆菌酪氨酸 tRNA 基因,开创了基因化学合成的先例。基因的化学合成,也就是 DNA 或 RNA 序列的合成,时至今日,DNA 的化学合成已成为分子生物学实验室常规的技术,人工化学法合成目的基因一般是在已知基因的序列或表达产物的氨基酸序列的情况下,先用化学方法合成小的彼此具有一定互补重叠的单链 DNA 片段,然后在合适的条件下退火,用连接酶将它们连接起来。人工化学法合成目的基因由于需要知道基因或氨基酸的全序列,并且效率低、成本高,因而很少使用。目前可根据蛋白质文库查阅其氨基酸序列,利用 DNA 自动合成仪可以快速简单地合成出所需的 DNA 寡核苷酸片段,然后通过酶化学等方法得到含有目的基因片段的较长 DNA 片段。基因的酶促合成首次是用兔珠蛋白 mRNA,在反转录酶作用下,以寡核苷酸(dT)m 作为引物,互补在 mRNA 3′端的 poly(A)区,合成出 cDNA。继续在 AMV 反转录酶和多聚酶 I 的作用下,使 cDNA 成为双链 DNA,经过核酸酶 S1 的修剪和凝胶电泳分离纯化,得到 580 bp 长的包含兔珠蛋白结构基因绝大部分的双链 DNA。酶促合成目的基因主要是用反转录酶以 mRNA 为模板合成相应的目的基因的 DNA 片段。即先从细胞中分离获取目的基因的 mRNA,然后以此 mRNA为模板,用反转录酶合成单链的 cDNA,再用 DNA 聚合酶(如 Klenow 片段)合成另一条链,得到目的基因的双链 DNA 片段。

聚合酶链式反应(polymerase chain reaction,PCR)是美国 Cetus 公司的玛尔利斯(Mullis)等于 1985 年建立的体外快速扩增特异 DNA 片段的系统。单链 DNA 在互补寡核苷酸片段的引导下,可以利用 DNA 多聚酶按 5′→3′方向复制出互补 DNA,这时单链 DNA称为模板 DNA,寡核苷酸片段称为引物(P),合成的互补 DNA 称为产物 DNA。双链 DNA分子经高温变性后成为两条单链 DNA,它们都可以作为单链模板 DNA,在相应引物的引导下,用 DNA 聚合酶复制出产物 DNA。这个循环体系就是 PCR 反应。在反应系统中包括含目的 DNA 序列的少量模板 DNA 样品、耐热的 DNA 聚合酶如 Taq DNA 聚合酶、4 种dNTP 以及 2 种过量的寡核苷酸引物。引物一般长 20～30 个碱基,分别与目的 DNA 序列的 2 条链的 3′端互补。PCR 反应包括 3 个步骤:①变性:即在约 95 ℃高温下使模板 DNA变性形成单链。②退火:将反应体系温度降低到 55 ℃左右,使 1 对引物分别与变性后的 2条模板链互补配对,即复性。③链的延伸:将反应体系温度调整到 Taq DNA 聚合酶作用的最适温度 72 ℃,在引物的引导和 Taq DNA 聚合酶的催化下,逐个聚合单核苷酸,合成模板链的互补链。这 3 个步骤称为一个循环。一个循环完成后,目的 DNA 的数量增加 1 倍,新增加的目的 DNA 又可作为下一个循环的模板。这样,目的 DNA 将按 $2^n$ 指数方式扩增,$n$为循环次数。使用 PCR 技术注意事项:一是引物设计与合成,引物设计原则为①引物长度15～25 nt;②CG 含量为 40%～60%;③$Tm$ 值依据 G＋C 的不同而不同,根据经验值(G＋C)%＝($Tm$-69.3)×2.44,或 $Tm$＝69.3＋0.41×(G＋C)%;④引物与模板非特异性配对位点的碱基配对率小于 70%;⑤两条引物之间配对碱基数小于 5 个;⑥引物自身配对形成茎环结构,茎的碱基对数不大于 3。二是 PCR 反应的反应循环数一般为 25～35,DNA 扩增倍数为 $10^5$～$10^9$。三是温度控制:变性温度为 94 ℃,复性温度为 37～55 ℃,合成延伸温度为 72 ℃。四是 DNA 聚合酶为耐热 Taq 酶。其中引物的设计在 PCR 反应中最重要,它是保证 PCR 反应能够准确、特异、有效地对模板 DNA 进行扩增的最为重要的一环,目前已开发出一些计算机软件来帮助进行引物设计。

### 10.4.3.3　受体细胞

受体细胞是指接受重组 DNA 分子、目的 DNA 在其中得以复制扩增、目的基因得以表达的细胞。受体细胞也叫宿主细胞。从理论上讲,任何原核生物和真核生物的细胞都可以作为受体细胞,研究最深入的原核受体细胞有大肠杆菌细胞;真核受体细胞有酵母菌,部分植物细胞如水稻、油菜、拟南芥等,动物受体细胞如老鼠、牛、羊、兔、鱼等,昆虫细胞如家蚕等。适宜的受体细胞有利于体外构建的重组 DNA 分子的导入、表达和复制扩增等,有利于生产更多的目标产物。因此,受体细胞是有选择的:①受体细胞与载体来源的匹配与协调。这要求受体细胞来源的生物类型要与所使用的载体相互适应。如对于只能在原核生物细胞中复制和使外源目的基因表达的载体就只能选择原核细胞,以原核生物细胞作受体就只能选择能在原核细胞中复制和使外源目的基因表达的载体。这实际上就是说要选择合适的载体-受体系统。②受体细胞的培养能力要强。受体细胞要易于培养,易于扩大培养和发酵生长,适应于大规模生产或易于再生成完整的生物个体。比如,大肠杆菌易于培养,也容易实现基因工程产品的工厂化生产,是常用的受体之一。③特定受体选择。有时由于特殊的要求而需要选用特定的受体。如某些蛋白药物(如红细胞生成素)需要翻译后糖基化修饰才具有功能,原核细胞中缺乏翻译后糖基化修饰系统,因此在用基因工程生产这类蛋白药物时就需要以真核细胞为受体,而不能以原核细胞为受体。④便于重组 DNA 分子的导入,易于诱导感受态。有关感受态见本书第 5 章。在基因工程中常用 $CaCl_2$ 法和电穿孔法诱导感受态。$CaCl_2$ 法是对大肠杆菌,先用冷冻的 $CaCl_2$ 处理,然后置于 42 ℃高温下热激 90 s 的方法吸收外源 DNA。这种方法的最大转化频率为 $10^{-3}$,其效率是每微克 DNA 转化 $10^7 \sim 10^8$ 个细胞。利用 $CaCl_2$ 在细胞壁上打了一些微孔,使 DNA 片段容易从这些微孔进入细胞,随后又被宿主细胞修复。电穿孔法是把受体细胞置于一个高强电场,通过脉冲在细胞壁上打一个孔,DNA 分子随即进入,DNA 剂量与电脉冲剂量因菌而异,大肠杆菌 50 ml 细胞,用 25 $\mu$F、2.5 kV 和 200 $\Omega$ 的脉冲处理 4.6 ms,其转化效率小质粒每微克 DNA 转化 $10^9$ 个细胞,大质粒(大于 100 kb)每微克 DNA 转化 $10^6$ 个细胞。⑤有利于重组 DNA 分子在受体细胞中稳定存在。这要求目的 DNA 遗传稳定性好,宿主受体系统具有不敏感的限制修饰系统,试验常常使用的是限制修饰系统的突变型菌株作为受体细胞。⑥便于重组体的筛选。选用内源蛋白水解酶基因缺失或蛋白酶含量低的细胞,利于外源基因蛋白表达产物在胞内的积累,或促进外源基因的高效分泌表达。⑦安全性高、无致病性,不会对外界环境造成生物污染。⑧受体细胞在遗传密码的应用上无明显偏好性。⑨具有较好的转译后加工机制,便于真核目的基因的高效表达。⑩在理论研究和生产实践上有较高的应用价值。对于微生物宿主系统一般是以链霉菌为基因工程的主要宿主,它需要符合下列要求:第一,遗传背景清楚,不带有内生质粒;第二,由于质粒转化主要借助原生质体,因此,宿主菌的原生质体的制备和再生必须易于进行;第三,宿主菌对应于载体上的标记必须是有"缺陷"的,即对抗生素敏感;第四,宿主菌必须没有限制性作用。尽管符合上述条件的宿主菌很多,但使用最普遍的还是天蓝色链霉菌 A3(2)和变青链霉菌系列菌株,尤其是变青链霉菌使用最多,包括变青链霉菌 1326、TK24、TK54 和 TK64。因为它们没有限制修饰系统,有利于外源基因表达和稳定遗传,并且衍生菌株不含质粒,遗传背景清楚,可用于抗性基因和生物合成基因的克隆以及外源蛋白基因的表达。

　　外源 DNA 对野生型细菌的转化效率较低,需要进行遗传改造。野生型细菌具有针对外源 DNA 的限制和修饰系统,能降解外源 DNA,因此转化效率很低。大肠杆菌的限制修饰系统主要由 $hsd$R 基因编码,许多经改造的大肠杆菌宿主菌为 $hsd$R⁻,转化效率大大高于野生型大肠杆菌。为提高受体的转化率有时还通过遗传改造提高细胞壁的通透性。目前基因工程实验中常用的大肠杆菌宿主有 JM109、DH5α、TG1 等,这些菌株经过复杂的遗传改造,除具有很高的转化效率和很低的重组率外,还具有一些其他的特性便于重组质粒的筛选。另一些大肠杆菌宿主菌如 JM101 等保持了较完整的限制修饰系统或遗传重组系统,这些菌株的转化率要低一点,常用做一些穿梭载体的宿主,有时从这些宿主菌中提取的质粒用于转化野生型宿主时能获得较高的转化率,因此在工业微生物的改造中很有价值。

### 10.4.3.4 载体

目的 DNA 很难直接透过受体细胞的细胞壁和细胞膜进入受体细胞,更重要的是目的 DNA 即使进入受体细胞也很容易被受体细胞内的酶降解,或难以成为受体细胞的稳定组成部分之一而复制、传递和表达,因此在基因工程中通常要使用载体。载体是携带目的 DNA 进入受体细胞,使目的 DNA 在受体细胞内稳定复制、传递和表达的工具,基因工程中的载体一般为环状双链 DNA 分子,即人工构建的质粒,有关质粒内容请查阅本书第 7 章。作为载体 DNA 分子,一般需要具备 4 个最基本条件。第一,具有复制原点(ori)。复制原点是 DNA 复制的起始序列,只有具有了复制原点,载体或重组 DNA 分子才能在受体细胞中独立自主地自我复制。第二,具有克隆位点。克隆位点即一些限制性内切酶的切点,是供目的 DNA 插入的地方。目前使用的许多载体具有多克隆位点,即有多种限制性内切酶的切割位点,但一般每种酶的切点只有一个。克隆位点不能在复制原点内,否则在插入目的 DNA 后会影响重组子的自主复制特性。第三,具有便于筛选的遗传标记基因。在将重组 DNA 导入受体细胞,筛选重组细胞克隆的步骤中,未重组的载体 DNA 分子(如酶切后重新连接起来)和重组 DNA 分子都可能被导入不同的受体细胞中,那么如何将未转化的受体细胞、载体 DNA 分子导入的转化体(指由外源 DNA 导入的细胞)和重组 DNA 分子导入的重组转化体(指由重组 DNA 导入的细胞)区分开呢?如果载体本身具有相关的遗传标记基因则十分容易。遗传标记基因通常是抗生素抗性基因(如氨苄青霉素抗性基因 Amp$^r$,四环素抗性基因 Tet$^r$,氯霉素抗性基因 Cam$^r$,卡那霉素抗性基因 Kan$^r$)或某种酶(如编码大肠杆菌 $\beta$ 半乳糖苷酶或该酶 $\alpha$ 肽段)的基因,而且是受体细胞没有的基因。根据遗传标记基因在筛选中的作用,可分为两类:一是用于选择转化体的标记基因,称为选择性遗传标记基因;二是用于检测重组转化体的标记基因,称为检测性遗传标记基因。比如,如果目的 DNA 插入载体的 $\beta$ 半乳糖苷酶 $\alpha$ 肽段基因之外,则转化细胞(包括导入载体或重组 DNA 的细胞)可使培养基中的 X-Gal(5-溴-4-氯-3-吲哚-$\beta$-半乳糖苷)分解显现蓝色被筛选出来,该基因就作为选择性遗传标记基因;如果目的 DNA 插入该基因内,则转化细胞中的重组转化体就不使培养基中的 X-Gal 分解显现蓝色而被检测出来,该基因就作为检测性遗传标记基因。因此,当载体上既具有选择性遗传标记,又有检测性遗传标记时,未转化的受体细胞、载体 DNA 分子导入的转化细胞和重组转化细胞均可被区分开,最终将重组转化体筛选出来。第四,易于从宿主细胞或转化细胞中分离、纯化。现在已有很多载体,都是根据天然复制子(复制子即可单独复制的 DNA 结构单元,如质粒 DNA、病毒和细菌的染色体 DNA 以及真核生物的染色体 DNA)的特点、载体的基本条件和基因工程操作的特殊要求而构建的。载体的构建本身就是一个基因工程的操作。至于在基因工程中选择怎样的载体,一般要根据受体、研究需要以及目的 DNA 的差别进行选择。按功能可将载体分为克隆载体、表达型载体、测序型载体和整合型载体等。根据载体的宿主,可分为原核生物载体(如大肠杆菌载体)、真核生物载体(如植物载体和动物载体)和穿梭载体。穿梭载体是可以在两种生物细胞中自主复制的载体。根据载体的来源、结构特点和可供插入的外源目的 DNA 的长度,可分为质粒型载体、病毒型载体、染色体型载体和复合型载体等。质粒型载体的结构与天然质粒 DNA(如细菌的性因子 即 F 因子)相似。病毒型载体的结构与病毒 DNA(如 $\lambda$ 噬菌体 DNA)的结构相似。质粒型和病毒型载体一般不能携带大于 50 kb 的外源 DNA 片段。染色体型载体的结构特点与染色体 DNA 的结构相似或可供插入较长的外源目的 DNA，如酵母人工染色体 YAC、细菌人工染色体 BAC。复合型载体如柯氏质粒(cosmid)主要用于构建基因组文库的克隆。

### 10.4.4　重组 DNA 分子的构建

将目的 DNA 片段与载体 DNA 在体外连接起来组成重组子，是基因工程的一个核心内容之一。根据目的基因和载体的性质，以及它们的限制性酶切位点的特点等，选用适当的限制性内切酶，切开 DNA 的磷酸二酯键，根据需要进行新的组合，然后再用连接酶催化重新生成磷酸二酯键，完成连接重组过程。这个过程看似简单，操作并非容易。需要考虑重组的效率，应尽量减少筛选重组子与非重组子的工作量，另外重组子形成后，其序列中应包含仍能被一定的限制性内切酶识别的位点，以便仍能被重新切割、回收和鉴定。最后是重组后不能影响目的基因的表达，即不对其转录和翻译过程中密码子的阅读框架有干扰。不同的目的基因与载体之间重组所采用的连接方法亦不同，常见的连接方法有黏性末端连接、平头末端连接、去磷酸化连接、同聚加尾法和人工接头法等。黏性末端法是目的基因和载体 DNA 分子利用同一限制性内切酶产生的黏性末端，凸出的单链通过互补后再用连接酶连接，平头末端直接用连接酶连接，但连接效率较黏性末端的低。而且，外源 DNA 片段都有可能反向插入，反向表达无功能产物或不表达，因此连接时要求目的 DNA 与载体要按一定的方向定向连接。黏性末端在连接反应中常发生自身环化，给后续筛选重组子的工作带来很大的麻烦。为克服这一缺点常采用碱性磷酸酶处理线性载体 DNA 分子，除去其 5′磷酸基团，从而避免自身环化，这样目的 DNA 未经碱性磷酸酶处理的 $5'-PO_4$ 与载体 $3'-OH$ 在连接酶催化下发生正常的共价连接；另一个连接点因载体 5′端失去磷酸基团而不能连接，遂留下一具有 3′端羟基和 5′端羟基的缺口，但可在宿主细胞中被修复。除此以外，在二价阳离子存在下，末端转移酶能非特异性地催化 dNTP 加入到 DNA 分子的 $3'-OH$ 端，故可以产生由单一核苷酸组成的同聚物尾巴。如在载体 DNA 的 3′末端加上 poly(C)，而在目的 DNA 的 3′末端加 poly(G)，利用这两者的互补关系可以进行连接。该方法的缺点是在目的基因的末端添加了许多无关核苷酸序列，影响了它的表达，并在大多数情况下无法再切下。对一些黏性末端可采用补齐法使之成为平末端，再加同聚尾，以求恢复酶切位点。由于真核生物的单拷贝基因在整个染色体 DNA 中所占比例极小，很难找到某一种限制酶能在基因和基因载体上有相同的切点，即便找到相同的酶切位点，但受体产生的片段太多，不利于基因操作，这就需要用人工末端进行重组。1976 年发展了人工末端连接器(linker)技术，所谓的人工末端连接器即人工接头(linker)，是指用化学方法合成的一段含 10～12 个核苷酸对，具有一个或数个限制性内切酶识别位点的双链寡核苷酸片段。用 T4DNA 连接酶将人工接头连接到目的 DNA 片段或平头末端的载体上，以便构建重组 DNA；当目的 DNA 和载体末端是黏性时，可采用 DNA 聚合酶Ⅰ的 Klenow 片段或 T4DNA 聚合酶处理，使之成为平头末端，然后再用连接酶接上人工接头，以便做进一步的连接，实现体外重组。

### 10.4.5　转化的方法

重组 DNA 分子构建好后，需要将其导入适当的受体细胞，才能进行扩增，得到大量、单一的重组分子,即克隆。将外源 DNA 导入受体细胞,使之在其中复制保存的过程,称为转化。转化方法有物理转化法、化学转化法和生物转化法三大类。

### 10.4.5.1 物理转化法

常见物理转化方法有电穿孔法、基因枪法和微注射法。电穿孔法最初用于将 DNA 导入真核细胞,但后来也被用于转化大肠杆菌和其他细菌,因此,电穿孔法可将重组 DNA 导入真核细胞(如动物细胞和植物细胞)和原核细胞(大肠杆菌和其他细菌等)。其原理是当施加短暂、高压的电流脉冲作用于细胞悬浮液时,细胞膜上形成纳米大小的微孔,重组 DNA 能直接通过这些微孔,或者当微孔闭合时伴随膜组分的重新分布而进入细胞中。通过优化电压强度、脉冲的长度和 DNA 浓度等参数,每微克重组 DNA 导入受体后可得到 $10^9 \sim 10^{10}$ 转化体。电转化效率要比化学转化高得多,据报道一般可以达到化学转化法制备感受态细胞转化率的 $10 \sim 20$ 倍。制备用于电穿孔的细胞要比制备感受态细胞更容易一些。细菌生长到对数中期后加以冷却,离心,用低盐缓冲液充分洗涤以降低细胞悬液的离子强度,然后用 10% 甘油重新悬浮细胞,使其浓度为 $3 \times 10^{10}$ 个/ml,分装成小份在干冰上速冻后置于 $-70\ ℃$ 贮存。每小份细胞融解后即可用于转化,其有效期至少为 6 个月。电转化在低温($0 \sim 4\ ℃$)下进行,如果在室温下操作,转化效率可能会降低到原来的 1/100。按常规操作,可将 DNA 和冷却的细胞悬液混合,然后转移到一个预冷的小槽内。由于细菌细胞相对较小,因此与 DNA 导入真核细胞时相比较,大肠杆菌的电转移要求很高的电场强度,并且体积要小。基因枪法也称微弹法或高速粒子轰击法。这种技术是把重组 DNA 与金粉或钨粉在一定条件下混合,用特殊的装置即基因枪把这些粒子加速射进靶细胞。基因枪法能转化有壁的植物细胞,并能直接向细胞器中输入 DNA,在转化花粉以避开组织培养的操作等方面特别有用。微注射法也称为直接显微注射,可将重组 DNA 直接注射到真核细胞内。一般是用显微注射针吸取供体 DNA 溶液,在显微镜下准确地插入受体细胞或细胞核中,将 DNA 注射进去。此法常用于转基因动物的研究。

### 10.4.5.2 化学转化法

常见化学转化方法有 $CaCl_2$ 法和 PEG 法。通常是用一定浓度的冰冷 $CaCl_2$ 溶液处理对数生长期的受体菌细胞,诱导受体细胞达到感受态,在低温下将重组 DNA 与感受态受体菌混合,然后施加短暂的高温热激帮助受体细胞吸收重组 DNA。$CaCl_2$ 法使用广泛,动植物和细菌都有广泛应用,在噬菌体 DNA 转染细菌时也可用此法。用同样的方法也可使质粒 DNA 和大肠杆菌染色体 DNA 对细菌进行转化。经过 $CaCl_2$ 处理的受体细菌会被诱导而产生短暂的"感受态"(competence),在此期间它们能够摄取各种不同来源的 DNA。感受态细菌可以自己制备,即用 $CaCl_2$ 诱导,也可以从商业途径购买,一般每微克超螺旋质粒 DNA 可产生 $\geqslant 10^8$ 菌落的转化体。

PEG 即聚乙二醇,是一种高分子聚合物。在二价阳离子如 $Ca^{2+}$、$Mg^{2+}$、$Mn^{2+}$ 等存在下,PEG 有促进原生质体吸收外源 DNA 的作用,因此可将重组 DNA 导入受体细胞。

### 10.4.5.3 生物转化法

常见生物转化方法有转染、中间宿主法和脂质体介导法。转染指由病毒 DNA 载体构建的重组 DNA,利用病毒外壳蛋白体外包装重组 DNA 或在病毒体内装配形成具有目的 DNA 的病毒颗粒,直接感染受体细胞而将重组 DNA 导入受体细胞内。一般多应用于动物基因工程。中间宿主法是利用穿梭载体将重组 DNA 首先导入中间宿主,然后再由中间宿主将重组 DNA 最终导入受体细胞。例如 Ti 质粒利用细菌的接合作用将重组 DNA 导入根瘤菌，通过根瘤菌的感染最终导入植物体内表达。脂质体介导法是指首先由磷脂分子人工构建具有与细胞膜相类似组成的双层膜泡状的脂质体结构，将重组 DNA 包裹于脂质体中，然后进行脂质体与受体细胞膜的融合，可通过融合将重组 DNA 导入受体细胞。

### 10.4.6　重组转化子的筛选和鉴定

转化子是导入了外源 DNA 的受体。转化试验后，需要将重组转化子与非重组转化子和未转化的受体区分开，即进行重组转化子筛选，并要对筛选出的阳性转化子做进一步的鉴定工作。可根据载体的遗传标记基因和目的 DNA 插入的特性，采用适当的方法将重组转化子筛选出来。也可将目的 DNA 与便于检测的基因一起重组在载体上进行共转化直接筛选共转化受体，利用共转化的检测基因的表达特性将重组转化子筛选出来，这样的基因称为报告基因。

阳性转化子的鉴定工作包括 DNA 限制性内切酶分析、DNA 序列测定、分子杂交（如 Southern 杂交，Northern 杂交）和血清学分析等内容，以确定外源 DNA 是否确实为目的 DNA、是否具有表达活性及表达水平有多高，因此一般常常利用遗传学方法、分子杂交法和免疫学法进行筛选鉴定。

#### 10.4.6.1　遗传学方法

（1）互补克隆技术，是通过营养缺陷型的互补作用来筛选重组 DNA，即利用适当的营养缺陷型作为转化受体，通过从基因文库中钓钓营养缺陷型互补的目的基因导入质粒中构建为重组质粒，将该重组 DNA 转化受体，可直接检测营养缺陷型的功能是否恢复而直接检出转化子。例如，大肠杆菌的亮氨酸缺陷型受体，在缺乏亮氨酸的培养基上不能生长，如果一个重组体含有合成亮氨酸的基因，把这个重组体导入受体后，受体能够在缺乏亮氨酸的培养基上生长，就可初步判断该重组体质粒是携带编码亮氨酸的合成酶的基因。真核基因和原核基因之间在结构上存在着很大的区别。只有细菌染色体基因和少数低等真核生物（如酵母）的几种基因，才能与大肠杆菌的营养缺陷型互补。又如酵母的色氨酸、精氨酸和尿嘧啶生物合成途径中的一些基因（$trp1$、$arg8$、$ura3$），在大肠杆菌中是有功能的。而其他的基因在大肠杆菌中不一定具有功能，因此利用互补克隆技术对于同一物种的不同品系的鉴定效果较好，但对于亲缘关系较远的品种的鉴定效果因基因来源不同差异较大。

（2）抗药性标记插入失活筛选法，是外源 DNA 插入到载体上某一抗药性基因内的某些限制性内切酶位点中，引起抗药性基因失活，根据抗药性在平板培养基上的变化而进行初步筛选的技术。例如 pBR322 的 Pst Ⅰ 位点插入外源 DNA，引起抗氨苄青霉素基因失活，从 HindⅢ、BamH Ⅰ、Sal Ⅰ 切点插入外源 DNA 引起抗四环素的能力丧失。

（3）β 半乳糖苷酶显色反应筛选法，是一些载体系统如 pUC 质粒含有 β 半乳糖苷酶基因（$lacZ$）及其启动子区域，当将这类载体导入 Lac⁻ 的受体细胞，培养在补充有 X-gal 底物和 IPTG 诱导物的培养基中时，受体菌内产生 β 半乳糖苷酶，会把培养基中的无色的 X-gal 切割成半乳糖和深蓝色的物质 5-溴-4-氯-靛蓝（5-bromo-4-chloro-indigo），使菌落的颜色呈深蓝色。在 pUC 质粒载体 $lacZ$ 基因中含有一系列单一限制性内切酶位点，其中任何一个位点插入了外源 DNA，都会造成基因失活，结果产生白色菌落。这是初步筛选重组 DNA 的重要手段。

（4）GUS 检测，是通过 *gus* 基因编码 β-葡萄糖苷酸酶（β-glucuronidase，Gus），该酶能够水解许多 β-葡萄糖苷酯类物质，利用此酶的水解差异的显色反应可进行筛选。*gus* 基因存在于某些细菌体内，如大肠杆菌 *gus* 是 *gus*A 位点编码，该位点下游有两个相关基因 *gus*B 和 *gus*C，其中，*gus*B 编码葡聚糖苷透性酶，*gus*C 功能不详，三个基因共同组成一个操纵子，共同受调节基因 *gus*R 的调控，调节基因位于操纵子上游，*gus* 基因表达是底物诱导表达，绝大多数或植物没有内源性 *gus* 基因，因此，*gus* 被用于转基因技术的报告基因。*gus* 基因检测常用底物有三种：5-溴-4-氯-3-吲哚-β-D-葡萄糖苷酸酯（X-Glus）、4-甲基伞形酮酰-β-D-葡萄糖醛酸苷（4-MUG）和对硝基苯 β-D-吡喃半乳糖苷（PNPG）。这三种底物的显色方法不一样。以 X-Glus 为底物，可以通过显色反应直接观察 *gus* 的活性，报告基因转入受体中，X-Glus 表达，水解产物为蓝色，非转化的材料不会显示蓝色。以 4-MUG 为底物，水解反应中，4-MUG 在 365 nm 光下被激发，产生 455 nm 的荧光，可利用荧光分光光度计进行检测。以 PNPG 为底物，在 pH 为 7.15 时，反应后溶液呈现黄色，这可以通过一般的分光光度计检测，反应时间越长，颜色越深，在 415 nm 可以测定其吸收峰值。

（5）限制性酶切法，是运用限制性内切酶分解和作酶切图谱，将转化子 DNA 与外源基因进行比较，从它的酶切片段大小和电泳迁移顺序判断所克隆的基因存在与否。

（6）绿色荧光蛋白检测，绿色荧光蛋白（green fluoresent protein，Gfp）是一些腔肠动物所特有的生物荧光素蛋白。GFP 蛋白是由 238 个氨基酸残基组成的单体蛋白，能够在 395 nm 通过发色基团发出 509 nm 绿色荧光。该基因可以在原核生物和真核生物中表达，无种属特异性，适于作用广谱的报道基因。如果转化，只要用紫外光或蓝光照射就可以检测到绿色荧光，可以做活体检测，这一点有别于其他检测方法，方便快捷，无毒副作用，直观效果明显。

### 10.4.6.2　分子杂交法

（1）原位杂交法，用于检测完整细胞中 mRNA 的表达，用来确定在具有不同细胞类型的组织中表达某一基因在单个细胞中的表达情况。首先用切片机将组织切成组织薄片，放于显微镜载玻片上，然后把放射性标记$^{32}$P 探针加入载玻片上的薄层组织细胞中，探针进入细胞质，并与靶 mRNA 杂交，通过细胞内染色区来检测杂交分子。通过放射性自显影找出与探针杂交的细胞或噬菌斑中所含的重组 DNA 上便是携带有目的 DNA 的基因。一系列不同的放射性和非放射性试剂都可用来标记探针。用于检测基因在染色体上位置的荧光原位杂交（FISH）即是由原位杂交技术演化而来的。

（2）Southern 印迹（Southern blot）技术，用于检测特定 DNA 序列，用于分析基因结构。首先将 DNA 用限制性内切酶消化，根据酶解片段分子量大小在琼脂糖凝胶电泳上分离其 DNA 片段，然后用碱变性成单链 DNA，并根据毛细血管原理将凝胶中的 DNA 片段转移并结合在适当的硝酸纤维滤膜上，再通过同位素标记的单链 DNA 或 RNA 探针与转移 DNA 片段杂交以此来检测这些被转移的 DNA 片段，随后洗涤这片薄膜，去除非结合的同位素探针 DNA，干燥后放射显影。杂交带的数目和大小则反映基因的特征，假如在这个基因组中只有所克隆的序列，那么就显示出一条带。这种实验方法叫做 DNA 印迹杂交技术。由于它是由少森勒（E. Southern）于 1975 年首先设计出来的，故称为 Southern 引迹。

（3）Northern 印迹（Northern blot）技术，与 Southern 印迹技术类似，用来检测细胞中表达基因的 mRNA。细胞并不表达所有的基因，不同类型的细胞表达不同基因。Northern

印迹技术是分析 mRNA 的技术,主要用于确定不同类型细胞中哪一类基因是活跃的。但又不同于 Southern 印迹技术,一是不直接分析 DNA,二是起始材料都是从细胞中分离的 RNA,其中包括该细胞中所有的活性基因转录的 mRNA。方法是:首先纯化细胞中的 RNA,并按分子量大小在琼脂糖凝胶电泳上分离,然后转膜,与放射性标记的探针退火杂交,洗膜,最后曝光。在 X 底片上即可显示对应于靶 mRNA 的杂交带,杂交带的位置与 mRNA 的长度相关,而强度与 mRNA 的产量相关。

(4) 异源杂交法,是利用异源双链分析二者同源性关系的方法,将两个克隆株的基因 DNA 进行杂交,找出两者同源性的强度和位置。一般能够杂交的带谱具有同源性,不能杂交的区段则是异源双链区。杂交带谱越多同源性越强。

### 10.4.6.3　原位放射免疫法

当克隆的基因编码某种已知的蛋白质时,就能利用放射性免疫法进行检测。这种检测法首先要得到该基因产物的特异性抗体,然后利用特异性抗体与目的基因表达的产物进行相互作用的原理筛选重组体。

## 10.4.7　基因工程诱变育种

传统诱变是随机的,随着基因工程技术的发展,可以精确地在特定位点进行诱变,这种诱变方式称为定向诱变,定向诱变可以满足人们意愿有目的地改造目的基因。基因体外定向诱变的基本步骤是,先克隆待诱变的目的 DNA 片段,并将它与载体连接,然后在体外对环状重组体进行定位诱变,并将诱变后的 DNA 片段导入受体细胞使其表达目标产物,最后再利用特定的鉴别手段将重组子挑选出来。定向诱变根据作用方式的差异分为定点引物诱变、随机定点诱变、盒式诱变、PCR 诱变和重排诱变等。

### 10.4.7.1　定点引物诱变

定点诱变(site-specific mutagenesis 或 site-directed mutagenesis)是指在目的 DNA 片段上的指定位点引入特定的碱基技术。最早的通用性定点诱变技术是由史密斯(M. Smith)的研究小组于 1982 年发明的,一般以寡聚核苷酸作为诱变引物,使基因在特定的碱基发生定向改变的技术。这种寡聚核苷酸引物定点诱变又称为定点引物诱变,利用这种定点诱变技术可在任意一段 DNA 片段的特点位点上引入定向点突变。这一技术现已被广为使用。Smith 后来还因为此项研究与 PCR 的发明者缪勒斯(Mullis)共享了 1993 年的诺贝尔化学奖。随着重组 DNA 技术的深入,这一定点诱变方法得到了进一步完善并陆续出现了一些更加方便的定点诱变方法。

定点诱变过程如下:①将待突变的目的基因克隆到 M13 噬菌体上,然后制备含有目的基因的 M13 单链 DNA,即"正链"DNA。②突变引物合成。应用化学合成法合成 10～30 bp 的寡聚核苷酸链,合成的寡聚核苷酸链要与进行基因突变的目的基因的碱基互补,其中要求 1～2 个碱基不能互补,该寡聚核苷酸链是作为带有目的基因 M13 单链 DNA 的引物使用的,因此寡聚引物序列又称为"负链"DNA。③异源双链 DNA 分子的制备。将突变引物 DNA 与含有目的基因的 M13 单链 DNA 退火,由于引物中有部分碱基不能与目的基因互补,因此形成局部异源双链 DNA。在大肠杆菌 Klenow 大片段酶或 T4 DNA 聚合酶的作用下,引物便以单链 DNA 延长,直至合成全长的互补链,再由 T4 连接酶封闭缺口,最终在体外合成出闭环的异源双链的 M13 分子。④转化。这些体外合成的闭环的异源双链 DNA

分子转化大肠杆菌细胞,产生出同源双链 DNA 分子,被感染的细胞会产生 M13 噬菌体颗粒,并最终裂解细胞形成噬菌斑,从这些噬菌斑中就可以分离出部分含突变序列的 M13 DNA,这是因为噬菌体颗粒包装时有的是原来野生型 DNA 序列,有的是含有突变碱基的序列。⑤突变体筛选。根据核苷酸序列分析或分子杂交来筛选突变体。

从理论上讲,如果含突变的 DNA 链和正常的 DNA 链复制速度相同,应该有 50% 的克隆带突变基因。但是,由于许多技术上的原因,实际上一般只有 1%~5% 的克隆带突变基因。显然,这样的效率还不尽如人意。此后,研究者又设计出很多方法以提高定点诱变的频率,其中比较常用的方法是卡柯尔(Kunkel)提出的一种配合该技术的诱变体产量富集法(图 10.25)。

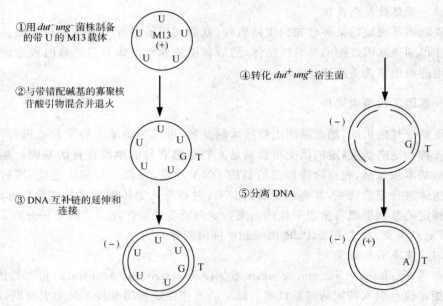

图 10.25　Kunkel 的诱变产量富集法

Kunkel 提出的这种方法是用具 dut 和 ung 基因缺陷的大肠杆菌制备 M13 载体。dut 基因编码催化 dUTP 分解的 dUTPase,该基因缺陷会使细胞中 dUTP 含量升高,导致复制时少量 dUTP 代替 dTTP 掺入 DNA。ung 基因编码尿嘧啶 DNA 糖基化酶,该基因缺失后,不能除去掺入 DNA 的 dUTP。因此,利用 dut⁻ung⁻ 菌株制备的 M13 载体中,大约 1% 的 T 被 U 取代。以这样制备的 M13(+)链为模板进行寡聚核苷酸介导的定点诱变,然后将得到的双链 DNA 转化到 dut⁺ung⁺ 菌株中,最初的含 UU 的模板会被降解,而突变链则因不含 U 被复制。这样,带有定点诱变基因的噬菌体比例可显著提高。

### 10.4.7.2　以双链 DNA 为模板的定点突变

对于许多研究者来说,M13 噬菌体的遗传操作还是不太方便,因此,又陆续出现了许多基于质粒的定点诱变方法,其中最方便的应属一种基于双链 DNA 的寡聚核苷酸介导并用 Dpn I 选择突变体的定点诱变方法。这种方法中突变也是通过寡聚核苷酸引物带入的,但要求两条引物都带突变点,主要操作过程如图 10.26。该方法的主要特点之一是用限制酶 Dpn I 选择突变体。Dpn I 能特异性消化完全甲基化的序列 G^{me6}ATC。由于从大肠杆菌中分离得到的质粒和噬菌体已经在细胞内的 Dam 甲基化酶作用下被完全甲基化了,因此对 DpnⅠ敏感;反之,体外合成的 DNA 没有被甲基化,因而不能被 DpnⅠ切割。另外,为了保证引物延伸合成互补链的准确性,该法需要采用有校对活性的聚合酶如 Pfu、Pwo 等以提高延伸时的准确性。

### 10.4.7.3　定点随机诱变

在很多情况下,研究人员可能并不能确切地知道在基因中引入怎样的突变可以达到研究的目的。因此,可能需要在某一点引入一系列的突变,将原来的某个氨基酸改变成数种甚至是各种可能的氨基酸,然后再从突变产物中筛选出符合特定要求的蛋白质。这时,就需要采用简并性引物进行基因的特定位置上的随机诱变。通常,得到这种简并性引物的方法是,在化学合成 DNA 片段时,在特定的位置以一定比例的四种脱氧核苷酸代替原来应该加入的某一种单一脱氧核苷酸。这样,得到的引物在特定位置就具有了一系列的随机诱变。很多定点诱变方法都可以采用简并性寡聚核苷酸作为引物进行 DNA 特定位置上的随机诱变。这种 DNA 特定位置上的随机诱变有两个优点:①不需要特定氨基酸在蛋白质功能中所起作用的详细信息;②可以在特定位置上产生多种氨基酸的变化,从中可能筛选到一些意想不到的具有特殊性质的蛋白质。

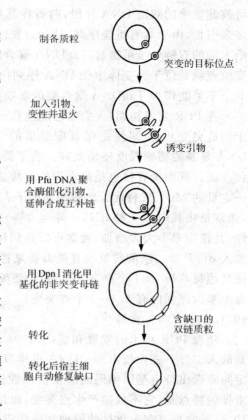

图 10.26　基于双链 DNA 的定点突变
（用 DpnⅠ选择突变体）

（图中文字：制备质粒；突变的目标位点；加入引物、变性并退火；诱变引物；用 Pfu DNA 聚合酶催化引物,延伸合成互补链;用 DpnⅠ消化甲基化的非突变母链;含缺口的双链质粒;转化;转化后宿主细胞自动修复缺口）

### 10.4.7.4　盒式诱变

盒式诱变(cassette mutagenesis)是利用人工合成的具有突变序列的寡聚核苷酸片段取代正常野生型基因片段,这种变异的片段称为盒。这种盒式诱变有利于了解基因的功能。用盒取代野生型基因,其盒的大小与取代片段的大小相同。用盒插入野生型基因内部的某一点时,插入盒的大小可以是随机的,这样导致移码突变。实际工作中,常使用抗性基因的盒插入宿主中,使宿主产生抗性突变。当盒小到一个核苷酸时,取代正常基因的某一点,则导致点突变的发生,盒的最大范围不超过一个基因完整的片段。如果插入 Kan$^r$ 基因盒,则表现抗 Kan 的性状。

### 10.4.7.5　PCR 诱变

用热稳定 DNA 聚合酶扩增目的 DNA 时,会以一定的频率发生碱基错配。这对高保真要求的 DNA 扩增来说当然是不利的,但这一现象恰好也提供了一种对特定基因进行随机诱变的可能方法。这种利用 PCR 过程中出现的碱基错配而进行基因随机诱变的技术就称为 PCR 诱变,又称为易错 PCR(error-prone PCR,简称 EP-PCR)。PCR 诱变操作步骤如下:①根据靶 DNA 序列设计一对带有变异碱基的互补引物 A 与 A'。②分别以左侧引物 A 和右侧引物 A' 对变性的单链靶 DNA 进行 PCR 扩增,扩增后形成靶 DNA 的互补链是两条可彼此重叠的双链 DNA 片段,两者在其重叠区段具有相同的碱基突变。③除去未掺入的多余引物,由于具有重叠序列,故经过变性退火形成异源双链 DNA 分子。④其中只有 3′凹陷末端的双链分子可通过 TagDNA 聚合酶及外侧引物 B 和 C 的作用形成突变位点,该突变位点就是位于突变体中靶 DNA 序列内的位点。而另一种具有 5′凹陷末端的双链 DNA 分子不可能作为 TagDNA 聚合酶的底物,会有效地从反应混合物中消除掉点突变。

在 PCR 发展初期,人们就已经注意到它的易错本性。但是,如果想将这种易错本性用于创造突变基因,即便是保真度最低的 TaqDNA 聚合酶,在常规的 PCR 反应条件下,其 DNA 复制的精确程度还是太高。为了降低 PCR 中 DNA 复制的精确度,研究者想出了多种办法。其中最直接也是最常用的方法是在 TaqDNA 聚合酶催化的 PCR 反应体系中加入一定量的 $Mn^{2+}$ 来替代天然的辅助因子 $Mg^{2+}$,并同时使反应体系中各种 dNTP 的比例失衡(通常是将其中的一种 dNTP 降至 5%～10%)。这样,由于 TaqDNA 聚合酶缺乏校对活性,其错配率会大大增加,通常可以达到每 1 000 bp 就有 1 个左右的点突变。另外,还可以加入 dITP 等三磷酸脱氧核苷类似物来控制错配水平,采用这种方法可以将错配率提高到最高达每 5 bp 有 1 个点突变。当然,错配率并不是越高越好,一般认为,理想的突变频率为每个基因序列内有 1.5～5 个点突变。

### 10.4.7.6 DNA 重排

随着 PCR 技术的发展和应用,1994 年美国的 Affymax 研究所的实验室提出了一项全新的人工分子进化技术——DNA 重排(DNA shuffling)技术,该技术可在短的试验循环中定向筛选出特定基因编码的酶蛋白活性提高几百倍甚至上万倍的功能性突变基因。DNA 重排的特点是,它不仅能产生点突变,而且可以重组 DNA 片段。

#### 10.4.7.6.1 DNA 重排的原理和操作程序

DNA 重排也称为有性 PCR(sexual PCR),它与 PCR 技术密切相关,但又与通常的 PCR 不同。在 DNA 重排中的 PCR 过程不需要加入引物,是先将来源不同但功能相同的一组同源基因,用 DNA 核酸酶Ⅰ进行消化产生随机小片段,由这些随机小片段组成一个文库,使随机小片段与同源基因互为引物和模板,进行 PCR 扩增,当一个基因拷贝片段作为另一个基因拷贝片段的引物时,引物模板转换,因而发生重组,导入体内后,选择正突变作新一轮的体外重组。一般通过 2～3 次循环,可获得产物大幅度提高的重组突变体。例如,1998年安德烈斯(Andreas)等用 4 个不同来源的先锋霉素基因混合进行 DNA 重排,仅一次单循环就获得了该抗生素突变基因,其产物最低抑制活性(MIC)就提高了 270～540 倍。

DNA 重排的操作程序如下:①基因片段的获取。DNA 重排技术的操作对象可以是单一基因的突变体或相关的家族基因,也可以是多个基因、一个操纵子、一个质粒甚至整个基因组。基因片段的获得可以采用 PCR 或酶切的方法,具体采取哪种方法依据试验的需要和方便而决定。如果用 PCR 方法获得基因片段,则在 PCR 后必须除去多余的引物,否则会污染全长的模板,导致重组频率降低。②随机片段化。用化学(DNase Ⅰ)或物理(超声波)的手段将基因片段随机切成一定长度范围内的小片段。对随机片段长度的选择依赖于基因片段的大小,基因片段越大,利用较小片段进行重聚越困难。另一方面,小片段越长,得到嵌合基因的几率越小。一般 1 000 bp 以内的基因片段被切割成 50 bp 左右的小片段,而 1 000 bp 以上的基因片段则被切成 200 bp 左右的小片段。在随机片段化过程中,可以通过调节酶的用量、作用时间来控制小片段的大小。③重聚 PCR 或无引物 PCR,即不添加引物,而进行 PCR 反应。由于没有额外添加引物,因此在变性、退火过程中,根据不严格的序列同源性,小片段之间就会随机进行配对、缓慢延伸,经过多轮循环,产生一系列由不同大小分子组成的混合物,最后加入引物组装成全长的嵌合基因。在这个过程中,由于配对的不精确性,就会引入形式多样的突变,包括点突变、缺失、插入、重排等自然界广泛存在的突变类型,而缺失、插入、重组这几种突变类型在常规的突变中是无法引入的。突变的频率则可以通过控制缓冲溶液的组成、DNA 随机片段的大小、耐热 DNA 聚合酶的种类(Tag、Pfu、Pwo 等)来控制,常常可以控制在 0.05%～0.7% 之间。由于任何同源短序列之间都可以配对,因此其重排是非位点特异性的、随机的。同源序列的配对形式是群体式而非两两配对,而且对同源性要求不高,这样就扩大了配对的可能性。通过 PCR 进行小片段的重聚是 DNA 重排中最为关键的一步,其中模板浓度的控制尤为重要,过低的模板浓度难以进行重聚,合适的模板浓度为 10 mg/L 以上。在不加引物的 PCR 反应中,延伸时间和循环次数根据目的基因大小而定,而复性温度只要比正常的 PCR 反应条件略低就可以了。④筛选或选择。在得到全长的 DNA 片段后,要将其插入到合适的表达载体上,然后转化宿主细胞并使其在宿主细胞中进行表达。通过选择压力的设置、模型的建立进行定向选择或筛选,得到目的功能有所提高的突变体。此突变体又可作为下一轮重排的模板来源,继续进行定向改造。通过多轮选择、筛选,可以将阳性突变迅速组合在一起,将有害的突变去除。

#### 10.4.7.6.2　交叉延伸程序

交叉延伸程序(staggered extension process,StEP)是一种简化性改进的 DNA 重排技术,其基本过程如图 10.27 所示。它是由 France Arnold 研究小组在 1997 年提出的。该技术是在一个 PCR 反应体系中以两个以上相关的 DNA 片段为模板而进行的 PCR 反应。在该技术中,引物先在一个模板链上延伸,随之进行多轮变性、短暂复性(延伸)过程,在每一轮 PCR 循环中,那些部分延伸的片段可以随机地杂交到含不同突变的模板上继续延伸,由于模板转换而实现不同模板间的重组,这样重复进行直到获得全长基因片段。重组的程度可以通过调整时间和温度来控制。此方法省去了用 DNA 酶切成片段这一步,因而简化了DNA 重排方法。

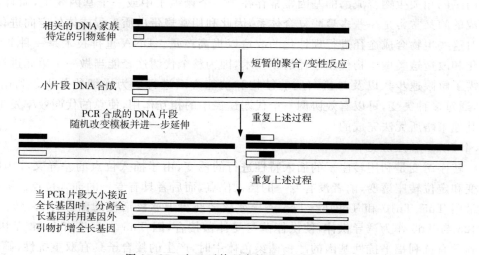

图 10.27　交叉延伸程序的基本过程

### 10.4.7.6.3　DNA 重排技术的应用

由于 DNA 重排技术可以产生丰富的重组突变体文库,因此自出现以来,就受到了人们的极大关注。目前,该技术已经在许多领域得到广泛的应用,已报道的应用有:生物分子活性和稳定性的改善,在非天然环境下的体外产物的活性和稳定性应用,抑制剂或抗生素抗性以及产物新功能的开发和底物范围及底物特异性的改变,新型疫苗和药物分子的发现、抗体亲和力的提高、新的代谢途径的开发等应用。从操作的对象来看,DNA 重排主要可分为单一基因重排、家族基因重排和生物代谢途径基因重排等。

(1) 单一基因重排。目前,利用 DNA 重排技术已经成功地对许多单一基因如工业用酶、抗体以及一些蛋白质等进行了定向改造,使酶活性、底物特异性、抗体亲和性、蛋白质功能和稳定性等得到了明显提高。由于它构建的是重组库,其重组效率一般要显著高于构建随机库的易错 PCR。与定点诱变相比,DNA 重排不依赖于目前尚难以得到的特定蛋白质的结构与功能关系信息。

绿色荧光蛋白(GFP)是一种被广泛用来作为标记的蛋白质。为了增加它的荧光性,采用 DNA 重排技术对 gfp 基因进行 3 个循环的筛选,每次循环筛选 1 万个克隆子,得到最好突变子的荧光信号比天然 GFP 提高了 45 倍。序列分析表明,在这个突变子中有 3 个疏水性氨基酸被亲水氨基酸残基所取代。通过 DNA 重排,在优化某一特定功能时,蛋白质的多种其他特性如密码子的使用、蛋白质的折叠、蛋白酶的敏感性以及基因表达强度等也得到了优化,这是基于定点诱变的理性设计无法一次完成的。

(2) 家族基因重排。当用 DNA 重排技术对单一基因进行改造时,多样性来源于 PCR 过程中引入的随机点突变。由于绝大多数点突变都是有害的或中性的,因此随机突变频率必须非常低,目的功能的进化比较缓慢。但由于在自然进化产生的同源序列中,有害突变在漫长的进化过程中已经被淘汰掉了,因此保留下来的是富含多样性功能的同源 DNA 序列。利用这些自然进化产生的家族同源基因序列作为起始模板,进行 DNA 重排,可以迅速地将来源于不同种属的 DNA 组合在一起,从而使筛选得到不同序列的优势组合的可能性大大增加。

(3) 生物代谢途径的改造。微生物常被用于生产抗生素等多种生物活性物质,微生物体内编码相关生物合成酶的基因常常存在于一个操纵子中或一个基因簇中,而且参与生物合成的酶又常常是一些多聚酶复合体系,因此利用常规蛋白质工程或体外定向进化技术,很难对这些生物合成途径进行理性化的改造以提高产量。DNA 重排技术是一种非常适合于优化和改造这类微生物代谢途径的新技术,因为整个代谢途径能当做一个单元进行改造,而无需了解限速步骤以及对蛋白质的结构和功能方面进行更为详细的分析。利用 DNA 重排,通过多种突变,可以有效协调一个代谢途径中的相互作用,使总的代谢效率发生改变,这是其他策略所无法完成的。

### 10.4.7.7　转座诱变

转座诱变是利用转座子的插入特性进行的诱变,由于插入位点的差异又分为随机转座诱变和定位转座诱变,前者没有专一的插入位点,而后者具有专一的插入位点。随机转座诱变常用 Tn5、Tn10 和 Tn916。Tn5 诱导冰核菌获得无冰核活性的菌株,以大肠杆菌 S-17/pZJ25 与 Tn5 作为诱导供体,使供体菌与受体菌接合,因 Tn5 本身具有 Kan^r 基因,当它插入到含有抗利福平抗性基因的冰核菌染色体中时,产生的接合子具有双重抗性,筛选双抗菌株,再筛选冰核失活的菌株,即可得到目的菌株。Tn916 具有广泛的宿主范围,可在多种

$G^+$ 或 $G^-$ 细菌中转移。Tn916 通过特殊的插入-切割机制进行转座插入,Tn916 首先从供体 DNA 切离,形成环状中间体,该中间体可直接插入到质粒或染色体上,也可通过接合转移到受体菌中,再插入到受体质粒或染色体上。Tn916 带有四环素抗性基因,通过筛选四环素抗性的受体而得到新品种。pAM120 是由 pRB322 改造得到的 Tn916 转座子质粒,带有氨苄青霉素和四环素抗性,将大肠杆菌 CG120 作为供体,北京棒杆菌 GM93 作为受体,通过接合转移得到 GM3 的营养缺陷型菌株,其中氨基酸缺陷型占 84%。

### 10.4.7.8　基因组重排

基因组重排(genome shuffling)技术是在 21 世纪初又出现的一种基因操作的新技术,该技术可以用来改造微生物的基因组,实现表型的改良。基因组重排技术与经典的杂交育种技术有一定的相似性,但经典杂交育种在每一代只有两个亲本进行重组,而重排技术则具有多亲本杂交的优势。对微生物群体进行重复的基因组重排可以有效构建新菌株的组合文库,如果将它应用到带表型筛选的微生物群体中,就会产生很多表型有显著改良的新菌株。

2002 年美国科学家 B. D. Cardayrel 在《Nature》杂志上发表的论文中首次提出了基因组重排的概念,通过基因组重排技术的运用提高了弗氏链霉菌(*Streptomyces fradiae*)合成泰乐菌素(tylosin)的能力。首先采用经典方法对自然分离得到的泰乐菌素产生菌 SF1 诱变处理,从 22 000 个菌株中筛选得到 11 个产量有所提高的菌株作为基因组重排的亲本,通过循环原生质体融合(recursive protoplast fusion)得到了高产的基因重排的菌株 GS1 和 GS2,其生产能力分别达到 8.1 和 6.2 g/L,与经过 20 轮经典育种所得到的高产菌株 SF 21 的生产能力(6.2 g/L)相当,比出发株 SF1 的生产能力提高了 6 倍。两轮基因组重排加上一次经典诱变育种,共筛选了 24 000 个菌株,历时一年,而 20 轮经典育种共筛选了 100 万菌株,需要 20 年,大大提高了泰乐菌素产生菌的育种效率。与此同年,斯特凡诺普洛斯(G. Stephanopoulos)在《Nature Biotechnology》上发表的另一例基因组重排实例是乳酸杆菌耐酸菌株的选育。通过五轮循环原生质体融合得到的新菌株适合在出发菌株不能生长的低 pH(pH 3.5)培养环境中生长和分泌乳酸,因而大大提高了乳酸杆菌合成乳酸的能力。

基因组重排与 DNA 重排虽然名称上相近,但实际上两者存在着本质的区别。DNA 重排是一种分子水平的体外定向进化技术,而基因组重排则可以看做是一种细胞水平的体内定向进化技术。基因组重排技术出现的时间不长,可参考的应用实例也有限,其应用前景如何还有待进一步观察。

# 10.5　微生物遗传育种学在现代生物技术中的应用

## 10.5.1　利用微生物进行发酵生产生物产品

现代发酵工程是利用微生物特别是经过 DNA 重组技术改造的微生物来生产商业产品。发酵技术有着悠久的历史,早在几千年前,人们就开始从事酿酒、制酱、制奶酪等生产,直到 20 世纪 40 年代微生物发酵从食品发酵发展到抗生素发酵,60 年代发展了氨基酸生产,70 年代发展了单克隆抗体为代表的药用蛋白的生产,80 年代发展了基因工程抗体及融合蛋白技术,90 年代发展了噬菌体抗体库、抗核体技术,发酵工业生产的产品也越来越多。微生物发酵的类型也从微生物菌体发酵发展到微生物酶发酵、微生物转化发酵、微生物细胞工程发酵和微生物代谢产物发酵等。微生物菌体发酵是以获得具有某种用途的菌体为目的的发酵,有酵母发酵、微生物菌体蛋白发酵、有益菌群微生物发酵和微生物生物防治剂发酵,这些发酵产品都能够通过基因工程手段把目标产物基因导入大肠杆菌或酵母菌中进行规模生产,降低生产成本,提高生产效率。微生物酶发酵普遍存在于动物、植物和微生物中。最初,人们都是从动植物组织中提取酶,由于提取技术复杂,发展了微生物酶发酵,因为微生物酶种类多、产酶品种多,而且容易生产、成本低廉,因此得到了快速发展。微生物转化发酵是利用微生物细胞的一种或多种酶,把一种化合物转变成为结构相关的更有经济价值的产物。最古老的生物转化,就是利用菌体将乙醇转化成为乙酸的醋酸发酵,此外还可把异丙醇转化成为丙醇、甘油转化成为二羟基丙酮;葡萄糖转化成为葡萄糖酸,进而转化成 2-酮基葡萄糖酸或 5-酮基葡萄糖酸;山梨醇转变成为 L-山梨糖;以及甾类转化和抗生素的生物转化等,乃至目前的青蒿素的转化以及生物能源物质的转化。微生物细胞工程发酵是指利用生物技术获得工程细胞,如 DNA 重组的“工程菌”、细胞融合所得到的“杂交”细胞等进行培养的新型发酵,其产物多种多样,如用基因工程菌生产胰岛素、干扰素、青霉素酰化酶等,用杂交瘤细胞生产用于治疗和诊断的各种单克隆抗体等。微生物代谢产物发酵的种类很多,已知的有 37 个大类(表 10.9),其中 16 类属于药物。在菌体对数生长期所生产的产物,如氨基酸、核苷酸、蛋白质、核酸、糖类等,是菌体生长繁殖所必需的,这些产物叫做初级代谢产物,许多初级代谢产物在经济上具有相当重要的经济价值,分别形成了各种不同的发酵工业的重要产物。在菌体生长静止期,某些菌体能合成一些具有特定功能的产物,如维生素、生物碱、细菌毒素、植物生长因子等,这些产物与菌体繁殖无明显的关系,叫做次生代谢产物。次生代谢产物多为低分子量的化合物,但其化学结构类型多种多样,据不完全统计多达 47 类,是未来生物产品的生力军,就已知的抗生素的结构类型,按相似性来分,也有 14 类。

　　所有微生物发酵类型生产的产品都以细胞内和细胞外抽提物为主,时至今日,所有产品可归为小分子物质、生物多聚体、蛋白质、酶四大类。小分子物质包括酒精、抗生素、氨基酸、维生素、核苷酸、生物染料、增味剂、抗氧化剂、营养补充剂等。其生产价值仅氨基酸一项全世界每年生产约 50 多万 t,其总价值超过 30 亿美元,其中谷氨酸占接近一半。生物多聚体者所有活的生物体生产的大的聚合分子,如多糖、脂类、蛋白质、核酸、人造塑料、黏性生物多聚体、人造纤维、黄原胶、黑色素等。利用微生物生产蛋白质,其产品种类繁多,目前微生物蛋白产品的主要用途包括人类食品、动物饲料、药用蛋白、工业原料,包括培养基成分及合成纤维的亲水剂、填料、增稠剂、乳化剂、稳定剂等。常见药用蛋白有干扰素、白细胞介素、胰岛素等,其生产价值十分可观,仅干扰素一项每年有 6 亿多美元。人类已经克隆的药用蛋白基因至少有 300 个,药用蛋白全球最低产值也超过 2 000 亿美元。目前生产的酶类有氧化还原酶类、转移酶类、水解酶类、裂解酶类、连接酶类、异构酶类。酶的种类很多,仅限制性内切酶商业化的品种就多达 400 余种,它的应用主要集中于食品工业、轻工业和医药工业等领域,工业微生物生产酶的菌种目前仅限于 11 种真菌、8 种细菌和 4 种酵母。反义 RNA 这类抗肿瘤的小分子核酶也是未来人类研发的重点之一。简言之,微生物工业发酵的前景是无限的,目前生物能源的开发研究是微生物发酵要攻克的难题,微生物遗传育种任重而道远。

**表 10.9　微生物代谢产物类型**

| | | |
|---|---|---|
| 1. 致酸剂 | 14. 酶 | 27. 灭害剂 |
| 2. 生物碱 | 15. 酶抑制剂 | 28. 药理活性物质 |
| 3. 氨基酸 | 16. 脂肪酸 | 29. 色素 |
| 4. 动物生长促进剂 | 17. 鲜味增强剂 | 30. 植物生长促进剂 |
| 5. 抗生素 | 18. 除草剂 | 31. 多糖类 |
| 6. 驱虫剂 | 19. 杀虫剂 | 32. 蛋白质 |
| 7. 抗代谢剂 | 20. 离子载体 | 33. 溶媒 |
| 8. 抗氧化剂 | 21. 铁运载因子 | 34. 发酵剂 |
| 9. 抗肿瘤剂 | 22. 脂类 | 35. 糖 |
| 10. 抑制球虫剂 | 23. 核酸 | 36. 表面活性剂 |
| 11. 辅酶 | 24. 核苷 | 37. 维生素 |
| 12. 转化甾醇和甾体 | 25. 核苷酸 | |
| 13. 乳化剂 | 26. 有机酸 | |

### 10.5.2　利用微生物生产生物农药

生物农药是由生物体产生的具有防治病虫害和除杂草功能的一大类物质的总称,它们大多是生物体的代谢产物,主要包括微生物杀虫剂、农用抗生素制剂和微生物除草剂。因此利用生物农药来对病虫害和杂草剂进行防治就称为生物防治。

生物杀虫剂包括病毒杀虫剂、细菌杀虫剂、真菌杀虫剂和放线菌杀虫剂,使用生物杀虫剂可避免人类因滥用化学杀虫剂而引起的环境污染,如 DDT(氯化烃化合物)作用于昆虫肌肉与神经组织导致昆虫死亡,并在环境中残留 15～20 年,可在多种生物脂肪组织中累积,影响生物的生长发育;有机磷化学杀虫剂可抑制乙酰胆碱酯酶,影响运动神经元和昆虫的脑中神经元的功能,造成昆虫的发育异常,严重的死亡。目前发现的病原微生物有 1 000 种以上,这些病原微生物有病毒、细菌、真菌、原生动物和线虫等。在杀死病原微生物的过程中,病毒、细菌和真菌杀虫剂的效果较好。目前已发现的昆虫病毒约有 1 200 种(表 10.10),我国已经分离出近 200 种昆虫病毒。昆虫病毒常见种类有核型多角体病毒、颗粒体病毒、质型多角体病毒和昆虫痘病毒。核型多角体病毒是双链 DNA 病毒,它是世界卫生组织和粮农组织推荐使用的一种生物杀虫剂,它的宿主范围非常专一,病毒的专一性强,一般一种核型多角体病毒只能侵染一种昆虫,因此对人、植物及害虫的天敌均无害。颗粒体病毒也是双链 DNA 病毒,核型多角体病毒和颗粒体病毒都属于杆状病毒科,这两类病毒是目前研究和应用最为深入和广泛的病毒,具有高度特异的宿主范围,主要侵染鳞翅目、双翅目和膜翅目的昆虫。由于天然病毒杀虫剂杀虫慢、毒力低、杀虫范围窄,因此可利用基因工程技术改造病毒杀虫剂以提高杀虫效果,但基因工程改造需慎重,以免造成不必要的基因侵害,扩大生物侵害的范围,造成恶性循环。目前已知的昆虫病原细菌有 90 多种,主要分布在芽孢杆菌属、肠杆菌属、假单胞杆菌属等几个属内,其中最重要的是芽孢杆菌属的苏云金杆菌和乳状病芽孢杆菌,它们是最重要的杀虫细菌,研究也最为深入。除苏云金杆菌和乳状病芽孢杆菌外,部分变形杆菌、金龟子芽孢杆菌、球状芽孢杆菌也是一些研究较多的细菌杀虫剂。昆虫的病原微生物,真菌约有 750 种,占到病原微生物的 60% 以上。昆虫病原真菌的孢子四处飞扬,因此昆虫真菌病容易流行。病原真菌主要是接合菌门的虫霉目和半知菌类的丝孢目。虫霉类真菌是专一性寄生菌,在昆虫活体内完成生长发育过程,真菌入侵虫体后虫体不会立即死亡,真菌在虫体内大量增殖,到宿主死亡后才开始破坏昆虫的组织器官。虫霉目真菌杀虫剂的代表菌就是虫霉菌。虫霉菌属于接合菌门虫霉属,寄生于蚜虫、蝇、蝗虫、金龟子等害虫体内。虫霉菌生活史具有两个循环:分生孢子循环和休眠孢子循环。由于虫霉菌只能生活在活的寄主体内,因而人工培养比较困难。但休眠孢子寿命很长,因而可作为长期控制害虫密度的杀虫剂。半知类真菌是弱寄生真菌,既可在活体昆虫内寄生,又可营腐生生活。半知类真菌感染虫体后,一般先分泌毒素杀死寄主,然后在寄主的尸体上生长发育,最终使虫尸因充满菌丝而僵硬,所以半知类真菌引起昆虫的“僵病”。已知的昆虫疾病的21%是白僵菌属的真菌造成的。这类真菌的杀虫剂的代表就是白僵菌。白僵菌是半知菌类丝孢目白僵菌属的真菌,它可以侵染鳞翅目、直翅目、鞘翅目的多种害虫以及螨类。

表 10.10 感染昆虫和螨类的病毒种类

| 昆虫分类 | DNA 病毒 | | | | | | | RNA 病毒 | | | | | 其他被包含体病毒 ONV |
|---|---|---|---|---|---|---|---|---|---|---|---|---|---|
| | 杆状病毒科 | | | | 虹彩病毒科 IV | 昆虫痘病毒科 EPV | 细小病毒科 DNV | 呼肠孤病毒科 CPV | 弹状病毒科 DSV | 小核糖核酸病毒科 RSV | 松大蚕蛾β病毒科 | 田野病毒科 NV | |
| | NPV | GV | MV | D | | | | | | | | | |
| 鞘翅目 | 5 | 2 | 4 | | 15 | 21 | 1 | 2 | — | — | — | — | 5 |
| 双翅目 | 26 | — | 1 | — | 43 | 20 | 2 | 33 | 6 | 3 | — | — | 26 |
| 半翅目 | | | | | | | | | | | | — | 1 |
| 同翅目 | | | | | 3 | | | | | | | — | |
| 膜翅目 | 27 | 1 | — | 15 | 3 | | | 7 | | 4 | — | 3 | 2 |
| 等翅目 | | | | | 3 | | | | | | | — | 2 |
| 鳞翅目 | 417 | 125 | — | — | 88 | 18 | 13 | 188 | | 1 | 6 | — | 36 |
| 脉翅目 | 1 | | | | — | | | 1 | | | | | 1 |
| 蜻蜓目 | | | | | — | | 1 | | | | | | 1 |
| 直翅目 | — | | | | 2 | 5 | 2 | — | | | | | 1 |
| 毛翅目 | 1 | | | | — | | | — | | | | | |
| 螨类 | | | | | | | | | | | | | 3 |
| 小计 | 477 | 128 | 5 | 15 | 154 | 64 | 19 | 231 | 6 | 9 | 6 | 3 | 82 |

生物除草剂是指使用杂草的天敌或杂草的致病物质来防治杂草,使杂草的密度降低到经济上能够容许的水平,但并非根除杂草。多数生物除草剂是杂草的病原物。杂草的病原微生物包括真菌、线虫、病毒等(表10.11),其中最常见的是病原真菌,如锈菌、镰刀菌、炭疽菌等。例如我国研制的鲁保1号生物除草剂是专一性寄生在菟丝子上的黑盘孢目毛炭疽菌属的真菌,防治菟丝子的效果达到70%~95%;粉苞苣柄锈菌是专一性侵害杂草的病原真菌,而对其他植物均无害,澳大利亚利用粉苞苣柄锈菌防治灯心草粉苞苣,灯心草粉苞苣这种杂草广泛生长于小麦田里,不利于小麦生长,利用粉苞苣柄锈菌可有效防治小麦地里的杂草有利于小麦生长。

阿维菌素是具有极强的杀死体内外寄生虫活性的生物农药。在农业生产中,阿维菌素几乎对所有的危害农作物生产的线虫和节肢动物皆有杀虫效果。阿维菌素产生菌是除虫链霉菌产生的,随后科学家对其进行大量的常规诱变育种,如UV、DMS、NTG等,使得目前的生产菌种的性能得到了很大的改观,但与其他大环内酯类抗生素的生产菌相比,该菌种还有较大提高其性能的潜力,除此以外,农用抗生素的应用也十分广泛。

**表 10.11　一些杂草病原微生物的种类及其宿主**

| 微生物的种类 | 宿主植物（杂草） |
| --- | --- |
| 柑橘炭疽病毛盘孢（*Colletotrichum gloeosporioids*） | 弗吉尼亚田合萌（*Aeschynomene virginica*） |
| 尖镰孢（*Fusarium oxysporum*） | 合欢（*Atbizia julibrissin*） |
| 莲子草病交链孢（*Alternaria alternantherae*） | 喜旱莲子草（*Alternanthera philoxeroides*） |
| 婆罗门参白锈菌（*Albugo tragopogonis*） | 美洲豚草（*Ambrosia trifida*） |
| 赤壳菌（*Nectria fuckeliana*） | 油杉寄主属植物（*Arceuthobium* sp.） |
| 尖镰孢（*Fusarium oxysporum*） | 大麻（*Cannabis sativa*） |
| 头孢毒（*Cephalosporium* sp.） | 黄槐（*Cassia surattensis*） |
| 锈病菌（*Puccinia janae*） | 铺散矢车菊（*Centaurea diffusa*） |
| 粉苞苣柄锈菌（*Puccinia choudrillina*） | 灯心草粉苞苣（*Choudrilla juncea*） |
| 斑形柄锈菌（*Puccinia punctiformis*） | 丝路蓟（*Cirsium aruense*） |
| 柿病头孢（*Cephalosporium diospyri*） | 美洲肺（*Diospyros virginiana*） |
| 弯孢（*Curvularia lunata*） | 稗子（*Echinochloa crusgalli*） |
| 罗德曼尾孢（*Cercospora rodmanii*） | 凤眼莲（*Eichhornia crassipes*） |
| 山羊豆单胞锈菌（*Uromyces galegae*） | 山羊豆（*Galega officinalis*） |
| 尾孢（*Cercospora* spp.） | 天芥菜（*Heliotropium europaeum*） |
| 粉红镰孢（*Fusarium roseum*） | 黑藻（*Hydrilla verticillata*） |
| 酢浆草锈菌（*Pucciniaoxalidis*） | 酢浆草（*Oxalis* spp.） |
| 银叶菌（*Chondrostereum purpureum*） | 野黑樱（*Pruns serotina*） |
| 紫色多胞锈菌（*Phragmidium violaceum*） | 悬钩子属植物（*Rubos* spp.） |
| 酸模单胞锈菌（*Uromyces rumicis*） | 皱叶酸模（*Rumex crispus*） |
| 锦葵刺盘孢（*Colletotrichum malvarum*） | （刺黄花稔 *Sida spinosa*） |
| 苍耳柄锈菌（*Puccinia xanthii*） | 苍耳（*Xanthium* spp.） |

## 10.5.3　利用微生物防治植物病害

　　植物病害严重威胁着农业生产，有效地预防和治疗植物病害，是人们一直不断探索的问题。经过近几十年的研究发现了一批对植物具有医疗保健作用的微生物，这类微生物可以抑制和干扰植物病原微生物的活动，它们对人类更好地减少植物病害带来的损失起到了促进作用，其中部分是植物内生细菌（endophytic bacteria）。植物内生细菌是定植在健康植物组织内，并与植物建立和谐联合关系的一类微生物，定植后的内生细菌可起发挥多种生物活性的作用，如固氮作用、分泌植物促生物质、对病虫害的生防作用，人们相继在棉花、水稻、番茄、辣椒、花生、小麦、烟草、马铃薯、黄瓜等 10 多种作物中发现了内生细菌并做了相关研究。内生细菌与植物在长期协同进化过程中，已成为植物微生态系统的天然组成成分之一，它促进植物对恶劣环境的适应，加强系统的生态平衡。根据根据作用机理的不同，将这些防治植物病害的微生物分为 4 类：①是具有拮抗作用的微生物，有一些微生物是通过分泌产生的抗生素或细菌素的作用来抑制植物病原微生物的生长。这种由一类微生物的分泌物抑制另一种类的微生物的生长的现象就称为拮抗作用。②具有寄生作用的细菌。有些微生物可以寄生在植物病原微生物体内，从而干扰和抑制病原微生物的正常活动，这一现象就称为寄生作用。③具有竞争作用的微生物。有些微生物之间通过争夺营养物质和生存空间而发生相互抑制的现象，这种现象就是竞争作用。④具有共生作用的微生物。两种微生物彼此提供养料维持双方的生长，这一现象就是共生作用。由于某些微生物不只是一种作用，它既可以分泌产生抗生素，又与其他微生物具有竞争作用或共生作用等多种作用方式，因此每种具体的微生物要根据它的生长环境以及与寄主的相互关系来确定它的作用范围。防治植物病害的微生物种类包括细菌、放线菌、真菌和病毒。具有拮抗作用的细菌和放线菌可以产生抗生素和细菌素来防治植物病害,例如在假单胞菌中,可以生产硝吡咯霉素,由于假单胞菌多数生活在土壤中,可以有效地防治植物根部病害的发生。生活于洋葱鳞茎中的唐菖蒲假单胞菌(*Pseudomonas gladioli*)对萎蔫病病原微生物有很强的抑制作用,人们把该细菌接种到大葱上,然后在被保护植物四周种植大葱,以控制萎蔫病的发生。用这种方法有效地防治了草莓、黄瓜、西瓜和韭菜的萎蔫病和白绢病。也可用假单胞菌处理植物种子以防治镰刀霉(*Fusarium*)、丝核菌(*Rhizoctonia*)所引起的小麦、番茄、萝卜、棉花和麻的立枯病。蜡状芽孢杆菌可以用于防治泡桐炭疽病和赤松枯病。从老苜蓿根际土壤中分离得到一种细黄链霉的放线菌,它产生的抗生素对30多种植物病原细菌都有作用,同时该放线菌还能产生促进植物生长的激素。目前已经利用该放线菌产生菌剂用于农业生产。

自然界中有多种真菌能够抑制植物病原物的生长。例如木霉对18个属29种植物病原真菌具有拮抗作用,其中包括苗木立枯病菌、链孢霉菌、白绢病菌、灰霉病菌和树木根朽病菌等多种重要的植物病原菌。木霉制剂已经有商品出售,用来防治葡萄灰霉病和李树银叶病,都取得了较好的结果。利用真菌防治植物病害的另一方法是先将弱毒株系感染植物,引入的弱毒真菌可抑制以后侵染的强毒株的正常生长,从而保护植物免受真菌强毒株的侵染。例如,将板栗疫病的弱毒株接种于板栗后,当强毒株侵染时,就会产生显著的保护作用。这种保护作用称为交叉保护,交叉保护在病毒防治中应用十分广泛。目前已经分离到烟草花叶病毒、黄瓜绿斑花叶病毒、柑橘萎缩病毒的弱毒株系,并将其接种于植物,成功地防治了番茄花叶病、甜瓜果实坏死病等多种植物病害。植物内生菌已经成为植物病害防治的主要方向。防治番茄青枯病,辣椒、马铃薯环腐病,水稻纹枯病等病害的内生菌的选育已经成为内生菌研究的热点之一,通过遗传工程技术或细胞融合技术将某些具有特异功能的微生物遗传基因,转移到植物体生态系的成员内生细菌中去,形成具有特异功能和增产作用的有益微生物菌株,简称益微菌株。利用内生细菌构建益微工程菌,成为国内外研究方向之一,已成功构建了抗虫益微工程菌、固氮益微工程菌、防病益微工程菌等。由于受体是可以在植物体内定植、繁殖、转移的内生细菌与植物体有着密切的关系,除共生外,部分益微细菌可以进入到植物体内进行扩大繁殖,并在植物体表和体内进行特定基因的表达,如像根瘤菌一样进行表达,有利于彼此生长发育。随着生物技术的不断发展,具有多种功能的工程菌将会不断出现,服务于农业生产。

### 10.5.4 利用微生物生产生物肥料

植物的正常生长与高产和植物的品种与生长环境密切相关。生长环境中土壤肥力是植物正常生产的一个非常重要的条件。土壤肥力与土壤中有益微生物和有害微生物的种类有关。有益微生物是一些释放刺激植物生长的物质的细菌和真菌及一部分抑制有害微生物生长的细菌和真菌。直接释放刺激植物生长物质的微生物一般能够从大气中固氮或增加铁、磷等矿物质元素的吸收,促进植物激素的合成和植物细胞的繁殖。在固氮作用中,美国大豆与大豆慢生根瘤菌(*Bradyrhizobium japonicum*)共生,这种细菌向大豆提供能够吸收利用氮元素的物质,而植物通过光合作用合成的葡萄糖提供给细菌作为其生长的碳源。利用这种共生关系可以提高大豆产量约25%～50%,同时也可以不施用化学氮肥,而根瘤菌也生长良好。我国大豆种植中仅有 1% 使用了微生物肥料,而长期使用化肥易带来土壤板结、环境污染等一系列的问题。我国目前大力提倡使用微生物肥料,并重点研究固氮的分子基础,提高微生物的固氮水平,通过重组 DNA 技术改造固氮共生细菌,提高共生固氮细菌的竞争力,促进根瘤的形成,生产一些微生物固氮需要的铁载体,阻止植物病原微生物的生长,寻找并改造产生植物激素的微生物,使之能够释放特定水平的某种激素,以促进植物的生产与繁殖。由于基因工程手段的介入,微生物肥料已成为一个新兴的产业,具有广阔的市场前景和应用价值。已知的固氮微生物有根瘤菌属($Rhizobium$)、固氮螺菌属($Azospirillim$)、弗兰克氏菌属($Frankia$)、蓝细菌($Cyanobacterium$)、与植物联合固氮细菌、铁载体细菌和含植物激素细菌,它们都具有固氮能力,只是固氮机理与固氮能力有所不同。但是目前尚未发现固氮真核生物。目前用于农业生产的固氮菌主要是根瘤菌属($Rhizobium$)和慢生根瘤菌属($Bradyrhizobium\ japonicum$),它们是 $G^-$ 细菌,有鞭毛,外形呈杆状,是需氧细菌,pH 是 6.5~7.5,最适温度是 25~30 ℃;与豆科植物共生,不能形成芽孢。两个属中的每一种细菌都与几种豆科植物专一性地建立共生关系,而不与其他种类的植物共生(表 10.12),这就是具有固氮功能的细菌的宿主特异性。

**表 10.12　具有固氮功能的细菌的宿主特异性**

| 细菌种类 | 宿主名称 |
| --- | --- |
| $Bradyrhizobium\ japonicum$ | 大豆 |
| $Rhizobium\ trifolii$ | 苜蓿属植物 |
| $Rhizobium\ meliloti$ | 紫花苜蓿 |
| $Rhizobium\ leguminosarum$ | 豌豆、蚕豆 |
| $Rhizobium\ phaseoli$ | 菜豆、豇豆 |

　　根瘤菌有 15~20 个基因参与根瘤形成,结瘤基因高度保守,有些结瘤基因具有种属特异性。结瘤基因分为 3 类:非特异性结瘤基因、宿主特异性结瘤基因和调节性的 $nod$D 基因。在根瘤菌中组成型表达的 $nod$D 基因的产物特异性识别一种类宿主植物从根部分泌的类黄酮(flavonoid)分子,与之结合并激活 NodD 蛋白,这时 NodD 蛋白和类黄酮的复合物与结瘤基因的启动子元件结合,开启结瘤基因的转录。$nod$ABC 基因编码的蛋白可以使植物的根毛尖端肿大、卷曲,在 NodA、NodB 和 NodC 蛋白帮助下根瘤菌侵染植物根部。植物与细菌一起合成一种寡聚糖因子 NodRm-1,该寡聚糖因子经 $nod$H、$nod$Q、$nod$P 的基因产物修饰后,可诱导植物产生根卷曲等一系列宿主特异性反应。最后,在细胞中合成其他的 $nod$ 基因的产物,这些产物与植物编码的其他一些蛋白形成根瘤。在根瘤内部,细菌以无细胞壁的形式生长繁殖,细菌自身产生固氮酶进行固氮。共生的细菌与植物在结构和生化上的相互关系非常复杂,但总体是互利的。固氮基因的启动子元件称为结瘤基因盒子(nod box)。除了 $nod$D 基因具有结瘤基因盒子外,其他结瘤基因都具有这一盒子。每一种根瘤菌只识别少数几种类黄酮分子,每种植物只产生自己特定的某一种类黄酮分子。类黄酮是一类植物芳香族物质,其基本结构是一个三碳桥连接的两个芳香环,这类物质在植物中有多种不同的功能,与植物色素形成及对昆虫与真菌的防御反应有关。在根瘤内部通过固氮酶的作用进行固氮,固氮酶受到豆血红蛋白和根瘤结构的保护,不受大气中氧的毒害。豆血红蛋白(leghemoglobin)由两个结构域组成,一个是血红素结构域,另一个是珠蛋白结构域。豆血

红蛋白可以与根瘤细胞中的氧气结合,降低根瘤中的氧含量。豆血红蛋白的血红素部分是由细菌合成的,而珠蛋白部分是由植物基因编码合成的。豆血红蛋白的含量与根瘤的固氮作用成正比,随着根瘤的生长,豆血红蛋白的含量也不断增加,根瘤的固氮作用也随之增强。根瘤的特殊结构,使得氧很难扩散入根瘤。植物可以向共生细菌提供植物通过光合作用所固定的碳,以保证固氮菌的生长,而植物则从固氮菌中获得氮。固氮菌不仅为植物提供了大量可利用的氮源,而且对整个地球的氮循环都发挥了不可替代的作用。固氮酶具有两个对氮敏感的成分:组分Ⅰ和组分Ⅱ。组分Ⅰ由2个相对分子量为 $5.0\times10^4$ 的 $\alpha$ 蛋白亚基、2个相对分子量为 $6.0\times10^4$ 的 $\beta$ 蛋白亚基、24个铁(Fe)分子、2个钼(Mo)分子及一个铁-钼辅助因子组成。组分Ⅱ由2个相对分子量为 $3.2\times10^4$ 的 $\alpha$ 蛋白亚基和数目未知的铁分子组成。固氮酶中与钼结合的区域高度保守,同时这一区域与植物对氮气的敏感性有关。固氮酶中的钒或铁可以替代钼,形成钼-铁蛋白、钒-铁蛋白和铁-铁蛋白。固氮酶的活力的大小可通过气相色谱测定乙烯的产量来确定。通过气相色谱等高科技手段,结合 $^{15}N$ 同位素跟踪,以及生化和遗传学分析技术,人们发现了具有固氮作用的更多的微生物种类。目前已发现固氮菌科、芽孢杆菌科、棒状杆菌科等14个科的数百种细菌能够固氮。当然并不是所有的固氮菌都可以作为生物肥料,但可供选择的菌种增加了,为微生物肥料提供了更广阔的空间。由于固氮过程的副反应是固氮酶将 $H^+$ 还原成为 $H_2$,释放于大气中。这个副反应浪费了大量的 ATP 能量,又不能生成有用物质,并使固氮酶体系中的电子仅有 $40\%\sim60\%$ 转移给了 $N_2$,使固氮能力大大下降了。如果将 $H_2$ 重新循环氧化形成 $H^+$,就可以降低能耗,提高固氮效率。在研究中发现大豆慢生根瘤菌(*Bradyrhizobium japonicum*)的一些菌株可以在低氧的条件下利用氢气作为能源而维持生长,这些菌株具有一种氢化酶(Hydrogenase),能够把大气中的 $H_2$ 重新氧化变成 $H^+$。人们把含有氢化酶的这些菌株与大豆和固氮菌株置于一起生长,发现不能产生氢化酶的固氮菌株的固氮酶活性更高,而且大豆的品质更好。虽然含有氢气利用系统的共生固氮菌对植物生长明显有益,但大多数天然的根瘤菌株都没有氢气利用系统。因此,人们设想利用基因工程的技术改造氢化酶系统,使具有固氮功能的菌株同时具有氢化酶系统,以提高根瘤菌的固氮效率。虽然这只是人们的设想,距离现实还有一定时间,但一些细菌转化实验已经获得成功,这种操作的潜力与前景是巨大的。氢化酶除了可以提高固氮效率外,还有许多潜在的用途。纯化的氢化酶可用于转化、贮存太阳能,可用于促进工业酶促反应中的一些辅助因子的再生,并生产那些需要以氢气作为还原剂的特殊化学物质,利用有机废料生产氢气及氢-氧燃料电池等。虽然从实验室到规模应用还有很远的距离,但已经克隆的十几种氢化酶基因为氢化酶的有效利用提供了可能。

弗氏放线菌属的大部分放线菌可以与多种木本植物共生,可以利用简单的有机酸作为碳源,而不是利用糖类物质,并利用氮气作为唯一的氮源使与之共生的植物根部产生根瘤进行固氮。弗氏放线菌的固氮酶对氧气的耐受性略高于根瘤菌的固氮酶,但氧气浓度过高同样会抑制弗氏放线菌的固氮作用。在弗氏放线菌形成的根瘤中含有较高浓度的过氧化物酶和二酚氧化酶,它们可把氧气转化为其他形式,从而保护固氮酶。同时根瘤中还含有血红蛋白的类似物,也可调节根瘤中氧气的浓度,起到保护固氮酶的作用。与高等植物联合固氮的细菌有:圆褐固氮菌、拜氏固氮菌、产脂固氮螺菌、粪产碱杆菌、阴沟杆菌、多黏芽孢杆菌、软化芽孢杆菌等。它们聚居于植物的根际、根表或皮层细胞间,但是不形成像根瘤这样的共生结构,这种情况下的固氮作用称为联合固氮作用。虽然参与联合固氮作用的细菌种类很多,但是联合固氮作用的效率很低,仅为共生固氮的 1/10。

铁载体细菌如固氮螺菌(*Azospirillum*)和各种假单胞菌等在土壤中自由生活的很多,有些种类也有固氮能力,但是固氮并不是它们促进植物生长的主要手段。它们主要是通过抑制像黄瓜枯萎病(*Fusarium axysporum*)这样的植物病原微生物来促进植物生长的。含植物激素的细菌也有部分能够固氮,如果明确了哪些细菌中的植物激素对植物生长发育有利,那么对细菌产生的植物激素用于改良生物肥料将有很大的益处,但我们目前已知的是哪些激素干扰了植物激素的平衡。

固氮蓝细菌主要有鱼腥藻属和念珠藻属的蓝细菌。这两个属的蓝细菌可以与真菌、苔藓、蕨类植物及高等植物共生固氮。如固氮地衣就是有固氮能力的蓝细菌与真菌共生而成的。蓝细菌与水生蕨类植物共生固氮的现象在农业生产中也常有利用,蓝细菌与红萍共生形成一种很好的绿肥。鱼腥藻属的红萍鱼腥藻可以专一性地与红萍共生,形成目前已知的最强的固氮生物体系。与鱼腥藻共生的红萍可以在稻田中生长,不仅能够通过固氮作用为水稻提供氮源,提高稻田土壤肥力,还可抑制稻田中其他杂草的生长。

### 10.5.5　利用微生物净化环境

生物净化是利用生物去除环境中的生物垃圾和有毒物质的过程。生物垃圾包括工农业生产过程中所产生的废弃物和生物生活过程中的排泄物。生物废料的再生一方面可以通过生物修复而美化环境,另一方面可以变废为宝,让这些日益堆积的生物废弃物成为新产品的原材料。在人口膨胀、食品和能源资源不足的当今社会,生物净化和废料的再生对社会资源的循环利用和环境保护就显得更为重要,也受到各国政府的高度重视。因此它必须根据环境条件调节其结构和生理状况,为自身繁殖和生存进行主动适应。换言之,使其适应性改变的遗传系统固定在现有物种基因库中。微生物体积小、繁殖快、可塑性强的特点为具有这种适应特征的基因的充分表达提供了可能。在生态系统中微生物能分解所有的有机质参与自然循环。在漫长的生物进化过程中,生物多聚物的缓慢演化和以这些物质为底物的微生物的分解代谢进化是平行演变的。随着工业的发展,一些系统以外的异生物质,包括天然的和人工合成的难降解物质,在环境中的积累越来越严重,自然微生物群落对这些异生物质是陌生的,起初完全降解这些化合物的特定基因还进化不足,缺乏降解它们的酶系的遗传信息,随着适应性进化,微生物细胞慢慢衍生出能够参与这些物质的代谢系统,通过改变启动子DNA 结构或是激活启动子之间不活泼的核心序列,参与专一性底物的降解。这就是所谓的调节噪声假说(regulatory noise hypothesis)。有的甚至可以通过抑制非必需信号进一步由蛋白分子进行微调以作用于不同底物,致使微生物逐步地在结构功能及遗传方面做出必要的反应:首先在环境选择压的作用下,基因发生了突变,随后物种间的杂交易位、基因转移、重组和转座构成继续变异的基础,个别具有代谢能力的基因片段进入整个遗传系统;有的可能形成染色体外 DNA 环状分子——质粒;有的和转移质粒结合形成具有降解活力的系统,这就产生了能在污染环境中生存的微生物新种。

具有降解能力的细菌,尤其是降解性质粒在净化环境中的应用前景广大。微生物对一些难降解的环境污染物(如氯代芳烃类化合物等)的降解是通过一系列由不同微生物提供的酶催化完成的。在自然界中,这一过程通常非常缓慢。当缺乏其中一个或更多的菌株时,还会导致某些中间产物的积累而依然污染环境。因此,如何使仅具有辅助代谢的菌株变成全代谢,以扩大微生物降解底物的范围和提高降解效率,使这些顽固性化合物彻底矿化,就成为人们关注的重要问题。通过多年来的努力,在天然降解性质粒的转移、质粒的分子育种和质粒 DNA 体外重组等方面都获得了可喜的进展。通过质粒转移构建多质粒降解菌的最典型的例子是采用连续杂交法将降解芳烃、萜烯、多环芳烃的几个质粒,经接合转移到一株降解脂肪烃的假单胞菌中,构建成一株同时可降解 4 种烃类的"多质粒超级菌(multiplasmid supperbeg)"。以天然质粒转移构建新的降解菌,方法简单易行,主要存在的问题是质粒的不相容性。由于某些质粒的不相容性,多质粒菌株所携带的质粒比单质粒更容易自然消失;多质粒超级菌要负担额外的生物合成,致使它在与天然菌株的竞争中处于不利地位。通过质粒分子育种手段培育具有新功能的菌株,不同于通过人工转移质粒的方法来构建新菌种,它是在有选择压力条件下,于恒化器长期混合培养过程中,通过各种微生物间质粒的自然传递和相互作用来完成的,从而缩短了自然进化过程,达到加速培育新菌株的目的。而通过质粒 DNA 的体外重组以改变生物的性状,创造生物的新品种或新物种是一门新兴学科。对于环境中难以降解的有毒有害化合物,可通过遗传工程的方法,设计新的代谢途径,利用相关的基因构建工程菌。这样不仅能够提高细胞单一酶的浓度,增加代谢途径中某一限制酶的表达,还能使代谢途径中所有基因的表达获得同步增加,从而大大提高降解效率,促使有毒化合物分子进一步降解为无害的末端产物。降解克隆载体大多数来自假单胞菌属中的固有大质粒,部分来自广泛寄生的小质粒,如带有多重抗性标记和多个内切酶插入缺失突变的 8~9 kb 的 RSF1010、R300B、R1162 等小质粒。这些小质粒能高效地将外来基因转化到假单胞菌、产碱杆菌等 G⁻ 菌中,形成的杂种质粒,不但拷贝较多且性状稳定遗传。pKT230 载体,自 RSF1010 质粒衍生而来,大小为 11.9 kb,也是具有广泛寄主范围的"有效质粒",它带有 Sm 和 Km 抗性基因的 2 个强启动子。有人曾将 $tfdC$ 基因(编码邻苯二酚-1,2-双加氧酶 catechol 1,2-dioxygenase)克隆至 pKT230 载体的 Km 抗性启动区域,结果在假单胞菌中使该酶的表达量比原菌株提高 21 倍。沃尔夫岗(Wolfgang)等则将 $tfdA$ 基因(编码 2,4-D 单氧化酶)克隆至另一 RSF1010 衍生质粒 pKT231 中,结果在 E. coli 中获得高效表达。将 $tfdA$ 基因克隆至 pKT230 中可成功地构建降解多种烷烃和芳香烃的工程菌。DNA 重组技术应用于环境保护事业,无疑会使现有微生物处理技术效果大为提高。但由于涉及遗传工程菌的构建和其在环境释放中的竞争力等问题,遗传工程菌的应用在许多国家仍然停留在实验室阶段。

微生物的天然降解是一个缓慢的过程,在降解的同时逐步完成生物修复,实现物质循环,减少浪费。生物修复(bioremediation)是利用一种或多种微生物来催化降解有机污染物、转化其他污染物,从而消除污染的一个受控或自发进行的过程。生物修复可将农药、石油烃类、有机磷、有机氯和重金属等污染物变成无毒的物质或二氧化碳等。生物修复的过程国际上称为"生物修复工程",目前已成功应用于土壤、地下水、河道和近海洋面的污染治理。可以用做生物修复的微生物主要有 3 类:土壤微生物、外来微生物和基因工程菌。在修复过程中可净化环境中的有毒物质和净化水,降解农药。到 20 世纪 60 年代中期,人们发现一些土壤微生物可以降解非生物物质,如除草剂、杀虫剂、制冷剂等。利用化学降解成本太高,而利用土壤中的假单胞菌进行降解却简单易行。现在发现可以分解 100 多种的有毒物质,而且很多菌株还可以分解不同有机物作为自身生长的碳源。它们能够降解卤化芳香族化合物,能够清理海上浮油。查克瑞贝特(Chakrabarty)等构建了多种超级细菌,如通过接合作用,将 pCAM 质粒转入到含有 pOCT 的菌株中使之同时具有这两个质粒的降解功能;将 pNAH 质粒转入含有 pXYL 质粒的菌株中,再将 pCAM/OCT 融合质粒导入含有 pNAH 和 pXYL 同存质粒的菌株中,获得 4 种降解功能的出发菌株,具有更高的降解能力。人们通过接合作用将恶臭假单胞菌(*Pseudomonas putida*)的 pTOL 质粒转入到降解水杨酸的嗜冷菌中,该嗜冷菌在低于 0 ℃时利用水杨酸作为唯一的碳源;转入 pTOL 质粒的重组菌株在 0 ℃时,既可利用碳源也可利用水杨酸;当以甲苯作为唯一碳源时,野生型嗜冷菌在任何温度下都不能生长。利用重组菌株来净化环境,还有太多的工作要做,还需努力寻找更多更好的微生物类型,以提高微生物的应用价值。这些降解质粒不仅可以降解芳香族化合物,也可降解三氯乙烷。三氯乙烷是一种广泛使用的有机溶剂和脱脂剂,也是土壤和地下水中最常见的污染物之一,并且是一种致癌剂,可在环境中滞留几年,同时,土壤中的厌氧菌可以通过脱卤还原作用将三氯乙烷转化成为毒性更强的氯化乙烯。能够分解甲苯这一类芳香族化合物的细菌有一些也能够分解三氯乙烷,有些具有降解功能的微生物还可降解农药。施用农药的 80% 残留在土壤中,给环境造成严重的污染,残留时间一至几周到数年不等。残留时间的长短取决于农药的化学性质和农药所处的环境,多数农药在土壤中的残留时间是几年,最多的达几十年,严重污染环境。部分微生物对农药的降解程度从易到难是:脂肪酸>三甲基取代苯氧基脂肪酸>二硝基苯>氯代烃类。由于氯代烃类农药是最难降解与去除的,因此 DDT 等已在全球范围内禁用。而且湿润环境比干燥环境容易降解。微生物一般通过两个途径进行农药降解:一是矿化作用,二是共代谢作用。矿化作用是农药被微生物利用,最终被降解为二氧化碳和水。共代谢作用是微生物将农药转化为可代谢的中间产物,从而从环境中清除残留农药。例如除草剂 2,4,5-T 经过共代谢作用转化成为 3,5-二氯邻苯二酸,3,5-二氯邻苯二酸可以作为某些节杆菌降解 2,4-D 代谢的中间产物,可被进一步降解。不同微生物在降解农药的过程中所起的作用不同,有解毒作用、结合作用、改变毒性谱作用、活化作用和消效作用等。在利用微生物降解农药时,尽量使用可以发生解毒作用、结合作用或消效作用的微生物,避免使用发生毒性改变谱和活化作用的微生物,这样对改善环境有更好的效果。

　　水是人类赖以生存的重要资源,随着水资源的枯竭,污染也日益加重,水的净化已经成为一个新的研究热点。污水一般分为生活污水和工业污水。生活污水主要是人们日常生活所产生的废水,如洗涤水、粪尿水等,其中淘米水、洗菜水和粪尿水本身含有丰富的有机物,容易被微生物降解,而含有洗涤剂的污水却难以被微生物降解。工业污水是工业生产过程中所排放的污水。含酚、醇、酸和糖类等成分的工业污水比较容易降解,而含有机农药、除草剂等就很难降解。利用微生物进行污水净化主要是通过微生物的代谢活动,将污水的有机成分分解,从而达到水的净化目的。用于污水处理的微生物主要有 3 类:需氧微生物、厌氧微生物和兼性微生物。利用基因工程手段可以得到对污水处理能力很强的高效菌株。已经得到黏乳产碱杆菌(*Alcaligenes viscolactis*)S-2 和裂腈无色杆菌(*Achromobacter nitrilocates*),它们对含腈废水有较强的分解能力,腈的去除率高达 90% 以上。此外,还得到了可以降解三硝基甲苯(TNT)的芽孢杆菌(*Bacillus*)和气杆菌(*Aerobacter*),它们对 TNT 的转化率高达 90% 以上。污水中往往含有丰富的有机物,缺乏氮和磷等无机元素。为了解决这个问题,人们利用能够在污水中生长的固氮菌株来提高污水中的氮含量,这样使得以污水作为养料的微生物能够在污水环境中大量繁殖,使污水得以净化分解。另外,放线菌可以分解酚、吡啶、甘油醇、甾类、芳香族、石蜡等多种复杂有机物,因此放线菌是用于污水处理的一种很有前途的菌种。如果把污水净化处理和资源再生结合起来,将有利于提高生产效率,如酵母菌处理食品工业所排放的污水时,同时产生酒精;用绿色木霉处理食品及林业部门产生的纤维素时,同时可以产生多糖等。如果把有用物质分离出来,把废液经过处理作为可再生循环利用的原料,将极大节约地球上的有限资源。

### 10.5.6 利用微生物使废料再生

现在人们普遍意识到,生物垃圾是制造许多有重要经济价值的产品的原材料,特别是进入 21 世纪以来,地球面临着人口膨胀、食品短缺、能源不足的危机,对资源的充分再利用显得更为重要。生物废料再生的最佳手段是将现代生物技术运用于这一领域,人们利用基因工程、细胞工程和发酵工程的原理和技术,净化处理环境污染物的同时产生有用的产品,既达到了减轻环境污染的目的,又实现了废物资源化。

目前很有前途的可再生生物资源是木质纤维,它可被转化为葡萄糖、酒精等醇类、有机酸类、微生物蛋白等多种多样的产品,是无污染的工业原料。木质纤维构成了植物的支持系统,是生物圈中数量最大的废弃物,它的主要成分是木质素、纤维素和半纤维素,相对分子量都很大,难以被微生物分解。寻找到能高效分解木质纤维的菌种是木质纤维资源化的关键所在。除木质纤维外,制糖工业、食品加工厂的各种废渣、废液中通常都含有淀粉,这些都可以作为再生产原料,成为循环经济的主要成员之一。

木质素是由苯丙烷亚基组成的不规则的近球形多聚体,不溶于水。木质素中的苯丙烷单元中的芳香环之间由很多不规则的化学键连接在一起。木质素通过化学键与半纤维素连接,然后包裹在纤维之外,形成纤维素。由于木质素的存在使得植物具有一定的硬度,能够抵抗机械压力和微生物的侵染。

纤维素是生物圈中最大的多聚体,是细胞壁的主要成分,占植物干重的 20%～40%。纤维素是葡萄糖通过 β-1,4 糖苷键连接而成的直链多聚物,通常一条链含有 10 000 多个葡萄糖分子。纤维素和淀粉都能被水解为葡萄糖,但纤维素不溶于水,很难水解,不能被动物和人类消化利用,不能作为动物和人类的直接营养源。

半纤维素是一类杂多糖物质,广泛存在于植物中,尤其在单子叶植物的叶片中含量极高,达到 80%～85%。半纤维素是由五碳糖和六碳糖组成的短链异源多聚糖。半纤维素分为 3 类:木聚糖、甘露聚糖和阿拉伯半乳聚糖。半纤维素的性质由木质纤维材料的来源而定,一般在硬木中木糖半纤维素比较普遍,在软木中葡糖甘露聚糖较为常见。

利用木质素、纤维素、半纤维素和淀粉都可以生产单糖物质和工业酒精,所不同的是利用淀粉生产更容易一些。在生产过程中使用不同的酶以实现不同原料的转化。制糖工业、食品加工的废液中的淀粉都是葡萄糖以 α-1,4 糖苷键构成的直链淀粉及以 α-1,4 糖苷键与 α-1,6 糖苷键构成的支链淀粉的总称,这些淀粉经过简单处理后可以再生产菌体蛋白或饲料。制糖工业的废液还可以生产各种食用或药用酵母,还可利用含糖废液生产白地霉、禾本科镰孢菌等其他真菌,还可利用含糖废料在工业上大规模生产果糖和乙醇(图 10.28)。

同时,科研人员已经运用基因工程技术成功地将分解纤维素和半纤维素的基因组建到新的菌种中,用于乙醇发酵;我国科研工作者利用细胞融合技术培育出了既能利用木糖又能利用纤维二糖生产乙醇的菌种,这对我国纤维素再生自然资源的开发和利用、减少环境污染

图 10.28　工业上利用淀粉生产果糖和乙醇

具有一定的理论意义和应用价值。科研人员还利用 DNA 重组技术对淀粉生产果糖和乙醇的方法加以改进,主要是通过提高生产过程中的关键酶的利用率来实现生产效率的提高;利用重组菌大量生产工业所用的耐热葡糖异构酶;利用新的工业发酵用菌生产乙醇,除酵母以外,运动发酵单胞菌($Zymomonas\ mobilis$)是一种革兰氏阴性杆状细菌,能够通过发酵将葡萄糖、果糖、蔗糖转化为乙醇,而且产量很高。科学家保持乐观态度,认为利用重组菌改造能够将乳浆、淀粉、纤维素等转化为乙醇的重组菌只是指日可待的事情,并希望能够在工业上广泛使用。

### 10.5.7　利用微生物进行采矿

微生物几乎都能和金属发生一定作用,恰当地利用这种作用可以取得相当可观的经济效益,因此逐渐受到企业界的重视。目前主要应用在从矿石中浸滤金属和浓缩废液中所含的微量金属两个方面。20 世纪 80 年代,美国利用微生物所生产的铜已占全国铜产量的25%。微生物冶金由于设备简单,成本低,又能充分利用地球上有限的矿产资源,正受到越来越多的关注。

浸滤是用大量的水(一般为数百吨)在矿石间循环,使生息在岩石间的细菌经浸滤提出金属。浸滤机理有两种,一是细菌直接与矿石作用,提取金属;二是细菌产生亚铁及硫酸之类的物质,利用这些物质提取金属。金属矿藏的开采过程中,有些矿藏是贫矿或是尾矿,这些矿石的金属含量很低,高温冶炼也不经济,弃之又可惜。所以,可以利用微生物的作用,使矿石中的金属成为水溶性盐类而溶解出来。利用金属浸出现象来开采贫矿和尾矿,可以大大降低生产成本,又不浪费资源,这对于矿藏多数是贫矿的我国具有更重要的意义。但不是所有的微生物都具有金属浸出能力,具有金属浸出能力的微生物主要是细菌的氧化亚铁硫杆菌($Thiobacillus\ ferrooxidans$)和氧化硫硫杆菌($Thiobacillus\ thiooxidans$)。这类细菌能够把低价硫氧化为高价硫,在氧化的过程中获得能量,同时产生硫酸和硫酸铁,从而使矿石的金属元素以硫酸盐的形式释放出来。硫酸和硫酸铁都是良好的矿石浸出剂,可作为黄铜矿($CuFeS_2$)、辉铜矿($Cu_2S$)、赤铜矿($CuO_2$)、铜蓝($CuS$)等多种金属矿石的浸出剂。这些矿石以硫酸铜的形式溶解出来,然后通过置换反应用铁把硫酸铜溶液中的铜置换出来,生成的硫酸亚铁又可作为细菌的营养物被氧化成为硫酸铁,再次成为金属浸出剂。氧化亚铁硫杆菌发生金属浸出现象的最适 pH 为 0.2～3.5,最适温度为 30～40 ℃。为了维持合适的pH,需要在浸出过程中不断加入稀酸。利用细菌从硫化铜矿、废铜矿和铀矿石中提取有用金属元素,已广泛用于工业生产。在铀矿山应用细菌浸滤法,有可能从无法开采的铀矿中采铀。方法是:使含有细菌的水通过地下矿脉渗透到竖井中,然后用泵把溶有铀的水提升到地面回收铀。这种方法称为“地下溶解冶炼”法,已经在加拿大应用。采用这种方法可以大幅度减轻对地面风景及建筑的破坏,有利于保护环境。另外,采用这种方法虽然比采矿石花费的时间长,但由于不需要破碎矿石的机械操作,操作系统比较简单,因此需要的经费也少,特别对矿脉深、品位低的矿山更有利。

由于细菌在采集、提炼金属方面特殊功效的发现,导致了一种新兴的冶金工业——生物冶金业的发展。利用微生物发酵工程,人工制取大量细菌浸提剂,用它来喷淋堆放在浸体池中的矿石,溶解矿石中的有用成分,然后从收集的浸提液中分离、浓缩和提纯有用的金属。这种方法已称为湿法冶金技术。利用这一技术,可以提纯包括金、银、铜、铀、锰、钼、锌、钴、铊等在内的十几种贵重金属和稀有金属。其中最有诱惑力的要数细菌采金了。黄金是十分贵重的金属,它的存在和产量水平,与一个国家的经济实力有着重要的联系,因此各个国家都十分重视黄金资源的开发。尽管黄金在世界上分布很广,几乎到处都是,但绝大部分地区含量是很低的。用化学方法提炼黄金成本高,因此只有相对富金的矿才有开采价值。利用嗜金细菌可以将分散的金属微粒乃至单独的金原子聚集起来,从而形成天然的黄金矿床。有人研究得出,嗜金细菌体表存在一种特殊的蛋白质,它要利用金原子进行代谢,所以把金原子聚集在自己的体表,甚至吸收到细胞内,形成金结晶核,并逐渐增生、扩大、相互连接,最后形成肉眼可见的砂金。此外,微生物在金矿的探测上也可以发挥它的奇效。某些芽孢杆菌,如蜡样芽孢杆菌,对黄金有着特殊的敏感性。它们凭着对黄金的特殊敏感,可以嗅出黄金的气味。因此,人们可以根据这类细菌的分布、增殖数量、与黄金发生的特殊颜色反应等,作为探测黄金的依据。人们甚至把这类微生物做成探针,带到野外用来标示黄金的潜在储量。总之,微生物在黄金资源的开发上大有可为。

生物冶金给冶金业带来了新的生机和希望。科学家们对能够帮助人们采矿的微生物也进行了多方研究,在自然界中总共发现了20多种这类细菌,最为常见的是硫化细菌。它容易找到,又容易繁殖,是高效的采矿能手。此外,科学家们也在借助基因工程、细胞融合技术等构建新的"工程菌"来充当采矿工,从而使人类能够从大自然中获得更多的财富。现在世界上已经有许多国家在利用微生物进行冶金。

我国自20世纪70年代也开始进行生物冶金的尝试,取得了不少成功的经验。比如说安徽铜陵特区的铜官山矿和湖南水口山矿务局的柏坊铜矿都成功采用了这项技术,并创造了很高的经济效益。相信在不久的将来,生物冶金就会风靡全球,为人类创造巨大的财富。

### 10.5.8　利用微生物生产抗体与疫苗

#### 10.5.8.1　利用微生物生产疫苗

疫苗是医学上最具潜力的防御物质,是具有免疫原性的减毒抗原,它可以在其接受者体内建立起对入侵物质感染的免疫抗性,疫苗刺激接受者体内产生相对抗体,从而保护接受者免受疾病的侵染。疫苗根据抗原的不同分为减毒疫苗、灭活疫苗、基因工程疫苗和核酸疫苗。

减毒疫苗是降低了致病物的毒性疫苗,如小儿麻痹糖丸,效果较好,因致病物具有一定的活性,有少量的人具有副作用,不能令人很满意,具有潜在的不可预计的风险。

灭活疫苗是将致病物灭活,安全性很好,效果较差,需要多次强化免疫才能得到比较满意的效果。

基因工程疫苗是一类新型疫苗,是使用活体非致病性载体系统,删除致病基因,保留病原物质能够引起免疫反应的DNA片段,这些片段携带有病原的抗原决定簇,通过这些改造后的活体细菌来生产的疫苗即是基因工程疫苗。基因工程疫苗根据制备方法的不同分为亚单位疫苗、亚基疫苗、活体重组疫苗、基因缺失活疫苗、载体疫苗、蛋白工程疫苗、遗传重组疫苗、抗细菌疫苗、合成肽疫苗、抗独特型抗体疫苗及微胶囊可控缓释疫苗等,这些疫苗与病原物致病的免疫原性密切相关,基因工程通过对病原物的改造使之保留免疫原性,删除致病区,既能够使接受者产生具有预防作用的抗体,又不受病原物的威胁,是人类预防和治疗疾病的重要手段。目前生产的基因工程疫苗多达几百种。

核酸疫苗,就是把外源基因克隆到真核质粒表达载体上后,将重组的质粒 DNA 直接注射到动物体内,使外源基因在活体内表达,产生的抗原激活机体的免疫系统,从而引发免疫反应的疫苗。它是 1993 年在把 DNA 直接注射入小鼠骨骼肌肉细胞后引起特异性免疫反应时发现的。1994 在日内瓦召开专题会议将这种由核酸引起免疫反应的疫苗定义为核酸疫苗。按核酸类型分为 DNA 疫苗和 RNA 疫苗。核酸疫苗的主要机制是抗体反应与细胞介导的免疫应答反应,它兼有重组亚单位疫苗的安全性与减毒活疫苗的高效性。核酸疫苗具有如下特点:第一,能够诱导细胞免疫和体液免疫(B 与 T 淋巴细胞免疫),对疑难杂症的预防和治疗有重要的意义;第二,更安全,作为亚单位疫苗,不存在减毒疫苗所潜在的转阳危险,裸露 DNA 是质粒运载体,不需要使用病毒运至靶细胞,避免病毒载体的危险性及宿主对病毒载体的免疫性,比活疫苗更安全;第三,生产 DNA 工艺较蛋白质工艺更简单,提纯容易,适于大规模生产,成本相对较低;第四,核酸稳定性比蛋白质好,保存时间较长,便于运输;第五,一次注射可以获得对多种疾病的免疫能力(任何 DNA 片段都可以插入到质粒中制成疫苗,而且在同一质粒上可以同时容纳一个以上的抗原基因),所以多个病原体基因可以装载在一个质粒中,减少免疫时的多次注射的不舒适、不方便;第六,接种途径多样化(皮下、皮内、肌注、基因枪注射、口服、喷雾等)。但也有不足:核酸疫苗具有与宿主整合的潜在风险,从而有可能破坏正常细胞的功能,目前核酸免疫原性较低。

核酸疫苗研制的技术路线:目的基因的选择→选择合适的真核质粒表达载体→将目的基因与表达载体重组→转染哺乳动物细胞并检测相应蛋白质的表达→重组体的筛选→疫苗接种方式与剂量的确定→疫苗接种部位的确定→动物模型的选择及免疫周期和免疫次数的确定→免疫保护剂的确定→免疫保护效果的检测。

从 20 世纪 80 年代中期开始,DNA 重组技术的日益成熟为制造新一代的重组疫苗提供了崭新的方法。过去几十年,疫苗主要是针对体液免疫进行的,直到 20 世纪 90 年代,细胞免疫的问题才受到重视。尤其是对癌症、艾滋病这样严重的疑难杂症,细胞免疫比体液免疫更重要。1996 年两位澳大利亚的科学家由于发现了细胞免疫及免疫系统在对抗病毒感染过程中的 MHC 抗原而分享了当年的诺贝尔生理学奖和医学奖。除此以外,黏膜免疫也日益受到研究者的重视,尤其是黏膜免疫对于疾病预防的作用更是引起了人类的高度重视。

不同疫苗具有不同的特点,每种疫苗的免疫原性是疫苗有效性的最重要的依据。疫苗的研究与制备是微生物技术在国民经济中的一个重要研究领域。由于分子生物学、基因技术、分子免疫学技术、微生物基因组学的日新月异,疫苗研制的速度正在加快。现在已经开展的有肿瘤疫苗、避孕疫苗及其他非感染性疾病疫苗的研究,其中开发治疗性疫苗已成为新型疫苗研究的重要组成部分。除此之外,合成肽疫苗、抗独特型抗体疫苗、微胶囊疫苗也是重要的新型疫苗。核酸疫苗的免疫机制已被多数学者所接受,其应用潜力也得到了世界各国的重视。

总之,疫苗种类繁多,每一种疫苗的制备各有其特点,制备不同疫苗要根据不同方法选择性地生产,疫苗的有效性和安全性是疫苗生产的重中之重。总之,利用疫苗技术可以有效地保护人类。

#### 10.5.8.2　利用微生物生产抗体

抗体是对抗原刺激的免疫应答中,由 B 淋巴细胞产生的一类能够与相应抗原特异结合的、具有免疫效应的球状糖蛋白。1964 年国际卫生组织将这类蛋白统一命名为免疫球蛋白,即抗体,主要存在于血清中,参与体液免疫,主要分为 IgG、IgA、IgM、IgD、IgE 五类。抗体是 1890 年德国微生物学家贝林(Von Behring)发现的,广泛存在于人和脊椎动物的血清之中,是生物体内免疫系统的重要组成成分。人的五类抗体中 IgG 最多,占总量的 80%。抗体是机体免疫系统中最重要的效应分子,具有结合抗原、结合补体、中和毒素、介导细胞毒性、促进吞噬和通过胎盘等功能,发挥抗感染、抗肿瘤、免疫调节与监视等作用。抗体具有抗体多样性和高度特异性。多样性指的是同一抗原的刺激可以产生多种不同抗体。高度特异性指的是不同 B 淋巴细胞产生不同特异性抗体,在抗原的刺激下产生的具有特异性免疫功能的免疫球蛋白能够识别相应抗原的某一特定位点。

抗体的生产途径主要有三条:一是经典多抗途径,即通过免疫动物产生多克隆抗体;二是细胞工程途径,即用杂交瘤技术生产单克隆抗体;三是利用基因工程途径表达和改造抗体。

传统抗体生产都是利用动物进行生产,即多抗途径,生产过程分两步:一利用抗原(如白喉杆菌)刺激动物(如马、兔等),让动物利用自身的免疫系统产生抗体;二抽提动物的血清,分离纯化血清中的抗体,将生产的抗体用于人类疾病治疗。它是人类有目的利用抗体的第一步。

由于多克隆抗体的不均一性限制了对抗体结构和功能的进一步研究和应用,因此,人们希望能够生产具有专一特异性的单克隆抗体。1975 年瑞士科学家乔治·克勒(Kohler)和英国科学家凯撒·米尔斯坦(Milstein)首次用 B 淋巴细胞杂交瘤技术制备出均一性的单克隆抗体。单克隆抗体技术是利用天然抗体生产的原理,将具有无限繁殖能力、不能分泌抗体的骨髓瘤细胞与具有抗体分泌能力、不能无限繁殖的 B 细胞,在一定条件下进行细胞融合,可以产生既能无限繁殖又能分泌抗体的杂交瘤细胞并以此来生产抗体。制备单克隆抗体也需要主要的两个步骤:一是制造出一种可以在培养液中生长繁殖的杂交细胞系;二是利用杂交细胞系来稳定、连续生产相同的抗体分子。单克隆抗体具有如下特点:保持了脾细胞产生抗体的能力;保持了肿瘤细胞快速增长的能力;克服了骨髓瘤细胞不分泌抗体的缺点;克服了脾细胞不能长繁殖的不足;并且每一个细胞克隆分泌的抗体是高度特异性的,只对针对性的一种抗原起作用。由于单克隆抗体利用了细胞培养原理,所以不完全依赖于动物就可以在体外进行抗体生产了。但是单克隆抗体有以下局限性:①不同抗体具有不同的抗原决定簇;②抗体的交叉反应与过敏或排斥反应使抗体的应用受到限制;③毒性抗原太强以致使免疫动物承受不了;④免疫原性过弱则难以产生有效抗体;⑤杂交瘤产生于鼠,治疗应用受限;⑥异源抗体在诊断中产生非特异性反应(假阳性),还受到类风湿因子和自身抗体的干扰等影响;⑦单克隆抗体生产成本高、费时费力,罕见抗体需大量筛选才能得到;⑧单克隆株(细胞)的有效保存不易,有些杂交瘤难以在体内生长;⑨单克隆抗体批间质量不一,诊断时要重新优化;⑩体内与体外的识别特异性有差别;⑪抗体-靶相互作用的动力学参数无法依要求改变;⑫单克隆抗体寿命有限,对温度敏感,易发生不可逆变性改变等。由于以上限制,难以得到高效低免疫的抗体。因此得到高效低免疫的单克隆抗体成为研发的目标。抗体分子的功能、结构对于蛋白质工程改造极为有利,人们可以通过进行分子间的功能区的互换来改造抗体的特性,比如交换抗原结合位点(Fab 或 Fv)和激活功能区域(Fc)。抗体的结构也很适用于连接上其他分子(如毒素、淋巴细胞活素或生长因子等),改造成为有识别能力、具有功能的抗体分子。因此,利用基因工程手段来改造抗体以生产出更为广阔的多功能抗体有了可能,基因工程抗体也应运而生。

　　基因工程抗体即将抗体的基因按不同需要进行加工、改造和重新装配,然后导入适当的受体细胞中进行表达的抗体分子。从 1984 年诞生了第一个基因工程抗体——人-鼠嵌合抗体,各种类型的基因工程抗体不断产生,新型基因工程抗体有:人源化抗体、单价小分子抗体(Fab、单链抗体、单域抗体、超变区多肽等)、多价小分子抗体(双链抗体、三链抗体、微型抗体)、特殊类型抗体(双特异抗体、抗原化抗体、细胞内抗体、催化抗体、免疫脂质体)、抗体融合蛋白(免疫毒素、免疫粘连素)等。双特异抗体就是通过一定的方法——化学交联、双杂交瘤技术或基因工程技术将两个单克隆抗体组合在一起,形成具有不同的抗原识别单位、能与不同的抗原结合的抗体分子。基因工程抗体的种类归纳有单克隆抗体靶向制剂、杂交人-鼠单克隆抗体、人源单克隆抗体等。基因工程抗体具有如下优点:①通过基因工程技术的改造,可以降低甚至消除人体对抗体的排斥反应;②基因工程抗体的分子量较小,可以部分降低抗体的鼠源性,更有利于穿透血管壁,进入病灶的核心部位;③根据治疗的需要,制备新型抗体;④可以采用原核细胞、真核细胞和植物等多种表达方式,大量表达抗体分子,大大降低生产成本。但基因工程抗体也不是万能的,也存在一定的制约,如用于构建基因工程抗体的抗体基因来源于杂交瘤细胞,需要经过动物免疫—细胞融合—克隆筛选这样一个长期、复杂的工艺流程(耗时);不能制备针对稀有抗原的抗体和人源性抗体,无法改善抗体的亲和力等。这些缺点限制了基因工程抗体更为广泛的应用。而组合化学方法应用到抗体工程领域把抗体蛋白与基因工程及噬菌体有机地联系在一起产生了抗体库技术,使人们找到了解决上述问题的有效途径。抗体库技术的诞生让微生物生产抗体成为现实。抗体库技术即通过 DNA 重组技术将抗体的全套可变区基因扩增出来,在原核系统表达有功能活性的抗体分子片段(即抗体库),从中筛选出特异性抗体的基因。抗体库技术的发展经历了噬菌体抗体库、核糖体抗体展示库、随机寡聚核苷酸文库、生物导弹等阶段,这些发展使抗体技术越来越完善,人类有效地利用各种生物资源,遏制疾病的任意蔓延,从而达到预防和治疗疾病的目的。从此,利用微生物进行抗体生产的时代到来了。

　　微生物的利用是一个非常广阔的领域,随着生物技术的不断精湛,微生物的应用技术将日趋完善,其产品将更为丰富,其研究领域将更为宽广,必将造福于人类。

(廖宇静　张利平)

# 参 考 文 献

巴里 E 齐格尔曼,戴维 J 齐格尔曼. 2001. 危险的杀手:微生物简史. 北京:文化艺术出版社.

陈三凤,刘德虎. 2003. 现代微生物遗传学. 北京:化学工业出版社.

陈声明,张立钦. 2006. 微生物学研究技术. 北京:科学出版社.

陈永青,王文华. 1990. 微生物遗传学导论. 上海:复旦大学出版社.

陈在春,沈贲荣. 2002. 生命系统复杂性与生命网络结构. 系统辩证学学报,10(1):16-19,36.

崔涛. 1991 细菌遗传学. 合肥:中国科学技术大学出版社.

操继跃,徐猛,任治. 2000. 埃维菌素类抗寄生虫药物药理学研究进展. 中国兽药杂志,34(3):47-51.

邓其明,张红宇,李平. 2005. 植物无选择标记转基因技术的研究进展. 中国生物工程杂志,25(B04):71-77.

丁朋晓,杨叁芳,谢和. 2007. 原生质体融合技术及其在微生物遗传育种上的应用. 贵州农业科学,35(3):139-141.

丁友昉,陈宁. 1990. 普通微生物遗传学. 天津:南开大学出版社.

段灿星. 2002. 抗虫内生工程菌对亚洲玉米螟的杀虫效果及其在植物体内的动态变化. 中国农业大学学报,7(5):75-79.

范云六. 1975. 细菌药物抗性的遗传. 遗传学报,2(2):173-179.

冯永君,宋未. 2002. 水稻内生优势成团泛菌 GFP 标记菌株的性质与标记丢失动力学. 中国生物化学与分子生物学报,18(1):85-91.

郭丽宏,史俊南. 2004. 细菌基因组研究进展. 牙体牙髓牙周病学杂志,14(6):344-347.

何红,蔡学清,洪永聪. 2003. 辣椒内生细菌的分离与拮抗菌的筛选. 中国生物防治,18(4):171-175.

胡福泉. 2002. 微生物基因组学. 北京:人民军医出版社.

黄百渠,曾庆华,毕晓辉,等. 2000. 组蛋白和核小体在基因转录中的作用. 科学通报,45(19):2 033-2 040.

黄敏,缪泽鸿,丁健. 2007. DNA 双链断裂损伤修复系统研究进展. 生理科学进展,38(4):295-300.

江国春,袁丽珍. 1999. DNA 依赖蛋白激酶研究进展. 生物化学与生物物理进展,26(6):531-534.

姜成林,徐丽华. 2001. 微生物资源的开发与利用. 北京:中国轻工业出版社.

金锐. 2007. 同源重组的好工具——Red 重组系统. 科教文汇,10(X):219.

金志华,林建平,梅乐和. 2006. 工业微生物遗传育种学原理与应用. 北京:化学工业出版社.

瞿礼嘉,顾红雅,胡苹,等. 1998. 现代生物技术导论. 北京:高等教育出版社,施普林格出版社.

李鸿健,谭军. 2006. 基因倍增研究进展. 生命科学,18(2):150-154.

李汝祺. 1983. 遗传学. 北京:中国大百科全书出版社.

李绍武,王永飞,李雅轩,等. 2002. 中国科学院硕士研究生入学考试试题与解答:遗传学. 北京:科学出版社.

李文辉. 2002. 抗原化抗体及其应用. 生命的化学,22(2):197-198.

李烨. 2002. 现代生物技术在环境保护中的应用. 淮阳工学学报,11(5):30-33.

李毅. 1997. 现代分子生物学. 北京:高等教育出版社.

李友顺,梁晓梅,王道全. 1999. 阿维菌素结构改造的新进展. 化学通报,1(1):45-50.

李镇,戴经元,周俊初. 2001. 大豆慢生根瘤菌的血清型研究. 华中农业大学学报,20(3):248-252.

廖宇静. 2003. 遗传学. 北京:科学技术文献出版社.

刘淑芬,蒋湘宁,徐晓白. 1998. 黄曲霉素 B1-DNA 加合物的实验研究. 环境科学学报,18(5):484-488.

刘玉庆. 2005. 表征抗菌药物杀菌动力学的新方法以及细菌抗药性与耐药性区分的研究. 博士学位论文.
　　山东大学生命科学学院.

刘志恒. 2002. 现代微生物学. 北京:科学出版社.

刘志恒,等. 2004. 放线菌现代生物学与生物技术. 北京:科学出版社.

龙良鲲,肖崇刚,窦彦霞. 2003. 防治番茄青枯病内生细菌的分离与筛选. 中国蔬菜,(2):19-21.

卢雅薇,沈文涛,唐清杰,等. 2007. 植物病毒载体系统研究进展. 遗传,**29**(1):29-36.

吕海芹,等. 2001. 噬菌体抗体库技术研究进展. 微生物学免疫学进展,**29**(1):90-93.

罗进贤. 1995. 工业微生物遗传学现状. 国际学术动态,(2):78-79.

罗如新,张素琴. 1996. 多功能农药残留降解菌的构建. 中国学术期刊文摘,(10):127-128.

苗则彦,赵奎华,刘长远. 2003. 我国植物内生细菌对病虫害防治研究现状. 辽宁农业科学,(6):31-32.

聂明,李怀波,万佳蓉,等. 2005. 工业微生物遗传育种的研究进展. 现代食品科技,**21**(3):184-187.

R.J.B.金[英]. 2002. 癌生物学. 刘以训主译. 北京:科学出版社.

单丽伟,冯贵颖,范三红. 2003. 产甲烷菌研究进展. 微生物学杂志,**23**(6):42-46.

沈萍. 1995. 微生物遗传学. 武汉:武汉大学出版社.

沈萍. 2000. 微生物学. 北京:高等教育出版社.

盛祖家. 1981. 微生物遗传学. 北京:科学出版社.

盛祖嘉,陈永青. 1993. 微生物遗传学综述文集. 上海:上海复旦大学出版社.

盛祖嘉. 1987. 微生物遗传学(第二版). 北京:科学出版社.

史晓昆,王秀然,刘东波. 2005. Genome Shuffling 技术在微生物遗传育种中的应用. 农业与技术,(1):
　　145-147,159.

松原谦一[日]. 1979. 质粒. 程光胜,王清海,译. 北京:科学出版社.

孙乃恩,孙东旭,朱德煦. 1990. 分子遗传学. 南京:南京大学出版社.

童克中. 2001. 基因及其表达. 北京:科学出版社.

童望宇,章亭洲,傅向阳. 2006. 制药微生物技术基础与应用. 北京:化学工业出版社.

汪堃仁,薛绍白,柳惠图. 1998. 细胞生物学. 北京:北京师范大学出版社.

王关林,方宏筠. 2002. 植物基因工程(第二版). 北京:科学出版社.

王秀云. 1993. 细菌遗传物质的结构及在遗传工程中的作用. 生物学通报,**28**(2):11-13,45.

王亚馥,戴灼华. 1999. 遗传学. 北京:高等教育出版社.

王琰,王刚,化冰. 2002. 人噬菌体抗体库中异常重组子的分析. 细胞与分子免疫学杂志,**18**(1):63-66.

王文,宿兵. 2004. 进化基因组学简介. 科学中国人,(5):50-51.

魏健. 2003. 改变人类社会的二十种瘟疫. 北京:经济日报出版社.

吴剑波. 2002. 微生物制药. 北京:化学工业出版社.

吴雪昌,等. 2005. 链霉菌基因组特征及次生代谢研究进展. 遗传学报,**32**(11):1 221-1 227.

肖惠. 2006. 微生物基因组研究进展. 湖北林业科技,(2):36-39.

谢克特[美]. 2006. 微生物学案头百科. 北京:科学出版社.

谢天恩,胡志红. 2002. 普通病毒学. 北京:科学出版社.

谢响明,于嘉林,刘仪,等. 1996. 核酸酶保护试验在黄瓜花叶病毒株系鉴定中的初步应用. 中国病毒学,
　　**11**:69-76.

谢志雄,沈萍. 2003. 细菌遗传转化与水平基因转移. 中南民族大学学报·自然科学版,**22**(4):1-5.

徐晋麟,徐沁,陈淳. 2001. 现代遗传学原理. 北京:科学出版社.

弗雷泽 C M,里德 T D. 2006. 微生物基因组. 许朝晖,俞子牛,等,译. 北京:科学出版社.

阎培生,罗信昌,周启. 1999. 丝状真菌基因工程研究进展. 生物工程进展,**19**(1):36-41.

杨金水. 2002. 基因组学. 北京:高等教育出版社.

杨秀山,傅连明. 1991. 产甲烷菌的最新分类目录. 微生物学通报,**18**(3):187,1 691.

易图永,高必达,何昆. 2000. 水稻纹枯病菌生防细菌的筛选. 湖南农业大学学报·自然科学版,**26**(2):116-118.

原志伟,朱国强. 2007. 大肠杆菌同源重组工程研究进展. 中国家禽,(15):37-42.

袁军,孙福先,田宏先. 2002. 防治马铃薯环腐病有益内生菌的分离和筛选. 微生物学报,**42**(3):270-274.

张静玉. 2000. 分子遗传学. 北京:科学出版社.

张素琴,赵娅勇,马国华,等. 1990. 污染环境中细菌质粒的研究. 生态学报,**10**(4):338-242.

张素琴,罗如新. 1999. 微生物对环境遗传适应和质粒的分子生态效应. 应用生态学,**10**(4):506-510.

张晓琳,陈芝,赵金雷,等. 2004. 阿维菌素B产生菌寡霉素合成阻断株的构建,科学通报,**49**(1):90-94.

张振臣,李大伟,张力,等. 1999. 黄瓜花叶病毒(CMV)运动蛋白基因介导的抗病性. 植物学报,**41**(6):585-590.

张振臣,李大伟,张力,等. 1999. 黄瓜花叶病毒运动蛋白基因及其缺失突变体在大肠杆菌中的表达和表达产物的纯化. 植物病理学报,**29**(2):585-590.

赵书春,周秀芬,邓子新. 2000. 大线性质粒pHZ1000、pHZ1001在链霉菌种间的接合转移. 微生物学报,**40**(4):435-439.

郑胡铺,王欣,Legerski A J,等. 2004. 哺乳动物细胞对丝裂霉素诱导的DNA链间交联的修复. 中国肿瘤生物治疗杂志,(4):285-290.

周德庆. 2002. 微生物学教程. 北京:高等教育出版社.

周俊初. 1996. 微生物遗传学. 北京:中国农业大学出版社.

朱宝成. 1991. 微生物原生质体遗传操作技术. 微生物学研究与应用,(2):23-27.

朱新宇. 2003. 酿酒酵母进级进化过程中的基因丢失现象初探. 生命科学研究,**7**(2):139-143.

Adams M D, McVey M, Sekelsky J J. 2003. Drosophila BLM in double-strand break repair by synthesis-dependent strand annealing. *Science*, **299**(5 604):265-267.

Aguilera A, Chavez S, Malagon F. 2000. Mitotic recombination in yeast:elements controlling its incidence. *Yeast*, **16**(8):731-754.

Albert I, Mavrich T N, Tomisho L P, *et al*. 2007. Translational and rofational setting of H2A. Z nucleasomes across the saccharomyces cerevisiate gename. *Nature*, **446**(7 135):572-576.

Alland D, Whittam T S, Murray M B, *et al*. 2003. Modeling bacterial evolution with comparative-genome-based marker systems:Application to Mycobacterium tuberculosis evolution and pathogenesis. *Journal of Bacteriology*, **185**(11):3 392-3 399.

Alm R A, Ling L S, Heir D T, *et al*. 1999. Genomic sequence comparison of two unrelated isolates of the human gastric pathogen *Helicobacter pylori*. *Nature*, **397**(6 715):176-180.

Altmann M, Sonenberg N, Trachsel H. 1989. Translation in *Saccharomyces cerevisiae*:initiation factor 4E-dependent cell-free system. *Mol Cell Biol*, **9**(10):4 467-4 472.

Amundsen S K, Taylor A F, Smith G R. 2000. The RecD subunit of the Escherichia coli RecBCD enzyme inhibits RecA loading, homologous recombination, and DNA repair. *Proceedings of the National Academy of Sciences of the United States of America*, **97**(13):7 399-7 404.

Andersson S G E, Zomorodipour A, Andersson J O, *et al*. 1998. The genome sequence of *Rickettsia prowazekii* and the origin of mitochondria. *Nature*, **396**(6 707):133-140.

Aoki F Y, Boivin G, Roberts N. 2007. Influenza virus susceptibility and resistance to oseltamivir. *Antiviral Therapy*, **12**(4B):603-616.

Bagdasarian M, Timmis K N. 1982. Host:Vector systems for gene cloning in Pseudomonas. *Curr Top Microbiol Immuncl*, **96**:47-67.

Bailey J A, Gu Z P, Clark R A, *et al*. 2002. Recent segmental duplications in the human genome. *Science*, **297**(5 583):1 003-1 007.

Barker J J. 2006. Antibacterial drug discovery and structure-based design. *Drug Discovery Today*, **11**(9-10):391-404.

Bartsch S, Kang L E, Symington L S. 2000. RAD51 is required for the repair of plasmid double-stranded DNA gaps from either plasmid or chromosomal templates. *Molecular and Cellular Biology*, **20**(4): 1 194-1 205.

Bash R, Lohr D. 2001. Year chromatin structure and regulation of GAL gene expression. *Progress in nucleic acid research and molecular biology*, **65**(65):197-259.

Bentley S D, Chater K F, Cerdeno-Tarraga A M, *et al*. 2002. Complete genome sequence of the model actinomycete *Streptomyces coelicolor* A3(2). *Nature*, **417**(6 885):141-147.

Bentley S D, Brown S, Murphy L D, *et al*. 2004. SCP1, a 356 023 bp linear plasmid adapted to the ecology and developmental biology of its host, *Streptomyces coelicolor* A3(2). *Molecular Microbiology*, **51**(6):1 615-1 628.

Betran E, Thornton K, Long M. 2002. Retroposed new genes out of the X in Drosophila. *Genome Research*, **12**(12):1 854-1 859.

Bibb M J. 2005. Regulation of secondary metabolism in streptomycetes. *Current Opinion in Microbioogy*, **8**(2):208-215.

Bishop A J R, Schiestl R H. 2000. Homologous recombination as a mechanism for genome rearrangements: Environmental and genetic effects. *Human Molecular Genetics*, **9**(16):2 427-2 434.

Bjursell M K, Martens E C, Gordon J I. 2006. Functional genomic and metabolic studies of the adaptations of a prominent adult human gut symbiont, *Bacteroides thetaiotaomicron*, to the suckling period. *Journal of Biological Chemistry*, **281**(47):36 269-36 279.

Borde V. 2007. The multiple roles of the Mre11 complex for meiotic recombination. *Chromosome Research*, **15**(5):551-563.

Bosco G, Haber J E. 1998. Chromosome break-induced DNA replication leads to nonreciprocal translocations and telomere capture. *Genetics*, **150**(3):1 037-1 047.

Boskovic J, Rivera-Calzada A, Maman J D, *et al*. 2003. Visualization of DNA-induced conformational changes in the DNA repair kinase DNA-PKcs. *Embo Journal*, **22**(21):5 875-5 882.

Burg R W, Miller B M, Baker E E, *et al*. 1979. Avermectins, new family of potent anthelmintic agents: Producing organism and fermentation. *Antimicrobial Agents and Chemotherapy*, **15**(3):361-367.

Caldwell G Y, Naider F, Becker J M. 1995. Fungal lipopeptide mating pheromones: A model system for the study of protein prenylation. *Microbiological Reviews*, **50**(3):406-422.

Cattoli G, Terregino C, Guberti V, *et al*. 2007. Influenza virus surveillance in wild birds in Italy: Results of laboratory investigations in 2003—2005. *Avian Diseases*, **51**(1):414-416.

Chen T, Hosogi Y, Nishikawa K, *et al*. 2004. Comparative whole-genome analysis of virulent and avirulent strains of *Porphyromonas gingivalis*. *Journal of Bacteriology*, **186**(16):5 473-5 479.

Chilton M D M, Quc Q D. 2003. Targeted integration of T-DNA into the tobacco genome at double-stranded breaks: New insights on the mechanism of T-DNA integration. *Plant Physiology*, **133**(3): 956-965.

Chilton M D. 2001. *Agrobacterium. A memoir*. *Plant Physiology*, **125**(1):9-14.

Chiari R, Foury F, De plaen E, *et al*. 1999. Tow antigens recognized by auologous cytolytic T lymphocytes on a melanomaresult from a single point mutation in an essential housekeeping geen. *Cancer Research*,

**59**(22):5 785-5 792.

Clark A G, Glanowski S, Nielsen R, et al. 2003. Inferring nonneutral evolution from human-chimp-mouse orthologous gene trios. Science, **302**(5 652):1 960-1 963.

Clarke L. 1998. Centromeres:Proteins, protein complexes, and repeated domains at centromeres of simple eukaryotes. Current Opinion in Genetics and Development, **8**(2):212-218.

Cole S T, Broseh R, Parkhill J, et al. 1998. Deciphering the biology of Mycobacterium tuberculosis from the complete genome sequence. Nature, **393**(6 685): 537-544.

Cole S T. 2003. Antibiotics:Actions, origins, resistance. Nature, **424**(6 948):491-491.

Coney L, Roeder G S. 1988. Control of yeast gene-expression by transposable elements-maximum expression requires a functional T Y activator Sequence and a defective T Y promoter. Molecular and Cellular Biology, **8**(10):4 009-4 017.

Cropp A, Chen S, Liu H, et al. 2001. Genetic approaches for controlling ratios of related polyketide products in fermentation processes. Journal of Industrial Microbiology and Biotechnology, **27**(6):368-377.

De Lorenzo V, Perez-Martin J. 1996. Regulatory noise in prokaryotic promoters:How bacteria learn to respond to novel environmental signals. Mol Microbiol, **19**(6):1 177-1 184.

Demeter J, Lee S E, Haber J E, et al. 2000. The DNA damage checkpoint signal in budding yeast is nuclear limited. Molecular Cell, **6**(2):487-492.

Devereux R, Rublee P, Paul J H, et al. 2006. Development and applications of microbial ecogenomic indicators for monitoring water quality:Report of a workshop assessing the state of the science, research needs and future directions. Environmental Monitoring and Assessment, **116**(1-3):459-479.

Dobrindt U, Hochhut B, Hentschel U, et al. 2004. Genomic islands in pathogenic and environmental microoganisms. Nature Renews Microbiology, **2**(5):414-424.

Douglas R J, Robinson J B, Corke C T. 1958. On the formation of profoplast-like structures from streptomycetes. Canadian Journal of Inicrobiology, **4**(5):551.

Dutton C J, Gibson S P, Goudie A C, et al. 1991. Novel avermectins produced by mutational biosynthesis. Journal of Antibiotics, **44**(3):357-365.

Ebrahim G J. 2007. Pandemic H5N1 influenza. Journal of Tropical Pediatrics, **53**(2):73-75.

Eddy A A, Williamson D G. 1959. Formation of aberrant cell walls and of spores by the growing yeast protoplast. Nature, **183**(4 668):1 101-1 103.

Ehrhardt C, Wolff T, Pleschka S, et al. 2007. Influenza a virus NS1 protein activates the PI3K/Akt pathway to mediate antiapoptotic signaling responses. Journal of Virology, **81**:3 058-3 067.

Flardh K, Findlay K C, Chater K F. 1999. Association of early sporulation genes with suggested developmental decision points in Streptomyces coelicolor A3(2). Microbiology-SGM, **145**(9):2 229-2 243.

Fleischmann R D, Adams M D, White O, et al. 1995. Whole-genome random sequencing and assembly of baemophilus-influenzae RD. Science, **269**(5 223):496-512.

Fleischmann R D, Alland D, Eisen J A, et al. 2002. Whole-genome comparison of mycobacterium tuberculosis clinical and laboratory strains. Journal of Bacteriology, **184**(19):5 479-5 490.

Forsburg S L. 1999. The best yeast. Trends in Genetics, **15**(9): 340-344.

Freeman S, Redman R S, George Grantham, et al. 1997. Characterization of a linear DNA plasmid from the filamentous fungal plant pathogen. Glomerella musae[Anamorph:Colletotrichum musae (Berk. & Curt.) Arx.], Current Genetics, **32**(2):152-156.

Fry D E. 1999. The ABCs of hepatitis. Adv Surg, **33**:413-437.

Goens S, Denise, Perdue, Michael L. 2004. Hepatitis E viruses in humans and animals. *Animal Health Research Reviews*, **5**(2):145-156.

Grafstrom R C, Fornace A J, Harris C C. 1984. Repair of DNA damage caused by formaldehyde in human cells. *Cancer Res*, **44**(10):4 323-4 327.

Griffiths A J F, Gelbart W M, Miller J H, et al. 1999. Modern Genetic Analysis, New York: W. H. Freeman and company.

Haber J E. 1998. Mating-type gene switching in Saccharomyces cerevisiae. *Annual Review of Genetics*,**32**: 561-599.

Haber J E. 1998. A locus control region regulates yeast recombination. *Trends in Genetics*, **14**(8):317-321.

Hafner E W, Holley B W, Holdom K S, et al. 1991. Branched-chain fatty-acid requirement for avermect-inproduction by amutant of streptomyces-avermitilis lacking branched-chain 2-oxo acid dehydrogenase-activtty. *Journal of Antibiotics*, **44**(3):349-356.

Hanfler J, Teepe H, Weigel C,et al. 1992. Circular extrachromosomal DNA codes for a surface protein in t the (+)mating type of the zygomycete absidia-glauca. *Current Genetics*,**22**(4):319-325.

Hasterok R, Marasek A, Donnison I S, et al. 2006. Alignment of the genomes of Brachypodium distachyon and temperate cereals and grasses using bacterial artificial chromosome landing with fluorescence in situ hybridization. *Genetics*, **173**(1):349-362.

Hatta M, Kawaoka Y. 2002. The continued pandemic threat posed by avian influenza viruses in Hong Kong. *Trends in Microbiol*,**10**(7): 340-344.

Haug I, Weissenborn A, Brolle D, et al. 2003. Streptomyces coelicolor A3(2) plasmid SCP2 * :deductions from the complete sequence. *Microbiology-SGM*,**149**:505-513.

Hill K, Boone C, Goebl M, et al. 1992. Yeast Kre2 Defines a New Gene Family Encoding Probable Secretory Proteins, and Is Required for the Correct N-Glycosylation of Proteins Genetics. **130**(2):273-283.

Hiom K. 2000. Homologous recombination. *Current Biology*, **10**(10):R359-R361.

Hiraoka M, Watanabe K, Umezu K, et al. 2000. Spontaneous loss of heterozygosity in diploid Saccharomyces cerevisiae cells. *Genetics*, **156**(4):1 531-1 548.

Hopwood D A. 2003. Antibiotics actions, origins, resistance. *Science*,**301**(5 641):1 850-1 851.

Hopwood D A. 1999. Forty years of genetics with Streptomyces:From in vivo through in vitro to in silico. *Microbiology, Microbiology-SGM*, **145**(9):2 183-2 202.

Hopwood D A. 2003. Streptomyces genes:From Waksman to Sanger. *Journal of Industrial Microbiology and Biltechnology*, **30**(8):468-471.

http://www.bio.nite.go.jp.

http://www.ncbi.nlm.nih.gov.

http://www.ncbi.nlm.nih.gov/entrez/viewer.fcgi?? db=nucleotide&val=NC_001224.

http://www.pharmcast.com/Patents/Yr2003/August2003/081203/6605284_Measles081203.htm.

http://zdna2.umbi.umd.edu.

Hu Z H, Hopwood D A, Hutchinson C R. 2003. Enhanced heterologous polyketide production in Streptomyces by exploiting plasmid co-integration. *Journal of Industrial Microbiology and Biotechnology*, **30**(8):516-522.

Huerta A M, Collado-Vides J, Francinc M P. 2006. Positional conservation of clusters of overlapping promoter-like sequences in enterobacterial genomes. *Molecular Biology and Evolution*, **23**(5):997-1 010.

Ikeda H, Pang C H, Endo H, *et al*. 1993. Construction of a single component producer from the wild type avermectin producer Streptomyces avermitilis. *Journal of Antibiotics*, **48**(6):532-534.

Ikeda H, Takada Y, Pang C H, *et al*. 1993. Transposon, mutagenesis by Tn4560 and application with avermectin-producing Streptomyces avermitilis. *Journal of Bacteriology*, **175**:2 077-2 082.

Irina G, Minko, Yue Zou and R. Stephen Lloyd Incision of DNA-protein crosslinks by UvrABC nuclease suggests a potential repair pathway involving nucleotide excision repair. http://www. pnas. org/cgi/content/full/99/4/1905.

Istvan Albert, Travis N, Mavrich, Lynn P, Tomshol, *et al*. 2007. Translational and rotational settings of H2A. Z nucleosomes across the Saccharomyces cerevisiae genome, *Nature*, **446**,572-576.

Jacob F, Adelberg E A. 1959. Transfert De Caracteres Genetious Par Incorporation Au Facteur Sexuel Descherichia-Coli. Comptes Rendus Hebdomadaires Des Seances De L Academie Des Sciences. **249**(1): 189-191.

Jakupciak J P, Wells R D. 2000. Genetic instabilities of triplet repeat sequences by recombination . *Iubmb Life*,**50**(6):355-359.

James E, Galagan, *et al*. 2005. Sequencing of Aspergillus nidulans and comparative analysis with A. *fumigatus* and A. *oryzae*. *Nature*,**438**,1 105-1 115.

Jasin M. 2000. Chromosome breaks and genomic instability. *Cancer Investigation*,**18**(1):78-86.

Smith J, Smith K, Mézard C. 2001. Tying up Loose Ends:Generation and Repair of DNA Double-Strand Breaks. Atlas of Genetics and Cytogenetics in Oncology and Haematolog.

Karns J S, Kilbane J J, Chatterjee D K, *et al*. 1984. Microbial biodegradation of 2,4,5-trichlorophenoxy-acetic acid and chlorophenols. *Basic Life Sci*, **28**:3-21.

Karran P. 2000. DNA double strand break repair in mammalian cells. *Current Opinion in Genetics and Development*, **10**(2):144-150.

Kellogy S T, Chatterjee D K. Charkrabarty A M. 1981. Plasmid assisted molecular breeding:New technique for enhanced biodegradation of persisted toxic chemicals. *Science*, **214**: 1 133-1 134.

Kieser T, Bibb M J, Buttner M J, *et al*. 2000. Practical Streptomyces Genetics. The John Innes Foundation. Norwich, United Kingdom.

Kim W J, Lee S, Park M S, *et al*. 2000. Rad22 protein, a Rad52 homologue in Schizosaccharomyces pombe, binds to DNA double-strand breaks. *Journal of Biology Chemistry*, **275**(45):35 607-35 611.

Kinashi H, Shimaji M, Sakai A. 1987. Giant plasmids in *Streptomyces* which code for antibiotic biosynthesis genes. *Nature*,**328**(6 129):454-456.

Kohli A, Gfiffiths S, Palacios N, *et al*. 1999. Molecular characterization of transforming plasmid rearrangements in transgenic rice reveals a recombination hotspot in the CaMV 35S promoter and confirms the predominance of microhomology mediated recombination. *Plant Journal*,**17**(6): 591-601.

Laten H M. 1999. Phylogenetic evidence for Ty1-copia-like endogenous retroviruses in plant genomes. *Genetica*, **107**(1-3):87-93.

Lederberg J. 1952. Cell genetics and hereditary symbiosis. *Physiol Rev*, **32**:403-430.

Lee S E, Paques F, Sylvan J, *et al*. 1999. Role of yeast SIR genes and mating type in directing DNA double-strand breaks to homologous and non-homologous repair paths. *Current Biology*, **9**(14):767-770.

Lee Ti, Young R A. 1998. Regulation of gene expression by TBP-associated proteins. *Genes and Development*,**12**(10):1 398-1 408.

Leonard Guarentea, Thomas Masonb. 1983. Heme regulates transcription of the CYC1 gene of S. cerevisiae via an upstream activation site . *Cell*, **32**(4):1 279-1 286.

Lewin B. 1997. Gene VI, New York, Oxford University Press.

Li M, Xie Y H, Kong Y Y, et al. 1998. Cloning and characterization of a novel human hepatocyte tran- scription factor hBIF, which binds and activates enhancer II of hepatitis B virus. *J Biol Chem*, **273** (44):29 022-29 031.

Li Y, Rosso M G, Ulker B, et al. 2006. Analysis of T-DNA insertion site distribution patterns in Arabi- dopsis thaliana reveals special features of genes without insertions. *Genomics*, **87**(5):645-652 .

Liang W N, Zhao T, Liu Z J, et al. 2006. Severe acute respiratory syndrome- Retrospect and lessons of 2004 outbreak in China. *Biomedical and Environmetal Sciences*, **19**(6):445-451.

Lin Y S, Kieser H M, Hopwood D A, et al. 1993. The chromosomal DNA of Streptomyces lividans 66 is linear. *Mol Microbiol*, **10**(5):923-933.

Lobachev K S, Stenger J E, Kozyreva O G, et al. 2000. Inverted Alu repeats unstable in yeast are excluded from the human genome. *Embo Journal*, **19**(14):3 822-3 830.

Lohr D, Venkov P, Zlatanova J. 1995. Transcriptional regulation in the yeast GAL gene family:a complex genetic network. *The FASEB Journal*, **9**(9):777-787.

Loh D, Lopez J. 1995. GAL4/GAL80-Devendent nuciedsome disruption deposition on the upstream regions of the yeast gali-10 and gal80 genes. *Journal of the Biological Chemistry*,**270**(46):27 671-27 678.

Long M, Betran E, Thornton K, et al. 2003. The origin of new genes:Glimpses from the young and old. *Nature Reviews Genetics*, **4**(11):865-875.

Lyubetsky V A, Rubanov L I, Seliverstov A V, et al. 2006. Model of gene expression regulation in bacte- ria via formation of RNA secondary structures. *Molecular Biology*, **40**(3):440-453.

Machida, M, et al. 2005. Genome sequencing and analysis of Aspergillus oryzae. *Nature*,**438**, 1 157-1 161.

Madaule P, Axel R, Myers A M. 1987. Characterization of two members of the rho gene family from the yeast Saccharomyces cerevisiae. *Proceedings of the National Academy of Sciences of the United States of America*, **84**(3):779-783.

Madigan M T, Martinko J M, Parker J. 2000. Brock Biology of Microorganisms(9th edition). Prentice Hall.

MAGPIE Automated Genome Project Investigation Environment (www. mcs. anl. gov/home/gasterl/mag- pie. html).

Mahaffee W F, Kloepper J W, et al. 1994. In "Improving plant production with rhizosphere bacteria" [M]. Ryder M H, Stephenes PM,Bowen G D eds. CSIRO, 180.

Malkova A, Klein F, Leung W Y, et al. 2000. HO endonuclease-induced recombination in yeast meiosis resembles Spo11-induced events. *Proceedings of the National Academy of Sciences of the United States of America*, **97**(26):14 500-14 505.

Malkova A, Signon L, Schaefer C B, et al. 2001. RAD51-independent break-induced replication to repair a broken chromosome depends on a distant enhancer site. *Genes and Development*,**15**(9): 1 055-1 060.

Masters P S. 2006. The molecular biology of coronaviruses. *Advances in Virus Research*,**66**(66):193-292.

McDonald N J, Smith C B, Cox N J. 2007. Antigenic drift in the evolution of H1N1 influenza a viruses re- sulting from deletion of a single amino acid in the haemagglutinin gene. *Journal of General Virology*, **88**:3 209-3 213.

McIlwraith M J, Van Dyck E, Masson J Y, et al. 2000. Reconstitution of the strand invasion step of doub- le-strand break repair using human Rad51 Rad52 and RPA proteins. *Journal of Molecular Biology*, **304**(2):151-164.

Mcquillen K. 1955. Bacterial protoplasts-growth and division of profoplasts of bacillus-megaterium. *Biochimica et Biophysica Acta*, **18**(3):458-461.

Michael M, Madigan, John Martinko, Jack Parker. Brock Biology of Microorganisms. 2003, Prentice Hall NJ:Pearson Education. 2008.

Michael T, John M Martinko. 2006. Brock Biology of Microorganisms. Upper Saddle River, NJ 07458, Pearson Prentice Hall, Pearson Education, Inc.

Minko I G, Zou Y, Lioyd R S. 2002. Incision of DNA-protein crosslinks by UvrABC nulease suggests a potential repair pathway involving nucleatide excision repair. *Proceedings of the National States of America*, **99**(4):1 905-1 909.

Mironov V A, Sergeeva A V, Voronkova V V, *et al*. 1997. Biosynthesis of avermectins:Physiological and technological aspects. *Antibiotikii Khimioterapiya*, **42**(3):31-36.

Miyata T, Yamada K, Iwasaki H, *et al*. 2000. Two different oligomeric states of the RuvB branch migration motor protein as revealed by electron microscopy. *Journal of Structural Biology*, **131**(2):83-89.

Moore C W, McKoy J, Dardalhon M, *et al*. 2000. DNA damage-inducible and RAD52-independent repair of DNA double-strand breaks in Saccharomyces cerevisiae. *Genetics*, **154**(3):1 085-1 099.

Moore R C, Purugganan M D. 2003. The early stages of duplicate gene evolution. *Proceedings of the National Academy of Sciences of the United States of America*, **100**(26):15 682-15 687.

Moore P M, Peberdy J F. 1976. Particulate chitin synthase from aspergillus-flavus link-proderties, location and levels of preparations. *Canadlan Journal of Microbiology*, **22**(7):915-921.

Morens D M, Fauci A S. 2007. The 1918 influenza pandemic:Insights for the 21st century. *Journal of Infectious Diseases*, **195**(7):1 018-1 028.

Navarro A, Betran E, Barbadilla A, *et al*. 1997. Recombination and gene flux caused by gene conversion and crossing over in inversion heterokaryotypes. *Genetics*, **146**(2):695-709.

Nobusawa E, Aoyama T, Kato H, *et al*. 1991. Comparison of complete amino-acid-sequences and receptor-binding properties among 13 serotypes of hemagglutinins of influenza a-viruses. *Virology*, **182**(2):475-485.

Ohta T. 1983. On the evolution of multigene families. *Theoretical Population Biology*, **23**(2):216-240.

Omura S, Ikeda H, Ishikawa J, *et al*. 2001. Genome sequence of an industrial microorganism Streptomyces avermitilis:Deducing the ability of producing secondary metabolites. *Proceedings of the National Academy of Sciences of the United States of America*, **98**(21):12 215-12 220.

Omura S, Ikeda H, Tanaka H. 1991. Selective production of specific components of avermectins in Streptomyces avermitilis. *Journal of Antibiotics*, **44**(5):560-563.

Paques F, Haber J E. 1999. Multiple pathways of recombination induced by double-strand breaks in Saccharomyces cerevisiae. *Microbiology and Molecular Biology Reviews*, **63**(2):349-404.

Pawlotsky J M, Dhumeaux D. 1999. The hepatitis G virus, the orphelin virus. *Presse Medicale*, **28**(34):1 882-1 883.

Paz I, Choder M. 2001. Eukaryotic translation initiation factor 4E-dependent translation is not essential for survival of starved yeast cells. *Journal of Bacteriology*, **183**(5):4 477-4 483.

Pemberton J M. 1983. Degradative plasmids. *International Review of Cytology-A Survey of Cell Biology*, **84**:155-183.

Phillip McClean. genes and mutations. http://www.ndsu.edu/instruct/mcclean/plsc431/mutation/mutation2.htm.

Pinna L A, Lorini M, Morer V, *et al*. 1967. Effect of oligomycin and succinate on mitochondrial metabolism of adenine nucleotides. *Biochimica et Biophysica Acta*, **143**(1):18-25.

Primrose S, Twyman R, Old B. 2001. Principles of Gene Manipulation. Oxford:Blackwell Publising.

Proceedings of the National Academy of Sciences of the United States of America,2006, **103**(11):4 056-4 061.

Quievryn G, Zhitkovich A. 2000. Loss of DNA-protein crosslinks from formaldehyde-exposed cells occurs through spontaneous hydrolysis and an active repair process linked to proteosome function. *Carcinogenesis*, **21**(8):1 573-1 580.

Raymond C K,Sims E H,Kas A,*et al*. 2002. Genetic variation at the O-antigen biosynthetic locus in Pseudomonas aeruginosa. *Journal of Bacteriology*,**184**(13): 3 614-3 622.

Reardon J T, Sancar A. 2006. Repair of DNA-polypeptide crosslinks by human excision nuclease. *Cell cycle*, **5**(13):1 366-1 370.

Redenbach M, Scheel J, Schmidt U. 2000. Chromosome topology and genome size of selected actinomycetes species. *Antonie Van Leeuwenhoek*, **78**(3-4):227-235.

Rita Chiari, Franc oise Foury, *et al*. 1999. Two antigens recognized by autologous cytolytic T lymphocytes on a melanoma result from a single point mutation in an essential housekeeping genel. *Cancer Research*,**59**(22):5 785-5 792.

Rogozin I B, Makarova K S, Murvai J, *et al*. 2002. Connected gene neighborhoods in prokaryotic genomes. *Nucleic Acids Research*, **30**(10):2 212-2 223.

Rogozin I B, Makarova K S, Natale D A, *et al*. 2002. Congruent evolution of different classes of non-coding DNA in prokaryotic genomes. *Nucleic Acids Research*, **30**(19):4 264-4 271.

Rogozin I B, Spiridonov A N, Sorokin A V, *et al*. 2002. Purifying and directional selection in overlapping prokaryotic genes. *Trends in Genetics*, **18**(5):228-232.

Russell P J. 1997. Genetics (5th Edition), Boston:Addison Wesley.

Seigneur M, Ehrlich S D, Michel B. 2000. RuvABC-dependent double-strand breaks in dnaBts mutants require RecA. *Molecular Microbiology*,**38**(3):565-574.

Sherman J M, Pillus L. 1997. An uncertain silence. *Trends in Genetics*, **13**(8):308-313.

Shinya K, Ebina M, Yamada S, *et al*. 2006. Influenza virus receptors in the human airway. *Nature*, **440**(7 083):435-436.

Signon L, Malkova A, Naylor M L, *et al*. 2001. Genetic requirements for RAD51- and RAD54-independent break-induced replication repair of a chromosomal double-strand break. *Molecular and Cellular Biology*,**21**(6):2 048-2 056.

Slesarev A I, Mezhevaya K V, Makarova K S, *et al*. 2002. The complete genome of hyperthermophile Methanopyrus kandleri AV19 and monophyly of archaeal methanogens. *Proceedings of the National Academy of Sciences of the United States of America*, **99**(7):4 644-4 649.

Smee, Donald F, Wandersee, Miles K, *et al*. 2007. Influenza A (H1N1) virus resistance to cyanovirin-N arises naturally during adaptation to mice and by passage in cell culture in the presence of the inhibitor. *Antiviral Chemistry and Chemotherapy*, **18**(6):317-327.

Song B W, Sung P. 2000. Functional interactions among yeast Rad51 recombinase, Rad52 mediator, and replication protein A in DNA strand exchange. *Journal of Biological Chemistry*,**275**(21):15 895-15 904.

Sonstein S A. 1972. Nature of elimination of penicillinase plasmid from Staphloceoccus by surface-active agents. *J Bact*,**111**(1): 152-155.

Stemeck M, Kalinina T, Gunther S, *et al*. 1998. Functional analysis of HBV genome from patients with fulminant hepatitis. *Hepatology*, **28**(5):1 390-1 397.

Storici F, Coglievina M, Bruschi C V. 1999. A 2-mu m DNA-based marker recycling system for multiple gene disruption in the yeast Saccharomyces cerevisiae. *Yeast*, **15**(4):271-283.

Storici F, Durham C L, Gordenin D A, *et al*. 2003. Chromosomal site-specific double-strand breaks are efficiently targeted for repair by oligonucleotides in yeast. *Proceedings of the National Academy of Sciences of the United States of America*, **100**(25):14 994-14 999.

Storici F, Lewis L K, Resnick M A. 2001. In vivo site-directed mutagenesis using oligonucleotides. *Nature Biotechnolohy*, **19**(8): 773-776.

Strauss E J, Falkow S. 1997. Microbial pathogenesis:Genomics and beyond. *Science*, **276**(5 313):707-712.

Streber W R, Timmis K N, Zenk M H. 1987. Analysis, cloning, and high-level expression of 2,4-dichloro phenoxyaceate monooxygenase gene tfd A of Alcaligenes eutrophus JMP134. *J Bacteriol*, **169**(7): 2 950-2 955.

Streips U N, Yasbin R E. 2002. Modern Microbial Genetics(2nd edition). Wiley-Liss, Inc.

Streips U N, Yasbin R E. 1991. Modern Microbial Genetics. Wiley-Liss Inc .

Stutzman-Engwall E, Kim J, McArthur, *et al*. 2001. Streptomyces avermitilis gene directing the ratio of B2:B1 avermectins. US Patent,6248579.

Sugawara N, Ira G, Haber J E. 2000. DNA length dependence of the single-strand annealing pathway and the role of Saccharomyces cerevisiae RAD59 in double-strand break repair. *Molecular and Cellular Biology*, **20**(14):5 300-5 309.

Sung P, Trujillo K M, Van Komen S. 2000. Recombination factors of Saccharomyces cerevisiae. *Mutation Research-Fundamental and Moloecular Mechanisms of Mutagenesis*, **451**(1-2):257-275 .

Tarone G, Hirsch E, Brancaccio M, *et al*. 2000. Integrin function and regulation in development. *International Journal of Developmental Biology*, **44**(6):725-731.

Tatusov R L, Mushegian A R, Bork P, *et al*. 1996. Metabolism and evolution of Haemophilus influenzae deduced from a whole-genome comparison with Escherichia coli. *Current Biology*, **6**(3):279-291.

Taubenberger J K, Hultin J V, Morens D M. 2007. Discovery and characterization of the 1918 pandemic influenza virus in historical context. *Antiviral Therapy*, **12**(4B):581-591.

Timmis K N, Steffan R J, Unterman R. 1994. Designing microorganisms for the treatment of toxic wastes. *Anual Review of Microbiology*, **488**:525-557.

Tong Ihn Lee, Richard A. 1998. Young, regulation of gene expression by TBP-associated proteins. *Genes and Development*,(12):1 398-1 408.

Turgeon B, Gillian, Yoder O C. 2000. Proposed nomenclature for mating type genes of filamentous Asco-mycetes. *Fungal Genetics and Biology*, **31**(1):1-5.

Tzfira T,Frankman L R,Vaidya M,*et al*. 2003. Site-specific integration of Agrobacterium tumefaciens T-DNA via double-stranded intermediates. *Plant Physiology*, **133**(3): 1 011-1 023.

Urban J H, Vogel J. 2007. Translational control and target recognition by Escherichia coli small RNAs in vivo . *Nucleic Acids Research*, **358**(3):1 018-1 037.

Ventura M, O'Connell-Motherway M, Leahy S, *et al*. 2007. From bacterial genome to functionality; case bifidobacteria. *International Journal of Food Microbiology*, **120**(1-2):2-12.

Voitkun V, Zhitkovich A. 1999. Analysis of DNA-protein crosslinking activity of malondialdehyde in vitro. *Mutatiion Research-fundamental and Molecular Mechanisms of Mutagenesis*, **424**(1-2):97-106.

Wahl L M, Bittner B, Nowak M A. 2000. Immunological transitions in response to antigenic mutation during viral infection. *Int Immunol*, **12**(10):1 371-1 380.

Watanabe T. 1963. Infective heredity of multiple drug resistance in bacteria. *Bacteriol Rev*, **27**:87-115.

Wiehlmann L, Munder A, Adams T, *et al*. 2007. Functional genomics of Pseudomonas aeruginosa to identify habitat-specific determinants of pathogenicity. *Internaltion Journal of Medical Microbiology*, **297**:615-623.

Xu X F, Arnason U. 1996. A complete sequence of the mitochondrial genome of the Western lowland gorilla. *Molecular Biology and Evolution*, **13**(5):691-698.

Yonekawa T, Ohnishi Y, Horinouchi S. 1999. Involvement of *amfC* in physiological and morphological development in Streptomyces coelicolor A3(2). *Microbiology*, **145**(9):2 273-2 280.

Zakian V A. 1995. Telomeres:Beginning to understand the end. *Science*, **270**(5 242):1 601-1 607.

Zhang Ye, Zhao Xiang, Guo Junfeng, *et al*. 2007. Antigenic and genetic study of influenza virus circulated in China in 2006. *Zhonghua Shi Yan He Lin Chuang Bing Du Xue Za Zhi*, **21**(4):304-306.

Zhou X F, He X Y, Li A Y, *et al*. 2004. Streptomyces coelicolor A3(2) lacks a genomic island present in the chromosome of Streptomyces lividans 66. *Applied and Environmental Microbiology*, **70**(12):7 110-7 118.